三菱 FX2N PLC 从入门到精通

SANLING FX_{2N} PLC
CONG RUMEN DAO JINGTONG

陈忠平　侯玉宝　编著

中国电力出版社
CHINA ELECTRIC POWER PRESS

内 容 提 要

本书从实际工程应用出发，以国内广泛使用的日本三菱公司 FX_{2N} 系列 PLC 为对象，讲解整体式 PLC 的基础与实际应用等方面的内容。本书共有 11 章，主要介绍了 PLC 的基本概况、FX_{2N} 系列 PLC 的硬件系统、FX_{2N} 系列 PLC 编程软件的使用、FX_{2N} 系列 PLC 的基本指令、FX_{2N} 系列 PLC 的功能指令、数字量控制系统梯形图的设计方法、FX_{2N} 系列 PLC 模拟量功能与 PID 控制、PLC 的通信与网络、触摸屏与变频器、PLC 控制系统设计及实例、PLC 的安装与维护等内容。

本书语言通俗易懂，实例的实用性和针对性较强，特别适合初学者使用，对有一定 PLC 基础知识的读者也会有很大帮助。本书既可作为电气控制领域技术人员的自学教材，也可作为高职高专院校、本科院校的电气工程、自动化、机电一体化、计算机控制等专业的参考书。

图书在版编目（CIP）数据

三菱 FX_{2N} PLC 从入门到精通/陈忠平，侯玉宝编著. —北京：中国电力出版社，2015.11（2018.11重印）

ISBN 978－7－5123－7947－3

Ⅰ.①三… Ⅱ.①陈… ②侯… Ⅲ.①plc 技术 Ⅳ.①TM571.6

中国版本图书馆 CIP 数据核字（2015）第 144201 号

中国电力出版社出版、发行

（北京市东城区北京站西街 19 号 100005 http：//www.cepp.sgcc.com.cn）

北京天宇星印刷厂印刷

各地新华书店经售

*

2015 年 11 月第一版 2018 年 11 月北京第二次印刷

787 毫米×1092 毫米 16 开本 36 印张 857 千字

印数 4001—5000 册 定价 **88.00** 元

前言

PLC是以微处理器技术、电子技术、网络通信技术和先进可靠的工业手段为基础，综合了现代计算机技术、自动控制技术和通信技术发展起来的一种新型通用工业自动控制装置。PLC具有功能强、可靠性高、使用灵活方便、易于编程以及适于工业环境下应用等一系列优点，因此在工业自动化、机电一体化、传统产业技术改造等方面的应用越来越广泛，已成为可编程控制器技术、机器人技术、CAD/CAM和数控技术这四大现代工业控制支柱之一。

FX_{2N}系列PLC是日本三菱公司推出的一种小型整体式PLC，其结构紧凑，具有性价比高、功能强大等特点，在我国小型PLC市场中占有较大份额。为便于学习和理解FX_{2N}系列PLC控制系统的相关技术，特编写此书。

本书特点

1. 由浅入深，循序渐进

本书在内容编排上采用由浅入深、由易到难的原则，在介绍PLC的组成及工作原理、硬件系统构成、软件的使用等基础上，在后续章节中结合具体的实例，逐步讲解相应指令的应用等相关知识。

2. 技术全面，内容充实

全书重点突出、层次分明，注重知识的系统性、针对性和先进性。对于指令的讲解，不是泛泛而谈，而是辅以简单的实例，使读者更易于掌握。注重理论与实践相结合，培养工程应用能力。本书的大部分实例取材于实际工程项目或其中的某个环节，对读者从事PLC应用和工程设计具有较大的实践指导意义。

3. 分析原理，步骤清晰

对于每个实例，都分析其设计原理，总结实现的思路和步骤。读者可以根据具体步骤实现书中的例子，将理论与实践相结合。

本书内容

第1章　PLC的基本概况　本章除了对PLC的定义、基本功能与特点、应用和分类进行简单介绍外，还介绍了PLC的组成及工作原理，并将PLC控制与其他顺序逻辑控制系统进行了比较。

第2章　FX_{2N}系列PLC的硬件系统　本章主要介绍了FX_{2N}系列PLC的基本单元、I/O扩展单元、I/O扩展模块以及FX_{2N}系列PLC的编程元件。

第3章　FX_{2N}系列PLC编程软件的使用　本章介绍了PLC编程语言的种类，并重点讲述了GX Developer编程软件及GX Simulator仿真软件的使用。

第4章　FX_{2N}系列PLC的基本指令　基本指令是PLC编程时最常用的指令。本章介绍了基本逻辑指令、定时器、计数器，并通过实例讲解这些基本指令的使用方法。

第5章　FX_{2N}系列PLC的功能指令　功能指令使PLC具有强大的数据处理和特殊功能。本章主要讲解了功能指令的基本规则、程序流程指令、传送与比较指令、四则运算与逻辑运算指令、循环与移位指令、数据处理指令、高速处理指令、方便指令、外部设备I/O指令、外部设备SER指令、浮点运算指令、时钟运算指令、格雷码指令、触点比较指令等内容。

第 6 章　数字量控制系统梯形图的设计方法　本章介绍了梯形图的设计方法、顺序控制设计法与顺序功能图、常见的顺序控制编写梯形图的方法、FX_{2N}系列 PLC 的顺序控制，并通过多个实例重点讲解了单序列的FX_{2N}顺序控制、选择序列的FX_{2N}顺序控制、并行序列的FX_{2N}顺序控制的应用。

第 7 章　FX_{2N}系列 PLC 模拟量功能与 PID 控制　本章介绍了模拟量的基本概念、模拟量输入模块、模拟量输出模块、模拟量输入/输出混合模块、温度测量模块、温度调节模块、PID 控制等内容。

第 8 章　PLC 的通信与网络　本章介绍了数据通信的基础知识、PLC 网络系统、FX_{2N}系列 PLC 的通信接口设备、FX_{2N}系列 PLC 网络的应用等内容。

第 9 章　触摸屏与变频器　本章介绍了触摸屏的基本功能及原理以及三菱 FR－A740 变频器的接线方法、调试方法等内容，然后通过实例讲解 PLC 在触摸屏、变频器控制系统中的应用。

第 10 章　PLC 控制系统设计及实例　本章讲解了 PLC 控制系统的设计方法，通过实例讲解了 PLC 在电动机控制中的应用、PLC 在机床电气控制系统中的应用以及 PLC、触摸屏和变频器的综合应用。

第 11 章　PLC 的安装与维护　本章讲解了 PLC 的安装、接线以及 PLC 的维护和检修等内容。

参加本书编写工作的有湖南工程职业技术学院陈忠平，湖南涉外经济学院侯玉宝和高金定，衡阳技师学院胡彦伦，湖南航天诚远精密机械有限公司刘琼，湖南科技职业技术学院高见芳，湖南工程职业技术学院陈建忠、李锐敏、周少华、龙晓庆和龚亮，湖南三一重工集团王汉其等。全书由湖南工程职业技术学院徐刚强教授担任主审。此外，在编写过程中，编者还得到了武娟梅、陶有香、段秀莉、黄树辉、葛建、廖亦凡等同志的帮助和支持。

由于编者知识水平和经验的局限性，书中难免有疏漏之处，敬请广大读者批评指正。

作者

目录

前言
第1章　PLC的基本概况 …… 1
1.1　PLC简介 …… 1
1.1.1　PLC的定义 …… 1
1.1.2　PLC的基本功能与特点 …… 2
1.1.3　PLC的应用和分类 …… 3
1.1.4　三菱PLC简介 …… 7
1.2　PLC的组成及工作原理 …… 8
1.2.1　PLC的组成 …… 8
1.2.2　PLC的工作原理 …… 14
1.3　PLC与其他顺序逻辑控制系统的比较 …… 15
1.3.1　PLC与继电器控制系统的比较 …… 15
1.3.2　PLC与微型计算机控制系统的比较 …… 16
1.3.3　PLC与单片机控制系统的比较 …… 17
1.3.4　PLC与DCS的比较 …… 17
第2章　FX_{2N}系列PLC的硬件系统 …… 20
2.1　基本单元 …… 20
2.1.1　基本单元的命名及性能 …… 20
2.1.2　基本单元的外形结构 …… 22
2.1.3　基本单元的I/O …… 24
2.2　I/O扩展单元 …… 32
2.2.1　I/O扩展单元的命名 …… 32
2.2.2　I/O扩展单元的外形结构 …… 32
2.2.3　I/O扩展单元的输入与输出 …… 33
2.3　I/O扩展模块 …… 34
2.3.1　I/O扩展模块的命名 …… 34
2.3.2　I/O扩展模块的外形结构 …… 35
2.3.3　I/O扩展单元（模块）的电源配线 …… 36
2.4　FX_{2N}系列PLC的编程元件 …… 38
2.4.1　继电器类编程元件 …… 39
2.4.2　定时计数类编程元件 …… 41
2.4.3　寄存器类编程元件 …… 41
2.4.4　嵌套指针类编程元件 …… 42
2.4.5　常数类编程元件 …… 43
第3章　FX_{2N}系列PLC编程软件的使用 …… 44
3.1　PLC编程语言 …… 44
3.1.1　PLC编程语言的国际标准 …… 44
3.1.2　梯形图 …… 45

3.1.3　语句表 …… 47
3.1.4　顺序功能图 …… 48
3.2　GX Developer 编程软件的使用 …… 48
3.2.1　GX Developer 编程软件的安装 …… 48
3.2.2　GX Developer 编程软件界面 …… 50
3.2.3　GX Developer 编程软件参数设定 …… 51
3.2.4　工程及梯形图制作注意事项 …… 53
3.2.5　梯形图程序的编写与编辑 …… 61
3.2.6　程序的读取与写入 …… 67
3.2.7　在线监控与调试 …… 70
3.3　GX Simulator 仿真软件的使用 …… 70
3.3.1　GX Simulator 的基本操作 …… 70
3.3.2　模拟外部机器运行的 I/O 系统设定 …… 73
3.3.3　GX Simulator 模拟仿真 …… 77
第 4 章　FX_{2N}系列 PLC 的基本指令 …… 81
4.1　基本逻辑指令 …… 81
4.1.1　基本位操作指令 …… 81
4.1.2　块操作指令 …… 86
4.1.3　堆栈与主控指令 …… 90
4.1.4　置位与复位指令 …… 93
4.1.5　取反、空操作及程序结束指令 …… 94
4.1.6　脉冲触点指令 …… 95
4.1.7　脉冲输出微分指令 …… 96
4.2　定时器 …… 98
4.2.1　定时器的分类 …… 98
4.2.2　定时器的工作原理 …… 98
4.2.3　定时器的应用举例 …… 99
4.3　计数器 …… 102
4.3.1　计数器的分类 …… 102
4.3.2　内部信号计数器 …… 102
4.3.3　高速计数器 …… 104
4.3.4　计数器的应用举例 …… 106
4.4　基本指令的应用 …… 110
4.4.1　三相交流异步电动机的星—三角降压启动 …… 110
4.4.2　用 4 个按钮控制 1 个信号灯 …… 114
4.4.3　置位与复位指令实现的简易 6 组抢答器 …… 116
第 5 章　FX_{2N}系列 PLC 的功能指令 …… 121
5.1　功能指令的基本规则 …… 121

5.1.1 功能指令的表示形式 …… 121
5.1.2 数据长度和指令类型 …… 122
5.1.3 操作数 …… 123
5.2 程序流程指令 …… 124
5.2.1 条件跳转指令 …… 124
5.2.2 子程序调用、返回和主程序结束指令 …… 126
5.2.3 中断指令 …… 129
5.2.4 看门狗指令 …… 131
5.2.5 循环指令 …… 132
5.3 传送与比较指令 …… 133
5.3.1 比较指令 …… 133
5.3.2 区间比较指令 …… 134
5.3.3 MOV 传送指令 …… 136
5.3.4 移位传送指令 …… 138
5.3.5 取反传送指令 …… 139
5.3.6 成批传送指令 …… 140
5.3.7 多点传送指令 …… 141
5.3.8 交换指令 …… 142
5.3.9 BCD 转换指令 …… 143
5.3.10 BIN 转换指令 …… 143
5.4 四则运算与逻辑运算指令 …… 145
5.4.1 BIN 加法指令 …… 146
5.4.2 BIN 减法指令 …… 147
5.4.3 BIN 乘法指令 …… 149
5.4.4 BIN 除法指令 …… 151
5.4.5 BIN 加 1 指令 …… 153
5.4.6 BIN 减 1 指令 …… 153
5.4.7 逻辑字“与”指令 …… 155
5.4.8 逻辑字“或”指令 …… 155
5.4.9 逻辑字“异或”指令 …… 156
5.4.10 求补码指令 …… 157
5.5 循环与移位指令 …… 158
5.5.1 循环右移、左移指令 …… 159
5.5.2 带进位右移、右移指令 …… 161
5.5.3 位右移、左移指令 …… 162
5.5.4 字右移、左移指令 …… 164
5.5.5 FIFO 指令 …… 166
5.6 数据处理指令 …… 167

5.6.1 区间复位指令 …… 168
5.6.2 译码指令 …… 168
5.6.3 编码指令 …… 170
5.6.4 求 ON 位数指令 …… 172
5.6.5 ON 位判断指令 …… 173
5.6.6 求平均值指令 …… 173
5.6.7 报警器指令 …… 175
5.6.8 求平方根指令 …… 176
5.6.9 浮点数转换指令 …… 177
5.7 高速处理指令 …… 177
5.7.1 输入/输出刷新指令 …… 178
5.7.2 滤波时间调整指令 …… 179
5.7.3 矩阵输入指令 …… 179
5.7.4 高速计数器比较置位、复位指令 …… 180
5.7.5 高速计数器区间比较指令 …… 181
5.7.6 速度检测指令 …… 182
5.7.7 脉冲输出指令 …… 183
5.7.8 脉宽调制指令 …… 184
5.7.9 可调速脉冲输出指令 …… 185
5.8 方便指令 …… 187
5.8.1 状态初始化指令 …… 187
5.8.2 数据查找指令 …… 188
5.8.3 绝对式凸轮控制指令 …… 189
5.8.4 增量式凸轮控制指令 …… 190
5.8.5 示教定时器指令 …… 191
5.8.6 特殊定时器指令 …… 193
5.8.7 交替输出指令 …… 194
5.8.8 斜波信号指令 …… 195
5.8.9 旋转工作台控制指令 …… 197
5.8.10 数据排序指令 …… 199
5.9 外部设备 I/O 指令 …… 200
5.9.1 十键输入指令 …… 200
5.9.2 十六键输入指令 …… 201
5.9.3 数字开关指令 …… 202
5.9.4 七段译码指令 …… 203
5.9.5 带锁存七段译码指令 …… 204
5.9.6 方向开关指令 …… 206
5.9.7 ASCII 码转换指令 …… 208

5.9.8 ASCII码打印指令 …… 209
5.9.9 读特殊功能模块指令 …… 210
5.9.10 写特殊功能模块指令 …… 211
5.10 外部设备SER指令 …… 212
5.10.1 串行数据传送指令 …… 212
5.10.2 八进制位传送指令 …… 215
5.10.3 十六进制数转ASCII码指令 …… 216
5.10.4 ASCII码转十六进制数指令 …… 218
5.10.5 校验码指令 …… 219
5.10.6 电位器值读出指令 …… 220
5.10.7 电位器刻度指令 …… 222
5.11 浮点运算指令 …… 223
5.11.1 二进制浮点数比较指令 …… 223
5.11.2 二进制浮点数区间比较指令 …… 224
5.11.3 二转十进制浮点数指令 …… 225
5.11.4 十转二进制浮点数指令 …… 226
5.11.5 二进制浮点数加法指令 …… 226
5.11.6 二进制浮点数减法指令 …… 227
5.11.7 二进制浮点数乘法指令 …… 227
5.11.8 二进制浮点数除法指令 …… 228
5.11.9 二进制浮点数开平方指令 …… 229
5.11.10 二进制浮点数转整数指令 …… 230
5.11.11 二进制浮点数正弦运算指令 …… 230
5.11.12 二进制浮点数余弦运算指令 …… 231
5.11.13 二进制浮点数正切运算指令 …… 231
5.11.14 高低字节交换指令 …… 232
5.12 时钟运算指令 …… 233
5.12.1 时钟数据比较指令 …… 234
5.12.2 时钟数据区间比较指令 …… 235
5.12.3 时钟数据加法运算指令 …… 235
5.12.4 时钟数据减法运算指令 …… 236
5.12.5 时钟数据读取指令 …… 237
5.12.6 时钟数据写入指令 …… 238
5.13 格雷码指令 …… 239
5.13.1 格雷码变换指令 …… 240
5.13.2 格雷码逆变换指令 …… 240
5.14 触点比较指令 …… 241
5.14.1 LD触点比较指令 …… 242

5.14.2 AND 串联连接触点比较指令 …… 243
5.14.3 OR 并联连接触点比较指令 …… 243
第 6 章 数字量控制系统梯形图的设计方法 …… 245
6.1 梯形图的设计方法 …… 245
6.1.1 根据继电—接触器电路图设计梯形图 …… 245
6.1.2 用经验法设计梯形图 …… 248
6.2 顺序控制设计法与顺序功能图 …… 252
6.2.1 步与动作 …… 253
6.2.2 有向连线与转换 …… 253
6.2.3 顺序功能图的基本结构 …… 254
6.3 常见的顺序控制编写梯形图的方法 …… 255
6.3.1 启保停方式的顺序控制 …… 256
6.3.2 转换中心方式的顺序控制 …… 257
6.4 FX_{2N}系列 PLC 的顺序控制 …… 259
6.4.1 FX_{2N}系列 PLC 的步进指令 …… 259
6.4.2 步进指令方式的顺序功能图 …… 261
6.5 单序列的 FX_{2N}顺序控制应用实例 …… 263
6.5.1 液压动力滑台的 PLC 控制 …… 263
6.5.2 PLC 在注塑成型生产线控制系统中的应用 …… 266
6.5.3 PLC 在简易机械手中的应用 …… 271
6.6 选择序列的 FX_{2N}顺序控制应用实例 …… 277
6.6.1 闪烁灯控制 …… 277
6.6.2 多台电动机的 PLC 启停控制 …… 281
6.6.3 大小球分捡机的 PLC 控制 …… 286
6.7 并行序列的 FX_{2N}顺序控制应用实例 …… 293
6.7.1 人行道交通信号灯控制 …… 293
6.7.2 双面钻孔组合机床的 PLC 控制 …… 297
第 7 章 FX_{2N}系列 PLC 模拟量功能与 PID 控制 …… 308
7.1 模拟量的基本概念 …… 308
7.1.1 模拟量处理流程 …… 308
7.1.2 模拟值精度 …… 309
7.1.3 模拟量输入方法 …… 309
7.1.4 模拟量输出方法 …… 310
7.2 模拟量输入模块 …… 310
7.2.1 二通道模拟量输入模块 FX_{2N}-2AD …… 311
7.2.2 四通道模拟量输入模块 FX_{2N}-4AD …… 316
7.2.3 八通道模拟量输入模块 FX_{2N}-8AD …… 320
7.3 模拟量输出模块 …… 327

7.3.1　二通道模拟量输出模块 FX_{2N}-2DA …… 327
7.3.2　四通道模拟量输出模块 FX_{2N}-4DA …… 332
7.4　模拟量输入/输出混合模块 FX_{0N}-3A …… 337
7.5　温度测量模块 …… 343
7.5.1　铂电阻温度测量模块 FX_{2N}-4AD-PT …… 343
7.5.2　热电阻温度测量模块 FX_{2N}-4AD-TC …… 347
7.6　温度调节模块 FX_{2N}-2LC …… 350
7.7　PID 控制 …… 357
7.7.1　模拟量闭环控制系统的组成 …… 357
7.7.2　PID 回路控制 …… 358
7.7.3　PID 控制实例 …… 364
第 8 章　PLC 的通信与网络 …… 368
8.1　数据通信的基础知识 …… 368
8.1.1　数据传输方式 …… 368
8.1.2　串行通信的分类 …… 369
8.1.3　串行通信的数据通路形式 …… 371
8.1.4　串行通信的接口标准 …… 371
8.1.5　通信介质 …… 375
8.2　PLC 网络系统 …… 376
8.2.1　网络结构 …… 376
8.2.2　网络协议 …… 377
8.2.3　三菱 PLC 网络结构 …… 378
8.2.4　三菱 PLC 以太网 …… 379
8.2.5　三菱 PLC 局域网 …… 381
8.2.6　三菱 PLC 现场总线 CC-Link …… 384
8.2.7　FX 系列 PLC 网络 …… 387
8.3　FX_{2N}系列 PLC 的通信接口设备 …… 389
8.3.1　RS-232C 通信接口设备 …… 390
8.3.2　RS-422 通信扩展板 …… 393
8.3.3　RS-485 通信接口设备 …… 394
8.3.4　CC-Link 网络连接设备 …… 396
8.4　FX_{2N}系列 PLC 网络的应用 …… 398
8.4.1　N∶N 网络通信 …… 398
8.4.2　使用 RS 指令的 1∶1 网络通信 …… 402
第 9 章　触摸屏与变频器 …… 407
9.1　触摸屏 …… 407
9.1.1　触摸屏概述 …… 407
9.1.2　触摸屏的基本功能 …… 409

9.1.3 触摸屏的运行原理 …… 411
9.1.4 触摸屏软件的使用 …… 413
9.1.5 触摸屏在 PLC 控制中的应用实例 …… 421
9.2 变频器 …… 434
9.2.1 变频器概述 …… 434
9.2.2 三菱 FR－A740 变频器 …… 439
9.2.3 变频器的应用实例 …… 458
第 10 章 PLC 控制系统设计及实例 …… 463
10.1 PLC 控制系统的设计 …… 463
10.1.1 PLC 控制系统的设计原则和内容 …… 463
10.1.2 PLC 控制系统的设计步骤 …… 464
10.1.3 PLC 硬件系统设计 …… 465
10.1.4 PLC 软件系统设计 …… 469
10.2 PLC 在电动机控制中的应用 …… 471
10.2.1 异步电动机限位往返控制 …… 471
10.2.2 异步电动机制动控制 …… 474
10.2.3 异步电动机多速控制 …… 476
10.2.4 异步电动机顺序启、停控制 …… 480
10.3 PLC 在机床电气控制系统中的应用 …… 482
10.3.1 PLC 在 C6140 普通车床中的应用 …… 483
10.3.2 PLC 在 C650 卧式车床中的应用 …… 486
10.3.3 PLC 在 Z3040 摇臂钻床中的应用 …… 492
10.3.4 PLC 在 X62W 万能铣床中的应用 …… 498
10.3.5 PLC 在 T68 卧式镗床中的应用 …… 506
10.4 PLC、触摸屏和变频器的综合应用 …… 515
10.4.1 恒压供水系统 …… 515
10.4.2 电动机 15 段速控制系统 …… 522
第 11 章 PLC 的安装与维护 …… 534
11.1 PLC 的安装 …… 534
11.1.1 PLC 的安装要求及注意事项 …… 534
11.1.2 PLC 的安装方法 …… 535
11.2 接线 …… 535
11.2.1 接线注意事项 …… 535
11.2.2 接线方法 …… 536
11.3 PLC 的维护和检修 …… 540
11.3.1 PLC 的维护检查 …… 540
11.3.2 PLC 的故障分析方法 …… 542
11.3.3 状态指示灯显示的故障与维修 …… 543

11.3.4 硬件出错代码与维修处理 ······ 545
11.3.5 操作出错与处理 ······ 548
附录 A FX$_{2N}$系列 PLC 指令集速查表 ······ 550
附录 B FX$_{2N}$特殊软元件 ······ 555
附录 C ASCII（美国标准信息交换）码表 ······ 560
参考文献 ······ 561

第 1 章

PLC的基本概况

自 20 世纪 60 年代末期世界第一台 PLC 问世以来，PLC 发展十分迅速，特别是近些年来，随着微电子技术和计算机技术的不断发展，PLC 在处理速度、控制功能、通信能力及控制领域等方面都有新的突破。PLC 是将传统的继电—接触器的控制技术和现代计算机信息处理技术的优点有机结合起来，成为工业自动化领域中最重要、应用最广的控制设备之一，并已成为现代工业生产自动化的重要支柱。

1.1 PLC 简 介

1.1.1 PLC 的定义

可编程控制器是在继电器控制和计算机控制的基础上开发出来的，并逐渐发展成以微处理器为基础，综合计算机技术、自动控制技术和通信技术等现代科技为一体的新型工业自动控制装置。目前广泛应用于各种生产机械和生产过程的自动控制系统中。

因早期的可编程控制器主要用于代替继电器实现逻辑控制，因此将其称为可编程逻辑控制器（Programmable Logic Controller），简称 PLC。随着技术的发展，许多厂家采用微处理器（Micro Processer Unit，MPU）作为可编程控制的中央处理单元（Central Processing Unit，CPU），大大加强了 PLC 功能，使它不仅具有逻辑控制功能，还具有算术运算功能和对模拟量的控制功能。据此，美国电气制造协会（National Electrical Manufacturers Association，NEMA）于 1980 年将它正式命名为可编程序控制器（Programmable Controller），即简称 PC，且对 PC 作如下定义："PC 是一种数字式的电子装置，它使用了可编程序的存储器以存储指令，能完成逻辑、顺序、计时、计数和算术运算等功能，用以控制各种机械或生产过程"。

国际电工委员会（IEC）在 1985 年颁布的标准中，对可编程序控制器作如下定义："可编程序控制器是一种专为工业环境下应用而设计的数字运算操作的电子系统。它采用可编程程序的存储器，用来在其内部存储执行逻辑运算、顺序控制、定时、计数和算术运算等操作的指令，并通过数字式、模拟式的输入和输出，控制各种机械或生产过程。”

PC可编程程序控制器在工业界使用了多年，但因个人计算机（Personal Computer）也简称为PC，为了对两者进行区别，现在通常把可编程程序控制器简称为PLC，所以本书中也将其称为PLC。

1.1.2 PLC的基本功能与特点

1. PLC的基本功能

(1) 逻辑控制功能。逻辑控制又称为顺序控制或条件控制，它是PLC应用最广泛的领域。逻辑控制功能实际上就是位处理功能，使用PLC的“与”（AND）、“或”（OR）、“非”（NOT）等逻辑指令，取代继电器触点的串联、并联及其他各种逻辑连接，进行开关控制。

(2) 定时控制功能。PLC的定时控制，类似于继电—接触器控制领域中的时间继电器控制。在PLC中有许多可供用户使用的定时器，这些定时器的定时时间可由用户根据需要进行设定。PLC执行时可根据用户定义时间长短进行相应限时或延时控制。

(3) 计数控制功能。PLC为用户提供了多个计数器，PLC的计数器类似于单片机中的计数器，其计数初值可由用户根据需求进行设定。执行程序时，PLC对某个控制信号状态的改变次数（如某个开关的动合次数）进行计数，当计数到设定值时，发出相应指令表示已完成某项任务。

(4) 步进控制功能。步进控制（又称为顺序控制）功能是指在多道加工工序中，使用步进指令控制，在完成一道工序后，PLC自动进行下一道工序。

(5) 数据处理功能。PLC一般具有数据处理功能，可进行算术运算、数据比较、数据传送、数据移位、数据转换、编码、译码等操作。中、大型PLC还可完成开方、PID运算、浮点运算等操作。

(6) A/D、D/A转换功能。有些PLC通过A/D、D/A模块完成模拟量和数字量之间的转换、模拟量的控制和调节等操作。

(7) 通信联网功能。PLC通信联网功能是利用通信技术，进行多台PLC间的同位链接、PLC与计算机链接，以实现远程I/O控制或数据交换。可构成集中管理、分散控制的分布式控制系统，以完成较大规模的复杂控制。

(8) 监控功能。监控功能是指利用编程器或监视器对PLC系统各部分的运行状态、进程、系统中出现的异常情况进行报警和记录，甚至自动终止运行。通常小型低档PLC利用编程器监视运行状态；中档以上的PLC使用CRT接口，从屏幕上了解系统的工作状况。

2. PLC的特点

(1) 可靠性高、抗干扰能力强。继电—接触器控制系统使用大量的机械触点，连接线路比较繁杂，且触点通断时有可能产生电弧和机械磨损，影响其寿命，可靠性差。PLC中采用现代大规模集成电路，比机械触点继电器的可靠性要高。在硬件和软件设计中都采用了先进技术，以提高可靠性和抗干扰能力。比如，用软件代替传统继电—接触器控制系统中的中间继电器和时间继电器，只剩下少量的输入/输出硬件，将触点因接触不良造成的故障大大减小，提高了可靠性；所有 I/O 接口电路采用光电隔离，使工业现场的外电路与 PLC 内部电路进行电气隔离；增加自诊断、纠错等功能，提高其在恶劣工业生产现场的可靠性、抗干扰能力。

(2) 灵活性好、扩展性强。继电—接触器控制系统是由继电器等低压电器采用硬件接线实现的，连接线路比较繁杂，而且每个继电器的触点有数目有限。当控制系统功能改变时，需改变线路的连接。所以继电—接触器控制系统的灵活性、扩展性差。而由 PLC 构成的控制系统中，只需在 PLC 的端子上接入相应的控制线即可，从而减少接线。当控制系统功能改变时，有时只需编程器在线或离线修改程序，就能实现其控制要求。PLC 内部有大量的编程元件，能进行逻辑判断、数据处理、PID 调节和数据通信功能，可以实现非常复杂的控制功能。若元件不够时，只需加上相应的扩展单元即可，因此 PLC 控制系统的灵活性好、扩展性强。

(3) 控制速度快、稳定性强。继电—接触器控制系统是依靠触点的机械动作来实现控制的，其触点的动断速度一般在几十毫秒，影响控制速度，有时还会出现抖动现象。PLC 控制系统是由程序指令控制半导体电路来实现的，响应速度快，一般执行一条用户指令在很短的微秒内即可。PLC 内部有严格的同步，不会出现抖动现象。

(4) 延时调整方便、精度较高。继电—接触器控制系统的延时控制是通过时间继电器来完成的，而时间继电器的延时调整不方便，且易受环境温度和湿度和影响，延时精度不高。PLC 控制系统的延时是通过内部时间元件来完成的，不受环境的温度和湿度的影响。调整定时元件的延时时间只需改变定时参数即可，因此其定时精度较高。

(5) 系统设计安装快、维修方便。继电—接触器实现一项控制工程时，其设计、施工、调试必须依次进行，周期长，维修比较麻烦。PLC 使用软件编程取代继电—接触器中的硬件接线而实现相应功能，使安装接线工作量减小，现场施工与控制程序的设计还可同时进行，周期短、调试快。PLC 具有完善的自诊断、履历情报存储及监视功能，对于其内部工作状态、通信状态、异常状态和 I/O 点的状态均有显示，若控制系统有故障时，工作人员通过它即可迅速查出故障原因，及时排除故障。

1.1.3 PLC 的应用和分类

1. PLC 的应用

以前由于 PLC 的制造成本较高，其应用受到一定的影响。随着微电子技术的发展，PLC 的制造成本不断下降，同时 PLC 的功能大大增强，因此 PLC 目前已广泛应用于冶金、石油、化工、建材、机械制造、电力、汽车、造纸、纺织、环保等行业。从应用类型看，其应用范围大致归纳以下几种：

(1) 逻辑控制。PLC 可进行“与”、“或”、“非”等逻辑运算，使用触点和电路的串、并联代替继电—接触器系统进行组合逻辑控制、定时控制、计数控制与顺序逻辑控制。这是 PLC 应用最基本、最广泛的领域。

(2) 运动控制。大多数 PLC 具有拖动步进电动机或伺服电动机的单轴或多轴位置的专用运动控制模块，灵活运用指令，使运动控制与顺序逻辑控制有机结合在一起，广泛用于各种机械设备。如对各种机床、装配机械、机械手等进行运动控制。

(3) 过程控制。现代中、大型 PLC 都具有多路模拟量 I/O 模块和 PID 控制功能，有的小型 PLC 也具有模拟量输入输出模块。PLC 可将接收到的温度、压力、流量等连续变化的模拟量，通过这些模块实现模拟量和数字量的 A/D 或 D/A 转换，并对被控模拟量进行闭环 PID 控制。这一控制功能广泛应用于锅炉、反应堆、水处理、酿酒等方面。

(4) 数据处理。现代 PLC 具有数学运算（如矩阵运算、函数运算、逻辑运算等）、数据传送、转换、排序、查表、位操作等功能，可进行数据采集、分析、处理，同时可通过通信功能将数据传送给别的智能装置，如 PLC 对计算机数值控制 CNC 设备进行数据处理。

(5) 通信联网控制。PLC 通信包括 PLC 与 PLC、PLC 与上位机（如计算机）、PLC 与其他智能设备之间的通信。PLC 通过同轴电缆、双绞线等设备与计算机进行信息交换，可构成“集中管理、分散控制”的分布式控制系统，以满足工厂自动化 FA 系统、柔性制造系统 FMS、集散控制系统 DCS 等发展的需要。

2. PLC 的分类

PLC 种类繁多，性能规格不一，通常根据其流派、结构形式、性能高低、控制规模等方面进行分类。

(1) 按流派进行分类。世界上有 200 多个 PLC 厂商，400 多个品种 PLC 产品。这些产品，根据地域的不同，主要分成 3 个流派：美国流派产品、欧洲流派产品和日本流派产品。美国和欧洲的 PLC 技术是在相互隔离情况下独立研究开发的，因此美国和欧洲的 PLC 产品有明显的差异性。而日本的 PLC 技术是从美国引进的，对美国的 PLC 产品有一定的继承性，但日本的主推产品定位在小型 PLC 上。美国和欧洲以大中型 PLC 而闻名，但日本以小型 PLC 著称。

1) 美国 PLC 产品。美国是 PLC 生产大国，有 100 多家 PLC 厂商，著名的有 A－B、通用电气（GE）公司、莫迪康（MODICON）公司、德州仪器（TI）公司、西屋公司等。

A－B（Allen－Bradley，艾伦-布拉德利）是 Rockwell（罗克韦尔）自动化公司的知名品牌，其 PLC 产品规格齐全、种类丰富。A－B 小型 PLC 为 MicroLogix PLC，主要型号有 MicroLogix1000、MicroLogix1100、MicroLogix1200、MicroLogix1400、MicroLogix1500，其中 MicroLogix1000 体积小巧、功能全面，是小型控制系统的理想选择；MicroLogix1200 能够在空间有限的环境中，为用户提供强大的控制功能，满足不同应用项目的需要；MicroLogix1500 不仅功能完善，而且还能根据应用项目的需要进行灵活扩展，适用于要求较高的控制系统。A－B 中型 PLC 为 CompactLogix PLC，该系列 PLC 可以通过以太网、控制网、设备网来远程控制输入/输出和现场设备，实现不同地点的分布式控制。A－B 大型 PLC 为 ControlLogix PLC，该系列 PLC 提供可选的用户内存模块（750K～8M 字节），能解决有大量输入/输出点数系统的应用问题（支持多达 4000 点模拟量和 128 000 点数字量）；可以控制本地输入/输出和远程输入/输出；可以通过以太网、控制网、设备网和远程输入/输出来监控系统中的输入和输出。

GE 公司的 PLC 代表产品是小型机 GE－1、GE－1/J、GE－1/P 等，除 GE－1/J 外，均采用模块结构。GE－1 用于开关量控制系统，最多可配置到 112 个 I/O 点。GE－1/J 是更小型化的产品，其 I/O 点最多可配置到 96 点。GE－1/P 是 GE－1 的增强型产品，增加了部分功能指令（数据操作指令）、功能模块（A/D、D/A 等）、远程 I/O 功能等，其 I/O 点最多可配置到 168 点。中型机 GE－Ⅲ，它比 GE－1/P 增加了中断、故障诊断等功能，最多可配置到 400 个 I/O 点。大型机 GE－Ⅴ，它比 GE－Ⅲ增加了部分数据处理、表格处理、子程序控制等功能，并具有较强的通信功能，最多可配置到 2048 个 I/O 点。GE－Ⅵ/P 最多可配置到 4000 个 I/O 点。

德州仪器（TI）公司的小型 PLC 产品有 510、520 和 TI100 等，中型 PLC 产品有 TI300、5TI 等，大型 PLC 产品有 PM550、530、560、565 等系列。除 TI100 和 TI300 无联网功能外，其他 PLC 都可实现通信，构成分布式控制系统。

莫迪康（MODICON）公司有 M84 系列 PLC。其中 M84 是小型机，具有模拟量控制、与上位机通信功能，I/O 点最多为 112 点。M484 是中型机，其运算功能较强，可与上位机通信，也可与多台联网，I/O 点最多可扩展为 512 点。M584 是大型机，其容量大，数据处理和网络能力强，I/O 点最多可扩展为 8192。M884 是增强型中型机，它具有小型机的结构、大型机的控制功能，主机模块配置 2 个 RS－232C 接口，可方便地进行组网通信。

2）欧洲 PLC 产品。德国的西门子（Siemens）公司、AEG 公司、法国的 TE 公司是欧洲著名的 PLC 制造商。德国的西门子的电子产品以性能精良而久负盛名。在中、大型 PLC 产品领域与美国的 A－B 公司齐名。

3）日本 PLC 产品。日本的小型 PLC 最具特色，在小型机领域中颇具盛名，某些用欧美的中型机或大型机才能实现的控制，日本的小型机就可以解决。在开发较复杂的控制系统方面明显优于欧美的小型机，所以格外受用户欢迎。日本有许多 PLC 制造商，如三菱、欧姆龙、松下、富士、日立、东芝等，在世界小型 PLC 市场上，日本产品约占有 70%的份额。

三菱公司的 PLC 是较早进入中国市场的产品。其小型机 F1/F2 系列是 F 系列的升级产品，早期在我国的销量也不小。F1/F2 系列加强了指令系统，增加了特殊功能单元和通信功能，比 F 系列有了更强的控制能力。继 F1/F2 系列之后，20 世纪 80 年代末三菱公司又推出 FX 系列，在容量、速度、特殊功能、网络功能等方面都有了全面的加强。FX_2 系列是在 20 世纪 90 年代开发的整体式高功能小型机，它配有各种通信适配器和特殊功能单元。FX_{2N} 为高功能整体式小型机，它是 FX_2 的换代产品，各种功能都有了全面的提升。近年来还不断推出满足不同要求的微型 PLC，如 FX_{0S}、FX_{1S}、FX_{0N}、FX_{1N} 及 α 系列等产品。

三菱公司的大中型机有 A 系列、QnA 系列、Q 系列，具有丰富的网络功能，I/O 点数可达 8192 点。其中 Q 系列具有超小的体积、丰富的机型、灵活的安装方式、双 CPU 协同处理、多存储器、远程口令等特点，是三菱公司现有 PLC 中性能最高的 PLC。

欧姆龙（OMRON）公司的 PLC 产品，大、中、小、微型规格齐全。微型机以 SP 系列为代表，其体积极小、速度极快。小型机有 P 型、H 型、CPM1A 系列、CPM2A 系列、CPM2C、CQM1 等。P 型机现已被性价比更高的 CPM1A 系列所取代，CPM2A/2C、CQM1 系列内置 RS－232C 接口和实时时钟，并具有软 PID 功能，CQM1H 是 CQM1 的升级产品。中型机有 C200H、C200HS、C200HX、C200HG、C200HE、CS1 系列。C200H 是前些年畅销的高性能中型机，配置齐全的 I/O 模块和高功能模块，具有较强的通信和网络功能。C200HS 是 C200H 的升级产品，指令系统更丰富、网络功能更强。C200HX/HG/HE 是 C200HS 的升级产品，有 1148 个 I/O 点，其容量是 C200HS 的 2

倍，速度是C200HS的3.75倍，有品种齐全的通信模块，是适应信息化的PLC产品。CS1系列具有中型机的规模、大型机的功能，是一种极具推广价值的新机型。大型机有C1000H、C2000H、CV（CV500/CV1000/CV2000/CVM1）等。C1000H、C2000H可单机或双机热备运行，安装带电插拔模块，C2000H可在线更换I/O模块；CV系列中除CVM1外，均可采用结构化编程，易读、易调试，并具有更强大的通信功能。

进入21世纪后，OMRON PLC技术的发展日新月异，升级换代呈明显加速趋势，在小型机方面已推出了CP1H/CP1L/CP1E等系列机型。其中，CP1H系列PLC是2005年推出的，与以往产品CPM2A 40点PLC输入/输出型尺寸相同，但处理速度可达其10倍。该机型外形小巧，速度极快，执行基本命令仅需0.1μs，且内置功能强大。

松下公司的PLC产品中，FP0为微型机，FP1为整体式小型机，FP3为中型机，FP5/FP10、FP10S（FP10的改进型）、FP20为大型机，其中FP20是最新产品。近几年松下公司PLC产品的主要特点是：指令系统功能强；有的机型还提供可以用FP-BASIC语言编程的CPU及多种智能模块，为复杂系统的开发提供了软件手段；FP系列各种PLC都配置通信机制，由于它们使用的应用层通信协议具有一致性，这给构成多级PLC网络和开发PLC网络应用程序带来方便。

4）我国的PLC产品。我国有许多厂家、科研院所从事PLC的研制与开发，如中国科学院自动化研究所的PLC-0088，北京联想计算机集团公司的GK-40，上海机床电器厂的CKY-40，上海机床电器厂的CKY-40，苏州电子计算机厂的YZ-PC-001A，原机电部北京机械工业自动化研究所的MPC-001/20、KB-20/40，杭州机床电器厂的DKK02，天津中环自动化仪表公司的DJK-S-84/86/480，上海自立电子设备厂的KKI系列，上海香岛机电制造有限公司的ACMY-S80、ACMY-S256，无锡华光电子工业有限公司的SR-10、SR-20/21等。

（2）按结构形式进行分类。根据PLC的硬件结构形式，将PLC分为整体式、模块式和混合式三类。

1）整体式PLC。整体式PLC是将电源、CPU、I/O接口等部件集中配置装在一个箱体内，形成一个整体，通常将其称为主机或基本单元。采用这种结构的PLC具有结构紧凑、体积小、重量轻、价格较低、安装方便等特点，但主机的I/O点数固定，使用不太灵活。一般小型或超小型的PLC通常采用整体式结构。

2）模块式PLC。模块式PLC又称为积木式PLC，它是将PLC各组成部分以独立模块的形式分开，如CPU模块、输入模块、输出模块、电源模块等各种功能模块。模块式PLC由框架或基板和各种模块组成，将模块插在带有插槽的基板上，组装在一个机架内。采用这种结构的PLC具有配置灵活、装配方便、便于扩展和维修等特点。大、中型PLC一般采用模块式结构。

3）混合式PLC。混合式PLC是将整体式的结构紧凑、体积小、安装方便和模块式的配置灵活、装配方便等优点结合起来的一种新型结构PLC。例如Siemens公司生产的S7-200系列PLC就是采这种结构的小型PLC，Siemens公司生产的S7-300系列PLC也是采用这种结构的中型PLC。

（3）按性能高低进行分类。根据性能的高低，将PLC分为低档PLC、中档PLC和高档PLC这三类。

1）低档 PLC。低档 PLC 具有基本控制和一般逻辑运算、计时、计数等基本功能，有的还具有少量模拟量输入/输出、算术运算、数据传送和比较、通信等功能。这类 PLC 只适合于小规模的简单控制，在联网中一般作为从机使用，如 Siemens 公司生产的 S7－200 就属于低档 PLC。

2）中档 PLC。中档 PLC 有较强的控制功能和运算能力，它不仅能完成一般的逻辑运算，也能完成比较复杂的三角函数、指数和 PID 运算，工作速度比较快，能控制多个输入/输出模块。中档 PLC 可完成小型和较大规模的控制任务，在联网中不仅可作为从机，也可作为主机使用，如 Siemens 公司生产的 S7－300 就属于中档 PLC。

3）高档 PLC。高档 PLC 具有强大的控制和运算能力，不仅能完成逻辑运算、三角函数、指数、PID 运算，还能进行复杂的矩阵运算、制表和表格传送操作。高档 PLC 可完成中型和大规模的控制任务，在联网中一般作为主机使用，如 Siemens 公司生产的 S7－400 就属于高档 PLC。

（4）按控制规模进行分类。根据 PLC 控制器的 I/O 总点数的多少可分为小型机、中型机和大型机。

1）小型机。I/O 总点数在 256 点以下的 PLC 称为小型机，如 Siemens 公司生产的 S7－200 系列 PLC、三菱公司生产的 FX_{2N} 系列 PLC、欧姆龙公司生产的 CP1H 系列 PLC。小型 PLC 通常用来代替传统继电—接触器控制，在单机或小规模生产过程中使用，它能执行逻辑运算、定时、计数、算术运算、数据处理和传送、高速处理、中断、联网通信及各种应用指令。I/O 总点数等于或小于 64 点的称为超小型或微型 PLC。

2）中型机。I/O 总点数在 256～2048 点之间的 PLC 称为中型机，如 Siemens 公司生产的 S7－300 系列 PLC、欧姆龙公司生产的 CQM1H 系列 PLC。中型 PLC 采用模块化结构，根据实际需求，用户将相应的特殊功能模块组合在一起，使其具有数字计算、PID 调节、查表等功能，同时相应的辅助继电器增多，定时、计数范围扩大，功能更强，扫描速度更快，适用于较复杂系统的逻辑控制和闭环过程控制。

3）大型机。I/O 总点数在 2048 点以上的 PLC 称为大型机，如 Siemens 公司生产的 S7－400 系列 PLC、欧姆龙公司生产的 CS1 系列 PLC。I/O 总点数超过 8192 点的称为超大型 PLC 机。大型 PLC 具有逻辑和算术运算、模拟调节、联网通信、监视、记录、打印、中断控制、远程控制及智能控制等功能。目前有些大型 PLC 使用 32 位处理器，多 CPU 并行工作，具有大容量的存储器，使其扫描速度高速化，存储容量大大加强。

1.1.4 三菱 PLC 简介

三菱 PLC 在 20 世纪 80 年代进入中国市场，至今已有 30 余年的历史。三菱 PLC 稳定性好，使用方便，编程易学。既有微小型的 F 系列，又有中大型的 A、Q、L 系列，功能齐全，应用范围广。中国作为世界的加工中心，近 20 年制造业高速腾飞。三菱 PLC 在中国市场常见的主要有 FX_{1S}、FX_{1N}、FX_{2N}、FX_{3U}、A、Q 等系列。

三菱 FX_{1S}系列 PLC 功能简单、价格便宜，适用于小型开关量控制系统。它采用整体式固定的 I/O 型结构，PLC 的 CPU、电源、输入/输出安装于一体，结构紧凑、安装简单。

三菱FX_{1N} PLC功能较FX_{1S}有所增强，可以适用于大多数简单机械控制的小型PLC。它采用了基本单元加扩展的结构形式，基本单元内有CPU、存储器、I/O模块、通信接口和扩展接口等。

三菱FX_{2N} PLC是超小型机，I/O点数最大可扩展到256点。它对每条基本指令执行时间只要0.08μs，对每条应用指令执行时间为1.25μs。内置的用户存储器为8K步，使用存储卡盒后，最大容量可扩大至16K步，编程指令达到327条。三菱FX_{2N} PLC不仅能完成逻辑控制、顺序控制、模拟量控制、位置控制、高速计数等功能，还能进行数据检索、数据排列、三角函数运算、平方根以及浮点数运算、PID运算等更为复杂的数据处理。

三菱FX_{3U} PLC是三菱公司最新开发的第3代微型可编程控制器，它是目前三菱公司小型PLC中CPU性能最高、适用于网络控制的小型PLC系列产品。其基本单元的I/O点数为256点，通过CC-Link网络可扩展，可扩展为384点。它对每条基本指令执行的时间只需0.065μs，对每条应用指令执行时间为0.642μs。内置的用户存储器为64K步，并可采用Flash Memory ROM（闪存）卡。三菱FX_{3U} PLC的通信功能进一步加强，在FX_{2N} PLC的基础上增加了RS-422标准接口与网络链接的通信模块，同时，通过转换装置，还可以使用USB接口。FX_{3U} PLC的编程元件比FX_{2N} PLC大大增加，内部继电器达到7680点，状态继电器达到4096点，定时器达到512点，同时还增加了部分应用指令。

三菱A系列PLC使用三菱专用顺控芯片（MSP），速度/指令可媲美大型三菱PLC；A2AS CPU支持32个PID回路；而QnAS CPU的回路数目无限制，可随内存容量的大小而改变；程序容量由8K步至124K步，如使用存储器卡，QnAS CPU则内存量可扩充到2M字节；有多种特殊模块可选择，包括网络、定位控制、高速计数、温度控制等模块。

三菱Q系列PLC是三菱公司从原来的A系列PLC基础上发展起来的中、大型PLC系列产品。该系列产品采用模块化的结构形式构成，其基本组成部分包括电源模块、CPU模块、基板、I/O模块等。通过扩展基板与I/O模块可以增加I/O点数；通过扩展存储器卡可扩大程序存储器的存储容量；通过各种特殊功能模块可增加某些特殊功能，以扩大应用范围；通过配置各种类型的网络通信模块可组成不同的网络。三菱Q系列PLC根据CPU的性能不同，分为基本型、高性能型、过程控制型、运动控制型、计算机型、冗余型等系列产品。不同系列的产品，其适用的领域也不相同，其中基本型、高性能型、过程控制型的系列产品一般在常用的控制领域中使用，运动控制型、计算机型、冗余型的系列产品一般适用于特殊控制领域。

1.2 PLC的组成及工作原理

1.2.1 PLC的组成

PLC的种类很多，但结构大同小异。PLC的硬件系统主要由中央处理器（CPU）、存储器、I/O（输入/输出）单元、电源单元、通信接口、I/O 扩展接口等部件组成，这些单元部件都是通过内部总线进行连接的，如图 1－1 所示。

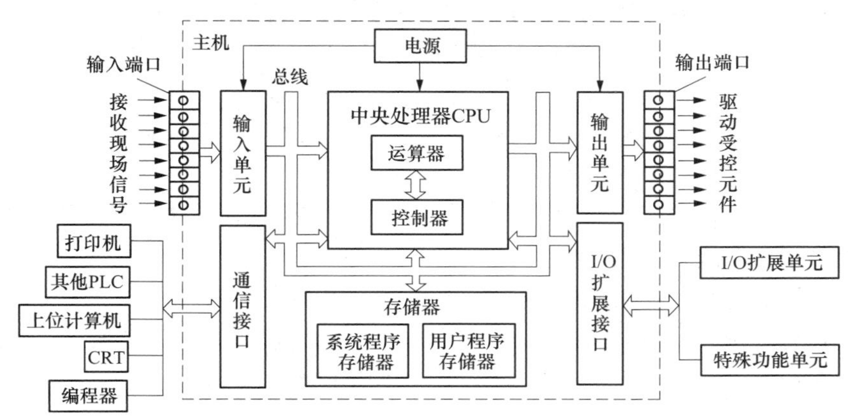

图 1－1　PLC 内部硬件结构框图

1. 中央处理器 CPU

PLC 的中央处理器与一般的计算机控制系统一样，也由运算器和控制器构成。它是整个系统的核心，类似于人类的大脑和神经中枢。它是 PLC 的运算、控制中心，用来实现逻辑和算术运算，并对全机进行控制，按 PLC 中系统程序赋予的功能，有条不紊地指挥 PLC 进行工作。CPU 主要完成以下任务：

（1）控制从编程器、上位计算机和其他外部设备键入的用户程序数据的接收和存储。

（2）用扫描方式通过输入单元接收现场输入信号，并存入指定的映像寄存器或数据寄存器。

（3）诊断电源和 PLC 内部电路的工作故障和编程中的语法错误等。

（4）PLC 进入运行状态后，执行相应工作：①从存储器逐条读取用户指令，经过命令解释后，按指令规定的任务产生相应的控制信号去启闭相关控制电路，通俗地讲就是执行用户程序，产生相应的控制信号。②进行数据处理，分时、分渠道执行数据存取、传送、组合、比较、变换等动作，完成用户程序中规定的逻辑运算或算术运算等任务。③根据运算结果，更新有关标志位的状态和输出寄存器的内容，再由输入映像寄存器或数据寄存器的内容，实现输出控制、制表、打印、数据通信等。

2. 存储器

PLC 中存储器的功能与普通微机系统的存储器的结构类似，它由系统程序存储器和用户程序存储器等部分构成。

（1）系统程序存储器。系统程序存储器用 EPROM 或 EEPROM 来存储厂家编写的系统程序。系统程序是指控制和完成 PLC 各种功能的程序，相当于单片机的监控程序或微机的操作系统，在很大程度上它决定该系列 PLC 的性能与质量，用户无法更改或调用。系统程序有系统管理程序、用户程序编辑和指令解释程序、标准子程序和调用管理程序这三种类型。

1）系统管理程序。它决定系统的工作节拍，包括 PLC 运行管理（各种操作的时间分配安排）、存储空间管理（生成用户数据区）和系统自诊断管理（如电源、系统出错、程序语法、句法检验等）。

2）用户程序编辑和指令解释程序。编辑程序能将用户程序变为内码形式，以便于程序的修改、调试。解释程序能将编程语言变为机器语言，便于CPU操作运行。

3）标准子程序和调用管理程序。为了提高运行速度，在程序执行中某些信息处理（I/O处理）或特殊运算等都是通过调用标准子程序来完成的。

（2）用户程序存储器。用户程序存储器用来存放用户的应用程序和数据，它包括用户程序存储器（程序区）和用户数据存储器（数据区）两种。

程序存储器用以存储用户程序。数据存储器用来存储输入、输出以及内部接点和线圈的状态以及特殊功能要求的数据。

用户存储器的内容由用户根据控制需要可读、可与、可任意修改、增删。常用的用户存储器形式有高密度、低功耗的CMOS RAM（由锂电池实现断电保护，一般能保持5～10年，经常带负载运行也可保持2～5年）、EPROM和EEPROM三种。

3. 输入/输出单元（I/O单元）

输入/输出单元又称为输入/输出模块，它是PLC与工业生产设备或工业过程连接的接口。现场的输入信号，如按钮开关、行程开关、限位开关以及各传感器输出的开关量或模拟量等，都要通过输入模块送到PLC中。由于这些信号电平各式各样，而PLC的CPU所处理的信息只能是标准电平，因此输入模块还需要将这些信号转换成CPU能够接收和处理的数字信号。输出模块的作用是接收CPU处理过的数字信号，并把它转换成现场的执行部件所能接收的控制信号，以驱动负载，如电磁阀、电动机、灯光显示等。

PLC的输入/输出单元上通常都有接线端子，PLC类型不同，其输入/输出单元的接线方式就不同，通常分为汇点式、分组式和隔离式这三种接线方式，如图1-2所示。

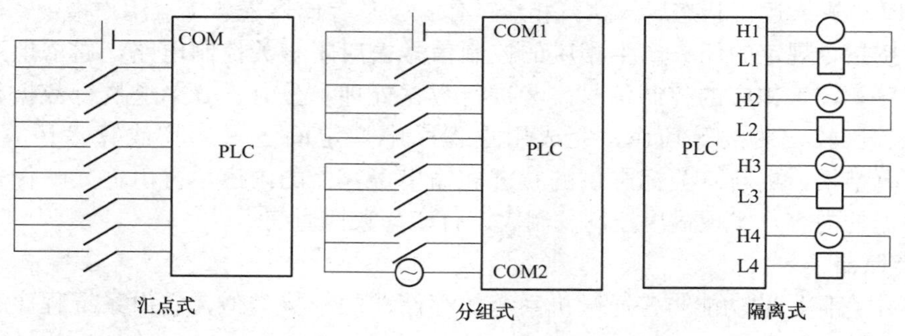

图1-2　输入/输出单元三种接线方式

输入/输出单元分别只有一个公共端COM的称为汇点式，其输入或输出点共用一个电源；分组式是指将输入/输出端子分为若干组，每组的I/O电路有一个公共点并共用一个电源，组与组之间的电路隔开；隔离式是指具有公共端子的各组输入/输出点之间互相隔离，可各自使用独立的电源。

PLC提供了各种操作电平和驱动能力的输入/输出模块供用户选择，如数字量输入/输出模块、模拟量输入/输出模块。这些模块又分为直流与交流、电压与电流等类型。

（1）数字量输入模块。数字量输入模块又称为开关量输入模块，它是将工业现场的开关量信号转换为标准信号传送给 CPU，并保证信息的正确和控制器不受其干扰。它一般是采用光电耦合电路与现场输入信号相连，这样可以防止使用环境中的强电干扰进入 PLC。光电耦合电路的核心是光电耦合器，其结构由发光二极管和光电三极管构成。现场输入信号的电源可由用户提供，直流输入信号的电源也可由 PLC 自身提供。数字量输入模块根据使用电源的不同分为直流输入模块（直流 12V 或 24V）和交流输入（交流 100～120V 或 200～240V）模块两种。

1）直流输入模块。当外部检测开关接点接入的是直流电压时，需使用直流输入模块对信号进行检测。下面以某一输入点的直流输入模块进行讲解。

直流输入模块的原理电路如图 1－3 所示。外部检测开关 S 的一端接外部直流电源（直流 12V 或 24V），S 的另一端与 PLC 的输入模块的一个信号输入端子相连，外部直流电源的另一端接 PLC 输入模块的公共端 COM。虚线框内的是 PLC 内部输入电路，R1 为限流电阻；R2 和 C 构成滤波电路，用来抑制输入信号中的高频干扰；LED 为发光二极管。当 S 闭合后，直流电源经 R1、R2、C 的分压、滤波后形成 3V 左右的稳定电压供给光电隔离 VLC 耦合器，LED 显示某一输入点是否有信号输入。光电隔离 VLC 耦合器另一侧的光电三极管接通，此时 A 点为高电平，内部＋5V 电压经 R3 和滤波器形成适合 CPU 所需的标准信号送入内部电路中。

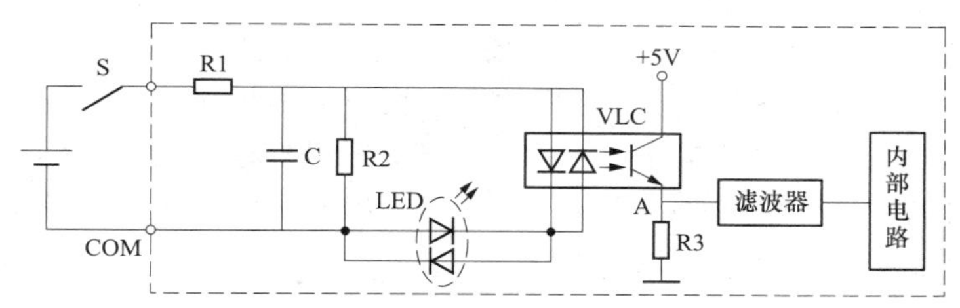

图 1－3　直流输入模块的原理电路

内部电路中的锁存器将送入的信号暂存，CPU 执行相应的指令后，通过地址信号和控制信号将锁存器中的信号进行读取。

当输入电源由 PLC 内部提供时，外部电源断开，将现场检测开关的公共接点直接与 PLC 输入模块的公共输入点 COM 相连即可。

2）交流输入模块。当外部检测开关接点加入的是交流电压时，需使用交流输入模块进行信号检测。

交流输入模拟的原理电路如图 1－4 所示。外部检测开关 S 的一端接外部交流电源（交流 100～120V 或 200～240V），S 的另一端与 PLC 的输入模块的一个信号输入端子相连，外部交流电源的另一端接 PLC 输入模块的公共端 COM。虚线框内的是 PLC 内部输入电路，R1 和 R2 构成分压电路；C 为隔直电容，用来滤掉输入电路中的直流成分，对交流相当于短路；LED 为发光二极管。当 S 闭合时，PLC 可输入交流电源，其工作原理与直流输入电路类似。

3）交直流输入模块。当外部检测开关接点加入的是交流或直流电压时，需使用交直

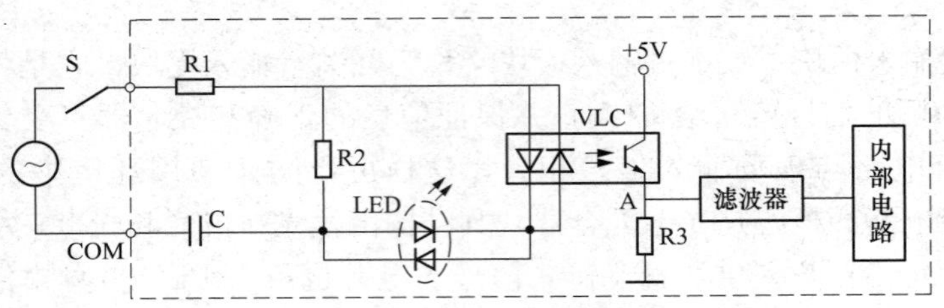

图 1－4　交流输入模块的原理电路

流输入模块进行信号检测，如图 1－5 所示。从图中可看出，其内部电路与直流输入电路类似，只不过交直流输入电路的外接电源除直流电源外，还可用 12～24V 的交流电源。

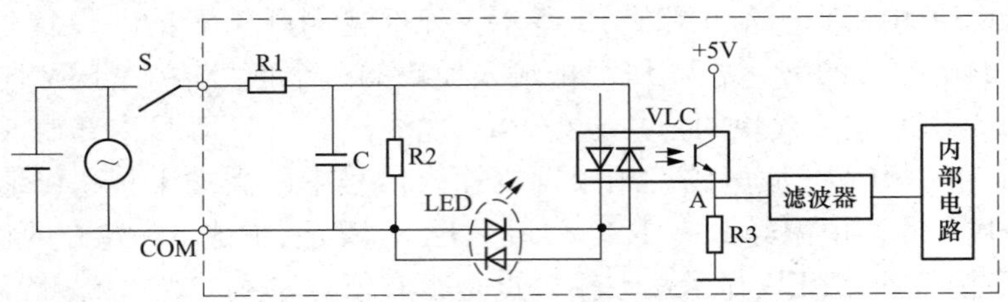

图 1－5　交直流输入模块的原理电路

（2）数字量输出模块。数字量输出模块又称为开关量输出模块，它是将 PLC 内部信号转换成现场执行机构的各种开关信号。数字量输出模块按照使用电源（即用户电源）的不同，分为直流输出模块、交流输出模块和交直流输出模块三种。按照输出电路所使用的开关器件不同，又分为晶体管输出、晶闸管（即可控硅）输出和继电器输出，其中晶体管输出方式的模块只能带直流负载；晶闸管输出方式的模块只能带交流负载；继电器输出方式的模块既可带交流负载，也可带直流负载。

1）直流输出模块（晶体管输出方式）。PLC 某 I/O 点直流输出模块电路如图 1－6 所示。虚线框内表示 PLC 的内部结构，它由 VLC 光电隔离耦合器件、LED 二极管显示、VT 输出电路、VD 稳压管、熔断器 FU 等组成。当某端需输出时，CPU 控制锁存器的对应位为 1，通过内部电路控制 VLC 输出，晶体管 VT 导通输出，相应的负载接通，同时输出指示灯 LED 亮，表示该输出端有输出。当某端不输出时，锁存器相应位为 0，VLC 光电隔离耦合器没有输出，VT 晶体管截止，使负载失电，此时 LED 指示灯不亮，负载所需直流电源由用户提供。

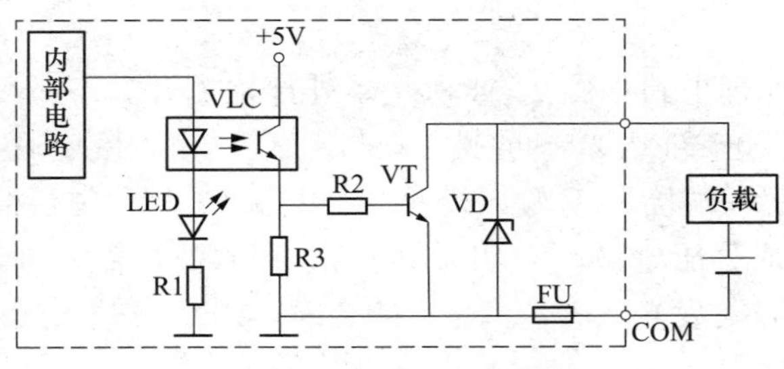

图 1－6　直流输出模块电路

2）交流输出模块（晶闸管输出方式）。PLC 某 I/O 点交流输出模块电路如图 1－7 所示。虚线框内表示 PLC 的内部结构。图中双向晶闸管为输出开关器件，由它组成的固态继电器 T 具有光电隔离作用；电阻 R2 和 C 构成高频滤波电路，以减少高频信号的干扰；浪涌吸收器起限幅作用，将晶闸管上的电压限制在 600V 以下；负载所需交流电源由用户提供。当某端需输出时，CPU 控制锁存器的对应位为 1，通过内部电路控制 T 导通，相应的负载接通，同时输出指示灯 LED 亮，表示该输出端有输出。

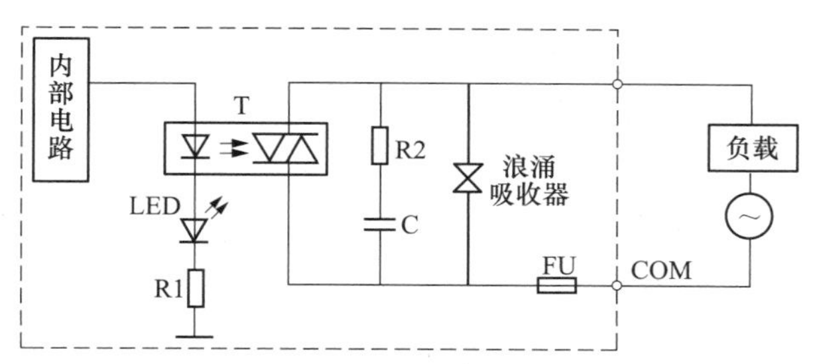

图 1－7　交流输出模块电路

3）交直流输出模块（继电器输出方式）。PLC 某 I/O 点交直流输出模块电路如图 1－8 所示，它的输出驱动是 K 继电器。K 继电器既是输出开关，又是隔离器件；R2 和 C 构成灭弧电路。当某端需输出时，CPU 控制锁存器的对应位为 1，通过内部电路控制 K 吸合，相应的负载接通，同时输出指示灯 LED 亮，表示该输出端有输出。负载所需交直流电源由用户提供。

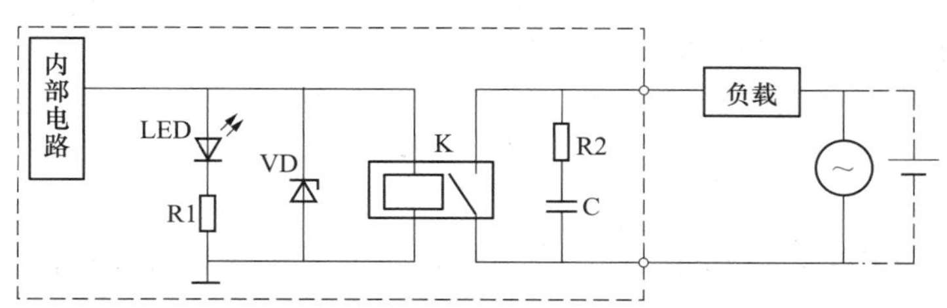

图 1－8　交直流输出模块电路

通过上述分析可知，为防止干扰和保证 PLC 不受外界强电的侵袭，I/O 单元都采用了电气隔离技术。晶体管只能用于直流输出模块，它具有动作频率高、响应速度快、驱动负载能力小的特点；晶闸管只能用于交流输出模块，它具有响应速度快、驱动负载能力不大的特点；继电器既能用于直流输出模块，也能用于交流输出模块，它的驱动负载能力强，但动作频率和响应速度慢。

（3）模拟量输入模块。模拟量输入模块是将输入的模拟量如电流、电压、温度、压力等转换成 PLC 的 CPU 可接收的数字量。在 PLC 中将模拟量转换成数字量的模块又称为 A/D 模块。

（4）模拟量输出模块。模拟量输出模块是将输出的数字量转换成外部设备可接收的模拟量，此模块在 PLC 中又称为 D/A 模块。

4. 电源单元

PLC 的电源单元通常是将 220V 的单相交流电源转换成 CPU、存储器等电路工作所需的直流电，它是整个PLC系统的能源供给中心，电源的好坏直接影响PLC的稳定性和可靠性。对于小型整体式PLC，其内部有一个高质量的开关稳压电源，可为CPU、存储器、I/O单元提供5V直流电源，还可为外部输入单元提供24V直流电源。

5. 通信接口

为了实现微机与PLC、PLC与PLC间的对话，PLC配有多种通信接口，如打印机、上位计算机、编程器等接口。

6. I/O扩展接口

I/O扩展接口用于将扩展单元或特殊功能单元与基本单元相连，使PLC的配置更加灵活，以满足不同控制系统的要求。

1.2.2 PLC的工作原理

PLC虽然以微处理器为核心，具有微型计算机的许多特点，但它的工作方式却与微型计算机很大不同。微型计算机一般采用等待命令或中断的工作方式，如常见的键盘扫描方式或I/O扫描方式，当有键按下或I/O动作，则转入相应的子程序或中断服务程序；无键按下时，则继续扫描等待。而PLC采用循环扫描的工作方式，即“顺序扫描，不断循环”。

用户程序通过编程器或其他输入设备输入存放在PLC的用户存储器中。当PLC开始运行时，CPU根据系统监控程序的规定顺序，通过扫描，完成各输入点状态采集或输入数据采集、用户程序的执行、各输出点状态的更新、编程器键入响应和显示器更新及CPU自检等功能。

PLC的扫描可按固定顺序进行，也可按用户程序规定的顺序进行。这不仅仅因为有的程序不需要每扫描一次执行一次，也因为在一个大控制系统，需要处理的I/O点数较多。通过不同的组织模块的安排，采用分时分批扫描执行方法，可缩短扫描周期和提高控制的实时相应性。

PLC采用集中采样、集中输出的工作方式，减少了外界干扰的影响。PLC的循环扫描过程分为输入采样（或输入处理）、程序执行（或程序处理）和输出刷新（或输出处理）三个阶段。

1. 输入采样阶段

在输入采样阶段，PLC以扫描方式按顺序将所有输入端的输入状态进行采样，并将采样结果分别存入相应的输入映像寄存器中，此时输入映像寄存器被刷新。接着进入程序执行阶段，在程序执行期间即使输入状态变化，输入映像寄存器的内容也不会改变，输入状态的变化只在下一个工作周期的输入采样阶段才被重新采样到。

2. 程序执行阶段

在程序执行阶段，PLC是按顺序对程序进行扫描执行，如果程序用梯形图表示，则总是按先上后下、先左后右的顺序进行。若遇到程序跳转指令时，则根据跳转条件是否满足来决定程序的跳转地址。当指令中涉及输入、输出状态时，PLC从输入映像寄存器中将上一阶段采样的输入端子状态读出，从元件映像寄存器中读出对应元件的当前状态，并根据用户程序进行相应运算，然后将运算结果再存入元件寄存器中。对于元件映像寄存器来说，其内容随着程序的执行而发生改变。

3. 输出刷新阶段

当所有指令执行完后，进入输出刷新阶段。此时，PLC 将输出映像寄存器中所有与输出有关的输出继电器的状态转存到输出锁存器中，并通过一定的方式输出，驱动外部负载。

PLC 工作过程除了包括上述三个主要阶段外，还要完成内部处理、通信处理等工作。在内部处理阶段，PLC 检查 CPU 模块内部的硬件是否正常，将监控定时器复位，以及完成一些别的内部工作。在通信服务阶段，PLC 与其他的带微处理器的智能装置实现通信。

1.3 PLC与其他顺序逻辑控制系统的比较

1.3.1 PLC 与继电器控制系统的比较

PLC 控制系统与电器控制系统相比，有许多相似之处，也有许多不同。现将两种控制系统进行比较。

1. 从控制逻辑上进行比较

继电器控制系统控制逻辑采用硬件接线，利用继电器机械触点的串联或并联等组合成控制逻辑，其连线多且复杂、体积大、功耗大，系统构成后，想再改变或增加功能较为困难。另外，继电器的触点数量有限，所以继电器控制系统的灵活性和可扩展性受到很大限制。而 PLC 采用了计算机技术，其控制逻辑是以程序的方式存放在存储器中，要改变控制逻辑只需改变程序，因而很容易改变或增加系统功能。PLC 控制系统连线少、体积小、功耗小，而且 PLC 中每只软继电器的触点数理论是无限制的，因此其灵活性和可扩展性很好。

2. 从工作方式上进行比较

在继电器控制电路中，当电源接通时，电路中所有继电器都处于受制约状态，即该吸合的继电器都同时吸合，不该吸合的继电器受某种条件限制而不能吸合，这种工作方式称为并行工作方式。而 PLC 的用户程序是按一定顺序循环执行的，所以各软继电器都处于周期性循环扫描接通中，受同一条件制约的各个继电器的动作次序决定于程序扫描顺序，与它们在梯形图中的位置有关，这种工作方式称为串行工作方式。

3. 从控制速度上进行比较

继电器控制系统依靠机械触点的动作来实现控制，工作频率低，触点的开关动作一般在几十毫秒数量级，且机械触点还会出现抖动问题。而 PLC 通过程序指令控制半导体电路来实现控制的，一般一条用户指令的执行时间在微秒数量级，因此速度较快，PLC 内部还有严格的同步控制，不会出现触点抖动问题。

4. 从定时和计数控制上进行比较

继电器控制系统采用时间继电器的延时动作进行时间控制，时间继电器的延时时间易受环境温度和温度变化的影响，定时精度不高且调整时间困难。而 PLC 采用半导体集成电路作定时器，时钟脉冲由晶体振荡器产生，精度高，定时范围一般从 0.1s 到若干分钟甚至更长。用户可根据需要在程序中设定定时值，修改方便，不受环境的影响。PLC 具有计数功能，而继电器控制系统一般不具备计数功能。

5. 从可靠性和可维护性上进行比较

由于继电器控制系统使用了大量的机械触点，连线多，触点开闭时存在机械磨损、电弧烧伤等现象，触点寿命短，因此可靠性和可维护性较差。而 PLC 采用半导体技术，大量的开关动作由无触点的半导体电路来完成，其寿命长、可靠性高，PLC 还具有自诊断功能，能查出自身的故障，随时显示给操作人员，并能动态地监视控制程序的执行情况，为现场调试和维护提供了方便。

6. 从价格上进行比较

继电器控制系统使用机械开关、继电器和接触器，价格较便宜。而 PLC 采用大规模集成电路，价格相对较高。一般认为在少于 10 个的继电器装置中，使用继电器控制逻辑比较经济；在需要 10 个以上的继电器场合，使用 PLC 比较经济。

从上面的比较可知，PLC 在性能上比继电器控制系统优异，特别是它具有可靠性高、设计施工周期短、调试修改方便、体积小、功耗低、使用维护方便的优点，但其价格高于继电器控制系统。

1.3.2 PLC 与微型计算机控制系统的比较

虽然 PLC 采用了计算机技术和微处理器，但它与计算机相比也有许多不同。现将两种控制系统进行比较。

1. 从应用范围上进行比较

微型计算机除了用在控制领域外，还大量用于科学计算、数据处理、计算机通信等方面；而 PLC 主要用于工业控制。

2. 从工作环境上进行比较

微型计算机对工工作环境要求较高，一般要在干扰小且具有一定温度和湿度的室内使用；而 PLC 是专为适应工业控制的恶劣环境而设计的，适应于工程现场的环境。

3. 从程序设计上进行比较

微型计算机具有丰富的程序设计语言，如汇编语言、VC、VB 等，其语法关系复杂，要求使用者必须具有一定水平的计算机软硬件知识；而 PLC 采用面向控制过程的逻辑语言，以继电器逻辑梯形图为表达方式，形象直观、编程操作简单，可在较短时间内掌握它的使用方法和编程技巧。

4. 从工作方式上进行比较

微型计算机一般采用等待命令方式，运算和响应速度快；而 PLC 采用循环扫描的工作方式，其输入、输出存在响应滞后，速度较慢。对于快速系统，PLC 的使用受扫描速度的限制。另外，PLC 一般采用模块化结构，可针对不同的对象和控制需要进行组合和扩展，具有很大的灵活性和很好的性能价格比，维修也更简便。

5. 从输入/输出上进行比较

微型计算机系统的 I/O 设备与主机之间采用微型计算机联系，一般不需要电气隔离；而 PLC 一般控制强电设备，需要电气隔离，输入/输出均用“光—电”耦合，输出还采用

三菱FX_{2N} PLC从入门到精通

继电器、晶闸管或大功率晶体管进行功率放大。

6. 从价格上进行比较

微型计算机是通用机，功能完备，价格较高；而 PLC 是专用机，功能较少，价格相对较低。

从以上几个方面的比较可知，PLC 是一种用于工业自动化控制的专用微机控制系统，结构简单，抗干扰能力强，易于学习和掌握，价格也比一般的微机系统便宜。在同一系统中，一般 PLC 集中在功能控制方面，而微型计算机作为上位机集中在信息处理和 PLC 网络的通信管理上，两者相辅相成。

1.3.3　PLC 与单片机控制系统的比较

单片机具有结构简单、使用方便、价格便宜等优点，一般用于弱电控制；而 PLC 是专门为工业现场的自动化控制而设计的。现将两种控制系统进行比较。

1. 从使用者学习掌握的角度进行比较

单片机的编程语言一般为汇编语言或单片机 C 语言，这就要求设计人员具备一定的计算机硬件和软件知识，对于只熟悉机电控制的技术人员来说，需要相当一段时间的学习才能掌握。PLC 虽然配制上是一种微型计算机系统，但它提供给用户使用的是机电控制员所熟悉的梯形图语言，使用的术语仍然是“继电器”一类的术语，大部指令与继电器触点的串并联相对应，这就使得熟悉机电控制的工程技术人员一目了然。对于使用者来说，不必去关心微型计算机的一些技术问题，只需用较短时间去熟悉 PLC 的指令系统及操作方法，就能应用到工程现场。

2. 从简易程序上进行比较

单片机用来实现自动控制时，一般要在输入/输出接口上做大量工作。例如要考虑现场与单片机的连接、接口的扩展、输入/输出信号的处理、接口工作方式等问题，除了要设计控制程序外，还要在单片机的外围做很多软硬件工作，系统的调试也较复杂。PLC 的 I/O 口已经做好，输入接口可以与输入信号直接连线，非常方便，输出接口也具有一定的驱动能力。

3. 从可靠性上进行比较

单片机进行工业控制时，易受环境的干扰。PLC 是专门应用于工程现场的自动控制装置，在系统硬件和软件上都采取了抗干扰措施，其可靠性较高。

4. 从价格上进行比较

单片机价格便宜、功能强大，既可以用于价格低廉的民用产品，也可用于昂贵复杂的特殊应用系统，自带完善的外围接口，可直接连接各种外设，有强大的模拟量和数据处理能力。PLC 的价格昂贵，体积大，功能扩展需要较多的模块，并且不适合大批量生产。

从以上分析可知，PLC 在数据采集、数据处理通用性和适应性等方面不如单片机，但 PLC 用于控制时稳定可靠，抗干扰能力强，使用方便。

1.3.4　PLC 与 DCS 的比较

DCS（Distributed Control System）即集散控制系统，又称为分布式控制系统，它是集计算机技术、控制技术、网络通信技术和图形显示技术于一体的系统。PLC是由早期继电器逻辑控制系统与微机计算机技术相结合而发展起来的，它是以微处理器为主，融计算机技术、控制技术和通信技术于一体，集顺序控制、过程控制和数据处理于一身的可编程逻辑控制器，现将PLC与DCS两者进行比较。

1. 从逻辑控制方面进行比较

DCS是从传统的仪表盘监控系统发展而来的。它侧重于仪表控制，比如我们使用的ABB Freelance2000 DCS系统甚至没有PID数量的限制（PID，比例微分积分算法，是调节阀、变频器闭环控制的标准算法，通常PID的数量决定了可以使用的调节阀数量）。PLC是从传统的继电器回路发展而来的，最初的PLC甚至没有模拟量的处理能力，因此，PLC从开始就强调的是逻辑运算能力。

DCS开发控制算法采用仪表技术人员熟悉的风格，仪表人员很容易将P&I图（Pipe-Instrumentation diagram，管道仪表流程图）转化成DCS提供的控制算法；而PLC采用梯形图逻辑来实现过程控制，对于仪表人员来说相对困难，尤其是复杂回路的算法，不如DCS实现起来方便。

2. 从网络扩展方面进行比较

DCS在发展的过程中各厂家自成体系，但大部分的DCS系统，比如西门子、ABB、霍尼维尔、GE、施耐德等，虽说系统内部（过程级）的通信协议不尽相同，但这些协议均建立在标准串口传输协议RS-232或RS-485协议的基础上。DCS操作级的网络平台不约而同地选择了以太网络，采用标准或变形的TCP/IP协议，这样就提供了很方便的可扩展能力。在这种网络中，控制器、计算机均作为一个节点存在，只要网络到达的地方，就可以随意增减节点数量和布置节点位置。另外，基于Windows系统的OPC、DDE等开放协议，各系统也可很方便地通信，以实现资源共享。

目前，由于PLC把专用的数据高速公路（High Way）改成通用的网络，并采用专用的网络结构（如西门子的MPI总线性网络），使PLC有条件与其他各种计算机系统和设备实现集成，以组成大型的控制系统。PLC系统的工作任务相对简单，因此需要传输的数据量一般不会太大，所以PLC不会或很少使用以太网。

3. 从数据库方面进行比较

DCS一般都提供统一的数据库，也就是在DCS系统中一旦一个数据存在于数据库中，就可在任何情况下引用，如在组态软件中、在监控软件中、在趋势图中、在报表中……而PLC系统的数据库通常都不是统一的，组态软件和监控软件甚至归档软件都有自己的数据库。

4. 从时间调度方面进行比较

PLC的程序一般是按顺序进行执行的（即从头到尾执行一次后又从头开始执行），而不能按事先设定的循环周期运行。虽然现在一些新型PLC有所改进，但对任务周期的数量还是有限制的。而DCS可以设定任务周期，如快速任务等。同样是传感器的采样，压力传感器的变化时间很短，我们可以用200ms的任务周期采样；而温度传感器的滞后时间很长，我们可以用2s的任务周期采样。这样，DCS可以合理地调度控制器的资源。

5. 从应用对象方面进行比较

PLC 一般应用在小型自控场所，比如设备的控制或少量的模拟量的控制及联锁，而大型的应用一般都是 DCS。当然，这个概念不太准确，但很直观，习惯上我们把大于 600 点的系统称为 DCS，小于这个规模的叫做 PLC。我们的热泵及 QCS、横向产品配套的控制系统一般都是称为 PLC。

总之，PLC 与 DCS 发展到今天，事实上都在向彼此靠拢，严格地说，现在的 PLC 与 DCS 已经不能一刀切开，很多时候之间的概念已经模糊了。

第 2 章

FX2N系列PLC的硬件系统

FX_{2N}系列 PLC 是日本三菱电机推出的小型整体式可编程控制器，其 16～25 点 I/O 端子除了可以作为基本的数字量输入/输出外，还可以适用于多个基本组件间的连接，以实现模拟控制、定位控制等特殊用途，是一套可以满足多样化需求的 PLC。

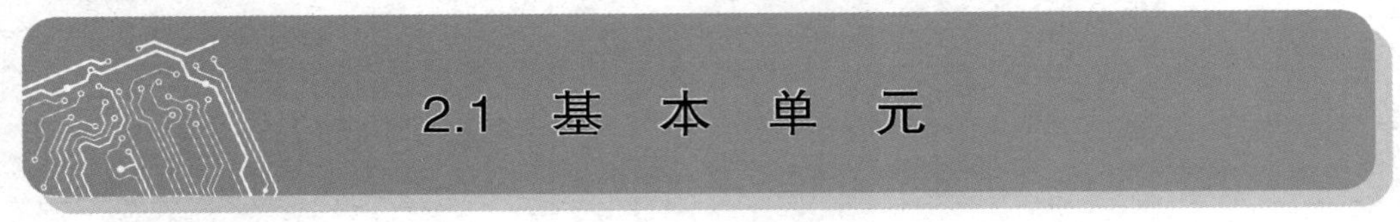

2.1 基 本 单 元

FX_{2N}按 PLC 品种可分为基本单元、I/O 扩展单元、I/O 扩展模块和特殊扩展设备。基本单元由内部电源、内部输入/输出、内部 CPU 和内部存储器构成，只有基本单元可以单独使用，当输入输出点数不够时可以进行扩展。

2.1.1 基本单元的命名及性能

可编程控制器 FX_{2N}的基本单元有多种型号，且每种型号具有一定的含义，其命名方法如图 2-1 所示。

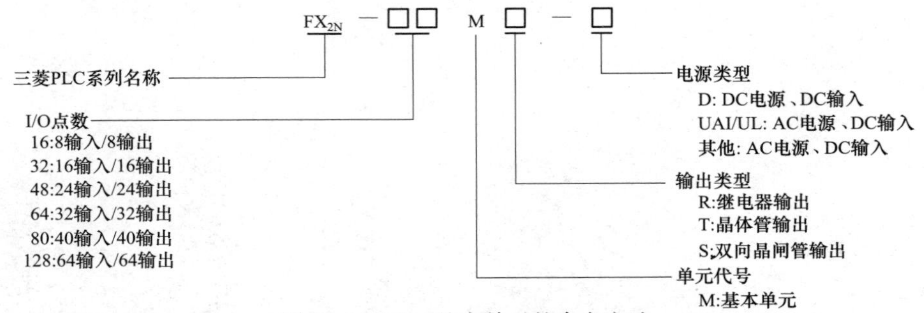

图 2-1　FX_{2N}基本单元的命名方法

根据输入/输出点数的不同，FX_{2N}系列 PLC 有 16/32/48/64/80/128 共 6 种型号，如表 2-1 所示；根据 PLC 电源的不同，可以分为 AC 电源输入与 DC 电源输入两种基本类型；

根据输出类型，可以分为继电器输出、晶体管输出、双向晶闸管（可控硅）输出三种类型。此外，对于 AC 电源型，PLC 还可以使用 AC 输入。FX_{2N}系列 PLC 的性能如表 2-2 所示。

表 2-1　FX_{2N}基本单元

输入/输出点数	输入点数	输出点数	AC 电源 DC 24V 输入		
			继电器输出	晶闸管输出	晶体管输出
16	8	8	FX_{2N}-16MR	FX_{2N}-16MS	FX_{2N}-16MT
32	16	16	FX_{2N}-32MR	FX_{2N}-32MS	FX_{2N}-32MT
48	24	24	FX_{2N}-48MR	FX_{2N}-48MS	FX_{2N}-48MT
64	32	32	FX_{2N}-64MR	FX_{2N}-64MS	FX_{2N}-64MT
80	40	40	FX_{2N}-40MR	FX_{2N}-40MS	FX_{2N}-40MT
128	64	64	FX_{2N}-128MR	—	FX_{2N}-128MT
输入/输出点数	输入点数	输出点数	DC 电源 DC 24V 输入		AC 电源 AC 输入，继电器输出
			继电器输出	晶闸管输出	
16	8	8	—	—	FX_{2N}-16MR-UA1/UL
32	16	16	FX_{2N}-32MR-D	FX_{2N}-32MT-D	FX_{2N}-32MR-UA1/UL
48	24	24	FX_{2N}-48MR-D	FX_{2N}-48MT-D	FX_{2N}-48MR-UA1/UL
64	32	32	FX_{2N}-64MR-D	FX_{2N}-64MT-D	FX_{2N}-64MR-UA1/UL
80	40	40	FX_{2N}-40MR-D	FX_{2N}-40MT-D	—
128	64	64	—	—	

表 2-2　FX_{2N}系列 PLC 的性能表

项目		性能
运算控制方式		重复执行保存的程序的运算方式（专用 LSI），有中断指令
输入/输出控制方式		批次处理方式（END 指令执行时），但是有输入/输出刷新指令、脉冲捕捉功能
编程语言		继电器符号方式+步进梯形图方式（可表现为 SFC）
程序内存	最大存储器容量	16 000 步（包括注释、文件寄存器，最大 16 000 步）
	内置存储器容量	8000 步 RAM（由内置的锂电池支持），有密码保护功能
	存储器盒	RAM 16000 步（也可支持 2000/4000/8000 步）；EPROM 16000 步（也可支持 2000/4000/8000 步）；EEPROM 4000 步（也可支持 2000 步）；EEPROM 8000 步（也可支持 2000/4000 步）；EEPROM 16000 步（也可支持 2000/4000/8000 步）。不可以使用带实时时钟功能的存储器卡盒
	RUN 中写入功能	有（在可编程控制器 RUN 中，可以更改程序）
实时时钟	时钟功能	内置（不可以使用带实时时钟功能的内存卡盒），1980～2079 年（闰年有修正），西历 2 位/4 位可切换，月差±45s
指令种类	顺控、步进梯形图	顺控指令：27 个；步进梯形图指令：2 个
	应用指令	132 种 309 个
运算处理速度	基本指令	0.08μs/指令
	应用指令	1.52μs～数百微秒/指令
输入/输出点数	扩展并用时的输入点数	X000～X267 共 184 点（八进制编号）
	扩展并用时的输出点数	Y000～Y267 共 184 点（八进制编号）
	扩展并用时的合计点数	256 点
辅助继电器	通用辅助继电器	500 点，M0～M499
	锁存辅助继电器	2572 点，M500～M3071
	特殊辅助继电器	256 点，M8000～M8255

续表

状态继电器	初始化状态继电器	10 点，S0～S9
	锁存状态继电器	400 点，S500～S899
定时器	100ms 定时器	206 点，T0～T199，T250～T255
	10ms 定时器	46 点，T200～T245
	1ms 定时器	4 点，T246～T249
内部计数器	16 位通用加计数器	100 点，C0～C99
	16 位锁存加计数器	100 点，C100～C199
	32 位通用加减计数	20 点，C200～C219
	32 位锁存加减计数	15 点，C220～C234
高速计数器	1 相无启动复位输入	6 点，C235～C240
	1 相带启动复位输入	5 点，C241～C245
	2 相双向高速计数器	5 点，C246～C250
	A/B 相高速计数器	5 点，C251～C255
数据寄存器	通用数据寄存器	16 位 200 点，D0～D199
	锁存数据寄存器	16 位 7800 点，D200～D7999
	文件寄存器	7000 点，D1000～D7999
	特殊寄存器	16 位 256 点，D8000～D8255
	变址寄存器	16 位 16 点，V0～V7 和 Z0～Z7
指针	跳转和子程序调用	128 点，P0～P127
	中断用	6 点输入中断（I00□～I30□），3 点定时中断（I6☆☆～I8☆☆），6 点计数器中断
使用 MC 和 MCR 的嵌套层数		8 层，N0～N7
常数	十进制（K）	16 位：－32768～＋32767；32 位：－2147483648～＋2147483647
	十六进制（H）	16 位：0～FFFF；32 位：0～FFFFFFFF
	浮点数	32 位：$\pm 1.175\times 10^{-38}\sim\pm 3.403\times 10^{38}$

注　表中☆表示 ms。

2.1.2　基本单元的外形结构

FX_{2N}系列 PLC 基本单元的外部特征基本相似，其实物外形如图 2－2 所示。FX_{2N}系列 PLC 的基本单元一般由外部端子部分、指示部分和接口部分等组成，其外形结构如图 2－3 所示。

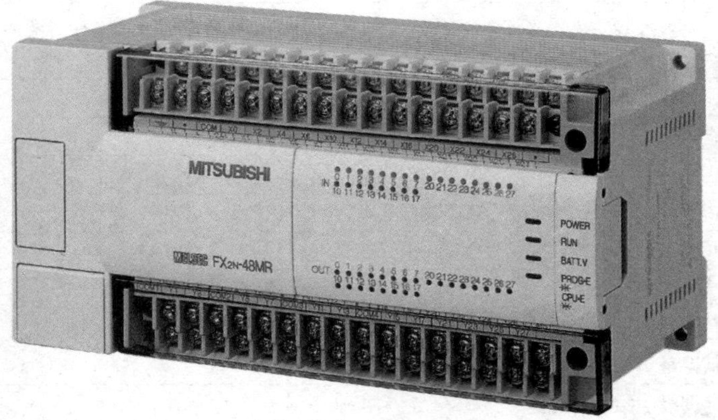

图 2－2　FX_{2N}系列 PLC 基本单元的实物外形图

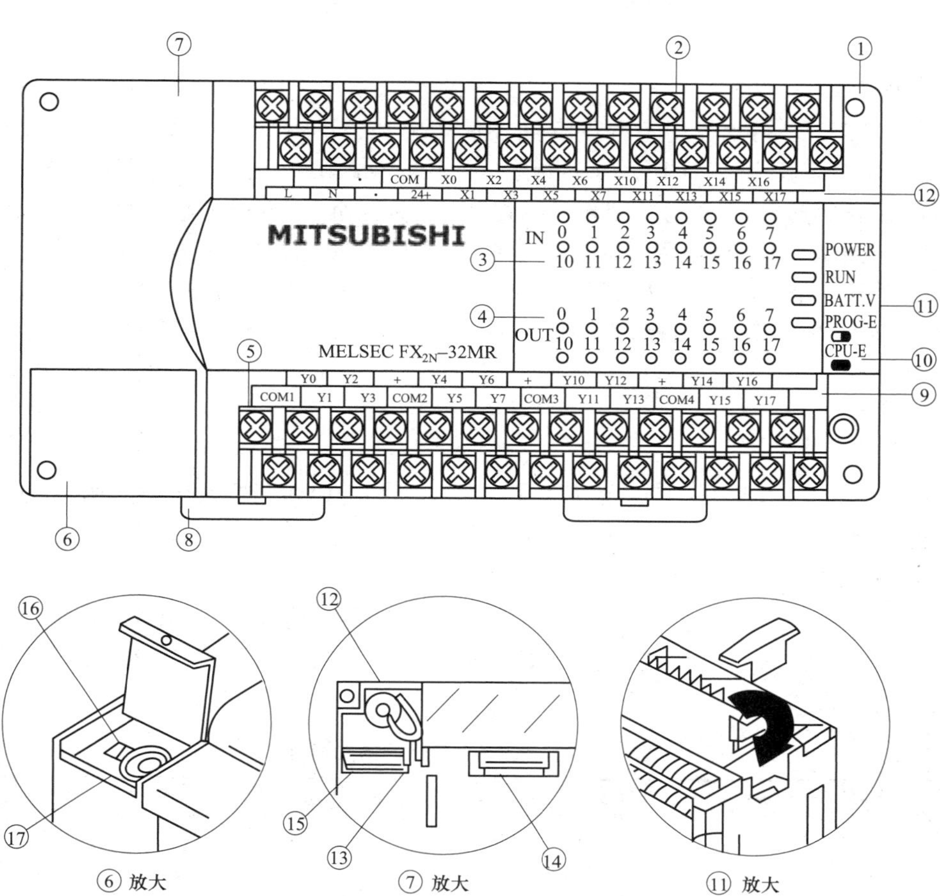

① 安装孔4个
② 电源 辅助电源 输入信号用的装卸式端子
③ 输入指示灯
④ 输出动作指示灯
⑤ 输出用的可装卸式端子
⑥ 外围设备接线插座、盖板
⑦ 面板盖
⑧ DIN导轨装卸用卡子
⑨ I/O端子标记
⑩ 动作指示灯
  POWER:电源指示灯
  RUN:运行指示灯
  BATT.V:电池电压下降指示
  PROG-E:出错指示灯(程序出错)
  CPU-E:出错指示亮灯(CPU出错)
⑪ 扩展单元、扩展模块、特殊单元、特殊模块、接线插座盖板
⑫ 锂电池
⑬ 锂电池连接插座
⑭ 另选存储器滤波器安装插座
⑮ 功能扩展板安装插座
⑯ 内置RUN/STOP开关
⑰ 编程设备、数据存储单元连接插座

图 2-3　FX_{2N}系列 PLC 基本单元的外形结构图

（1）外部端子部分。外部端子包括 PLC 电源端子（L、N、⏚）、直流 24V 电源端子（24＋、COM）、输入端子（X）、输出端子（Y）等，主要完成电源、输入信号和输出信号的连接。其中 24＋、COM 是机器为输入回路提供的直流 24V 电源，为了减少接线，其正极在机器内已经与输入回路连接，当某输入点需要加入输入信号时，只需将 COM 通过输入设备接至对应的输入点，一旦 COM 与对应点接通，该点就为“ON”，此时对应输

入指示就点亮。

（2）指示部分。指示部分包括各 I/O 点的状态指示、PLC 电源（POWER）指示、PLC 运行（RUN）指示、用户程序存储器后备电池（BATT. V）状态指示及程序出错（PROG－E）、CPU 出错（CPU－E）指示等，用于反映 I/O 点及 PLC 机器的状态。

（3）接口部分。接口部分主要包括编程器、扩展单元、扩展模块、特殊模块及存储卡盒等外部设备的接口，其作用是完成基本单元同上述外部设备的连接。在编程器接口旁边，还设置了一个 PLC 运行模式转换开关 SW1，它有 RUN 和 STOP 两个运行模式。RUN 模式能使 PLC 处于运行状态（RUN 指示灯亮），STOP 模式能使 PLC 处于停止状态（RUN 指示灯灭），此时，PLC 可进行用户程序的录入、编辑和修改。

2. 1. 3　基本单元的 I/O

从图 2－3 中可以看出，FX_{2N}系列 PLC 基本单元的 I/O 包括输入端子和输出端子。FX_{2N}系列 PLC 类型不同，其 I/O 端子也不尽相同，下面对这些 I/O 端子及与器件的连接进行介绍。

1. 输入端子

PLC 的输入端子主要连接开关、按钮及各种传感器的输入信号。FX_{2N}系列 PLC 基本单元的输入规格如表 2－3 所示，表中 X□□0、X□□7 表示 X010、X020、X030、X007、X017、X027、X037 等。

表 2－3　FX_{2N}系列 PLC 基本单元的输入规格

机型	AC 电源、DC 输入型	DC 电源、DC 输入型	AC 电源、AC 输入型
输入回路构成	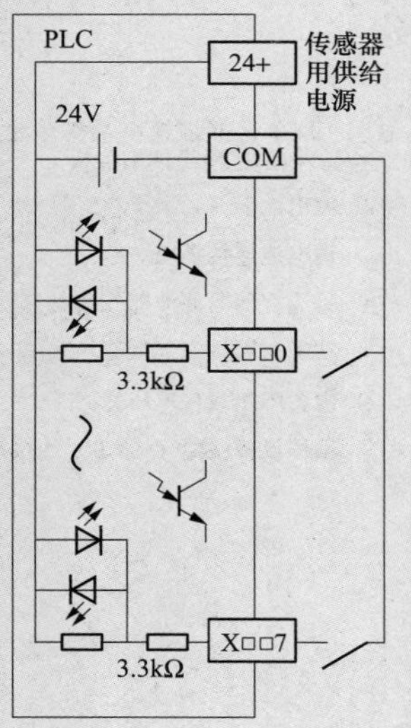 PLC　24+　传感器用供给电源　24V　COM　X□□0　3.3kΩ　X□□7　3.3kΩ	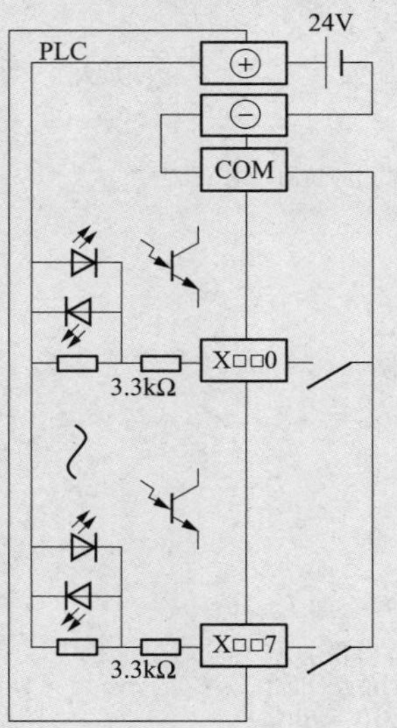 PLC　24V　⊕　⊖　COM　X□□0　3.3kΩ　X□□7　3.3kΩ	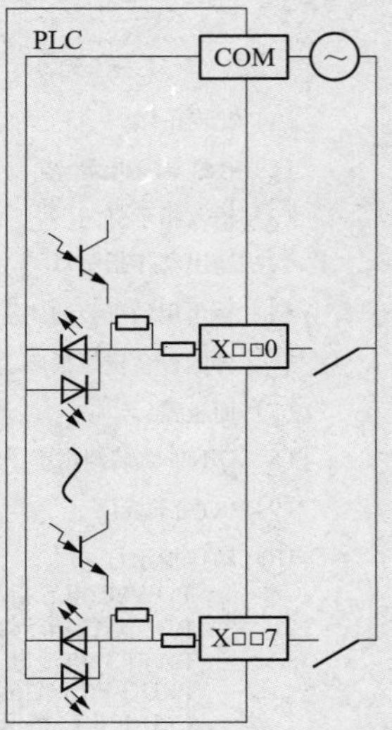 PLC　COM　X□□0　X□□7
输入信号电压	DC 24V±10%		AC 100～120V
输入信号电流	7mA/DC 24V（X010 以后为 5mA/DC 24V）		6. 2mA/AC 110V 60Hz
输入 ON 电流	4. 5mA 以上（X010 以后为 3. 5mA/DC 24V）		3. 8mA 以上
输入 OFF 电流	1. 5mA 以下		1. 7mA 以下
输入信号	触点输入或者 NPN 开集电极晶体管		触点输入
回路绝缘	光耦隔离		光耦隔离

AC 电源、DC 输入型 FX_{2N} 系列 PLC 基本单元的输入端子如图 2－4 所示，其输入端子与输入器件的连接如图 2－5 所示。

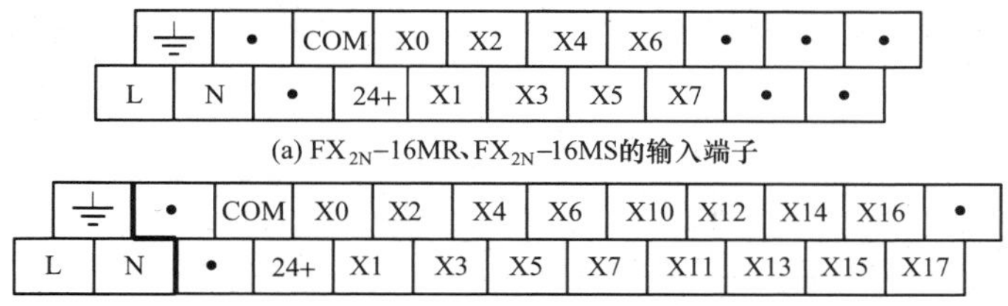

(a) FX_{2N}–16MR、FX_{2N}–16MS的输入端子

(b) FX_{2N}–32MR、FX_{2N}–32MS、FX_{2N}–32MT的输入端子

(c) FX_{2N}–48MR、FX_{2N}–48MS、FX_{2N}–48MT的输入端子

(d) FX_{2N}–64MR、FX_{2N}–64MS、FX_{2N}–64MT的输入端子

(e) FX_{2N}–80MR、FX_{2N}–80MS、FX_{2N}–80MT的输入端子

(f) FX_{2N}–128MR、FX_{2N}–128MT的输入端子

图 2－4　AC 电源、DC 输入型 FX_{2N} 系列 PLC 基本单元的输入端子

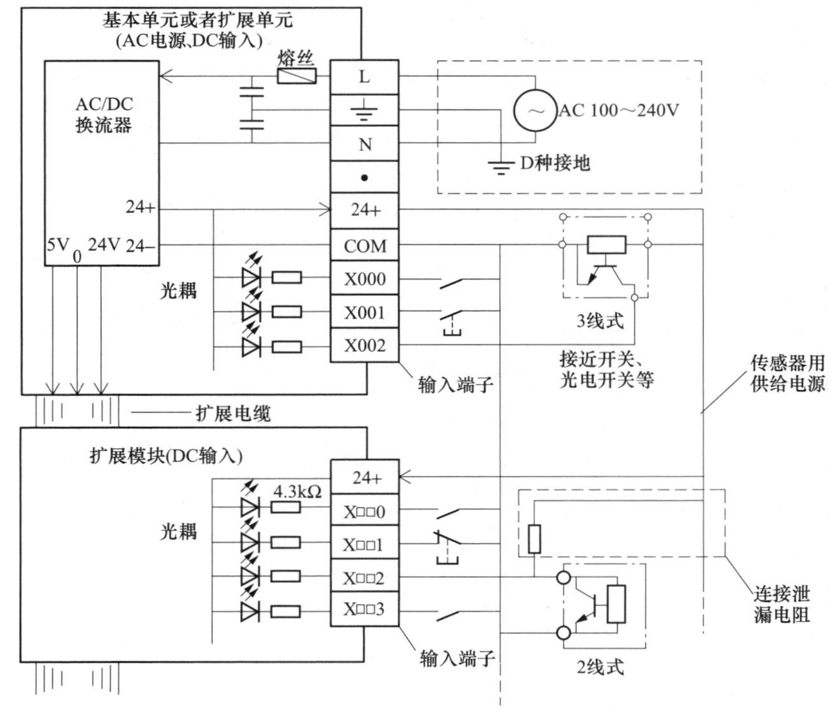

图 2－5　AC 电源、DC 输入型的输入端子与输入器件的连接

DC电源、DC输入型FX_{2N}系列PLC基本单元的输入端子如图2-6所示，其输入端子与输入器件的连接如图2-7所示。基本单元上连接的扩展模块的输入，应将其连接到基本单元的COM端子；而扩展单元上连接的扩展模块的输入，应将其连接到扩展单元的COM端子。

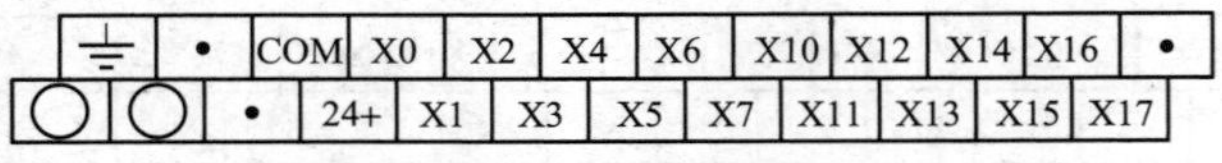

(a) FX_{2N}-32MR-D、FX_{2N}-32MT-D的输入端子

• COM X0 X2 X4 X6 X10 X12 X14 X16 X20 X22 X24 X26 •
• 24+ X1 X3 X5 X7 X11 X13 X15 X17 X21 X23 X25 X27

(b) FX_{2N}-48MR-D、FX_{2N}-48MT-D的输入端子

• COM COM X0 X2 X4 X6 X10 X12 X14 X16 X20 X22 X24 X26 X30 X32 X34 X36 •
• 24+ 24+ X1 X3 X5 X7 X11 X13 X15 X17 X21 X23 X25 X27 X31 X33 X35 X37

(c) FX_{2N}-64MR-D、FX_{2N}-64MT-D的输入端子

• COM COM X0 X2 X4 X6 X10 X12 X14 X16 • X20 X22 X24 X26 • X30 X32 X34 X36 • X40 X42 X44 X46 •
• 24+ 24+ X1 X3 X5 X7 X11 X13 X15 X17 • X21 X23 X25 X27 • X31 X33 X35 X37 • X41 X43 X45 X47

(d) FX_{2N}-80MR-D、FX_{2N}-80MT-D的输入端子

图2-6　DC电源、DC输入型FX_{2N}系列PLC基本单元的输入端子

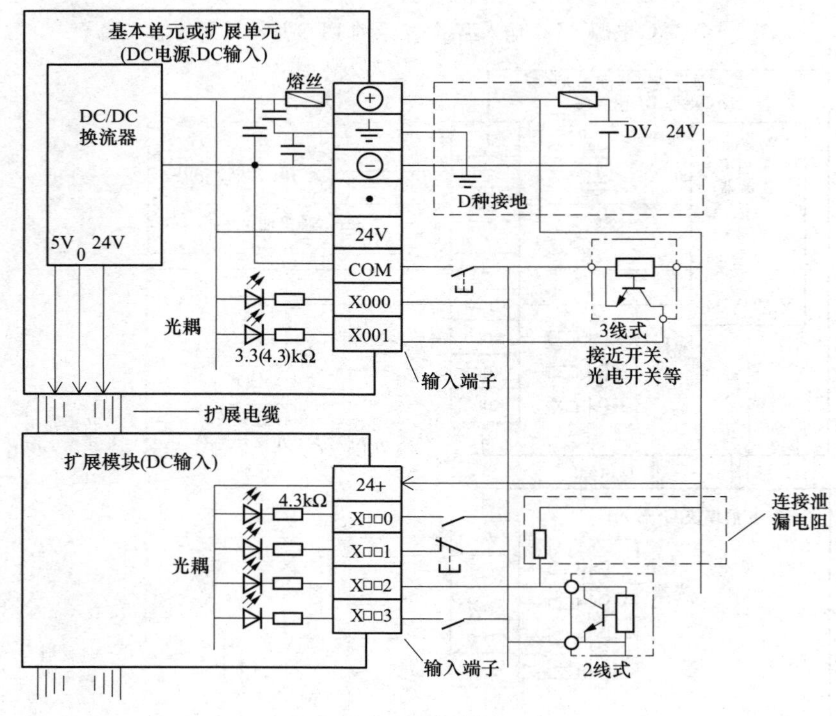

图2-7　DC电源、DC输入型的输入端子与输入器件的连接

AC 电源、AC 输入型 FX_{2N}系列 PLC 基本单元的输入端子如图 2－8 所示，其输入端子与输入器件的连接如图 2－9 所示。

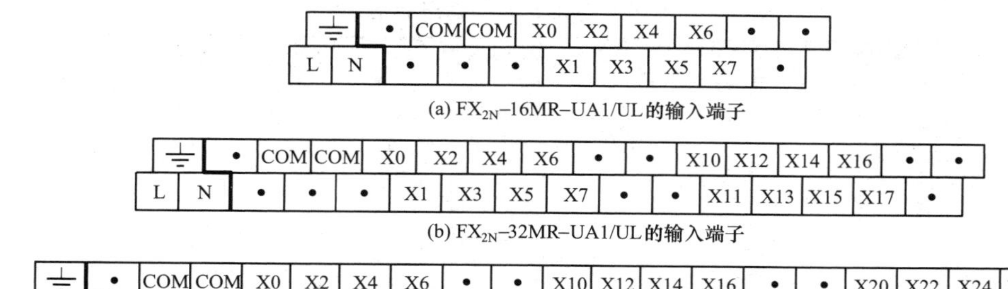

(a) FX_{2N}–16MR–UA1/UL 的输入端子

(b) FX_{2N}–32MR–UA1/UL 的输入端子

(c) FX_{2N}–48MR–UA1/UL 的输入端子

(d) FX_{2N}–64MR–UA1/UL 的输入端子

图 2－8　AC 电源、AC 输入型 FX_{2N}系列 PLC 基本单元的输入端子

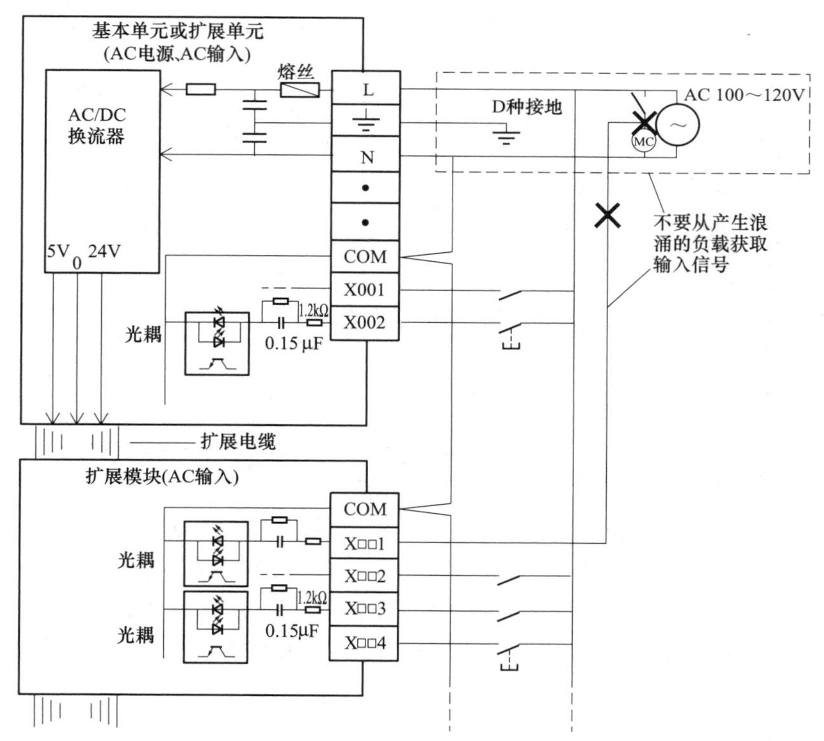

图 2－9　AC 电源、AC 输入型的输入端子与输入器件的连接

2. 输出端子

PLC 的输出端子连接的器件主要是继电器、接触器、电磁阀的线圈。这些器件均采

用PLC机外的专用电源供电，PLC内部不过是提供一组开关接点。FX_{2N}系列PLC基本单元的输出规格如表2－4所示。

表2－4　FX_{2N}系列PLC基本单元的输出规格

机型		继电器输出	晶闸管输出	晶体管输出
输出回路构成		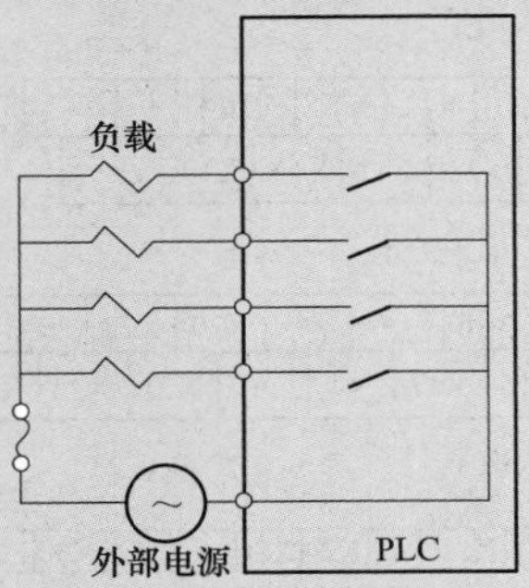 负载 外部电源 PLC	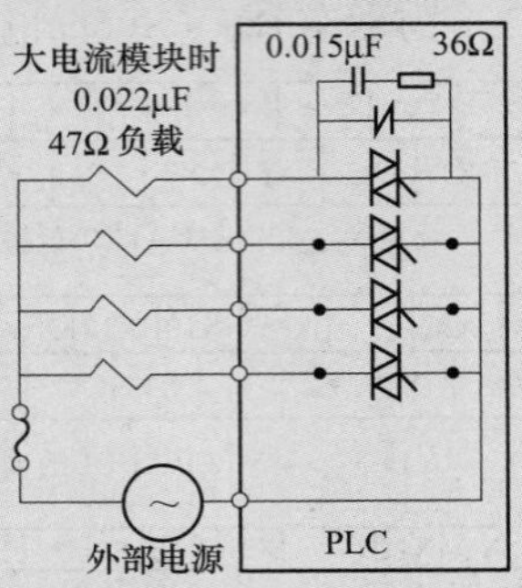 大电流模块时 0.022μF 47Ω负载 0.015μF　36Ω 外部电源 PLC	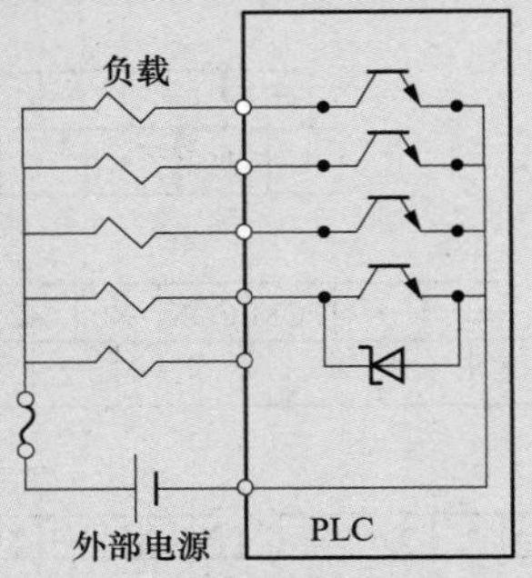 负载 外部电源 PLC
外部电源		AC250V，DC30V以下	AC85～242V	DC5～30V
回路绝缘		机械隔离	光电闸流管隔离	光耦隔离
最大负载	电阻	2A/1点 8A/4点COM 8A/8点COM	0.3A/1点 0.8A/4点COM 0.8A/8点COM	(1) 0.5A/1点；0.8A/4点；1.6A/8点（Y000、Y001为0.3A/1点）。 (2) 0.5A/1点；0.8A/4点；1.6A/8点。 (3) 0.3A/1点；1.6A/16点。 (4) 1A/1点；2A/4点
	感性	80W	15W/AC100V 30W/AC200V	(1) 12W/DC24V（Y000、Y001为7.2W/DC24V)。 (2) 12W/DC24V。 (3) 7.2W/DC24V。 (4) 24W/DC24V
	灯负载	100W	30W	(1) 1.5W/DC24V（Y000、Y001为0.9W/DC24V)。 (2) 1.5W/DC24V。 (3) 1W/DC24V。 (4) 3W/DC24V

AC电源、DC输入型FX_{2N}系列PLC基本单元的输出端子如图2－10所示，对于16点型继电器及晶闸管输出（FX_{2N}－16MR、FX_{2N}－16MT），每个点是独立的。FX_{2N}系列PLC基本单元的继电器输出端子与负载的连接如图2－11所示。连接直流电感性负载时，应并联连接耐反向电压为负载电压5～10倍以上、正向电流超过负载电流的续流二极管。如果没有续流二极管，会显示降低触点的寿命。连接交流电感性负载时，应设计与负载并联的浪涌吸收器，以减少噪声的发生。若连接同时置ON会有危险的正反转用接触器负载时，除了用程序在PLC中做互锁以外，还应在PLC的外部进行互锁。

DC电源、DC输入型FX_{2N}系列PLC基本单元的输出端子如图2－12所示。FX_{2N}系列PLC基本单元的晶闸管输出端子与负载的连接如图2－13所示，若连接氖光灯或者0.4V/AC 100V、1.6V/AC 200V以下的微电流负载，应并联浪涌吸收器。

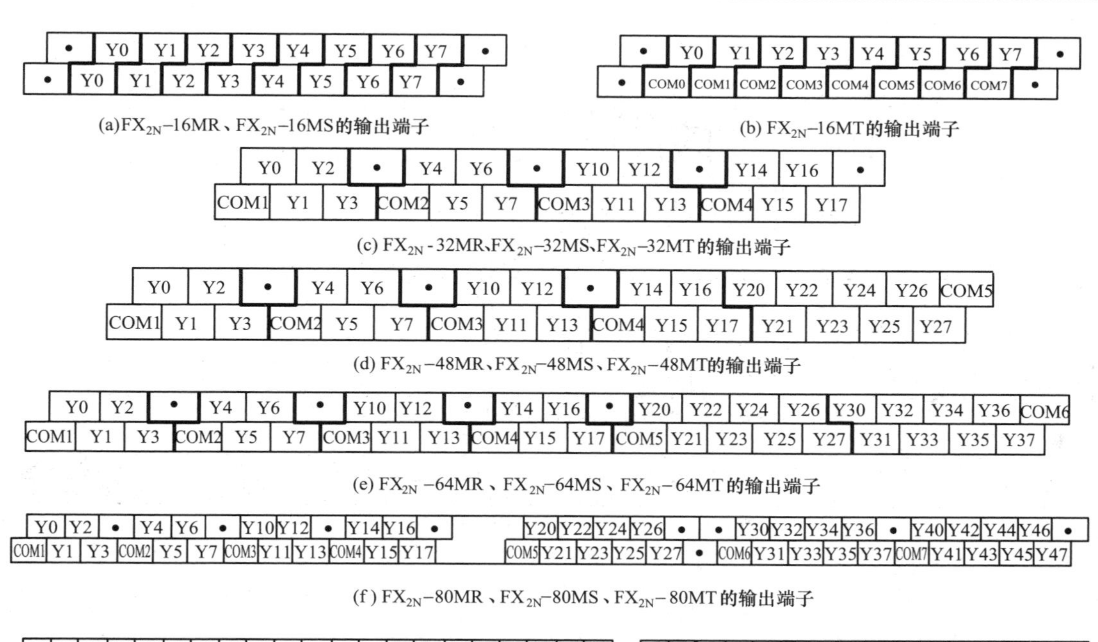

(a)FX$_{2N}$-16MR、FX$_{2N}$-16MS的输出端子

(b) FX$_{2N}$-16MT的输出端子

(c) FX$_{2N}$-32MR、FX$_{2N}$-32MS、FX$_{2N}$-32MT的输出端子

(d) FX$_{2N}$-48MR、FX$_{2N}$-48MS、FX$_{2N}$-48MT的输出端子

(e) FX$_{2N}$-64MR、FX$_{2N}$-64MS、FX$_{2N}$-64MT的输出端子

(f) FX$_{2N}$-80MR、FX$_{2N}$-80MS、FX$_{2N}$-80MT的输出端子

(g) FX$_{2N}$-128MR、FX$_{2N}$-128MT的输入端子

图 2-10　AC 电源、DC 输入型 FX$_{2N}$系列 PLC 基本单元的输出端子

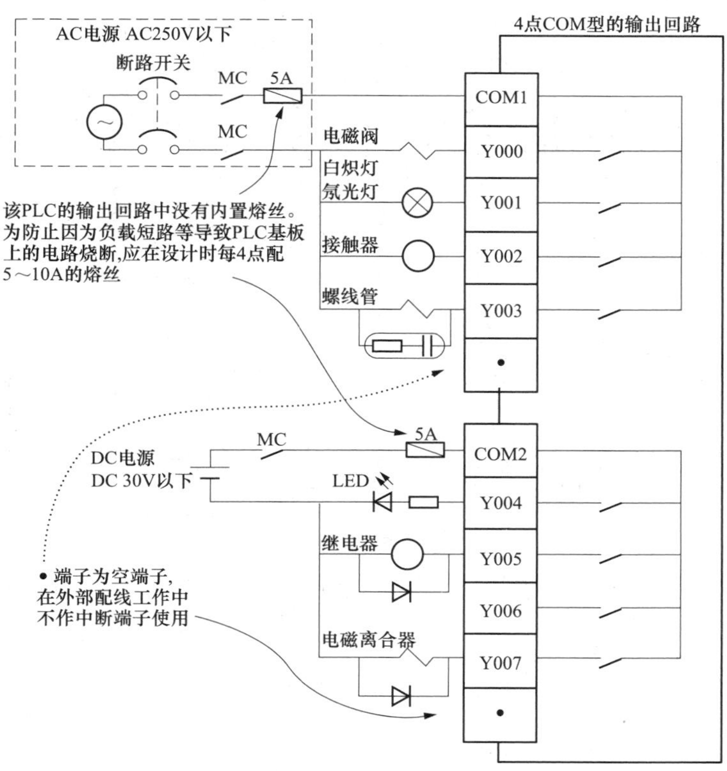

图 2-11　FX$_{2N}$系列 PLC 基本单元的继电器输出端子与负载的连接

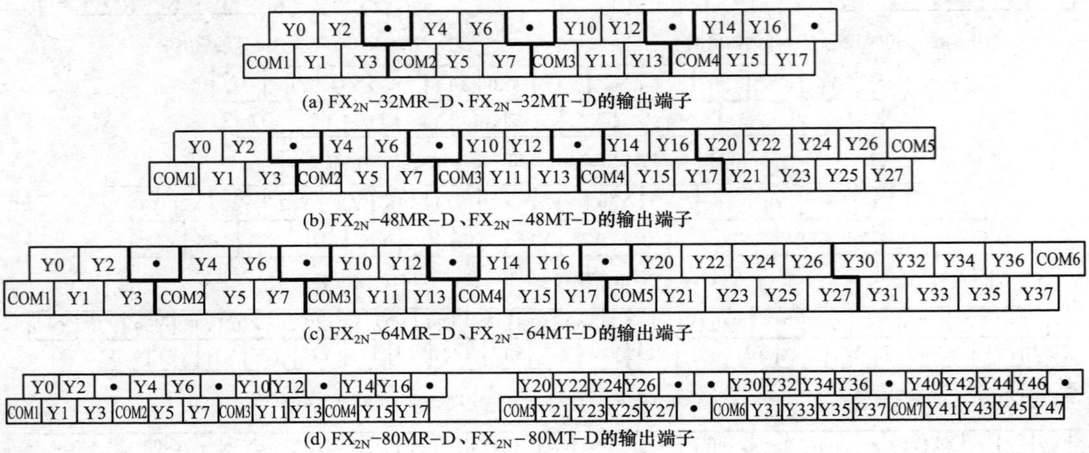

Y0 Y2 • Y4 Y6 • Y10 Y12 • Y14 Y16 •
COM1 Y1 Y3 COM2 Y5 Y7 COM3 Y11 Y13 COM4 Y15 Y17

(a) FX$_{2N}$-32MR-D、FX$_{2N}$-32MT-D的输出端子

Y0 Y2 • Y4 Y6 • Y10 Y12 • Y14 Y16 Y20 Y22 Y24 Y26 COM5
COM1 Y1 Y3 COM2 Y5 Y7 COM3 Y11 Y13 COM4 Y15 Y17 Y21 Y23 Y25 Y27

(b) FX$_{2N}$-48MR-D、FX$_{2N}$-48MT-D的输出端子

Y0 Y2 • Y4 Y6 • Y10 Y12 • Y14 Y16 • Y20 Y22 Y24 Y26 Y30 Y32 Y34 Y36 COM6
COM1 Y1 Y3 COM2 Y5 Y7 COM3 Y11 Y13 COM4 Y15 Y17 COM5 Y21 Y23 Y25 Y27 Y31 Y33 Y35 Y37

(c) FX$_{2N}$-64MR-D、FX$_{2N}$-64MT-D的输出端子

Y0 Y2 • Y4 Y6 • Y10 Y12 • Y14 Y16 • Y20 Y22 Y24 Y26 • • Y30 Y32 Y34 Y36 • Y40 Y42 Y44 Y46 •
COM1 Y1 Y3 COM2 Y5 Y7 COM3 Y11 Y13 COM4 Y15 Y17 COM5 Y21 Y23 Y25 Y27 • COM6 Y31 Y33 Y35 Y37 COM7 Y41 Y43 Y45 Y47

(d) FX$_{2N}$-80MR-D、FX$_{2N}$-80MT-D的输出端子

图 2-12 DC电源、DC输入型FX$_{2N}$系列PLC基本单元的输出端子

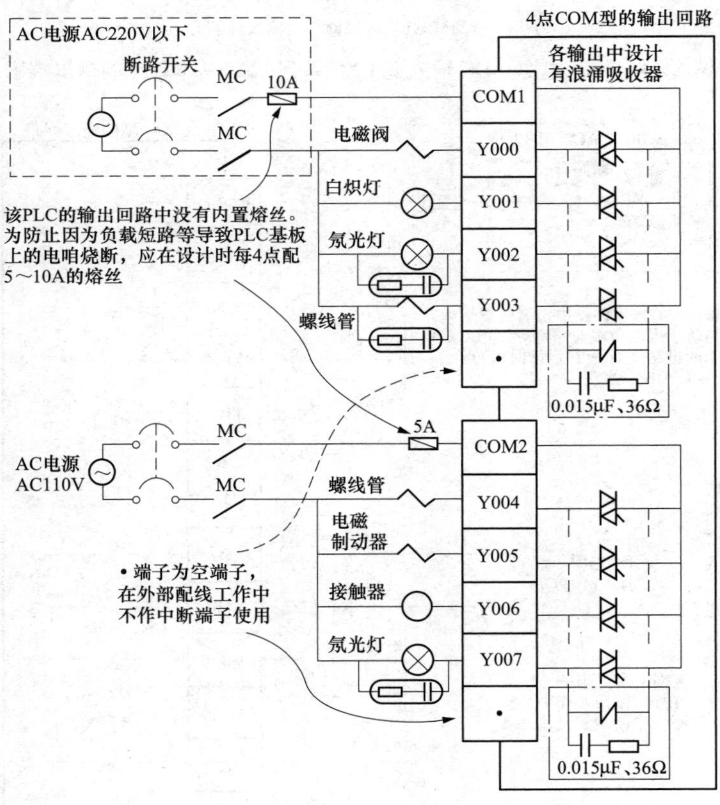

图 2-13 FX$_{2N}$系列PLC基本单元的晶闸管输出端子与负载的连接

AC 电源、AC 输入型 FX_{2N}系列 PLC 基本单元的输出端子如图 2-14 所示。FX_{2N}系列 PLC 基本单元的晶体管输出端子与负载的连接如图 2-15 所示。

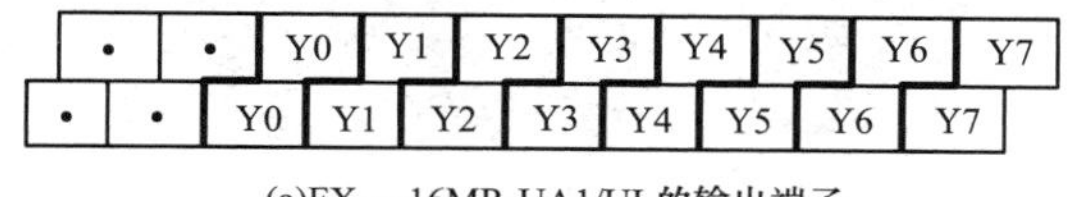

(a)FX_{2N}-16MR-UA1/UL的输出端子

Y0 Y2 • • Y4 Y6 • • • Y10 Y12 • • Y14 Y16 •
COM1 Y1 Y3 • COM2 Y5 Y7 • • COM3 Y11 Y13 • COM4 Y15 Y17

(b)FX_{2N}-32MR-UA1/UL的输出端子

Y0 Y2 • Y4 Y6 • • • Y10 Y12 • Y14 Y16 • • • Y20 Y22 Y24 Y26 •
COM1 Y1 Y3 COM2 Y5 Y7 • • COM3 Y11 Y13 COM4 Y15 Y17 • • COM5 Y21 Y23 Y25 Y27

(c)FX_{2N}-48MR-UA1/UL的输出端子

Y0 Y2 • Y4 Y6 • • • Y10 Y12 • Y14 Y16 • • Y20 Y22 Y24 Y26 • • • • Y30 Y33 Y34 Y36 •
COM1 Y1 Y3 COM2 Y5 Y7 • • COM3 Y11 Y13 COM4 Y15 Y17 • COM5 Y21 Y23 Y25 Y27 • • • COM6 Y31 Y33 Y35 Y37

(d)FX_{2N}-64MR-UA1/UL的输出端子

图 2-14　AC 电源、AC 输入型 FX_{2N}系列 PLC 基本单元的输出端子

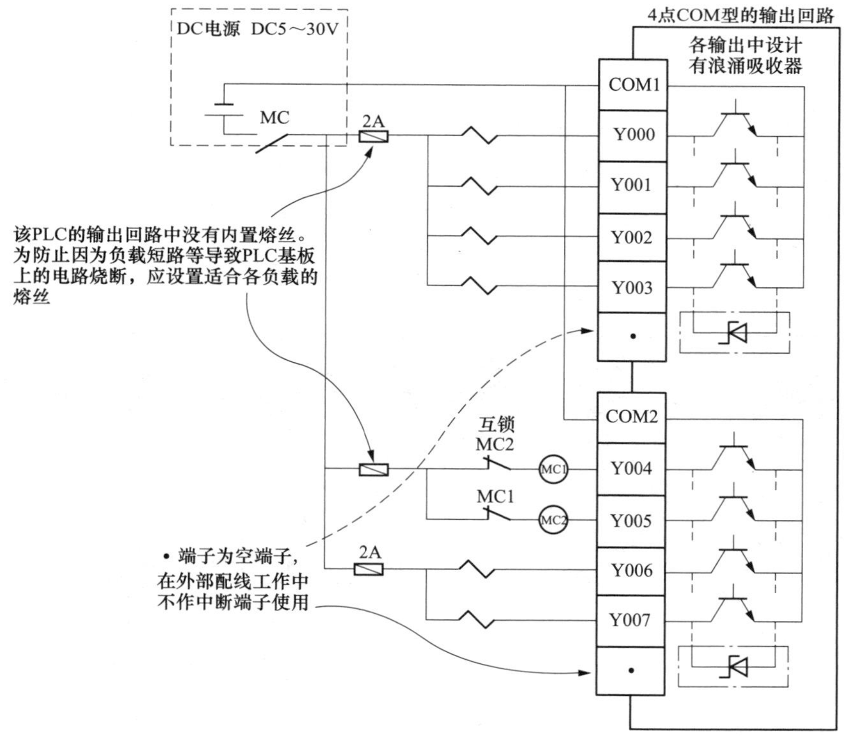

图 2-15　FX_{2N}系列 PLC 基本单元的晶体管输出端子与负载的连接

2.2 I/O 扩 展 单 元

I/O（Input/Output，即输入/输出）扩展单元是指单元本身带有内部电源的 I/O 扩展组件，是用于增加 I/O 点数的装置。I/O 扩展单元无 CPU，必须与基本单元一起使用。FX_{2N}系列 PLC 的基本单元可以连接的 I/O 扩展单元不能超过 8 台。

2.2.1 I/O 扩展单元的命名

FX_{2N}的 I/O 扩展单元有 7 种型号规格，且每种型号具有一定的含义，其命名方法如图 2－16 所示。

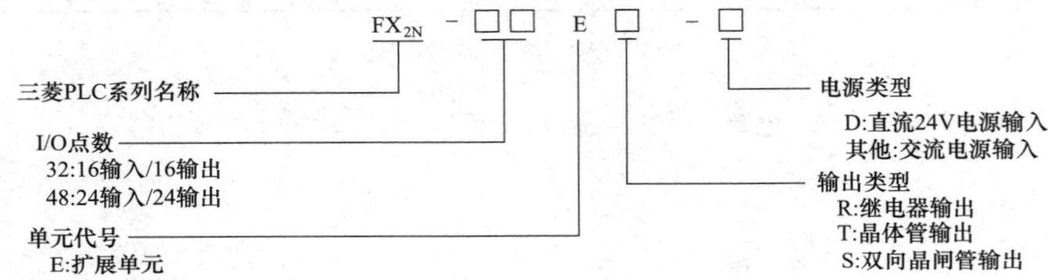

图 2－16　FX_{2N} I/O 扩展单元的命名方法

FX_{2N} I/O 扩展单元有 32 点和 48 点输入/输出扩展两种基本规格。其中，48 点 I/O 扩展单元可以使用 AC 电源或 DC 电源输入，32 点 I/O 扩展单元一般只能使用 AC 电源输入。I/O 扩展单元的输出有继电器输出、晶体管输出、双向晶闸管输出三种类型。I/O 扩展单元共有 7 种常用的规格，如表 2－5 所示。

表 2－5　　FX_{2N} I/O 扩展单元

输入/输出点数	输入点数	输出点数	AC 电源 DC24V 输入		
			继电器输出	晶闸管输出	晶体管输出
32	16	16	FX_{2N}-32ER	FX_{2N}-32ES	FX_{2N}-32ET
48	24	24	FX_{2N}-48ER	—	FX_{2N}-48ET
输入/输出点数	输入点数	输出点数	DC 电源 DC24V 输入		AC 电源 AC 输入，继电器输出
			继电器输出	晶闸管输出	
32	16	16	—	—	—
48	24	24	FX_{2N}-48ER-D	FX_{2N}-48ET-D	FX_{2N}-48ER-UA1/UL

2.2.2 I/O 扩展单元的外形结构

FX_{2N}系列 PLC 的 I/O 扩展单元由外部端子部分和指示部分等组成，其外形结构如图 2－17所示。

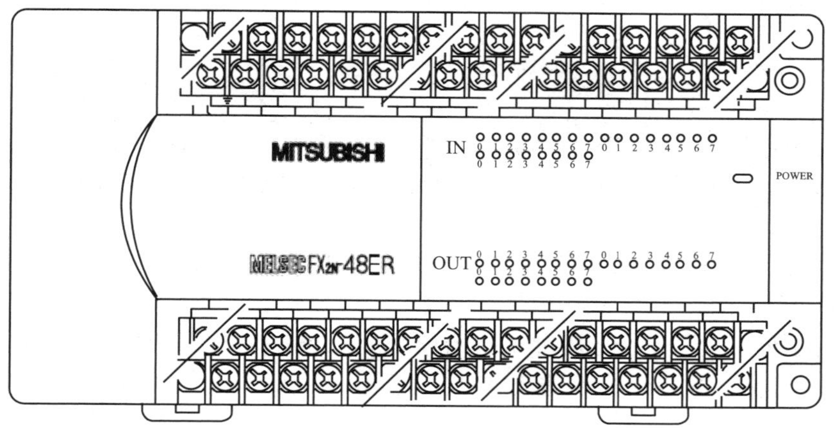

图 2-17　FX_{2N} I/O 扩展单元外形结构图

(1) 外部端子部分。外部端子包括 PLC 电源端子（L、N、⏚）、直流 24V 电源端子（24+、COM）、输入端子（X）、输出端子（Y）等。

(2) 指示部分。指示部分包括各 I/O 点的状态指示、PLC 电源（POWER）指示。

2.2.3　I/O 扩展单元的输入与输出

1. 输入端子

FX_{2N} I/O 扩展单元的输入规格与 FX_{2N} 基本单元的输入规格相同，FX_{2N} I/O 扩展单元的输入端子如图 2-18 所示。

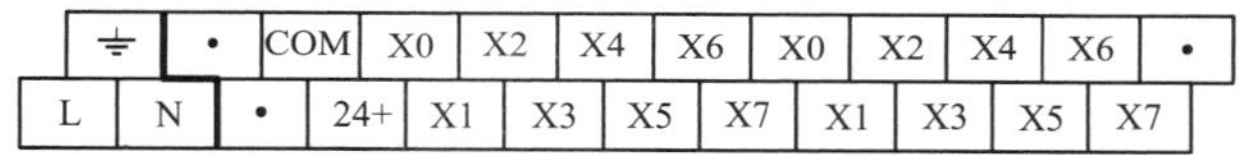

(a)FX_{2N}-32ER、FX_{2N}-32ES、FX_{2N}-32ET的输入端子

⏚	•	COM	X0	X2	X4	X6	X0	X2	X4	X6	X0	X2	X4	X6	•
L	N	•	24+	X1	X3	X5	X7	X1	X3	X5	X7	X1	X3	X5	X7

(b)FX_{2N}-48ER、FX_{2N}-48ET 的输入端子

图 2-18　FX_{2N} I/O 扩展单元的输入端子

2. 输出端子

FX_{2N} I/O 扩展单元的输出规格与 FX_{2N} 基本单元的输出规格相同，FX_{2N} I/O 扩展单元的输出端子如图 2-19 所示。

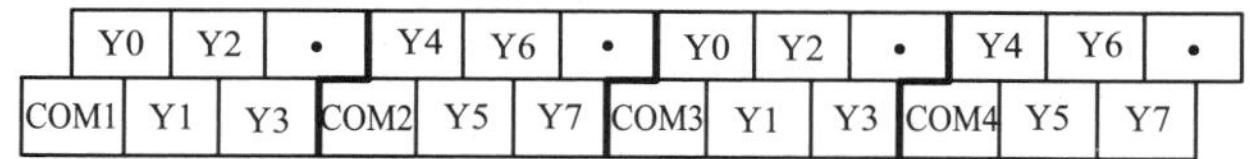

(a)FX_{2N}-32ER、FX_{2N}-32ES、FX_{2N}-32ET的输出端子

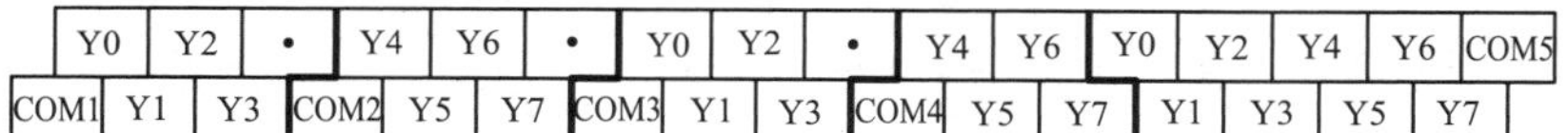

(b)FX_{2N}-48ER、FX_{2N}-48ET 的输出端子

图 2-19　FX_{2N} I/O 扩展单元的输出端子

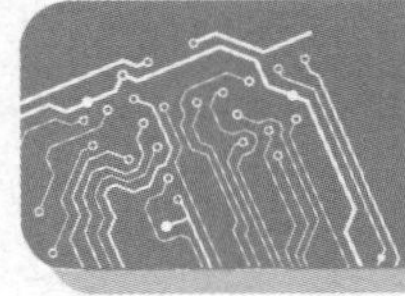

2.3 I/O 扩展模块

I/O 扩展模块是指自身不带电源、需要由基本单元或扩展单元提供模块内部控制电源的 I/O 扩展组件，可用来增加 I/O 点数及改变 I/O 比例。I/O 扩展模块无 CPU，必须与基本单元一起使用。FX_{2N}系列 PLC 选择 I/O 扩展单元或扩展模块时，PLC 系统的 I/O 总数不能超过 256 点，且最大输入/输出点数不超过 184 点。

2.3.1 I/O 扩展模块的命名

FX_{2N} I/O 扩展模块的型号较多，且每种型号具有一定的含义，其命名方法如图 2 - 20 所示。

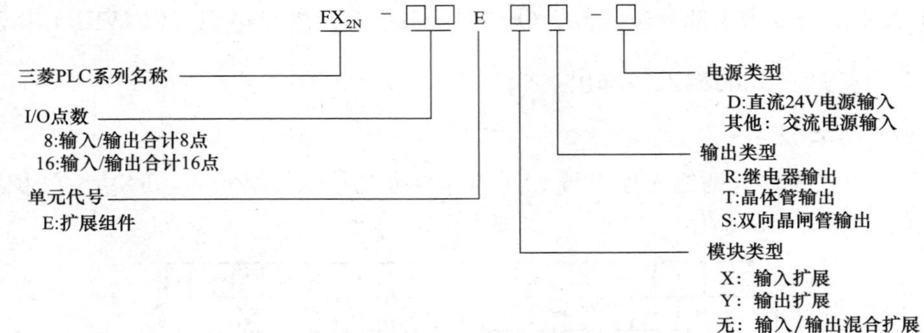

图 2 - 20 FX_{2N} I/O 扩展模块的命名方法

FX_{2N}I/O 扩展模块的规格有 AC 输入型、DC 输入型，输出可以是继电器、晶体管、双向晶闸管等。FX_{2N}系列 PLC 除了可以使用本系列的 I/O 扩展模块外，还可以使用部分FX_{0N}的 I/O 扩展模块，如表 2 - 6 所示。

表 2 - 6 FX_{2N}系列 PLC 可使用的 I/O 扩展模块

型号		模块名称	扩展功能说明
FX_{0N} I/O 扩展模块	FX_{0N}- 8ER	4 输入/4 输出扩展模块	4 点 DC 24V 输入/4 点继电器输出
	FX_{0N}- 8EX	8 点 DC 24V 输入扩展模块	8 点 DC 24V 输入
	FX_{0N}- 8EX - UA1/UL	8 点 AC 100V 输入扩展模块	8 点 AC 100V 输入
	FX_{0N}- 8EYR	8 点继电器输出扩展模块	8 点继电器输出
	FX_{0N}- 8EYT	8 点晶体管输出扩展模块	8 点晶体管输出
	FX_{0N}- 8EYT - H	8 点晶体管输出扩展模块	8 点晶体管输出
	FX_{0N}- 16EX	16 点 DC 24V 输入扩展模块	16 点 DC 24V 输入
	FX_{0N}- 16EYR	16 点继电器输出扩展模块	16 点继电器输出
	FX_{0N}- 16EYT	16 点晶体管输出扩展模块	16 点晶体管输出

续表

型号		模块名称	扩展功能说明
FX_{2N} I/O扩展模块	FX_{2N}-8ER	4输入/4输出扩展模块	4点DC 24V输入/4点继电器输出
	FX_{2N}-8EX	8点DC 24V输入扩展模块	8点DC 24V输入
	FX_{2N}-8EX-UA1/UL	8点AC 100V输入扩展模块	8点AC 100V输入
	FX_{2N}-8EYR	8点继电器输出扩展模块	8点继电器输出
	FX_{2N}-8EYT	8点晶体管输出扩展模块	8点晶体管输出
	FX_{2N}-8EYT-H	8点晶体管输出扩展模块	8点晶体管输出
	FX_{2N}-16EX	16点DC 24V输入扩展模块	16点DC 24V输入
	FX_{2N}-16EYR	16点继电器输出扩展模块	16点继电器输出
	FX_{2N}-16EYT	16点晶体管输出扩展模块	16点晶体管输出
	FX_{2N}-16EYS	16点晶闸管输出扩展模块	16点双向晶闸管输出
	FX_{2N}-16EXL	16点DC 5V输入扩展模块	16点DC 5V输入
	FX_{2N}-16EX-C	16点DC 24V输入扩展模块	16点DC 24V输入
	FX_{2N}-16EXL-C	16点DC 5V输入扩展模块	16点DC 5V输入
	FX_{2N}-16EYT-C	16点晶体管输出扩展模块	16点DC 5V晶体管输出

2.3.2 I/O扩展模块的外形结构

FX_{2N}系列PLC的I/O扩展模块由外部端子部分、扩展电缆和指示部分等组成，其外形结构如图2-21所示。

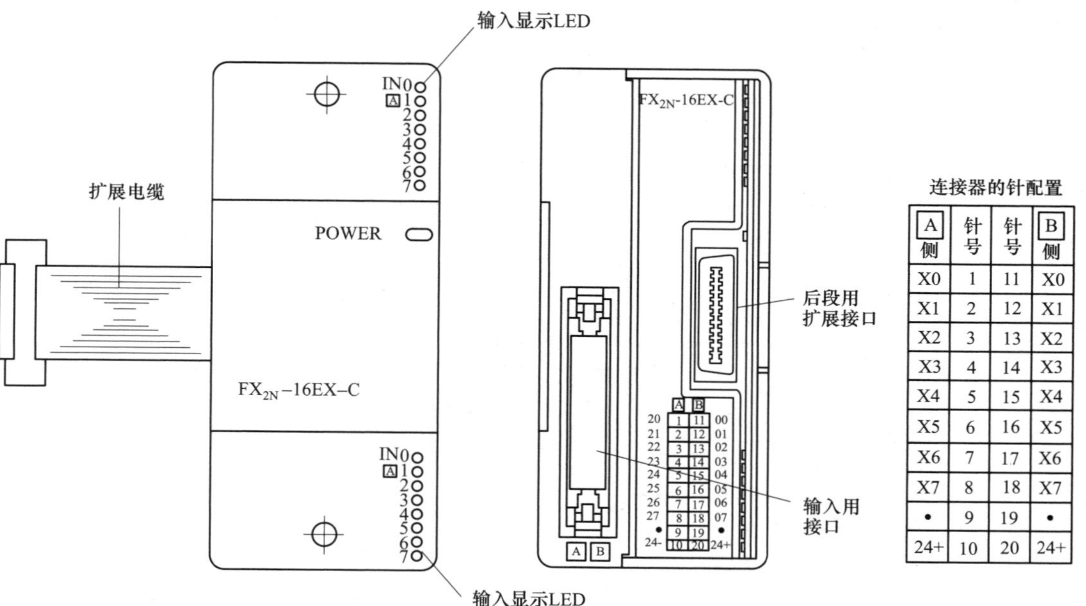

图2-21 FX_{2N} I/O扩展模块外形结构图

2.3.3 I/O扩展单元（模块）的电源配线

I/O扩展单元本身带有内部电源，而I/O扩展模块本身不带内部电源，这两者必须与FX_{2N}系列PLC基本单元配合才能使用。由于FX_{2N}系列PLC基本单元的供电通常有AC电源输入与DC电源输入两种情况，因此I/O扩展单元（模块）与FX_{2N}系列PLC基本单元连接时，应注意其电源配线方式。

图2-22所示为FX_{2N}系列PLC基本单元接有I/O扩展单元（模块）时AC电源、DC输入的配线情况；图2-23所示为FX_{2N}系列PLC基本单元接有I/O扩展单元（模块）时DC电源、DC输入的配线情况；图2-24所示为FX_{2N}系列PLC基本单元接有I/O扩展单元（模块）时AC电源、AC输入的配线情况。图2-22、图2-23中的扩展模块所需的24V电源由基本单元或由带有内部电源的扩展单元提供。图2-24所示AC电源、AC输入型的基本单元以及扩展单元没有内置DC 24V电源，因此连接DC输入型的扩展模块时，需要对其进行外部供电。

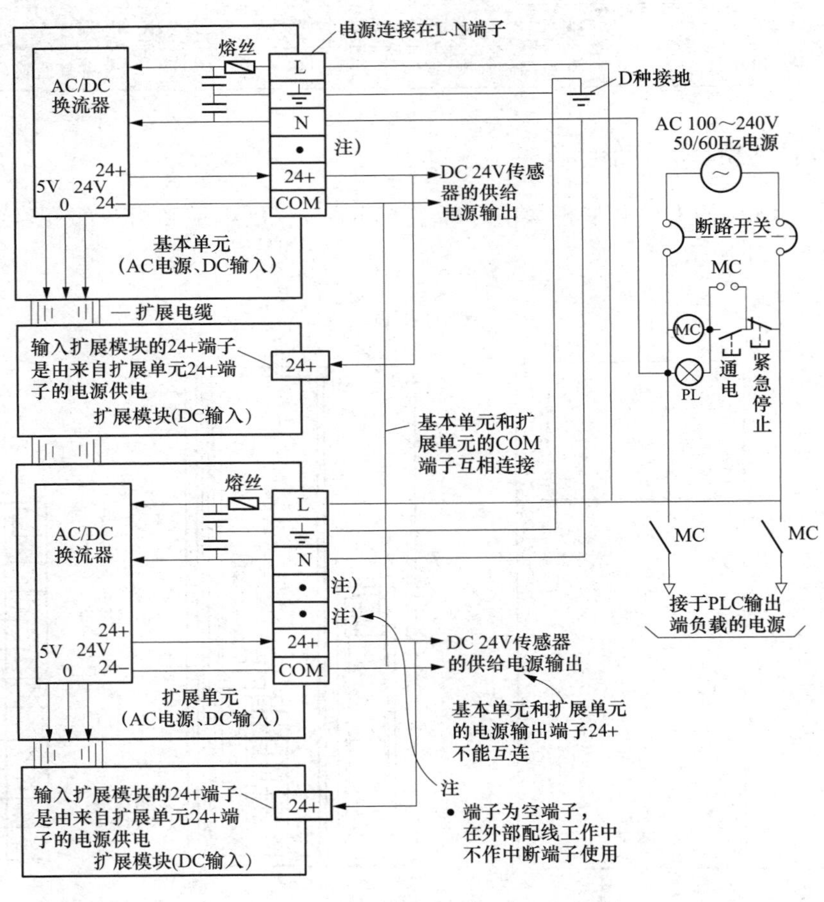

图2-22 AC电源、DC输入型电源的配线

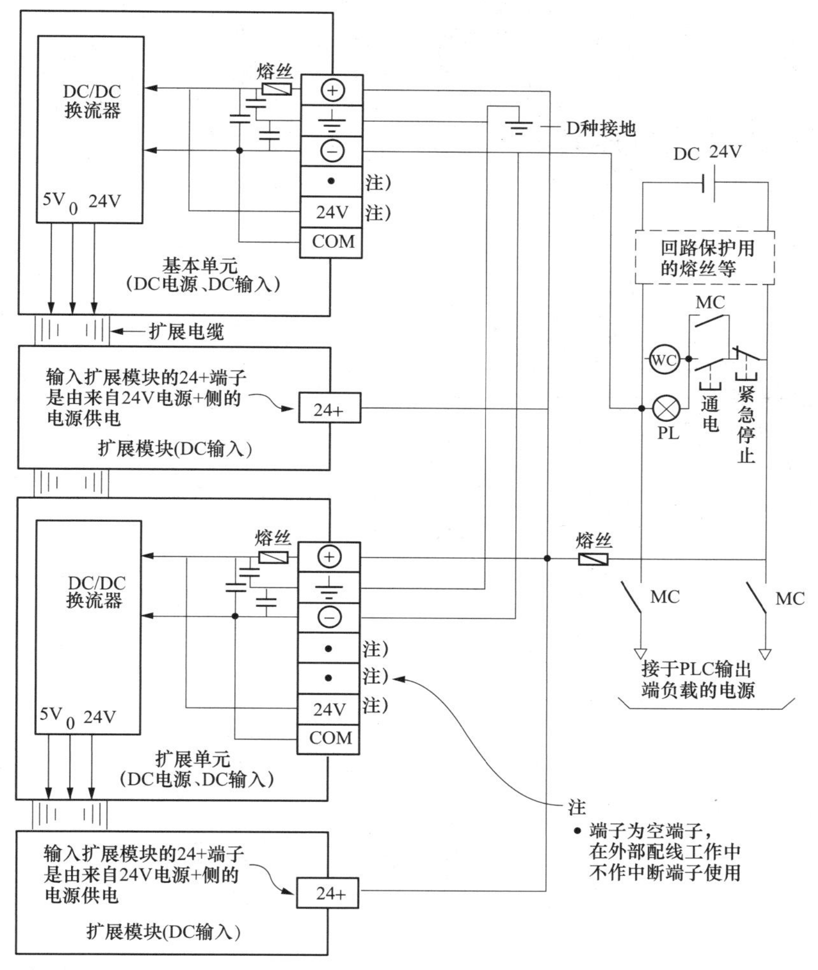

图 2－23　DC 电源、DC 输入型电源的配线

FX_{2N}系列 PLC 基本单元接有 I/O 扩展单元（模块）时，基本单元和扩展模块最好使用同一电源。若使用外部电源时，扩展模块应与基本单元同时上电，或者比基本单元先上电。切断电源时，请先确认整个系统的安全性，然后同时断开 PLC 的电源。

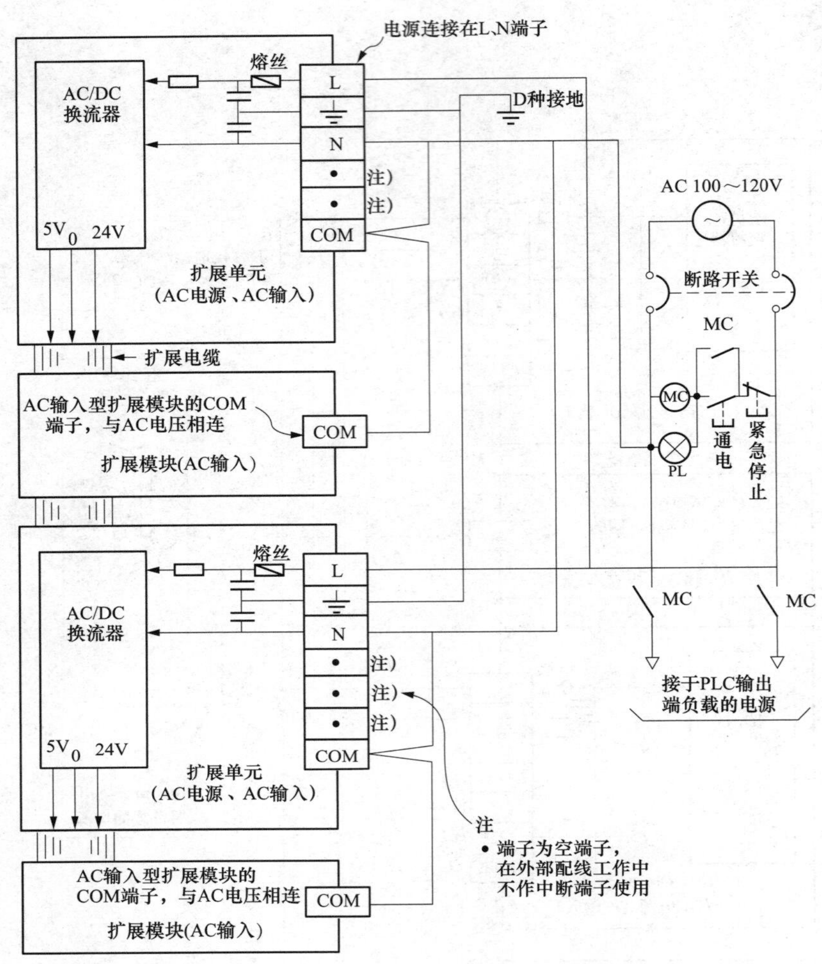

图 2－24　AC 电源、AC 输入型电源的配线

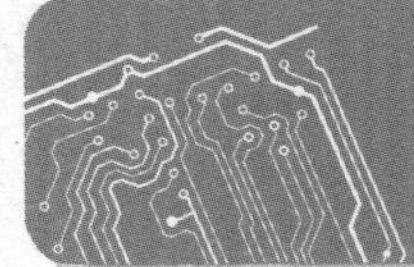

2.4　FX_{2N}系列PLC的编程元件

PLC 用于工业控制，其实质是用程序表达控制过程中事物和事物之间的逻辑或控制关系。在 PLC 的内部具有能设置各种功能、能方便地代表控制过程中各种事物的元器件，这些元器件就是编程元件。

PLC 的编程元件从物理实质上来说，它们是电子电路及存储器，考虑到工程技术人员的习惯，常用继电器电路中类似器件名称命名，称为输入继电器 X、输出继电器 Y、辅助继电器 M、定时器 T、计数器 C、状态继电器 C 等。为了区别于通常的硬器件，人们将这些编程元件又称为“软元件”或“软继电器”等。

FX_{2N}系列 PLC 编程元件的名称由字母和数字组成，它们分别表示元件的类型和元件号。编程元件有三种类型。

第一种为位元件，PLC 中的输入继电器 X、输出继电器 Y、辅助继电器 M 和状态寄存器 S 都是位元件。存储单元中的一位表示一个继电器，其值为 0 或 1，0 表示继电器失电，1 表示继电器得电。

第二种为字元件，最典型的字元件为数据寄存器 D，一个数据寄存器可以存放 16 位二进制数，两个数据寄存器可以存放 32 位二进制数，在 PLC 控制中用于数据处理。定时器 T 和计数器 C 也可以作为数据寄存器使用。

第三种为位与字混合元件，如定时器 T 和计数器 C，其线圈和接点是位元件，它们的设定值寄存器和当前值寄存器为字元件。

FX_{2N}系列 PLC 编程元件有多种，归纳起来可以分为继电器类编程元件、定时计数类编程元件、寄存器类编程元件、嵌套指针类编程元件和常数类编程元件等。

2.4.1 继电器类编程元件

继电器类编程元件主要包括输入继电器 X、输出继电器 Y、辅助继电器 M 和状态继电器 S。

1. 输入继电器 X 和输出继电器 Y

输入继电器 X 是 PLC 中用来专门存储系统输入信号的内部虚拟继电器。它又被称为输入的映像区，可以有无数个动合触点和动断触点，在 PLC 编程中可以随意使用。PLC 输入接口的一个接线点对应一个输入继电器，输入继电器是 PLC 接收外部信号的窗口。PLC 通过光耦合器，将外部信号的状态读入并存储在输入映像寄存器内。在梯形图和指令表中都不能看到和使用输入继电器的线圈，只能看到和使用其动合或动断触点。当外部输入电路接通时，对应的映像寄存器为 ON，表示该输入继电器动合触点闭合、动断触点断开。输入继电器的状态不能用程序驱动，只能用输入信号驱动。

输出继电器 Y 是 PLC 中专门用来将运算结果信号经输出接口电路及输出端子送达并控制外部负载的虚拟继电器。PLC 输出接口的一个接线点对应一个输出继电器，输出继电器是 PLC 向外部负载发送信号的窗口。输出继电器将 PLC 的输出信号送给输出模块，再由输出模块驱动外部负载。输出继电器是唯一具有外部触点的继电器。输出继电器的内部动合、动断触点可以作为其他元件的工作条件，并可以无限制地使用。

FX_{2N}系列 PLC 的输入继电器和输出继电器元件由字母和八进制数字表示，其编号与接线端子的编号一致。输入继电器编号为 X000～X007、X010～X017、X020～X027…；输出继电器编号为 Y000～Y007、Y010～Y017、Y020～Y027…

表 2-7 所示为 FX_{2N}系列 PLC 的输入继电器和输出继电器元件分配情况。FX_{2N}系列 PLC 带扩展时，输入继电器最多可达 184 点，输出继电器最多也可达 184 点，但是输入继电器和输出继电器点数之和不得超过 256 点，如接入特殊单元或特殊模块时，每个占 8 点，应从 256 点中扣除。

表 2-7　　FX_{2N}系列 PLC 的输入继电器和输出继电器元件分配情况

型号	FX_{2N}-16M	FX_{2N}-32M	FX_{2N}-48M	FX_{2N}-64M	FX_{2N}-80M	FX_{2N}-128M	扩展时
输入继电器	X000～X007	X000～X017	X000～X027	X000～X037	X000～X047	X000～X077	X000～X267
	8 点	16 点	24 点	32 点	40 点	64 点	184 点
输出继电器	Y000～Y007	Y000～Y017	Y000～Y027	Y000～Y037	Y000～Y047	Y000～Y077	Y000～Y267
	8 点	16 点	24 点	32 点	40 点	64 点	184 点

2. 辅助继电器 M

辅助继电器 M 相当于继电—接触器控制系统中的中间继电器。他用来存储中间状态或其他控制信息，不能直接驱动外部负载，只能在程序内部驱动输出继电器的线圈。

辅助继电器的线圈与输出继电器一样，由 PLC 内各编程元件的触点驱动。辅助继电器的动合和动断触点使用次数不限，在 PLC 内可以自由使用。但是，这些触点不能直接驱动外部负载，外部负载的驱动必须由输出继电器执行。

FX_{2N}系列 PLC 中除了输入继电器和输出继电器采用八进制外，其他编程元件均采用十进制。辅助继电器分为通用辅助继电器、断电保持辅助继电器和特殊辅助继电器三类。

（1）通用辅助继电器。通用辅助继电器的元件编号为 M0～M499，共 500 点。它和普通的中间继电器一样，PLC 运行时如果通用辅助继电器线圈得电，当电源突然中断时，线圈失电，若电源再次接通时，线圈仍失电。

（2）断电保持辅助继电器。断电保持辅助继电器具有停电保持功能。PLC 运行时如果断电保持辅助继电器线圈得电，当电源突然中断时，断电保持辅助继电器仍能保持断电前的状态。断电保持辅助继电器主要是利用 PLC 内装的备用电池或 EEPROM 进行停电保持。

断电保持辅助继电器的元件编号为 M500～M3071，其中 M500～M1023 共 524 点，可以通过参数设定将其改为通用辅助继电器；M1024～M3071 共 2048 点，为专用断电保持辅助继电器。M2800～M3071 用于上升沿、下降沿指令的接点时，有一种特殊性，这将在后面说明。

（3）特殊辅助继电器。特殊辅助继电器的元件编号为 M8000～M8255，共有 256 点。但其中有些元件编号没有定义，不能使用。特殊辅助继电器用来表示 PLC 的某些特定状态，提供时钟脉冲和标志（如进行、借位标志等）、设定 PLC 的运行方式、步进顺控、禁止中断、设定计数器进行加或减计数等。

特殊辅助继电器各自有特殊的功能，一般分为两大类。一类是只能利用其触点，其线圈由 PLC 自动驱动，如 M8000（运行监视）、M8002（初始脉冲）、M8013（1s 时钟脉冲）；另一类是可驱动线圈型的特殊辅助继电器，用户驱动其线圈后，PLC 做特定的动作。如 M8033 指定 PLC 停止时输出保持，M8034 禁止全部输出，M8039 指定时扫描。

3. 状态继电器 S

FX_{2N}系列 PLC 内拥有许多状态寄存器 S，状态寄存器在 PLC 内提供了无数的动合、动断触点供用户编程使用。通常情况下，状态寄存器与步进控制指令配合使用，完成对某一工序的步进顺序动作控制。当状态寄存器不用于步进控制指令时，可作为辅助继电器使用，其使用方法和辅助继电器相同。

状态继电器的元件编号为 S0～S999，共 1000 点。它分为通用型、失电保持型和报警型 3 种类型。

(1) 通用型状态继电器。状态继电器 S0～S499，共 500 点，属于通用型状态继电器。通用型状态继电器没有断电保持功能，可用于初始化状态。其中，S0～S9 共 10 点用于初始状态，S10～S19 共 10 点用于回零状态。

(2) 失电保持型状态继电器。状态继电器 S500～S899，共 400 点，属于失电保持型状态继电器。失电保持型状态继电器在失电时能保持原来状态不变。

(3) 报警型状态继电器。状态继电器 S900～S999，共 100 点，属于报警型状态继电器。这 100 点状态断器又属于失电保持型，它们和应用指令 ANS（信号报警器置位）、ANR（信号报警器复位）等配合可以组成各种故障诊断电路，并发出报警信号。

利用外部设备进行参数设定，可以改变其状态继电器的失电保持的范围，例如将原始的 S500～S899 改为 S200～S999，则 S0～S199 为通用型状态继电器，S200～S999 为失电保持型状态继电器。

2.4.2 定时计数类编程元件

1. 定时器 T

PLC 中的定时器 T 相当于继电—接触器中的时间继电器，它是 PLC 内部累计时间增量的重要编程元件，主要用于延时控制。

FX_{2N}系列 PLC 给用户提供了 256 个定时器，其编号范围为 T0～T255。其中，通电延时型定时器 246 个，积算型定时器 10 个。每个定时器的设定值在 K0～K32767 之间，通常设定值由程序或外部根据需要设定，若定时器的当前值大于或等于设定值，定时器位被置 1，其动合触点闭合、动断触点断开。用于存储定时器累计的时基增量值（1～32767）。FX_{2N}系列 PLC 定时器的时基有 3 种：1、10、100ms。

2. 计数器 C

计数器 C 用于累计其输入端脉冲电平由低到高的次数，其结构与定时器类似，通常设定值在程序中赋予，有时也可根据需求在外部进行设定。

计数器可用常数 K 作设定值，也可用数据寄存器（D）的内容作为设定值。如果计数器输入端信号由 OFF 变为 ON 时，计数器以加 1 或减 1 的方式进行计数，当计数值加到设定值或计数器减为“0”时，计数器线圈得电，其相应触点动作。

FX_{2N}系列 PLC 提供了两类计数器：内部计数器和高速计数器。内部计数器是 PLC 在执行扫描操作时对内部信号 X、Y、M、S、T、C 等进行计数的计数器，要求输入信号的接通和断开时间应比 PLC 的扫描周期时间要长；高速计数器的响应速度快，因此对于频率较高的计数就必须采用高速计数器。

2.4.3 寄存器类编程元件

数据寄存器在 PLC 中专门用来存储数据的软元件，供数据传送，进行数据比较、数据运算等操作。数据寄存器都是 16 位，最高位为正负符号位，可存放 16 位二进制数；也可将两个数据寄存器组合存放 32 位二进制数，最高位为正负符号位。最高位为“0”时，表示正数；最低位为“1”时，表示负数。数据寄存器主要有通用数据寄存器、停电保持型数据寄存器、停电保持专用型数据寄存器、特殊数据寄存器和变址寄存器。

1. 通用数据寄存器

通用数据寄存器（D0～D199，共200点）是用来存储数值数据的编程元件，一旦写入数据，并在未写入其他数据之间，寄存器中的数据是不会变化的。但是如果PLC停止或突然停电时，所有数据被清“0”。假设特殊寄存器M8033为ON，PLC从运行状态进入停止状态时，那么通用数据寄存器的值保持不变。

2. 停电保持型数据寄存器

停电保持型数据寄存器（D200～D511，共312点）具有断电保持功能，PLC从运行状态进入停止状态时，该寄存器中的内容保持不变。停电保持型数据寄存器的使用方法与通用数据寄存器相同，但也可以通过参数设定将其变为通用非停电保持型。在并联通信中，D490～D509被作为通信占用。

3. 停电保持专用型数据寄存器

停电保持专用型数据寄存器（D512～D7999，共7488点）的特点是不能通过参数设定改变其停电保持数据的特性。如果要改变停电保持的特性，可以在程序的起始步采用初始化脉冲（M8002）和复位（RST）或区间复位（ZRST）指令将其内容清除。

使用参数设定可以将D1000～D7999（共7000点）范围内的数据寄存器分为500点为一组的文件数据寄存器。文件寄存器是一种专用的数据寄存器，主要用于存储大容量的数据。FX_{2N}系列PLC可通过FNC15（BMOV）指令将文件寄存器中的数据读到通用数据寄存器中。

4. 特殊数据寄存器

特殊数据寄存器（D8000～D8255，共256点）的用途两种：一种是只能读取或利用其中数据的数据寄存器，例如从PLC中读取锂电池的电压值；另一种是用来写入特定数据的数据寄存器，例如使用MOV传送指令向监视定时器时间的数据寄存器中写入设定时间，并用WDT监视定时器刷新指令（看门狗指令）对其刷新。

5. 变址寄存器

变址寄存器V、Z的元件号分别为V0～V7、Z0～Z7，共16点。变址寄存器与通用数据寄存器相同，可以用于数据的读与写操作，例如当Z0=12时，K15Z0相当于常数27（12+15=27），但是变址寄存器主要用于操作数地址的修改；当V2=10时，数据寄存器的元件号D3V2相当于D13（10+3=13）。

进行32位数据处理时，V0～V7、Z0～Z7需组合使用，可组成8个32位的变址寄存器，其中V为高16位，Z为低16位。例如V0和Z0可构成32位变址寄存器，V3和Z3也可构成32位变址寄存器。

2.4.4 嵌套指针类编程元件

1. 嵌套层数N

嵌套层数N用来指定嵌套的层数，该指令与主控指令MC和MCR配合使用。在FX系列PLC中，该指令的范围为N0～N7。

2. 指针 P、I

指针用于跳转、中断等程序的入口地址，与跳转、子程序、中断程序等指令一起使用。指针按用途可分为分支用指针 P 和中断用指针 I 两类。分支用指针用来表示跳转指令 CJ 的跳转目标和子程序调用指令 CALL 调用的子程序入口地址。中断用指针用来说明某一中断源的中断程序入口标号。中断用指针又分为 6 个输入中断用指针、3 个定时器中断用指针和 6 个计数器中断用指针。

6 个输入中断用指针为 I00□、I10□、I20□、I30□、I40□、I50□（□=1 时，为上升沿中断；□=0 时，为下降沿中断）。这 6 个指针仅接收对应特定输入继电器 X000～X005 的触发信号（如 I00□对应 X000），才执行中断子程序，不受可编程控制器扫描周期的影响。由于输入采用中断处理速度快，在 PLC 控制中可以用于需要优先处理和短时脉冲处理的控制。

3 个定时器中断用指针为 I6□□、I7□□、I8□□（□□为中断间隔时间，范围为 10～99ms）。该指针用于需要指定中断时间执行中断子程序或需要不受 PLC 扫描周期影响的循环中断处理控制程序。例如 I635 表示每隔 35ms 就执行标号为 I635 后面的中断程序一次，在中断返回指令处返回。

6 个计数器中断用指针为 I010、I020、I030、I040、I050、I060。这 6 个指针根据 PLC 内部的高速计数器的比较结果，执行中断子程序。用于优先控制使用高速计数器的计数结果。该指针的中断动作要与高速计数置位指令 HSCS 组合使用。

2.4.5 常数类编程元件

常数类编程元件是程序进行数值处理时必不可少的编程元件，分别用字母 K、H 和 E 表示。其中 K 表示十进制整数，可用于指定定时器或计数器的设定值或应用指令操作数中的数值；H 表示十六进制整数，主要用于指定应用指令中操作的数值；E 表示浮点数，主要用于指定的应用数的操作数的数值。

FX_{2N}系列 PLC 中浮点数指定范围为$\pm 1.175\times 10^{-38}$～$\pm 3.403\times 10^{38}$。在 PLC 程序中，浮点数可以指定使用“普通表示”和“指数表示”两种，其中普通表示就将设定数值直接表示，例如 10.2315 表示为 E10.2315；指数表示就将设定数值以（数值）$\times 10^{n}$指定，例如 2314 表示为 E2.314$\times 10^{3}$。

第 3 章

FX_{2N}系列PLC编程软件的使用

PLC 是一种由软件驱动的控制设计，软件系统就如人的灵魂，可编程控制器的软件系统是 PLC 所使用的各种程序集合。为了实现某一控制功能，需要在特定环境中使用某种语言编写相应指令来完成，本章主要讲述 FX_{2N} 系列 PLC 的编程语言、编程软件等内容。

3.1 PLC 编 程 语 言

PLC 是专为工业控制而开发的装置，其主要使用者是工厂广大电气技术人员，为了适应他们的传统习惯和掌握能力，通常 PLC 采用面向控制过程、面向问题的“自然语言”进行编程。FX_{2N}系列 PLC 的编程语言非常丰富，有梯形图、助记符（又称指令表）、顺序功能图等，用户可选择一种语言或混合使用多种语言，通过专用编程器或上位机编写具有一定功能的指令。

3.1.1 PLC 编程语言的国际标准

基于微处理器的 PLC 自 1968 年问世以来，已取得迅速的发展，成为工业自动化领域应用最广泛的控制设备。当形形色色的 PLC 涌入市场时，国际电工委员会（IEC）及时地于 1993 年制定了 IEC1131 标准以引导 PLC 健康发展。

IEC1131 标准分为 IEC1131－1～ IEC1131－5 共 5 个部分：IEC1131－1 为一般信息，即对通用逻辑编程作了一般性介绍，并讨论了逻辑编程的基本概念、术语和定义；IEC1131－2 为装配和测试需要，从机械和电气两部分介绍了逻辑编程对硬件设备的要求和测试需要；IEC1131－3 为编程语言的标准，它吸取了多种编程语言的长处，并制定了 5 种标准语言；IEC1131－4 为用户指导，提供了有关选择、安装、维护的信息资料和用户指导手册；IEC1131－5 为通信规范，规定了逻辑控制设备与其他装置的通信联系规范。

IEC1131 标准是由来自欧洲、北美以及日本的工业界和学术界的专家通力合作的产物，在 IEC1131－3 中，专家们首先规定了控制逻辑编程中的语法、语义和显示，然后从现有编程语言中挑选了 5 种，并对其进行了部分修改，使其成为目前通用的语言。在这 5 种语言中，有 3 种是图形化语言，2 种是文本化语言。图形化语言有梯形图、顺序功能图、功能块图，文本化语言有指令表和结构文本。IEC 并不要求每种产品都运行这 5 种语言，可以只运行其中的一种或几种，但均必须符合标准。在实际组态时，可以在同一项目中运用多种编程语言，相互嵌套，以供用户选择最简单的方式生成控制策略。

正是由于 IEC1131－3 标准的公布，许多 PLC 制造厂先后推出符合这一标准的 PLC 产品。美国 A－B 公司属于罗克韦尔（Rockwell）公司，其许多 PLC 产品都带符合 IEC1131－3 标准中结构文本的软件选项。施耐德（Schneider）公司的 Modicon TSX Quantum PLC 产品可采用符合 IEC1131－3 标准的 Concept 软件包，它在支持 Modicon 984 梯形图的同时，也遵循 IEC1131－3 标准的 5 种编程语言。

3.1.2 梯形图

梯形图 LAD（Ladder Programming）语言是使用得最多的图形编程语言，被称为 PLC 的第一编程语言。LAD 是在继电—接触器控制系统原理图的基础上演变而来的一种图形语言，它和继电—接触器控制系统原理图很相似。梯形图具有直观易懂的优点，很容易被工厂电气人员掌握，特别适用于开关量逻辑控制，它常被称为电路或程序，梯形图的设计称为编程。

1. 梯形图相关概念

在梯形图编程中，用到软继电器、能流和梯形图的逻辑解算这 3 个基本概念。

(1) 软继电器。PLC 梯形图中的某些编程元件沿用了继电器这一名称，如输入继电器、输出继电器、内部辅助继电器等，但是它们必须不是真实的物理继电器，而是一些存储单元（软继电器），每一软继电器与 PLC 存储器中映像寄存器的一个存储单元相对应。梯形图中采用类似于继电—接触器中的触点和线圈符号，如表 3－1 所示。

表 3－1　　符 号 对 照 表

元器件	物理继电器	PLC 继电器
线圈	—□—	—( )—
动合触点	—/—	—┤├—
动断触点	—⅃̸—	—┤/├—

存储单元如果为“1”状态，则表示梯形图中对应软继电器的线圈“通电”，其动合触点接通，动断触点断开，称这种状态是该软继电器的“1”或“ON”状态。如果该存储单元为“0”状态，对应软继电器的线圈和触点的状态与上述的相反，称该软继电器为“0”或“OFF”状态。使用中，常将这些“软继电器”称为编程元件。

PLC 梯形图与继电—接触器控制原理图的设计思想一致，它沿用继电—接触器控制电路元件符号，只有少数不同，信号输入、信息处理及输出控制的功能也大体相同。但两者还是有一定的区别：①继电—接触器控制电路由真正的物理继电器等部分组成，而梯形图没有真正的继电器，是由软继电器组成的；②继电—接触器控制系统得电工作时，相应的继电器触头会产生物理动断操作，而梯形图中软继电器处于周期循环扫描接通之中；③继电—接触器系统的触点数目有限，而梯形图中的软触点有多个；④继电—接触器系统的功能单一，编程不灵活，而梯形图的设计和编程灵活多变；⑤继电—接触器系统可同步执行多项工作，而PLC梯形图只能采用扫描方式由上而下按顺序执行指令并进行相应工作。

（2）能流。在梯形图中有一个假想的“概念电流”或“能流”（Power Flow）从左向右流动，这一方向与执行用户程序时的逻辑运算的顺序是一致的。能流只能从左向右流动。利用能流这一概念，可以帮助我们更好地理解和分析梯形图。图3－1（a）所示梯形图不符合能流只能从左向右流动的原则，因此应改为如图3－1（b）所示的梯形图。

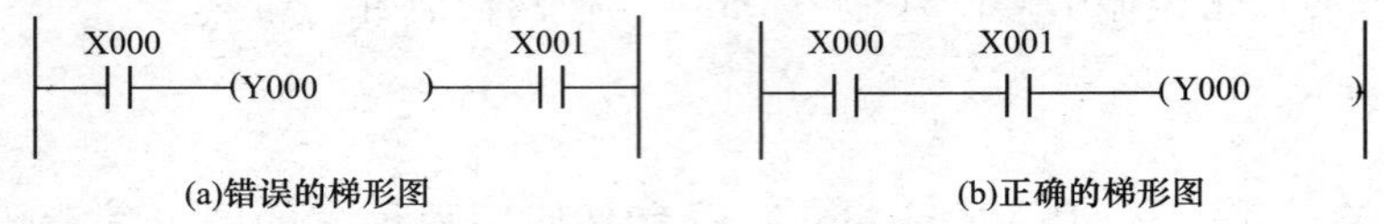

图3－1　母线梯形图

梯形图的两侧垂直公共线称为公共母线（Bus bar），左侧母线对应于继电—接触器控制系统中的“相线”，右侧母线对应于继电—接触器控制系统中的“零线”，一般右侧母线可省略。在分析梯形图的逻辑关系时，为了借用继电器电路图的分析方法，可以想象左右两侧母线（左母线和右母线）之间有一个左正右负的直流电源电压，母线之间有“能流”从左向右流动。

（3）梯形图的逻辑解算。根据梯形图中各触点的状态和逻辑关系，求出与图中各线圈对应的编程元件的状态，称为梯形图的逻辑解算。梯形图中逻辑解算是按从左至右、从上到下的顺序进行的。解算的结果，马上可以被后面的逻辑解算所利用。逻辑解算是根据输入映像寄存器中的值，而不是根据解算瞬时外部输入触点的状态来进行的。

2. 梯形图的编程规则

尽管梯形图与继电—接触器电路图在结构形式、元件符号及逻辑控制功能等方面类似，但在编程时，梯形图需遵循一定的规则，具体如下：

（1）自上而下、从左到右编写程序。编写PLC梯形图时，应按从上到下、从左到右的顺序放置连接元件。在FX/Q的编译软件中，与每个输出线圈相连的全部支路形成1个逻辑行，每个逻辑行起于左母线，最后终于输出线圈或右母线，同时还要注意输出线圈与右母线之间不能有任何触点，输出线圈的左边必须有触点，如图3－2所示。

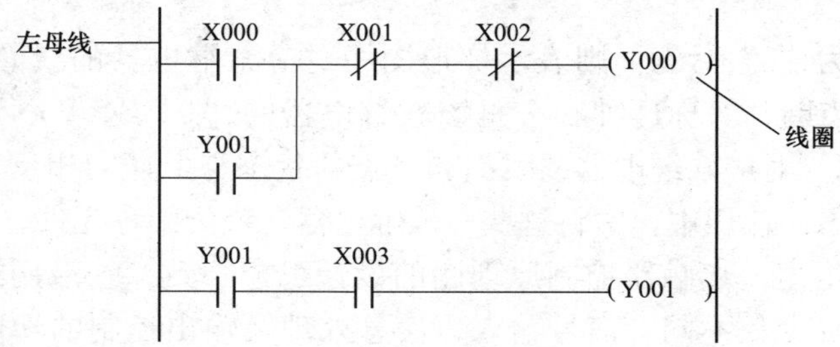

图3－2　梯形图绘制规则1

(2) 串联触点多的电路应尽量放在上部。在每一个逻辑行中，当几条支路串联时，串联触点多的应尽量放在上面，如图 3－3 所示。

图 3－3　梯形图绘制规则 2

(3) 并联触点多的电路应尽量靠近左母线。几条支路并联时，并联触点多的应尽量靠近左母线，这样可适当减少程序步数，如图 3－4 所示。

图 3－4　梯形图绘制规则 3

(4) 垂直方向不能有触点。在垂直方向的线上不能有触点，否则形成不能编程的梯形图，因此需重新安排，如图 3－5 所示。

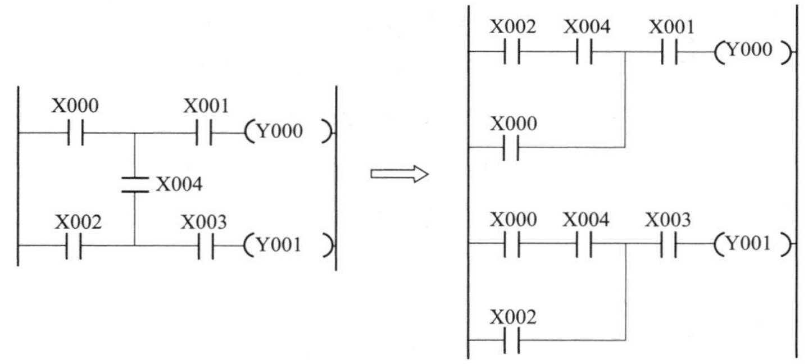

图 3－5　梯形图绘制规则 4

3.1.3　语句表

语句表 STL（Statement List）又称为指令表，是通过指令助记符控制程序要求的，类似于计算机汇编语言。不同厂家的 PLC 所采用的指令集不同，所以对于同一个梯形图，书写的语句表指令形式也不尽相同。

一条典型指令往往由助记符和操作数或操作数地址组成。助记符是指使用容易记忆的字符代表 PLC 某种操作功能。语句表与梯形图有一定的对应关系，如图 3－6 所示，分别采用梯形图和语句表实现电机正反转控制的功能。

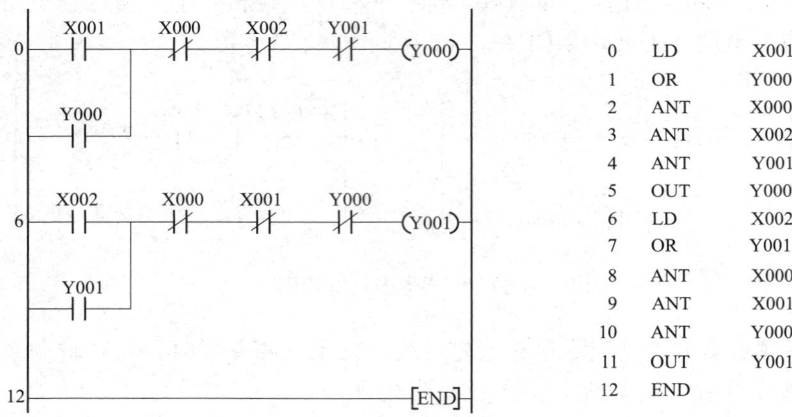

图 3-6 采用梯形图和语句表实现电机正反转控制程序

3.1.4 顺序功能图

顺序功能流程图 SFC（Sequential Function Chart）又称状态转移图，它是描述控制系统的控制过程、功能和特性的一种图形，也是设计 PLC 的顺序控制程序的有力工具。顺序功能图主要由步、动作、转移条件等部分组成，如图 3-7 所示。

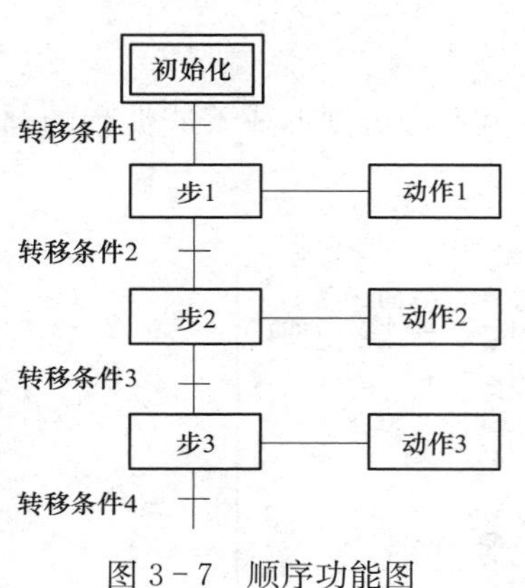

图 3-7 顺序功能图

顺序功能图编程法可将一个复杂的控制过程分解为一些具体的工作状态，把这些具体的功能分别处理后，再把这些具体的状态依一定的顺序控制要求，组合成整体的控制程序，它并不涉及所描述的控制功能的具体技术，是一种通用的技术语言，可以供进一步设计和不同专业的人员之间进行技术交流之用。

3.2 GX Developer编程软件的使用

GX Developer 编程软件是三菱 PLC 设计/维护的应用软件，可应用于三菱大型 PLC 的 Q 系列、A 系列、QnA 系列机型及小型 FX 系列 PLC 梯形图、指令表 SFC 等的编辑。该编程软件能够将 Excel、Word 等软件编程的说明性文字、数据，通过复制、粘贴等简单操作导入程序中，使软件的使用、程序的编辑更加便捷。

3.2.1 GX Developer 编程软件的安装

首先将 GX Developer 安装光盘放入光驱，打开 EnvMEL 文件夹，双击 SETUP，进行 EnvMEL 的安装，然后返回上一级路径（即 GX Developer Version7 文件夹），如图 3－8 所示，双击 SETUP，根据安装向导进行 GX Developer 软件的安装。在安装过程中，在出现的“选择部件”对话框中不要将“监视专用 GX Developer”项勾选，如图 3－9 所示。否则，GX Developer 软件安装后不能进行程序的编写以及将程序写入 PLC 中。

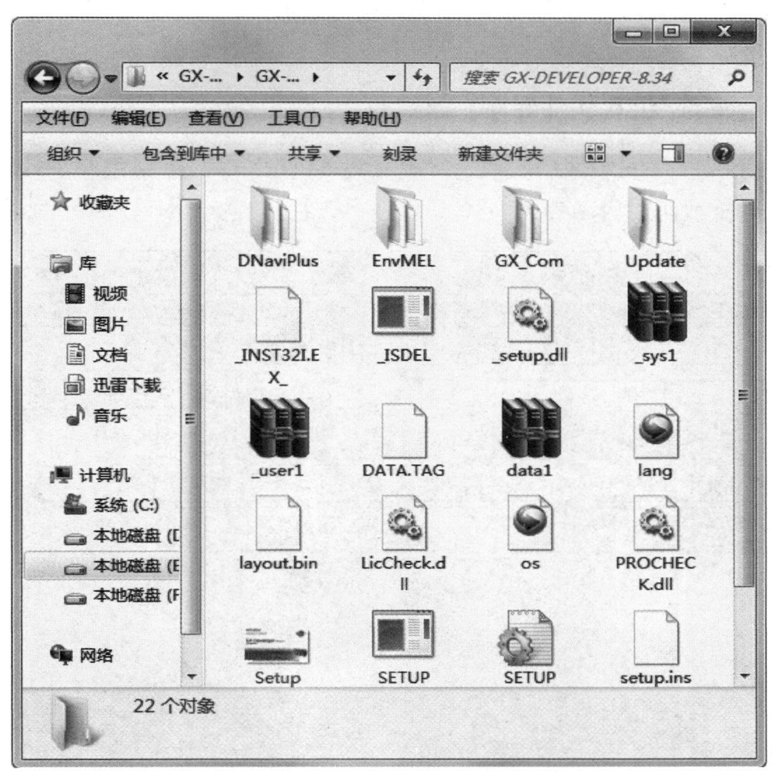

图 3－8　GX Developer 软件安装文件夹

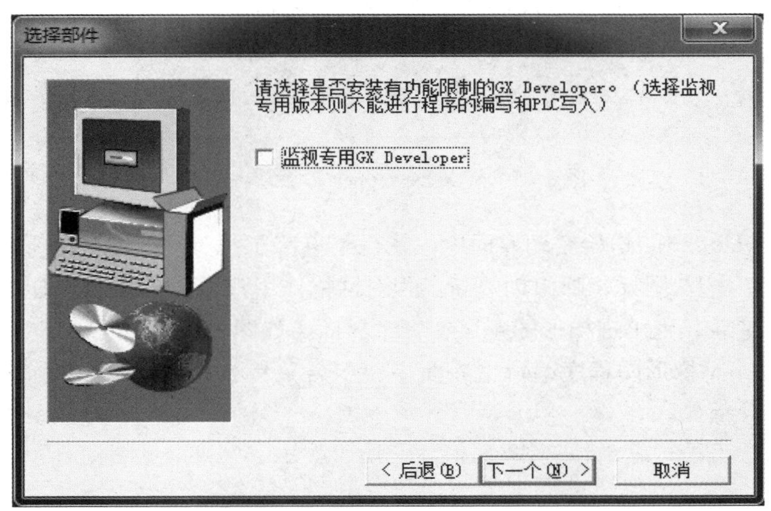

图 3－9　“选择部件”对话框

第 3 章　FX2N系列PLC编程软件的使用

利用GX Developer在计算机上可进行PLC程序的编写、调试、监控，并通过采用FX－232AWC型RS－232C/RS－422转换器（便携式）或FX－232AW型RS－232C/RS－422转换器（内置式），以及其他指定的转换器和SC－09通信线缆与PLC主机相连。三菱电机推出的FX系列PLC用USB编程电缆（FX－USB－AW），可以直接通过计算机的USB口对FX系列PLC进行编程，省却了以往使用USB/RS 232转换器＋SC－09组合的麻烦。

3.2.2 GX Developer编程软件界面

GX Developer软件安装好后，执行“开始→MELSOFT应用程序→GX Developer”，如弹出图3－10所示初始启动界面。

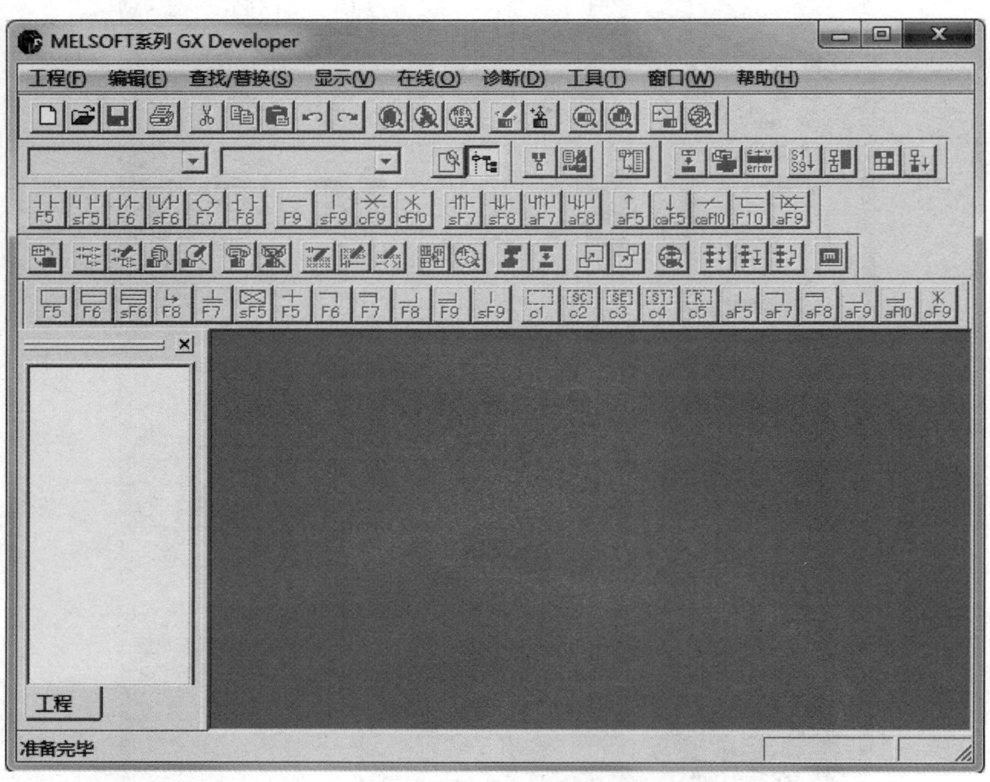

图3－10 GX Developer初始启动界面

在GX Developer的初始启动界面中，执行菜单“工程（F）→创建新工程（N）…”或在工具栏中单击□图标，弹出创建新工程对话框。用户根据需要，选择合适的PLC类型，单击确认键后，则出现梯形图程序编辑主界面，如图3－11所示。

GX Developer梯形图程序编辑主界面主要包含菜单栏、工具条、编辑区、工程数据列表、状态栏等部分。

菜单栏包含工程、编辑、查找/替换、交换、显示、在线、诊断、工具、窗口和帮助共10个菜单。

GX Developer提供了大量工具条以供用户使用，如标准工具条、数据切换工具条、

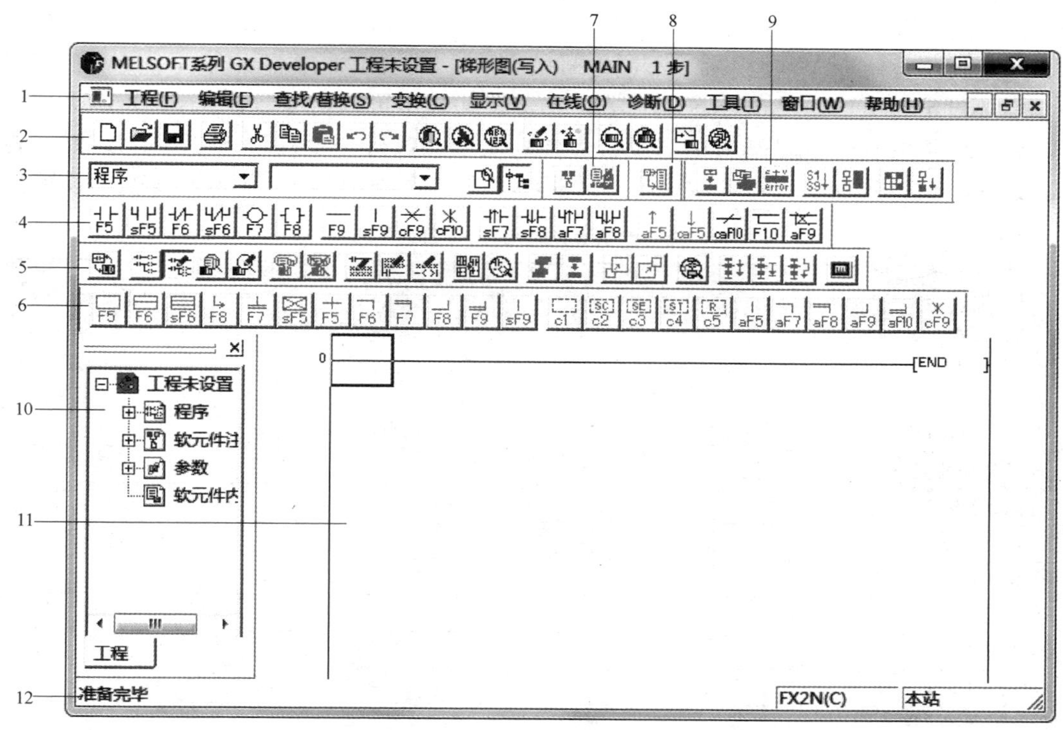

图 3－11 GX Developer 梯形图程序编辑主界面

1—菜单栏；2—标准工具栏；3—数据切换工具条；4—梯形图标记工具条；5—程序工具条；6—SFC 符号工具条；7—注释工具条；8—操作编辑区；9—SFC 工具条；10—工程参数列表；11—操作编辑区；12—状态栏

梯形图标记工具条、程序工具条、SFC 符号工具条、SFC 工具条、注释工具条等。其中标准工具条由工程菜单、编辑菜单、查找/替换菜单、在线菜单、工具菜单中常用的功能组成。例如：工程的建立、保存、打印；程序的剪切、复制、粘贴；元件或指令的查找、替换；程序的读入、写出；编程元件的监视、测试以及参数检查等。数据切换工具条可在程序、参数、注释、编程元件内存这四个项目切换。梯形图标记工具条包含梯形图编辑所需使用的动合触点、动断触点、应用指令等内容。程序工具条可以进行梯形图模式、指令表模式的转换，进行读出模式、写入模式、监视模式、监视写入模式的转换。SFC 符号工具条包含 SFC 程序编辑所需使用的步、块启动步、结束步、选择合并、平行等功能键。SFC 工具条可对 SFC 程序进行块变换、块信息设置排序、块监视操作。注释工具条可以进行注释范围设置或对公共/各程序的注释进行设置。

操作编辑区是用来对工程进行编辑、修改、监控的区域。工程参数列表就是将工程内数据按照浏览树的形式来表示，用来显示工程、编程元件注释、参数、编程元件内存等内容，可实现这些项目的数据的设定。状态栏用来提示当前的操作，显示 PLC 类型以及当前操作状态等。

3.2.3 GX Developer 编程软件参数设定

1. PLC 参数设定

通常选定 PLC 型号后，在开始程序编辑前都需要根据所选择的 PLC 进行必要的参数设定，否则会影响程序的正常编辑。PLC 的参数设定包含 PLC 名称设定、PLC 系统设定、PLC 文件设定等 12 项内容。不同型号的 PLC，其设定的内容也有所不同，各类型 PLC 需要设定的项目如表 3-2 所示。表中的“√”表示可设定项目；“×”表示无此项目。在 GX Developer 编程软件的“工程参数列表”中执行“参数”→“PLC 参数”，将弹出如图 3-12 所示的 PLC 参数设置对话框，在此对话框中可以进行 PLC 参数的设置。

表 3-2　　各系列 PLC 参数设定一览表

PLC 类型 / 设定项目	QnA	Q			FX
		Q02（H）/Q06H/Q12H/Q25H	Q00J/Q00/Q01	Remote I/O	
PLC 名称设定	√	√	√	×	√
PLC 系统设定	√	√	√	√	√
PLC 文件设定	√	√	√（Q00j 无此项目）		×
PLC RAS 设定	√	√	√	√	×
软元件设定	√	√	√	×	√
程序设定	√	√	×	×	×
启动设定	√	√	√	×	×
SFC 设定	√	√	×	×	×
I/O 分配	√	√	√	√	√
存储器容量设定	×	×	×	×	√
动作设定	×	×	×	√	×
串行通信设定	×	×	√	×	×

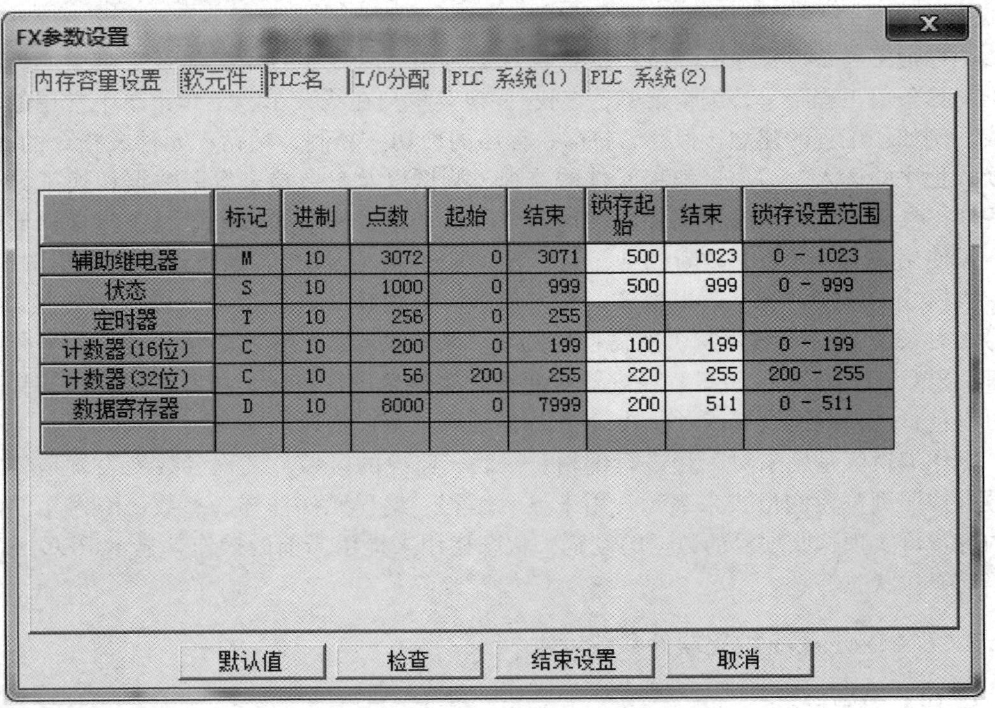

图 3-12　PLC 参数设置对话框

2. 远程密码设定

Q 系列 PLC 能够进行远程链接，所以为了防止由于非正常的远程链接而造成恶意的程序的破坏、参数的修改等事故的发生，Q 系列 PLC 可以设定密码，以避免类似事故的发生。在工程参数列表中双击“参数”下的“远程口令”选项，将打开远程口令设定窗口，即可设定口令以及口令有效的模块，如图 3-13 所示。

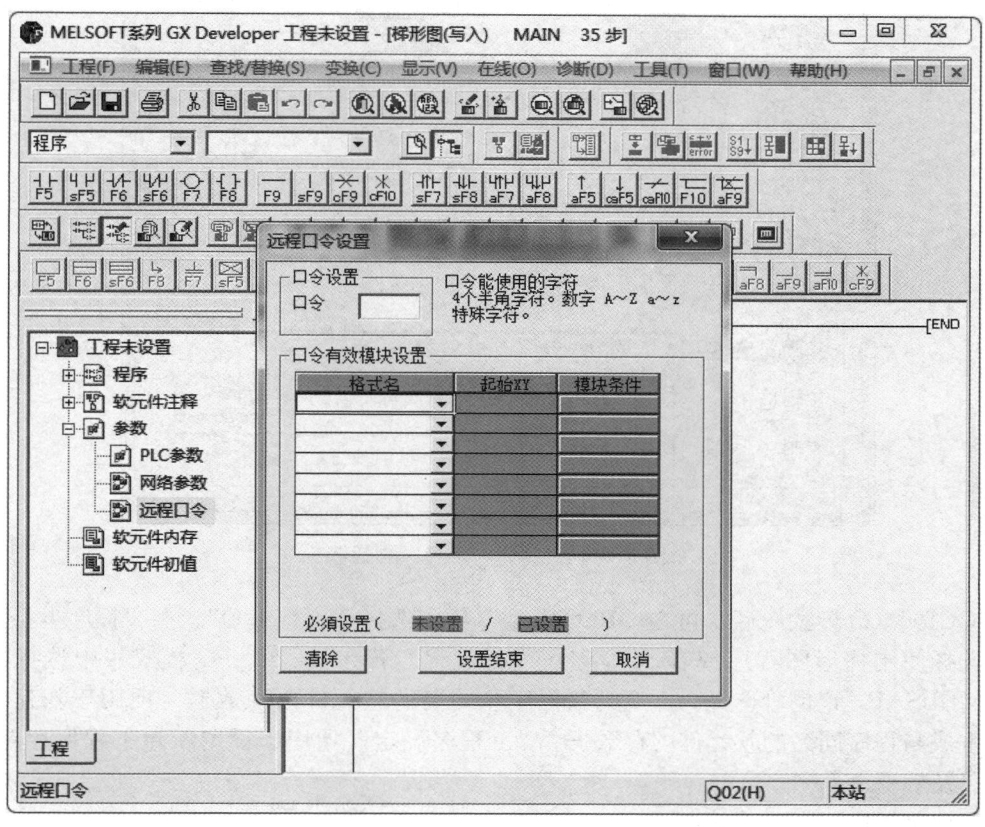

图 3-13 远程密码设定窗口

3.2.4 工程及梯形图制作注意事项

1. 工程

GX Developer 将所有各种顺控程序、参数以及顺控程序中的注释、声明、注释以工程的形式进行统一管理。在工程菜单中不但可以方便地编辑、表示顺控程序和参数等，并能设定使用的 PLC 类型。

(1) 创建新工程。执行命令“开始→MELSOFT 应用程序→GX Developer”，启动 GX Developer 软件的初始界面。选择“工程”→“创建新工程”菜单命令，或按“Ctrl+N”快捷键，或单击🗋图标，将弹出如图 3-14 所示的“创建新工程”对话框。

在“PLC 系列”项的 QCPU（Q 模式）、QnA 系列、QCPU（A）模式、A 系列、运动控制 CPU（SCPU）和 FX 系列中选择合适的 PLC 系列。“PLC 类型”项可根据使用的 CPU 类型进行型号选择，如果需要设定 Q 系列远程 I/O 参数，需先在“PLC 系列”项中

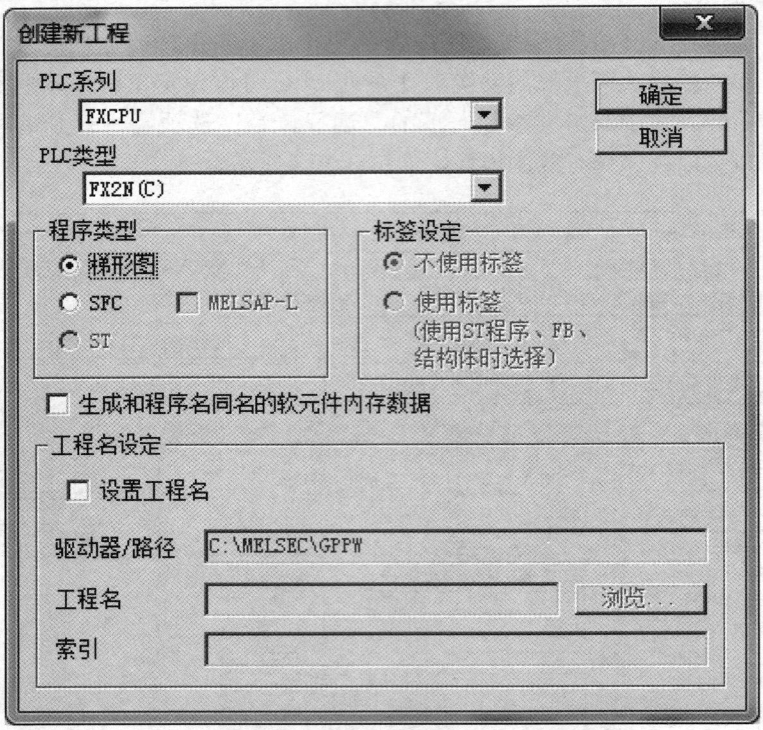

图 3 - 14 “创建新工程”对话框

选择 QCPU（Q 模式）后，再在“PLC 类型”项中选择“远程 I/O”。在“程序类型”项中可选择使用梯形图程序或者 SFC 程序进行编程。若在 QCPU（Q 模式）中选择 SFC 时，MELSAP - L 也可选择。“生成和程序名同名的软元件内存数据”项用于新建工程时，生成与程序同名的软元件内存数据。“工程名设定”项用于设定新建工程保存路径、工程名及标题。

新建工程应注意以下几点：

1）新建工程后，各个数据及数据名如下所示：程序—MAIN；注释—COMMENT（通用注释）；参数—PLC 参数、网络参数（限于 A 系列、QnA/Q 系列）。

2）当生成复数的程序或同时启动复数的 GX Developer 时，计算机的资源可能不够用而导致画面的表示不正常，此时应重新启动 GX Developer 或者关闭其他的应用程序。

3）当未指定驱动器名/路径名（空白）就保存工程时，GX Developer 可自动在缺省（默认）值设定的驱动器/路径中保存工程。

（2）打开工程。打开工程用来读取已保存的工程文件。执行菜单命令“工程”→“打开工程”或按“Ctrl+O”键，或单击图标，弹出如图 3 - 15 所示的对话框。在此对话框中选择所存工程驱动器器/路径和工程名，单击“打开”，进入编程窗口；单击“取消”，重新选择。工程的保存、关闭等操作与一般的应用软件操作相同，在此不进行阐述。

（3）校验工程。校验工程用来校验同一 PLC 类型的可编程控制器 CPU 工程中的数据。执行菜单命令“工程”→“校验”，弹出如图 3 - 16 所示的对话框。

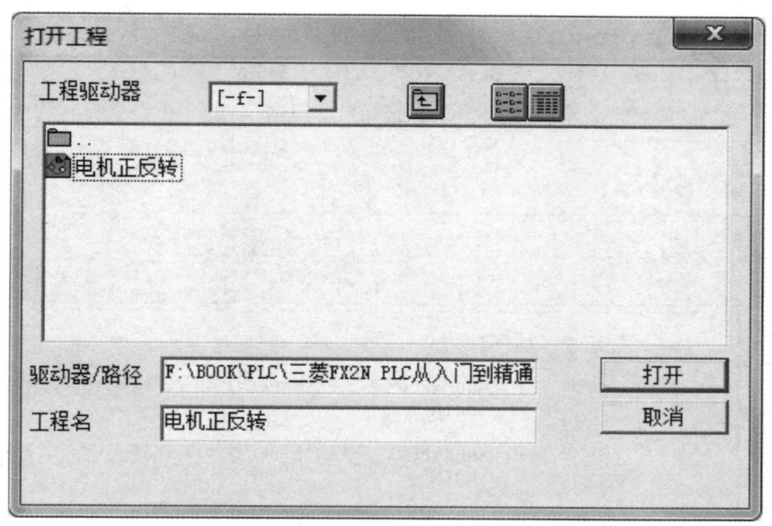

图 3-15 “打开工程”对话框

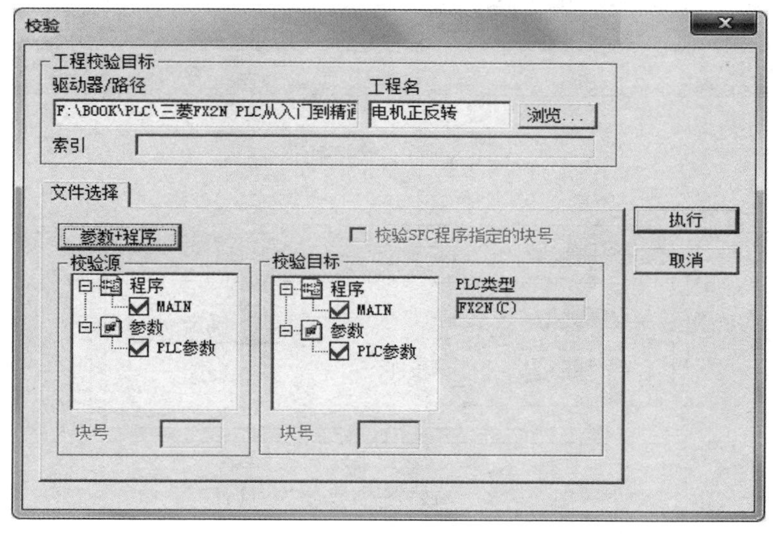

图 3-16 “校验”对话框

在“校验”对话框中选择单击“浏览…”，弹出“打开工程”对话框，选择校验目标工程的“驱动器/路径”“工程名”。选择校验源和校验目标的校验复选项目，再单击“执行”，开始校验，校验结果如图 3-17 所示。校验时请注意：当校验源和校验目标的工程同为标号程序时，校验可以进行，否则不能进行；如果校验源和校验目标的工程同为远程 I/O 站工程时，校验可以进行，否则不能进行。

（4）相互转变梯形图程序和 SFC 程序。在 GX Developer 中可以将已保存的梯形图程序转换成 SFC 程序，或者将保存的 SFC 程序转换成梯形图程序。执行菜单命令“工程”→“编辑数据”→“改变程序类型…”，弹出如图 3-18 所示的对话框（本例为梯形图转 SFC）。

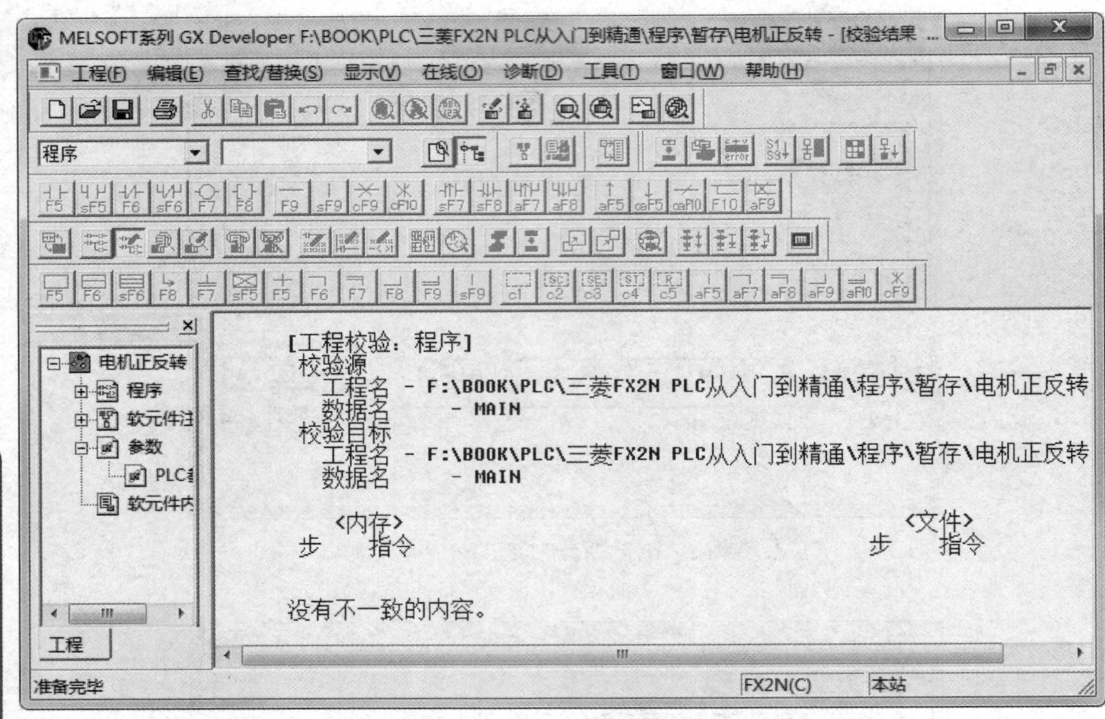

图 3 - 17　校验结果

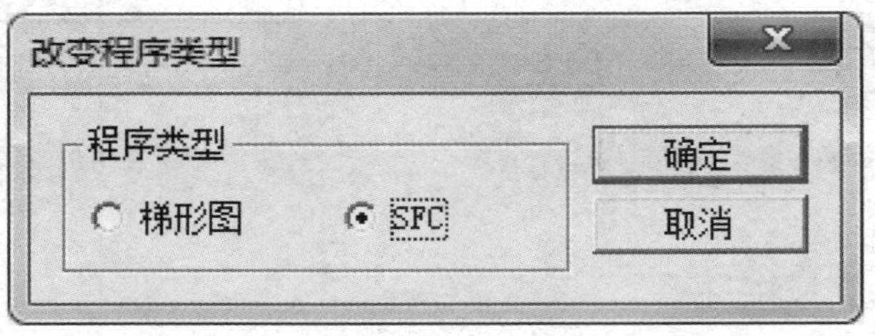

图 3 - 18　“改变程序类型”对话框

(5) 读取其他格式的文件。在 GX Developer 中可以读取已保存的 GPPQ、GPPA、FXGP（WIN）、FXGP（DOS）文件。执行菜单命令“工程”→“读取其他格式的文件”→“读取 FXGP（WIN）格式文件…”，弹出如图 3 - 19 所示的对话框。单击“浏览…”，选择需打开的格式文件后，在复选框中进行相关设置，然后单击“执行”，将以工程方式打开该格式文件。

(6) 写入其他格式的文件。在 GX Developer 中可以将工程写入 GPPQ、GPPA、FXGP（WIN）、FXGP（DOS）格式文件。执行菜单命令“工程”→“写入其他格式的文件”→“写入 FXGP（WIN）格式文件…”，弹出如图 3 - 20 所示的对话框。单击“浏览…”，选择需打开的格式文件后，在复选框中进行相关设置，然后单击“执行”，将工程写入 FXGP（WIN）格式文件。

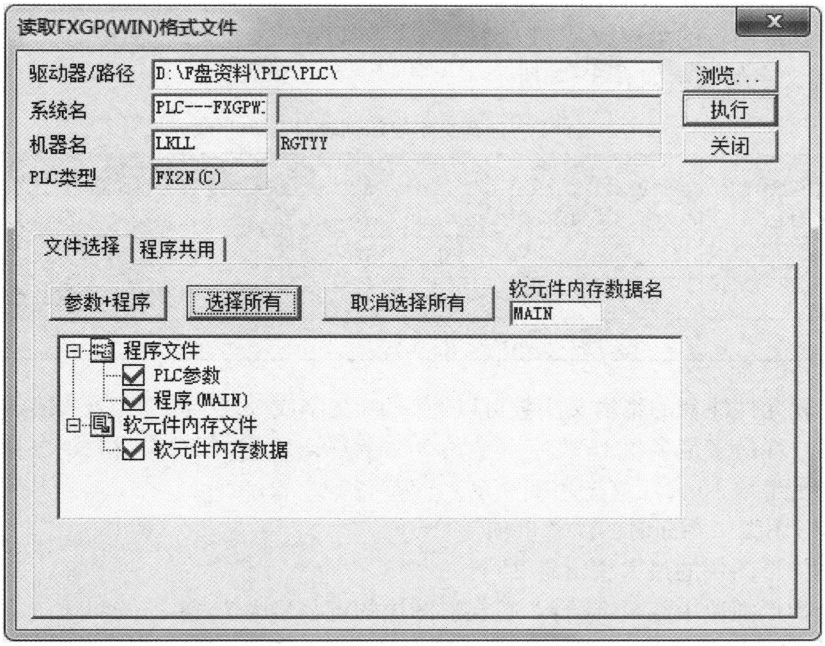

图 3-19 “读取 FXGP（WIN）格式文件”对话框

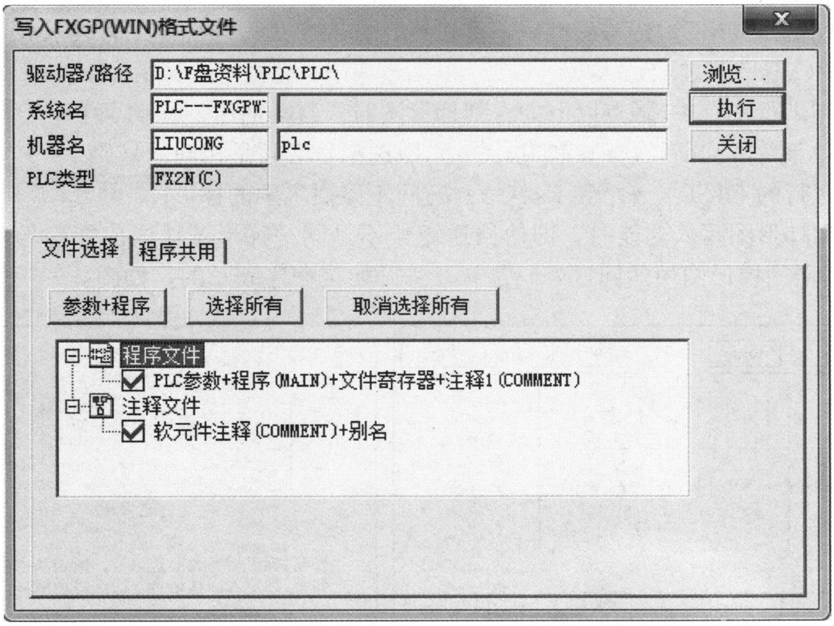

图 3-20 “写入 FXGP（WIN）格式文件”对话框

2. 梯形图制作注意事项

（1）梯形图表示画面时的注意事项。

1）在 1 个画面上表示梯形图 12 行（800×600 画面缩小率 50%）。

2）1个梯形图块在24行内制作超出24行就会出现错误。

3）1个梯形图行的触点数是11个触点+1个线圈。

4）注释文字的表示如表3-3所示。

表3-3　注释文字表示列表

注释文字	输入文字数	梯形图画面表示文字数
软元件注释	半角32文字（全角16文字）	8文字×4行
说明	半角64文字（全角32文字）	设定的文字部分全部表示
注解	半角32文字（全角16文字）	
机器名	半角8文字（全角4文字）	

注意：软元件注释的编辑文字数可以选择16文字或32文字。PG/GPPA格式文件内写入软元件注释最多是半角16文字（全角8文字）；FXGP（DOS）格式文件内写入软元件注释最多是半角16文字（全角8文字）。

（2）梯形图编辑画面时的注意事项

1）1个梯形图块的最大编辑是24行。

2）1个梯形图块中编辑24行，总梯形图块的行数最大为48行。

3）数据的剪切最大是48行，块单位最大是124K步。

4）数据的复制最大是48行，块单位最大是124K步。

5）读取模式的剪切、复制、粘贴等编辑不能进行。

6）主控操作（MC）记号的编辑不能进行，读取模式、监视模式时表示MC记号（写入模式时MC记号不表示）。

7）制作1行中有12触点以上的直列梯形图时，自动回送，移动至下一行。回送记号用K0～K99制作，OUT（→）和IN（→）回送记号必须是相同的号码。

8）回送行的OUT（→）和IN（→）行间不能插入别的梯形图。

9）使用梯形图写入功能时，即使回送记号不是同一梯形图块内出能连号，但是，用读取功能读出的梯形图块的回送号码是从0号开始按顺序表示的，如图3-21所示。

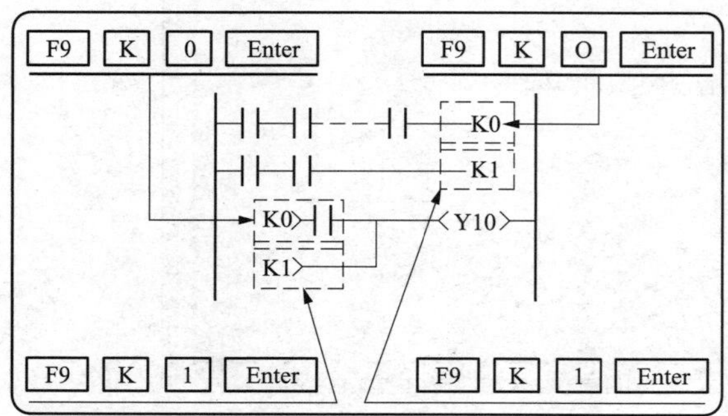

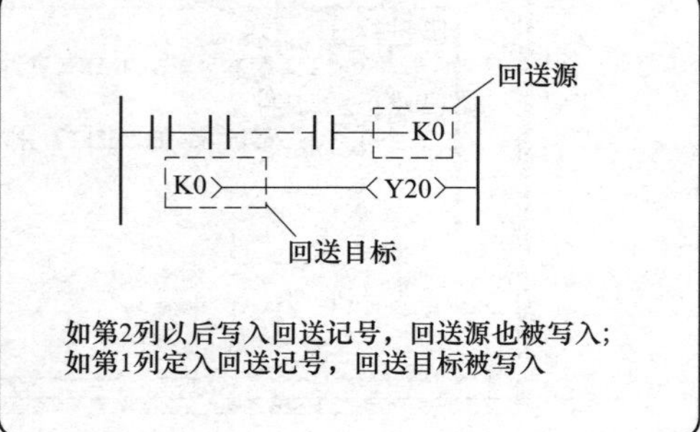

图3-21　梯形图写入

10）在写入（替换）模式中，存在复数个触点/线圈时不能进行覆盖其中一个触点/线圈的梯形图编辑，如图3-22所示。

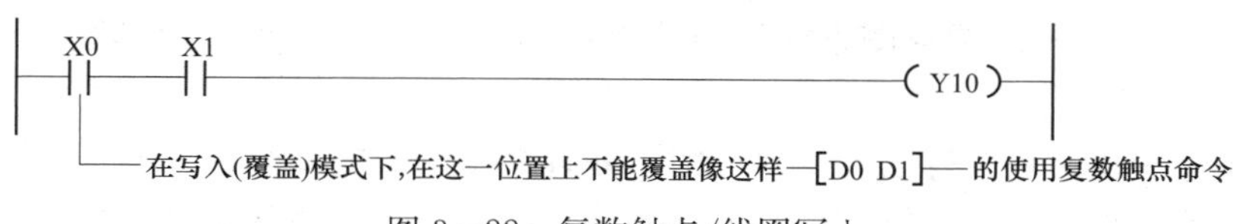

图 3－22　复数触点/线圈写入

修正时，用写入（插入）模式先插入—[＝　D0　D1]—，然后用 Delete 键删除“X000”即可。

11）由于梯形图的第 1 列处插入触点时导致整行梯形图的最后的部分回车（用 2 行表示），不能实行触点插入，如图 3－23 所示。

图 3－23　梯形图第 1 列插入触点

12）处理插入时，如插入位置是指令中，不能实行，如图 3－24 所示。

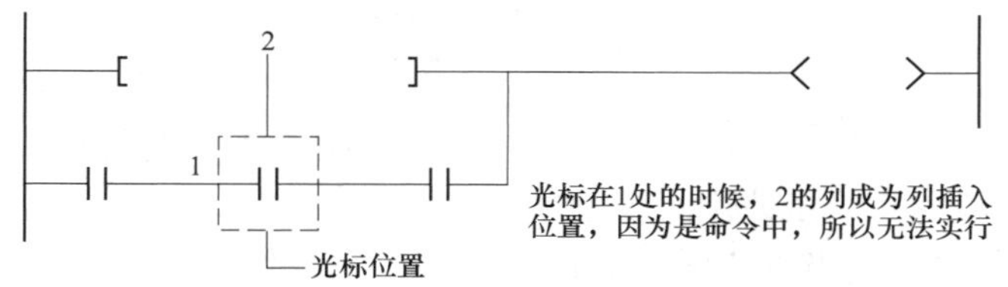

图 3－24　梯形图中列插入

13）梯形图记号的插入，依据挤紧右边和列插入的组合来处理，所以根据梯形图形状也会有无法插入的时候，如图 3－25 所示。

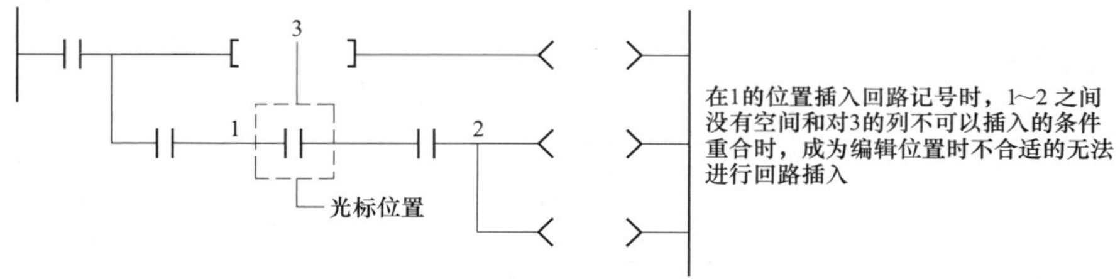

图 3－25　梯形图记号插入

14）写入（替换）模式下，依据个数指定/划线写入竖线的时候，在上述情况下，在第 2 列以后按“Ctrl＋Insert”键，先插入列，然后在 X000 的左侧进行触点插入/列插入。

15）写入（替换）模式下，如果使用个数指定/划线写入竖线时，正好使竖线与梯形图记号重叠，竖线跨过梯形图记号，如图 3－26 所示。虽然在梯形图编辑阶段，竖线跨在梯

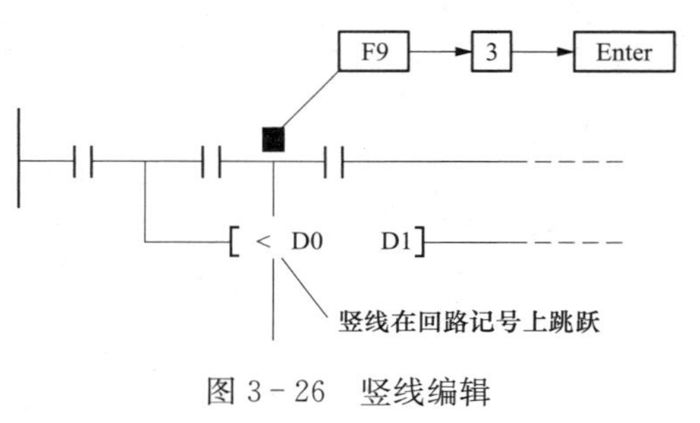

图 3－26　竖线编辑

形图记号上，然而这样的梯形图不能进行变换，而只有修正竖线和梯形图记号不交叉之后，才能进行变换操作。

16）1个梯形图块是2行以上的梯形图，并且继续输入的某个指令不可被写在1行内，如图3－27所示①的位置。如果出现这种情况，可以在该行按下回车键（Enter）之后，再输入指令，能够从图3－27所示②的位置开始制作。

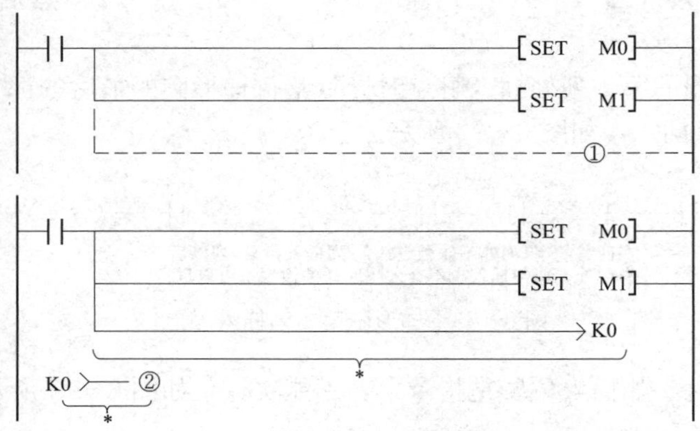

图3－27　梯形图块编辑

17）1列能够记述的指令＋软元件如下所示（选择QnA系列时）。

例：U0　G12.1→相当于使用1个触点；

U0　G123.1→相当于使用2个触点。

18）1梯形图块的步数必须大约在4K步以内，梯形图块和梯形图块间的NOP指令没有关系。

19）关于FX系列的步进梯形图指令的表现方法和编程上的注意点：FXGP（DOS）、FXGP（WIN）梯形图表现方法如图3－28所示。GX Developer梯形图表现方法如图3－29

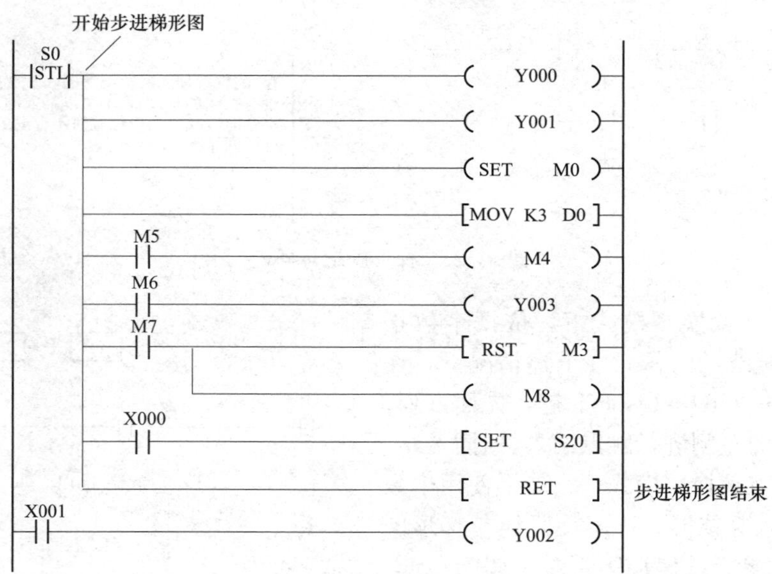

图3－28　FXGP（DOS）、FXGP（WIN）梯形图表现方法

所示。图 3-29 中*1 作为 SFC 程序的梯形图编程的时候，STL/RET 指令不必输入，*2 为 STL 指令之后的最初的线圈指令开始不能在线圈指令部输入触点，输入触点的梯形图不能用在 FXGP（DOS）、FXGP（WIN）编程中，在输入触点的时候，应从左母线端输入。

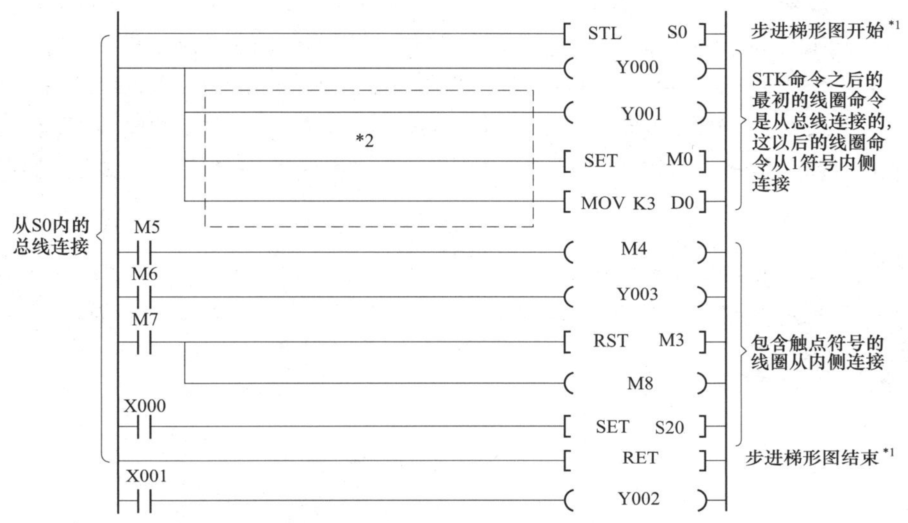

图 3-29　GX Developer 梯形图表现方法

在 FX 系列的 FXGP（DOS）、FXGP（WIN）编程资料中采用了上段的步进梯形图，在用 GX Developer 中输入步进梯形图指令的时候，采用下段的样式进行操作。

3.2.5　梯形图程序的编写与编辑

1. 梯形图程序的编写

下面以一个简单的控制系统为例，介绍怎样用 GX Developer 软件进行梯形图主程序的编写。假设控制两台三相异步电动机的 SB1 与 X000 连接，SB2 与 X001 连接，KM1 线圈与 Y000 连接，KM2 线圈与 Y001 连接。其运行的梯形图程序如图 3-30 所示，按下启动按钮 SB1 后，Y000 为 ON，KM1 线圈得电使电动机 M1 运行，同时定时器 T0 开始定

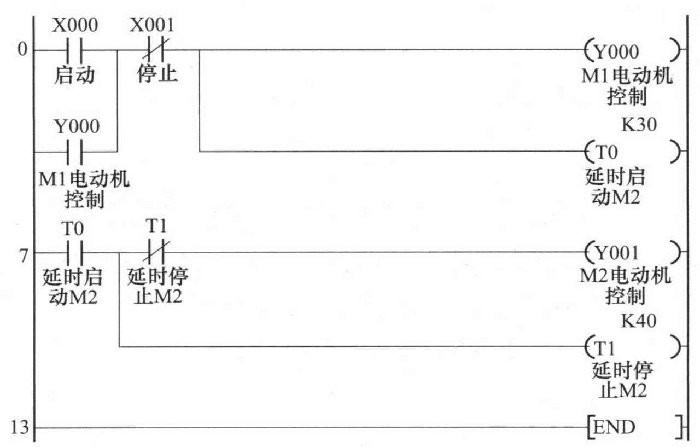

图 3-30　控制两台三相异步电动机运行的梯形图程序

时。当T0延时3s后，T0动合触头闭合，Y001为ON，使KM2线圈得电，从而控制电动机M2运行。当M2运行4s后，T1延时时间到，其动断触头打开使M2停止运行。当按下停止按钮SB2后，Y000为OFF，KM1线圈断电，使T0和T1先后复位。

使用GX Developer创建如图3-29所示的梯形图程序，其输入步骤如下：

第一步：新建工程。执行命令“开始→MELSOFT应用程序→GX Developer”，启动GX Developer软件的初始界面。执行菜单命令“工程”→“创建新工程”，或按“Ctrl+N”键，或单击□图标，在弹出的对话框中选择合适的PLC系列及类型并选择程序类型为“梯形图逻辑”，再单击“确定”，进入GX Developer梯形图程序编辑主界面。

在梯形图程序编辑主界面的菜单栏中执行命令“编辑”→“写入模式”，如图3-31所示。

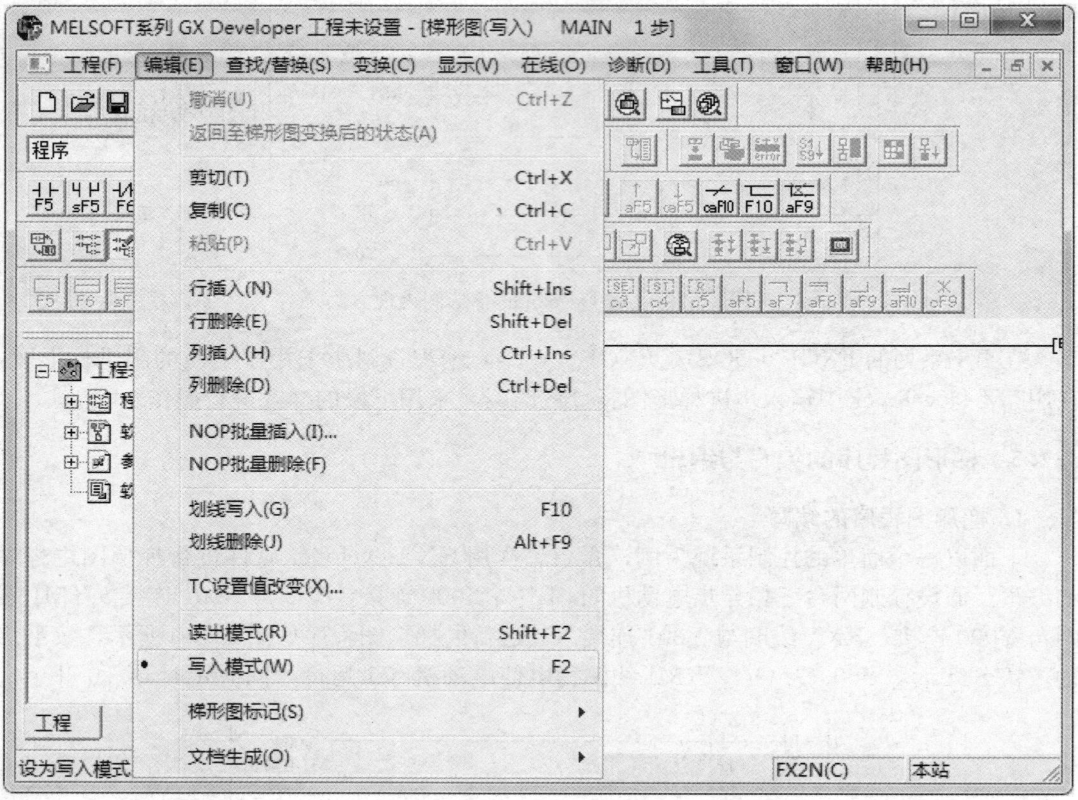

图3-31 写入模式

第二步：动合触点X000的输入。光标框处于起始位置单击图标F5，在弹出的对话框中输入“X000”，并单击“确定”；或在光标框处直接双击鼠标左键，在弹出的对话框中输入指令“LD X000”后单击“确定”，如图3-32所示。

第三步：串联动断触点X001的输入。在程序窗口中显示了X000，光标框处于X000的下一位置。单击图标F6，在弹出的对话框中输入“X001”，并单击“确定”；或在光标框处直接双击鼠标左键，在弹出的对话框中输入指令“ANI X001”后单击“确定”，如图3-33所示。

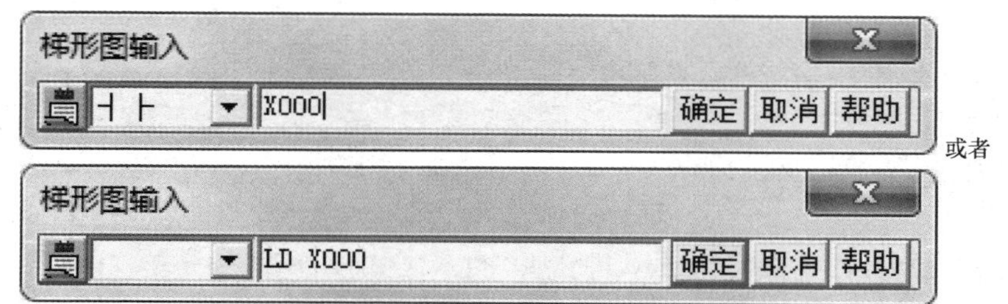

图 3－32　“梯形图输入”对话框

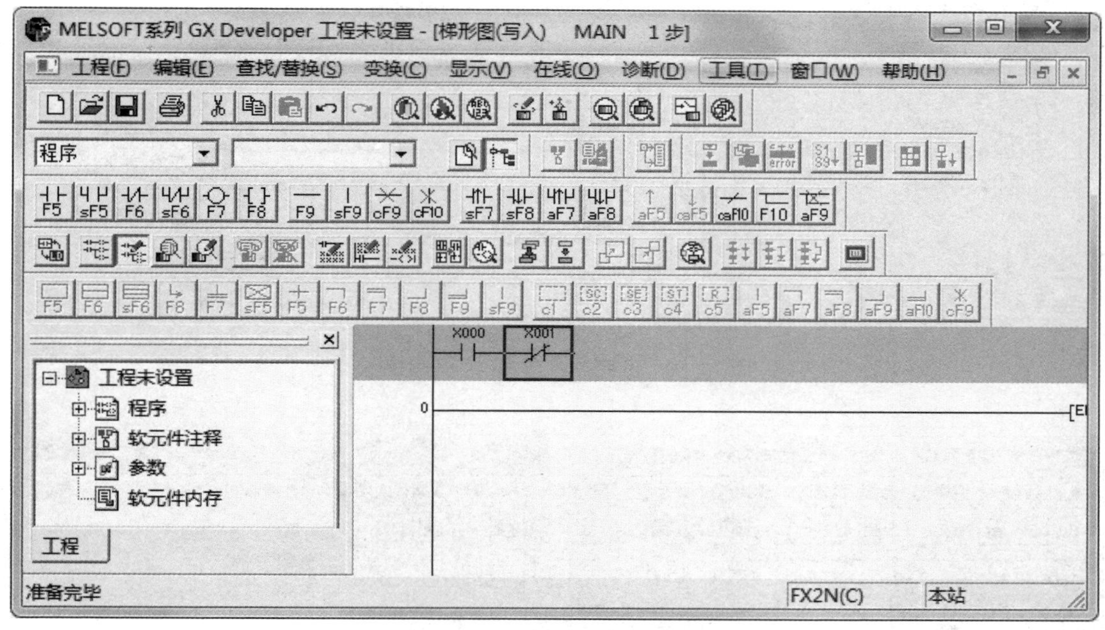

图 3－33　串联动断触点 X001 的输入

第四步：输出线圈 Y000 的输入。在程序窗口中 X001 的下一位置，单击鼠标左键，使光标框处于 X001 的后一位置。单击图标 F7，在弹出的对话框中输入“Y000”，并单击“确定”；或在光标框处直接双击鼠标左键，在弹出的对话框中输入指令“OUT Y000”后单击“确定”，输出线圈就绘制好了。

第五步：并联动合触点 Y000 的输入。在程序窗口中 X000 的下一行，单击图标 X000，在弹出的对话框中输入“Y000”，并单击“确定”；或在光标框处直接双击鼠标左键，在弹出的对话框中输入指令“or　Y000”后单击“确定”，如图 3－34 所示。

第六步：定时器线圈 T0 的输入。在程序窗口 sF5 与 X001 的中间某一位置，单击 sF9，绘制竖线，然后在竖线的右侧单击 F9，绘制横线。再在横线光标框处单击图标 F7，在弹出的对话框中输入“T0 K30”，并单击“确定”。至此，第一行程序就输入完毕，如图 3－35 所示。

第七步：输入定时器 T0 的动合触点 T0。T0 线圈输入完毕后，在第二行的光标框处单击图标 F5，在弹出的对话框中输入“T0”，并单击“确定”。再参照第三步、第四步和第六步输入第二行的其他指令。

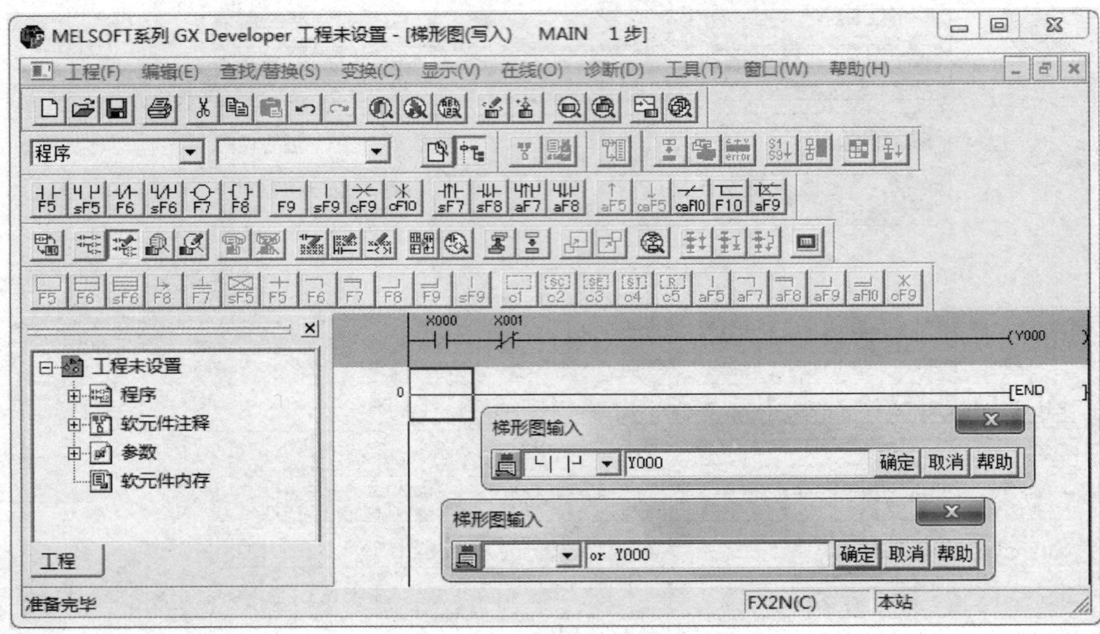

图 3-34　并联动合触点 Y000 的输入

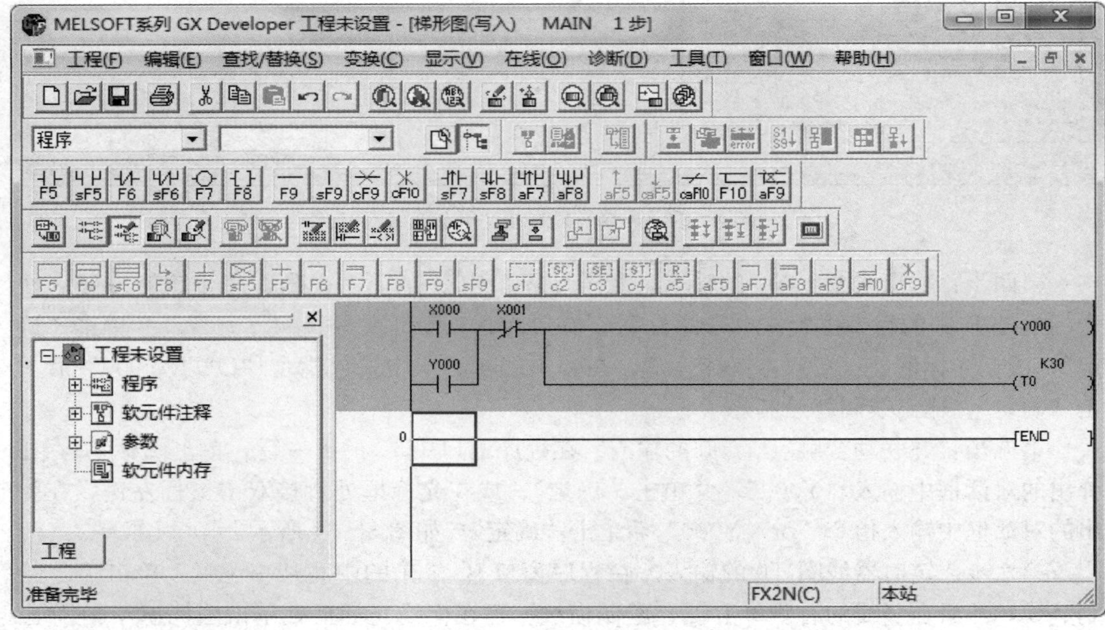

图 3-35　第一行输入的梯形图程序

第八步：保存工程及程序变换。梯形图输入完后，执行菜单“工程”→“保存工程”，在弹出的对话框中选择保存路径并输入工程名和标题名，再单击“保存”，将当前工程进行保存。

执行菜单“变换”→“变换”或按在键盘上按下快捷键“F4”，将当前工程进行转换。转换中若有错误出现，线路出错区域保持灰色，请检查线路。至此，完成梯形图的输入，如图 3－36 所示。

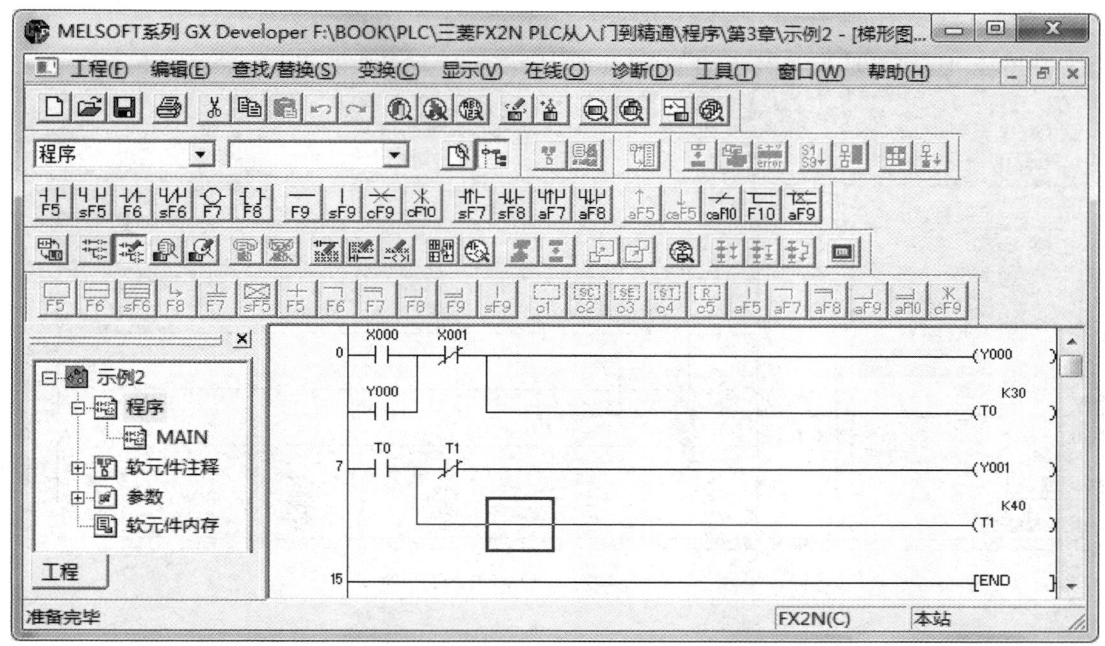

图 3－36　已输入完的梯形图

2. 梯形图程序的编辑

（1）软元件的删除、复制与粘贴。选中某对象，在键盘上按下“Delete”键，将删除该对象；按下快捷键“Ctrl＋C”，可复制该对象；复制后，将光标移到合适的位置，按下快捷键“Ctrl＋V”，可将复制的对象粘贴到该处。选中某对象后，在“编辑”菜单下也可完成对象的删除、复制与粘贴操作；或者在某对象上单击右键，在弹出的菜单中也可完成对象的删除、复制与粘贴操作。

（2）软元件的注释。注释分为通用注释和程序注释两种，其中通用注释又称为工程注释，如果在一个工程中创建多个程序，通用注释在所有的程序中有效；程序注释又称为程序内有效的注释，它是一个注释文件，在特定程序中有效。创建软元件注释步骤如下：

第一步：选择“COMMENT”项。单击“工程参数列表”中“软元件注释”前的“＋”标记，选择“COMMENT”（通用注释），如图 3－37 所示。

第二步：输入软元件注释内容。双击“COMMENT”，在弹出的注释窗口中的“软元件名”文本框中输入需要创建注释的软元件名（如“X000”），在键盘上按“Enter”键，或单击“显示”，然后在“注释”栏中选中“X000”处，输入“启动”；在“X001”处输入“停止”。

在弹出的注释窗口中的“软元件名”文本框中输入软元件名“Y000”，在键盘上按“Enter”键，或单击“显示”，然后在“Y000”处输入“M1 电动机控制”，在“Y001”处输入“M2 电动机控制”，如图 3－38 所示。

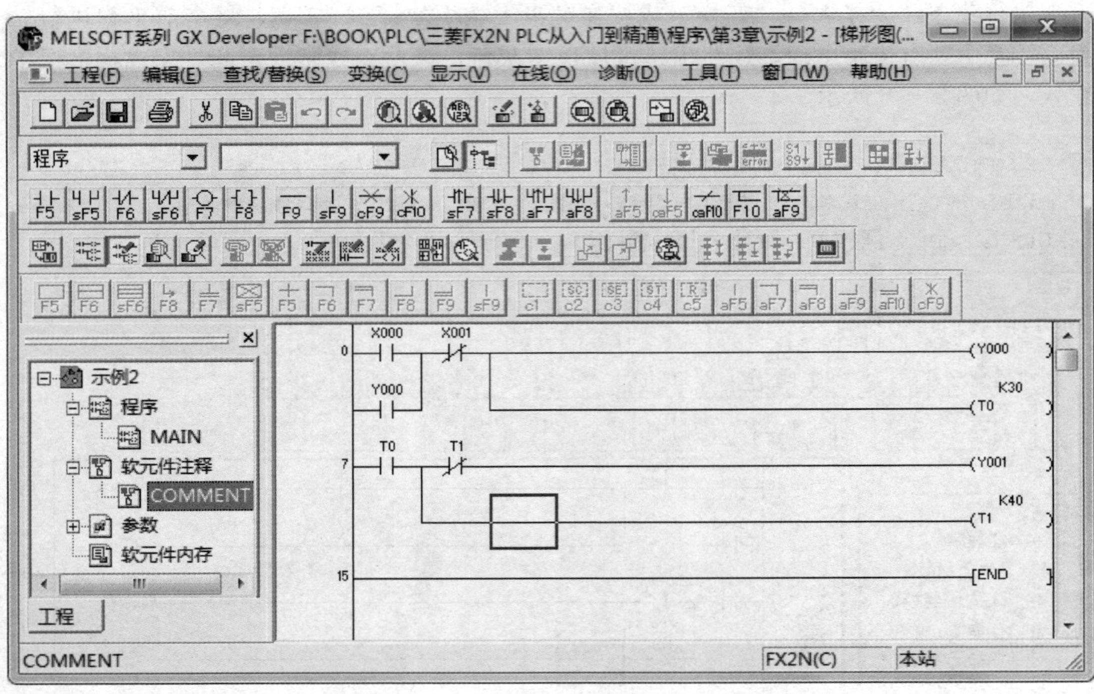

图 3-37　选择“COMMENT”项

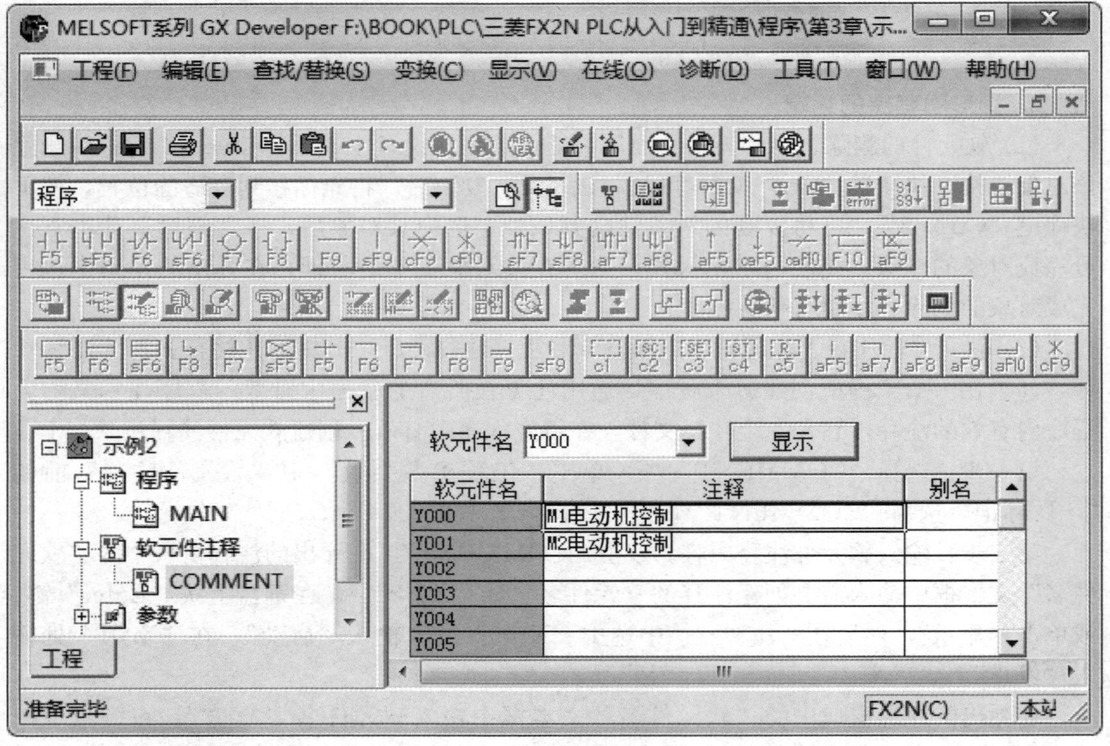

图 3-38　输入软元件注释内容

在弹出的注释窗口中的“软元件名”文本框中输入软元件名“T0”，在键盘上按“Enter”键，或单击“显示”，然后在“T0”处输入“延时启动 M2”，在“T1”处输入“延时停止 M2”。

第三步：梯形图显示注释内容。单击“工程参数列表”中“程序”前的“+”标记，双击“MAIN”，显示出梯形图编辑窗口，执行菜单命令“显示”→“注释显示”，或按“Ctrl+F5”快捷键，梯形图程序显示如图 3-39 所示。

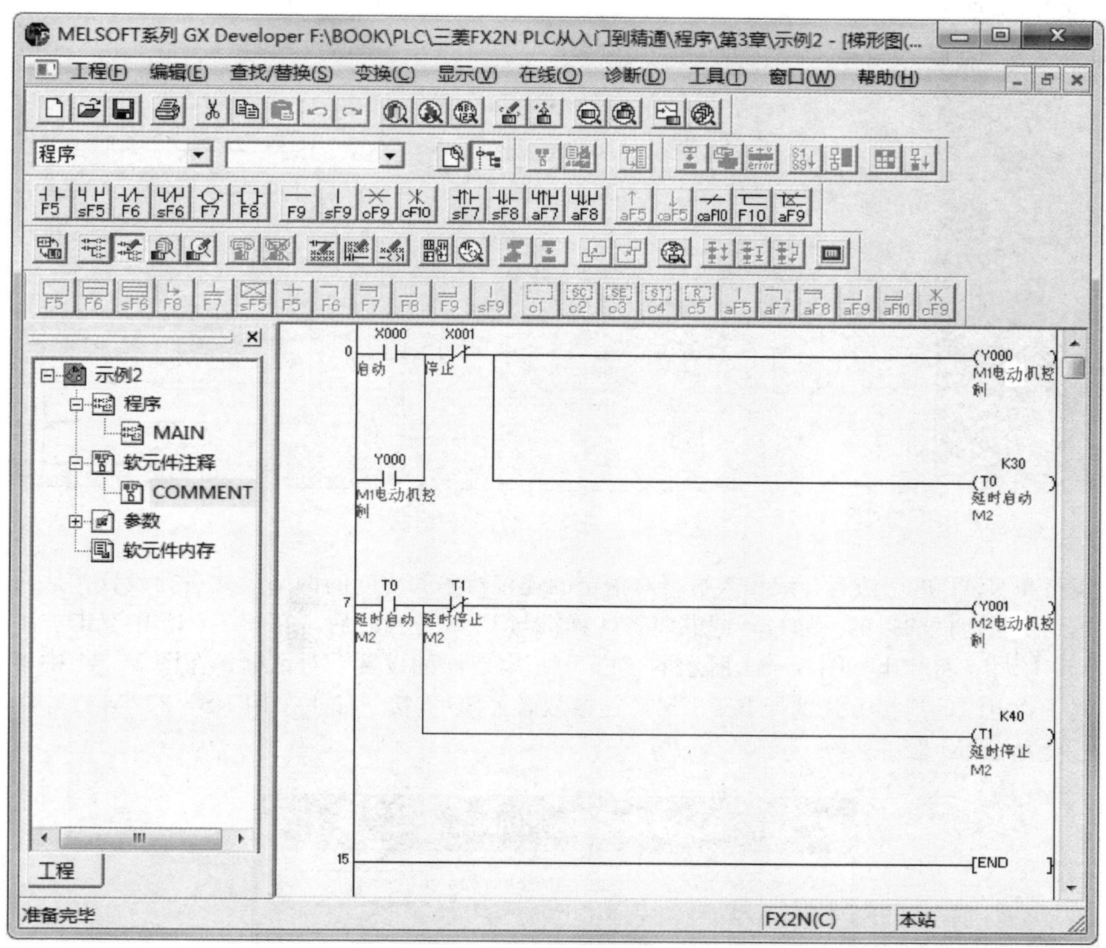

图 3-39 梯形图显示注释内容

3.2.6 程序的读取与写入

1. PLC 的连接设置

为了使 PC 和主站、本地站以及其他类型的网络的通信能正常进行，用户必须进行连接设置。在 GX Developer 中执行菜单命令“在线”→“传输设置”，将弹出如图 3-40 所示的“传输设置”对话框。

GX Developer 编程软件可访问的连接对象有本站、其他站、多 CPU 系统和冗余 CPU，在连接类型方面，编程人员可通过 CC-Link、以太网、G4 模块、C24 模块、电话

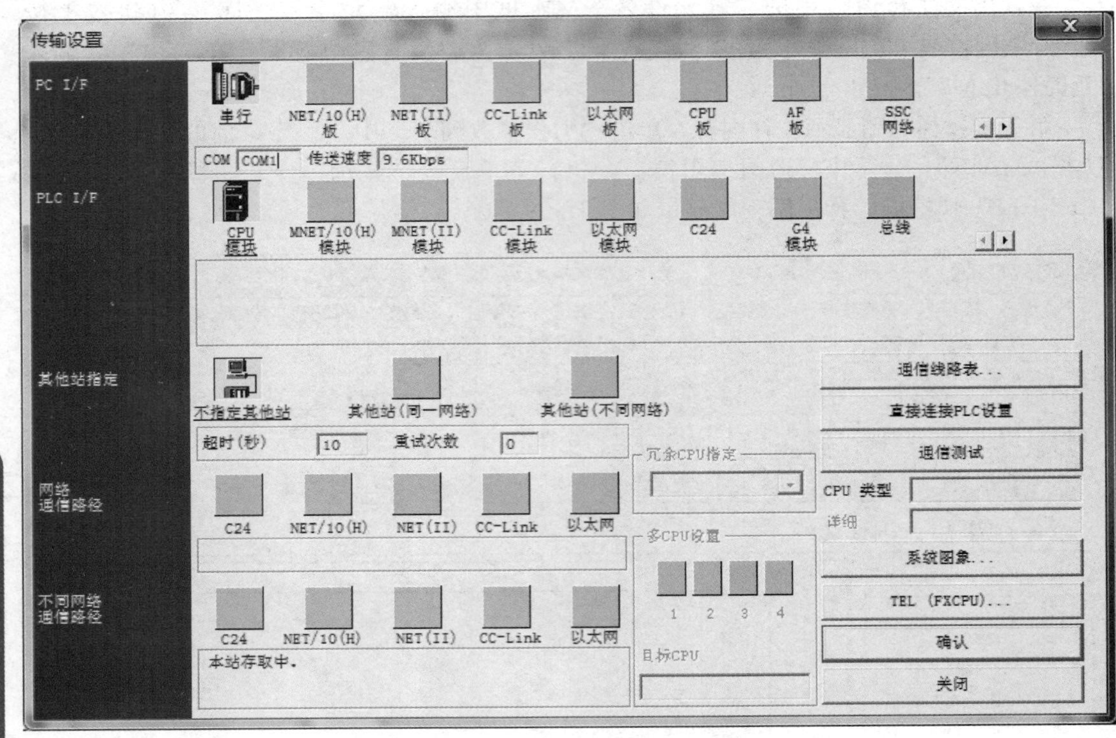

图 3-40 “传输设置”对话框

线路和 GOT 进行访问。编程人员可对指定的连接对象和访问的网络形式进行设置，从而达到正常通信的目的。通过下载电缆将计算机与 PLC 连接好后，在图 3-40 中双击“串行”图标，将弹出如图 3-41 所示的“PC I/F 串口详细设置”对话框。在图 3-41 中根据下载电缆的连接方式选择 RS-232C 连接或者 USB 连接，如果采用 RS-232 连接，则需设置 COM 端口。

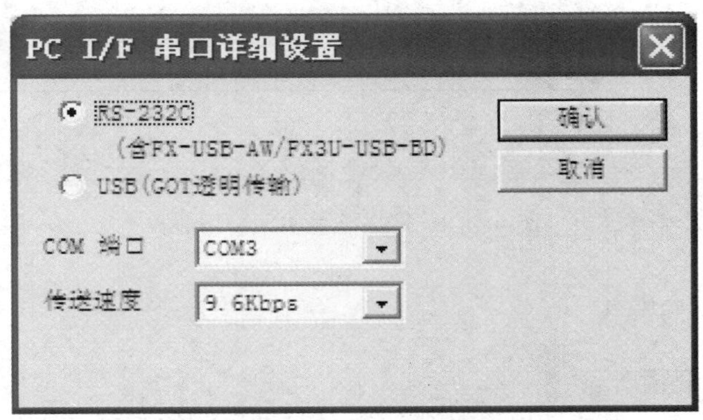

图 3-41 “PC I/F 串口详细设置”对话框

2. 程序的读取及写入

为了将 GX Developer 编程软件中的程序、参数等数据内容写入到 PLC 中，或者从 PLC 中读出程序，编程人员必须进行程序的写入与读取操作。将写入程序 PLC 前，需先将 PLC 设置为 STOP 状态，然后执行菜单命令“在线”→“PLC 写入”，或单击图标，将弹出如图 3－42 所示的“PLC 写入”对话框。在此对话框中，选择好需要写入的文件、软元件数据、程序、注释及链接目标信息后，单击“执行”按钮，程序将开始写入 PLC 中，如图 3－43 所示。从 PLC 中读取程序，其操作步骤与写入程序类似。

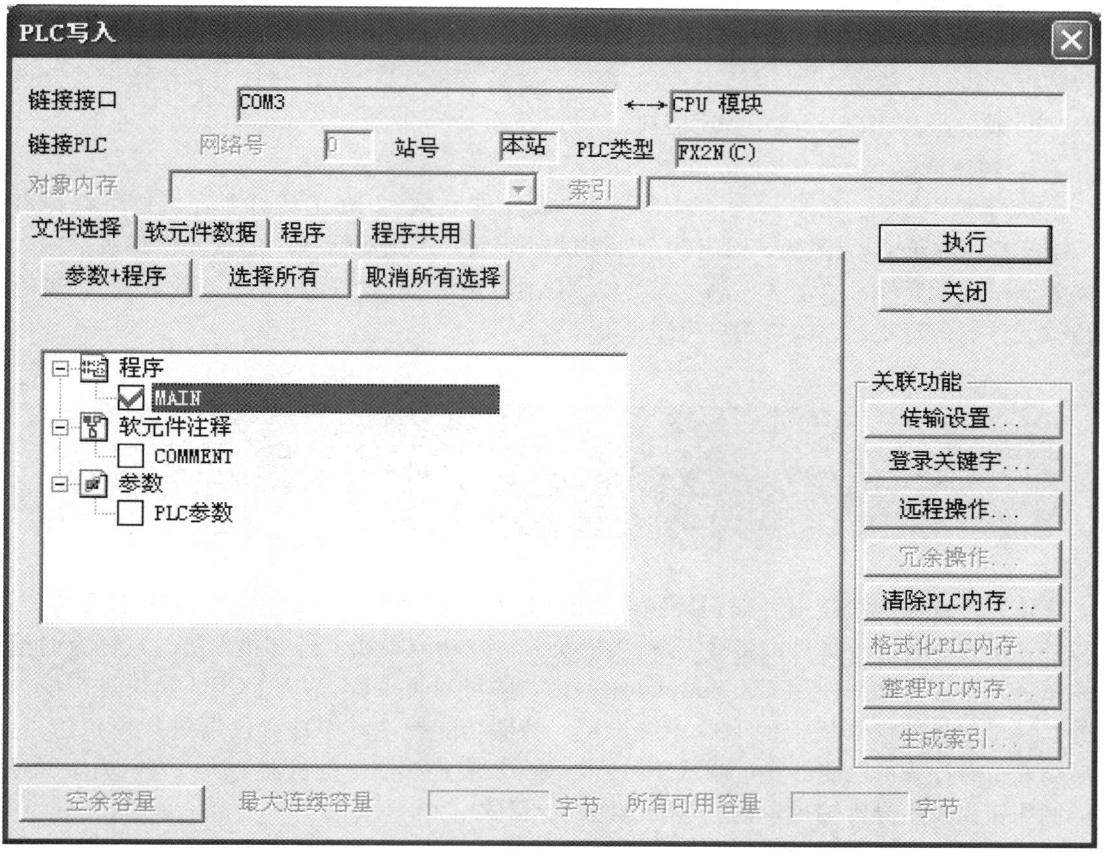

PLC写入
链接接口 COM3 ←→ CPU 模块
链接PLC 网络号 0 站号 本站 PLC类型 FX2N(C)
对象内存 索引
文件选择 | 软元件数据 | 程序 | 程序共用
参数+程序 选择所有 取消所有选择
执行
关闭
程序
MAIN
软元件注释
COMMENT
参数
PLC参数
关联功能
传输设置...
登录关键字...
远程操作...
冗余操作...
清除PLC内存...
格式化PLC内存...
整理PLC内存...
生成索引...
空余容量 最大连续容量 字节 所有可用容量 字节

图 3－42 “PLC 写入”对话框

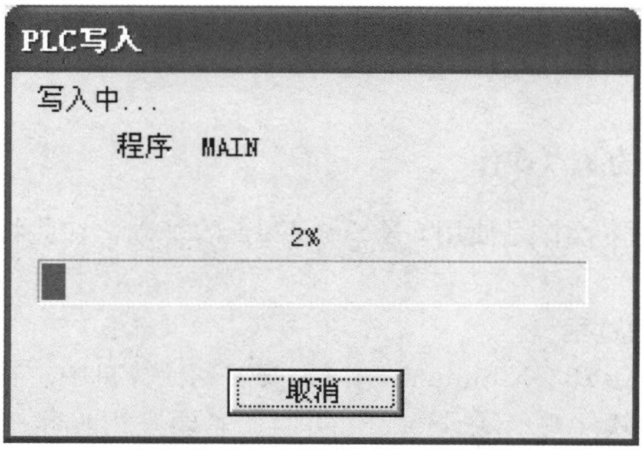

PLC写入
写入中...
程序 MAIN
2%
取消

图 3－43 程序写入到 PLC 中

3.2.7 在线监控与调试

使用 SC－09 电缆（或其他方式）将计算机与 PLC 连接起来后，GX Developer 编程可对 PLC 进行在线监控与调试。

1. 在线监控

在线监控是指通过 GX Developer 编程软件对当前编程元件的运行状态和当前性质进行监控。执行菜单命令“在线”→“监视”→“监视模式”，或在键盘上直接按下快捷键“F3”，或单击图标，启动程序监视。

2. 程序调试

执行菜单命令“在线”→“调试”→“软元件测试”，或在键盘上直接按下快捷键“Alt+1”，或单击图标，弹出软元件测试对话框。在此对话框中的软元件列表框输入需要调试的软元件，单击“强制 ON”或“强制 OFF”或“强制 ON/OFF 取反”，观察位软元件的运行状态，检查用户程序正确与否。

3.3 GX Simulator仿真软件的使用

依照传统的方法使用可编程控制器 CPU 进行调试的时候，除了可编程控制器 CPU 以外，必要时还需要另外准备输入/输出模块、特殊功能模块、外部机器等，这样有时给调试带来不便。如果使用 GX Simulator 的话，除可对可编程控制器 CPU 模块进行模拟外，还可对外部机器模拟的 I/O 系统设定、特殊功能模块、缓冲存储器进行模拟仿真，所以在 1 台计算机上能够实行调试。另外，因为没有连接实际的机器，所以万一由于程序的制作错误发生异常输出，也能够安全地进行调试。

GX Simulator 是在 Windows 上运行的软元件包。在安装有 GX Developer 的计算机内追加安装 GX Simulator 就能够实现离线时的调试。离线调试功能内包括软元件的监视测试、外部机器的 I/O 的模拟操作等。如果使用 GX Simulator 就能够在 1 台计算机上进行顺控程序的开发和调试，所以能够更有效地进行顺控程序修正后的确认。

3.3.1 GX Simulator 的基本操作

GX Simulator 的基本操作是使用 GX Simulator 的基础，在此将介绍 GX Simulator 的安装和运行。

1. 从安装到调试的过程

(1) 将 GX Developer 和 GX Simulator 分别安装到计算机中。在安装 GX Simulator 6c 之前，必须先安装编程软件 GX Developer，并且版本要互相兼容。例如可以安装 GX Developer 7.08、GX Developer 8.34 等版本。

(2) 仿真软件的功能就是将编写好的程序在电脑中虚拟运行，如果没有编好的程序，是无法进行仿真的，所以需要先在 GX Developer 中编写程序。

（3）在 GX Developer 中进行 I/O 分配、程序设定等操作。

（4）执行菜单命令“工具”→“梯形图逻辑测试起动”或单击图标，启动仿真软件 GX Simulator，会将已编写的程序和参数自动写入 GX Simulator，相当于 PLC 写入功能。

（5）通过软元件监视功能，实现软件元件值的变换、外部机器运行的模拟等。

（6）将程序返回到 GX Developer 中修改，再返回到 GX Simulator 中调试若干次后将其写入 PLC 中。

2. GX Simulator 初始化

使用 GX Simulator 进行仿真调试程序前，应先在 GX Developer 中进行以下初始化操作。

（1）为顺控程序创建工程。创建工程时，执行菜单命令“工程”→“创建新工程”，进行各种设定。如果读取已编制好的工程时，可执行菜单命令“工程”→“打开工程”，选择相应的工程。

（2）编写顺控程序。

（3）进行 I/O 分配、程序设定等操作。

（4）在 GX Developer 的“工程参数列表”中执行“参数”→“PLC 参数”，在弹出的 PLC 参数对话框中选择“I/O 分配”选项卡，对 CPU 模块进行点数设置，如图 3-44 所示。

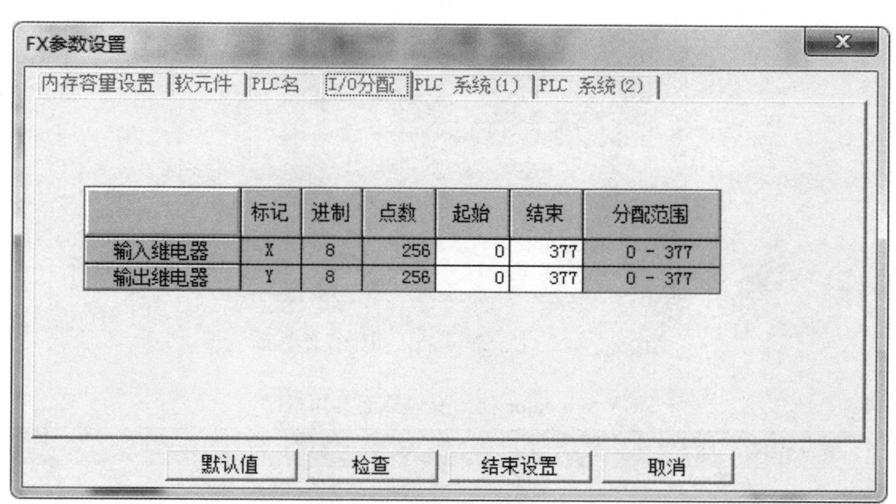

图 3-44　PLC 参数设置对话框

（5）执行菜单命令“工具”→“梯形图逻辑测试启动”或单击图标，启动 GX Simulator 仿真，进入梯形图逻辑测试，弹出梯形图测试对话框（LADDER LOGIC TEST TOOL）及 PLC 写入信息窗口，如图 3-45 所示。当程序写完后（即 PLC 写入信息窗口显示 100%），梯形图测试对话框中的 RUN 显示为黄色，运行状态为“RUN”。

3. GX Simulator 初始操作界面

图 3-46 所示为 GX Simulator 的初始操作界面，其具体说明如表 3-4 所示。

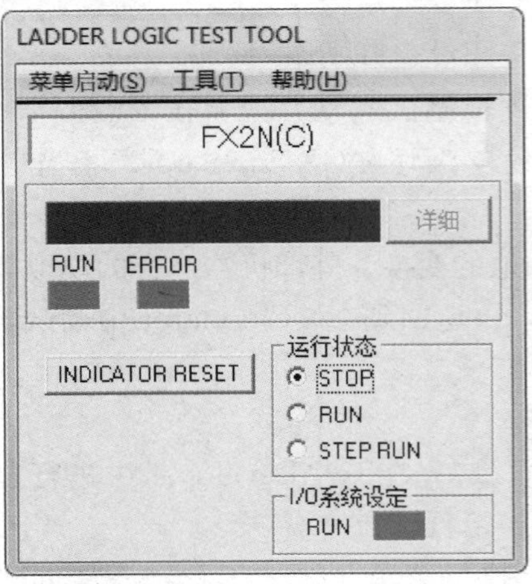

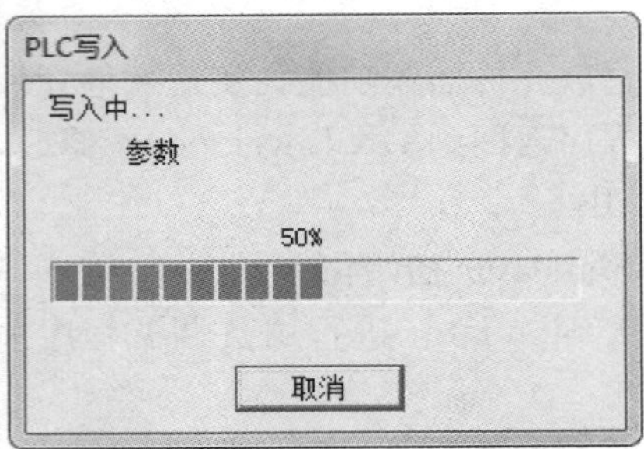

图 3-45　梯形图测试对话框及 PLC 写入信息窗口

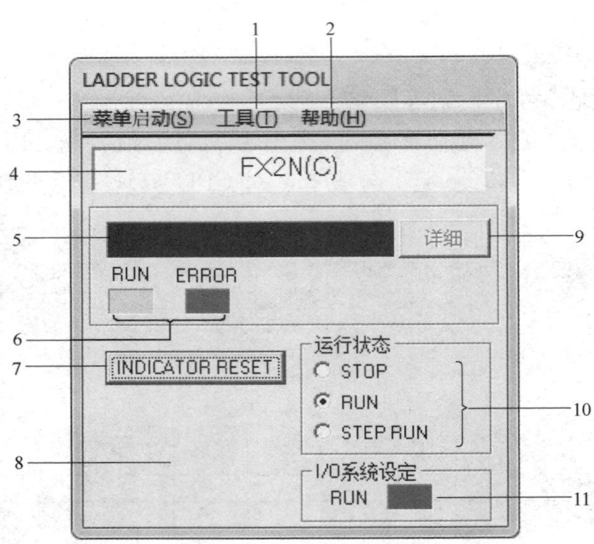

图 3-46　GX Simulator 初始操作界面

表 3-4　　GX Simulator 初始操作界面具体说明

序号	名　称	说　明
1	工具	备份、恢复软元件、缓冲器功能
2	帮助	表示 GX Simulator 的登录者姓名及软件的版本
3	菜单启动	软元件监视、模拟 I/O 系统设定、串行通信功能
4	CPU 类型	表示当前选择的 CPU 的类型
5	LED 显示器	表 16 字符、CPU 的运行错误信息
6	LED 显示运行状态	QnA、A、FX、Q 系列 CPU，运动控制 CPU 都有效
7	LED 复位按钮	单击清除 LED
8	未支持情报表示灯	仅表示有 GX Simulator 未支持的指令/软元件的场合；双击未支持情报表示灯就是变换成 NOP 指令的未支持指令和其他程序步 N

续表

序号	名　　称	说　　明
9	错误详细显示按钮	通过单击，显示发生的错误内容、错误步、错误文件名（错误文件名是仅 QnA、Q、CPU 功能时）
10	运行状态显示和设定	表示 GX Simulator 的运行状态，单击选择按钮变更运行状态
11	I/O 系统设定 LED	I/O 系统设定执行中 LED 指示灯；通过双击表示现在的 I/O 系统设定的内容

4. GX Simulator 的退出

在 GX Developer 中执行菜单命令“工具”→“梯形图逻辑测试结束”，或单击 GX Developer 中的图标可以退出 GX Simulator。

3.3.2　模拟外部机器运行的 I/O 系统设定

在进行 GX Simulator 模拟仿真前，需对 I/O 系统进行设置。在 GX Simulator 中进行 I/O 系统设定时，可以不需要连接外部设备，就可以设置提供模拟外部机器的运行信号。I/O 系统的设定主要是对输入进行设定，在图 3－46 所示的 GX Simulator 初始操作界面中执行菜单命令“菜单启动”→“I/O 系统设定”，将弹出如图 3－47 所示的 I/O 系统设定界面。从图 3－47 中可以看出，输入设定主要有两种方式：时序图输入和软元件值输入。

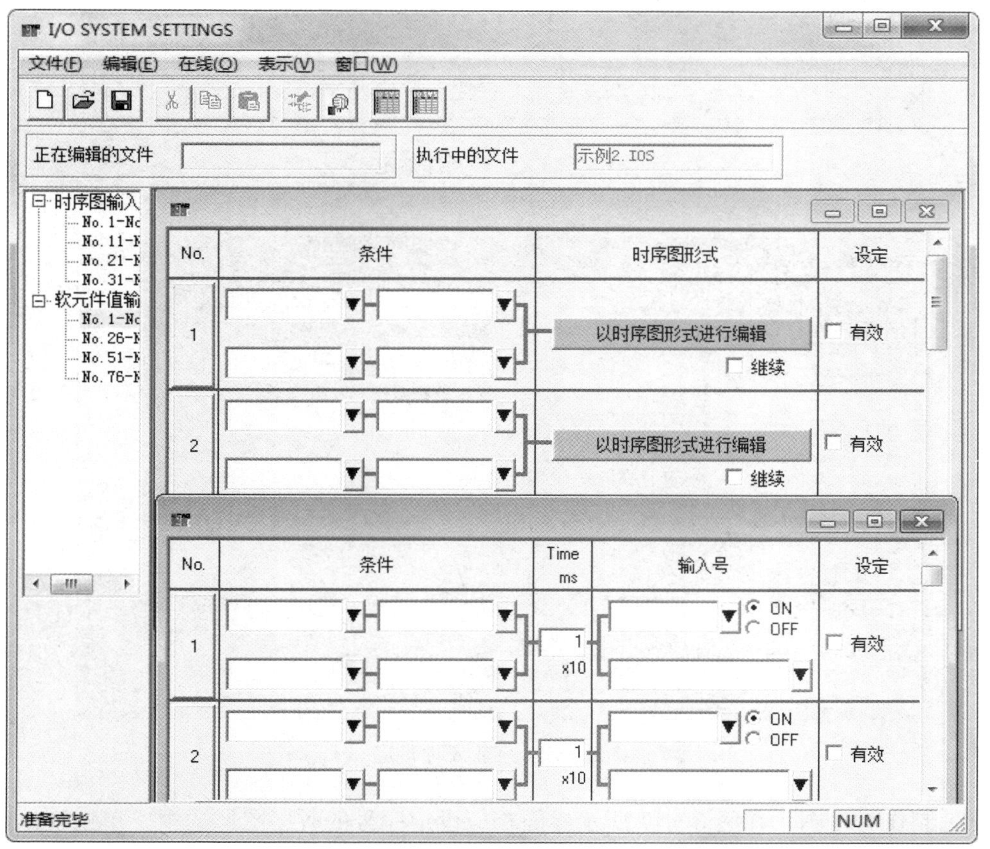

图 3－47　I/O 系统设定界面

1. 时序图输入

时序图输入方式必须对以下四个选项进行设定：设定 No.（序号）、条件、制作时序图（时序图形式）、设定是否有效（设定）。

（1）设定 No.。在时序图输入方式下，能够进行 No. 1～No. 40 的 40 个设定。此外，单击此处，此处就成为设定号的剪切、复制、粘贴的对象。

（2）条件。在输入条件框中指定位软元件、字软元件。如果是位软元件，可以指定 ON/OFF，如图 3-48 所示；如果是字软元件，可以指定常数或逻辑关系（=、>、<、<=、>=），如图 3-49 所示。另外，还可用 AND 和 OR 的逻辑关系分别设定条件。

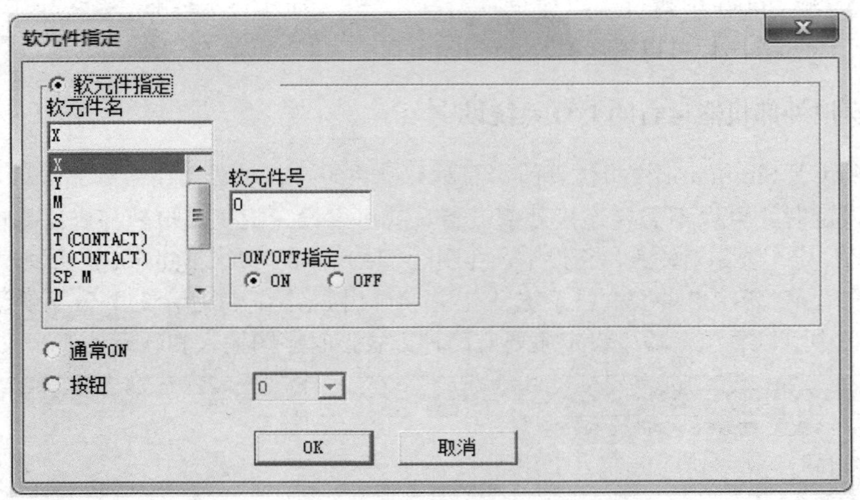

图 3-48　位软元件指定

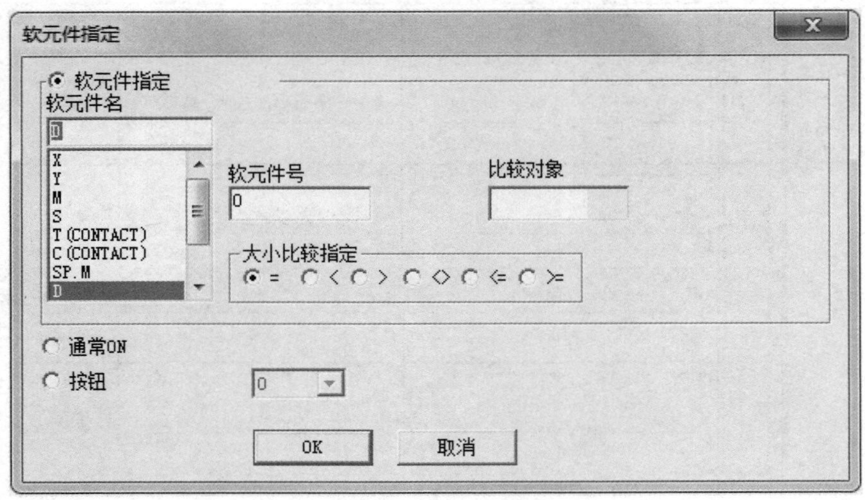

图 3-49　字软元件指定

（3）制作时序图。在图 3-47 所示界面相应设定序号的时序图形式中，单击“以时序图形式进行编辑”按钮，将进入“时序图形式输入”编辑界面，如图 3-50 所示。此编辑界面中的数字（如 0～8）为扫描数，表示指定时间段内的扫描数量，最大可以设定为 100；虚线框内可以设定所添加的各软元件在相应扫描周期内的状态。

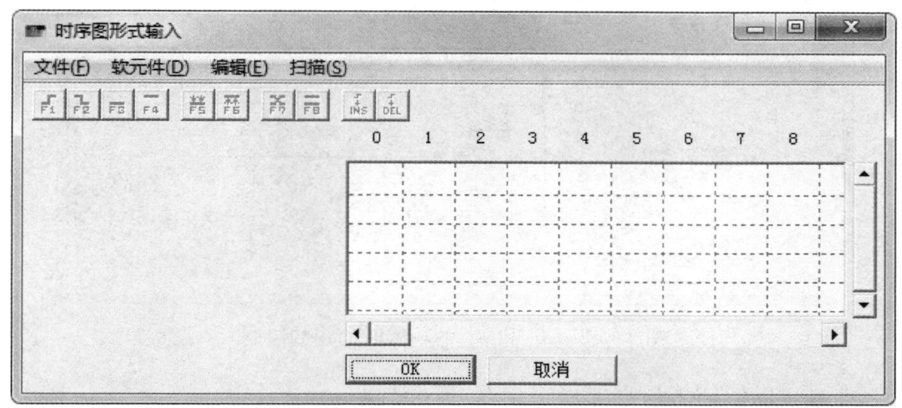

图 3-50 “时序图形式输入”编辑界面

在此编辑界面中，执行菜单命令“软元件”→“软元件登录”，将弹出如图 3-51 所示的“软元件登录”对话框，在此对话框中设置相应的软元件，即可将该元件添加到“时序图形式输入”编辑界面中。

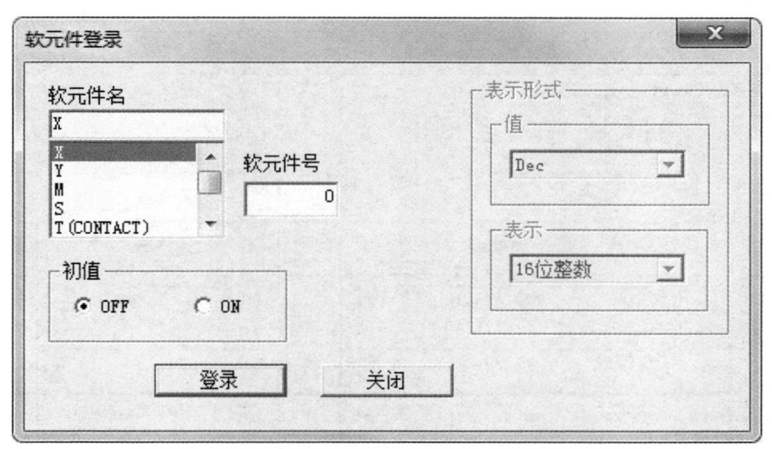

图 3-51 “软元件登录”对话框

添加了软元件后，在“时序图形式输入”编辑界面中，通过单击工具栏中的相应图标可以完成软元件时序图的绘制。图 3-52 所示为 X1 和 X0 的输入时序图的绘制。

(4) 设定是否有效。指定各设定有效或者无效。设定有效时，将复选框选中；否则可以不勾选。

2. 软元件值输入

软元件值输入方式必须对以下五个选项进行设定：设定 No.（序号）、条件、定时器（Time）、输入号、设定是否有效（设定）。

(1) 设定 No.。在软元件值输入方式下，最多可设置 500。

(2) 条件。与时序图输入方式中的操作方法相同。

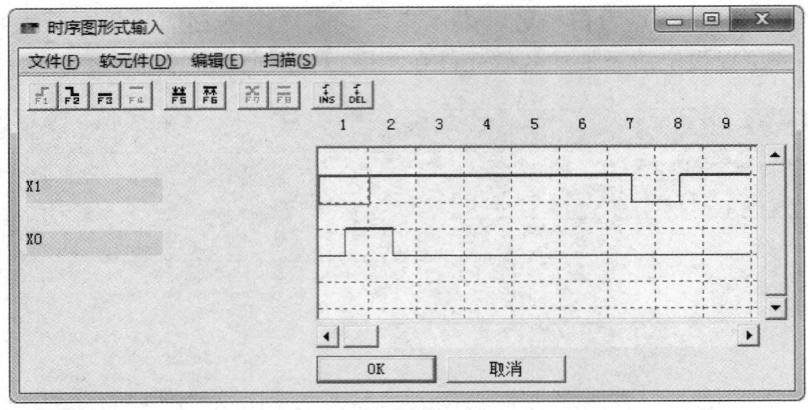

图 3-52　X1 和 X0 的输入时序图的绘制

(3) 定时器。指定输入信号滞后设定条件的时间。

(4) 输入号。当条件成立时指定位软元件的 ON/OFF 与字软元件的值。

(5) 设定是否有效。与时序图输入方式中的操作方法相同。

若需要对图 3-30 进行 GX Simulator 模拟仿真时，使用软元件值输入方式，则其 I/O 系统设定如图 3-53 所示。图中的 M0、M1 可用来暂时替代 T0 和 T1 的线圈与触点，而 T0 和 T1 的延时，则在 Time 中设置。

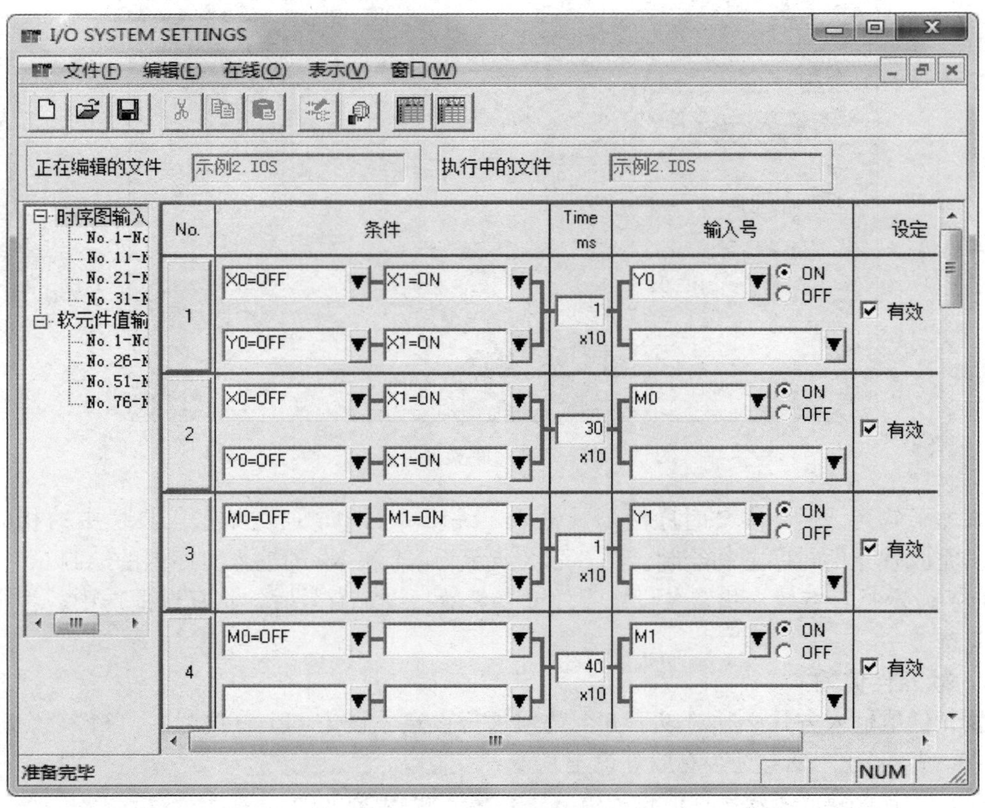

图 3-53　软元件值输入设置

3.3.3 GX Simulator 模拟仿真

在 GX Developer 中编写好程序并执行了执行菜单命令“工具”→“梯形图逻辑测试启动”后，进行 GX Simulator 模拟仿真时，可通过软元件测试、I/O 系统设定两种方式进行。

1. 软元件测试

执行菜单命令“在线”→“调试”→“软元件测试”，或在键盘上直接按下快捷键“Alt+1”，或单击图标，弹出如图 3-54 所示的“软元件测试”对话框。在此对话框的软元件列表框输入 X000，并单击“强制 ON”，则图 3-30 所示梯形图在 GX Developer 中的仿真效果如图 3-55 所示。

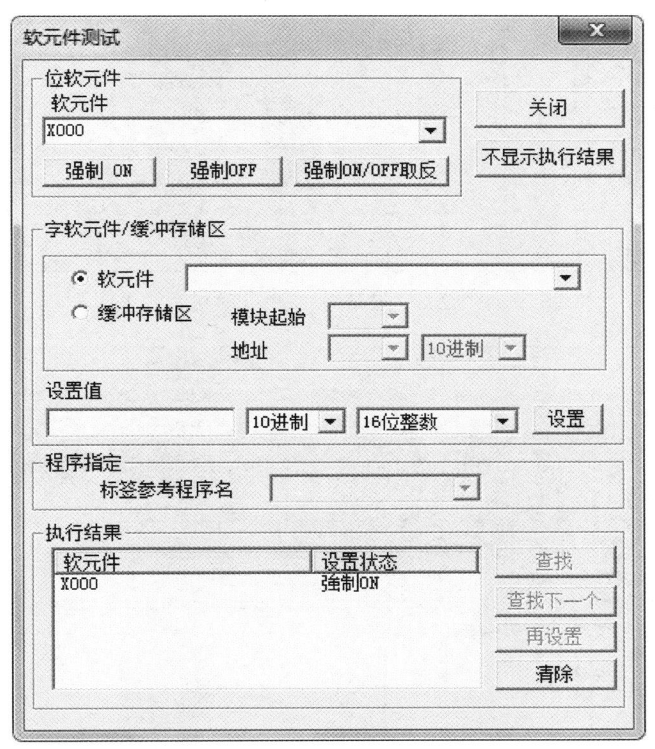

图 3-54 “软元件测试”对话框

如果再在软元件测试对话框中将 X001 强制为“ON”时，梯形图的仿真效果如图 3-56 所示。

2. I/O 系统设定

如果在 GX Simulator 中进行了模拟外部机器运行的 I/O 系统设定，并在 I/O SYSTEM SETTINGS 中执行菜单命令“在线”→“监视开始”，则 I/O 系统监视初始界面如图 3-57 所示，图中黄色表示该元件为 ON 状态，灰色表示该元件为 OFF 状态。在图 3-57 的条件中单击“X0=OFF”，即将 X0 强制为 ON，则其仿真效果如图 3-55 所示。若在条件中单击“X1=ON”，即将 X1 强制为 OFF，则其仿真效果如图 3-56 所示。

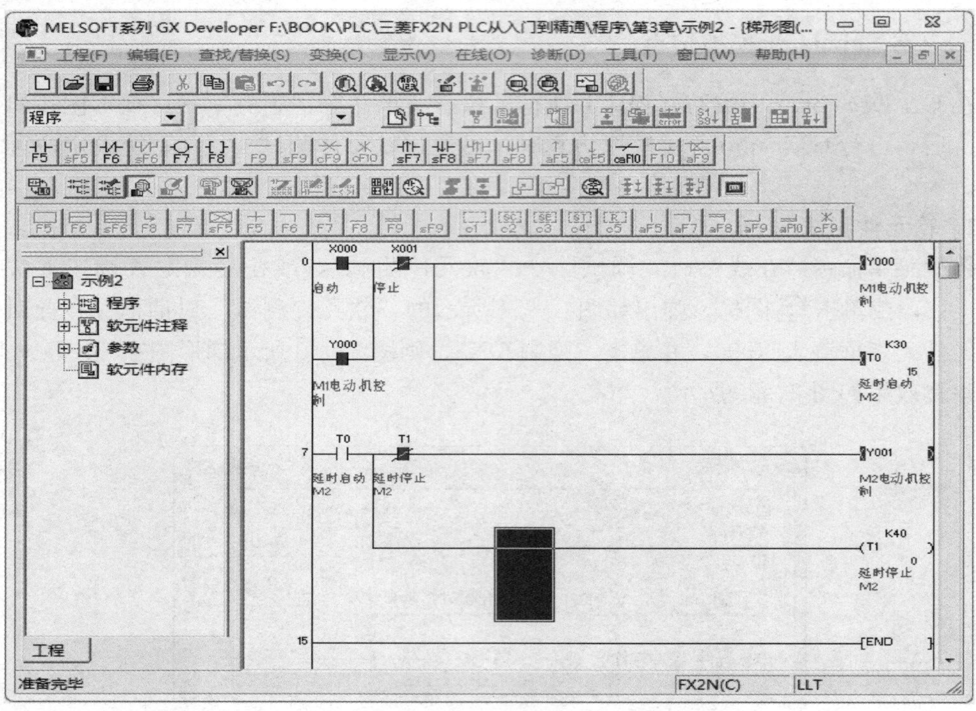

图 3－55　X000 强制为“ON”时仿真效果图

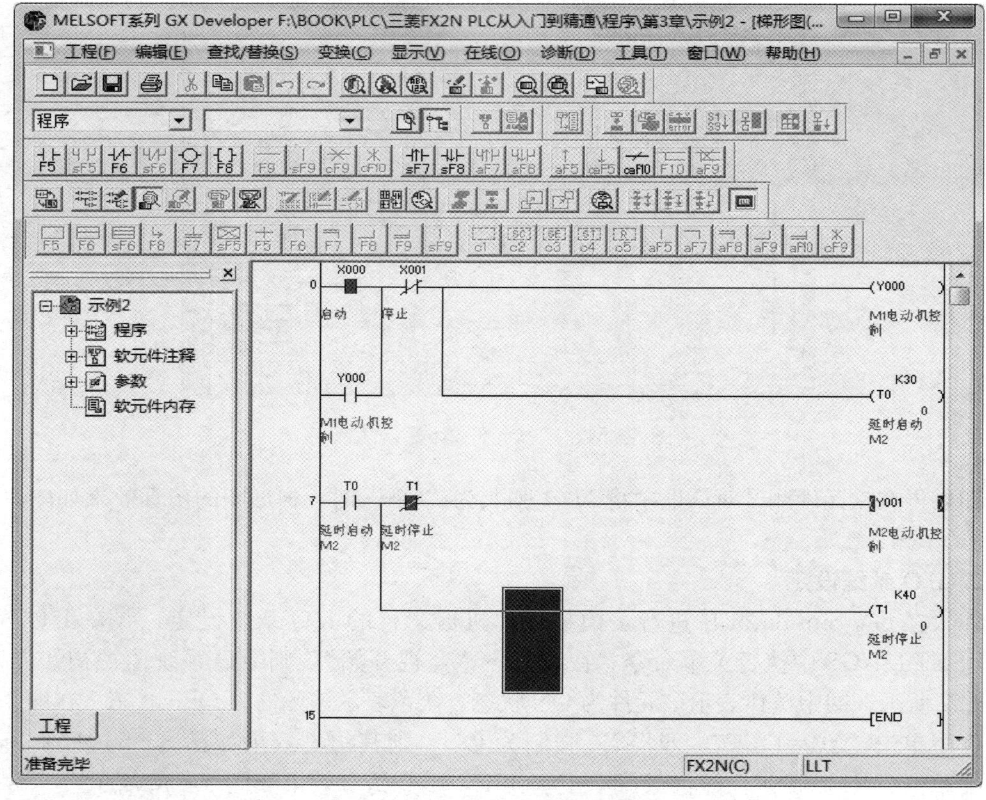

图 3－56　X001 强制为“ON”时仿真效果图

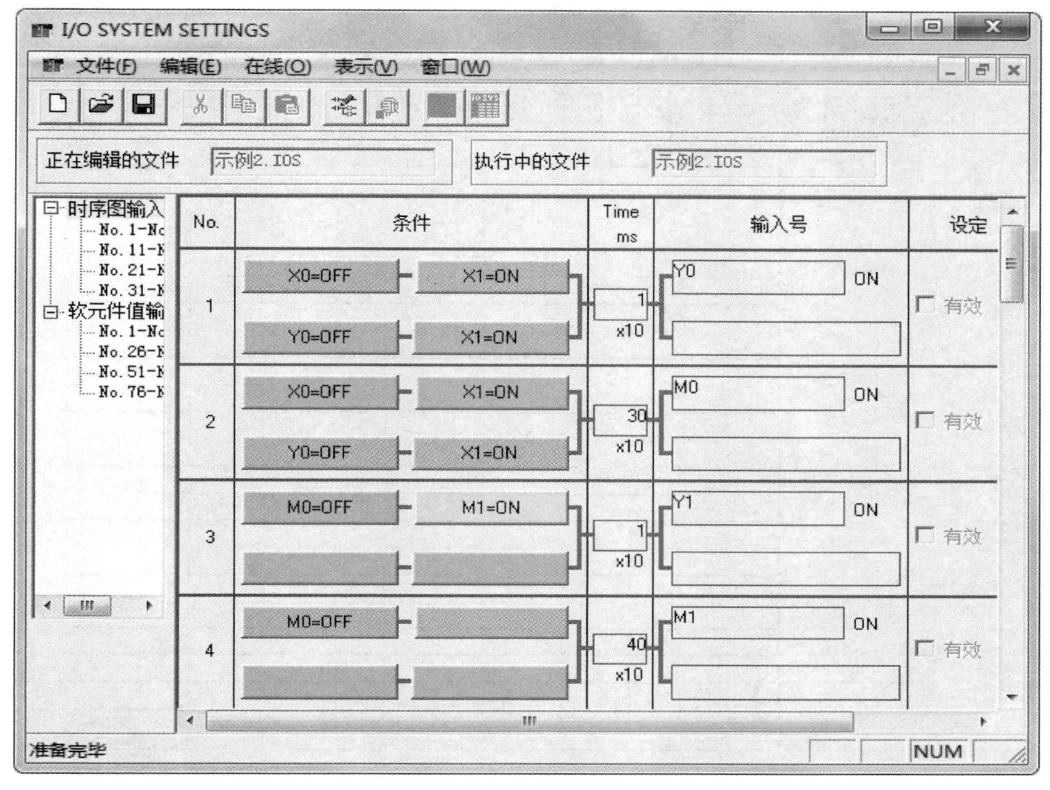

图 3-57 I/O 系统监视初始界面

3. 时序图

除了在 GX Developer 中可以显示梯形图的仿真效果外，还可以通过时序图的方式来观察其仿真效果。其具体操作方法是：首先在图 3-46 中执行菜单命令“菜单启动”→“继电器内存监视”，将弹出“DEVICE MEMORY MONITOR”界面。在此界面中执行菜单“时序图”→“启动”，将弹出“时序图”界面。在“时序图”界面中，将“监视状态”设置为“正在进行监视”，“软元件登录”设置为自动方式，“图表表示范围”设置为默认状态。然后，在图 3-57 所示的 I/O 系统监视初始界面中设置相应的条件，则在“时序图”中显示相应元件的运行状态。图 3-58 所示为 X000 设置为 ON、X001 设置为 OFF 时，其梯形图仿真的瞬时状态时序图。

4. 退出 GX Simulator 仿真

在 GX Developer 中执行菜单命令“工具”→“梯形图逻辑测试结束”，或单击图标，结束梯形图逻辑测试，退出 GX Simulator 的运行。

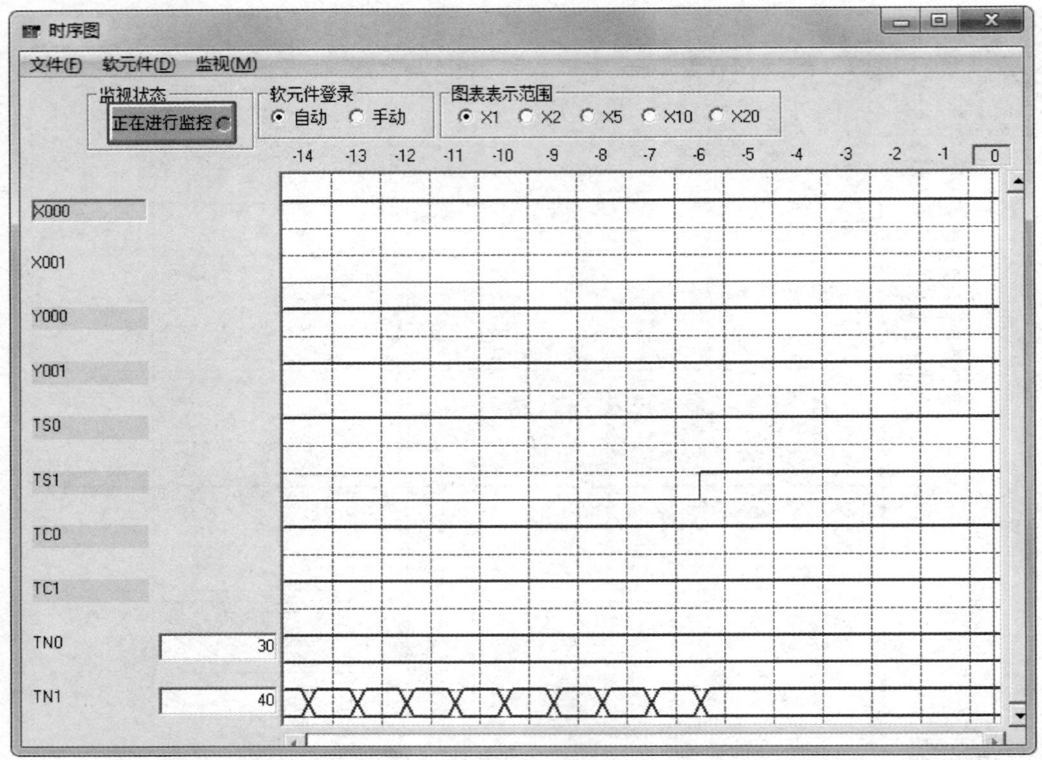

图 3-58 梯形图仿真的瞬时状态时序图

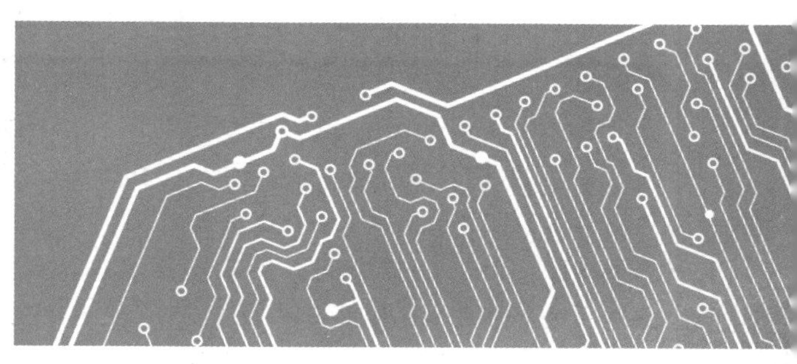

第 4 章

FX_{2N}系列PLC的基本指令

对于可编程控制器的指令系统，不同厂家的产品没有统一的标准，有的即使是同一厂家的不同系列产品，其指令系统也有一定的差别。与绝大多数可编程控制器一样，FX_{2N}系列 PLC 的指令也分为基本指令和功能指令两大类。基本指令是用来表达元件触点与母线之间、触点与触点之间、线圈等的连接指令，包含基本逻辑指令、定时器、计数器等。

4.1 基本逻辑指令

基本逻辑指令是直接对输入/输出进行操作的指令，FX_{2N}系列 PLC 的基本逻辑指令主要包括基本位操作指令、块操作指令、堆栈与主控指令、置位与复位指令、脉冲触点指令、脉冲输出微分指令等。

4.1.1 基本位操作指令

基本位操作指令是 PLC 中的基本指令，主要包括触点指令和线圈指令两大类。触点是对二进制位的状态进行测试，其测试结果用于进行位逻辑运算；线圈是用来改变二进制位的状态，其状态根据它前面的逻辑运算结果而定。

1. 取触点指令和线圈输出指令

触点分动合触点和动断触点。触点指令主要是对存储器地址进行位操作。动合触点对应的存储器地址位为“1”时，表示该触点闭合；动断触点对应的存储器地址位为“0”时，表示该触点闭合。在 FX_{2N}系列 PLC 中用“LD”和“LDN”指令来装载动合触点和动断触点，用“OUT”作为输出指令。

(1) 指令功能。

LD (Load)：取电路开始的动合触点指令。

LDI (Load Inverse)：取电路开始的动断触点指令。

OUT（Out）：输出指令，对应梯形图则为线圈输出。

（2）指令说明。

1）LD/LDI 可用于 X、Y、M、T、C、S 的触点，通常与左侧母线相连，在使用 ANB、ORB 块指令时，用来定义其他电路串并联的电路的起始触点。

2）OUT 可驱动 Y、M、T、C、S 的线圈，但不能输入继电器 X，通常放在梯形图的最右边。当 PLC 输出端不带负载时，尽量使用 M 或其他控制线圈。

3）OUT 可以并联使用任意次，但不能串联。

【例 4-1】 图 4-1 给出了取触点指令和线圈输出指令的应用实例，并配有指令表。需要注意的是，OUT 指令用于 T 和 C 时，其后须跟有常数 K（K 为延时时间或计数次数）或指定数据寄存器的地址号。

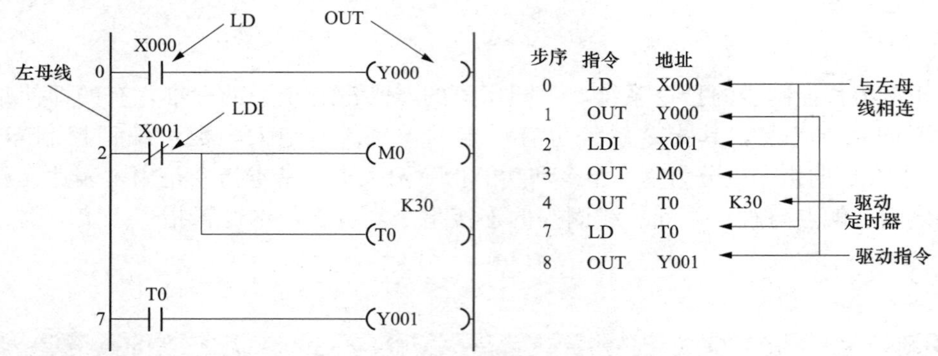

图 4-1 取触点指令和线圈输出指令的应用

【例 4-2】 假设点动按钮 SB 与 X000 连接，KM 与 Y000 连接，图 4-2 所示是分别使用 PLC 梯形图和基本指令实现电动机的点动控制程序。

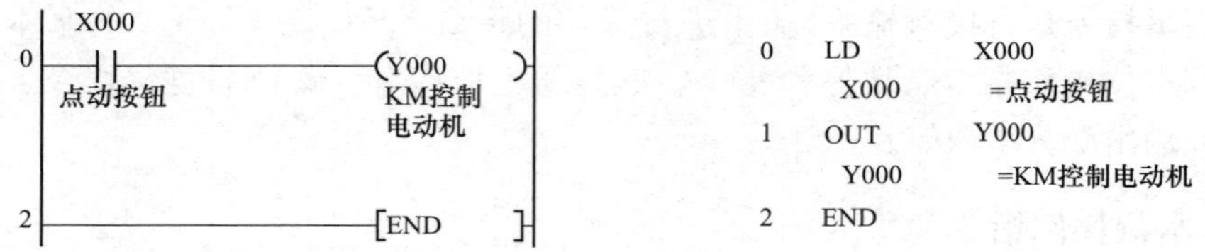

图 4-2 点动控制程序

2. 触点串联指令

触点串联指令又称逻辑“与”指令，它包括动合触点串联和动断触点串联，分别用 AND 和 ANI 指令来表示。

（1）指令功能。

AND（And）：“与”操作指令，在梯形图中表示串联一个动合触点。

ANI（And Inverse）：“与非”操作指令，在梯形图中表示串联一个动合触点。

（2）指令说明。

1）AND 和 ANI 指令是单个触点串联连接指令，可连续使用。

2）AND、ANI 指令可对 X、Y、M、T、C、S 的触点进行逻辑“与”操作，与 OUT 指令组成纵向输出。

【例 4－3】 图 4－3 给出了触点串联指令的应用实例，图中驱动线圈 M1 后，再通过串联触点 C0 来驱动线圈 Y001，这种线圈输出称为纵向连接输出或连续输出。只要顺序正确，可连续多次使用，但是一行最多不能超过 10 个接点及一个线圈，总共不超过 24 行。

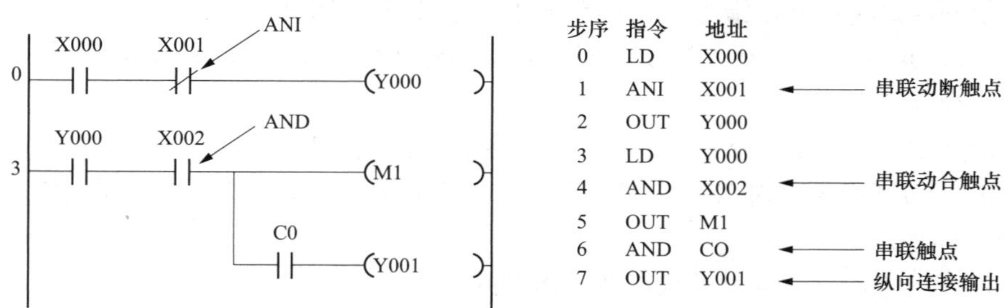

图 4－3 触点串联指令的应用 1

【例 4－4】 在某一控制系统中，SB0 为停止按钮，SB1、SB2 为点动按钮，当 SB1 按下时电动机 M1 启动，此时再按下 SB2 时，电动机 M2 启动而电动机 M1 仍然工作，如果按下 SB0，则两个电动机都停止工作。试用 PLC 实现其控制功能。

解 SB0、SB1、SB2 分别与 PLC 输入端子 X000、X001、X002 连接。电动机 M1、M2 分别由 KM1、KM2 控制，KM1、KM2 的线圈分别与 PLC 输出端子 Y000 和 Y001 连接。其主电路与 PLC 的 I/O 接线如图 4－4 所示，PLC 控制程序如图 4－5 所示。

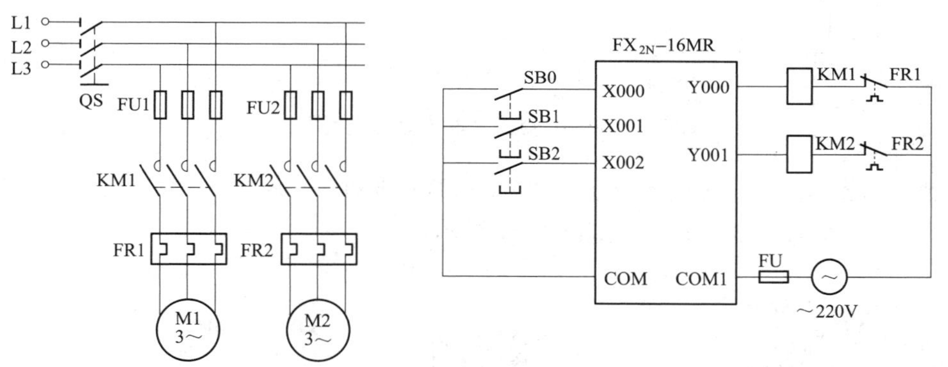

图 4－4 主电路与 PLC 的 I/O 接线图

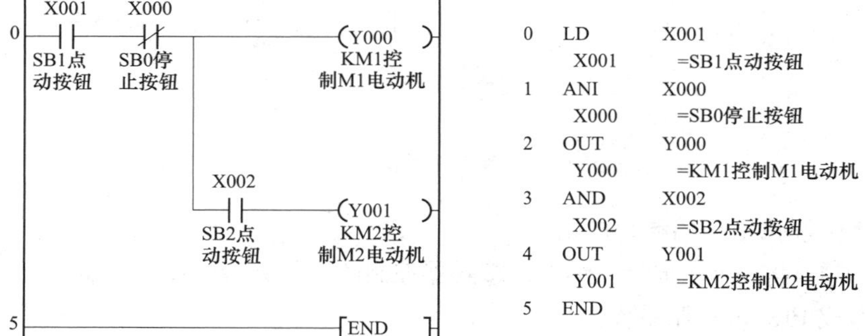

图 4－5 触点串联指令的应用 2

3. 触点并联指令

触点并联指令又称逻辑“或”指令，它包括动合触点并联和动断触点并联，分别用OR和ORI指令来表示。

(1) 指令功能。

OR (Or):“或”操作指令，在梯形图中表示并联一个动合触点。

ORI (Or Inverse):“或非”操作指令，在梯形图中表示并联一个动断触点。

(2) 指令说明。

1) OR/ORI指令可作为并联一个触点指令，可连接使用。

2) OR、ORI指令可对X、Y、M、T、C、S的触点进行逻辑“或”操作，与OUT指令组成纵向输出。

【例4-5】 图4-6给出了触点并联指令的应用实例。

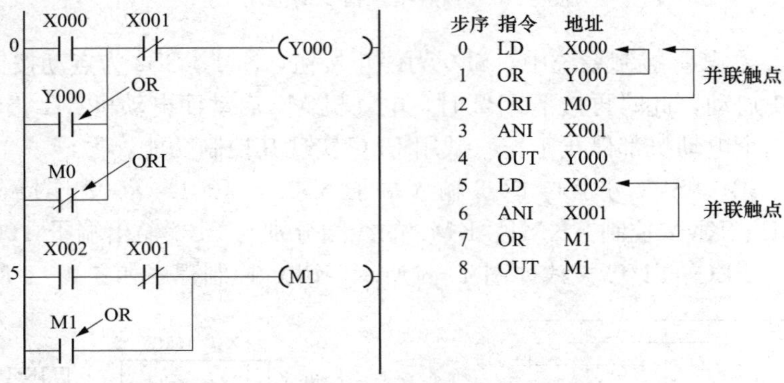

图4-6 触点并联指令的应用1

【例4-6】 A、B为两个输入点，当A和B只要有一个输入为“1”时，输出信号就为“1”，用PLC程序表示其关系如图4-7所示。

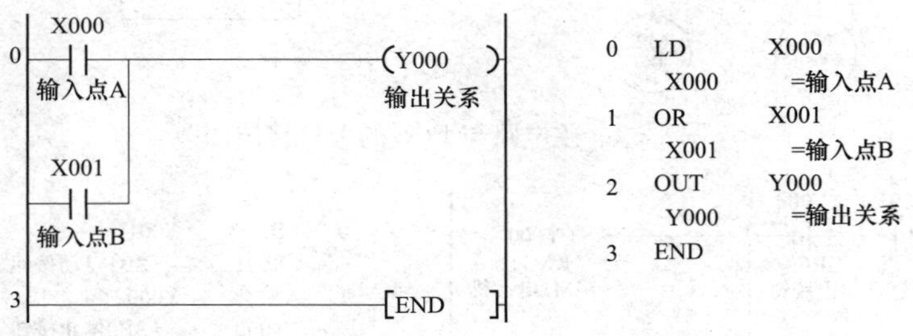

图4-7 触点并联指令的应用2

4. 基本位操作指令的综合应用

【例4-7】 将一台单向运行继电—接触器控制的三相异步电动机控制系统（如图4-8所示），改造成PLC的控制系统。

解 图4-7所示控制系统的SB1为停止按钮，若SB2没有按下，而按下SB3时，电动机作短时间的点动启动。当 SB2 按下时，不管 SB3 是否按下，电动机作长时间的工作。

将图 4－8 所示控制系统改造 PLC 控制时，确定输入/输出点数，如表 4－1 所示。FR、SB1、SB2、SB3 为外部输入信号，对应 PLC 中的输入 X000、X001、X002、X003；KA 为中间继电器，对应 PLC 中内部标志位寄存器的 M；KM 为继电—接触器控制系统的接触器，对应 PLC 中的输出点 Y000。PLC 的 I/O 接线图（又称为外部接线图）如图 4－9 所示。

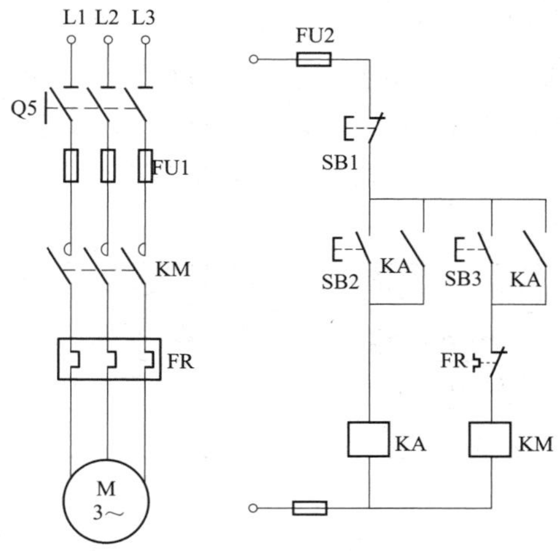

图 4－8　三相异步电动机控制系统

表 4－1　PLC 的 I/O 分配表

输入（X）		输出（Y）	
FR	X000	KM	Y000
SB1	X001		
SB2	X002		
SB3	X003		

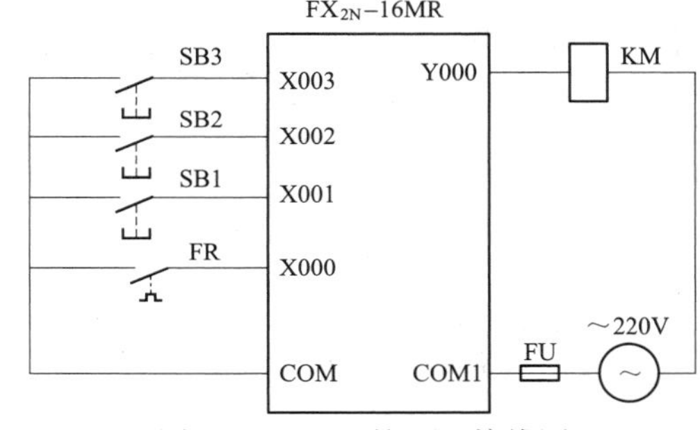

图 4－9　PLC 的 I/O 接线图

参照图 4－8、图 4－9 及表 4－1，编写 PLC 控制程序，如图 4－10 所示。应用时只需图 4－10 中的其中一种编程方式即可。

【例 4－8】 在两人抢答系统中，当主持人允许抢答时，先按下抢答按钮的进行回答，且指示灯亮，主持人可随时停止回答。试用 PLC 程序实现此功能。

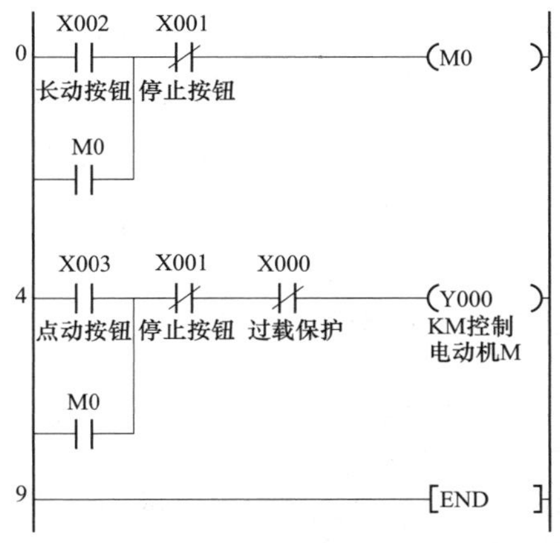


```
0   LD    X002
     X002     =长动按钮
1   OR    M0
2   ANI   X001
     X001     =停止按钮
3   OUT   M0
4   LD    X003
     X003     =点动按钮
5   OR    M0
6   ANI   X001
     X001     =停止按钮
7   ANI   X000
     X000     =过载保护
8   OUT   Y000
     Y000     =KM控制电动机M
9   END
```

图 4－10　PLC 控制程序

解 设主持人用转换开关 SA 来设定允许/停止状态，甲的抢答按钮为 SB0，乙的抢答按钮为 SB1，抢答指示灯为 HL1、HL2。SA、SB0、SB1 分别与 PLC 输入端子 X000、X001、X002 连接；HL1、HL2 分别与 PLC 输出端子 Y000 和 Y001 连接，I/O 分配如表 4-2 所示，其 I/O 接线如图 4-11 所示。PLC 控制程序如图 4-12 所示。

表 4-2　　两人抢答 PLC 的 I/O 分配表

输入（X）		输出（Y）	
转换开关 SA	X000	抢答指示 HL1	Y000
抢答按钮 SB0	X001	抢答指示 HL2	Y001
	X002		

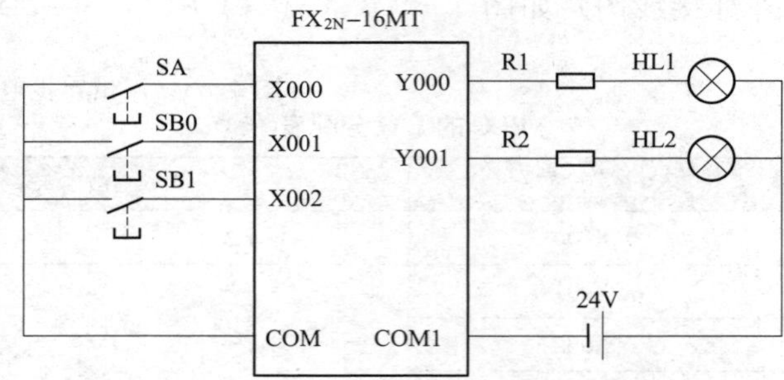

图 4-11　两人抢答 PLC 的 I/O 接线图

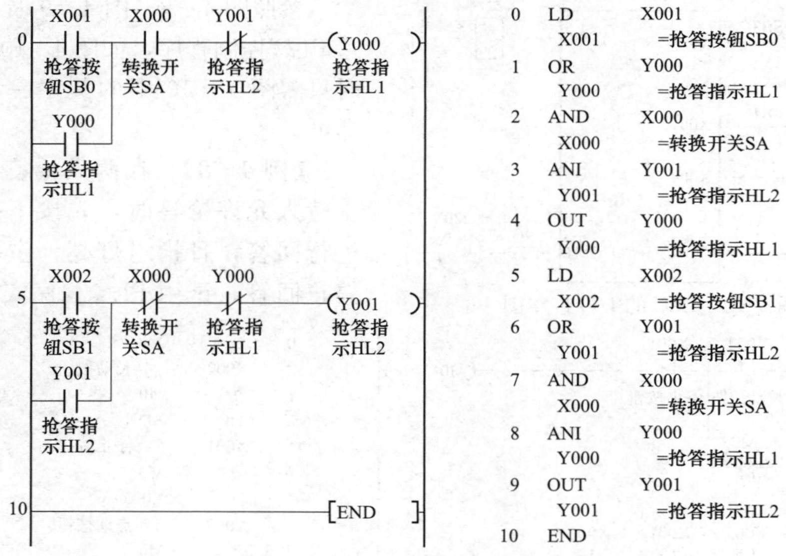

图 4-12　两人抢答 PLC 控制程序

4.1.2　块操作指令

在较复杂的控制系统中，触点的串、并联关系不能全部用简单的与、或、非逻辑关系描述，因此在指令系统中还有电路块的“与”和“或”操作指令，分别用 ANB 和 ORB

表示。在电路中，由两个或两个以上触点串联在一起的回路称为串联回路块，由两个或两个以上触点并联在一起的回路称为并联回路块。

1. 电路块串联指令

（1）指令功能。

ANB（And Block）：块“与”操作指令，用于两个或两个以上触点并联在一起回路块的串联连接。

（2）指令说明。

1）将并联回路块串联连接进行“与”操作时，回路块开始用 LD 或 LDI 指令，回路块结束后用 ANB 指令连接起来。

2）ANB 指令不带元件编号，是一条独立指令，ANB 指令可串联多个并联电路块，支路数量没有限制。

【例 4－9】 ANB 的使用程序如表 4－3 所示。程序 1 中 a 由 X000 和 X001 并联在一起然后与 X002 串联，不需要使用串联块命令 ANB；b 由 X003 和 X004 并联构成一个块再与 X002 串联，因此需要使用 ANB 命令；c 由 X005 和 X006 并联构成一个块再与块 b 串联，因此也需要使用 ANB 命令。

表 4－3　　ANB 的使用程序

程序	梯形图	指令表	
程序 1	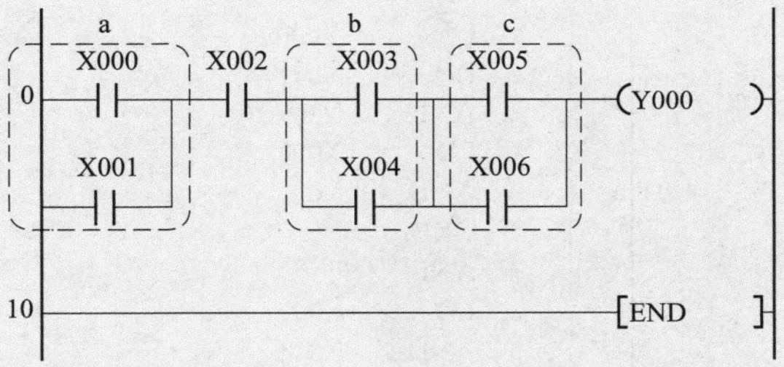 a: X000, X001; X002; b: X003, X004; c: X005, X006; 0 …(Y000); 10 …[END]	0 LD X000 1 OR X001 2 AND X002 3 LD X003 4 OR X004 5 ANB 6 LD X005 7 OR X006 8 ANB 9 OUT Y000 10 END	
		编程方法一	编程方法二
程序 2	d: X000, M0; e: X001, M1; f: X002, X003; 0 …(Y001); 9 …[END]	0 LD X000 1 OR M0 2 LD X001 3 OR M1 4 ANB 5 LD X002 6 OR X003 7 ANB 8 OUT Y001 9 END	0 LD X000 1 OR M0 2 LD X001 3 OR M1 4 LD X002 5 OR X003 6 ANB 7 ANB 8 OUT Y000 9 END

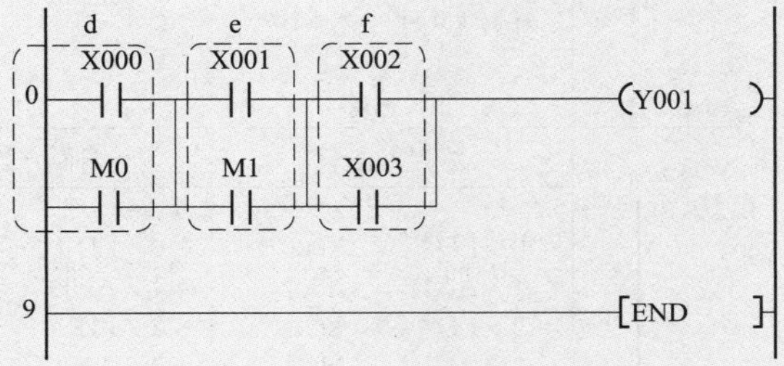

程序 2 中由块 d、块 e、块 f 串联而成，因此块 d、块 e 串联时需一个 ANB，块 f 与前面电路串联时也需一个 ANB，指令表如编程方法一所示，这种方法采用一般编程法。程序 2 的指令表中也可以先将 3 个并联回路写完再写 ANB，指令表如编程方法二所示，这

种方法采用集中编程法。虽然采用了两种不同方式，但它们的功能块图仍然相同，人们通常采用一般编程法进行程序的编写。

2. 电路块并联指令

(1) 指令功能。

ORB（Or Block）：块“或”操作指令，用于两个或两个以上触点串联在一起回路块的并联连接。

(2) 指令说明。

1) 将串联回路块并联连接进行“或”操作时，回路块开始用LD或LDI指令，回路块结束后用ORB指令连接起来。

2) ORB指令不带元件编号，是一条独立指令，OLD指令可并联多个串联电路块，支路数量没有限制。

【例4-10】 ORB的使用程序如表4-4所示。程序2的梯形图也可以用两种指令表完成。其中，前者采用一般编程法，后者采用集中编程法。同样，虽然采用了两种不同方式，但它们的功能块图仍然相同，人们通常采用一般编程法进行程序的编写。

表4-4　ORB的使用程序

程序	梯形图	指令表	
程序1	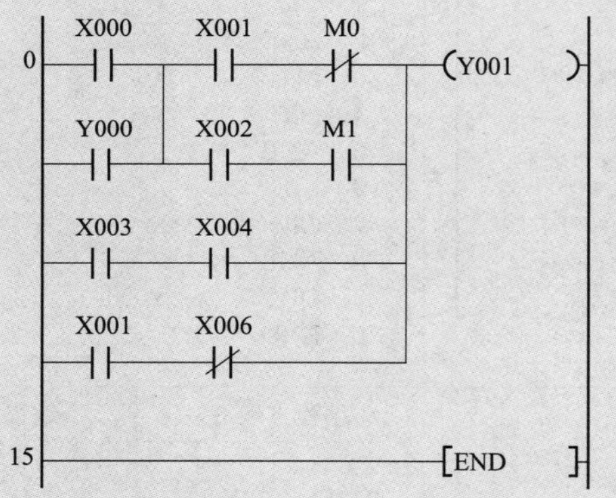 0: X000, X001, M0, (Y001) Y000, X002, M1 X003, X004 X001, X006 15: [END]	0 LD X000 1 OR Y000 2 LD X001 3 ANI M0 4 LD X002 5 AND M1 6 ORB 7 ANB 8 LD X003 9 AND X004 10 ORB 11 LD X005 12 ANI X006 13 ORB 14 OUT Y001 15 END	
		编程方法一	编程方法二
程序2	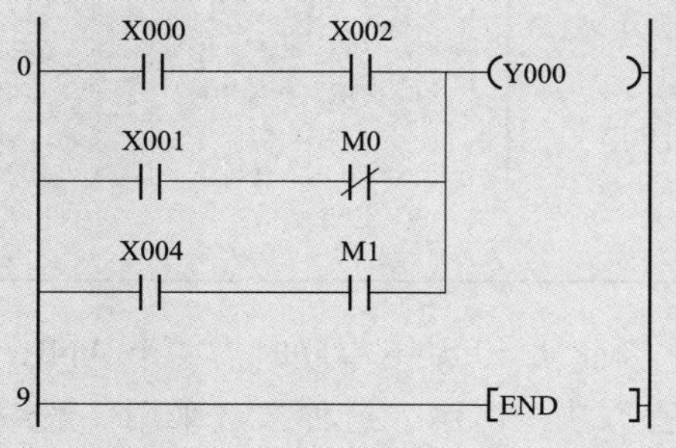 0: X000, X002, (Y000) X001, M0 X004, M1 9: [END]	0 LD X000 1 AND X002 2 LD X001 3 ANI M0 4 ORB 5 LD X004 6 AND M1 7 ORB 8 OUT Y000 9 END	0 LD X000 1 AND X002 2 LD X003 3 ANI M0 4 LD X004 5 AND M1 6 ORB 7 ORB 8 OUT Y000 9 END

3. 块指令的综合应用

在一些程序中，有的将串联块和并联块结合起来使用，下面举例说明。

【例 4-11】 如图 4-13 所示梯形图，写出其指令表程序。

解 图 4-13 主要由 a 和 b 两大电路块组成，b 块含有 c 和 d 路块。c 和 d 为并联关系，a 和 b 为串联关系，因此首先写好 c 和 d 的关系生成 b，之后再与块 a 进行串联，指令表程序如图 4-14 所示。

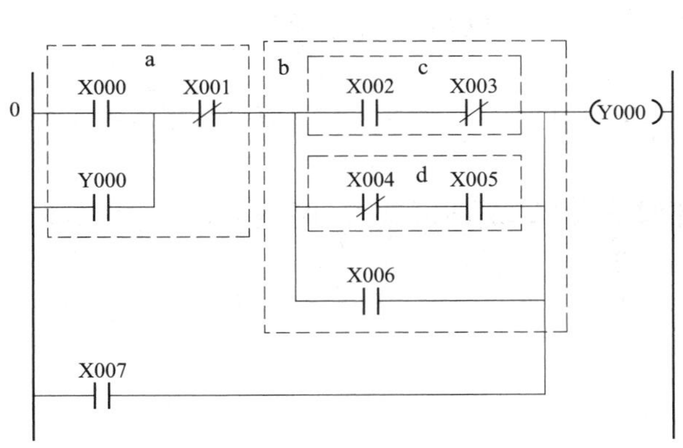

图 4-13 块指令综合应用梯形图 1

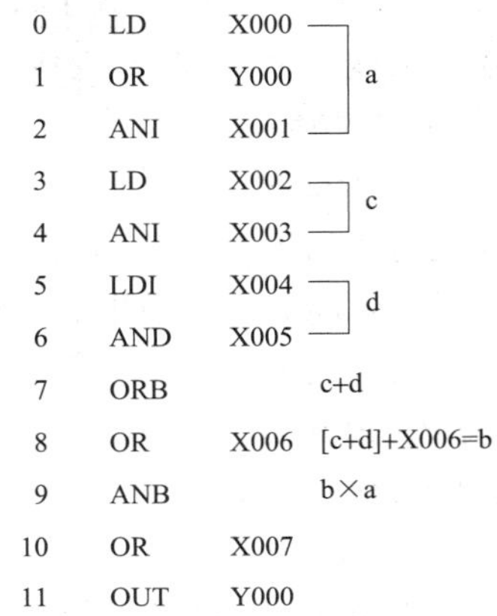

0	LD	X000	a
1	OR	Y000	
2	ANI	X001	
3	LD	X002	c
4	ANI	X003	
5	LDI	X004	d
6	AND	X005	
7	ORB		c+d
8	OR	X006	[c+d]+X006=b
9	ANB		b×a
10	OR	X007	
11	OUT	Y000	

图 4-14 块指令综合应用指令表程序 1

【例 4-12】 某梯形图如图 4-15 所示，写出其指令表程序。

解 图 4-15 主要由 a 和 b 两大电路块组成，b 块中 c 和 d 两块串联，d 块由 e 块和 f 块并联而成，g 和 h 两块并联构成 b 块，a 和 b 为并联关系，指令表程序如图 4-16 所示。

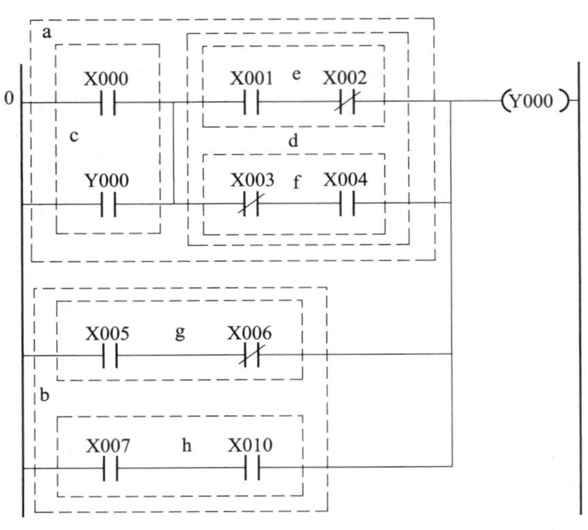

图 4-15 块指令综合应用梯形图 2

0	LD	X000	c
1	OR	Y000	
2	LD	X001	e
3	ANI	X002	
4	LDI	X003	f
5	AND	X004	
6	ORB		e+f=d
7	ANB		c×d=a
8	LD	X005	g
9	ANI	X006	
10	LD	X007	h
11	AND	X010	
12	ORB		g+h=b
13	OEB		a+b
14	OUT	Y000	

图 4-16 块指令综合应用指令表程序 2

4.1.3 堆栈与主控指令

1. 堆栈指令

在编写程序时，经常会遇到多个分支电路同时受一个或一组触点控制的情况，在此情况下采用前面的几条指令不易编写程序，像单片机程序一样，可借助堆栈来完成程序的编写。

FX_{2N}系列 PLC 有 11 个存储中间运算结果的堆栈存储器，堆栈采用先进后出的数据存取方式。堆栈指令有 MPS 进栈指令、MRD 读栈指令和 MPP 出栈指令。

(1) 指令功能。

MPS (Push)：进栈指令。它是将栈顶值复制后压入堆栈，栈中原来数据依次下移一层，栈底值压出丢失。

MRD (Read)：读栈指令。它是将逻辑堆栈第二层的值复制到栈顶，2～11 层数据不变，堆栈没有压入和弹出，但原栈顶的值丢失。

MPP (POP)：出栈指令。它是将堆栈弹出一级，原第二级的值变为新的栈顶值，原栈顶数据从栈内丢失。

(2) 指令说明。

1) 逻辑堆栈指令可以嵌套使用，最多 11 层。

2) 入栈指令 MPS 和出栈指令 MPP 必须成对使用，最先使用 MPS，最后一次读栈操作应使用出栈指令 MPP。

3) 堆栈指令没有操作数。

【例 4-13】 堆栈指令的使用程序如表 4-5 所示。程序 1 和程序 2 中没有逻辑读栈指令；程序 3 中使用了 MPS、MRD 和 MPP 指令；程序 4 中使用了多次逻辑读栈指令 MRD。从这 4 个程序段可以看出，入栈指令 MPS 和出栈指令 MPP 必须成对使用，使用堆栈指令时不一定要使用逻辑读栈指令 MRD。

表 4-5　　堆栈指令的使用程序

程序	梯形图	指令表
程序 1	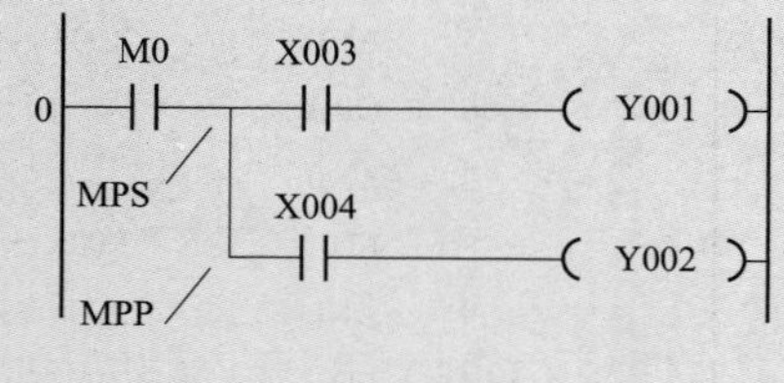 0 M0 X003 (Y001) MPS X004 (Y002) MPP	0 LD M0 1 MPS 2 AND X003 3 OUT Y001 4 MPP 5 AND X004 6 OUT Y002
程序 2	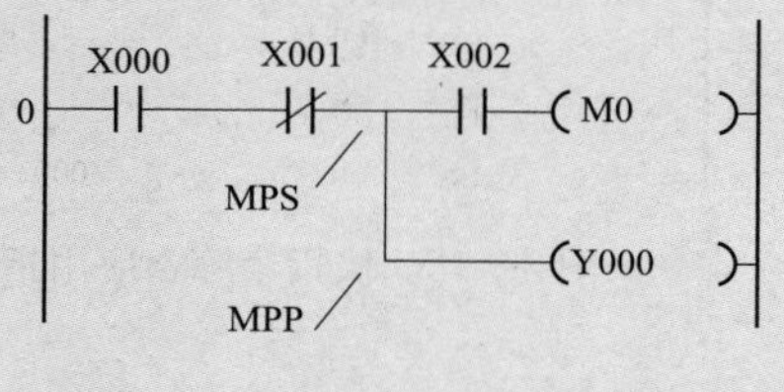 0 X000 X001 X002 (M0) MPS (Y000) MPP	0 LD X000 1 ANI X001 2 MPS 3 AND X002 4 OUT M0 5 MPP 6 OUT Y000

续表

程序	梯形图	指令表
程序 3	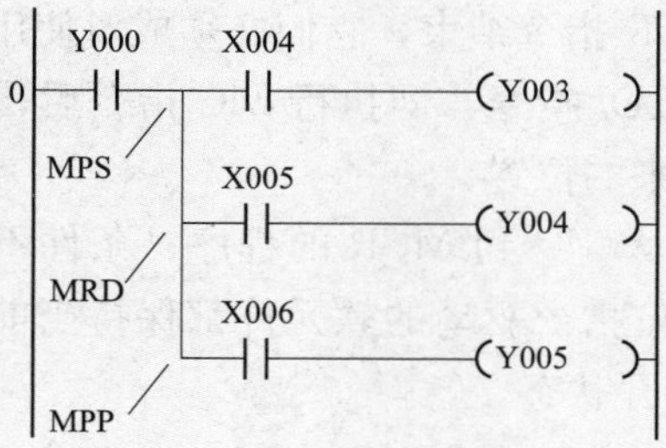 0 Y000 X004 (Y003) MPS X005 (Y004) MRD X006 (Y005) MPP	0 LD Y000 1 MPS 2 AND X004 3 OUT Y003 4 MRD 5 AND X005 6 OUT Y004 7 MPP 8 AND X006 9 OUT Y005
程序 4	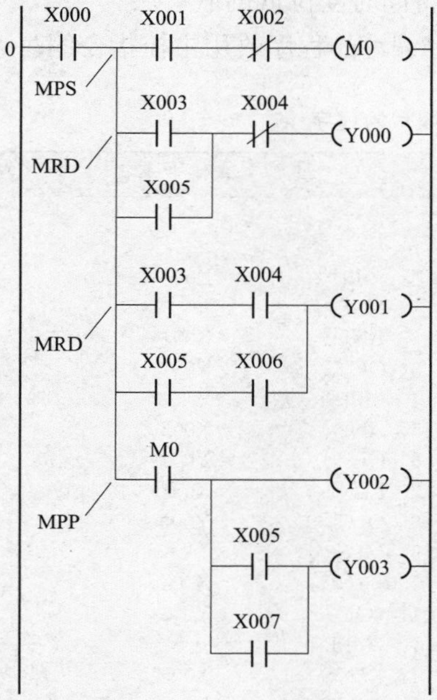 0 X000 X001 X002 (M0) MPS X003 X004 (Y000) MRD X005 X003 X004 (Y001) MRD X005 X006 M0 (Y002) MPP X005 (Y003) X007	0 LD X000 1 MPS 3 ANI X002 4 OUT M0 5 MRD 6 LD X003 7 OR X005 8 ANB 9 ANI X004 10 OUT Y000 11 MRD 12 LD X003 13 AND X004 14 LD X005 15 AND X006 16 ORB 17 ANB 18 OUT Y001 19 MPP 20 AND M0 21 OUT Y002 22 LD X005 23 OR X007 24 ANB 25 OUT Y003

2. 主控指令

在编程时，通常会遇到许多线圈同时受一个或一组触点控制的情况。如果在每个线圈的控制电路中都串入同样的触点，将占用很多存储单元，那么是否有这样的指令来解决这一问题呢？在 FX_{2N} 系列 PLC 中，使用主控指令可以轻松地解决这一问题。

使用主控指令的触点称为主控触点，它在梯形图中与一般的触点垂直。主控触点是控制一组电路的总开关。

（1）指令功能。

MC（Master Control）：主控指令，或公共触点串联连接指令，用来表示主控区的开始。它只能用于输出输出继电器 Y 和辅助继电器 M（不包括特殊辅助继电器）。

MCR（Master Control Reset）：主控指令 MC 的复位指令，用来表示主控区的结束。

（2）指令说明。

1）每一主控程序均以 MC 指令开始、MCR 指令结束，它们必须成对使用。

2）与主控触点相连的触点必须用 LD 或 LDI 指令，即执行 MC 指令后，母线移到主控触点的后面去了，MCR 使左侧母线回到原来的位置。

3）若执行指令的条件满足时，直接执行从 MC 到 MCR 的程序；条件不满足时，在主控程序的积算定时器、计数器以及复位/置位指令驱动的软元件都保持当前状态，而非积算定时器、用 OUT 驱动的软元件则变为断开状态。

4）在 MC 指令区内使用 MC 指令称为主控嵌套。MC 和 MCR 指令包含的主控嵌套的层数为 N0～N7，N0 为最高层，N7 为最低层。在没有嵌套时，通常用 N0 编程，N0 的使用次数没有限制；在有嵌套时，MCR 指令将同时复位低的嵌套层。

【例 4－14】 将表 4－6 所示的用堆栈指令编写的程序改用主控指令编写。

表 4－6　　用堆栈指令编写的程序

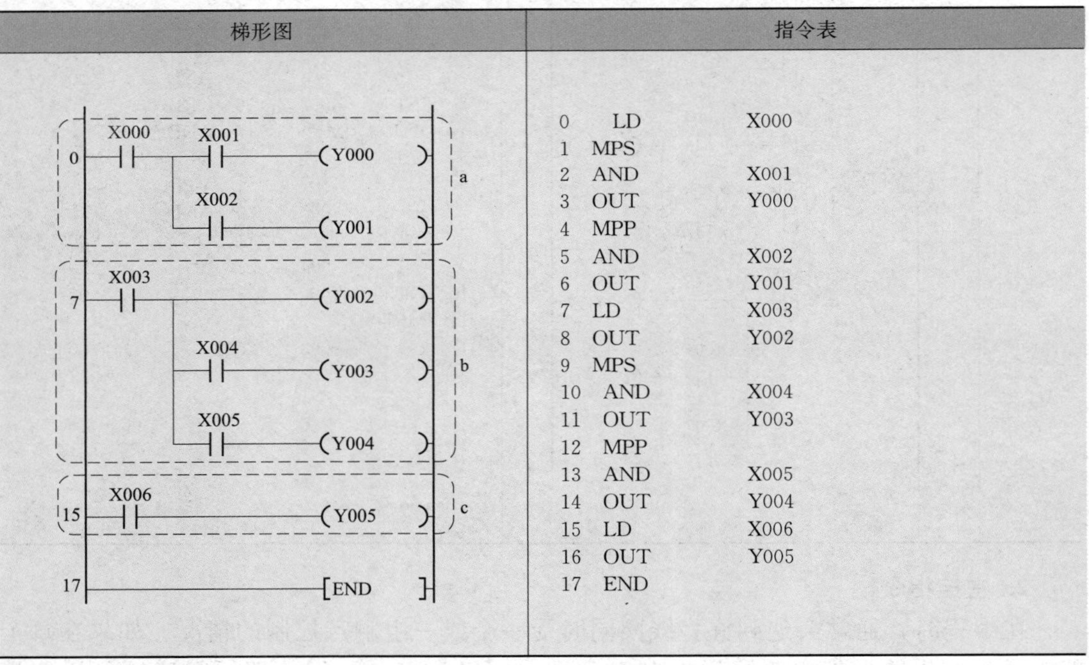

指令表		
0	LD	X000
1	MPS	
2	AND	X001
3	OUT	Y000
4	MPP	
5	AND	X002
6	OUT	Y001
7	LD	X003
8	OUT	Y002
9	MPS	
10	AND	X004
11	OUT	Y003
12	MPP	
13	AND	X005
14	OUT	Y004
15	LD	X006
16	OUT	Y005
17	END	

解　从堆栈程序中可以看出，该程序由 a、b、c 这 3 个电路块组成。a 电路块由 X000 控制 Y000、Y001 这两个分支电路，因此使用主控指令时，在动合触点的后面要书写主控指令“MC N0 M0”，在输出线圈 Y001 的下一条指令应该书写主控复位指令“MCR N0”，这样表示 X000＝1 时，执行“MC N0 M0”至“MCR N0”之间的电路；表示 X000＝0 时，“MC N0 M0”至“MCR N0”之间的电路不能被执行。同样可写出 b 电路块的主控指令，c 电路块由线圈 Y5 受动合 X006 控制，因此不需主控指令。写书的程序如表 4－7 所示。

表 4-7　　用主控指令编写的程序

写入模式梯形图	读出模式梯形图	指令表
0 X000 [MC N0 M0] 4 X001 (Y000) 6 X002 (Y001) 8 [MCR N0] 10 X003 [MC N0 Y002] 14 X004 (Y003) 16 X005 (Y004) 18 [MCR N0] 20 X006 (Y005) 22 [END]	0 X000 [MC N0 M0] N0 M0 4 X001 (Y000) 6 X002 (Y001) 8 [MCR N0] 10 X003 [MC N0 Y002] N0 Y002 14 X004 (Y003) 16 X005 (Y004) 18 [MCR N0] 20 X006 (Y005) 22 [END]	0 LD X000 1 MC N0 M0 4 LD X001 5 OUT Y000 6 LD X002 7 OUT Y001 8 MCR N0 10 LD X003 11 MC N0 Y002 14 LD X004 15 OUT Y003 16 LD X005 17 OUT Y004 18 MCR N0 20 LD X006 21 OUT Y005 22 END

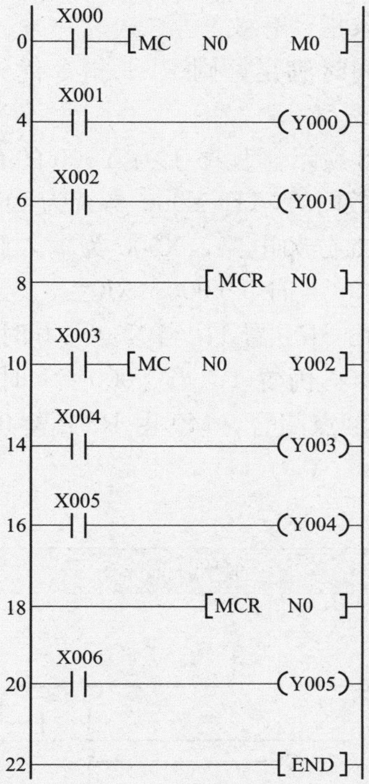

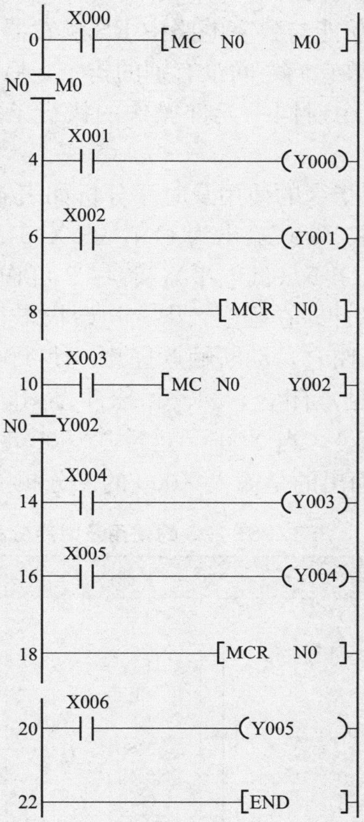

注意，书写梯形图中主控程序时，在 GX Developer 中，输入的是“写入模式梯形图”，也就是我们在软件中只需输入“写入模式梯形图”所示的梯形图即可，书写完程序后，在程序调试仿真时，软件自动会转换成“读出模式梯形图”。

堆栈指令 MPS、MRD、MPP 指令适用于分支电路比较少的梯形图，而主控指令 MC、MCR 比较适用于有多个分支电路的梯形图，这样可以避免在中间分支电路上多次使用 MRD 指令。

4.1.4　置位与复位指令

置位即线圈置 1，复位即线圈置 0。SET 为置位指令；RST 为复位指令。

(1) 指令功能。

SET (Set)：置位指令，是使操作保持为 ON 的指令。

RST (Reset)：复位指令，是使操作保持为 OFF 的指令。

(2) 指令说明。

1) SET 指令用于 Y、M、S，RST 指令用于复位 Y、M、S、T、C，或将字元件 D、V 和 Z 清零。

2）对同一编程元件，可以多次使用 SET 和 RST 指令，最后一次执行的指令将决定当前的状态。RST 可以将数据寄存器 D、变址寄存器 Z 和 V 的内容清零，还可用来复位积算型定时器 T246～T255 和计数器。

3）SET 和 RST 指令的功能与数字电路中 RS 触发器的功能相似。SET 和 RST 指令之间可以插入别的指令。如果它们之间没有别的指令，后一条指令有效。

4）如果 SET 和 RST 指令对同一元件操作的执行条件同时满足，则 RST 指令优先执行。

【例 4－15】 SET/RST 指令的使用及时序分析如表 4－8 所示。程序 1 为 Y000 的有效输出控制，X000 有效，使 Y000 输出为 ON，当 X001 有效时，不管 Y000 是否为 ON（高电平），将其强制输出为 OFF（低电平）；程序 2 可作为二分频电路，X000 为输入脉冲，Y000 为分频后的输出脉冲。在程序 2 中，初始状态 X000＝0 时，Y000＝M0＝0；当 X000＝1 时，X000 动合触点闭合，动断触点打开，使 Y000 由 SET 置 1；当 X000＝0 时，X000 动合触点打开，动断触点闭合，M0 由 SET 置 1，Y000 仍置 1；当 X000＝1 时，Y000 由 RST 清 0，M0 仍置 1；当 X000＝0 时，X000 动断触点闭合，M0 由 RST 置 0，重复执行该过程，则 Y000 输出的是输入 X000 的二分频。

表 4－8　　SET/RST 指令的使用及时序分析

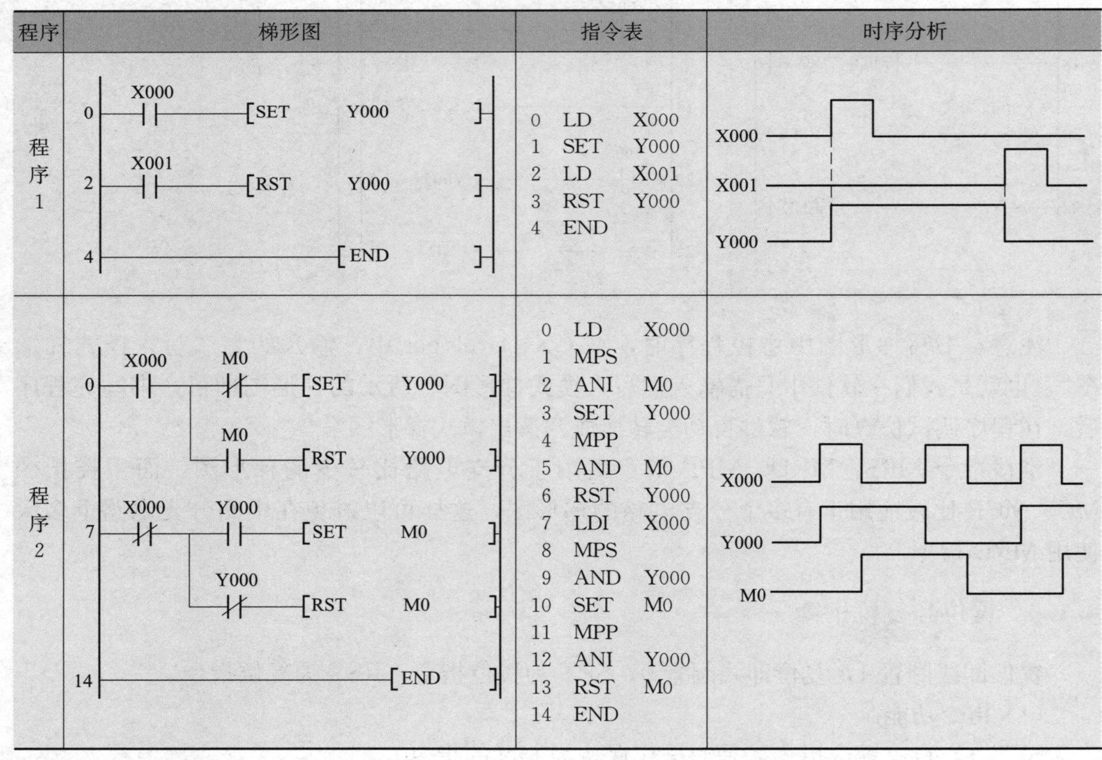

程序	梯形图	指令表	时序分析
程序1	0 X000 [SET Y000] 2 X001 [RST Y000] 4 [END]	0 LD X000 1 SET Y000 2 LD X001 3 RST Y000 4 END	X000 X001 Y000
程序2	0 X000 M0 [SET Y000] M0 [RST Y000] 7 X000 Y000 [SET M0] Y000 [RST M0] 14 [END]	0 LD X000 1 MPS 2 ANI M0 3 SET Y000 4 MPP 5 AND M0 6 RST Y000 7 LDI X000 8 MPS 9 AND Y000 10 SET M0 11 MPP 12 ANI Y000 13 RST M0 14 END	X000 Y000 M0

4.1.5　取反、空操作及程序结束指令

（1）指令功能。

INV（Inverse）：取反指令，又称取非指令。它是将左边电路的逻辑运算结果取反，

三菱FX_{2N} PLC从入门到精通

若运算结果为“1”，取反后变为“0”；若运算结果为“0”，取反后变为“1”。

NOP（Nop Processing）：空操作指令。它不做任何逻辑操作，在程序中留下地址以便调试程序时插入指令或稍微延长扫描周期长度，而不影响用户程序的执行。

END（End）：结束指令，将强制结束当前的扫描执行过程。若不写 END 指令，将从用户程序存储器的第 1 步执行到最后 1 步；将 END 指令放在程序结束处，只执行第 1 步至 END 这 1 步之间的程序，使用 END 指令可以缩短扫描周期。

（2）指令说明。

1）INV 指令是将 INV 指令之间的运算结果取反，不需要指定操作目标元件号；编写 INV 取反指令需要前面有输入量，不能像 LD、LDI、LDP、LDF 指令那样与母线直接连接，也不能像 OR、ORI、ORP、ORF 指令那样单独并联使用；在含有 ORB、ANB 指令的电路中，INV 指令是将执行 INV 之前存在的 LD、LDI、LDP、LDF 指令以后的运算结果取反。

2）在将程序全部清除时，存储器内指令全部成为 NOP 指令；若将已经写入的指令换成 NOP 指令，则电路会发生变化。

3）PLC 反复进行输入处理、程序执行、输出处理，若在程序的最后写入 END 指令，则 END 以后的其余程序步不再执行，而直接进行输出处理，所以在调试程序时，可以将 END 指令插在各段程序之后，从第一段开始分段调试，调试好以后必须删去程序中间的 END 指令，这种方法对程序的查错也有用处；在程序中没有 END 指令时，PLC 处理完其全部程序步；PLC 在 RUN 开始时，首次执行从 END 指令开始；执行 END 指令时，也刷新监视定时器，检测扫描周期是否过长。

【例 4-16】 INV、END 指令的使用及时序分析如表 4-9 所示。在程序中，如果 X000 为 OFF，则 Y000 为 ON；如果 X000 为 ON，则 Y000 为 OFF。

表 4-9　　SET/RST 指令的使用及时序分析

梯形图	指令表	时序分析
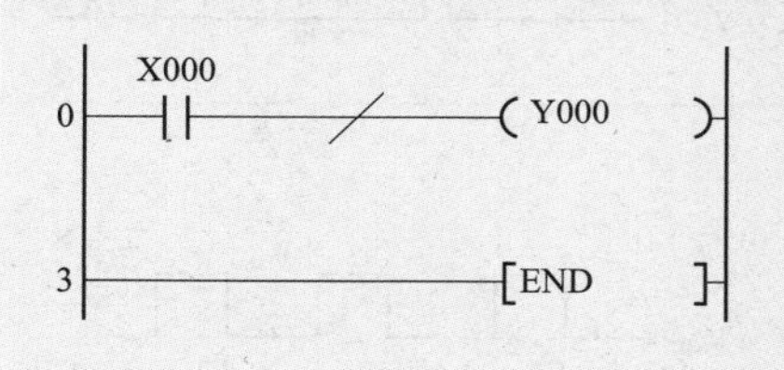 0 X000 ——/—— (Y000) 3 [END]	0 LD X000 1 INV 2 OUT Y000 3 END	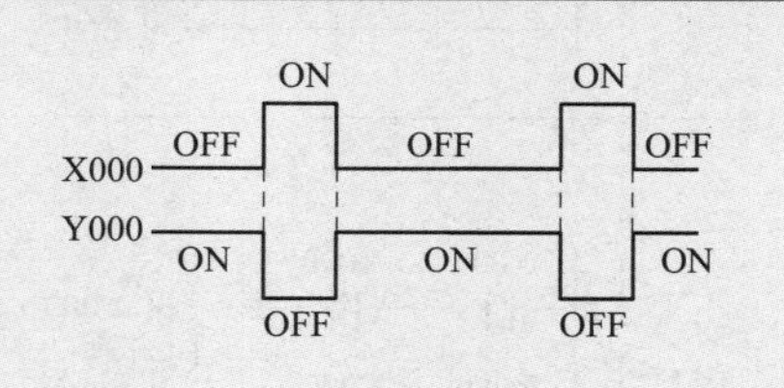 X000: OFF ON OFF ON OFF Y000: ON OFF ON OFF ON

4.1.6　脉冲触点指令

根据脉冲形式的不同，脉冲触点可分为上升沿脉冲触点和下降沿脉冲触点两种形式。脉冲触点只有动合触点，没有动断触点。脉冲触点指令有 LDP、LDF、ORP、ORF、ANDP 和 ANDF，其中 LDP、ORP、ANDP 属于上升沿脉冲触点指令，LDF、ORF、ANF 属于下降沿脉冲触点指令。

（1）指令功能。

LDP：取脉冲上升沿触点指令，用于上升沿检测运算开始。

LDF：取脉冲下降沿触点指令，用于下降沿检测运算开始。

ANDP：与脉冲上升沿触点指令，用于上升沿检测串联连接。

ANDF：与脉冲下降沿触点指令，用于下降沿检测串联连接。

ORP：或脉冲上升沿触点指令，用于上升沿检测并联连接。

ORF：或脉冲下降沿触点指令，用于下降沿检测并联连接。

（2）指令说明。

1）LDP、ANDP、ORP、LDF、ANDF、ORF 指令是触点指令，这些指令表达的触点在梯形图中的位置与 LD、AND、OR 指令表达的触点在梯形图中的位置相同，只是两种指令表达的触点的功能有所不同。

2）LDP、ANDP、ORP 指令在梯形图中的触点中间有一个向上的箭头；LDF、ANDF、ORF 指令在梯形图中的触点中间有一个向下的箭头。

3）LDP、ANDP、ORP、LDF、ANDF、ORF 指令可用的软元件为 X、Y、M、S、T、C。

4）指令中的操作元件仅在上升沿/下降沿时使驱动的线圈导通一个扫描周期。

【例 4－17】 脉冲触点指令的使用及时序分析如表 4－10 所示。程序 1 中，在 X000 或者 X001 由 OFF→ON 时，Y000 接通一个扫描周期；在 X002 由 ON→OFF 时，Y001 接通一个扫描周期。程序 2 实现了对 X000 输入脉冲的二分频。

表 4－10　　脉冲触点指令的使用及时序分析

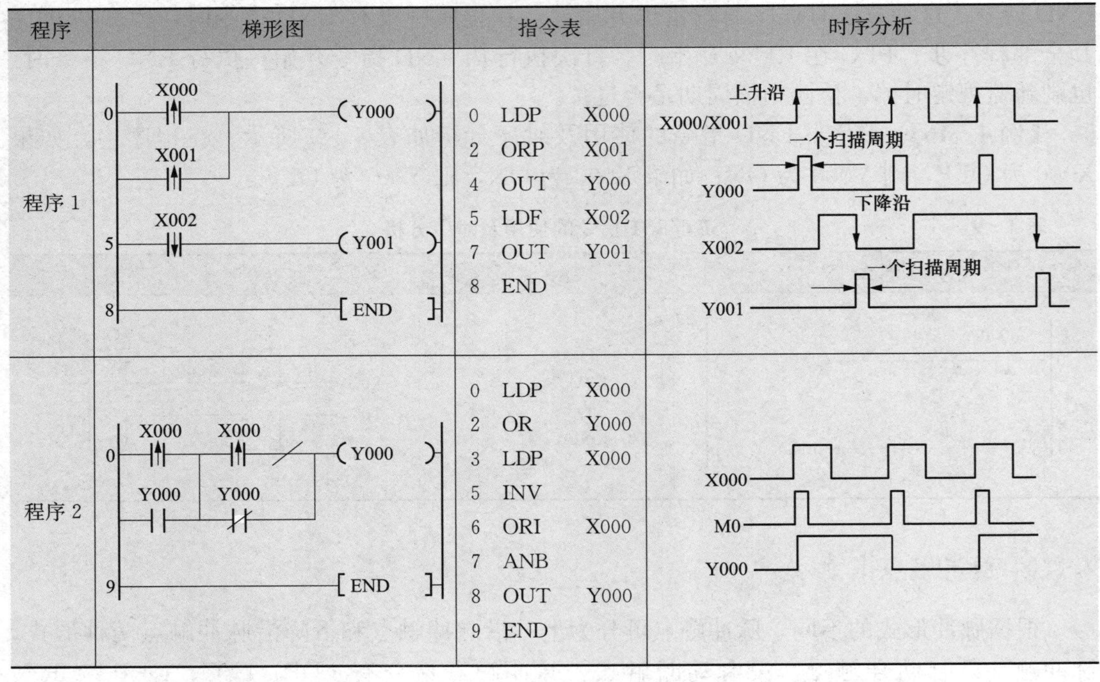

程序	梯形图	指令表	时序分析
程序 1		0 LDP X000 2 ORP X001 4 OUT Y000 5 LDF X002 7 OUT Y001 8 END	
程序 2		0 LDP X000 2 OR Y000 3 LDP X000 5 INV 6 ORI X000 7 ANB 8 OUT Y000 9 END	

4.1.7　脉冲输出微分指令

脉冲输出指令有上升沿脉冲微分输出指令 PLS 和下降沿脉冲输出微分指令 PLF。

（1）指令功能。

PLS：上升沿微分输出指令。它将指定信号上升沿进行微分后，输出一个脉冲宽度为一个扫描周期的脉冲信号。

PLF：下降沿微分输出指令。它将指定信号下降沿进行微分后，输出一个脉冲宽度为一个扫描周期的脉冲信号。

（2）指令说明。

1）PLS 和 PLF 只有在输入信号变化时才有效，因此一般将其放在这一变化脉冲出现的指令之后，输出的脉宽为一个机器扫描周期。

2）PLS 和 PLF 指令可使用的软元件为 Y、M（特殊 M 除外）。

3）PLS、PLF 无操作数。

【例 4－18】 脉冲输出微分指令的使用及时序分析如表 4－11 所示。若 X000 由 OFF 变为 ON，则 Y000 接通为 ON，一个扫描周期的时间后重新变成 OFF；若 X000 由 ON 变为 OFF，则 Y001 接通为 ON，一个扫描周期的时间后重新变成 OFF。

表 4－11　　脉冲输出微分指令的使用及时序分析

梯形图	指令表	时序分析
0 X000 [PLS Y000] 3 X000 [PLF Y001] 6 [END]	0 LD X000 1 PLS Y000 3 LD X000 4 PLF Y001 6 END	X000 Y000 Y001

【例 4－19】 使用脉冲输出微分指令实现二分频的程序及时序分析如表 4－12 所示。X000 第 1 次闭合时，M0 产生一个扫描周期的脉冲，在第一个扫描周期内，Y000 线圈由 M0 动合触点和 Y000 动断触点而得电。在第二个扫描周期内，M0 动合触点断开，M0 动断触点闭合，由于在第一个扫描周期内 Y000 线圈得电，因此 Y000 动合触点闭合，Y000 线圈由 M0 动断触点和 Y000 动合触点自锁得电。

表 4－12　　二分频程序及时序分析

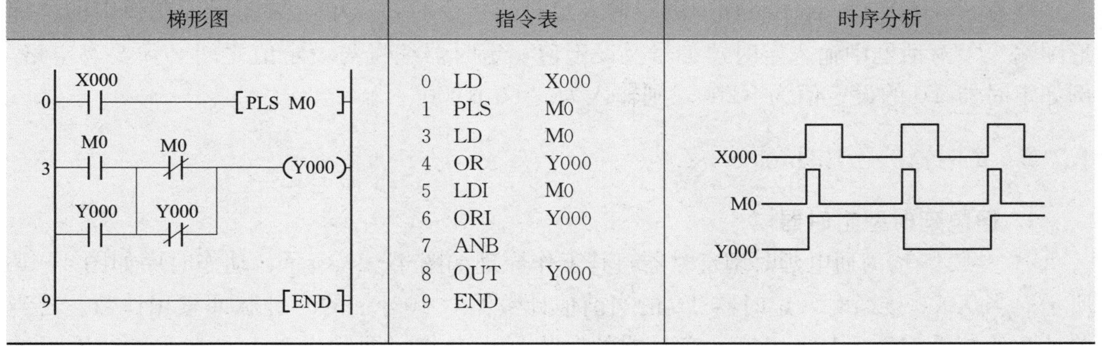

梯形图	指令表	时序分析
0 X000 [PLS M0] 3 M0 M0 (Y000) Y000 Y000 9 [END]	0 LD X000 1 PLS M0 3 LD M0 4 OR Y000 5 LDI M0 6 ORI Y000 7 ANB 8 OUT Y000 9 END	X000 M0 Y000

当 X000 第二次闭合时，M0 产生一个扫描周期的脉冲，在第一个扫描周期内，M0 动断触点断开，Y000 线圈失电。在第二个扫描内，M0 动断触点闭合，由于在第一个扫描周期内 Y000 线圈已失电，Y000 动合触点断开，Y000 线圈仍不得电。

4.2 定 时 器

在传统继电器—交流接触器控制系统中一般使用延时继电器进行定时，通过调节延时调节螺钉来设定延时时间的长短。在 PLC 控制系统中通过内部软延时继电器—定时器来进行定时操作。PLC 内部定时器是 PLC 中最常用的元器件之一，用好、用对定时器对 PLC 程序设计非常重要。

4. 2. 1 定时器的分类

不同型号的 PLC，定时器个数和延时长短是不完全相同的。FX_{2N}系列 PLC 共有 256 个定时器，采用十进制编号，为 T0 ~ T255。FX_{2N}系列 PLC 定时器可按照工作方式的不同，分为通电延时型定时器和积算型定时器两种，根据时间脉冲的不同分为 1、10、100ms 三挡。FX_{2N}系列 PLC 定时器的类型如表 4 - 13 所示。

表 4 - 13 FX_{2N}系列 PLC 定时器的类型

定时器	时间脉冲	定时器编号范围	定时范围
通电延时型定时器	100ms	T0～T199	0. 1～3276. 7s
	10ms	T200～T245	0. 01～327. 67s
积算型定时器	1ms	T246～T249	0. 001～32. 767s
	100ms	T250～T255	0. 1～3276. 7s

FX_{2N}系列 PLC 中的定时器实际上是对时间脉冲计数来定时的，所以定时器的动作时间等于设定值乘以它的时间脉冲。例如定时器 T200 的设定值为 K250，时间脉冲为 10ms，则其动作时间等于 250×10ms＝2500ms＝2. 5s。

注意：在 GX Developer 梯形图中输入定时器指令时，先单击图标，在弹出的“梯形图输入”对话框中输入定时器编号及设定值，定时器编号与设定值之间必须要有空格。例如定时器 T0 的设定值为 K200，则输入为“T0 K200”。

4. 2. 2 定时器的工作原理

1. 通电延时型定时器

T0～T245 均为通电延时型定时器，其工作原理如图 4 - 17 所示，动作时序如图 4 - 18 所示。当 X000 接通时，定时器 T0 的当前值计数器对 100ms 的时钟脉冲累积计数。若当前计数值与设定值 K123 相等，定时器的输出触点动作，即输出触点是在驱动线圈后的 12. 3s 动作。X000 断开或发生停电时，计数器复位，输出触点也复位。从时序图可以看出，这种定时器属于非积算定时器，当 X000 断开时，T0 的当前值不保持，X000 再接通时重新计数。

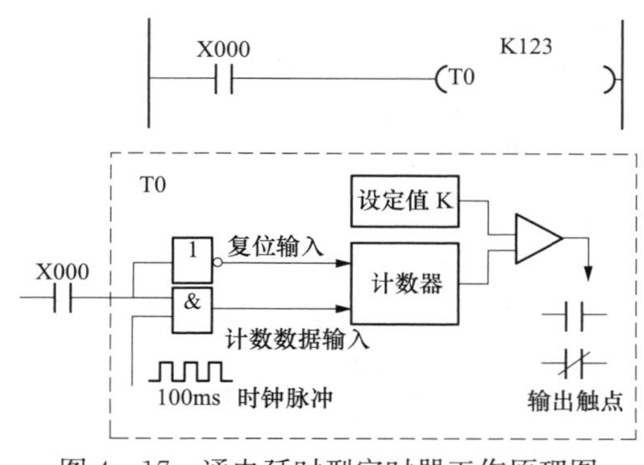

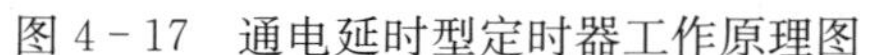

图 4-17　通电延时型定时器工作原理图

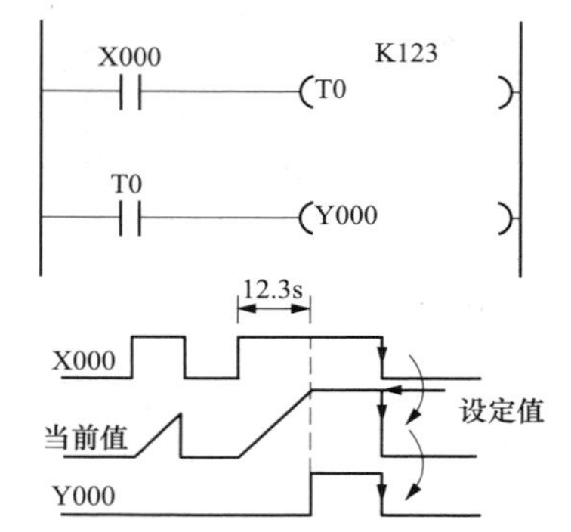

图 4-18　通电延时型定时器动作时序图

2. 积算型定时器

T246～T255 均为积算型定时器，其工作原理如图 4-19 所示，动作时序如图 4-20 所示。当 X001 接通时，定时器 T246 的当前值计数器对 1ms 的时钟脉冲累积计数。若当前计数值与设定值 K50 相等，定时器的输出触点动作，即输出触点是在驱动线圈后的 50ms 动作。从时序图可以看出，计数途中 X001 断开或发生停电时，T246 的当前值保持不变。当 T246 再接通或复电时，计数继续进行，其累积时间为 50ms 时触点动作。当复位输入 X002 接通时，计数器复位，输出触点也复位。

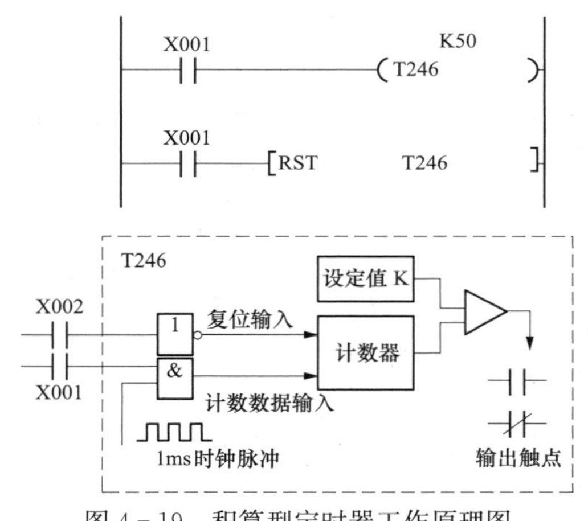

图 4-19　积算型定时器工作原理图

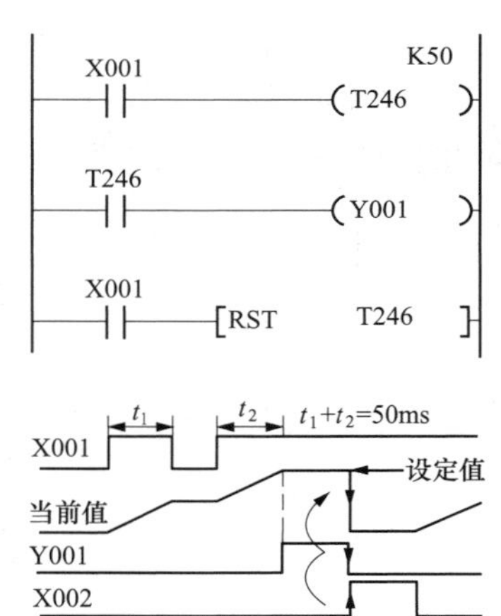

图 4-20　积算型定时器动作时序图

4.2.3　定时器的应用举例

【例 4-20】　使用 PLC 定时器设计一个 2h 的延时电路。

解　2h 等于 7200s，在定时器中，最长的定时时间为 3276.7s，单个定时器无法延时 2h，但可采用多个定时器级联的方法实现，如图 4-21 所示。

当 X000=1 时，T0 定时器线圈得电开始延时 3000s，如果 T0 延时时间到，其延时闭合触点闭合，使 T1 定时器线圈得电开始延时 3000s。如果 T1 延时时间到，使 T2 进行延时 1200s。当 T2 延时时间到后，从 Y000 输出一个脉冲。因此，从 X000 闭合到 Y000 输出这一时间段已经延时了 2h。

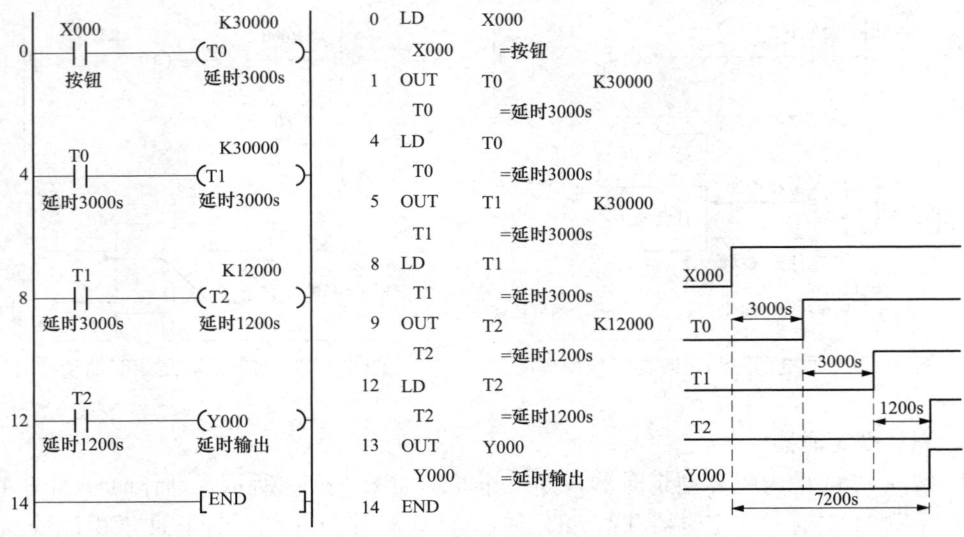

图 4－21　多个定时器组合实现延时

【例 4－21】 使用 PLC 定时器设计一个 2s 的闪烁电路。

解　2s 的闪烁电路应由两个定时器构成，如图 4－22 所示。T0 和 T200 的时基不同，因此设定值不同，但每个定时器的定时时间都为 1s。当 X001 为 ON 时，T0 线圈得电延时 1s，若延时时间到，其延时闭合触点闭合，启动 T200 延时 1s，同时 Y000 输出高电平。如果 T200 延时时间到，其动断延时触点打开，T0 和 T200 复位，T0 开始重新延时，Y000 输出低电平，这样又周期性地使 Y000 输出一个 2s 的矩形波以实现灯的闪烁。

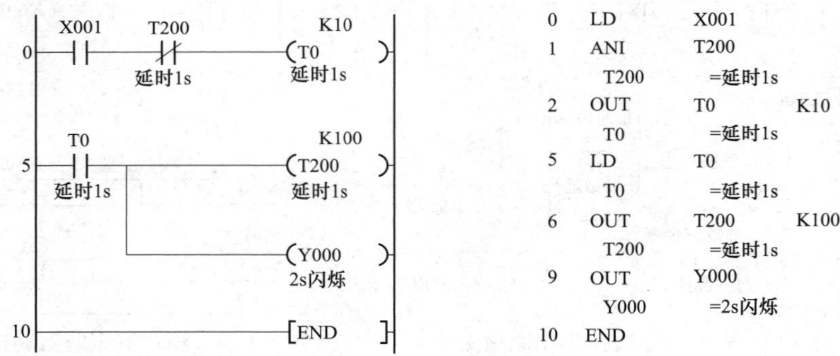

图 4－22　闪烁灯控制程序

【例 4－22】 在灯开关联锁控制电路中，当按下关灯按钮 10s 后，灯再熄灭。试用 PLC 定时器实现其功能。

解　灯开关联锁控制电路中有开灯和关灯按钮，分别用 X000 和 X001 对应，用 Y000 驱动灯。延时 10s 可采用 T200 或其他定时器，此程序设计如图 4－23 所示。

【例 4－23】 用按钮控制 3 台电动机启动。为了避免 3 台电动机同时启动，以致启动电流过大，要求每隔 5s 启动一台。试编写其程序。

解　启动按钮与 PLC 的 X000 连接，停止按钮与 PLC 的 X001 连接，M1 电动机由 Y000 控制，M2 电动机由 Y001 控制，M3 电动机由 Y002 控制。按下启动按钮 X000，

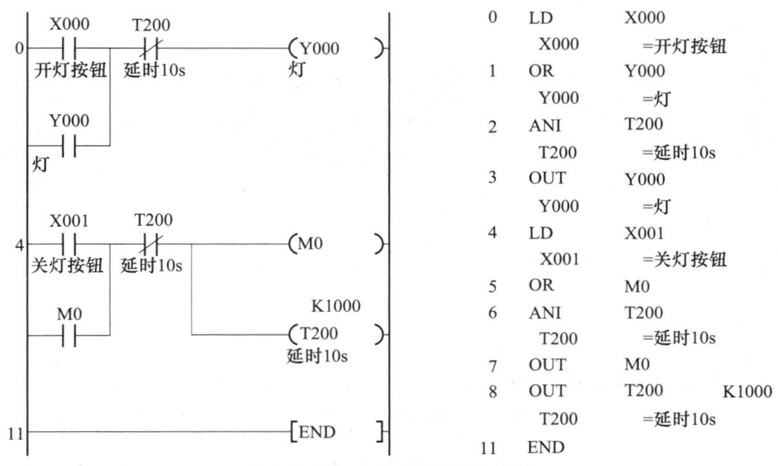

图 4-23　延时灯控制程序

Y000 线圈得电并自锁，M1 电动机启动，同时定时器 T0 得电延时，Y000 动合触点闭合，为 M2 电动机得电启动做好准备。延时达到 5s 时，T0 发出一个脉冲，使 Y001 得电并自锁，M2 电动机启动。Y001 动合触点闭合，为 M3 电动机得电启动做好准备。T0 再延时 5s 后，发出一个脉冲，使 Y002 得电并自锁，同时 Y002 动断触点打开，不再给 T0 供电。编写的 PLC 程序如图 4-24 所示。由于只使用了一个定时器实现此功能，因此在编写梯形图程序时，除了 M1 电动机先编程外，先启动的电动机应该后编程。

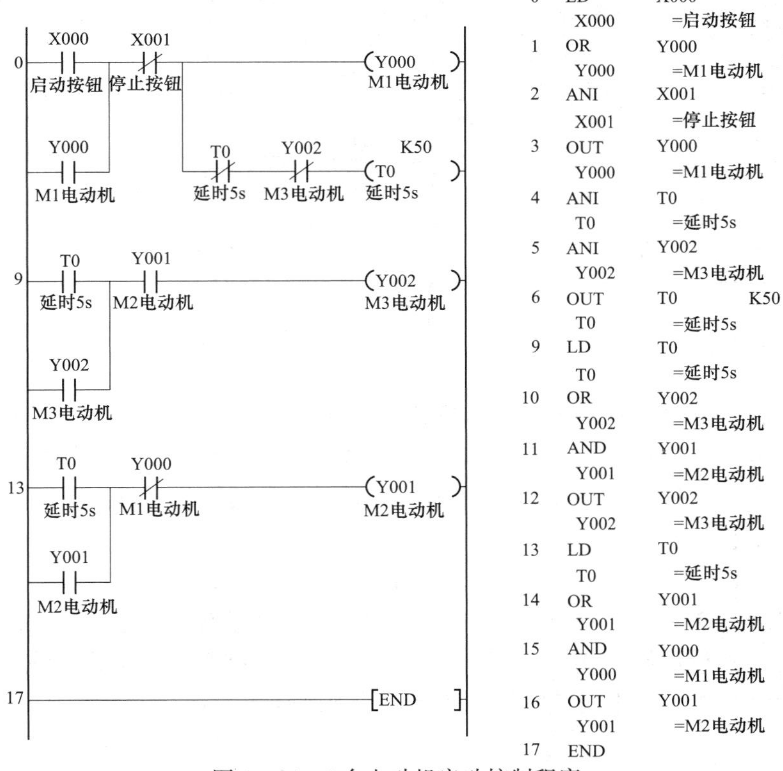

图 4-24　3 台电动机启动控制程序

4.3 计 数 器

计数器用于对各种软元件触点闭合次数的统计，实现计数控制。

4.3.1 计数器的分类

FX_{2N}系列PLC提供了两类计数器：内部信号计数器和外部信号计数器（即高速计数器）。

内部信号计数器是PLC在执行扫描操作时对内部软元件（如X、Y、M、S、T、C）进行计数的计数器，要求输入信号的接通和断开时间应比PLC的扫描周期时间要长；高速计数器是对外部信号进行计数的计数器，其响应速度快，因此对于频率较高的计数就必须采用高速计数器。这两类计数器的功能都是设定预置数，当计数器输入端信号从OFF变为ON时，计数器减1或加1，计数值减为"0"或者加到设定值时，计数器线圈ON。FX_{2N}系列PLC计数器的种类和编号如表4-14所示。

表4-14　FX_{2N}系列PLC计数器的种类和编号

种类			编号	说明
内部信号计数器	16位加计数器	通用型	C0～C99	计数设定值：1～32767
		断电保持型	C100～C199	
	32位加/减计数器	通用型	C200～C219	计数设定值：－2147483648～＋2147483647。加/减计数由M8200～M8324控制
		断电保持型	C220～C234	
高速计数器	1相无启动/复位端子高速计数器		C235～C240	用于高速计数器的输入端只有8点（X000～X007），如果其中一个被占用，它就不能再用于其他高速计数器或者其他用途，因此只能有8个高速计数器同时工作
	1相带启动/复位端子高速计数器		C241～C245	
	1相2输入双向高速计数器		C246～C250	
	2相A-B型高速计数器		C251～C255	

4.3.2 内部信号计数器

内部信号计数器对内部软元件信号计数时，其接通（ON）和断开（OFF）时间应比PLC的扫描周期略长，输入信号频率大约为每秒几个扫描周期，否则不能正确计数。按计数位数的不同，内部信号计数器可以分为16位加计数器和32位加/减计数器。

1. 16位加计数器

FX_{2N}系列PLC中C0～C99为16位通用型加计数器，C100～C199为16位断电保持型加计数器，设定值为K1～K32767。C0～C99 16位通用型加计数器在失电后，计数器将自动复位，当前计数值为0；C100～C199 16位断电保持型加计数器在失电后，计数器的计数值将保持不变，来电后接着原来的计数值继续计数。16位通用型加计数器C0的工作过程如图4-25所示。

图4-25中当复位输入X000动合触点接通（ON）时，C0被复位，其对应的位存储单

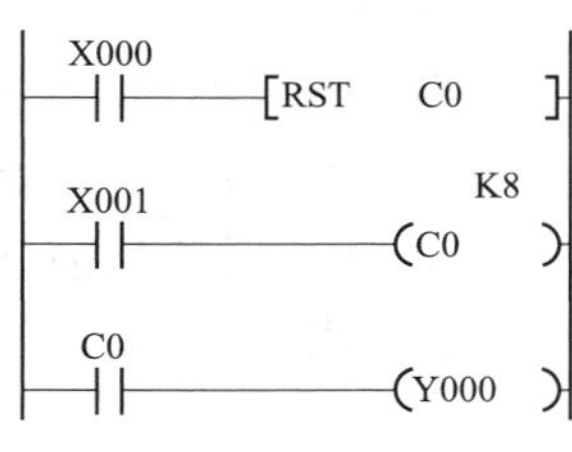

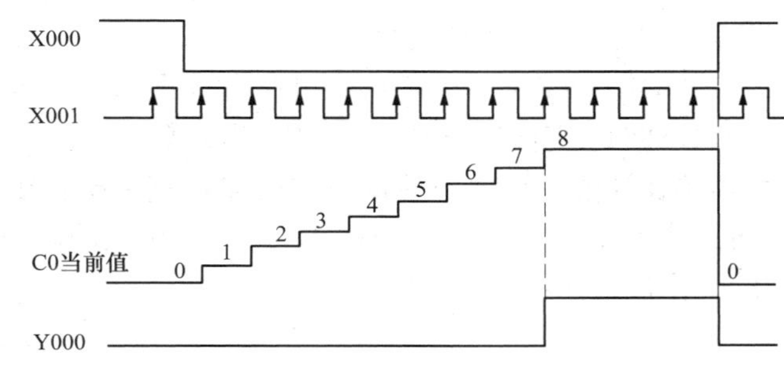

图 4-25 C0 的工作过程

元被清 0，且不对输入信号 X001 进行计数。如果 X000 动合触点断开（OFF）时，加计数器 C0 对 X001 的上升沿次数进行计数，当计数达到设定值 8（此程序中设定值为 K8）时就保持为 8 不变，同时 C0 的动合触点闭合，使 Y000 线圈得电。如果在计数过程中，或计数达到设定值时，X000 动合触点接通（ON）后，计数器 C0 被复位，计数器的当前值为 0，同时 C0 的触点也被复位。计数器的设定值可以使用常数 K 或者通过数据寄存器 D 来设置。

注意：在 GX Developer 梯形图中输入计数器指令时，先单击图标，在弹出的“梯形图输入”对话框中输入计数器编号及设定值，计数器编号与设定值之间必须要有空格。例如计数器 C0 的设定值为 K8，则输入为“C0 K8”。

2. 32 位加/减计数器

FX_{2N}系列 PLC 中 C200～C219 为 32 位通用型加/减计数器，C220～C234 为 32 位断电保持型加/减计数器。32 位加/减计数器的设定值使用常数 K 或者通过数据寄存器 D 来设置。若使用数据寄存器 D 设置时，设定值存放在元件号相连的两个数据寄存器中。如果指定寄存器为 D0，则设定值应存放在 D1 和 D0 中，其中 D1 存放高 16 位，D0 存放低 16 位。

C200～C219 32 位通用型加/减计数器在失电后，计数器将自动复位，当前计数值为 0，计数器状态复位；C220～C234 32 位断电保持型加/减计数器在失电后，计数器的当前计数值将保持不变，来电后接着原来的计数值继续计数。

32 位加/减计数器 C200～C234 可以进行加计数或减计数，其计数方式由特殊辅助继电器 M8200～M8234 设定，如表 4-15 所示。当特殊辅助继电器为 1 时，相应的计数器为减计数，否则为加计数。

表 4-15　　32 位加/减计数器的计数方式控制

计数器	加减控制	计数器	加减控制	计数器	加减控制	计数器	加减控制
C200	M8200	C209	M8209	C218	M8218	C227	M8227
C201	M8201	C210	M8210	C219	M8219	C228	M8228
C202	M8202	C211	M8211	C220	M8220	C229	M8229
C203	M8203	C212	M8212	C221	M8221	C230	M8230
C204	M8204	C213	M8213	C222	M8222	C231	M8231
C205	M8205	C214	M8214	C223	M8223	C232	M8232
C206	M8206	C215	M8215	C224	M8224	C233	M8233
C207	M8207	C216	M8216	C225	M8225	C234	M8234
C208	M8208	C217	M8217	C226	M8226		

32 位加/减计数器的计数范围是－214783648～＋214783647，在计数过程中，当前值在－214783648～＋214783647 间循环变化，即从－214783648 变化到＋214783647，然后再从＋214783647 变化到－214783648。当计数当前值等于设定值时，计数器的触点动作，但计数器仍在计数，计数当前值仍在变化，直到执行了复位指令时，计数器的当前值才为 0，也就是说，计数器当前值的加/减与其触点的动作无关。32 位通用型加/减计数器 C200 的工作过程如图 4-26 所示。

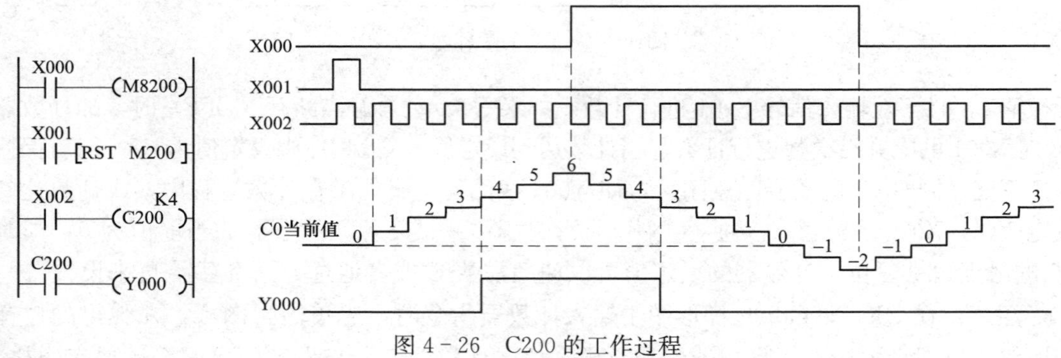

图 4-26　C200 的工作过程

图 4-26 中 C200 的设定值为 4，当 X000 动合触点断开时，M8200 线圈失电，控制 C200 计数器进行加计数；当 X000 动合触点闭合时，M8200 线圈得电，控制 C200 计数器进行减计数。复位输入 X001 动合触点断开时，X002 每接通一次，计数器 C200 计一次数。

在进行加计数过程中，若当前值等于 4，计数器的动合触点闭合，使 Y000 线圈得电，输出为 1。如果 X000、X001 动合触点继续保持为断开状态时，X002 每接通一次，C200 的当前值继续加 1，而 Y000 线圈保持得电状态。

在加计数过程中，若 X000 动合触点闭合（其他触点保持前一状态），X002 每接通一次，C200 的当前值减 1。当 C200 的当前值小于 4 时，Y000 线圈失电，而 C200 继续减 1。

在减计数过程中，若将 X000 动合触点又断开（其他触点保持前一状态），X002 每接通一次，C200 的当前值加 1。

4.3.3　高速计数器

内部计数器的计数方式和扫描周期有关，所以不能对高频率的输入信号计数；而高速计数器采用中断工作方式，和扫描周期无关，可以对高频率的输入信号计数，因此高速计数器又称为外部计数器。

高速计数器是 32 位停电保持型加/减计数器，在 FX 系列 PLC 中有 21 点高速计数器 C235～C255 共用 8 个高速计数器输入端 X000～X007。其中 X000、X002、X003 输入高速脉冲的最高频率为 10kHz；X001、X004、X005 输入高速脉冲的最高频率为 7kHz；X006 和 X007 外接的高速脉冲信号不能是本身。

高速计数器有 3 种类型：1 相 1 输入型、1 相 2 输入型和 2 相 A-B 输入型，其中 1 相 1 输入型又分为 1 相无启动/复位端子和 1 相带启动/复位端子的高速计数器。不同类型的高速计数器可以同时使用，但是它们的高速计数器输入端不能发生冲突。即当某个输入端子被计数器使用后，其他计数器不能再使用该输入端子。其特定输入端子号与地址编号的分配如表 4－16 所示。

表 4－16　　高速计数器的特定输入端子号与地址编号的分配表

中断输入	1 相无启动/复位端子高速计数器						1 相带启动/复位端子高速计数器				
	C235	C236	C237	C238	C239	C240	C241	C242	C243	C244	C245
X000	U/D						U/D			U/D	
X001		U/D					R			R	
X002			U/D					U/D			U/D
X003				U/D				R			R
X004					U/D				U/D		
X005						U/D			R		
X006										S	
X007											S

中断输入	1 相 2 输入双向高速计数器					2 相 A－B 型高速计数器				
	C246	C247	C248	C249	C250	C251	C252	C253	C254	C255
X000	U	U		U		A	A		A	
X001	D	D		D		B	B		B	
X002		R		R			R		R	
X003			U		U				A	A
X004			D		D				B	B
X005			R		R				R	R
X006				S					S	
X007					S					S

注　表中 U 表示加计数输入，D 表示减计数输入，R 表示复位输入，A 表示 A 相输入，B 表示 B 相输入，S 表示启动输入。

C235～C240 为 1 相无启动/复位输入端的高速计数器，C241～C245 为 1 相带启动/复位输入端的高速计数器。由于 1 相 1 输入型高速计数器只有一个计数输入端，因此使用特殊辅助继电器（M8235～8245）来指定计数方式，如表 4－17 所示，当特殊辅助继电器为 1 时，相应的计数器为减计数，否则为加计数。C235～C240 只能用 RST 指令来复位，C244、C245 线圈被驱动后，还需启动 X006 或 X007 为 ON 时，才能对计数脉冲进行计数。

表 4－17　　高速计数器的计数方式控制

计数器	加减控制	计数器	加减控制	计数器	加减控制	计数器	加减控制
C235	M8235	C241	M8241	C247	M8247	C253	M8253
C236	M8236	C242	M8242	C248	M8248	C254	M8254
C237	M8237	C243	M8243	C249	M8249	C255	M8255
C238	M8238	C244	M8244	C250	M8250		
C239	M8239	C245	M8245	C251	M8251		
C240	M8240	C246	M8246	C252	M8252		

C246～C250 为 1 相 2 输入双向高速计数器，每个计数器有两个外部计数输入端子：一个为加计数输入脉冲端子，另一个为减计数输入脉冲端子。例如表 4-17 中的 C246 计数器，当其线圈被驱动时，若计数器对 X000 输入脉冲，则 C246 进行加计数；若计数器对 X001 输入脉冲，则 C246 进行减计数。C249、C250 线圈被驱动后，还需启动 X006 或 X007 为 ON 时，才能对计数脉冲进行计数。

C251～C255 为 2 相 A-B 型高速计数器。每个计数器有 A、B 两个计数输入（它们相位相差 90°）。计数器线圈被驱动后，若 A 相计数输入为 ON，则 B 相计数输入由 OFF→ON 时，计数器进行加计数；B 相计数输入由 ON→OFF 时，计数器进行减计数。同样，当计数器线圈被驱动后，若 B 相计数输入 ON，则 A 相计数输入由 OFF→ON 时，计数器进行加计数；A 相计数输入由 ON→OFF 时，计数器进行减计数。C254、C255 线圈被驱动后，还需启动 X006 或 X007 为 ON 时，才能对计数脉冲进行计数。

综上所述，16 位加计数器和 32 位加/减计数器的特点如表 4-18 所示。

表 4-18　　16 位加计数器和 32 位加/减计数器的特点

参数	16 位加计数器	32 位加/减计数器
计数方式	加计数	可加计数，也可减计数
当前值寄存器	16 位	32 位
设定值范围	1～32767	－2147483648～＋2147483647
设定值方式	常数 K 或 16 位数据寄存器	常数 K 或 32 位数据寄存器
设定值的变化	达到设定值时不变化	达到设定值时继续变化（循环计数）
当前值改变大于设定值时	再次计数时当前值变化成设定值，触点动作	再次计数时当前值改变，触点不动作，仍可继续计数
计数器触点	达到设定值时触点动作	加计数时，大于等于设定值时触点动作；减计数时，小于设定值时触点复位
复位	执行 RST 指令时计数器当前值为 0，计数器触点复位	

4.3.4　计数器的应用举例

【例 4-24】 用一个按钮控制一只灯的亮与灭，按钮和 PLC 的 X000 连接，灯与 PLC 的 Y000 连接。使用两个加计数器，奇数次按下按钮时，灯为 ON，偶数次按下按钮时，灯为 OFF。编写的程序如图 4-27 所示。程序中的 RST C0 和 RST C1 为复位指令，分别是将 C0 和 C1 的当前计数值清零。

【例 4-25】 由定时器实现的秒闪和计数延时控制程序如图 4-28 所示。启动按钮 SB1 与 PLC 的 X000 连接，手动复位按钮 SB2 与 PLC 的 X001 连接，秒闪输出信号灯 HL1 与 PLC 的 Y000 连接，计数输出信号灯 HL2 与 PLC 的 Y001 连接。运行程序，X000 为 ON 时，Y000 每隔 1s 闪烁一次。C0 对 Y000 秒闪次数计数，当计数达到 10 次时，Y001 输出为 ON。当 Y001 为 ON，延时 5s 后 C0 复位，同时 Y001 为 OFF。在运行中，当 X001 为 ON 时，C0 和 Y001 将被复位。

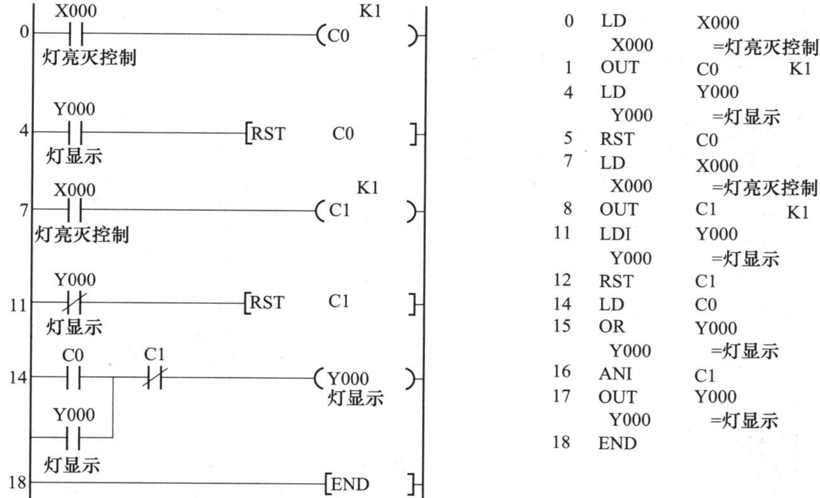

图 4－27　灯亮灭控制程序

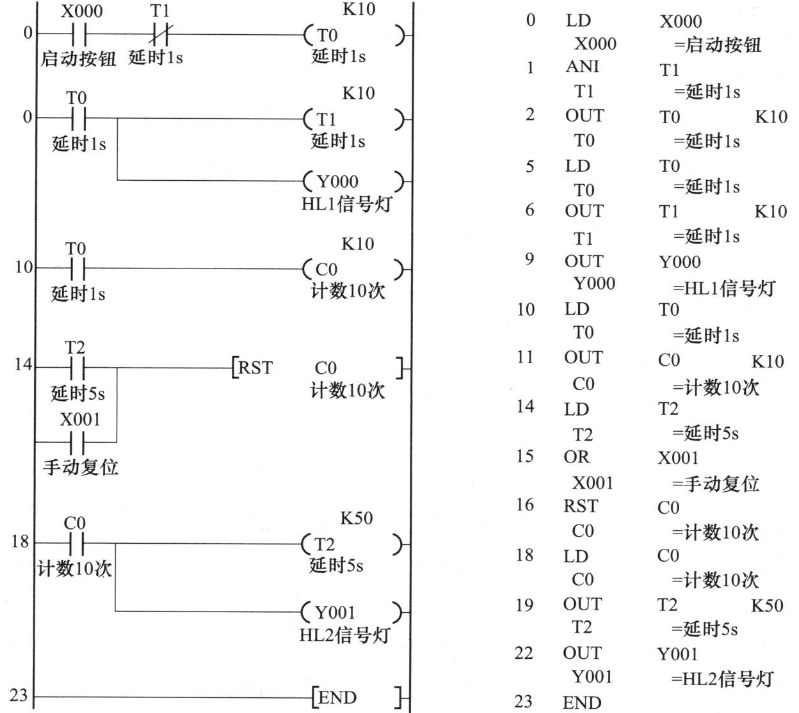

图 4－28　由定时器实现的秒闪和计数延时控制程序

【例 4－26】 设计一个用 PLC 控制包装传输系统。要求按下启动按钮后，传输带电动机工作，物品在传输带上开始传送，每传送 10 个物品，传输带暂停 10s，工作人员将物品包装。

解　用光电检测来检测物品是否在传输带上，若每来一个物品，产生一个脉冲信号送入 PLC 中进行计数。PLC 中可用加计数器进行计数，计数器的设定值为 10。启动按钮

SB与X000连接，停止按钮SB1与X001连接，光电检测信号通过X002输入PLC中，传输带电动机由Y000输出驱动。程序如图4-29所示。

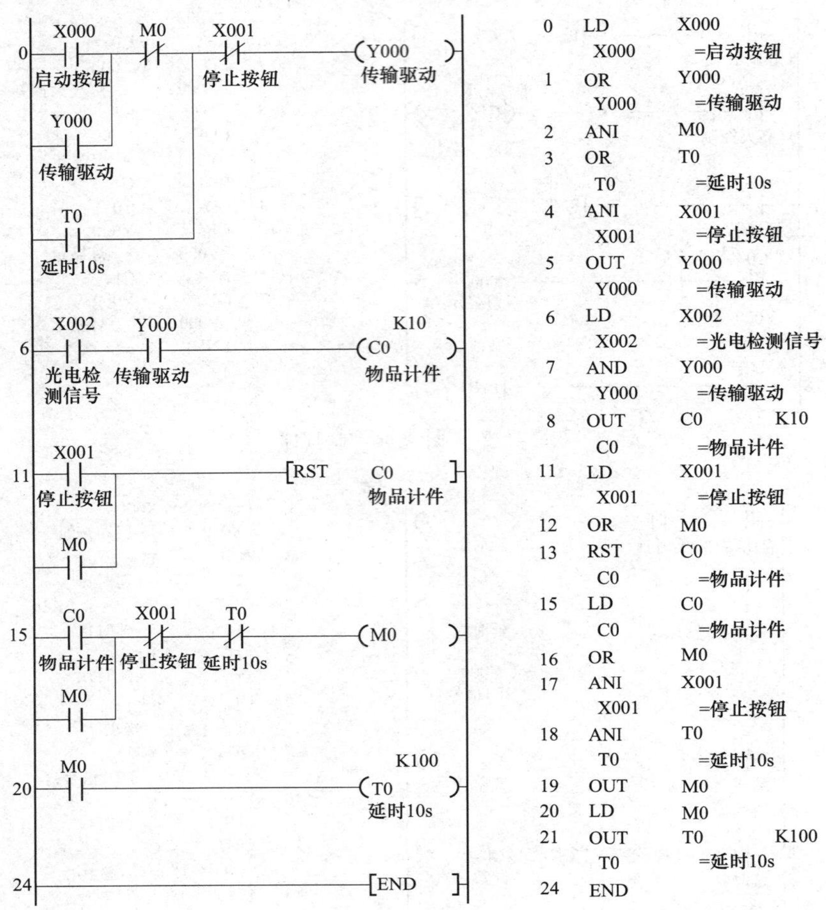

图4-29　PLC控制包装传输系统的程序

当按下启动按钮时，X000动合触点闭合，Y000输出传输带运行。若传输带上有物品，光电检测开关有效，X002动合触点闭合，C0开始计数。若计数到10时，计数器状态位置1，C0动合触点闭合，辅助继电器M0有效，M0的两对动合触点闭合，动断触点断开。M0的一路动合触点闭合使C0复位，使计数器重新计数；另一路动合触点闭合开始延时等待；M0的动断触点断开，使传输带暂停。若延时时间到，T0的动断触点打开，M0线圈暂时没有输出；T0的动合触点闭合，启动传输带又开始传送物品，如此循环。物品传送过程中，若按下停止按钮时，X001的动断触点打开，Y000输出无效，传输带停止运行；X001的动合触点闭合，使C0复位，为下次启动重新计数做好准备。

【例4-27】 设计一个30天的延时器。

解　30天的延时器可采用多个定时器串联实现，也可以采用计数器与定时器两者相结合来完成任务，在此采用后者。程序如图4-30所示。

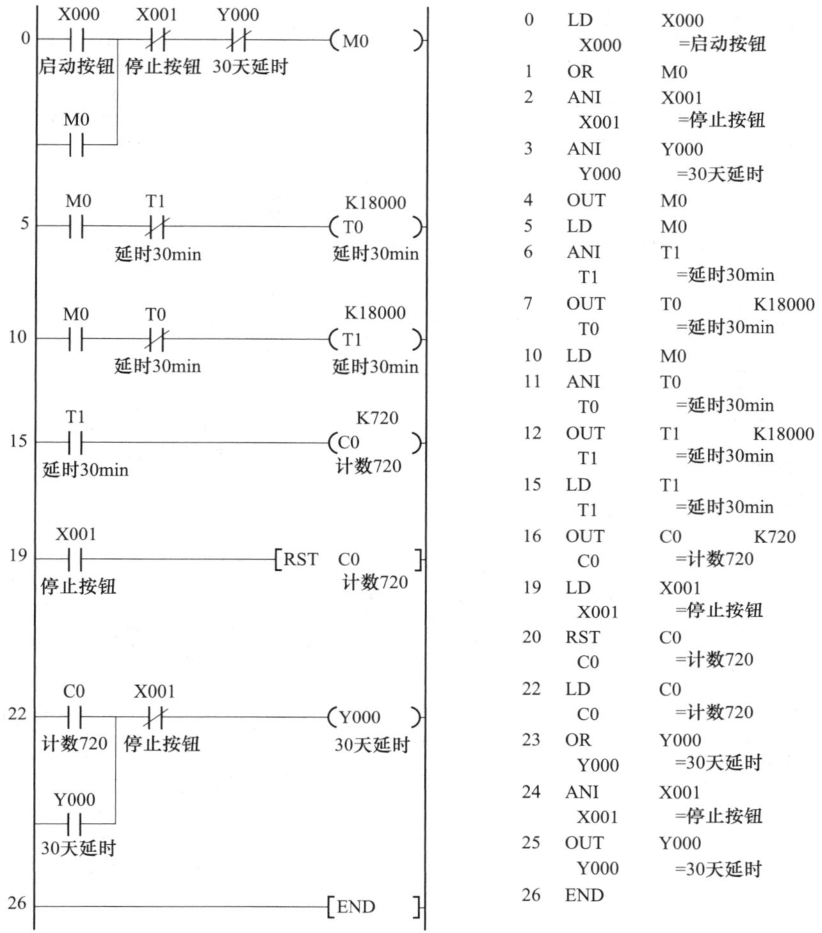

图 4 - 30　30 天延时器的程序

当按下启动按钮时，X000 动合触点闭合，M0 输出线圈有效，T0 开始延时。当 T0 延时 1800s（30min）时，T0 动合触点闭合，T1 开始延时。当 T1 延时 1800s（30min）时，T1 动断触点打开，动合触点闭合。T1 动断触点打开使 T0、T1 复位，重新开始延时。T1 动合触点闭合，表示延时了 1h，作为计数器 C0 的计数脉冲。由于 30 天＝24h×30＝720h，因此 C0 的设定值为 720。若计数器的计数脉冲达到设定值时，C0 动合触点闭合，Y000 输出为 ON，表示 30 天计时已到。在延时过程中，若按下停止按钮时，X000 动断触点打开，停止延时；X001 动合触点闭合，使计数器复位。

【例 4 - 28】 采用计数器与特殊存储器实现一星期的延时。

解　通过查阅附录 B 可知，M8011～M8014 都可进行延时，M8014 提供 1min 的延时，M8013 提供 1s 的延时，下面采用 M8014 和计数器来实现一星期的延时，程序如图 4 - 31 所示。

按下启动按钮时，X000 动合触点闭合，M0 输出线圈有效，M0 动合触点闭合，M8014 产生 1min 延时作为 C0 的输入脉冲。1h 等于 60min，因此 C0 的设定值为 60。当

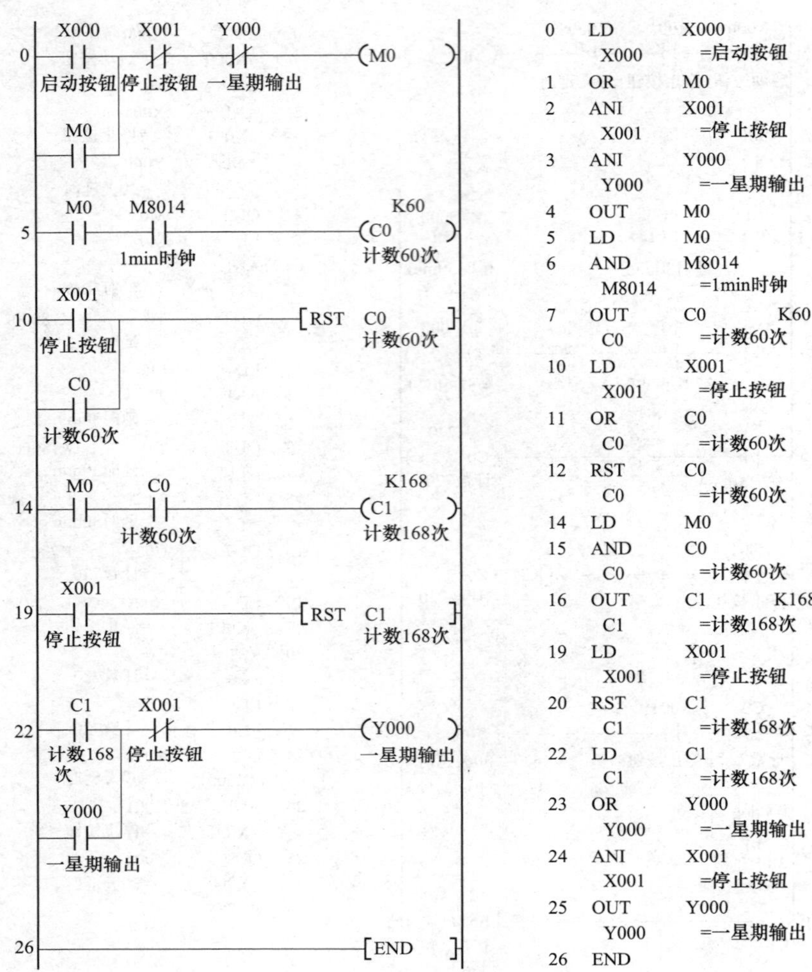

图 4－31　一星期延时的程序

C0 计数 60 次（延时 1h）时，C0 动合触点闭合。C0 的一对动合触点闭合作为本身的复位信号，另一对动合触点闭合作为 C1 的输入脉冲。若 C1 计数 168 次（延时 7 天），C1 动合触点闭合，对本身进行复位。

4.4　基本指令的应用

4.4.1　三相交流异步电动机的星—三角降压启动

1. 控制要求

星—三角形降压启动又称为Y-△降压启动，简称星三角降压启动。KM1 为定子绕组接触器；KM2 为三角形接触器；KM3 为星形连接接触器；KT 为降压启动时间继电器。启动时，定子绕组先接成星形，待电动机转速上升到接近额定转速时，将定子绕组接成三角形，电动机进入全电压运行状态。传统继电器—接触器的星形—三角形降压启动控制线路如图 4－32 所示。现要求使用 CP1H 实现三相交流异步电动机的星—三角降压启动控制。

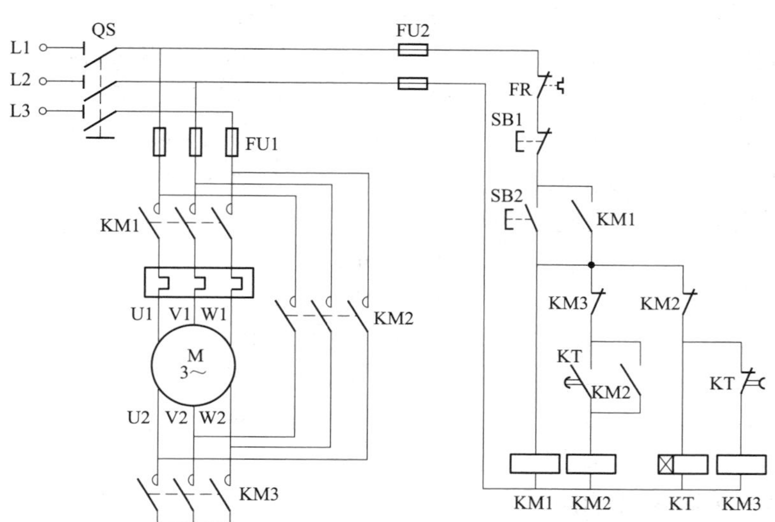

图 4－32　传统继电器—接触器的星形—三角形降压启动控制线路

2. 控制分析

一般继电器的启停控制函数为 $Y=(QA+Y)\cdot\overline{TA}$，该表达式是 PLC 程序设计的基础。表达式左边的 Y 表示控制对象；表达式右边的 QA 表示启动条件，Y 表示控制对象自保持（自锁）条件，TA 表示停止条件。

在 PLC 程序设计中，只要找到控制对象的启动、自锁和停止条件，就可以设计出相应的控制程序。PLC 程序设计的基础是细致地分析出各个控制对象的启动、自保持和停止条件，然后写出控制函数表达式，根据控制函数表达式设计出相应的梯形图程序。

（1）控制 KM1 启动的按钮为 SB2；控制 KM1 停止的按钮或开关为 SB1、FR；自锁控制触点为 KM1。因此对于 KM1 来说

$$QA=SB2$$

$$TA=SB1+FR$$

根据继电器启停控制函数，$Y=(QA+Y)\cdot\overline{TA}$，可以写出 KM1 的控制函数为

$$KM1=(QA+KM1)\cdot\overline{TA}=(SB2+KM1)\cdot\overline{(SB1+FR)}=(SB2+KM1)\cdot\overline{SB1}\cdot\overline{FR}$$

（2）控制 KM2 启动的按钮或开关为 SB2、KT、KM1；控制 KM2 停止的按钮或开关为 SB1、FR、KM3；自锁控制触点为 KM2。因此对于 KM2 来说

$$QA=SB2+KT+KM1$$

$$TA=SB1+FR+KM3$$

根据继电器启停控制函数，$Y=(QA+Y)\cdot\overline{TA}$，可以写出 KM2 的控制函数为

$$KM2=(QA+KM2)\cdot\overline{TA}=(SB2+KM1)\cdot(KT+KM2)\cdot\overline{(SB1+FR+KM3)}$$
$$=(SB2+KM1)\cdot(KT+KM2)\cdot\overline{SB1}\cdot\overline{FR}\cdot\overline{KM3}$$

（3）控制 KM3 启动的按钮或开关为 SB2、KM1；控制 KM3 停止的按钮或开关为 SB1、FR、KM2、KT；自锁触点无。因此对于 KM3 来说

$$QA=SB2+KM1$$
$$TA=SB1+FR+KM2+KT$$

根据继电器启停控制函数，$Y=(QA+Y)\cdot\overline{TA}$，可以写出 KM2 的控制函数为

$$KM3=(QA)\cdot\overline{TA}=(SB2+KM1)\cdot\overline{(SB1+FR+KM2+KT)}$$
$$=(SB2+KM1)\cdot\overline{SB1}\cdot\overline{FR}\cdot\overline{KM2}\cdot\overline{KT}$$

（4）控制 KT 启动的按钮或开关为 SB2、KM1；控制 KT 停止的按钮或开关为 SB1、FR、KM2；自锁触点无。因此对于 KT 来说

$$QA=SB2+KM1$$
$$TA=SB1+FR+KM2$$

根据继电器启停控制函数，$Y=(QA+Y)\cdot\overline{TA}$，可以写出 KM2 的控制函数为

$$KT=(QA)\cdot\overline{TA}=(SB2+KM1)\cdot\overline{(SB1+FR+KM2)}=(SB2+KM1)\cdot\overline{SB1}\cdot\overline{FR}\cdot\overline{KM2}$$

为了节约 I/O 端子，可以将 FR 热继电器触头接入到输出电路，以节约 1 个输入端子。KT 可使用 PLC 的定时器 T0 替代。

3. I/O 端子资源分配与接线

根据控制要求及控制分析可知，需要 2 个输入点和 3 个输出点，I/O 分配如表 4-19 所示，其 I/O 接线如图 4-33 所示。

表 4-19　三相交流异步电动机星—三角降压启动的 I/O 分配表

输入			输出		
功能	元件	PLC 地址	功能	元件	PLC 地址
停止按钮	SB1	X000	接触器	KM1	Y000
启动按钮	SB2	X001	接触器	KM2	Y001
			接触器	KM3	Y002

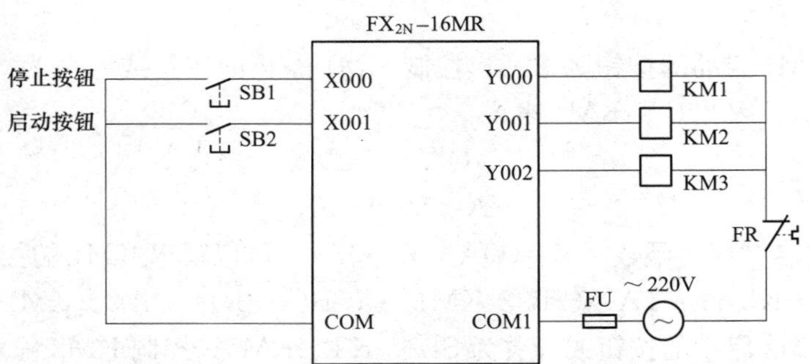

图 4-33　三相交流异步电动机星—三角降压启动的 I/O 接线图

4. 编写 PLC 控制程序

根据控制分析和 PLC 资源配置，设计出三相交流异步电动机星—三角降压启动的程

序，如图 4－34 所示。

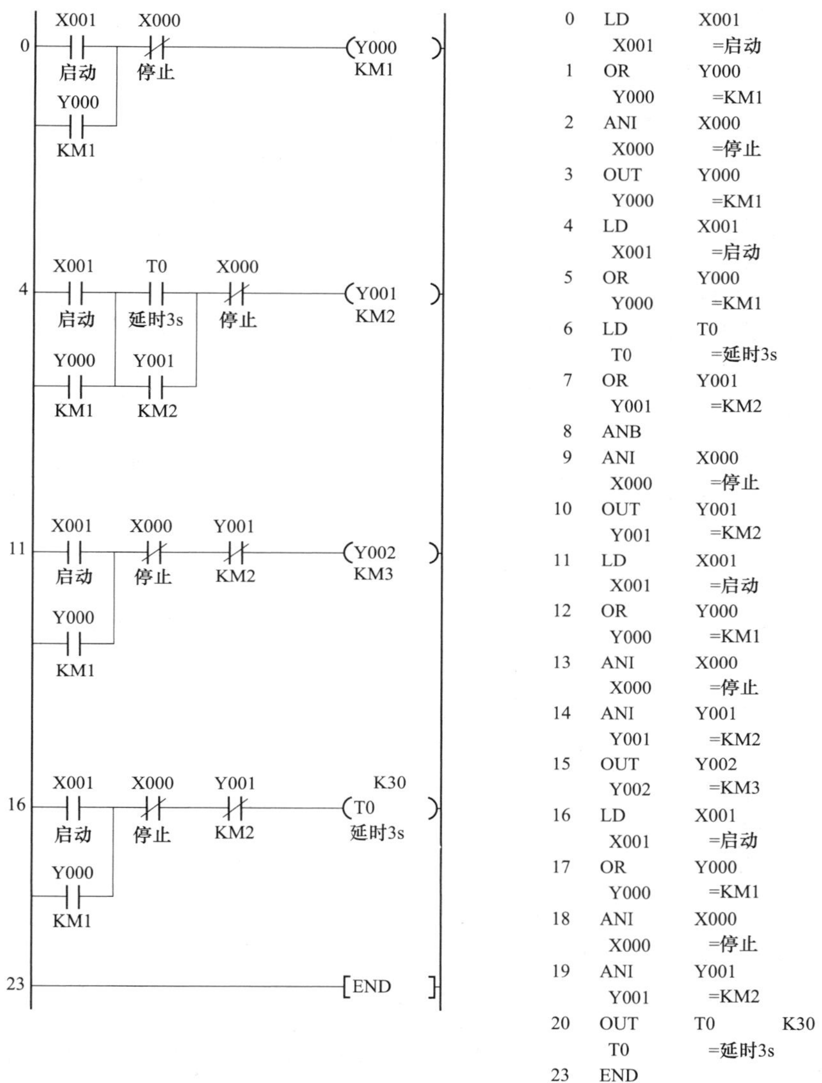

0 LD X001
X001 =启动
1 OR Y000
Y000 =KM1
2 ANI X000
X000 =停止
3 OUT Y000
Y000 =KM1
4 LD X001
X001 =启动
5 OR Y000
Y000 =KM1
6 LD T0
T0 =延时3s
7 OR Y001
Y001 =KM2
8 ANB
9 ANI X000
X000 =停止
10 OUT Y001
Y001 =KM2
11 LD X001
X001 =启动
12 OR Y000
Y000 =KM1
13 ANI X000
X000 =停止
14 ANI Y001
Y001 =KM2
15 OUT Y002
Y002 =KM3
16 LD X001
X001 =启动
17 OR Y000
Y000 =KM1
18 ANI X000
X000 =停止
19 ANI Y001
Y001 =KM2
20 OUT T0 K30
T0 =延时3s
23 END

图 4－34　三相交流异步电动机星—三角降压启动的程序

5. 程序仿真

(1) 用户启动 GX－Developer，创建一个新的工程，按照图 4－34 所示输入 LAD（梯形图）或 STL（指令表）中的程序。再执行菜单命令“变换”→“变换”对程序进行编译，然后将其保存。

(2) 在 GX－Developer 中，执行菜单命令“工具”→“梯形图逻辑测试启动”，进入 GX－Simulator 在线仿真（即在线模拟）状态。

(3) 刚进入在线仿真状态时，线圈 Y000、Y0001 和 Y0002 均未得电。按下启动按钮 SB2，X001 触点闭合，Y000 线圈输出，控制 KM1 线圈得电，Y000 的动合触点闭合，形成自锁，启动T0延时，同时KM3线圈得电，表示电动机星形启动，其仿真效果如图4-35所示。当T0延时达到设定值3s时，KM2线圈得电，KM3线圈失电，表示电动机启动结束，进行三角形全压运行阶段。只要按下停车按钮SB1，X000动断触点打开，都将切断电动机的电源，从而实现停车。

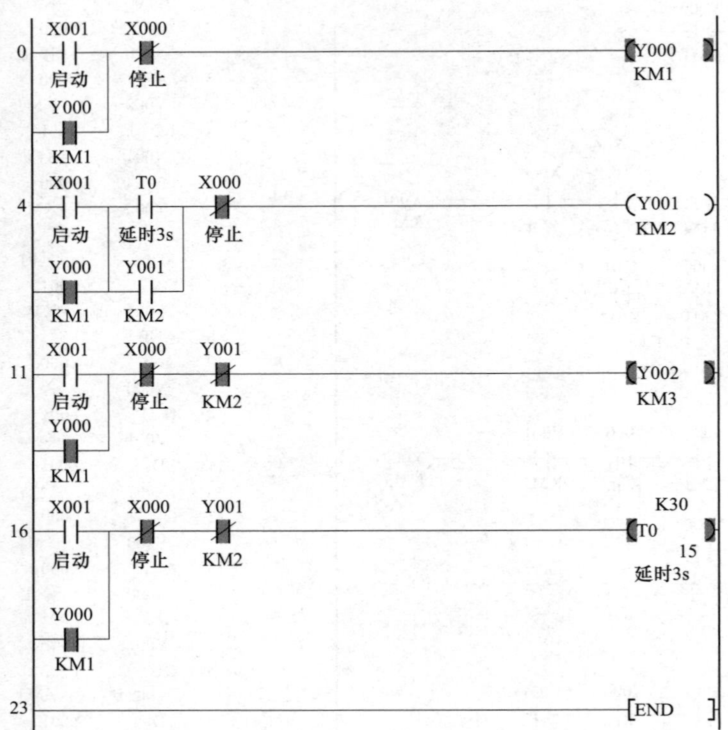

图4-35 三相交流异步电动机星—三角降压启动的仿真效果图

4.4.2 用4个按钮控制1个信号灯

1. 控制要求

某系统有4个按钮SB1～SB4，要求这4个按钮中任意2个按钮闭合时，信号灯LED点亮，否则LED熄灭。

2. 控制分析

4个按钮可以组合成2^4=16组状态。因此，根据要求，可以列出真值表，如表4-20所示。

表4-20 信号灯显示输出真值表

按钮SB4	按钮SB3	按钮SB2	按钮SB1	信号灯LED	说明
0	0	0	0	0	熄灭
0	0	0	1	0	
0	0	1	0	0	
0	0	1	1	1	点亮

续表

按钮 SB4	按钮 SB3	按钮 SB2	按钮 SB1	信号灯 LED	说明
0	1	0	0	0	熄灭
0	1	0	1	1	点亮
0	1	1	0	1	
0	1	1	1	0	熄灭
1	0	0	0	0	
1	0	0	1	1	点亮
1	0	1	0	1	
1	0	1	1	0	熄灭
1	1	0	0	1	点亮
1	1	0	1	0	熄灭
1	1	1	0	0	
1	1	1	1	0	
1	0	0	0	0	

根据真值表写出逻辑表达式

$$LED=(\overline{SB4}\cdot\overline{SB3}\cdot SB2\cdot SB1)+(\overline{SB4}\cdot SB3\cdot\overline{SB2}\cdot SB1)+(\overline{SB4}\cdot SB3\cdot SB2\cdot\overline{SB1})+(SB4\cdot\overline{SB3}\cdot\overline{SB2}\cdot SB1)+(SB4\cdot\overline{SB3}\cdot SB2\cdot\overline{SB1})+(SB4\cdot SB3\cdot\overline{SB2}\cdot\overline{SB1})$$

3. I/O 端子资源分配与接线

根据控制要求及控制分析可知，需要 4 个输入点和 1 个输出点，I/O 分配如表 4－21 所示，其 I/O 接线如图 4－36 所示。

表 4－21　　用 4 个按钮控制 1 个信号灯的 I/O 分配表

输　入			输　出		
功能	元件	PLC 地址	功能	元件	PLC 地址
按钮 1	SB1	X000	信号灯	LED	Y000
按钮 2	SB2	X001			
按钮 3	SB3	X002			
按钮 4	SB4	X003			

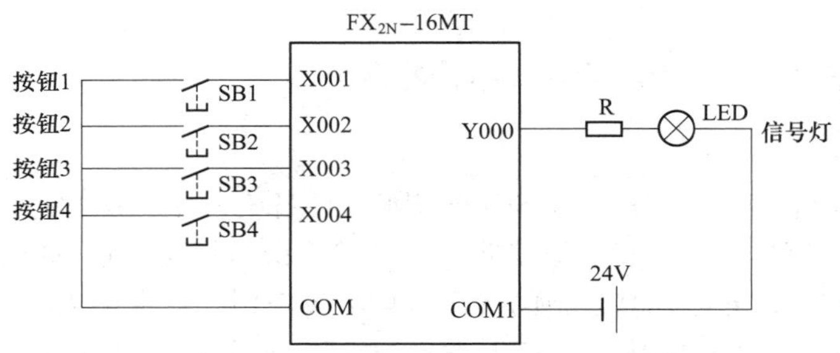

图 4－36　用 4 个按钮控制 1 个信号灯的 I/O 接线图

4. 编写PLC控制程序

根据控制分析和PLC资源配置，设计出用4个按钮控制1个信号灯的程序，如图4-37所示。

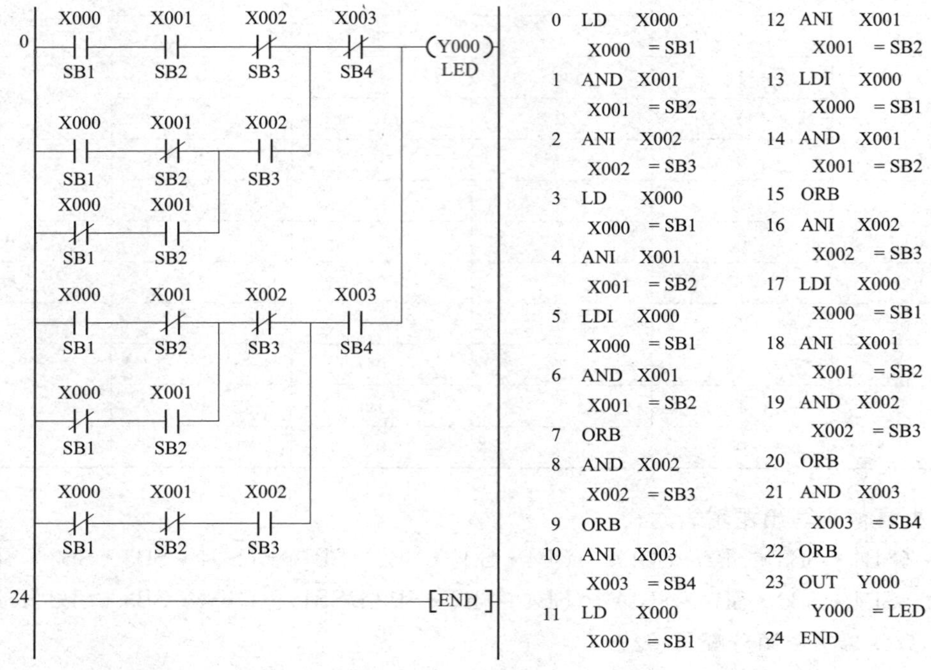

图4-37 用4个按钮控制1个信号灯的程序

5. 程序仿真

(1) 用户启动GX-Developer，创建一个新的工程，按照图4-37所示输入LAD（梯形图）或STL（指令表）中的程序。再执行菜单命令“变换”→“变换”对程序进行编译，然后将其保存。

(2) 在GX-Developer中，执行菜单命令“工具”→“梯形图逻辑测试启动”，进入GX-Simulator在线仿真（即在线模拟）状态。

(3) 刚进入在线仿真状态时，Y000线圈处于失电状态。当某两个按钮状态为1时，Y000线圈得电，其仿真效果如图4-38所示。若一个或多于两个按钮的状态为1时，Y000线圈处于失电状态。

4.4.3 置位与复位指令实现的简易6组抢答器

1. 控制要求

每组有1个动合按钮，分别为SB1～SB6，且各有一盏指示灯，分别为LED1～LED6，共用一个蜂鸣器LB。其中先按下者，对应的指示灯亮、铃响并持续5s后自动停止，同时锁住抢答器，此时，其他组的操作信号不起作用。当主持人按复位按钮SB7后，系统复位（灯熄灭）。要求使用置位SET与复位RST指令实现此功能。

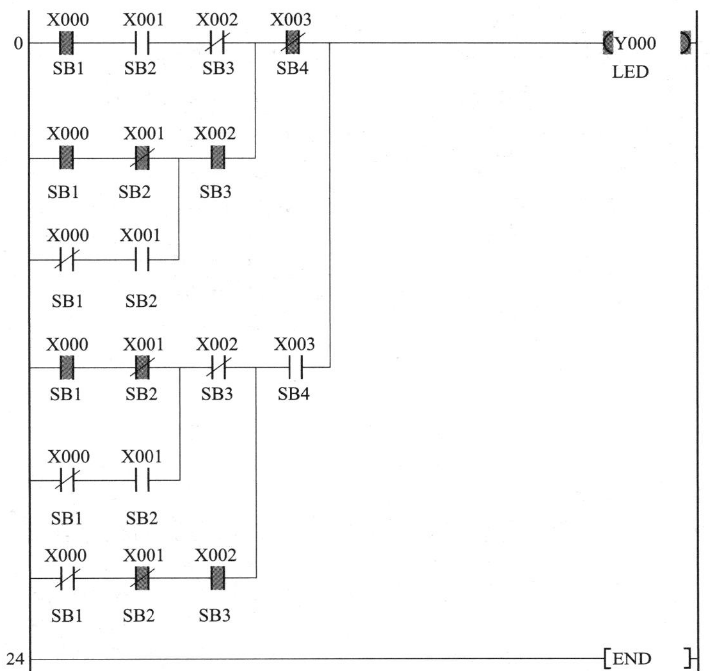

图 4-38　用 4 个按钮控制 1 个信号灯的仿真效果图

2. 控制分析

假设 SB1～SB7 分别与 X001～X007 相连，LED1～LED6 分别与 Y001～Y006 相连。考虑到抢答许可，因此还需要添加一个抢答许可按钮 SB0，该按钮与 X000 相连。LB（蜂鸣器）与 Y000 相连。要实现控制要求，在编程时，各小组抢答状态用 6 条 SET 指令保存，同时考虑到抢答器是否已经被最先按下的组所锁定，报答器的锁定状态用 M1 保存；抢先组状态锁存后，其他组的操作无效，同时铃响 5s 后自停，可用定时器 T0 实现，LB（蜂鸣器）报警声音控制可使用 M8013 特殊存储器来实现。

3. I/O 端子资源分配与接线

根据控制要求及控制分析可知，需要 8 个输入点和 7 个输出点，I/O 分配如表 4-22 所示，其 I/O 接线如图 4-39 所示。

表 4-22　　　　简易 6 组抢答器的 I/O 分配表

输　入			输　出		
功能	元件	PLC 地址	功能	元件	PLC 地址
允许抢答按钮	SB0	X000	蜂鸣器	LB	Y000
抢答 1 按钮	SB1	X001	抢答 1 指示	LED1	Y001
抢答 2 按钮	SB2	X002	抢答 2 指示	LED2	Y002
抢答 3 按钮	SB3	X003	抢答 3 指示	LED3	Y003
抢答 4 按钮	SB4	X004	抢答 4 指示	LED4	Y004
抢答 5 按钮	SB5	X005	抢答 5 指示	LED5	Y005
抢答 6 按钮	SB6	X006	抢答 6 指示	LED6	Y006
复位按钮	SB7	X007			

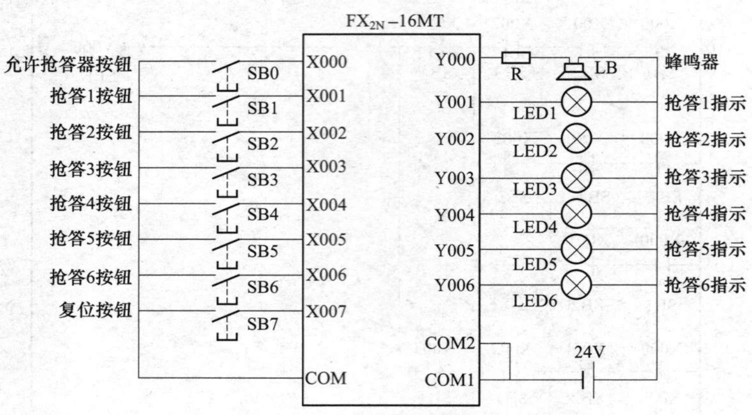

图 4－39　简易 6 组抢答器的 I/O 接线图

4. 编写 PLC 控制程序

根据控制分析和 PLC 资源配置，设计出简易 6 组抢答器的程序，如图 4－40 所示。

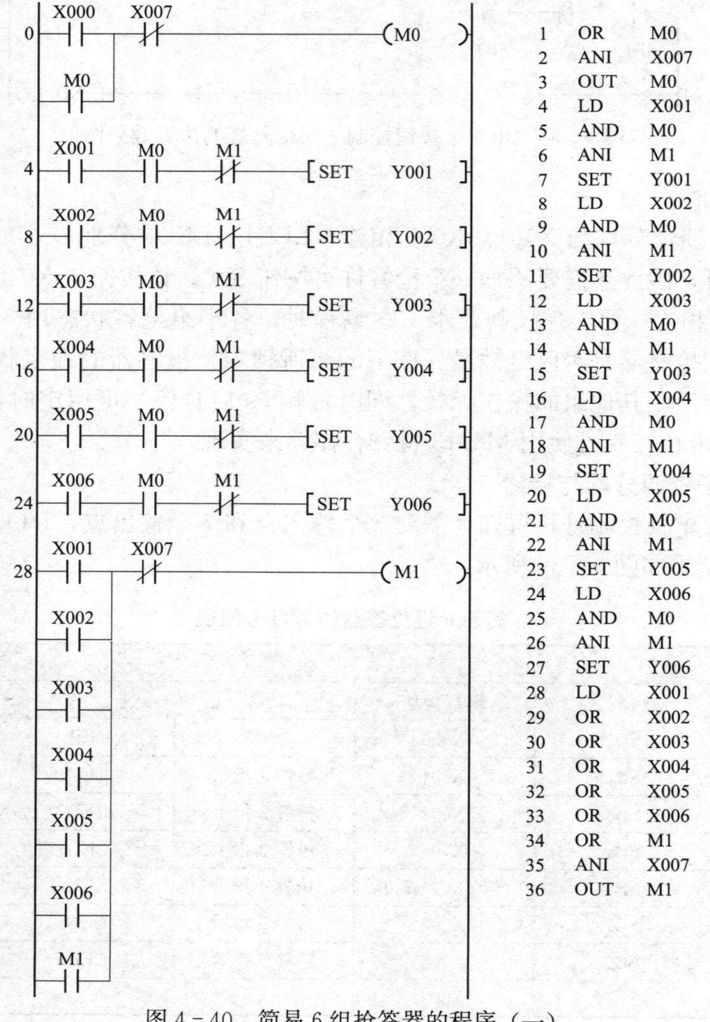

图 4－40　简易 6 组抢答器的程序（一）

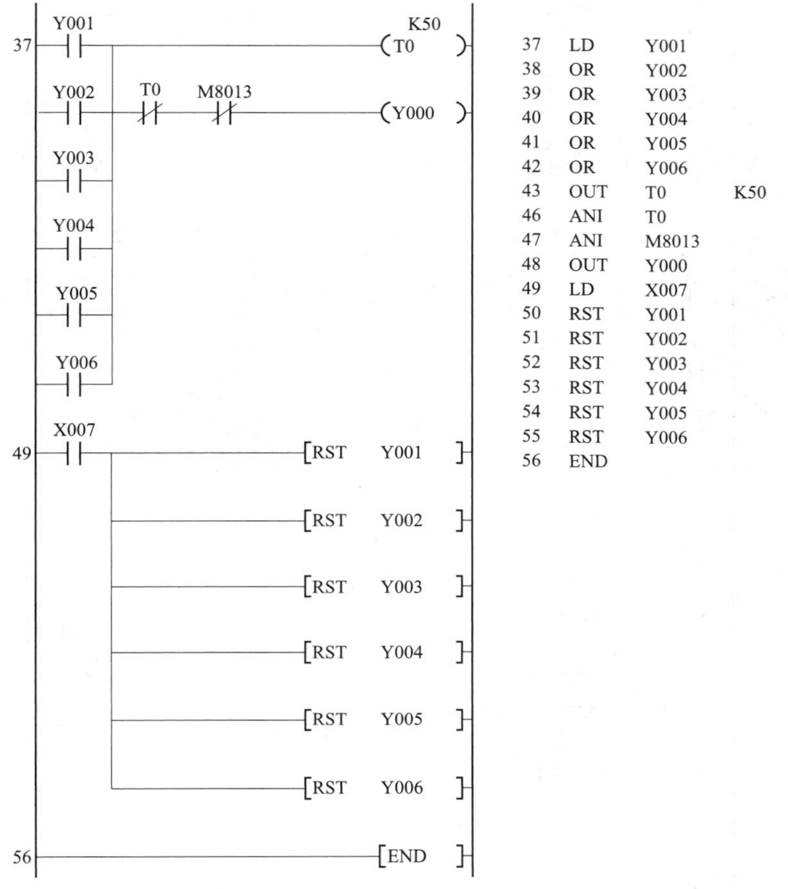

图 4－40　简易 6 组抢答器的程序（二）

5. 程序仿真

(1) 用户启动 GX－Developer，创建一个新的工程，按照图 4－40 所示输入 LAD（梯形图）或 STL（指令表）中的程序。再执行菜单命令“变换”→“变换”对程序进行编译，然后将其保存。

(2) 在 GX－Developer 中，执行菜单命令“工具”→“梯形图逻辑测试启动”，进入 GX－Simulator 在线仿真（即在线模拟）状态。

(3) 刚进入在线仿真状态时，各线圈均处于失电状态，表示没有进行抢答。当 X000 为 ON 后，表示允许抢答。此时，如果 SB1～SB6 中某个按钮最先按下，表示该按钮抢答成功，此时其他按钮抢答无效，相应的线圈得电。例如 SB5 先按下（即 X005 先为 ON），而 SB6 后按下（即 X006 后为 ON）时，则 Y005 线圈置为 1，而 Y006 线圈仍为 0，其仿真效果如图 4－41 所示。同时，定时器延时。主持人按下复位时，Y005 线圈失电。

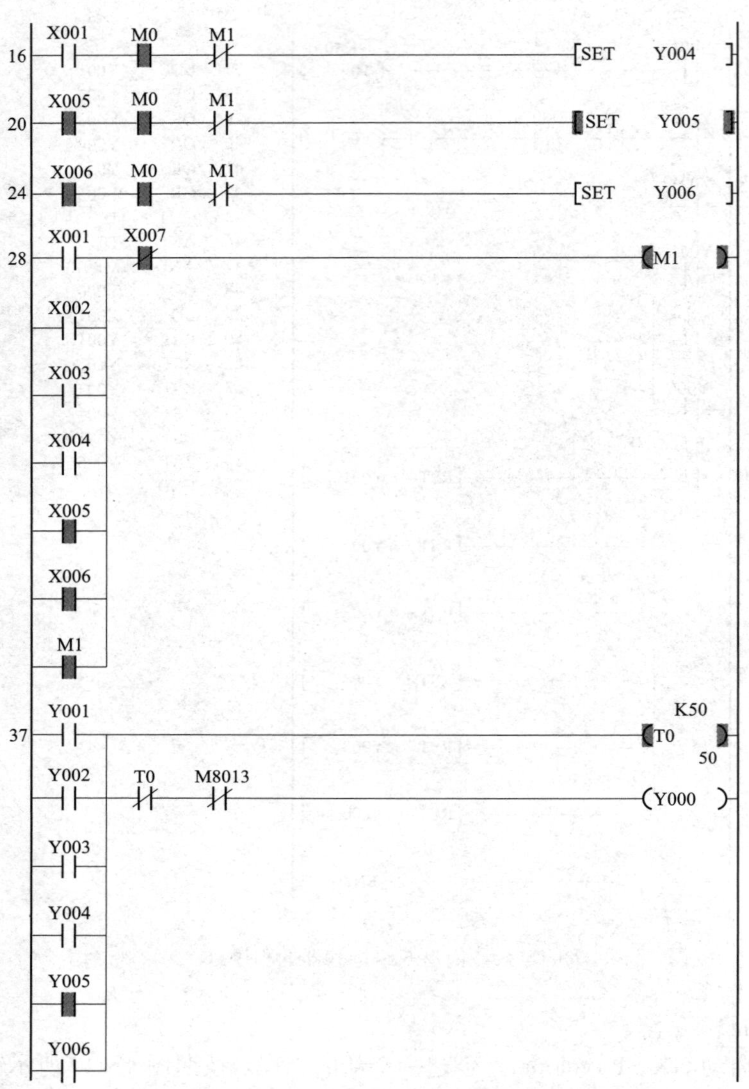

图 4-41　简易 6 组抢答器的仿真效果图

第 5 章

FX2N系列PLC的功能指令

为适应现代工业自动控制的需求，除了基本指令外，PLC 制造商还为 PLC 增加了许多功能指令（Function Instruction）。功能指令又称为应用指令（Applied Instruction），它使 PLC 具有强大的数据运算和特殊处理的功能，从而大大扩展了 PLC 的使用范围。在 FX_{2N} 系列 PLC 中功能指令主要包括程序流程指令、传送与比较指令、四则运算与逻辑运算指令、循环与移位指令、数据处理指令、高速处理指令、方便指令、外部设备 I/O 指令、外部设备 SER 指令、浮点运算指令、时钟运算指令、格雷码指令、触点比较指令等。这些功能指令可以认为是由相应的汇编指令构成的，因此在学习这些功能指令时，建议读者将微机原理、单片机技术中的汇编指令联系起来，对照学习。对于没有学过微机原理、单片机技术的读者来讲，应该在理解各功能指令含义的基础上进行灵活记忆。

5.1 功能指令的基本规则

5.1.1 功能指令的表示形式

功能指令需要遵循一定的规则，其通常的表示形式也是一致的。一般的功能指令都按功能编号（FNC00～FNC□□□）编排，每条功能指令都有一个指令助记符，例如 FNC45 的助记符为 MEAN（平均）。有的功能指令只需指定助记符，但更多的功能指令在指定助记符的同时还需要指定操作场，操作元件由 1～4 个操作数组成。即一条功能指令通常由助记符（功能号）和操作数等部分组成。助记符表示功能指令的功能，操作数为操作对象，即操作数据、地址等，其表示形式如图 5－1 所示。

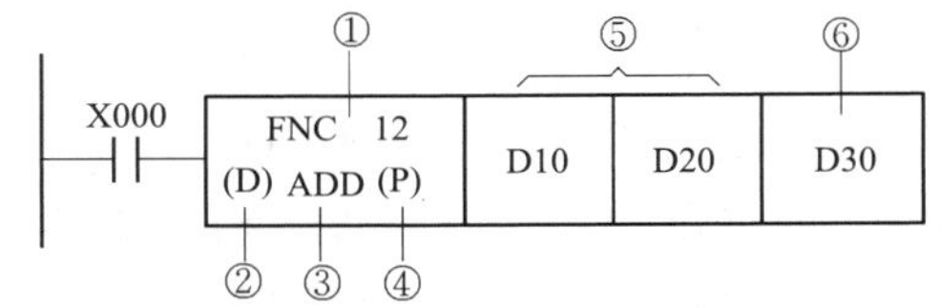

图 5－1　功能指令的表示形式

图 5－1 中①为功能指令的功能号，每条功能指令都有一定的编号，在编译软件中通常不需写入功能号，但使用手持式编程器书写功

能指令时，需通过输入功能号输入功能指令。②为操作数的数据长度。在功能指令中操作数的数据长度有16位和32位，其中（D）表示操作数为32位，无（D）表示操作数为16位。③为助记符，它是该功能指令的英文缩写，如加法指令的英文为"addition instruction"，助记符为ADD；比较指令的英文为"compare instruction"，助记符为CMP。④为指令类型，若指令中带（P），则为脉冲执行指令，仅在条件满足时执行一次该功能指令；功能指令中不带（P），则为连续执行指令，即在条件满足时，每个扫描周期都执行一次该功能指令。⑤、⑥为操作数。操作数为功能指令中涉及的参数或数据，分为源操作数、目标操作数和其他操作数。⑤为源操作数，⑥为目标操作数。通过操作不改变其内容的操作数称为源操作数，用［S］表示，如果源操作数较多时，可用［S1］、［S2］等表示；通过操作改变其内容的操作数称为目标操作数，用［D］表示，如果目标操作数较多时，可用［D1］、［D2］等表示。其他操作数用m、n表示，可表示常数或对源操作数、目标操作数作补充。K、H分别表示十进制和十六进制常数。

功能指令的功能号和指令助记符占用1个程序步，操作数占用2个或者4个程序步（16位操作时占2个程序步；32位操作时占4个程序步）。

5.1.2 数据长度和指令类型

1. 数据长度

功能指令可处理16位数据和32位数据，所以功能指令分为16位和32位。例如数据传送指令就有16位数据传送和32位数据传送，如图5-2所示。

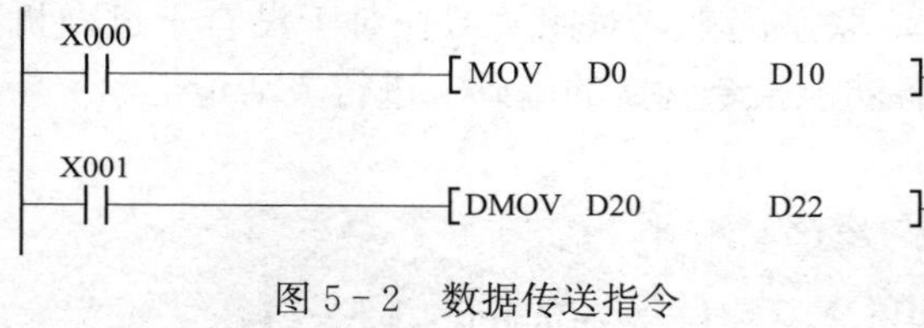

图5-2 数据传送指令

在图5-2中，当X000为ON时，执行16位数据传送操作，将D0中的数据传送到D10中；当X001为ON时，执行32位数据传送操作，将D21、D22中的数据分别传送到D23、D24中。

功能指令中用符号（D）表示处理32位数据，处理32位数据时，用元件号相邻的两个元件组成元件对，元件对的首地址用奇数、偶数均可，但为了避免混乱，建议将元件对的首地址指定为偶数地址。

注意，PLC内部的高速计数器（C200～C255）的当前值寄存器是32位，不能用作16位数据的操作数，只能用作32位数据的操作数。

2. 指令类型

FX_{2N}系列PLC的功能指令有连续执行和脉冲执行两种执行方式。如果功能指令中带（P），则为脉冲执行指令，仅在条件满足时执行一次该功能指令；如果功能指令中不带（P），则为连续执行指令，即在条件满足时，每个扫描周期都执行一次该功能指令。例如两种执行方式的数据传送指令如图5-3所示。

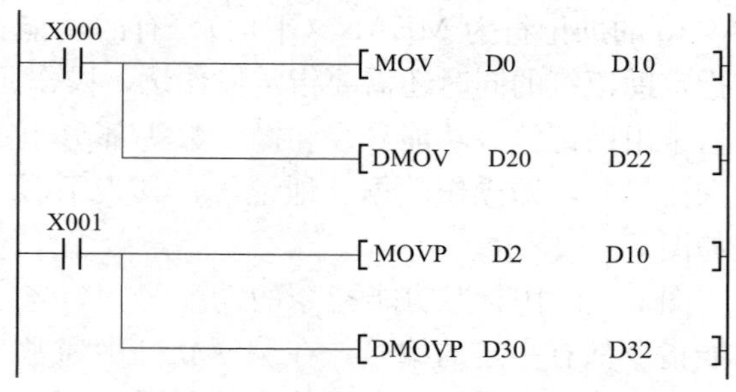

图5-3 两种执行方式的数据传送指令

在图 5-3 中，当 X000 为 ON 时，16 位和 32 位的数据传送指令分别在每个扫描周期都被重复执行；当 X001 由 OFF→ON 变化时，才分别执行一次 16 位和 32 位的数据传送操作，而其他时刻不执行。

图 5-3 中的数据传送指令，当 X000 和 X001 为 OFF 状态时都不执行，目标元件的内容将保持不变，除非另行指定或有其他指令使目标元件的内容发生改变。在不需要每个扫描周期都执行时，用脉冲执行方式可缩短程序处理时间。

5.1.3 操作数

功能指令的操作数可以指定为位元件、字元件、位元件组合、数据寄存器和指针等。

1. 位元件和字元件

位元件用来表示开关量的状态，例如动合触点的通、断，线圈的通电和断电，这两种状态分别用二进制 1 和 0 表示，或称为该编程元件处于 ON 或 OFF 状态。X、Y、S、M 可作为位元件。

处理数据的元件称为字元件，例如 T、C 和 D 等。

2. 位元件组合

在 FX_{2N} 系列 PLC 中，4 个位元件组合成 1 个位元件组合单元。位元件组合用 KnMm 表示，其中 n 表示组数，m 表示首元件编号（m 可以是内部资源允许的任意值）。例如 K1X0 表示由 X3～X0 共 4 个输入继电器的 1 个位元件组；K2Y0 表示由 Y7～Y0 共 8 个输入继电器的 2 个位元件组；K3M0 表示由 M11～M0 共 12 个输入继电器的 3 个位元件组（由于 M 元件是以十进制表示的）。16 位操作数时，n=1～4，n<4 时高位为 0；32 位操作数时，n=1～8，n<8 时高位为 0。在使用位元件组合时，建议 X 和 Y 的首地址最低位为 0，例如 X000、X010、Y030 等。对于 M 和 S，建议首地址采用可被 8 整除的数，也可以用最低位为 0 的地址作为首地址。

3. 数据寄存器

数据寄存器是用来存储数值数据的软元件，其数值可通过功能指令、数据存取单元及编程装置读出与写入。数据寄存器都是 16 位（最高位为符号位）的，可处理的数值范围为－32768～＋32767。如果将相邻两个数据寄存器组合，可构成 32 位的数据寄存器（最高位为符号位），可处理的数值范围为－2147483648～＋2147483647。在 FX_{2N} 系列 PLC 中数据寄存器可分为通用数据寄存器、锁存数据寄存器、文件寄存器、特殊寄存器等。

通用数据寄存器一旦写入数据，只要不再写入其他数据，其内容就不会变化。但是在 PLC 运行到停止或停电时，所有数据被清除为 0。锁存数据寄存器只要不改写，无论 PLC 是从运行到停止，还是停电，它都保持原有数据不丢失。锁存数据寄存器可用来存储 PLC 运行过程中所生成的大量数据，为便于数据管理和长期保存，常将这些数据以文件形式进行存储，通过参数的设置可将 D1000～D7999 的锁存数据寄存器作为文件寄存器。这些文件寄存器分成 14 块，每个块 500 个文件寄存器。如果只使用了其中一些文件寄存器，剩余部分可作为通用的锁存寄存器。D8000～D8255 为特殊寄存器，可供监控机内元件的运行方式用。电源接通时，特殊寄存器利用系统只读存储器写入初始值。注意未定义的特殊寄存器不要使用。

4. 指针

指针用于跳转、中断等程序的入口地址，与跳转、子程序、中断程序等指令一起使用。指针按用途可分为分支用指针 P 和中断用指针 I 两类。

5.2 程序流程指令

在程序中，程序流程指令是根据程序的执行条件进行跳转、中断优先处理及循环控制的。程序流程指令共有 10 条，指令功能编号为 FNC00～FNC09，如表 5－1 所示。

表 5－1　程序流程指令

指令代号	指令助记符		指令名称	程序步
FNC00	CJ	Pn	条件跳转	3 步
FNC01	CALL	Pn	子程序调用	3 步
FNC02	SRET		子程序返回	1 步
FNC03	IRET		中断返回	1 步
FNC04	EI		中断许可	1 步
FNC05	DI		中断禁止	1 步
FNC06	FEND		主程序结束	1 步
FNC07	WDT		看门狗定时器	1 步
FNC08	FOR	n	循环范围开始	3 步
FNC09	NEXT		循环范围结束	1 步

5.2.1 条件跳转指令

条件跳转指令 CJ（Conditional Jump）主要用于较复杂程序的设计，该指令可以用来优化程序结构，增强程序功能。跳转指令可以使 PLC 编程的灵活性大大提高，使 PLC 可根据不同条件的判断，选择执行不同的程序步。

1. 指令格式

FNC00 CJ（P）	Pn

2. 指令说明

（1）FX_{2N}系列 PLC 的 Pn 范围为 P0～P127。由于 P63 为跳到 END（1 步），因此不能作为指针标号。

（2）CJ 用于跳过顺序程序的某一部分，以减少扫描时间。若条件满足，则程序跳转指针标号 Pn 处执行；若条件不满足，则按顺序执行。

（3）处于被跳过的程序段中的输出继电器、辅助继电器、状态元件等，由于该段程序不再执行，即使涉及的工作条件有变化，它们仍然保持跳转发生前的工作状态。

（4）一个指针标号只能使用一次，多条跳转指令可以使用同一个标号。跳转条件若为 M8000，则称为元件跳转。

3. 条件跳转的常见形式

条件跳转指令 CJ 在梯形图中可以有多种形式，常见的条件跳转形式如图 5－4 所示。图 5－4（a）为跳转到同一点，当 X001 为 ON 时，执行 CJ P0 指令，跳过梯形图 2 到指针标号 P0 处；当 X000 为 ON 时，执行 CJ P0 指令，跳过梯形图 1 和梯形图 2，也到指针标号 P0 处。图 5－4（b）为跳到 END，当 X001 为 ON 时，执行 CJ P63 指令，直接跳转到程序的结束点 END，CJ P63 不需要指针标号。图 5－4（c）为嵌套跳转，当 X001 为 ON 时，执行 CJ P1 指令，跳过梯形图 2 到指针标号 P1 处；当 X000 为 ON 时，执行 CJ P0 指令，跳过梯形图 1、梯形图 2 和梯形图 3 到指针标号 P0 处。图 5－4（d）为跳转到前面，当 X001 为 ON 时，执行 CJ P3 指令，则跳到指针标号 P3 处，继续执行前面已执行过的梯形图。图 5－4（e）为跳转一个扫描周期，图中的“参数设定梯形图”正常运行时是被跳过的，当 X001 为 ON 时，图中的“参数设定梯形图”只执行一个扫描周期后又被跳过。

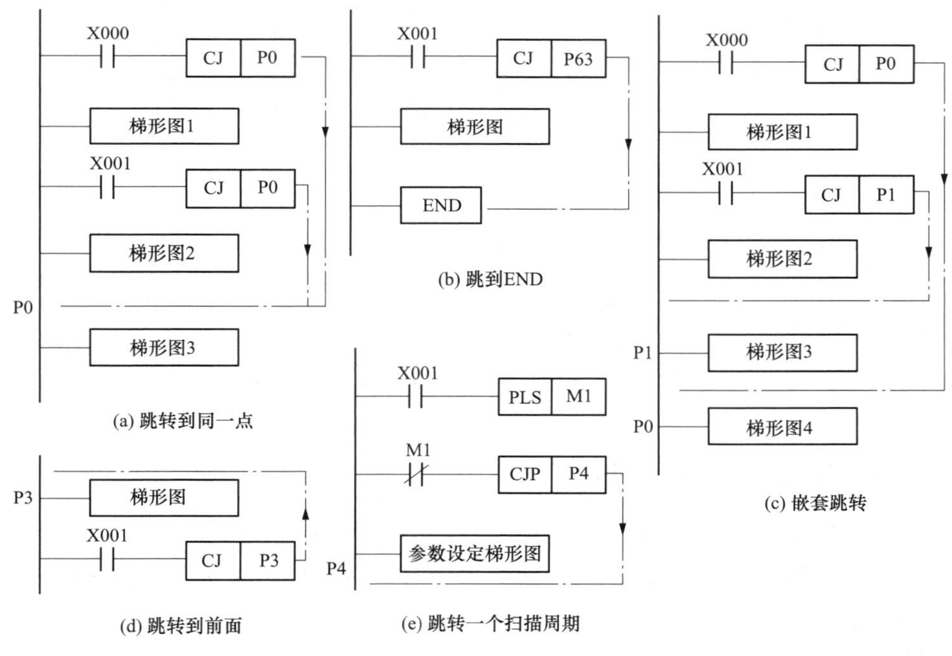

图 5－4　条件跳转的常见形式

【例 5－1】 使用条件跳转指令控制 1 个与 Y000 连接的信号灯 HL 显示。要求为：①能实现自动与手动控制的切换，切换按钮与 X000 连接，若 X000 为 OFF 则为手动操作，若 X000 为 ON 则切换到自动运行；②手动控制时，能用 1 个与 X001 连接的按钮实现 HL 的亮、灭控制；③自动运行时，HL 能每隔 1s 交替闪烁。

解　可以采用跳转指令来编写控制程序，当 X000 为 OFF 时，把自动程序跳过，只执行手动程序；当X000为ON时，把手动程序跳过，只执行自动程序。设计的程序如图5-5所示。

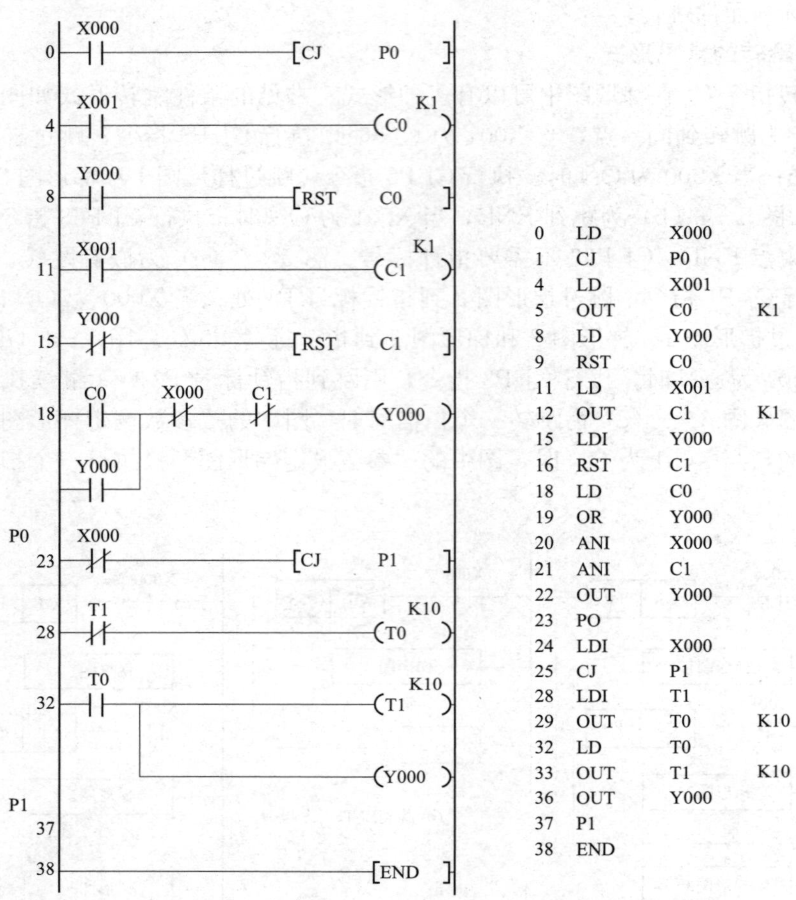
X000
CJ P0
X001
K1
C0
Y000
RST C0
X001
K1
C1
Y000
RST C1
C0 X000 C1
Y000
Y000
P0
X000
CJ P1
T1
K10
T0
T0
K10
T1
Y000
P1
END
0 LD X000
1 CJ P0
4 LD X001
5 OUT C0 K1
8 LD Y000
9 RST C0
11 LD X001
12 OUT C1 K1
15 LDI Y000
16 RST C1
18 LD C0
19 OR Y000
20 ANI X000
21 ANI C1
22 OUT Y000
23 PO
24 LDI X000
25 CJ P1
28 LDI T1
29 OUT T0 K10
32 LD T0
33 OUT T1 K10
36 OUT Y000
37 P1
38 END

图5-5　条件跳转指令控制信号灯显示的程序

5.2.2　子程序调用、返回和主程序结束指令

通常将具有特定功能并多次使用的程序段编制成子程序，子程序在结构化程序设计中是一种方便有效的工具。在程序中使用子程序时，需进行的操作有子程序调用和子程序返回等。

1. 指令格式

子程序调用CALL（Sub Routine Call）指令格式如下：

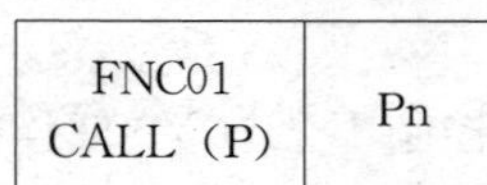
FNC01
CALL（P）
Pn

子程序返回SRET（Sub Routine Return）指令格式如下：

FNC02 SRET

三菱FX_{2N} PLC从入门到精通

主程序结束 FEND（First End）指令格式如下：

FNC06 FEND

2. 指令说明

（1）子程序调用指令中，FX_{2N}系列 PLC 的 Pn 范围为 P0～P127。由于 P63 为跳到 END（1 步），因此不能作为指针标号。

（2）同一标号不能重复使用。

（3）CJ 指令用过的标号不能用在子程序调用中。

（4）多个标号可以调用同一个标号的子程序。

（5）在子程序中调用另一个子程序时，其嵌套子程序可达 5 级（CALL 指令可用 4 次）。子程序应放在主程序结束指令 FEND 之后。

（6）在调用子程序和中断子程序中，可采用 T192～T199 或 T246～T249 作为定时器。

3. 子程序的调用

子程序是一种相对独立的程序，为区别于主程序，规定在程序编制时，将主程序排在前边，子程序排在后边，并以主程序结束指令 FEND 将这两部分隔开。子程序的调用形式如图 5－6 所示。

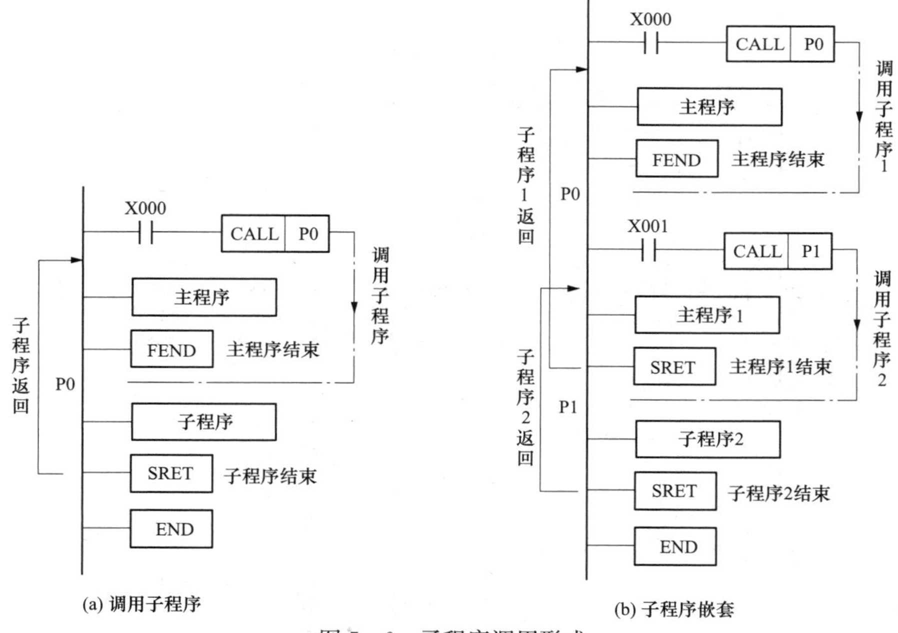

图 5－6　子程序调用形式

在图 5－6（a）中，当 X000 为 ON 时，执行 CALL P0 子程序调用指令，从而使指针标号 P0 后面的子程序得到执行。执行到 SRET 子程序结束指令时，则返回主程序。

图 5－6（b）所示为子程序嵌套，当 X000 为 ON 时，执行 CALL P0 子程序调用指令，从而使指针标号 P0 后面的程序得到执行。当 X001 为 ON 时，执行 CALL P0 子程序调用指令，从而使指针标号 P1 后面的程序得到执行，否则直接执行子程序 1。当指针标号 P1 后面

的子程序2执行完后，继续执行SRET指令时（即子程序2结束），则返回并执行子程序1。当子程序1执行完后，继续执行SRET指令时（即子程序1结束），则返回并执行主程序。

【例5-2】 用两个开关实现电动机的控制，其控制要求为：当X000、X001均为OFF时，红色信号灯（Y000）亮，表示电动机没有工作；当X000为ON，X001为OFF时，电动机（Y001）点动运行；当X000为OFF，X001为ON时，电动机运行2min，停止1min；当X000、X001均为ON时，电动机长动运行。

解 子程序调用、返回及主程序结束指令实现该控制功能。该程序应分为主程序和子程序两大部分，而主程序中可分为3部分：①开关状态的选择，根据这些选择执行相应的子程序；②开关没有选择时，指示灯亮；③主程序结束。子程序有3个：①电动机点动运行；②电动机运行2min，停止1min；③电动机长动运行。设计的程序如图5-7所示。

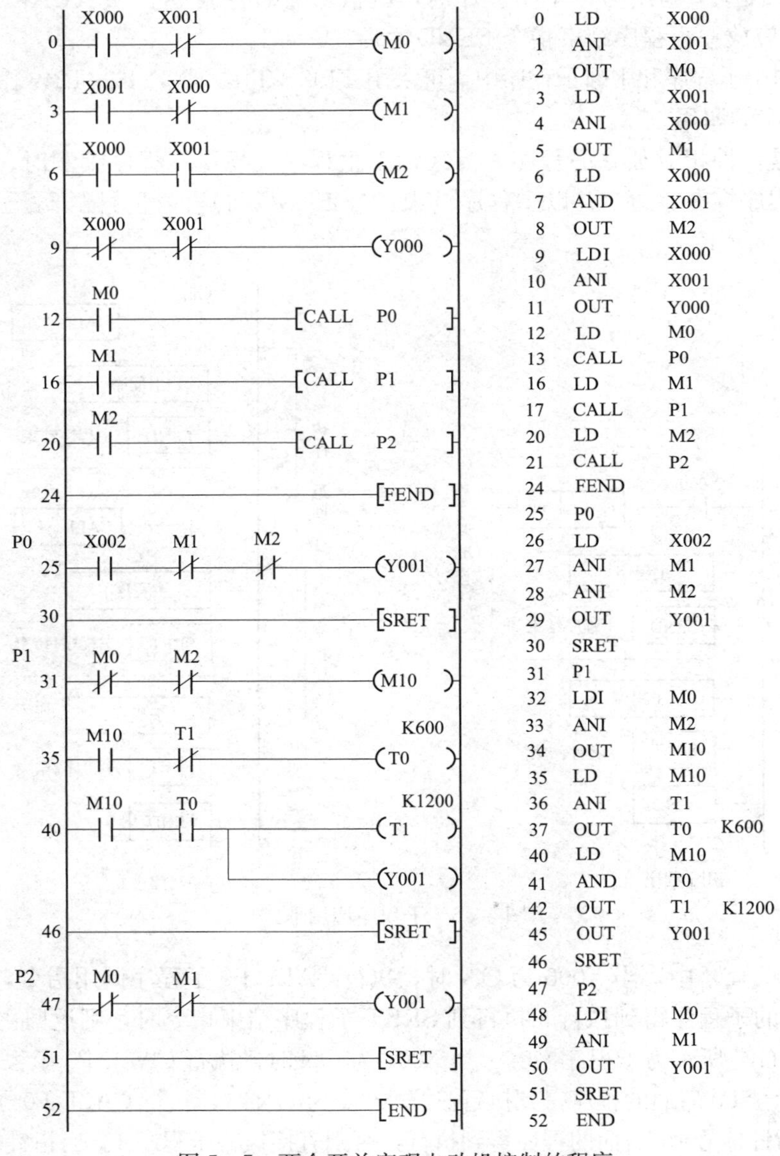

图5-7 两个开关实现电动机控制的程序

5.2.3 中断指令

中断控制是指在程序运行中，中断主程序的运行而转去执行中断子程序的工作方式。中断子程序是为实现某些特定控制功能而设定的程序，这些特定的功能要求响应时间小于机器的扫描周期。中断指令有 3 条：中断返回、允许中断、禁止中断。

1. 中断方式

引起中断的信号称为中断源，根据中断源的不同，在 FX_{2N}系列 PLC 中有 3 类中断方式：外部输入中断、内部定时器中断和高速计数器中断。为了区分不同的中断并在程序中标明中断子程序的入口，规定了中断编号，如表 5－2 所示。

表 5－2　中断编号及相关辅助继电器

外部输入中断		内部定时器中断		高速计数器中断	
中断编号	中断禁止	中断编号	中断禁止	中断编号	中断禁止
I00□　(X000) I10□　(X001) I20□　(X002) I30□　(X003) I40□　(X004) I50□　(X005)	M8050 M8051 M8052 M8053 M8054 M8055	I6□□ I7□□ I8□□	M8056 M8057 M8058	I010 I020 I030 I040 I050 I060	M8059
□＝1 时上升沿中断， □＝0 时下降沿中断		□□＝10～99ms			

注意：M8050～M8059＝0，允许中断；M8050～M8059＝1，禁止中断。

从表 5－2 中可以看出，中断受中断禁止特殊辅助继电器 M8050～M8059 的控制。对于外部输入中断，当 M8050～M8055 为 ON 时，对应的外部输入中断被禁止；对于内部定时器中断，当 M8056～M8058 为 ON 时，内部定时器中断被禁止；对于高速计数器中断，当 M8059 为 ON 时，高速计数器中断被禁止。

(1) 外部输入中断。在 FX_{2N}系列 PLC 中外部中断信号从 X000～X005 输入。每个中断输入只能用一次，例如 I101 用于 X001 的上升沿中断，即当 X002 闭合时执行一次（一个扫描周期）中断子程序；I100 用于 X001 的下降沿中断，即当 X002 断开时执行一次（一个扫描周期）中断子程序，但是 I101 和 I100 不能同时使用。中断子程序一旦被执行后，子程序各线圈和功能指令的状态保持不变，直到子程序下一次被执行。同时用于中断的输入不能与已经用于高速计数器的输入点发生冲突。

(2) 内部定时器中断。定时器使 PLC 以指定的周期（10～99ms）定时执行中断子程序，循环处理某些任务，处理时间不受 PLC 扫描周期的影响。定时器中断主要用于在控制程序中需要每隔一定时间执行 1 次子程序的场合。例如在主程序扫描很长的情况下，可以用定时器中断来处理一些需要高速定时处理的程序。定时器中断常和 RAMP (FNC67)、HKY (FNC71)、SEGL (FNC74)、ARWS (FNC75)、PR (FNC77) 等与扫描周期有关的功能指令一起使用。

(3) 高速计数器中断。高速计数器中断是根据高速计数器的计数当前值与计数设定值的关系来确实是否执行相应的中断服务程序。

2. 指令格式

中断返回 IRET (Interruption Return) 指令格式如下：

FNC03
IRET

允许中断 EI（Interruption Enable）指令格式如下：

FNC04
EI

禁止中断 DI（Interruption Disable）指令格式如下：

FNC05
DI（P）

3. 指令说明

（1）在主程序中有时需禁止中断，有时需开启中断。允许中断的主程序必须在功能EI和DI之间，DI之后主程序禁止执行中断子程序。

（2）当多个中断信号同时有效时，中断指针编号小的具有较高的优先权，优先执行。每个中断子程序必须以IRET指令结束。中断程序必须在主程序结束指令FEND之后。

（3）中断子程序可以进行中断嵌套，但是嵌套次数不能超过2次。

【例5-3】 图5-8所示为外部输入中断子程序。在主程序执行时，如果特殊内部继

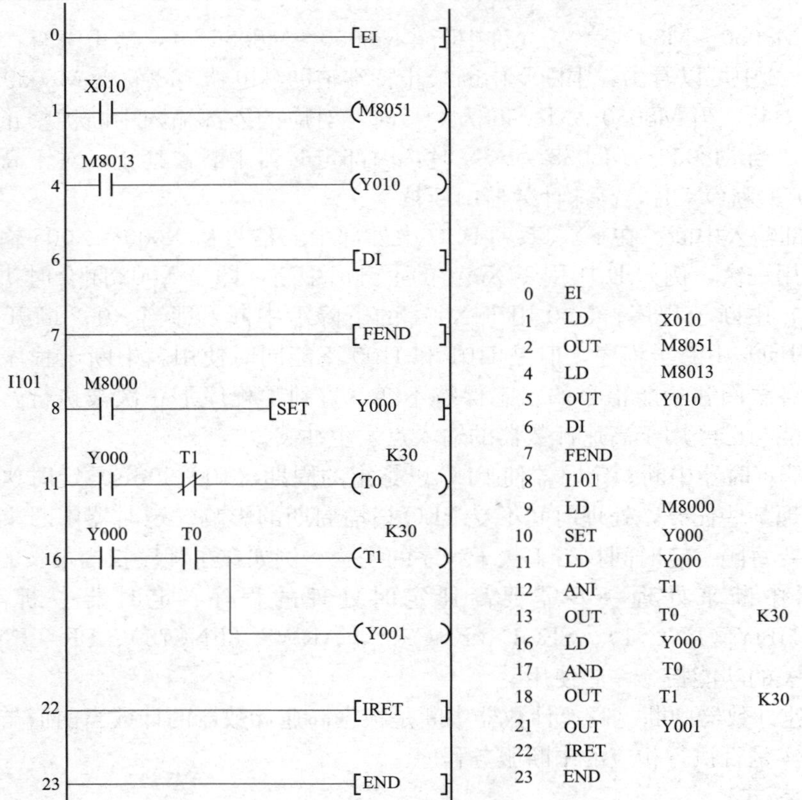

图5-8 外部输入中断子程序

电器 M8051 为 OFF，标号为 I101 的中断子程序允许执行。当 PLC 外部输入端 X001 有上升沿信号时，中断就执行一次，执行完毕后，返回主程序。在本程序中，Y10 由 M8013 驱动，每秒闪 1 次，而 Y0 输出是当 X001 在上升沿脉冲时，驱动其为“1”信号，此时 Y1 输出就由 T0 和 T1 的延时状态所决定。

5.2.4 看门狗指令

看门狗指令 WDT（Watch Dog Time）又称监控定时器指令，它允许 CPU 的看门狗定时器重新被触发。当使能输入有效时，每执行一次看门狗指令，看门狗定时器就被复位一次，可增加一次扫描时间。若使能输入无效时，看门狗定时器定时时间到，程序将终止当前指令的执行而重新启动，返回到第一条指令重新执行。

1. 指令格式

FNC07 WDT（P）

2. 指令说明

（1）看门狗定时时间超过 200ms 时，可以通过以下指令修改 D8000 来设定它的定时时间：

MOV　K300　D8000　　//将看门狗定时器的设定值修改为 300ms

（2）对于复杂的控制系统，系统会由多个功能模块组成，如特殊 I/O 模块、通信模块，PLC 由 STOP→RUN 时，进行的缓冲存储器初始化时间会增加，扫描周期会延长。而在执行多条 TO/FROM 指令或向多个缓冲存储器传送数据时，可能会导致看门狗定时器误动作，因此应将看门狗指令放在起始步的附近，以延长看门狗定时器的监视时间。

（3）若程序中使用的 FOR－NEXT 循环程序执行时间超过看门狗的监视时间时，应将看门狗指令放在循环程序中。

（4）当 CJ 指令指针的步序号比 CJ 指令小时，可在 CJ 指令和对应的步序号之间插入看门狗指令。

【例 5－4】 若一个正常程序中，PLC 运行一个扫描周期时间超过 WDT 规定的 200ms 时，PLC 将停止工作，CPU 的出错指示灯亮，为了解决这一问题，试修改 WDT 的监视时间。

解 假设扫描周期时间为 300ms，则可以采用两种方法实现 WDT 监视时间的修改。一种方法是直接修改 D8000 中的初始设定值，如图 5－9（a）所示；另一种方法是在程序中插入 WDT 指令，当程序执行到 WDT 指令时对监视定时器刷新，如图 5－9（b）所示。在

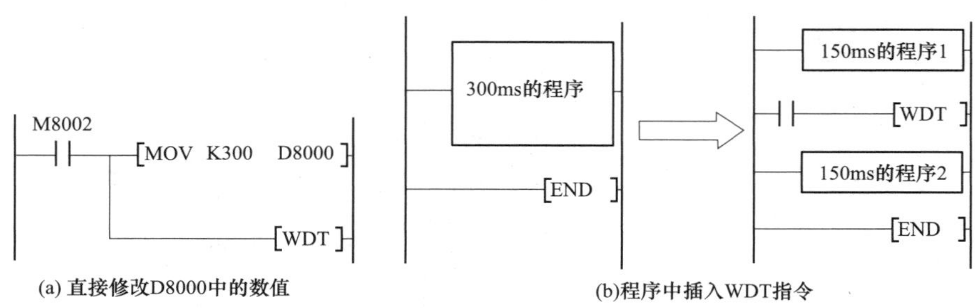

图 5－9　修改 WDT 的监视时间

图 5－9（b）中是将程序分为两个执行时间大致相等的部分，使两个部分都不超过 200ms。

5.2.5 循环指令

在程序设计时经常会遇到同一事件需重复执行多次，如果将这些重复执行的事件全部写出来的话，程序可能会很长，且比较烦锁。在 FX_{2N} 系列 PLC 中利用循环指令可使程序简明扼要，方便程序编写。

循环指令包括 FOR 指令和 NEXT 指令。FOR 指令用来表示循环开始，它的源操作数 N 用来表示循环次数；NEXT 指令是循环结束指令，无操作数。

1. 指令格式

FOR 指令格式如下：

FNC08 FOR

NEXT 指令格式如下：

FNC09 NEXT

2. 指令说明

（1）FOR 指令的源操作数 n 取值范围为 1～32767，如果 n 为负数时，PLC 认为循环次数为 1 次。

（2）需重复执行的程序段应放在 FOR 与 NEXT 指令之间。

（3）程序中可使用循环嵌套，但是循环嵌套的层数不能超过 5 层。

（4）若循环次数较多时，会延长 PLC 的扫描时间，导致看门狗定时器出错，此时应采用 WDT 指令将程序分开，或者改变看门狗定时器的监视时间。

【例 5－5】 图 5－10 所示为闪烁控制程序。在程序中，若 X000 接通 1 次，Y000 每隔 1s 闪烁 1 次，共闪烁 8 次。

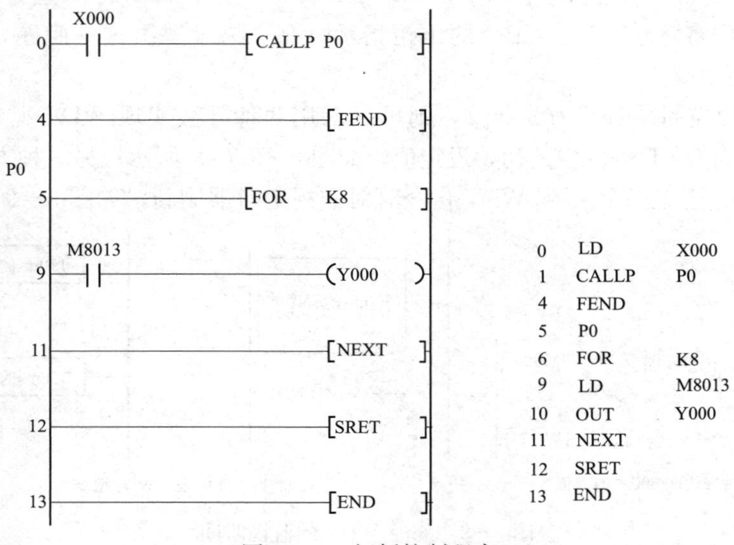

图 5－10 闪烁控制程序

5.3 传送与比较指令

传送与比较指令主要用于数据的传送、变换和比较。在 FX_{2N}系列 PLC 中，传送比较指令共有 10 条，其指令功能编号为 FNC10～FNC19，如表 5-3 所示。

表 5-3　　传送与比较指令

指令代号	指令助记符	指令名称	程序步	指令代号	指令助记符	指令名称	程序步
FNC10	CMP	比较	7/13 步	FNC15	BMOV	成批传送	7 步
FNC11	ZCP	区间比较	9/17 步	FNC16	FMOV	多点传送	7/13 步
FNC12	MOV	传送	5/9 步	FNC17	XCH	交换	5/9 步
FNC13	SMOV	移位传送	11 步	FNC18	BCD	BCD 转换	5/9 步
FNC14	CML	取反传送	5/9 步	FNC19	BIN	BIN 转换	5/9 步

5.3.1 比较指令

比较指令 CMP（Compare）是将两个源操作数［S1］、［S2］的内容进行比较，比较结果送到目的操作数中。

1. 指令格式

FNC10 (D) CMP (P)	S1	S2	D

2. 指令说明

(1) 两个源操作数可以是 K、H、KnX、KnY、KnM、KnS、T、C、D、V、Z；目的操作数可以是 Y、M、S。

(2) 两个源操作数比较时，将比较结果放入 3 个连续的目的操作数继电器中，如图 5-11 所示。当 X000 动合触点断开时，不执行 CMP 比较指令，M0、M1、M2 保持不变；当 X000 动合触点闭合时，执行 CMP 比较指令。若计数器 C10 的当前计数值小于 100 次时，M0＝1；若计数器 C10 的当前计数值等于 100 次时，M1＝1；若计数器 C10 的当前计数值大于 100 次时，M2＝1。

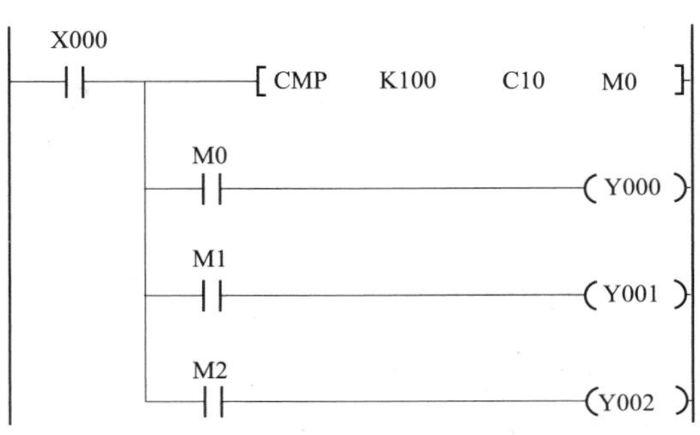

图 5-11　使用比较指令

(3) 若要清除比较结果，需使用 RST 指令。

【例 5-6】 使用 PLC 实现仓库自动存放某种货物控制。要求仓库最多可以存放 5000

箱货物，若货物少于1000箱时，HL1指示灯亮，表示可以继续存放货物；若货物多于1000箱且少于5000箱时，HL2指示灯亮，表示存放货物数量正常；若货物达到5000箱时，HL3指示灯亮，表示不能继续存放货物。

解 指示灯HL1～HL3可分别与PLC的Y000～Y002连接，货物的统计可以使用加/减计数器进行。存/取货物由X1控制，当X1为OFF时，M8220线圈输出为低电平，表示存货物；当X1为ON时，M8220线圈输出为高电平，表示取货物。每存/取一次货物时由X000输入一次脉冲。指示灯HL1～HL3的状态可以通过两条比较指令来实现，第1条比较指令主要用于判断货物是否小于1000箱，第2条比较指令主要用于判断货物是否大于5000箱。为保证在停电恢复后，能正确计数，应使用停电保持型计数器。编写的程序如图5-12所示。

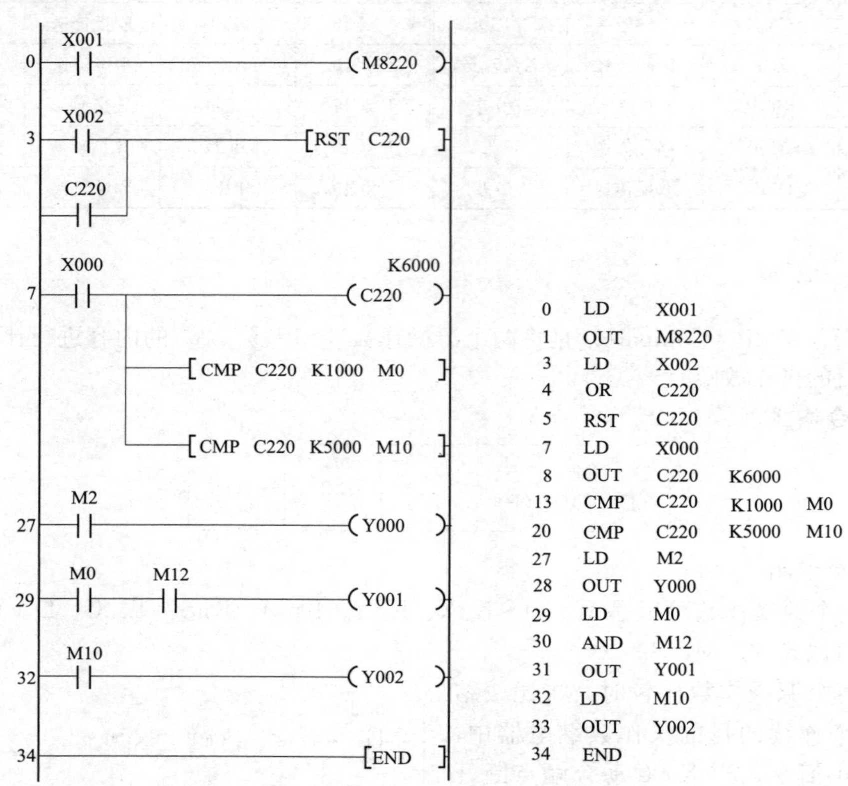

图5-12 仓库自动存放某种货物控制程序

5.3.2 区间比较指令

区间比较指令ZCP（Zone Compare）是将源操作数［S1］、［S2］和［S］进行比较，比较结果送到目的操作数中。

1. 指令格式

FNC11 (D) ZCP (P)	S1	S2	S	D

2. 指令说明

（1）源操作数［S1］、［S2］、［S］可以是K、H、KnX、KnY、KnM、KnS、T、C、D、V、Z；目的操作数可以是Y、M、S。

（2）源操作数［S1］、［S2］和［S］进行比较时，［S1］的内容应不得大于［S2］的内容，将比较结果放入3个连续的目的操作数继电器中，如图5－13所示。当X000动合触点断开时，不执行CMP比较指令，M0、M1、M2保持不变；当X000动合触点闭合时，执行ZCP区间比较指令。若定时器T0的当前值小于100次时，M0＝1；若定时器T0的当前值大于或等于50次且小于150次时，M1＝1；若定时器T0的当前值大于150次时，M2＝1。

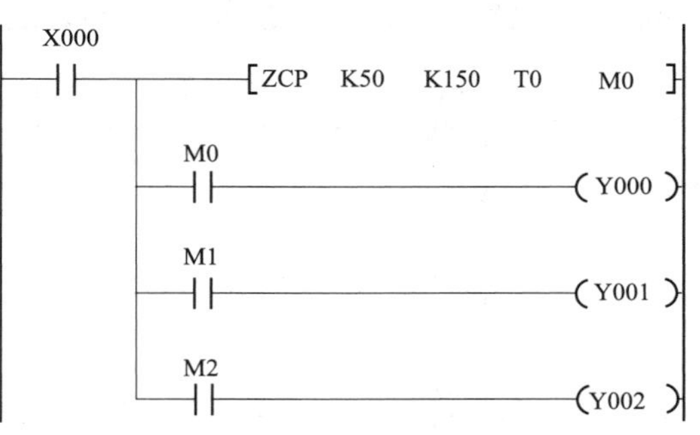

图5－13 使用区间比较指令

【例5－7】 区间比较指令的应用如图5－14所示。X000为ON时，执行区间比较指令，当C0<5时，Y0输出为1；当5≤C0≤8时，Y1输出为1；当C0>8时，Y2输出为1。X001为C0的计数脉冲信号，X001每次由OFF变为ON状态时，C0当前计数值加1，同时Y003输出为1。当C0当前计数值超过10时，则C0动合触点为ON，启动T0延时。若T0延时达到3s，或X002为ON，则C0复位，C0的当前计数值清0。

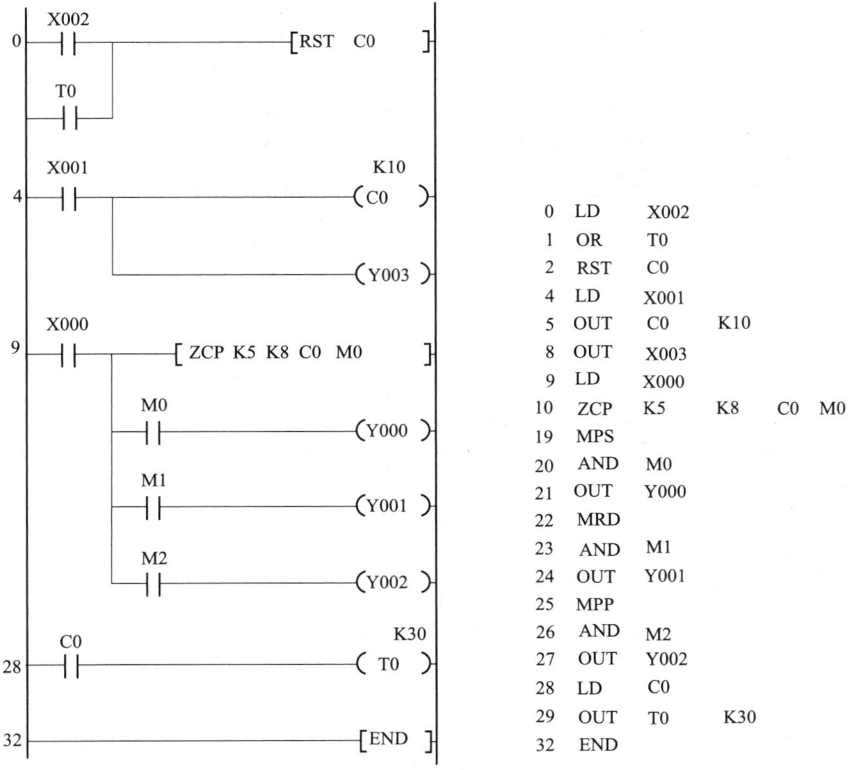

图5－14 区间比较指令的应用

【例 5-8】 比较指令与区间比较指令的应用如图 5-15 所示。此程序的功能是实现每天作息时间的电铃控制。每天的 6:20、8:10、11:45、14:00 时间段，电铃均响 1 次（声音持续 20s）；同时在 9:50～9:55 发出持续报警声音（声音持续 5min）。M8014 产生 1min 的信号脉冲，X000 外接分钟调整按钮，X001 外接小时调整按钮。

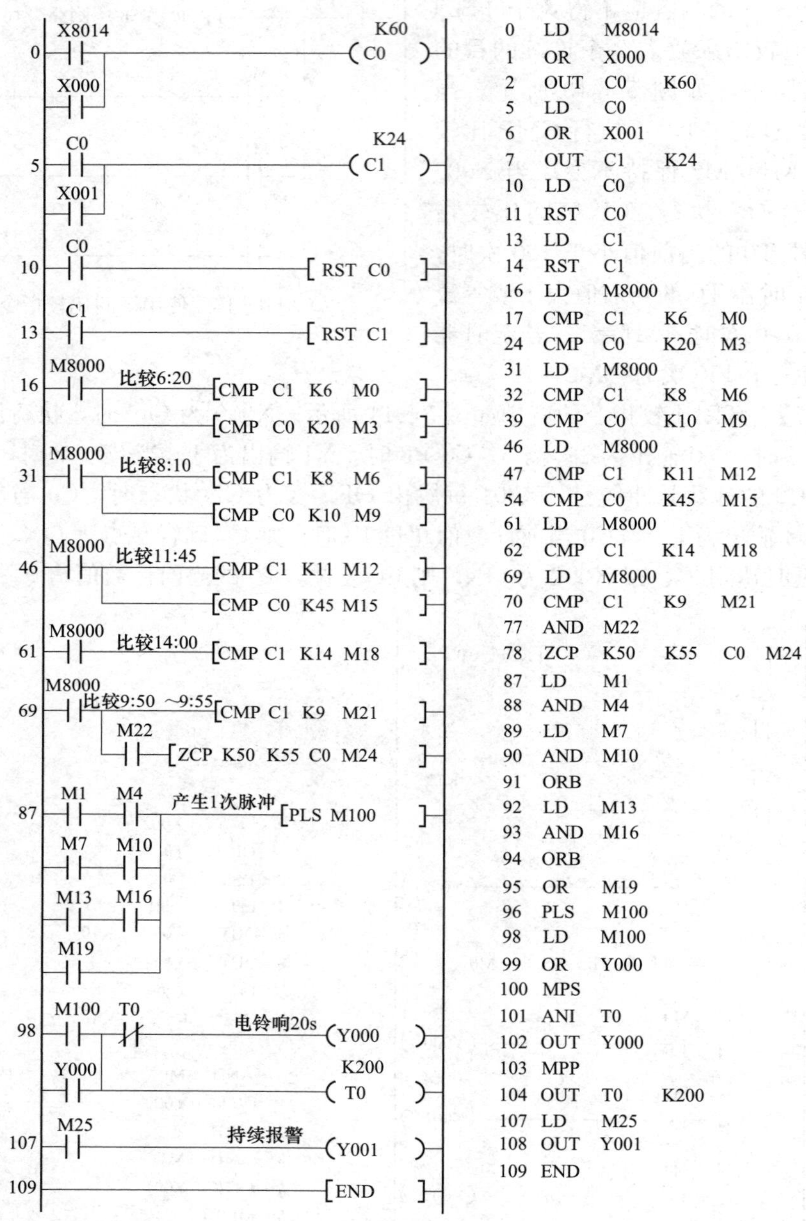

图 5-15 比较指令与区间比较指令的应用

5.3.3 MOV 传送指令

传送指令 MOV（Move）是将 16 位或 32 位的二进制源操作数传送到指定目标。

1. 指令格式

FNC12 (D) MOV (P)	S	D

2. 指令说明

(1) 源操作数可以是 K、H、KnX、KnY、KnM、KnS、T、C、D、V、Z；目的操作数可以是 KnY、KnM、KnS、T、C、D、V、Z。

(2) 执行该指令时，PLC 自动将常数转换成二进制数。

(3) 源操作数是计数器时为 32 位操作数。

【例 5-9】 传送指令的应用如图 5-16 所示。程序中，当 X000 为 ON 时，将十六进

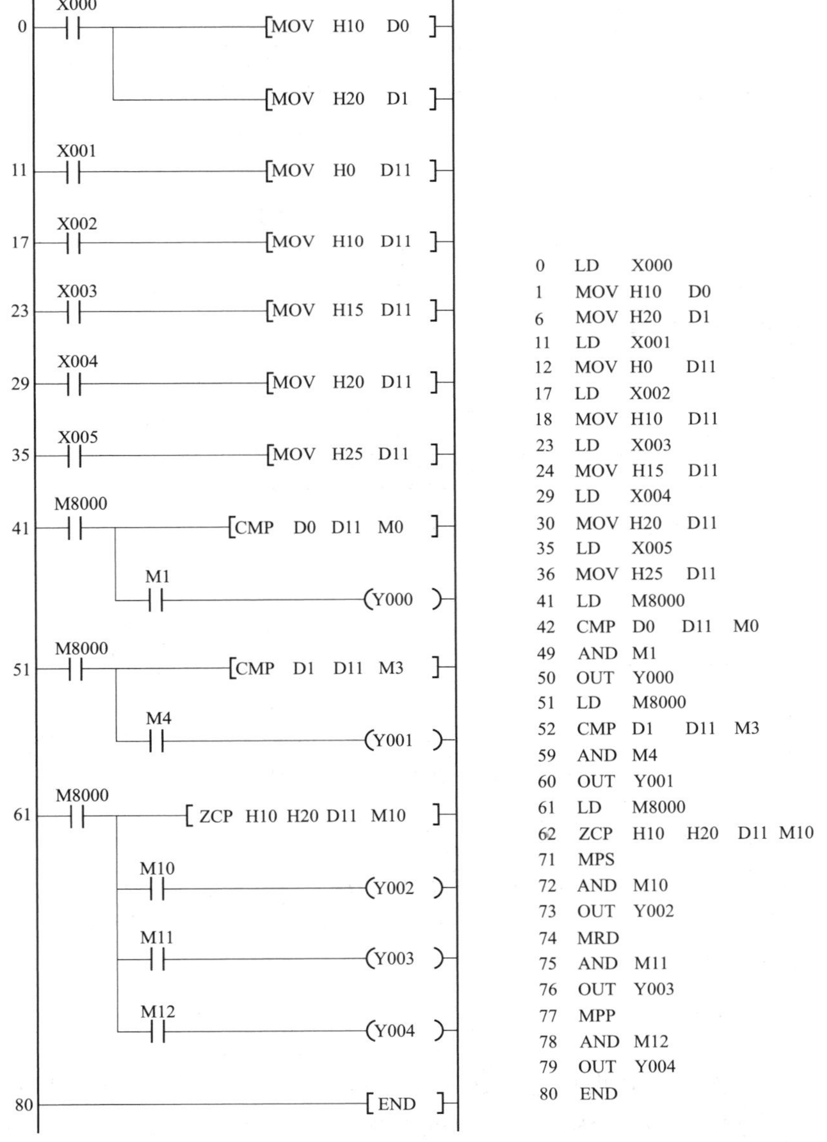

0 X000 [MOV H10 D0]
[MOV H20 D1]
11 X001 [MOV H0 D11]
17 X002 [MOV H10 D11]
23 X003 [MOV H15 D11]
29 X004 [MOV H20 D11]
35 X005 [MOV H25 D11]
41 M8000 [CMP D0 D11 M0]
M1 (Y000)
51 M8000 [CMP D1 D11 M3]
M4 (Y001)
61 M8000 [ZCP H10 H20 D11 M10]
M10 (Y002)
M11 (Y003)
M12 (Y004)
80 [END]
0 LD X000
1 MOV H10 D0
6 MOV H20 D1
11 LD X001
12 MOV H0 D11
17 LD X002
18 MOV H10 D11
23 LD X003
24 MOV H15 D11
29 LD X004
30 MOV H20 D11
35 LD X005
36 MOV H25 D11
41 LD M8000
42 CMP D0 D11 M0
49 AND M1
50 OUT Y000
51 LD M8000
52 CMP D1 D11 M3
59 AND M4
60 OUT Y001
61 LD M8000
62 ZCP H10 H20 D11 M10
71 MPS
72 AND M10
73 OUT Y002
74 MRD
75 AND M11
76 OUT Y003
77 MPP
78 AND M12
79 OUT Y004
80 END

图 5-16 传送指令的应用

数 H10 送给 D0，20H 送给 D1；当 X001 为 ON 时，将 0H 送给 D11；当 X002 为 ON 时，将 H10 送给 D11；当 X003 为 ON 时，将 H15 送给 D11；当 X004 为 ON 时，将 20H 送给 D11；当 X005 为 ON 时，将 H25 送给 D11；如果 D0 和 D11 中的内容相等，则 Y000 输出为 1。如果 D1 和 D11 中的内容相等，则 Y001 输出为 1。进行 ZCP 区间比较指令时，若 D11 中的内容小于 H10，则 Y002 输出为 1；若 D11 中的内容大于 H 20，则 Y4 输出为 1；否则 Y3 输出为 1。

5.3.4 移位传送指令

移位传送指令 SMOV（Shift Move）是将 16 位的二进制源操作数以 4 位 BCD 数的方式传送到指定目标。

1. 指令格式

FNC13 SMOV（P）	S	m1	m2	D	n

2. 指令说明

（1）SMOV 是将［S］中的 16 位二进制数以 4 位 BCD 数的方式按位传送到［D］中。如图 5－17 所示，表示将 D1 中的以 4 位 BCD 数形式的［S］源操作数，从［m1］第 4 位（K4）开始的［m2］2 位（K2），即千位和百位，传送到［D2］的从第 3 位（K3）开始的 2 位，即［D2］的百位和十位。

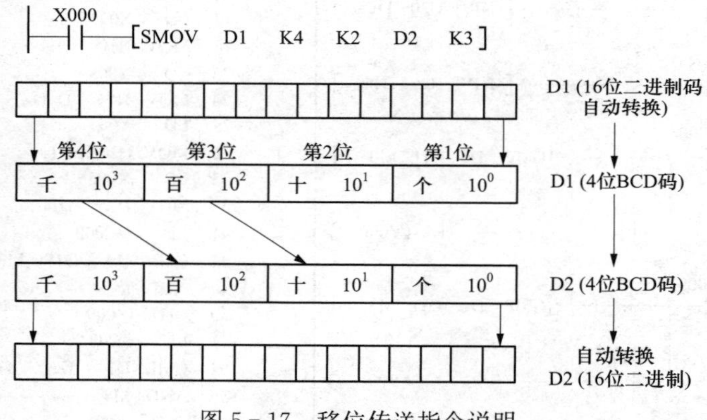

图 5－17 移位传送指令说明

（2）m1、m2 和 n 为 K 或 H，取值范围为 1～4。

（3）操作数的范围为 0～9999，否则会出现错误。

（4）特殊辅助继电器 M8168 驱动后，执行 SMOV 指令时，源操作数、目的操作数不进行二进制和 BCD 码的转换，而是照原样以 4 位为单位进行移位传送操作。

【例 5－10】 传送指令的应用如图 5－18 所示。在图 5－18（a）中使用 3 组数字拨码开关分别连接在 PLC 的 X000～X003、X020～X027 输入端上。假设 X000～X003 输入为 5，X020～X027 输入为 37，现将它合成一个三位数 537，其梯形图程序如图 5－18（b）所示。D1 的一位 BCD 码数移送到 D2 的第 3 位上，然后自动转换成二进制数形式再存放于 D2 中。图中的 BIN 指令是将 BCD 码转换成二进制数的指令。

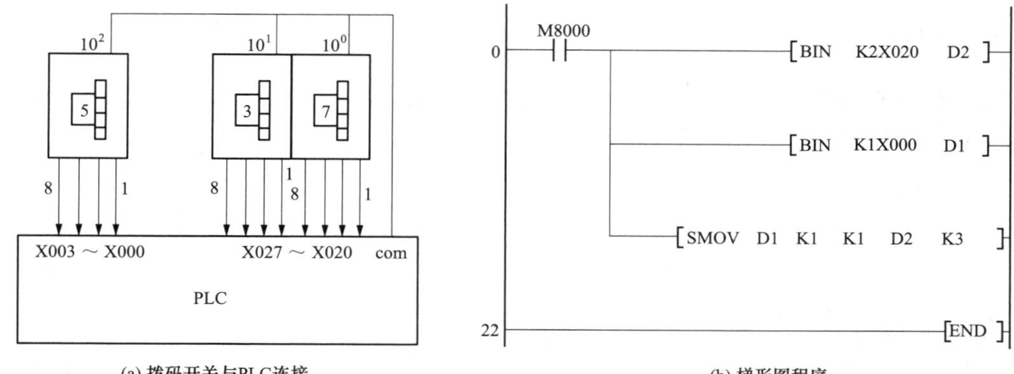

10^2
10^1
10^0
5
3
7
8
1
X003 ～ X000
X027 ～ X020
com
PLC
M8000
[BIN K2X020 D2]
[BIN K1X000 D1]
[SMOV D1 K1 K1 D2 K3]
[END]
(a) 拨码开关与PLC连接
(b) 梯形图程序

图 5-18　传送指令的应用

5.3.5　取反传送指令

取反传送指令 CML（Complement）是将源操作数［S］中的内容按二进制数取反，按位传送到目的操作数［D］中。

1. 指令格式

FNC14 (D) CML (P)	S	D

2. 指令说明

（1）源操作数可以是 K、H、KnX、KnY、KnM、KnS、T、C、D、V、Z；目的操作数可以是 KnY、KnM、KnS、T、C、D、V、Z。

（2）若源操作为常数 K，自动转换为二进制数。

【例 5-11】　数字拨码开关分别连接在 PLC 的 X0～X7，根据数字拨码读入的数值进行每隔 1s 闪烁显示，共闪烁 8 次。编写程序实现该功能。

解　使用 MOV 指令读入输入值，再使用 M8013 作为每秒闪烁脉冲，闪烁使用 CML 取反，每次取反之后还要将该数值暂存，为下次闪烁做好准备，闪烁次数使用 FOR-NEXT 指令控制。编写的程序如图 5-19 所示。

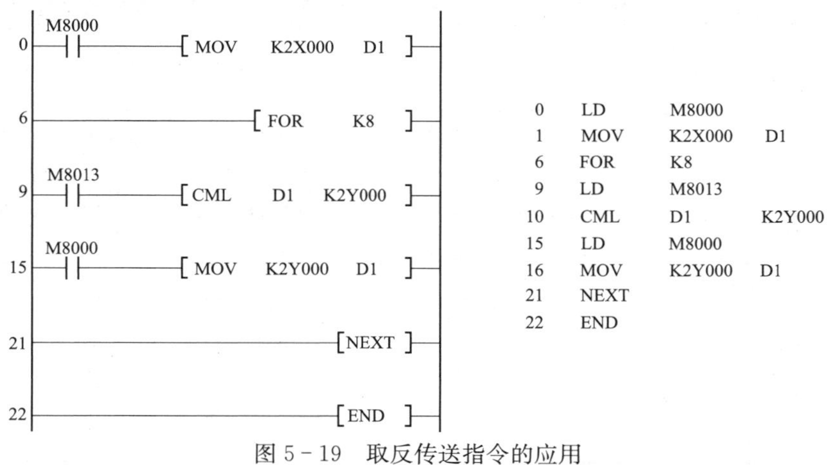

0 M8000 [MOV K2X000 D1]
6 [FOR K8]
9 M8013 [CML D1 K2Y000]
15 M8000 [MOV K2Y000 D1]
21 [NEXT]
22 [END]
0 LD M8000
1 MOV K2X000 D1
6 FOR K8
9 LD M8013
10 CML D1 K2Y000
15 LD M8000
16 MOV K2Y000 D1
21 NEXT
22 END

图 5-19　取反传送指令的应用

5.3.6 成批传送指令

成批传送指令 BMOV（Block Move）是将从源操作数［S］起的 n 点数据一一对应地传送到从目的操作数［D］起的 n 点数据中。

1. 指令格式

FNC15 BMOV（P）	S	D	n

2. 指令说明

（1）源操作数可以是 KnX、KnY、KnM、KnS、T、C、D、V、Z；目的操作数可以是 KnY、KnM、KnS、T、C、D、V、Z。

（2）n 为 K 或 H，取值范围为 1～512。

（3）如用到需要指定数的位元件时，源操作数和目的操作数的指定位数必须相等。

（4）源操作数和目的操作数的地址发生重叠时，为防止源操作数没有传送前被改写，PLC 自动确定传送顺序。

（5）M8024 可更改 BMOV 的数据传送方向。

【例 5-12】 成批传送指令的使用如表 5-4 所示。在程序 1 中，当 X000 为 ON 时，将 D3、D4、D5、D6 连续 4 个 D 中的数据分别传送到 D10、D11、D12、D13 中。在程序 2 中，当 X000 为 ON 时，将以 K1X010 开始连续的 2 点 4 位分别传送到以 K1Y000 开始连续的 2 点 4 位继电器中。在程序 3 中，将 D10、D11、D12、D13 连续 4 个 D 中的数据分别传送到 D9、D10、D11、D12 中。在程序 4 中，当 X001 为 ON 时，将 D9、D10、D11、D12 连续 4 个 D 中的数据分别传送到 D11、D12、D13、D14 中。在程序 5 中，当特殊辅助继电器 M8024 为 ON 时，再执行 BMOV 指令，则将 D3、D4、D5、D6 连续 4 个 D 中的数据分别传送到 D10、D11、D12、D13 中；当特殊辅助继电器 M8024 为 OFF 时，再执行 BMOV 指令，则将 D10、D11、D12、D13 连续 4 个 D 中的数据分别传送到 D3、D4、D5、D6 中。

表 5-4　成批传送指令的使用

程序	梯形图	功能说明
程序 1	 X000 ─┤├─ [BMOV D3 D10 K4]	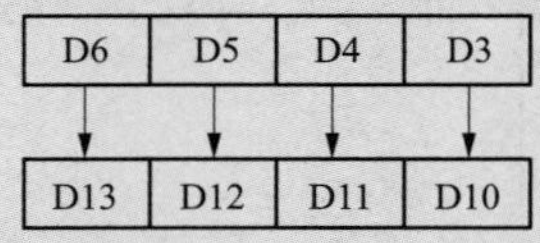 D6 D5 D4 D3 → D13 D12 D11 D10
程序 2	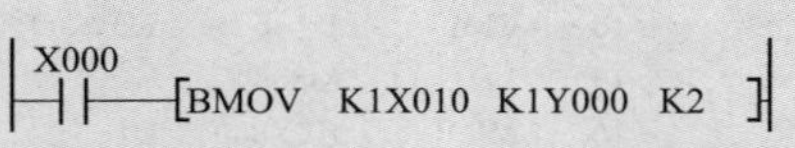 X000 ─┤├─ [BMOV K1X010 K1Y000 K2]	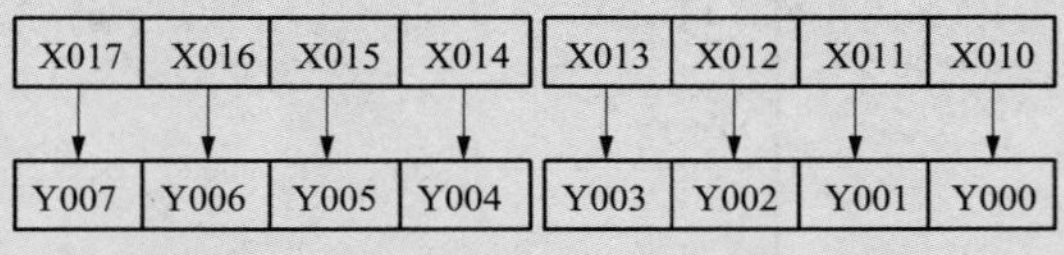 X017 X016 X015 X014 X013 X012 X011 X010 → Y007 Y006 Y005 Y004 Y003 Y002 Y001 Y000
程序 3	 M8000 ─┤├─ [BMOV D10 D9 K4]	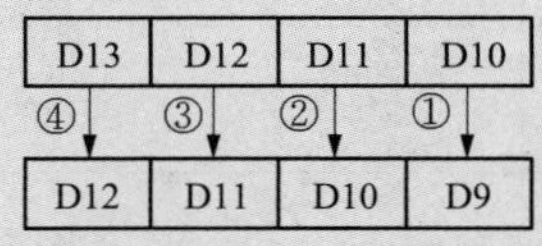 D13 D12 D11 D10 → ④ ③ ② ① → D12 D11 D10 D9

续表

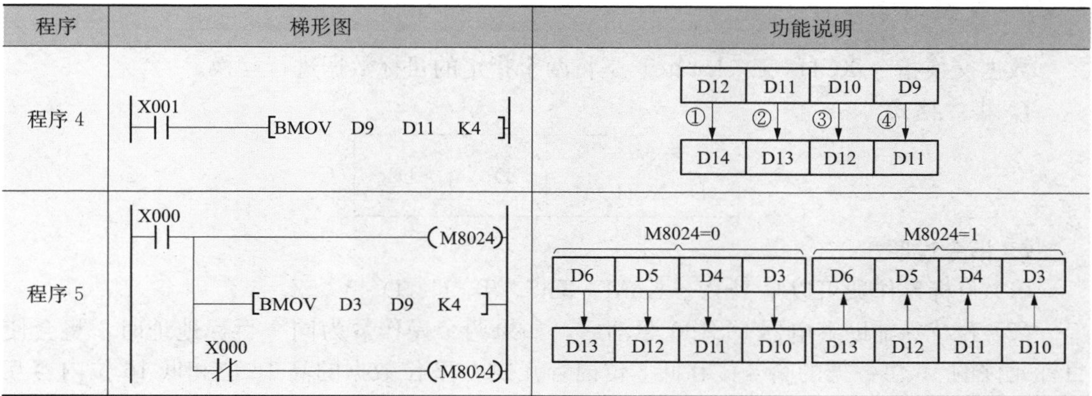

程序	梯形图	功能说明
程序 4	X001 ─[BMOV D9 D11 K4]	D12 D11 D10 D9 → ① ② ③ ④ → D14 D13 D12 D11
程序 5	X000 ─(M8024) ─[BMOV D3 D9 K4] X000 ─(M8024)	M8024=0: D6 D5 D4 D3 → D13 D12 D11 D10 M8024=1: D13 D12 D11 D10 → D6 D5 D4 D3

5.3.7 多点传送指令

多点传送指令 FMOV（Fill Move）是将源操作数［S］传送到从目的操作数［D］起的 n 点数据中。

1. 指令格式

FNC16 （D）FMOV（P）	S	D	n

2. 指令说明

（1）源操作数可以是 KnY、KnM、KnS、T、C、D、V、Z；目的操作数可以是 KnY、KnM、KnS、T、C、D、V、Z

（2）n 为 K 或 H，取值范围为 1～512。

【例 5－13】 多点传送指令的使用如表 5－5 所示。在程序 1 中，当 X000 为 ON 时，执行 FMOV 指令，将常数值 3 送到 C0 起始的 4 个计数器中，即 C0、C1、C2、C3。在程序 2 中，当 M0 为 ON 时，执行 FMOV 指令，将常数值 0 送到 Y000～Y007 中，即实现 Y000～Y007 这 8 个输出继电器的复位。

表 5－5　　多点传送指令的使用

程序	梯形图	功能说明
程序 1	X000 ─[FMOV K3 C0 K4]	K3 → C0 C1 C2 C3
程序 2	M0 ─[FMOV K0 K2Y000 K8]	K0 → Y000 Y001 Y002 Y003 Y004 Y005 Y006 Y007

5.3.8 交换指令

数据交换指令 XCH（Exchange）是将两个指定的目标数据进行互换。

1. 指令格式

FNC17 （D）XCH（P）	D1	D2

2. 指令说明

（1）目标操作数可以是 KnY、KnM、KnS、T、C、D、V、Z。

（2）若特殊辅助继电器 M8160 驱动后，如果两个操作数为同一目标地址时，将会使目标元件的 16 位数据的高 8 位和低 8 位内容互换，32 位数据的高 16 位和低 16 位内容互换，与 SWAP 指令功能相同；如果两个操作不为同一目标地址时，出错标志 M8067 置 1，不执行交换。

【例 5－14】 交换指令的使用如表 5－6 所示。在程序 1 中，PLC 上电时，将 D0、D1 分别赋值为 H4321、H5678，当 X000 由 OFF 变 ON 时，执行 XCH 交换指令，将 D0 和 D1 中的内容互换，例如第 1 次交换后 D0 和 D1 的内容为 H5678、H4321。在程序 2 中，若 X1 为 ON，M8016 为 ON 时，则执行 16 位的 XCH 交换指令，将 D10 中的高、低 8 位内容互换；M8016 为 OFF 时，不执行交换指令。在程序 2 中，若 X2 为 ON，M8016 为 ON 时，则执行 32 位的 XCH 交换指令，将 D20、D21 中的内容互换；M8016 为 OFF 时，不执行交换指令。

表 5－6　　交换指令的使用

程序	梯形图	功能说明
程序 1	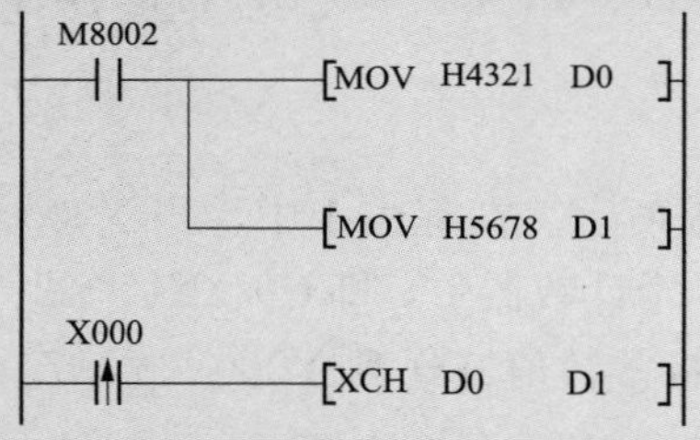 M8002 ─┤├─ [MOV H4321 D0] 　　　　　　 [MOV H5678 D1] X000 ─┤↑├─ [XCH D0 D1]	交换前：D0 = 4321，D1 = 5678 交换后：D0 = 5678，D1 = 4321
程序 2	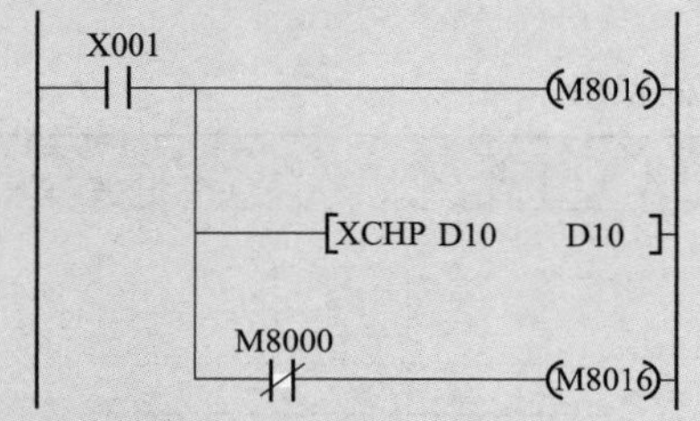 X001 ─┤├─ (M8016) 　　　　　　 [XCHP D10 D10] M8000 ─┤/├─ (M8016)	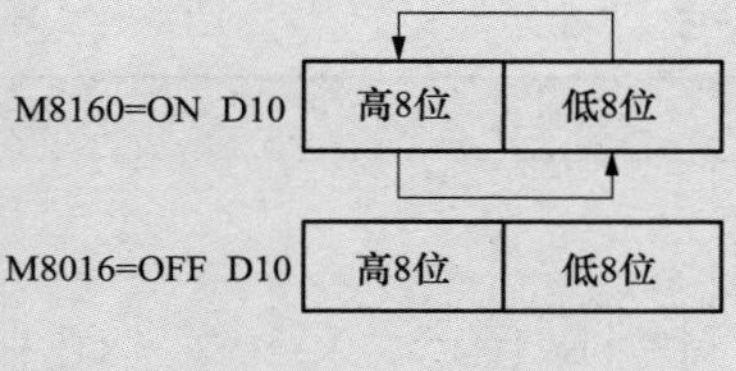 M8160=ON D10：高8位 ⇄ 低8位 M8016=OFF D10：高8位 低8位
程序 3	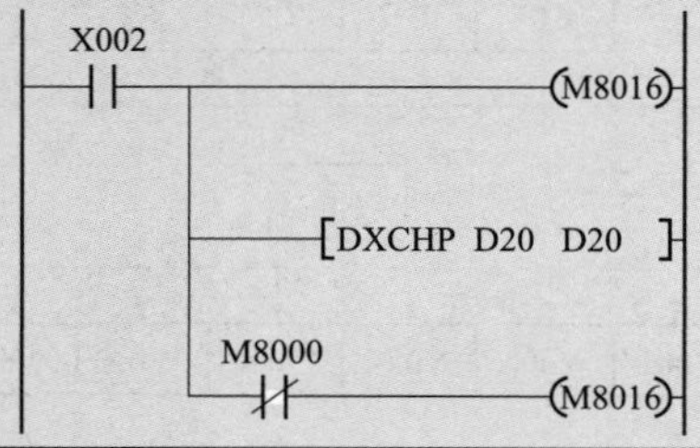 X002 ─┤├─ (M8016) 　　　　　　 [DXCHP D20 D20] M8000 ─┤/├─ (M8016)	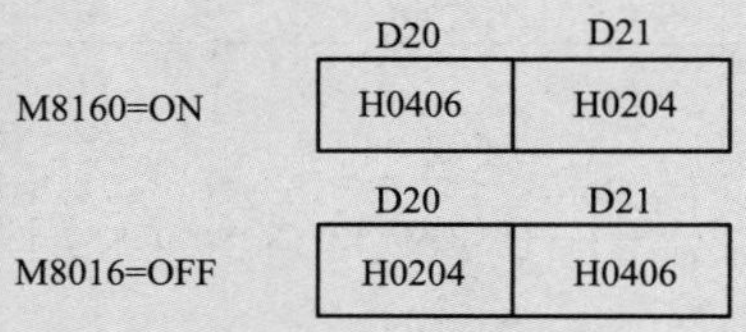 M8160=ON：D20 = H0406，D21 = H0204 M8016=OFF：D20 = H0204，D21 = H0406

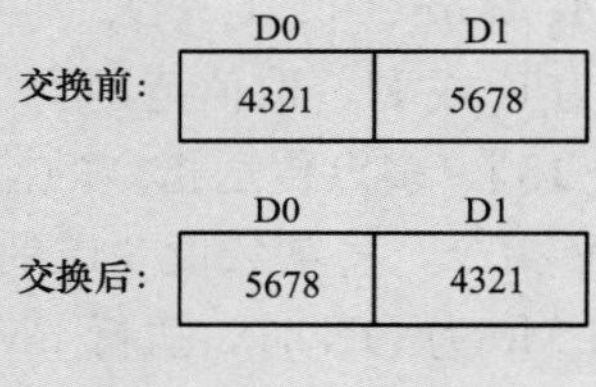

5.3.9 BCD 转换指令

BCD 转换指令（Binary Code to Decimal）是将源操作数指定的二进制数转换成 BCD 码，存入目的操作数中。

1. 指令格式

FNC18 (D) BCD (P)	S	D

2. 指令说明

（1）源操作数可以是 KnX、KnY、KnM、KnS、T、C、D、V、Z；目的操作数可以是 KnY、KnM、KnS、T、C、D、V、Z。

（2）BCD 码的数值范围，16 位操作时为 0～9999，32 位操作时为 0～99999999，若超过该范围将会出错。

（3）PLC 内部的算术运算用二进制数进行，可以用 BCD 指令将二进制数转换成 BCD 数后输出到 7 段显示器。

（4）若特殊辅助继电器 M8032 驱动后，双字将被转换为科学计数法格式。

【例 5-15】 BCD 码转换指令的应用如图 5-20 所示。PLC 首次上电时，将常数 25 传送到 D0 中，当 X000 为 ON 时，执行一次 BCD 码转换指令，将 16 位的 BIN 数值 25 转换成相应的 4 位 BCD 码数值，并送入相应的输出继电器 Y000～Y017 中。

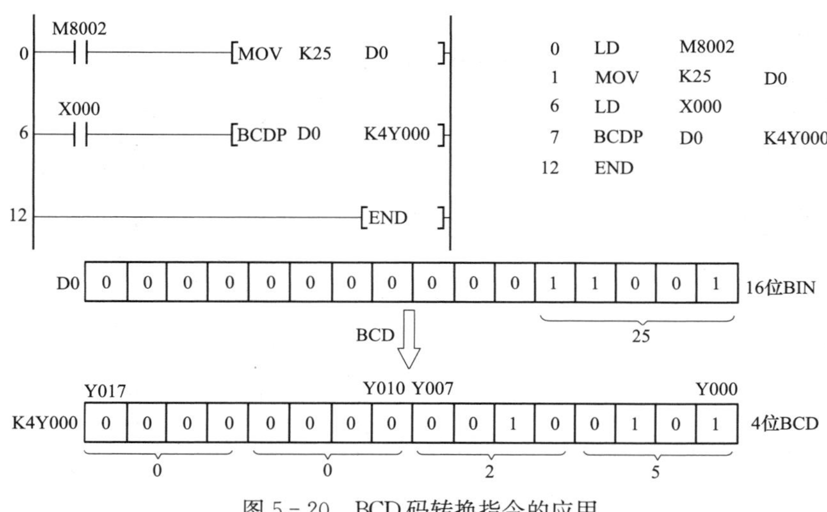

图 5-20 BCD 码转换指令的应用

5.3.10 BIN 转换指令

BIN 转换指令（Binary）是将源操作数中的 BCD 码转换成二进制数后送到目的操作数中。

1. 指令格式

FNC19 (D) BIN (P)	S	D

2. 指令说明

(1) 源操作数可以是 KnX、KnY、KnM、KnS、T、C、D、V、Z；目的操作数可以是 KnY、KnM、KnS、T、C、D、V、Z。

(2) BCD码的数值范围，16位操作时为0～9999，32位操作时为0～99999999，若超过该范围将会出错。

(3) BCD数字拨码开关的十个位置对应于十进制数0～9，通过内部的编码，拨码开关的输出为当前位置对应的十进制数转换后的4位二进制数。可以用BIN指令将拨码开关提供的BCD设置值转换成二进制数后输入到PLC中。

(4) 源操作数中的内容不是BCD码数时，会出错。

(5) 若特殊辅助继电器M8032驱动后，将科学计数法格式的数转换成浮点数。

【例5-16】 在某生产包装线上每来一个产品时，机械手将其放入包装箱中，当包装箱中放的产品个数与设置数据相等时，工人将包装箱打包好，并放好新的包装箱，机械手继续将产品放入下一个包装箱中。试用应用指令实现该功能。

解 假如设置的数据由数字拨盘控制，而数字拨盘与X000～X017相连。由于输入的数据为BCD码，采用比较指令时，需先用BIN指令进行转换。假设每来一个产品，由X020产生一个脉冲信号，计数器进行加1计数。当计数器当前计数值小于设置值时，机械手工作，即Y000有效。若当前计数值等于设置值时，放好新的包装箱，即Y001有效。若当前计数值大于设置值时，将计数器复位，为下次包装做好准备。为保证在停电恢复后，能正确计数，应使用停电保持型计数器。编写的程序如图5-21所示。

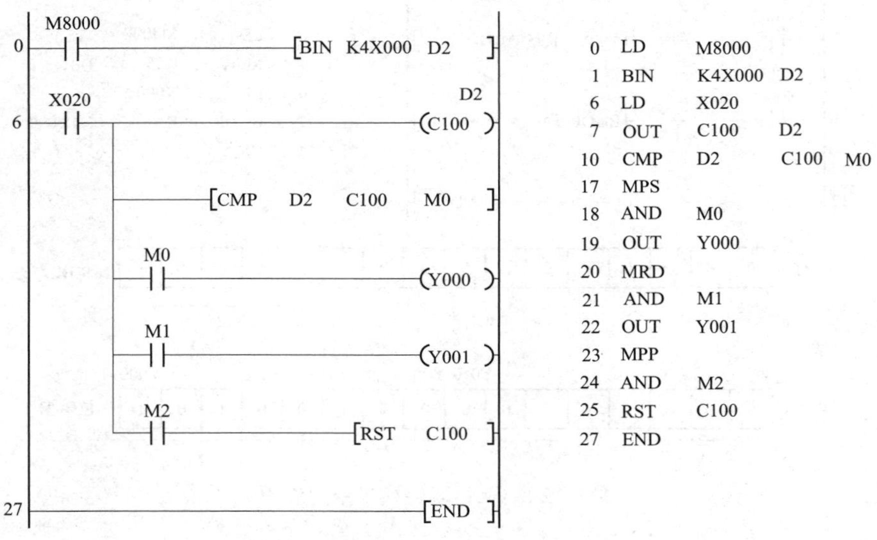

图5-21 BIN转换指令在生产包装线上的应用

【例5-17】 假设FX_{2N}系列PLC的输入端外接4组BCD码数字拨码开关，输出端外接4位BCD码连接方式的LED数码管，其I/O接线如图5-22所示。要求使用拨码开关设定计数器的计数次数，而计数器的当前计数值由LED数码管显示。

解 计数器的计数值由4组拨码开关经输入继电器X000～X007和X010～X017设置，这些设置的数值应暂存到数据寄存器中。由于数据寄存器只能存放BIN码，因此必

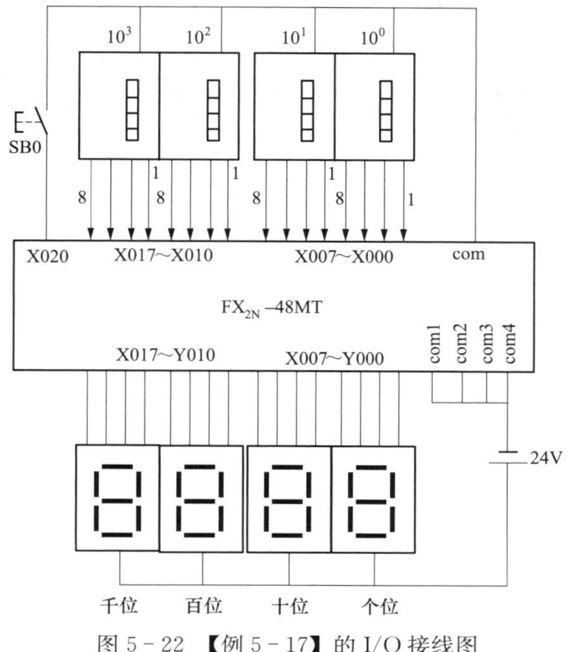

图 5-22 【例 5-17】的 I/O 接线图

须将 4 组 BCD 码数字转换成 BIN 值。LED 数码管为 BCD 码的连接方式，应将计数器的当前计数值转换成 BCD 码，所以编写程序时，需使用 BIN 和 BCD 两条指令。编写的程序如图 5-23 所示。

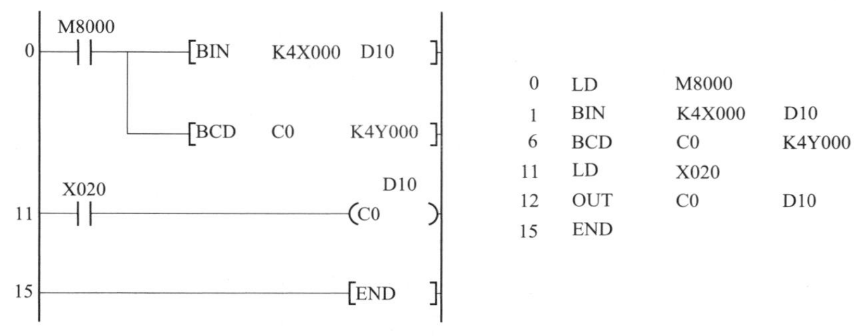

图 5-23 【例 5-17】程序

5.4 四则运算与逻辑运算指令

四则运算与逻辑运算指令是较常用的功能指令，主要用于二进制整数（BIN）的加、减、乘、除运算及字元件的逻辑运算等，通过这些运算可实现数据的传送、变位及其他控制功能。在 FX_{2N}系列 PLC 中，四则运算与逻辑运算指令共有 10 条，指令功能编号为

FNC20～FNC29，如表 5－7 所示。

表 5－7　　四则运算与逻辑运算指令

指令代号	指令助记符	指令名称	程序步	指令代号	指令助记符	指令名称	程序步
FNC20	ADD	BIN 加法	7/13 步	FNC25	DEC	BIN 减 1	7/13 步
FNC21	SUB	BIN 减法	7/13 步	FNC26	WAND	逻辑字“与”	7/13 步
FNC22	MUL	BIN 乘法	7/13 步	FNC27	WOR	逻辑字“或”	7/13 步
FNC23	DIV	BIN 除法	3/5 步	FNC28	WXOR	逻辑字“异或”	7/13 步
FNC24	INC	BIN 加 1	3/5 步	FNC29	NEG	求补码	3/5 步

5.4.1　BIN 加法指令

BIN 加法指令 ADD（Addition）是将源操作数的二进制数进行相加，运算结果送到目的操作数中。

1. 指令格式

FNC20 （D）ADD（P）	S1	S2	D

2. 指令说明

（1）两个源操作数可以是 K、H、KnX、KnY、KnM、KnS、T、C、D、V、Z；目的操作数可以是 KnY、KnM、KnS、T、C、D、V、Z。

（2）源操作数为有符号数值，各数据的最高位为符号位，其中最高位为 0 表示为正数；最高位为 1 表示为负数。数据的运算以代数形式进行。

（3）指令执行过程中影响 3 个常用标志位：M8020 零标志位、M8021 借位标志位和 M8022 进位标志位。若运算结果为 0，则 M8020 置 1；若运算结果大于 32767（16 位数据）或 2147483647（32 位数据），则 M8021 置 1；若运算结果小于－32768（16 位数据）或－2147483648（32 位数据），则 M8022 置 1。

（4）源操作数和目的操作数可以指定为相同编号。

【例 5－18】　BIN 加法指令的使用程序如图 5－24 所示。在程序中，将十六进制 H123、H234、H981、H456 分别送入 D0～D3。当 X000 为 ON 时，执行 16 位的 BIN 加法指令，将 D0 和 D2 的内容相加，结果送入 D10 中；执行 32 位的 BIN 加法指令，将 D1、D0 和 D3、D2 的内容相加，结果送入 D21、D20 中。

【例 5－19】　假设 FX_{2N}系列 PLC 的输入端外接 4 组 BCD 码数字拨码开关，输出端外接 4 位 BCD 码连接方式的 LED 数码管，其 I/O 接线如图 5－22 所示。要求由数字拨码开关输入的数值与 K768 相加，结果由 LED 数码管显示。

解　数字拨码开关输入的数值应暂存到数据寄存器中，由于数据寄存器只能存放 BIN 码，因此必须将 4 组 BCD 码数字转换成 BIN 值。转换成 BIN 值后，使用 ADD 指令将 K768 相加，结果暂存到另一个数据寄存器中。LED 数码管为 BCD 码的连接方式，应将相加的值转换成 BCD 码，所以编写程序时，需使用 BIN、BCD、ADD 功能指令。编写的程序如图 5－25 所示。

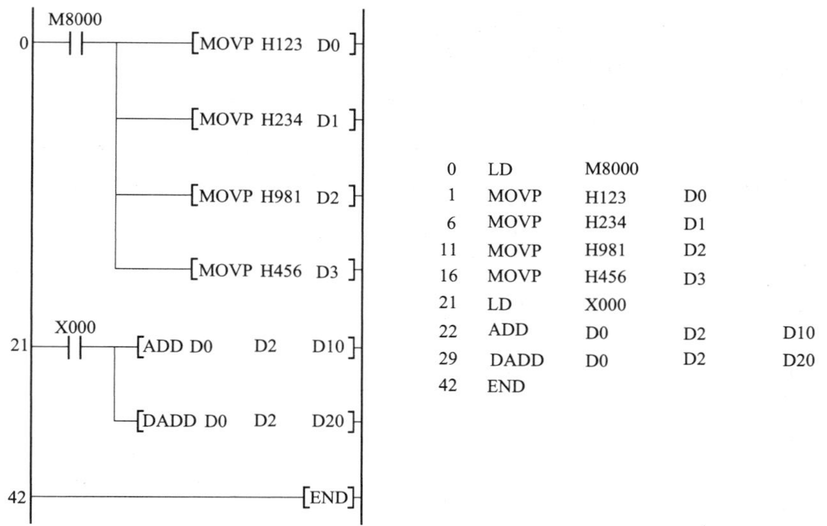

图 5－24　BIN 加法指令的使用程序

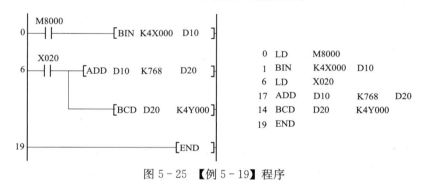

```
0  LD    M8000
1  BIN   K4X000  D10
6  LD    X020
17 ADD   D10     K768    D20
14 BCD   D20     K4Y000
19 END
```

图 5－25　【例 5－19】程序

5.4.2　BIN 减法指令

BIN 减法指令 SUB（Subtraction）是将源操作数［S1］中的二进制数减去源操作数［S2］中的二进制数，运算结果送到目的操作数中。

1. 指令格式

FNC21 （D）SUB（P）	S1	S2	D

2. 指令说明

（1）两个源操作数可以是 K、H、KnX、KnY、KnM、KnS、T、C、D、V、Z；目的操作数可以是 KnY、KnM、KnS、T、C、D、V、Z。

（2）源操作数为有符号数值，各数据的最高位为符号位，其中最高位为 0 表示为正数；最低位为 1 表示为负数。数据的运算以代数形式进行。

（3）指令执行过程中影响 3 个常用标志位：M8020 零标志位、M8021 借位标志位和 M8022 进位标志位。若运算结果为 0，则 M8020 置 1；若运算结果大于 32767（16 位数据）或 2147483647（32 位数据），则 M8021 置 1；若运算结果小于－32768（16 位数据）

或－2147483648（32位数据），则M8022置1。

（4）源操作数和目的操作数可以指定为相同编号。

【例5－20】 BIN减法指令的使用程序如图5－26所示。在程序中，将十六进制H123、H234、H981、H456分别送入D0～D3。当X000为ON时，执行16位的BIN减法指令，将D2减去D0的内容，结果送入D10中；执行32位的BIN减法指令，将D3、D2减去D1、D0的内容，结果送入D21、D20中。

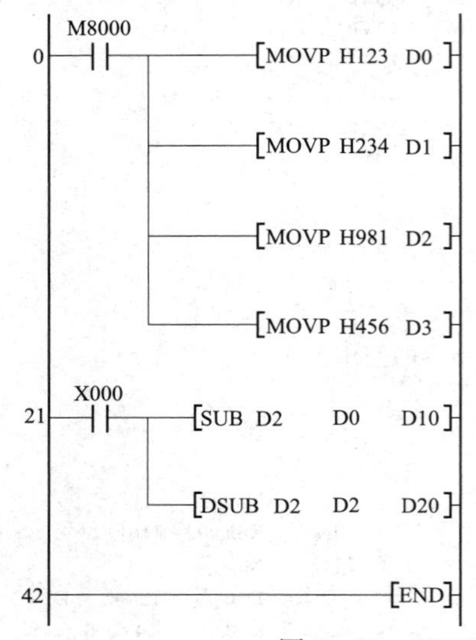

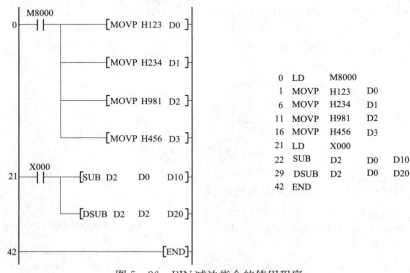

0	LD	M8000		
1	MOVP	H123	D0	
6	MOVP	H234	D1	
11	MOVP	H981	D2	
16	MOVP	H456	D3	
21	LD	X000		
22	SUB	D2	D0	D10
29	DSUB	D2	D0	D20
42	END			

图5－26 BIN减法指令的使用程序

【例5－21】 假设FX_{2N}系列PLC的输入端外接4组BCD码数字拨码开关，输出端外接4位BCD码连接方式的LED数码管，其I/O接线如图5－27所示。要求由数字拨码开

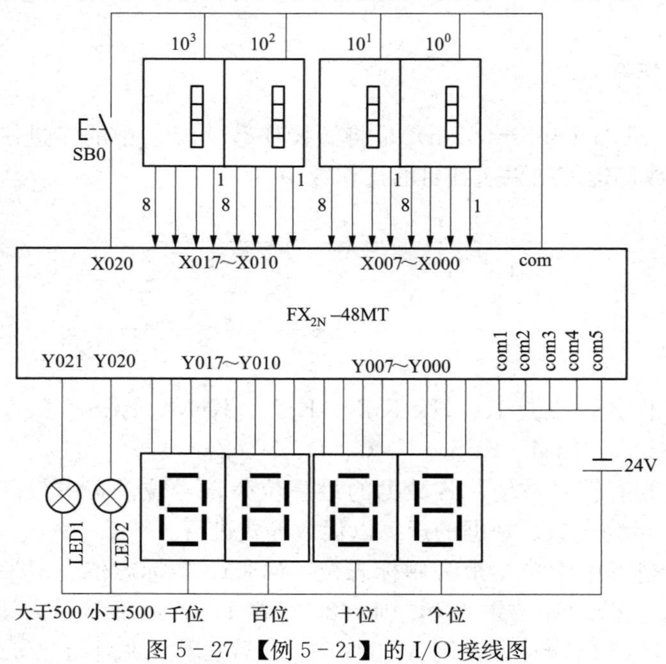

图5－27 【例5－21】的I/O接线图

关输入的数值大于 500 时，将该数值减去 50；小于 500 时，将该数值加上 100；等于 500 时，该数值不执行加法或减法操作，结果由 LED 数码管显示。

解 数字拨码开关输入的数值应暂存到数据寄存器中，由于数据寄存器只能存放 BIN 码，因此必须将 4 组 BCD 码数字转换成 BIN 值。转换成 BIN 值后，使用比较指令，将该数值与 500 进行比较，再将比较的结果由相应的辅助继电器来触发 BIN 加法或者 BIN 减法操作。编写的程序如图 5－28 所示。

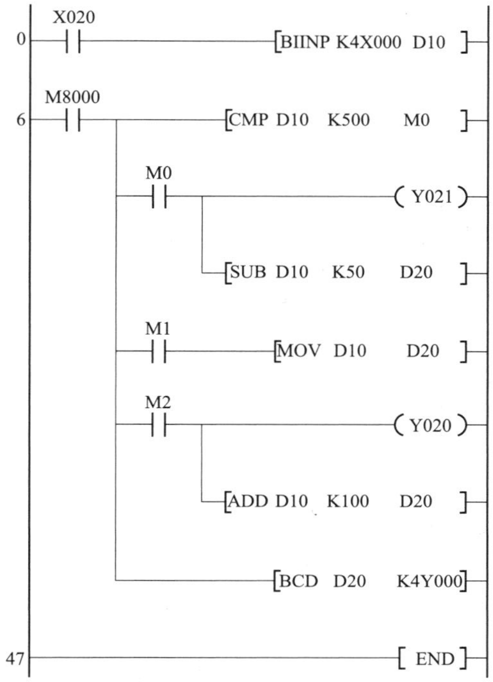

```
 0  X020   ─[BIINP K4X000 D10]
 6  M8000  ─[CMP D10 K500 M0]
     M0    ─(Y021)
           ─[SUB D10 K50 D20]
     M1    ─[MOV D10 D20]
     M2    ─(Y020)
           ─[ADD D10 K100 D20]
           ─[BCD D20 K4Y000]
47         ─[END]
```

```
 0  LD    X020
 1  BINP  K4X000  D10
 6  LD    M8000
 7  CMP   D10     K500   M0
14  MPS
15  AND   M10
16  OUT   Y021
17  SUB   D10     K50    D20
24  MRD
25  AND   M1
26  MOV   D10     D20
31  MRD
32  AND   M2
33  OUT   Y020
34  ADD   D10     Y100   D20
41  MPP
42  BCD   D20     K4Y000
47  END
```

图 5－28 【例 5－21】程序

5.4.3 BIN 乘法指令

BIN 乘法指令 MUL（Multiplication）是将两个源操作数的二进制数相乘，运算结果放入目的操作数中。

1. 指令格式

FNC22 (D) MUL (P)	S1	S2	D

2. 指令说明

（1）两个源操作数可以是 K、H、KnX、KnY、KnM、KnS、T、C、D、V、Z；目的操作数可以是 KnY、KnM、KnS、T、C、D、V、Z。

（2）操作数为 16 位时，运算结果为 32 位；操作数为 32 位时，运算结果为 64 位。目的操作数能指定为 V 和 Z。

【例 5 - 22】 BIN 乘法指令的使用程序如图 5 - 29 所示。在程序中，将十六进制 H123、H234、H981、H456 分别送入 D0～D3。当 X000 为 ON 时，执行 16 位的 BIN 乘法指令，将 D0 和 D2 的内容相乘，形成 32 位结果送入 D11、D10 中；执行 32 位的 BIN 乘法指令，将 D1、D0 和 D3、D2 的内容相乘，形成 64 位结果送入 D23、D22、D21、D20 中。

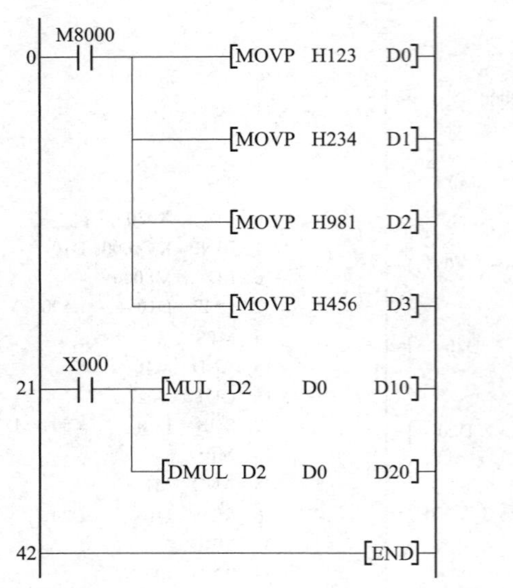


```
 0  LD     M8000
 1  MOVP   H123   D0
 6  MOVP   H234   D1
11  MOVP   H981   D2
16  MOVP   H456   D3
21  LD     X000
22  MUL    D2     D0    D10
29  DMUL   D2     D0    D20
42  END
```

图 5 - 29 BIN 乘法指令的使用程序

【例 5 - 23】 假设 FX_{2N}系列 PLC 的输入端外接 2 组 BCD 码数字拨码开关，输出端外接 2 位 BCD 码连接方式的 LED 数码管，其 I/O 接线如图 5 - 30 所示。要求由数字拨码开关设置定时值，而 LED 数码管倒计时显示时间。

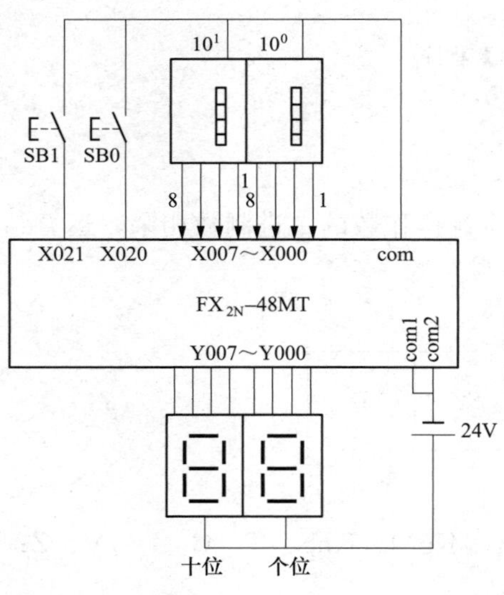

图 5 - 30 【例 5 - 23】的 I/O 接线图

解 数字拨码开关输入的数值应暂存到数据寄存器中，由于数据寄存器只能存放 BIN 码，因此必须将 2 组 BCD 码数字转换成 BIN 值送入 D0 中。假设使用时基脉冲为 0.1s 的定时器，则需要将转换成 BIN 值的数字乘以 10，从而形成以秒为单位的定时器设置值送入 D10 中。将定时器的设置值与当前定时值相减，得到的倒计时值送入 D20 中。将 D20 中的值进行 BCD 转换，并存放于 K3M0（即 M11～M0）中。由于显示的时间以秒为单位，因此只需将 K2M4（即取 M11～M4，而 M3～M0 舍去）中的数值传送到 K2Y0 中即可。编写的程序如图 5 - 31 所示。

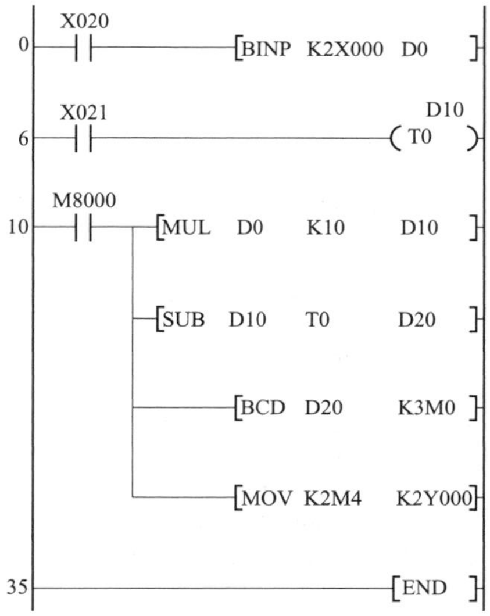

```
      X020
0 ──┤├──────────[BINP  K2X000  D0     ]
      X021                      D10
6 ──┤├─────────────────────( T0      )
      M8000
10──┤├──┬──[MUL   D0    K10     D10   ]
        ├──[SUB   D10   T0      D20   ]
        ├──────[BCD   D20       K3M0  ]
        └──────[MOV   K2M4      K2Y000]
35─────────────────────────[END       ]
```

```
0   LD     X020
1   BINP   K2X000   D0
6   LD     X021
7   OUT    T0       D10
10  LD     M8000
11  MUL    D0       K10      D10
18  SUB    D10      T0       D20
25  BCD    D20      K3M0
30  MOV    K2M4     K2Y000
35  END
```

图 5－31 【例 5－23】程序

5.4.4 BIN 除法指令

BIN 除法指令 DIV（Division）是将源操作数［S1］中的二进制数除以源操作数［S2］中的二进制数，商和余数都送到目的操作数中。

1. 指令格式

FNC23 （D）DIV（P）	S1	S2	D

2. 指令说明

（1）两个源操作数可以是 K、H、KnX、KnY、KnM、KnS、T、C、D、V、Z；目的操作数可以是 KnY、KnM、KnS、T、C、D、V、Z。

（2）执行 32 位数据操作指令时，目的操作数不能为 Z。

（3）若除数为“0”，则出错，不执行该指令。

【例 5－24】 BIN 除法指令的使用程序如图 5－32 所示。在程序中，将十进制 K20、K100、K200、K456 分别送入 D0～D3。当 X000 为 ON 时，执行 16 位的 BIN 除法指令，将 D2 除以 D0 的内容，形成 32 位结果送入 D11、D10 中，其中 D11 为余数，D10 为商；执行 32 位的 BIN 除法指令，将 D3、D2 除以 D1、D0 的内容，形成 64 位结果送入 D23、D22、D21、D20 中，其中 D23、D22 为余数，D21、D20 为商。

【例 5－25】 假设 FX_{2N}系列 PLC 的输入端外接 2 组 BCD 码数字拨码开关，输出端外接 4 位 BCD 码连接方式的 LED 数码管，其 I/O 接线如图 5－33 所示。试编写程序实现以下整数算术运算：$y=\left|\frac{x+30}{4}\right|\times 2-10$，式中，$x$ 是由数字拨码开关输入数，计算出的 y 值由 LED 数码管显示。

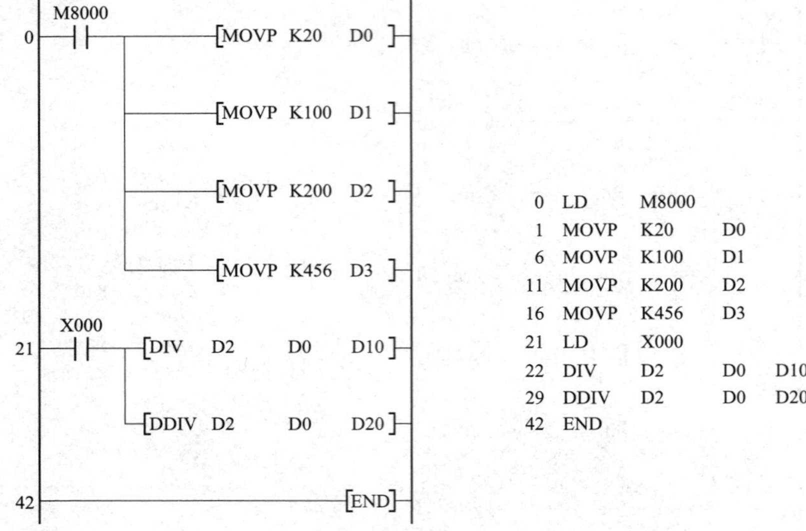

图 5－32　BIN 除法指令的使用程序

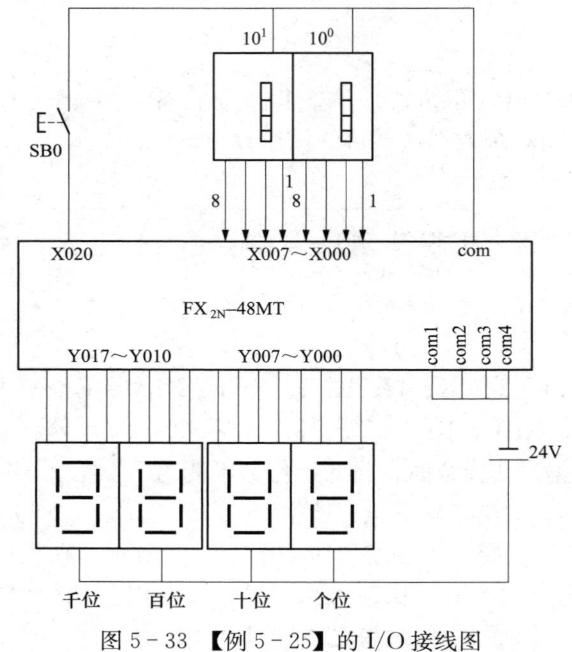

图 5－33　【例 5－25】的 I/O 接线图

解　数字拨码开关输入的数值应暂存到数据寄存器中，由于数据寄存器只能存放 BIN 码，因此必须将 BCD 码数字转换成 BIN 值送入 D0 中。执行 ADD 加法指令，D0 的内容与 K30 相加，得到的结果送入 D2 中。执行 DIV 除法指令，将 D2 中的数值除以 4，得到的商送入 D10 中。执行 MUL 乘法指令，将 D10 中的数值乘以 K2，结果送入 D20 中。执行 SUB 减法指令，将 D20 中的数值减 10，得到的结果送入 D24 中。最后，将 D24 中数值执行 BCD 转换送入 K4Y000 中即可。由于数字拨码开关输入的数值为二进制 8 位，因此执行加法操作时，数值长度不会超过 16 位；执行除法操作后，商值长度为 8 位；执行乘法操作时，积的长度不会超过 16 位；执行减法操作后，数值仍不会超过 16 位。编写的程序如图 5－34 所示。

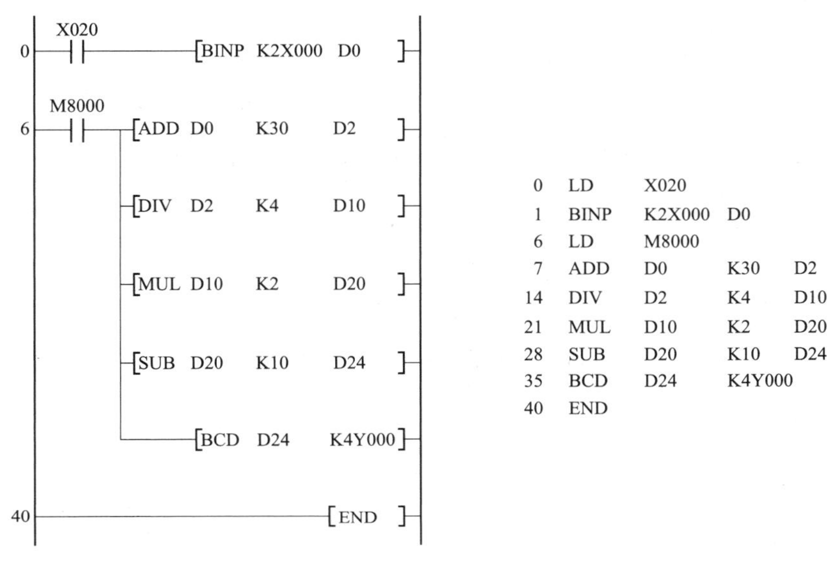

X020
0
[BINP K2X000 D0]
M8000
6
[ADD D0 K30 D2]
[DIV D2 K4 D10]
[MUL D10 K2 D20]
[SUB D20 K10 D24]
[BCD D24 K4Y000]
40
[END]
0 LD X020
1 BINP K2X000 D0
6 LD M8000
7 ADD D0 K30 D2
14 DIV D2 K4 D10
21 MUL D10 K2 D20
28 SUB D20 K10 D24
35 BCD D24 K4Y000
40 END

图 5－34 【例 5－25】程序

5.4.5 BIN 加 1 指令

BIN 加 1 指令 INC（Increment）是将操作数［D］中的内容进行加 1，运算结果仍存入［D］中。

1. 指令格式

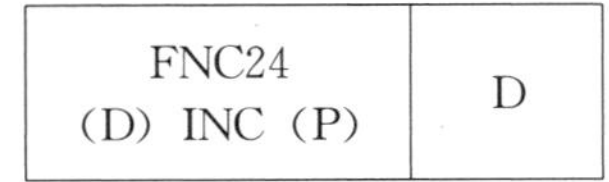

FNC24 （D）INC（P）	D

2. 指令说明

（1）操作数可以是 KnY、KnM、KnS、T、C、D、V、Z。

（2）指令不影响零标志位、借位标志位和进位标志位。

（3）在 16 位运算中，32767 再加 1 就变成－32768；2147483647 再加 1 就变成－2147483648。

【例 5－26】 使用 INC 指令实现物品计件控制，其程序如图 5－35 所示。假设每来一个物品，X000 就产生一个脉冲，若物品数量小于 10 时，Y000 指示灯亮；若物品数量等于 10 时，Y001 指示灯进行秒闪显示，并暂停计数；当 X001 为 ON 时，D0 复位。

5.4.6 BIN 减 1 指令

BIN 减 1 指令 DEC（Decrement）是将操作数［D］中的内容进行减 1，运算结果仍存入［D］中。

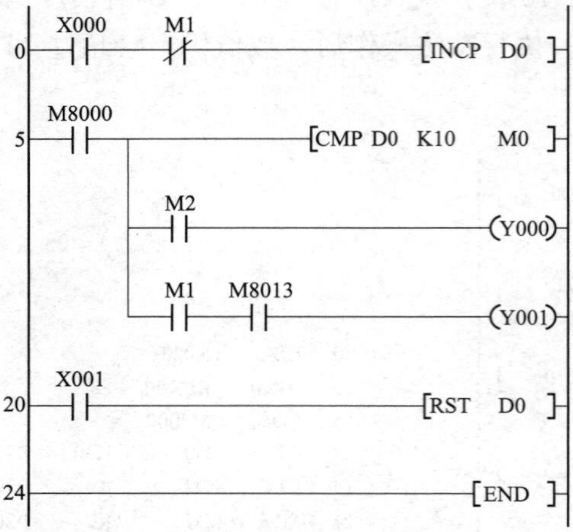

```
0  LD    X000
1  ANI   M1
2  INCP  D0
5  LD    M8000
6  CMP   D0   K10   M0
13 MPS
14 AND   M2
15 OUT   Y000
16 MPP
17 AND   M1
18 AND   M8013
19 OUT   Y001
20 LD    X001
21 RST   D0
24 END
```

图 5-35　INC 指令实现物品计件控制程序

1. 指令格式

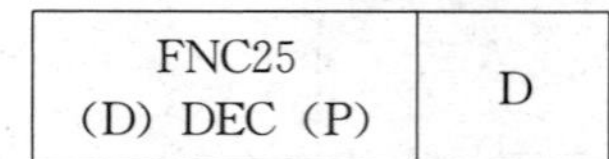

FNC25 （D）DEC（P）	D

2. 指令说明

（1）操作数可以是 KnY、KnM、KnS、T、C、D、V、Z。

（2）指令不影响零标志位、借位标志位和进位标志位。

（3）在 16 位运算中，－32768 再减 1 就变成 32767；－2147483648 再减 1 就变成 2147483647。

【例 5-27】 使用 INC 和 DEC 指令实现物品计件控制，其程序如图 5-36 所示。假

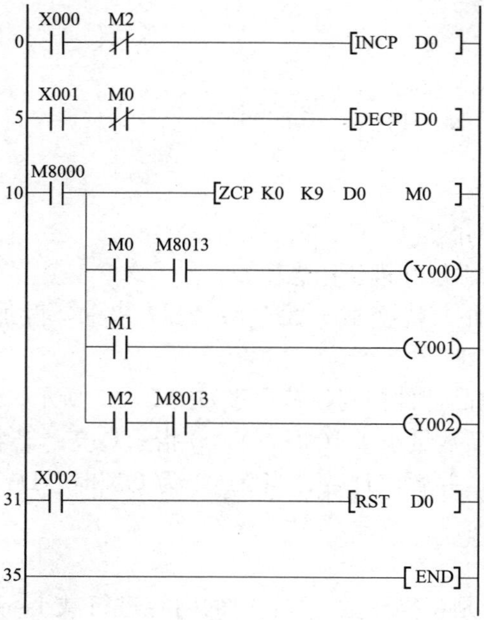

```
0  LD    X000
1  ANI   M2
2  INCP  D0
5  LD    X001
6  ANI   M0
7  DECP  D0
10 LD    M8000
11 ZCP   K0   K9   D0   M0
20 MPS
21 AND   M0
22 AND   M8013
23 OUT   Y000
24 MRD
25 AND   M1
26 OUT   Y001
27 MPP
28 AND   M2
29 AND   M8013
30 OUT   Y002
31 LD    X002
32 RST   D0
35 END
```

图 5-36　INC、DEC 指令实现物品计件控制程序

设每存放一件物品，X000 就产生一个加 1 脉冲；每取一件物品，X001 就产生一个减 1 脉冲。若没有物品时，Y000 就进行秒闪指示，并暂停取物品计数操作；若物品达到 10 件时，Y002 也进行秒闪指示，并暂停存放物品计数操作；否则，Y001 指示灯亮。当 X002 为 ON 时，D0 复位。

5.4.7 逻辑字“与”指令

逻辑字“与”（Logic Word And）指令 WAND，是对两个输入数据的源操作数［S1］和［S2］按位进行“与”操作，产生结果送入目的操作数［D］中。

1. 指令格式

FNC26 （D）WAND（P）	S1	S2	D

2. 指令说明

（1）源操作数可以是 K、H、KnX、KnY、KnM、KnS、T、C、D、V、Z；目的操作数可以是 KnY、KnM、KnS、T、C、D、V、Z。

（2）运算时，若两个操作数的同一位都为 1，则该位逻辑结果为 1，否则为 0。

【例 5-28】 逻辑字“与”指令的使用如图 5-37 所示。在程序中，首先将 H23、H58、H74、H35 分别送入 D0～D3 中。当 X000 为 ON 时，将 D1 和 D3 中的内容进行 16 位的逻辑字“与”（WAND）操作，运行结果 D10 为 H10；将 D1、D0 和 D3、D2 中的内容进行 32 位的逻辑字“与”（DAND）操作，运行结果 D21 为 H10、D20 为 H20。

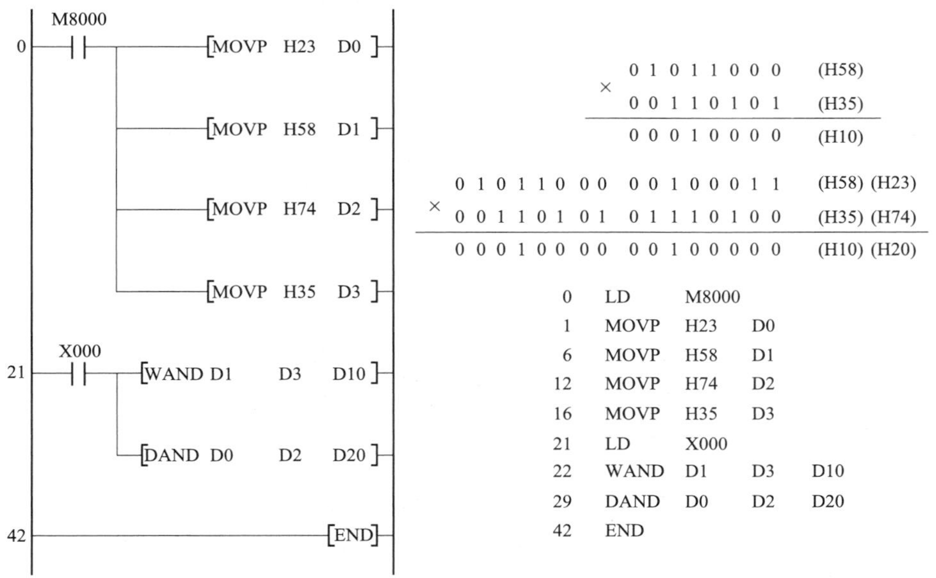

图 5-37 逻辑字“与”指令的使用

5.4.8 逻辑字“或”指令

逻辑字“或”（Logic Word Or）指令 WOR，是对两个输入数据的源操作数［S1］和

[S2] 按位进行“或”操作，产生结果送入目的操作数 [D] 中。

1. 指令格式

FNC27 (D) WOR (P)	S1	S2	D

2. 指令说明

(1) 源操作数可以是 K、H、KnX、KnY、KnM、KnS、T、C、D、V、Z；目的操作数可以是 KnY、KnM、KnS、T、C、D、V、Z。

(2) 运算时，两个操作数的同一位只要其中之一或两者同时为 1，则该位逻辑结果为 1，否则为 0。

【例 5-29】 逻辑字“或”指令的使用如图 5-38 所示。在程序中，首先将 H23、H58、H74、H35 分别送入 D0～D3 中。当 X000 为 ON 时，将 D1 和 D3 中的内容进行 16 位的逻辑字“或”(WOR) 操作，运行结果 D10 为 H7D；将 D1、D0 和 D3、D2 中的内容进行 32 位的逻辑字“或”(DOR) 操作，运行结果 D21 为 H7D、D20 为 H77。

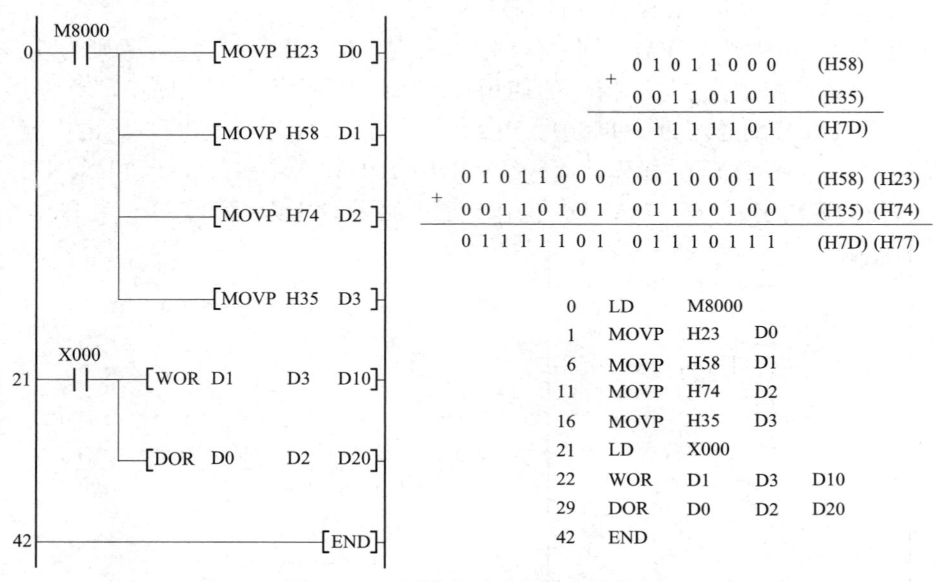

图 5-38 逻辑字“或”指令的使用

5.4.9 逻辑字“异或”指令

逻辑字“异或”(Logic Word Exclusive Or) 指令 XOR，是对两个输入数据的源操作数 [S1] 和 [S2] 按位进行“异或”操作，产生结果送入目的操作数 [D] 中。

1. 指令格式

FNC28 (D) XOR (P)	S1	S2	D

2. 指令说明

(1) 源操作数可以是 K、H、KnX、KnY、KnM、KnS、T、C、D、V、Z；目的操

作数可以是 KnY、KnM、KnS、T、C、D、V、Z。

(2) 运算时，若两个操作数的同一位相同，则该位逻辑结果为 0，否则为 1。

(3) 运算时，若两个操作数的同一位相同，该位逻辑结果为 1，否则为 0 时，则这种运算称为逻辑字“同或”运算。“同或”运算实质上是将“异或”运算结果取反。

【例 5-30】 逻辑字“异或”指令的使用如图 5-39 所示。在程序中，首先将 H23、H58、H74、H35 分别送入 D0～D3 中。当 X000 为 ON 时，将 D1 和 D3 中的内容进行 16 位的逻辑字“异或”(WXOR) 操作，运行结果 D10 为 H6D；将 D1、D0 和 D3、D2 中的内容进行 32 位的逻辑字“异或”(DXOR) 操作，运行结果 D21 为 H6D、D20 为 H57。D11 的内容 HFF92，可认为是 D1 和 D3 的逻辑字“同或”运算结果；D23 的内容为 HFF92，D22 的内容为 HFFA8，它们可认为是 D1、D0 和 D3、D2 的逻辑字“同或”的运算结果。

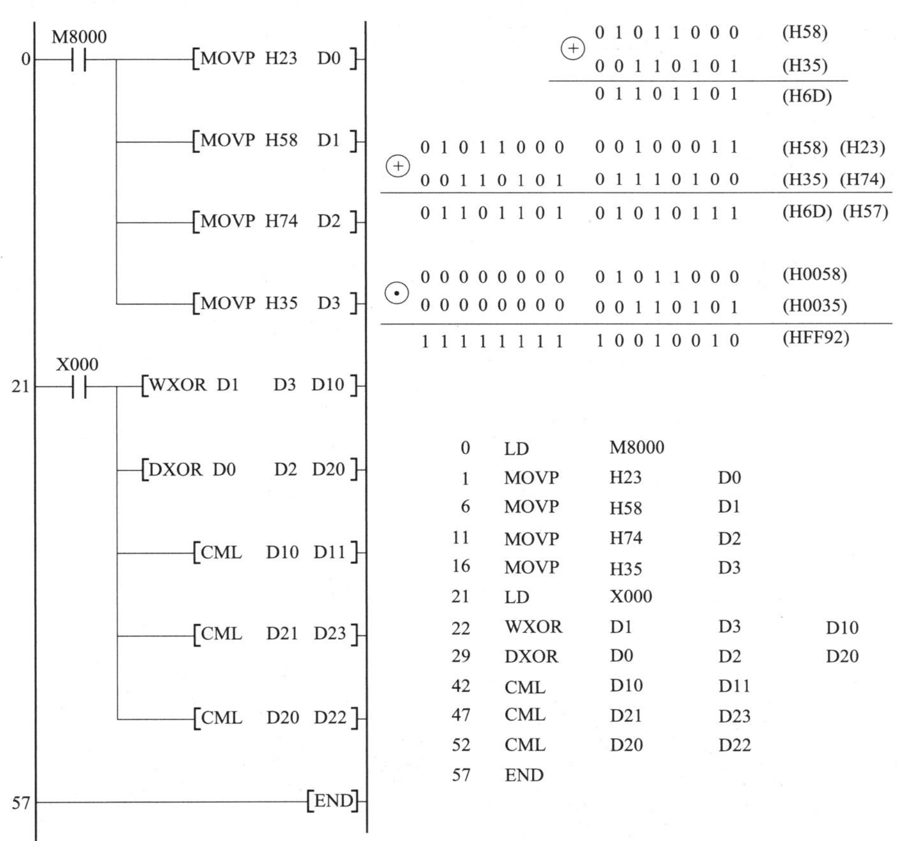

图 5-39 逻辑字“异或”指令的使用

5.4.10 求补码指令

求补码指令 NEG (Negation) 是将操作数 [D] 中每位数据取反后再加 1，结果仍存于同一 [D] 中。

1. 指令格式

FNC29 (D) NEG (P)	D

2. 指令说明

(1) 操作数可以是 KnY、KnM、KnS、T、C、D、V、Z。

(2) 指令不影响借位标志位和进位标志位。

(3) 求补码指令实质上是绝对值不变的变号操作。

【例 5-31】 求补码指令的使用如图 5-40 所示。程序中 BON 指令为 ON 位判断指令，详细说明请见 5.6.5 节。本程序完成两部分的操作：求 H35 的补码以及求 D10 中负数的绝对值。求 H35 的补码时，首先通过 MOV 指令将 H35 送入 D0 中，然后当 X000 为 ON 时，执行 NEG 指令，求得 D0 的补码内容为 HFFCB。在 PLC 中的负数为补码，负数的最高位为 1，可以利用补码指令来求负数的绝对值。利用 BON 指令判断 D10 中最高位（K15）为 1 时，表明 D10 中的数为负数。若 D10 为负数时，其最高位为负数，则 M0 为 ON，从而执行 NEG 指令，以求其补码（即绝对值）。

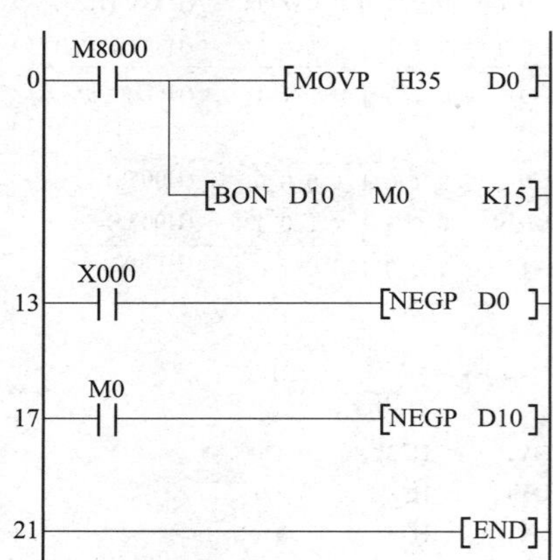


```
取反 0 0 0 0 0 0 0 0 0 0 1 1 0 1 0 1   (H0035)
     1 1 1 1 1 1 1 1 1 1 0 0 1 0 1 0
+                                  1
     1 1 1 1 1 1 1 1 1 1 0 0 1 0 1 1   (HFFCB)
```

```
0    LD     M8000
1    MOVP   H35     D0
6    BON    D10     M0     K15
13   LD     X000
14   NEGP   D0
17   LD     M0
18   NEGP   D10
21   END
```

图 5-40 求补码指令的使用

5.5 循环与移位指令

循环与移位指令是使字数据、位组合的字数据向指定方向循环、移位的指令。FX_{2N} 系列 PLC 中，循环与移位指令有循环移位、位移位、字移位、先入先出（FIFO）指令等数种，其中循环移位分为带进位循环和不带进位循环，位或字移位有左移和右移之分，先入先出分为移位写入和移位读出两种。

从指令的功能来说，循环移位是指数据在本字节或双字内的移位，是一种环形移动；而非循环移位是线性的移位，数据移出部分会丢失，移入部分从其他数据获得。移位指令可用于数据的 2 倍乘处理，形成新数据，或形成某种控制开关。字移位和位移位不同，它可用于字数据在存储空间中的位置调整等功能。先入先出指令可用于数据的管理。FX_{2N}系列 PLC 中，循环与移位指令共有 10 条，指令功能编号为 FNC30～FNC39，如表 5－8 所示。

表 5－8　循环与移位指令

指令代号	指令助记符	指令名称	程序步	指令代号	指令助记符	指令名称	程序步
FNC30	ROR	循环右移	5/9 步	FNC35	SFTL	位左移	9 步
FNC31	ROL	循环左移	5/9 步	FNC36	WSFR	字右移	9 步
FNC32	RCR	带进位右移	5/9 步	FNC37	WSFL	字左移	9 步
FNC33	RCL	带进位左移	5/9 步	FNC38	SFWR	移位写入	7 步
FNC34	SFTR	位右移	9 步	FNC39	SFRD	移位读出	7 步

5.5.1　循环右移、左移指令

循环右移指令 ROR（Rotation Right）是将操作数［D］中的数据右移 n 位；循环左移指令 ROL（Rotation Left）是将操作数［D］中的数据左移 n 位。

1. 指令格式

FNC30 （D）ROR（P）	D	n

FNC31 （D）ROL（P）	D	n

2. 指令说明

（1）操作数可以是 KnY、KnM、KnS、T、C、D、V、Z。16 位指令中 n 应小于 16；32 位指令中 n 应小于 32。

（2）执行指令时，每次移出来的那一位同时存入进位标志 M8022 中。

（3）若操作数为 KnY、KnM、KnS 时，只有 K4（16 位指令）和 K8（32 位指令）有效。

【例 5－32】　循环移位指令的使用如图 5－41 所示。程序中，首先将 H9CB5 和 H5635 分别送入 D0 和 D2 中。当 X000 为 ON 时，将 D0 中的内容循环左移 4 位，D2 中的内容循环右移 3 位，移位后的数据仍存入原来的存储单元。执行一次循环移位后，D0 中的内容为 HCB59；D2 中的内容为 HAAC6。

【例 5－33】　循环移位指令在流水灯中的应用。假设 PLC 的输入端子 X000 和 X001 分别外接启动和停止按钮；PLC 的输出端子 K4Y0 外接 16 只发光二极管。要求按下启动按钮后，流水灯开始从 Y000～Y017 每隔 1s 依次左移点亮，当 Y017 点亮后，流水灯开始从 Y017～Y000 每隔 1s 依次右移点亮，循环进行。

解　流水灯的启动和停止可由 X000、X001 和 M0 构成。当 X000 为 ON 时，M0 线圈得电，其触点自锁，这样即使 X000 松开 M0 线圈仍然保持得电状态。M0 线圈得电后，执行一次传送指令，将初始值 K1 送入 K4Y000，为循环左移赋初值。Y0 赋初值 1 后，由 M8013 控制每隔 1s，执行 ROL 指令使 K4Y000 中的内容循环左移 1 次。当左移至 Y017 时，Y017 动合触点为 ON，由 M8013 控制每隔 1s，执行 ROR 指令使 K4Y000 中的内容循环右移 1 次。编写的程序如图 5－42 所示。

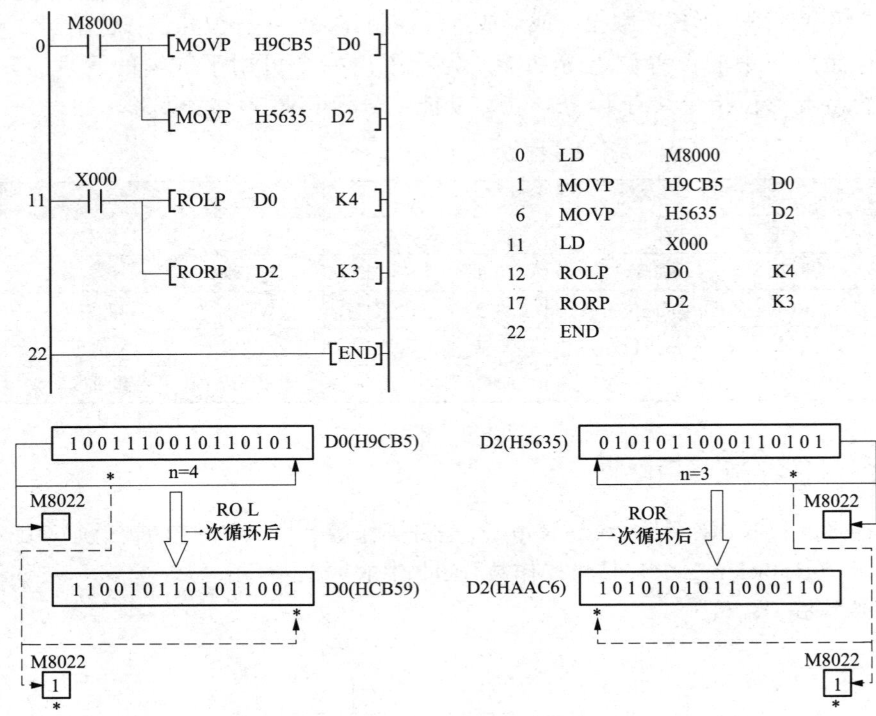

图 5－41　循环移位指令的使用

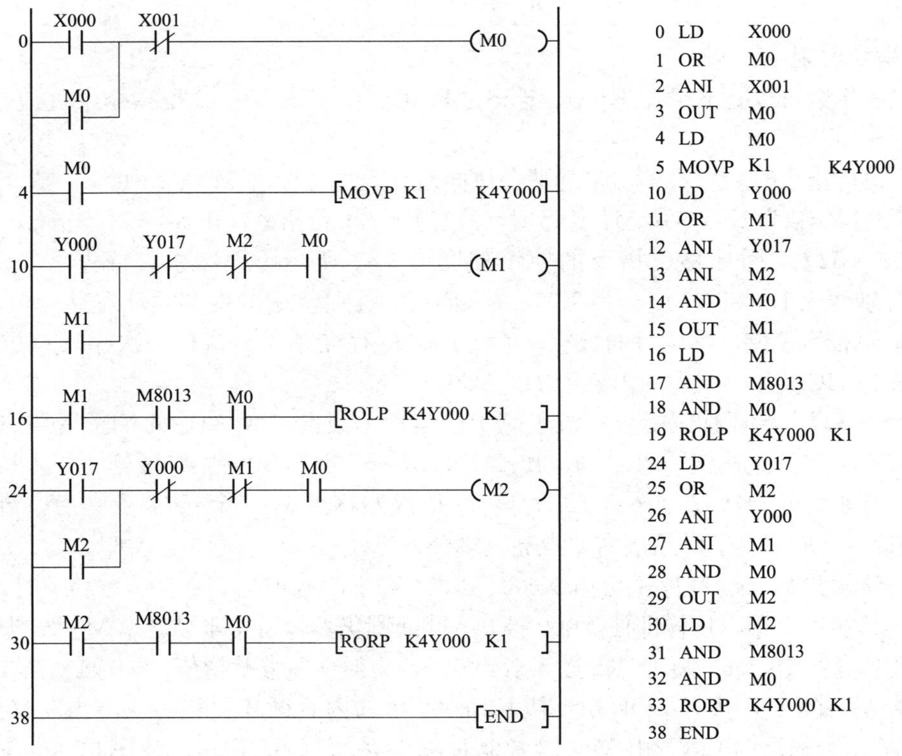

图 5－42　循环移位指令在流水灯中的应用程序

5.5.2 带进位右移、右移指令

带进位右移指令 RCR（Rotation Right with Carry）是将操作数［D］中的数据右移 n 位，在移位过程中连同进位位 M8022 一起右移；带进位左移指令 RCL（Rotation Left with Carry）是将操作数［D］中的数据左移 n 位，在移位过程中连同进位位 M8022 一起左移。

1. 指令格式

FNC32 （D）RCR（P）	D	n

FNC33 （D）RCL（P）	D	n

2. 指令说明

（1）操作数可以是 KnY、KnM、KnS、T、C、D、V、Z。16 位指令中 n 应小于 16；32 位指令中 n 应小于 32。

（2）若操作数为 KnY、KnM、KnS 时，只有 K4（16 位指令）和 K8（32 位指令）有效。

（3）移位时，移出的第 n 位移入进位标志位 M8022，而进位标志位 M8022 原来的数据则移入从最高位（RCR 指令）或从最低位（RCL 指令）侧计的第 n 位。

【例 5－34】 带进位移位指令的使用如图 5－43 所示。程序中，首先将 H9CB5 和

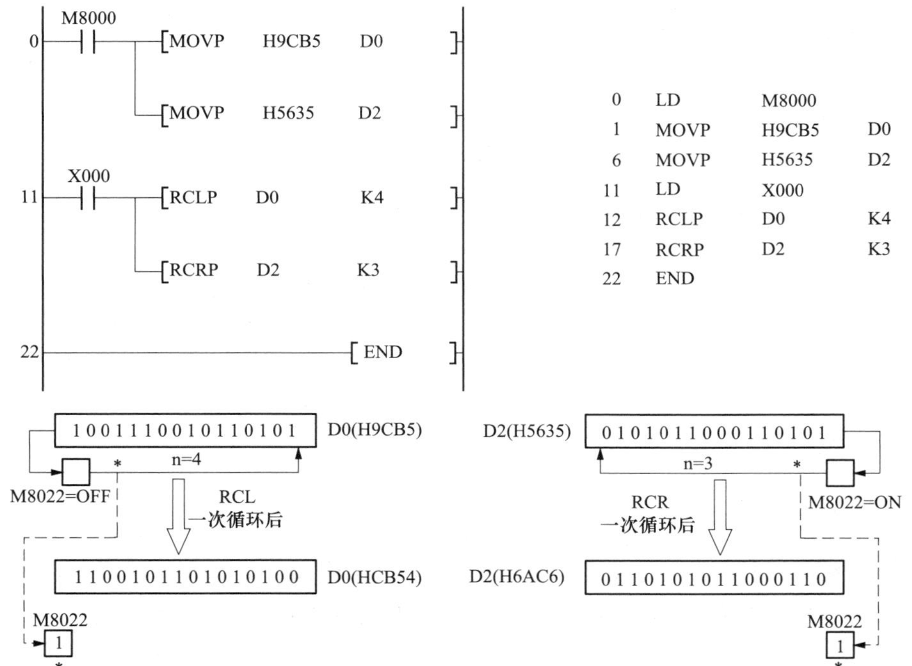

图 5－43 带进位移位指令的使用

H5635 分别送入 D0 和 D2 中。当 X000 为 ON 时，将 D0 中的内容带进位左移 4 位，D2 中的内容带进位右移 3 位，移位后的数据仍存入原来的存储单元。假设 M8022 初始值为 OFF（即 0），则执行一次带进位左移后，D0 中的内容为 HCB54，M8022 为 ON（即 1）。执行 RCR 时，由于 M8022 在执行 RCL 时为 ON，则 D2 中的内容为 H6AC6。

【例 5－35】 使用带进位移位指令实现流水灯控制。

解 使用带进位移位指令实现流水灯控制时，可以在【例 5－33】的程序基础上，将程序中的 RCR 和 RCL 指令分别取代 ROR 和 ROL，且在移位前将 M8022 复位为 OFF 即可。改写后的程序如图 5－44 所示。

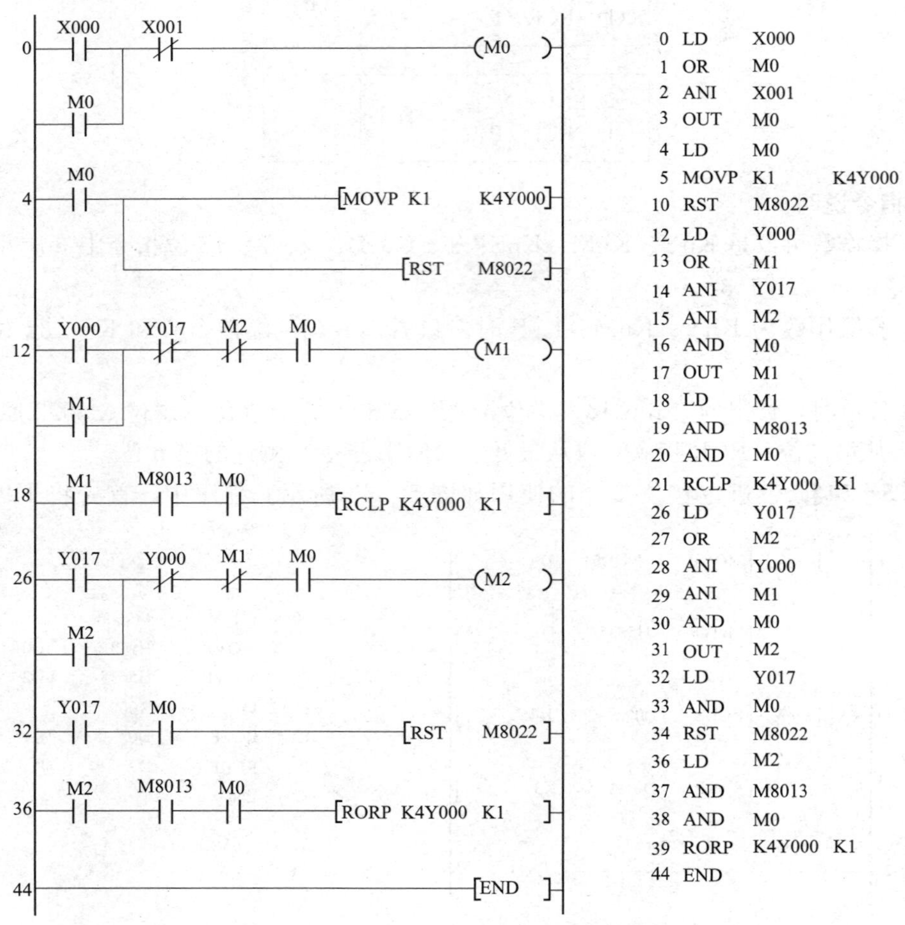

图 5－44 带进位移位指令在流水灯中的应用程序

5.5.3 位右移、左移指令

位右移指令 SFTR（Shift Right）是将目的操作数［D］指定的移位寄存器（移位寄存器长度为 n1 位）向右移动 n2 位，移位后的数据由源操作数［S］指定的数据填补。位左移指令 SFTL（Shift Left）是将目的操作数［D］指定的移位存寄器（移位寄存器长度为 n1 位）向左移动 n2 位，移位后的数据由源操作数［S］指定的数据填补。

1. 指令格式

FNC34 SFTR（P）	S	D	n1	n2

FNC35 SFTL（P）	S	D	n1	n2

2. 指令说明

（1）源操作数可以是 X、Y、M、S；目的操作数可以是 Y、M、S。

（2）n1、n2 的取值范围是 0＜n2＜n1＜1024。

（3）如果采用连续型指令，则每个扫描周期都移动 n2 位。

【例 5 - 36】 位右移、位左移指令的使用如图 5 - 45 所示。在程序中，首先将 K1Y0（Y000～Y003）赋值为 H0B，K4M0（M0～M15）赋值为 H3487。当 X000 为 ON 时，执行一次位右移指令，将 M0～M15 向右移动 4 位，左边空出的位由 Y000～Y003 填补，以形成新的数据。在 X000 仍为 ON，再将 X001 置为 ON 时，执行一次位左移指令，将 M0～M15 新的数据向左移动 3 位，右边空出的位由 Y000～Y002 填补。

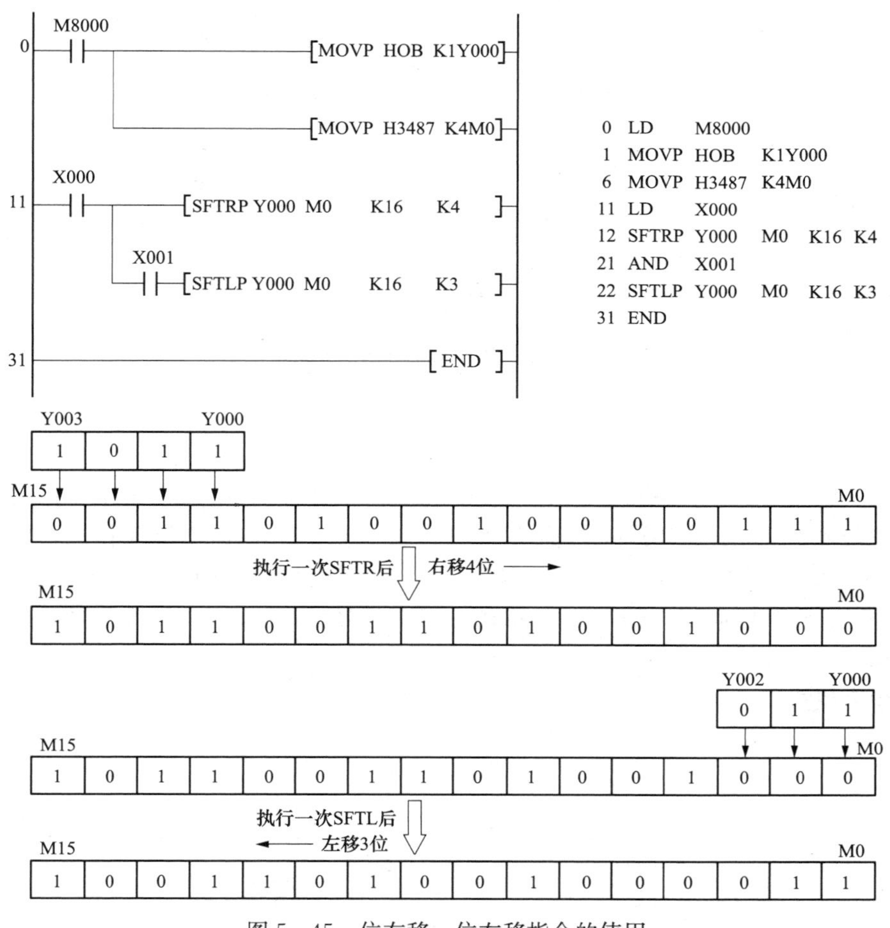

图 5 - 45　位右移、位左移指令的使用

【例 5-37】 位左移指令在流水灯中的应用。假设 PLC 的输入端子 X000 和 X001 分别外接启动和停止按钮；PLC 的输出端子 K3Y0 外接 12 只发光二极管。要求按下启动按钮后，流水灯开始从 Y000～Y011 每隔 1s 依次左移点亮，当 Y011 点亮后，流水灯又开始从 Y000～Y011 每隔 1s 依次左移点亮，循环进行。

解 流水灯的启动和停止可由 X000、X001 和 M0 构成。当 X000 为 ON 时，M0 线圈得电，其触点自锁，这样即使 X000 松开 M0 线圈仍然保持得电状态。M0 线圈得电后，首先将 K3Y000 复位 1 次。M0 触点发生 1 次上升沿微分时，使 M1 输出为 ON，为移位作准备。M8013 控制每隔 1s，执行 SFTL 指令使 K3Y000 中的内容位左移 1 次。当移位 10 次后，Y011 为 1，此时 Y011 动合触点闭合，使 M1 输出为 ON，为下次移位作准备。编写的程序如图 5-46 所示。

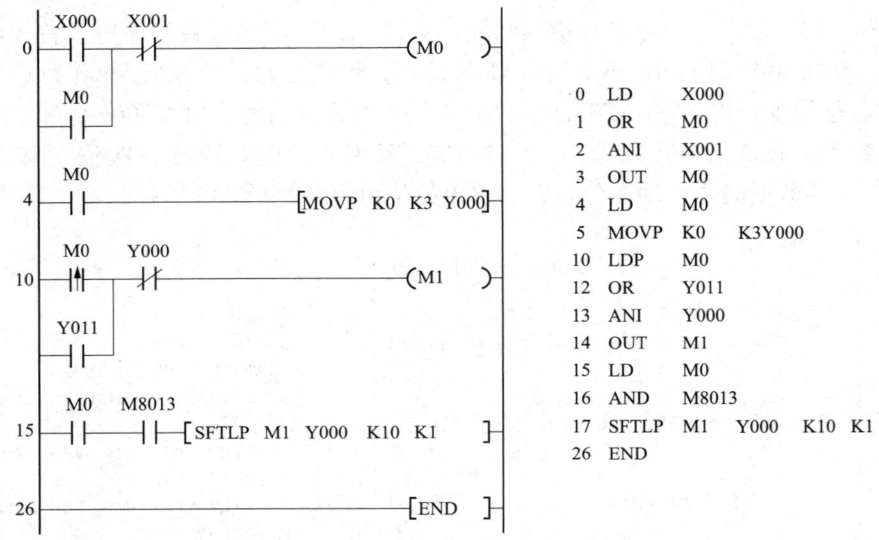

图 5-46　位左移指令在流水灯中的应用程序

5.5.4　字右移、左移指令

字右移指令 WSFR（Word Shift Right）是将目的操作数［D］指定的移位寄存器（移位寄存器长度为 n1 个字）向右移动 n2 个字，移位后的数据由源操作数［S］指定的数据填补。字左移指令 WSFL（Word Shift Left）是将目的操作数［D］指定的移位寄存器（移位寄存器长度为 n1 个字）向左移动 n2 字，移位后的数据由源操作数［S］指定的数据填补。

1. 指令格式

FNC36 WSFR（P）	S	D	n1	n2

FNC37 WSFL（P）	S	D	n1	n2

2. 指令说明

(1) 源操作数可以是 KnX、KnY、KnM、KnS、T、C、D；目的操作数可以是 KnY、KnM、KnS、T、C、D。

(2) n1、n2 的取值范围是 0<n2<n1<512。

(3) 字移位指令的使用与位移位指令类似，只不过字移位指令是以字为单位进行移位，而位移位指令是以位为单位进行移位。

【例 5-38】 字右移、左移指令的使用如图 5-47 所示。程序中，当 X000 为 ON 时，执行 1 次 WSFR 指令，将 D0～D15 连续 16 个数据寄存器中的内容右移 4 个字。右移后 D11～D0 数据寄存器中的内容为原 D15～D4 中的内容，而右移空出的数据寄存器中的内容（原 D15～D12）由 D20～D23 中的内容来填补。当 X001 为 ON 时，执行 1 次 WSFL 指令，将 D30～D45 连续 16 个数据寄存器中的内容右移 4 个字。右移后 D34～D45 数据寄存器中的内容为原 D30～D41 中的内容，而右移空出的数据寄存器中的内容（原 D30～D33）由 D20～D23 中的内容来填补。

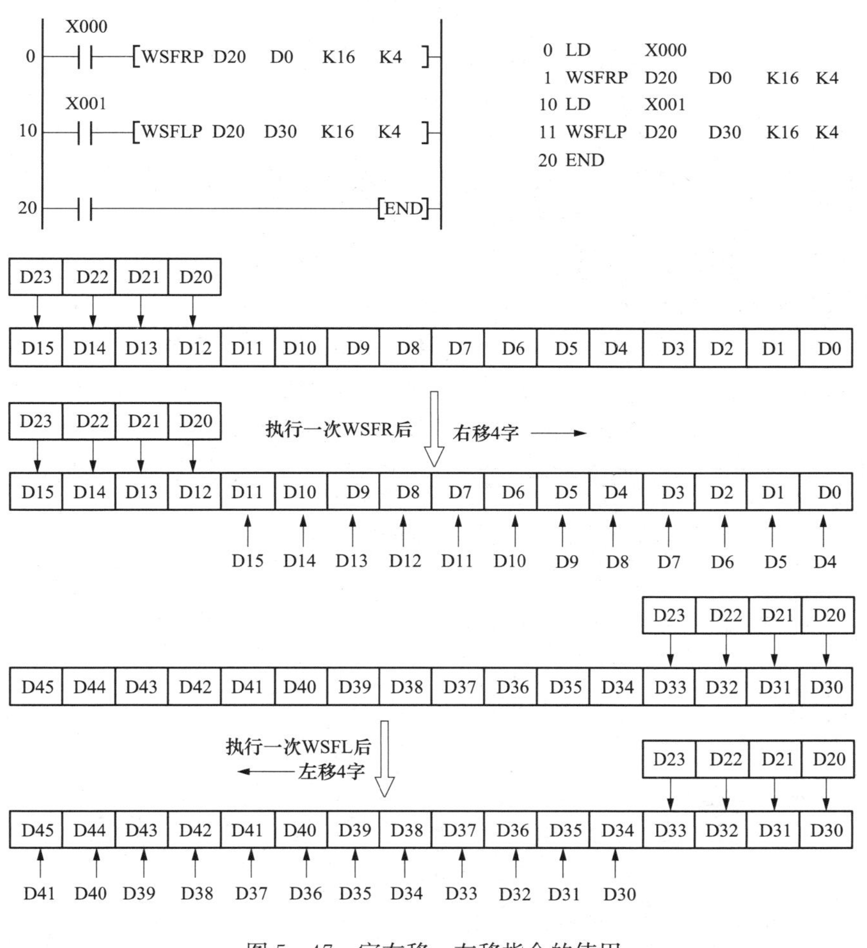

图 5-47　字右移、左移指令的使用

5.5.5 FIFO 指令

移位寄存器又称为 FIFO（First In First Out）堆栈，堆栈长度为 2～512 个字。它分为移位寄存器写入指令和移位寄存器读出指令。

移位寄存器写入指令 SFWR（Shift Register Write）是将源操作数［S］写入到目的操作数［D］指示器的元件中。指令每执行一次，指示器加 1，直到指示的内容达到 n－1 时不再执行。

移位寄存器读出指令 SFRD（Shift Register Read）是将［S］源操作数指定的 n－1 个数据序列依次移入到［D］目的操作数指定的元件中。该指令每执行一次，源操作数指定的数据序列就向右移一字，直到指示器为零。

1. 指令格式

FNC38 SFWR（P）	S	D	n

FNC39 SFRD（P）	S	D	n

2. 指令说明

（1）源操作数可以是 KnY、KnM、KnS、T、C、D；目的操作数可以是 K、H、KnX、KnY、KnM、KnS、T、C、D。

（2）n 的取值范围是 2<n<512。

【例 5－39】 FIFO 指令的使用如图 5－48 所示。当 X000 第 1 次闭合时，将 D0 中的数据传送到 D11 中，而 D10 变为 1（指针）；当 X000 第 2 次闭合时，将 D0 中的数据送到 D12 中，而 D10 变为 2，依次类推。当 D10 的内容为 9 时，则指令不再执行且进位标志位 M8022 置 1。注意在写入指令执行前最好将指针 D10 中的内容清零。当 X001 第 1 次闭合时，将 D2 中的数据传送到字元件 D20，同时指针 D1 减 1，单元序列中的数据向右移动 1

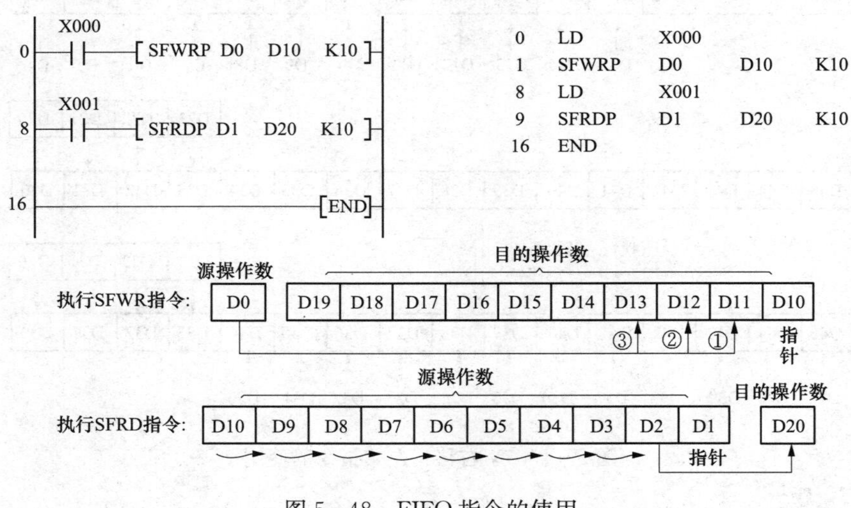

图 5－48 FIFO 指令的使用

个字；当 X001 第 2 次闭合时，将 D2 中的数据传送到字元件 D20，同时指针 D1 减 1，单元序列中的数据向右移动 1 个字，依次类推。当 D1 小于 0 时，则指令不再执行且 M8020 零标志位置 1。

【例 5－40】 FIFO 指令在入库物品中的应用程序如图 5－49 所示。在程序中，当入库按钮 X020 为 ON 时，执行 BIN 指令，将 4 位十进制产品编号 0～9999 送入 D0 中；执行 SFWR 指令，写入 99 个入库物品的产品编号，依次存放在 D2～D100 中。当出库按钮 X021 为 ON 时，执行 SFRD 指令，按照先入库的物品先出库的原则，读取出库物品的产品编号。在程序中，还执行了 BCD 指令，用 4 位 BCD 数据管显示产品的编号。

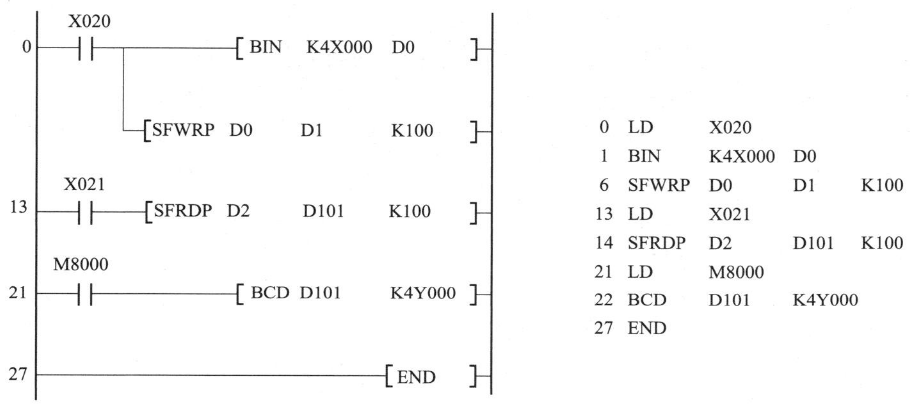

图 5－49 FIFO 指令在入库物品中的应用程序

5.6 数据处理指令

数据处理指令是可以进行复杂的数据处理和实现特殊用途的指令，包含区间复位、译码、编码、求 ON 位数、ON 位判断、求平均值、报警器置位与复位、求平方根、浮点数转换等指令。在 FX_{2N} 系列 PLC 中，数据处理指令共有 10 条，指令功能编号为 FNC40～FNC49，如表 5－9 所示。

表 5－9　　数据处理指令

指令代号	指令助记符	指令名称	程序步	指令代号	指令助记符	指令名称	程序步
FNC40	ZRST	区间复位	5/9 步	FNC45	MEAN	求平均值	9 步
FNC41	DECO	译码	5/9 步	FNC46	ANS	报警器置位	9 步
FNC42	ENCO	编码	5/9 步	FNC47	ANR	报警器复位	1 步
FNC43	SUM	求 ON 位数	5/9 步	FNC48	SQR	求平方根	5/9 步
FNC44	BON	ON 位判断	9 步	FNC49	FLT	浮点数转换	5/9 步

5.6.1 区间复位指令

区间复位指令 ZRST（Zone Reset）可用于数据区的初始化，它是将操作数［D1］～［D2］之间的同类位元件成批复位。

1. 指令格式

FNC40 ZRST（P）	D1	D2

2. 指令说明

(1) 操作数可以是 Y、C、M、S、T、D。

(2) 操作数［D1］和［D2］指定的位元件应为同类元件。

(3)［D1］指定的元件编号应小于或等于［D2］指定的元件编号。

(4) 若［D1］的元件号大于［D2］的元件号，则只有［D1］指定的元件被复位。

【例 5－41】 区间复位指令的使用如图 5－50 所示。在程序中，当 X000 为 ON 时，执行一次区间复位操作。其中 Y000～Y007、M500～M599、C200～C249、S10～S127、D20～D50、T0～T10 全部复位。

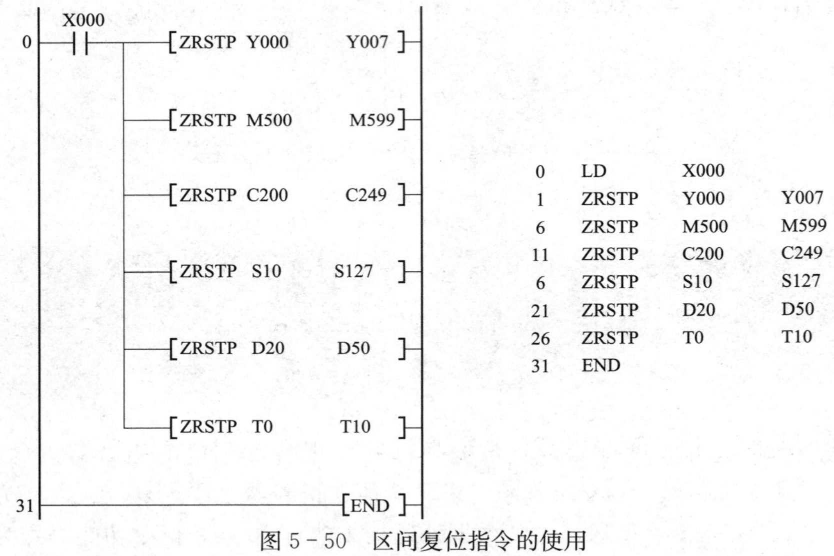

图 5－50 区间复位指令的使用

5.6.2 译码指令

译码指令 DECO（Decode）是将源操作数［S］的 n 位二进制数进行译码，其结果用目的操作数［D］的第 2n 个元件置 1 来表示。

1. 指令格式

FNC41 DECO（P）	S	D	n

2. 指令说明

(1) 操作数［S］和［D］为 16 位，其中源操作数可以是 X、Y、C、M、S、T、D、

V、Z；目的操作数可以是 Y、C、M、S、T、D。

（2）目的操作数是位元件，n 的取值范围是 1≤n≤8；目的操作数是字元件，n 的取值范围是 1≤n≤4。

（3）n=0 时不处理，n 在取值范围以外时运算错误标志动作。

【例 5-42】 译码指令的使用如图 5-51 所示。在程序中，当 X010 动合触点闭合时，执行位元件译码指令。将 X002、X001、X000 表示的 3（K3）位二进制数用 M7～M0 之间的一个位元件来表示。例如 X002、X001、X000 为“010”时，M2 置 1；X002、X001、X000 为“101”时，M5 置 1。当 X011 动合触点闭合时，执行字元件译码指令。将 D0 中的低 3 位（b2～b0）用 D1 中的 b7～b0 之间的一个位来表示。例如 D0 为“1011001101011011”时，D10 的低 3 位（b2～b0）为“011”，则将 D1 中的 b3 位置 1；D0 为“1011010101101110”时，D10 的低 3 位（b2～b0）为“110”，则将 D1 中的 b6 位置 1。执行指令后，位元件、字元件译码值如表 5-10 所示。

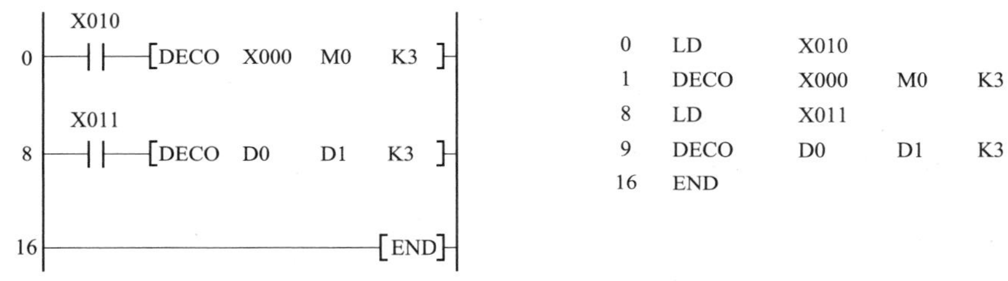

图 5-51　译码指令的使用

表 5-10　　位元件、字元件译码值

		X002	X001	X000	M7	M6	M5	M4	M3	M2	M1	M0
位元件译码	0	0	0	0	0	0	0	0	0	0	0	1
	1	0	0	1	0	0	0	0	0	0	1	0
	2	0	1	0	0	0	0	0	0	1	0	0
	3	0	1	1	0	0	0	0	1	0	0	0
	4	1	0	0	0	0	0	1	0	0	0	0
	5	1	0	1	0	0	1	0	0	0	0	0
	6	1	1	0	0	1	0	0	0	0	0	0
	7	1	1	1	1	0	0	0	0	0	0	0
字元件译码		D0			D1							
		b2	b1	b0	b7	b6	b5	b4	b3	b2	b1	b0
	0	0	0	0	0	0	0	0	0	0	0	1
	1	0	0	1	0	0	0	0	0	0	1	0
	2	0	1	0	0	0	0	0	0	1	0	0
	3	0	1	1	0	0	0	0	1	0	0	0
	4	1	0	0	0	0	0	1	0	0	0	0
	5	1	0	1	0	0	1	0	0	0	0	0
	6	1	1	0	0	1	0	0	0	0	0	0
	7	1	1	1	1	0	0	0	0	0	0	0

【例 5－43】 译码指令在多台电动机控制中的应用。假设有 6 台电动机分别与 Y000～Y005 连接，这 6 台电动机由按钮 X000 控制，根据按钮按下的次数来选择相应的一台电动机运行。当按钮按下最后一次或按下停止按钮 X000 时，延时 1s 所有电动机停止运行。

解 按钮 X000 每发生一次由 OFF 变为 ON 时，产生加 1 脉冲对 D0 的内容进行加 1，同时根据 D0 中的低 3 位二进制数进行译码。译码值可以存放到 M0～M7，然后根据译码的结果来控制相应电动机的启动运行。由于只控制 6 台电动机的启动，故译码结果存放为 M0～M5 即可，但是考虑到按钮按下最后一次时将所有电动机停止运行，因此译码值有 7 个，这些译码值可以存放到 M0～M6 中。编写的程序如图 5－52 所示。

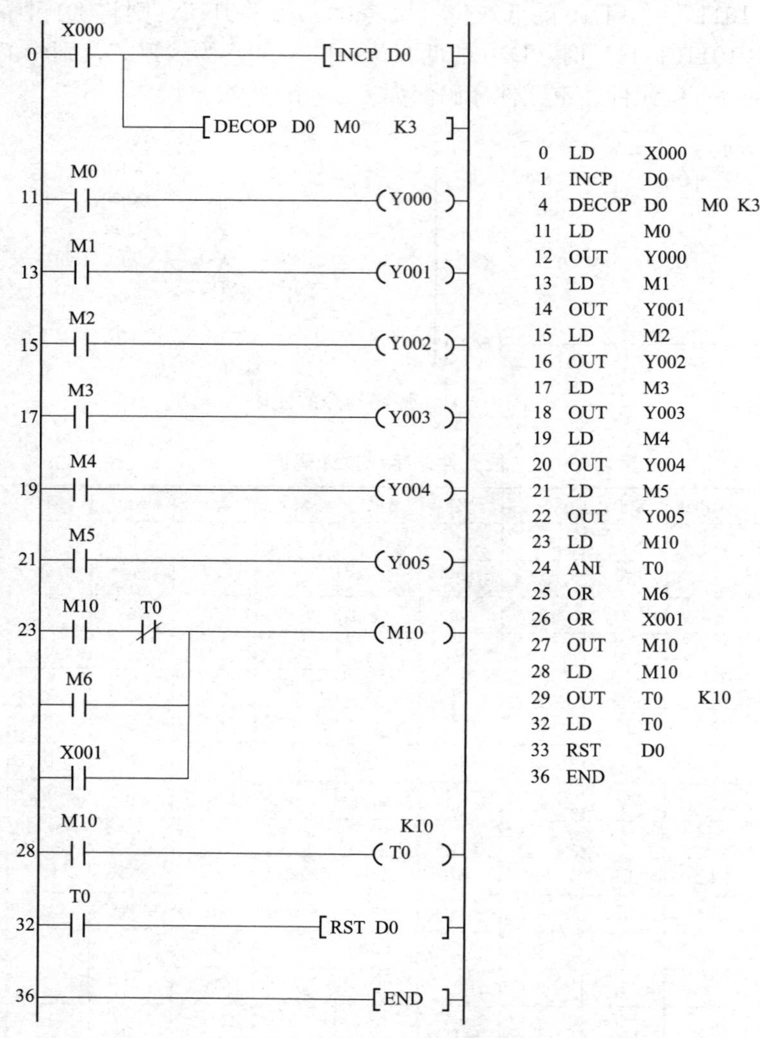

图 5－52 译码指令在多台电动机控制中的应用程序

5.6.3 编码指令

编码指令 ENCO（Encode）是将源操作数［S］的 2n 位中最高位的 1 进行编码，编

三菱FX_{2N} PLC从入门到精通

码存放在目的操作数［D］的低 n 位中。

1. 指令格式

FNC42 ENCO（P）	S	D	n

2. 指令说明

（1）操作数［S］和［D］为 16 位，其中源操作数可以是 X、Y、C、M、S、T、D、V、Z；目的操作数可以是 C、T、D、V、Z。

（2）目的操作数是位元件，n 的取值范围是 1≤n≤8；目的操作数是字元件，n 的取值范围是 1≤n≤4。

（3）n=0 时不处理，n 在取值范围以外时运算错误标志动作。

【例 5-44】 编码指令的使用如图 5-53 所示。在程序中，当 X010 动合触点闭合时，将 X007～X000 中的最高位的 1 进行编码，编码值存放在 D0 的低 3 位（b3～b0）中。例如 X007～X000=01011010，则 D0 中的 b2、b1、b0=110；X007～X000=00001001，则 D0 中的 b2、b1、b0=011。当 X011 动合触点闭合时，将 D10 中的低 8 位（b7～b0）中的最高位的 1 进行编码，编码值存放在 D1 中的低 3 位（b2～b0）中。例如 D10=0110100010101101，则 D1 中的 b2～b0=111。执行指令后，位元件、字元件编码值如表 5-11 所示。表中的“ϕ”表示任意值，可以是“0”或“1”。

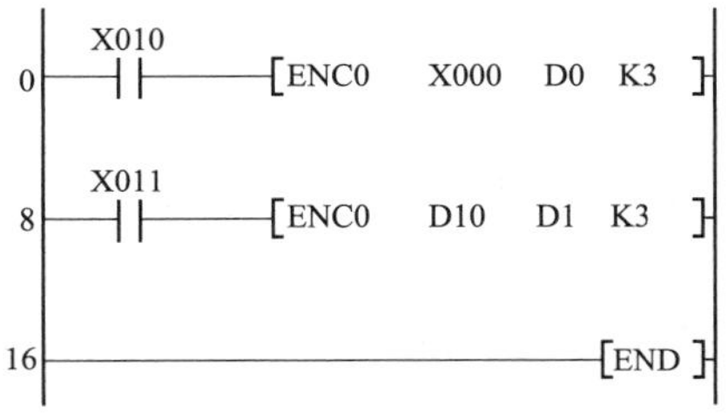

```
0   X010
 |--| |------[ENC0   X000   D0   K3 ]
8   X011
 |--| |------[ENC0   D10    D1   K3 ]
16
 |-------------------------[END ]
```

```
0    LD      X010
1    ENC0    X000    D0    K3
8    LD      X011
9    ENC0    D10     D1    K3
16   END
```

图 5-53 编码指令的使用

表 5-11 位元件、字元件编码值

		X007～X000								D0		
		X007	X006	X005	X004	X003	X002	X001	X000	b2	b1	b0
位元件编码	0	0	0	0	0	0	0	0	1	0	0	0
	1	0	0	0	0	0	0	1	ϕ	0	0	1
	2	0	0	0	0	0	1	ϕ	ϕ	0	1	0
	3	0	0	0	0	1	ϕ	ϕ	ϕ	0	1	1
	4	0	0	0	1	ϕ	ϕ	ϕ	ϕ	1	0	0
	5	0	0	1	ϕ	ϕ	ϕ	ϕ	ϕ	1	0	1
	6	0	1	ϕ	ϕ	ϕ	ϕ	ϕ	ϕ	1	1	0
	7	1	ϕ	ϕ	ϕ	ϕ	ϕ	ϕ	ϕ	1	1	1

续表

		D10							D1			
		b7	b6	b5	b4	b3	b2	b1	b0	b2	b1	b0
字元件编码	0	0	0	0	0	0	0	0	1	0	0	0
	1	0	0	0	0	0	0	1	ϕ	0	0	1
	2	0	0	0	0	0	1	ϕ	ϕ	0	1	0
	3	0	0	0	0	1	ϕ	ϕ	ϕ	0	1	1
	4	0	0	0	1	ϕ	ϕ	ϕ	ϕ	1	0	0
	5	0	0	1	ϕ	ϕ	ϕ	ϕ	ϕ	1	0	1
	6	0	1	ϕ	ϕ	ϕ	ϕ	ϕ	ϕ	1	1	0
	7	1	ϕ	ϕ	ϕ	ϕ	ϕ	ϕ	ϕ	1	1	1

5.6.4　求ON位数指令

位元件为1时称为ON。求ON位数指令SUM是统计源操作数［S］中“1”的个数，统计结果存入目的操作数［D］中。

1. 指令格式

FNC43 （D）SUM（P）	S	D

2. 指令说明

（1）源操作数可以是K、H、KnX、KnY、C、KnM、KnS、T、D、V、Z；目的操作数可以是KnY、C、KnM、KnS、T、D、V、Z。

（2）若源操作数指定的元件中数据为0，则零标志M8022为ON。

【例5-45】 求ON位数指令的使用如图5-54所示。在程序中，PLC上电时，将H57AB传送给D0。当X000为ON时，执行SUM指令，统计D0中1的个数为10个，统计结果送入D2中。

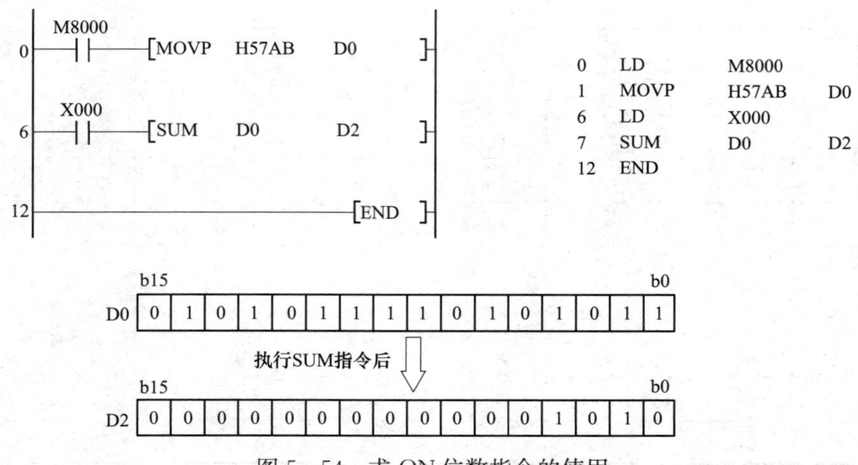

图5-54　求ON位数指令的使用

【例 5-46】 使用数字拨盘控制同一信号灯。假如数字拨盘开关与 X007～X000 相连，当其中一个开关闭合时，信号灯亮，再有另一个开关闭合时，信号灯熄灭。

解 使用 SUM 指令统计 X007～X000 输入开关闭合个数的总和，将统计的结果以二进制的方式存放到 K1M0 中。如果闭合开关个数的总和为奇数时，M0 为 1，否则 M0 为 0。然后根据 M0 的状态来控制信号灯的亮或熄灭。编写的程序如图 5-55 所示。

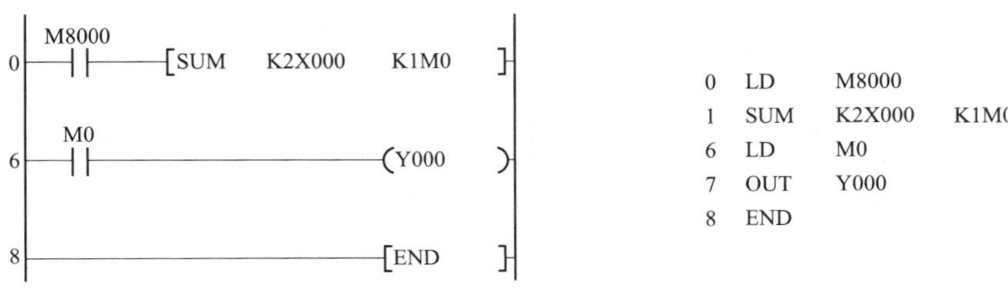

图 5-55 数字拨盘控制同一信号灯程序

5.6.5 ON 位判断指令

ON 位判定指令 BON（Bit ON Check），是判定源操作数［S］指定的位数中第 n 位是否为 1，如果为 1，则目的操作数［D］指定的元件置 1；否则［D］中指定元件置 0。

1. 指令格式

FNC44 (D) BON (P)	S	D

2. 指令说明

源操作数可以是 K、H、KnX、KnY、C、KnM、KnS、T、D、V、Z；目的操作数可以是 Y、M、S。

【例 5-47】 ON 位判断指令的使用如图 5-56 所示。程序中，PLC 一上电，将 D0 赋初值 H5456。X000 发生上升沿跳变时（由 OFF 变为 ON），执行 1 次循环左移指令 ROLP 和 ON 位判断指令 BON。其中 ROLP 指令是将 D0 中的内容循环左移 1 位；BON 指令是判断 D0 中的最高位 b15（K15）是否为 1。当 X000 发生第 1 次上升沿跳变时，D0 中的内容变为 HA8AC，M0 为 1；当 X000 发生第 2 次上升沿跳变时，D0 中的内容变为 H5159，M0 为 0；当 X000 发生第 3 次上升沿跳变时，D0 中的内容变为 HA2B2，M0 为 1。

5.6.6 求平均值指令

求平均值指令 MEAN 是用于求源操作开始的 n 个字元件的平均值，运算结果存放在目的操作数中。

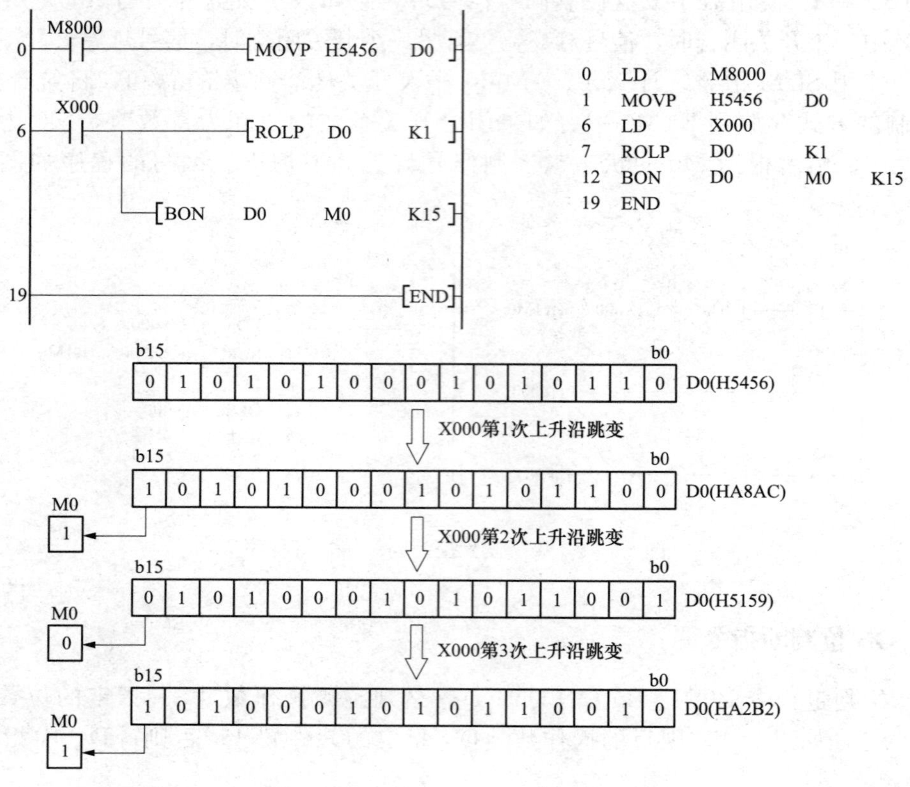

图 5-56 ON 位判断指令的使用

1. 指令格式

FNC45 （D）MEAN（P）	S	D	n

2. 指令说明

（1）源操作数可以是 KnX、KnY、C、KnM、KnS、T、D；目的操作数可以是 KnY、C、KnM、KnS、T、D、V、Z。

（2）求平均值时是将 n 个源操作数的代数和除以 n 得商，余数略去。

（3）若指定的源操作数的区域超出允许的范围，n 的值会自动缩小，只求允许范围内元件的平均值。

（4）n 值的范围为 1～64，超出此范围时会出错。

【例 5-48】 求平均值指令的使用如图 5-57 所示。在程序中，PLC 一上电，将十六进制数 K345、K453、K879 分别送入 D0～D2 中。当 X000 为 ON 时，执行 MEAN 和 BCD 指令。其中 MEAN 是求 D0～D2 中内容的平均值；BCD 是将平均值通过与 PLC 连接的 4 位 BCD 码数码管显示。D0～D2 中的内容相加得到的结果为 K1677，1677 除以 3 得到的整数为 559，即 D10 中的内容为 K559。

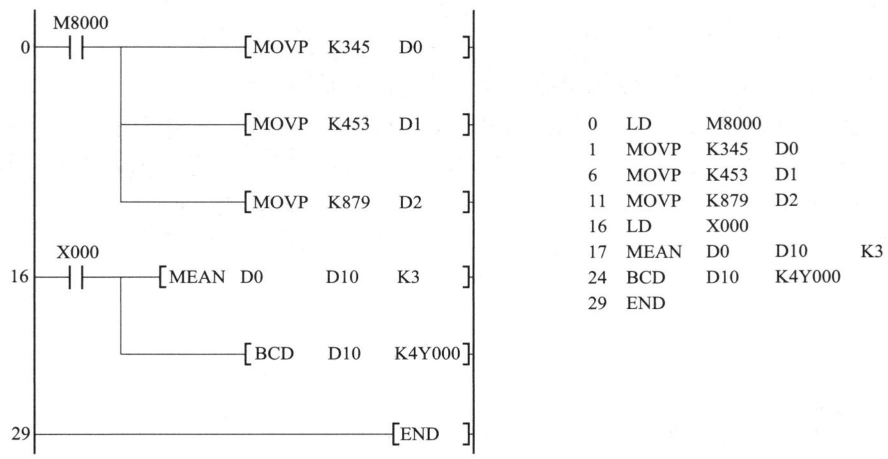

图 5－57　求平均值指令的使用

5.6.7　报警器指令

报警器指令包含报警器置位和报警器复位两条指令。报警器置位指令 ANS（Annunciator Set）的源操作数为 T0～T199，目的操作数为 S900～S999，当源操作数的定时器当前值与 n 相等时，将目的操作数置 1。报警器复位指令 ANR（Annunciator Reset）用于对报警器 S900～S999 复位。

1. 指令格式

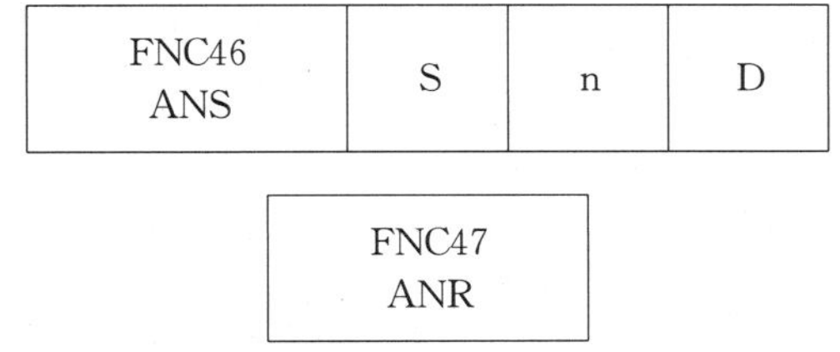

2. 指令说明

（1）报警器置位指令是驱动信号报警器 M8048 动作的方便指令。当执行条件为 ON 时，源操作数中定时器定时 n×100ms 后，目的操作数指定的报警状态寄存器置位，同时 M8048 动作。

（2）报警器置位指令中的 n 取值范围为 1～32767。

（3）如果预先使 M8049（信号报警器有效）为 ON，则 S900～S999 中最小报警器的编号被存入 D8049 中。当 S900～S999 中任何一个动作时，M8048 为 ON。

（4）报警器复位指令中没有操作数。

【例 5－49】 报警器指令在行车中的应用。假设 X000、X001、X002 分别与 SQ0～SQ2 进行连接；Y000 控制行车前进运行；Y001 控制行车后退运行；Y007 连接闪烁指示灯；X007 连接复位按钮。行车从 A 点前进，如果在 15s 内未到达 B 点，则报警指示灯闪烁；如果在 25s 内未到达 C 点，则报警指示灯闪烁；如果由 C 点开始后退，在 30s 内未到达 A 点，则报警指示灯闪烁。

解　可以使用报警器置位指令来判断是否在有效时间内到达目的地。行车从 A 点前进，如果在 15s 内未到达 B 点，则 X001 动断触点仍闭合，报警器 S900 动作；如果在 25s 内未到达 C 点，则 X002 动断触点仍闭合，报警器 S901 动作；如果由 C 点开始后退，在 30s 内未到达 A 点，则 X000 动断触点仍闭合，报警器 S902 动作。S900～S901 只要有一个动作为 ON，则 M8048 为 ON，此时与 M8013 触点控制 Y007 进行闪烁指示。时间延时可使用 3 个定时器来实现。X007 触点作为报警器复位控制，当 X007 为 ON 时，报警器复位，M8048、S900～S901 均恢复为原始状态。编写的程序如图 5－58 所示。

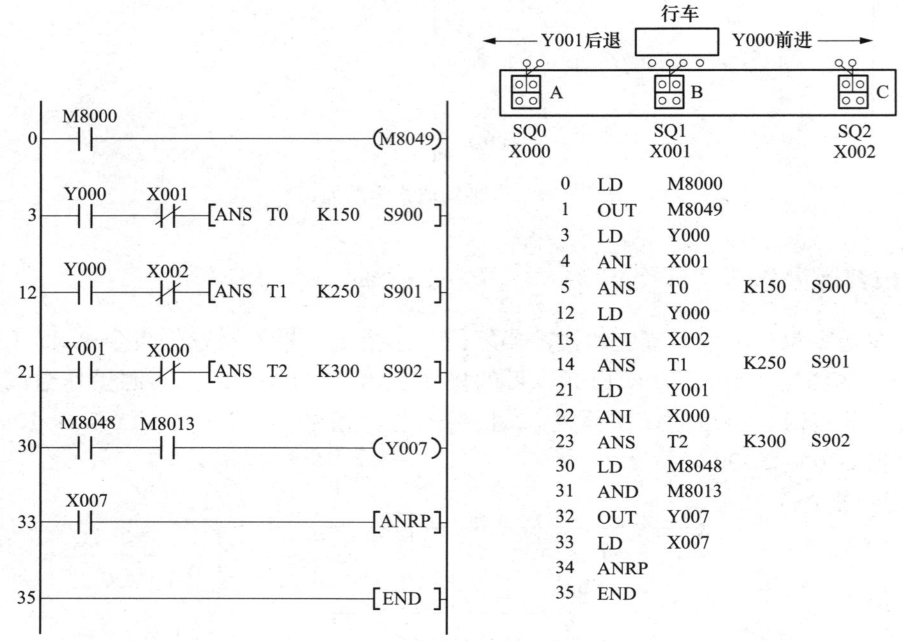

图 5－58　报警器指令在行车中的应用程序

5.6.8　求平方根指令

平方根指令 SQR（Square Root）是将源操作数的数值开平方，结果存入目的操作数中。

1. 指令格式

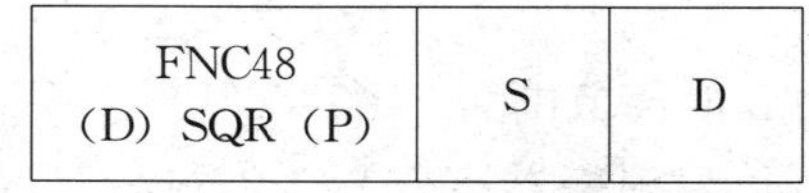

FNC48 （D）SQR（P）	S	D

2. 指令说明

（1）源操作数可以是 K、H；目的操作数为 D。

（2）源操作数为正数时有效，如为负数，则运算错误标志 M8067 置 1，指令不执行。

（3）运算结果为 0 时，零位标志 M8020 置 1。

【例 5－50】　求平方根指令的使用如图 5－59 所示。在程序中，PLC 一上电，将十六进制数 K345 送入 D0 中。当 X000 为 ON 时，执行 SQR 指令，求 D0 的平方根。D0 的平方根为约等于 18.574，执行 SQR 指令后，平方根的整数部分保留、小数部分舍去，结果送入 D10 中。

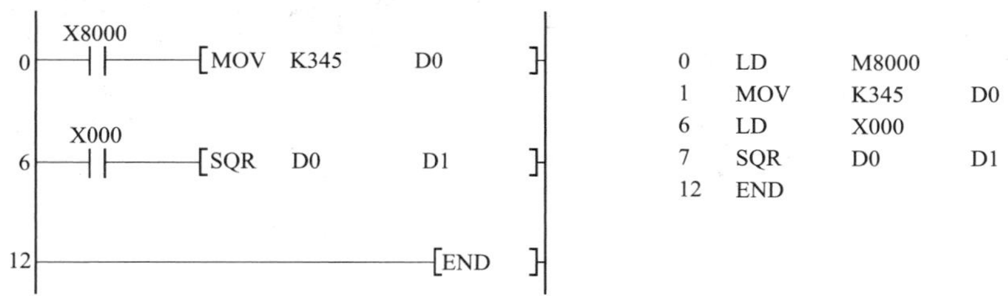

图 5-59 求平方根指令的使用

5.6.9 浮点数转换指令

浮点数转换指令 FLT（Floating Point）是将存放在源操作数［S］中的整数转换成浮点数，结果存入目的操作数［D］中。

1. 指令格式

FNC49 （D）FLT（P）	S	D

2. 指令说明

（1）源操作数和目的操作数都为 D。

（2）浮点数转换指令的逆变换是 INT 指令。

【例 5-51】 浮点数转换指令的使用如图 5-60 所示。在程序中，当 X000 为 ON 时，执行 FLT 指令，将 D0 中的整数转换成浮点数，结果存放到 D11、D10 中。当 X001 为 ON 时，执行 DFLT 指令，将 D3、D2 构成的 32 位整数转换成浮点数，结果存放到 D21、D20 中。

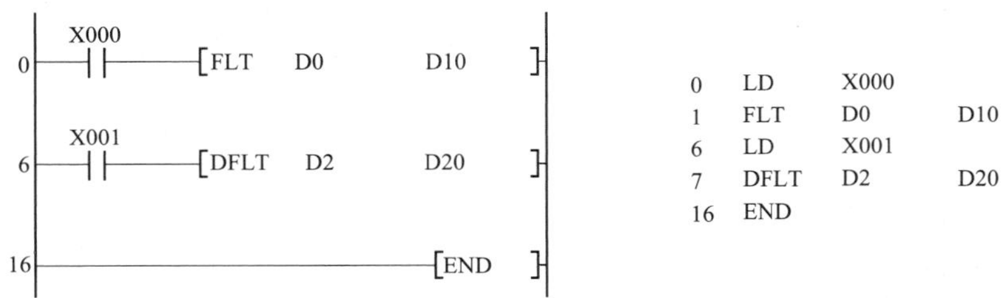

图 5-60 浮点数转换指令的使用

5.7 高速处理指令

高速处理指令主要用于对 PLC 中的输入/输出数据进行立即高速处理，以避免受扫描周期的影响。高速处理类指令共有 10 条，指令功能编号为 FNC50～FNC59，如表 5-12 所示。

表 5-12　高速处理指令

指令代号	指令助记符	指令名称	程序步
FNC50	REF	输入/输出刷新	5 步
FNC51	REFF	滤波时间调整	3 步
FNC52	MTR	矩阵输入	9 步
FNC53	HSCS	比较置位（高速计数器）	13 步
FNC54	HSCR	比较复位（高速计数器）	13 步
FNC55	HSZ	区间比较（高速计数器）	17 步
FNC56	SPD	速度检测	7 步
FNC57	PLSY	脉冲输出	7/13 步
FNC58	PMW	脉宽调制	7 步
FNC59	PLSR	可调速脉冲输出	9/17 步

5.7.1　输入/输出刷新指令

输入/输出刷新指令 REF（Refresh）是将 X 或 Y 的 n 位继电器的值进行刷新。

1. 指令格式

FNC50 REF（P）	D	n

2. 指令说明

（1）目的操作数元件编号低位只能是 0，如 X000、X010、Y020 等。

（2）n 的取值应是 8 的倍数，如 8、16、24、32、…、256。

（3）该指令通常在 FOR-NEXT 以及步序号（新步号）～CJ（老步号）之间使用。

【例 5-52】　输入/输出刷新指令的使用如图 5-61 所示。在程序中，当 X010 为 ON 时，执行 REF 指令，对连续输入 8 点 X000～X007 进行刷新；当 X011 为 ON 时，对输出连续 16 点 Y000～Y007 和 Y010～Y017 进行刷新，将输出锁存器中 Y000～Y007 和 Y010～Y017 的值改为当前值，并立即输出，而不是在执行 END 指令后才刷新输出锁存器。如果在执行 REF X00 K8 指令前约 10ms（输入滤波时间）X000～X007 置 ON，该指令执行时输入数据存储器的 X000～X007 置 ON。

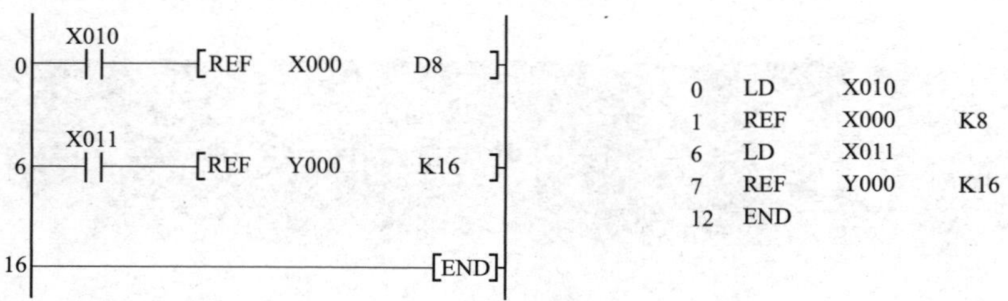

图 5-61　输入/输出刷新指令的使用

5.7.2 滤波时间调整指令

FX_{2N}系列 PLC 的输入端 X000～X017（FX_{2N}-16M 型 PLC 为 X000～X007）使用了数字滤波器，通过滤波时间调整指令 REFF（Refresh and Filter Adjust）可对数字滤波器进行刷新并可将其滤波时间改为 0～60ms。

1. 指令格式

FNC51 REFF（P）	n

2. 指令说明

（1）指令操作对象为 X000～X017 共 16 点基本单元。[n] 为滤波时间设定值，单位为 ms。

（2）为防止输入噪声干扰，PLC 的输入 RC 滤波时间常数为 10ms；对于电子固态（无触点）开关，可以高速输入。

（3）该指令可改变输入滤波时间的范围是 0～60ms，实际滤波最小时间为 50μs（X000、X001 为 20μs）。

（4）使用高速计数输入指令、速度检测指令 SPD，或者输入中断指令时，输入滤波常数不小 50μs。

（5）还可以通过 MOV 指令改写 D8020 数据寄存器的内容，以改变输入滤波时间。

【例 5-53】 滤波时间调整指令的使用如图 5-62 所示。PLC 一上电时，各指令的滤波时间为 10ms，当 X010 为 ON 时，在执行 REFF K2 指令后，将 X000～X017 滤波时间常数改为 2ms，刷新 X000～X017 的输入映像寄存器。当 X011 为 ON 时，在执行 REFF K20 指令后，将 X000～X017 滤波时间常数改为 20ms，刷新 X000～X017 的输入映像寄存器。

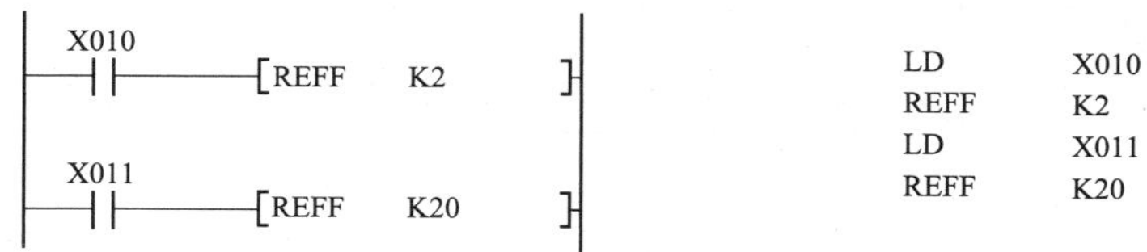

图 5-62 滤波时间调整指令的使用

5.7.3 矩阵输入指令

矩阵输入指令 MTR（Matrix）用于将源操作数 [S] 和目的操作数 [D1] 组成一个 8×[n] 的矩阵开关输入状态信号存入目的操作数 [D2] 中。

1. 指令格式

FNC52 MTR	S	D1	D2	n

2. 指令说明

(1) 源操作数［S］只能是X；目的操作数［D1］只能是Y，目的操作数［D2］可以是Y、M、S。

(2) 该指令将输入X和输出Y组成一个输入矩阵，来扩展输入的点数。通常使用X020以后的编号（16点基本单元为X010以后的编号），每行接通时间为20ms。如果采用X000～X017时，每行接通时间为10ms，可提高输入速度，但是需要连接负载电阻。

(3)［S］源操作数和目的操作［D1］及［D2］最好采用最低位为0的位元件。

(4) 该指令最多可组成一个8×8的输入矩阵开关。

(5) 指令一般使用M8000触点驱动，如果采用其他触点，则当触点断开时，指定输出Y开始的16点（例如Y030～Y047），这样需要在MTR指令前后增加保护Y数据的程序。

(6) 矩阵输入指令只能使用一次。

【例5-54】 矩阵输入指令的使用如图5-63所示。PLC一上电时，M8000闭合，由于［n］等于K4，因此组成一个8×4的输入矩阵开关。当Y20接通时，第一行触点输入值分别存入M30～M37中；当Y021接通时，第二行触点输入值分别存入M40～M47中；当Y022接通时，第三行触点输入值分别存入M50～M57中；当Y023接通时，第四行触点输入值分别存入M60～M67中。Y020～Y023第一次接通时，M8029置为1。

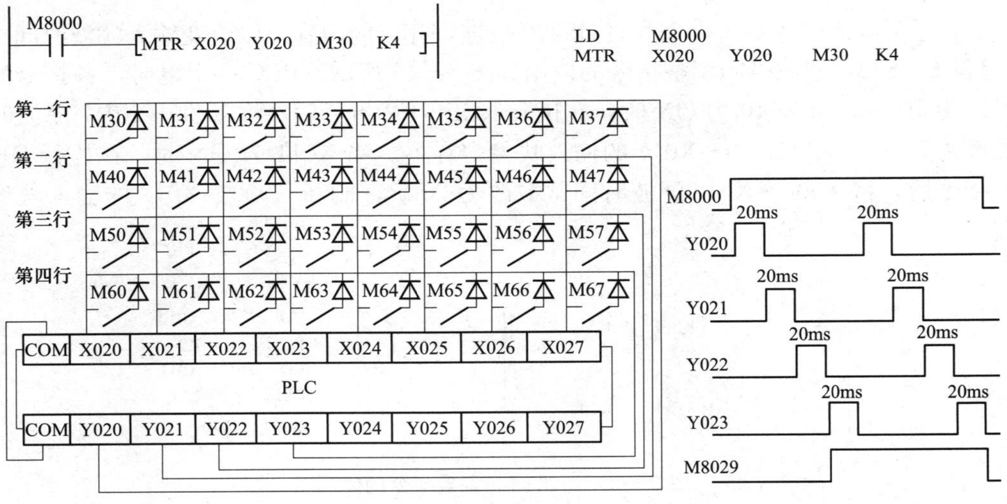

图5-63 矩阵输入指令的使用

5.7.4 高速计数器比较置位、复位指令

高速计数器比较置位指令HSCS（Set by High Counter）是当源操作数［S2］指定的高速计数器的当前值达到源操作数［S1］指定的预置值时，将目的操作数［D］立即置1。高速计数器比较复位指令HSCR（Reset by High Counter）是当源操作数［S2］指定的高速计数器的当前值达到源操作数［S1］指定的预置值时，将目的操作数［D］立即复位。

1. 指令格式

FNC53 (D) HSCS	S1	S2	D

FNC54 (D) HSCR	S1	S2	D

2. 指令说明

(1) 源操作数［S1］可以是 K、H、KnX、KnY、C、KnM、KnS、T、D、V、Z，源操作数［S2］为 C235～C255；目的操作数［D］可以是 Y、M、S，而（D）HSCS 指令的［D］还可指定为 I0□0（□＝1～6）。

(2) 特殊辅助继电器 M8059 被驱动时，I010～I060 的中断被全部禁止。

(3) 由于高速计数器 C235～C255 用中断的方式对外部输入的高速脉冲进行计数，因此高速计数器比较置位、复位指令只有 32 位运算，应使用 DHSCS 或 DHSCR。

(4) DHSCS 或 DHSCR 指令建议用 M8000 的动合触点来驱动。

【例 5－55】 高速计数器比较置位、复位指令的使用如图 5－64 所示。在程序中，若 C255 的设定预置值为 K100，C255 的当前计数值由 99 变为 100（加计数）或当前计数值由 101 变为 100 时（减计数），不受扫描时间的影响，Y010 立即置 1。若 C255 的设定预置值为 K200，C255 的当前计数值由 199 变为 200 时（加计数）或当前计数值由 201 变为 200 时（减计数），不受扫描时间的影响，Y010 立即复位。

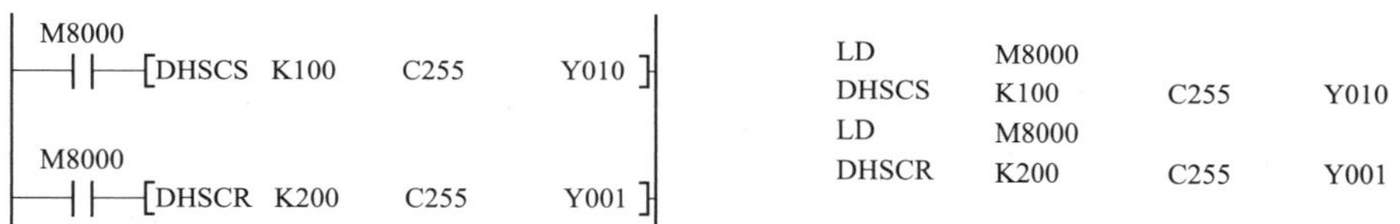

图 5－64 高速计数器比较置位、复位指令的使用

5.7.5 高速计数器区间比较指令

高速计数器区间比较指令 HSZ（Zone compare for High Speed Counter）是将源操作数［S3］和源操作数［S1］、［S2］进行比较，比较的结果决定以目的操作数［D］为起始的连续 3 个继电器的状态，其作用与 ZCP 指令类似。

1. 指令格式

FNC55 (D) HSZ	S1	S2	S3	D

2. 指令说明

(1) 源操作数［S1］和［S2］可以是 K、H、KnX、KnY、C、KnM、KnS、T、D、V、Z，且［S1］≤［S2］，源操作数［S3］只能是计数器；目的操作数［D］可以是 Y、M、S。

(2) 该指令是 32 位专用指令，必须用 DHSZ 指令输入。

（3）该指令只在有计数脉冲时才进行比较，没有计数脉冲时保持原来的结果不变。

【例 5-56】 高速计数器区间比较指令的使用如图 5-65 所示。在程序中，当 X001 动合触点闭合时，计数器 C255 及 Y010～Y012 复位。PLC 一上电运行后，高速计数器 C255 的计数值与 K800 和 K1500 进行比较。若 C255 的当前值小于 K800 时，Y010 被驱动；若 C255 的当前值大于等于 K800 或小于等于 K1500 时，Y011 被驱动；若 C255 的当前值大于 K1500 时，Y012 被驱动。

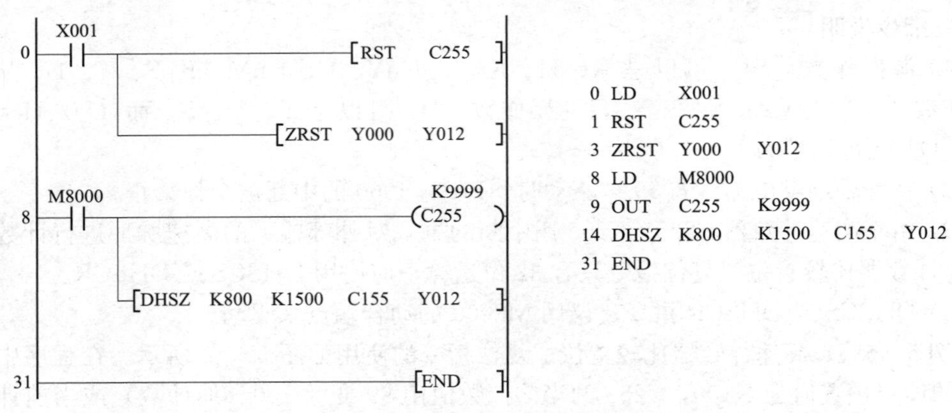

图 5-65 高速计数器区间比较指令的使用

5.7.6 速度检测指令

速度检测指令 SPD（Speed Detect）是用来检测在给定时间内编码器的脉冲个数，将源操作数［S1］指定的输入脉冲在源操作数［S2］指定的时间内计数，计数结果存放在目的操作数［D］起始的连续 3 个字元件单元中。

1. 指令格式

FNC56 SPD	S1	S2	D

2. 指令说明

（1）源操作数［S1］为 X0～X5，源操作数［S2］可以是 K、H、KnX、KnY、C、KnM、KnS、T、D、V、Z；目的操作数［D］可以是 C、T、D、V、Z。

（2）在源操作数［S1］中用到的 X 元件，不能再作为其他高速计数器的输入端。

（3）输入端 X0～X5 的最高输入频率与一相高速计数器相同，如与高速计数器、脉冲输出指令 PLSY、可调脉冲输出指令 PLSR 同时使用时，其频率应限制在规定频率范围之内。

【例 5-57】 速度检测指令的使用如图 5-66 所示。在程序中，当 X010 为 ON 时，开始对 X00 产生的脉冲进行计数，将 100ms 内的脉冲数存入到 D0 中，计数当前值存入到 D1 中，剩余时间存入到 D2 中。100ms 后 D1、D2 的值复位，重新开始计数。如果一个齿盘有 60 个齿，齿盘转一圈可以产生 60 个脉冲（$n=60$），测量的时间宽度为 100ms（$t=100$），则齿盘转速为

$$N=60\times1000\times D_0/nt=60\times1000\times D_0/(60\times100)=10D_0(\text{r/min})$$

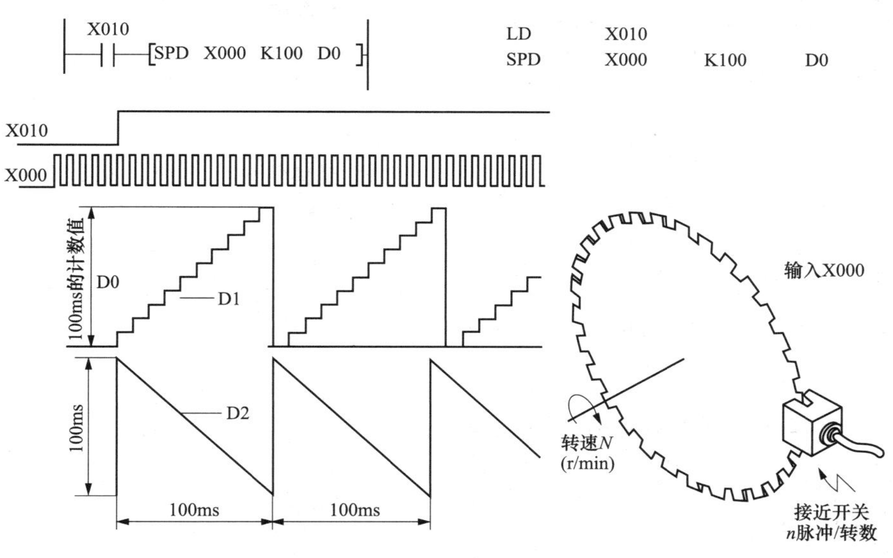

图 5-66 速度检测指令的使用

5.7.7 脉冲输出指令

脉冲输出指令 PLSY（Pulse Output）是将源操作数［S1］指定的频率和源操作数［S2］指定个数的脉冲信号，由目的操作数［D］指定的输出端口输出。

1. 指令格式

FNC57 (D) PLSY	S1	S2	D

2. 指令说明

(1) 源操作数［S1］和［S2］可以是 K、H、KnX、KnY、C、KnM、KnS、T、D、V、Z；目的操作数［D］只能是晶体管输出的 Y000 或 Y001，且 Y000 与 Y001 不能同时使用。

(2) 源操作数［S1］的指定频率范围为 2～20000Hz 之间。源操作数［S2］为 16 位时最大脉冲个数为 32767，为 32 位时最大脉冲个数为 2147483647。

(3) 输出脉冲的占空比为 50%，输出采用中断方式执行。输出脉冲完毕后，驱动结束标志位 M8029。

(4) 从 Y000 或 Y001 输出的脉冲数保存于特殊数据寄存器中，如表 5-13 所示。

表 5-13　　保存 Y000 或 Y001 输出脉冲数的特殊寄存器

特殊寄存器		说　明
D8141（高位）	D8140（低位）	保存输出至 Y000 的脉冲总数
D8143（高位）	D8142（低位）	保存输出至 Y001 的脉冲总数
D8137（高位）	D8136（低位）	保存输出至 Y000 和 Y001 的脉冲总数

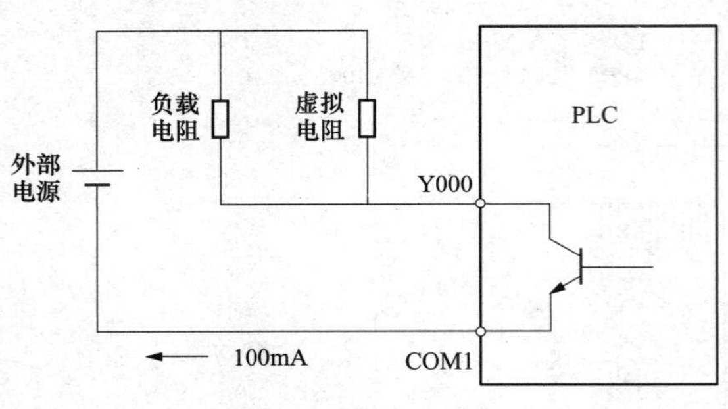

图 5-67　虚拟电阻的接入电路

(5) 在使用PLSY、PWM指令时，晶体管输出电流应大于100mA，如果输出电流小，晶体管的截止时间就会变长，为了避免这种情况，可以在输出负载上并联一个电阻以加大晶体管输出电流，如图5-67所示。

【例5-58】 脉冲输出指令的使用如图5-68所示。在程序中，当X000为ON时，Y0以1kHz的输出频率连续输出10 000个脉冲。

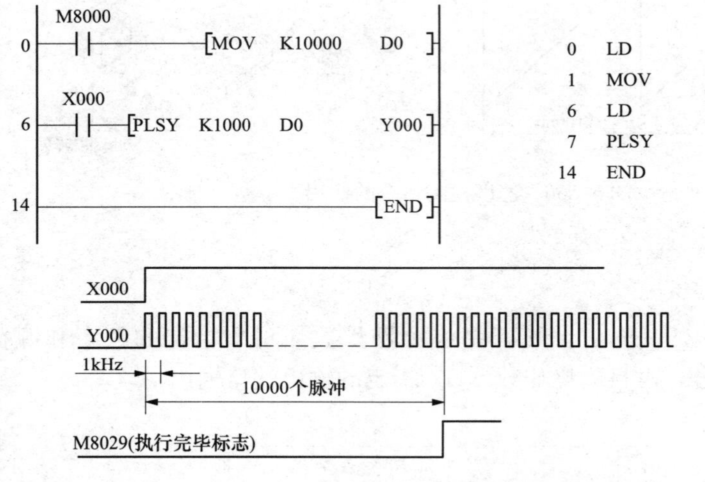


```
0   LD     M8000
1   MOV    K10000   D0
6   LD     X000
7   PLSY   K1000    D0   Y000
14  END
```

图 5-68　脉冲输出指令的使用

5.7.8　脉宽调制指令

脉冲调制指令PWM（Pulse Width Modulation）是用来产生脉冲宽度和周期可控的PWM脉冲，其脉冲宽度由源操作数［S1］指定，脉冲周期由源操作数［S2］指定，目的操作数［D］指定输出端口。

1. 指令格式

FNC58 PWM	S1	S2	D

2. 指令说明

(1) 源操作数［S1］和［S2］可以是K、H、KnX、KnY、C、KnM、KnS、T、D、V、Z；目的操作数［D］只能是晶体管输出的Y000或Y001。

(2) 源操作数［S1］指定的脉冲宽度t为0～32767ms，源操作数［S2］指定的周期T为1～32767，要求［S1］≤［S2］。

(3) 该指令只能使用1次。

【例5-59】 脉宽调制指令的使用如图5-69所示。程序中，当X010为ON时，

Y000 输出周期为 100ms、脉冲宽度为 t 的脉冲。若改变 D0 中的数据，则可以调节脉冲宽度。D0 中的数据从 0～100 变化，Y00 输出的占空比变化为 0%～100%。如果 D0 中的数据超过 100，就会出错。

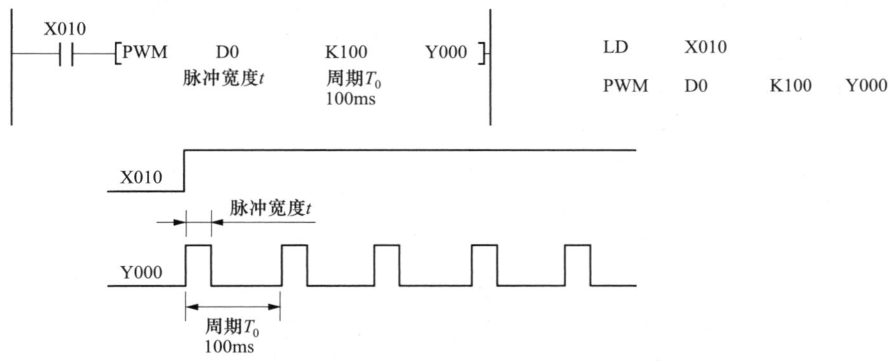

图 5-69 脉宽调制指令的使用

【例 5-60】 使用 PLC 的 PWM 指令可以输出一个脉宽调制信号，用滤波电路将脉宽调制信号转换成电压信号，可以用来控制电动机的转速，如图 5-70 所示。电路中的滤波时间常数为 $RC=1\text{k}\Omega\times470\mu\text{F}=470\text{ms}\gg T_0$。

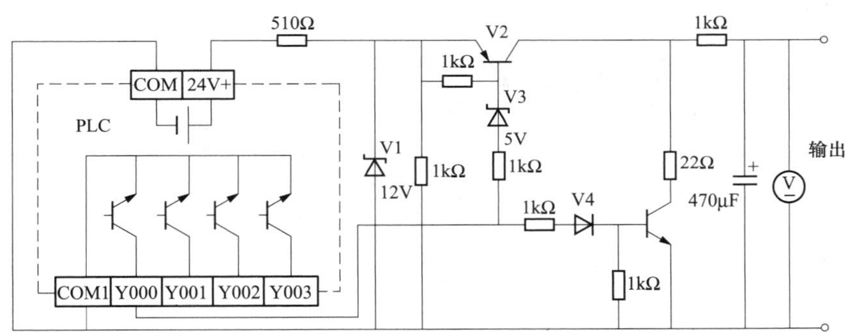

图 5-70 PWM 调速控制电路

可编程控制器采用晶体管输出型，此外，为了进行高频脉冲输出，可以采用如图 5-67 所示的方法，使输出有足够的负载电流。

5.7.9 可调速脉冲输出指令

可调速脉冲输出指令 PLSR 是将目的操作数［D］输出频率从 0 加速到源操作数［S1］指定的最高频率，到达最高频率后，再减速为 0，输出脉冲的总数量由源操作数［S2］指定，加速和减速时间由源操作数［S3］指定。

1. 指令格式

FNC50 （D）PLSR	S1	S2	S3	D

2. 指令说明

（1）源操作数［S1］和［S2］可以是K、H、KnX、KnY、C、KnM、KnS、T、D、V、Z；目的操作数［D］只能是晶体管输出的Y000或Y001。

（2）源操作数［S1］的指定频率范围为10～20 000Hz。源操作数［S2］为16位时设定脉冲数的范围为110～32767，为32位时设定脉冲数的范围为110～2147483647。若设定脉冲数小于110时，不能正常输出脉冲。

（3）源操作数［S3］为加减速度时间，其设定值应在5000ms以内，加速和减速时间相同，其值应大于PLC扫描周期最大值D8012的10倍。加减速的时间［S3］应满足：90 000×5≤［S1］×［S3］≤818×［S2］。若不满足此条件时，加减速时间的误差将增大。此外，在设定不到90000/［S1］的值时，对90000/［S1］四舍五入运行。

（4）［D］为脉冲输出，只限于Y000和Y001。输出控制不受扫描周期的影响。

（5）当［S2］设定的脉冲数输出完毕后，驱动结束标志位M8029。

（6）从Y000或Y001输出的脉冲数保存于特殊数据寄存器中。

【例5-61】 可调速脉冲输出指令的使用如图5-71所示。在程序中，当X010为ON时，Y000输出脉冲，此脉冲频率按最高频率500Hz分10级加速，即每级按20Hz逐步增加，在3600ms时间内达到最高频率200Hz。经过一段时间后，再按每级20Hz逐步减少，当输出频率减少到0时，正好达到全部过程的总脉冲数600，结束标志M8029为ON，Y010输出为1。

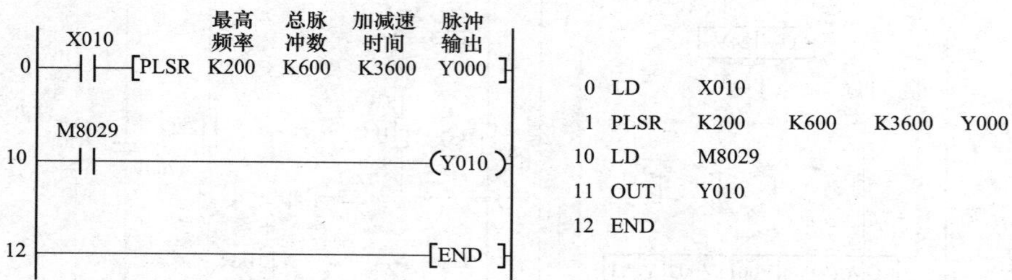

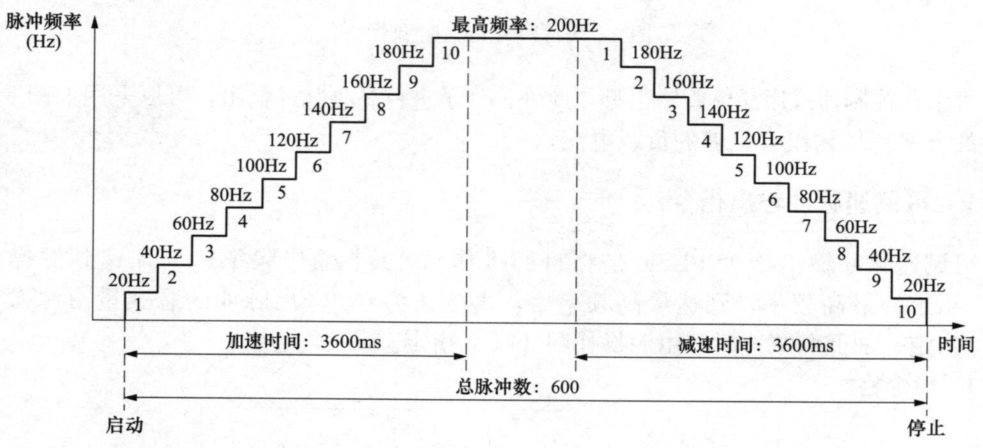

图5-71 可调速脉冲输出指令的使用

5.8 方 便 指 令

方便指令是利用最简单的指令完成较为复杂控制的指令。FX_{2N}系列 PLC 中提供了 10 条方便指令，指令功能编号为 FNC60～FNC69，如表 5-14 所示。

表 5-14　　方 便 指 令

指令代号	指令助记符	指令名称	程序步	指令代号	指令助记符	指令名称	程序步
FNC60	IST	状态初始化	7 步	FNC65	STMR	特殊定时器	7 步
FNC61	SER	数据查找	9/17 步	FNC66	ALT	交替输出	3 步
FNC62	ABSD	绝对式凸轮控制	9/17 步	FNC67	RAMP	斜波信号	9 步
FNC63	INCD	增量式凸轮控制	9 步	FNC68	ROTC	旋转工作台控制	9 步
FNC64	TIMR	示教定时器	5 步	FNC69	SORT	数据排序	11 步

5.8.1 状态初始化指令

状态初始化指令 IST（Initial State）用于状态转移图和步进梯形图的状态初始化设定。

1. 指令格式

FNC60 IST	S	D1	D2

2. 指令说明

(1) 源操作数［S］指定操作方式输入的首元件，一共 8 个连续的元件，可以是 X、Y、M；目的操作数［D1］指定自动运行方式的最小状态号，［D2］指定自动运行方式的最大状态号，［D1］和［D2］只能是 S。

(2) IST 在程序中只能使用一次，且该指令必须写在 STL 指令之间，即出现 S0～S2 之前。

(3) IST 指令设定 3 种操作方式，分别用 S0、S1、S2 作为这 3 种操作方式的初始状态步。

M8040：禁止转移　　　　S0：手动操作初始状态方式
M8041：传送开始　　　　S1：回原点初始状态方式
M8042：始起脉冲　　　　S2：自动操作初始状态方式
M8047：STL 监控有效

(4) 使用 IST 指令时，S10～S19 用于返回原点操作，在编程时不要将其作为普通状态继电器使用。S0～S9 用于状态初始化处理，其中 S0～S2 作为指令说明 (3) 中的操作方式，S3～S9 可自由使用。若不用 IST 指令时，S10～S19 可作为普通状态继电器，只是在这种情况下，仍需将S0～S9作为初始化状态，而S0～S2可自由使用。

【例5-62】 请分析指令：M8000 —| |—[IST X020 S20 S40]。

解 IST的［S］指定操作方式输入的首元件，在该指令中的X020表示X020～X027共8点输入控制信号。X020为手动操作方式控制，当X020=1时，启动S0初始状态步，执行手动操作方式。X021为返回原点控制，当X021=1时，启动S1初始状态步，执行返回原点操作，按下返回原点按钮X025，被控制设备将按规定程序返回到原点。X022～X024用于自动操作，其中X022为单步运行，若X022=1，如果满足转换条件时，状态步不再自动转移，必须按下启动按钮X026，状态步才能转移。X023为单循环（半自动）运行，当X023=1时，按下启动按钮X026，被控制设备按规定方式工作一次循环，返回原点后停止。X024为自动循环运行（全自动），当X024=1时，按下启动钮按X026，设备按规定方式工作一次循环，返回到原点后不停止，继续循环工作，直到按下停止按钮X027才停止工作。X025为回原点启动，X026为自动操作启动，X027为停止按钮。IST的［D1］和［D2］分别指定自动操作方式所用状态器S的范围为S20～S40。

5.8.2 数据查找指令

数据查找指令SER（Data Search）为数据表查找指令，是在以源操作数［S1］为起始的n个数中查找与源操作数［S2］中相同的数据，并将查找结果存入目的操作数［D］中。

1. 指令格式

FNC61 (D) SER (P)	S1	S2	D	n

2. 指令说明

(1) 源操作数［S1］可以是KnX、KnY、C、KnM、KnS、T、D、V、Z，源操作数［S2］可以是K、H、KnX、KnY、C、KnM、KnS、T、D、V、Z；目的操作数［D］可以是KnY、C、KnM、KnS、T、D。

(2) n用于指定数据表的长度，操作数为16位时，n的范围为1～256；操作数为32位时，n的范围为1～128。

(3) 存入结果时，占用以［D］为起始的5个单元。这5个单元分别存储相同值的个数、相同值的首个位置、相同值的末个位置、最小值的位置、最大值的位置。

【例5-63】 数据查找指令的使用如图5-72所示。在程序中，当X000为ON时，将D120开始的连续10个数据与D25中的内容进行比较，比较结果送入以D35起始的连续5个单元中。数据查找与比较如表5-15所示，执行数据查找指令后，运行的结果如表5-16所示。

```
  X000
—| |—[SER  D120  D25  D35  K10]

LD   X000
SER  D120  D25  D35  K10
```

图5-72 数据查找指令的使用

表 5-15　　数据查找与比较

序号	0	1	2	3	4	5	6	7	8	9
[S1] 数据	D120	D121	D122	D123	D124	D125	D126	D127	D128	D129
	K86	K99	K130	K52	K99	K124	K99	K45	K99	K132
[S2] 数据	D25=K99									
查找结果		相同			相同		相同	最小	相同	最大

表 5-16　　运行结果

比较结果存放元件	存放结果	说明
D35	4	相同值的个数
D36	1	相同值的首个位置
D37	8	相同值的末个位置
D38	7	最小值的位置
D39	9	最大值的位置

5.8.3 绝对式凸轮控制指令

绝对式凸轮控制指令 ABSD（Absolute Drum）用于模拟凸轮控制器的工作方式，将凸轮控制器的旋转角度转换成一组数据以对应于计数器数值变化的输出波形，用来控制最多 64 个输出变量 [D] 的接通或断开。

1. 指令格式

FNC62 (D) ABSD	S1	S2	D	n

2. 指令说明

(1) 源操作数 [S1] 可以是 KnX、KnY、C、KnM、KnS、T、D，源操作数 [S2] 只能是 C；目的操作数 [D] 可以是 Y、M、S。n 的取值范围为 1～64。

(2) 绝对式凸轮控制指令在程序中只能使用一次。

【例 5-64】 绝对式凸轮控制指令的应用。用一个有 360 个齿的齿盘来检测旋转角度，当齿盘旋转时，每旋转 1°产生 1 个脉冲，由计数器对 C0 接近开关检测齿脉冲进行计数，其计数值对应齿盘的旋转角度。

解 可以使用 D300～D307 存放开通点或断开点数值，其中偶元件中存放开通点数值，奇元件中存放开断点数值。程序中可以使用 4 个输出点 M0～M3，X001 为计数器脉冲输入信号，如果 C0 的当前计数值与 D300～D307 的某一值相等时，则对应的输出点信号发生变化，其变化值如表 5-17 所示。编写的程序如图 5-73 所示。

表 5-17　　输出点信号变化值

D300～D307			M0～M4 输出波形
开通点数值	断开点数据	M 输出元件	
D300＝40	D301＝140	M0	
D302＝100	D303＝200	M1	
D304＝160	D305＝60	M2	
D306＝240	D307＝280	M3	

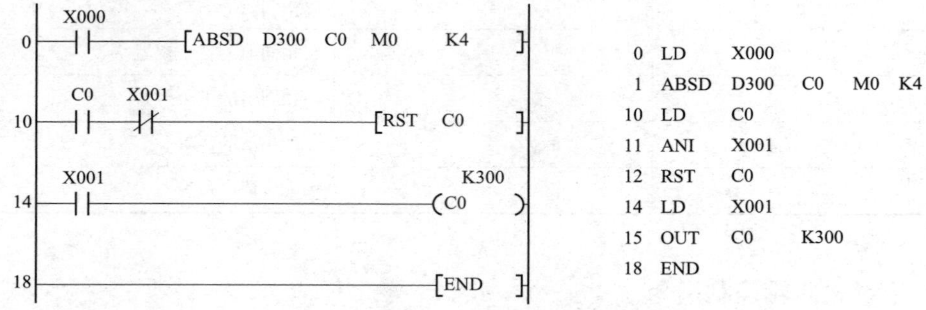
X000
0 [ABSD D300 C0 M0 K4]
C0 X001
10 [RST C0]
X001 K300
14 (C0)
18 [END]
0 LD X000
1 ABSD D300 C0 M0 K4
10 LD C0
11 ANI X001
12 RST C0
14 LD X001
15 OUT C0 K300
18 END

图 5-73　绝对式凸轮控制指令的应用程序

5.8.4　增量式凸轮控制指令

增量式凸轮控制指令 INCD（Inerement Drum）用于模拟凸轮控制器的工作方式，将凸轮控制器的旋转角度转换成一组数据以对应于计数器数值变化的输出波形，用来控制最多 64 个输出变量［D］的循环顺序控制，并使它们依次为 ON。

1. 指令格式

FNC63 INCD	S1	S2	D	n

2. 指令说明

(1) 源操作数［S1］可以是 KnX、KnY、C、KnM、KnS、T、D，源操作数［S2］只能是 C；目的操作数［D］可以是 Y、M、S。n 的取值范围为 1～64。

(2) 增量式凸轮控制指令在程序中只能使用一次。

【例 5-65】 增量式凸轮控制指令的使用如图 5-74 所示。PLC 首次通电时，分别将脉冲个数 K20、K30、K10、K40 送到 D300～D303 中。C0 对脉冲个数进行计数，C1 计算 C0 的复位次数。若 X001 有效时执行 INCD 增量式凸轮控制指令。INCD 指令中有 4 个输出点（K4），用 M0～M3 来控制。它们的状态受脉冲个数控制。C0 刚开始计数时，M0 输出高电平，C1 的当前值为 0。当 C0 计数达到 20 次（等于 D300 中的内容）时，C0 复位并开始第 2 次计数。同时 C1 统计 C0 的复位次数为 1，M0 输出低电平，而

M1 开始输出高电平。当 C0 计数达到 30 次（等于 D301 中的内容）时，C0 复位并开始第 3 次计数。同时 C1 统计 C0 的复位次数为 2，M1 输出低电平，而 M2 开始输出高电平。当 C0 计数达到 10 次（等于 D302 中的内容）时，C0 复位并开始第 4 次计数。同时 C1 统计 C0 的复位次数为 3，M2 输出低电平，而 M3 开始输出高电平。当 C0 计数达到 40 次（等于 D303 中的内容）时，C0 和 C1 复位，M3 输出低电平，M8029 输出一个高电平窄脉冲。C0 又重新开始循环计数。如果 C0 在计数过程中，X001 为无效（低电平）时，C0、C1 被清零，M0～M3 输出低电平。待 X001 为高电平时，C0 又重新开始计数，如此循环。

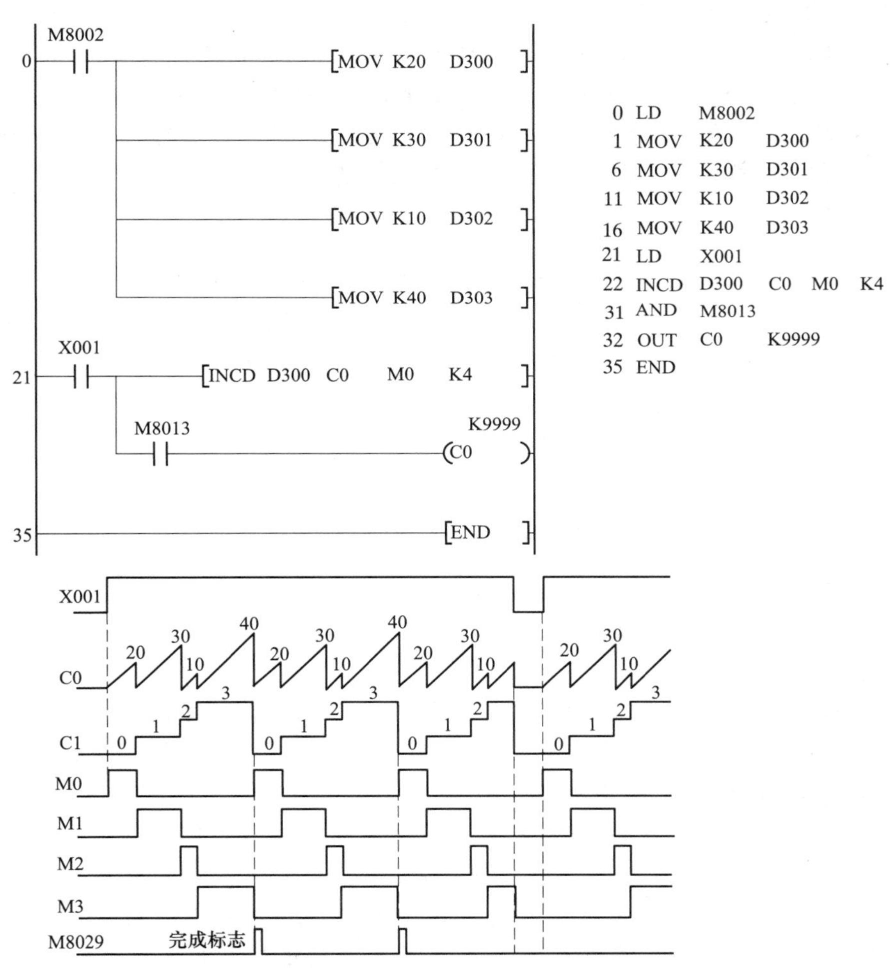

图 5－74　增量式凸轮控制指令的使用

5.8.5　示教定时器指令

示教定时器指令 TTMR（Teaching Timer）是将按钮闭合的时间记录在数据寄存器中，由此通过按钮可以调整定时器的设置时间。

1. 指令格式

FNC64 TTMR	D	n

2. 指令说明

(1) 操作数只能是D，n为0、1、2。

(2) 示教定时器指令是将按钮闭合时间（由［D］的下一单元进行记录）乘以系数10^n作为定时器的预置值，预置值送入［D］中。

【例5-66】 示教定时器的使用如图5-75所示。在程序中，当X000为ON时，执行示教定时器指令。D101记录按钮按下的时间（t0），然后将该时间（t0）乘以10n，由于n=K0，因此存入D100的值为t0。如果n=K1时，存入D100的值为10×t0；如果n=K2时，存入D100的值为100×t0。X002闭合时，T0延时，延时的时间就是X000闭合时间的10^n倍，这样达到了调整定时器的设置时间的目的。

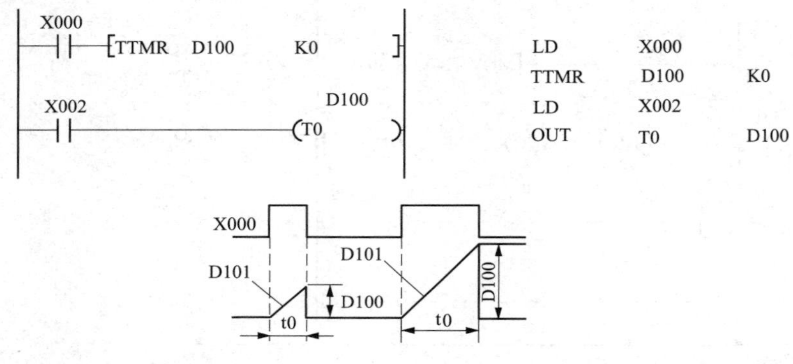

图5-75 示教定时器的使用

【例5-67】 用示教定时器指令设定定时器T0～T9的延时时间。

解 假如D200～D209存储了T0～T9的时间设置值，那么需使用MOV指令将设置时间D200～D209分别传送T0～T9中。如果T0～T9的输出由数字拨盘开关（数字拨盘开关与X000～X003连接）进行，由于数字拨盘开关输入的是BCD码，因此需使用BIN指令进行二进制转换。转换后，将该BIN数据（即设定的定时器元件号）送入变址寄存器Z中。示教按钮X011按下的时间存入D300，使用下降沿微分指令LDF在松开按钮时将D300中的时间值送入数字拨盘开关指定的数据寄存器，元件序号由D200加上Z中数字拨盘开关设定的定时器元件号，这样就完成了一个示教定时器的设定。改变拨码开关的设定值，重复上述步骤，可完成对其他示教定时器的设定。注意由于T0～T9是100ms定时器，而示教定时器中的n=K1，因此如果以s为单位的话，T0～T9的实际运行时间只是示教定时器设定时间的1/10。编写的程序如图5-76所示。

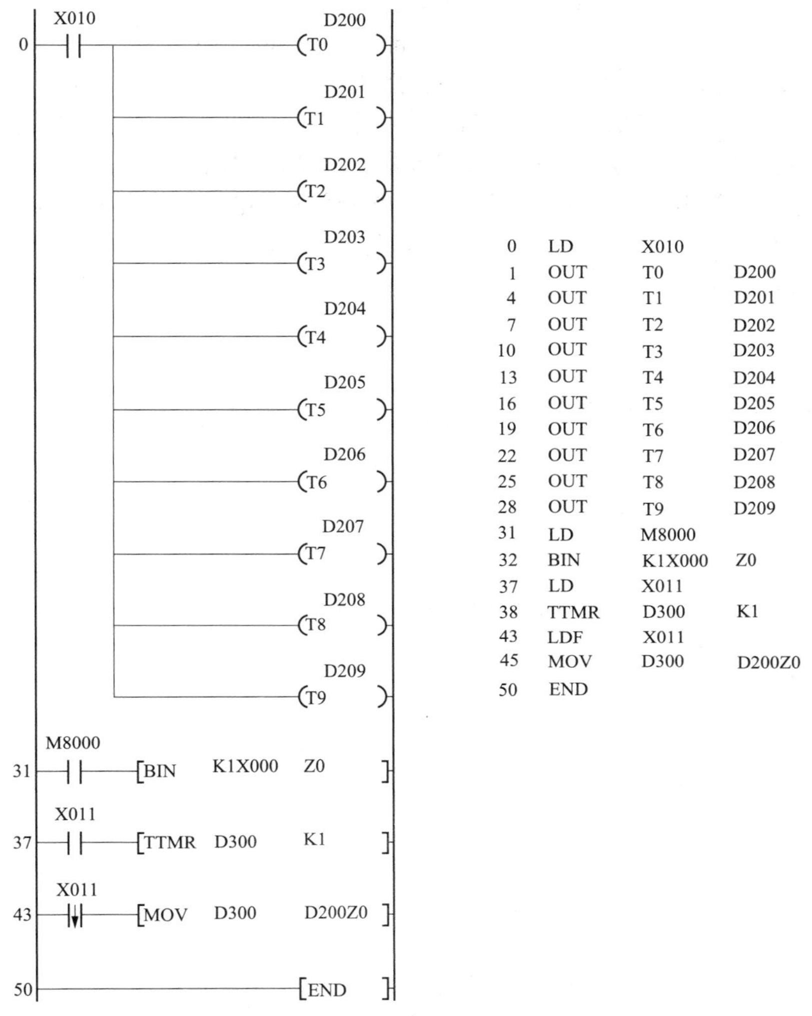

图 5-76　示教定时器指令设定定时器 T0～T9 延时时间的程序

5.8.6　特殊定时器指令

特殊定时器指令 STMR（Special Timer）用来产生延时断开定时器、单脉冲定时器和闪动定时器。

1. 指令格式

FNC65 STMR	S	m	D

2. 指令说明

(1) 源操作数［S］只能是 T0～T99；［m］指定的值为源操作数指定定时器的设定值，取值范围为 1～32767；［D］为输出电路，它需连续使用 4 个位单元。

(2) 特殊定时器指令中已使用的定时器在程序不能再使用。

【例5-68】 特殊定时器指令的使用如图5-77所示。在程序中，X000为高电平时，M0输出为高电平，X000由高电平跳变到低电平时，M0延时10s后变为低电平；M1在X000由高电平跳变到低电平时，输出10s的高电平；M2在X010由低电平变为高电平时，输出也为高电平，当X000高电平的保持时间小于10s时，M2输出为电平，如果X000高电平的保持时间大于10s时，M2只输出10s的高电平；M3是当M2由高电平变为低电平时输出为高电平，当M0或M1由高电平变为低电平时输出为低电平。因此，由分析可知，在程序1中，M0相当于断电延时定时器；M1相当于单脉冲定时器；M2和M3相当于闪动定时器。当X001为ON时，M7作为STMR的控制按钮，使M6和M5组成了10s的振荡电路。

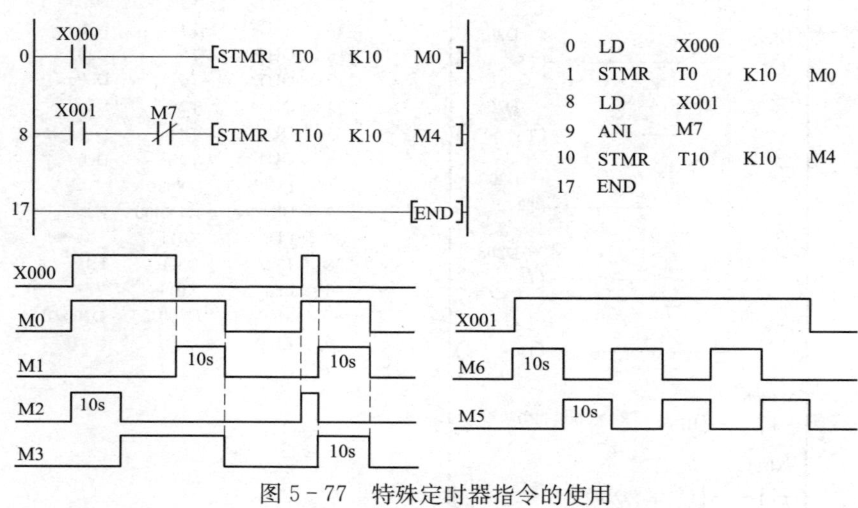

图5-77 特殊定时器指令的使用

5.8.7 交替输出指令

交替输出指令ALT（Alternate）是在输入信号的上升沿改变时，[D]的输出状态发生改变。

1. 指令格式

FNC66 ALT（P）	D

2. 指令说明

(1) 操作数[D]可以是Y、M、S。

(2) 交替指令相当于二分频电路或单按钮控制电路的启动与停止。

【例5-69】 交替输出指令的使用如图5-78所示。在程序中，在X000（或X001）的上升沿，M0（或M1）的状态发生翻转，由0变为1，或由1变为0。

【例5-70】 交替输出指令的应用程序如图5-79所示。在程序中，步序0～5为二级分频电路程序段；步序8～14为振荡电路程序段。M0是X000的二分频电路，M1是M0的二分频电路。当X001为ON时，T0每延时3s，其动合触点闭合一次，作为ALT的触发信号，从而形成3s的振荡电路。

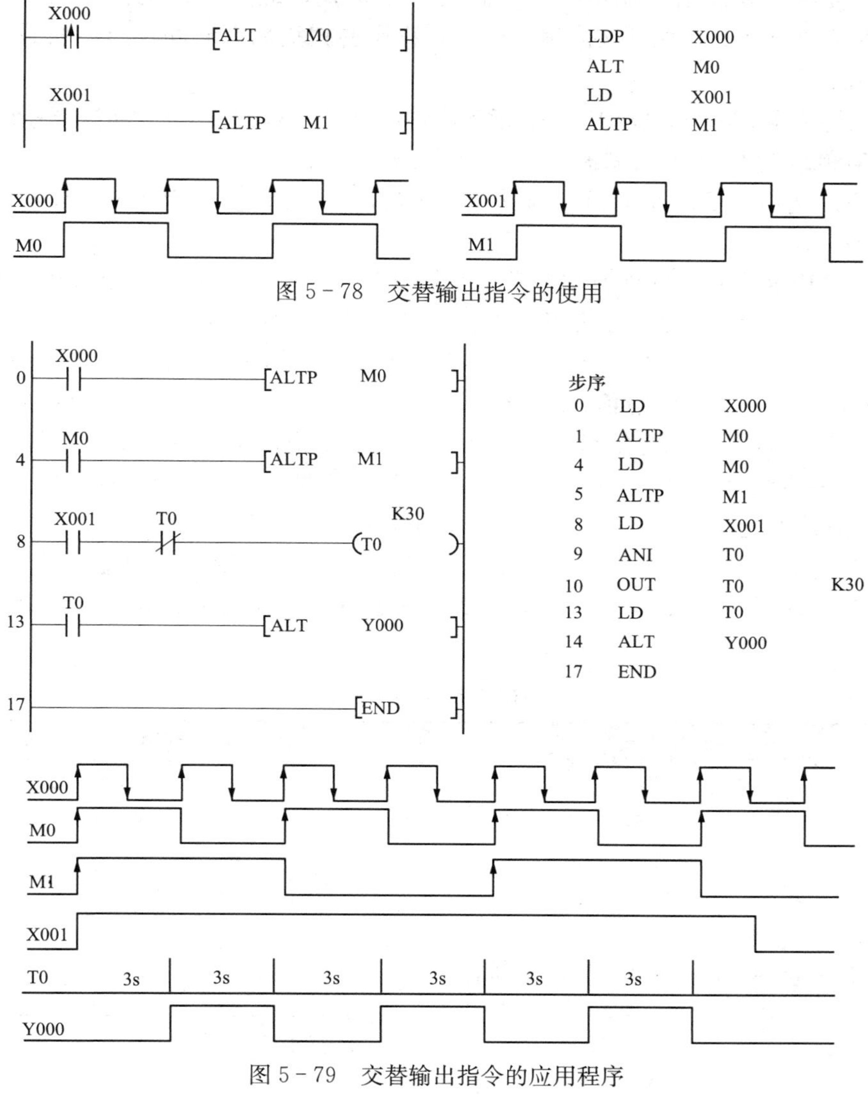

图 5-78 交替输出指令的使用

图 5-79 交替输出指令的应用程序

5.8.8 斜波信号指令

斜波信号指令 RAMP 是根据设定要求产生一个斜波信号。

1. 指令格式

FNC67 RAMP	S1	S2	D	n

2. 指令说明

(1) 源操作数［S1］为斜波信号的起始值，［S2］为斜波信号的最终值，［S1］和［S2］只能是 D；目的操作数［D］也只能是 D；［n］为扫描周期数，取值范围为 1～32767。

(2) 执行该指令前，应先将起始值和最终值写入相应的 D 寄存器中。

(3) 若要改变斜波信号输出指令执行的扫描周期，应先将设定扫描周期时间写入D8039，并驱动M8039。如果该值稍大于实际程序的扫描周期时间，PLC将进入恒定扫描运行模式。

(4) 保持标志M8026决定RAMP指令的输出方式。M8026为ON时，斜波输出为保持方式；M8026为OFF时，斜波输出为重复方式。

(5) [S1] 小于 [S2] 时，[D] 输出上升型的波形；[S1] 大于 [S2] 时，[D] 输出下降型的波形。

(6) RAMP指令在实际项目中，常用于控制步进电动机启动和停止操作时的脉冲频率均匀缓慢变化，也用于在模拟量输出时控制模拟量均匀缓慢变化。

【例5-71】 斜波信号指令的使用如表5-18所示。在程序1中，X000为ON，将起始值20送入D30中，将终点值50送入D31中。当X001为ON时，在100个扫描周期（1s）内从D30（20）直线变化到D31（50）。在程序2中，X002为ON，将起始值60送入D33中，将终点值35送入D34中。当X003为ON时，在100个扫描周期（1s）内从D33（60）直线变化到D34（35）。在程序3中，X000为ON，将起始值1000送入D35中，将终点值150送入D36中。当X001为ON时，执行RAMP斜波输出指令。程序3中，执行RAMP指令时，若M8026为ON，斜波输出为保持方式；若M8026为OFF，斜波输出为重复方式。

表5-18　　斜波信号指令的使用

程序	梯形图	波形图
程序1	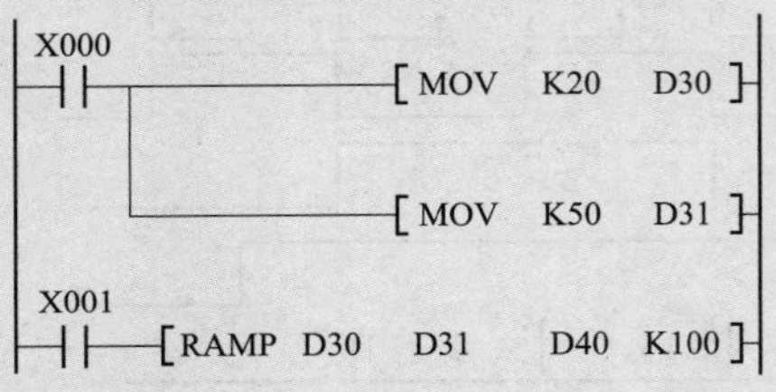 X000 [MOV K20 D30] [MOV K50 D31] X001 [RAMP D30 D31 D40 K100]	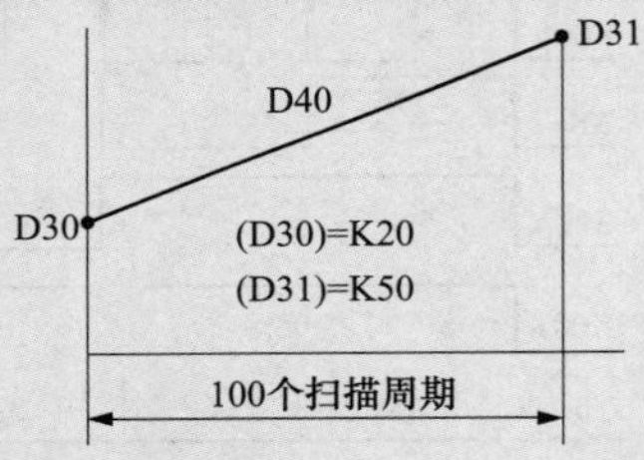 D30, D40, D31 (D30)=K20 (D31)=K50 100个扫描周期
程序2	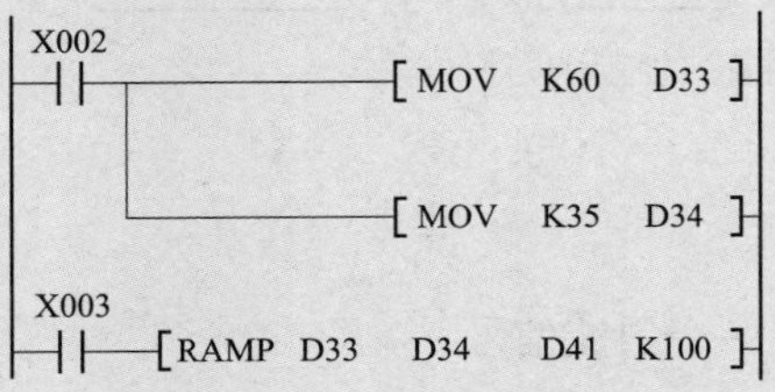 X002 [MOV K60 D33] [MOV K35 D34] X003 [RAMP D33 D34 D41 K100]	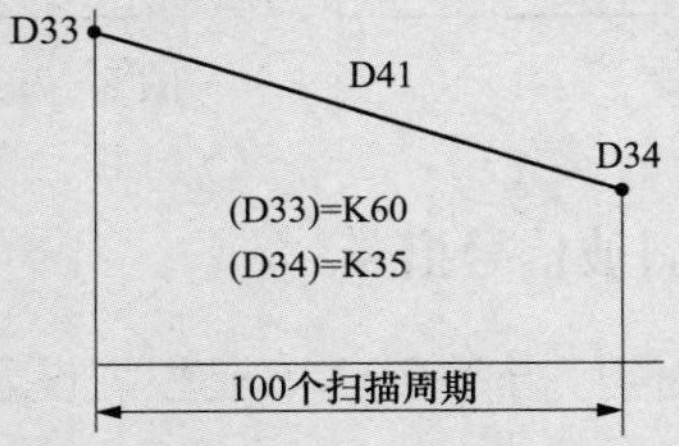 D33, D41, D34 (D33)=K60 (D34)=K35 100个扫描周期
程序3	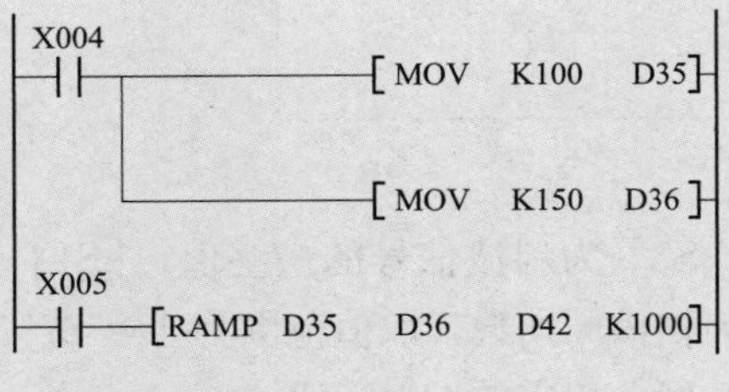 X004 [MOV K100 D35] [MOV K150 D36] X005 [RAMP D35 D36 D42 K1000]	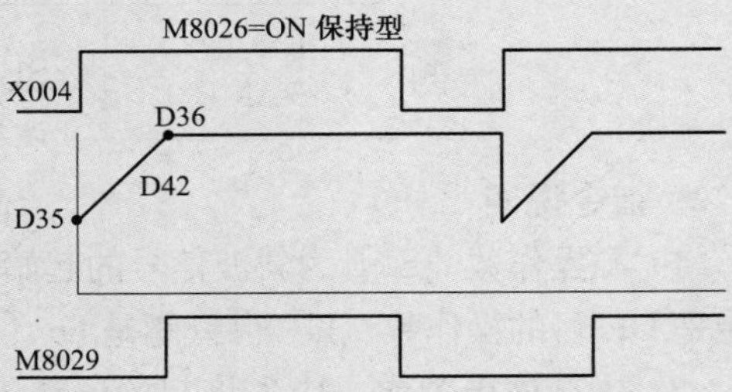 M8026=ON 保持型 X004 D36 D42 D35 M8029

续表

程序	梯形图	波形图
程序 3		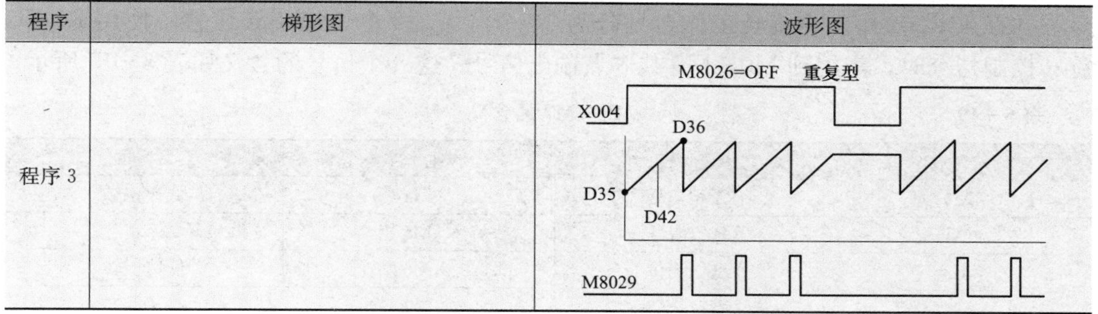

5.8.9 旋转工作台控制指令

旋转工作台控制指令 ROTC 是控制旋转工作台旋转使得被选工作台以最短路径转到出口位置。

1. 指令格式

FNC68 ROTC	S	m1	m2	D

2. 指令说明

(1)［m1］为工作台的分割数（即将工作台分成多个区域），范围为 2～32767；［m2］为低速区间数（即低速旋转区域数），范围为 0～32767。［m1］必须要大于［m2］。

(2) 源操作数［S］必须为 D；目的操作数［D］可以是 Y、M、S。

(3) 旋转工作台控制指令只能使用 1 次。

【例 5－72】 旋转工作台控制指令的应用。具有 10 个位置的旋转工作台如图 5－80 所示，工件编号为 0～9。使用工作台旋转控制指令对它进行控制。

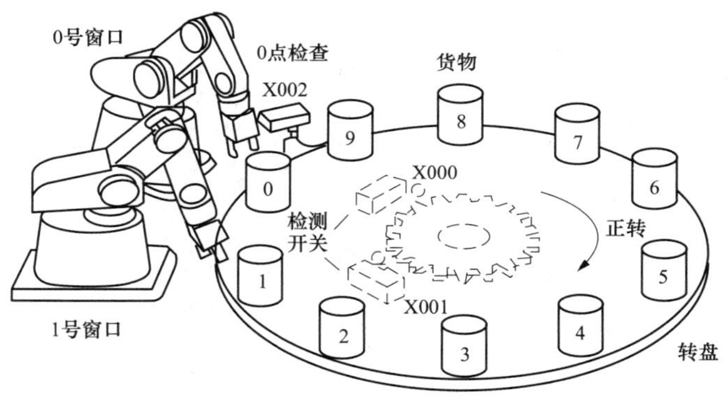

图 5－80 旋转工作台

解 用 AB 相进行计数，正转计数加 1，反转计数减 1，计数值送到 D300 中，计数值应在 0～9 之间，采用循环计数方式。设 X000 为旋转工作台正向旋转的检测信号，即 A 相接 X000；X001 为旋转工作台反向旋转的检测信号，即 B 相接 X001。X002 为原点检测信号输入端，当 0 号工件到达 0 号位置时，X002 原点检测开关接通。由数字开关 X004～

X007 选择要移动的工件位编号，并存入 D301 中；由 X010～X013 选择要到达的工件位编号，并存入 D302 中。将旋转工作台划分为 10 个区域、2 个低速旋转位置。使用 ROTC 旋转控制指令时，需用到 M0～M7 共 8 点输出信号。这 8 个信号的含义如表 5－19 所示。

表 5－19　　M0～M7 的含义

M 元件	含义	M 元件	含义
M0	A 相信号	M4	低速正转
M1	B 相信号	M5	停止
M2	原点检测信号	M6	低速反转
M3	高速正转	M7	高速反转

X0003 为 OFF 时，执行 MOV 指令，分别将选择的移动工件位编号及到达工件位编号送入 D301 和 D302 中。X0003 为 ON 时，执行 ROTC 指令。在使用前需先用 X000～X002 对 M0～M2 进行驱动，M3～M7 在 ROTC 旋转控制指令驱动时，自动得到相应结果。编写的程序如图 5－81 所示。

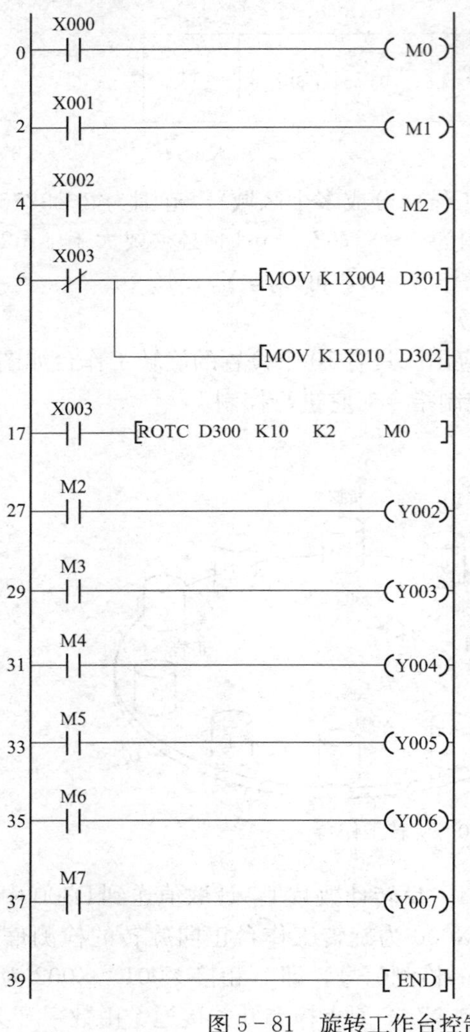


```
0   LD     X000
1   OUT    M0
2   LD     M001
3   OUT    M1
4   LD     X002
5   OUT    M2
6   LDI    X003
7   MOV    K1X004  D301
12  MOV    K1X010  D302
17  LD     X003
18  ROTC   D300    K10   K2   M0
27  LD     M2
28  OUT    Y002
29  LD     M3
30  OUT    Y003
31  LD     M4
32  OUT    Y004
33  LD     M5
34  OUT    Y005
35  LD     M6
36  OUT    Y006
37  LD     M7
38  OUT    Y007
39  END
```

图 5－81　旋转工作台控制指令的应用程序

5.8.10 数据排序指令

数据排序指令 SORT 是将源操作数［S］组成一个［m1］行、［m2］列的表格，并按指定的数据内容进行排序。

1. 指令格式

FNC69 SORT	S	m1	m2	D	n

2. 指令说明

(1) 操作数［S］和［D］只能是数据寄存器 D。源操作数［S］为排序表的首地址；目的操作数［D］为排序后的首地址。

(2)［m1］的取值范围为 1～32；［m2］的取值范围为 1～6；［n］的取值范围为 1～［m2］。

(3) 数据排序指令执行完毕后，结束标志 M8029 置 1 并停止工作。

(4) 指令在程序中只能使用 1 次，若源操作数［S］和目的操作数［D］为同一元件时，在排序过程中不允许改变源操作数［S］的内容。

【例 5-73】 事先将 6×4＝24 个数据写入 D100～D123 中，若执行以下数据排序指令：X000 ─[SORT D100 K6 K4 D200 D0]，试分析数据排序过程。

解 当 X000 有效时，执行数据指令，将 D100～D123 中的数据传送到 D200～D223 中，组成一个 6×4 的表格，并根据 D0 中的列号，将该列数据按从小到大的顺序进行数据排序。数据排序过程如表 5-20 所示。

表 5-20　　数 据 排 序 过 程

源数据					(D0) ＝K2 时进行排序					(D0) ＝K4 时进行排序				
	1	2	3	4		1	2	3	4		1	2	3	4
	学号	语文	数学	英语		学号	语文	数学	英语		学号	语文	数学	英语
1	D100 001	D10 78	D112 83	D118 80	1	D200 001	D206 78	D212 83	D218 80	1	D200 001	D206 78	D212 83	D218 80
2	D101 002	D107 85	D113 76	D119 90	3	D202 003	D208 79	D214 90	D220 87	6	D205 006	D211 87	D217 93	D223 80
3	D102 003	D108 79	D114 90	D120 87	5	D204 005	D210 82	D216 87	D222 95	3	D202 003	D208 79	D214 90	D220 87
4	D103 004	D109 85	D115 78	D121 89	2	D201 002	D207 85	D213 76	D219 90	4	D203 004	D209 85	D215 78	D221 89
5	D104 005	D110 82	D116 87	D122 95	4	D203 004	D209 85	D215 78	D221 89	2	D201 002	D207 85	D213 76	D219 90
6	D105 006	D111 87	D117 93	D123 80	6	D205 006	D211 87	D217 93	D223 80	5	D204 005	D210 82	D216 87	D222 95

5.9 外部设备I/O指令

外部设备 I/O 指令主要是 PLC 的输入/输出与外部设备进行数据交换的指令，这些指令通过最少量的程序与外部布线，可以进行复杂的控制。此外，为了控制特殊单元、特殊模块，还有对它们缓冲区数据进行读写操作的 FROM、TO 指令。FX_{2N}系列 PLC 中提供了 10 条外部设备 I/O 指令，指令功能编号为 FNC70～FNC79，如表 5－21 所示。

表 5－21　　外部设备 I/O 指令

指令代号	指令助记符	指令名称	程序步	指令代号	指令助记符	指令名称	程序步
FNC70	TKY	十键输入	7/13 步	FNC75	ARWS	方向开关	9 步
FNC71	HKY	十六键输入	9/17 步	FNC76	ASC	ASCII 码转换	11 步
FNC72	DSW	数字开关	9 步	FNC77	PR	ASCII 码打印	5 步
FNC73	SEGD	七段译码	5 步	FNC78	FROM	读特殊功能模块	9/17 步
FNC74	SEGL	带锁存七段译码	7 步	FNC79	TO	写特殊功能模块	9/17 步

5.9.1　十键输入指令

十键输入指令 TKY（Ten Key）用于将接在 PLC 的 10 个输入端输入 0～9 这 10 个数字。

1. 指令格式

FNC70 (D) TKY	S	D1	D2

2. 指令说明

（1）16 位操作时，最大输入数据为 9999；32 位操作时，最大输入数据为 99999999；超出最大限制时高位溢出并丢失。

（2）十键输入指令在程序中只能使用 1 次。

【例 5－74】 十键输入指令的使用如图 5－82 所示。10 个数字按键与 PLC 输入元件 X000～X011 连接，这 10 个按键可以输入 4 位十进制数据，自动转换成 BIN 码存于 D0 中。与输入对应的辅助继电器为 M20～M29，用来记录输入的单个数字，如表 5－22 所示。当 X030 为 ON 时，首先按下与 X010 相对应的键，相应的继电器 M28 置 1，并保持到另外键按下为止。当多个按键按下时，首先响应先按下的与 X010 相对应的键，依次再按下与 X004、X005、X003 相对应的键，就可以将 8453 输入到 PLC 的数据寄存器 D0 或者（D1，D0）中。M30 对于任何一个键按下，都将产生一个脉冲，称为键输入脉冲，记录按键按下次数。当按键按下次数大于 4 时，M30 发出提醒重新转数信号，并将相关存储单元清零。

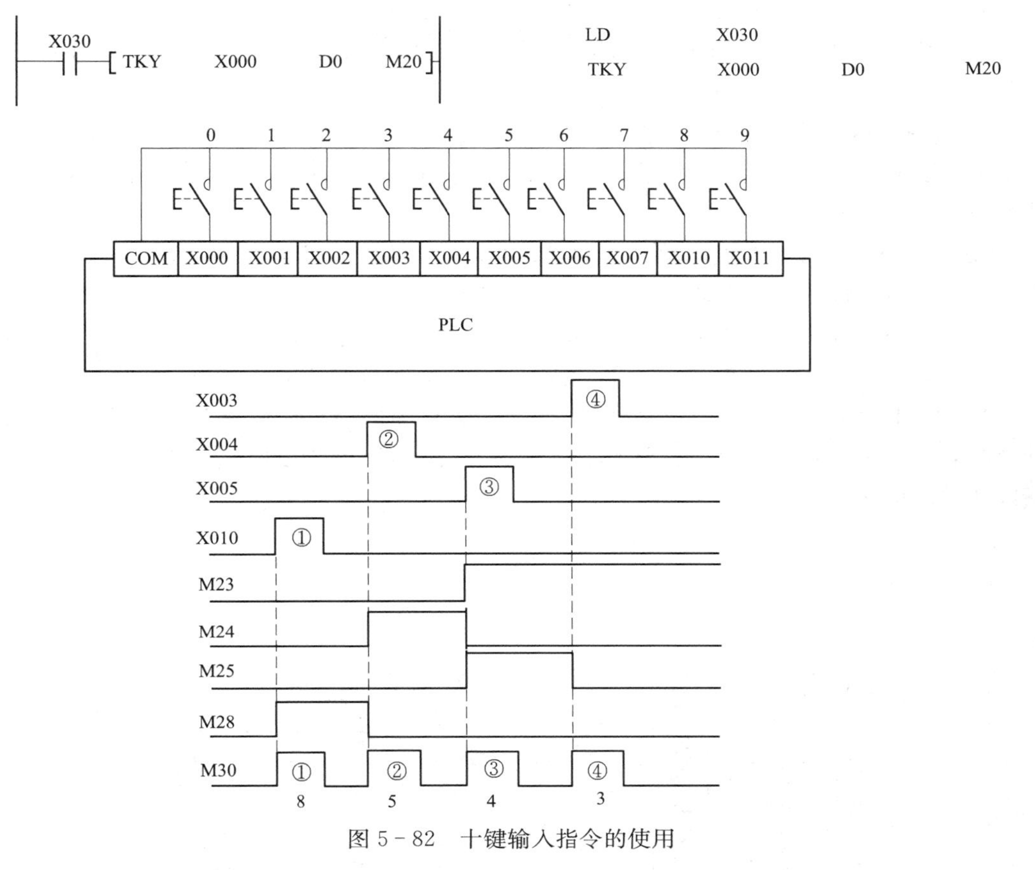

图 5-82　十键输入指令的使用

表 5-22　　　　**辅助继电器与数字按键的对应关系**

数字按键	X000	X001	X002	X003	X004	X005	X006	X007	X010	X011	
输入数字	0	1	2	3	4	5	6	7	8	9	
对应继电器	M20	M21	M22	M23	M24	M25	M26	M27	M28	M29	M30

5.9.2　十六键输入指令

十六键输入指令 HKY（Hex Decimal Key）用于矩阵方式排列的 16 个按键输入 0～9 数字和 6 个功能键输入 A～F。

1. 指令格式

FNC71 （D）HKY	S	D1	D2	D3

2. 指令说明

（1）源操作数［S］指定 4 个输入元件的首地址，只能是 X；目的操作数［D1］指定 4 个扫描输出元件的首地址（晶体管输出），只能是 Y；［D2］指定输入的存储元件（以二进制存放），可以是 C、T、D、V、Z；［D3］指定键状态的存储元件首地址，可以是 Y、

M、S。

(2) 若将 M8167 置 1，0～F 将以十六进制形式存入目的操作数［D2］指定的数据寄存器中。

(3) 该指令与 PLC 的扫描时间同期执行，这 16 个按键的扫描需要 8 个扫描周期，为防止由于键输入的滤波延迟而造成的存储错误，建议使用恒定扫描模式和定时器中断处理。

【例 5-75】 十六键输入指令的使用如图 5-83 所示。16 个数字按键以 4×4 的矩阵方式与 PLC（只能是晶体管输出型）的 X000～X003 和 Y000～Y003 连接，这 16 个按键可以输入十进制或十六进制数据。当 X030 为 ON 时，执行 HKY 该指令，按下数字键 0～9 时，输入数值以二进制存放于 D0 中。输入的数字范围为 0～9999，如果超出此范围时，产生溢出。按下任意一个数字键时 M7 置 1。功能键 A～F 控制 M0～M5，当某个字母键按下时，对应的辅助继电器动作，并保持到下一个按键按下时复位。按下任意一个字母键时 M6 置 1。

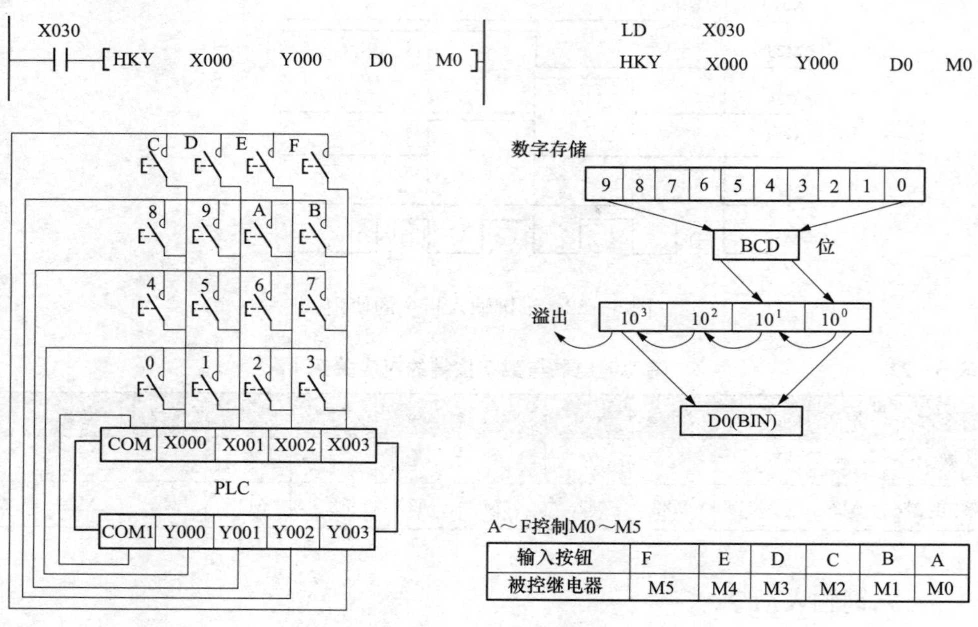

输入按钮	F	E	D	C	B	A
被控继电器	M5	M4	M3	M2	M1	M0

图 5-83 十六键输入指令的使用

5.9.3 数字开关指令

数字开关指令 DSW（Digital Switch）用来读取 1 组或 2 组 4 位 BCD 码数字开关状态的设定值。

1. 指令格式

FNC72 DSW	S	D1	D2	n

2. 指令说明

（1）源操作数［S］用于定指 4 个输入元件首地址，只能是 X；目的操作数［D1］用于指定 4 个开关选通输出元件首地址，只能是 Y；［D2］为指定的开关状态存储寄存器，可以是 C、T、D、V、Z；［n］指定开关组数。

（2）为了连续输入数字开关的数据，应采用晶体管输出型 PLC。

（3）该指令可以使用 2 次。

【例 5-76】 数字开关指令读入 1 组 4 位 BCD 数字开关设置值的使用如图 5-84 所示。将 1 组 4 位 BCD 码数字开关与 PLC 的 X020～X023 端和 Y020～Y023 端连接，这 4 位 BCD 码数字传送到 D0 中。当 X000 为 ON 时，执行数字开关指令，按 Y020～Y023 顺序选通读入，数据以二进制数的形式存放在 D0 中。［n］=K1 表示读入 1 组 4 位 BCD 码数字开关，［n］=K2 表示读入 2 组 4 位 BCD 码数字开关。如果有 2 组数字开关，则第二组数字开关接到 X024～X027，数据仍按 Y020～Y023 顺序选通读入，数据以二进制的形式存放在 D1 中。每组开关由 4 个拨盘分别产生 4 个 4 位 BCD 码。X000 有效时，Y020～Y023 依次为 ON（脉宽为 0.1s），一个周期完成后 M8029 标志位置 1。

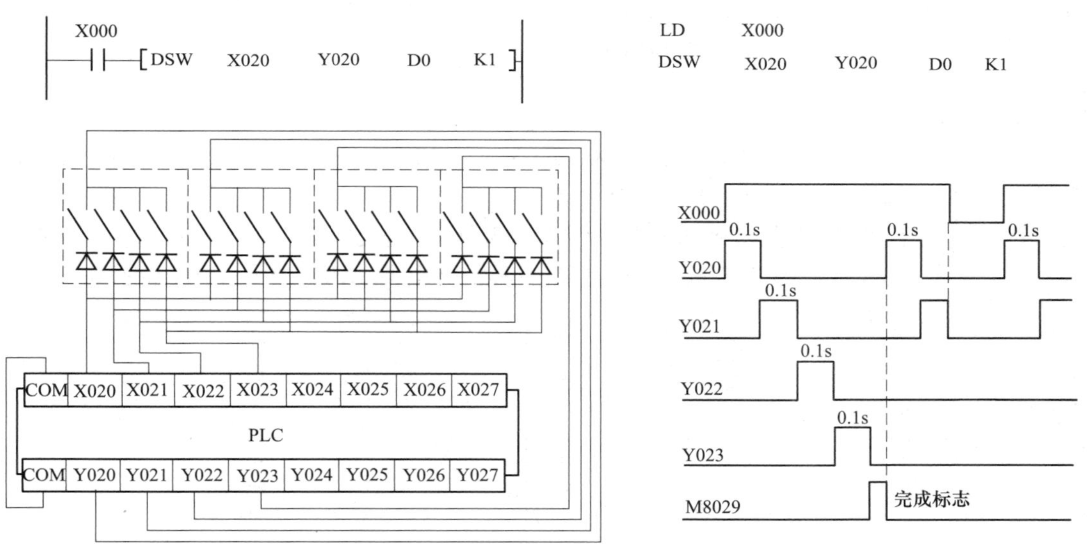

图 5-84 数字开关指令的使用

5.9.4 七段译码指令

七段译码指令 SEGD（Seven Segment Decoder）用于控制 1 位共阴极七段 LED 数码管。它是将源操作数［S］指定元件的低 4 位中的十六进制数（0～F）译成七段显示码的数据送入［D］中，［D］的高 8 位不变。

七段数码管的 abcdefg（D0～D6）段分别对应于输出字节的第 0～6 位。若输出字节的某位为 1 时，其对应的段显示；输出字节的某位为 0 时，其对应的段不亮。字符显示与各段的关系如表 5-23 所示。例如要显示数字“3”，则 D0、D1、D2、D3、D6 为 1，其余为 0。

表 5-23　　字符显示与各段关系

a / f g b / e c / d	十六进制数	段显示	. g f e d c b a	十六进制数	段显示	. g f e d c b a
	0	0	0 0 1 1 1 1 1 1	8	8	0 1 1 1 1 1 1 1
	1	1	0 0 0 0 0 1 1 0	9	9	0 1 1 0 0 1 1 1
	2	2	0 1 0 1 1 0 1 1	A	A	0 1 1 1 0 1 1 1
	3	3	0 1 0 0 1 1 1 1	B	b	0 1 1 1 1 1 0 0
	4	4	0 1 1 0 0 1 1 0	C	C	0 0 1 1 1 0 0 1
	5	5	0 1 1 0 1 1 0 1	D	d	0 1 0 1 1 1 1 0
	6	6	0 1 1 1 1 1 0 1	E	E	0 1 1 1 1 0 0 1
	7	7	0 0 0 0 0 1 1 1	F	F	0 1 1 1 0 0 0 1

1. 指令格式

FNC73 SEGD	S	D

2. 指令说明

源操作数［S］可以是 K、H、KnX、KnY、KnM、KnS、T、C、D、Z；目的操作数可以是 KnY、KnM、KnS、T、C、D、Z。

【例 5-77】 七段译码指令的使用如图 5-85 所示。假设 PLC 的 Y000～Y006 分别与 1 位共阴极七段 LED 数码管的 abcdefg 连接，每隔 1s 七段 LED 数码管循环显示 0～9。

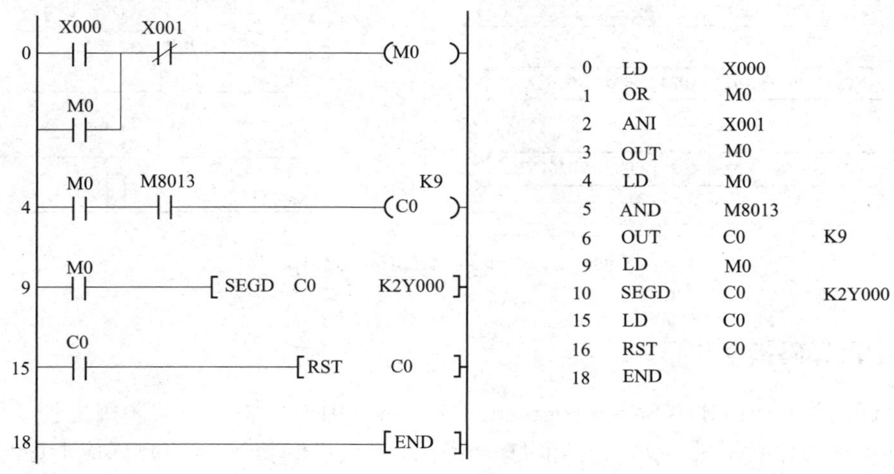

图 5-85　七段译码指令的使用

5.9.5　带锁存七段译码指令

带锁存七段译码指令 SEGL（Seven Segment with Latch）用于控制 1 组或 2 组 4 位带锁存七段译码的共阴极 LED 数码管。

带锁存七段译码指令 SEGL 用 12 个扫描周期显示 1 组或 2 组 4 位数据，需占用 8 个或 12 个晶体管输出点。每显示完 1 组或 2 组 4 位数据后，标志位 M8029 置 1。该指令可与 PLC 的扫描周期同时执行，为执行一系列的显示，PLC 的扫描周期应大于 10ms，若小于 10ms 时，应使用恒定扫描方式。

1. 指令格式

FNC74 SEGL	S	D	n

2. 指令说明

(1) 源操作数 [S] 可以是 K、H、KnX、KnY、KnM、KnS、T、C、D、Z；目的操作数可以是 KnY、KnM、KnS、T、C、D、Z。

(2) [n] 用于选择七段数据输入、选通信号的正负逻辑及显示组数的确定（1 组或 2 组）。七段译码显示逻辑如表 5－24 所示。[n] 的设定取决于 PLC 的正负逻辑与数码显示正负逻辑是否一致，如表 5－25 所示。[n] 的取值范围是 0～7，若显示 1 组时 [n] 取值为 0～3，显示 2 组时 [n] 取值为 4～7。例如 PLC 为负逻辑，显示器的数据输入也为负逻辑，显示器的选通脉冲信号为正逻辑时，若是 4 位 1 组，则 [n]＝K1；若是 4 位 2 组，则 [n]＝K2。

表 5－24　七段译码显示逻辑

信号	正逻辑	负逻辑
数据输入	以高电平变为 BCD 数据	以低电平变为 BCD 数据
选通脉冲信号	以高电平保持锁存的数据	以低电平保持锁存的数据

表 5－25　参数 [n] 的选择

4 位 1 组			4 位 2 组		
数据输入	选通脉冲信号	[n]	数据输入	选通脉冲信号	[n]
一致	一致	K0	一致	一致	K4
	不一致	K1		不一致	K5
不一致	一致	K2	不一致	一致	K6
	不一致	K3		不一致	K7

(3) 该指令只能使用 1 次，且必须使用晶体管输出型 PLC。

【例 5－78】 带锁存七段译码指令的使用如图 5－86 所示。使用晶体管输出型 PLC 与 4 位两组共阴极 LED 数码管连接。若显示 4 位 1 组时，[n]＝K0～K3（程序中为 K0），当 X000 为 ON 时，将 D0 中的 BIN 码转换成 4 位 BCD 码（0～9999），并将这 4 位 BCD 码分时依次送到 Y000～Y003，而 Y004～Y007 依次作为各位 LED 的选通信号。

若显示 4 位 2 组时，[n]＝K4～K7，当 X000 为 ON 时，将 D0 中的 BIN 码转换成 4 位 BCD 码（0～9999），并将这 4 位 BCD 码分时依次送到 Y000～Y003；D1 中的 BIN 码也转换成 4 位 BCD 码（0～9999），并将这 4 位 BCD 码分时依次送到 Y010～Y013，而 Y004～Y007 仍然作为各位 LED 的选通信号。

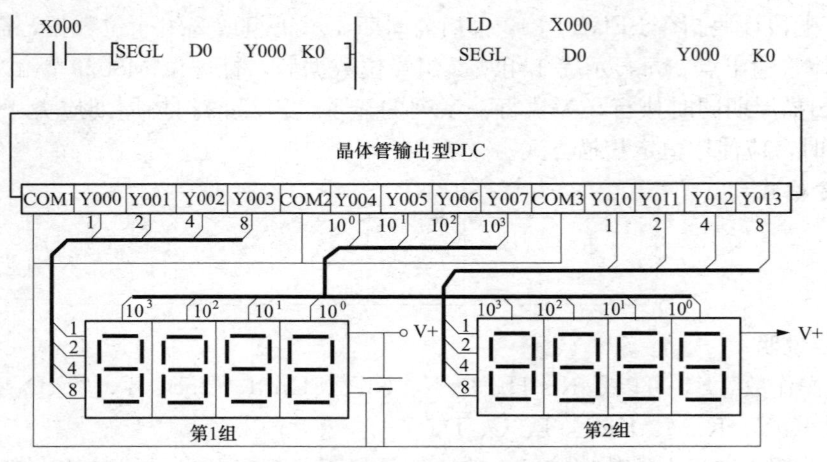

图 5-86 带锁存七段译码指令的使用

5.9.6 方向开关指令

方向开关指令 ARWS（Arrow Switch）是用 4 个方向开关来逐位输入或修改 4 位 BCD 码数据，用带锁存的 4 位或 8 位七段显示器来显示当前设置的数值。

1. 指令格式

FNC75 ARWS	S	D1	D2	n

2. 指令说明

(1) 源操作数［S］用来指定 4 个方向开关的输入端的首地址，可以是 X、Y、M、S；目的操作数［D1］用于指定存储需要修改的 4 位数据，可以是 T、C、D、C、Z；［D2］用来指定带锁存的七段显示器的数据输出和为选通脉冲输出端元件的首地址，只能是 Y；［n］与 SEGL 指令中［n］的功能相同，取值范围为 0～3。

(2) 该指令只能使用 1 次，且必须使用晶体管输出型 PLC。

【例 5-79】 方向开关指令的使用如图 5-87 所示。使用晶体管输出型 PLC 与 4

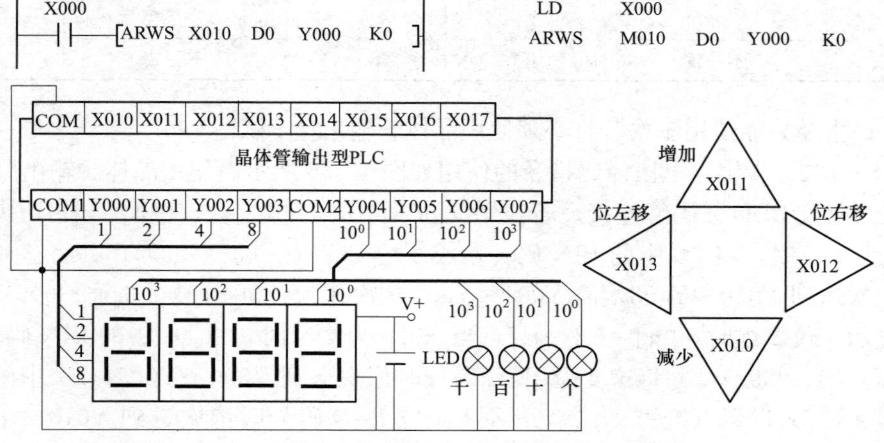

图 5-87 方向开关指令的使用

位 1 组共阴极 LED 数码管连接，其中 Y000～Y003 作为 4 位 BCD 码数据输入端，而 Y004～Y007 仍然作为各位 LED 的选通信号。方向开关按键与 PLC 的 X010～X013 连接，用来设置或修改 D0 的 4 位数据，其中位左移键（X013）和位右移键（X012）用来移动输入和显示位，增加键（X011）和减少键（X010）用来修改该位的数据。

当 X000 为 ON 时，执行开关指令，将显示数据（通常为 BCD 码）送入 D0 中进行显示。X000 刚接通时，指定的是最高位，每按 1 次右移键，指定位则往右移动 1 位，按 1 次左移键时，则往左移动 1 位，在移动过程中有相应的 LED 发光二极管显示。如果选中十位，原数字为 6 时，按增加键，则由 6→7→8→9→0→1→2 循环增大。

【例 5-80】 方向开关指令的应用。使用开关指令来修改定时器 T0～T99 的设定值并显示某定时器的当前值。

解 要完成用开关指令来修改定时器 T0～T99 的设定值并显示某定时器的当前值，需要开关指令设定键、T0～T99 定时器的延时设定键、带锁存的七段 LED 显示及读/写指示灯，因此可画出如图 5-88 所示的接线图。

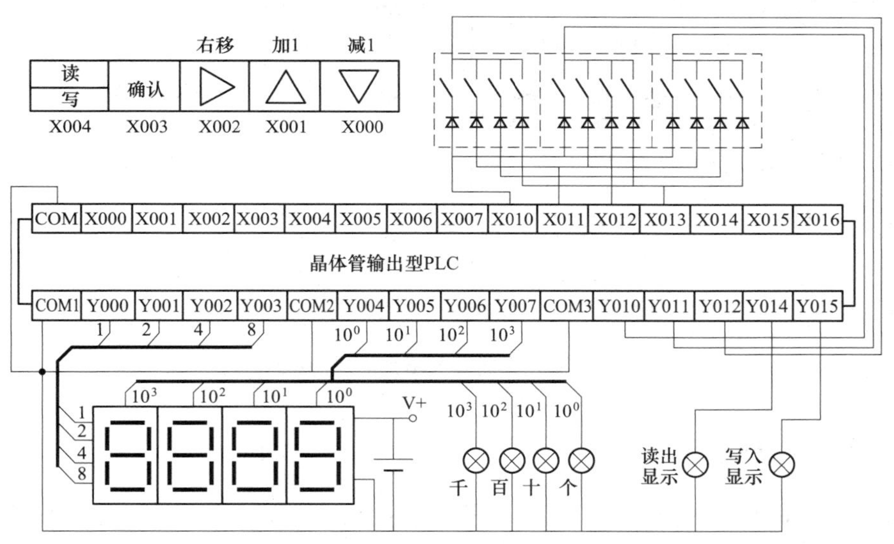

图 5-88 PLC 接线图

用读写键和交替输出 ALT 指令切换读/写操作，T0～T99 的延时设定值可由 D200～D299 给出。读操作时，用 3 个 BCD 拨码开关设定定时器的元件号，按 X003 确认键时用数字开关指令 DSW 将元件号采用变址的方式读入到 Z 中，并使用 SEGL 指令将当前值在 LED 中显示出来。写操作时，将待设定定时器元件号 D200Z 送到 D511 中，通过 X000（减 1）、X001（加 1）和 X002（右移）来修改指定定时器的设定值，修改好后，再按确认键（X003），用 MOVP 指令将 D511 中的数值送到 D300Z 中即可。编写的程序如图 5-89 所示。

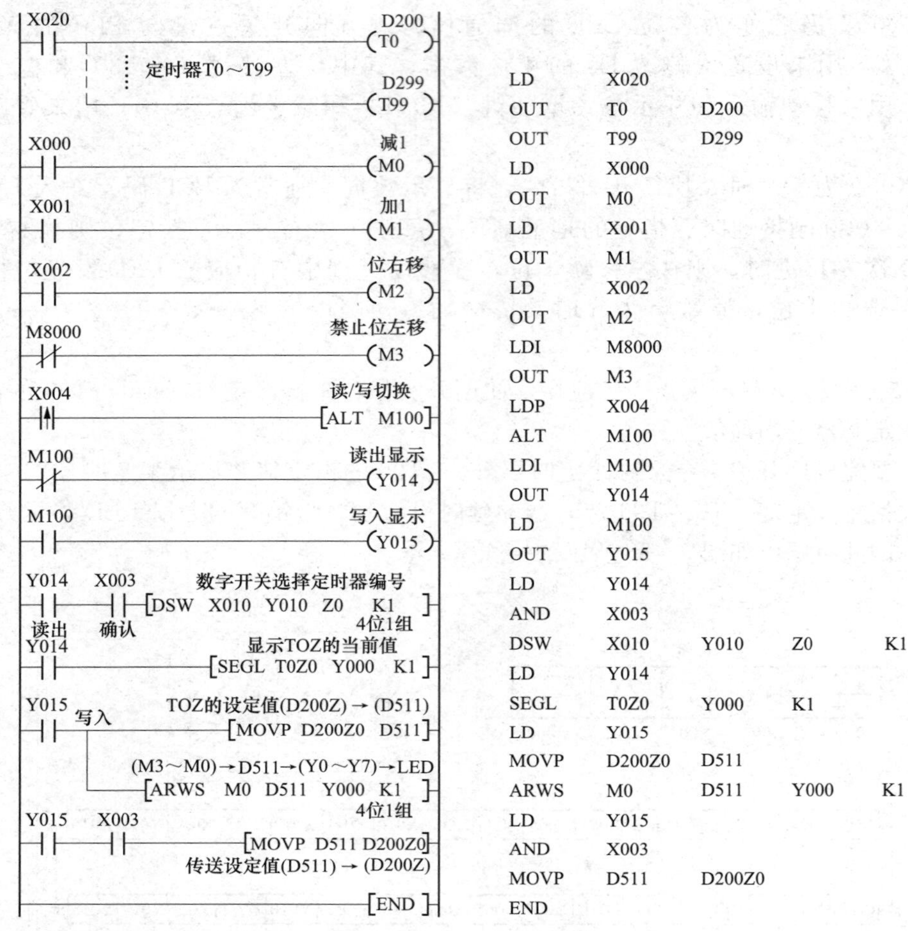

图 5－89 方向开关指令的应用程序

5.9.7 ASCII码转换指令

在计算机中，所有的数据在存储和运算时都要使用二进制数表示（因为计算机用高电平和低电平分别表示 1 和 0），例如，像 a、b、c、d 这样的 52 个字母（包括大写）以及 0、1 等数字，还有一些常用的符号（例如 、#、@等）在计算机中存储时也要使用二进制数来表示，而具体用哪些二进制数字表示哪个符号，当然每个人都可以约定自己的一套（这就叫编码），而如果要想互相通信而不造成混乱，那么就必须使用相同的编码规则，于是美国有关的标准化组织就出台了所谓的 ASCII 编码（American Standard Code for Information Interchange，即美国标准信息交换码，简称 ASCII 码），统一规定了上述常用符号用哪些二进制数来表示。

ASCII 码使用指定的 7 位或 8 位二进制数组合来表示 128 种或 256 种可能的字符，详见附录 C。标准 ASCII 码也叫基础 ASCII 码，使用 7 位二进制数来表示所有的大写和小写字母、数字 0～9、标点符号，以及在美式英语中使用的特殊控制字符。

ASCII码转换指令ASC（ASCII Code）是将源操作数［S］中的最多8个字母或数字转换成ASCII码存放在目的操作数［D］中。

1. 指令格式

FNC76 ASC	S	D

2. 指令说明

（1）源操作数［S］是由计算机输入的8个字节以内的字母或数字；目的操作数［D］可以是T、D、V、Z。

（2）该指令适于在外部显示器上选择显示出错等信息。

【例5-81】 ASCII码转换指令的使用如图5-90所示。当X000为ON时，执行ASCII转换指令，将“FX（2N）PC”转换为ASCII码存放到D10起始的数据寄存器中。若X001为ON时，则转换后的结果存放到D10～D13中；若X001为OFF时，则转换后的结果存放到D10～D17中。

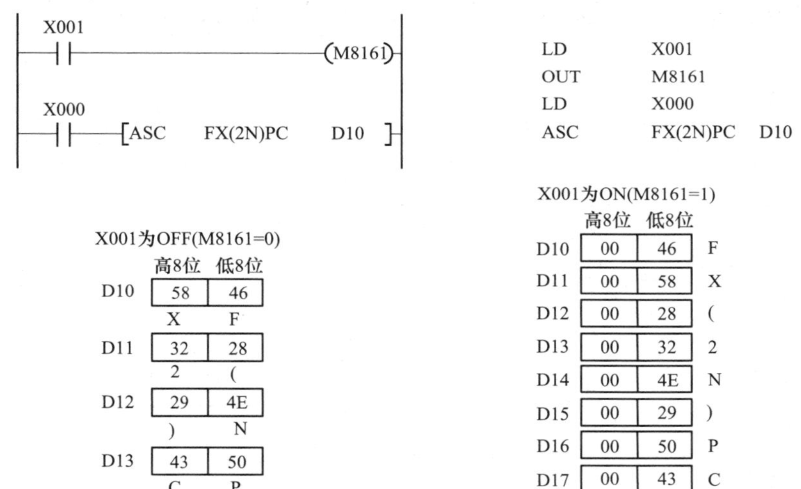

图5-90　ASCII码转换指令的使用

5.9.8　ASCII码打印指令

ASCII码打印指令PR（Print）是将源操作数指定的ASCII码经指定元件输出。

1. 指令格式

FNC77 PR	S	D

2. 指令说明

（1）源操作数［S］可以是C、T、D；目的操作数［D］只能是Y。

（2）该指令只能使用2次，且必须使用晶体管输出型PLC。

（3）该指令是依次串联输出8位并行数据的指令，M8027为OFF时，为8字节串联输出；M8027 为 ON 时，为 1～16 字节串联输出。

【例 5-82】 ASCII 码打印指令的使用如图 5-91 所示。使用晶体管输出型 PLC 与 A6FD 型外部显示器连接。当 X020 为 ON 时，字符串“FX2NCPLC”以 ASCII 的形式存放在 D100～D103 中，执行 PR 指令时，字符串“FX2NCPLC”以 F→X→2→N→C→P→L→C 的顺序依次经 Y0～Y7 发送输出到 A6FD 型外部显示器进行打印。图中 Y010 作为 A6FD 型外部显示器的选通信号。

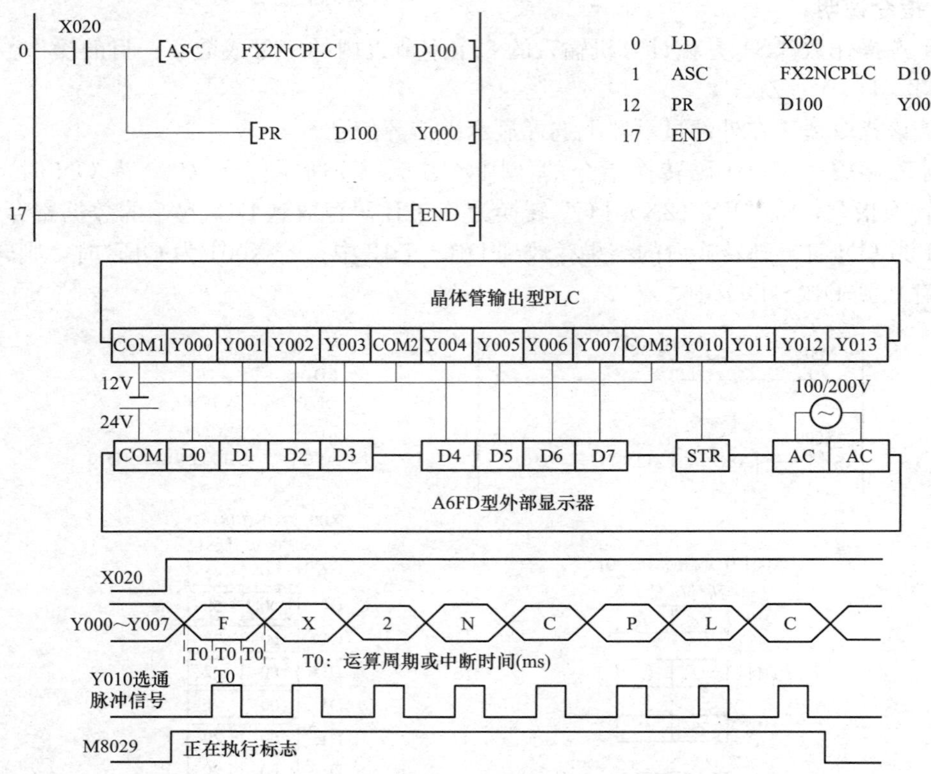

图 5-91　ASCII 码打印指令的使用

5.9.9　读特殊功能模块指令

PLC 可分为基本单元、I/O 扩展单元、I/O 扩展模块、特殊单元、特殊功能模块等。特殊单元和特殊模块的编号如图 5-92 所示，由靠近基本单元开始，分别为 No.0、No.1、No.2 等。

	No.0 特殊模块	I/O扩展模块	No.1 特殊模块	I/O扩展模块	No.2 特殊模块
FX_{2N}-32MR 基本单元	FX_{2N}-4AD 模拟量输入	FX_{2N}-16EX 输入扩展模块	FX_{2N}-4DA 模拟量输出	FX_{2N}-16EYR 输出扩展模块	FX_{2N}-4AD-PT 温度传感器输入

图 5-92　特殊单元和特殊模块的编号

读特殊功能模块指令 FROM 是将增设的特殊功能模块单元缓冲存储器的内容读入到 PLC 中，并存入指定的数据寄存器中。

1. 指令格式

FNC78 (D) FROM (P)	m1	m2	D	n

2. 指令说明

(1)[m1] 是特殊功能模块编号，取值范围为 0～7；[m2] 为特殊功能模块内缓冲寄存器首元件号，取值范围为 0～32767；[n] 为待传送的数据长度，取值范围为 1～32767。m1、m2、n 的编程元件都为 K、H。

(2) FROM 指令的执行受中断允许继电器 M8028 的约束，当 M8028 为 OFF 时，FROM 指令执行过程中，为自动中断禁止状态，输入中断、定时器中断不能执行。此期间程序发生的中断，只有在 FROM 指令执行完后才能立即执行。FROM 指令在中断程序中也可以使用。当 M8028 为 ON 时，FROM 指令执行过程中，中断发生时，立即执行中断，但是在中断程序中，不能使用 FROM 指令。

【例 5-83】 读特殊功能模块指令的使用如图 5-93 所示。当 X000 为 ON 时，将编号为 0 的特殊模块（如图 5-92 中 FX_{2N}-4AD）缓冲存储器 BFM＃3～BFM＃7 中的 16 位数据读到 PLC 基本单元的 D100～D105 中。FX_{2N}-4AD 的缓冲存储器 BFM 有 32 个 16 位寄存器，编号为＃0～＃31。

图 5-93 读特殊功能模块指令的使用

5.9.10 写特殊功能模块指令

写特殊功能模块指令 TO 是将 PLC 指定的数据寄存器的内容写入到特殊模块的缓冲寄存器中。

1. 指令格式

FNC79 (D) TO (P)	m1	m2	S	n

2. 指令说明

(1) 源操作数 [S] 指定写入特殊功能模块的起始位置，可以是 KnY、KnM、KnS、T、C、D、V、Z。

(2)[m1] 是特殊功能模块编号，取值范围为 0～7；[m2] 为特殊功能模块内缓冲寄存器首元件号，取值范围为 0～32767；[n] 为待传送的数据长度，取值范围为 1～32767。

(3) TO 指令的执行也受中断允许继电器 M8028 的约束，当 M8028 为 OFF 时，TO 指令执行过程中，为自动中断禁止状态，输入中断、定时器中断不能执行。此期间程序发生的中断，只有在 TO 指令执行完后才能立即执行。TO 指令在中断程序中也可以使用。当 M8028 为 ON 时，TO 指令执行过程中，中断发生时，立即执行中断，但是在中断程序中，不能使用 TO 指令。

【例 5-84】 写特殊功能模块指令的使用如图 7-94 所示。当 X000 为 ON 时，将数据 H234 写入编号为 1 的 BMF＃2 中。

```
     X000
├────┤├────[TO   K1   K2   H234   K1 ]┤        LD   X000
                                                TO   K1   K2   H234   K1
```

图 5-94 写特殊功能模块指令的使用

5.10 外部设备SER指令

外部设备指令主要用于连接串行口的特殊适配器并对其进行控制、模拟量功能扩展模块处理和 PID 运算等操作。外部设备指令共 8 条，指令功能编号为 FNC80～FNC86、FNC88，如表 5-26 所示。PID 指令将在第 7 章中进行讲解。

表 5-26 外部设备指令

指令代号	指令助记符	指令名称	程序步
FNC80	RS	串行数据传送	9 步
FNC81	PRUN	八进制位传送	5/9 步
FNC82	ASCI	十六进制数转 ASCII 码	7 步
FNC83	HEX	ASCII 码转十六进制数	7 步
FNC84	CCD	校验码	7 步
FNC85	VRRD	电位器值读出	5 步
FNC86	VRSC	电位器值刻度	5 步
FNC88	PID	PID 运算	9 步

5.10.1 串行数据传送指令

串行数据传送指令 RS 可使用 RS-232C 及 RS-485 功能扩展板及特殊适配器，进行发送接收串行数据。

FX_{2N}系列 PLC 与外部设备进行串行发送或接收数据时，必须先对 D8120 进行相关参数设置。其参数设置如表 5-27 所示。

表 5-27 D8120 参数设置

D8120 位号	名称	参数设置	
		位=0（OFF）	位=1（ON）
b0	数据长	7 位	8 位
b1 b2	奇偶性	b2，b1=00：无 b2，b1=01：奇数（ODD） b2，b1=11：偶数（EVEN）	

续表

<table>
<tr><th rowspan="2">D8120 位号</th><th rowspan="2">名称</th><th colspan="3">参数设置</th></tr>
<tr><th colspan="2">位=0（OFF）</th><th>位=1（ON）</th></tr>
<tr><td>b3</td><td>停止位</td><td colspan="2">1 位</td><td>2 位</td></tr>
<tr><td>b4
b5
b6
b7</td><td>传送速率
(bit/s)</td><td colspan="2"><table><tr><th>位</th><th>设置值</th><th>速率</th></tr><tr><td>b7，b6，b5，b4</td><td>0011</td><td>300</td></tr><tr><td>b7，b6，b5，b4</td><td>0100</td><td>600</td></tr><tr><td>b7，b6，b5，b4</td><td>0101</td><td>1200</td></tr><tr><td>b7，b6，b5，b4</td><td>0110</td><td>2400</td></tr></table></td><td><table><tr><th>位</th><th>设置值</th><th>速率</th></tr><tr><td>b7，b6，b5，b4</td><td>0111</td><td>4800</td></tr><tr><td>b7，b6，b5，b4</td><td>1000</td><td>9600</td></tr><tr><td>b7，b6，b5，b4</td><td>1001</td><td>19 200</td></tr></table></td></tr>
<tr><td>b8*1</td><td>起始符</td><td colspan="2">无</td><td>有（D8124），初始值：STX（02H）</td></tr>
<tr><td>b9*1</td><td>终止符</td><td colspan="2">无</td><td>有（D8125），初始值：EXT（03H）</td></tr>
<tr><td rowspan="2">b10
b11</td><td rowspan="2">控制线</td><td>无顺序</td><td colspan="2">b11，b10=00：无（RS-232 接口）
b11，b10=01：普通模式（RS-232C 接口）
b11，b10=01：互锁模式（RS-232C 接口）*3
b11，b10=11：调制解调器模式（RS-232C 接口、RS-485 接口）*4</td></tr>
<tr><td>计算机链接通信*5</td><td colspan="2">b11，b10=00：RS-485 接口
b11，b10=10：RS-232C 接口</td></tr>
<tr><td>b12</td><td colspan="4">不可使用</td></tr>
<tr><td>b13*2</td><td>和校验</td><td colspan="2">不附加</td><td>附加</td></tr>
<tr><td>b14*2</td><td>协议</td><td colspan="2">不使用</td><td>使用</td></tr>
<tr><td>b15*2</td><td>控制顺序</td><td colspan="2">方式 1</td><td>方式 4</td></tr>
</table>

*1：表示起始符和终止符的内容可由用户更改。使用计算机通信时，必须设定为 0。

*2：b13～b15 是计算机链接通信连接时的设定项目，使用 RS 指令时，必须设定为 0。

*3：适用于 FX_{3U}、FX_{2N}和 FX_{2NC}版本 V2.00 以上。

*4：RS-485 未考虑设置控制线的方法，使用 FX2N-485-BD 时，设定（b11，b10=11）。

*5：在计算机链接通信连接时设定，与 RS 指令没有关系。

PLC 与某条形码读出器的通信格式如表 5-28 所示，则 D8120 的值应设置为 H0363，且该值是 PLC 运行时用初始化脉冲 M8002 将其写入 D8120 中。

表 5-28　　PLC 与某条形码读出器的通信格式

数据长度	8 位	b0=1	传送速率	2400bit/s	b7，b6，b5，b4=0110
奇偶性	奇数	b2，b1=01	起始符	有	b8=1
停止位	1 位	b3=0	终止符	有	b9=1

1. 指令格式

FNC80 RS	S	m	D	n

2. 指令说明

（1）[S] 为发送数据首地址，只能是 D；[m] 为发送数据点数，可以是 D、H、K；

[D] 为接收数据首地址，只能是 D；[n] 为接收数据点数，可以是 D、H、K。

(2) 不执行数据的发送或接收时，可将 [m] 或 [n] 置为 K0。

(3) FX_{1S}、FX_{2N}可编程控制器 V2.00 以下的产品采用半双工方式进行通信；FX_{3U}、FX_{2NC}和 FX_{2N}可编程控制器 V2.00 以上的产品采用全双工方式进行通信。

(4) RS 指令还涉及相关数据寄存器和特殊辅助继电器，如表 5-29 所示。

表 5-29　　RS 指令涉及的相关数据寄存器和特殊辅助继电器

数据寄存器	说　　明	特殊辅助继电器	说明
D8120	串行通信参数设置	M8121	发送待机标志
D8122	发送数据剩余数	M8122	发送请求标志
D8123	已接收数据的数量	M8123	接收完成标志
D8124	存放数据开始辨识的 ASCII 码。缺省为"STX"，02H	M8124	载波检测标志
D8125	存放数据开始辨识的 ASCII 码。缺省为"EXT"，03H		
D8129	超时判定时间	M8129	超时判定标志

(5) 用 RS 指令收发信息时，需指定 PLC 发送数据的首地址与点数以及接收数据存储用的首地址与可以接收的最大数据字数，如图 5-95 所示。

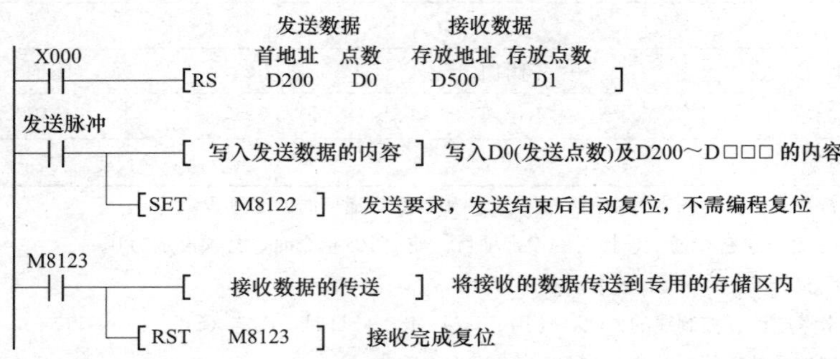

图 5-95　PLC 数据发送与接收

【例 5-85】 PLC 与条形码读出器的通信。其通信格式要求：①数据长度 7 位；②奇偶性为奇数；③1 位停止位；④传输速率为 9600bit/s；⑤有起始符和终止符；⑥使用 RS-232C 接口与计算机链接通信。

解　在 PLC 上安装一个 FX_{2N}-232-BD 型功能扩展模块，使用通信电缆将条形码读出器与功能扩展模块连接。根据通信格式要求，则其通信格式设置如表 5-30 所示。从表中可以看出，需将 D8120 的值设置为 HB82，编写的程序如图 5-96 所示。

表 5-30　　通信格式的设置

数据长度	7 位	b1=0
奇偶性	奇数（ODD）	b2，b1=01
停止位	1 位	b3=0
传输速率	9600bit/s	b7，b6，b5，b4=1000

续表

数据长度	7位	b1=0
起始符	有	b8=1
终止符	有	b9=1
控制线	使用RS-232C接口与计算机链接通信	b11，b10=10

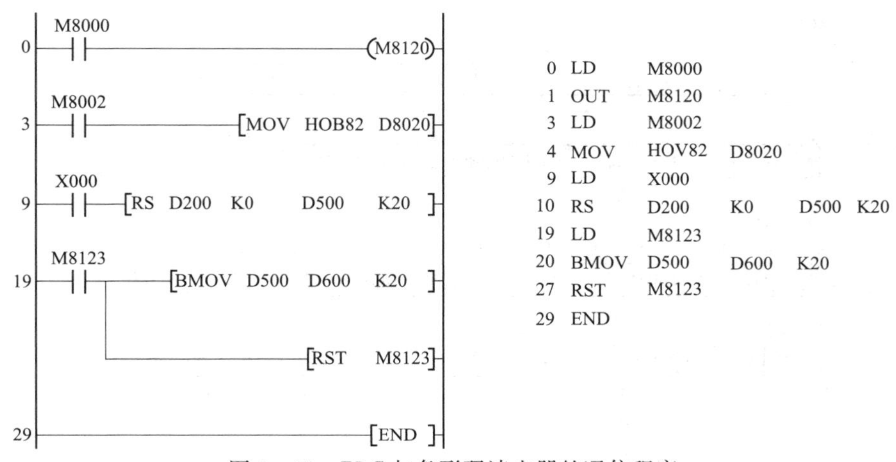

图5-96 PLC与条形码读出器的通信程序

程序中，当PLC一上电时，初始化脉冲M8002将D8020设置通信格式值。当X000为ON时，接收数据到D500～D519（共20点），不发送数据，所以设发送点数为0。接收结束时M8123为ON，将接收到的数据D500～D519传送到D600～D619中，同时接收RST指令，将M8123复位，进入等待接收的状态。

5.10.2 八进制位传送指令

八进制位传送指令PRUN（Parallel Run）是将源操作数［S］和目的操作数［D］以八进制处理，传送数据。

1. 指令格式

FNC81 PRUN	S	D

2. 指令说明

（1）源操作数［S］只能是KnX或KnM；目的操作数只能是KnY或KnM。源操作数和目的操作数元件号的末位取0，如X0、M10、Y20等。

（2）数据传送过程中，末位为8或9的M元件不传送。

【例5-86】 八进制位传送指令的使用如图5-97所示。在程序中，当X030为ON时，将K4X0中的数据传送到K4M0中，在传送过程中K4M0为八进制，其中M9、M8不变化，即X017～X010传送给M17～M10，X007～X000传送给M7～M0。当X000为ON时，将K4M0中的数据传送到K4Y0中，在传送过程中K4M0为八进制，其中M9、M8不传送，即M17～M10传送给Y017～Y010，M7～M0传送给Y007～Y000。

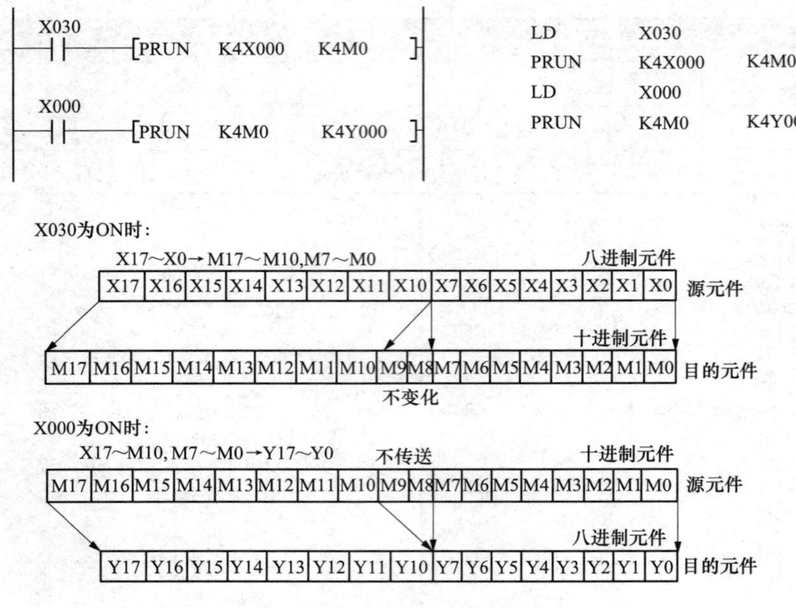

图 5－97　八进制位传送指令的使用

5.10.3　十六进制数转 ASCII 码指令

十六进制数转 ASCII 码指令 ASCI 是将［n］指定源操作数［S］中的十六进制数转换成 ASCII 码，并存入目的操作数［D］中。

1. 指令格式

FNC82 ASCI（P）	S	D	n

2. 指令说明

(1) 源操作数［S］可以是 K、H、KnX、KnY、KnM、KnS、C、T、D、V、Z；目的操作数［D］可以是 KnY、KnM、KnS、C、T、D；［n］为转换字符个数，取值范围为 1～256。

(2) 该指令有两种转换模式，由 M8161 控制。当 M8161 为 OFF 时，为 16 位模式；当 M8161 为 ON 时，为 8 位模式。在 16 位模式下，［S］中的十六进制数据转换成 ASCII 码向［D］的高 8 位和低 8 位都进行传送；在 8 位模式下，只向［D］的低 8 位传送，而［D］的高 8 位为 0。

(3) 使用打印等操作输出 BCD 数据时，在执行 ASCI 指令前应将二进制转换成 BCD 码。

【例 5－87】 若 D100 中的内容 0ABCH，D101 中的内容为 H1234，D102 中的内容为 H5678，请使用 ASCI 指令将十六进制转换成 ASCII，并分析转换过程。

解　ASCI 指令将十六进制转换成 ASCII，可由 M8161 控制为 16 位模式还是 8 位模式。编写的程序如图 5－98 所示，程序 1 为 16 位模式，程序 2 为 8 位模式。0 的 ASCII 码

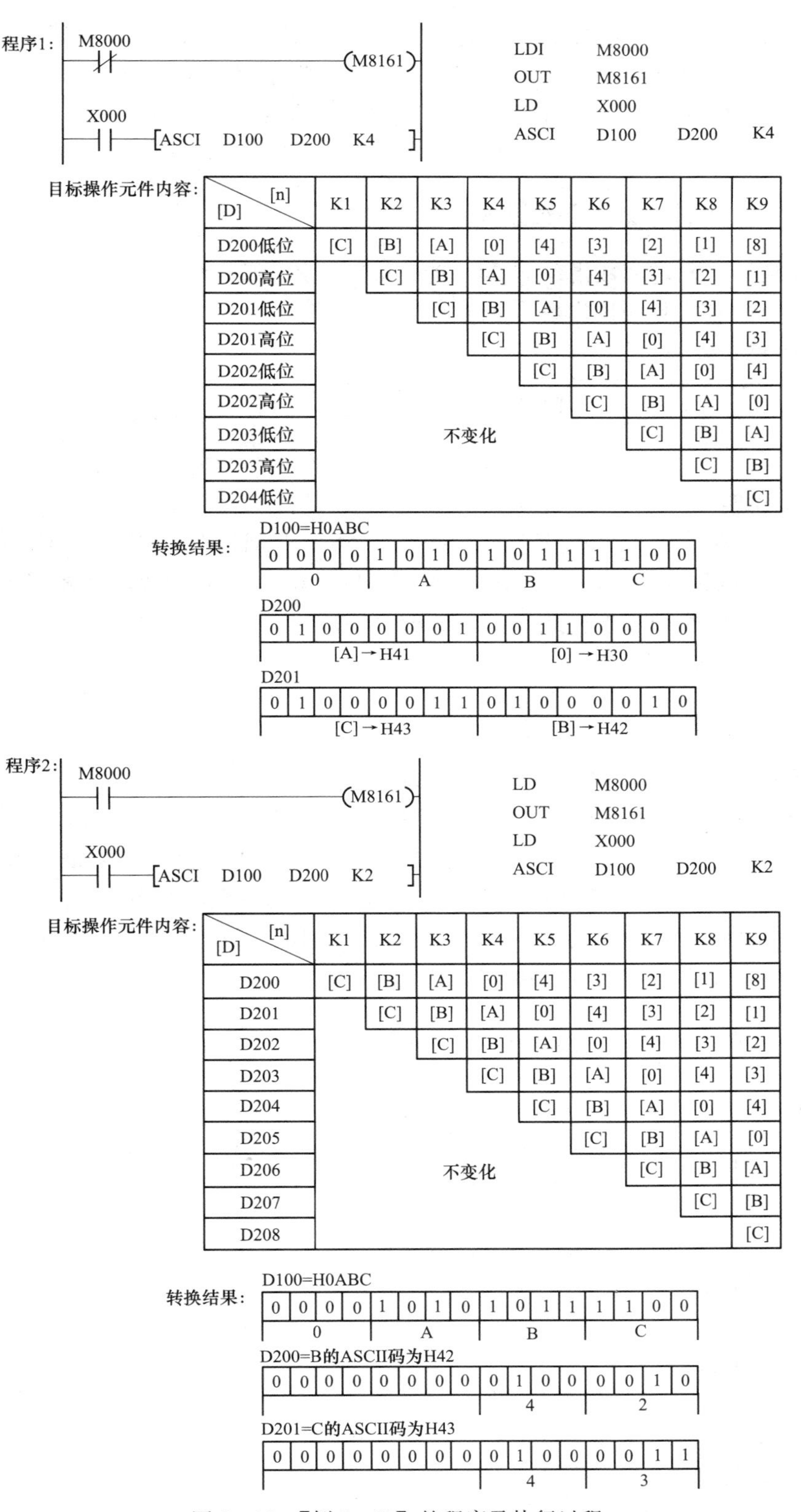

[D] \ [n]	K1	K2	K3	K4	K5	K6	K7	K8	K9
D200低位	[C]	[B]	[A]	[0]	[4]	[3]	[2]	[1]	[8]
D200高位		[C]	[B]	[A]	[0]	[4]	[3]	[2]	[1]
D201低位			[C]	[B]	[A]	[0]	[4]	[3]	[2]
D201高位				[C]	[B]	[A]	[0]	[4]	[3]
D202低位					[C]	[B]	[A]	[0]	[4]
D202高位						[C]	[B]	[A]	[0]
D203低位				不变化			[C]	[B]	[A]
D203高位								[C]	[B]
D204低位									[C]

[D] \ [n]	K1	K2	K3	K4	K5	K6	K7	K8	K9
D200	[C]	[B]	[A]	[0]	[4]	[3]	[2]	[1]	[8]
D201		[C]	[B]	[A]	[0]	[4]	[3]	[2]	[1]
D202			[C]	[B]	[A]	[0]	[4]	[3]	[2]
D203				[C]	[B]	[A]	[0]	[4]	[3]
D204					[C]	[B]	[A]	[0]	[4]
D205						[C]	[B]	[A]	[0]
D206				不变化			[C]	[B]	[A]
D207								[C]	[B]
D208									[C]

图 5-98 【例 5-87】的程序及执行过程

为H 30，1的ASCII码为H 31，2的ASCII码为H 32，3的ASCII码为H 33，4的ASCII码为H 34，5的ASCII码为H 35，6的ASCII码为H 36，7的ASCII码为H 37，18的ASCII码为H 38，A的ASCII码为H 41，B的ASCII码为H 42，C的ASCII码为H 43。需要转换的字符数由［n］决定。

5.10.4 ASCII码转十六进制数指令

ASCII码转十六进制数指令HEX是将［n］指定源操作数［S］中的ASCII码转换成十六进制数，并存入目的操作数［D］中。

1. 指令格式

FNC83 HEX（P）	S	D	n

2. 指令说明

（1）源操作数［S］可以是K、H、KnX、KnY、KnM、KnS、C、T、D、V、Z；目的操作数［D］可以是KnY、KnM、KnS、C、T、D；［n］为转换个数，取值范围为1～256。

（2）该指令有两种转换模式，由M8161控制。当M8161为OFF时，为16位模式；当M8161为ON时，为8位模式。在16位模式下，［S］中高8位和低8位的ASCII码转换成十六进制数并进行传送；在8位模式下，只向［D］的低8位传送，而［D］的高8位为0。可见，HEX与ASCI是两条互逆指令。

（3）输入数据为BCD时，在本指令执行后，需进行BCD→BIN转换。

【例5-88】 ASCII码转十六进制数指令的使用如图5-99所示。PLC一上电，首先将D100～D103分别赋初值。当X001为ON时，执行HEX指令，完成ASCII码转十六进制数操作。若X000为OFF时，将D101、D100中的ASCII码转换成相应的十六进制数存放到D10中；若X000为ON时，将D103、D102、D101、D100中低8位的ASCII码转换成相应的十六进制数存放到D10中。

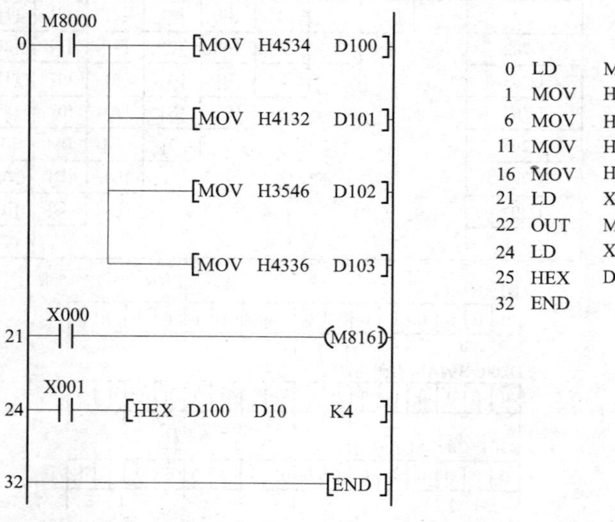


```
 0 LD   M8000
 1 MOV  H4534  D100
 6 MOV  H4132  D101
11 MOV  H3546  D102
16 MOV  H4336  D103
21 LD   X000
22 OUT  M8161
24 LD   X001
25 HEX  D100   D10  K4
32 END
```

图5-99 ASCII码转十六进制数指令的使用（一）

三菱FX$_{2N}$ PLC从入门到精通

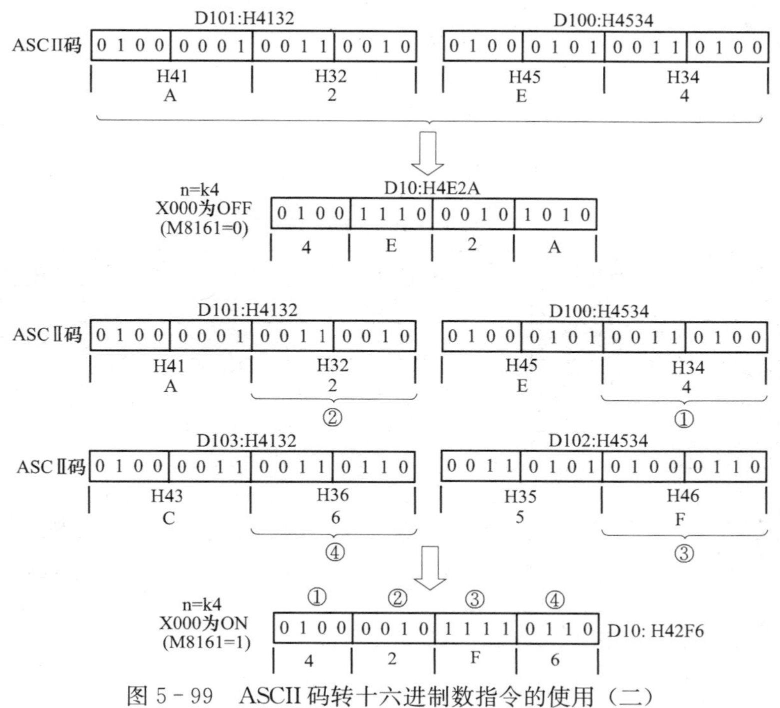

图 5-99　ASCII 码转十六进制数指令的使用（二）

5.10.5　校验码指令

校验码指令 CCD（Check Code）是将［S］指定元件开始的［n］位组成堆栈（高位和低位拆开），将各数据的总和送到［D］指定的元件中，而将堆栈中的水平奇偶校验数据（即各数据相应位进行“异或”逻辑运算）送到［D］的下一元件中。

1. 指令格式

FNC84 CCD（P）	S	D	n

2. 指令说明

（1）源操作数［S］可以是 KnX、KnY、KnM、KnS、C、T、D、V、Z；目的操作数［D］可以是 KnM、KnS、C、T、D；［n］为校验数据个数，取值范围为 1～256。

（2）该指令有两种转换模式，由 M8161 控制。当 M8161 为 OFF 时，为 16 位模式；当 M8161 为 ON 时，为 8 位模式。在 16 位模式下，校验［S］中高 8 位和低 8 位并进行传送；在 8 位模式下，只校验［S］的低 8 位，而［S］的高 8 位忽略。

（3）该指令适用于通信数据的校验。

【例 5-89】 校验码指令的使用如图 5-100 所示。当 X001 为 ON 时，执行 CCD 指令。当 X000 为 OFF 时，M8161 为 0，CCD 为 16 位校验模式，校验 D100～D104 中高、低 8 位。若 D100～D104 的内容如表 5-31 所示，则执行 16 位校验模式后，送给 D201 的奇偶校验结果为 H6E，送给 D200 的总和校验为 k1088。当 X000 为 ON 时，M8161 为 1，CCD 为 8 位校验模式，校验 D100～D109 中低 8 位。若 D100～D109 的内容如表 5-32 所示，则执行 8 位校验模式后，送给 D201 的奇偶校验结果为 H37，送给 D200 的总和校验为 k1415。

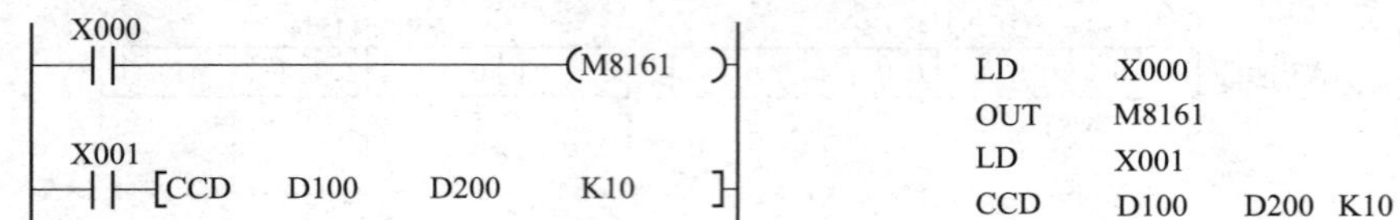

图 5-100 校验码指令的使用

表 5-31　　16 位校验时 D100～D104 的初值

源操作数［S］		十进制数	二进制数（8 位）							
D100	低 8 位	K121	0	1	1	1	1	0	0	1
	高 8 位	K85	0	1	0	1	0	1	0	1
D101	低 8 位	K96	0	1	1	0	0	0	0	0
	高 8 位	K154	1	0	0	1	1	0	1	0
D102	低 8 位	K129	1	0	0	0	0	0	0	1
	高 8 位	K25	0	0	0	1	1	0	0	1
D103	低 8 位	K134	1	0	0	0	0	1	1	0
	高 8 位	K89	0	1	0	1	1	0	0	1
D104	低 8 位	K176	1	0	1	1	0	0	0	0
	高 8 位	K79	0	1	0	0	1	1	1	1

表 5-32　　8 位校验时 D100～D109 的初值

源操作数［S］	十进制数	二进制数（8 位）							
D100	K93	0	1	0	1	1	1	0	1
D101	K123	0	1	1	1	1	0	1	1
D102	K215	1	1	0	1	0	1	1	1
D103	K108	0	1	1	0	1	1	0	0
D104	K92	0	1	0	1	1	1	0	0
D105	K247	1	1	1	1	0	1	1	1
D106	K186	1	0	1	1	1	0	1	0
D107	K83	0	1	0	1	0	0	1	1
D108	K58	0	0	1	1	1	0	1	0
D109	K210	1	1	0	1	0	0	1	0

5.10.6　电位器值读出指令

电位器值读出指令 VRRD（Variable Resistor Read）是将［S］指定的模块量扩展板上某个可调电位器输入的模拟值转换成 8 位二进制数（0～255），并传送到 PLC 的目的操作数［D］中。

1. 指令格式

FNC85 VRRD（P）	S	D

2. 指令说明

（1）电位器值读出指令可以通过 FX_{2N}-8AV-BD 型模拟量功能扩展板将 8 个 8 位二进制数（0～255）传送到 PLC 中。FX_{2N}-8AV-BD 型模拟量功能扩展板上有 8 个可调电

三菱FX_{2N} PLC从入门到精通

位器 VR0～VR7，旋转 VR0～VR7 的可调电位器旋钮，可以调整输入的数值，数值在 0～255 之间。如果需要用大于 255 以上的数值，可以使用乘法指令将数值放大。

（2）[S] 指定电位器序号 VR0～VR7；[D] 可以是 KnY、KnM、KnS、C、T、D、V、Z。

【例 5－90】 使用 FX_{2N}－8AV－BD 型模拟量功能扩展板设定 8 个定时器 T0～T7 的设定值。

解 首先将 FX_{2N}－8AV－BD 型模拟量功能扩展板安装在 FX_{2N}型 PLC 的基本单元上。旋转 FX_{2N}－8AV－BD 型模拟量功能扩展板的可调电位器旋钮 VR0～VR7，通过 VRRD 指令读出 VR0～VR7 的刻度值，并将该刻度值分别作为 T0～T7 的外部输入设定值。编写的程序如图 5－101 所示，PLC 一上电时，先将变址寄存器 Z 复位，再由 FOR－NEXT 指令经过 8 次循环将 VR0～VR7 事先设定的值存放到 D100～D107 中，D100～D107 分别作为定时器 T0～T7 的间接设定值。

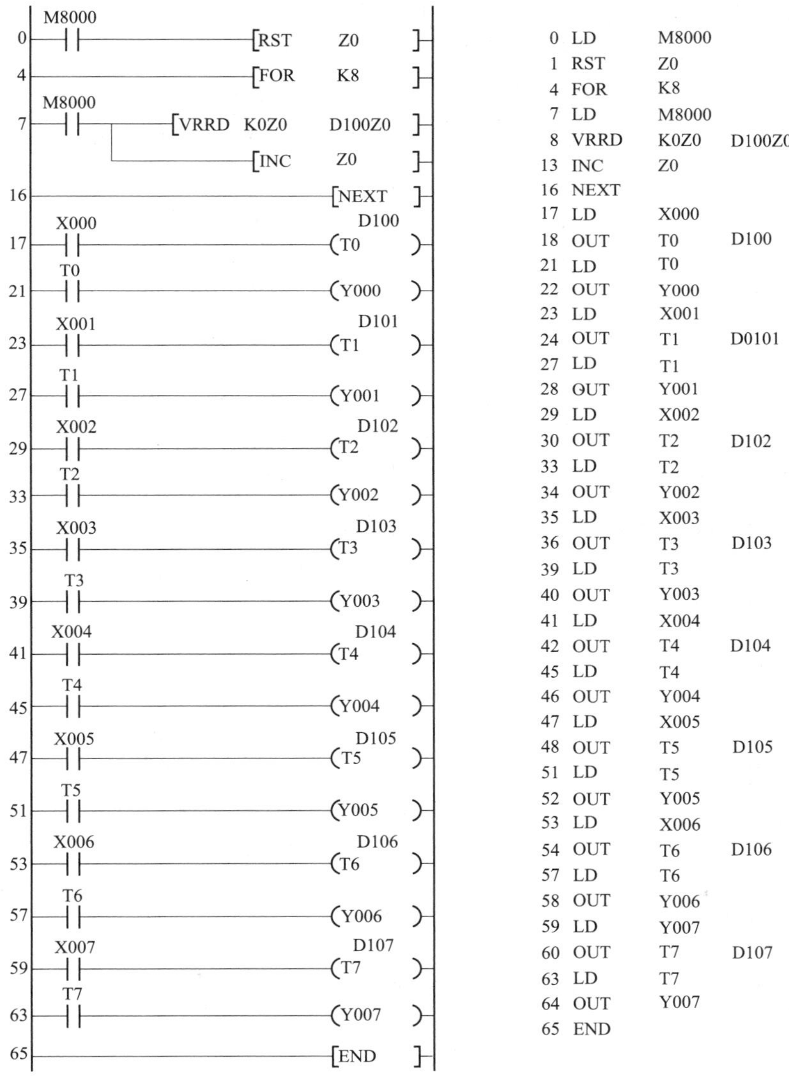

图 5－101 用模拟量功能扩展板设定 8 个定时器 T0～T7 的设定值程序

5.10.7 电位器刻度指令

电位器值刻度指令 VRSC（Variable Resistor Scale）是将［S］指定的模块量扩展板上某个可调电位器的刻度 0～10 转换成二进制值并传送到 PLC 的目的操作数［D］中。

1. 指令格式

FNC86 VRSC（P）	S	D

2. 指令说明

（1）［S］指定电位器序号 VR0～VR7；［D］可以是 KnY、KnM、KnS、C、T、D、V、Z。

（2）电位器值刻度指令可以把模拟量功能扩展板作为 8 个选择开关来使用。FX_{2N}-8AV-BD 每个选择开关有 11 个位置。旋转可调电位器 VR0～VR7 的刻度 0～10，可以将数值通过四舍五入化成 0～10 的整数值。

【例 5-91】 电位刻度值指令在旋转开关中的应用如图 5-102 所示。将可调电位器

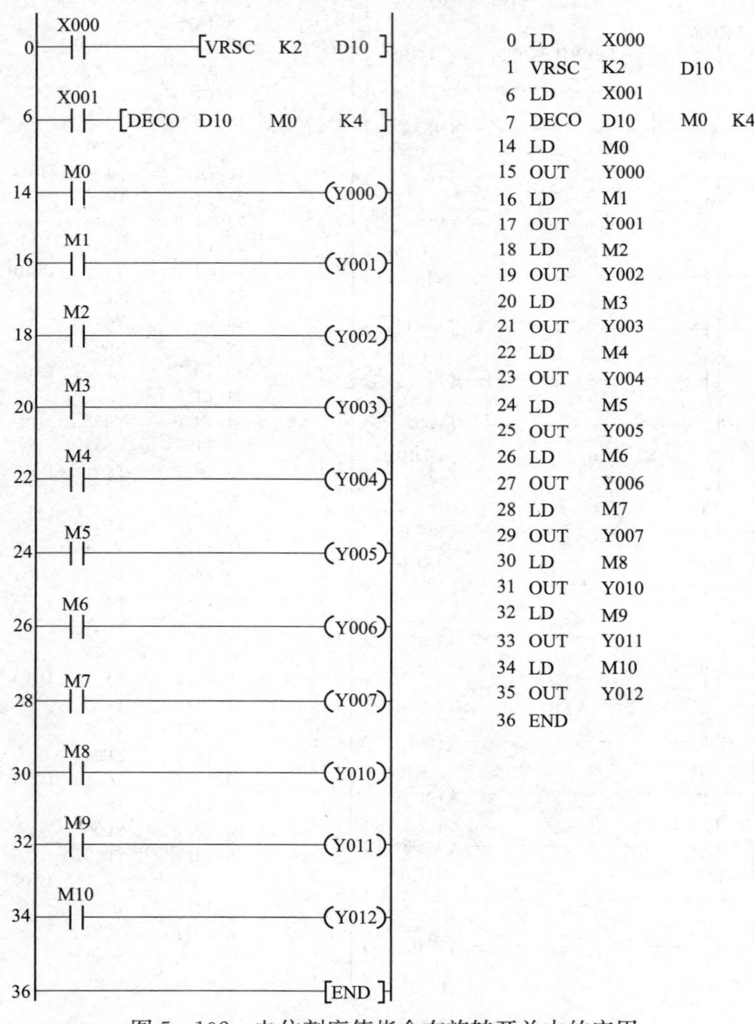

图 5-102 电位刻度值指令在旋转开关中的应用

旋钮 VR2 作为一个 11 个位置的选择开关，通过旋转电位器旋钮 VR2，由 VRSC 指令获取电位器刻度值 0～10，来选择 M0～M10 中的一个触点闭合。在程序中，当 X000 为 ON 时，将 VR2 的刻度值（0～10）传送到 D10 中，旋钮在旋转时，将刻度值四舍五入成 0～10 的整数值。当 X001 为 ON 时，将 VR2 的刻度值（0～10）转换成 M0～M10 的继电器触点。当 VR2 的刻度值为 0 时，M0 触点为 ON，则 Y000 输出为 1；当 VR2 的刻度值为 1 时，M1 触点为 ON，则 Y001 输出为 1；当 VR2 的刻度值为 2 时，M2 触点为 ON，则 Y002 输出为 1……当 VR2 的刻度值为 10 时，M10 触点为 ON，则 Y012 输出为 1。

5.11 浮点运算指令

浮点数运算指令主要用于二进制浮点数的比较、加、减、乘、除、开方以及三角函数等操作，共有 14 条指令，指令功能编号为 FNC110、FNC111、FNC118 ~ FNC123、FNC127、FNC129 ~ FNC132、FNC147，如表 5 - 33 所示。

表 5 - 33　　浮点运算指令

指令代号	指令助记符	指令名称	程序步
FNC110	ECMP	二进制浮点数比较	13 步
FNC111	EZCP	二进制浮点数区间比较	17 步
FNC118	EBCD	二转十进制浮点数	9 步
FNC119	EBIN	十转二进制浮点数	9 步
FNC120	EADD	二进制浮点数加法	13 步
FNC121	ESUB	二进制浮点数减法	13 步
FNC122	EMUL	二进制浮点数乘法	13 步
FNC123	EDIV	二进制浮点数除法	13 步
FNC127	ESQR	二进制浮点数开平方	9 步
FNC129	INT	二进制浮点数转整数	5/9 步
FNC130	SIN	二进制浮点数正弦运算	9 步
FNC131	COS	二进制浮点数余弦运算	9 步
FNC132	TAN	二进制浮点数正切运算	9 步
FNC147	SWAP	高低字节交换	3/5 步

5.11.1 二进制浮点数比较指令

二进制浮点数比较指令 ECMP 是将两个源操作数［S1］和［S2］的内容（二进制）进行比较，比较结果送到以目的操作数［D］开始的 3 个连续继电器中。

1. 指令格式

FNC110 (D) ECMP (P)	S1	S2	D

2. 指令说明

(1) 源操作数S1、S2可以是K、H、D；目的操作数可以是Y、M、S。

(2) 二进制浮点比较指令ECMP和比较指令CMP基本一样，都是将两个源操作数进行比较。源操作数［S1］与［S2］进行比较时，将比较结果放入3个连续的目的操作数继电器中。

(3) 当源操作数是常数K、H时，将自动转换成二进制浮点数。

【例5-92】 二进制浮点数比较指令的使用如图5-103所示。当X000为ON时，执行DECMP二进制浮点数比较指令，将浮点数（D1，D0）和（D11，D10）进行比较。如果（D1，D0）＞（D11，D10），则M0＝1；如果（D1，D0）＜（D11，D10），则M2＝1；如果（D1，D0）＝（D11，D10），则M1＝1。当X000为OFF时，不执行DECMP指令，M0～M2均为0。当X001为ON时，则执行ZRST区间复位指令，将M0～M2恢复原始状态。

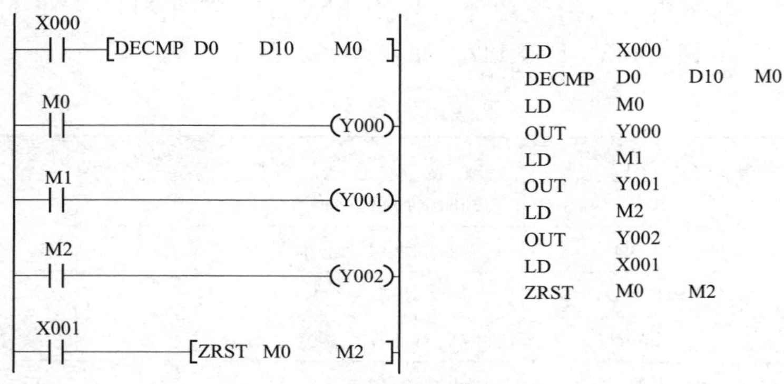

图5-103 二进制浮点数比较指令的使用

5.11.2 二进制浮点数区间比较指令

二进制浮点数区间比较指令EZCP是将源操作数［S1］、［S2］和［S］进行区间比较（源操作数为浮点数），将比较结果送到以目的操作数［D］开始的3个连续继电器中。

1. 指令格式

FNC111 (D) EZCP (P)	S1	S2	S	D

2. 指令说明

(1) 源操作数S1、S2、S可以是K、H、D；目的操作数可以是Y、M、S。

(2) 二进制浮点区间比较指令EZCP和比较指令ZCP基本一样，都是将一个源操作数和两个源操作数进行比较。源操作数［S1］、［S2］和［S］进行比较时，［S1］的内容应不得大于［S2］的内容，将比较结果放入3个连续的目的操作数继电器中。

(3) 当源操作数为常数 K、H 时，将自动转换成二进制浮点数。

(4) 二进制浮点区间比较指令是 3 个二制数浮点数的比较，并且只限于 32 位指令。

【例 5 - 93】 二进制浮点数区间比较指令的使用如图 5 - 104 所示。当 X000 为 ON 时，执行 DEZCP 二进制浮点数区间比较指令，将浮点数（D1，D0）、（D11，D10）和（D21，D20）进行比较。如果（D1，D0）>(D21，D20)，则 M0=1；如果（D21，D20)>(D11，D10)，则 M3=1；如果（D1，D0)⩽(D11，D10)⩽(D21，D20)，则 M1=1。当 X000 为 OFF 时，不执行 DEZCP 指令，M0～M2 均为 0。当 X001 为 ON 时，则执行 ZRST 区间复位指令，将 M0～M2 恢复原始状态。

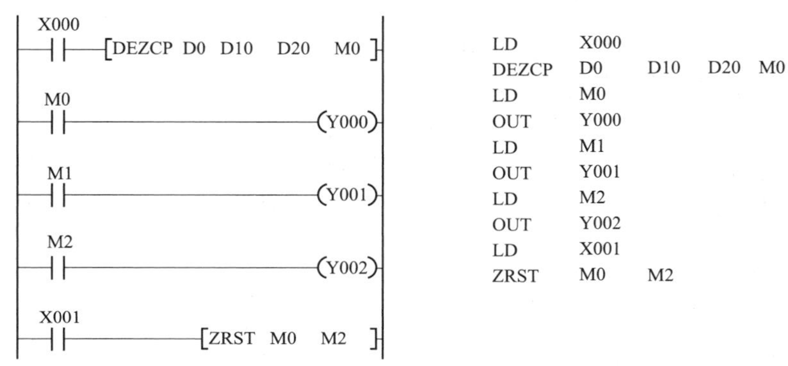

图 5 - 104 二进制浮点数区间比较指令的使用

5.11.3 二转十进制浮点数指令

二转十进制浮点数指令 EBCD 是将源操作数［S］指定的二进制浮点数转换成十进制浮点数，存入目的操作数［D］中。

1. 指令格式

FNC118 (D) EBCD (P)	S	D

2. 指令说明

(1) 源操作数和目的操作数必须是 D。

(2) 二进制浮点数尾数部分 23 位，指数部分 8 位，符号 1 位。

【例 5 - 94】 二转十进制浮点数指令的使用如图 5 - 105 所示。当 X000 为 ON 时，执行 EBCD 指令，将 D21、D20 构成的 32 位二进制浮点数转换成 D11、D10 构成的十进制浮点数。

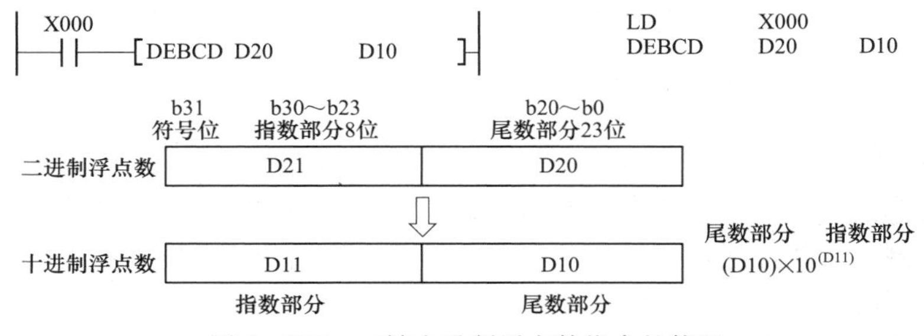

图 5 - 105 二转十进制浮点数指令的使用

5.11.4 十转二进制浮点数指令

十转二进制浮点数指令 EBIN 是将源操作数［S］指定的十进制浮点数转换成二进制浮点数，存入目的操作数［D］中。

1. 指令格式

FNC119 （D）EBIN（P）	S	D

2. 指令说明

（1）源操作数和目的操作数必须是 D。

（2）二进制浮点数尾数部分 23 位，指数部分 8 位，符号 1 位。

【例 5－95】 十转二进制浮点数指令的使用如图 5－106 所示。PLC 一上电，将 K31415 和 K－4 分别送入 D10 和 D11 中，当 X000 为 ON 时，执行 EBIN 指令，将 D11、D10 构成的十进制浮点数（3.1415）转换成 D21、D20 构成的 32 位二进制浮点数。

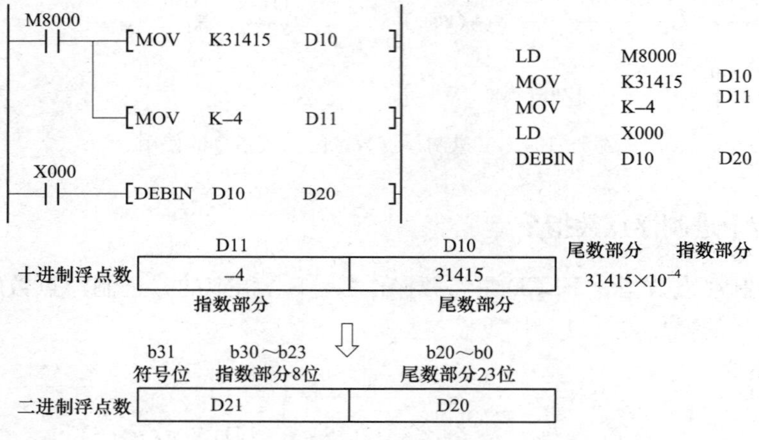

图 5－106 十转二进制浮点数指令的使用

5.11.5 二进制浮点数加法指令

二进制浮点数加法指令 EADD 是将源操作数的二进制浮点数进行相加，运算结果送到目的操作数中。

1. 指令格式

FNC120 （D）EADD（P）	S1	S2	D

2. 指令说明

（1）源操作数［S1］和［S2］可是 K、H、D；目的操作数［D］只能是 D。

（2）二进制浮点数加法指令是将两个源操作数［S1］和［S2］的二进制浮点数相加，结果以二进制浮点数的形式存放到［D］中。运算结果为 0 时，M8020＝1；运算结果小于浮点数可表示的最小数（不是 0）时，M8021＝1；运算结果超过浮点数可表示的最大数时，M8022=1。

（3）当源操作数为常数 K、H 时，将自动转换成二进制浮点数。

【例 5－96】 二进制浮点数加法指令的使用如图 5－107 所示。当 X000 为 ON 时，连续执行 DEADD 指令，在每个扫描周期将 D0 和 D10 中的内容相加，并将相加结果送入 D0 中。当 X001 为 ON 时，执行一次 DEADDP 指令，将 D30 和 D40 中的内容相加，并将相加结果送入 D50 中。

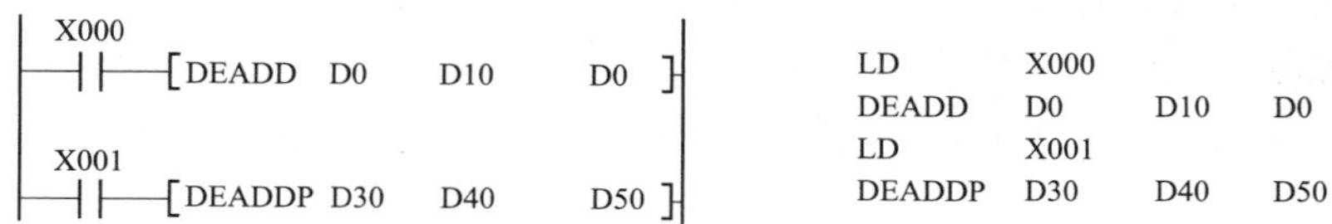

图 5－107　二进制浮点数加法指令的使用

5.11.6　二进制浮点数减法指令

二进制浮点数减法指令 ESUB 是将源操作数的二进制浮点数进行相减，运算结果送到目的操作数中。

1. 指令格式

FNC121 （D）ESUB（P）	S1	S2	D

2. 指令说明

（1）源操作数［S1］和［S2］可以是 K、H、D；目的操作数［D］只能是 D。

（2）二进制浮点数减法指令是将二进制浮点数源操作数［S1］减去［S2］，结果以二进制浮点数的形式存放到［D］中。运算结果为 0 时，M8020=1；运算结果小于浮点数可表示的最小数（不是 0）时，M8021=1；运算结果超过浮点数可表示的最大数时，M8022=1。

（3）当源操作数为常数 K、H 时，将自动转换成二进制浮点数。

【例 5－97】 二进制浮点数减法指令的使用如图 5－108 所示。当 X000 为 ON 时，连续执行 DESUB 指令，在每个扫描周期 D0 减去 D10 中的内容，并将相减结果送入 D20 中。当 X001 为 ON 时，执行一次 DEADDP 指令，将 D0 和 D30 中的内容相加，并将相加结果送入 D0 中。

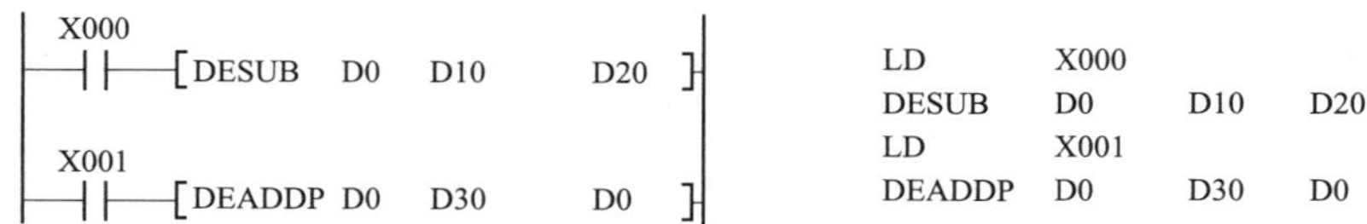

图 5－108　二进制浮点数减法指令的使用

5.11.7　二进制浮点数乘法指令

二进制浮点数乘法指令 ESUB 是将源操作数的二进制浮点数进行相乘，运算结果送到目的操作数中。

1. 指令格式

FNC122 (D) EMUL (P)	S1	S2	D

2. 指令说明

(1) 源操作数［S1］和［S2］可以是K、H、D；目的操作数［D］只能是D。

(2) 二进制浮点数乘法指令是将两个源操作数［S1］和［S2］的二进制浮点数相乘，结果以二进制浮点数的形式存放到［D］中。运算结果为0时，M8020=1；运算结果小于浮点数可表示的最小数（不是0）时，M8021=1；运算结果超过浮点数可表示的最大数时，M8022=1。

(3) 当源操作数为常数K、H时，将自动转换成二进制浮点数。

【例5-98】 二进制浮点数乘法指令的使用如图5-109所示。PLC一上电，将两个常数分别送入D0和D1中，并将D1、D0中的十进制数据自动转换成相应的二进制浮点数送入（D11，D10）中。当X001为ON时，将（D11，D10）和（D21，D20）中的内容相乘，结果存放在（D31，D30）中。

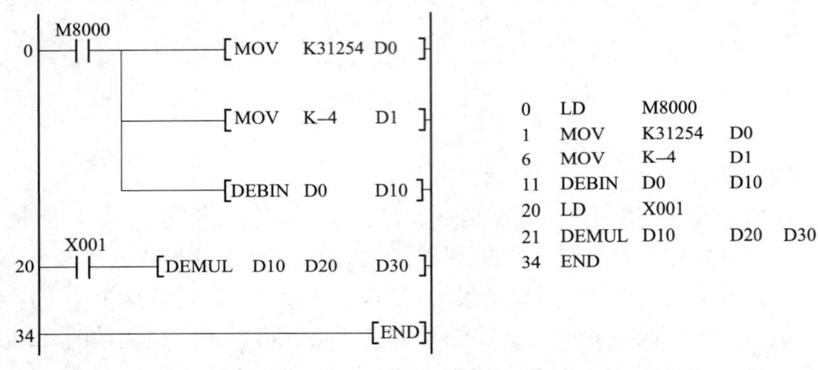

图5-109 二进制浮点数乘法指令的使用

5.11.8 二进制浮点数除法指令

二进制浮点数除法指令EDIV是将源操作数的二进制浮点数进行相除，运算结果送到目的操作数中。

1. 指令格式

FNC123 (D) EDIV (P)	S1	S2	D

2. 指令说明

(1) 源操作数［S1］和［S2］可以是K、H、D；目的操作数［D］只能是D。

(2) 二进制浮点数除法指令是将二进制浮点数源操作数［S1］除以［S2］，结果以二进制浮点数的形式存放到［D］中。除数［S2］为0时，则运算错误。

(3) 当源操作数为常数K、H时，将自动转换成二进制浮点数。

【例 5-99】 二进制浮点数除法指令的使用如图 5-110 所示。PLC 一上电，将两个常数分别送入 D0 和 D1 中，并将 D1、D0 中的十进制数据自动转换成相应的二进制浮点数送入（D11，D10）中。当 X000 为 ON 时，用（D31，D30）除以（D11，D10）中的内容，结果存放在（D21，D20）中。

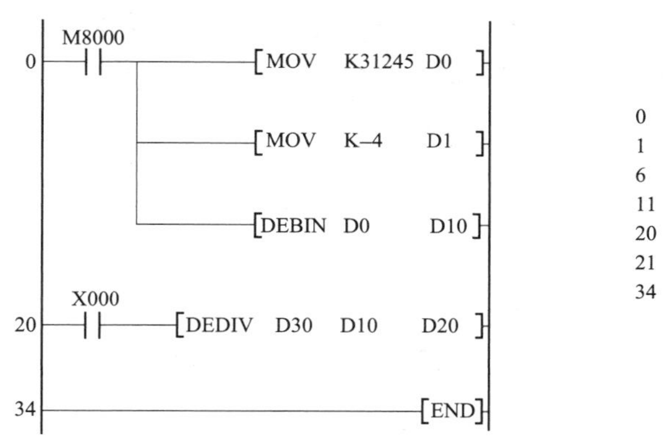


```
0   LD     M8000
1   MOV    K31245   D0
6   MOV    K–4      D1
11  DEBIN  D0       D10
20  LD     X000
21  DEDIV  D30      D10   D20
34  END
```

图 5-110　二进制浮点数除法指令的使用

5.11.9　二进制浮点数开平方指令

二进制浮点数开平方指令 ESQR 是将源操作数［S］的二进制浮点数开平方运算，结果以二进制浮点数存放在目的操作数［D］中。

1. 指令格式

FNC127 （D）ESQR（P）	S	D

2. 指令说明

（1）源操作数［S］可以是 K、H、D；目的操作数［D］只能是 D。

（2）源操作数［S］中的二制浮点数值应为正，否则运算出错，M8067 置 1。如果运算结果为 0 时，零标志 M8020 置 1。

（3）当源操作数为常数 K、H 时，将自动转换成二进制浮点数。

【例 5-100】 二进制浮点数开平方指令的使用如图 5-111 所示。PLC 一上电，将两

M8000
0 ─┤├─ [MOV K31452 D0]
[MOV K–4 D1]
[DEBIN D0 D20]
X000
20 ─┤├─ [DESQR D20 D10]
30 [END]

```
0   LD     M8000
1   MOV    K31452   D0
6   MOV    K–4      D1
11  DEBIN  D0       D20
20  LD     X000
21  DESQR  D20      D10
30  END
```

图 5-111　二进制浮点数开平方指令的使用

个常数分别送入D0和D1中，并将其转换为相应的二进制浮点数存放在（D11，D10）中。当X000为ON时，将（D10，D10）中的内容开平方，得到的结果存放在（D11，D10）中。

5.11.10 二进制浮点数转整数指令

二进制浮点数转整数指令INT是将源操作数［S］的二进制浮点数转换成二进制整数，舍去小数点后的值，取其二进制整数存放在目的操作数［D］中。

1. 指令格式

FNC129 （D）INT（P）	S	D

2. 指令说明

（1）源操作数［S］和目的操作数［D］只能是D。

（2）该指令是FLT指令的逆变换。

（3）运算结果为0时，零标志M8020置1；若转换时的值小于1，舍去小数后，整数为0，借位标志M8021置1；运算结果超过16位或32位的数据范围时，进位标志M8022置1。

【例5-101】 二进制浮点数转整数指令的使用如图5-112所示。当X000为ON时，将（D1，D0）中的二进制浮点数转换成相应的16位十进制数，结果存入（D11，D10）中，而小数部分舍去。当X001为ON时，将（D21，D20）中的二进制浮点数转换成相应的16位十进制数，结果存入（D31，D30）中，而小数部分舍去。

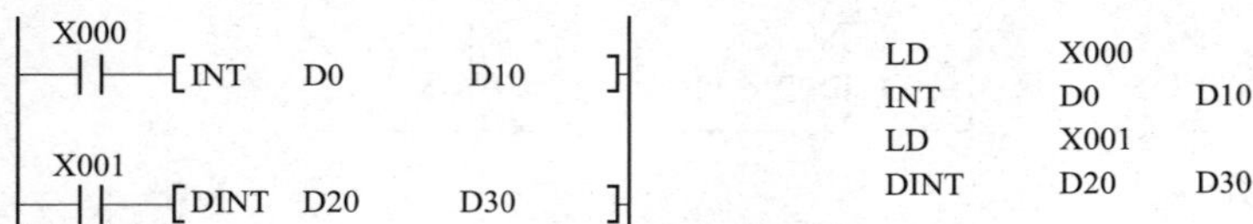
X000
INT D0 D10
X001
DINT D20 D30
LD X000
INT D0 D10
LD X001
DINT D20 D30

图5-112 二进制浮点数转整数指令的使用

5.11.11 二进制浮点数正弦运算指令

二进制浮点数正弦运算指令SIN用于计算源操作数［S］中的二进制浮点数弧度值对应的正弦值，并将结果存入目的操作数［D］中。

1. 指令格式

FNC130 （D）SIN（P）	S	D

2. 指令说明

（1）源操作数［S］和目的操作数［D］只能是D。

（2）弧度（RAD）＝角度×π/180，角度的范围为：0≤角度＜2π。

【例5-102】 二进制浮点数正弦运算指令的使用如图5-113所示。程序中X000～X002选择计算所需的输入角度值，并且将角度值送入D0中。PLC一上电，首先执行FLT指令，将D0中的数值转换成相应二进制浮点数，并送入（D5，D4）中；紧接着执行 DEDIV 指令，计算 π/180，结果送入（D11，D10）中；然后再执行 DEMUL 指令，将（D5，D4）角度×π/180 以得到相应的弧度值，结果送入（D21，D20）中；最后执行 DSIN 指令，求出弧度值对应的正弦值，结果送入（D41，D40）中。

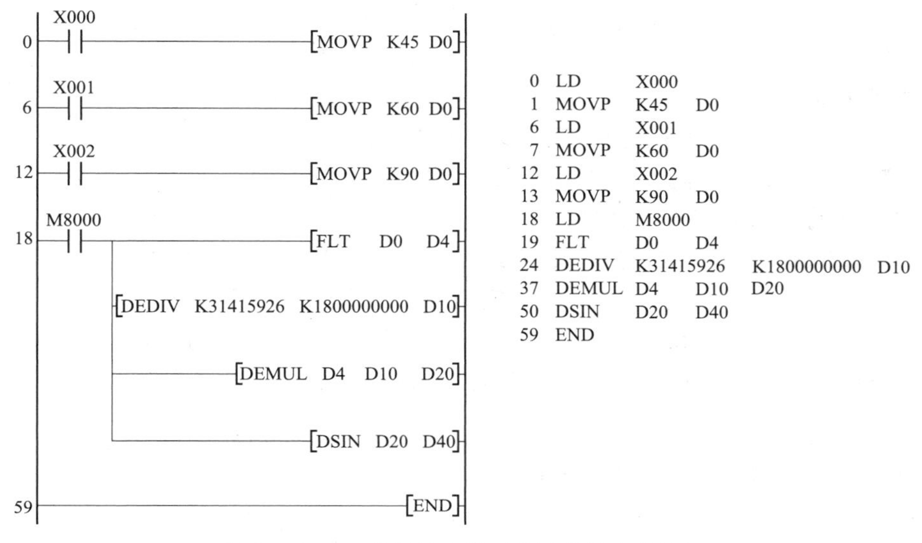

图 5-113 二进制浮点数正弦运算指令的使用

5.11.12 二进制浮点数余弦运算指令

二进制浮点数余弦运算指令 COS 用于计算源操作数［S］中的二进制浮点数弧度值对应的余弦值，并将结果存入目的操作数［D］中。

1. 指令格式

FNC131 （D）COS（P）	S	D

2. 指令说明

（1）源操作数［S］和目的操作数［D］只能是 D。

（2）弧度（RAD）＝角度×π/180，角度的范围为：0≤角度＜2π。

【例 5-103】 二进制浮点数余弦运算指令的使用如图 5-114 所示。当 X000 为 ON 时，执行 DCOS 指令，将（D11，D10）中的弧度值转换成相应的余弦值，结果送入（D21，D20）中。

X000 ─┤├─［DCOS D10 D20］

LD X000
DCOS D10 D20

图 5-114 二进制浮点数余弦运算指令的使用

5.11.13 二进制浮点数正切运算指令

二进制浮点数正切运算指令 TAN 用于计算源操作数［S］中的二进制浮点数弧度值

对应的正切值，并将结果存入目的操作数［D］中。

1. 指令格式

FNC132 (D) TAN (P)	S	D

2. 指令说明

(1) 源操作数［S］和目的操作数［D］只能是D。

(2) 弧度（RAD)＝角度×π/180，角度的范围为：0≤角度<2π。

【例 5-104】 求对应角度值的 sinφ、cosφ、tanφ。

解 sinφ、cosφ、tanφ 的角度采用弧度，因此在计算三角函数时应使用弧度公式：弧度（RAD）＝角度×π/180，将角度转换成弧度值。编写的程序如图 5-115 所示，程序中 X000、X001、X002 和 X003 用于选择输入的角度。求得的正弦值送入（D41，D40）中，余弦值送入（D51，D50）中，正切值送入（D61，D60）中。

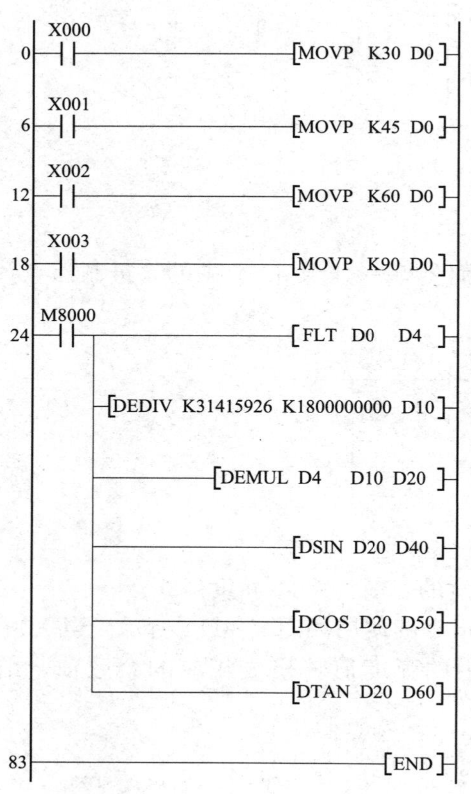


```
0  LD     X000
1  MOVP   K30       D0
6  LD     X001
7  MOVP   K45       D0
12 LD     X002
13 MOVP   K60       D0
18 LD     X003
19 MOVP   K90       D0
24 LD     M8000
25 FLT    D0        D4
30 DEDIV  K31415926 K1800000000 D10
43 DEMUL  D4        D10  D20
56 DSIN   D20       D40
65 DCOS   D20       D50
74 DTAN   D20       D60
83 END
```

图 5-115 求对应角度值程序

5.11.14 高低字节交换指令

高低节字交换指令 SWAP 将操作数中的高 8 位和低 8 位字节交换。

三菱FX_{2N} PLC从入门到精通

1. 指令格式

FNC147 (D) SWAP (P)	S

2. 指令说明

(1) 操作数［S］可以是 KnY、KnM、KnS、T、C、D、V、Z。

(2) 执行 16 位交换时，将［S］中的高 8 位和低 8 位字节交换；执行 32 位交换时，将［S］中的高 8 位和低 8 位字节交换，同时［S］+1 中的高 8 位和低 8 位字节也进行交换。

【例 5－105】 高低字节交换指令的使用如图 5－116 所示。PLC 一上电，给 D0、D10 和 D11 分别赋初始值。X000 每闭合一次时，分别执行一次 16 位和 32 位的交换指令。例如 X000 第 1 次闭合时，D0 中的内容交换后变为 H5634，D11 中的内容交换后变为 HAC89，D10 中的内容交换后变为 H67AB。X000 第 2 次闭合时，D0、D11、D10 中的内容交换后均恢复为初始值。

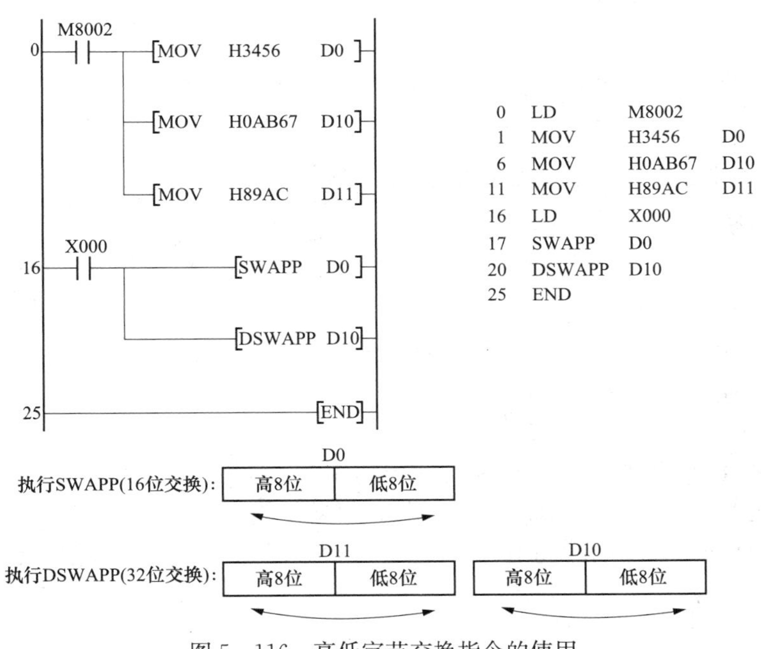

图 5－116 高低字节交换指令的使用

5.12 时钟运算指令

时钟运算指令可对时钟数据进行运算及比较，还可以对 PLC 内置的实时时钟进行时间校准和时钟数据格式化等操作。在 FX_{2N} 系列 PLC 中，时钟运算指令共有 6 条，指令功能编号为FNC160～FNC163、FNC166、FNC167，如表5－34所示。

表5－34　实时时钟指令

指令代号	指令助记符	指令名称	程序步
FNC160	TCMP	时钟数据比较	11步
FNC161	TZCP	时钟数据区间比较	9步
FNC162	TADD	时钟数据加法运算	7步
FNC163	TSUB	时钟数据减法运算	7步
FNC166	TRD	时钟数据读取	3步
FNC167	TWR	时钟数据写入	3步

5.12.1　时钟数据比较指令

时钟数据比较指令TCMP（Time Compare）是将源数据［S1］、［S2］、［S3］的时间与［S］起始的3点数据进行比较，根据大小一致输出以［D］为起始的3点ON/OFF状态。

1. 指令格式

FNC160 TCMP（P）	S1	S2	S3	S	D

2. 指令说明

（1）［S1］指定比较基准时间的"时"，［S2］指定比较基准时间的"分"，［S3］指定比较基准时间的"秒"。［S1］、［S2］、［S3］可以是K、H、KnX、KnY、KnM、KnS、T、C、D、V、Z。［S］为指定时钟数据的"时"，［S］＋1为指定时钟数据的"分"，［S］＋2为指定时钟数据的"秒"。

（2）时间比较方法与CMP指令类似。

【例5－106】　时钟数据比较指令的使用如图5－117所示。程序中，D0中的数据为"时"；D1中的数据为"分"；D2中的数据为"秒"。当X000为ON时，将D0起始的连续3个数据存储器中存储的时间值与18时39分48秒进行比较，根据比较结果使M0～

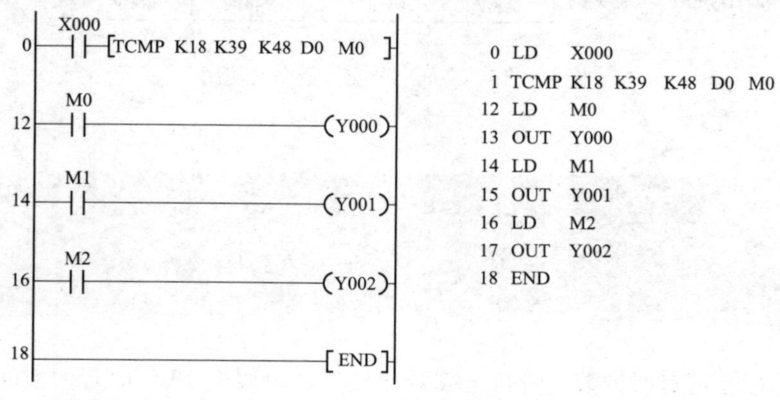

图5－117　时钟数据比较指令的使用

M2 中的某一个触点动作。若 D0 起始的连续 3 个数据存储器中存储的时间值小于 18 时 39 分 48 秒时，M0 动作，Y000 输出为 1；若 D0 起始的连续 3 个数据存储器中存储的时间值等于 18 时 39 分 48 秒时，M1 动作，Y001 输出为 1；若 D0 起始的连续 3 个数据存储器中存储的时间值大于 18 时 39 分 48 秒时，M2 动作，Y002 输出为 1。

5.12.2 时钟数据区间比较指令

时钟数据区间比较指令 TZCP（Time Zone Compare）是将［S］起始的 3 点时钟数据同上［S2］下［S1］两点的时钟比较范围进行比较，然后根据区域大小输出［D］起始的 3 点 ON/OFF 状态。

1. 指令格式

FNC161 TZCP（P）	S1	S2	S	D

2. 指令说明

(1)［S1］、［S1］+1、［S1］+2 是以“时”“分”“秒”方式指定比较基准时间下限；［S2］、［S2］+1、［S2］+2 是以“时”“分”“秒”方式指定比较基准时间上限；［S］、［S］+1、［S］+2 是以“时”“分”“秒”方式指定时钟数据。

(2) 时间区间比较方法与 ZCP 指令类似。

【例 5-107】 时钟数据区间比较指令的使用如图 5-118 所示。当 X000 为 ON 时，将（D2，D1，D0）中的时间分别与（D12，D11，D10）和（D22，D21，D20）的时间进行比较。如果（D12，D11，D10）>（D2，D1，D0），则 M0 动作，Y000 为 1；如果（D12，D11，D10）≤（D2，D1，D0）≤（D22，D21，D20），则 M1 动作，Y001 为 1；如果（D2，D1，D0）>（D22，D21，D20），则 M2 动作，Y002 为 1。

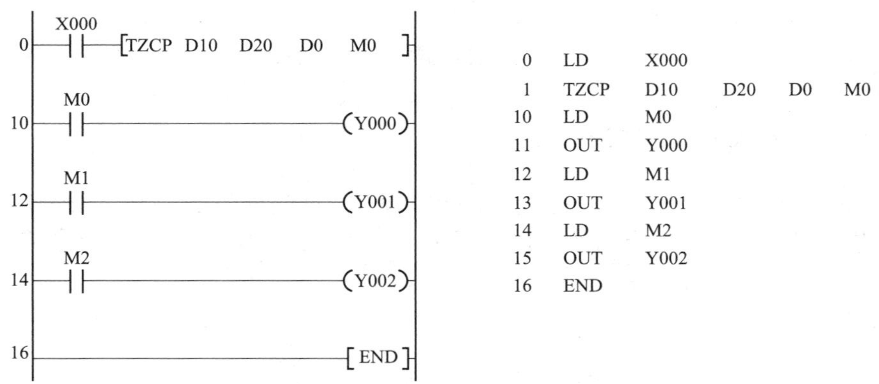

图 5-118 时钟数据区间比较指令的使用

5.12.3 时钟数据加法运算指令

时钟数据加法运算指令 TADD（Time Addition）是将存于［S1］起始的 3 点内的时钟数据与［S2］起始的 3 点内的时钟数据相加，并将其结果保存于以［D］起始的 3 点元件内。

1. 指令格式

FNC162 TADD（P）	S1	S2	D

2. 指令说明

（1）[S1]、[S1]+1、[S1]+2 是以“时”“分”“秒”方式指定加数；[S2]、[S2]+1、[S2]+2 是以“时”“分”“秒”方式指定被加数；[D]、[D]+1、[D]+2 是以“时”“分”“秒”方式保存时钟数据加法结果。

（2）当运算结果超过 24 小时时，进位标志 M8022 置为 ON，将进行加法运算的结果减去 24 小时后将该值作为运算结果保存。

（3）若运算结果为 0（即 0 时 0 分 0 秒）时，零标志 M8020 置为 ON。

【例 5-108】 时钟数据加法指令的使用如图 5-119 所示。当 X000 为 ON 时，执行时钟数据加法指令。如果（D0，D1，D2）为 10 时 30 分 20 秒，（D10，D11，D12）为 4 时 20 分 25 秒，执行 TADD 指令后，（D20，D21，D22）为 14 时 50 分 45 秒。如果（D0，D1，D2）为 12 时 30 分 40 秒，（D10，D11，D12）为 14 时 25 分 25 秒，执行 TADD 指令后，（D20，D21，D22）为 2 时 56 分 5 秒。

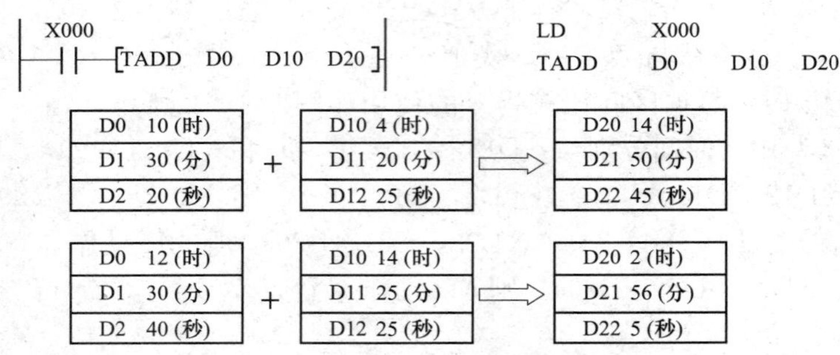

图 5-119　时钟数据加法指令的使用

5.12.4　时钟数据减法运算指令

时钟数据减法运算指令 TSUB（Time Subtraction）是将存于 [S1] 起始的 3 点内的时钟数据与 [S2] 起始的 3 点内的时钟数据相减，并将其结果保存于以 [D] 起始的 3 点元件内。

1. 指令格式

FNC163 TSUB（P）	S1	S2	D	

2. 指令说明

（1）[S1]、[S1]+1、[S1]+2 是以“时”“分”“秒”方式指定减数。[S2]、[S2]+1、[S2]+2 是以“时”“分”“秒”方式指定被减数；[D]、[D]+1、[D]+2 是以“时”“分”“秒”方式保存时钟数据减法结果。

（2）当运算结果小于 0 小时时，借位标志 M8022 置为 ON，将进行减法运算的结果加上 24 小时后将该值作为运算结果保存。

(3) 若运算结果为 0（即 0 时 0 分 0 秒）时，零标志 M8020 置为 ON。

【例 5-109】 时钟数据减法指令的使用如图 5-120 所示。当 X000 为 ON 时，执行时钟数据减法指令。如果（D0，D1，D2）为 10 时 30 分 20 秒，（D10，D11，D12）为 4 时 20 分 25 秒，执行 TSUB 指令后，（D20，D21，D22）为 6 时 19 分 55 秒。如果（D0，D1，D2）为 12 时 30 分 40 秒，（D10，D11，D12）为 14 时 25 分 25 秒，执行 TSUB 指令后，（D20，D21，D22）为 22 时 5 分 15 秒。

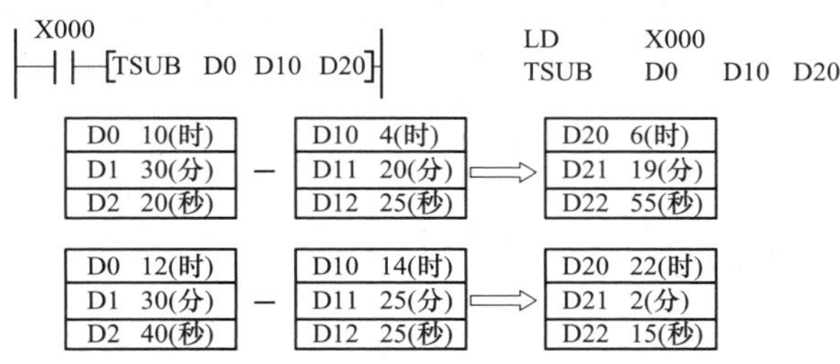

图 5-120 时钟数据减法指令的使用

5.12.5 时钟数据读取指令

时钟数据读取指令 TRD（Time Read）是将可编程控制器特殊寄存器 D8013～D8019 中的实时时钟数据读入到以目标操作数［D］为起始的 7 点数据寄存器中。

1. 指令格式

FNC166 TRD（P）	D

2. 指令说明

(1) 特殊寄存器 D8013～D8019 用于存放年、月、日、时、分、秒和星期，目标操作数［D］为起始的 7 点数据寄存器中分别存储相应时钟数据，如表 5-35 所示。

表 5-35 时钟数据读取指令所占存储器空间

	元件	时间	时钟数据		元件	时间
实时时钟所用特殊寄存器	D8018	年	00～99（公历后两位）	存储相应时钟数据的寄存器	［D］	年
	D8017	月	1～12		［D］+1	月
	D8016	日	1～31		［D］+2	日
	D8015	时	0～23		［D］+3	时
	D8014	分	0～59		［D］+4	分
	D8013	秒	0～59		［D］+5	秒
	D8019	星期	0（星期日）～6（星期六）		［D］+6	星期

(2) D8018（年）可以改为 4 位模式。若执行 MOV K2000 D8018，则公历年份为 4 位模式，此时 80～99 对应于 1980～1999 年，00～79 对应于 2000～2079 年。

【例 5-110】 时钟数据读取指令的应用。某企业为提高员工的身体素质，要求每天上午时间的 9 时 55 分至 10 时 0 分及下午时间的 15 时 30 分至 15 时 35 分为眼保健操时间，用 PLC 控制眼保健操的播放。

解 首先将上午时间的下限值 9 时 55 分 0 秒送入（D10，D11，D10），上限值 10 时 0 分 0 秒送入（D20，D21，D22）中；下午时间的下限值 15 时 30 分 0 秒送入（D30，D31，D32），上限值 15 时 35 分 0 秒送入（D40，D41，D42）中；接着通过 X000 为 ON 时，读取实时时钟数据送入 D0 起始的连续 7 个数据寄存器中；然后通过 X001 为 ON 时，使用两个 TZCP 指令将上午段及下午段的上、下限值与 D3（因为 D3 起始的 3 个数据存储器中的内容分别为读取实时时钟的时、分、秒）中的内容进行区间比较；最后通过比较结果来控制 Y000 是否输出为 1。编写的程序如图 5－121 所示。

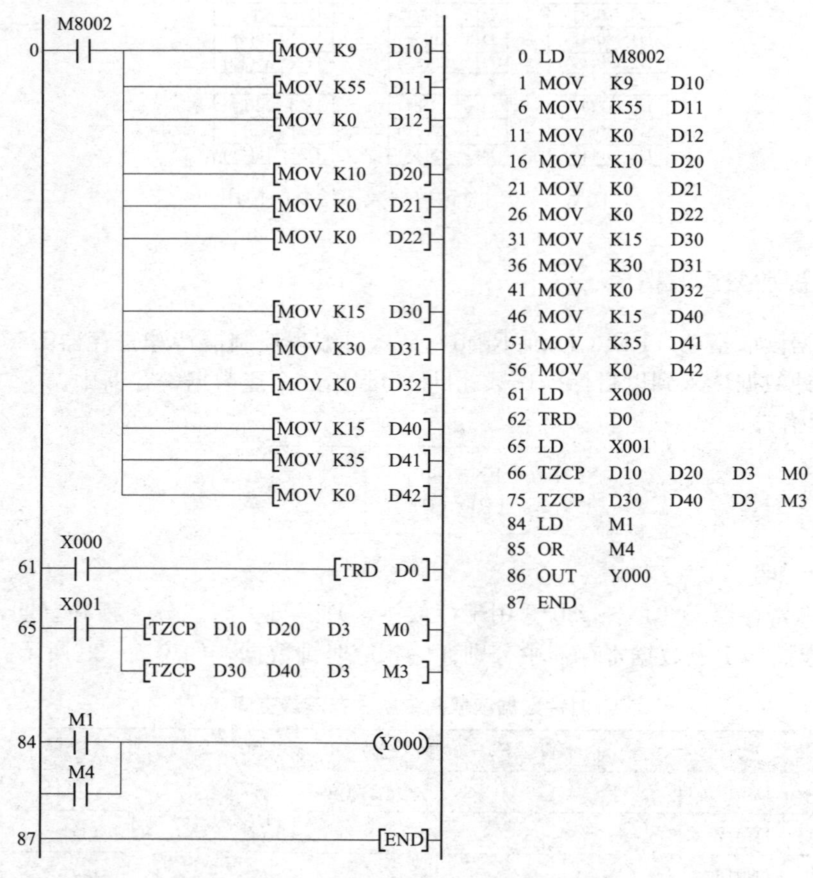

图 5－121 时钟数据读取指令的应用程序

5.12.6 时钟数据写入指令

时钟数据写入指令 TWR（Time Wire）是将时钟数据写入 PLC 的实时时钟中。

1. 指令格式

FNC167 TWR（P）	D

2. 指令说明

（1）首先需将时钟数据存储在以［D］起始的7点数据寄存器中，然后再执行该指令，将时钟数据写入特殊寄存器D8013～D8019中。时钟数据的写入对应于表5-35。

（2）D8018（年）可以改为4位模式。若执行MOV K2000 D8018，则公历年份为4位模式，此时设定值80～99对应于1980～1999年，00～79对应于2000～2079年。

【例5-111】 时钟数据写入指令的应用。将某PLC系统时间设定为2015年6月30日12时30分0秒星期二。

解 使用TWR指令可实现实时时钟数据的写入。执行TWR指令前，需先用MOV指令将时间传送到7个连续的数据寄存器中。设置时间时应有一定的提前量，当时间到达时，及时闭合按钮X000，将设置时间传送到D8013～D8019中。由于秒不太容易设置准确，可以用M8017进行秒的校正。当闭合X001时，在其上升沿进行±30秒的修正。如果希望公历以4位方式表达年份数据时，应在TWR指令后追加MOV K2000 D8018指令。但是PLC与FX-10DU、FX-20DU、FX-25DU型数据存取单元连接时，应设定为公历后两位模式，否则无法正确显示这些DU的当前版本。编写的程序如图5-122所示。

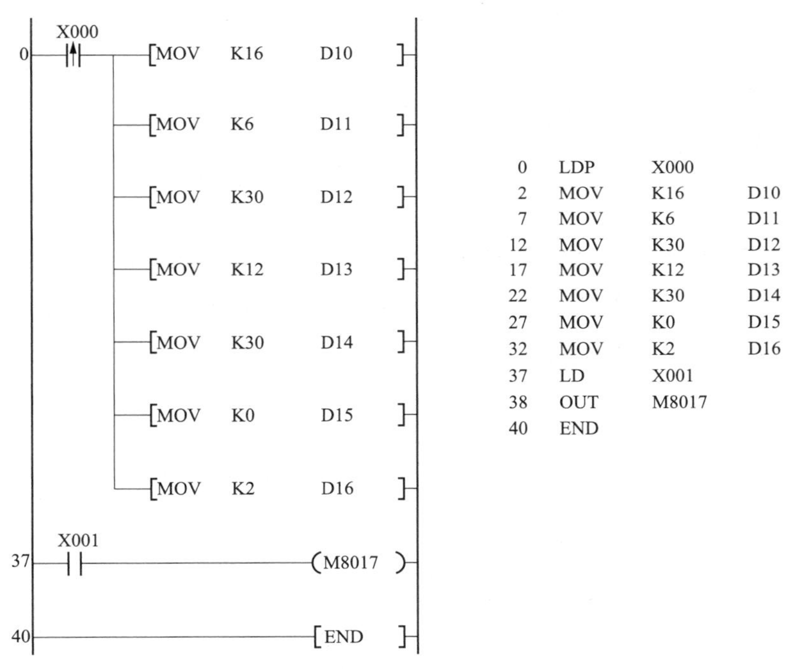

图5-122 时钟数据写入指令的应用程序

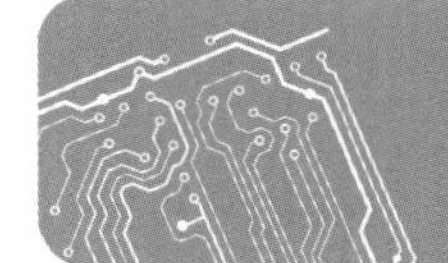

5.13 格雷码指令

格雷码（Gray Code）又称为循环二进制码或反射二进制代码。其特点是用二进制数表示的相邻的两个数的各位中，只有一位的值不同，它常用于绝对式编码器。指令功能编号为 FNC170～FNC171，如表 5－36 所示。

表 5－36　　格雷码指令

指令代号	指令助记符	指令名称	程序步
FNC170	GRY	格雷码变换	5/9 步
FNC171	GBIN	格雷码逆变换	5/9 步

5.13.1　格雷码变换指令

格雷码变换指令 GRY（Gray Code）是将二进制的源操作数转换成格雷码并送入目的操作数中。

1. 指令格式

FNC170 (D) GRY (P)	S	D

2. 指令说明

(1) [S] 可以是 K、H、KnX、KnY、KnM、KnS、T、C、D、V、Z；[D] 可以是 KnY、KnM、KnS、T、C、D、V、Z。

(2) 16 位指令时，[S] 的范围为 0～32767；32 位指令时，[S] 的范围为 0～2147483647。

【例 5－112】 格雷码变换指令的使用如图 5－123 所示。PLC 一上电时，将十六进制数 H1234 送入 D0 中。当 X000 为 ON 时，执行 GRY 指令，将 D0 中的数据转换为相应的格雷码，然后由 K4Y000 中输出。

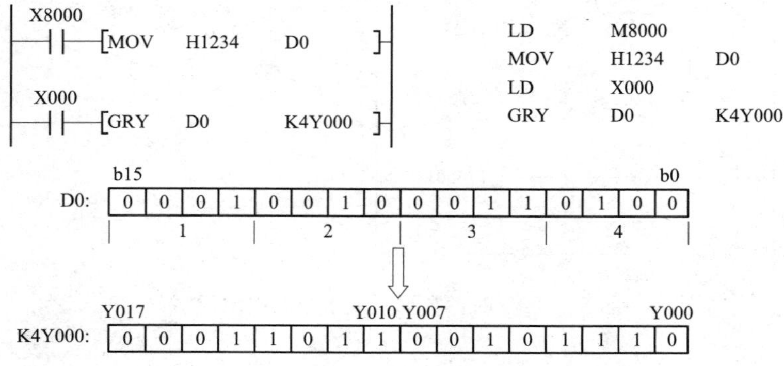

图 5－123　格雷码变换指令的使用

5.13.2　格雷码逆变换指令

格雷码逆变换指令 GBIN（Gray Code to Binary）是将从格雷码编码器输入的源操作数转换成二进制数并送入目的操作数中。

1. 指令格式

FNC171 (D) GBIN (P)	S	D

2. 指令说明

(1) [S] 可以是 K、H、KnX、KnY、KnM、KnS、T、C、D、V、Z；[D] 可以是 KnY、KnM、KnS、T、C、D、V、Z。

(2) 16 位指令时，[S] 的范围为 0～32767；32 位指令时，[S] 的范围为 0～2147483647。

【例 5-113】 格雷码逆变换指令的使用如图 5-124 所示。当 X020 为 ON 时，执行 GBIN 指令，将 K3X000 输入的格雷码数据 1234 转换成相应的 BCD 码数据，结果存入 D0 中。

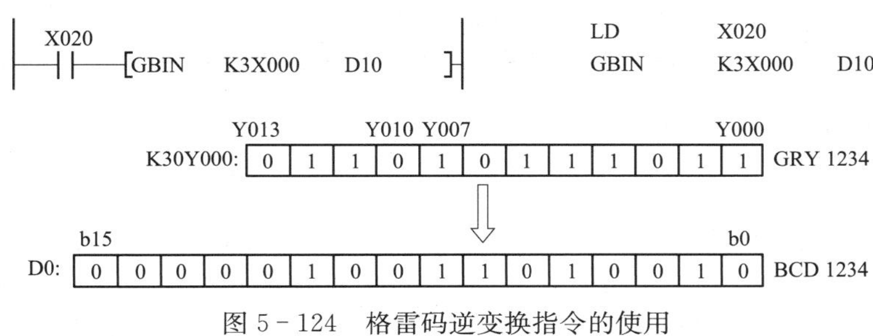

图 5-124 格雷码逆变换指令的使用

5.14 触点比较指令

触点比较指令是使用触点符号进行触点比较，它分为 LD 触点比较、AND 串联连接触点比较和 OR 并联连接触点比较这 3 种形式，每种形式又有 6 种比较形式（=等于、>大于、<小于、<>不等于、<=小于等于、>=大于等于），共有 18 条指令，如表 5-37 所示。

表 5-37　　触点比较指令

指令代号	指令助记符	指令名称	导通条件	程序步
FNC224	LD=	LD 触点比较	[S1] = [S2]	5/9 步
FNC225	LD>		[S1] > [S2]	
FNC226	LD<		[S1] < [S2]	
FNC228	LD<>		[S1] <> [S2]	
FNC229	LD<=		[S1] <= [S2]	
FNC230	LD>=		[S1] >= [S2]	

续表

指令代号	指令助记符	指令名称	导通条件	程序步
FNC232	AND=	AND 串联连接触点比较	[S1] = [S2]	5/9 步
FNC233	AND>		[S1] > [S2]	
FNC234	AND<		[S1] < [S2]	
FNC236	AND<>		[S1] <> [S2]	
FNC237	AND<=		[S1] <= [S2]	
FNC238	AND>=		[S1] >= [S2]	
FNC240	OR=	OR 并联连接触点比较	[S1] = [S2]	5/9 步
FNC241	OR>		[S1] > [S2]	
FNC242	OR<		[S1] < [S2]	
FNC244	OR<>		[S1] <> [S2]	
FNC245	OR<=		[S1] <= [S2]	
FNC246	OR>=		[S1] >= [S2]	

5.14.1 LD 触点比较指令

LD 触点比较指令（Load Compare），当条件满足指令要求时导通。[S1]、[S2] 可以是 K、H、KnX、KnY、KnM、KnS、T、C、D、V、Z。当源数据的最高位（16 位指令：b15；32 位指令：b31）为 1 时，将该数值作为负数进行比较。32 位数据比较时，必须以 32 位指令来进行，如果用 16 位指令进行 32 位数据比较，会导致出错或运算错误。

【例 5-114】 LD 触点比较指令的使用如图 5-125 所示。PLC 一上电时，将常数

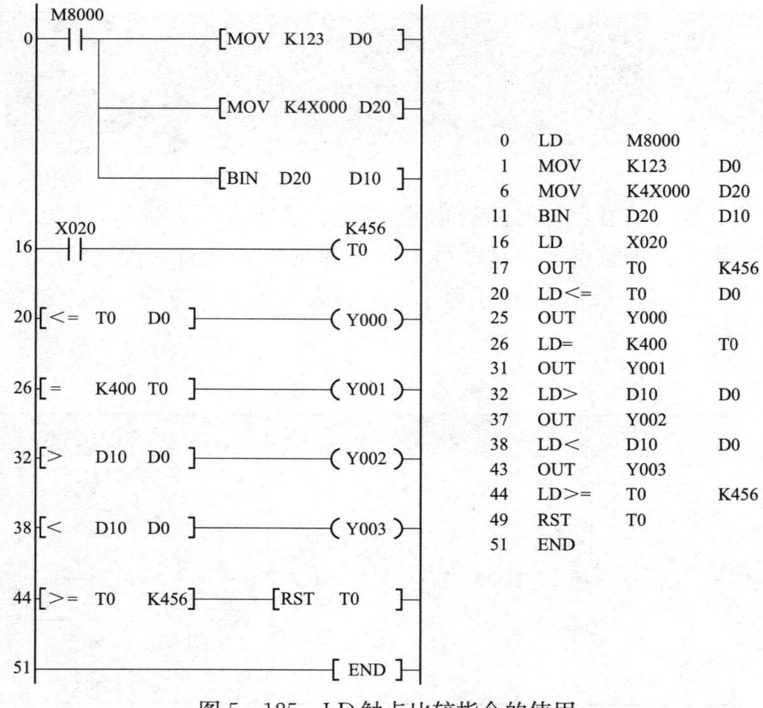

图 5-125 LD 触点比较指令的使用

K123 送入 D0 中；由按键 X000～X017 输入的 BCD 码数据送入 D20 中，然后通过 BIN 指令将其转换成相应的十制数据，存入 D10 中。当 X020 为 ON 时，T0 进行延时。若 T0 延时值小于或等于 12.3s 时，Y000 输出为 1；若 T0 延时正好为 40s 时，Y001 输出为 1；若按键输入的数字大于常数 123 时，Y002 输出为 1；如果按键输入的数字小于常数 123 时，Y003 输出为 1；当 T0 延时时间达到设定值时，T0 复位。

5.14.2 AND 串联连接触点比较指令

AND 串联连接触点比较指令（And Compare），当条件满足指令要求时导通。[S1]、[S2] 可以是 K、H、KnX、KnY、KnM、KnS、T、C、D、V、Z。当源数据的最高位（16 位指令：b15；32 位指令：b31）为 1 时，将该数值作为负数进行比较。32 位数据比较时，必须以 32 位指令来进行，如果用 16 位指令进行 32 位数据比较，会导致出错或运算错误。

【例 5-115】 AND 串联连接触点比较指令的使用如图 5-126 所示。PLC 一上电时，将常数 K123 送入 D0 中；由按键 X000～X017 输入的 BCD 码数据送入 D20 中，然后通过 BIN 指令将其转换成相应的十制数据，存入 D10 中。当 X020 为 ON 时，T0 进行延时。若 X021 为 ON，且 T0 延时值小于或等于 12.3s 时，Y000 输出为 1；若 X022 为 ON，且 T0 延时正好为 40s 时，Y001 输出为 1；若 Y000 触点为 ON，且按键输入的数字大于常数 123 时，Y002 输出为 1；如果 Y000 触点为 ON，且按键输入的数字小于常数 123 时，Y003 输出为 1；当 T0 延时时间达到设定值时，T0 复位。

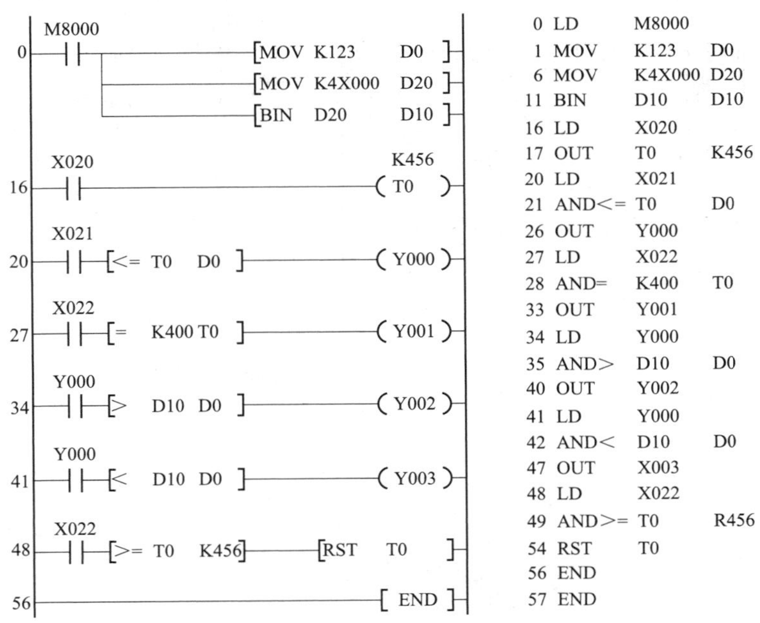

图 5-126 AND 串联连接触点比较指令的使用

5.14.3 OR 并联连接触点比较指令

OR 并联连接触点比较指令（Or Compare），当条件满足指令要求时导通。[S1]、

[S2] 可以是 K、H、KnX、KnY、KnM、KnS、T、C、D、V、Z。当源数据的最高位（16 位指令：b15；32 位指令：b31）为 1 时，将该数值作为负数进行比较。32 位数据比较时，必须以 32 位指令来进行，如果用 16 位指令进行 32 位数据比较，会导致出错或运算错误。

【例 5-116】 OR 并联连接触点比较指令的使用如图 5-127 所示。PLC 一上电时，将常数 K123 送入 D0 中；由按键 X000～X017 输入的 BCD 码数据送入 D20 中，然后通过 BIN 指令将其转换成相应的十制数据，存入 D10 中。当 X020 为 ON 时，T0 进行延时。若 T0 延时值小于等于 12.3s，或者 T0 延时等于 40s 时，Y000 输出为 1；若按键输入的数字大于常数 123，或者 X021 为 ON 时，Y002 输出为 1；如果按键输入的数字小于常数 123 时，Y003 输出为 1；当 T0 延时时间大于等于设定值，或者 X022 为 ON 时，T0 复位。

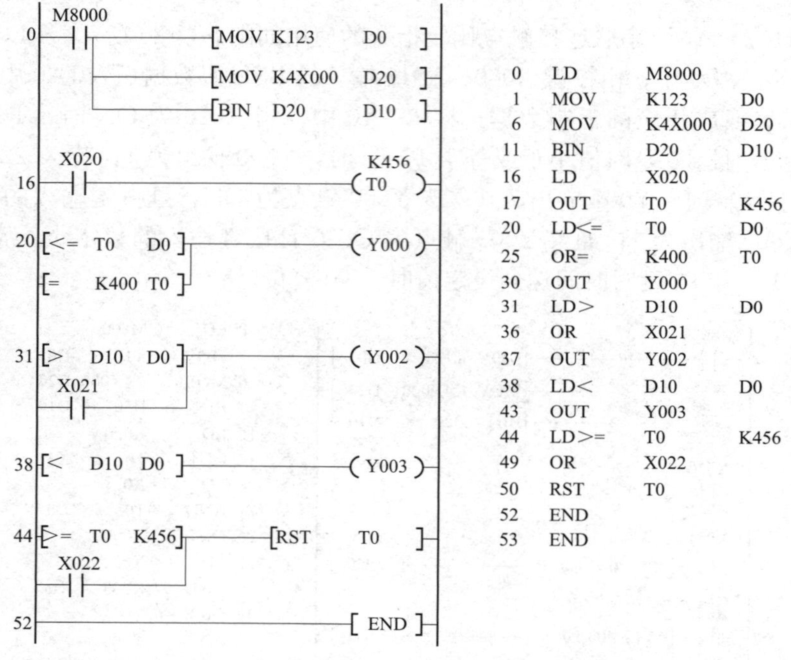

图 5-127　OR 并联连接触点比较指令的使用

第 6 章

数字量控制系统梯形图的设计方法

数字量控制系统又称为开关量控制系统，传统的继电—接触器控制系统就是典型的数字量控制系统。采用梯形图及指令表方式编程是可编程控制器最基本的编程方式，它采用的是常规控制电路的设计思想，所以广大电气工作者均采用这些方式进行 PLC 系统的设计。

6.1 梯形图的设计方法

梯形图的设计方法主要包括根据继电—接触器电路图设计法、经验设计法和顺序控制设计法。

6.1.1 根据继电—接触器电路图设计梯形图

根据继电—接触器电路图设计梯形图实质上就是 PLC 替代法，其基本思想是：将原有电气控制系统输入信号及输出信号作为 PLC 的 I/O 点，原来由继电—接触器硬件完成的逻辑控制功能改由 PLC 的软件—梯形图及程序替代完成。下面以三相异步电动机的正反转控制为例，讲述其替代过程。

1. 三相异步电动机的正反转控制

传统继电器—接触器的正反转控制电路原理图如图 6-1 所示。

合上隔离开关 QS，按下正向启动按钮 SB2 时，KM1 线圈得电，主触头闭合，电动机正向启动运行。若需反向运行时，按下反向启动按钮，其动断触点打开切断 KM1 线圈电源，电动机正向运行电源切断，同时 SB3 的动合触点闭合，使 KM2 线圈得电，KM2 的主触头闭合，改变了电动机的电源相序，使电动机反向运行。电动机需要停止运行时，只需按下停止按钮 SB1 即可。

2. 使用 PLC 实现三相异步电动机的正反转控制

使用 PLC 实现对三相异步电动机的正反转控制时，需要停止按钮 SB1、正转启动按

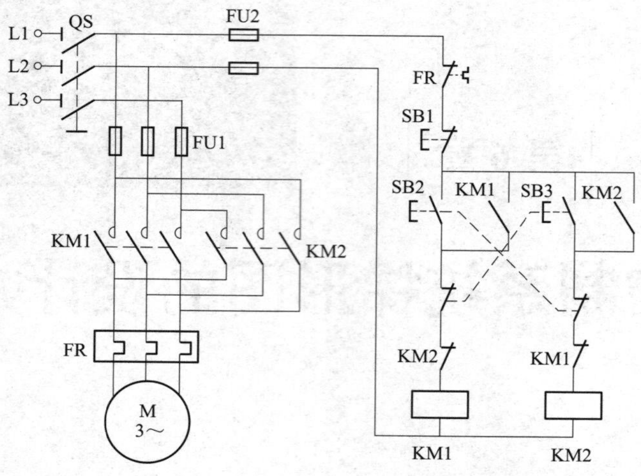

图 6－1　传统继电器—接触器的正反转控制电路原理图

钮 SB2、反转启动按钮 SB3，还需要正转接触器 KM1、反转接触器 KM2、三相异步交流电动机 M 和热继电器 FR 等。

使用 PLC 实现对三相异步电动机的正反转控制时，其转换步骤如下：

（1）将继电—接触器式正反转控制辅助电路的输入开关逐一改接到 PLC 的相应输入端，辅助电路的线圈逐一改接到 PLC 的相应输出端，如图 6－2 所示。

（2）将继电—接触器式正反转控制辅助电路中的触点、线圈逐一转换成 PLC 梯形图虚拟电路中的虚拟触点、虚线线圈，并保持连接顺序不变，但要将虚拟线圈之右的触点改接到虚拟线圈之左。

（3）检查所得 PLC 梯形图虚拟电路是否满足要求，如果不满足应作局部修改。

实际上，用户可以将图 6－2 进行优化：可以将 FR 热继电器改接到输出，这样节省了一个输入端口；另外 PLC 外部输出电路中还必须对正反转接触器 KM1 与 KM2 进行“硬互锁”，以避免正反转切换时发生短路故障。因此，优先后的 PLC 外部接线图如图 6－3 所示。用户编写的程序如图 6－4 所示。

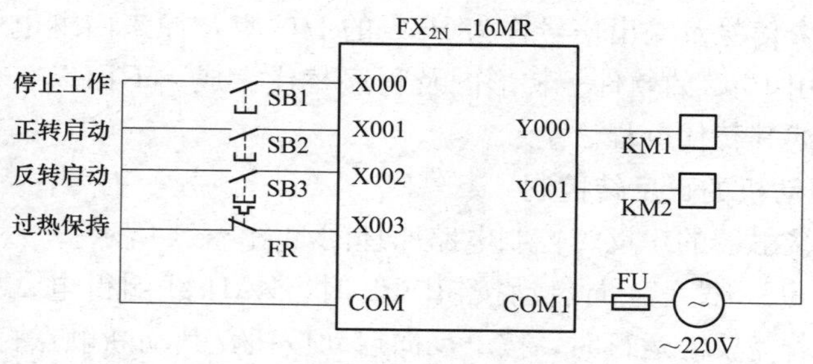

图 6－2　正反转控制的 PLC 外部接线图

程序中步 0～步 5 为正向运行控制，按下正向启动按钮 SB2，X001 触点闭合，Y000 线圈输出，控制 KM1 线圈得电，使电动机正向启动运行，Y000 的动合触点闭合，形成自锁。

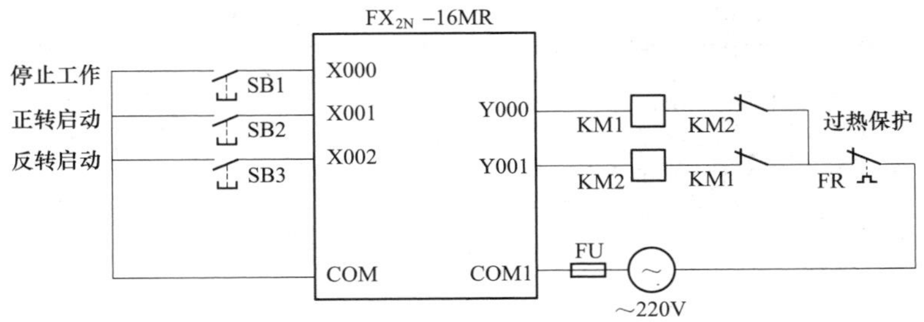

图 6-3　优化后的 PLC 外部接线图

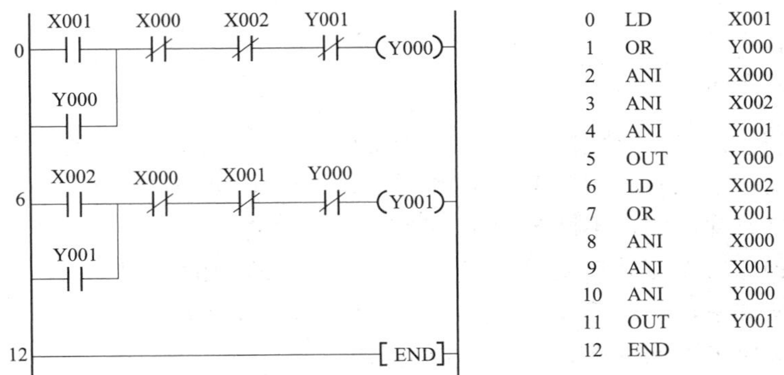

0	LD	X001
1	OR	Y000
2	ANI	X000
3	ANI	X002
4	ANI	Y001
5	OUT	Y000
6	LD	X002
7	OR	Y001
8	ANI	X000
9	ANI	X001
10	ANI	Y000
11	OUT	Y001
12	END	

图 6-4　正反转控制程序

步 6～步 11 为反向运行控制，按下反向启动按钮 SB3，X002 的动合触点闭合，X002 的动断触点打开，使电动机反向启动运行。

不管电动机是在正转还是反转，只要按下停车按钮 SB1，X000 动断触点打开，都将切断电动机的电源，从而实现停车。

3. 程序仿真

(1) 用户启动 GX-Developer，创建一个新的工程，按照图 6-4 所示输入 LAD（梯形图）或 STL（指令表）中的程序。再执行菜单命令“变换”→“变换”对程序进行编译，然后将其保存。

(2) 在 GX-Developer 中，执行菜单命令“工具”→“梯形图逻辑测试启动”，进入 GX-Simulator 在线仿真（即在线模拟）状态。

(3) 刚进入在线仿真状态时，各线圈均处于失电状态，表示电动机没有启动。如果 X002 为 OFF，强制 X001 为 ON 时，表示按下正向启动按钮，此时，KM1 线圈得电，控制电动机正转。如果 X001 为 OFF，而强制 X002 为 ON 时，表示按下反向启动按钮，此时，KM1 线圈得电，控制电动机反转，其程序仿真效果如图 6-5 所示。

根据继电—接触器电路图设计梯形图这种方法的优点是程序设计方法简单，有现成的电控制线路作为依据，设计周期短。一般在旧设备电气控制系统改造中，对于不太复杂的控制系统常采用此方法。

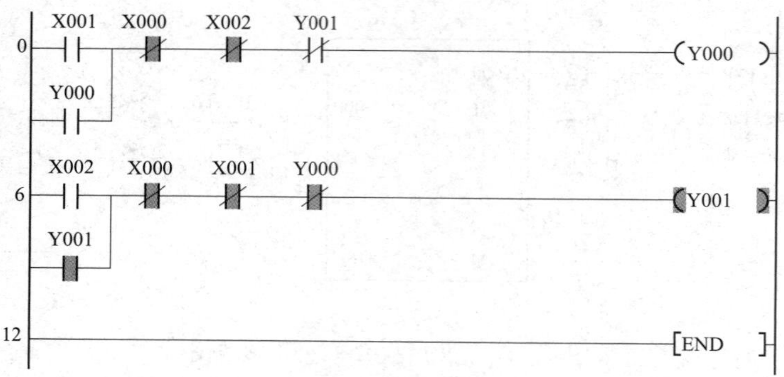

图 6-5　正反转控制程序仿真效果图

6.1.2　用经验法设计梯形图

在 PLC 发展的初期，沿用了设计继电器电路图的方法来设计梯形图程序，即在已有的典型梯形图上，根据被控对象对控制的要求，不断修改和完善梯形图。有时需要多次反复地调试和修改梯形图，不断地增加中间编程元件的触点，最后才能得到一个较为满意的结果。这种方法没有普遍的规律可以遵循，设计所用的时间、设计的质量与编程者的经验有很大的关系，所以有人将这种设计方法称为经验设计法。

经验设计法要求设计者具有一定的实践经验，掌握较多的典型应用程序的基本环节。根据被控对象对控制系统的具体要求，凭经验选择基本环节，并把它们有机地组合起来。其设计过程是逐步完善的，一般不易获得最佳方案，程序初步设计后，还需反复调试、修改，直至满足被控对象的控制要求。

经验设计法可以用于逻辑关系较简单的梯形图程序设计。电动机“长动+点动”过程的 PLC 控制是学习 PLC 经验设计梯形图的典型代表。电动机“长动+点动”过程的控制程序适合采用经验编程法，而且能充分反映经验编程法的特点。

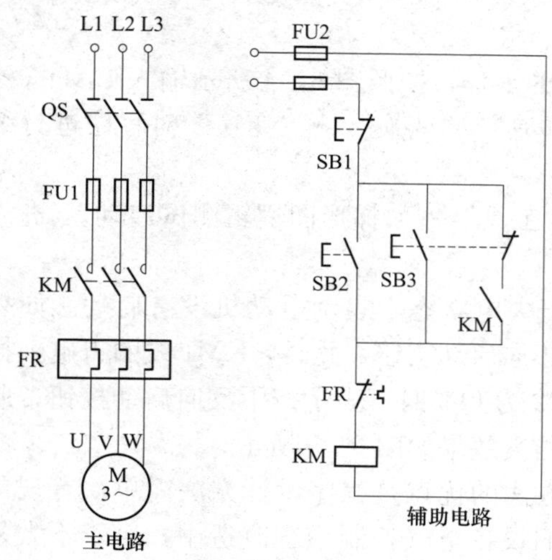

图 6-6　三相异步电动机的“长动+点动”控制电路原理图

1. 三相异步电动机的“长动+点动”控制

三相异步电动机的“长动+点动”控制电路原理图如图 6-6 所示。

在初始状态下，按下按钮 SB2，KM 线圈得电，KM 主触头闭合，电动机得电启动，同时 KM 动合辅助触头闭合形成自锁，使电动机进行长动运行。若想电动机停止工作，只需按下停止按钮 SB1 即可。工业控制中若需点动控制时，在初始状态下，只需按下复合开关 SB3 即可。当按下 SB3 时，KM 线圈得电，KM 主触头闭合，电动机启动，同时 KM 的辅助触头闭合，由于 SB3 的动断触头打开，因此断开了 KM 自锁回路，电动机只能进行点动控制。

当操作者松开复合按钮 SB3 后，若 SB3 的动断触头先闭合，动合触头后打开时，则接通了 KM 自锁回路，使 KM 线圈继续保持得电状态，电动机仍然维持运行状态，这样点动控制变成了长动控制，因此在电气控制中称这种情况为触头竞争。触头竞争是触头在过渡状态下的一种特殊现象。若同一电器的动合和动断触头同时出现在电路的相关部分，当这个电器发生状态变化（接通或断开）时，电器接点状态的变化不是瞬间完成的，还需要一定时间。动合和动断触头有动作先后之别，在吸合和释放过程中，继电器的动合触头和动断触头存在一个同时断开的特殊过程。因此在设计电路时，如果忽视了上述触头的动态过程，就可能会导致产生破坏电路执行正常工作程序的触头竞争，使电路设计遭受失败。如果已存在这样的竞争，一定要从电器设计和选择上来消除，如电路上采用延时继电器等。

2. 使用 PLC 实现三相异步电动机的“长动+点动”控制

使用 PLC 实现对三相异步电动机的“长动+点动”控制时，需要停止按钮 SB1、长动按钮 SB2、点动按钮 SB3，还需要接触器 KM、三相异步交流电动机 M 和热继电器 FR 等。“长动+点动”控制的 I/O 接线如图 6-7 所示。

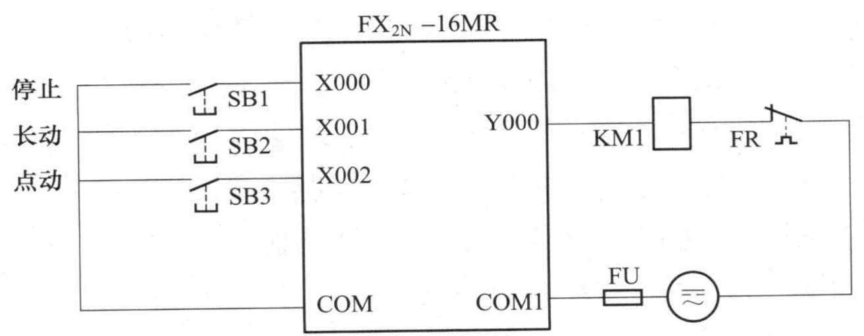

图 6-7 “长动+点动”控制的 I/O 接线图

用 PLC 实现“长动+点动”控制时，其控制过程为：当 SB1 按下时，X000 的动断触点断开，Y000 线圈断电输出状态为 0（OFF），使 KM 线圈断点，从而使电动机停止运行；当 SB2 按下时，X001 的动合触点闭合，Y000 线圈得电输出状态为 1（ON），使 KM 线圈得电，从而使电动机长动运行；当 SB3 按下时，X002 的动合触点闭合，Y000 线圈得电输出状态为 1，使 KM 线圈得电，从而使电动机点动运行。

从 PLC 的控制过程可以看出，由长动控制程序和点动控制程序构成，如图 6-8 所

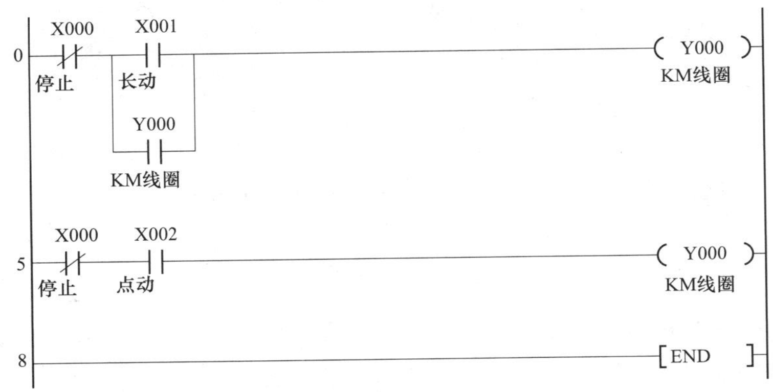

图 6-8 “长动+点动”控制程序

示。图中的两个程序段的输出都为Y000线圈，应避免这种现象存在。试着将这两个程序直接合并，以希望得到“既能长动，又能点动”的控制程序，如图6－9所示。

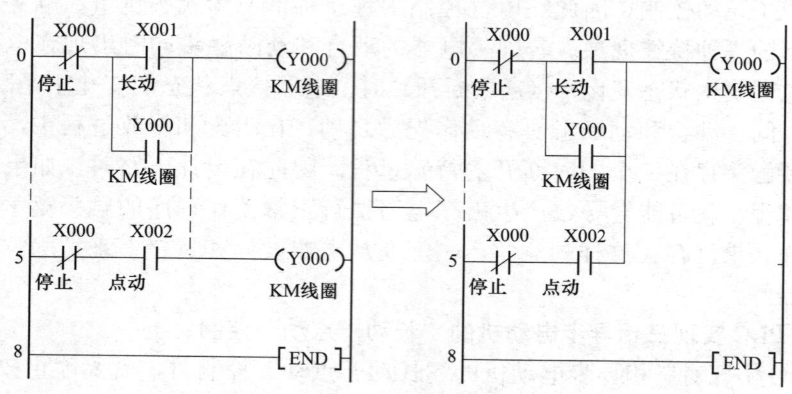

图6－9 “长动＋点动”控制程序直接合并

如果直接按图6－9合并，将会产生点动控制不能实现的故障。因为不管是X001还是X002动合触点闭合，Y000线圈得电，使Y000动合触点闭合而实现了通电自保。

针对这种情况，可以有两种方法解决：一种方法是在Y000动合触点支路上串联X002动断触点，另一种方法是引入内部辅助继电器触点M0，如图6－10所示。在图6－9中，既实现了点动控制，又实现了长动控制。长动控制的启动信号到来（X001动合触点闭合），M0通电自保，再由M0的动合触点传递到Y000，从而实现了三相异步电动机的长动控制。这里的关键是M0对长动的启动信号自保，而与点动信号无关。点动控制信号直接控制Y000，Y000不应自保，因为点动控制排斥自保。

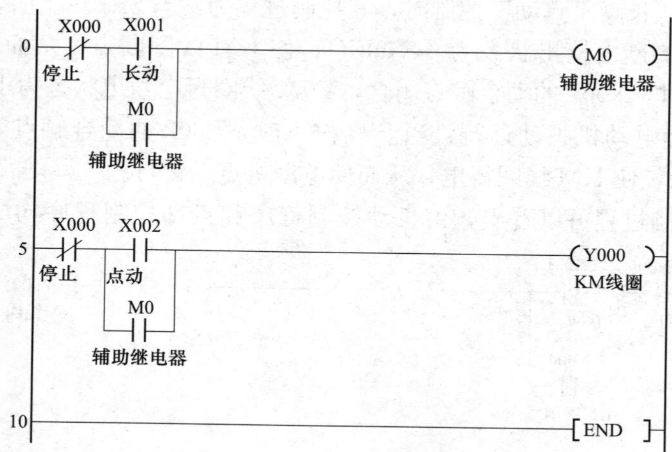

图6－10 引入内部辅助继电器触点M0

根据梯形图的设计规则，图6－10还需进一步优化，需将X000动断触点放在并联回路的右方，且点动控制程序中的X000动断触点可以省略，因此用户编写的程序如图6－11所示。

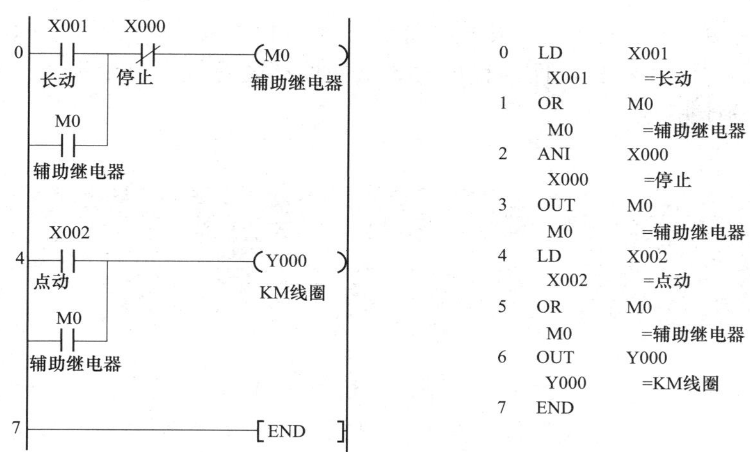

图 6-11　用户编写的“长动＋点动”控制程序

3. 程序仿真

(1) 用户启动 GX-Developer，创建一个新的工程，按照图 6-11 所示输入 LAD（梯形图）或 STL（指令表）中的程序。再执行菜单命令“变换”→“变换”对程序进行编译，然后将其保存。

(2) 在 GX-Developer 中，执行菜单命令“工具”→“梯形图逻辑测试启动”，进入 GX-Simulator 在线仿真（即在线模拟）状态。

(3) 刚进入在线仿真状态时，Y000 线圈处于失电状态，表示电动机没有启动。如果 X001 为 OFF，强制 X002 为 ON，此时 Y000 线圈得电，再强制 X002 为 OFF 时，Y00 线圈失电，这一仿真运行表示与 KM 连接的电动机为点动运行控制。如果 X000 为 OFF，强制 X001 为 ON 时，此时 Y000 线圈得电，再强制 X001 为 OFF 时，Y00 线圈仍保持为得电状态，这一仿真运行表示与 KM 连接的电动机为长动控制，其程序仿真效果如图 6-12 所示。Y000 线圈得电时，如果 X000 为 ON，Y000 线圈马上失电，这一仿真运行表示 Y000 失电，即与 KM 线圈连接的电动机马上停止运行。

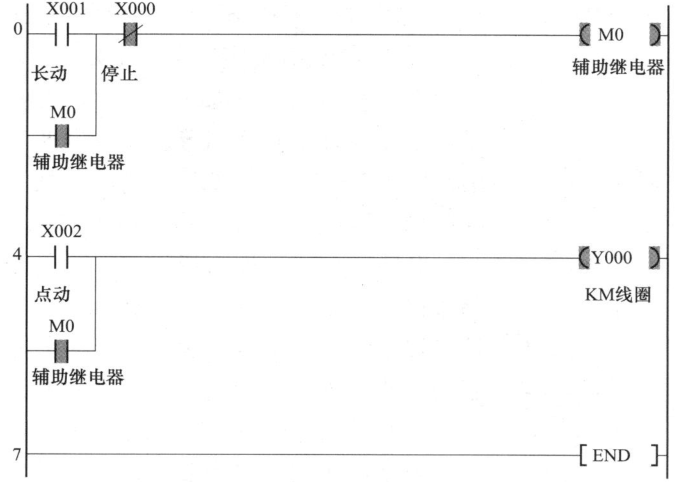

图 6-12　“长动＋点动”控制程序仿真效果图

通过仿真可以看出，图 6-12 中的程序完全符合设计要求。用经验法设计梯形图时，没有一套固定的方法和步骤，且具有很大的试探性和随意性。对于不同的控制系统，没有一种通用的设计方法。

6.2 顺序控制设计法与顺序功能图

在工业控制中存在着大量的顺序控制，如机床的自动加工、自动生产线的自动运行、机械手的动作等，它们都是按照固定的顺序进行动作的。在顺序控制系统中，对于复杂顺序控制程序，仅靠基本指令系统编程会感到很不方便，其梯形图复杂且不直观。针对此种情况，可以使用顺序控制设计法编写相关程序。

所谓顺序控制，就是按照生产工艺预先规定的顺序，在各个输入信号的作用下，根据内部状态和时间的顺序，各个执行机构在生产过程中自动有序地进行操作。使用顺序控制设计法首先根据系统的工艺过程，画出顺序功能图，然后根据顺序功能图画出梯形图。有的 PLC 编程软件为用户提供了顺序功能（Sequential Function Chart，SFC）语言，在编程软件中生成顺序功能图后便完成了编程工作。例如三菱 FX 系列 PLC 为用户提供了顺序功能图语言，用于编制复杂的顺序控制程序。利用这种编程方法能够较容易地编写出复杂的顺序控制程序，从而提高工作效率。

顺序控制设计法是一种先进的设计方法，很容易被初学者接受，对于有经验的工程师，也会提高设计的效率，程序的调试、修改和阅读也很方便。其设计思想是将系统的一个工作周期划分为若干个顺序相连的阶段，这些阶段称为“步”（Step），并明确每一“步”所要执行的输出，“步”与“步”之间通过指定的条件进行转换，在程序中只需要通过正确连接进行“步”与“步”之间的转换，便可以完成系统的全部工作。

顺序控制程序与其他 PLC 程序在执行过程中的最大区别是：SFC 程序在执行程序过程中始终只有处于工作状态的“步”（称为“有效状态”或“活动步”）才能进行逻辑处理与状态输出，而其他状态的步（称为“无效状态”或“非活动步”）的全部逻辑指令与输出状态均无效。因此，使用顺序控制进行程序设计时，设计者只需要分别考虑每一“步”所需要确定的输出，以及“步”与“步”之间的转换条件，并通过简单的逻辑运算指令就可完成程序的设计。

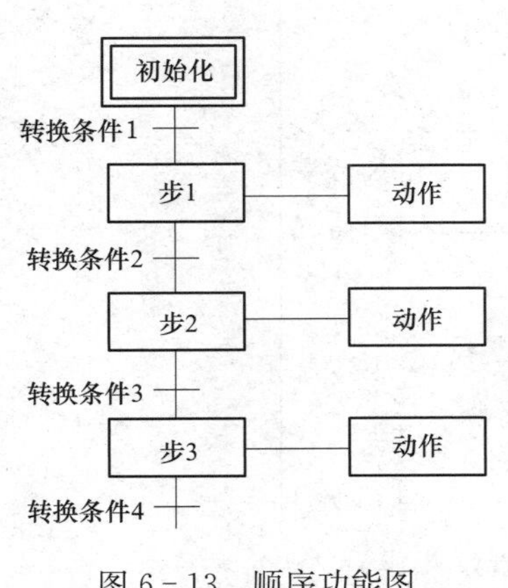

图 6-13　顺序功能图

顺序功能图又称为流程图，它是描述控制系统的控制过程、功能和特性的一种图形，也是设计 PLC 的顺序控制程序的有力工具。顺序功能图并不涉及所描述的控制功能的具体技术，它是一通用的技术语言，可以进一步设计和不同专业的人员之间进行技术交流之用。

顺序功能图主要由步、有向连线、转换、转换条件和动作（或命令）组成，如图 6-13 所示。

6.2.1 步与动作

1. 步

在顺序控制中“步”又称为状态，它是指控制对象的某一特定的工作情况。为了区分不同的状，同时使得 PLC 能够控制这些状态，需要对每一状态赋予一定的标记，这一标记称为“状态元件”。在三菱 FX 系列 PLC 中，状态元件通常用 S 来表示，对于不同类型的 PLC，允许使用的 S 元件的数量与性质有所不同，如表 6-1 所示。

表 6-1　三菱 FX 系列 PLC 中 S 元件一览表

PLC 型号	初始化用	回参考点	一般用	报警用	停电保持用
FX_{1S}	S0～S9	S10～S19	S20～S127	—	S0～S127
FX_{1N}	S0～S9	S10～S19	S20～S899	S900～S999	S10～S127
FX_{2N}	S0～S9	S10～S19	S20～S899	S900～S999	S500～S899
FX_{3U}	S0～S9	S10～S19	S20～S4095	—	S500～S899

步主要分为初始步、活动步和非活动步。

初始状态一般是系统等待启动命令的相对静止的状态。系统在开始进行自动控制之前，首先应进入规定的初始状态。与系统的初始状态相对应的步称为初始步。初始步用双线框表示，每一个顺序控制功能图至少应该有 1 个初始步。

当系统处于某一步所在的阶段时，该步处于活动状态，称为活动步。步处于活动状态时，相应的动作被执行。处于不活动状态的步称为非活动步，其相应的非存储型动作被停止执行。

2. 动作

可以将一个控制系统划分为施控系统和被控系统，对于被控系统，动作是某一步是所要完成的操作；对于施控系统，在某一步中要向被控系统发出某些“命令”，这些命令也可称为动作。

6.2.2 有向连线与转换

有向连线就是状态间的连接线，它决定了状态的转换方向与转换途径。在顺序控制功能图程序中的状态一般需要 2 条以上的有向连线进行连接，其中 1 条为输入线，表示转换到本状态的上一级“源状态”，另 1 条为输出线，表示本状态执行转换时的下一线“目标状态”。在顺序功能图程序设计中，对于自上而下的正常转换方向，其连接线一般不需标记箭头，但是对于自下而上的转换或是向其他方向的转换，必须以箭头标明转换方向。

步的活动状态的进展是由转换的实现来完成的，并与控制过程的发展相对应。转换用有向连线上与有向连线垂直的短划线来表示，转换将相邻两步分隔开。

转换条件是指用于改变 PLC 状态的控制信号，它可以是外部的输入信号，如按钮、主令开关、限位开关的接通/断开等，也可以是 PLC 内部产生的信号，如定时器、计数器动合触点的接通等，还可以是若干个信号的与、或、非逻辑组合。不同状态间的换转条件可以不同，也可以相同，当转换条件各不相同时，顺序控制功能图程序每次只能选择其中的一种工作状态（称为选择分支）。当若干个状态的转换条件完全相同时，顺序控制功能图程序一次可以选择多个状态同时工作（称为并行分支）。只有满足条件的状态，才能进行逻辑处理与输出，因此，转换条件是顺序功能图程序选择工作状态的开关。

在顺序控制功能图程序中，转换条件通过与有向连线垂直的短横线进行标记，并在短横线旁边标上相应的控制信号地址。

6.2.3 顺序功能图的基本结构

在顺序控制功能图程序中，由于控制要求或设计思路的不同，使得步与步之间的连接形式也不同，从而形成了顺序控制功能图程序的3种不同基本结构形式：单序列、选择序列、并行序列。这3种序列结构如图6-14所示。

1. 单序列

单序列由一系列相继激活的步组成，每一步的后面仅有一个转换，每一个转换的后面只有一个步，如图6-14（a）所示。单序列结构的特点如下：

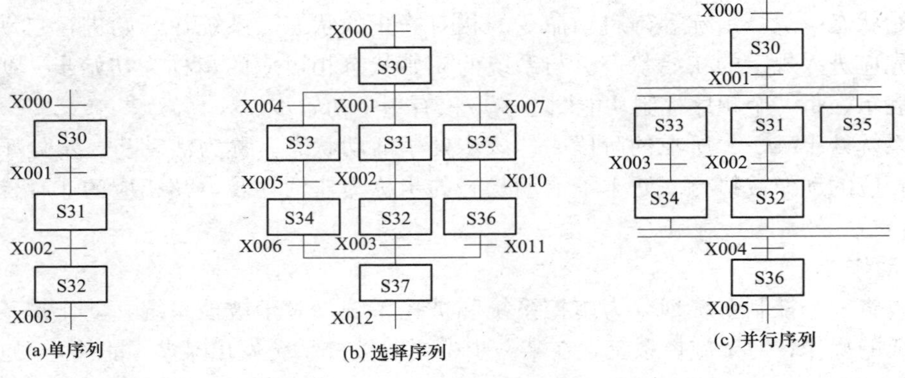

图6-14　SFC的3种序列结构图

（1）步与步之间采用自上而下的串联连接方式。

（2）状态的转换方向始终是自上而下且固定不变（起始状态与结束状态除外）。

（3）除转换瞬间外，通常仅有1个步处于活动状态。基于此，在单序列中可以使用“重复线圈”（如输出线圈、内部辅助继电器等）。

（4）在状态转换的瞬间，存在一个PLC循环周期时间的相邻两状态同时工作的情况，因此对于需要进行“互锁”的动作，应在程序中加入“互锁”触点。

（5）在单序列结构的顺序控制功能图程序中，原则上定时器也可以重复使用，但不能在相邻两状态里使用同一定时器。

（6）在单序列结构的顺序控制功能图程序中，只能有一个初始状态。

2. 选择序列

选择序列的开始称为分支，如图6-14（b）所示，转换符号只能标在水平连线之下。在图6-14（b）中，如果步S30为活动步且转换条件X001有效时，则发生由步

S30→步 S31 的进展；如果步 S30 为活动步且转换条件 X004 有效时，则发生由步 S30→步 S33 的进展；如果步 S30 为活动步且转换条件 X007 有效时，则发生由步 S30→步 S35 的进展。

在步 S30 之后选择序列的分支处，每次只允许选择一个序列。选择序列的结束称为合并，几个选择序列合并到一个公共序列时，用与需要重新组合的序列相同数量的转换符号和水平连线来表示，转换符号只允许标在连线之上。

允许选择序列的某一条分支上没有步，但是必须有一个转换，这种结构的选择序列称为跳步序列。跳步序列是一种特殊的选择序列。

3. 并行序列

并行序列的开始称为分支，如图 6-14（c）所示，当转换的实现导致几个序列同时激活时，这些序列称为并行序列。在图 6-14（c）中，当步 S30 为活动步时，若转换条件 X001 有效，则步 S31、步 S33 和步 S35 均同时变为活动步，同时步 S30 变为不活动步。为了强调转换的同步实现，水平连线用双线表示。步 S31、步 S33 和步 S35 被同时激活后，每个序列中活动步的进展将是独立的。在表示同步的水平双线上，只允许有一个转换符号。并行序列用来表示系统的几个同时工作的独立部分的工作情况。

6.3 常见的顺序控制编写梯形图的方法

有了顺序控制功能图后，用户可以使用不同的方式编写顺序控制梯形图。但是，如果使用的 PLC 类型及型号不同，编写顺序控制梯形图的方式也不完全一样。比如日本三菱公司的 FX_{2N} 系列 PLC 可以使用启保停、步进梯形图指令、移位寄存器和置位/复位指令这 4 种编写方式；西门子 S7-200 系列 PLC 可以使用启保停、置位/复位指令和 SFC 顺控指令这 3 种编写方式；西门子 S7-300/400 系列 PLC 可以使用启保停、置位/复位指令和 S7 Graph 这 3 种编写方式；欧姆龙 CP1H 系列 PLC 可以使用启保停、置位/复位指令和顺控指令（步启动/步开始）这 3 种编写方式。

下面以某回转工作台控制钻孔为例，简单介绍分别使用启保停、置位/复位指令编写顺序控制梯形图的方法。

某 PLC 控制的回转工作台控制钻孔的过程是：当回转工作台不转且钻头回转时，如果传感器工件到位，则 X000 信号为 1，Y000 线圈控制钻头向下工进。当钻到一定深度使钻头套筒压到下接近开关时，X001 信号为 1，控制 T0 计时。T0 延时 5s 后，Y001 线圈控制钻头快退。当快退到上接近开关时，X002 信号为 1，就回到原位。其顺序控制功能图如图 6-15 所示。

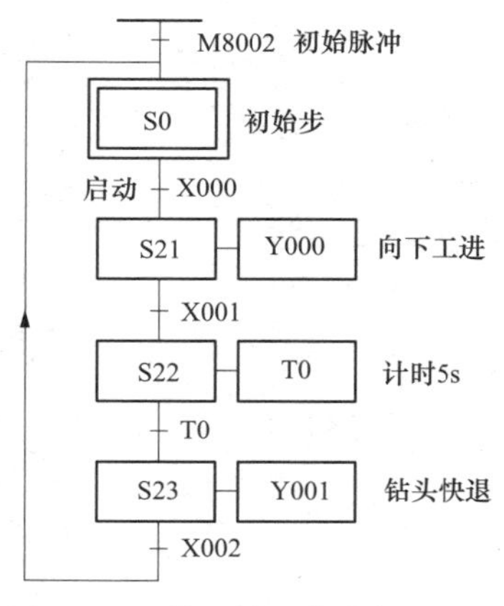

图 6-15 某回转工作台控制钻孔的顺序控制功能图

6.3.1 启保停方式的顺序控制

启保停电路即启动保持停止电路，它是梯形图设计中应用比较广泛的一种电路。其工作原理是：如果输入信号的动合触点接通，则输出信号的线圈得电，同时对输入信号进行“自锁”或“自保持”，这样输入信号的动合触点在接通后可以断开。

1. 启保停方式的程序编写

这种编写方法通用性强，编程容易掌握，一般是在原继电—接触器控制系统的 PLC 改造过程中应用较多。图 6－16 所示是使用启保停电路编写与图 6－15 顺序功能图所对应的程序，在图中只使用了动合触点、动断触点以及输出线圈。

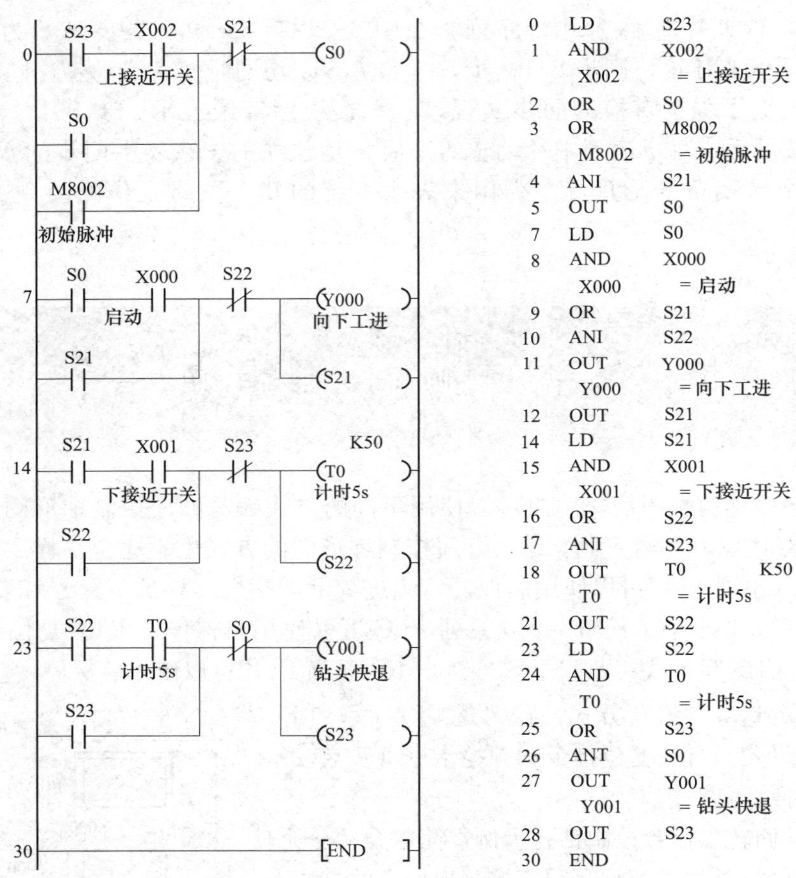

图 6－16 启保停方式编写的顺序控制程序

2. 程序仿真

(1) 用户启动 GX－Developer，创建一个新的工程，按照图 6－16 所示输入 LAD（梯形图）或 STL（指令表）中的程序。再执行菜单命令“变换”→“变换”对程序进行编译，然后将其保存。

(2) 在 GX－Developer 中，执行菜单命令“工具”→“梯形图逻辑测试启动”，进入

GX-Simulator 在线仿真（即在线模拟）状态。

（3）刚进入在线仿真状态时，M8002 动合触点接通一次，S0 线圈输出为 1，表示进入了初始步 S0，而其他线圈均处于失电状态。将 X000 强制 1 次为 ON 时，则 S21 线圈和 Y000 线圈输出为 1，表示进入了 S20 的向下工进操作。再将 X001 强制 1 次为 ON 时，则 S21 线圈输出为 1，同时 T0 开始计时，其仿真效果如图 6-17 所示。当 T0 延时达到 5s 时，T0 触点动合触点闭合，S23 线圈和 Y001 线圈输出为 1，表示进入了 S23 的钻头快退操作。然后将 X002 强制 1 次为 ON 时，S0 线圈输出为 1，表示再次进入了初始步 S0。

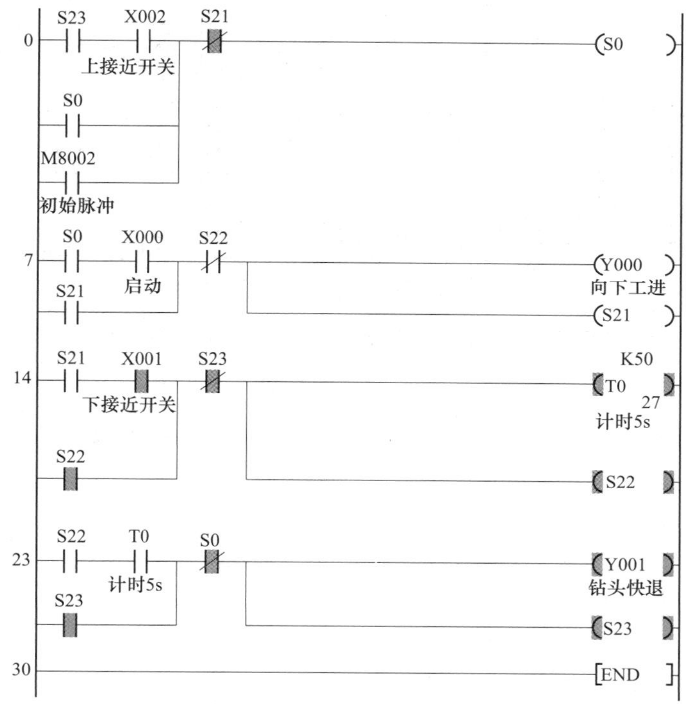

图 6-17　启保停方式编写的顺序控制程序仿真效果图

6.3.2　转换中心方式的顺序控制

使用置位/复位（SET/RST）指令的顺序控制功能梯形图的编写方法又称为以转换为中心的编写方法，它是用某一转换所有前级步对应的辅助继电器的动合触点与转换对应的触点或电路串联，作为使用所有后续步对应的辅助继电器置位和所有前级步对应的辅助继电器复位的条件。

这种编写方法特别有规律，顺序转换关系明确，编程易理解，一般用于自动控制系统中手动控制程序的编写。图 6-18 所示是使用置位/复位指令编写与图 6-15 顺序功能图所对应的程序，其仿真效果如图 6-19 所示。

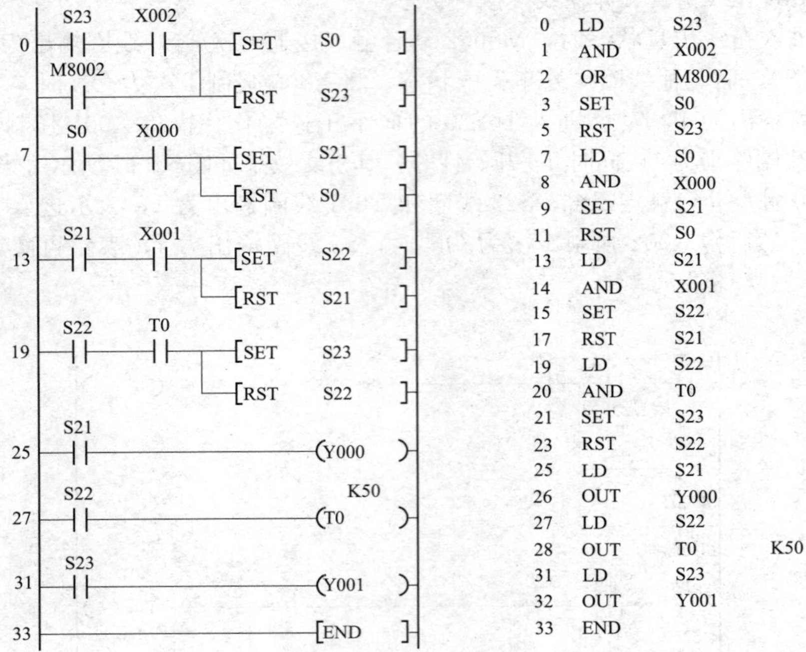

图 6－18　使用置位/复位指令编写的顺序功能图程序

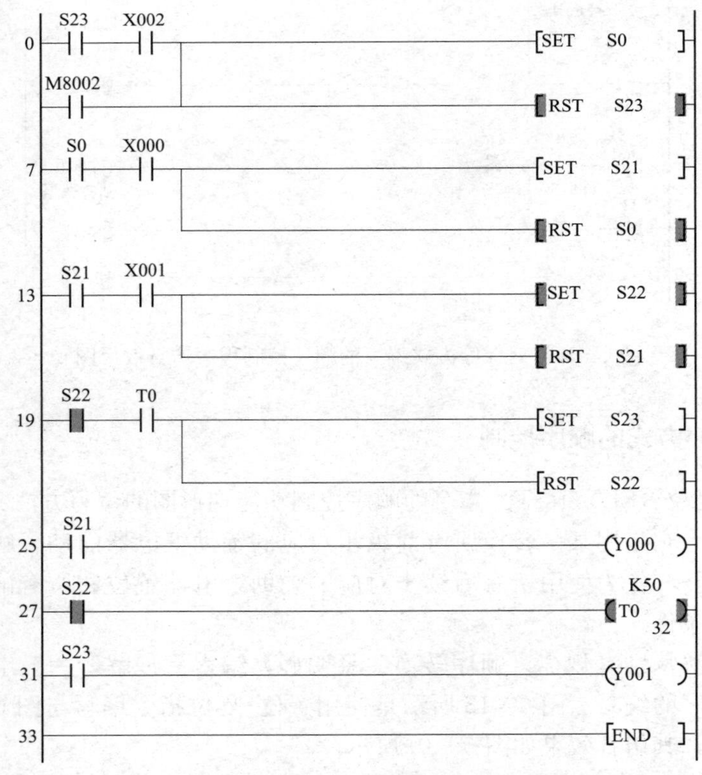

图 6－19　使用置位/复位指令编写的顺序功能图程序仿真效果图

6.4 FX_{2N}系列PLC的顺序控制

由于编程软件的功能等方面的原因，在三菱 FX_{2N}系列 PLC 中，当 SFC 程序设计完成后，在 SFC 中无法显示指令的具体内容，具体状态中的控制指令需要转换成指令表或梯形图的形式才能进行输入，也就是说必须采用步进梯形图的方式进行编程。

6.4.1 FX_{2N}系列 PLC 的步进指令

步进梯形图与 SFC 程序的实质完全相同，只是它们的表示形式不同而已。在三菱 FX_{2N}系列 PLC 中有 STL、RET 等指令可绘制步进梯形图。

步进梯形图指令 STL（Step Ladder Instruction）为步进开始指令，与母线直接相连，表示步进顺控开始。RET 为步进结束指令，表示步进顺控结束，用于状态流程结束返回主程序。利用这两条指令，可以很方便地编制顺序控制梯形图程序。

使用说明：

(1) 每个状态继电器具有驱动相关负载、指定转移条件和转移目标这三种功能。

(2) STL 触点与母线相连接，使用该指令后，相当于母线右移到 STL 触点右侧，并延续到下一条 STL 指令或者出现 RET 指令为止。同时该指令使得新的状态置位，原状态复位。

(3) 与 STL 指令相连接的起始触点必须使用 LD、LDI 指令编程。

(4) STL 触点和继电器的触点功能类似，在 STL 触点接通时，该状态下的程序执行，STL 触点断开时，一个扫描周期后该状态下的程序不再执行，直接跳转到下一个状态。

(5) STL 和 RET 是一对指令，在多个 STL 指令后必须加上 RST 指令，表示该次步进顺控过程结束，并且后移母线返回到主程序母线。RET 指令可以多次使用。

(6) 在步进顺控程序中使用定时器时，不同状态内可以重复使用同一编号的定时器，但相邻状态不可以使用。

(7) 在 STL 触点后不可直接使用 MPS、MRD、MPP 堆栈操作指令，只有在 LD 或 LDI 指令后才可以使用。

(8) 在步进梯形图中，OUT 指令和 SET 指令对 STL 指令后的状态（S）具有相同的功能，都会将原状态自动复位。但在 STL 中分离状态（非相连状态）的转移必须使用 OUT 指令。

(9) 在中断程序和子程序中，不能使用 STL、RET 指令，而在 STL 指令中尽量不使用跳转指令。在 SFC 图中，经常会使用一些特殊辅助继电器，其名称和功能如表 6－2 所示。

(10) 停电保持状态继电器采用内部电池保持其状态，应用于动作过程中突然停电而再次通电时需继续运行的场合。

表 6-2　　在 SFC 图中可使用的特殊辅助继电器

元件编号	名称	功能说明
M8000	RUN 运行	PLC 在运行中始终接通的继电器，可作为驱动程序输入条件或作为 PLC 运行状态的显示来使用
M8002	初始脉冲	在 PLC 接通时，仅在 1 个扫描周期内接通的继电器，用于程序的初始设定或初始状态和置位/复位
M8040	禁止转移	该继电器接通后，禁止在所有状态之间转移。在禁止转移状态下，各状态内的程序继续运行，输出不会断开
M8046	STL 动作	任一状态继电器接通时，M8046 自动接通。用于避免与其他流程同时启动或用于工序的动作标志
M8047	STL 监视有效	该继电器接通，编程功能可自动读出正在工作中的元件状态并加以显示

注意编译软件不同，步进梯形图的表示方法也不相同，但是指令表相同。例如对某控制系统部分控制对象所设计的 SFC、步进梯形图和指令表如表 6-3 所示。X000 动合触点为 ON，状态继电器 S30 得电启动，使输出继电器 Y000 接通；当 X001 动合触点为 ON 时，状态继电器 S31 得电启动，由状态 S30 转移到 S31，即状态继电器 S30 断开且状态继电器 S31 接通，输出继电器 Y001 接通；当 X002 动合触点为 ON 时，状态继电器 S32 得电启动，由状态 S31 转移到 S32，输出继电器 Y002 接通；当 X003 动合触点为 ON 时，由状态 S32 转移到下一个状态。

表 6-3　　某控制系统部分的 SFC、步进梯形图和指令表

SFC	SWOPC-FXGP/WIN-C 软件编写的步进梯形图	GX Developer 软件编写的步进梯形图	指令表
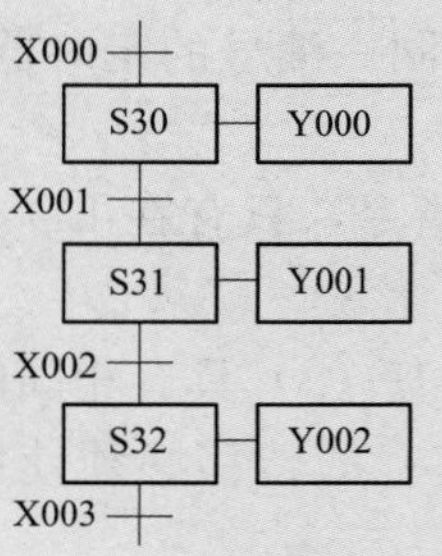 X000 S30 — Y000 X001 S31 — Y001 X002 S32 — Y002 X003	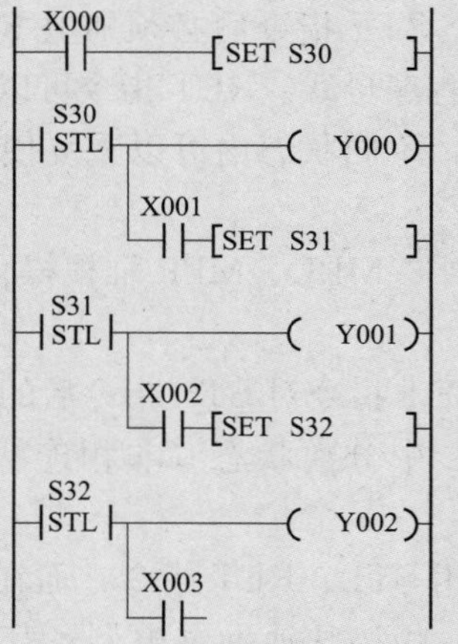 X000 [SET S30] S30 STL (Y000) X001 [SET S31] S31 STL (Y001) X002 [SET S32] S32 STL (Y002) X003	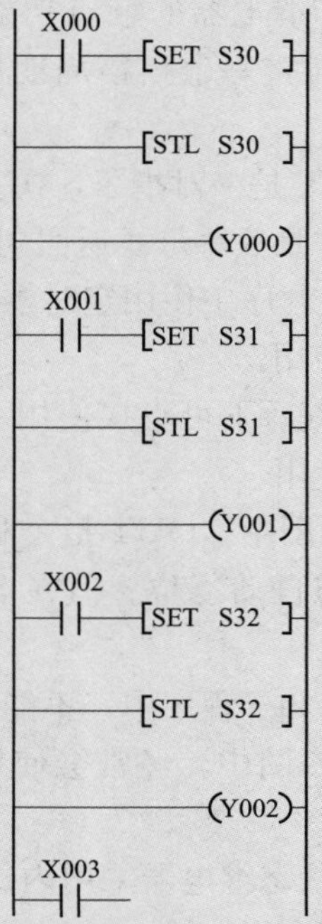 X000 [SET S30] [STL S30] (Y000) X001 [SET S31] [STL S31] (Y001) X002 [SET S32] [STL S32] (Y002) X003	LD X000 SET S30 STL S30 OUT Y000 LD X001 SET S31 STL S31 OUT Y001 LD X002 SET S32 STL S32 OUT Y002 LD X003

6.4.2 步进指令方式的顺序功能图

在 6.2.3 节中讲述了顺序功能图有 3 种基本结构，这 3 种基本结构均可通过步进指令来进行表述。

1. 单序列顺序控制

单序列顺序控制如图 6-20 所示，从图中可以看出它可完成动作 A、动作 B 和动作 C 的操作，这 3 个动作分别有相应的状态元件 S0、S21～S23，其中动作 A 的启动条件为 X001，动作 B 的转换条件为 X002，动作 C 的转换条件为 X003，X004 为动作 C 的重置条件，最后使用 RET 作为步进结束。

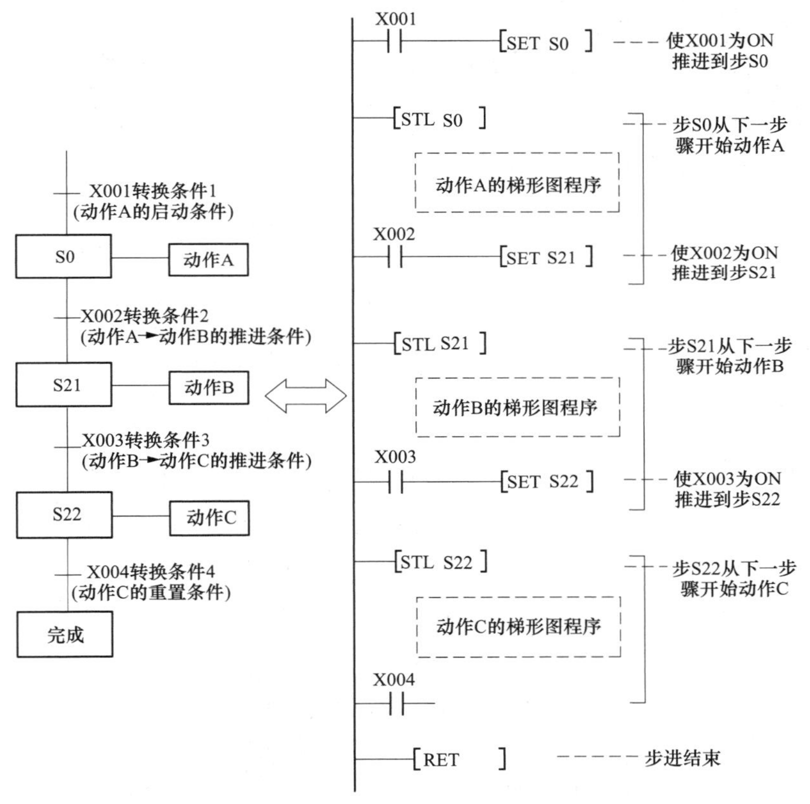

图 6-20 单序列顺序控制图

2. 选择序列顺序控制

选择序列顺序控制如图 6-21 所示，图中只使用了两个选择支路。对于两个选择的开始位置，应分别使用 SET 指令，以切换到不同的 S。在执行不同的选择任务时，应使用相应的 STL 指令，以启动不同的动作。

3. 并行序列顺序控制

并行序列顺序控制如图 6-22 所示，在图 6-22（b）中执行完动作 B 的梯形图程序后，继续描述动作 C 的梯形图程序，然后在动作 D 完成后，将使用 STL S22、STL S24 将两分支汇合，然后再由 X004 动合触点一起推进到步 S25，以表示两条支路汇合到 S25。

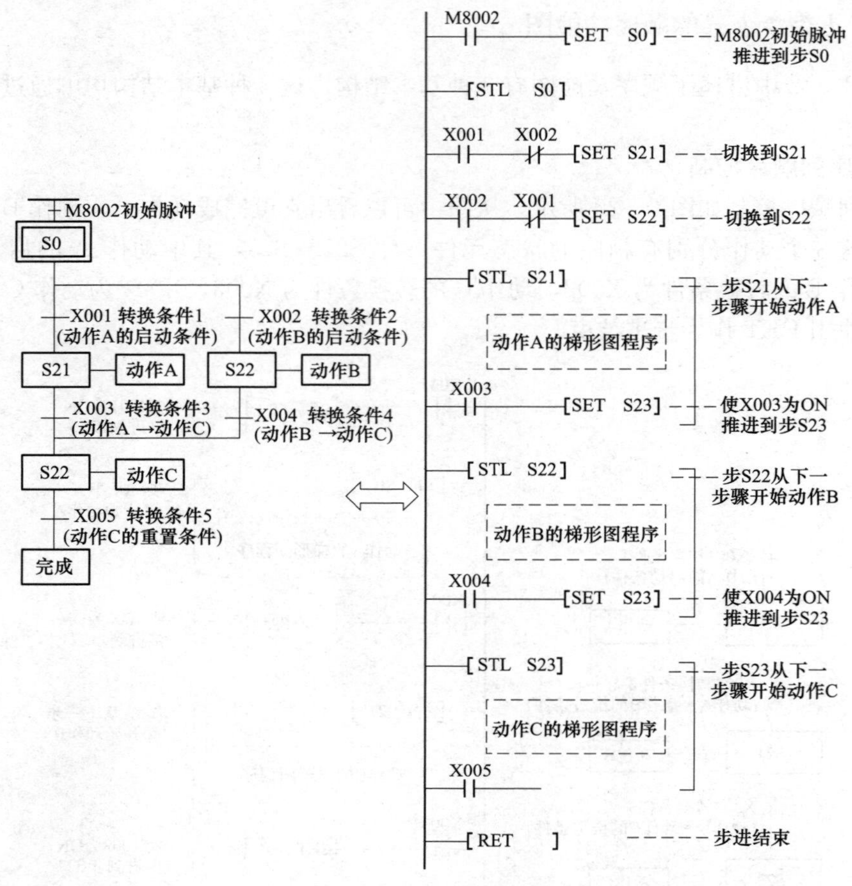

图 6－21　选择序列顺序控制图

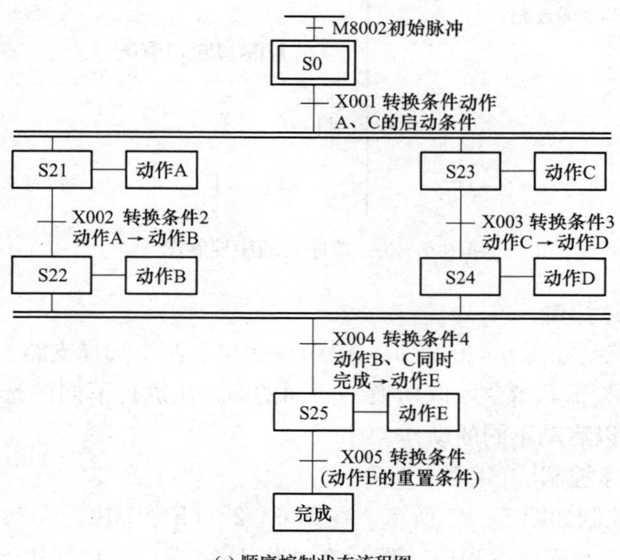

(a) 顺序控制状态流程图

图 6－22　并行序列顺序控制图（一）

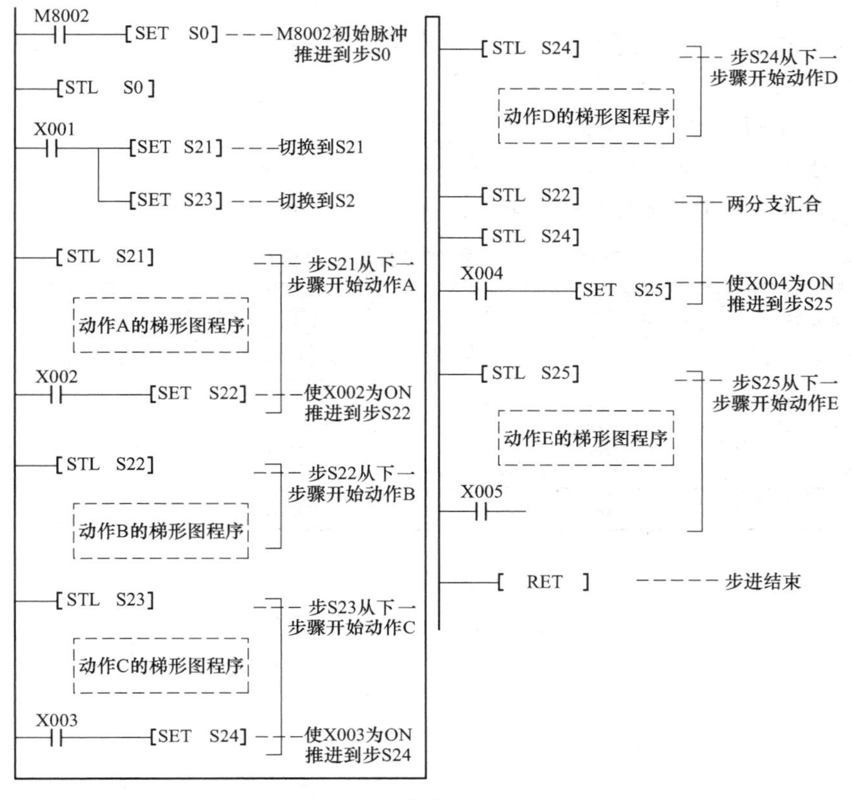

(b) 顺控指令描述的顺控图

图 6－22　并行序列顺序控制图（二）

6.5　单序列的FX2N顺序控制应用实例

6.5.1　液压动力滑台的 PLC 控制

1. 控制要求

某液压动力滑台的控制示意图如图 6－23 所示。初始状态下，动力滑台停在右端，限位开关处于闭合状态。按下启动按钮 SB 时，动力滑台在各步中分别实现快进、工进、暂停和快退，最后返回初始位置和初始步后停止运动。

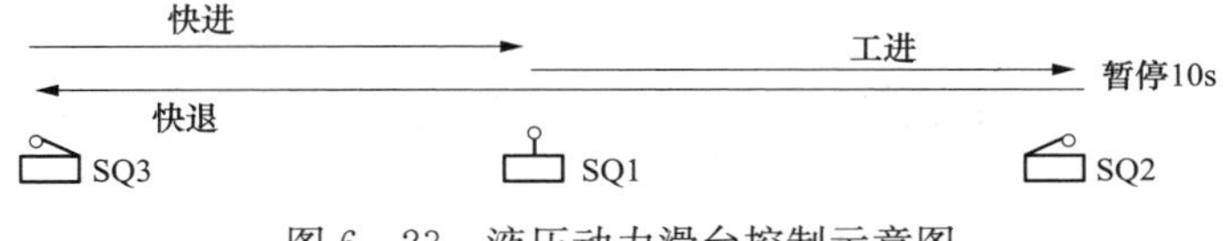

图 6－23　液压动力滑台控制示意图

2. 控制分析

这是典型的单序列顺控系统，它由5个步构成，其中步0为初始步，步1用于快进控制，步2用于工进控制，步3用于暂停控制，步4用于快退控制。

3. I/O端子资源分配与接线

系统要求SQ1～SQ3和SB这4个输入端子，液压滑动台的快进、工进、后退可由3个输出端子控制，因此该系统的I/O分配如表6-4所示，其I/O接线如图6-24所示。

表6-4　液压动力滑台的PLC控制I/O分配表

输入			输出		
功能	元件	对应端子	功能	元件	对应端子
启动	SB	X000	工进控制	KM1	Y000
快进转工进	SQ1	X001	快进控制	KM2	Y001
暂停控制	SQ2	X002	后退控制	KM3	Y002
循环控制	SQ3	X003			

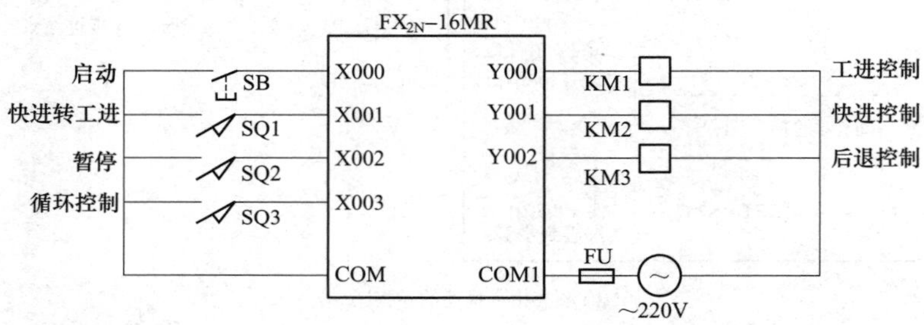

图6-24　液压动力滑台的PLC控制I/O接线图

4. 编写PLC控制程序

根据液压动力滑台的控制示意图和PLC资源配置，设计出液压动力滑台的状态流程图，如图6-25所示。液压动力滑台的PLC控制程序如图6-26所示。

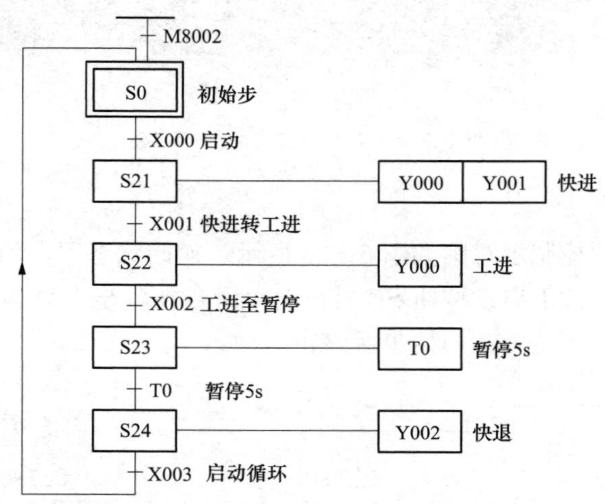

图6-25　液压动力滑台PLC控制的状态流程图

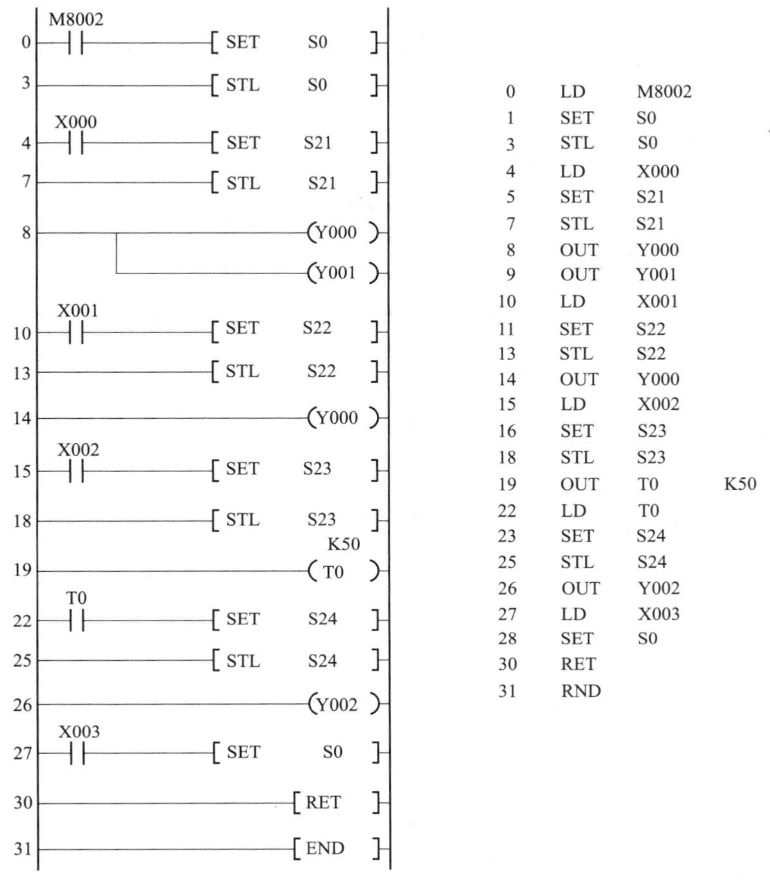

图 6-26　液压动力滑台 PLC 控制程序

5. 程序仿真

(1) 用户启动 GX-Developer，创建一个新的工程，按照图 6-26 所示输入 LAD（梯形图）或 STL（指令表）中的程序。再执行菜单命令“变换”→“变换”对程序进行编译，然后将其保存。

(2) 在 GX-Developer 中，执行菜单命令“工具”→“梯形图逻辑测试启动”，进入 GX-Simulator 在线仿真（即在线模拟）状态。

(3) 刚进入在线仿真状态时，M8002 动合触点接通一次，S0 线圈输出为 1，表示进入了初始步 S0（即 S0 为活动步），而其他线圈均处于失电状态。将 X000 强制为 ON，S0 恢复为常态，变为非活动步；而 S21 为活动步，Y000 和 Y001 线圈均输出为 1，此时再将 X000 强制为 OFF，而 Y000 和 Y001 线圈仍输出为 1。当 X001 强制为 ON 状态，S21 变为非活动步时，而 S22 变为活动步，Y000 输出为 1，而 Y001 输出为 0。当 X002 强制为 ON 状态时，S22 恢复为常态，变为非活动步；而 S23 变为活动步，Y000 输出为 0，此时 T0 开始延时，其仿真效果如图 6-27 所示。当 T0 延时 5s 后，T0 动合触点瞬时闭合，使 S23 变为非活动步，S24 变为活动步，Y002 输出为 1。此时再将 X003 强制为 ON 状态，使 S24 变为非活动步，S0 为活动步，这样可以继续下一轮循环操作。

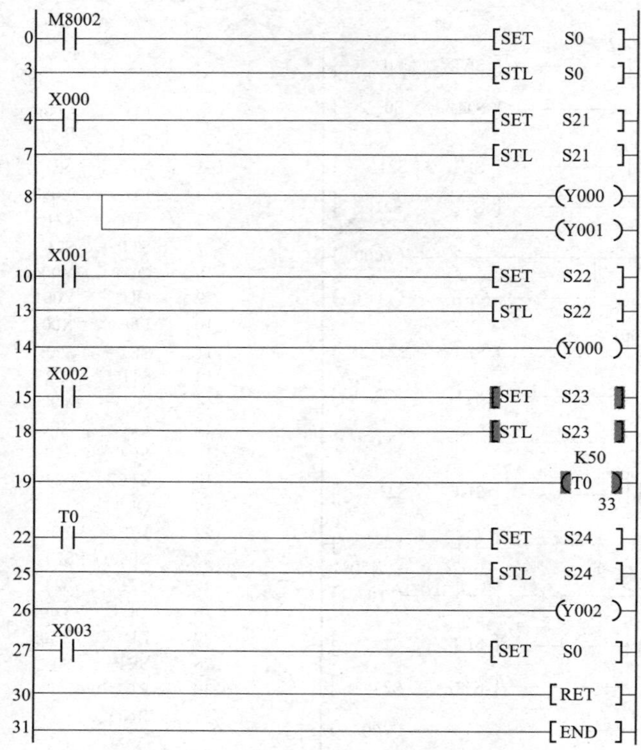

图 6－27　液压动力滑台的仿真效果图

6.5.2　PLC 在注塑成型生产线控制系统中的应用

在塑胶制品中，以制品的加工方法不同来分类，主要可以分为 4 大类：①注塑成型产品；②吹塑成型产品；③挤出成型产品；④压延成型产品。其中应用面最广、品种最多、精密度最高的当数注塑成型产品类。注塑成型机是将各种热塑性或热固性塑料经过加热熔化后，以一定的速度和压力注射到塑料模具内，经冷却保压后得到所需塑料制品的设备。

现代塑料注塑成型生产线控制系统是一个集机、电、液于一体的典型系统，由于这种设备具有成型复杂制品、后加工量少、加工的塑料种类多等特点，自问世以来，发展极为迅速，目前全世界 80％以上的工程塑料制品均采用注塑成型机进行加工。

目前，常用的注塑成型控制系统有三种，即传统继电器型、可编程控制器型和微机控制型。近年来，可编程序控制器以其高可靠性、高性能的特点，在注塑机控制系统中得到了广泛应用。

1. 控制要求

注塑成型生产工艺一般要经过闭模、射台前进、注射、保压、预塑、射台后退、开模、顶针前进、顶针后退和复位等操作工序。这些工序由 8 个电磁阀 YV1～YV8 来控制完成，其中注射和保压工序还需要一定的时间延迟。注塑成型生产线工艺流程图如图 6－28 所示。

2. 控制分析

从图 6－28 可以看出，各操作都是由行程开关控制相应电磁阀进行转换的。注塑成型生产工艺是典型的顺序控制，可以采用多种方式完成控制：①采用置位/复位指令和定时

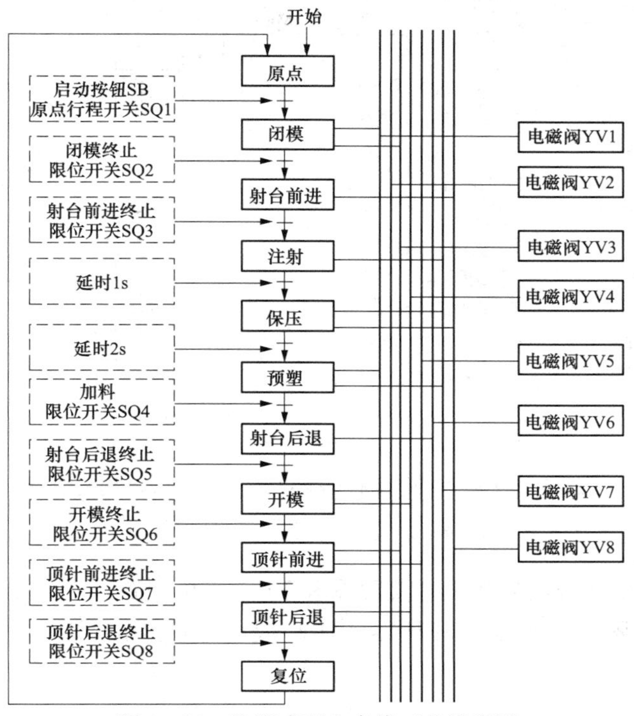

图 6－28　注塑成型生产线工艺流程图

器指令；②采用移位寄存器指令和定时器指令；③采用步进指令和定时器指令。本例中将采用步进指令和定时器指令来实现此控制。

从图 6－28 中可知，它由 10 步完成，在程序中需使用状态元件 S0～S21～S29。首次扫描 M8002 位闭合，激活 S0。延时 1s 可由 T0 控制，预置值为 10；延时 2s 可由 T1 控制，预置值为 20。

3. I/O 端子资源分配与接线

根据控制要求及控制分析可知，该系统需要 10 个输入点和 8 个输出点，I/O 分配如表 6－5 所示，其 I/O 接线如图 6－29 所示。

表 6－5　　注塑成型生产线的 PLC 控制 I/O 分配表

输　　入			输　　出		
功能	元件	PLC 地址	功能	元件	PLC 地址
启动按钮	SB0	X000	电磁阀 1	YV1	Y000
停止按钮	SB1	X001	电磁阀 2	YV2	Y001
原点行程开关	SQ1	X002	电磁阀 3	YV3	Y002
闭模终止限位开关	SQ2	X003	电磁阀 4	YV4	Y003
射台前进终止限位开关	SQ3	X004	电磁阀 5	YV5	Y004
加料限位开关	SQ4	X005	电磁阀 6	YV6	Y005
射台后退终止限位开关	SQ5	X006	电磁阀 7	YV7	Y006
开模终止限位开关	SQ6	X007	电磁阀 8	YV8	Y007
顶针前进终止限位开关	SQ7	X010			
顶针后退终止限位开关	SQ8	X011			

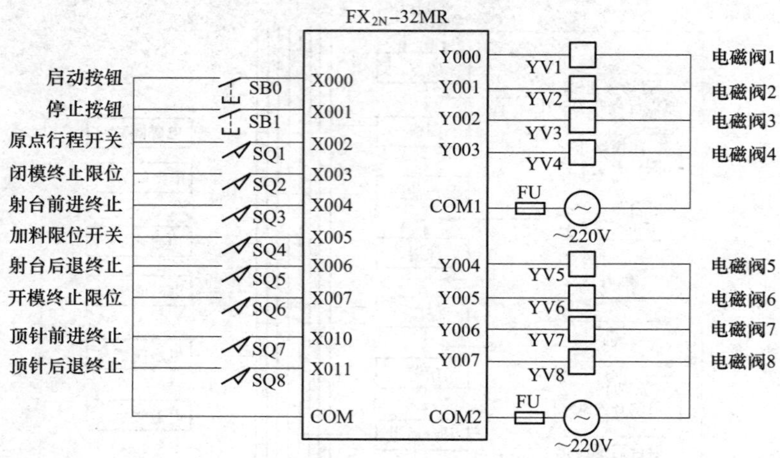

图 6-29　注塑成型生产线的 PLC 控制 I/O 接线图

4. 编写 PLC 控制程序

根据注塑成型生产线的生产工艺流程图和 PLC 资源配置，设计出注塑成型生产线的 PLC 控制状态流程图，如图 6-30 所示。注塑成型生产线的 PLC 控制程序如图 6-31 所示。

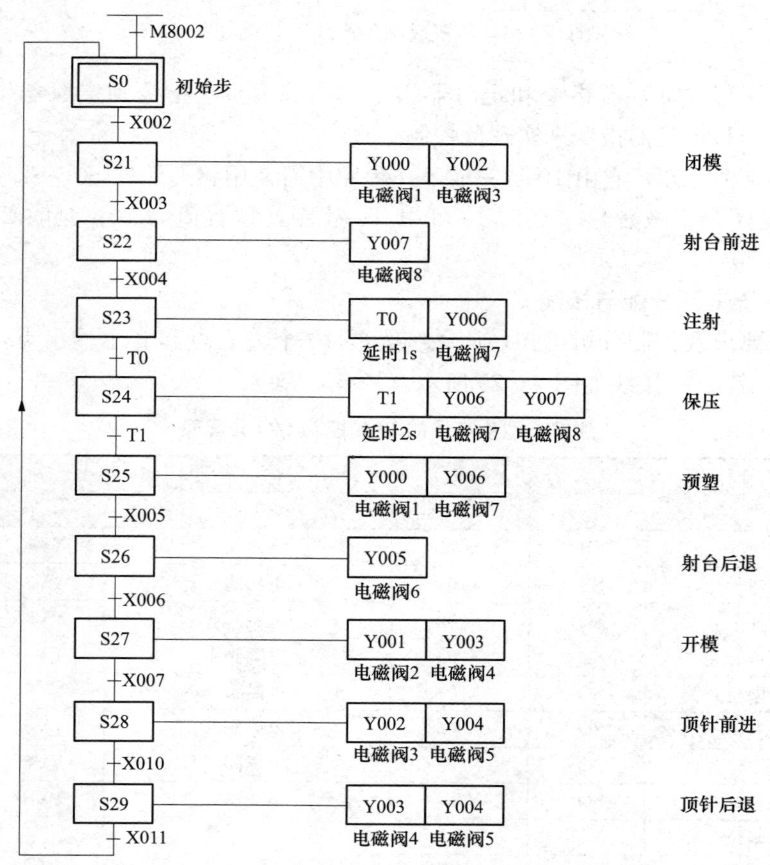

图 6-30　注塑成型生产线的 PLC 控制状态流程图

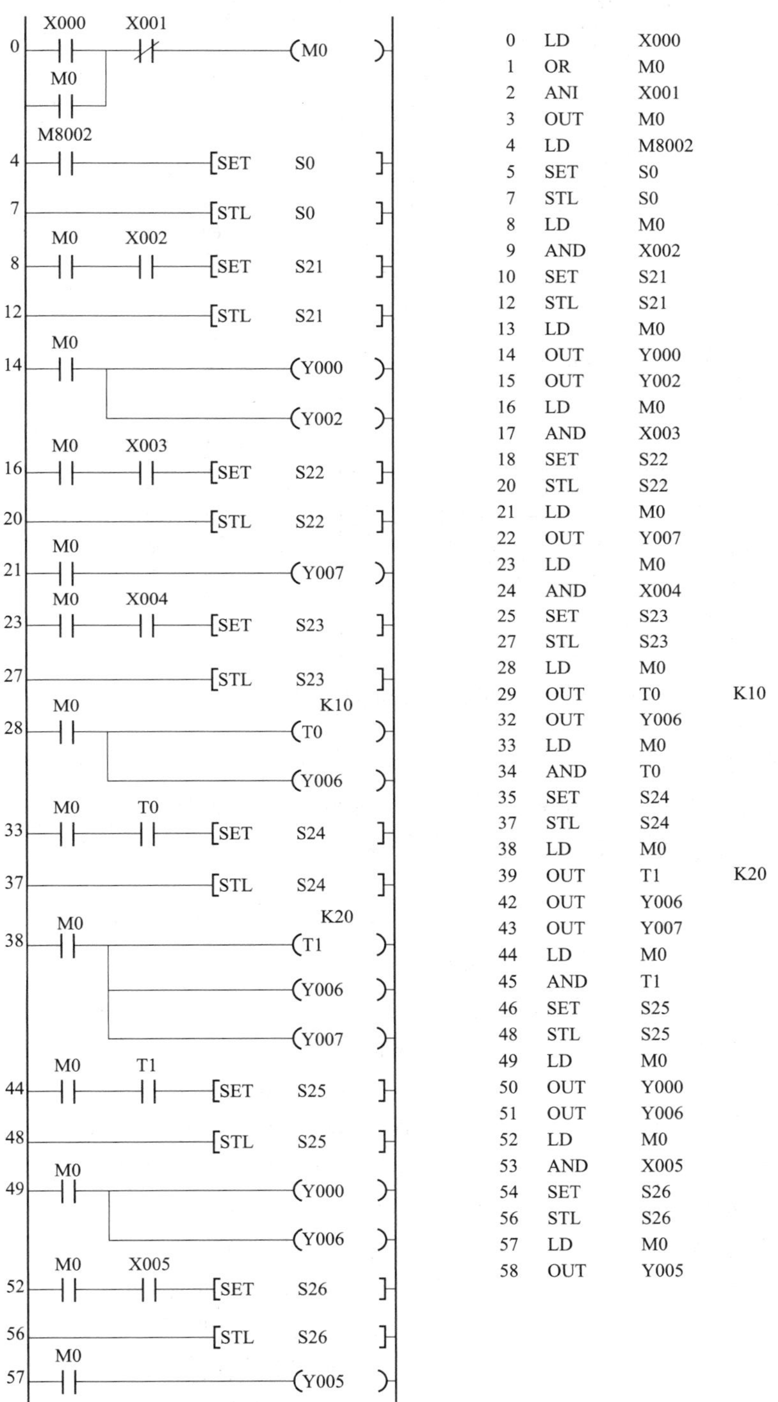

0 LD X000
1 OR M0
2 ANI X001
3 OUT M0
4 LD M8002
5 SET S0
7 STL S0
8 LD M0
9 AND X002
10 SET S21
12 STL S21
13 LD M0
14 OUT Y000
15 OUT Y002
16 LD M0
17 AND X003
18 SET S22
20 STL S22
21 LD M0
22 OUT Y007
23 LD M0
24 AND X004
25 SET S23
27 STL S23
28 LD M0
29 OUT T0 K10
32 OUT Y006
33 LD M0
34 AND T0
35 SET S24
37 STL S24
38 LD M0
39 OUT T1 K20
42 OUT Y006
43 OUT Y007
44 LD M0
45 AND T1
46 SET S25
48 STL S25
49 LD M0
50 OUT Y000
51 OUT Y006
52 LD M0
53 AND X005
54 SET S26
56 STL S26
57 LD M0
58 OUT Y005

图 6－31　注塑成型生产线的 PLC 控制程序（一）

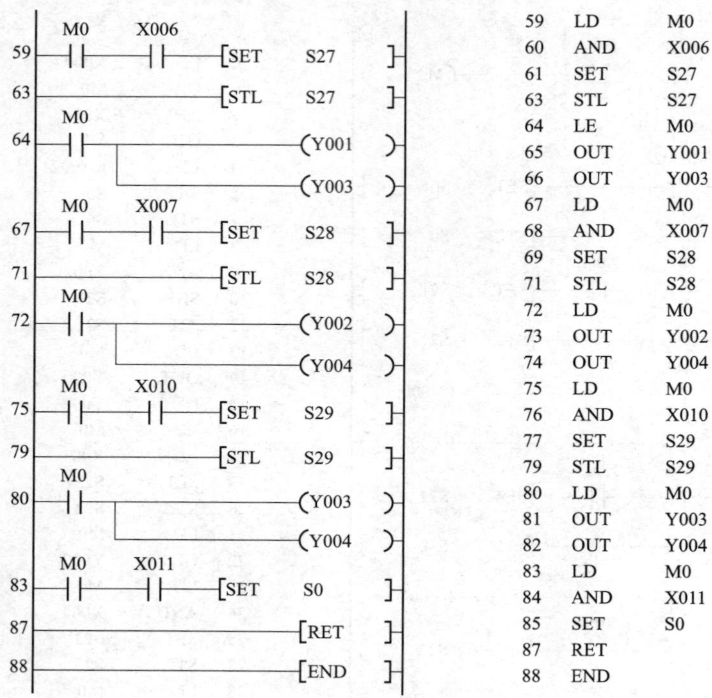

图 6－31　注塑成型生产线的 PLC 控制程序（二）

5. 程序仿真

(1) 用户启动 GX－Developer，创建一个新的工程，按照图 6－31 所示输入 LAD（梯形图）或 STL（指令表）中的程序。再执行菜单命令“变换”→“变换”对程序进行编译，然后将其保存。

(2) 在 GX－Developer 中，执行菜单命令“工具”→“梯形图逻辑测试启动”，进入 GX－Simulator 在线仿真（即在线模拟）状态。

(3) 刚进入在线仿真状态时，M8002 动合触点接通一次，S0 线圈输出为 1，表示进入了初始步 S0（即 S0 为活动步），而其他线圈均处于失电状态。将 X000 强制为 ON，使 M0 线圈输出为 1。将 X002 强制为 ON，S0 步变为非活动步，而 S21 变为活动步，此时 Y000 和 Y002 均输出为 1，表示注塑机正进行闭模的工序，其仿真效果如图 6－32 所示。当闭模完成后，将 X003 强制为 ON，S21 变为非活动步，S22 变为活动步，此时 Y007 线圈输出为 1，表示射台前进。当射台前进到达限定位置时，将 X004 强制为 ON，S22 变为非活动步，S23 变为活动步，此时 Y006 线圈输出为 1，T0 进行延时，表示正进行注射的工序。当 T0 延时 1s 时间到，S23 变为非活动步，S24 变为活动步，此时 Y006 和 Y007 线圈输出均为 1，T1 进行延时，表示正进行保压的工序。当 T1 延时 2s 时间到，S24 变为非活动步，S25 变为活动步，此时 Y000 和 Y006 线圈输出均为 1，表示正进行加料预塑的工序。加完料后，将 X005 强制为 ON，S25 变为非活动步，S26 变为活动步，此时 Y005 线圈输出为 1，表示射台后退。射台后退到限定位置时，X006 强制为 ON，S26 变为非活动步，S27 变为活动步，此时 Y001 和 Y003 线圈均输出为 1，表示进行开模工序。开模完成后，X007 强制为 ON，S27 变为非活动步，S28 变为活动步，此时 Y002 和 Y003

线圈均输出为 1，表示顶针前进。当顶针前进到限定位置时，X010 强制为 ON，S28 变为非活动步，S29 变为活动步，此时 Y003 和 Y004 线圈均输出为 1，表示顶针后退。当顶针后退到原位点时，将 X011 和 X002 均强制为 ON，系统开始重复下一轮的操作。注意，如果 M0 线圈输出为 0 时，各步动作均没有输出。

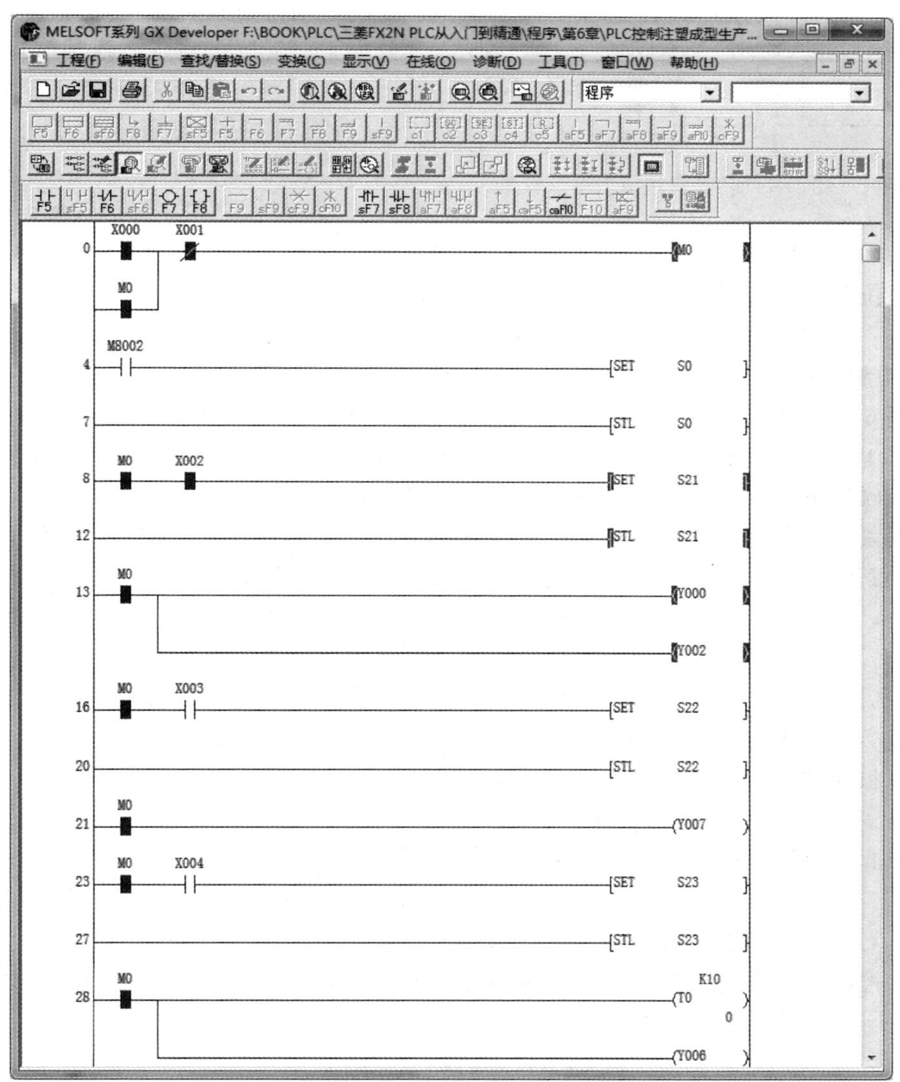

图 6－32　注塑成型生产线的 PLC 控制仿真效果图

6.5.3　PLC 在简易机械手中的应用

机械手是工业自动控制领域中经常遇到的一种控制对象。机械手可以完成许多工作，如搬物、装配、切割、喷染等，应用非常广泛。

1. 控制要求

图 6－33 所示为某气动传送机械手的工作示意图，其任务是将工件从 A 点向 B 点移

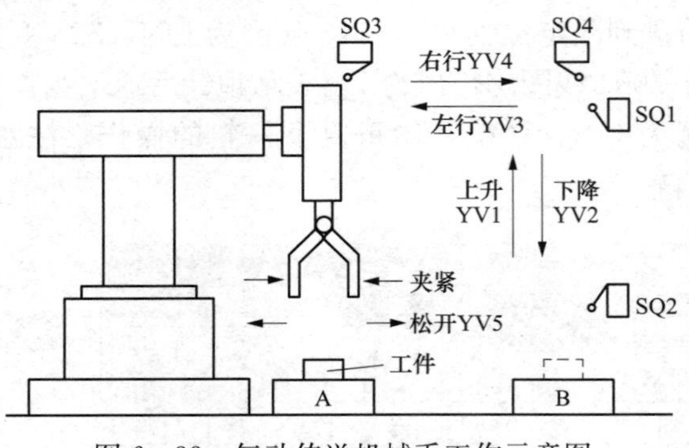

图 6-33　气动传送机械手工作示意图

送。气动传送机械手的上升/下降和左行/右行动作分别由两个具有双线圈的两位电磁阀驱动气缸来完成。其中上升与下降对应的电磁阀的线圈分别为 YV1 和 YV2；左行与右行对应的电磁阀的线圈分别为 YV3 和 YV4。若某个电磁阀线圈通电，就一直保持现有的机械动作，直到相对的另一线圈通电为止。另外，气动传送机械手的夹紧、松开的动作由只有另一个线圈的两位电磁阀驱动的气缸完成，线圈 YV5 通电夹住工件，线圈 YV5 断电时松开工件。机械手的工作臂都设有上、下限位和左、右限位的位置开关 SQ1、SQ2、SQ3、SQ4，夹紧装置不带限位开关，它是通过一定的延时来表示其夹紧动作的完成。

2. 控制分析

从图 6-33 中可知，机械手将工件从 A 点移到 B 点再回到原位的过程有 8 步动作，如图 6-34 所示。从原位开始按下启动按钮时，下降电磁阀通电，机械手开始下降。下降到底时，碰到下限位开关，下降电磁阀断电，下降停止；同时接通夹紧电磁阀，机械手夹紧，夹紧后，上升电磁阀开始通电，机械手上升；上升到顶时，碰到上限位开关，上升电磁阀断电，上升停止；同时接通右移电磁阀，机械手右移，右移到位时，碰到右移限位开关，右移电磁阀断电，右移停止。此时，右工作台无工作，下降电磁阀接通，机械手下降。下降到底时，碰到下限位开关，下降电磁阀断电，下降停止；同时夹紧电磁阀断电，机械手放松，放松后，上升电磁阀通电，机械手上升，碰到限位开关，上升电磁阀断电，上升停止；同时接通左移电磁阀，机械手左移；左移到原位时，碰到左限位开关，左移电磁阀断电，左移停止。至此，机械手经过 8 步动作完成一个循环。

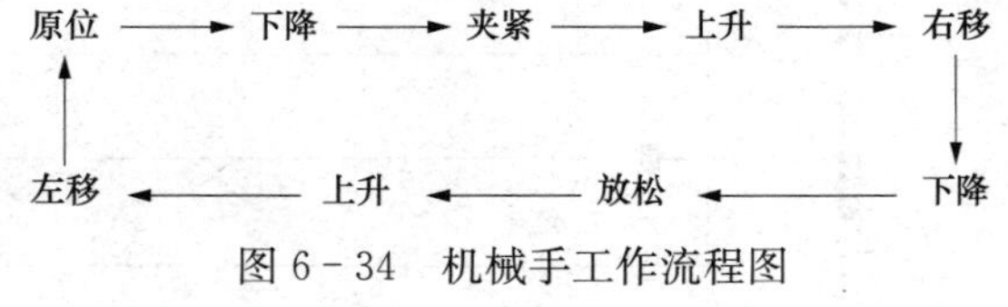

图 6-34　机械手工作流程图

3. I/O 端子资源分配与接线

根据控制要求及控制分析可知，该系统需要 6 个输入点和 5 个输出点，I/O 分配如表 6-6所示，其 I/O 接线如图 6-35 所示。

表 6-6　　简易机械手的 I/O 分配表

输入			输出		
功能	元件	PLC 地址	功能	元件	PLC 地址
启动/停止按钮	SB0	X000	上升对应的电磁阀控制线圈	YV1	Y000
上限位行程开关	SQ1	X001	下降对应的电磁阀控制线圈	YV2	Y001
下限位行程开关	SQ2	X002	左行对应的电磁阀控制线圈	YV3	Y002
左限位行程开关	SQ3	X003	右行对应的电磁阀控制线圈	YV4	Y003
右限位行程开关	SQ4	X004	夹紧放松电磁阀控制线圈	YV5	Y004
工件检测	SQ5	X005			

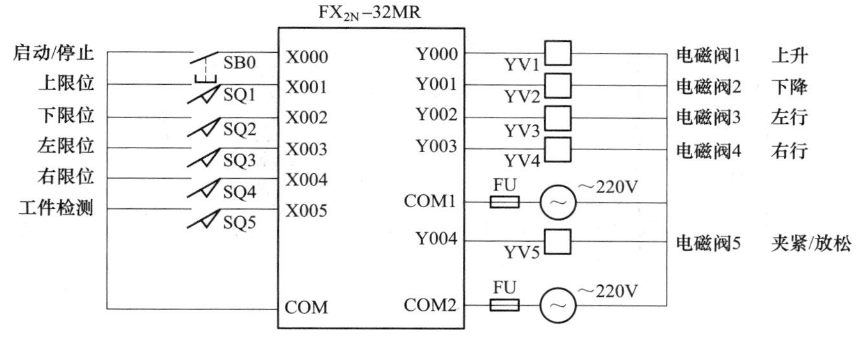

图 6-35　简易机械手的 PLC 控制 I/O 接线图

4. 编写 PLC 控制程序

根据简易机械手的工作流程图和 PLC 资源配置，设计出简易机械手的 PLC 控制状态流程图，如图 6-36 所示。简易机械手的 PLC 控制程序如图 6-37 所示。

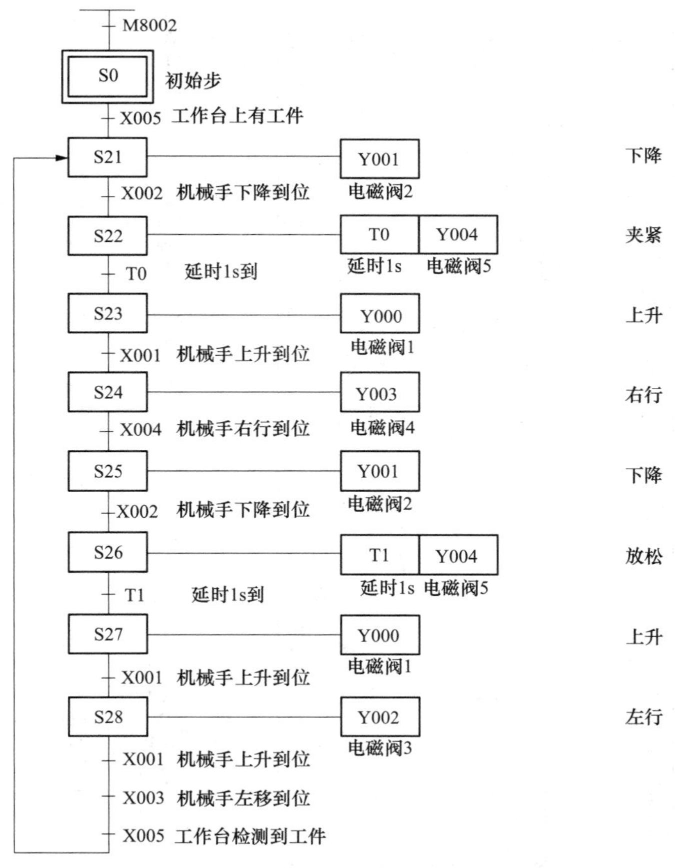

图 6-36　简易机械手的 PLC 控制状态流程图

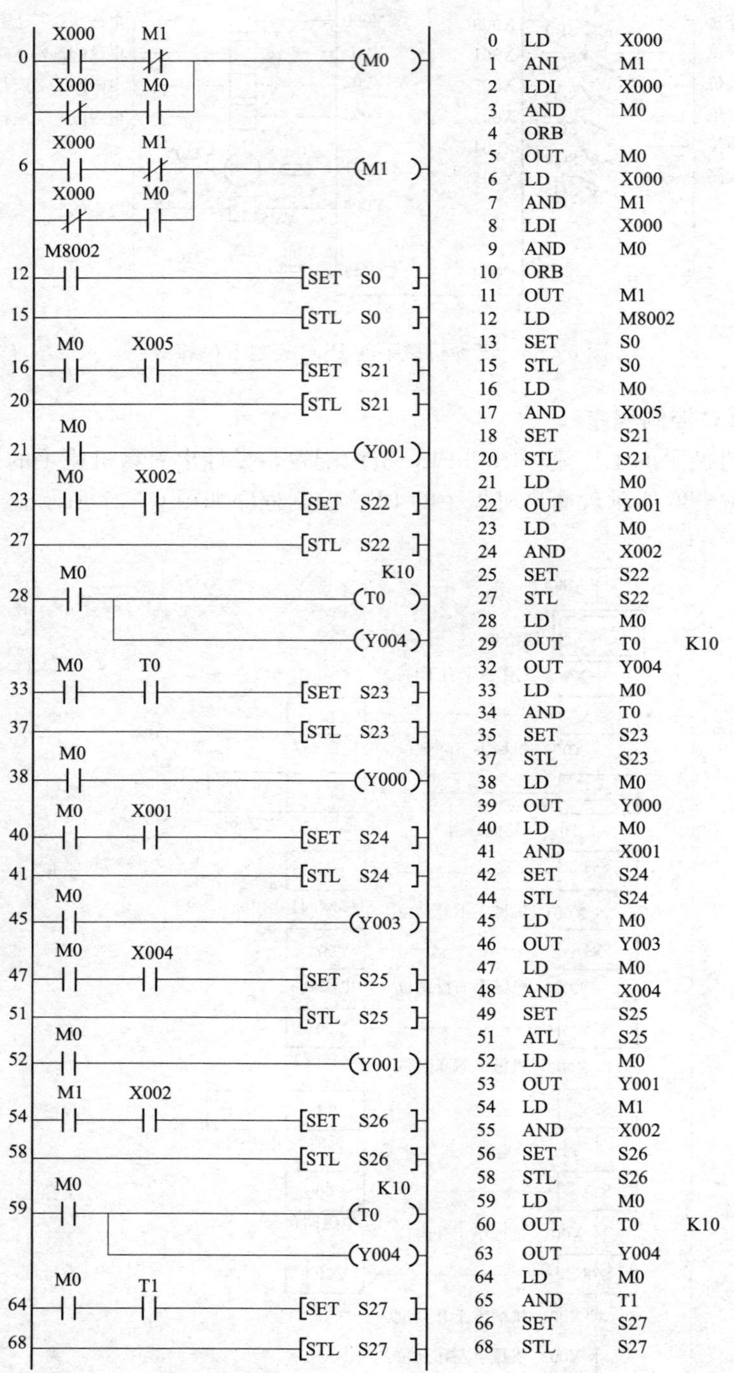

图 6-37　简易机械手的 PLC 控制程序（一）

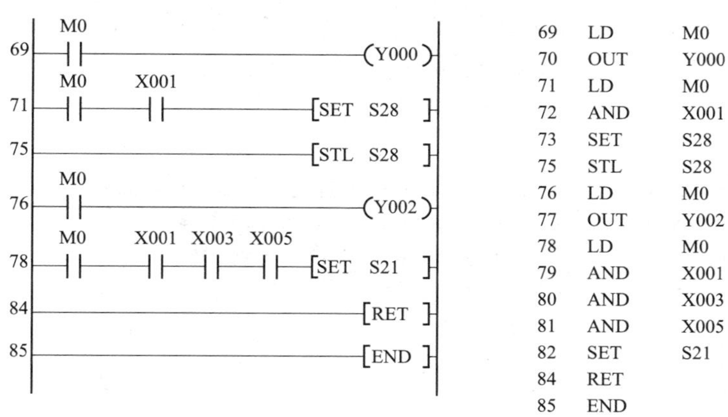

图 6－37　简易机械手的 PLC 控制程序（二）

5. 程序仿真

（1）用户启动 GX－Developer，创建一个新的工程，按照图 6－37 所示输入 LAD（梯形图）或 STL（指令表）中的程序。再执行菜单命令“变换”→“变换”对程序进行编译，然后将其保存。

（2）在 GX－Developer 中，执行菜单命令“工具”→“梯形图逻辑测试启动”，进入 GX－Simulator 在线仿真（即在线模拟）状态。

（3）刚进入在线仿真状态时，M8002 动合触点接通一次，S0 线圈输出为 1，表示进入了初始步 S0（即 S0 为活动步），而其他线圈均处于失电状态。奇数次强制 X000 为 ON 时，M0 线圈输出为 1；偶数次强制 X000 为 ON 时，M0 线圈输出为 0，这样使用 1 个输入端子即可实现电源的开启与关闭操作。只有当 M0 线圈输出为 1 时才能完成程序中所有步的操作，否则执行程序步没有任何意义。当 M0 线圈输出为 1，S0 为活动步时，首先进行原位的复位操作，将 Y004 线圈复位使机械手处于松开状态。若机械手没有处于上升限定位置及左行限定位置，Y000 和 Y002 线圈输出 1。当机械手处于上升限定位置及左行限定位置时，Y000 和 Y002 线圈输出 0，表示机械手已处于原位初始状态，可以执行机械手的其他操作。此时将 X001 和 X003 动合触点均强制为 ON，如果检测到工件，则将 X005 强制为 ON，S0 变为非活动步，S21 变为活动步，Y001 线圈输出为 1，使机械手执行下降操作，其仿真效果如图 6－38 所示。当机械手下降到限定位置时，将 X002 强制为 ON，S21 变为非活动步，S22 变为活动步，此时 Y004 线圈输出 1，执行夹紧操作，并启动 T0 延时。当 T0 延时达 1s 时，S22 变为非活动步，S23 变为活动步，Y000 线圈输出为 1，执行上升操作。当上升达到限定位置时，将 X001 强制为 ON，S23 变为非活动步，S24 变为活动步，Y003 线圈输出为 1，执行右移操作。当右移到限定位置时，将 X002 强制为 ON，S24 变为非活动步，S25 变为活动步，Y001 线圈输出为 1，执行下降操作。当下降达到限定位置时，将 X002 强制为 ON，S25 变为非活动步，S26 变为活动步，Y004 线圈输出为 1，执行放松操作，并启动 T1 延时。当 T1 延时达 1s 时，S26 变为非活动步，S27 变为活动步，Y000 线圈输出为 1，执行上升操作。当上升达到限定位置时，将 X001 强制为 ON，S27 变为非活动步，S28 变为活动步，Y002 线圈输出为 1，执行左移操作。当左移到限定位置时，将 X003 和 X005 这两个动合触点强制为 ON，S28 变为非活动步，S21 变为活动步，这样机械手可以重复下一轮的操作。

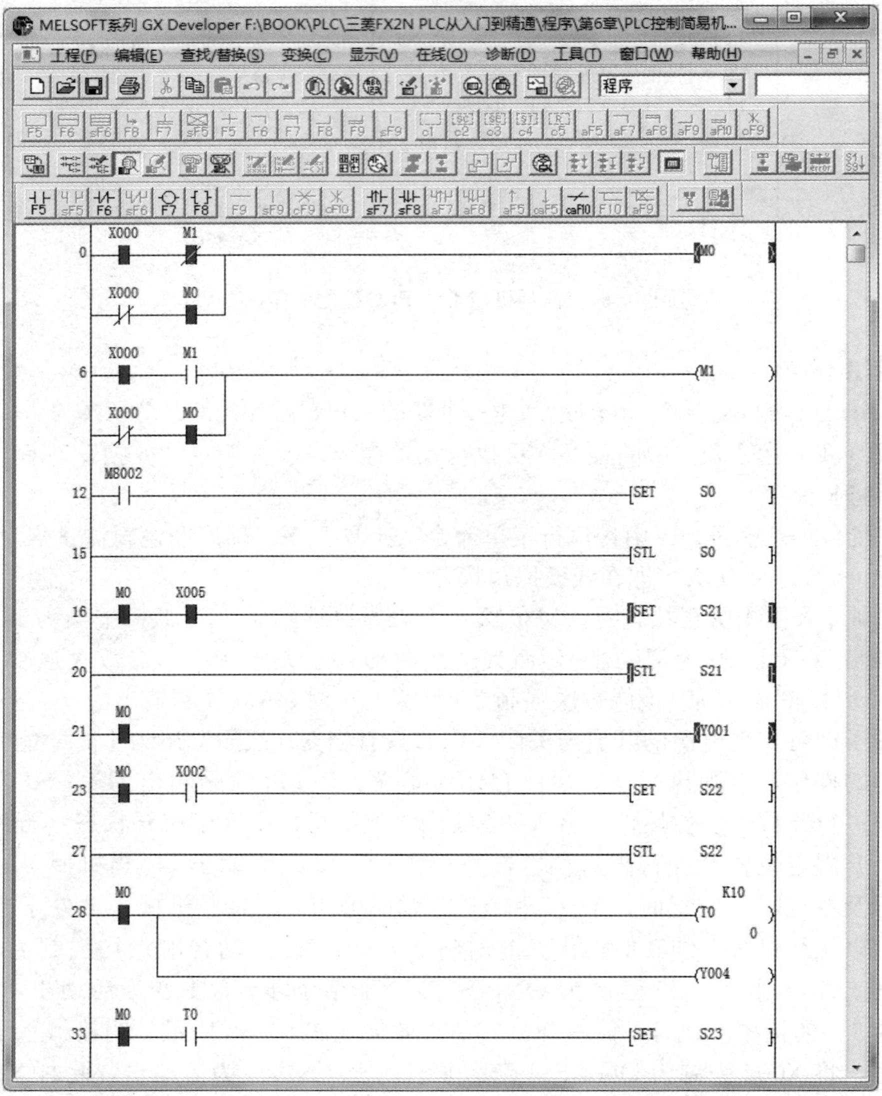

图 6－38　简易机械手的 PLC 控制仿真效果图

三菱FX_{2N} PLC从入门到精通

6.6 选择序列的FX_{2N}顺序控制应用实例

6.6.1 闪烁灯控制

1. 控制要求

某控制系统有 4 个发光二极管 LED1～LED5，要求进行闪烁控制。SB0 为电源开启/断开按钮，按下按钮 SB1 时，LED1 持续点亮 1s 后熄灭，然后 LED2 持续点亮 3s 后熄灭；按下 SB2 按钮时，LED3 持续点亮 2s 后熄灭，然后 LED4 持续点亮 2s 后熄灭。如果按下按钮 SB3，将重复操作，以实现闪烁灯控制，否则 LED5 点亮。

2. 控制分析

此系统是一个 SFC 条件分支选择顺序控制系统。假设 4 个发光二极管 LED1～LED4 分别与 Y000～Y003 连接，按钮 SB0～SB3 分别与 X000～ X003 连接。在 SB0 开启电源的情况下，如果 X001 有效时选择方式 1，Y000 输出为 1，同时启动 T0 定时。当 T0 延时达到设定值时，Y001 输出 1，并启动 T1 定时。当 T1 延时达到设定值时，如果 X003 有效，进入循环操作，否则 Y004 输出 1。如果 X002 有效时选择方式 2，X003 输出为 1，同时启动 T2 定时。当 T2 延时达到设定值时，Y004 输出，并启动 T3 定时。当 T3 延时达到设定值时，如果 X003 有效，进入循环操作，否则 Y004 输出 1。

3. I/O 端子资源分配与接线

根据控制要求及控制分析可知，该系统需要 4 个输入点和 5 个输出点，I/O 分配如表 6－7 所示，其 I/O 接线如图 6－39 所示。

表 6－7　闪烁灯的 PLC 控制 I/O 分配表

输　入			输　出		
功能	元件	PLC 地址	功能	元件	PLC 地址
开启/断开按钮	SB0	X000	驱动 LED1	LED1	Y000
选择 1	SB1	X001	驱动 LED2	LED2	Y001
选择 2	SB2	X002	驱动 LED3	LED3	Y002
循环	SB3	X003	驱动 LED4	LED4	Y003
			驱动 LED5	LED5	Y004

4. 编写 PLC 控制程序

根据闪烁灯的控制分析和 PLC 资源配置，设计出闪烁灯的 PLC 控制状态流程图，如图 6－40 所示。闪烁灯的 PLC 控制程序如图 6－41 所示。

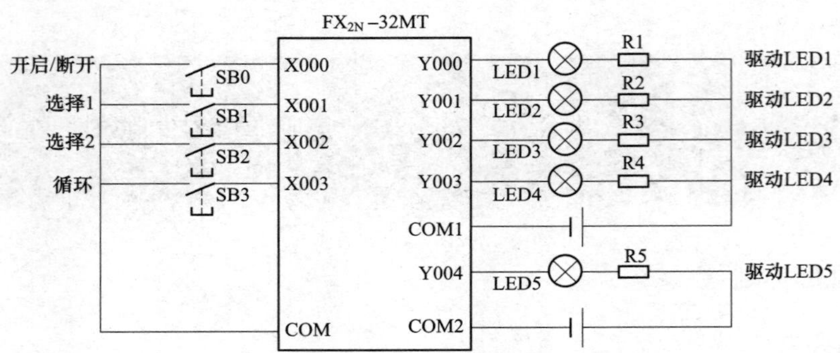

图 6－39　闪烁灯的 PLC 控制 I/O 接线图

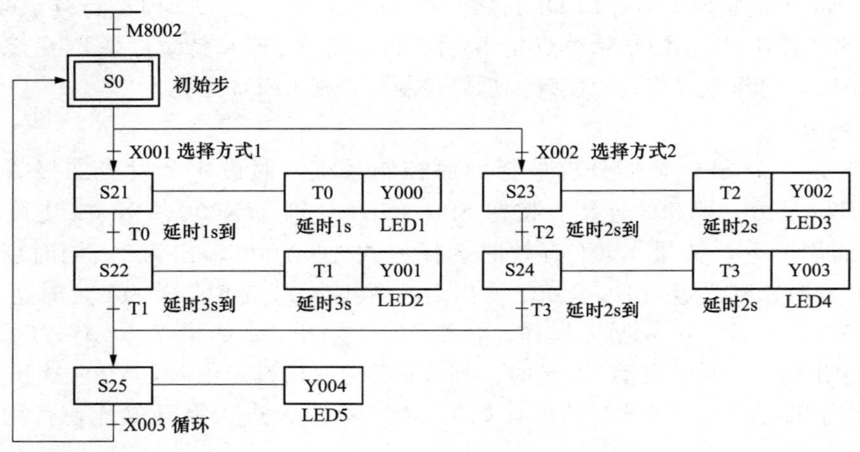

图 6－40　闪烁灯的 PLC 控制状态流程图

5. 程序仿真

(1) 用户启动 GX－Developer，创建一个新的工程，按照图 6－41 所示输入 LAD（梯形图）或 STL（指令表）中的程序。再执行菜单命令“变换”→“变换”对程序进行编译，然后将其保存。

(2) 在 GX－Developer 中，执行菜单命令“工具”→“梯形图逻辑测试启动”，进入 GX－Simulator 在线仿真（即在线模拟）状态。

(3) 刚进入在线仿真状态时，M8002 动合触点接通一次，S0 线圈输出为 1，表示进入了初始步 S0（即 S0 为活动步），而其他线圈均处于失电状态。奇数次强制 X000 为 ON 时，M0 线圈输出为 1；偶数次强制 X000 为 ON 时，M0 线圈输出为 0，这样使用 1 个输入端子即可实现电源的开启与关闭操作。只有当 M0 线圈输出为 1 时才能完成程序中所有步的操作，否则所有 LED1～LED5 都处于熄灭状态。当 M0 线圈输出为 1，S0 为活动步时，可进行 LED 的选择操作。若设置 X001 为 ON 时，选择方式 1，S0 变为非活动步，S21 变为活动步，Y000 线圈输出为 1，使 LED1 点亮，并启动 T0 延时。当 T0 延时 1s，S21 变为非活动步，S22 变为活动步，Y000 线圈输出为 0，Y001 线圈输出为 1，使 LED2 点亮，并启动 T1 延时。当 T1 延时 1s 时，S22 变为非活动步，S25 变为活动步，Y001 线圈输出为 0，Y004 线圈输出为 1，使 LED5 点亮。若设置 X003 为 1，S25 变为非活动步，

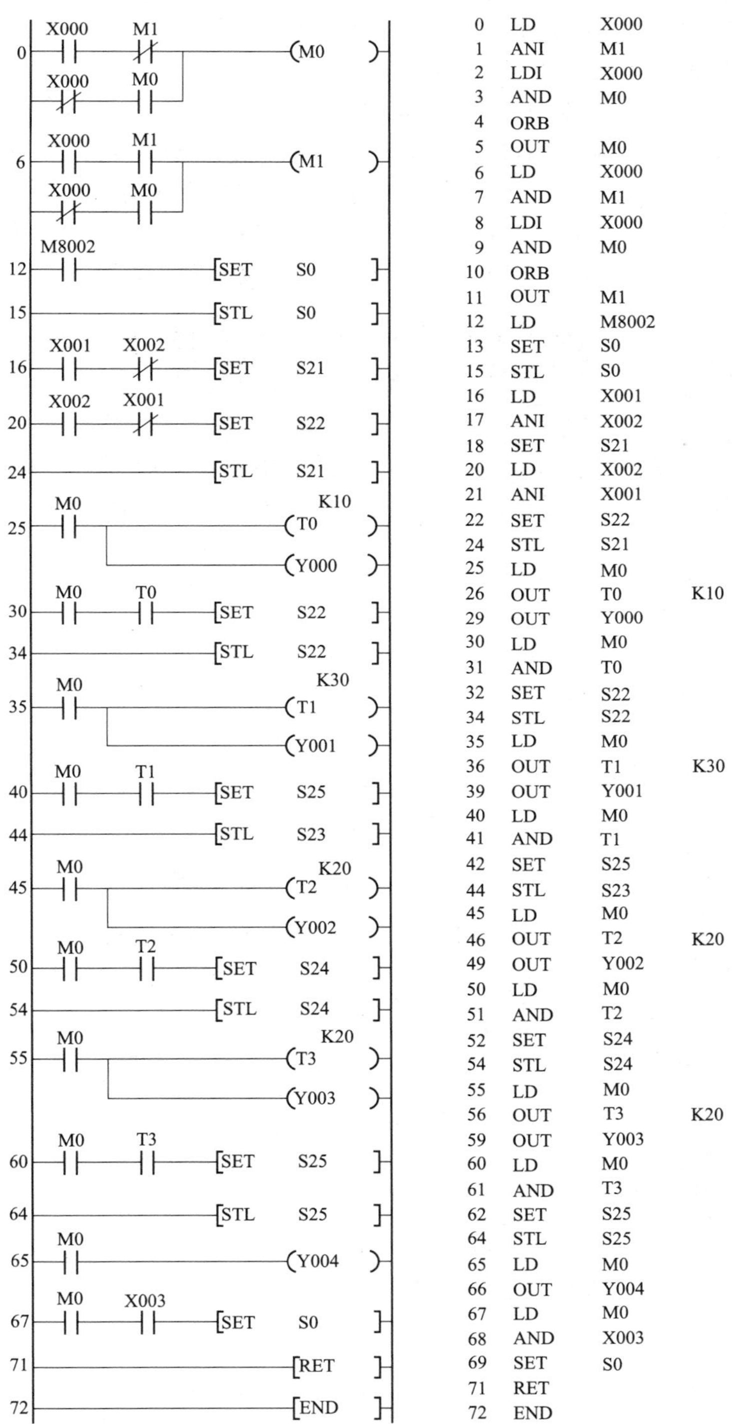

```
0   LD    X000
1   ANI   M1
2   LDI   X000
3   AND   M0
4   ORB
5   OUT   M0
6   LD    X000
7   AND   M1
8   LDI   X000
9   AND   M0
10  ORB
11  OUT   M1
12  LD    M8002
13  SET   S0
15  STL   S0
16  LD    X001
17  ANI   X002
18  SET   S21
20  LD    X002
21  ANI   X001
22  SET   S22
24  STL   S21
25  LD    M0
26  OUT   T0     K10
29  OUT   Y000
30  LD    M0
31  AND   T0
32  SET   S22
34  STL   S22
35  LD    M0
36  OUT   T1     K30
39  OUT   Y001
40  LD    M0
41  AND   T1
42  SET   S25
44  STL   S23
45  LD    M0
46  OUT   T2     K20
49  OUT   Y002
50  LD    M0
51  AND   T2
52  SET   S24
54  STL   S24
55  LD    M0
56  OUT   T3     K20
59  OUT   Y003
60  LD    M0
61  AND   T3
62  SET   S25
64  STL   S25
65  LD    M0
66  OUT   Y004
67  LD    M0
68  AND   X003
69  SET   S0
71  RET
72  END
```

图 6－41　闪烁灯的 PLC 控制程序

S0 变为活动步，重复下一轮循环操作。若设置 X002 为 1 时选择方式 1，S0 变为非活动步，S23 变为活动步，Y002 线圈输出为 1，使 LED3 点亮，并启动 T2 延时。当 T2 延时 2s 时，S23 变为非活动步，S24 变为活动步，Y002 线圈输出为 0，Y003 线圈输出为 1，使 LED4 点亮，并启动 T3 延时。当 T3 延时 2s 时，S24 为非活动步，S25 变为活动步，Y001 线圈输出为 0，Y004 线圈输出为 1，使 LED5 点亮。若设置 X003 为 1，S25 变为非活动步，S0 变为活动步，重复下一轮循环操作。在选择方式 1 时，如果 X001 和 X003 均强制为 ON，则可实现 LED1、LED 的闪烁显示；在选择方式 2 时，如果 X002 和 X003 均强制为 ON，也可实现 LED3、LED4 的闪烁显示。其仿真效果如图 6－42 所示。

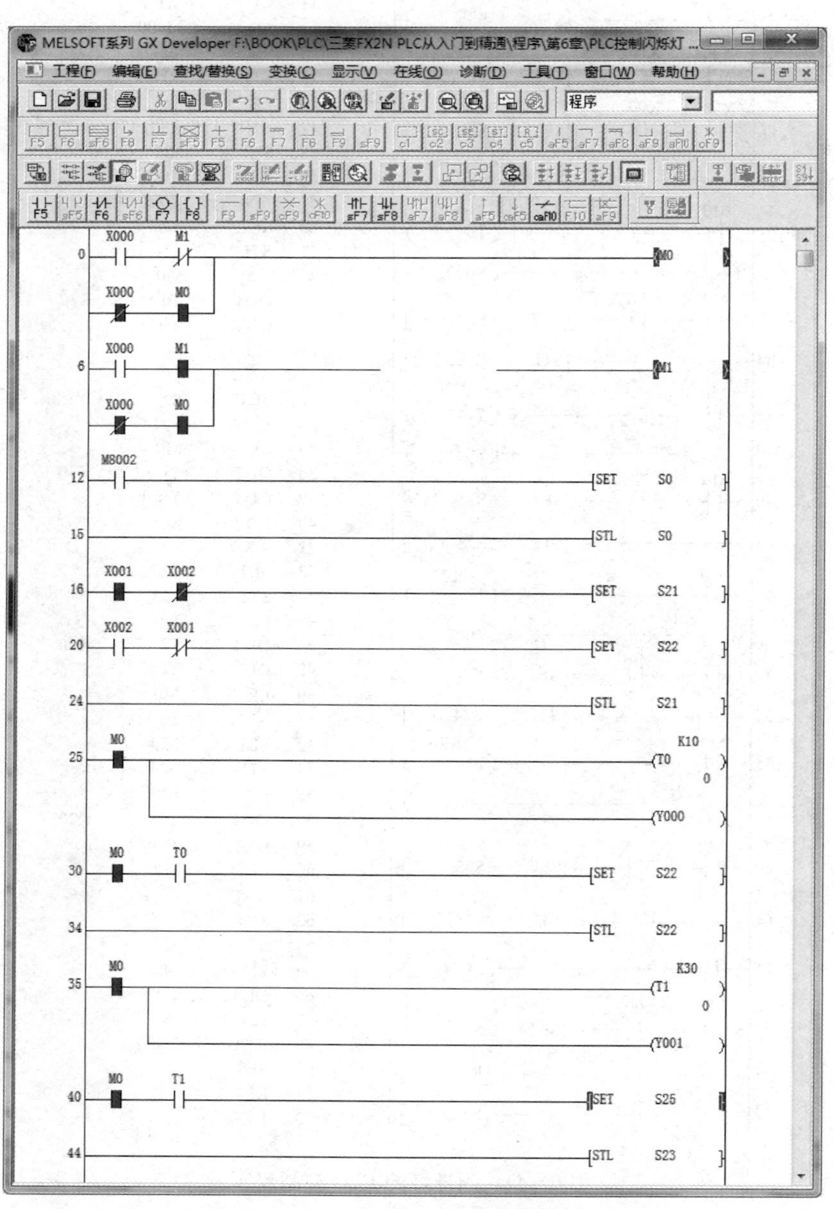

图 6－42　闪烁灯的 PLC 控制仿真效果图

6.6.2 多台电动机的 PLC 启停控制

1. 控制要求

某控制系统中有 4 台电动机 M1～M4，3 个控制按钮 SB0～SB2，其中 SB0 为电源控制按钮。当按下启动按钮 SB1 时，M1～M4 电动机按顺序逐一启动运行，即 M1 电动机运行 2s 后启动 M2 电动机；M2 电动机运行 3s 后启动 M3 电动机；M3 电动机运行 4s 后启动 M4 电动机。当按下停止按钮 SB2 时，M1～M4 电动机按相反顺序逐一停止运行，即 M4 电动机停止 2s 后使 M3 电动机停止；M3 电动机停止 3s 后使 M2 电动机停止；M2 电动机停止 4s 后使 M1 电动机停止。

2. 控制分析

此任务可以使用 SFC 的单序列控制完成，也可使用选择序列控制完成，在此使用选择序列来完成操作。假设 4 个电动机 M1～M4 分别由 Y000～Y003 控制；按钮 SB0～SB2 分别与 X000～X002 连接。系统中使用 S0、S21～S31 这 12 个步，其中步 S29～S31 中没有任务动作。在 SB0 开启电源的情况下，如果按下 SB1 时，启动 M1 电动机运行，此时如果按下了停止按钮 SB2，则进入步 S31，然后由 S31 直接跳转到步 S28。如果 M1 电动机启动后，没有按下按钮 SB2，则进入到步 S22，启动 M2 电动机运行。如果按下了停止按钮 SB2，则进入步 S30，然后由 S30 直接跳转到步 S27。如果 M2 电动机启动后，没有按下按钮 SB2，则进入到步 S23，启动 M3 电动机运行。如果按下了停止按钮 SB2，则进入步 S29，然后由 S29 直接跳转到步 S26。如果 M3 电动机启动后，没有按下按钮 SB2，则进入到步 S24，启动 M4 电动机运行。M4 电动机运行后，如果按下了停止按钮 SB2，则按步 S25～步 S28 的顺序逐一使 M4～M1 电动机停止运行。

3. I/O 端子资源分配与接线

根据控制要求及控制分析可知，该系统需要 3 个输入点和 4 个输出点，I/O 分配如表 6-8 所示，其 I/O 接线如图 6-43 所示。

表 6-8　　多台电动机的 PLC 启停控制 I/O 分配表

输入			输出		
功能	元件	PLC 地址	功能	元件	PLC 地址
开启/断开按钮	SB0	X000	控制电动机 M1	KM1	Y000
启动电动机	SB1	X001	控制电动机 M2	KM2	Y001
停止电动机	SB2	X002	控制电动机 M3	KM3	Y002
			控制电动机 M4	KM4	Y003

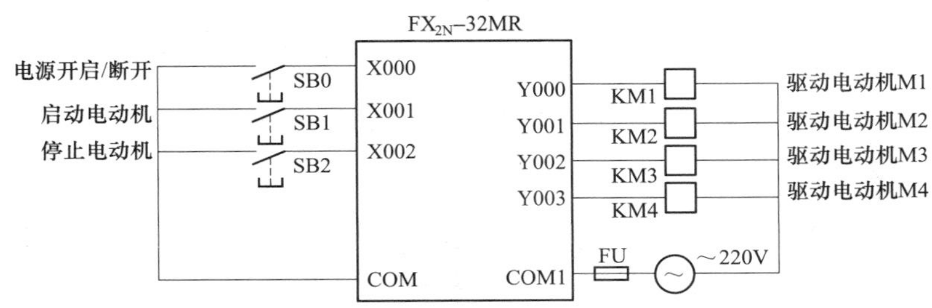

图 6-43　多台电动机的 PLC 启停控制 I/O 接线图

4. 编写 PLC 控制程序

根据多台电动机的 PLC 启停控制分析和 PLC 资源配置，设计出多台电动机的 PLC 启停控制状态流程图，如图 6－44 所示。在图 6－44（b）中需要注意，步 S29、S30 和 S31 这三个步没有相应的动作，处于空状态，这是因为选择序列中，在分支线上一定要有一个以上的步，所以需设置空状态的步。例如，步 S21 动作时，若 X002 接通，则 S31 为活动步，然后直接跳转到 S28。读者可以根据图 6－44（a）自行写出使用顺控指令的 LAD 或 STL 程序，在此写出图 6－44（b）所示的多台电动机的 PLC 启停控制程序，如图 6－45 所示。

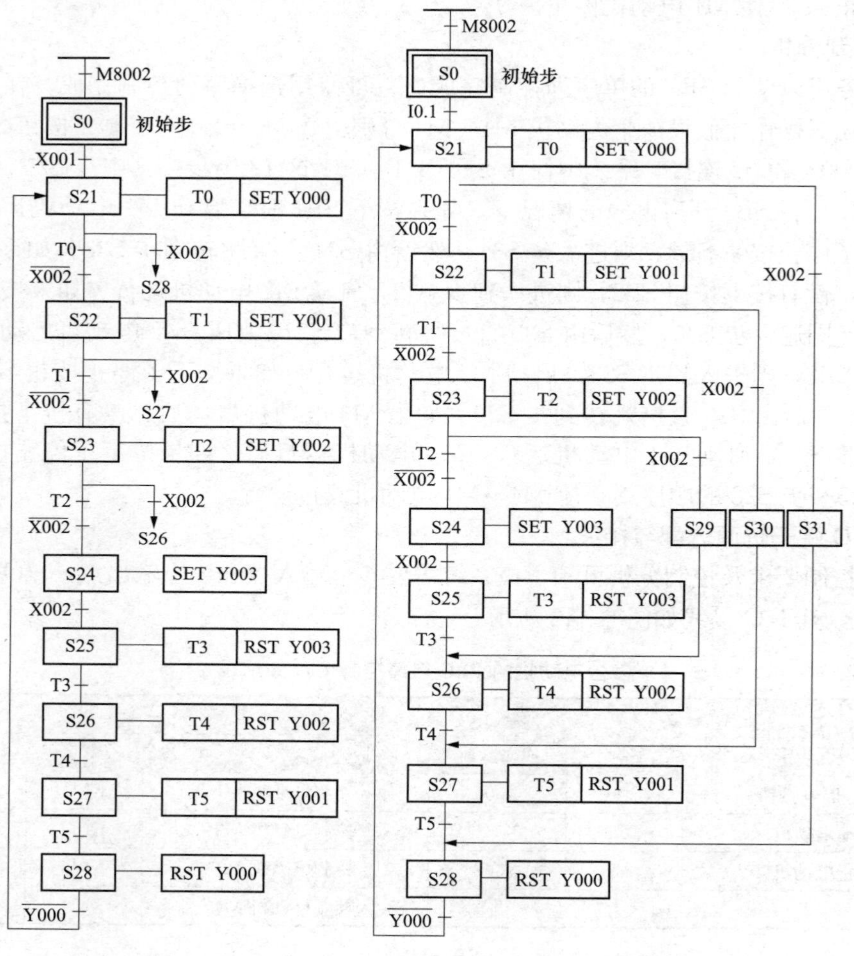

图 6－44 多台电动机的 PLC 启停控制状态流程图

5. 程序仿真

（1）用户启动 GX－Developer，创建一个新的工程，按照图 6－45 所示输入 LAD（梯形图）或 STL（指令表）中的程序。再执行菜单命令“变换”→“变换”对程序进行编译，然后将其保存。

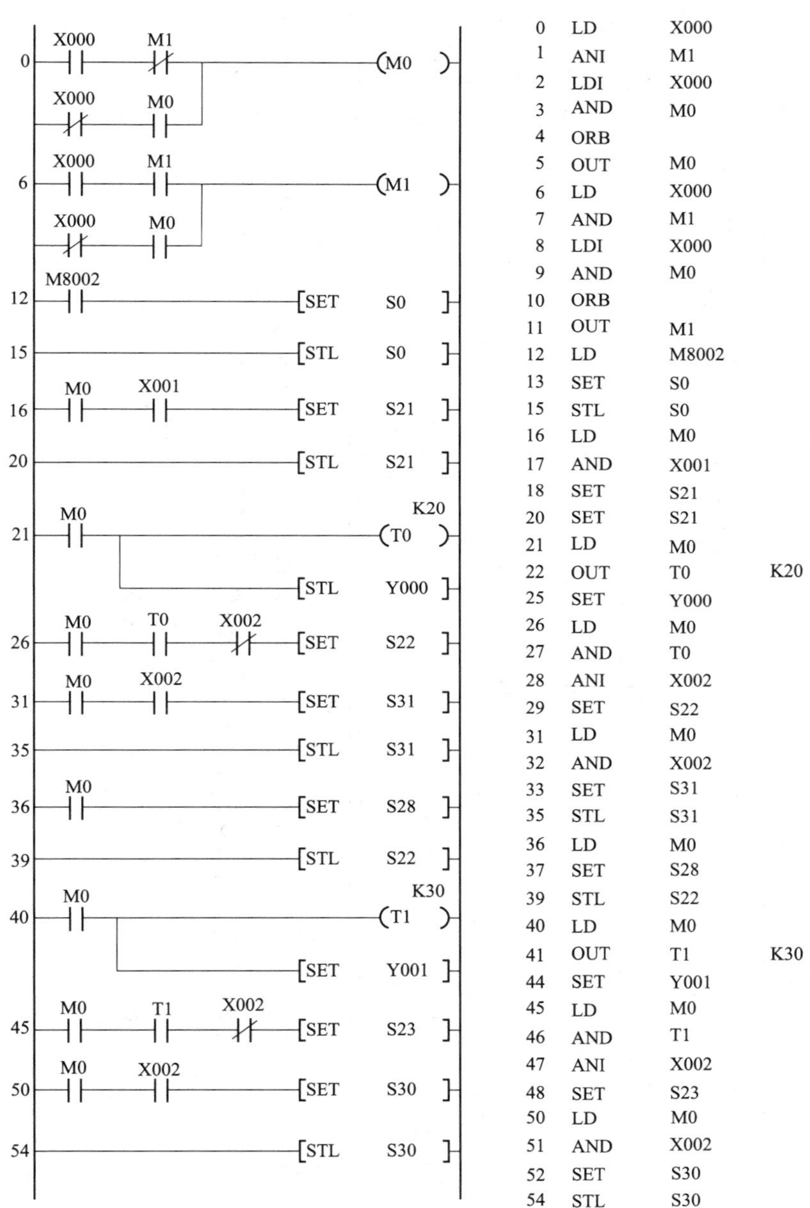

0 LD X000
1 ANI M1
2 LDI X000
3 AND M0
4 ORB
5 OUT M0
6 LD X000
7 AND M1
8 LDI X000
9 AND M0
10 ORB
11 OUT M1
12 LD M8002
13 SET S0
15 STL S0
16 LD M0
17 AND X001
18 SET S21
20 SET S21
21 LD M0
22 OUT T0 K20
25 SET Y000
26 LD M0
27 AND T0
28 ANI X002
29 SET S22
31 LD M0
32 AND X002
33 SET S31
35 STL S31
36 LD M0
37 SET S28
39 STL S22
40 LD M0
41 OUT T1 K30
44 SET Y001
45 LD M0
46 AND T1
47 ANI X002
48 SET S23
50 LD M0
51 AND X002
52 SET S30
54 STL S30

图 6-45　多台电动机的 PLC 启停控制程序（一）

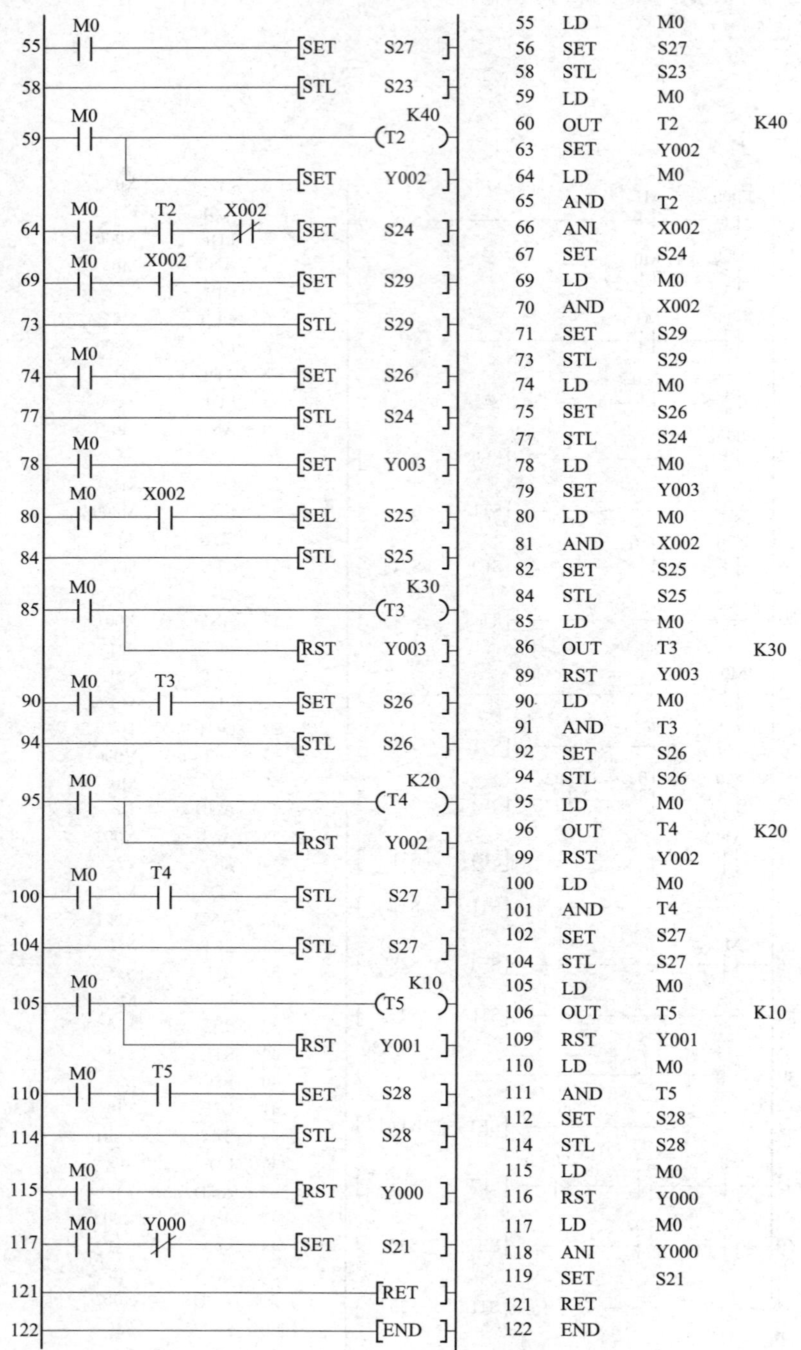

55 LD M0
56 SET S27
58 STL S23
59 LD M0
60 OUT T2 K40
63 SET Y002
64 LD M0
65 AND T2
66 ANI X002
67 SET S24
69 LD M0
70 AND X002
71 SET S29
73 STL S29
74 LD M0
75 SET S26
77 STL S24
78 LD M0
79 SET Y003
80 LD M0
81 AND X002
82 SET S25
84 STL S25
85 LD M0
86 OUT T3 K30
89 RST Y003
90 LD M0
91 AND T3
92 SET S26
94 STL S26
95 LD M0
96 OUT T4 K20
99 RST Y002
100 LD M0
101 AND T4
102 SET S27
104 STL S27
105 LD M0
106 OUT T5 K10
109 RST Y001
110 LD M0
111 AND T5
112 SET S28
114 STL S28
115 LD M0
116 RST Y000
117 LD M0
118 ANI Y000
119 SET S21
121 RET
122 END

图 6－45　多台电动机的 PLC 启停控制程序（二）

（2）在 GX－Developer 中，执行菜单命令“工具”→“梯形图逻辑测试启动”，进入 GX－Simulator 在线仿真（即在线模拟）状态。

（3）刚进入在线仿真状态时，M8002 动合触点接通一次，S0 线圈输出为 1，表示进入了初始步 S0（即 S0 为活动步），而其他线圈均处于失电状态。奇数次强制 X000 为 ON

三菱FX_{2N} PLC从入门到精通

时，M0 线圈输出为 1；偶数次强制 X000 为 ON 时，M0 线圈输出为 0，这样使用 1 个输入端子即可实现电源的开启与关闭操作。只有当 M0 线圈输出为 1 时才能完成程序中所有步的操作，否则 M1～M4 电动机都处于停止状态。当 M0 线圈输出为 1，S0 为活动步时，将 X001 强制为 ON，S0 变为非活动步，S21 变为活动步，Y000 线圈输出 1，使电动机 M1 启动，并且 T0 定时器延时。T0 延时到达 1s，T0 动合触点闭合，S21 变为非活动步，S22 变为活动步，Y000 保持为 1，Y001 线圈输出 1，使电动机 M2 启动，并且 T1 定时器延时。若没有按下停止按钮（即 X002 没有强制为 ON），依此顺序使 M2、M3 启动运行，其仿真效果如图 6-46 所示。如果按下停止按钮，则直接跳转到相应位置，使电动机按启动的反顺序延时停止运行。例如 M2 电动机在运行且 M3 电动机未启动，按下停止按钮（X002 强制为 ON），则直接跳转到步 S31，使 M2、M1 电动机按顺序停止运行。

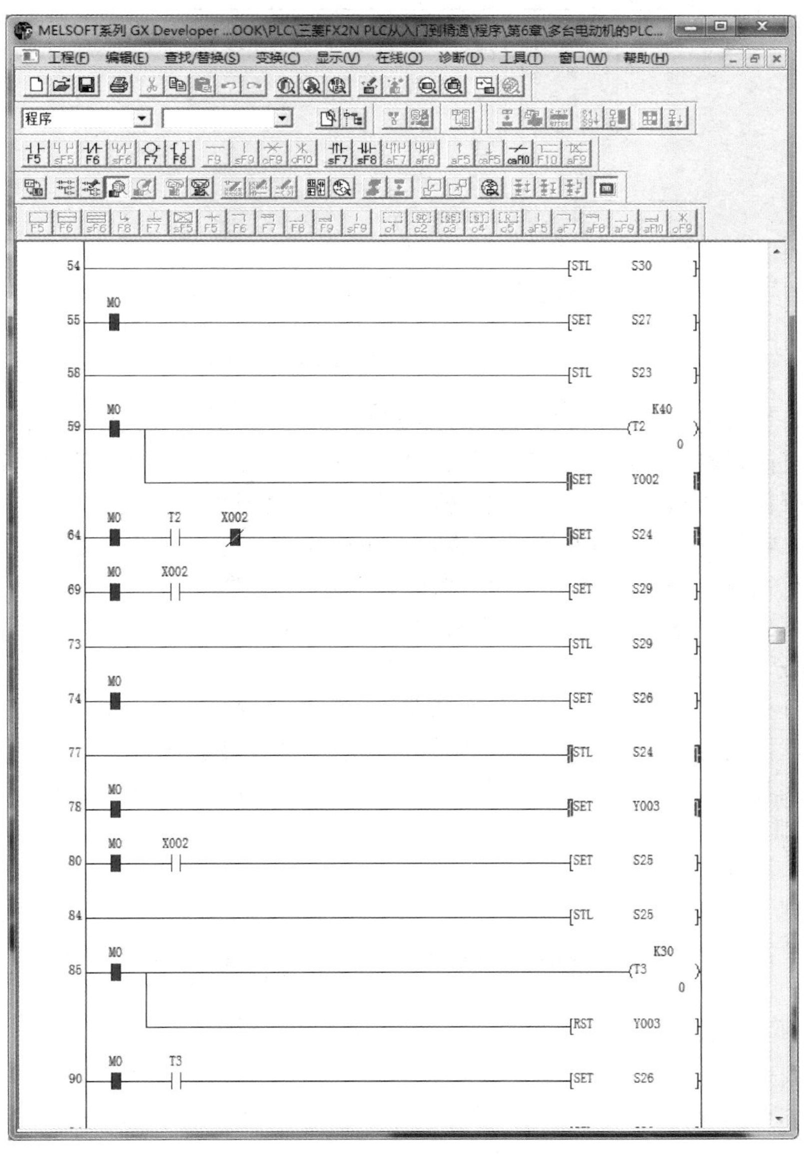

图 6-46　多台电动机的 PLC 启停控制仿真效果图

6.6.3 大小球分捡机的PLC控制

1. 控制要求

大小球分捡机的结构示意图如图6-47所示，其中M为传送带电动机。机械手臂原始位置在左限位，电磁铁在上限位。接近开关SQ0用于检测是否有球，SQ1～SQ5分别用于传送机械手臂上下左右运行的定位。

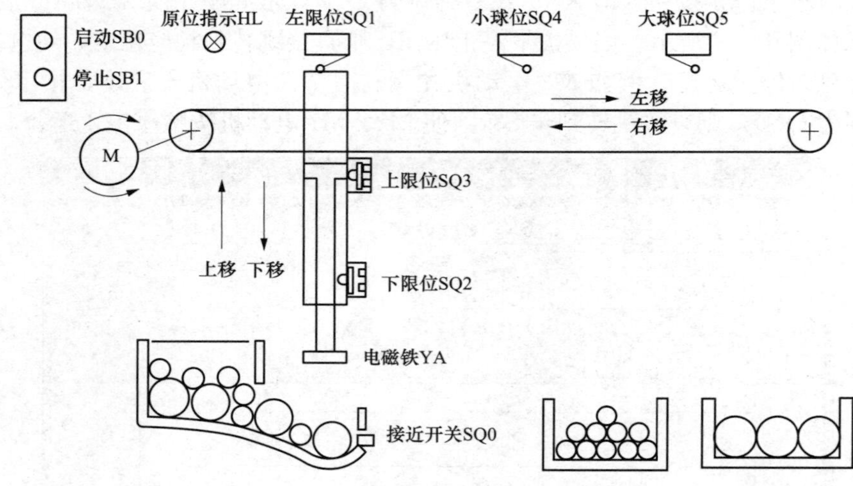

图6-47 大小球分捡机的结构示意图

启动后，当接近开关检测到有球时电磁杆就下降，如果电磁铁碰到大球时下限位开关不动作，电磁铁碰到小球时下限位开关动作。电磁杆下降2s后电磁铁吸球，吸球1s后上升，到上限位后机械手臂右移。如果吸的是小球，机械手臂就到小球位，电磁杆下降2s，电磁铁失电释放小球；如果吸的是大球，机械手臂就到大球位，电磁杆下降2s，电磁铁失电释放大球，停留1s上升，到上限位后机械手臂左移到左限位，并重复上述动作。如果要停止，必须在完成一次上述动作后到左限位停止。

2. 控制分析

大小球分捡机捡球时，可能抓的是大球，也可能抓的是小球。如果抓的是大球，则执行抓取大球控制；如果抓的是小球，则执行抓取小球控制。因此，这是一种选择性控制，本系统可以使用SFC条件分支选择顺序控制来实现任务操作。在执行抓球时，可以进行自动抓球，也可以进行手动抓球，因此在进行系统设计时，需考虑手动操作控制。

手动控制一般可以采用按钮点动控制，手动控制时应考虑控制条件，如右移控制时，应保证电磁铁在上限位，当移到最右端时碰到限位开关SQ5应停止右移，右移和左移应互锁。

3. I/O端子资源分配与接线

根据控制要求及控制分析可知，该系统需要13个输入点和6个输出点，其中X001～X007作为自动捡球控制，X010～X014作为手动捡球控制。大小球分捡机的I/O分配如表6-9所示，其I/O接线如图6-48所示。

表 6-9　　大小球分捡机的 PLC 控制 I/O 分配表

输　入			输　出		
功能	元件	PLC 地址	功能	元件	PLC 地址
电源启动/断开	SB0	X000	下移	YV1	Y000
自动捡球	SB1	X001	电磁铁	YA	Y001
接近开关	SQ0	X002	上移	YV2	Y002
左限位开关	SQ1	X003	右移	KM1	Y003
下限位开关	SQ2	X004	左移	KM2	Y004
上限位开关	SQ3	X005	原位指示	HL	Y005
小球位开关	SQ4	X006			
大球位开关	SQ5	X007			
手动左移按钮	SB2	X010			
手动右移按钮	SB3	X011			
手动上移按钮	SB4	X012			
手动下移按钮	SB5	X013			
手动电磁铁按钮	SB6	X014			

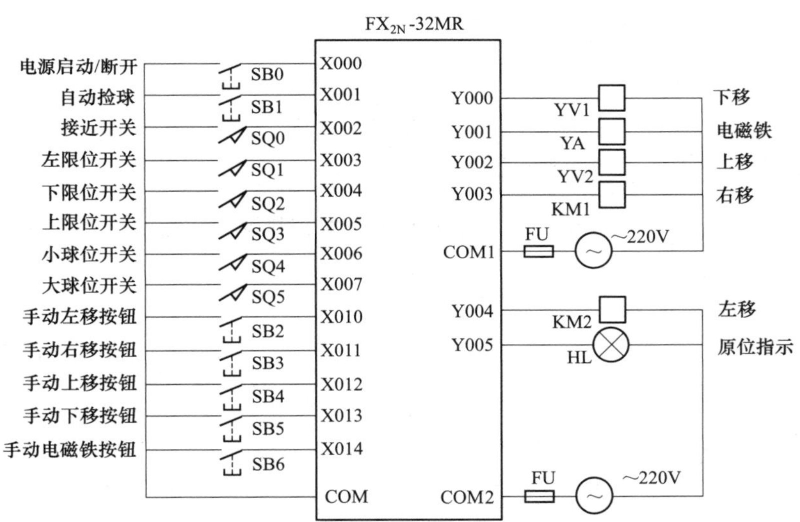

图 6-48　大小球分捡机的 PLC 控制 I/O 接线图

4. 编写 PLC 控制程序

根据大小球分捡机的控制分析和 PLC 资源配置，设计出大小球分捡机的 PLC 控制状态流程图，如图 6-49 所示。大小球分捡机的 PLC 控制程序如图 6-50 所示。

5. 程序仿真

(1) 用户启动 GX-Developer，创建一个新的工程，按照图 6-50 所示输入 LAD（梯形图）或 STL（指令表）中的程序。再执行菜单命令“变换”→“变换”对程序进行编译，然后将其保存。

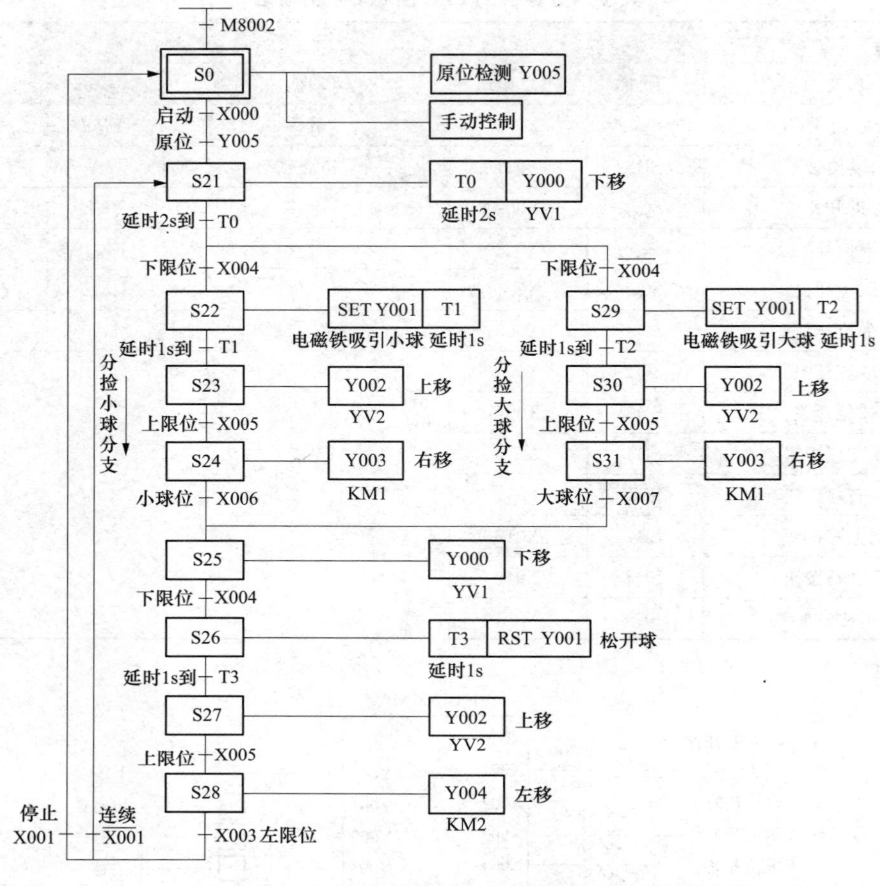

图 6-49 大小球分拣机的 PLC 控制状态流程图

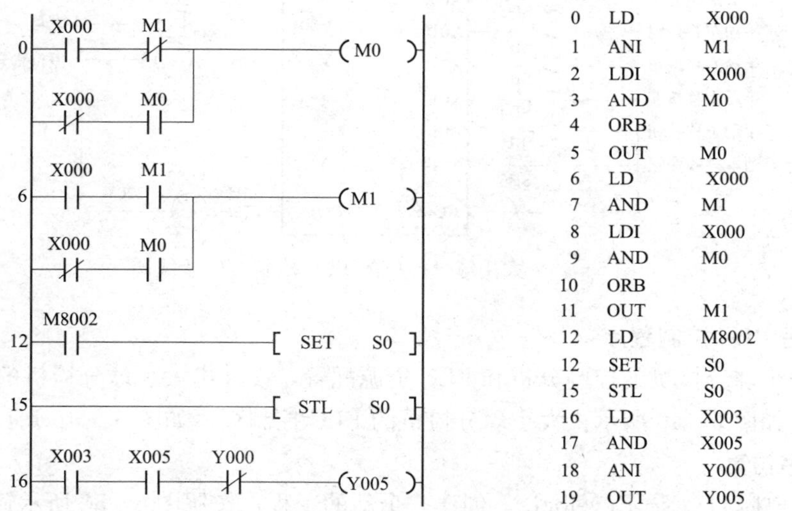

0	LD	X000
1	ANI	M1
2	LDI	X000
3	AND	M0
4	ORB	
5	OUT	M0
6	LD	X000
7	AND	M1
8	LDI	X000
9	AND	M0
10	ORB	
11	OUT	M1
12	LD	M8002
12	SET	S0
15	STL	S0
16	LD	X003
17	AND	X005
18	ANI	Y000
19	OUT	Y005

图 6-50 大小球分拣机的 PLC 控制程序（一）

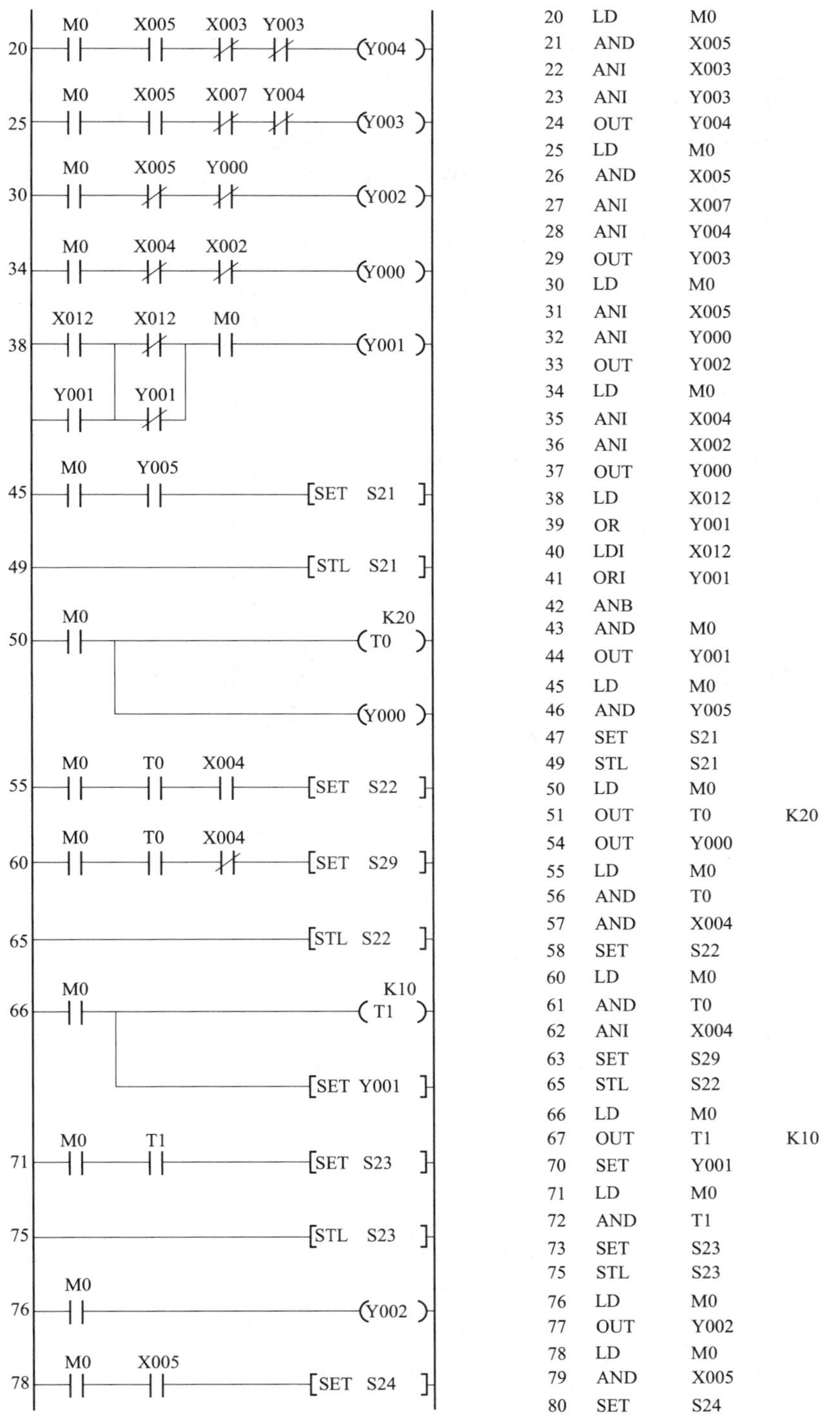

20 LD M0
21 AND X005
22 ANI X003
23 ANI Y003
24 OUT Y004
25 LD M0
26 AND X005
27 ANI X007
28 ANI Y004
29 OUT Y003
30 LD M0
31 ANI X005
32 ANI Y000
33 OUT Y002
34 LD M0
35 ANI X004
36 ANI X002
37 OUT Y000
38 LD X012
39 OR Y001
40 LDI X012
41 ORI Y001
42 ANB
43 AND M0
44 OUT Y001
45 LD M0
46 AND Y005
47 SET S21
49 STL S21
50 LD M0
51 OUT T0 K20
54 OUT Y000
55 LD M0
56 AND T0
57 AND X004
58 SET S22
60 LD M0
61 AND T0
62 ANI X004
63 SET S29
65 STL S22
66 LD M0
67 OUT T1 K10
70 SET Y001
71 LD M0
72 AND T1
73 SET S23
75 STL S23
76 LD M0
77 OUT Y002
78 LD M0
79 AND X005
80 SET S24

图 6-50 大小球分捡机的 PLC 控制程序（二）

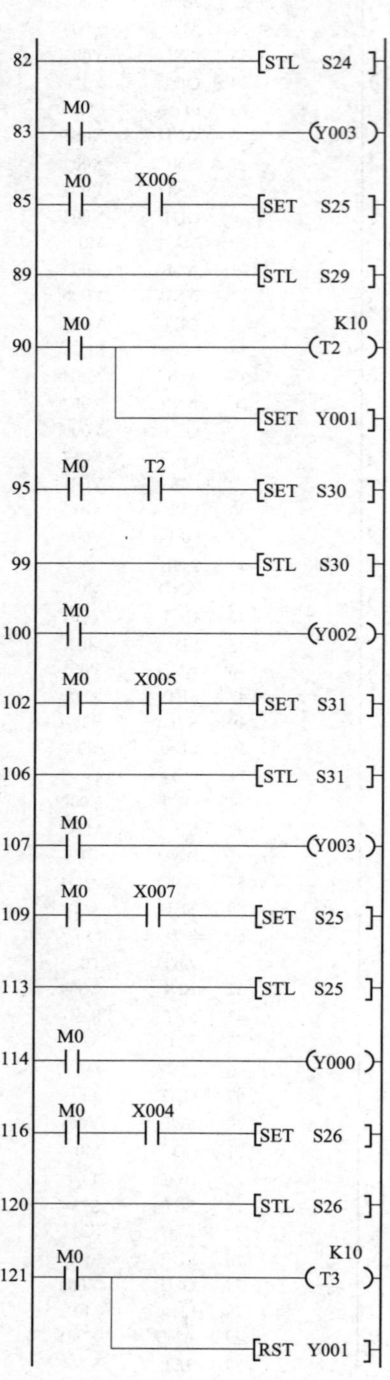


```
82   STL   S24
83   LD    M0
84   OUT   Y003
85   LD    M0
86   AND   X006
87   SET   S25
89   STL   S29
90   LD    M0
91   OUT   T2     K10
94   SET   Y001
95   LD    M0
96   AND   T2
97   SET   S30
99   STL   S30
100  LD    M0
101  OUT   Y002
102  LD    M0
103  AND   X005
104  SET   S31
106  STL   S31
107  LD    M0
108  OUT   Y003
109  LD    M0
110  AND   X007
111  SET   S25
113  STL   S25
114  LD    M0
115  OUT   Y000
116  LD    M0
117  AND   X004
118  SET   S26
120  STL   S25
121  LD    M0
122  OUT   T3     K10
125  RST   Y001
```

图 6-50　大小球分捡机的 PLC 控制程序（三）

三菱FX_{2N} PLC从入门到精通

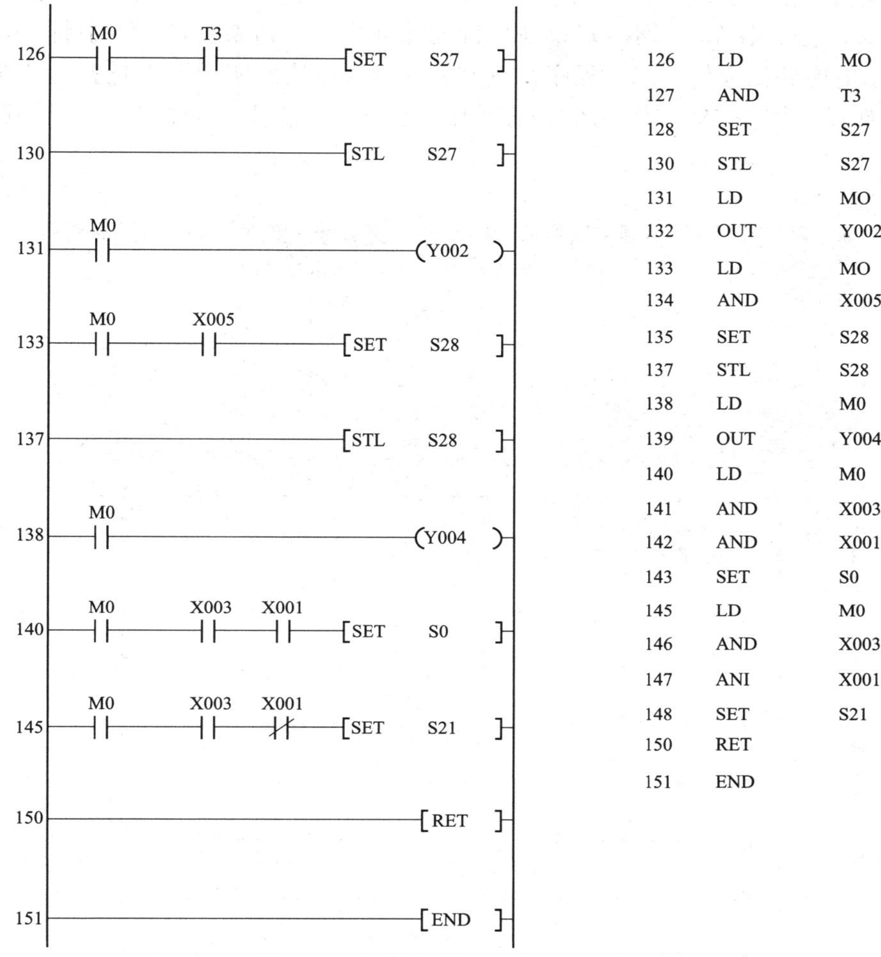

126 M0 T3 SET S27
130 STL S27
131 M0 Y002
133 M0 X005 SET S28
137 STL S28
138 M0 Y004
140 M0 X003 X001 SET S0
145 M0 X003 X001 SET S21
150 RET
151 END
126 LD MO
127 AND T3
128 SET S27
130 STL S27
131 LD MO
132 OUT Y002
133 LD MO
134 AND X005
135 SET S28
137 STL S28
138 LD M0
139 OUT Y004
140 LD M0
141 AND X003
142 AND X001
143 SET S0
145 LD M0
146 AND X003
147 ANI X001
148 SET S21
150 RET
151 END

图 6－50　大小球分捡机的 PLC 控制程序（四）

（2）在 GX－Developer 中，执行菜单命令“工具”→“梯形图逻辑测试启动”，进入 GX－Simulator 在线仿真（即在线模拟）状态。

（3）刚进入在线仿真状态时，M8002 动合触点接通一次，S0 线圈输出为 1，表示进入了初始步 S0（即 S0 为活动步），而其他线圈均处于失电状态。奇数次强制 X000 为 ON 时，M0 线圈输出为 1；偶数次强制 X000 为 ON 时，M0 线圈输出为 0，这样使用 1 个输入端子即可实现电源的开启与关闭操作。只有当 M0 线圈输出为 1 时才能完成程序中所有步的操作，否则大小球分捡机不能执行任何操作。当 S0 线圈输出为 1，S0 为活动步时，在步 16～步 19 执行原位指示。如果分捡机没在原位，则应设置 X003 和 X005 为 1，而步 20～步 37 为手动分捡球操作控制。当 X003 和 X005 设置为 1 时，S0 变为非活动步，S21 变为活动步，其仿真效果如图 6－51 所示。将 X002 强制为 ON，Y000 线圈为 1，执行下移操作，同时启动 T0 延时。当 T0 延时 2s 后，执行大小球分捡选择操作，当 X004 动合触点为 ON 时，则按顺序执行步 65～步 87 中的程序，以完成小球分捡操作；当 X004 动合触点为 OFF 时（设置为 0），则按顺序执行步 89～步 111 中的程序，以完成大球分捡操作。在执行小球分捡时，如果在步 86 中将 X006 强制为 ON，表示电磁铁已吸住小球，程序则跳转到步 111；在执行大球分捡时，如果在步 111 中将 X007 强制为 1，表示电磁铁已吸住大球，程序则跳转到步 111，从而实现两个选择分支的汇合。步 113～步 125 为电磁铁放置大小球的操作；步 130～步 148 为监控分捡机到原位的操作。

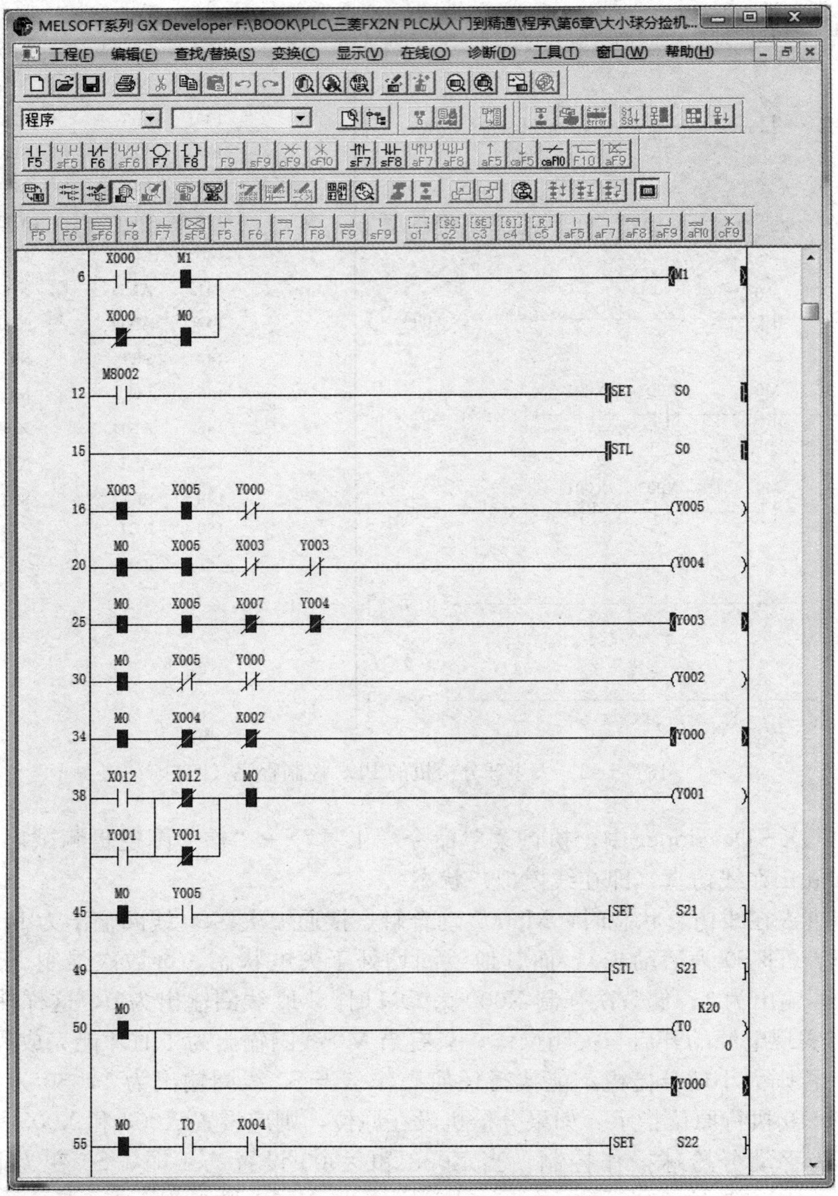

图 6－51　大小球分捡机的 PLC 控制仿真效果图

三菱FX_{2N} PLC从入门到精通

6.7 并行序列的FX2N顺序控制应用实例

6.7.1 人行道交通信号灯控制

1. 控制要求

某人行道交通信号灯控制示意图如图 6－52 所示，道路上的交通灯由行人控制，在人行道的两边各设一个按钮。当行人要过人行道时，交通灯按图 6－53 所示的时间顺序变化，在交通灯进入运行状态时，再按按钮不起作用。

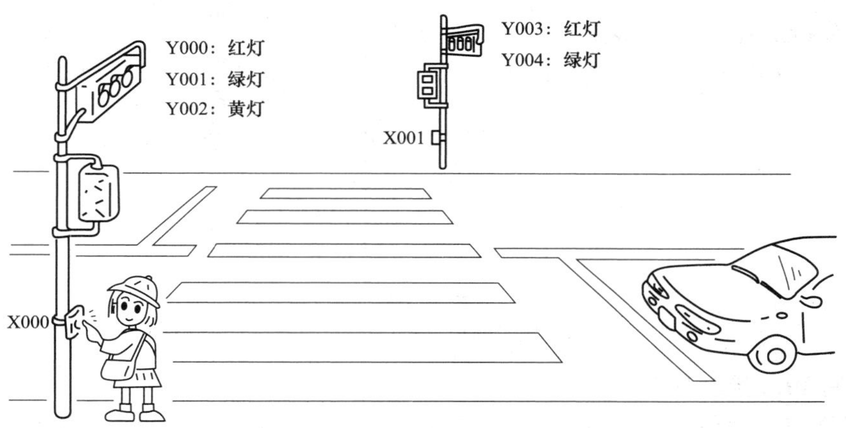

图 6－52 人行道交通信号灯控制示意图

车道	绿灯 Y001 30s	黄灯 Y002 10s	红灯 Y000			绿灯 Y001
人行道	红灯 Y003		绿灯 Y004 10s	绿灯闪 Y004 5s	红灯 Y003	
按下按钮				0.5s ON 0.5s OFF		

图 6－53 人行道交通信号灯通行时间图

2. 控制分析

从控制要求可看出，人行道交通信号属于典型的时间顺序控制，可以使用 SFC 并行序列来完成操作任务。根据控制的通行时间关系，可以将时间按照车道和人行道分别标定。在并行序列中，车道按照定时器 T0、T1 和 T2 设定的时间工作，人行道按照定时器 T3、T4 和 T5 设定的时间工作。人行道绿灯闪烁可使用特殊辅助继电器 M8013 实现秒闪控制。

3. I/O 端子资源分配与接线

根据控制要求及控制分析可知，该系统需要 2 个输入点和 5 个输出点，I/O 分配如表 6-10 所示，其 I/O 接线如图 6-54 所示。

表 6-10　人行道交通信号灯的 PLC 控制 I/O 分配表

输入			输出		
功能	元件	PLC 地址	功能	元件	PLC 地址
电源启动/断开	SB0	X000	车道红灯	HL0	Y000
人行按钮	SB1	X001	车道绿灯	HL1	Y001
			车道黄灯	HL2	Y002
			人行道红灯	HL3	Y003
			人行道绿灯	HL4	Y004

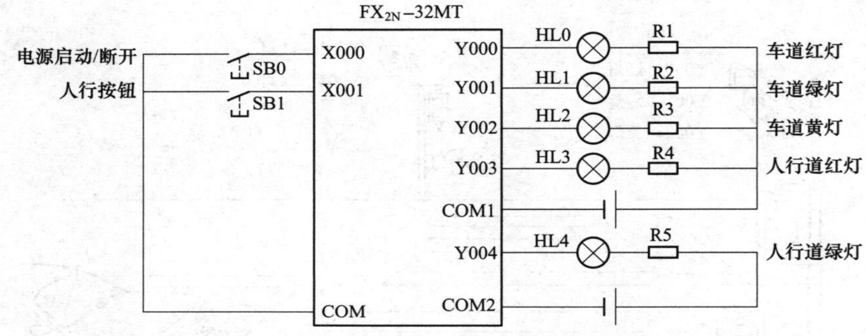

图 6-54　人行道交通信号灯的 PLC 控制 I/O 接线图

4. 编写 PLC 控制程序

根据人行道交通信号灯控制的控制分析和 PLC 资源配置，设计出人行道交通信号灯的 PLC 控制状态流程图，如图 6-55 所示。人行道交通信号灯的 PLC 控制程序如图 6-56 所示。

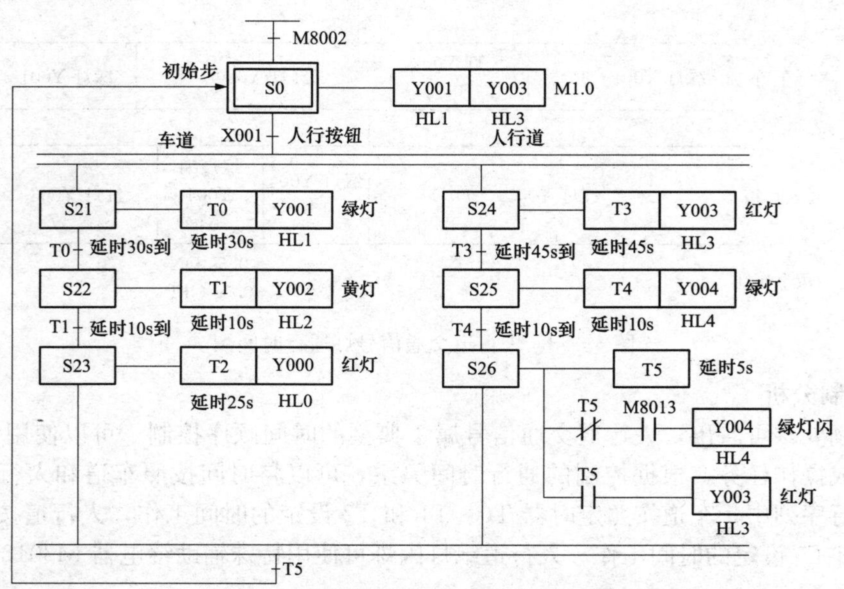

图 6-55　人行道交通信号灯的 PLC 控制状态流程图

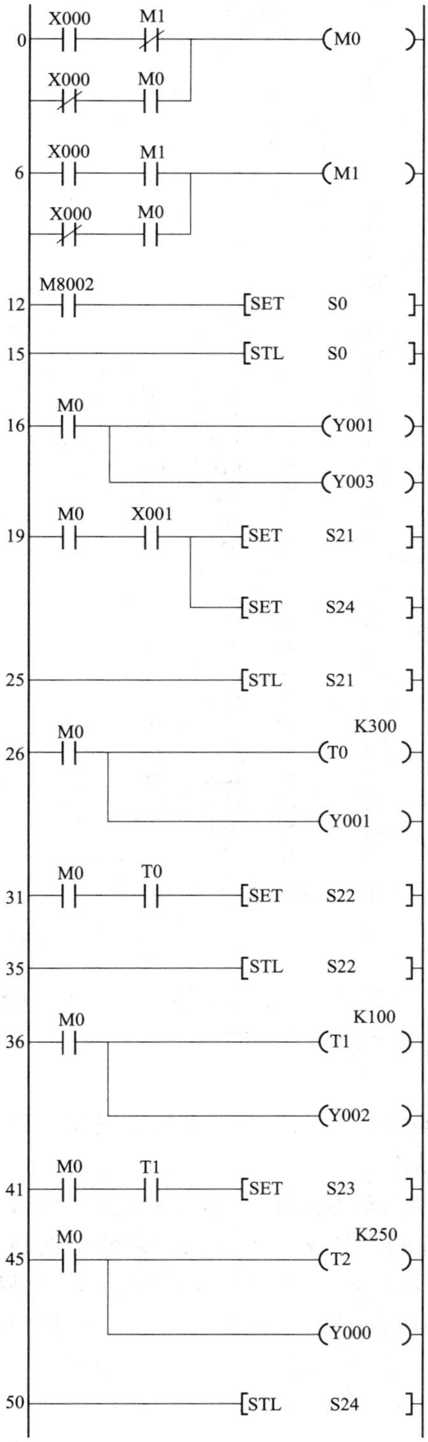

```
0   LD    X000
1   ANI   M1
2   LDI   X000
3   AND   M0
4   ORB
5   OUT   M0
6   LD    X000
7   AND   M1
8   LDI   X000
9   AND   M0
10  ORB
11  OUT   M1
12  LD    M8002
13  SET   S0
15  STL   S0
16  LD    M0
17  OUT   Y001
18  OUT   Y003

19  LD    M0
20  AND   X001
21  SET   S21
23  SET   S24
25  STL   S21
26  LD    M0
27  OUT   T0      K300
30  OUT   Y001
31  LD    M0
32  AND   T0
33  SET   S22
35  STL   S22
36  LD    M0
37  OUT   T1      K100
40  OUT   Y002
41  LD    M0
42  AND   T1
43  SET   S23
45  LD    M0
46  OUT   T2      K250
49  OUT   Y000
50  STL   S24
```

图 6－56　人行道交通信号灯的 PLC 控制程序（一）

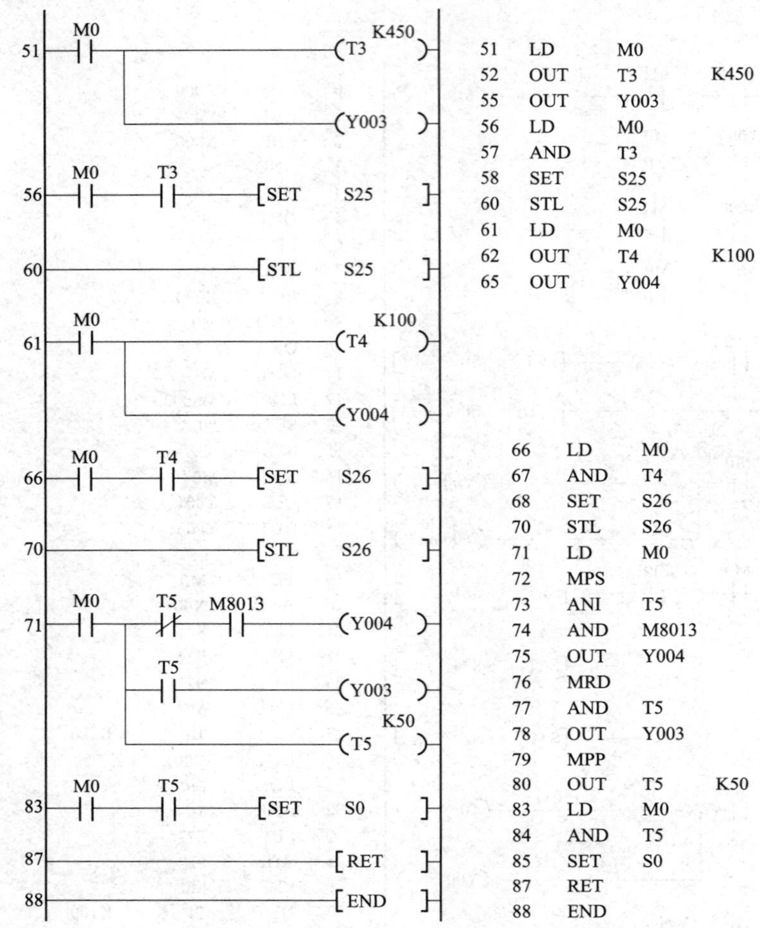

图 6－56　人行道交通信号灯的 PLC 控制程序（二）

5. 程序仿真

(1) 用户启动 GX－Developer，创建一个新的工程，按照图 6－56 所示输入 LAD（梯形图）或 STL（指令表）中的程序。再执行菜单命令“变换”→“变换”对程序进行编译，然后将其保存。

(2) 在 GX－Developer 中，执行菜单命令“工具”→“梯形图逻辑测试启动”，进入 GX－Simulator 在线仿真（即在线模拟）状态。

(3) 刚进入在线仿真状态时，M8002 动合触点接通一次，S0 线圈输出为 1，表示进入了初始步 S0（即 S0 为活动步），而其他线圈均处于失电状态。奇数次强制 X000 为 ON 时，M0 线圈输出为 1；偶数次强制 X000 为 ON 时，M0 线圈输出为 0，这样使用 1 个输入端子即可实现电源的开启与关闭操作。只有当 M0 线圈输出为 1 时才能完成程序中所有步的操作，否则人行道交通信号灯控制不能执行任何操作。当 M0 线圈输出为 1，S0 为活动步时，Y001 线圈输出为 1（即车道绿灯亮），Y003 线圈输出为 1（即人行道红灯亮），表示汽车可以通行，行人不能通行。如果行人要通过马路时，按下行人按钮（即将 X001 强制为 ON），S0 为非活动步时，S21 为活动步，将执行人行道交通信号灯控制，其具体过程请读者自行分析，其仿真效果如图 6-57 所示。

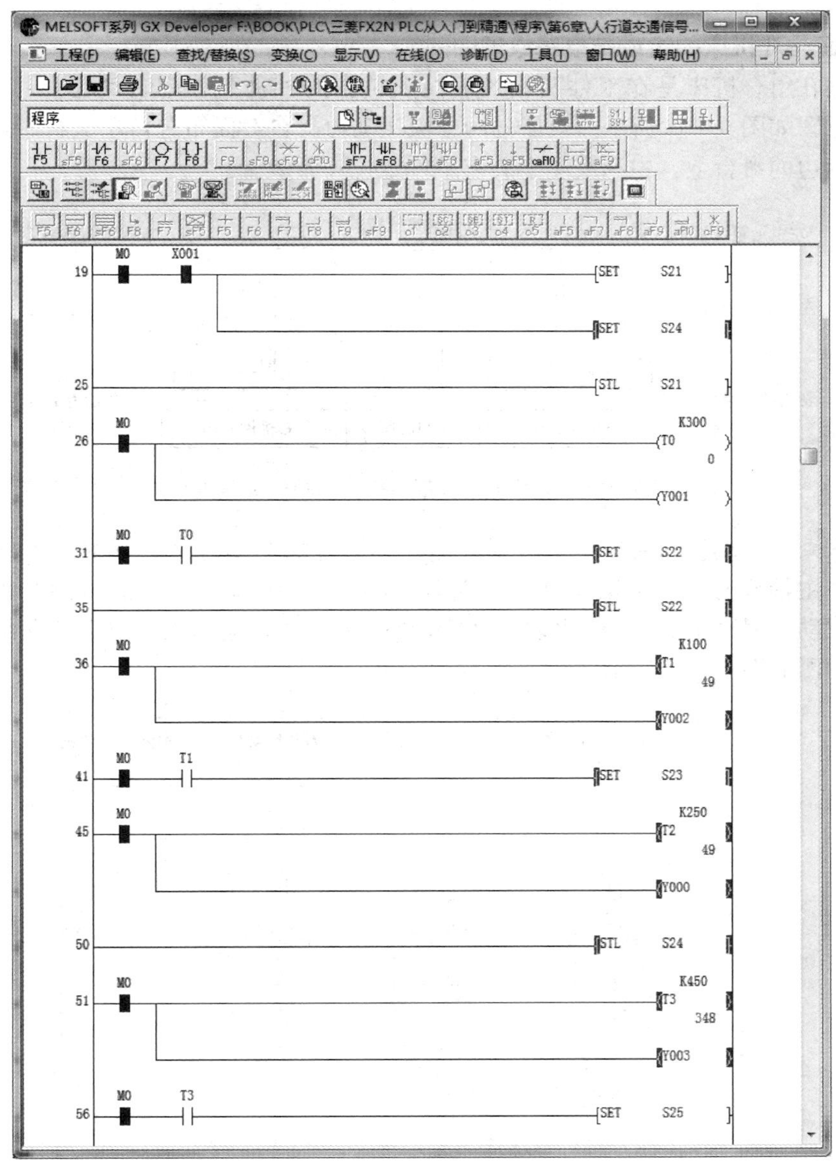

图 6-57　人行道交通信号灯的 PLC 控制仿真效果图

6.7.2　双面钻孔组合机床的 PLC 控制

组合机床是由一些通用部件组成的高效率自动化或半自动化专用加工设备。这些机床都具有工作循环，并同时用十几把甚至几十把刀具进行加工。组合机床的控制系统大多采用机械、液压、电气或气动相结合的控制方式，其中，电气控制起着中枢连接作用。传统的电气控制通常采用继电器逻辑控制方式，使用了大量的中间继电器、时间继电器、行程开关等，这样的继电器控制方式具有故障率高、维修困难等问题。如果使用 PLC 与液压控制相结合的方法对双面钻孔组合机床进行改造，则可以降低故障，维护、维修也较方便。

1. 双面钻孔机床的组成与电路原理图

双面钻孔组合机床是在工件两相对表面上钻孔的一种高效率自动化专用加工设备，其结构示意图如图 6－58 所示。机床的两个液压动力滑台对面布置，左、右刀具电动机分别固定在两边的滑台上，中间底座上装有工件定位夹紧装置。

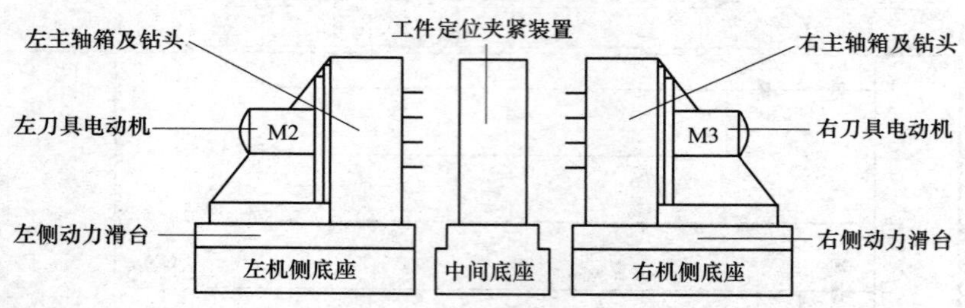

图 6－58　双面钻孔组合机床的结构示意图

该机床采用电动机和液压系统（未画出）相结合的驱动方式，其中电动机 M2、M3 分别驱动左主轴箱的刀具主轴提供切削主运行，而左、右动力滑台的工件夹紧装置则由液压系统驱动，M1 为液压泵的驱动电动机，M4 为冷却泵电动机。双面钻孔组合机床的主电路原理图如图 6－59 所示。

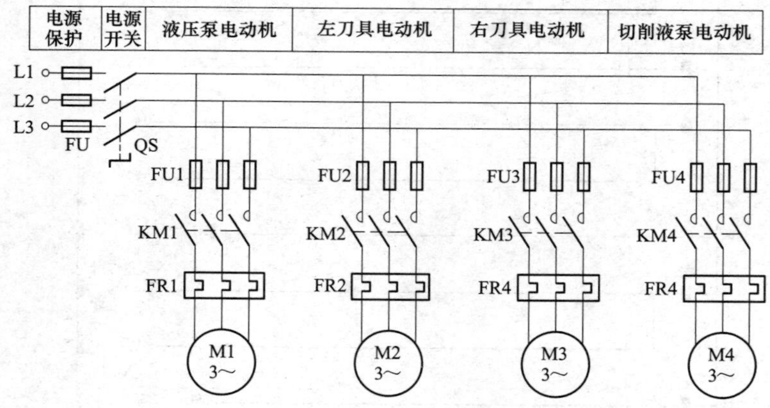

图 6－59　双面钻孔组合机床的主电路原理图

2. 控制要求

双面钻孔组合机床的自动工作循环过程如图 6－60 所示。工作时，将工件装入夹具（定位夹紧装置），按动系统启动按钮 SB3，开始工件的定位和夹紧，然后两边的动力滑台同时开始快速进给、工作进给和快速退回的加工循环，此时刀具电动机也启动工作，冷却泵在工进过程中提供冷却液。加工循环结束后，动力滑台退回原位，夹具松开并拔出定位销，一次加工循环结束。

双面钻孔组合机床的工作的具体要求如下：

(1) 双面钻孔组合机床各电动机控制要求。双面钻孔组合机床各电动机只有在液压泵

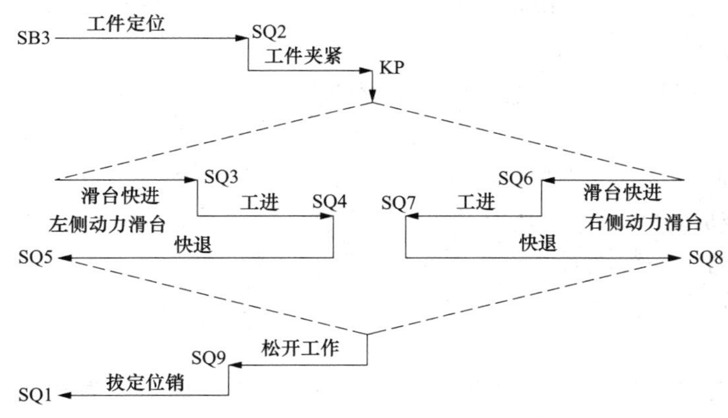

图 6 - 60　双面钻孔组合机床的自动工作循环过程

电动机 M1 正常启动运转，机床供油系统正常供油后，才能启动。刀具电动机 M2、M3 应在滑台进给循环开始时启动运转，滑台退回原位后停止运转。切削液泵电动机 M4 可以在滑台工进时自动启动，在工进结束后自动停止，也可以用手动方式控制启动和停止。

(2) 机床动力滑台、工件定位、夹紧装置控制要求。机床动力滑台、工进定位、夹紧装置由液压系统驱动。电磁阀 YV1 和 YV2 控制定位销液压缸活塞的运动方向；YV3、YV4 控制夹紧液压缸活塞的运行方向；YV5、YV6、YV7 为左侧动力滑台油路中的换向电磁阀；YV8、YV9、YV10 为右侧动力滑台油路中的换向电磁阀。各电磁阀线圈的通电状态如表 6 - 20 所示。

表 6 - 11　　各电磁阀线圈的通电状态

工步	电磁换向阀线圈通电状态										转换主令
	定位		夹紧		左侧动力滑台			右侧动力滑台			
	YV1	YV2	YV3	YV4	YV5	YV6	YV7	YV8	YV9	YV10	
工件定位	+										SB4
工件夹紧			+								SQ2
滑台快进			+		+		+	+		+	KP
滑台工进			+		+			+			SQ3、SQ6
滑台快退			+			+			+		SQ4、SQ7
松开工件				+							SQ5、SQ8
拔定位销		+									SQ9
停止											SQ1

注　表中的“+”为电磁阀线圈通电接通。

从表 6 - 11 中可以看出，电磁阀 YV1 线圈通电时，机床工件定位装置将工件定位；当电磁阀 YV3 通电时，机床工件夹紧装置将工件夹紧；当电磁阀 YV3、YV5、YV7 通电时，左侧滑台快速移动；当电磁阀 YV3、YV8、YV10 通电时，左侧滑台快速移动；当电磁阀 YV3、YV5 或 YV3、YV8 通电时，左侧滑台或右侧滑台工进；当电磁阀 YV3、YV6 或 YV3、YV9 通电时，左侧滑台或右侧滑台快速后退；当电磁阀 YV4 通电时，松开定位销；当电磁阀 YV2 通电时，机床拔开定位销；定位销松开后，撞击行程开关 SQ1，机床停止运行。

当需要机床工作时，将工件装入定位夹紧装置，按下液压系统启动按钮 SB4→工件定位和夹紧→左、右两面动力滑台同时快速进给→左、右两面动力滑台同时工进→左、右两面动力滑台快退至原位→夹紧装置松开→拔出定位销。在左、右动力滑台快速进给的同时，左刀具电动机 M2、右刀具电动机 M3 启动运转工作，提供切削动力；在左、右两面动力滑台工进时，切削液泵电动机 M4 自动启动，在工进结束后切削液泵电动机 M4 自动停止。在滑台退回原位后，左、右刀具电动机 M2、M3 停止运转。

3. 控制分析

双面钻孔组合机床的电气控制属于单机控制，输入、输出均为开关量，根据实际控制要求，并考虑系统改造成本核算，在准备计算 I/O 点数的基础上，可以采用 CP1H－XA40DR－A 可编程控制器。该控制系统中所有输入触发信号采用动合触点接法，所需的 24V 直流电源由 PLC 内部提供。

根据双面钻孔组合机床的控制要求可知，该控制系统需要实现 3 个控制功能：①动力滑台的点、复位控制；②动力滑台的单机自动循环控制；③整机全自动工作循环控制。动力滑台的点、复位控制可由手动控制程序来实现；动力滑台的单机自动循环控制可采用顺序控制循环，应用步进顺控指令对其编程，可使程序简化，提高编程效率，为程序的调试、试运行带来许多方便。整机全自动工作循环控制可由总控制程序实现。

4. I/O 端子资源分配与接线

根据控制要求及控制分析可知，该系统需要 23 个输入点和 15 个输出点，I/O 分配如表 6－12 所示，其 I/O 接线如图 6－61 所示。

表 6－12　双面钻孔组合机床的 PLC 控制 I/O 分配表

输　入			输　出		
功能	元件	PLC 地址	功能	元件	PLC 地址
工件手动夹紧按钮	SB0	X000	工件夹紧指示灯	HL	Y000
总停止按钮	SB1	X001	电磁阀	YV1	Y001
液压泵电动机 M1 启动按钮	SB2	X002	电磁阀	YV2	Y002
液压系统停止按钮	SB3	X003	电磁阀	YV3	Y003
液压系统启动按钮	SB4	X004	电磁阀	YV4	Y004
左刀具电动机 M2 启动按钮	SB5	X005	电磁阀	YV5	Y005
右刀具电动机 M3 启动按钮	SB6	X006	电磁阀	YV6	Y006
夹紧松开手动按钮	SB7	X007	电磁阀	YV7	Y007
左刀具电动机快进点动按钮	SB8	X010	电磁阀	YV8	Y010
左刀具电动机快退点动按钮	SB9	X011	电磁阀	YV9	Y011
右刀具电动机快进点动按钮	SB10	X012	电磁阀	YV10	Y012
右刀具电动机快退点动按钮	SB11	X013	液压泵电动机 M1 接触器	KM1	Y013
松开工件定位行程开关	SQ1	X014	左刀具电动机 M2 接触器	KM2	Y014
工件定位行程开关	SQ2	X015	右刀具电动机 M3 接触器	KM3	Y015

续表

输　入			输　出		
功能	元件	PLC 地址	功能	元件	PLC 地址
左机滑台快进结束行程开关	SQ3	X016	切削液泵电动机 M4 接触器	KM4	Y016
左机滑台工进结束行程开关	SQ4	X017			
左机滑台快退结束行程开关	SQ5	X020			
右机滑台快进结束行程开关	SQ6	X021			
右机滑台工进结束行程开关	SQ7	X022			
右机滑台快退结束行程开关	SQ8	X023			
工件压紧原位行程开关	SQ9	X024			
工件夹紧压力继电器	KP	X025			
手动和自动选择开关	SA	X026			

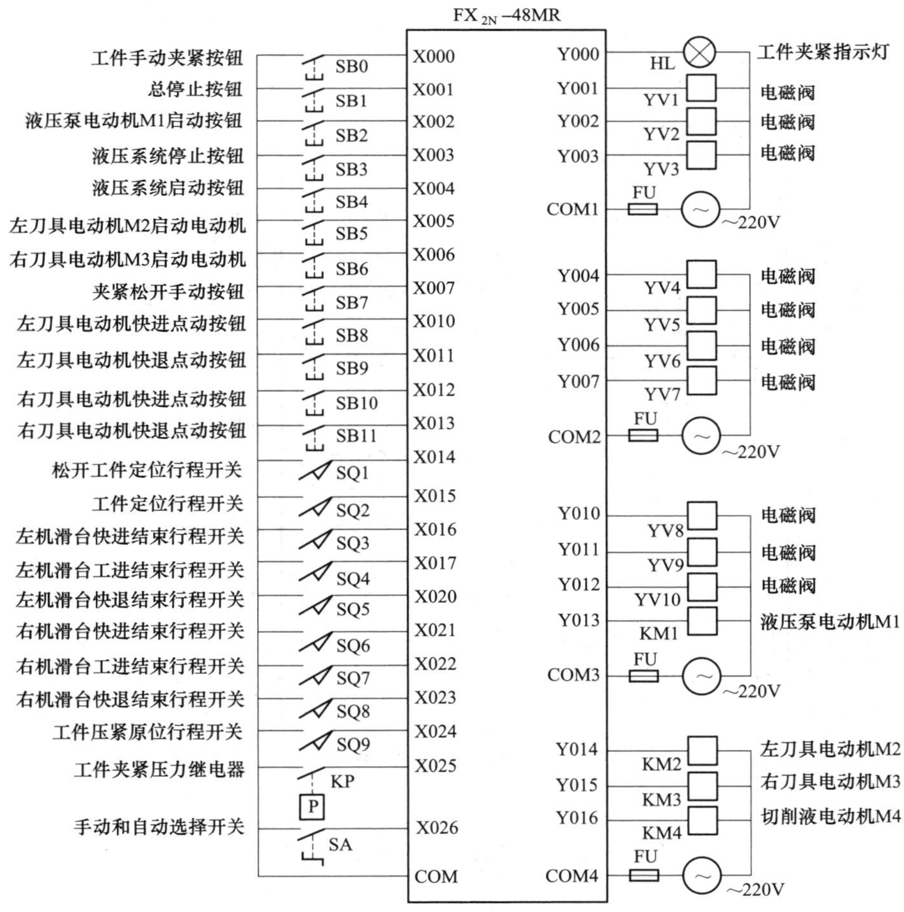

图 6-61　双面钻孔组合机床的 PLC 控制 I/O 接线图

5. 编写 PLC 控制程序

根据双面钻孔组合机床的控制分析和 PLC 资源配置，设计出双面钻孔组合机床 PLC 自动控制图，如图 6-62 所示。双面钻孔组合机床的 PLC 控制程序如图 6-63 所示。

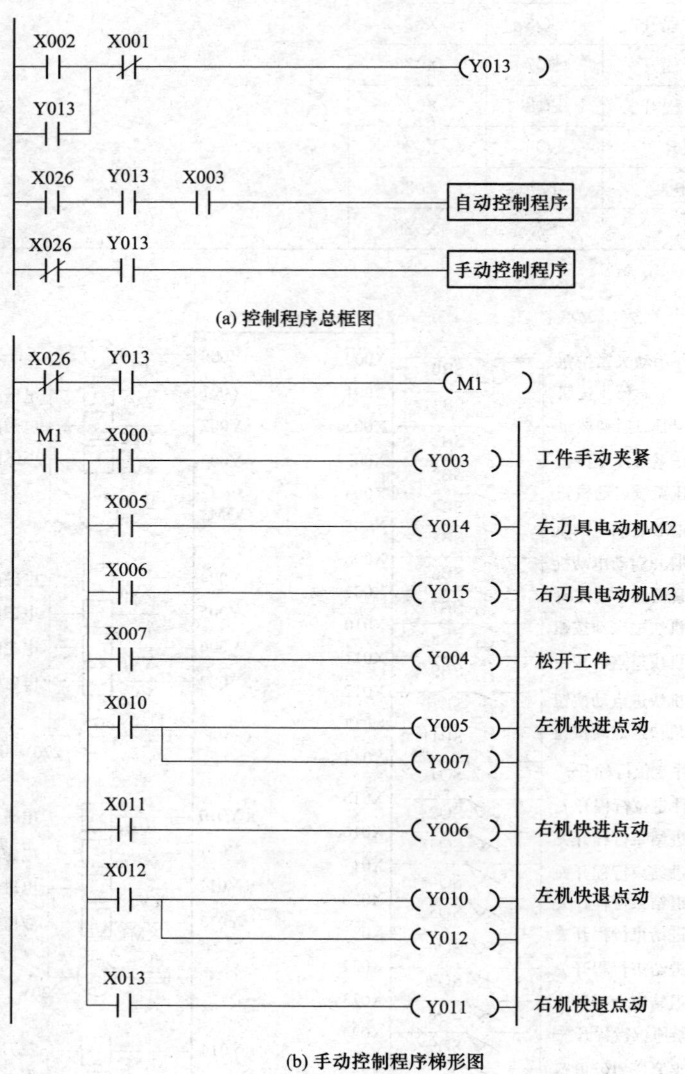

图 6-62　双面钻孔组合机床 PLC 自动控制图（一）

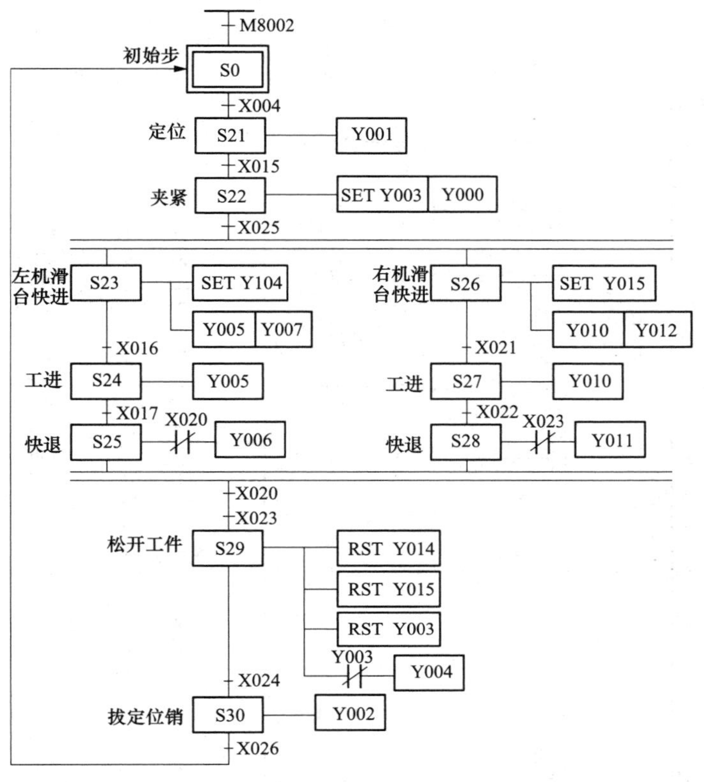

(c) 自动控制状态流程图

图 6－62　双面钻孔组合机床 PLC 自动控制图（二）

步	指令	元件
0	LD	X002
1	OR	Y013
2	ANI	X001
3	OUT	Y013
4	LD	X026
5	AND	Y013
6	AND	X003
7	OUT	M0
8	LDI	X026
9	AND	Y013
10	OUT	M1
11	LD	M8002
12	SET	S0
14	STL	S0
15	LD	M0
16	AND	X004
17	SET	S21
19	STL	S21

图 6－63　双面钻孔组合机床的 PLC 控制程序（一）

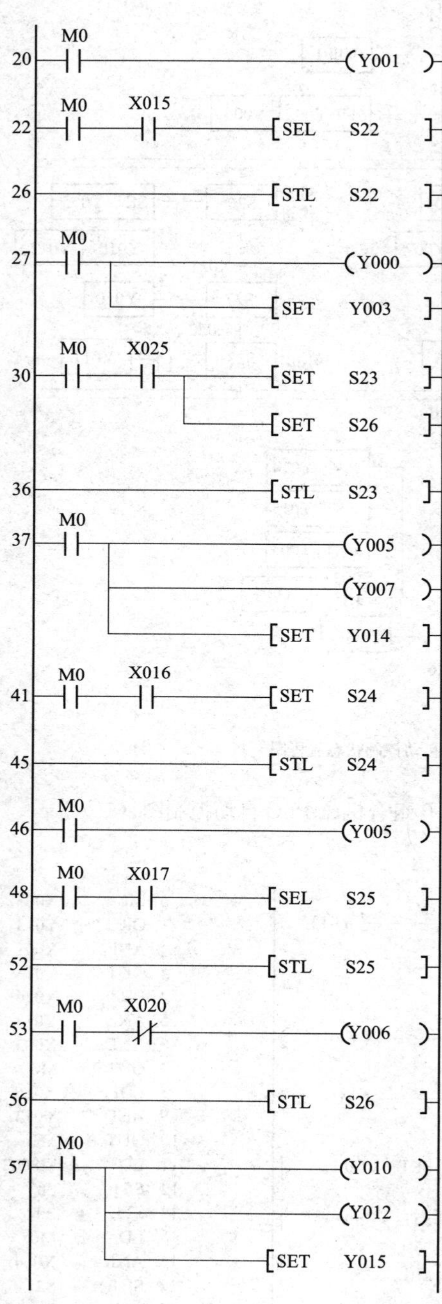


```
20  LD    M0
21  OUT   Y001
22  LD    M0
23  AND   X015
24  SET   S22
26  STL   S22
27  LD    M0
28  OUT   Y000
29  SET   Y003
30  LD    M0
31  AND   X025
32  SET   S23
34  SET   S26
36  STL   S23
37  LD    M0
38  OUT   Y005
39  OUT   Y007
40  SET   Y014
41  LD    M0
42  AND   X016
43  SET   S24
45  STL   S24
46  LD    M0
47  OUT   Y005
48  LD    M0
49  AND   Z017
50  SET   S25
52  STL   S25
53  LD    M0
54  ANI   X020
55  OUT   Y006
56  STL   S26
57  LD    M0
58  OUT   Y010
59  OUT   Y012
60  SET   Y015
```

图 6－63　双面钻孔组合机床的 PLC 控制程序（二）

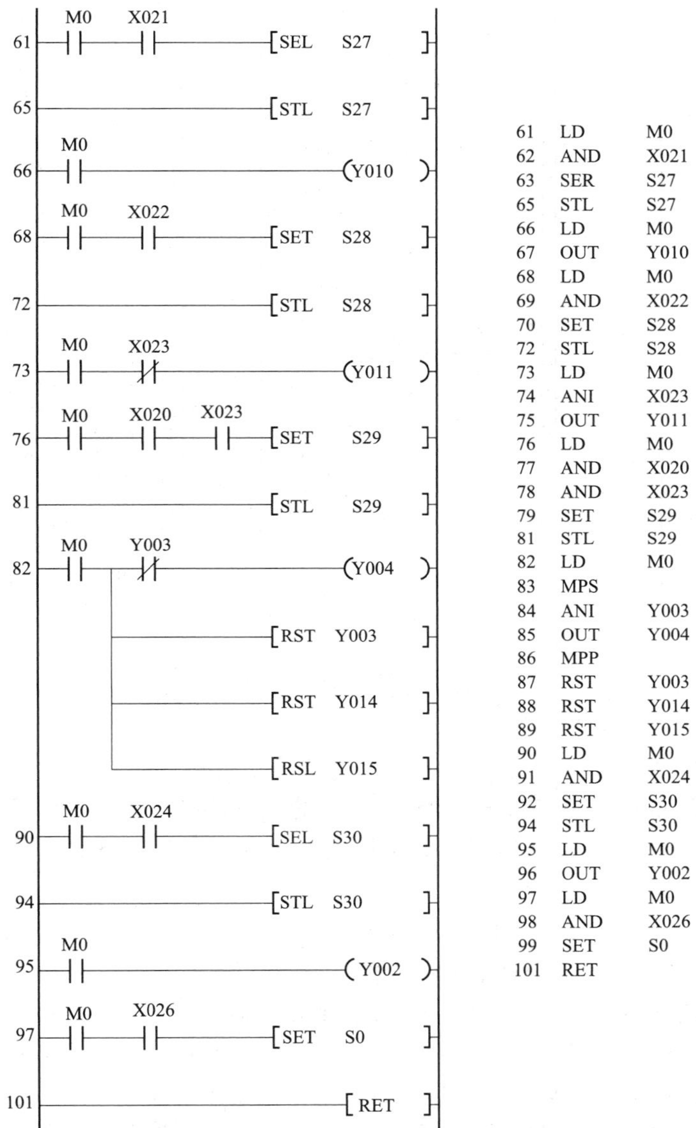

61 LD M0
62 AND X021
63 SER S27
65 STL S27
66 LD M0
67 OUT Y010
68 LD M0
69 AND X022
70 SET S28
72 STL S28
73 LD M0
74 ANI X023
75 OUT Y011
76 LD M0
77 AND X020
78 AND X023
79 SET S29
81 STL S29
82 LD M0
83 MPS
84 ANI Y003
85 OUT Y004
86 MPP
87 RST Y003
88 RST Y014
89 RST Y015
90 LD M0
91 AND X024
92 SET S30
94 STL S30
95 LD M0
96 OUT Y002
97 LD M0
98 AND X026
99 SET S0
101 RET

图 6-63 双面钻孔组合机床的 PLC 控制程序（三）

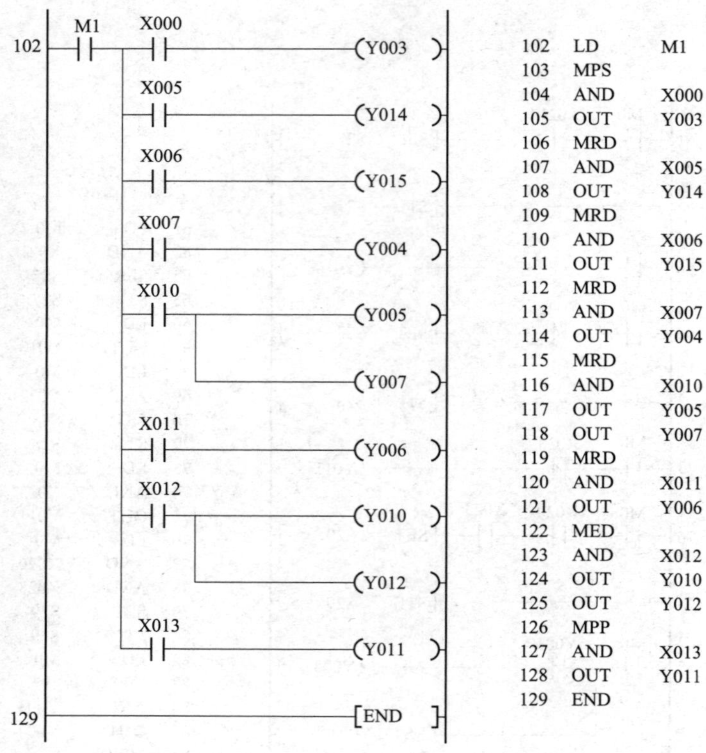

图 6-63　双面钻孔组合机床的 PLC 控制程序（四）

三菱FX_{2N} PLC从入门到精通

6. 程序仿真

（1）用户启动 GX-Developer，创建一个新的工程，按照图 6-63 所示输入 LAD（梯形图）或 STL（指令表）中的程序。再执行菜单命令“变换”→“变换”对程序进行编译，然后将其保存。

（2）在 GX-Developer 中，执行菜单命令“工具”→“梯形图逻辑测试启动”，进入 GX-Simulator 在线仿真（即在线模拟）状态。

（3）刚进入在线仿真状态时，M8002 动合触点接通一次，S0 线圈输出为 1，表示进入了初始步 S0（即 S0 为活动步），而其他线圈均处于失电状态。在步 0 中将 X002 强制为 ON，以启动液压泵电动机 M1。M1 启动后，可以在步 4 中强制 X026 为 OFF 或 ON，以进行手动或自动选择操作。例如选择手动操作后，设置相应的触点为闭合状态，可以实现相应操作。图 6-64 所示的仿真效果图是在手动操作下，Y003 线圈输出为 1（工件夹紧），Y015 线圈输出为 1（右机电动机 M3 启动）。在自动控制下的运行过程，请读者自己对其仿真。

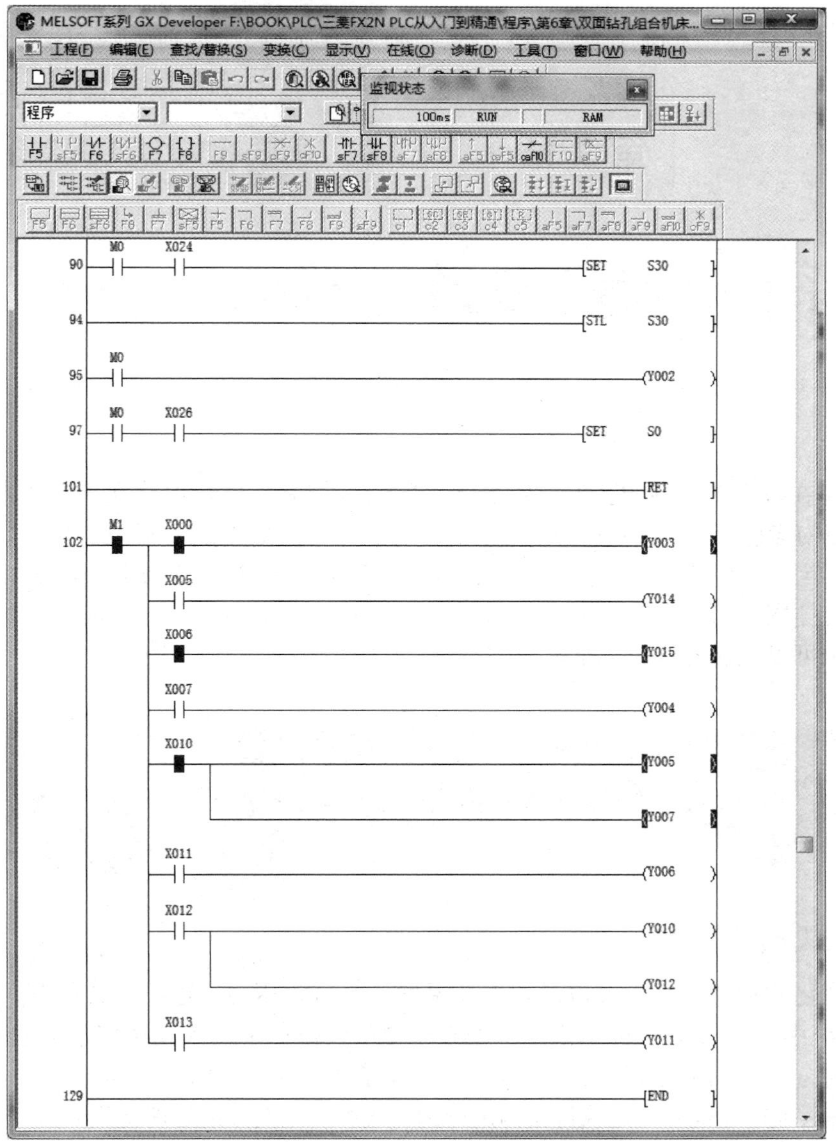

图 6-64 双面钻孔组合机床的 PLC 控制仿真效果图

第 7 章

FX$_{2N}$系列PLC模拟量功能与PID控制

PLC 是在数字量控制的基础上发展起来的工业控制装置，但是在许多工业控制系统中，其控制对象除了是数字量，还有可能是模拟量，例如温度、流量、压力、物位等均是模拟量。为了适应现代工业控制系统的需要，PLC 的功能不断增强，在第二代 PLC 就实现了模拟控制。当今第五代 PLC 已增加了许多模拟量处理功能，具有较强的 PID 控制能力，完全可以胜任各种较复杂的模拟控制。

7.1 模拟量的基本概念

7.1.1 模拟量处理流程

连续变化的物理量称为模拟量，例如温度、流量、压力、速度、物位等。在 FX$_{2N}$系列 PLC 系统中，PLC 以二进制格式来处理模拟值。模拟量输入模块用于将输入的模拟量信号转换成为 PLC 内部处理的数字信号；模拟量输出模块用于将 PLC 送给它的数字信号转换成电压信号或电流信号，对执行机构进行调节或控制。模拟量处理流程如图 7－1 所示。

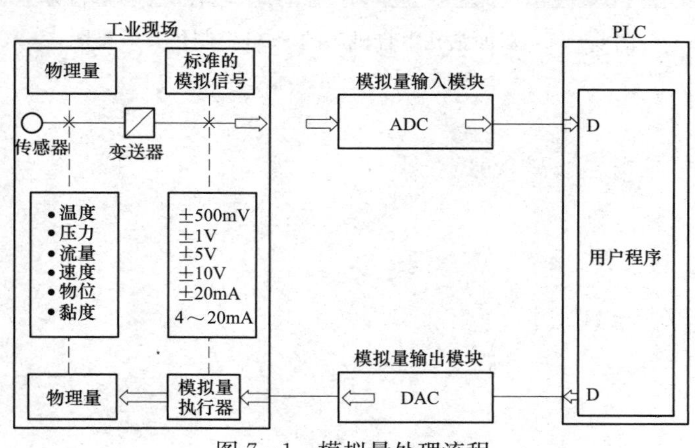

图 7－1　模拟量处理流程

若需将外界信号传送到PLC时，首先通过传感器采集所需的外界信号并将其转换为电信号，该电信号可能是离散性的电信号，需通过变送器将它转换为标准的模拟量电压或电流信号。模拟量输入模拟接收到这些标准模拟量信号后，通过ADC转换为与模拟量成比例的数字量信号，并存放在缓冲存储器BFM中。三菱FX_{2N}系列PLC通过FROM指令，读取模拟量输入模块缓冲存储器中数字量信号，并传送到PLC指定的存储区中。

若FX_{2N}系列PLC需控制外部相关设备时，首先PLC通过TO指令将指定的数字量信号传送到模拟量输出模块的缓冲存储器BFM中。这些数字量信号在模拟量输出模块中通过DAC转换后，转换为成比例的标准模拟电压或电流信号。标准模块电压或电流信号驱动相应的模拟量执行器进行相应动作，从而实现PLC的模拟量输出控制。

7.1.2 模拟值精度

PLC只能以二进制处理模拟值。对于具有相同标称范围的输入和输出值来说，数字化的模拟值都相同。模拟值用一个由二进制补码定点数来表示，第15位为符号位。符号位为0表示正数，为1表示负数。

模拟值的精度如表7-1所示，表中以符号位对齐，未用的低位则用“0”来填补，“×”表示未用的位。

表7-1 模拟值的精度

精度（位数）	分辨率		模拟值	
	十进制	十六进制	高8位字节	低8位字节
8	128	0x80	符号0000000	1×××××××
9	64	0x40	符号0000000	01××××××
10	32	0x20	符号0000000	001×××××
11	16	0x10	符号0000000	0001××××
12	8	0x08	符号0000000	00001×××
13	4	0x04	符号0000000	000001××
14	2	0x02	符号0000000	0000001×
15	1	0x01	符号0000000	00000001

7.1.3 模拟量输入方法

模拟量输入的方法有2种：用模拟量输入模块输入模拟量、用采集脉冲输入模拟量。

1. 用模拟量输入模块输入模拟量

模拟量输入模块是将模拟过程信号转换为数字格式，其处理流程可参见图7-1。使用该模拟时，要了解其性能，主要的性能如下：

（1）模拟量规格：指可接受或可输出的标准电流或标准电压的规格，一般多些好，便于选用。

（2）数字量位数：指转换后的数字量，用多少位二进制数表达。位数越多，精度越高。

（3）转换时间：指实现一次模拟量转换的时间，越短越好。

（4）转换路数：指可实现多少路的模拟量的转换，路数越多越好，可处理多路信号。

（5）功能：指除了实现数模转换时的一些附加功能，有的还有标定、平均峰值及开方功能。

2. 用采集脉冲输入模拟量

PLC可采集脉冲信号，可用于高速计数单元或特定输入点采集，也可用输入中断的方法采集，而把物理量转换为电脉冲信号也方便。

7.1.4 模拟量输出方法

模拟量输出的方法有3种：用模拟量输出模块控制输出、用开关量ON/OFF比值控制输出、用可调制脉冲宽度的脉冲量控制输出。

1. 用模拟量输出模块控制输出

为使控制的模拟量能连续、无波动地变化，最好采用模拟量输出模块。模拟量输出模块是将数字输出值转换为模拟信号，其处理流程可参见图7-1。模拟量输出模拟的参数包括诊断中断、组诊断、输出类型选择（电压、电流或禁用）、输出范围选择及对PLC STOP模式的响应。使用模拟量输出模块时应按以下步骤进行：

（1）选用。确定是选用PLC单元的内置模拟量输入/输出模块，还是选用外扩的模拟量输出模块。在选择外扩时，要选性能合适的模拟量输出模块，既要与PLC型号相当，规格、功能也要一致，而且配套的附件或装置也要选好。

（2）接线。模拟量输出模块可为负载和执行器提供电源。模拟量输出模块使用屏蔽双绞线电缆连接模拟量信号至执行器。电缆两端的任何电位差都可能导致在屏蔽层产生等电位电流，干扰模拟信号。为防止发生这种情况，应只将电缆一端的屏蔽层接地。

（3）设定。包括硬设定及软设定。硬设定用DIP开关，软设定用存储区或运行相当的初始化PLC程序。作了设定，才能确定要使用哪些功能，选用什么样的数据转换，数据存储于什么单元等。总之，没有进行必要的设定，如同没有接好线一样，模块也是不能使用的。

2. 用开关量ON/OFF比值控制输出

改变开关量ON/OFF比例，进而用这个开关量去控制模拟量，是模拟量控制输出最简单的办法。这个方法不用模拟量输出模块即可实现模拟量控制输出。其缺点是：控制输出是断续的，系统接收的功率有波动，不是很均匀。如果系统惯性较大，或要求不高、允许不大的波动时可用。为了减少波动，可缩短工作周期。

3. 用可调制脉冲宽度的脉冲量控制输出

有的PLC有半导体输出的输出点，可缩短工作周期，提高模拟量输出的平稳性。用其控制模拟量，是既简单又平稳的方法。

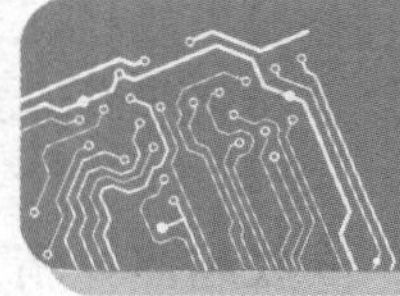

7.2 模拟量输入模块

PLC的基本单元只能对数字量进行处理，而不能直接处理模拟量。如果要处理模拟量，就必须通过特殊功能模块（模拟量输入模块）将模拟量转换成数字量，传送给 PLC 的基本单元进行处理。

普通模拟量输入模块的功能是将标准的电压信号（0～5V 或－10～10V）或电流信号（4～20mA 或－20～20mA）转换成相应的数字量，通过 FROM 指令读入到 PLC 的寄存器，然后进行相应的处理。普通模拟量输入模块主要有二通道模拟量输入模块 FX_{2N}- 2AD、四通道模拟量输入模块 FX_{2N}- 4AD 和八通道模拟量输入模块 FX_{2N}- 8AD。

7.2.1　二通道模拟量输入模块 FX_{2N}- 2AD

FX_{2N}- 2AD 模拟量输入模块有两个模拟量输入通道 CH1 和 CH2，通过这两个通道可将电压或电流转换成 12 位的数字量信号，并将数字信号输入到 PLC 中。CH1 和 CH2 可输入 0～10V 或 0～5V 的直流电压或 4～20mA 的直流电流。

FX_{2N}- 2AD 模拟量输入模块的模拟量到数字量转换特性可以调节，占用 8 个 I/O 点，它们可被分配为输入或输出。FX_{2N}- 2AD 模拟量输入模块与 PLC 进行数据传输时，需使用 FROM/TO 指令。

1. 接线方式

FX_{2N}系列 PLC 最多可连接 8 个 FX_{2N}- 2AD 模拟量输入模块。FX_{2N}- 2AD 模拟量输入模块与 PLC 基本单元的连接如图 7－2 所示。

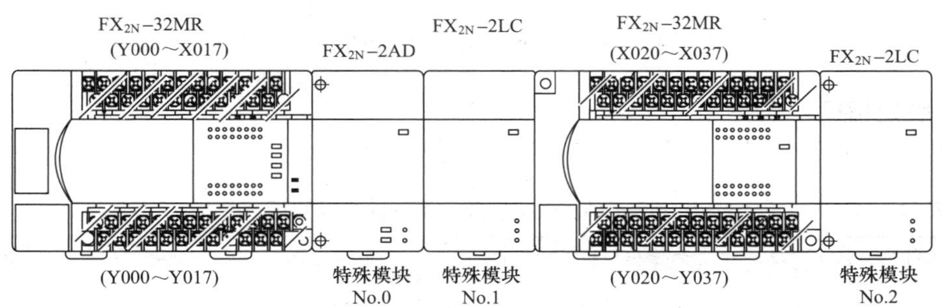

图 7－2　FX_{2N}- 2AD 模拟量输入模块与 PLC 基本单元的连接

FX_{2N}- 2AD 模拟量输入模块的接线方式如图 7－3 所示。图中“* 1”表示当电压输入存在波动或有大量噪声时，在此位置连接一个耐压值为 25V、容量为 0.1～0.47μF 的电容；“* 2”表示 FX_{2N}- 2AD 模拟量输入模块不能将一个通道作为模块电压输入，而将另一个作为电流输入，因为两个通道采用相同的偏移值和增益值。对于电流输入，必须将图中的 VIN 和 IIN 短接。模拟输入通过双绞线屏蔽电缆来连接，电缆的敷设应远离电源线或其他可能产生电气干扰的电线。

2. 输入/输出特性

FX_{2N}- 2AD 模拟量输入模块有两个输入通道，可以接成电压输入形式，也可以接成电流输入形式，这两个通道的输入/输出特性都相同。在出厂时，其 I/O 特性设定如图 7－4 所示。电压输入的 I/O 设定值：模拟值 0～10V，数字值 0～4000；电流输入的 I/O设定值：模拟值 4～20mA，数字值 0～4000。

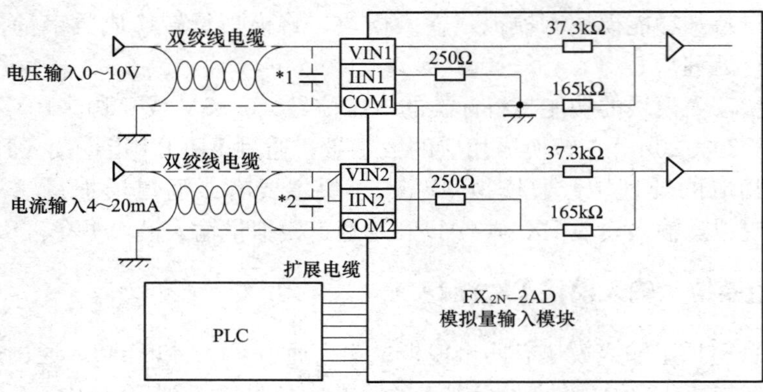

图 7-3　FX_{2N}-2AD模拟量输入模块的接线方式

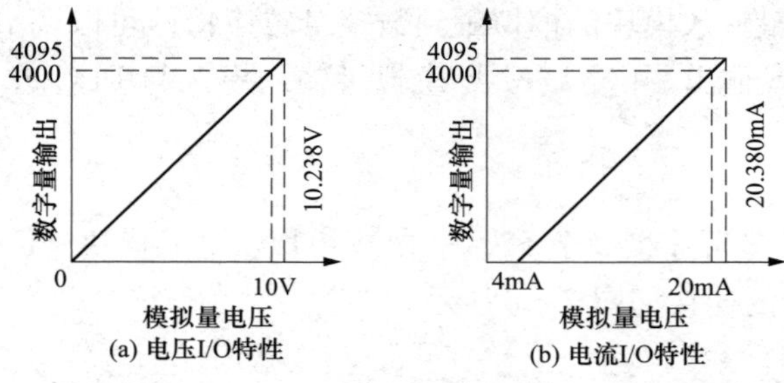

图 7-4　FX_{2N}-2AD模拟量输入模块的 I/O 特性

3. 性能指标

FX_{2N}-2AD模拟量输入模块的性能指标如表 7-2 所示。

表 7-2　FX_{2N}-2AD模拟量输入模块的性能指标

项目	电压输入	电流输入
模拟量输入范围	0~10V 或 0~5V 的直流电压（输入阻抗为 200kΩ）。当输入直流电压低于−0.5V 或超过 15V 时，此单元有可能造成损坏	4~20mA（输入阻抗为 250Ω）。当输入直流电流低于−2mA 或超过 60mA 时，此单元有可能造成损坏
分辨率	2.5mV（10V×1/4000），1.25mV（5V×1/4000）	4μA（20mA×1/4000）
综合精度	±1%（满量程 0~10V）	±1%（满量程 4~20mA）
数字输出	12 位	
转换速度	2.5ms/通道（顺序程序和同步）	
隔离方式	在模拟电路和数字电路之间用光电耦合器进行隔离； 主单元的电源用 DC/DC 转换器进行隔离； 模拟通道之间不进行隔离	
电源	DC 5V、30mA（由 PLC 基本单元提供）； DC 24V、85mA（由 PLC 基本单元提供）	
电流消耗	模拟电路：DC 24V±10%，50mA（外部电源供电）； 数字电路：DC 5V，20mA（PLC 内部供电）	
占用 I/O 点数	占用 8 个输入或输出点（可作为输入或输出）	

4. FX_{2N}－2AD 模拟量输入模块缓冲存储器 BFM

缓冲存储器 BFM 用来与 PLC 基本单元进行数据交换，每个缓冲存储器 BFM 由 16 位的寄存器组成，其 BFM 分配如表 7－3 所示。

表 7－3　　FX_{2N}－2AD 模拟量输入模块的 BFM 分配表

BFM 编号	b15～b8	b7～b4	b3	B2	b1	b0
＃0	未使用	当前输入值的低 8 位				
＃1	未使用		当前输入值的高 4 位			
＃2～＃16	未使用					
＃17	未使用				模/数转换开始标注位	模/数转换通道指定标注位
＃18 或更大	未使用					

缓冲存储器 BFM 的使用说明如下：

（1）BFM＃0 以二进制形式存储由 BFM＃17 指定通道标注指定的输入数据的当前低 8 位数据值。

（2）BFM＃1 以二进制形式存储输入数据当前值的高 4 位。

（3）BFM＃17 的 b0 位用来指定模/数转换通道，b1 为模/数转换开始位，当 b0＝0 时选择 CH1，当 b0＝1 时选择 CH2。

5. 增益和偏移

增益是指数字量所对应的输入电压或输入电流模拟量值。偏移是指数字量 0 所对应的输入电压或输入电流模拟量值。

通常，FX_{2N}－2AD 模拟量输入模块在出厂时初始值为 DC 0～10V，偏移值和增益值调整到数字值为 0～4000。当 FX_{2N}－2AD 模拟量输入模块用作电流输入或 DC 0～5V，或根据电气设备的输入特性进行输入时，有可能要对偏移值和增益值进行再调节。

FX_{2N}－2AD 模拟量输入模块的偏移值和增益值调节是根据 FX_{2N}－2AD 的容量调节器通过电压发生器或电流发生器对实际的模拟输入值设定一个数字值，如图 7－5 所示。如果将 FX_{2N}－2AD 向右旋转（顺时针）容量调节器，则调节的数字值增加。

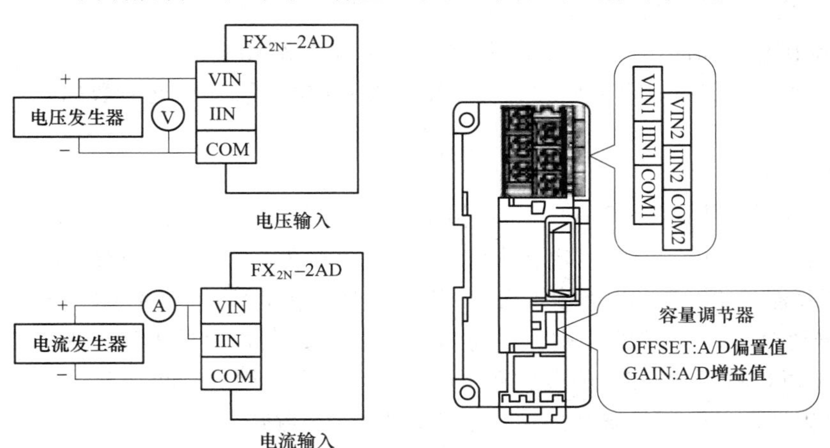

图 7－5　FX_{2N}－2AD 模拟量输入模块偏移和增益的调节

（1）调节增益值。增益值可设置为任意数字值，但是为了将12位分辨率展示到最大，可使用的数字范围为0～4000，如图7-6所示。

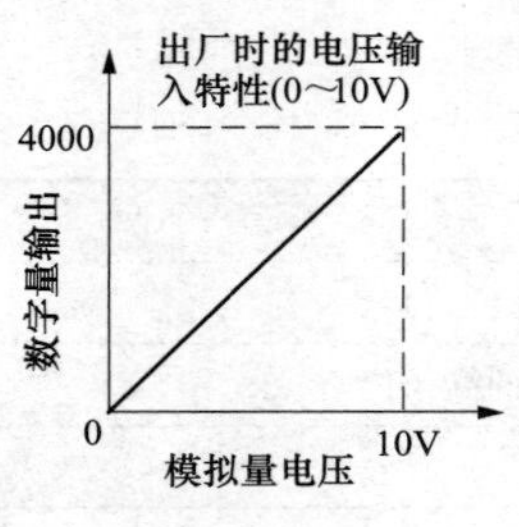

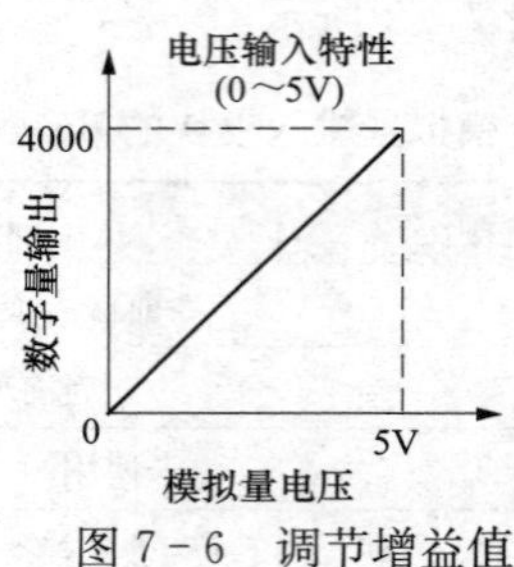

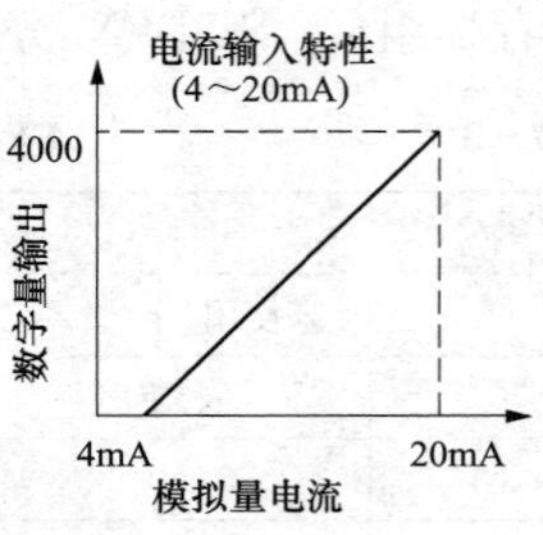

图7-6　调节增益值

（2）调节偏移值。偏移值可以设置为任意的数字值，但是当数字值以下述方式设置时，需设定模拟值。例如，当模拟范围为0～10V，而使用的数字范围为0～4000时，数字值为40等于100mV的模拟输入（40×10V/4000），如图7-7所示。

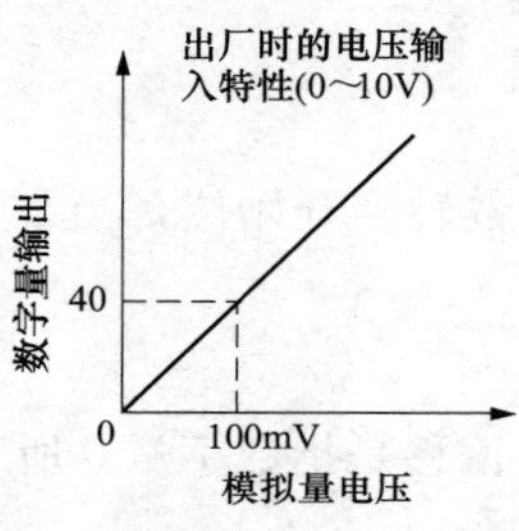

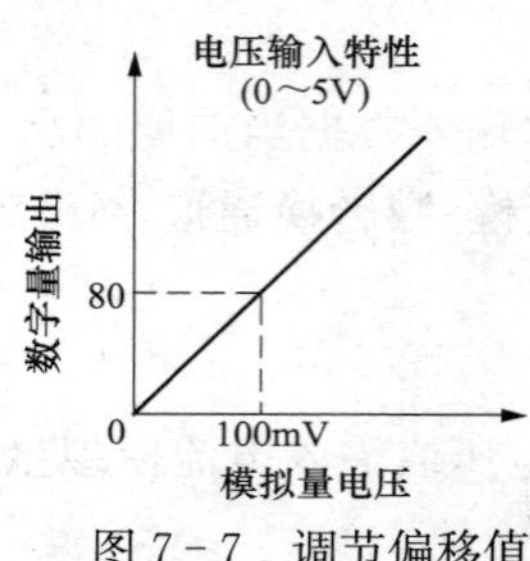

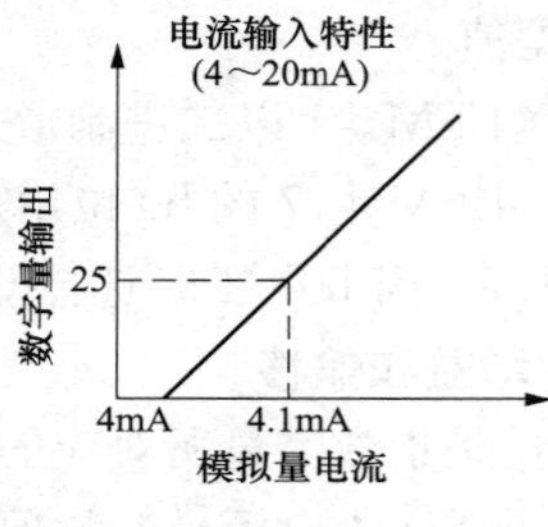

图7-7　调节偏移值

调节偏移和增益值时，需注意以下几点：

1）通道CH1和CH2的偏移和增益值调整是同时完成的，当调节其中一个通道的偏移或增益值时，则另一个道通的偏移或增益值自动进行相应调节。

2）需要反复交替调节偏移值和增益值，直到获得稳定的数值。

3）对模拟输入电路来说，每个通道都是相同的，通道之间几乎没有差别，但是，为获得最大的精度，应独自检查每个通道。

4）当调节偏移/增益时，按增益调节和偏移调节的顺序进行。

5）数字值不稳定时，可采用"计算FX_{2N}-2AD输入信号平均值数据"调节偏移值/增益值。

6. 应用实例

【例7-1】 使用FX_{2N}-2AD进行模拟量输入控制，具体要求：①当输入X000为ON时，启动FX_{2N}-2AD的CH1通道，先将CH1的数据暂存M200～M215中，再将数据存放到数据寄存器D100中。②当输入X001为ON时，启动FX_{2N}-2AD的CH2通道，先将CH2的数据暂存M200～M215中，再将数据存放到数据寄存器D101中。③当X000或X001为ON时，将模/数转换值存放在主单元寄存器中所用的时间为每通道2.5ms。

解　首先使用TO写特殊功能模块指令，选择模/数转换通道，其次再使用该指令启动模/数转换，然后使用FROM读特殊功能模块指令读取该通道的模/数转换值，最后使用MOV指令将转换值存放在相应的数据寄存器中。编写程序如图7-8所示。

```
X000
0  ─┤├─┬─[TO    K0  K17  H0      K1 ]   选择A/D输入通道CH1
       ├─[TO    K0  K17  H2      K1 ]   CH1的A/D转换开始
       ├─[FROM  K0  K0   K2M200  K2 ]   读取CH1的数字值
       └─────[MOV K4M200 D100]          CH1的高4位移到下面的8位位置上，并存储到D100中
X001
33 ─┤├─┬─[TO    K0  K17  H1      K1 ]   选择A/D输入通道CH2
       ├─[TO    K0  K17  H3      K1 ]   CH2的A/D转换开始
       ├─[FROM  K0  K0   K2M200  K2 ]   读取CH2的数字值
       └─────[MOV K4M200 D101]          CH2的高4位移到下面的8位位置上，并存储到D100中
66 ──────────────────────[END]
```

```
0  LD    X000
1  T0    K0      K17    H0      K1
10 T0    K0      K17    H2      K1
19 FROM  K0      K0     K2M200  K2
28 MOV   K4M200  D100
33 LD    X001
34 T0    K0      K17    H1      K1
43 T0    K0      K17    H3      K1
52 FROM  K0      K0     K2M200  K2
61 MOV   K4M200  D101
66 END
```

图 7－8　FX_{2N}－2AD 模拟量输入程序

【例 7－2】 计算 FX_{2N}－2AD 输入信号平均值。

解　当读取 FX_{2N}－2AD 输出的数字值不稳定时，可通过获得若干个扫描周期读取的平均值，即求 FX_{2N}－2AD 输入信号平均值的方法来调节偏移值/增益值。假如通过 20 个扫描周期来获得数字值，将通道 CH1 每次获得的数字值进行累加存放在 D115 和 D114 中，通道 CH2 每次获得的数字值进行累加存放在 D117 和 D116 中。当累加达到 20 次时，将 D115 和 D114 求平均值放在 D111 和 D110 中，将 D117 和 D116 求平均值放在 D113 和 D112 中。注意，在进行模/数转换前，应先将相应的数据寄存器进行清零。编写程序如图 7－9 所示。

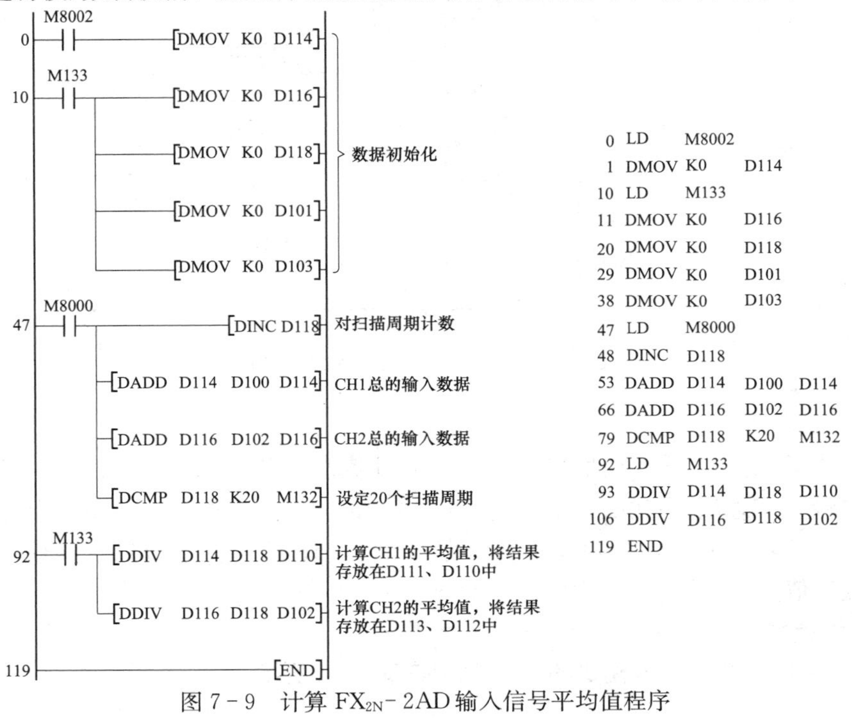

图 7－9　计算 FX_{2N}－2AD 输入信号平均值程序

7.2.2 四通道模拟量输入模块 FX_{2N}-4AD

FX_{2N}-4AD模拟量输入模块有四个模拟量输入通道CH1～CH4，通过这四个通道可将电压或电流转换成12位的数字量信号，并将数字信号输入到PLC中。CH1～CH4可输入−10～10V（分辨率为5mV）的直流电压或4～20mA或−20～20mA（分辨率为20μA）的直流电流。

FX_{2N}-4AD和FX_{2N}基本单元之间通过缓冲存储器交换数据，FX_{2N}-4AD共有32个缓冲器，每个缓冲器为16位。FX_{2N}-4AD占用FX_{2N}扩展总路线的8个点，这8个点可分配成输入或输出。

1. 接线方式

FX_{2N}-4AD模拟量输入模块的接线方式如图7-10所示。图中“*1”表示外部模拟量输入通过双绞屏蔽线与FX_{2N}-4AD的各个通道相连接；“*2”表示当电压输入存在波动或有大量噪声时，在此位置连接一个耐压值为25V、容量为0.1～0.47μF的电容；“*3”表示外部输入信号为电流信号时，需将V+和I+短接；“*4”表示若存在过多的电气干扰时，需将机壳的FG端和FX_{2N}-4AD的接地端相连；“*5”表示应尽可能将FX_{2N}-4AD与主单元PLC的地连接起来。

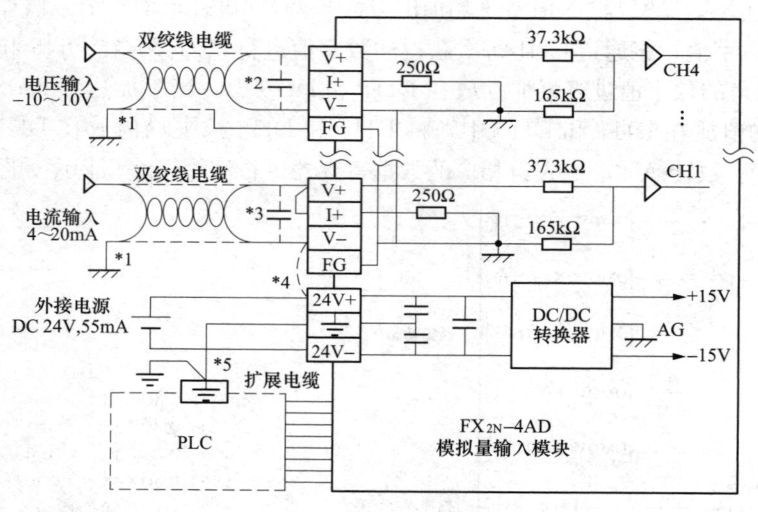

图7-10 FX_{2N}-4AD模拟量输入模块的接线方式

2. 输入/输出特性

FX_{2N}-4AD模拟量输入模块出厂设定的I/O特性如图7-11所示。图7-11（a）为电压I/O特性：模拟值−10～10V，数字值−2000～2000；图7-11（b）为电流I/O特性：模拟值4～20mA，数字值0～1000；图7-11（c）为电流I/O特性：模拟值−20～20mA，数字值−1000～1000。

3. 性能指标

FX_{2N}-4AD模拟量输入模块的性能指标如表7-4所示。

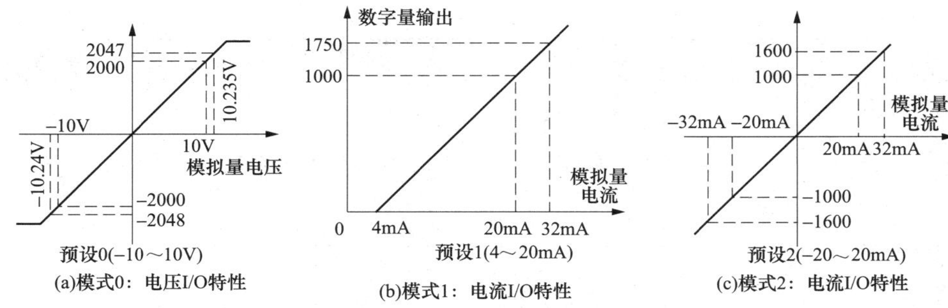

图 7－11　FX_{2N}－4AD 模拟量输入模块的 I/O 特性

表 7－4　　FX_{2N}－4AD 模拟量输入模块的性能指标

项目	电压输入	电流输入
模拟量输入范围	－10～10V 直流电压，当输入直流电压低于－15V 或超过 15V 时，此单元有可能造成损坏	－20～20mA 直流电流，当输入电流低于－32mA或超过 32mA 时，此单元有可能造成损坏
分辨率	5mV（10V×1/2000）	20μA（20mA×1/1000）
综合精度	±1%（满量程－10～10V）	±1%（满量程－20～20mA）
数字输出	12 位的转换结果以 16 位二进制补码方式存储，最大值：2047，最小值：－2048	
转换速度	15ms/通道（常速），6ms/通道（高速）	
隔离方式	在模拟电路和数字电路之间用光电耦合器进行隔离； 主单元的电源用 DC/DC 转换器进行隔离； 模拟通道之间不进行隔离	
电源	DC 5V、30mA（由 PLC 基本单元提供）； DC 24V、55mA（由外部电源提供）	
电流消耗	模拟电路：DC 24V±10%，55mA（外部电源供电） 数字电路：DC 5V，30mA（PLC 内部供电）	
占用 I/O 点数	占用 8 个输入或输出点（可作为输入或输出）	

4. FX_{2N}－4AD 模拟量输入模块缓冲存储器 BFM

缓冲存储器 BFM 用来与 PLC 基本单元进行数据交换，FX_{2N}－4AD 有 32 个缓冲器，编号为 BFM＃0～BFM＃31，每个缓冲存储器 BFM 由 16 位的寄存器组成，其 BFM 分配如表 7－5 所示。

表 7－5　　FX_{2N}－4AD 模拟量输入模块的 BFM 分配表

BFM 编号		内容	
W	＊＃0	指定 CH1～CH4 输入方式，默认为 H0000。若设定值用 H□□□□表示，则□＝0，设定值输入范围－10～10V；□＝1，设定值输入范围 4～20mA；□＝2，设定值输入范围－20～20mA；□＝3，关闭该通道。 H□□□□的最低位□控制 CH1，然后依次为 CH2、CH3 和 CH4。 例 H3302 表示 CH1 设定值输入范围－20～20mA，CH2 设定值输入范围－10～10V，CH3 和 CH4 关闭	
	＊＃1	CH1	各通道平均值的采样次数，采样次数范围 1～4096，默认采样次数为 8，若采样次数超过范围，按默认值 8 次进行处理
	＊＃2	CH2	
	＊＃3	CH3	
	＊＃4	CH4	

续表

<table>
<tr><th colspan="2">BFM编号</th><th colspan="2">内　容</th></tr>
<tr><td colspan="2">#5</td><td>CH1</td><td rowspan="4">输入采样平均值，这些采样值分别存放在CH1～CH4中</td></tr>
<tr><td colspan="2">#6</td><td>CH2</td></tr>
<tr><td colspan="2">#7</td><td>CH3</td></tr>
<tr><td colspan="2">#8</td><td>CH4</td></tr>
<tr><td colspan="2">#9</td><td>CH1</td><td rowspan="4">输入当前值，这些当前值分别存放在CH1～CH4中</td></tr>
<tr><td colspan="2">#10</td><td>CH2</td></tr>
<tr><td colspan="2">#11</td><td>CH3</td></tr>
<tr><td colspan="2">#12</td><td>CH4</td></tr>
<tr><td colspan="2">#13、#14</td><td colspan="2">保留</td></tr>
<tr><td colspan="2">#15</td><td colspan="2">转换速度选择，置1时选择15ms/通道，置0时选择6ms/通道</td></tr>
<tr><td colspan="2">#16～#19</td><td colspan="2">保留</td></tr>
<tr><td rowspan="5">W</td><td>*#20</td><td colspan="2">复位为缺省预定值，缺省设定值=H0000</td></tr>
<tr><td>*#21</td><td colspan="2">b1、b2=10时，禁止增益和偏移值调整；b1、b2=01时，允许增益和偏移值调整</td></tr>
<tr><td>*#22</td><td colspan="2">偏移和增益调整，默认值：000<table><tr><td>b7</td><td>b6</td><td>b5</td><td>b4</td><td>b3</td><td>b2</td><td>b1</td><td>b0</td></tr><tr><td>G4</td><td>O4</td><td>G3</td><td>O3</td><td>G2</td><td>O2</td><td>G1</td><td>O1</td></tr></table></td></tr>
<tr><td>*#23</td><td>偏移值</td><td rowspan="2">调整的输入通道由BFM#22的G-O位的状态指定，如BFM#22的G1、O1位置1，则BFM#23和BFM#24的设定值即可送入CH1的偏移和增益寄存器，各通道的偏移和增益可以统一调整，也可单独调整</td></tr>
<tr><td>*#24</td><td>增益值</td></tr>
<tr><td colspan="2">#25～#28</td><td colspan="2">保留</td></tr>
<tr><td colspan="2">#29</td><td colspan="2">错误状态信息</td></tr>
<tr><td colspan="2">#30</td><td colspan="2">特殊功能模块识别码，用FROM指令读入，FX2N-4AD的识别码为K2010</td></tr>
<tr><td colspan="2">#31</td><td colspan="2">保留</td></tr>
</table>

注　表中标有“W”的缓冲寄存器中的数据可由PLC通过TO指令改写，以更改FX2N-4AD的运行参数，调整输入方式、输入增益和偏移等。不带“*”的缓冲寄存器中的数据可由PLC通过FROM指令读取。

BFM#29错误状态信息如表7-6所示。

表7-6　　BFM#29错误状态信息

BFM#29的位	=1（ON）	=0（OFF）
b0：错误	b1～b3中任何一个为1时，则b0为1；b2～b3中任何一个为1时，则所有通道的A/D转换停止	无错误
b1：偏移/增益错误	偏移值和增益值调整错误	偏移值和增益值调整正常
b2：电源故障	24V DC电源错误	电源正常
b3：硬件错误	A/D或其他器件错误	硬件正常
b10：数字范围错误	数字输出值小于-2048或大于2047	数字输出正常
b11：平均取样错误	数字平均采样值大于4096或小于0（使用8位缺省值设定）	平均值正常（1～4096）
b12：偏移/增益调整禁止	禁止调整：BFM#21缓冲器的b1b0=10	允许调整：BFM#21缓冲器的b1b0=01

三菱FX_{2N} PLC从入门到精通

5. 增益和偏移

在 FX_{2N}-4AD 模拟量输入模块中的增益决定了校正线的角度（斜率），由数字 1000 标识；偏移是校正线的位置，由数字 0 标识，如图 7-12 所示。

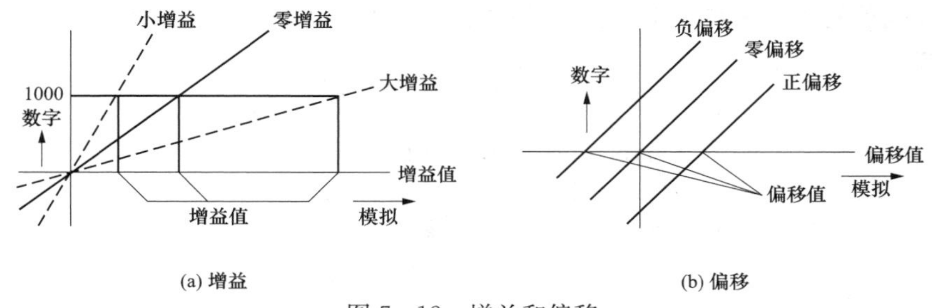

图 7-12　增益和偏移

从图 7-12（a）中可以看出，小增益读取数字值间隔大；零增益时，缺省值应为 5V 或 20mA；大增益读取数字值间隔小。从图 7-12（b）中可看出，零偏移时，缺省值为 0V 或 4mA。偏移和增益可以同时或单独设置，偏移的设置范围为－5～5V 或－20～20mA，增益的设置范围为 1～15V 或 4～32mA。

6. 应用实例

【例 7-3】 FX_{2N}-4AD 的基本应用。将 FX_{2N}-4AD 模拟量输入模块安装在特殊功能模块 0 号位置，CH1 为电流输入，CH2 为电压输入，平均采样 4 次，PLC 的 D100 和 D101 存储器用来存储接收到的平均数字值。M10～M25 用来存放错误状态信息。

解　首先使用 FROM 指令由 BFM＃30 读取 0 号位置的特殊功能模块的 ID 号，然后使用 CMP 将 FX_{2N}-4AD 的识别码与 ID 号进行比较，若两者相同，则使用 TO 指令设置输入通道及采样次数，进行模/数转换。在转换中若有错误，使用 FROM 指令将错误状态信息存储在 M10～M25 中；无错误，则使用 FROM 指令将采样的平均值分别存放在 D100 和 D101 中。编写程序如图 7-13 所示。

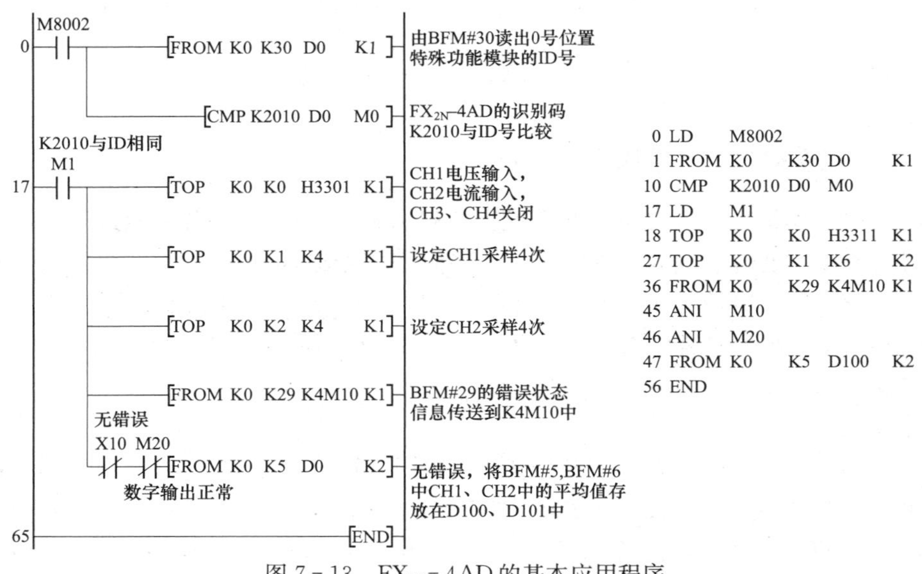

图 7-13　FX_{2N}-4AD 的基本应用程序

【例 7-4】 FX_{2N}-4AD 增益和偏移量的设置。要求通过软件设置调整 FX_{2N}-4AD 的偏移量为 0V，增益量为 2.5V。

解 可以使用 PLC 输入终端的下压按钮开关来调整 FX_{2N}-4AD 的偏移/增益量，也可使用软件编程的方式来调整 FX_{2N}-4AD 的偏移/增益量。FX_{2N}-4AD 增益和偏移量的设置程序如图 7-14 所示。

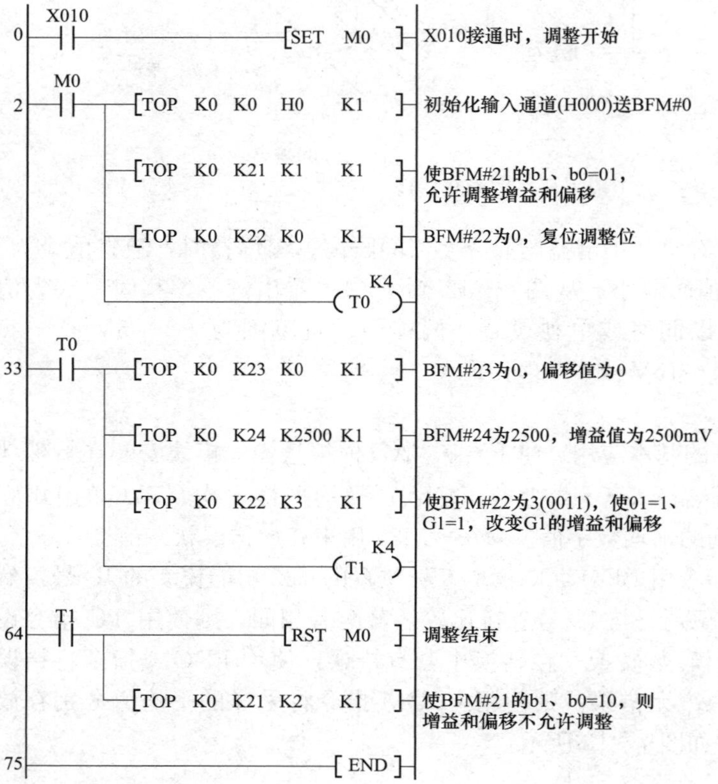

```
    X010
 0 ─┤├──────────────[SET  M0       ]  X010接通时，调整开始
    M0
 2 ─┤├──┬──[TOP K0 K0  H0    K1]  初始化输入通道(H000)送BFM#0
        ├──[TOP K0 K21 K1    K1]  使BFM#21的b1、b0=01，
        │                          允许调整增益和偏移
        ├──[TOP K0 K22 K0    K1]  BFM#22为0，复位调整位
        │                  K4
        └──────────────(T0   )
    T0
33 ─┤├──┬──[TOP K0 K23 K0    K1]  BFM#23为0，偏移值为0
        ├──[TOP K0 K24 K2500 K1]  BFM#24为2500，增益值为2500mV
        ├──[TOP K0 K22 K3    K1]  使BFM#22为3(0011)，使01=1、
        │                          G1=1，改变G1的增益和偏移
        │                  K4
        └──────────────(T1   )
    T1
64 ─┤├──┬───────────[RST  M0       ]  调整结束
        └──[TOP K0 K21 K2    K1]  使BFM#21的b1、b0=10，则
                                   增益和偏移不允许调整
75 ─────────────────[END           ]
```

```
 0 LD   X010
 1 SET  M0
 2 LD   M0
 3 TOP  K0  K0   H0     K1
12 TOP  K0  K21  K1     K1
21 TOP  K0  K22  K0     K1
30 OUT  T0  T4
33 LD   T0
34 TOP  K0  K23  K0     K1
43 TOP  K0  K24  K2500  K1
52 TOP  K0  K22  H3     K1
61 OUT  T1  K4
64 LD   T1
65 RST  M0
66 TOP  K0  K21  K2     K1
75 END
```

图 7-14 FX_{2N}-4AD 增益和偏移量的设置程序

7.2.3 八通道模拟量输入模块 FX_{2N}-8AD

FX_{2N}-8AD 模拟量输入模块有八个模拟量输入通道 CH1～CH8，通过这八个通道可将电压或电流或温度转换成数字量信号，并将数字信号输入到 PLC 中。电压输入可选择范围为－10～10V，电流输入可选择范围为－20～20mA，热电偶输入可选择范围是 K 类、J 类和 T 类。八个通道输入电压或电流时，每个通道的输入特性可以调整；八个通道使用热电偶输入时，不能调整输入特性。

1. 接线方式

FX_{2N}-8AD 模拟量输入模块的接线方式如图 7-15 所示。图中“*1”表示外部模拟量输入通过双绞屏蔽线与 FX2N-8AD 的各个通道相连；“*2”表示外部输入信号为电流信号时，需将 V+和 I+短接；“*3”表示当电压输入存在波动或有大量噪声时，在此位置连接一个耐压值为 25V、容量为 0.1～0.47μF 的电容；“*4”表示也可以使用 PLC 的 24V 直流电源；“*5”表示若存在过多的电气干扰时，需将机壳的 FG 端和 FX_{2N}-8AD 的接地端相连；“*6”表示可使用隔离类型的热电偶，如 K 类、J 类和 T 类。

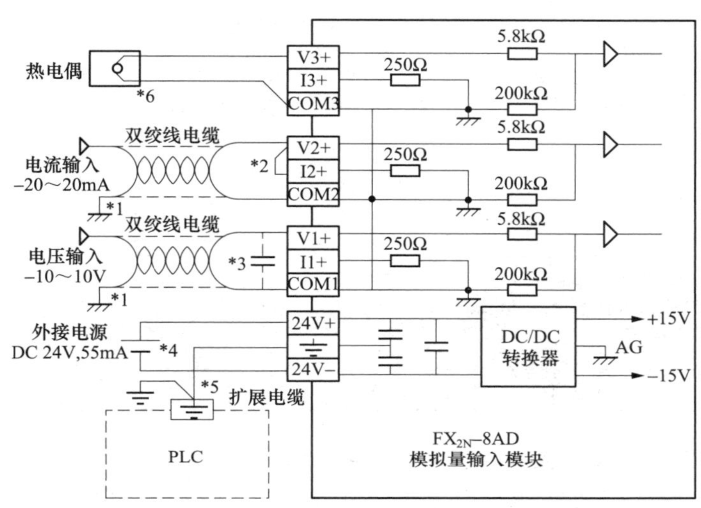

图 7-15　FX_{2N}-8AD 模拟量输入模块的接线方式

2. 输入/输出特性

FX_{2N}-8AD 模拟量输入模块出厂设定的 I/O 特性如图 7-16 所示。图 7-16（a）为电压 I/O 特性：模拟值－10～10V，数字值－16000～16000，分辨率为 0.63mV；图 7-16（b）为电流 I/O 特性：模拟值－20～20mA，数字值－8000～8000，分辨率为 2.5μA；图 7-16（c）为－100～1200℃的 K 类热电偶 I/O 特性。

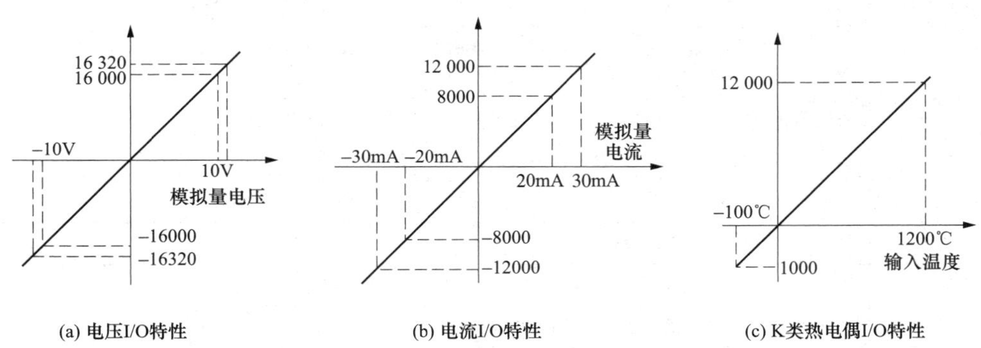

图 7-16　FX_{2N}-8AD 模拟量输入模块的 I/O 特性

3. 性能指标

FX_{2N}-8AD 模拟量输入模块的性能指标如表 7-7 所示。

表 7-7　　FX_{2N}-8AD 模拟量输入模块的性能指标

项目	电压输入	电流输入	热电偶输入
模拟量输入范围	-10～10V 直流电压（输入阻抗为 200kΩ）	直流电流 4～20mA 或 -20～20mA（输入阻抗为 250Ω）	-100～1200℃（K 类）；-100～600℃（J 类）；-100～350℃（T 类）
分辨率	0.63mV（-10～10V×1/32 000）；2.5mV（-10～10V×1/32 000）	2.5μA（-20～20mA×1/16 000）；5μA（-20～20mA×1/8000）；2.5μA（4～20mA×1/8000）；4μA（4～20mA×1/4000）	0.1℃
综合精度	±0.5%	±0.5%	±1%
数字输出	带符号 16 位		
转换速度	0.5ms/通道		
电源	DC 5V、50mA（由 PLC 基本单元提供）；DC 24V、80mA（由外部电源提供）		
隔离	光电耦合隔离		
I/O 点数	占用 8 个输入或输出点（可作为输入或输出）		

4. FX_{2N}-8AD 模拟量输入模块缓冲存储器 BFM

缓冲存储器 BFM 用来与 PLC 基本单元进行数据交换，其 BFM 分配如表 7-8 所示。

表 7-8　　FX_{2N}-8AD 模拟量输入模块的 BFM 分配表

BFM 编号	内　容
#0	指定 CH1～CH4 输入方式，默认为 H0000
#1	指定 CH5～CH8 输入方式，默认为 H0000
#2～#9	设置 CH1～CH8 的采样次数（范围为 1～4095）
#10～#17	CH1～CH8 转换结果数据（采样平均值或当前采样值）
#18、#23、#25、#31	保留
#19	禁止 I/O 特性的设置改变（BFM#0，BFM#1，BFM#21）和便捷功能（BFM#22），禁止修改为 K2，允许修改 K1，默认值为 K1
#20	通道控制数据的初始化。为 K0，正常设定；为 K1，恢复出厂默认数据
#21	写入 I/O 特性，b0～b7 由低到高依次为 CH1～CH8 的增益、偏移量数据写入 EEPROM
#22	设置便捷功能（数据增加，上界/下界值检测，突变检测和峰值保持）
#24	指定高速转换通道，设置范围 K0～K8
#26	上/下界值误差状态（BFM#22 的 b1 为 ON 时有效）
#27	A/D 数据突变检测状态（BFM#22 的 b1 为 ON 时有效）
#28	范围溢出状态
#29	错误状态
#30	型号编码（K2050）
#41～#48	CH1～CH8 偏移设定
#51～#58	CH1～CH8 增益设定

续表

BFM 编号	内　　容
＃61～＃68	CH1～CH8 附加数据设置范围（－1600～1600），BFM＃22 的 b0 为 ON 时有效
＃71～＃78	CH1～CH8 下界值错误设置值，BFM＃22 的 b1 为 ON 时有效
＃81～＃88	CH1～CH8 上界值错误设置值，BFM＃22 的 b1 为 ON 时有效
＃91～＃98	CH1～CH8 突变检测设置值设置范围，全范围 1%～50%（BFM＃22 的 b2 为 ON 时有效）
＃101～＃102	CH1～CH8 峰值（最小值）设置（BFM＃22 的 b3 为 ON 时有效）
＃111～＃112	CH1～CH8 峰值（最大值）设置（BFM＃22 的 b3 为 ON 时有效）
＃198	数据记录采样时间，设置范围 0～30000ms（只有平均次数 BFM＃2～BFM＃9 设置为 1 的通道有效）
＃199	复位或停止数据记录（只有平均次数 BFM＃2～BFM＃9 设置为 1 的通道有效）
＃200～＃3399	CH1～CH8 数据记录（每个通道记录第 1 个值至第 400 个值，且只有平均次数 BFM＃2～BFM＃9 设置为 1 的通道有效）

若 BFM＃0、BFM＃1 的设定值用 H□□□□表示，则 BFM＃0 的最低位□控制 CH1，然后依次为 CH2、CH3 和 CH4；BFM＃1 的最低位□控制 CH5，然后依次为 CH6、CH7 和 CH8。“□”中对应设定如下：

□＝0，通道模拟量输入为－10～10V 直流电压，分辨率为 0.63mV；

□＝1，通道模拟量输入为－10～10V 直流电压，分辨率为 2.5mV；

□＝2，通道模拟量输入为－10～10V 直流电压，直接显示方式，分辨率为 1.0mV；

□＝3，通道模拟量输入为 4～20mA 直流电流，分辨率为 2.0μA；

□＝4，通道模拟量输入为 4～20mA 直流电流，分辨率为 4.0μA；

□＝5，通道模拟量输入为 4～20mA 直流电流，直接显示方式，分辨率为 2.0μA；

□＝6，通道模拟量输入为－20～20mA 直流电流，分辨率为 2.5μA；

□＝7，通道模拟量输入为－20～20mA 直流电流，分辨率为 5.0μA；

□＝8，通道模拟量输入为－20～20mA 直流电流，直接显示方式，分辨率为 2.5μA；

□＝9，K 类热电偶－100～1200℃温度测量输入，分辨率为 0.1℃；

□＝A，J 类热电偶－100～600℃温度测量输入，分辨率为 0.1℃；

□＝B，T 类热电偶－100～350℃温度测量输入，分辨率为 0.1℃；

□＝C，K 类热电偶－148～2192℉温度测量输入，分辨率为 0.1℉；

□＝D，J 类热电偶－148～1112℉温度测量输入，分辨率为 0.1℉；

□＝E，T 类热电偶－148～662℉温度测量输入，分辨率为 0.1℉；

□＝F，通道关闭。

BFM＃29 错误状态信息如表 7-9 所示。

表 7-9　　BFM＃29 错误状态信息

BFM＃29 的位	＝1（ON）	＝0（OFF）
b0：报警	b1～b4 中任何一个为 1 时，则 b0 为 1	无错误
b1：偏移/增益错误	偏移值和增益值超出设定范围	偏移值和增益值调整正常
b2：电源故障	24V DC 电源错误	电源正常

续表

BFM#29 的位	=1（ON）	=0（OFF）
b3：硬件错误	A/D或其他器件错误	硬件正常
b4：A/D转换值错误	A/D转换值不正常，使用范围溢出数据（BFM#28）	A/D转换值正常
b5：热电偶预热	电源开启后，该位被置为1，并持续20min	—
b6：禁止读/写 BFM	进行输入特性改变时，该位置1。该位为1时，不能从BFM读出或向BFM写入数据	—
b7、b11	—	—
b8：检测到设置值错误	b9～b15中任何1位置为1时，该位为1	b9～b15中任何1位都为0
b9：输入模式设置错误	输入模式（BFM#0、BFM#1）设置错误	输入模式（BFM#0、BFM#1）设置正常
b10：数字范围错误	数字输出值小于－2048或大于2047	数字输出正常
b12：突变检测设定错误	突变检测设定值错误	突变检测设定值正常
b13：上/下界值设置错误	上/下界值设置错误	上/下界值设置正确
b14：高速转换设置错误	高速转换设置错误	高速转换设置正确
b15：附加数据设置错误	附加数据设置错误	附加数据设置正确

5. 应用实例

【例7-5】 使用FX_{2N}-8AD的缓冲存储器来调整I/O特性。首先将输入模式写入BFM#0和BFM#1，将偏移量写入BFM#41～BFM#48，增益写入BFM#51～BFM#58。然后，用BFM#21更新每个通道的偏移数据和增益数据。由于改变输入模式（BFM#0、BFM#1）大约需要5s的时间，为确保修改完输入后到执行写入每一个设置（TO命令）之间至少有5s的间隔，因此需要在指定FX_{2N}-8AD输入模式的同时启动定时器，当定时器延时达到5s后，再由定时器来启动FX_{2N}-8AD偏移量和增益值的设置。使用TO指令，通过BFM#21可以一次写入一个或多个通道的I/O特性，编写的程序如图7-17所示。

【例7-6】 FX_{2N}-8AD采集模拟数据到PLC中的应用。将FX_{2N}-8AD安装在PLC基本单元右边第1个位置，即0号模块。CH1和CH2设置为－10～10V的电压输入；CH3和CH4设置为4～20mA的电流输入；CH5和CH6设置为K类热电偶输入；CH7和CH8未使用。每个通道采用标准I/O特性，均使用上/下界值检测功能。CH1～CH6的采样次数均为1，其中CH1～CH4的采样时间为6ms；CH5和CH6的采样时间为240ms。PLC基本单元的I/O分配如表7-10所示，编写的程序如图7-18所示。

```
X000
─┤├─┬─[TOP  K0  K0  H1600   K1 ]─   指定CH1～CH4的输入模式
M0   │
─┤├─┼─[TOP  K0  K1  HOFFA1  K1 ]─   指定CH5～CH8的输入模式
     │                      K50
     └──────────────────( T0 )─
T0
─┤├─┬─[TOP  K0  K41  K0     K2 ]─   写入CH1和CH2的偏移量
     ├─[TOP  K0  K51  K1250  K2 ]─   写入CH1和CH2的增益值
     ├─[TOP  K0  K44  K0     K1 ]─   写入CH4的偏移值
     ├─[TOP  K0  K51  H1000  K1 ]─   写入CH4的增益值
     ├─[TOP  K0  K21  HOFF   K1 ]─   一次写入所有通道的偏移量和增益值
     └──────────[RST   M0 ]─
```

```
LD    X000
OR    M0
TOP   K0   K0    H1600   K1
TOP   K0   K1    HOFFA1  K1
OUT   T0   K50
LD    T0
TOP   K0   K41   K0      K2
TOP   K0   K51   K1250   K2
TOP   K0   K44   K0      K1
TOP   K0   K54   H1000   K1
TOP   K0   K21   HOFF    K1
RST   M0
```

图 7-17　FX_{2N}-8AD 缓冲存储器调整 I/O 特性的程序

表 7-10　　FX_{2N}-8AD 采集模拟数据到 PLC 中的 I/O 分配表

输　入			输　出		
功能	元件	PLC 地址	功能	元件	PLC 地址
清除上/下界值错误	SB0	X000	输出每个通道的上/下界值错误状态	HL0～HL15	Y000～Y017
清除范围溢出错误	SB1	X001	输出每个通道的范围溢出状态	HL16～HL31	Y020～Y037

```
M8002
─┤├─┬─[T0     K0   K0    H3300   K1 ]─   指定CH1～CH4的输入模式
     └─[T0     K0   K1    HOFF99  K1 ]─   指定CH5～CH8的输入模式
M8000                                K50
─┤├──────────────────────────( T0 )─
T0
─┤├─┬─[TOP    K0   K22   H2      K1 ]─   允许上/下界值检测功能
     ├─[FROM   K0   K10   D0      K6 ]─   从CH1～CH6中读取通道数据
     │                                     CH1→ D0，CH2→D1 … CH6→ D5
     ├─[FROM   K0   K26   K4M0    K1 ]─   读取上/下界值错误状态(M0～M15)
     └─[FROM   K0   K29   K4M20   K1 ]─   读取错误状态(BFM#29→D6)
```

图 7-18　FX_{2N}-8AD 采集模拟数据到 PLC 中的应用程序（一）

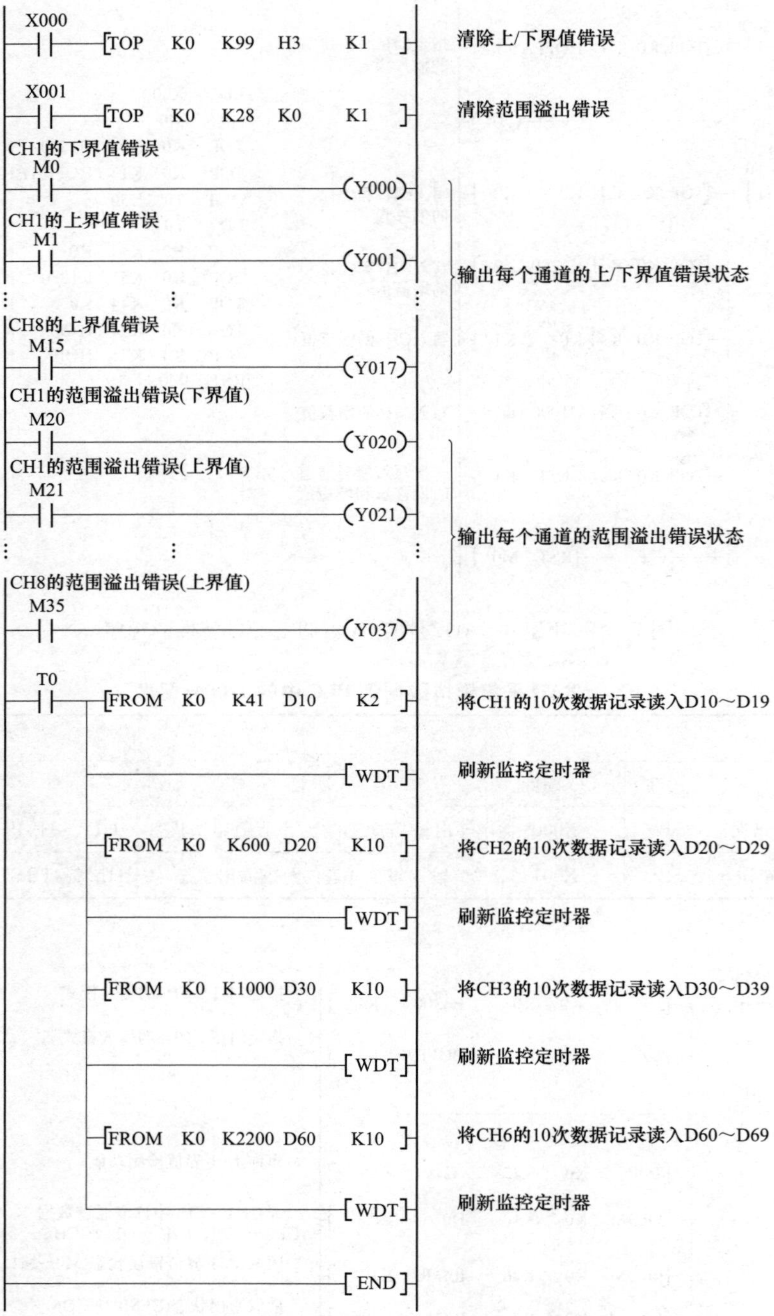

```
 X000
─┤├──[TOP   K0   K99   H3    K1  ]      清除上/下界值错误
 X001
─┤├──[TOP   K0   K28   K0    K1  ]      清除范围溢出错误
CH1的下界值错误
 M0
─┤├────────────────────────(Y000)
CH1的上界值错误
 M1
─┤├────────────────────────(Y001)      输出每个通道的上/下界值错误状态
 ⋮            ⋮                  ⋮
CH8的上界值错误
 M15
─┤├────────────────────────(Y017)
CH1的范围溢出错误(下界值)
 M20
─┤├────────────────────────(Y020)
CH1的范围溢出错误(上界值)
 M21
─┤├────────────────────────(Y021)      输出每个通道的范围溢出错误状态
 ⋮            ⋮                  ⋮
CH8的范围溢出错误(上界值)
 M35
─┤├────────────────────────(Y037)
 T0
─┤├──┬─[FROM  K0  K41    D10   K2  ]    将CH1的10次数据记录读入D10～D19
     ├─────────────────────[WDT]        刷新监控定时器
     ├─[FROM  K0  K600   D20   K10 ]    将CH2的10次数据记录读入D20～D29
     ├─────────────────────[WDT]        刷新监控定时器
     ├─[FROM  K0  K1000  D30   K10 ]    将CH3的10次数据记录读入D30～D39
     ├─────────────────────[WDT]        刷新监控定时器
     ├─[FROM  K0  K2200  D60   K10 ]    将CH6的10次数据记录读入D60～D69
     └─────────────────────[WDT]        刷新监控定时器
───────────────────────────[END]
```

图 7－18　FX_{2N}－8AD采集模拟数据到 PLC 中的应用程序（二）

7.3 模拟量输出模块

对于 FX_{2N}系列 PLC 而言，模拟量扩展输出模块主要有二通道模拟量输出模块 FX_{2N}-2DA 和四通道模拟量输出模块 FX_{2N}-4DA。

7.3.1 二通道模拟量输出模块 FX_{2N}-2DA

FX_{2N}-2DA 模拟量输出模块是将 PLC 中的 12 位数字信号转换成相应的电压或电流模拟量，控制外部电气设备。FX_{2N}-2DA 有两个模拟量输出通道 CH1 和 CH2，输出量程为 DC 0～10V、0～5V 和 DC 4～20mA，转换速度为 4ms/通道，在程序中占用 8 个 I/O 点。

1. 接线方式

FX_{2N}-2DA 模拟量输出模块的接线方式如图 7-19 所示。图中“*1”表示当电压输入存在波动或有大量噪声时，在此位置连接一个耐压值为 25V、容量为 0.1～0.47μF 的电容；“*2”表示电压输出时，需将 IOUT 和 COM 进行短路。

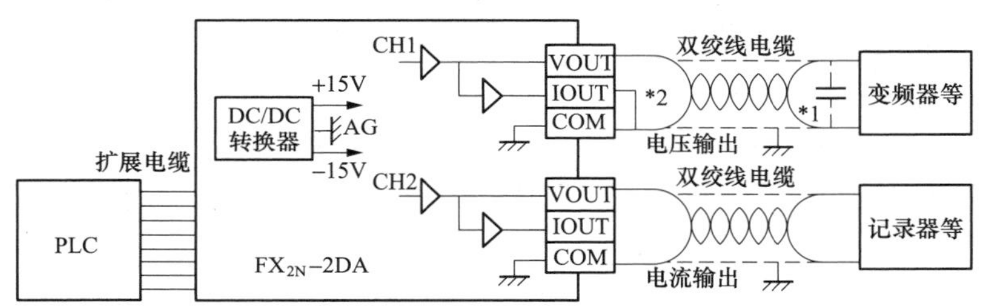

图 7-19　FX_{2N}-2DA 模拟量输出模块的接线方式

2. 输入/输出特性

FX_{2N}-2DA 模拟量输出模块出厂设定的 I/O 特性如图 7-20 所示，两个通道的 I/O 特性都相同。图 7-20（a）为电压 I/O 特性，设定值：模拟值 0～10V，数字值 0～4000；图 7-20（b）为电流 I/O 特性，设定值：模拟值 4～20mA，数字值 0～4000。

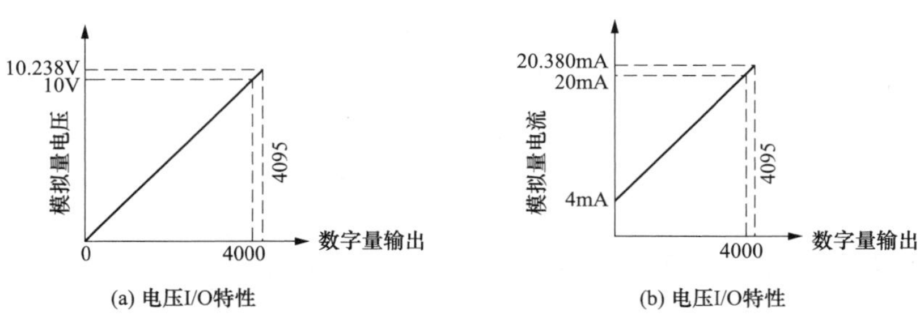

图 7-20　FX_{2N}-2DA 模拟量输出模块的 I/O 特性

3. 性能指标

FX_{2N}-2DA模拟量输出模块的性能指标如表7-11所示。

表7-11　　FX_{2N}-2DA模拟量输出模块的性能指标

项目	电压输出	电流输出
模拟量输出范围	DC 0～10V，DC 0～5V（外接负载电阻2kΩ～1MΩ）	4～20mA（外部负载电阻不超过500Ω）
分辨率	2.5mV（10V/4000），1.25mV（5V/4000）	4μA（20mA/4000）
综合精度	±1%（满量程0～10V）	±1%（满量程4～20mA）
数字输入	12位	
转换速度	4ms/通道（顺序程序和同步）	
隔离方式	在模拟电路和数字电路之间用光电耦合器进行隔离； 主单元的电源用DC/DC转换器进行隔离； 模拟通道之间不进行隔离	
电流消耗	模拟电路：DC 24V±10%，85mA（PLC内部电源供电）； 数字电路：DC 5V，30mA（PLC内部电源供电）	
占用I/O点数	模块占用8个输入或输出点（可为输入或输出）	

4. FX_{2N}-2DA模拟量输出模块缓冲存储器BFM

FX_{2N}-2DA模拟量输出模块的每个缓冲存储器BFM为16位，其分配如表7-12所示。

表7-12　　FX_{2N}-2DA模拟量输出模块的BFM分配表

BFM编号	b15～b8	b7～b3	b2	b1	b0
#0～#15	保留				
#16	保留	输出数据的当前值（8位数据）			
#17	保留		D/A低8位数据保持	CH1 D/A转换开始	CH2 D/A转换开始
#18或更大	保留				

缓冲存储器BFM的使用说明如下：

BFM#16：写入由BFM#17（数字值）指定的通道的D/A转换数据值，数据值按二进制形式并将低8位和高4位两部分按顺序进行保存。

BFM#17：b0由1改为0时，CH2的D/A开始转换；b1由1改为0时，CH1的D/A开始转换；b2由1改为0时，D/A转换的低8位数据保持。

5. 增益与偏移

通常，FX_{2N}-2DA模拟量输出模块在出厂时，偏移值和增益值已经过调整，数字初始值为0～4000，电压输出为DC 0～10V。当FX_{2N}-2DA模拟量输出模块用作电流输出或根据电气设备的输出特性和初始数字值不同时，有可能要对偏移值和增益值进行再调节。

FX_{2N}-2DA模拟量输出模块的偏移值和增益值调节是根据FX_{2N}-2DA的容量调节器

通过电压表或电流表对实际的模拟输出值设定一个数字值，如图 7－21 所示。如果将 FX_{2N}－2DA 向右旋转（顺时针）容量调节器，则调节的数字值增加。

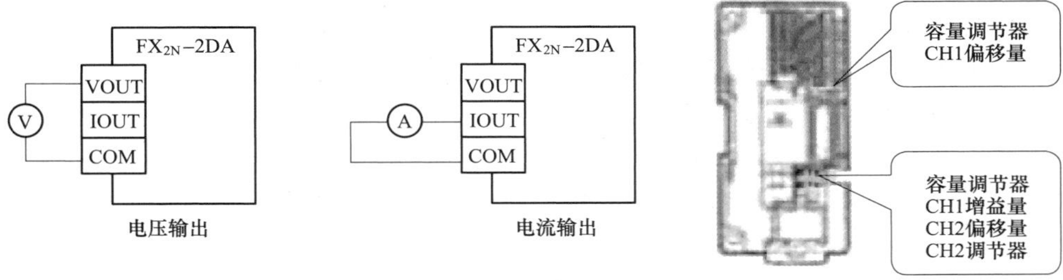

图 7－21　FX_{2N}－2DA 偏移和增益的调节

（1）调节增益值。增益值可设置为任意数字值，但是为了将 12 位分辨率展示到最大，可使用的数字范围为 0～4000，如图 7－22 所示。

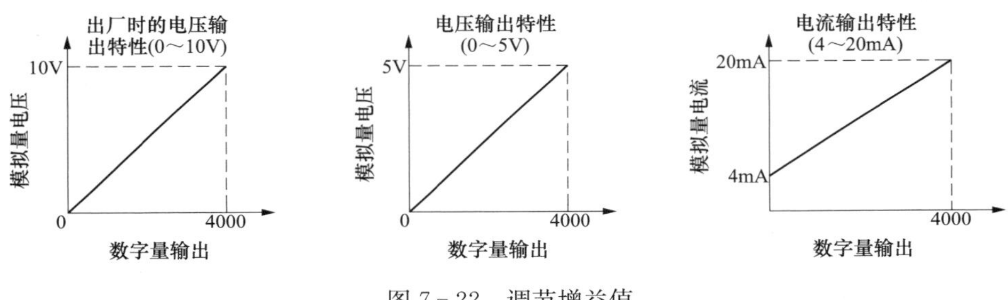

图 7－22　调节增益值

（2）调节偏移值。电压输入时，偏移值为 0V；电流输入时，偏移值为 4mA。但是如果需要，偏移量可以设置为任意数字值。例如，当模拟范围为 0～10V，而使用的数字范围为 0～4000 时，数字值为 40 等于 100mV 的模拟输出（40×10V/4000），偏移值的调整如图 7－23 所示。

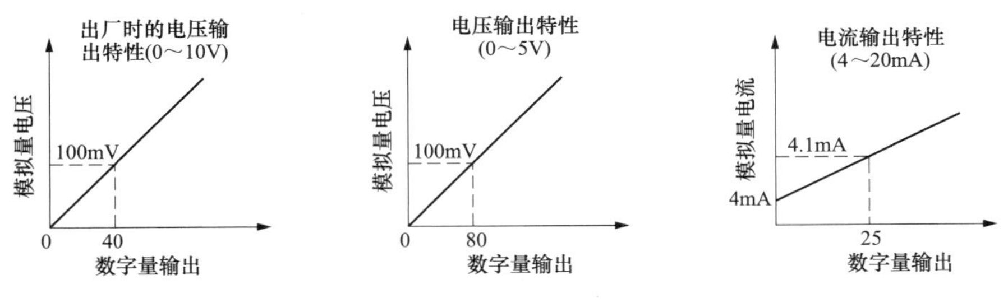

图 7－23　调节偏移值

调节偏移和增益值时，需注意以下几点：

1）通道 CH1 和 CH2 的偏移和增益值调整是同时完成的，当调节其中一个通道的偏移或增益值时，则另一个道通的偏移或增益值自动进行相应调节。

2）需要反复交替调节偏移值和增益值，直到获得稳定的数值。

3）当调节偏移/增益时，按增益调节和偏调节的顺序进行。

6. 应用实例

【例 7-7】 FX_{2N}-2DA 模拟量输出模块与 FX_{2N}系列 PLC 连接，当 X000 为 1 时，启动 D/A 转换，将 D100 中的 12 位数字量转换成模拟量，经 CH1 输出；当 X001 为 1 时，启动 D/A 转换，将 D101 中的 12 位数字量转换成模拟量，经 CH2 输出。

解 为了实现“二次传送”动作，需要利用 PLC 的内部继电器 M100～M115 进行传送转换。“二次传送”的动作过程如下：

(1) 将 D100 中 12 位数字量的低 8 位通过 TO 指令传送到模拟缓冲存储器 BFM＃16 中。

(2) 通过 BFM＃17 的 b2 控制，保存低 8 位数据。

(3) 将 D100 中 12 位数字量的高 4 位通过 TO 指令传送到模拟缓冲存储器 BFM＃16 中。

(4) 通过 BFM＃17 的 b1 或 b0 控制，启动模块进行 A/D 转换。

PLC 控制 FX_{2N}-2DA 模拟量输出程序如图 7-24 所示。

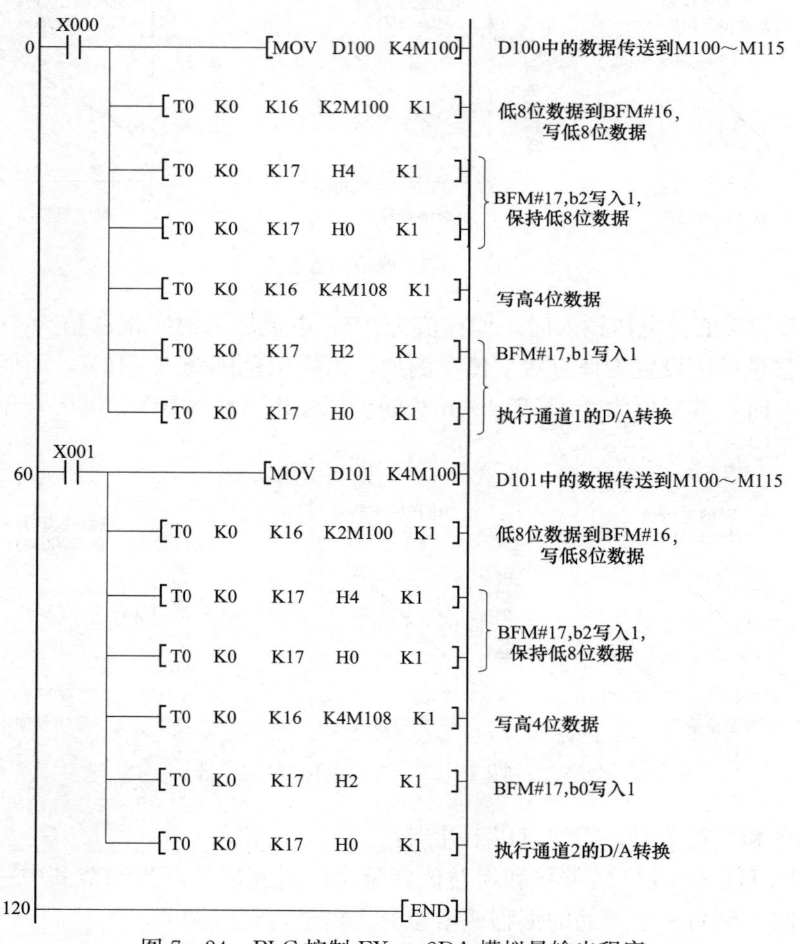

图 7-24 PLC 控制 FX_{2N}-2DA 模拟量输出程序

【例 7-8】 FX_{2N}-2DA 输出模拟电压。假设 FX_{2N}-2DA 与 PLC 基本单元进行连接，要求通过 PLC 基本单元的控制，而选择输出 1、2、3、4、5V 的模拟电压，并且具有电压输出补偿功能，补偿的范围为-1～1V。

解 1～5V 的模拟电压的选择输出可以分别由 X000～X004 来控制，电压输出补偿由 X005 和 X006 来控制，其 I/O 分配如表 7-13 所示，I/O 接线如图 7-25 所示。当 PLC 一上电时，首先将 D0 中的数据由 PLC 基本单元传送给 FX_{2N}-2DA 模块，使其输出相应的模拟电压，再通过 X000～X004 选择不同的初始值送入 D10 中，然后由 X005 或 X006 选择电压补偿值送入 D11 中，最后将 D10 和 D11 中的数值相加送入 D0 中。编写的程序如图 7-26 所示。

表 7-13　FX_{2N}-2DA 输出模拟电压 I/O 分配表

输入			输出		
功能	元件	PLC 地址	功能	元件	PLC 地址
选择 1V 电压输出	SB0	X000	1V 电压输出指示	HL0	Y000
选择 2V 电压输出	SB1	X001	2 V 电压输出指示	HL1	Y001
选择 3V 电压输出	SB2	X002	3 V 电压输出指示	HL2	Y002
选择 4V 电压输出	SB3	X003	4 V 电压输出指示	HL3	Y003
选择 5V 电压输出	SB4	X004	5 V 电压输出指示	HL4	Y004
选择 1V 电压补偿	SB5	X005	1V 电压补偿指示	HL5	Y005
选择-1V 电压补偿	SB6	X006	-1V 电压补偿指示	HL6	Y006

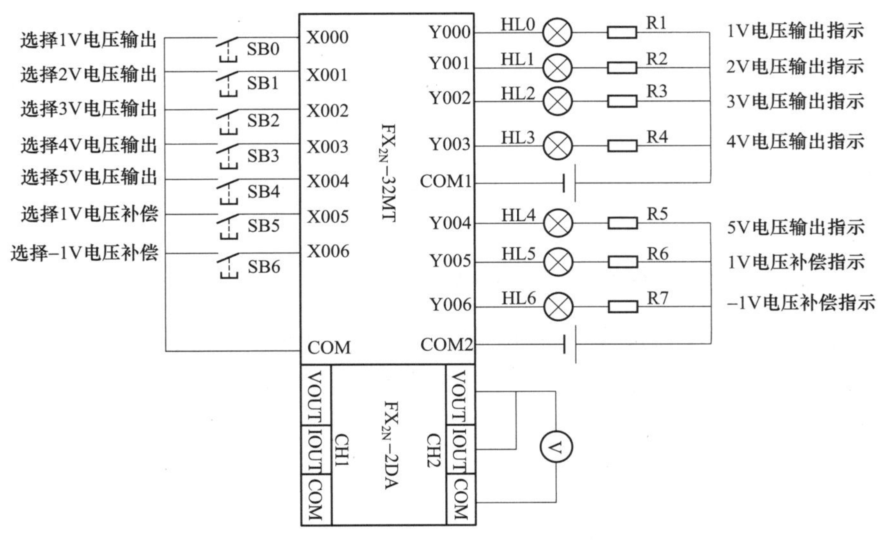

图 7-25　FX_{2N}-2DA 输出模拟电压 I/O 接线图

```
      M8000
0   ──┤├──┬──────────────[MOV  D0  K4M100]          D0中的数据传送到M100～M115
          ├──────[T0  K0  K16  K2M100  K1]          低8位数据到BFM#16，写低8位数据
          ├──────[T0  K0  K17  H4      K1]  ┐
          ├──────[T0  K0  K17  H2      K1]  ┘       BFM#17,b2写入1，保持低8位数据
          ├──────[T0  K0  K16  K4M108  K1]          写高4位数据
          ├──────[T0  K0  K17  H1      K1]          BFM#17,b1写入1
          └──────[T0  K0  K17  H0      K1]          执行通道1的D/A转换
      X000
60  ──┤├─────────────────[MOV  K400   D10]          选择输出1V电压
      X001
66  ──┤├─────────────────[MOV  K800   D10]          选择输出2V电压
      X002
72  ──┤├─────────────────[MOV  K1200  D10]          选择输出3V电压
      X003
78  ──┤├─────────────────[MOV  K1600  D10]          选择输出4V电压
      X004
84  ──┤├─────────────────[MOV  K2000  D10]          选择输出5V电压
      M8002
90  ──┤├─────────────────[MOV  K0     D11]
                       X010
96  ─[<  D11  K400]────┤├────[ADDP  D11  K10  D11]  1V电压补偿
                       X011
109 ─[>  D11  K400]────┤├────[SUBP  D11  K10  D11]  -1V电压补偿
      M8000
122 ──┤├─────────────────[ADD  D10  D11  D0]
130 ─────────────────────────────────[END]
```

图 7-26　FX$_{2N}$-2DA 输出模拟电压程序

7.3.2　四通道模拟量输出模块 FX$_{2N}$-4DA

FX$_{2N}$-4DA 有四个模拟量输出通道 CH1～CH4，输出量程为 DC 0～10V、0～5V 和 DC 4～20mA，转换速度为 2.1ms/通道，在程序中占用 8 个 I/O 点。

1. 接线方式

FX$_{2N}$-4DA 模拟量输出模块通过扩展电缆与 PLC 基本单元或扩展单元相连接，通过 PLC 内部总线传送数字量，模块需要外加 24V 的直流电源。FX$_{2N}$-4DA 模拟量输出模块的接线方式如图 7-27 所示。

2. 输入/输出特性

FX$_{2N}$-4DA 模拟量输出模块出厂设定的 I/O 特性如图 7-28 所示，四个通道的 I/O 特性都相同。图 7-28（a）为电压 I/O 特性（模式 0），设定值：模拟值－10～10V，数

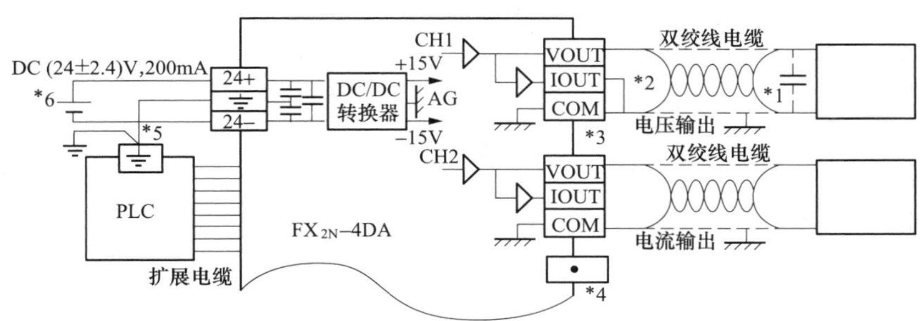

图 7－27　FX_{2N}－4DA 模拟量输出模块的接线方式

字值－2000～2000；图 7－28（b）为电流 I/O 特性（模式 1），设定值：模拟值 4～20mA，数字值 0～1000；图 7－28（c）为电流 I/O 特性（模式 2），设定值：模拟值 0～20mA，数字值 0～1000。

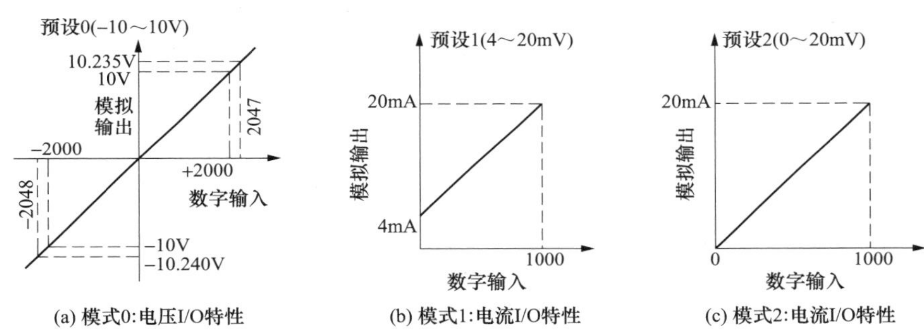

图 7－28　FX_{2N}－4DA 模拟量输出模块的 I/O 特性

3. 性能指标

FX_{2N}－4DA 模拟量输出模块的性能指标如表 7－14 所示。

表 7－14　　FX_{2N}－4DA 模拟量输出模块的性能指标

项目	电压输入	电流输入
模拟量输出范围	DC －10～10V（外接负载电阻 2kΩ～1MΩ）	0～20mA（外部负载电阻不超过 500Ω）
分辨率	5mV（10V/2000）	20μA（20mA/1000）
综合精度	±1%（满量程 0～10V）	±1%（满量程 4～20mA）
数字输入	12 位	
转换速度	2.1ms/通道（顺序程序和同步）	
隔离方式	在模拟电路和数字电路之间用光电耦合器进行隔离； 主单元的电源用 DC/DC 转换器进行隔离； 模拟通道之间不进行隔离	
电流消耗	模拟电路：DC 24V±10%，200mA（外部电源供电）； 数字电路：DC 5V，30mA（PLC 内部电源供电）	
占用 I/O 点数	模块占用 8 个输入或输出点（可为输入或输出）	

4. FX_{2N}-4DA 模拟量输出模块缓冲存储器 BFM

FX_{2N}-4DA 模拟量输出模块由 32 个 BFM 缓冲存储器组成，每个缓冲存储器 BFM 为 16 位，其分配如表 7-15 所示。

表 7-15　　FX_{2N}-4DA 模拟量输出模块的 BFM 分配表

BFM 编号		内　容	
W	#0	输出模式选择，出厂设定为 H0000	
W	#1	CH1～CH4 转换输出数据	
W	#2	CH1～CH4 转换输出数据	
W	#3	CH1～CH4 转换输出数据	
W	#4	CH1～CH4 转换输出数据	
W	#5（E）	输出数据保持模式，出厂设定 H0000	
#6、#7		不能使用	
W	#8（E）	CH1、CH2 的偏移/增益设定命令，初始值为 H0000	
W	#9（E）	CH3、CH4 的偏移/增益设定命令，初始值为 H0000	
W	#10	偏移数据 CH1	单位：mV（或者 μA） 初始偏移值：0；　输出 初始增益值：5000；　模式 0
W	#11	增益数据 CH1	
W	#12	偏移数据 CH2	
W	#13	增益数据 CH2	
W	#14	偏移数据 CH3	
W	#15	增益数据 CH3	
W	#16	偏移数据 CH4	
W	#17	增益数据 CH4	
#18、#19		不能使用	
W	#20（E）	初始化，初始值为 0	
W	#21（E）	禁止调整 I/O 特性（初始值：1）	
#22～#28		不能使用	
#29		错误状态	
#30		K3020 识别码	
#31		不能使用	

表 7-15 中标有“W”的缓冲寄存器中的数据可由 PLC 通过 TO 指令写入，标有“E”的缓冲寄存器中的数据可以写入 EEPROM，当电源关闭时可以保持缓冲寄存器的数据。

若 BFM#0 的设定值用 H□□□□表示，则 BFM#0 的最低位□控制 CH1，然后依次为 CH2、CH3 和 CH4。“□”中对应设定如下：□=0，通道模拟量输出为-10～10V 直流电压；□=1，通道模拟量输出为 4～20mA 直流电流；□=2，通道模拟量输出为 0～20mA 直流电流。

BFM#5：数据保持模式。若 PLC 处于停止（STOP）模式，RUN 模式下的最后输出值将被保持。若 BFM#5 的设定值用 H□□□□表示，则 BFM#5 的最低位为 CH1，然后依次为 CH2、CH3 和 CH4。“□”中对应设定如下：□=0，相应通道的转换数据在 PLC 停止运行时，仍然保持不变；□=1，相应通道的转换数据复位，成为偏移设置值。

BFM＃20：初始化。当 K1 写入 BFM＃20 时，所有的值将被初始化成出厂设定。需要注意的是，BFM＃20 的数据会覆盖 BFM＃21 的数据。这个初始化功能提供了一种撤销错误调整的便捷方式。

BFM＃21：禁止调整 I/O 特性。设置 BFM＃21 为 K2，会禁止用户对 I/O 特性的疏忽性调整。一旦设置了禁止调整功能，该功能将一直有效，直到设置了允许命令（BFM＃21=1），初始值是 1（允许）。所设定的值即使关闭电源也会得到保持。

BFM＃29：错误状态。当出现错误时，BFM＃29 的相应位置 1。BFM＃29 错误状态信息如表 7-16 所示。

表 7-16　　BFM＃29 错误状态信息

BBFM＃29 的位	=1（ON）	=0（OFF）
b0：错误	b1～b4 中任何一个为 1 时，则 b0 为 1	无错误
b1：偏移/增益错误	EEPROM 中的偏移值和增益值不正常或设置错误	偏移值和增益值数据正常
b2：电源故障	24V DC 电源错误	电源正常
b3：硬件错误	A/D 或其他器件错误	硬件正常
b10：范围错误	数字输入或模拟输出值超出指定范围	输入或输出值在规定范围内
b12：偏移/增益禁止状态	BFM＃21 没有设为 1	可调整状态（BFM＃21=1）

BFM＃30：识别码。PLC 中的用户程序可以使用 FROM 指令读出特殊模块的识别码（或 ID 号），以便在传送/接收数据之前确认此特殊模块。FX_{2N}-4DA 模拟量输出模块的识别码为 K3020。

5. 增益与偏移

FX_{2N}-4DA 模拟量输出模块的增益和偏移可以各通道独立或一起设置（在 BFM＃10～BFM＃17 中）。增益和偏移的设定命令由 BFM＃8 和 BFM＃9 中的 4 位十六进制数 H□□□□表示，当□=0 时，不作改变；当□=1 时，改变增益或偏移值。增益和偏移设定命令字对应控制 CH1～CH4 的关系如表 7-17 所示。

表 7-17　　增益和偏移设定命令字对应控制 CH1～CH4 的关系

BFM 编号	4 位十六进制数（H□4□3□2□1）			
	□4	□3	□2	□1
BFM＃8	G2	O2	G1	O1
BFM＃9	G4	O4	G3	O3

表 7-17 中，BFM＃8 控制 CH1 和 CH2，而 BFM＃9 控制 CH3 和 CH4。例如，O1 为 CH1 的偏置，G1 为 CH1 的增益，以此类推。

在 BFM＃8 或 BFM＃9 相应的十六进制数据位中写入 1，则 BFM＃10～BFM＃17 中

的数据写入 FX_{2N}-4DA 模拟量输出模块的 EEPROM 中，以改变相应通道的增益或偏移值。只有此命令输出后，BFM＃10～BFM＃17 中的值才会有效。

通常，写入 BFM＃10～BFM＃17 数据的单位为 mV 或 μA。数据写入后，BFM＃8 和 BFM＃9 作相应的设置。调整增益或偏移时，应注意：

(1) BFM＃21 的位 b1、b0 应设置为 0、1，以允许调整。一旦调整完毕，这些位元件应设置为 1、0，以防止进一步的变化。

(2) 通道输入模式选择（BFM＃0）应该设置到最接近的模式和范围。

6. 应用实例

【例 7－9】 FX_{2N}-4DA 通道输出模式和参数的设置。假设 FX_{2N}-4DA 连接在 PLC 基本单元的特殊模块 1 号位置，要求通过 FX_{2N}-4DA 的 CH1 和 CH2 将 PLC 数据寄存器 D0、D1 中的数字量，转换为－10～10V 的模拟电压输出；通过 CH3 将 PLC 数据寄存器 D2 中的数字量，转换为 4～20mA 的模拟电流输出；通过 CH4 将 PLC 数据寄存器 D3 中的数字量，转换为 0～20mA 的模拟电流输出。当 PLC 基本单处于 STOP 状态时，输出保持，并使用状态信息。编写的程序如图 7－29 所示。

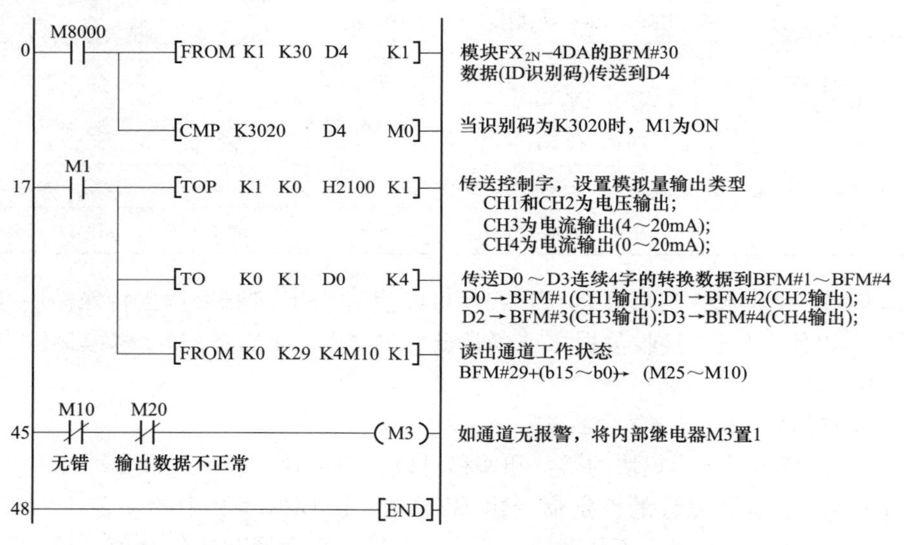

图 7－29 FX_{2N}-4DA 通道输出模式和参数的设置程序

【例 7－10】 FX_{2N}-4DA 增益和偏移量的调整。假设 FX_{2N}-4DA 连接在 PLC 基本单元的特殊模块 1 号位置，要求将 CH2 的偏移量改为 7mA，并且将增益值改为 20，而 CH1、CH3 和 CH4 均设置为标准电压输出特性。

解 要调整 FX_{2N}-4DA 的 I/O 特性，既可以使用连接到 PLC 输出端子上的下压按钮开关，也可以使用 PLC 面板上的强制开/关功能。要改变 FX_{2N}-4DA 的增益和偏移量，可以通过修改 PLC 中的程序来改变 FX_{2N}-4DA 的转换常数，而不需要用仪表测量模拟输出的方式来进行调整。FX_{2N}-4DA 增益和偏移量的调整程序如图 7－30 所示。

```
      M8000
  0 ──┤├──┬──[FROM K1  K30   D4     K1 ]   模块FX2N-4DA的BFM#30
          │                                数据(ID识别码)传送到D4
          └──[CMP  K3020 D4  M0        ]   当识别码为K3020时，M1为ON
      M1
 17 ──┤├──┬──[TOP  K1  K0    H0     K1 ]   传送控制字，设置模拟量输出类型
          │                                CH1～CH4均为电压输出
          └──[TO   K0  K1    D0     K4 ]   传送D0～D3连续4字的转换数据到BFM#1～BFM#4
                                           D0→BFM#1(CH1输出)；D1→BFM#2(CH2输出)；
                                           D2→BFM#3(CH3输出)；D3→BFM#4(CH4输出)
      X010
 36 ──┤├──────────────────[SET  M10    ]   调整开始
      M10
 38 ──┤├──┬──[TOP  K1  K0    H10    K1 ]   H10→BFM#0，设置输出通道模式
          ├──[TOP  K1  K21   K1     K1 ]   K1→BFM#21，允许I/O特性调整
          │                        K40
          └───────────────────────(T0  )   等待4s
      T0
 60 ──┤├──┬──[TOP  K1  K12   K7000  K1 ]   K7000→BFM#12
          │                                设置偏移数据(偏移量为7mA)
          ├──[TOP  K1  K13   K20000 K1 ]   K20000→BFM#13
          │                                设置增益数据(增益值为20mA)
          ├──[TOP  K1  K8    H1100  K1 ]   H1100→BFM#8(G2=1,O2=1)
          │                                CH2增益/偏移设置命令
          │                        K40
          └───────────────────────(T1  )   等待4s
      T1
 91 ──┤├──┬───────────────[RST  M10    ]   调整结束
          └──[TOP  K1  K21   K2     K1 ]   K2→BFM#21，禁止I/O特性调整
102 ──────────────────────────[END     ]
```

图 7-30　FX_{2N}-4DA 增益和偏移量的调整程序

7.4　模拟量输入/输出混合模块FX_{0N}-3A

FX_{0N}-3A 是一种具有 A/D 和 D/A 转换一体的混合模块，它有两个输入通道和一个输出通道，其中输入通道接收外界的模拟信号，并将模拟信号转换成相应的数字量，即实现 A/D 转换；输出通道接收 PLC 中的数字值，并将数字值转换为等量的模拟信号，即实现 D/A 转换。

1. 接线方式

FX_{0N}-3A 模拟量输入/输出混合模块通过扩展电缆与 PLC 基本单元或扩展单元相连接，通过 PLC 内部总线传送数字量，其接线方式如图 7-31 所示。

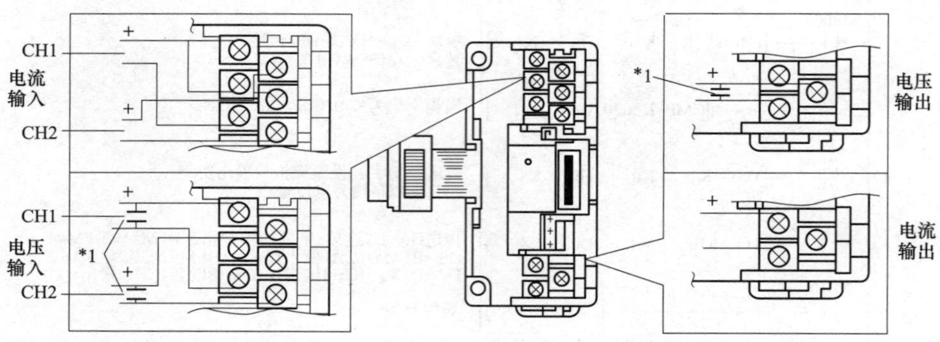

图 7-31　FX_{0N}-3A 模拟量输入/输出模块的接线方式

在应用 FX_{0N}-3A 模拟量输入/输出模块时，模拟量输入可选择为电压输入或电流输入，但不能同时将一个通道作为电压输入，而另一通道作为电流输入，两个通道必须为同一特性，即要么同时为电压输入，要么同时为电流输入。当采用电压输入时，可输入直流 0～10V、0～5V 的电压；当采用电流输入时，可输入直流 4～20mA 的电流。对于电流输入，要短接 VIN 和 IIN 两个端子；但对于电流输出，则无需短接 Vout 和 Iout 端子。

FX_{0N}-3A 可以选择电压输出或电流输出，电压输出为直流 0～10V 或 0～5V，电流输出为直流 0～20mA。直流电压或电流输出时，如果使用大于 8 位的数字源数据，则只有低于 8 位的数据有效，而高于 8 位的数据被忽略。

另外，当电压输入、输出存在波动或有大量噪声干扰时，在图 7-31 的位置 *1 处连接一个 0.1～0.47μF 的 25V 电容。

2. 输入/输出特性

FX_{0N}-3A 两个输入通道的 I/O 特性相同，其输入特性如图 7-32 所示；FX_{0N}-3A 的输出特性如图 7-33 所示。模块的最大转换位数为 8 位，对应的最大数字量为 255。为了计算方便，通常将最大模拟量所对应的数字量设定为 250。

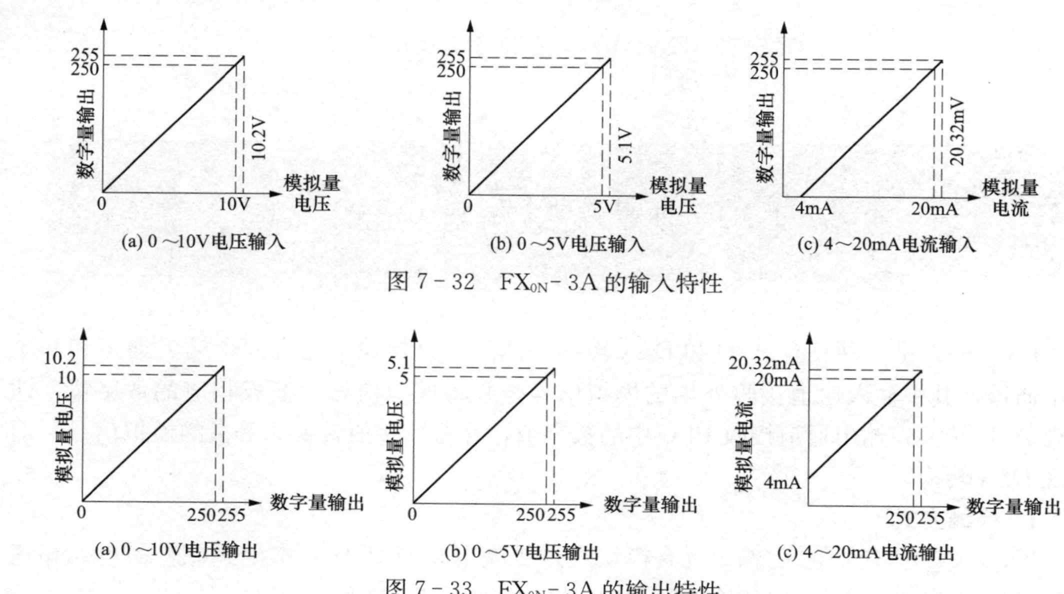

图 7-32　FX_{0N}-3A 的输入特性

图 7-33　FX_{0N}-3A 的输出特性

3. 性能指标

FX_{0N}- 3A 模拟量输入使用的性能指标如表 7 - 18 所示；FX_{0N}- 3A 模拟量输出使用的性能指标如表 7 - 19 所示。

表 7 - 18　　FX_{0N}- 3A 模拟量输入使用的性能指标

项目	电压输入	电流输入
模拟量输入范围	DC 0～10V、0～5V（外接输入阻抗 200kΩ）。 输入电压小于－0.5V 或大于 15V 时，有可能损坏该模块	0～20mA（外接输入阻抗 250Ω）。 输入电流小于－2mA 或大于 60mA 时，有可能损坏该模块
分辨率	0～10V：40mV（10V/250）； 0～5V：20mV（5V/250）	64μA
综合精度	±0.1V	±0.16mA
数字输出	8 位	
扫描执行时间	TO 指令处理时间×2＋FROM 命令处理时间	
A/D 转换时间	100μs	

表 7 - 19　　FX_{0N}- 3A 模拟量输出使用的性能指标

项目	电压输出	电流输出
模拟量输出范围	DC 0～10V、0～5V（外接负载电阻 1kΩ～1MΩ）	0～20mA（外部负载电阻不超过 500Ω）
分辨率	0～10V：40mV（10V/250）； 0～5V：20mV（5V/250）	64μA
综合精度	±0.1V	±0.16mA
数字输入	8 位	
扫描执行时间	TO 指令处理时间×3	

4. FX_{0N}- 3A 模拟量输入/输出模块缓冲存储器 BFM

FX_{0N}- 3A 模拟量输入/输出模块的每个缓冲存储器 BFM 为 16 位，其分配如表 7 - 20 所示。

表 7 - 20　　FX_{0N}- 3A 模拟量输入/输出模块的 BFM 分配表

BFM 编号	b15～b8	b7～b3	b2	b1	b0
＃0	保留	A/D 输入通道数据的当前值（8 位）			
＃16		D/A 输出通道数据的当前值（8 位）			
＃17	保留		D/A 转换开始	A/D 转换开始	A/D 通道选择
＃1～＃15 ＃18～＃31	保　留				

缓冲存储器 BFM 的使用说明如下：

BFM＃0：存放将外部模拟信号通过 A/D 转换后的数字值。

BFM#16：存放 PLC 基本单元传送过来的数据，准备通过转换后输出控制负载。

BFM#17：通道选择与转换启动信号。b0 为 A/D 转换通道选择，“0”选择通道 1，“1”选择通道 1；b1 为上升沿启动 A/D 转换；b2 为上升沿启动 D/A 转换。

5. 增益与偏移

FX_{0N}-3A 在出厂时，对于直流 0～10V 的输入和输出，增益值和偏移量均调整到数字值 0～250。当 FX_{0N}-3A 用作直流 0～5V 或 4～20mA 输入和输出，或者根据现场设定的输入/输出进行设置时，就需要对增益值和偏移量再进行调整。

FX_{0N}-3A 面板下有 A/D OFFSET（A/D 偏置）、A/D GAIN（A/D 增益）、D/A OFFSET（D/A 偏置）、D/A GAIN（D/A 增益）四个旋钮，用于偏移量和增益值的调整。

（1）输入调整（A/D 转换）。对于 FX_{0N}-3A 而言，两个输入通道都共享相同的“设置”和配置，即通道 1 和通道 2 的增益值和偏移量是同时完成的。当调整了一个通道的增益值或偏移量时，另一个通道的值也会自动调整。

输入增益值和偏移量的调整是对实际的模拟输入量设定一个数字值，此时使用电压发生器和电流发生器来完成，如图 7-34 所示，其调整程序如图 7-35 所示。

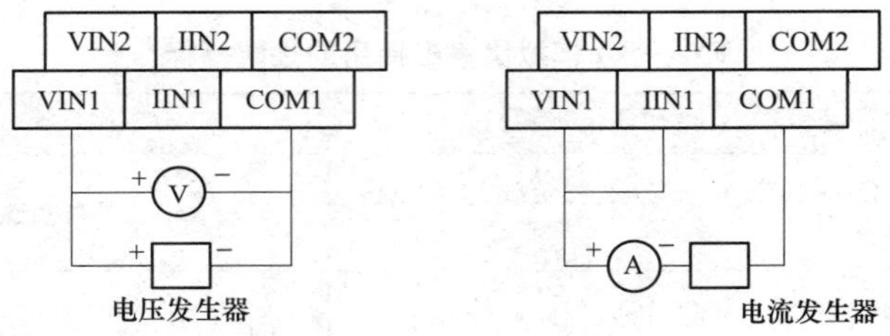

图 7-34　输入调整

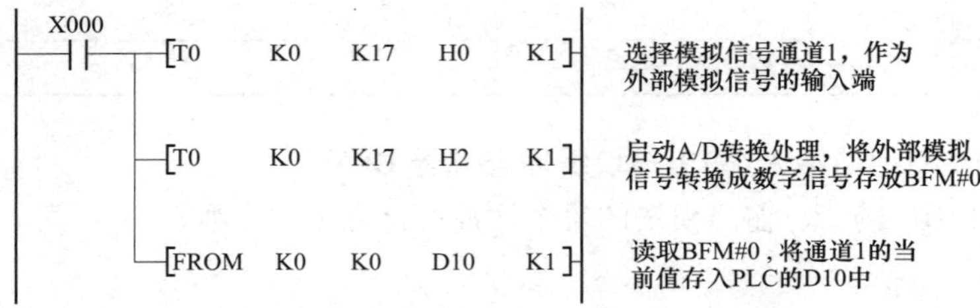

图 7-35　A/D 转换时的调整程序

1）增益值的调整。电压发生器和电流发生器分别产生直流 10、5V 电压或 4～20mA 电流的模拟信号，输入到 FX_{0N}-3A。运行调整程序，旋动 A/D GAIN 旋钮（顺时针增大，逆时针减少），可使 D10 的值调整到 250。

2）偏移量的调整。电压发生器和电流发生器分别产生直流 0.04、0.02V 电压或 4.064mA 的模拟信号，输入到 FX_{0N}-3A。运行调整程序，旋动 A/D OFFSET 旋钮（顺时针增大，逆时针减少），可使 D10 的值调整到 1。

（2）输出调整（D/A 转换）。输出增益值和偏移量的调整是对数字值设置实际的模拟输出量，这时使用直流电压表和直流电流表来完成，如图 7-36 所示。

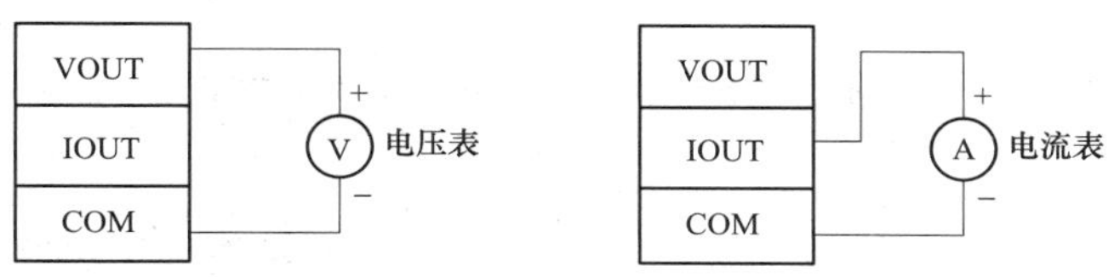

图 7-36　输出调整

1）增益值的调整。D/A 转换时增益值的调整程序如图 7-37 所示。运行该程序，旋动 D/A GAIN 旋钮（顺时针增大，逆时针减少），可使直流电压表的值达到 10V 或 5V，而直流电流表的值达到 20mA。

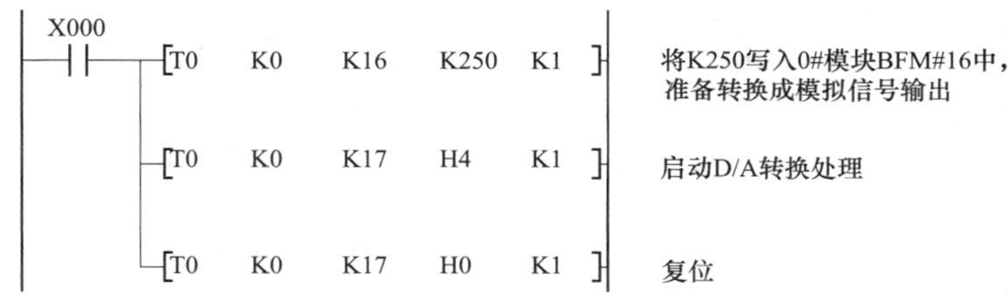

图 7-37　D/A 转换时增益值的调整程序

2）偏移量的调整。D/A 转换时偏移量的调整程序如图 7-38 所示。运行该程序，旋动 D/A OFFSET 旋钮（顺时针增大，逆时针减少），可使直流电压表的值达到 0.04V 或 0.02V，而直流电流表的值达到 4.064mA。

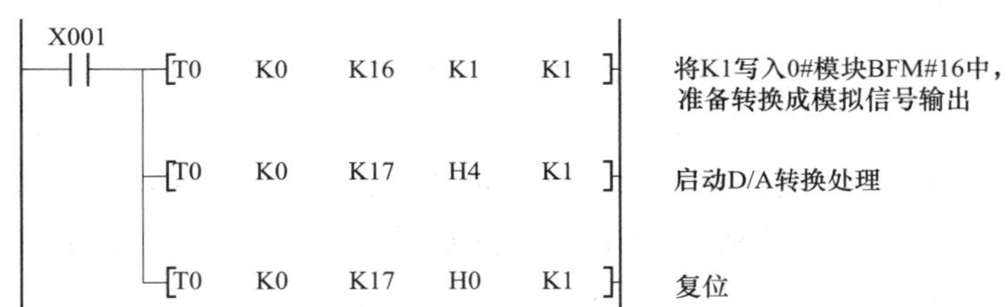

图 7-38　D/A 转换时偏移量的调整程序

6. 应用实例

【例 7-11】 FX_{0N}-3A 的模拟输入/输出控制程序如图 7-39 所示。程序中，当 X0 为 ON 时，通过 FX_{0N}-3A 的通道 1 将外界的模拟信号转换成相应的数字量，并送入 PLC 的 D0 中；当 X1 为 ON 时，通过 FX_{0N}-3A 的通道 2 将外界的模拟信号转换成相应的数字量，并送入 PLC 的 D1 中；当 X2 为 ON 时，通过 FX_{0N}-3A 将 PLC 数据寄存器 D10 中的数字量转换成相应的模拟信号，以控制外部设备。

【例 7-12】 FX_{0N}-3A 在压力检测系统中的应用。有一压力传感器，感应压力范围为 0～5MPa，输出电压是 0～5V。利用这个传感器去测量某管道中的油压，当测到压力小于 3.5MPa 时，PLC 的 Y0 灯亮，表示压力低；当测到压力在 3.5～4.5MPa 时，PLC 的 Y1 灯亮，表示压力正常；当测到压力大于 4.5MPa 时，PLC 的 Y2 灯亮，表示压力超高。

```
X000
─┤├─┬─[TO    K0   K17   H0    K1 ]   选择模拟信号通道1，作为外部模拟信号的输入端
    │
    ├─[TO    K0   K17   H2    K1 ]   启动A/D转换处理，将外部模拟信号转换成数字信号存放BFM#0
    │
    └─[FROM  K0   K0    D0    K1 ]   读取BFM#0，将通道1的当前值存入PLC的D0中
X001
─┤├─┬─[TO    K0   K17   H1    K1 ]   选择模拟信号通道2，作为外部模拟信号的输入端
    │
    ├─[TO    K0   K17   H3    K1 ]   启动A/D转换处理，将外部模拟信号转换成数字信号存放BFM#0
    │
    └─[FROM  K0   K0    D1    K1 ]   读取BFM#0，将通道2的当前值存入PLC的D0中
X002
─┤├─┬─[TO    K0   K16   D10   K1 ]   D10的内容写入BFM#16
    │
    ├─[TO    K0   K17   H4    K1 ]   H4写入BFM#17，启动D/A转换
    │
    └─[TO    K0   K17   H0    K1 ]   复位
```

图 7-39　FX_{0N}-3A 的模拟输入/输出控制程序

解　该系统中，压力传感器输出的是模拟量，可以利用 FX_{0N}-3A 将模拟量转换成数字量，并送入 PLC 的数据寄存器中。由于压力传感器的输出电压为 0～5V，因此 FX_{0N}-3A 可使用 0～5V 的电压输入模式。这样，3.5MPa 对应的数字量为 3.5÷0.02＝175，4.5MPa 对应的数字量为 4.5÷0.02＝225。通过 PLC 的区间比较指令将数据寄存器中的内容分别与 K175 和 K225 进行比较判断，以控制 PLC 的输出。模拟量假设 FX_{0N}-3A 连接在 PLC 基本单元的 0 号位置，则 PLC 的 I/O 接线如图 7-40 所示，编写的程序如图 7-41 所示。

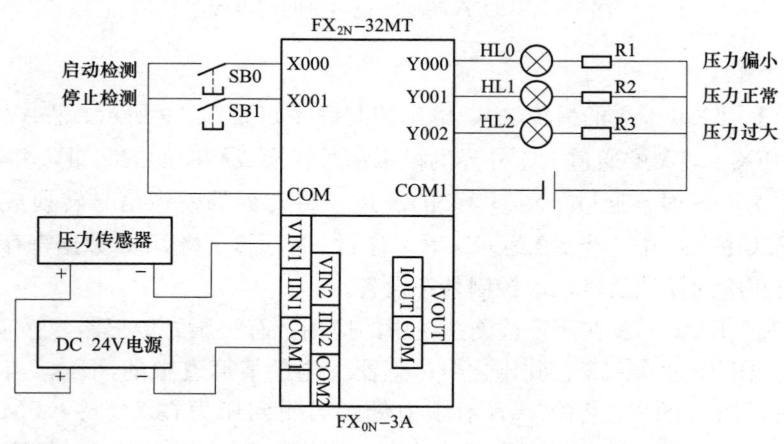

图 7-40　FX_{0N}-3A 在压力检测系统中的 I/O 接线图

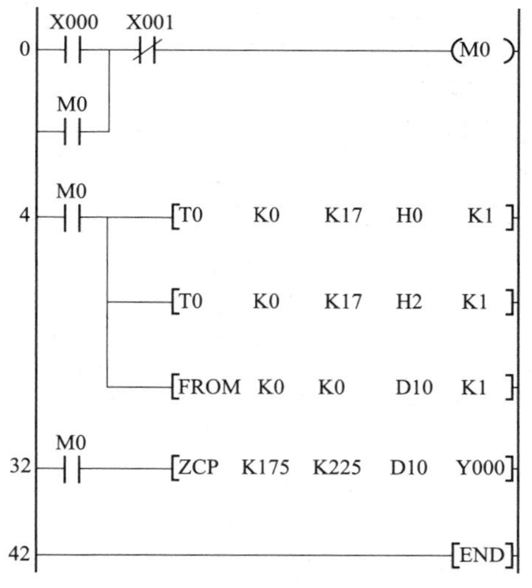


```
 0 LD    X000
 1 OR    M0
 2 ANI   X001
 3 OUT   M0
 4 LD    M0
 5 TO    K0    K17   H0    K1
14 TO    K0    K17   H2    K1
23 FROM  K0    K0    D10   K1
32 LD    M0
33 ZCP   K175  K225  D10   Y000
42 END
```

图 7－41　FX_{0N}－3A 在压力检测系统中的应用程序

7.5 温 度 测 量 模 块

温度测量模拟的功能是将现场的模拟温度信号转换成相应的数字信号传送给 PLC 基本单元。FX_{2N}系列 PLC 有两类温度测量模块：一类是铂电阻传感器输入型 FX_{2N}－4AD－PT 温度测量模块，另一类是热电阻传感器输入型 FX_{2N}－4AD－TC 温度测量模块。

7.5.1　铂电阻温度测量模块 FX_{2N}－4AD－PT

FX_{2N}－4AD－PT 温度测量模块可将来自四个铂电阻温度测量传感器（PT100，3 线，100Ω）的输入信号放大，并将数据进行 12 位的 A/D 转换，存储在主处理单元（MPU）中。

1. 工作原理

FX_{2N}－4AD－PT 温度测量模块的工作原理框图如图 7－42 所示。四通道铂电阻温度测量传感器从模拟量输入端 CH1～CH4 输入，通过由 PLC 通道控制命令控制的复用器，可选择需要进行 A/D 转换的输入通道，选定的输入被送入模块的 A/D 转换器中，并转换成 12 数字量。经 A/D 转换器转换后的数字量通过光电隔离被传送到模块 CPU 的缓冲存储器 BFM 中进行保存。PLC 通过 FROM 指令读取模块 CPU 的缓冲存储器中的数据，或者通过 TO 指令将数据或控制指令写入模块 CPU 的缓冲存储器中。

2. 接线方式

FX_{2N}－4AD－PT 温度测量模块的接线方式如图 7－43 所示。PT100 传感器的连接应

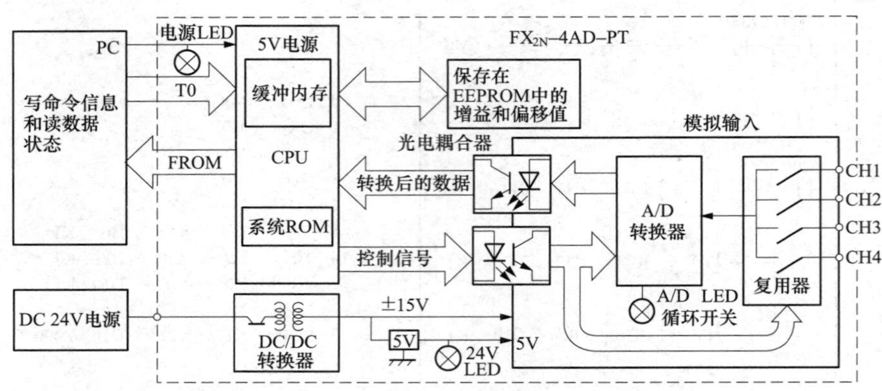

图 7-42　FX_{2N}-4AD-PT 温度测量模块工作原理框图

使用专用的电缆或双绞线屏蔽电缆，并且和电源线或其他可能产生电气干扰的电线隔开。采用三线制配线方法以压降补偿的方式来提高测量精度。如果存在电气干扰，将外壳接地端子（FG）连接 FX_{2N}-4AD-PT 的接地端与主单元的接地端，主单元的接地电阻应小于 100Ω。FX_{2N}-4AD-PT 也可以使用 PLC 基本单元提供的直流 24V 内置电源。

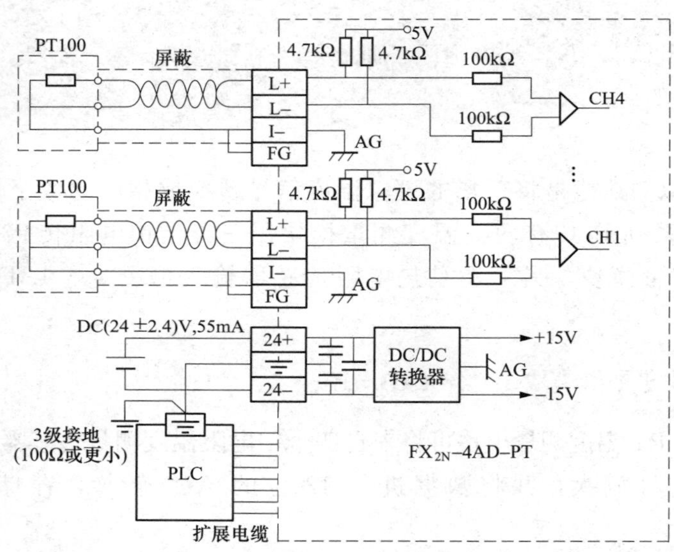

图 7-43　FX_{2N}-4AD-PT 温度测量模块的接线方式

3. 输入/输出特性

FX_{2N}-4AD-PT 温度测量模块的 I/O 特性如图 7-44 所示，四通道的 I/O 特性都相同，I/O 特性不能进行调整。图 7-44（a）为摄氏温度 I/O 特性，设定值：模拟值−100～600℃，数字值为−1000～6000；图 7-44（b）为华氏温度 I/O 特性，设定值：模拟值−148～1112℉，数字值为−1480～11120。

4. 性能指标

FX_{2N}-4AD-PT 温度测量模块的性能指标如表 7-21 所示。

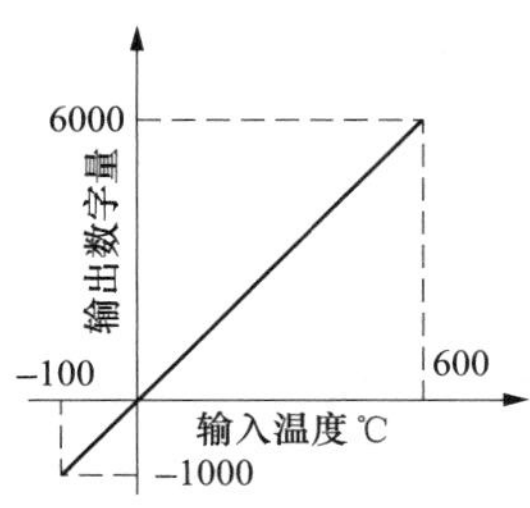

(a) 摄氏温度I/O特性

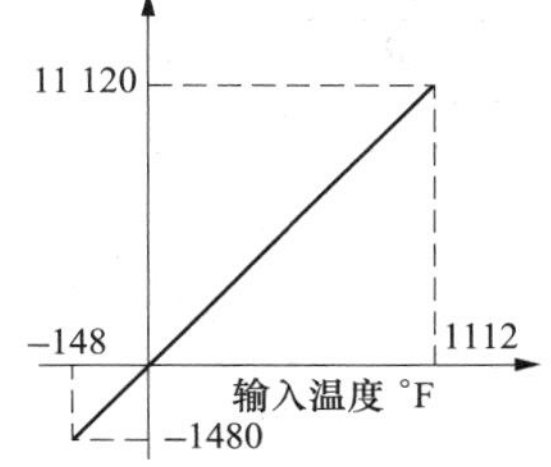

(b) 华氏温度I/O特性

图 7-44　FX_{2N}-4AD-PT 温度测量模块的 I/O 特性

表 7-21　　FX_{2N}-4AD-PT 温度测量模块的性能指标

项目	参　数	备　注
输入点数	4 点（通道）	CH1～CH4
模拟输入信号	1mA 铂温度 PT100 传感器（100Ω），3 线式	3850PPM℃/（DIN43760）
测量范围	－100～600℃	－148～1112℉
有效数字输出	－1000～6000（12 位：11 数据位＋1 符号位）	－1480～11 120（12 位：11 数据位＋1 符号位）
最小可测温度	0.2～0.3℃	0.36～0.54℉
综合精度	±1％	
转换速度	15ms/通道	
隔离方式	在模拟电路和数字电路之间用光电耦合器进行隔离； 主单元的电源用 DC/DC 转换器进行隔离； 模拟通道之间不进行隔离	
电流消耗	模拟电路：DC 24V±10％，50mA（外部电源供电）； 数字电路：DC 5V，30mA（PLC 内部电源供电）	
占用 I/O 点数	模块占用 8 点	

5. FX_{2N}-4AD-PT 温度测量模块缓冲存储器 BFM

FX_{2N}-4AD-PT 有 32 个缓冲器，编号为 BFM＃0～BFM＃31，每个缓冲存储器 BFM 由 16 位的寄存器组成，BFM 分配如表 7-22 所示。

表 7-22　　FX_{2N}-4AD-PT 温度测量模块的 BFM 分配表

BFM 编号	内　容	
＃1	CH1	各通道平均值值的采样次数，采样次数范围 1～4096
＃2	CH2	
＃3	CH3	
＃4	CH4	
＃5	CH1	测量平均值，这些平均值分别存放在 CH1～CH4 中（内部转换后，以 0.1℃为单位）
＃6	CH2	
＃7	CH3	
＃8	CH4	

续表

BFM编号	内　　容	
#9	CH1	当前测量值，这些当前测量值分别存放在CH1～CH4中（内部转换后，以0.1℃为单位）
#10	CH2	
#11	CH3	
#12	CH4	
#13	CH1	测量平均值，这些平均值分别存放在CH1～CH4中（内部转换后，以0.1℉为单位）
#14	CH2	
#15	CH3	
#16	CH4	
#17	CH1	当前测量值，这些当前测量值分别存放在CH1～CH4中（内部转换后，以0.1℉为单位）
#18	CH2	
#19	CH3	
#20	CH4	
#21～27	不能使用	
#28	数字范围错误锁存； 温度测量值下降，并低于最低可测量温度极限时，锁存ON； 温度测量值升高，并高于最高可测量温度极限时，锁存ON	
#29	错误状态信息	
#30	特殊功能模块识别码，用FROM指令读入，FX2N-4AD-PT的识别码为K2040	
#31	不能使用	

（#28位定义：）

b15～b8	b7	b6	b5	b4	b3	b2	b1	b0
未用	高	低	高	低	高	低	高	低
	CH4		CH3		CH2		CH1	

BFM#29错误状态信息如表7-23所示。

表7-23　　BFM#29错误状态信息

BBFM#29的位	=1（ON）	=0（OFF）
b0：错误	b1～b3中任何一个为1时，则b0为1，所有通道的A/D转换停止	无错误
b1：保留	保留	保留
b2：电源故障	24V DC电源错误	电源正常
b3：硬件错误	A/D或其他器件错误	硬件正常
b10：数字范围错误	数字输出/模拟输入值超出指定范围	数字输出正常
b11：平均取样错误	数字平均采样值大于4096或小于0（使用8位缺省值设定）	平均值正常（1～4096）

6．应用实例

【例7-13】 FX$_{2N}$-4AD-PT的温度采集。FX$_{2N}$-4AD-PT温度测量模块占用特殊

三菱FX$_{2N}$ PLC从入门到精通

模块 3 的位置，通道 CH1～CH4 用来测量外界温度，采样次数为 4，将 4 个通道所测温度分别取平均值以℃为单位保存到 PLC 的 D0～D3 中，以℃表示的当前温度值分别保存在 D4～D7 中，另外，对错误状态和测量温度超限进行显示，编写的程序如图 7-45 所示。

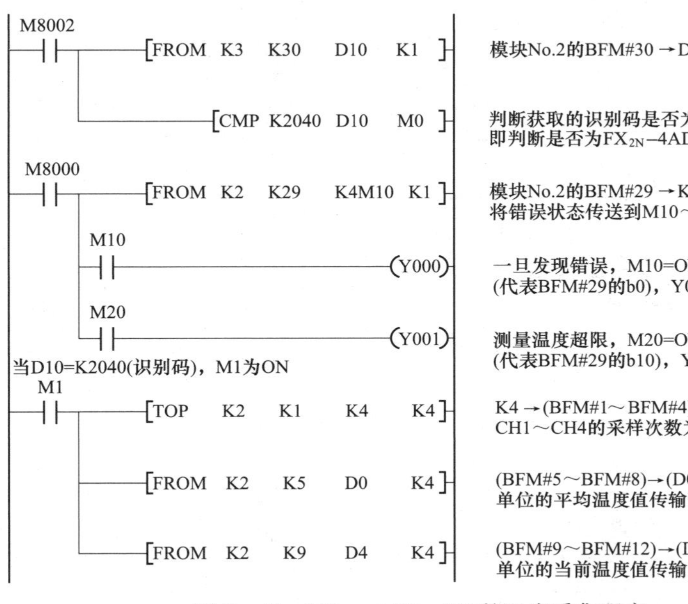

图 7-45　FX_{2N}-4AD-PT 的温度采集程序

7.5.2　热电阻温度测量模块 FX_{2N}-4AD-TC

FX_{2N}-4AD-TC 温度测量模块可以将四通道热电偶传感器（K 或 J 型）的输入信号放大，并将数据转换成 12 位的可读数据存储主单元中。

FX_{2N}-4AD-TC 与 FX2N-4AD-PT 的区别在于使用的温度检测元件不同，而其内部工作原理基本相同。

1. 接线方式

FX_{2N}-4AD-TC 温度测量模块的接线方式如图 7-46 所示。与热电偶连接的温度补偿电缆有如下型号：类型 K，DX-G、KX-GS、KX-H、KX-HS、WX-G、WX-H、VX-G；类型 J，JX-G、JX-H。对于每 10Ω 的线阻抗，补偿电缆指示出它比实际温度高 0.12℃。由于长的补偿电缆容易受到噪声干扰，因此使用时补偿电缆的长度应小于 100m。

不使用的通道应该在正、负端子之间接线，以防止在这个通道上检测到错误。如果存在电气干扰，将 SLD 端子连接 FX_{2N}-4AD-TC 的接地端与主单元的接地端，主单元接地电阻应不大于 100Ω。FX_{2N}-4AD-TC 也可以使用 PLC 基本单元提供的直流 24V 内置电源。

2. 输入/输出特性

FX_{2N}-4AD-TC 温度测量模块的 I/O 特性如图 7-47 所示，四通道的 I/O 特性都相同，I/O 特性不能进行调整。图 7-47（a）为摄氏温度 I/O 特性；图 7-47（b）为华氏温度 I/O 特性。

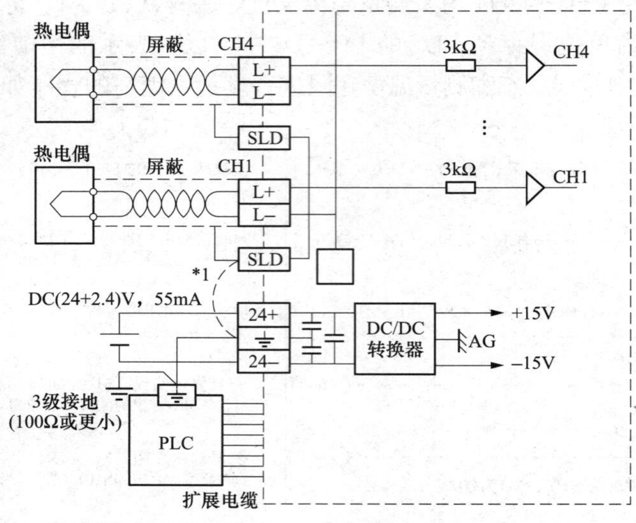

图 7-46　FX_{2N}-4AD-TC 温度测量模块的接线方式

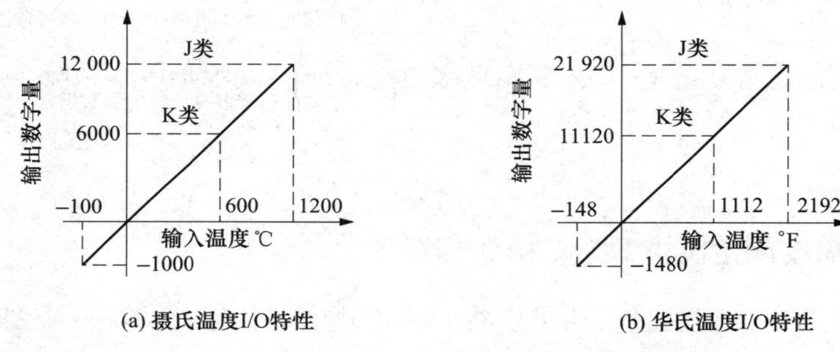

图 7-47　FX_{2N}-4AD-TC 温度测量模块的 I/O 特性

3. 性能指标

FX_{2N}-4AD-TC 温度测量模块的性能指标如表 7-24 所示。

表 7-24　　FX_{2N}-4AD-TC 温度测量模块的性能指标

项目	摄氏（℃）	华氏（℉）
模拟输入信号	CH1～CH4（每通道可选择 K 类或 J 类热电偶）	CH1～CH4（每通道可选择 K 类或 J 类热电偶）
额定温度范围	K 类热电偶：−100～1200℃	K 类热电偶：−148～2192℉
	J 类热电偶：−100～600℃	J 类热电偶：−148～1112℉
有效数字输出	K 类热电偶：−1000～12000（12 位，BIN 补码）	K 类热电偶：−1480～21920（12 位，BIN 补码）
	J 类热电偶：−1000～6000（12 位，BIN 补码）	J 类热电偶：−1480～11120（12 位，BIN 补码）
分辨率	K 类热电偶：0.4℃	K 类热电偶：0.72℉
	J 类热电偶：0.3℃	J 类热电偶：0.54℉
综合精度	±0.5%	
转换速度	240ms/通道	

续表

项目	摄氏（℃）	华氏（℉）
隔离方式	在模拟电路和数字电路之间用光电耦合器进行隔离； 主单元的电源用 DC/DC 转换器进行隔离； 模拟通道之间不进行隔离	
电流消耗	模拟电路：DC 24V±10%，50mA（外部电源供电） 数字电路：DC 5V，30mA（PLC 内部电源供电）	
占用 I/O 点数	模块占用 8 点	

4. FX_{2N}-4AD-TC 温度测量模块缓冲存储器 BFM

FX_{2N}-4AD-TC 也有 32 个缓冲器，编号为 BFM#0～BFM#31，其中 BFM#0 用于热电偶类型的选择，其他缓冲器的使用方法与 FX_{2N}-4AD-PT 完全相同；BFM#30 为特殊功能模拟识别码，FX_{2N}-4AD-TC 的识别码为 K2030。

若 BFM#0 的设定值用 H□□□□表示，则 BFM#0 的最低位□控制 CH1，然后依次为 CH2、CH3 和 CH4。“□”中对应设定如下：□=0，通道选择为 K 类型热电偶；□=1，通道选择为 J 类型热电偶；□=3，通道被屏蔽。

5. 应用实例

【例 7-14】 FX_{2N}-4AD-TC 的温度采集。FX_{2N}-4AD-TC 温度测量模块占用特殊模块 2 的位置，通道 CH1 和 CH2 用来测量外界温度，其中通道 1 使用 K 型热电偶，通道 2 使用 J 型热电偶，而通道 3 和通道 4 不使用。温度采样次数为 4，将两个通道所测温度分别取平均值以℃为单位保存到 PLC 的 D0 和 D1 中，以℃表示的当前温度值分别保存在 D4 和 D5 中，另外，对错误状态和测量温度超限进行显示，编写的程序如图 7-48 所示。

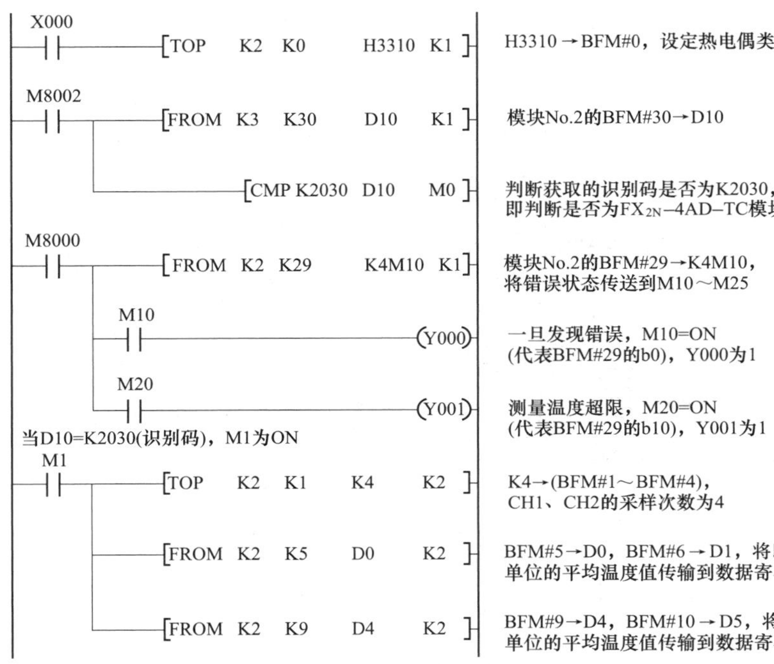

图 7-48 FX_{2N}-4AD-TC 的温度采集程序

7.6 温度调节模块FX_{2N}-2LC

FX_{2N}-2LC温度调节模块配备2路温度模拟量输入通道和2路晶体管输出通道，可实现2通道温度的自动调节。

1. 工作原理

FX_{2N}-2LC温度调节模块内部，2通道温度测量模拟量信号由输入端CH1、CH2输入，并通过PLC的通道选择命令选择指定的通道进行A/D转换，转换结果为12位数字量，A/D转换器输出与模块的CPU数据总线间采用光电耦合隔离。

在模块内部，A/D转换器转换完成的数字量与要求的温度（缓冲寄存器BFM参数设定）进行比较。通常情况下，如果温度小于设定值，控制加热器进行加热（输出OFF），当其温度达到设定值后，输出为ON，关闭加热器进行冷却。

PLC可以通过FROM指令读取FX_{2N}-2LC温度调节模块CPU的缓冲存储器中的数据，或者通过TO指令，将数据或控制指令写入模块的缓冲存储器中。

2. 接线方式

FX_{2N}-2LC温度调节模块通过扩展电缆与PLC基本单元或扩展单元相连接，通过PLC内部总线传送数字量。温度传感器不同，FX_{2N}-2LC温度调节模块与外部传感器、DC 24V电源间的连接也有所不同，如图7-49所示。当使用热电偶时，要采用特殊的补

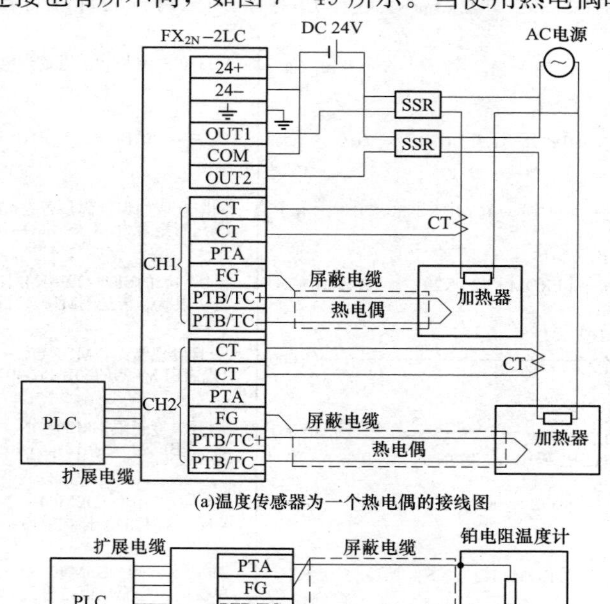

图7-49 FX_{2N}-2LC温度调节模块的接线方式

偿导线。使用电阻型温度计时，要采用三相式接线，应使用电阻值小且三相间电阻值相同的电阻。

3. 性能指标

FX_{2N}-2LC温度调节模块的性能指标如表7-25所示。

表7-25　　FX_{2N}-2LC温度调节模块的性能指标

<table>
<tr><th colspan="4">项　目</th><th>说　明</th></tr>
<tr><td rowspan="21">输入</td><td rowspan="11">温度输入</td><td colspan="2">输入点数</td><td>2点</td></tr>
<tr><td rowspan="2">输入类型</td><td>热电偶</td><td>K，J，R，S，E，T，B，N，PLII，Wre5-26，U，L</td></tr>
<tr><td>铂电阻温度计</td><td>PT100，JPT100</td></tr>
<tr><td colspan="2">测量范围</td><td>-100～2300℃，根据热电偶（传感器）类型不同，测量范围有所不同</td></tr>
<tr><td colspan="2">测量精度</td><td>±0.7%</td></tr>
<tr><td colspan="2">输入阻抗</td><td>1MΩ以上</td></tr>
<tr><td colspan="2">允许的输入线电阻</td><td>≤10Ω</td></tr>
<tr><td colspan="2">外部电阻效应</td><td>0.35μV/Ω</td></tr>
<tr><td colspan="2">传感器电流</td><td>0.3mA左右</td></tr>
<tr><td colspan="2">分辨率</td><td>0.1℃，根据热电偶（传感器）类型不同，分辨率有所不同</td></tr>
<tr><td colspan="2">采样时间</td><td>500ms</td></tr>
<tr><td rowspan="6">CT输入</td><td colspan="2">输入点数</td><td>2点</td></tr>
<tr><td colspan="2">电流检测计</td><td>CTL-Ω-S36-8或CTL-6-P-H</td></tr>
<tr><td rowspan="2">加热器电流测量值</td><td>CTL-12</td><td>0～100A</td></tr>
<tr><td>CTL-6</td><td>0～30A</td></tr>
<tr><td colspan="2">测量精度</td><td>输入值的±5%与2A之间的大值（不包括电流检测计精度）</td></tr>
<tr><td colspan="2">采样周期</td><td>1s</td></tr>
<tr><td rowspan="4">模块输入</td><td colspan="2">输出隔离</td><td>模拟电路与数字电路间采用光电隔离</td></tr>
<tr><td colspan="2">占用I/O点数</td><td>8点</td></tr>
<tr><td colspan="2">消耗电流</td><td>24V/55mA；5V/70mA。24V直流电源由外部供给；5V电源由PLC提供</td></tr>
<tr><td colspan="2">编程指令</td><td>FROM/TO</td></tr>
<tr><td rowspan="8">输出</td><td colspan="3">输出点数</td><td>2点（CH1、CH2）</td></tr>
<tr><td colspan="3">输出类型</td><td>NPN集电极开路型晶体管输出</td></tr>
<tr><td colspan="3">额定负载电压</td><td>DC 5～24V</td></tr>
<tr><td colspan="3">最大负载电压</td><td>DC 30V</td></tr>
<tr><td colspan="3">最大负载电流</td><td>100mA</td></tr>
<tr><td colspan="3">OFF时的漏电流</td><td>不大于0.1mA</td></tr>
<tr><td colspan="3">ON时的最大电压降</td><td>当电流为100mA时，2.5V（最大）或1.0V（标准）</td></tr>
<tr><td colspan="3">控制输出周期</td><td>30s</td></tr>
</table>

4. FX_{2N}-2LC 温度调节模块缓冲存储器 BFM

FX_{2N}-2LC 温度调节模块的各个设定和报警都通过 BFM 从 PLC 基本单元写入或读出。每个 BFM 由 16 位组成，通过 FROM/TO 指令对其进行读写操作，BFM 分配如表 7-26 所示。

表 7-26　　FX_{2N}-2LC 温度调节模块的 BFM 分配表

BFM 编号		内　容
CH1	CH2	
#0		模块工作状态检测标志： b0：当 b1～b10 有错误时，模块报警；　b1：模块参数设定错误； b2：输入 DC 24V 错误；　b3：模块硬件错误或连接不良； b4～b7、b11：保留；　b8：用于调整数据错误和校验出错； b9：冷触点温度补偿数据错误；　b10：A/D 转换值错误； b12：模拟控制生效；　b13：数据备份完成； b14：初始化完成；　b15：模块准备好
#1	#2	通道工作状态检测： b0：输入值太大，超过设定上限；　b1：输入值太小，超过设定下限； b2：冷触点温度补偿数据错误；　b3：A/D 转换值错误； b4～b7：发生温度检测报警 1～4；　b8：回路中断报警； b9：加热器断线报警；　b10：加热器熔断报警； b12：温度单位选择，b12=0 选择温度单位为 1℃/℉，b12=1 选择温度单位为 0.1℃/℉； b11：保留；　b13：手动模式转换完成； b14：自动调谐方式正在执行；　b15：温度上升完成状态
#3	#4	加热器温度测量值（PV）
#5	#6	温度控制输出值（MV）
#7	#8	加热器电流测量值
#9		初始化指令：0，不执行；1，初始化所有数据；2，初始化 BFM#10～BFM#69
#10		错误复位指令：0，不执行；1，复位错误
#11		控制开始/停止切换：0，停止控制；1，开始控制
#12	#21	温度设定值（SV）
#13～#16	#22～#25	温度检测报警 1～4 的设定值
#17	#26	加热器断线报警设定值
#18	#27	自动/手动切换：0，自动；1，手动
#19	#28	手动输出设定值
#20	#29	自动调谐执行命令：0，停止自动调谐；1，执行自动调谐
#30		模块 ID 号：2060
#32	#51	模块工作方式选择：0，监控；1，监控+温度报警；2，监控+温度报警+控制
#33	#52	调节器比例增益设定（0～1000%）
#34	#53	调节器积分时间设定（1～3600）
#35	#54	调节器微分时间设定（0～3600）

续表

BFM 编号		内　容
CH1	CH2	
#36	#55	控制响应时间设定：0，上升速度慢；1，上升速度中等；2，上升快
#37	#56	温度上限设定
#38	#57	温度下限设定
#39	#58	输出变化率限制
#40	#59	传感器校正值设定（PV 偏差）
#41	#60	调节灵敏度调置
#42	#61	控制输出周期设置（1～100s）
#43	#62	一阶延迟数字滤波设置（0～100s）
#44	#63	温度变化率限制值设定
#45	#64	温度自动调整允许偏差设定
#46	#65	正常/反向操作选择：0，正常操作；1，反向操作
#47	#66	温度设定值上限
#48	#67	温度设定值下限
#49	#68	回路中断判定时间
#50	#69	回路中断检测时间
#70	#71	温度传感器类型
#72～#75		温度检测报警 1～4 的功能设定： 0：关闭报警功能；　1：超过设定上限报警； 2：超过设定下限报警；　3：上限温度偏差报警； 4：下限温度偏差报警；　5：温度偏差过大或过小均报警； 6：偏差绝对值小于报警调置时报警； 7：超过设定上限报警（忽略电源 ON 时的偏差）； 8：超过设定下限报警（忽略电源 ON 时的偏差）； 9：偏差过小报警（忽略电源 ON 时的偏差）； 10：偏差过大报警（忽略电源 ON 时的偏差）； 11：偏差过大或过小报警（忽略电源 ON 时的偏差）； 12：偏差过大报警（忽略电源 ON 与设定变更后的偏差）； 13：偏差过小报警（忽略电源 ON 与设定变更后的偏差）； 14：偏差过大或过小报警（忽略电源 ON 与设定变更后的偏差）
#76		温度报警 1～4 的检测范围（0～10）
#77		不产生温度报警 1～4 的最大采样次数（0～255）
#78		不产生断线报警的最大采样次数（3～255）
#79		温度到达信号的检测范围（1～10℃/℉）
#80		温度到达信号的输出延时（0～3600s）
#81		CT 监控模式切换：0，监控 ON 电流和 OFF 电流；1，只监控 ON 电流
#82		设置值范围错误地址：0，正常；1，或其他数值，设置错误地址
#83		设置值备份命令：0，正常；1，开始写入 EEPROM

5. 应用实例

【例 7-15】 FX$_{2N}$-2LC 温度调节模块的使用。在 FX$_{2N}$-2LC 某温控系统中，其控制参数及要求如下：温度传感器为 K 型，温度范围为－100～400℃，温度单位为 0.1℃；具有偏差过大（＋30℃）与过小（－30℃）报警；报警死区的初始值 1%；控制响应为中速；操作模式为温度自动控制方式；控制输出周期的初始值为 30s；加热方式为反向加热；回路中断报警判定时间为 480s；温度上升完成范围为 3℃；温度设定为 1000℃，通道 1、2 相同；电流监控模式设定为 ON/OFF 电流交替显示；其他参数使用模块初始化后的默认值，试编写其控制程序。

解 在此可定义 X000～X005 这 6 个输入信号端子，Y000～Y002 作为输出控制端子。其中 X000 为模块初始化控制信号，当 X000 为 ON 时，进行模块参数 BFM#10～BFM#81 的初始化操作；X001 为错误复位信号，当 X001 为 ON 时，进行模块错误复位操作；X002 为启动/停止模块温度自动调节信号，当 X002 为 ON 时，启动模块温度自动调节操作；X003 为通道 1 的自动调谐启动信号，当 X003 为 ON 时，启动通道 1 自动调谐操作；X004 为通道 2 的自动调谐启动信号，当 X004 为 ON 时，启动通道 2 自动调谐操作；X005 为参数备份启动信号，当 X005 为 ON 时，启动参数备份操作。Y000 外接 HL0，作为模块错误显示；Y001 外接 HL1，作为通道 1 加热器断线报警指示；Y002 外接 HL2，作为通道 1 加热器断线报警指示。在控制系统中，还需使用 PLC 基本单元的内部继电器 M 和数据寄存器 D。其中 M0～M15 存储模块工作状态；M20～M35 存储通道 1 的工作状态；M40～M55 存储通道 2 的工作状态。D0、D1 存储通道 1、2 的温度设定值；D3、D4 存储通道 1、2 的温度测量值；D5、D6 存储通道 1、2 的温度控制输出值；D7、D8 存储通道 1、2 的加热器电流测量值；D82 存储设定值错误地址。

温度设定值 100℃，可以根据要求直接通过 PLC 的 MOV 指令写入数据寄存器 D0 和 D1 中，然后利用 TO 指令写入通道 1、2 的温度设定存储器 BFM#12（通道 1）和 BFM#21（通道 2）。在 PLC 上电瞬间，还可以使用 FROM 指令将模块存储器（BFM）的对应参数读入到指定的数据寄存器中。当温度控制模块准备好（M15 为 ON）时，可以使用 TO 指令设定两个通道的上限偏差值、下限偏差值、操作模式、上升时间、加热方式、上限温度、下限温度、中断检测死区、传感器类型、报警功能、电流显示模式等。根据输入继电器 X 的状态，可以执行相应的操作，如启动模块初始化、错误复位、启动模块等。编写的程序如图 7-50 所示。

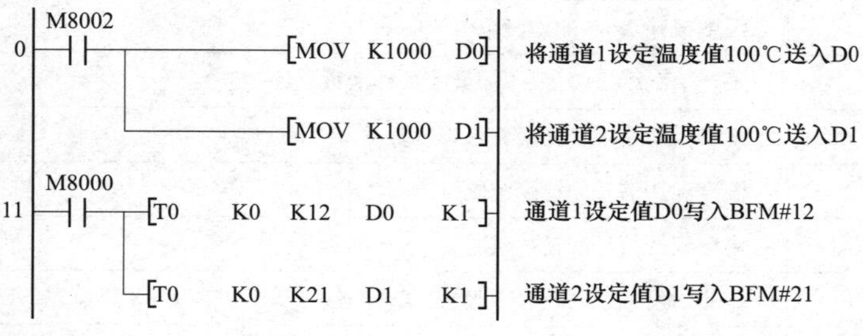

图 7-50 FX$_{2N}$-2LC 温度调节模块的使用程序（一）

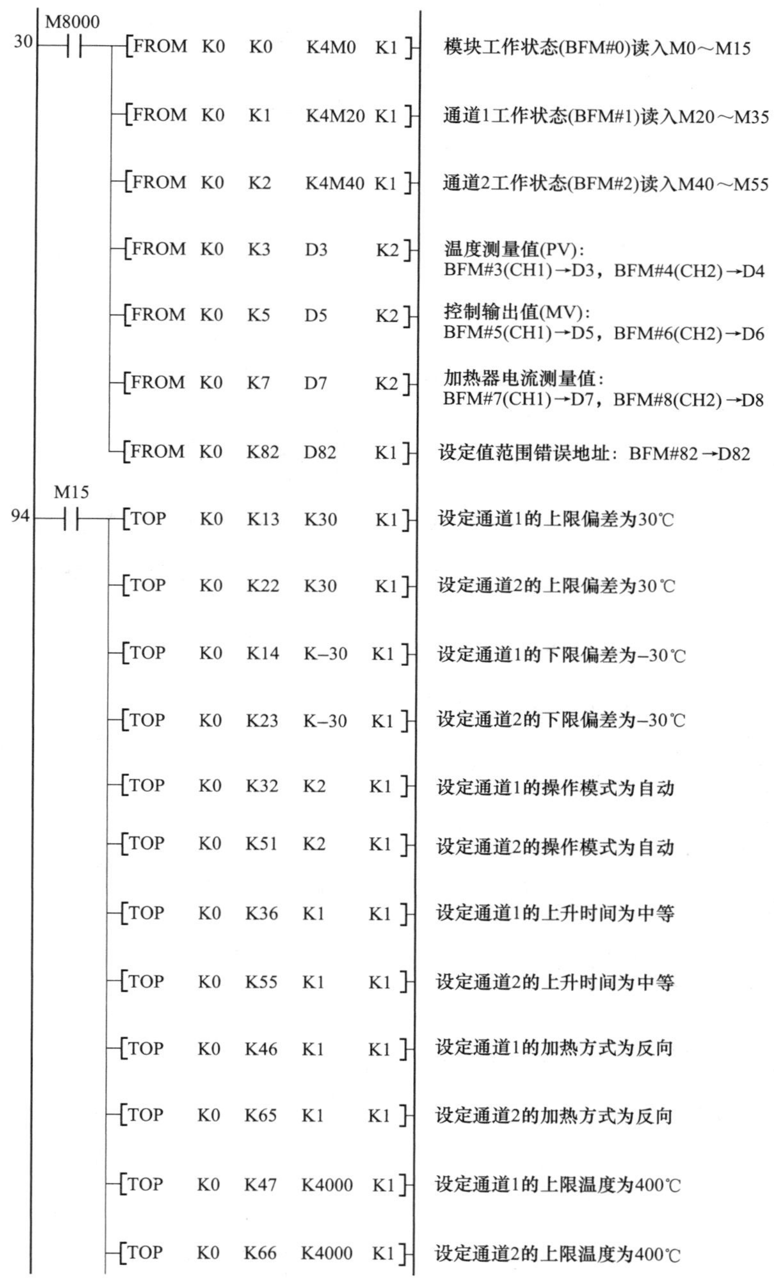

图 7-50　FX_{2N}-2LC 温度调节模块的使用程序（二）

步	触点	指令	说明
		[TOP K0 K48 K−1000 K1]	设定通道1的下限温度为−100℃
		[TOP K0 K67 K−1000 K1]	设定通道2的下限温度为−100℃
		[TOP K0 K50 K100 K1]	通道1的回路中断检测死区为±10℃
		[TOP K0 K69 K100 K1]	通道2的回路中断检测死区为±10℃
		[TOP K0 K70 K1 K1]	设定通道1的传感器类型为K
		[TOP K0 K71 K1 K1]	设定通道2的传感器类型为K
		[TOP K0 K72 K12 K1]	设定通道1、2的温度报警1的功能
		[TOP K0 K73 K13 K1]	设定通道1、2的温度报警2的功能
		[TOP K0 K79 K3 K1]	设定通道1、2的温度达到检测范围
		[TOP K0 K81 K0 K1]	设定通道1、2的电流显示模式
293	X000（常闭）	[TOP K0 K9 K0 K1]	X000为ON，启动模块初始化
303	X000（常开）	[TOP K0 K9 K1 K1]	
313	X001（常闭）	[TOP K0 K10 K0 K1]	X001为ON，由BFM#0显示的所有错误将复位
323	X001（常开）	[TOP K0 K10 K1 K1]	
333	X002（常闭）	[TOP K0 K11 K0 K1]	X002为OFF，控制停止
343	X002（常开）	[TOP K0 K11 K1 K1]	X002为ON，启动控制
353	M15（常开）	[TOP K0 K18 K0 K1]	M15为ON(模块准备好)，BFM#18、#27为0，启动自动方式
		[TOP K0 K27 K0 K1]	
372	M34（常闭）	[TOP K0 K20 K0 K1]	M34为OFF(通道1自动方式无效)，关闭通道1的自动调谐功能

图 7－50　FX_{2N}－2LC 温度调节模块的使用程序（三）

三菱FX_{2N} PLC从入门到精通

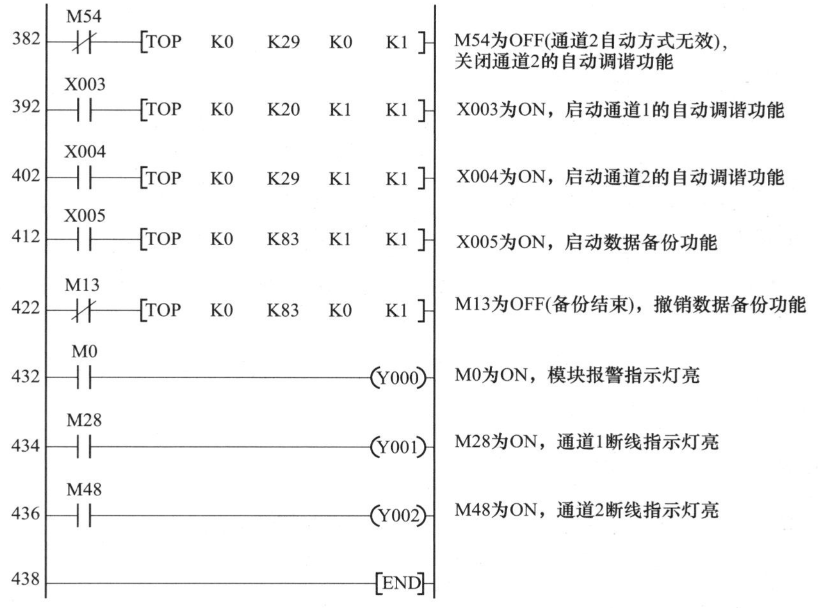

图 7－50　FX_{2N}－2LC 温度调节模块的使用程序（四）

7.7 PID 控制

7.7.1 模拟量闭环控制系统的组成

闭环控制是根据控制对象输出反馈来进行校正的控制方式，它是在测量出实际与计划发生偏差时，按定额或标准来进行纠正的。

图 7－51 所示为 PLC 模拟量闭环控制系统结构框图。图中虚线部分可由 PLC 的基本单元加上模拟量输入/输出扩展单元来承担，即由 PLC 自动采样来自检测元件或变送器的模拟输入信号，同时将采样的信号转换为数字量，存在指定的数据寄存器中，经过 PLC 运算处理后输出给执行机构去执行。

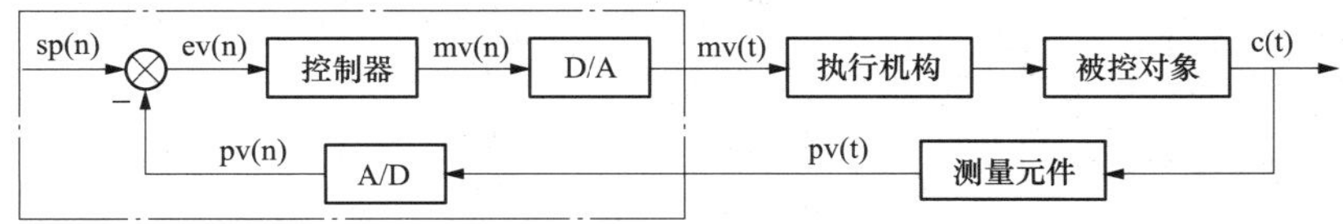

图 7－51　PLC 模拟量闭环控制系统结构框图

图 7－18 中 c（t）为被控量，该被控量是连续变化的模拟量，如压力、温度、流量、物位、转速等。mv（t）为模拟量输出信号，大多数执行机构（如电磁阀、变频器等）要

求PLC输出模拟量信号。PLC采样到的被控量c（t）需转换为标准量程的直流电流或直流电压信号pv（t），例如4～20mA和0～10V的信号。sp（n）为给定值，pv（n）为A/D转换后的反馈量。ev（n）为误差，误差ev（n）＝sp（n）－pv（n）。sp（n）、pv（n）、ev（n）、mv（n）分别为模拟量sp（t）、pv（t）、ev（t）、mv（t）第n次采样计算时的数字量。

要将PLC应用于模拟量闭环控制系统中，首先要求PLC必须具有A/D和D/A转换功能，能对现场的模拟量信号与PLC内部的数字量信号进行转换；其次要求PLC必须具有数据处理能力，特别是应具有较强的算术运算功能，能根据控制算法对数据进行处理，以实现控制目的；同时还要求PLC有较高的运行速度和较大的用户程序存储容量。现在的PLC一般都有A/D和D/A模块，许多PLC还设有PID功能指令，例如FX_{2N}系列PLC中就提供了PID功能指令。

7.7.2 PID回路控制

1. PID控制的基本概念

PID（Proportional Integral Derivative）即比例（P）—积分（I）—微分（D），其功能是实现有模拟量的自动控制领域中需要按照PID控制规律进行自动调节的控制任务，如温度、压力、流量等。PID是根据被控制输入的模拟物理量的实际数值与用户设定的调节目标值的相对差值，按照PID算法计算出结果，输出到执行机构进行调节，以达到自动维持被控制的量跟随用户设定的调节目标值变化的目的。

若被控对象的结构和参数不能完全掌握，或者得不到精确的数学模型，并且难以采用控制理论的其他技术，系统控制器的结构和参数必须依靠经验和现场调试来确定，在这种情况下，可以使用PID控制技术。PID控制技术包含了比例控制、微分控制和积分控制等。

（1）比例控制。比例控制是一种最简单的控制方式。其控制器的输出与输入误差信号成比例关系，如果增大比例系数，会使系统反应灵敏，调节速度加快，并且可以减小稳态误差。但是，比例系数过大，会使超调量增大，振荡次数增加，调节时间加长，动态性能变坏，甚至会使闭环系统不稳定。当仅有比例控制时系统输出存在稳态误差。

（2）积分控制。在PID中的积分对应于图7－52中的误差曲线ev（t）与坐标轴包围的面积，图中的T_S为采样周期。通常情况下，用图中各矩形面积之和来近似精确积分。

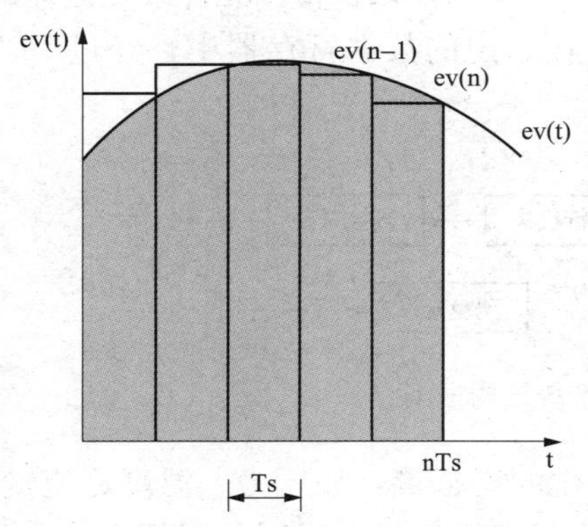

图7－52　积分的近似计算

在积分控制中，PID的输出与输入误差信号的积分成正比关系。每次PID运算时，在原来的积分值基础上，增加一个与当前的误差值ev（n）成正比的微小部分。误差为负值时，积分的增量为负。

对于一个自动控制系统，如果在进入稳态后存在稳态误差，则称这个控制系统为有稳态误差系统，或简称有差系统。为了消除稳态误差，在控制器中必须引入“积分项”。积分项对误差的运算取决于积分时间T_I，T_I在积分项的分母中。T_I越小，积分项变化的速度越快，积分作用越强。

（3）比例积分控制。输入误差包含当前误差及以前的误差，它会随时间而增加，因此积分作用本身具有严重的滞后特性，对系统的稳定性不利。如果积分项的系数设置得不好，其负面作用很难通过积分作用本身迅速地修正；而比例项没有延迟，只要误差一出现，比例部分就会立即起作用。因此积分作用很少单独使用，它一般与比例和微分联合使用，组成 PI 或 PID 控制器。

PI 和 PID 控制器既克服了单纯的比例调节有稳态误差的缺点，又避免了单纯的积分调节响应慢、动态性能不好的缺点，因此被广泛使用。

如果控制器有积分作用（例如采用 PI 或 PID 控制），积分能消除阶跃输入的稳态误差，这时可以将比例系数调得小一些。如果积分作用太强（即积分时间太小），其累积的作用会使系统输出的动态性能变差，有可能使系统不稳定。积分作用太弱（即积分时间太大），则消除稳态误差的速度太慢，所以要取合适的积分时间值。

（4）微分控制。在微分控制中，控制器的输出与输入误差信号的微分（即误差的变化率）成正比关系，误差变化越快，其微分绝对值越大。误差增大时，其微分为正；误差减小时，其微分为负。由于在自动控制系统中存在较大的惯性组件（环节）或有滞后组件，具有抑制误差的作用，其变化总是落后于误差的变化。因此，自动控制系统在克服误差的调节过程中可能会出现振荡甚至失稳。在这种情况下，可以使抑制误差的作用的变化“超前”，即在误差接近零时，抑制误差的作用就应该是零。也就是说，在控制器中仅引入比例项往往是不够的，比例项的作用仅是放大误差的幅值，而目前需要增加的是微分项，它能预测误差变化的趋势，这样，具有比例＋微分的控制器就能够提前使抑制误差的控制作用等于零，甚至为负值，从而避免被控量的严重超调。所以对有较大惯性或滞后的被控对象，比例＋微分（PD）控制器能改善系统在调节过程中的动态特性。

2. PID 控制器的主要优点

PID 控制器具有以下优点：

（1）不需要知道被控对象的数学模型。实际上大多数工业对象准确的数学模型是无法获得的，对于这一类系统，使用 PID 控制可以得到比较满意的效果。

（2）PID 控制器具有典型的结构，其算法简单明了，各个控制参数相对较为独立，参数的选定较为简单，形成了完整的参数调整方法，很容易为工程技术人员所掌握。

（3）有较强的灵活性和适应性，对各种工业应用场合，都可在不同程度上应用，特别适用于“一阶惯性环节＋纯滞后”和“二阶惯性环节＋纯滞后”的过程控制对象。

（4）PID 控制根据被控对象的具体情况，可以采用各种 PID 控制的变种和改进的控制方式，如 PI、PD、带死区的 PID、积分分离式 PID、变速积分 PID 等。

3. PID 功能指令

FX_{2N}系列 PLC 通过直接使用 PID 功能指令，可进行 PID 回路控制的 PID 运算。

（1）指令格式。

FNC88 PID	S1	S2	S3	D

（2）指令说明。

1）［S1］用于设定目标值（SV）；［S2］用于设定现在值（PV）；［S3］为控制参数的设定；［D］为输出值（MV），执行程序时，运算结果（MV）被存入［D］中。

2）对于［D］，最好指定为非电池保持的数据寄存器，若指定为D200以上的电池保持的数据寄存器，则在PLC运行时，必须用程序清除保持的内容。

4. PID参数的设定

PID控制器的参数设定是控制系统设计的核心内容。它是根据被控过程的特性，确定PID控制器的比例系数、积分时间和微分时间的大小。

控制器的参数设定值在PID运算前必须预先通过MOV等指令写入。若使用停电保持区域的数据寄存器，在PLC的电源断开后，设定值仍保持，因此不需进行再次写入。通常需对以［S3］起始的25个数据寄存器进行参数设定，如表7－27所示。

表7－27　　　　**PID 参 数 设 定**

<table>
<tr><th>设定单元</th><th>设定功能</th><th>设定说明</th></tr>
<tr><td>［S3］</td><td>采样时间（Ts）</td><td>Ts设定范围为1～32 767ms，若设定值小于扫描周期则无法执行</td></tr>
<tr><td>［S3］+1</td><td>动作方向（ACT）</td><td><table>
<tr><td>位</td><td>0</td><td>1</td></tr>
<tr><td>b0</td><td>正动作</td><td>逆动作</td></tr>
<tr><td>b1</td><td>无输入变化量报警</td><td>有输入变化量报警</td></tr>
<tr><td>b2</td><td>无输出变化量报警</td><td>有输出变化量报警</td></tr>
<tr><td>b3</td><td>不可使用</td><td></td></tr>
<tr><td>b4</td><td>不执行自动调节</td><td>执行自动调节</td></tr>
<tr><td>b5</td><td>不设定输出值上下限</td><td>输出值上下限设定有效</td></tr>
<tr><td>b6～b15</td><td>不可使用</td><td></td></tr>
</table></td></tr>
<tr><td>［S3］+2</td><td>输入滤波常数（α）</td><td>α设定范围为0%～99%，为0时无输入滤波</td></tr>
<tr><td>［S3］+3</td><td>比例增益（Kp）</td><td>Kp设定范围为1%～32 767%</td></tr>
<tr><td>［S3］+4</td><td>积分时间（TI）</td><td>TI设定范围为0～32 767（×100ms），为0时作为∞处理（无积分）</td></tr>
<tr><td>［S3］+5</td><td>微分增益（KD）</td><td>KD设定范围为0%～100%，为0时无积分增益</td></tr>
<tr><td>［S3］+6</td><td>微分时间（TD）</td><td>TD设定范围为0～32 767（×10ms），为0时作为无微分处理</td></tr>
<tr><td>［S3］+7～［S3］+19</td><td>PID运算的内部处理占用</td><td></td></tr>
<tr><td>［S3］+20</td><td>输入变化量（增量）报警设定值</td><td>设定范围为0～32 767（［S3］+1动作方向ACT的b1=1时有效）</td></tr>
<tr><td>［S3］+21</td><td>输入变化量（减量）报警设定值</td><td>设定范围为0～32 767（［S3］+1动作方向ACT的b1=1时有效）</td></tr>
<tr><td>［S3］+22</td><td>输出变化量（增量）报警设定值</td><td>设定范围为0～32 767（ACT的b2=1、b5=0时有效），另外输出上限设定范围为－32 768～32 767（ACT的b2=0、b5=1时有效）</td></tr>
<tr><td>［S3］+23</td><td>输出变化量（减量）报警设定值</td><td>设定范围为0～32 767（ACT的b2=1、b5=0时有效），另外输出下限设定范围为－32 768～32 767（ACT的b2=0、b5=1时有效）</td></tr>
<tr><td>［S3］+24</td><td>报警输出</td><td><table>
<tr><td>位</td><td>报警输出</td><td>说明</td></tr>
<tr><td>b0=1</td><td>输入变化量（增量）溢出</td><td rowspan="4">这些位必须是ACT的b1=1或b2=1时有效</td></tr>
<tr><td>b1=1</td><td>输入变化量（减量）溢出</td></tr>
<tr><td>b2=1</td><td>输出变化量（增量）溢出</td></tr>
<tr><td>b3=1</td><td>输出变化量（减量）溢出</td></tr>
</table></td></tr>
</table>

5. 控制参数说明

PID 指令可同时多次执行（循环次数无限制），但是用于运算的［S3］或［D］中的软元件号不能重复。

PID 指令在定时器中断、子程序、步进梯形图、跳转指令中也可使用。在这种情况下，执行 PID 指令前应先将［S3］+7 单元清除后再使用。

采样时间 Ts 的最大误差为：－（1 个扫描周期+1ms）～+（1 个扫描周期）。若 Ts 小于扫描周期时，应使用恒定扫描模式，或在定时器中断程序中编程。

如果采样时间 Ts 小于 PLC 的 1 个扫描周期时，将发生 PID 运算错误（错误代码为 K6740），并以 Ts 等于 1 个扫描周期执行 PID 运算。在这种情况下，最好在定时器中断（I6□□～I8□□）中使用 PID 指令。

（1）输入滤波常数具有使测定值平滑变化的效果。

（2）微分增益具有缓和输出值剧烈变化的效果。

动作方向由［S3］+1（ACT）的 b0 位控制，b0=0 时，正动作；b0=1 时，逆动作。设定输出值上下限是否有效由［S3］+1（ACT）的 b5 位控制。若 b5=1，则输出值上下限的设定有效，在这种情况下，它也有抑制 PID 控制的积分项增大的效果。但是在使用这个功能时，必须将［S3］+1（ACT）的 b2 设置为 0。

使［S3］+1（ACT）的 b1 位和 b2 位置 1 后，用户可根据［S3］+20～［S3］+23 的值任意检查输入变化量和输出变化量。超出被设定的输入/输出变化量时，报警标志［S3］+24 的各位在其 PID 指令执行后立刻为 ON，如图 7-53 所示。但是［S3］+21、［S3］+23 作为报警值使用时，被设定值作为负值处理。另外使用输出变化量（变化量=前次的值－这次的值）的报警功能时，［S3］+1（ACT）的 b5 必须设置为 OFF 状态。

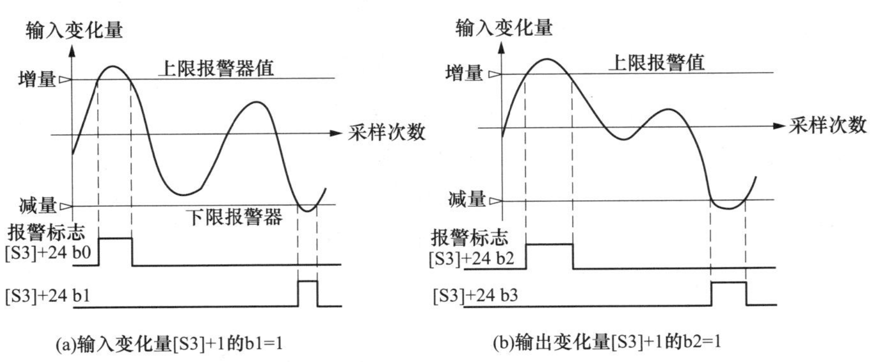

图 7-53　输入/输出处理变化量设定与报警

6. PID 的 3 个常数求法

为了使 PID 控制得到良好的控制结果，必须求得适合于控制对象的各常数（参数）的最佳值。PID 的 3 个常数为比例增益 Kp、积分时间 TI 和微分时间 TD。求解方法有阶跃响应法。阶跃响应法是对控制系统施加 0→100%（也可以是 0→75%或 0→50%）的阶跃输出，由输入值变化判断动作特性（最大倾斜 R、无用时间 L）来求得 PID 的 3 个常数的方法，如表 7-28 所示。

表 7-28　　PID的3个常数求法

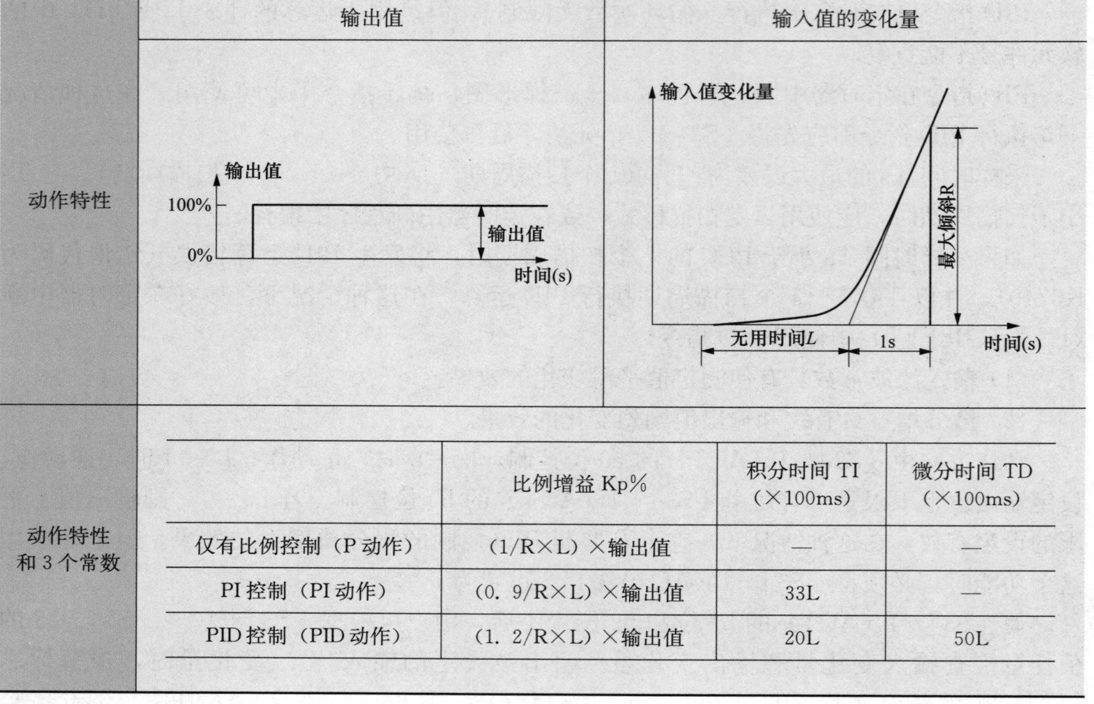

动作特性和3个常数	比例增益 Kp%	积分时间 TI（×100ms）	微分时间 TD（×100ms）
仅有比例控制（P动作）	(1/R×L)×输出值	—	—
PI控制（PI动作）	(0.9/R×L)×输出值	33L	—
PID控制（PID动作）	(1.2/R×L)×输出值	20L	50L

7. 自动调节功能

使用自动调节功能可以得到最佳PID控制，用阶跃响应法自动设定重要常数，如[S3]+1的b0位、比例增益（[S3]+3）、积分时间（[S3]+4）、微分时间（[S3]+6）。自动调节方法如下：

(1) 传送自动调节用的（采样时间）输出到[D]中。这个自动调节用的输出值可根据输出设备在输出可能最大值的50%～100%范围内使用。

(2) 设定自动调节不能设定的参数，如采样时间、输入滤波、微分增益，以及目标值等。注意设定目标值时，目标值应保证自动调节开始时的测定位与目标值之差大于150，如果不能满足，可以先设定自动调节用目标值，待自动调节完成后，再次设定目标值。设定采样时间时，自动调节的采样时间必须在1s以上，并且采样时间要远大于输出变化周期的时间值。

(3) [S3]+1（ACT）的b4位设为ON后，则自动调节开始。自动调节开始时的测定值达到目标值变化量变化在1/3以上时自动调节结束，[S3]+1（ACT）的b4位自动变为OFF状态。

注意：自动调节在系统处于稳定状态时开始，否则不能正确进行自动调节。

8. 错误代码

控制参数的设定值或PID运算中的数据发生错误，则运算错误M8067变为ON状态，D8067中存有以下错误代码，如表7-29所示。

PID运算执行前，必须将正确的测定值读入PID测定值PV中。特别是对模拟量输入模块的输入值进行PID运算时，需注意其转换时间。

表 7－29　　　　D8067 中的错误代码

错误代码	错误内容	处理状态	处理方法
K6705	应用指令的操作数在对象软元件范围外	PID 命令运算停止	确认控制数据的内容
K6706	应用指令的操作数在对象软元件范围外		
K6730	采样时间 Ts 在对象软元件范围外（Ts＜0）		
K6732	输入滤波常数在对象 α 范围外（α＜0 或 100＜α）		
K6733	比例增益 Kp 在对象范围外 Kp＜0		
K6734	积分时间 TI 在对象范围外 TI＜0		
K6735	微分增益 KD 在对象范围外 KD＜0 或 201＜KD		
K6736	微分时间 TD 在对象范围外 KD＜0		
K6740	采样时间 Ts＜扫描周期	PID 命令运算继续	
K6742	测定值变化量超过 PV＜－32 768 或 PV＞32 767		
K6743	偏差超过 EV＜－32 768 或 EV＞32 767		
K6744	积分计算值超过－32 768～32 767		
K6745	微分增益 Kp 超过 0%～100%		
K6746	微分计算值超过－32 768～32 767		
K6747	PID 运算结果超过－32 768～32 767		
K6750	自动调节结果不良	自动调节结束	自动调节开始时的测定值和目标值的差为 150 以下或自动调节开始时的测定值和目标值的差为 1/3 以上，则结束确认测定值、目标值后，请再次进行自动调节
K6751	自动调节动作方向不一致	自动调节继续	从自动调节开始时的测定值预测的动作方向与自动调节输出时实际动作方向不一致。请使目标值自动调节用输出值与测定值的关系正确后再进行自动调节
K6752	自动调节动作不良	自动调节结束	自动调节中测定值因上下变化不能正确动作。请使采样时间远大于输出的变化周期，增大输入滤波常数。设定变更后再进行自动调节

9. PID 命令的基本运算公式

PID 控制根据［S3］＋1（ACT）的 b0 位指定执行正动作或逆动作的运算式。PID 命令的基本运算公式如表 7－30 所示。

表 7－30　　　　PID 的基本运算公式

动作方向	PID 运算公式
正动作	$\Delta MV = K_P \left[(EV_n - EV_{n-1}) + \frac{T_S}{T_I} EV_n + D_n \right]$ $EV_n = PV_{nf} - SV$ $D_n = \frac{T_D}{T_S + \alpha_D T_D} (2PV_{nf-1} + PV_{nf} + PV_{nf-2}) + \frac{\alpha_D T_D}{T_S + \alpha_D T_D} D_{n-1}$ $MV_n = \sum \Delta MN$

续表

动作方向	PID运算公式
逆动作	$\Delta MV = K_P\left[(EV_n - EV_{n-1}) + \frac{T_S}{T_I}EV_n + D_n\right]$ $EV_n = SV - PV_{nf}$ $D_n = \frac{T_D}{T_S + \alpha_D T_D}(2PV_{nf-1} - PV_{nf} + PV_{nf-2}) + \frac{\alpha_D T_D}{T_S + \alpha_D T_D}D_{n-1}$ $MV_n = \sum \Delta MN$

公式中符号说明：EV_n 为本次采样时的偏差；EV_{n-1}为上次采样时的偏差；SV 为设定目标值；PV_{nf}为本次采样时的测定值（滤波后）；PV_{nf-1}为1个周期前的测定值（滤波后）；PV_{nf-2}为2个周期前的测定值（滤波后）；ΔMV 为输出变化量；MV_n 为本次输出控制量；D_n 为本次的微分项；D_{n-1}为上一个采样时周期前的微分项；K_P 为比例增益；T_S 为采样周期；T_I 为积分常数；T_D 为微分常数；α_D 为微分增益。

PV_{nf}是根据读入的当前过程值，由运算式 $PV_{nf} = PV_n + L(PV_{nf-1} - PV_n)$ 求得的。其中 PV_n 为本次采样时的测定值；L 为滤波系数；PV_{nf-1}为1个周期前的测定值（滤波后）。

7.7.3 PID控制实例

【例7-16】 温度箱加温闭环控制系统如图7-54所示，FX_{2N}-48MR的Y001驱动电加热器给温度箱加热。温度传感器（热电偶）测定温度箱的温度模拟信号通过模拟输入模块FX_{2N}-4AD-TC转换成数字信号，使PLC控制温度箱的温度保持在50℃。X010控制该系统自动调节湿度；X011为自动调节＋PID调节来控制温度调节。

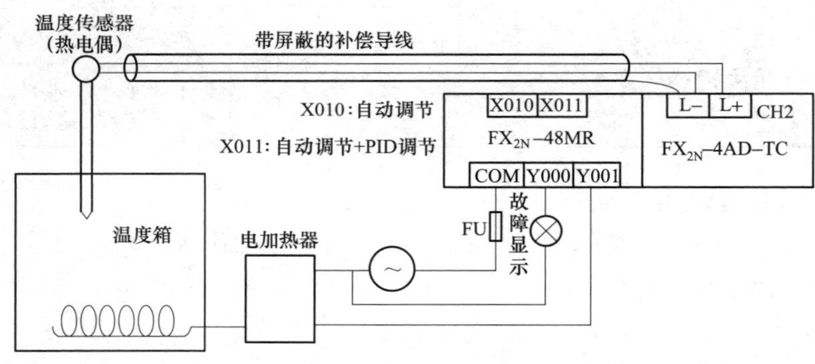

图7-54　温度箱加温闭环控制系统

解　从图7-54可看出，该系统有可自动调节温度或由PID调节温度的功能。图中温度输入模块FX_{2N}-4AD-TC紧靠FX_{2N}-48MR单元连接，ID编号为0，它有4个通道，在此系统中选用通道2，而其他通道不使用。温度箱的加热动作及相关参数设置如表7-31所示。

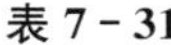

表 7-31　温度箱加热动作及相关参数设置

加热动作

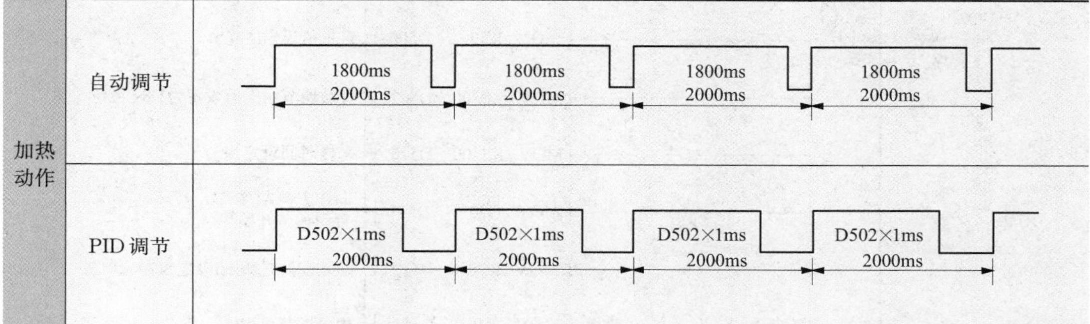

参数设置

	设定内容	软元件		自动调节	PID 调节
目标值	温度	[S1]	D500	500（50℃）	500（50℃）
参数设置	采样时间（Ts）	[S3]	D510	3000（ms）	500（ms）
	输入滤波常数（α）	[S3]+2	D512	70%	70%
	微分增益（KD）	[S3]+5	D515	0%	0%
	输出值上限	[S3]+22	D522	3000（ms）	500（ms）
	输出值下限	[S3]+23	D523	0	0
动作方向（ACT）	输入变化量报警	[S3]+1	D511	b1=1（无）	b1=1（无）
	输出变化量报警			b2=1（无）	b2=1（无）
	输出值上下限设定			b5=1（有）	b5=1（有）
输出值		[D]	Y001	1800（ms）	根据运算

FX$_{2N}$-4AD-TC 的 BFM#0 中设定值应为 H3303，3303 从最低位到最高位数字分别表示 CH1～CH4 的设定方式，每位数字可由 0～3 表示，0 表示 CH2 的设定输入电压范围为−10～10V，3 表示该通道不使用。当 X010 有效时，自动调节温度箱加温；当 X011 有效时，自动调节+PID 调节温度箱加热。因此程序可使用 CALL 指令来选择自动调节还是自动调节+PID 调节，编写的程序如图 7-55 所示。

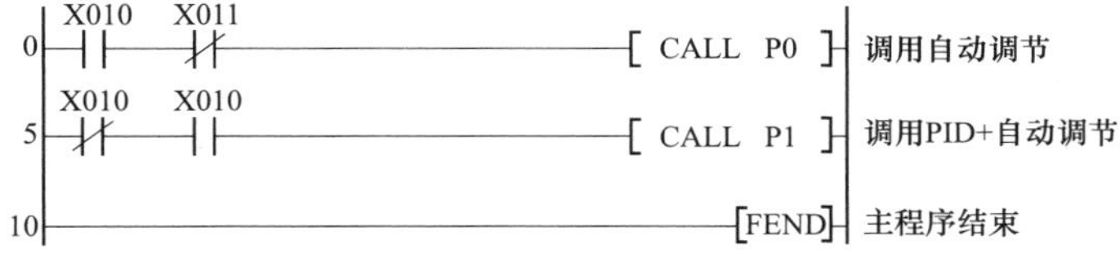

图 7-55　温度箱加温闭环控制系统程序（一）

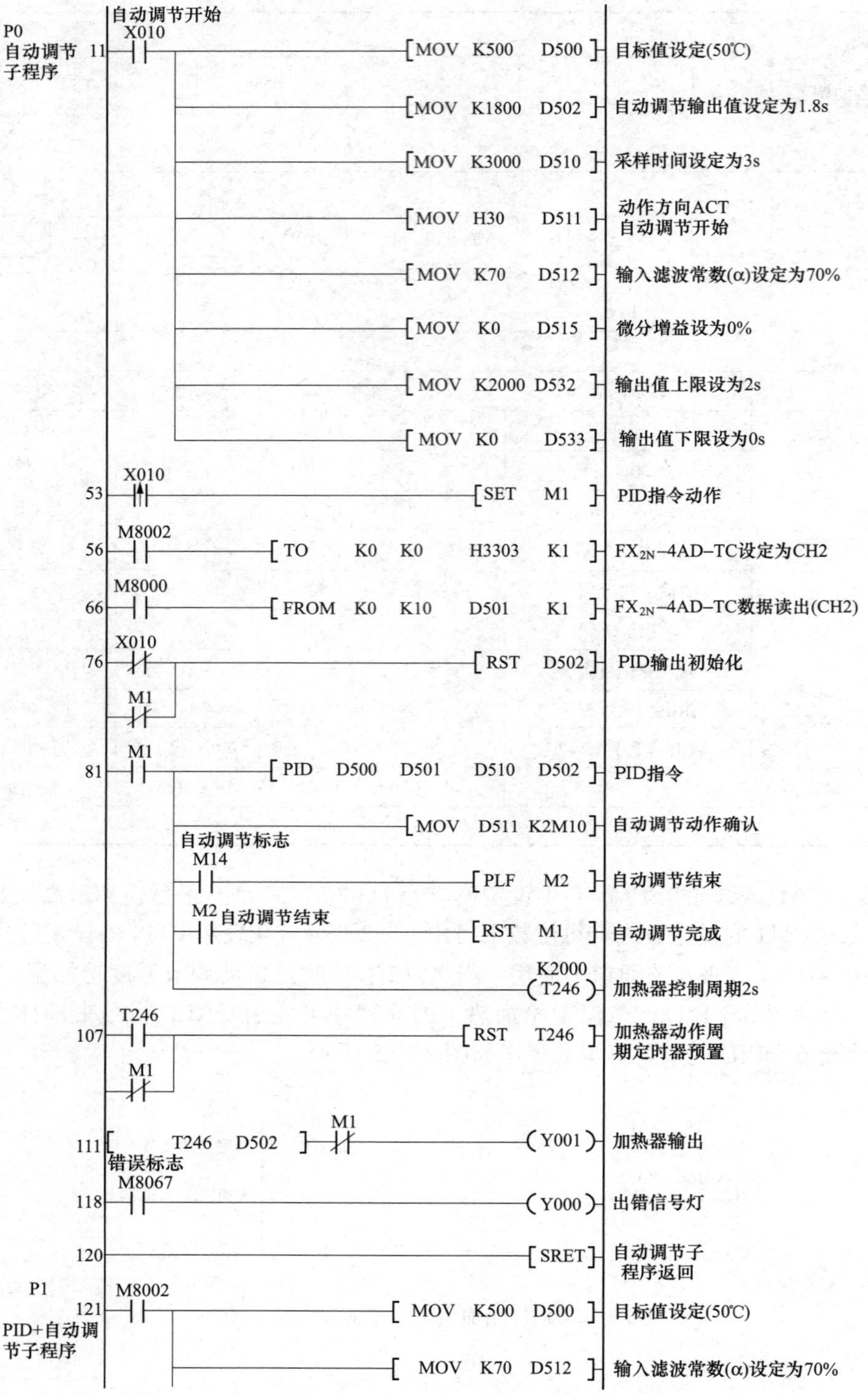

```
P0 自动调节子程序
                自动调节开始
                X010
11    ─┤├─┬─[MOV  K500   D500 ]     目标值设定(50℃)
          ├─[MOV  K1800  D502 ]     自动调节输出值设定为1.8s
          ├─[MOV  K3000  D510 ]     采样时间设定为3s
          ├─[MOV  H30    D511 ]     动作方向ACT
          │                         自动调节开始
          ├─[MOV  K70    D512 ]     输入滤波常数(α)设定为70%
          ├─[MOV  K0     D515 ]     微分增益设为0%
          ├─[MOV  K2000  D532 ]     输出值上限设为2s
          └─[MOV  K0     D533 ]     输出值下限设为0s
                X010
53    ─┤↑├──────[SET  M1 ]          PID指令动作
                M8002
56    ─┤├───────[TO    K0  K0   H3303  K1 ]   FX2N-4AD-TC设定为CH2
                M8000
66    ─┤├───────[FROM  K0  K10  D501   K1 ]   FX2N-4AD-TC数据读出(CH2)
                X010
76    ─┤/├─┬────[RST  D502 ]        PID输出初始化
        M1 │
      ─┤/├─┘
                M1
81    ─┤├─┬─[PID  D500  D501  D510  D502 ]   PID指令
          ├─[MOV  D511  K2M10 ]     自动调节动作确认
          │ 自动调节标志
          │ M14
          ├─┤├──────[PLF  M2 ]      自动调节结束
          │ M2 自动调节结束
          ├─┤├──────[RST  M1 ]      自动调节完成
          │                 K2000
          └─────────(T246)          加热器控制周期2s
                T246
107   ─┤├─┬─────[RST  T246 ]        加热器动作周
        M1│                         期定时器预置
      ─┤/├┘
                                    M1
111   ─[  T246  D502  ]──┤/├──(Y001)   加热器输出
        错误标志
        M8067
118   ─┤├───────────(Y000)          出错信号灯
120   ──────────────[SRET]          自动调节子程序返回
P1 PID+自动调节子程序
                M8002
121   ─┤├─┬─[MOV  K500  D500 ]      目标值设定(50℃)
          └─[MOV  K70   D512 ]      输入滤波常数(α)设定为70%
```

图 7-55 温度箱加温闭环控制系统程序（二）

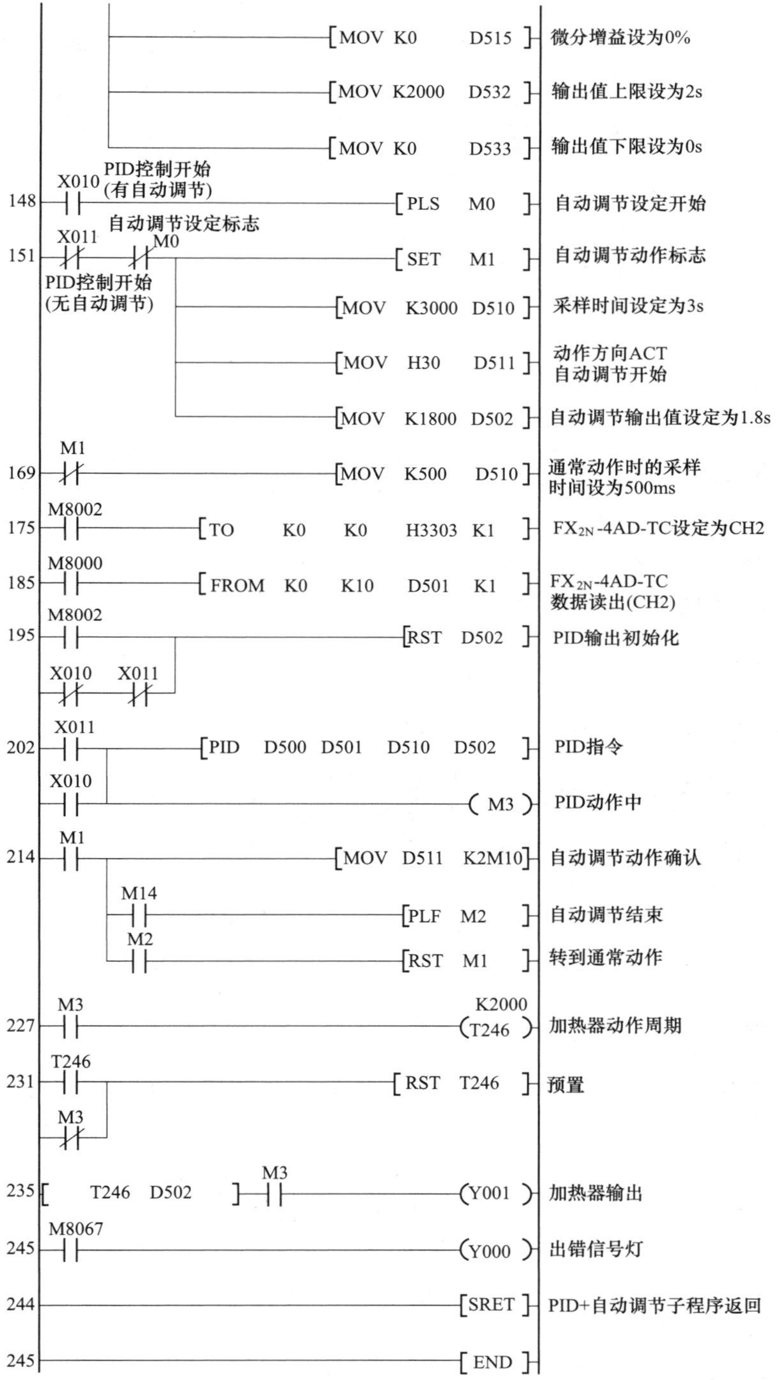

图 7－55　温度箱加温闭环控制系统程序（三）

第 8 章

PLC的通信与网络

网络是将分布在不同物理位置上的具有独立工作能力的计算机、终端及其附属设备用通信设备和通信线路连接起来，并配置网络软件，以实现计算机资源共享的系统。随着计算机网络技术的发展，自动控制系统也从传统的集中式控制向多级分布式控制方向发展。为适应形式的发展，许多 PLC 生产企业加强了 PLC 的网络通信能力，并研制开发出自己的 PLC 网络系统。

8.1 数据通信的基础知识

数据通信是计算机网络的基础，没有数据通信技术的发展，就没有计算机网络的今天，也就没有 PLC 的应用基础。

8.1.1 数据传输方式

在计算机系统中，CPU 与外部数据的传送方式有两种：并行数据传送和串行数据传送。

并行数据传送方式，即多个数据的各位同时传送，它的特点是传送速度快、效率高，但占用的数据线较多、成本高，仅适用于短距离的数据传送。

串行数据传送方式，即每个数据一位一位地按顺序传送，它的特点是数据传送的速度受到限制，但成本较低，只需两根线就可传送数据。它主要用于传送距离较远、数据传送速度要求不高的场合。

通常将 CPU 与外部数据的传送称为通信。因此，通信方式分为并行通信和串行通信，如图 8－1 所示。并行数据通信是以字节或字为单位的数据传输方式，除了 8 根或 16 根数据线和 1 根公共线外，还需要双方联络用的控制线。串行数据通信是以二进制的位为单位进行数据传输，每次只传送 1 位。串行通信适用于传输距离较远的场合，所以在工业控制领域中，PLC 一般采用串行通信。

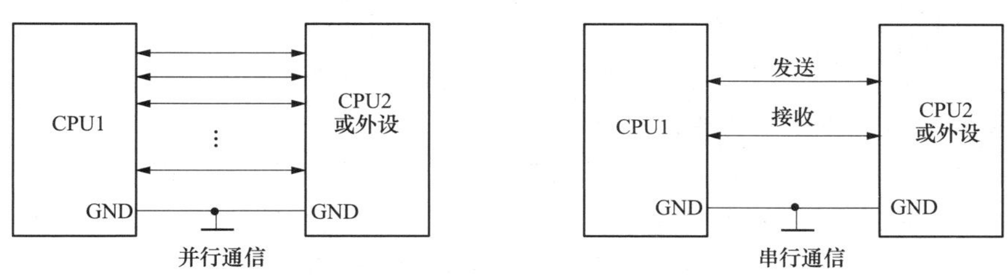

图 8－1　数据传输方式示意图

8.1.2　串行通信的分类

按照串行数据的时钟控制方式，将串行通信分为异步通信和同步通信两种方式。

1. 异步通信（Asynchronous Communication）

异步通信中的数据是以字符（或字节）为单位组成字符帧（Character Frame）进行传送的。这些字符帧在发送端是一帧一帧地发送，在接收端通过数据线一帧一帧地接收字符或字节。发送端和接收端可以由各自的时钟控制数据的发送和接收，这两个时钟彼此独立，互不同步。

在异步串行数据通信中，有两个重要的指标：字符帧和波特率。

（1）字符帧（Character Frame）。在异步串行数据通信中，字符帧也称为数据帧，它具有一定的格式，如图 8－2 所示。

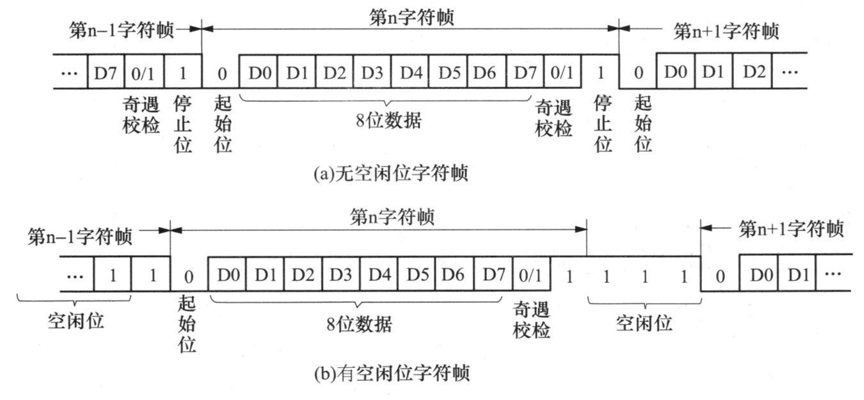

图 8－2　串行异步通信字符帧格式

从图 8－2 中可以看出，字符帧由起始位、数据位、奇偶校验位、停止位四部分组成。

1）起始位。位于字符帧的开头，只占 1 位，始终为逻辑低电平，发送器通过发送起始位表示一个字符传送的开始。

2）数据位。起始位之后紧跟着的是数据位。在数据位中规定，低位在前（左），高位在后（右）。

3）奇偶校验位。在数据位之后，就是奇偶校验位，只占 1 位数，用于检查传送字符的正确性。它有 3 种可能：奇校验、偶校验或无校验，用户根据需要进行设定。

4）停止位。奇偶校验位之后，为停止位。它位于字符帧的末尾，用来表示一个字符传送的结束，为逻辑高电平。通常停止位可取 1、1.5 位或 2 位，根据需要确定。

5）位时间。一个格式位的时间宽度。

6）帧（Frame）。从起始位开始到结束位为止的全部内容称为一帧。帧是一个字符的完整通信格式。因此也把串行通信的字符格式称为帧格式。

在串行通信中，发送端一帧一帧地发送信息，接收端一帧一帧地接收信息，两相邻字符帧之间可以无空闲位，也可以有空闲位。图8－2（a）所示为无空闲位的字符帧格式，图8－2（b）所示为3个空闲位的字符帧格式。两相邻字符帧之间是否有空闲位，由用户根据需要而定。

（2）波特率（Band Rate）。

数据传送的速率称为波特率，即每秒钟传送二进制代码的位数，也称为比特数，单位为bit/s（bit per second），即位/秒。波特率是串行通信中的一个重要性能指标，用来表示数据传输的速度。波特率越高，数据传输速度越快。波特率和字符实际的传输速率不同，字符的实际传输速率是指每秒钟内所传字符帧的帧数，它与字符帧格式有关。

例如，波特率为1200bit/s，若采用10个代码位的字符帧（1个起始位，1个停止位，8个数据位），则字符的实际传送速率为1200÷10＝120（帧/s）；采用图8－2（a）的字符帧，则字符的实际传送速率为1200÷11＝109.09（帧/s）；采用图8－2（b）的字符帧，则字符的实际传送速率为1200÷14＝85.71（帧/s）。

每一位代码的传送时间T_d为波特率的倒数。例如波特率为2400bit/s的通信系统，每位的传送时间为

$$T_d=\frac{1}{2400}=0.4167\ (\text{ms})$$

波特率与信道的频带有关，波特率越高，信道频带越宽。因此，波特率也是衡量通道频宽的重要指标。

在串行通信中，可以使用的标准波特率在RS－232C标准中已有规定，使用时应根据速度需要、线路质量等因素选定。

2. 同步通信（Synchronous Communication）

同步通信是一种连续串行传送数据的通信方式，一次通信可传送若干个字符信息。同步通信的信息帧与异步通信中的字符帧不同，它通常含有若干个数据字符，如图8－3所示。

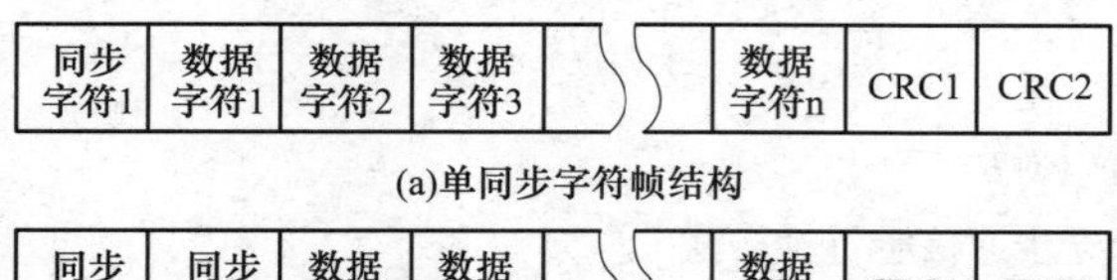

图8－3　串行同步通信字符帧格式

从图8－3中可以看出，同步通信的字符帧由同步字符、数据字符、校验字符CRC三部分组成。同步字符位于字符帧的开头，用于确认数据字符的开始（接收端不断对传输线采样，并把采样的字符和双方约定的同步字符比较，比较成功后才把后面接收到的字符加以存储）。校验字符位于字符帧的末尾，用于接收端对接收到的数据字符进行正确性校验。数据字符长度由所需传输的数据块长度决定。

在同步通信中，同步字符采用统一的标准格式，也可由用户约定。通常单同步字符帧中的同步字符采用ASCII码中规定的SYN（即0x16）代码，双同步字符帧中的同步字符采用国际通用标准代码0xEB90。

同步通信的数据传输速率较高，通常可达 56000bit/s 或更高。但是，同步通信要求发送时钟和接收时钟必须保持严格同步，发送时钟除应与发送波特率一致外，还要求把它同时传送到接收端。

8.1.3 串行通信的数据通路形式

在串行通信中，数据的传输是在两个站之间进行的，按照数据传送方向的不同，串行通信的数据通路有单工、半双工和全双工三种形式。

1. 单工（Simplex）

在单工形式下，数据传送是单向的。通信双方中一方固定为发送端，另一方固定为接收端，数据只能从发送端传送到接收端，因此只需一根数据线，如图 8-4 所示。

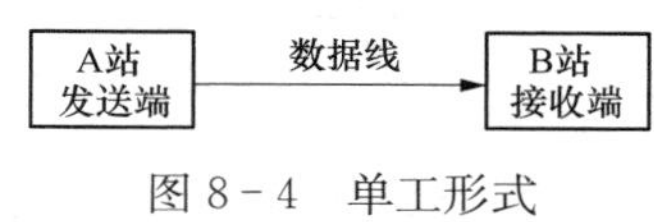

图 8-4 单工形式

2. 半双工（Half Duplex）

在半双工形式下，数据传送是双向的，但任何时刻只能由其中的一方发送数据，另一方接收数据。即数据从 A 站发送到 B 站时，B 站只能接收数据；数据从 B 站发送到 A 站时，A 站只能接收数据，如图 8-5 所示。

3. 全双工（Full Duplex）

在全双工形式下，数据传送也是双向的，允许双方同时进行数据双向传送，即可以同时发送和接收数据，如图 8-6 所示。

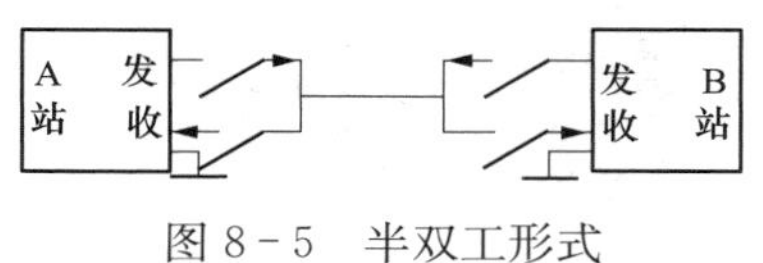

图 8-5 半双工形式

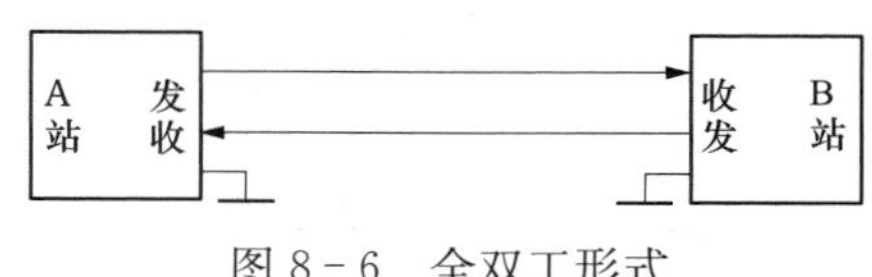

图 8-6 全双工形式

由于半双工和全双工可实现双向数据传输，因此在 PLC 中使用比较广泛。

8.1.4 串行通信的接口标准

串行异步通信接口主要有 RS-232C、RS-449、RS-422 和 RS-485 接口。在 PLC 控制系统中常采用 RS-232C、RS-422 和 RS-485 接口。

1. RS-232C

RS-232C 是使用最早、应用最广的一种串行异步通信总线标准，是美国电子工业协会 EIA（Electronic Industry Association）的推荐标准。RS 表示 Recommended Standard，232 为该标准的标识号，C 表示修订次数。

该标准定义了数据终端设备 DTE（Data Terminal Equipment）和数据通信设备 DCE（Data Communication Equipment）间按位串行传输的接口信息，合理安排了接口的电气信号和机械要求。DTE 是所传送数据的源或宿主，它可以是一台计算机、一个数据终端或一个外围设备；DCE 是一种数据通信设备，它可以是一台计算机或一个外围设备。例如，编程器与 CPU 之间的通信采用 RS-232C 接口。

RS-232C 标准规定的数据传输速率为 50、75、100、150、300、600、1200、2400、4800、9600、19 200bit/s。由于它采用单端驱动非差分接收电路，因此存在传输距离不太远（最大传输距离15m）、传送速率不太高（最大位速率为20kbit/s）的问题。

(1) RS－232C信号线的连接。RS－232C标准总线有25芯和9芯两种D形插头。25芯插头座（DB－25）的引脚图如图8－7所示。9芯插头座的引脚图如图8－8所示。

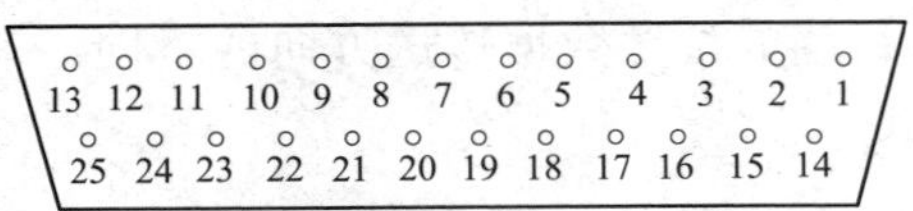

图8－7　25芯插头座引脚图

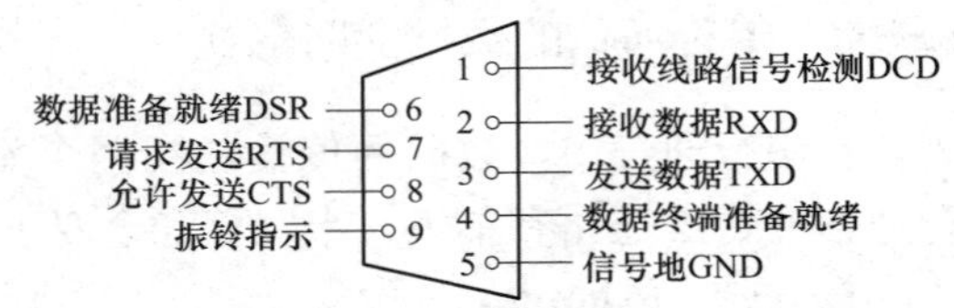

图8－8　9芯插头座引脚图

在工业控制领域中，PLC一般使用9芯的D形插头，当距离较近时只需要3根线即可实现，如图8－9所示，其中GND为信号地。

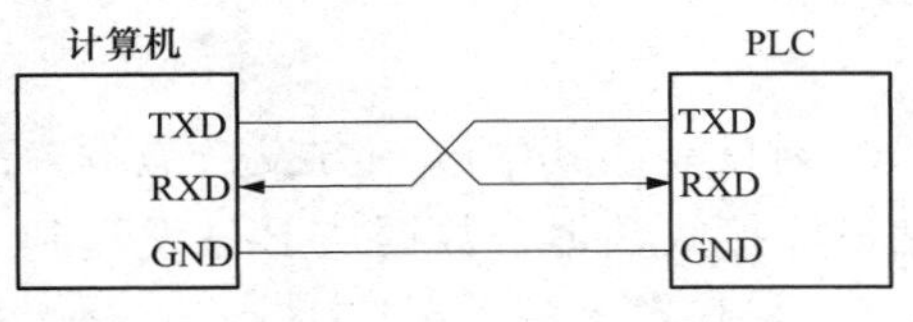

图8－9　RS－232C的信号线连接

RS－232C标准总线的25芯信号线是为了各设备或器件之间进行联系或信息控制而定义的。25芯信号线引脚的定义如表8－1所示，9芯信号线引脚的定义如表8－2所示。

表8－1　25芯信号线信号引脚定义

引脚	名称	定义	引脚	名称	定义
*1	GND	保护地	14	STXD	辅助通道发送数据
*2	TXD	发送数据	*15	TXC	发送时钟
*3	RXD	接收数据	16	SRXD	辅助通道接收数据
*4	RTS	请求发送	17	RXC	接收时钟
*5	CTS	允许发送	18		未定义
*6	DSR	数据准备就绪	19	SRTS	辅助通道请求发送
*7	SGND	信号地	*20	DTR	数据终端准备就绪
*8	DCD	接收线路信号检测	*21		信号质量检测
*9	SG	接收线路建立检测	*22	RI	振铃指示
10		线路建立检测	*23		数据信号速率选择
11		未定义	*24		发送时钟
12	SDCD	辅助通道接收线信号检测	25		未定义
13	SCTS	辅助通道清除发送			

注　表中带“*”号的15根引线组成主信道通信，除了11、18及25三个引脚未定义外，其余的可作为辅信道进行通信，但是其传输速率比主信道要低，一般不使用。若使用，则主要用来传送通信线路两端所接的调制解调器的控制信号。

表8－2　9芯信号线信号引脚定义

引脚	名称	定义	引脚	名称	定义
1	DCD	接收线路信号检测	6	DSR	数据准备就绪
2	RXD	接收数据	7	RTS	请求发送
3	TXD	发送数据	8	CTS	允许发送
4	DTR	数据终端准备就绪	9	RI	振铃指示
5	SGND	信号地			

(2) RS-232C 接口电路。在计算机中，信号电平是 TTL 型的，即规定大于等于 2.4V 时，为逻辑电平 1；小于等于 0.5V 时，为逻辑电平 0。在串行通信中，若 DTE 和 DCE 之间采用 TTL 信号电平传送数据，如果两者的传送距离较大，很可能使源点的逻辑电平 1 在到达目的点时，就衰减到 0.5V 以下，使通信失败，所以 RS-232C 有其自己的电气标准。RS-232C 标准规定：在信号源点，+5～+15V 时，为逻辑电平 0，−15～−5V 时，为逻辑电平 1；在信号目的点，+3V～+15V 时，为逻辑电平 0，−15～−3V 时，为逻辑电平 1，噪声容限为 2V。通常，RS-232C 总线为+12V 时表示逻辑电平 0；−12V 时表示逻辑电平 1。

由于 RS-232C 的电气标准不是 TTL 型的，在使用时不能直接与 TTL 型的设备相连，必须进行电平转换，否则会使 TTL 电路烧坏。

为实现电平转换，RS-232C 一般采用运算放大器、晶体管和光电管隔离器等电路来完成。电平转换集成电路有传输线驱动器 MC1488 和传输线接收器 MC1489。MC1488 把 TTL 电平转换成 RS-232C 电平，其内部有 3 个与非门和 1 个反相器，供电电压为±12V，输入为 TTL 电平，输出为 RS-232C 电平。MC1489 把 RS-232C 电平转换成 TTL 电平，其内部有 4 个反相器，供电电压为±5V，输入为 RS-232C 电平，输出为 TTL 电平。RS-232C 使用单端驱动器 MC1488 和单端接收器 MC1489 的电路如图 8-10 所示，该线路容易受到公共地线上的电位差和外部干扰信号的影响。

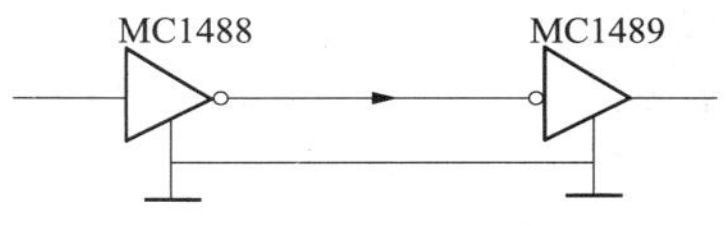

图 8-10 单端驱动和单端接收

2. RS-422 和 RS-485

RS-422 是一种单机发送、多机接收的单向、平衡传输规范，被命名为 TIA/EIA-422-A 标准。它是在 RS-232 的基础上发展起来的，用来弥补 RS-232 之不足而提出的。为弥补 RS-232 通信距离短、速率低的缺点，RS-422 定义了一种平衡通信接口，将传输速率提高到 10Mbit/s，传输距离延长到 4000 英尺（速率低于 100kbit/s 时），并允许在一条平衡总线上连接最多 10 个接收器。为扩大应用范围，EIA 又于 1983 年在 RS-422 基础上制定了 RS-485 标准，增加了多点、双向通信能力，即允许多个发送器连接到同一条总线上，同时增加了发送器的驱动能力和冲突保护特性，扩展了总线共模范围，后命名为 TIA/EIA-485-A 标准。由于 EIA 提出的建议标准都是以 RS 作为前缀，因此在通信工业领域，仍然习惯将上述标准以 RS 作前缀称谓。

(1) 平衡传输。RS-422、RS-485 与 RS-232 不一样，数据信号采用差分传输方式，也称作平衡传输，它使用一对双绞线，将其中一线定义为 A，另一线定义为 B。

通常情况下，发送驱动器 A、B 之间的正电平为+2～+6V，是一个逻辑状态；负电平为−6～−2V，是另一个逻辑状态；另有一个信号地 C，在 RS-485 中还有一个使能端，而在 RS-422 中这是可用或可不用的。使能端是用于控制发送驱动器与传输线的切断与连接。当使能端起作用时，发送驱动器处于高阻状态，称作“第三态”，即它有别于逻辑 1 与 0 的第三态。

接收器也做出了与发送端相对应的规定，收、发端通过平衡双绞线将 AA 与 BB 对应相连，当在收端 AB 之间有大于+200mV 的电平时，输出正逻辑电平，小于−200mV 时，输出负逻辑电平。接收器接收平衡线上的电平范围通常在 200mV～6V 之间。

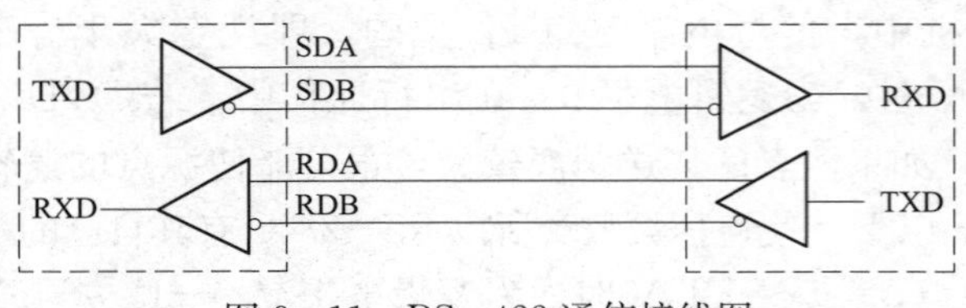

图 8-11 RS-422 通信接线图

(2) RS-422 电气规定。RS-422 标准全称是“平衡电压数字接口电路的电气特性”，它定义了接口电路的特性。图 8-11 所示是典型的 RS-422 四线接口，它有两根发送线 SDA、SDB 和两根接收线 RDA、RDB。由于接收器采用高输入阻抗，发送驱动器比 RS232 有更强的驱动能力，故允许在相同传输线上连接多个接收节点，最多可接 10 个节点。即一个主设备（Master），其余为从设备（Salve），从设备之间不能通信，所以 RS-422 支持点对多的双向通信。接收器输入阻抗为 4kΩ，故发送端最大负载能力是 10×4kΩ+100Ω（终接电阻）。RS-422 四线接口由于采用单独的发送和接收通道，因此不必控制数据方向，各装置之间任何的信号交换均可以按软件方式（XON/XOFF 握手）或硬件方式（一对单独的双绞线）实现。

RS-422 的最大传输距离约为 1219m，最大传输速率为 10Mbit/s。其平衡双绞线的长度与传输速率成反比，在 100kbit/s 速率以下，才可能达到最大传输距离。只有在很短的距离下才能获得最高速率传输。一般 100m 长的双绞线上所能获得的最大传输速率仅为 1Mbit/s。

RS-422 需要一终接电阻接在传输电缆的最远端，其阻值约等于传输电缆的特性阻抗。在短距离传输时可不需终接电阻，即一般在 300m 以下不需终接电阻。RS-232、RS422、RS485 接口的有关电气参数如表 8-3 所示。

表 8-3　　三种接口的电气参数

规定		RS-232 接口	RS-422 接口	RS-485 接口
工作方式		单端	差分	差分
节点数		1 个发送、1 个接收	1 个发送、10 个接收	1 个发送、32 个接收
最大传输电缆长度		15m	1219m	1219m
最大传输速率		20kbit/s	10Mbit/s	10Mbit/s
最大驱动输出电压		−25～+25V	−0.25～+6V	−7～+12V
驱动器输出信号电平（负载最小值）	负载	±（5～15）V	±2.0V	±1.5V
驱动器输出信号电平（空载最大值）	负载	±25V	±6V	±6V
驱动器负载阻抗		3～7kΩ	100Ω	54Ω
接收器输入电压范围		−15～+15V	−10～+10V	−7～+12V
接收器输入电阻		3～7kΩ	4kΩ（最小）	≥12kΩ
驱动器共模电压			−3～+3V	−1～+3V
接收器共模电压			−7～+7V	−7～+12V

(3) RS-485电气规定。由于RS-485是从RS-422基础上发展而来的，因此RS-485许多电气规定与RS-422类似，例如都采用平衡传输方式，都需要在传输线上接终接电阻等。RS-485可以采用二线或四线制传输方式，二线制可实现真正的多点双向通信；而采用四线制连接时，与RS-422一样只能实现点对多的通信，即只能有一个主设备，其余为从设备，但它比RS-422有改进，无论四线还是二线连接方式，总线上可多接到32个设备。

RS-485与RS-422的不同还在于其共模输出电压是不同的，RS-485在-7～+12V之间，而RS-422在-7～+7V之间。RS-485接收器最小输入阻抗为12kΩ，而RS-422是4kΩ。RS-485满足所有RS-422的规范，所以RS-485的驱动器可以用在RS-422网络中。

RS-485与RS-422一样，其最大传输距离约为1219m，最大传输速率为10Mbit/s。平衡双绞线的长度与传输速率成反比，在100kbit/s速率以下，才可能使用规定最长的电缆长度。只有在很短的距离下才能获得最高速率传输。一般100m长双绞线的最大传输速率仅为1Mbit/s。

RS-485需要两个终接电阻接在传输总线的两端，其阻值要求等于传输电缆的特性阻抗。在短距离传输时可不需终接电阻，即一般在300m以下不需终接电阻。

将RS-422的SDA和RDA连接在一起，SDB和RDB连接在一起就可构成RS-485接口，如图8-12所示。RS-485为半双工，只有一对平衡差分信号线，不能同时发送和接收数据。使用RS-485的双绞线可构成分布式串行通信网络系统，系统中最多可达32个站。

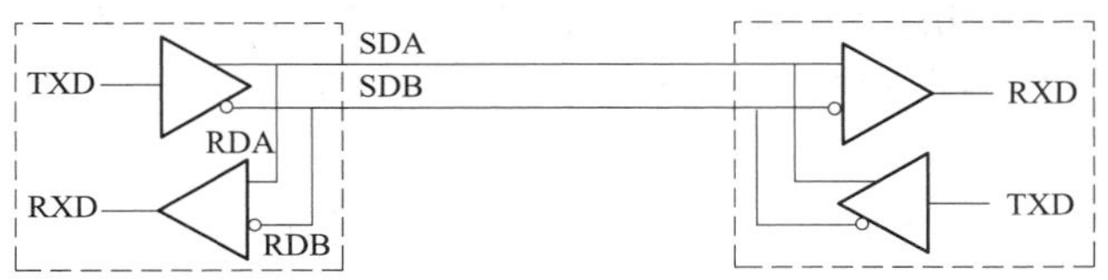

图8-12　RS-485通信接线图

8.1.5　通信介质

目前普遍采用同轴电缆、双绞线和光纤电缆等作为通信的传输介质。双绞线是将两根导线扭绞在一起，以减少外部电磁干扰。如果使用金属网加以屏蔽时，其抗干扰能力更强。双绞线具有成本低、安装简单等特点，RS-485接口通常采用双绞线进行通信。

同轴电缆有4层，最内层为中心导体，中心导体的外层为绝缘层，包着中心体。绝缘外层为屏蔽层，同轴电缆的最外层为表面的保护皮。同轴电缆可用于基带传输，也可用于宽带数据传输，与双绞线相比，具有传输速率高、距离远、抗干扰能力强等优点，但是其成本比双绞线要高。

光纤电缆有全塑光纤电缆、塑料护套光纤电缆、硬塑料护套光纤电缆等类型，其中硬塑料护套光纤电缆的数据传输距离最远，全塑料光纤电缆的数据传输距离最短。光纤电缆与同轴电缆相比，具有抗干扰能力强、传输距离远等优点，但是其价格高、维修复杂。同轴电缆、双绞线和光纤电缆的性能比较如表8-4所示。

表 8-4　　同轴电缆、双绞线和光纤电缆的性能比较

性能	双绞线	同轴电缆	光纤电缆
传输速率	2～9.6kbit/s	1～450Mbit/s	10～500Mbit/s
连接方法	点到点； 多点； 1.5km 不用中继器	点到点； 多点； 10km 不用中继器（宽带）； 1～3km 不用中继器（宽带）	点到点 50km 不用中继器
传送信号	数字、调制信号、纯模拟信号（基带）	调制信号、数字（基带）、数字、声音、图像（宽带）	调制信号（基带）、数字、声音、图像（宽带）
支持网络	星形、环形、小型交换机	总线形、环形	总线形、环形
抗干扰	好（需是屏蔽）	很好	极好
抗恶劣环境	好	好，但必须将同轴电缆与腐蚀物隔开	极好，耐高温与其他恶劣环境

8.2　PLC 网络系统

8.2.1　网络结构

网络结构又称为网络拓扑结构，它是指网络中的通信线路和节点间的几何连接结构。网络中通过传输线连接的点称为节点或站点。网络结构反映了各个站点间的结构关系，对整个网络的设计、功能、可靠性和成本都有影响。按照网络中的通信线路和节点间的连接方式不同，可分类星形结构、总线形结构、环形结构、树形结构、网状结构等，其中星形结构、总线形结构和环形结构为最常见的拓扑结构形式，如图 8-13 所示。

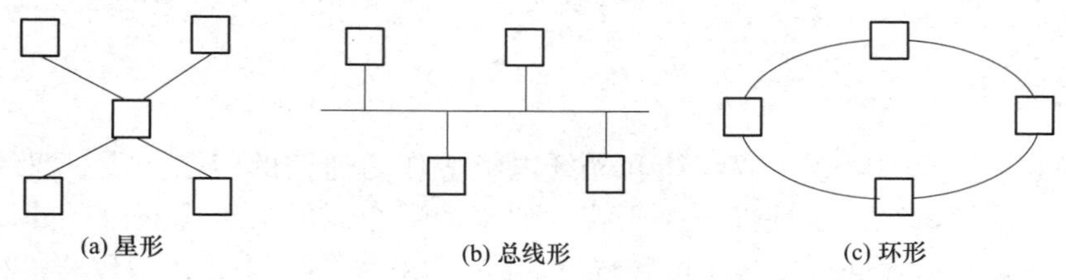

图 8-13　常见网络拓扑结构

1. 星形结构

星形拓扑结构以中央节点为中心节点，网络上其他节点都与中心节点相连接。通信功能由中心节点进行管理，并通过中心节点实现数据交换。通信由中心节点管理，任何两个节点之间通信都要通过中心节点中继转发。星形网络的结构简单，便于管理控制，且建网容易、网络延迟时间短、误码率较低，便于集中开发和资源共享；但系统花费大，网络共享能力差，负责通信协调工作的上位计算机负荷大，通信线路利用率不高，且系统可靠性不高，对上位计算机的依靠性也很强，一旦上位机发生故障，整个网络通信就

会瘫痪。星形网络常用双绞线作为通信介质。

2. 总线形结构

总线形结构是将所有节点接到一条公共通信总线上，任何节点都可以在总线上进行数据的传送，并且能被总线上任一节点所接收。在总线形网络中，所有节点共享一条通信传输线路，在同一时刻网络上只允许一个节点发送信息。一旦两个或两个以上节点同时传送信息时，总线上传送的信息就会发生冲突和碰撞，出现总线竞争现象，因此必须采用网络协议来防止冲突。这种网络结构简单灵活，容易加扩新节点，甚至可用中继器连接多个总线。节点间可直接通信，速度快、延时小。

3. 环形结构

环形结构中的各节点通过有源接口连接在一条闭合的环形通信线路上，环路上任何节点均可以请求发送信息。请求一旦批准，信息按事先规定好的方向从源节点传送到目的节点。信息传送的方向可以是单向的，也可以是双向的，但由于环线是公用的，传送一个节点信息时，该信息有可能需穿过多个节点，因此如果某个节点出现故障时，将阻碍信息的传输。

8.2.2 网络协议

在工业局域网中，由于各节点的设备型号、通信线路类型、连接方式、同步方式、通信方式有可能不同，这样会给网络中各节点的通信带来不便，有时会影响整个网络的正常运行，因此在网络系统中，必须有相应通信标准来规定各部件在通信过程中的操作，这样的标准称为网络协议。

国际标准化组织 ISO（International Standard Organization）于 1978 年提出了开放式系统互连模型 OSI（Open Systems Interconnection），作为通信网络国际标准化的参考模型。该模型所用的通信协议一般为 7 层，如图 8－14 所示。

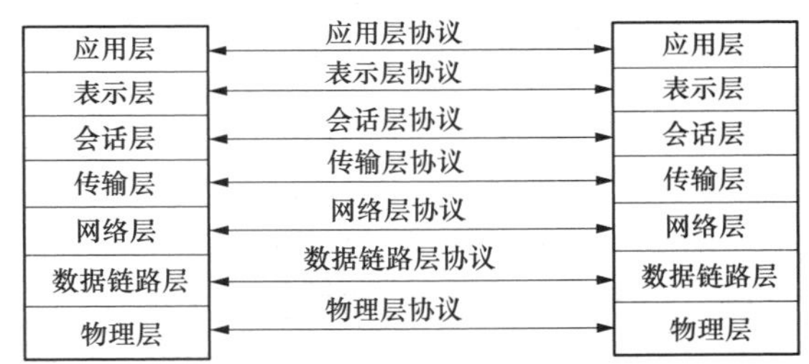

图 8－14　OSI 开放式系统互连模型

在 OSI 模型中，最底层为物理层，物理层的下面是物理互连媒介，如双绞线、同轴电缆等。实际通信就是通过物理层在物理互连媒介上进行的，如 RS－232C、RS－422、RS－485 就是在物理层进行通信的。通信过程中，OSI 模型其余层都以物理层为基础，对等层之间可以实现开放系统互连。

在通信过程中，数据以帧为单位进行传送，每一帧包含一定数量的数据和必要的控制信息，如同步信息、地址信息、差错控制和流量控制等。数据链路层就是在两个相邻节点间进行差错控制、数据成帧、同步控制等操作。

网络层用来对报文包进行分段，当报文包阻塞时进行相关处理，在通信子网中选择合适的路径。

传输层用来对报文进行流量控制、差错控制，还向上一层提供一个可靠的端到端的数据传输服务。

会话层的功能是运行通信管理和实现最终用户应用进行之间的同步，按正确的顺序收发数据，进行各种对话。

表示层用于应用层信息内容的形式变换，如数据加密/触密、信息压缩/解压和数据兼容，把应用层提供的信息变成能够共同理解的形式。

应用层为用户的应用服务提供信息交换，为应用接口提供操作标准。

8.2.3 三菱 PLC 网络结构

三菱 PLC 提供了支持管理层、控制层、设备层的三层网络结构，分别为用于信息管理的以太网（Ethernet），用于控制管理的局域网 MELSECNET/10（H），用于设备管理的开放式现场总线 CC-Link 网，其网络结构如图 8-15 所示。

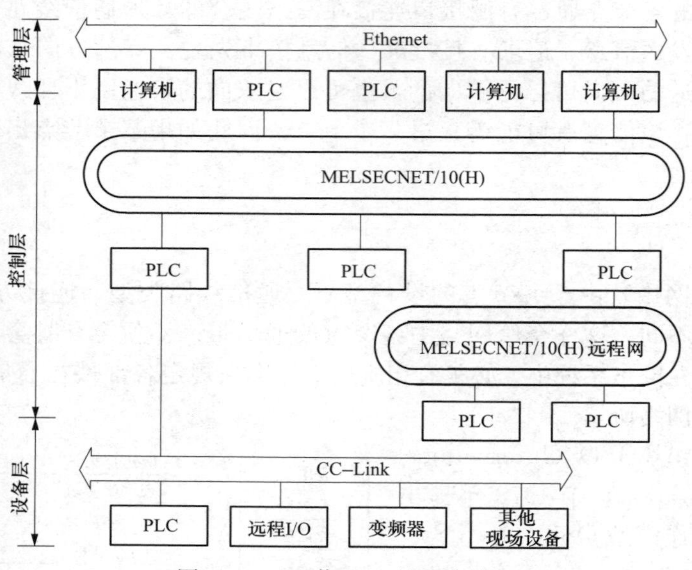

图 8-15 三菱 PLC 的网络结构

在三菱 PLC 的网络结构中，以太网（Ethernet）作为 PLC 网络系统中的顶层网络，主要是在 PLC、设备控制器以及生产管理用 PC 间传输生产管理信息、质量管理信息及设备的运转情况等数据。以太网不仅能够连接 Windows 系统的 PC、UNIX 系统的工作站等，而且还能连接各种 FA 设备。Q 系列 PLC 系列的 Ethernet 模块具有日益普及的因特网电子邮件收发功能，使用户无论在世界的任何地方都可以方便地收发生产信息邮件，构筑远程监视管理系统。同时，利用因特网的 FTP 服务器功能及 MELSEC 专用协议可以很容易地实现程序的上传/下载和信息的传输。

MELSECNET/10（H）是三菱 PLC 网络系统中的中间层网络，它是在 PLC、CNC 等控制设备之间方便、高速地进行处理数据互传的控制网络。作为 MELSEC 控制网络的 MELSECNET/10，以它良好的实时性、简单的网络设定、无程序的网络数据共享概念，以及冗余回路等特点获得了很高的市场评价。而 MELSECNET/H 不仅继承了 MELSECNET/10 优秀的特点，还使网络的实时性更好，数据容量更大，进一步适应市场的需要。但目前 MELSECNET/H 只有 Q 系列 PLC 才可使用。

CC-Link 网是三菱 PLC 网络系统中最底层的网络，它是把 PLC 等控制设备和传感器以及驱动设备连接起来的现场网络。采用 CC - Link 现场总线连接，布线数量大大减少，提高了系统可维护性。而且，不只是 ON/OFF 等开关量的数据，还可连接 ID 系统、条形码阅读器、变频器、人机界面等智能化设备，从完成各种数据的通信，到终端生产信息的管理均可实现，加上对机器动作状态的集中管理，使维修保养的工作效率也大有提高。

8.2.4 三菱 PLC 以太网

1. 三菱 PLC 以太网体系结构

三菱 PLC 以太网是企业级网络（工厂局域网），提供 100M/10Mbit/s 的传输速度，用于工厂各部分之间的通信。它与 OSI 开放式系统互连模型对应层的关系以及网络体系结构、PLC 与网络模块的功能划分如图 8 - 16 所示。

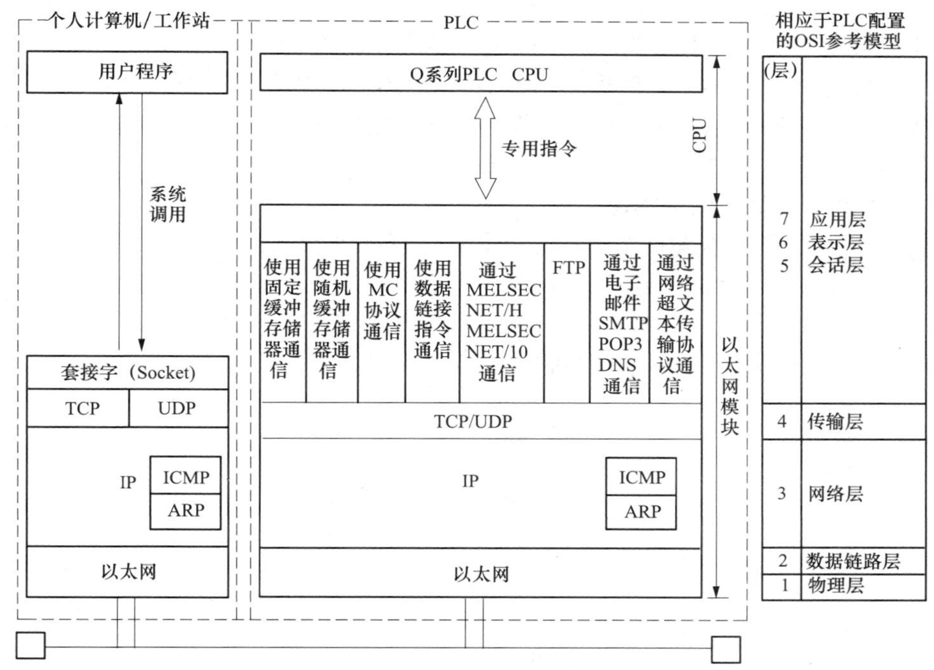

图 8 - 16 三菱 PLC 以太网的体系结构

从图 8 - 16 可以看出，PLC 以太网虽然在硬件（物理结构）上属于 PLC 网络系统的最顶层，但是从 OSI 模型的角度看，网络本身使用了模型的物理层、数据链路层、网络层、传输层以及应用层。其中，模型中物理层、数据链路层、网络层的功能由 PLC 网络模型实现，而应用层的功能由 PLC 的 CPU 来承担。模型中的网络层使用的通信协议为 ICMP、ARP，传输层使用的通信协议为 TCP、UDP。

套接字（Socket）是支持 TCP/IP 的网络通信的基本操作单元，可以看作是不同主机之间的进程进行双向通信的端点，简单地说就是通信的两方的一种约定，用套接字中的相关函数来完成通信的过程。

TCP 协议又称为传输控制协议，是用于计算机/工作站、网络链接的 PLC 之间数据传输控制的协议。该协议的功能主要有：①通过创建逻辑连接，可以在通信设备间建立一条假想的专用的通信线路；②最多可以建立16个连接，并且可以同时与多个缓冲存储器进行通信；③使用"序号""数据再次传送"等功能与校验，保证数据的可靠性；④可以利用Windows的操作来控制通信数据流。

UDP协议又称为用户数据帧协议，作用与TCP协议类似，其特点是可以进行高速传输，但不能保证计算机/工作站、网络链接的PLC之间数据传输的可靠性。UDP协议用于未完成的数据传送，不具备再次传送功能，一般不宜用于可靠性要求高的场合。

IP协议又称为网际协议，该协议以数据帧的格式发送与接收数据，并且可以分割和重新汇编通信数据，但不支持路由功能。

ICMP协议又称为互联网控制信息协议，该协议的作用主要有：①交换IP网络上的错误与连接方面的信息；②提供IP出错信息；③提供其他选项支持的信息。

ARP协议又称为地址解析协议，该协议可以用来从IP地址中获得以太网的物理地址。FTP协议又称为文件传送协议，用于上传与下载PLC CPU中的文件。SMTP协议又称为邮件传送协议，可以用于简单邮件的传送。POP3协议又称为邮局协议，它可以将邮件服务器收到的邮件传送给本地计算机。DNS为域名系统，它将IP地址翻译成用户容易记住的名字。HTTP协议又称为超文本传送协议，该协议可以用于全球网络数据通信。

2. 三菱PLC以太网的基本连接

三菱PLC以太网具有连接多个外设、多CPU系统的功能。

(1) 三菱PLC以太网连接多个外设。三菱PLC以太网通过TCP/IP通信协议或UDP/IP通信协议，可以连接多个MELSOFT产品（如安装有GX Developer、GT－Soft GOT的外部设备）或GOT（人机界面），如图8－17所示。

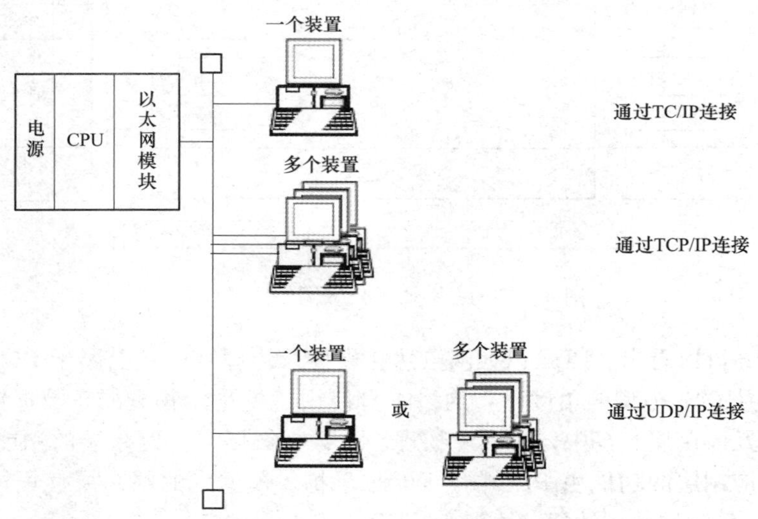

图8－17　三菱PLC以太网连接多个外设

如果启动个人计算机中的两个或多个MELSOFT产品以执行与以太网模块的TCP/IP通信和UDP/IP通信时，可以使用相同的站号。GT－Soft GOT和GOT只支持UDP/IP通信。

(2) 三菱PLC以太网连接多CPU系统。三菱PLC以太网可以与多CPU的Q系列PLC

进行连接，并指定其中需要访问的CPU，与其进行数据通信，如图8-18所示。三菱PLC以太网对多CPU系统中指定CPU的访问可以由以下方式进行：①使用MELSEC专用通信协议进行数据通信；②使用GX Developer工具软件进行PLC通信；③利用文件传输功能进行通信；④在固定缓冲存储器通信方式中，可以进行专用指令通信与电子邮件收发；⑤从非控制CPU中读取缓冲存储器参数；⑥利用互联网访问控制CPU与非控制CPU。

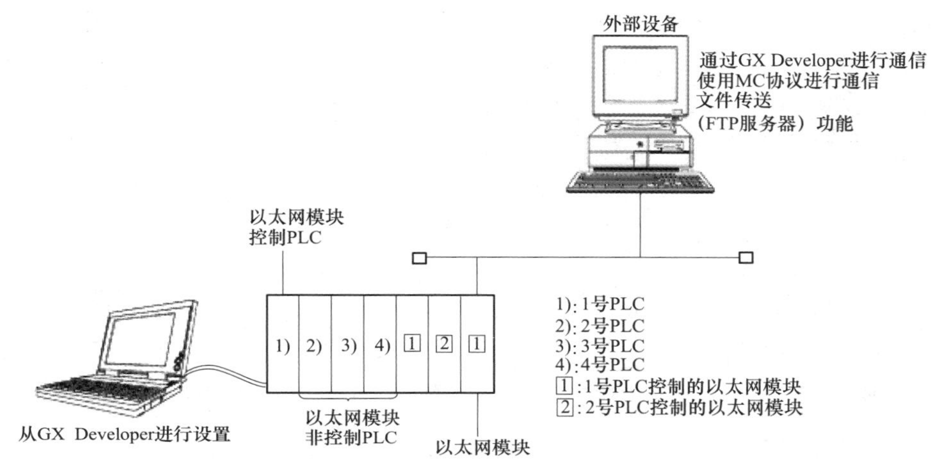

图8-18　三菱PLC以太网连接多CPU系统

8.2.5　三菱PLC局域网

三菱PLC的MELSECNET/10（H）（H为MELSECNET/10的更新版）网络是一种大容量、高速、性能优良的网络，速度可达25Mbit/s或10Mbit/s，可使用光纤或同轴电缆，每个网络中最大可连接64个站，总距离可达30km。MELSECNET/10与MELSECNET/H是三菱PLC目前常用的两种PLC局域网链接模式，两者相互兼容，其基本性能如表8-5所示。

表8-5　MELSECNET/10与MELSECNET/H基本性能表

项目	MELSECNET/10模式	MELSECNET/H模式
传输介质/网络结构	同轴电缆、总线形结构；光纤、环形结构	
LX/LY最大链接点数	8192	
链接继电器LB	8192点	16383点
链接寄存器LW	8192点	16383点
每个站的最多连接点数	LB+LW+LY≤2000字节	
瞬时传送数据容量	最高960字节/帧	最高1920字节/帧
通信速率	25M/10Mbit/s通过开关设置	10Mbit/s
网络访问协议	令牌总线（总线形）/令牌环（环形）	
总距离	同轴电缆、总线形：500m；当连接4个中断器时可以达到2.5km；光纤、环形：30km	

续表

项目	MELSECNET/10模式	MELSECNET/H模式
站之间的距离	同轴电缆、总线形：500m/300m； 光缆、环形（通信速率100Mbit/s）：1km（使用QSI/宽带H－PCF/H－PCE时）；500m（使用SI时）	
最多网络数目	255	239
最多组数	9	32
最多连接的站数	同轴电缆、总线形：32个（1个主站，31个从站）； 光缆、环形：64个（1个主站，63个从站）	
每个CPU安装的模块数	最多4个模块	
32位数据保证	不支持	支持
每个站的块保证	不支持	支持
N：N通信	支持	
数据发送/接收通道数	固定8通道	接收通道：64（同时使用时最多为8通道）；发送通道：8
可以使用的通信指令	SEND/RECV/READ/SREAD/WRITE/REQ/ZNRD/ZNWR/RRUN/RSTOP/RTMRD/RTMWR	同左，还支持RECVS指令
低速循环传送功能	不能使用	可以使用
可以设置的最多刷新参数	3个/模块（除SB/SW外）	64个/模块（除SB/SW外）
适用的CPU	QCPU（Q模式）；QCPU－A（A模式）；QnCPU－A；ACPU	QCPU（Q模式）

1. MELSECNET/10

三菱PLC的MELSECNET/10是控制级局域网络，使用大、中型PLC，提供10Mbit/s的传输速率，网络总距离可达30km。可使用光纤或同轴电缆，MELSECNET/10网络使用光纤时，系统具有不受环境噪声影响和传输距离长等优点；使用同轴电缆时则具有低成本的优点。

光纤系统的双环形网络拓扑结构提供传输光纤的冗余。如果一根光纤突然断裂或发生连接故障，系统仍可以继续运行。除光纤冗余外，MELSECNET/10网的令牌通信方法提供一种浮动主站功能，用此功能，当一个PLC站停止运行时，网络系统仍能让所有挂网的PLC继续正常运行。

MELSECNET/10网具有较高的灵活性，一个单A2AS PLC系统最多可插装4个MELSECNET/10网络组件，光纤或同轴电缆可以任意混合使用。作为一个大型的网络系统，最多可挂连255个网区，每个网区的最大PLC数可达64个（1个主站，63个从站）。在这些网络中的任何节点均可传送/接收任何数据。MELSECNET/10网中可供网络全局通信使用的位软元件和字软元件各有8192点。

MELSECNET/10具有自诊断功能，由于网络分散安装在一个很大的区域内，因此在选择网络形式时很重要的一个因素是易于查寻故障，MELSECNET/10系统的网络监控功能可提供所有为查寻故障所需的必要信息。

2. MELSECNET/H

MELSECNET/H网络系统是在三菱原MELSECNET/10的基础上发展起来的高速、

高性能 PLC 互连网络系统。MELSECNET/H 的 PLC 到 PLC 网络系统比 MELSECNET/10 常规的 PLC 到 PLC 网络系统具有更多的功能、更快的处理速度和更大的容量，其最大传输速率可达 25Mbit/s，网络总距离可达 30km。MELSECNET/H 可任意选择光纤或电缆、双环网或总线网。采用不同的网络组件可构成令牌环形网、令牌总线网和远程 I/O 网。一个大型网络，最多可挂 239 个网区，每个网区可有 1 个主站和 63 个从站。提供浮动主站及网络监控功能，具有比 MELSECNET/H 网扩展了的 RAS 功能。RAS 为可靠性（Reliability）、可用性（Availability）、可维护性（Serviceability）功能，它是描述自动化系统总体操作、维护性能的重要指标。MELSECNET/H 网中可供网络全局通信使用的位软元件和字软元件各有 16 384 点。

MELSECNET/H 系统包括 PLC 与 PLC 间的链接网络系统（简称互连网）、PLC 与远程 I/O 站的链接网络系统（简称远程网）两部分，如图 8－19 所示。但是，配置 PLC 远程网对 CPU 功能有一定的要求，部分 PLC 产品（如三菱 Q 系列采用精简型 Q00J、基本型 Q00/Q01CPU 时）不能构建 PLC 远程网。图中的控制站即为主站，普通站为从站。

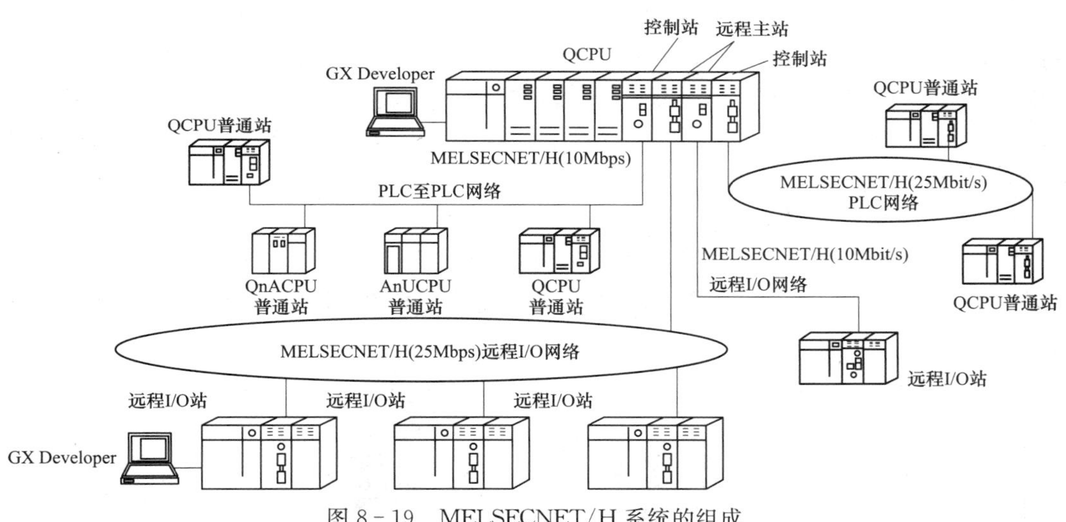

图 8－19　MELSECNET/H 系统的组成

MELSECNET/H PLC 互连网根据传输速率可分为 25Mbit/s 调速网与 10Mbit/s 普通网两类，构建不同互连网时，对网络中的 PLC 有一定的要求。不同型号的 CPU 可以构建的网络类型如表 8－6 所示。

表 8－6　　CPU 与网络的对应关系

CPU 类型	网络类型	网络组成			
		MELSECNET/10		MELSECNET/H	
		PLC 互连网	PLC 远程网	PLC 互连网	PLC 远程网
Q 系列 CPU	MELSECNET/H（10Mbit/s）	√	×	√	√ *
	MELSECNET/H（35Mbit/s）	×	×	√	√ *
AnU 系列 CPU	MELSECNET/10	√	√	×	×
QnA 系列 CPU	MELSECNET/10	√	√	×	×

*　Q 系列精简型 Q00J、基本型 Q00/Q01CPU 除外。

8.2.6　三菱 PLC 现场总线 CC - Link

CC - Link 是 Control & Communication Link 的缩写，即控制与通信链接的简称，属于设备级网络（设备层）。它是三菱公司开发的现场总线，采用屏蔽双绞线将一些工业设备（如变频器、触摸屏、电磁阀门、限位开关等）组成设备层的总线网络，而这个网络也可以与其他网络（如以太网和 MELSECNET/H 等）方便地连接。这种简单的总线不仅解决了工业现场配线复杂的问题，大幅度地降低了工程的成本，提高了可靠性和稳定性，还拥有了非常重要的网络侦听功能，使系统维护更加简单。目前，CC - Link 现场总线包括了 CC - Link 与 CC - Link/LT 两个层次，可以满足不同规模的现场控制系统需要。

CC - Link 现场总线应用于过程自动化和制造自动化最底层的现场仪表或现场设备互连的网络，不仅可以构建以 Q、QnA、A 系列大、中型 PLC 为主站的 CC - Link 系统（FX 系列小型 PLC 可作为其远程设备站连接），还可以构建以 FX 系列小型 PLC 为主站的 CC - Link 系统。CC - Link 在实时性、分散控制、与智能设备通信、RAS 功能等方面在同行业中具有最新和最高功能。同时，它可以与各种现场机器制造厂家的产品相连，为用户提供多厂商的使用环境。CC - Link 网络最高传输速率可以达到 10Mbit/s，最远传输距离达到 1200m，网络可以通过中继器进行扩展，并支持高速循环通信与大容量数据的瞬时通信。

1. CC - Link 网络体系结构

CC - Link 网络体系参照计算机网络进行设计，并对 OSI 参考模型进行简化与改进，它保留了 OSI 模型的物理层、数据链路层和应用层，省略了模型的其余层，其网络体系结构如图 8 - 20 所示。

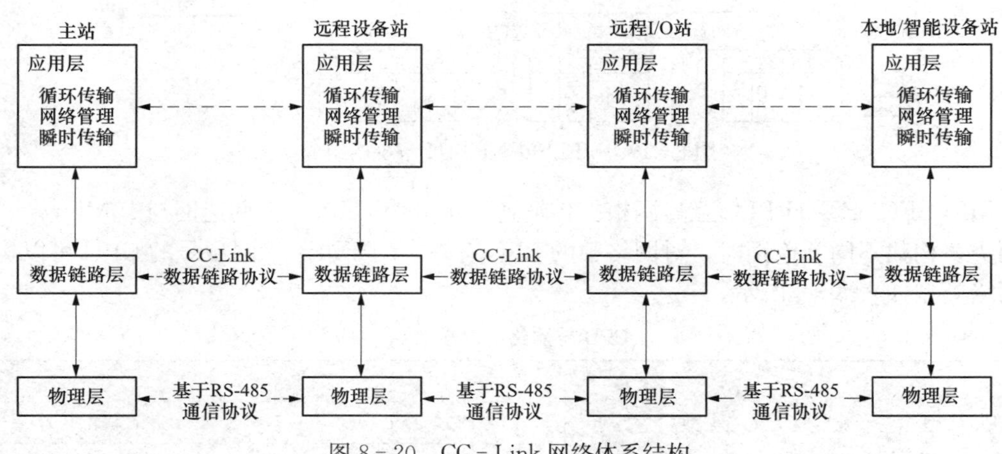

图 8 - 20　CC - Link 网络体系结构

CC - Link 底层（应用层）通信协议遵循 RS - 485 总线协议，该协议在工业现场和仪表中被广泛使用，具有开发简单、使用方便、技术成熟、使用普及、维护方便等优点。RS - 485 可以使用低成本的屏蔽双绞线连接，也可以使用各大公司生产的多种常规 EIA485 接口芯片。

CC－Link 数据链路协议又称为控制与通信总线 CC－Link 规范，简称 CC－Link 规范。该规范描述了 CC－Link 的基本概念与协议规范以及安装规定，详细阐述了 CC－Link 的通信格式、信息传送方式、物理层的链接方法、错误处理方法等基本内容。

2. CC－Link 系统组成及站类型

CC－Link 不仅支持处理位信息的远程 I/O 站，还支持以字为单位进行数据交换的远程设备站，以及可进行信息通信的智能设备站，此外它还支持众多生产厂家制造的现场设备。CC－Link 系统组成如图 8－21 所示，具体包括主站、本地站、智能设备站、远程 I/O 站、远程设备站等 64 个站，这些站的类型如表 8－7 所示。用户可根据不同的工厂自动化环境中的应用，选择各种合适的设备。不论如何选择，系统中必须存在 1 个主站来对整个 CC－Link 进行控制，且系统中最多有 64 个站。

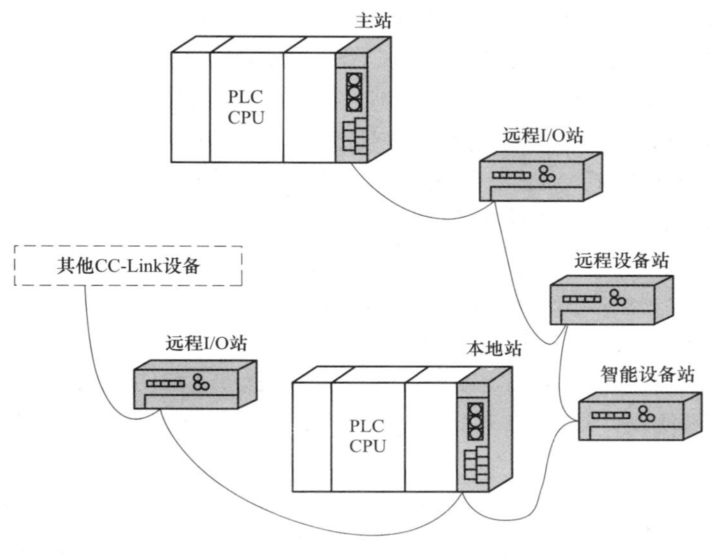

图 8－21　CC－Link 系统组成

表 8－7　　**CC－Link 站的类型**

CC－Link 站类型	说明
主站	控制 CC－Link 上全部站，并需设定参数的站。每个系统中必须有 1 个主站，如 A/QnA/Q 系列 PLC 等
本地站	具有 CPU 模块，可以与主站及其他本地站进行通信的站，如 A/QnA/Q 系列 PLC 等
远程 I/O 站	只能处理位信息的站，如远程 I/O 模块、电磁阀等
远程设备站	可处理位信息及字信息的站，如 A/D、D/A 转换模块及变频器等
智能设备站	可处理位信息及字信息，而且也可完成不定期数据传送的站，如 A/QnA/Q 系列 PLC、人机界面等

3. CC－Link 连接

主站与其他站之间的数据通信是通过三菱公司的专用现场总线（CC－Link 总线）电缆来完成的，该专用电缆是一种三芯屏蔽双绞线电缆，其剖面如图 8－22 所示，其内部红、黄、蓝三色分别是两根数字信号线和一根数字地线，外部有接地线、屏蔽线以及最外部的护套，图中两种电缆的唯一区别就是屏蔽线的不同，左图采用多股线的方式屏蔽，右图采用束缚的方式屏蔽。

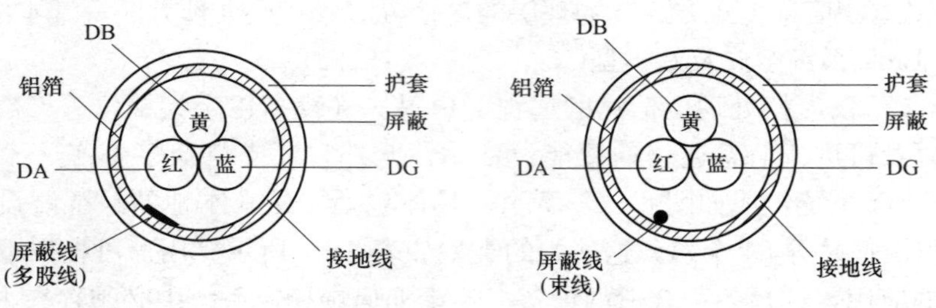

图 8 - 22　CC - Link 总线电缆剖面图

CC - Link 总线电缆每个端子有 4 个接头，分别是红色 DA、黄色 DB、蓝色 DG、接地线 SLD，通过这 4 个接头可与每个站的 CC - Link 端口进行连接。

在整个 CC - Link 系统的电缆两端需要连接两个终端电阻，这两个电阻可以减轻终端部分的信号反射，从而可以有效地防止信号干扰。所选用的终端电阻规格需要与 CC - Link 总线配套，通常支持 Ver. 1. 10 版本的 CC - Link 专用电缆需要的电阻规格约为 110Ω、1/2W，支持 Ver. 1. 00 版本的 CC - Link 专用电缆需要的电阻规格约为 130Ω、1/2W。

CC - Link 系统主站和从站的外部连接如图 8 - 23 所示。各个站之间通过 CC - Link 专用电缆进行连接，在串行连接的两端连有两个终端电阻。对各个站进行站号设置时，不必一定要按照站的连接顺序设定站号，主站也不是必须在网络的两端，如果在整个系统中有站号没有被使用，这些站号在参数设置中就应该被设置为“预留站”。

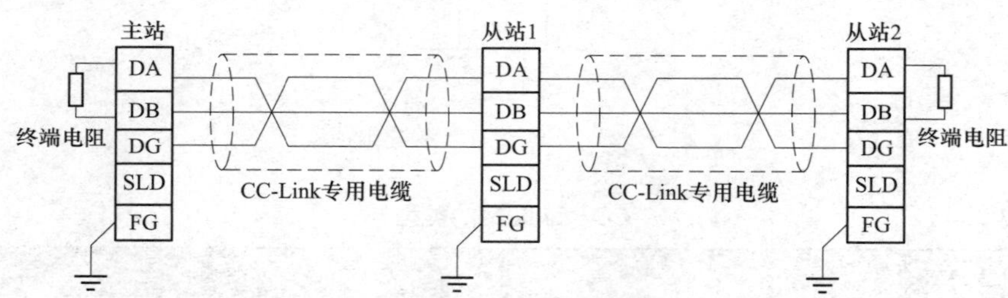

图 8 - 23　CC - Link 系统主站和从站的外部连接

如果需要进行硬件连线操作时，则必须在模块断电的条件下进行，否则会产生不可预知的错误，从而不能保证整个网络数据的正常传输。CC - Link 总线的屏蔽线连接到每个模块的 SLD 端子上，而 SLD 端子和 FG 端子在每个模块的内部是连通的，所以屏蔽线的两端是通过 FG 端子与工厂的接地点连接的。

CC - Link 可以采用总线形、T 形分支（总线型的变形）两种连接方式。

总线形连接方式如图 8 - 24 所示，图中最大传输距离指总线连接两端的电缆长度；站间的电缆长度指各站与邻接站之间的电缆长度。

T 形分支连接方式如图 8 - 25 所示，图中主干指两端装有终端电阻的电缆；主干长度指终端电阻之间的电缆长度，不包含分支长度；分支指从主干分支出来的电缆，如果不

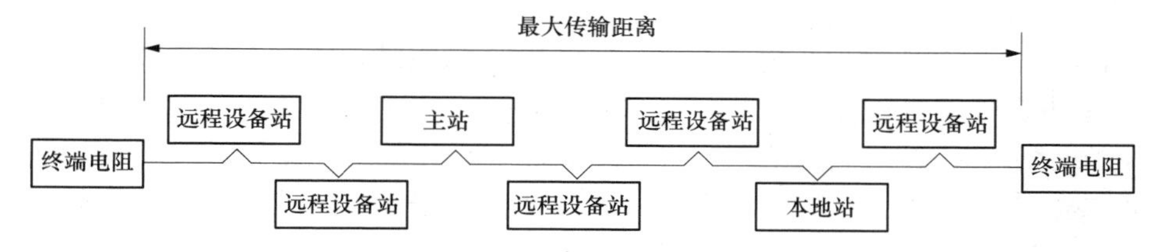

图 8-24　总线形连接方式

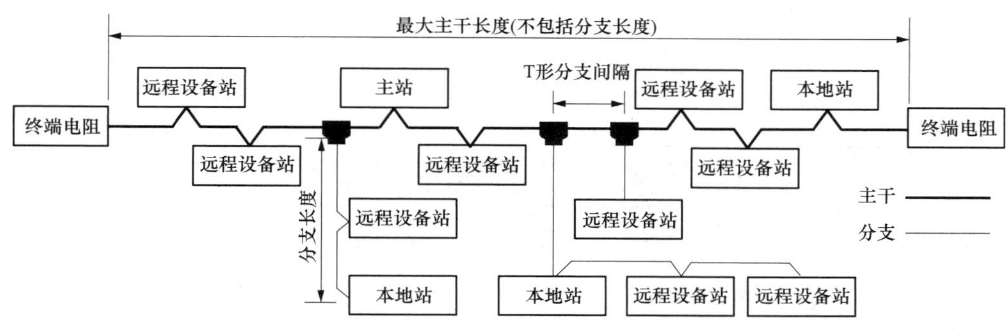

图 8-25　T 形分支连接方式

使用中断器，分支将不允许再带分支；分支长度指每一个分支的电缆长度；分支总长度指分支长度的总和。

4. CC-Link/LT

CC-Link/LT 是建立在 CC-Link 基础上，专门为小规模 I/O 系统设计的开放式现场总线，它可以连接分散的传感器、执行器，实现设备对 I/O 的控制。

CC-Link/LT 可以提供高速的 I/O 响应，并通过 2～16 点的 I/O 模块，方便地增加系统 I/O 的点数。CC-Link/LT 的连接方式与 CC-Link 基本相同，一般采用如图 8-26 所示的 T 形分支结构。

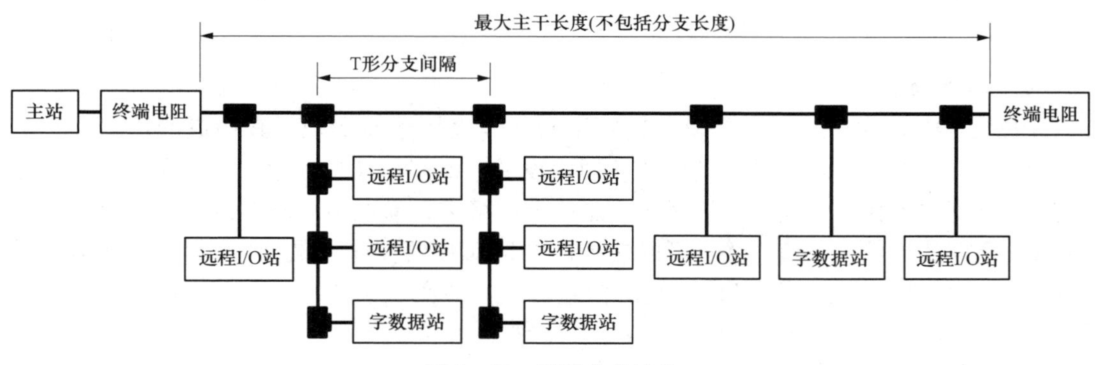

图 8-26　T 形分支结构

8.2.7　FX 系列 PLC 网络

FX 系列 PLC 网络属于设备级网络（设备层），主要有 CC-Link 网络、CC-Link/NT 网络、N：N 网络、并行链接、计算机链接等类型。

1. CC－Link 网络

FX 系列 CC－Link 网络系统是以 FX 系列 PLC 为主站，通过总线电缆将分散的 I/O 模块、特殊功能模块（如 FX－16CCL、FX－32CCL 等）连接起来，并且通过 PLC 的 CPU 来控制这些相应模块的系统。网络总距离可达 1200m，可以连接 7 个远程 I/O 站、8 个远程设备站，其连接如图 8－27 所示。该网络用于生产线的分散控制和集中管理，与上位网络之间的数据交换等。

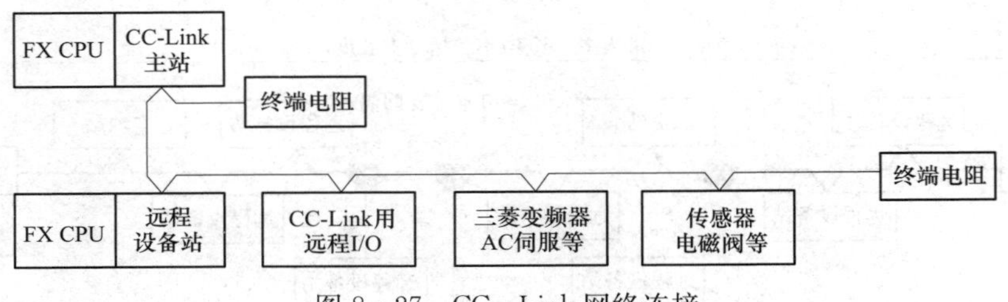

图 8－27　CC－Link 网络连接

2. CC－Link/NT 网络

FX 系列 CC－Link/NT 网络系统是以 FX 系列 PLC 为主站，通过总线电缆将分散的 I/O 模块、特殊功能模块（如 FX－64CL－M、FX－32CCL 等）连接起来，并且通过 PLC 的 CPU 来控制这些相应模块的系统。CC－Link/NT 网络总距离可达 560m，可以最多连接 64 个远程 I/O 站，其连接如图 8－28 所示。

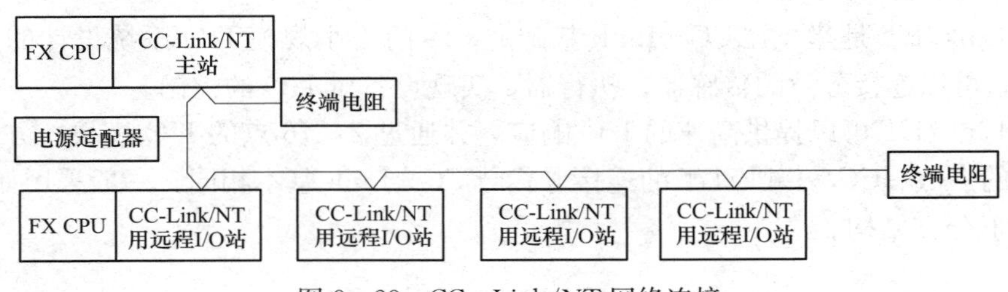

图 8－28　CC－Link/NT 网络连接

3. N：N 网络

PLC 与 PLC 之间的通信必须通过专用的通信模块才能实现，其构成的网络又称为 N：N网络。N：N 网络是通过 RS－485 通信设备，最多可连接 8 个 FX 系列 PLC，在这些 PLC 之间自动执行数据交换的网络。在这个网络中，通过由刷新范围决定的软元件在各 PLC 之间执行数据通信，并且可以在所有的 PLC 中监控这些软元件。该网络可以实现小规模系统的数据链接以及机械之间的信息交换，即实现生产线的分散控制和集中管理等。N：N 网络总距离最远可达 500m，其连接如图 8－29 所示。

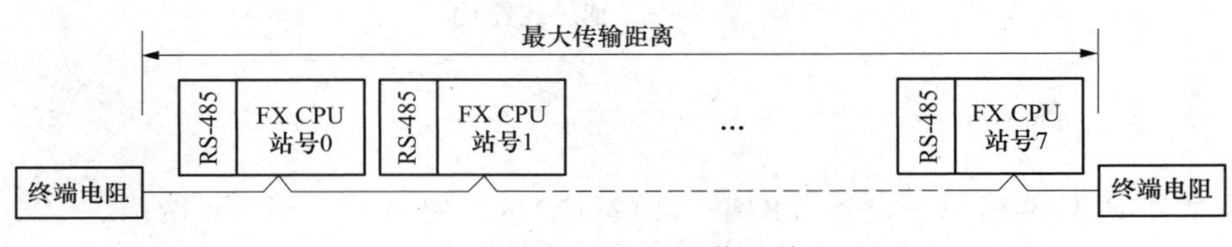

图 8－29　N：N 网络连接

4. 并行链接

并行链接又称为并联链接，是通过 RS－485 通信设备连接，在 FX 系列 PLC 1∶1 之间，通过位软元件 M（M0～M99）和数据寄存器 D（D0～D9）进行自动数据交换的网络。该链接可以执行 2 台 FX 系列 PLC 之间的信息交换，即实现生产线的分散控制和集中管理等。并行链接的数据可以在两台 PLC 之间自动更新，传输距离最远可达 500m，如图 8－30 所示。

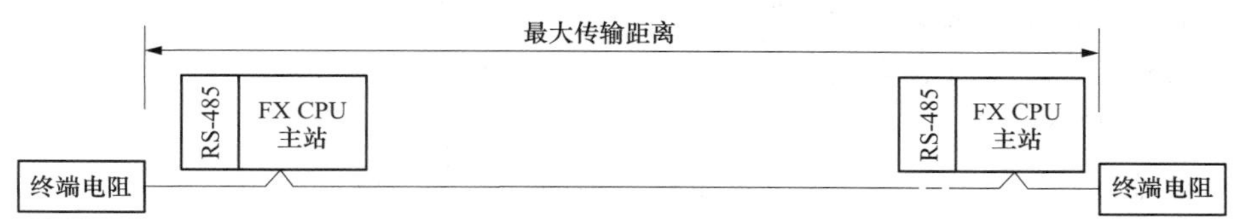

图 8－30　并行链接

5. 计算机链接

计算机链接是通过专用协议进行数据传输，并可以从计算机直接指定的软元件，进行数据交换的网络。使用计算机链接时，计算机作为上位机，而 PLC 作为下位机，可实现生产的集中管理和库存管理等。当使用 RS－232C/485 转换接口和 RS－485（422）通信适配器时，一台计算机最多可以连接 16 台 FX 系列 PLC，这种链接称为 1∶N 链接；当使用 RS－232C 通信适配器时，一台计算机最多可连接 1 台 FX 系列 PLC，这种链接称为 1∶1 链接，如图 8－31 所示。

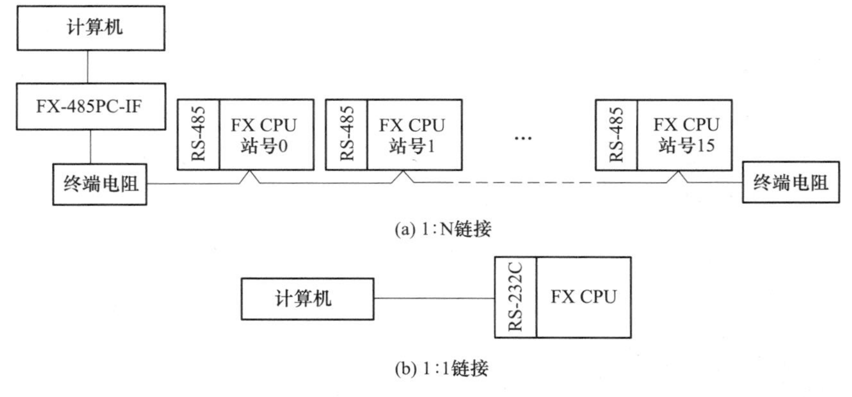

(a) 1:N链接

(b) 1:1链接

图 8－31　计算机链接

8.3　FX2N系列PLC的通信接口设备

在 FX 系列 PLC 中，利用各种通信模块、通信功能扩展板、通信特殊功能模块等通信接口设备在 FX 系列 PLC 间构建简易数据连接和与 RS－232C、RS－485 设备的通信功能，还能根据控制内容，以 FX 系列 PLC 为主站，构建 CC - Link 的高速现场总线网络。

本节讲述以 FX_{2N} 系列 PLC 为主的通信模块、通信功能扩展板以及通信特殊功能模块等通信接口设备。

8.3.1 RS - 232C 通信接口设备

1. FX_{2N} - 232 - BD 通信功能扩展板

用于 RS - 232C 的通信功能扩展板 FX_{2N} - 232 - BD（简称 232BD），可连接到 FX_{2N} 系列 PLC 的基本单元上。

232BD 连接到 FX_{2N} 系列 PLC 的基本单元上时，可作为以下应用端口使用：

（1）与带有 RS - 232C 接口的计算机、条形码阅读机等外设进行无协议数据通信。

（2）与带有 RS - 232C 接口的计算机等外设进行专用协议的数据通信。

（3）连接带有 RS - 232C 编程器、触摸屏等标准外部设备。

232BD 的主要性能参数如表 8 - 8 所示。

表 8 - 8　　232BD 的主要性能参数

项目	性能参数	项目	性能参数
接口标准	RS - 232C	通信方式	半双工通信、全双工通信
传输距离	最远 15m	通信协议	无协议通信、编程协议通信、专用协议通信
连接器	9 芯 D - SUB 型	模块指示	RXD、TXD 发光二极管指示
隔离	无隔离	电源消耗	DC 5V/60mA，来自 PLC 基本单元

FX_{2N} - 232 - BD 的外形和端子如图 8 - 32 所示，其 9 芯连接器（D - SUB）的引脚布置、输入/输出信号连接名称和含义与标准 RS - 232C 接口基本相同，但接口无 RS、CS 连接信号，具体信号名称、代号与意义如表 8 - 9 所示。

(a) 外形

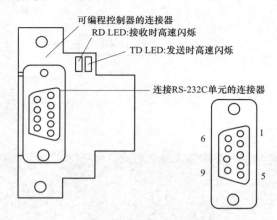

可编程控制器的连接器
RD LED:接收时高速闪烁
TD LED:发送时高速闪烁
连接RS-232C单元的连接器
6　1
9　5

(b) 端子

图 8 - 32　FX_{2N} - 232 - BD 外形和端子

表 8-9　　FX$_{2N}$-232-BD 信号名称、代号与意义

引脚	信号名称	信号作用	信号功能
1	CD 或 DCD（Data Carrier Detect）	载波检测	接收到 Modem 载波信号时为 ON
2	RD 或 RXD（Received Data）	数据接收	接收来自 RS-232C 设备的数据
3	SD 或 TXD（Transmitted Data）	数据发送	发送传输数据到 RS-232C 设备
4	ER 或 DTR（Data Terminal Ready）	终端准备好（发送请求）	数据发送准备好，可作为请求发送信号
5	SG 或 SGND（Signal Ground）	信号地	
6	DR 或 DSR（Data Set Ready）	终端准备好（发送使能）	数据接收准备好，可作为数据发送请求回答信号
7、8、9	空（未使用）		

2. FX$_{0N}$-232ADP/FX$_{2NC}$-232ADP 通信模块

FX$_{0N}$-232ADP/FX$_{2NC}$-232ADP 通信模块是可以与计算机通信的绝缘型特殊适配器。若与 FX$_{2N}$-CNV-BD 一起使用，就能够与 FX$_{2N}$系列 PLC 连接。

FX$_{0N}$-232ADP/FX$_{2NC}$-232ADP 连接到 FX$_{2N}$系列 PLC 的基本单元上时，可作为以下应用端口使用：

（1）用于以计算机为主机的计算机链接（1∶1）专用协议的数据通信。

（2）与计算机、条形码阅读机、打印机和测量仪表等配备 RS-232C 接口的设备进行 1∶1 无协议数据通信。

（3）连接带有 RS-232C 编程器、触摸屏等标准外部设备。

FX$_{0N}$-232ADP/FX$_{2NC}$-232ADP 的主要性能参数如表 8-10 所示。

表 8-10　　FX$_{0N}$-232ADP/FX$_{2NC}$-232ADP 的主要性能参数

项目	性能参数	项目	性能参数
接口标准	RS-232C	连接器	25 芯 D-SUB 型（FX$_{0N}$-232ADP）；9 芯 D-SUB 型（FX$_{2NC}$-232ADP）
传输距离	最远 15m	通信协议	无协议通信、编程协议通信、专用协议通信
通信方式	全双工通信	模块指示	RXD、TXD、POWER 发光二极管指示
隔离	光电耦合隔离	电源	DC 5V，来自 PLC 基本单元

FX$_{0N}$-232ADP 的端子如图 8-33（a）所示，它采用 25 芯连接器（D-SUB）的引脚布置；FX$_{2NC}$-232ADP 的外形如图 8-33（b）所示，端子如图 8-33（c）所示，它采用 9 芯连接器（D-SUB）的引脚布置。

3. FX$_{2N}$-CNV-BD 连接板

FX$_{2N}$-CNV-BD 连接板是将 FX 系列绝缘型特殊适配器连接到 FX$_{2N}$系列 PLC 上的连接用板。

4. FX-485PC-IF 接口单元

对于计算机的通信连接而言，FX-485PC-IF 接口单元能够完成 RS-232C 和 RS-485（RS-422）的信号转换。在计算机中连接功能中，一台计算机通过 FX-485PC-IF 接口单元最多可连接 16 台 PLC，其连接方式如图 8-34 所示。

图 8－33 FX_{0N}－232ADP/FX_{2NC}－232ADP 外形和端子

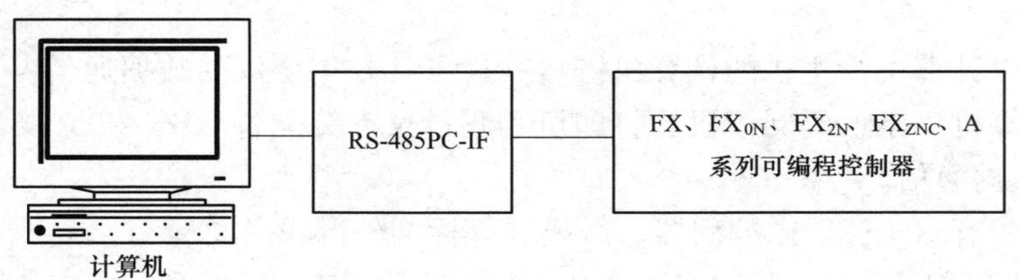

图 8－34 FX－485PC－IF 的连接方式

FX－485PC－IF 接口单元的主要性能参数如表 8－11 所示。

表 8－11 FX－485PC－IF 接口单元的主要性能参数

项目		性能参数
接口标准		RS－232C/RS－485/RS－422
绝缘方式		RS－232C 信号与 RS－485/RS－422 信号间光电隔离以及变压器隔离
模块指示		RXD、TXD、POWER 发光二极管指示
通信方式		全双工双向
传送距离	RS－485	最远 500m
	RS－232C	最远 15m
电源		DC 5V/260mA，由 FX－20P－PS 电源供电

FX－485PC－IF 接口单元的外形和端子如图 8－35 所示。25 芯的 RS－232C 连接器（D－SUB）用于 FX－485PC－IF 接口单元和计算机的连接；电源电缆紧夹是为了防止 5V 电源断开而加的安全夹；RS－45/422 端子用于 FX－485PC－IF 接口单元和可编程控制器

的连接，其中 SDA 和 SDB 用于可编程控制器从计算机中接收数据，RDA 和 RDB 用于计算机从可编程控制器中接收数据，LINK SG 为信号地。

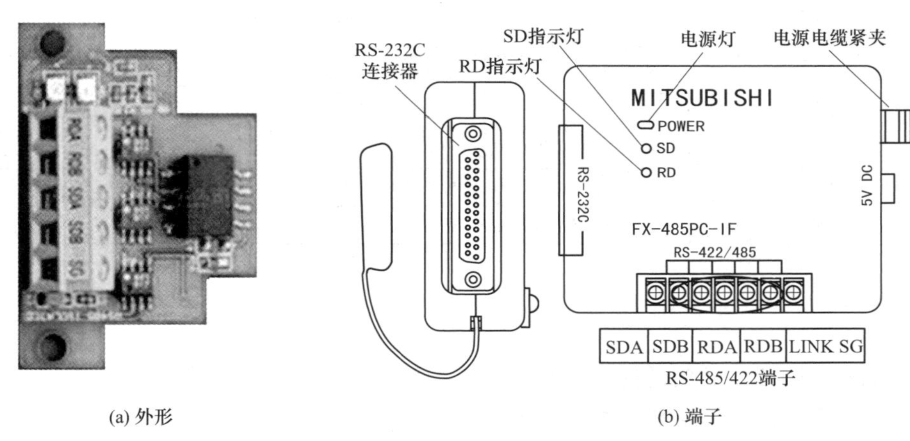

图 8－35　FX－485PC－IF 接口单元外形和端子

5. FX_{2N}－232IF 通信用特殊功能模块

FX_{2N}－232IF 是可以与计算机通信的特殊功能模块，通过总线电缆与 PLC 连接，最多可连接 8 台特殊模块。使用 FROM/TO 指令与 PLC 进行数据传输，占用 8 点输入/输出端子。

FX_{2N}－232IF 连接到 FX_{2N}系列 PLC 的基本单元上时，具有以下特点：

(1) 用于以计算机为主机的计算机链接（1∶1）无协议通信。

(2) 与计算机、条形码阅读机、打印机和测量仪表等配备 RS－232C 接口的设备进行 1∶1 无协议通信。

(3) 可以在收发信时在 HEX 和 ASCII 码之间自动转换。

(4) 可以指定最大 4 个字节的报头和报尾。

(5) 具有互联模式，可以连续接收超过接收缓存长度的数据。

(6) 可以指定带有 CH、LF 以及和校验的通信格式。

8.3.2　RS－422 通信扩展板

RS－422－BD 为 RS－422 的通信扩展板，可以安装在 FX_{2N}系列 PLC 的基本单元中，用于 RS－422 通信。RS－422－BD 的外形如图 8－36 所示，它可以连接 PLC 用外部设备以及数据存储单元（DU）、人机界面（GOT）等。RS－422 的主要性能参数如表 8－12 所示。

图 8－36　RS－422－BD 外形

表 8 - 12　　RS - 422 的主要性能参数

项目	性能参数
接口标准	RS - 422
传输距离	最远 50m
通信方式	半双工双向
绝缘方式	非绝缘
连接器	8 芯 MINI - DIN 型
通信协议	编程协议通信、专用协议通信
消耗电流	30mA/DC 5V（由 PLC 供电）

8.3.3　RS - 485 通信接口设备

1. FX_{2N} - 485 - BD 通信功能扩展板

用于 RS - 485 的通信功能扩展板 FX_{2N} - 485 - BD（简称 485BD），可以连接到 FX_{2N} 系列 PLC 的基本单元上。

485BD 连接到 FX_{2N} 系列 PLC 的基本单元上时，可作为以下应用端口使用：

（1）通过 RS - 485/RS - 232C 接口转换器，可以与带有 RS - 232C 接口的计算机、条形码阅读机等外设进行无协议数据通信。

（2）与外设进行专用协议的数据通信。

（3）进行 PLC 与 PLC 的并行连接。

（4）进行 PLC 的网络连接。

485BD 的主要性能参数如表 8 - 13 所示，其外形和端子如图 8 - 37 所示。

表 8 - 13　　485BD 的主要性能参数

项目	性能参数	项目	性能参数
接口标准	RS - 422/485	通信方式	半双工通信、全双工通信
传输距离	最远 50m	通信协议	专用协议通信
连接器	8 芯 MINI - DIN 型	模块指示	SD、RD 发光二极管指示
隔离	无隔离	电源消耗	DC 5V/60mA，来自 PLC 基本单元

(a) 外形

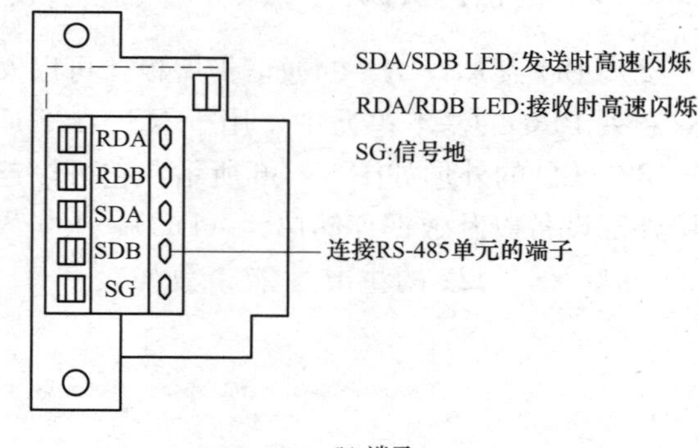

(b) 端子

图 8 - 37　FX - 485 - BD 外形和端子

2. FX_{0N}－485ADP/FX_{2NC}－485ADP 通信模块

FX_{0N}－485ADP/FX_{2NC}－485ADP 通信模块是能够与计算机通信的绝缘型特殊适配器，如果与 FX_{2N}－CNV－BD 连接板一起使用，可以与 FX_{2N}系列 PLC 连接。

FX_{0N}－485ADP/FX_{2NC}－485ADP 通信模块可作为以下应用端口使用：

（1）与 PLC 之间实现 N∶N 数据通信。

（2）进行 PLC 与 PLC 的并行连接。

（3）通过 RS－485/RS－232C 接口转换器，可以与带有 RS－232C 接口的计算机、条形码阅读机等外设进行 1∶1 无协议数据通信。

（4）以计算机为主机的计算机链接（1∶1）专用协议数据通信。

FX_{0N}－485ADP/FX_{2NC}－485ADP 的主要性能参数如表 8－14 所示，其外形和端子分别如图 8－38 和图 8－39 所示。

表 8－14　　FX_{0N}－485ADP/FX_{2NC}－485ADP 的主要性能参数

项目	性能参数	
	FX_{0N}－485ADP	FX_{2NC}－485ADP
接口标准	RS－422/485	
模块指示	POWER、RD、SD	
通信方式	半双工双向通信	
通信协议	无协议/专用协议/N∶N 网络/并行连接	
传输距离	最远 500m	
电源消耗	DC 5V/60mA，来自 PLC 基本单元	DC 5V150mA，来自 PLC 基本单元

(a)FX_{0N}-485ADP外形

(b)FX_{2NC}-485ADP外形

图 8－38　FX_{0N}－485ADP/FX_{2NC}－485ADP 外形

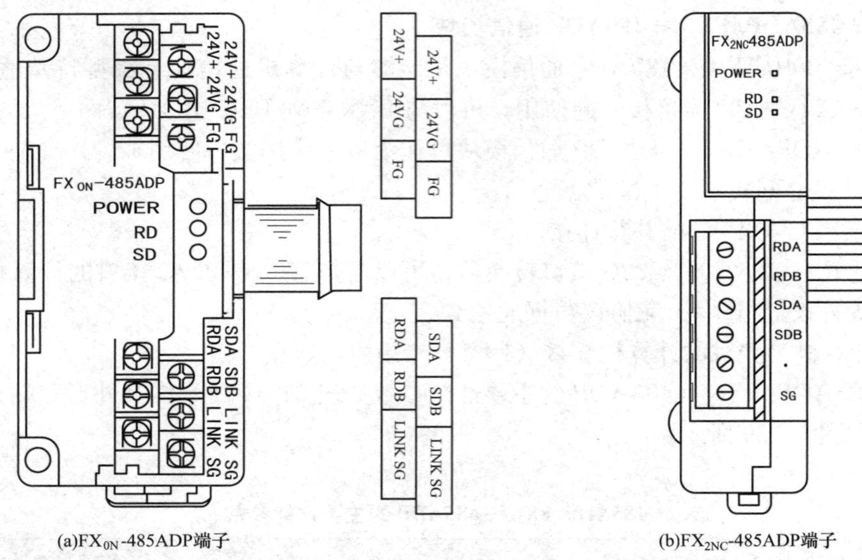

(a)FX_{0N}-485ADP端子　　(b)FX_{2NC}-485ADP端子

图 8－39　FX_{0N}－485ADP/FX_{2NC}－485ADP 端子

8.3.4　CC－Link 网络连接设备

CC－Link 网络系统是通过使用专用的电缆将分散的 I/O 模块、特殊高功能模块等连接起来，并且通过 PLC 的 CPU 来控制这些模块的系统。

1. FX_{2N}－16CCL－M 型 CC－Link 系统主站模块

CC－Link 主站模块 FX_{2N}－16CCL－M 是特殊功能扩展模块。PLC 通过 FROM/TO 指令，可以与 FX_{2N}－16CCL－M 的缓冲存储区 BFM 进行数据交换。通过 FX_{2N}－16CCL－M，可以将 FX_{2N}系列 PLC 作为 CC－Link 主站，在主站上最多可连接 8 个远程设备和 7 个远程 I/O 站。

FX_{2N}－16CCL－M 的主要性能参数如表 8－15 所示，其外形如图 8－40 所示。

表 8－15　　FX_{2N}－16CCL－M 的主要性能参数

项目	性能参数
功能	主站功能（无本地站、备用主站功能）
CC－Link 版本	V1.10
传输距离	电缆最大总延长距离：1200m（因传输速率而异）
最多连接台数	远程 I/O 站最多 7 个站；远程设备站最多 8 个站
每个系统的最大输入/输出点数	FX_{2N}系列 PLC 为：(PLC 的实际 I/O 点数)＋(特殊模块和主站模块占用点数)＋(32×远程 I/O 站台数)≤256 点
每个站的连接点数	远程 I/O 站：远程输入/输出（RX、RY）32 点； 远程设备站：远程输入/输出（RX、RY）32 点； 远程寄存器写入区（RW_W）4 点（主站→远程设备站）； 远程寄存器读出区（RW_r）4 点（远程设备站→主站）
与 PLC 的通信	使用 FROM/TO 指令访问 BFM
控制电源	DC 5V（自供电，不能使用 PLC 的 DC 5V 电源）
驱动电源	DC 24V/150mA（由外部终端模块供电）

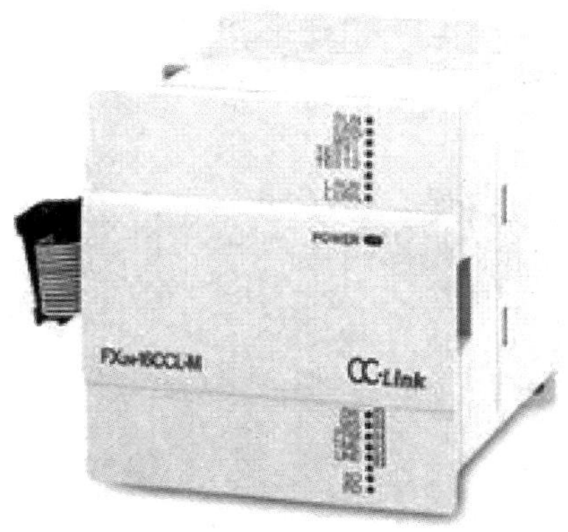

图 8-40　FX_{2N}-16CCL-M 外形

2. FX_{2N}-32CCL 型 CC-Link 系统接口模块

CC-Link 系统接口模块 FX_{2N}-32CCL 可以用来将 FX_{2N}系列 PLC 连接到 CC-Link 的接口模块，并将连接的 FX_{2N}系列 PLC 作为 CC-Link 系统的远程设备站。PLC 通过 FROM/TO 指令，可以与 FX_{2N}-32CCL 的缓冲存储区 BFM 进行数据交换。FX_{2N}-32CCL 与 FX_{2N}-16CCL-M 主站模块一起，使用 FX_{2N}系列 PLC 就可以构建 CC-Link 系统。

FX_{2N}-32CCL 的主要性能参数如表 8-16 所示，其外形如图 8-41 所示。

表 8-16　FX_{2N}-32CCL 的主要性能参数

项目	性能参数
功能	远程设备站
CC-Link 版本	V1.00
站号	1～64 号站（用旋转开关设定）
站数	1～4 个站（用旋转开关设定）
传输距离	电缆最大总延长距离：1200m（因传输速率而异）
最多连接台数	远程 I/O 站最多 7 个站；远程设备站最多 8 个站
远程最大输入/输出点数	每个站的远程输入/输出 32 点，但最后一个站的高 16 点被 CC-Link 系统作为系统区域占用
远程寄存器点数	每个站的远程寄存器写入区（RW_W）4 点，读出区（RW_r）4 点
占用 I/O 点数	8 点（计算在输入/输出侧均可）
与 PLC 的通信	使用 FROM/TO 指令访问 BFM
控制电源	DC 5V/130mA（由 PL 供电）
驱动电源	DC 24V/50mA（由外部终端模块供电）

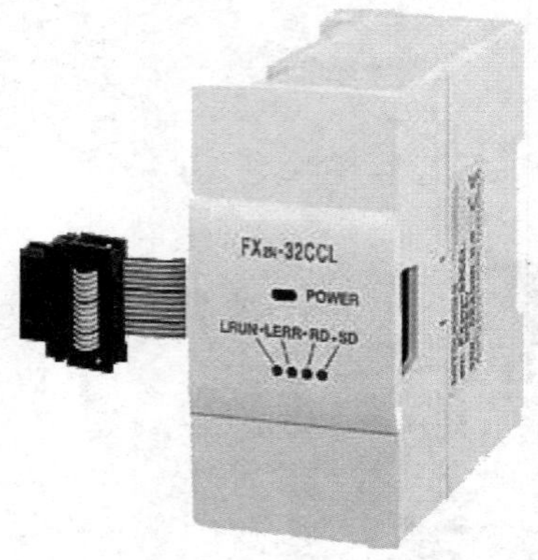

图 8-41　FX_{2N}-32CCL 外形

8.4　FX_{2N}系列PLC网络的应用

PLC 通信分为 PLC 系统内部通信和 PLC 与外设通信，或近距离通信和远程通信，在此通过两个实例讲述 FX_{2N}系列 PLC 的 N∶N 网络及使用 RS 指令的 1∶1 网络通信。

8.4.1　N∶N 网络通信

FX_{2N}系列 PLC 的 N∶N 通信符合 RS-485 通信传输标准，最大通信距离为 500m，网络中站点最多可连接 8 台，采用单双工通信方式，其数据长度、奇偶校验、停止位、开始位、终止符和校验是固定的，传输速率固定为 38400bit/s。

在 FX_{2N}系列 PLC 的 N∶N 网络中，会使用一些专用的特殊辅助继电器（如表 8-17 所示）和特殊数据寄存器（如表 8-18 所示）。

表 8-17　　N∶N 网络专用特殊辅助继电器

特殊辅助继电器	站号	描述	响应站类型	读/写
M8038		设置 N∶N 网络参数	主/从	只读
M8183		当主站通信错误时为 ON	从	
M8184	从站 1	当从站 1 通信错误时为 ON	主/从	
M8185	从站 2	当从站 2 通信错误时为 ON	主/从	
M8186	从站 3	当从站 3 通信错误时为 ON	主/从	
M8187	从站 4	当从站 4 通信错误时为 ON	主/从	
M8188	从站 5	当从站 5 通信错误时为 ON	主/从	
M8189	从站 6	当从站 6 通信错误时为 ON	主/从	
M8190	从站 7	当从站 7 通信错误时为 ON	主/从	
M8191		当与其他站点通信时为 ON	主/从	

表 8-18　　　　　　　　　　**N：N 网络专用特殊数据寄存器**

特殊数据寄存器	站号	描述	响应站类型	读/写
D8173		存储本站的站点号	主/从	只读
D8174		存储从站点的总数	主/从	只读
D8175		存储通信模式	主/从	只读
D8176		定义本站的站号	主/从	可写
D8177		设置从站点的总数	主	可写
D8178		设置通信模式	主	可写
D8179		设置重试次数	主	读/写
D8180		设置通信超时	主	读/写
D8201		存储当前网络扫描时间	主/从	只读
D8202		存储网络最大扫描时间	主/从	
D8203		主站通信错误数目	从	
D8204	从站 1	从站 1 通信错误数目	主/从	
D8205	从站 2	从站 2 通信错误数目	主/从	
D8206	从站 3	从站 3 通信错误数目	主/从	
D8207	从站 4	从站 4 通信错误数目	主/从	
D8208	从站 5	从站 5 通信错误数目	主/从	
D8209	从站 6	从站 6 通信错误数目	主/从	
D8210	从站 7	从站 7 通信错误数目	主/从	
D8211		主站通信错误代码	从	
D8212	从站 1	从站 1 通信错误数目	主/从	
D8213	从站 2	从站 2 通信错误数目	主/从	
D8214	从站 3	从站 3 通信错误数目	主/从	
D8215	从站 4	从站 4 通信错误数目	主/从	
D8216	从站 5	从站 5 通信错误数目	主/从	
D8217	从站 6	从站 6 通信错误数目	主/从	
D8218	从站 7	从站 7 通信错误数目	主/从	

在 N：N 网络的每个站点，位软元件 M（0～64 点）和字软元件 D（4～8 点）被自动数据链接，通过被分配到各站点的软元件地址，在其中的任一站点可以知道其他各站点的 ON/OFF 状态和数据寄存器中的数据。

各站点用于 N：N 通信的软元件点数和地址范围为链接模式，在 FX_{2N} 系列 PLC 的 N：N 网络中通信链接模式有 3 种：当 D8178 为 0 时，定义链接模式为 0；当 D8178 为 1 时，定义链接模式为 1；当 D8178 为 2 时，定义链接模式为 2。各链接模式下，其共享资源如表 8-19 所示。

表 8-19　　FX_{2N}系列 PLC 的 N∶N 网络链接模式及共享资源

站号		链接模式 0		链接模式 1		链接模式 2	
		位元件	字元件	位元件	字元件	位元件	字元件
		0 点	每站 4 点	每站 32 点	每站 4 点	每站 64 点	每站 8 点
主站	站号 0	—	D0～D3	M1000～M1032	D0～D3	M1000～M1063	D0～D7
从站	站号 1	—	D10～D13	M1064～M1095	D10～D13	M1064～M1127	D10～D17
	站号 2	—	D20～D23	M1128～M1159	D20～D23	M1128～M1191	D20～D27
	站号 3	—	D30～D33	M1192～M1223	D30～D33	M1192～M1255	D30～D37
	站号 4	—	D40～D43	M1256～M1287	D40～D43	M1256～M1319	D40～D47
	站号 5	—	D50～D53	M1320～M1351	D50～D53	M1320～M1383	D50～D57
	站号 6		D60～D63	M1384～M1415	D60～D63	M1384～M1447	D60～D67
	站号 7	—	D70～D73	M1448～M1479	D70～D73	M1448～M1511	D70～D77

【例 8-1】 使用 3 台 FX_{2N}系列 PLC 实现 N∶N 网络通信。这 3 台 FX_{2N}系列 PLC 组成的 N∶N 网络连接如图 8-42 所示，完成的功能如表 8-20 所示，编写的程序分别如图 8-43～图 8-45 所示。

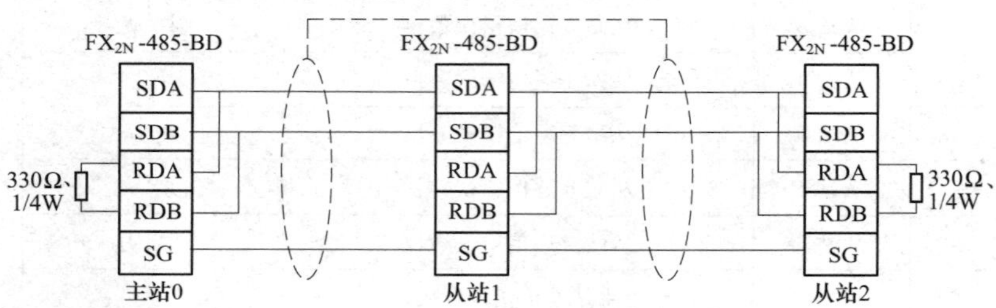

图 8-42　3 台 FX_{2N}系列 PLC 组成的 N∶N 网络连接

表 8-20　　控制功能软元件分配表

站号	输入	输出
主站 0	X010 启动从站 1 的Y-△控制单元	Y010 主站电机输出控制
	X011 停止从站 1 的Y-△控制单元	
	D100 定义从站 1 的Y-△延时时间	
从站 1	X012 启动从站 2 电机的正转控制	Y011 从站 1 电机主输出控制
	X013 启动从站 2 电机的反转控制	Y012 从站 1 电机Y输出控制
	X014 停止从站 2 电机的正/反转控制	Y013 从站 1 电机△输出控制
从站 2	X015 点动控制主站 0 电机	Y014 从站 2 电机正转输出控制
	X016 启动主站 0 电机运行	Y015 从站 2 电机反转输出控制
	X017 停止主站 0 电机运行	
	D101 定义主站电机运行时间	

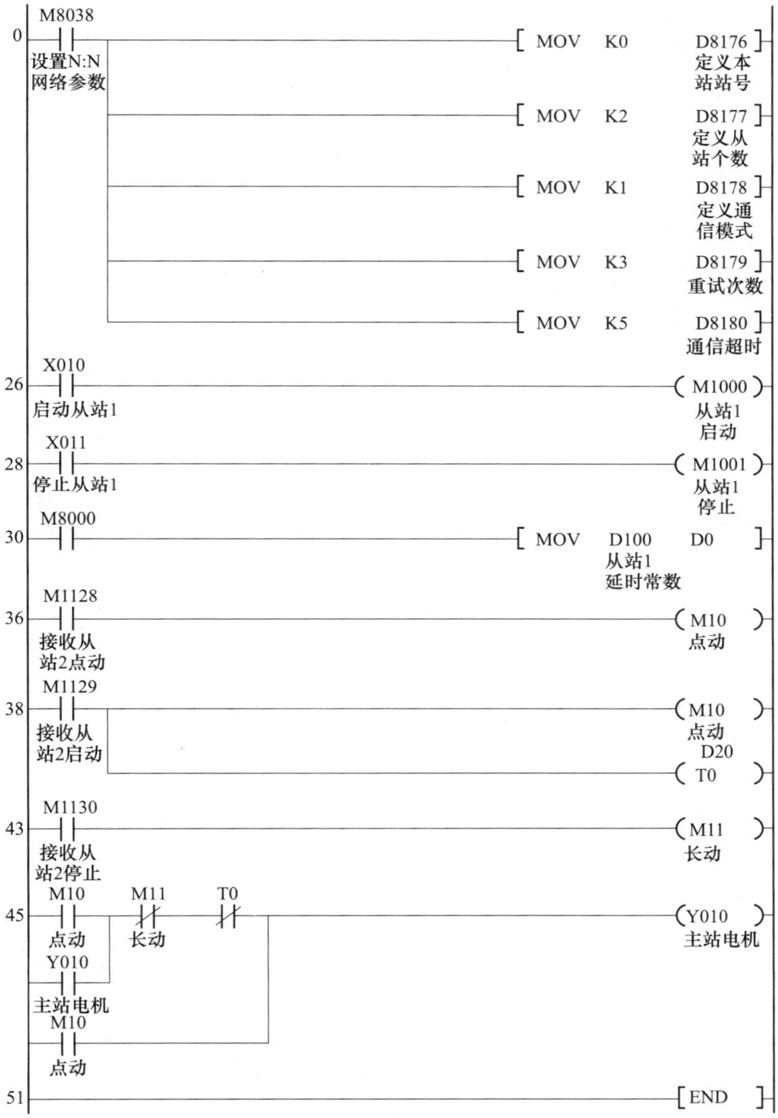

```
0   M8038 设置N:N网络参数
        [MOV K0 D8176]  定义本站站号
        [MOV K2 D8177]  定义从站个数
        [MOV K1 D8178]  定义通信模式
        [MOV K3 D8179]  重试次数
        [MOV K5 D8180]  通信超时
26  X010 启动从站1                  (M1000) 从站1启动
28  X011 停止从站1                  (M1001) 从站1停止
30  M8000                           [MOV D100 D0]  D100 从站1延时常数
36  M1128 接收从站2点动             (M10) 点动
38  M1129 接收从站2启动             (M10) 点动
                                    (T0 D20)
43  M1130 接收从站2停止             (M11) 长动
45  M10 点动    M11 长动(常闭)  T0(常闭)   (Y010) 主站电机
    Y010 主站电机
    M10 点动
51                                  [END]
```

图 8-43　主站 0 的控制程序

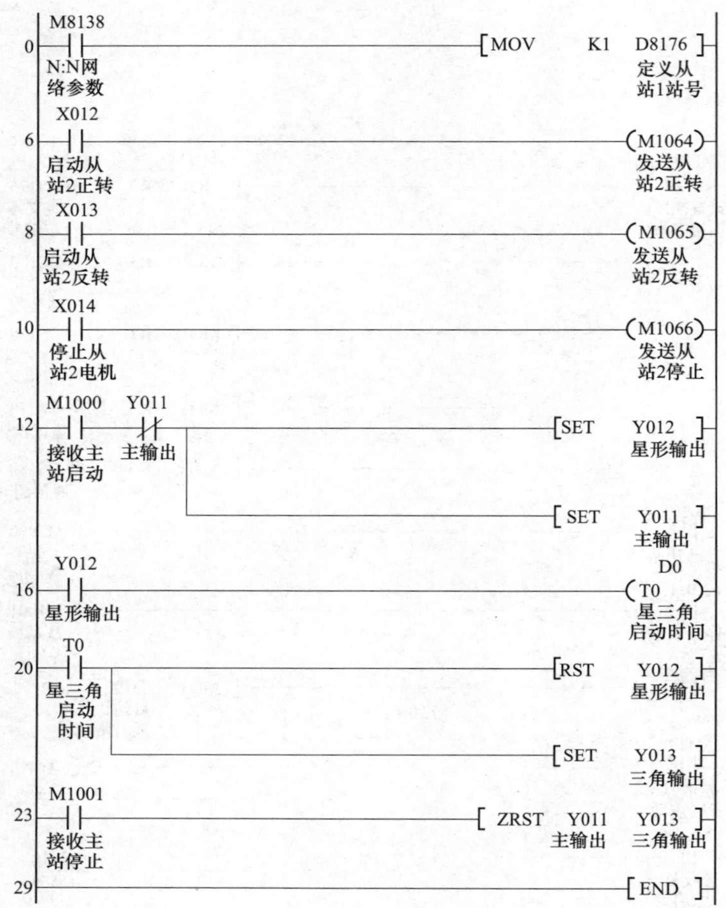

图 8-44　从站 1 的控制程序

8.4.2　使用 RS 指令的 1∶1 网络通信

RS 指令是使用 RS-232C、RS-485 通信扩展板及特殊适配器进行发送和接收的指令，其通信格式可以通过 D8120 进行改变。

在使用 RS 指令时，可以多次编程使用，但是一个程序中不能两个以上同时驱动。驱动 RS 指令后，即使改变 D8120 的数值，其通信格式也不会改变。驱动 RS 指令后，马上进入接收等待状态，当需要发送数据时，需置位 M8122 发送请求标志位，RS 指令转为发送状态，发送完毕系统自动对 M8122 复位，然后自动转到等待状态，接收数据完毕，系统自动置位 M8123 接收完成标志位，通知用户处理接收的数据，处理完毕接收的数据后需要人为地复位 M8123。如果 M8123 为 ON，是禁止发送和接收的。

【例 8-2】 2 台 FX_{2N}系列 PLC 使用 RS 指令，实现 1∶1 的 RS-485 通信。这 2 台 FX_{2N}系列 PLC 组成的 1∶1 网络连接如图 8-46 所示，完成的功能如表 8-21 所示，编写的程序分别如图 8-47、图 8-48 所示。

三菱FX_{2N} PLC从入门到精通

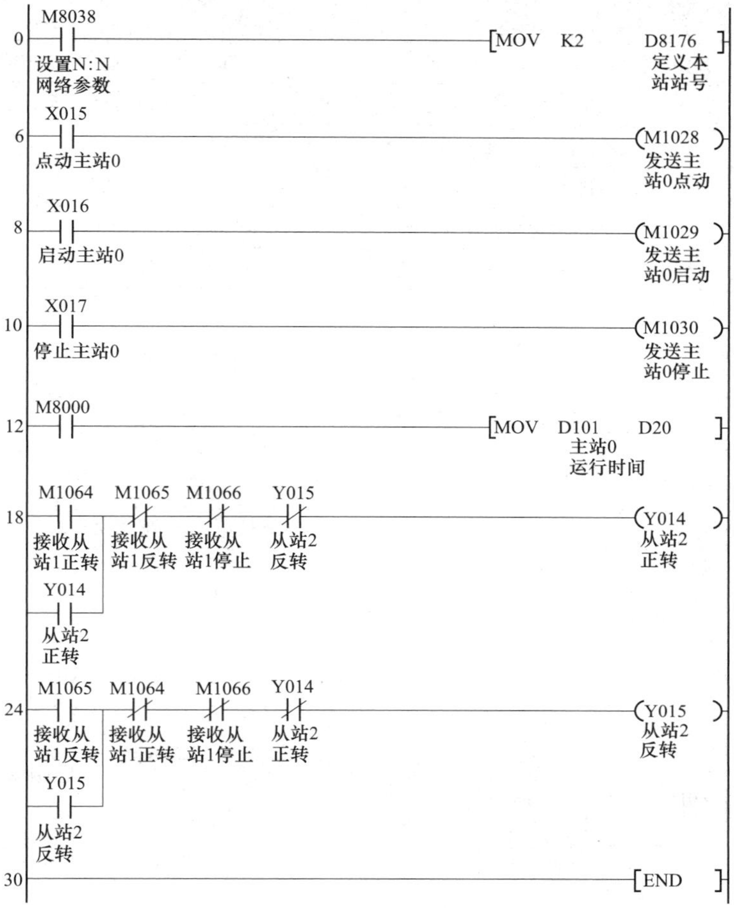

```
0   M8038 设置N:N网络参数                                   [MOV K2 D8176 定义本站站号]
6   X015 点动主站0                                          (M1028 发送主站0点动)
8   X016 启动主站0                                          (M1029 发送主站0启动)
10  X017 停止主站0                                          (M1030 发送主站0停止)
12  M8000                                                   [MOV D101 主站0运行时间 D20]
18  M1064 接收从站1正转 (并联 Y014 从站2正转)
    M1065 接收从站1反转  M1066 接收从站1停止  Y015 从站2反转   (Y014 从站2正转)
24  M1065 接收从站1反转 (并联 Y015 从站2反转)
    M1064 接收从站1正转  M1066 接收从站1停止  Y014 从站2正转   (Y015 从站2反转)
30                                                          [END]
```

图 8-45　从站 2 的控制程序

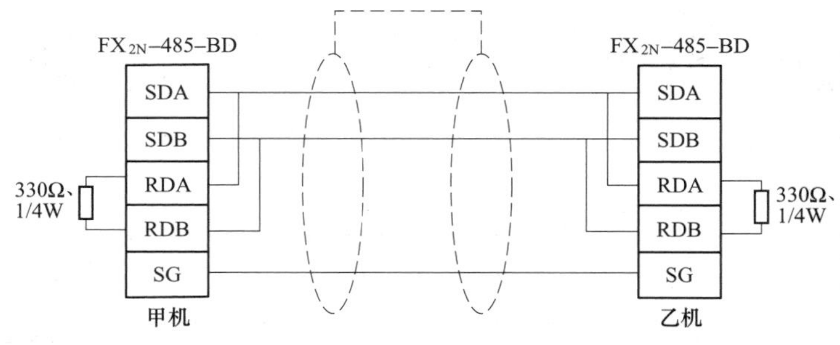

图 8-46　2 台 FX_{2N}系列 PLC 构成的 1∶1 网络连接

表 8－21　　控制功能软元件分配表

站号	输入	输出
甲机	X010 启动乙机的Y-△控制单元	Y010 甲机 M 电机正转输出
	X011 停止乙机的Y-△控制单元	Y011 甲机 M 电机反转输出
	D100 定义乙机的Y-△延时时间	
乙机	X012 启动甲机 M 电机的正转控制	Y012 乙机主输出控制
	X013 启动甲机 M 电机的反转控制	Y013 乙机Y输出控制
	X014 停止甲机 M 电机的正/反转控制	Y014 乙机△输出控制

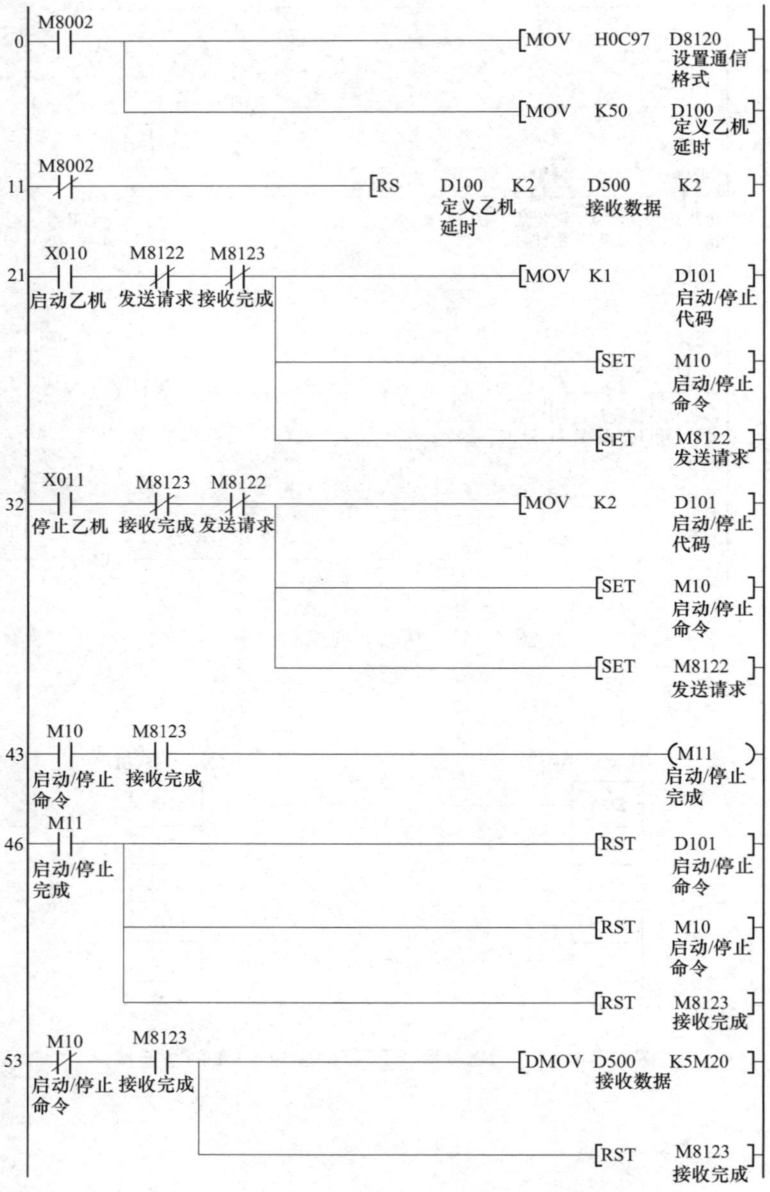

```
0   M8002 ─┤├─┬─────────────────[MOV  H0C97  D8120 设置通信格式]
              └─────────────────[MOV  K50    D100 定义乙机延时]

11  M8002 ─┤/├──────────[RS  D100 定义乙机延时  K2  D500 接收数据  K2]

21  X010 启动乙机 ─┤├─ M8122 发送请求 ─┤/├─ M8123 接收完成 ─┤/├─┬─[MOV K1 D101 启动/停止代码]
                                                              ├─[SET M10 启动/停止命令]
                                                              └─[SET M8122 发送请求]

32  X011 停止乙机 ─┤├─ M8123 接收完成 ─┤/├─ M8122 发送请求 ─┤/├─┬─[MOV K2 D101 启动/停止代码]
                                                              ├─[SET M10 启动/停止命令]
                                                              └─[SET M8122 发送请求]

43  M10 启动/停止命令 ─┤├─ M8123 接收完成 ─┤├──────────(M11 启动/停止完成)

46  M11 启动/停止完成 ─┤├─┬─[RST D101 启动/停止命令]
                         ├─[RST M10 启动/停止命令]
                         └─[RST M8123 接收完成]

53  M10 启动/停止命令 ─┤/├─ M8123 接收完成 ─┤├─┬─[DMOV D500 接收数据 K5M20]
                                              └─[RST M8123 接收完成]
```

图 8－47　甲机的控制程序（一）

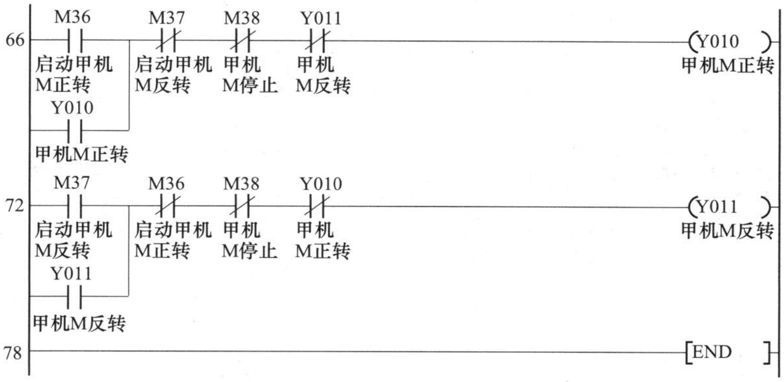

66 M36 启动甲机M正转 / Y010 甲机M正转 —— M37 启动甲机M反转 —— M38 甲机M停止 —— Y011 甲机M反转 —— (Y010 甲机M正转)

72 M37 启动甲机M反转 / Y011 甲机M反转 —— M36 启动甲机M正转 —— M38 甲机M停止 —— Y010 甲机M正转 —— (Y011 甲机M反转)

78 —— [END]

图 8-47 甲机的控制程序（二）

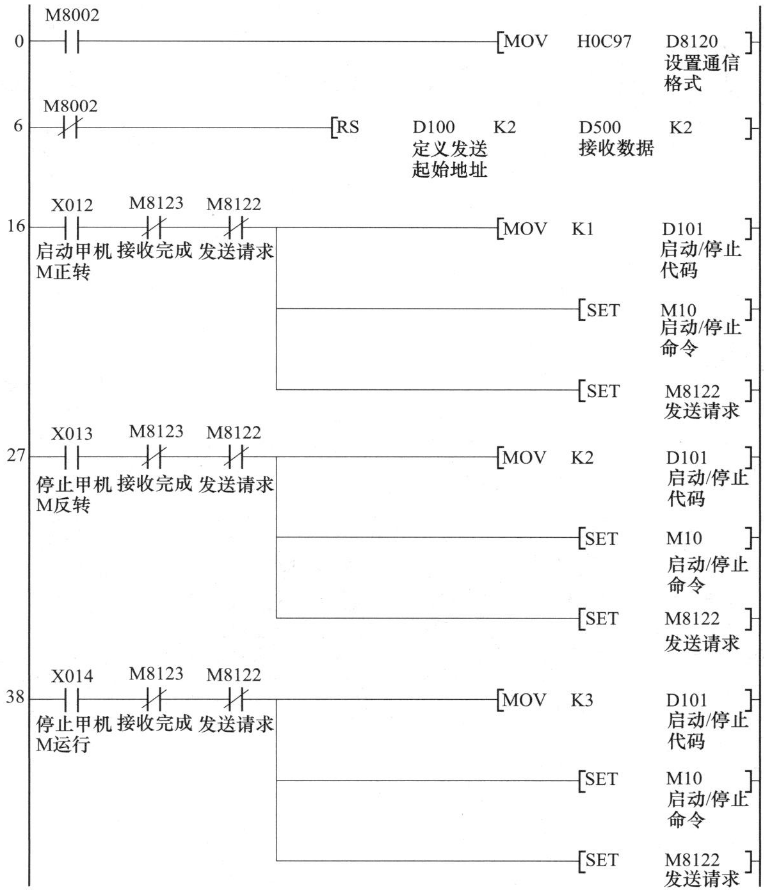

0 M8002 —— [MOV H0C97 D8120] D8120 设置通信格式

6 M8002 —— [RS D100 K2 D500 K2] D100 定义发送起始地址 D500 接收数据

16 X012 启动甲机M正转 —— M8123 接收完成 —— M8122 发送请求 —— [MOV K1 D101] D101 启动/停止代码
[SET M10] M10 启动/停止命令
[SET M8122] M8122 发送请求

27 X013 停止甲机M反转 —— M8123 接收完成 —— M8122 发送请求 —— [MOV K2 D101] D101 启动/停止代码
[SET M10] M10 启动/停止命令
[SET M8122] M8122 发送请求

38 X014 停止甲机M运行 —— M8123 接收完成 —— M8122 发送请求 —— [MOV K3 D101] D101 启动/停止代码
[SET M10] M10 启动/停止命令
[SET M8122] M8122 发送请求

图 8-48 乙机的控制程序（一）

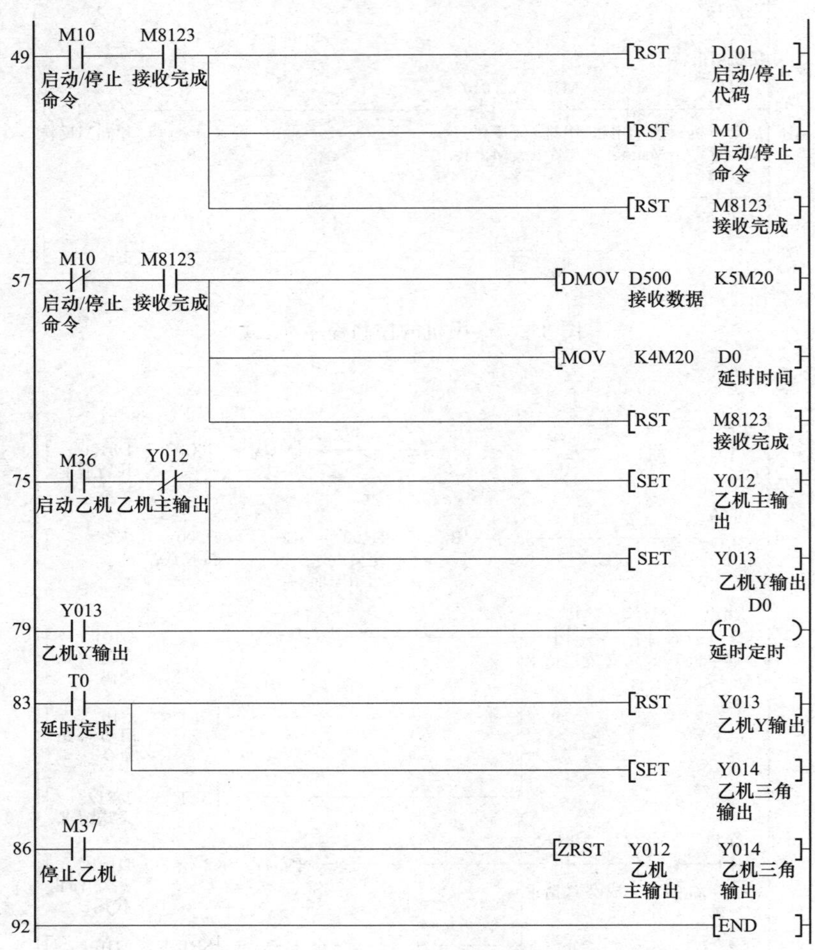

图 8-48 乙机的控制程序（二）

第 9 章

触摸屏与变频器

人机界面又称为人机交互（Human Computer Interaction），是系统与用户之间进行信息交互的媒介。近年来，随着信息技术与计算机技术的迅速发展，人机界面在工业控制中已得到了广泛的应用。工业控制领域通常所说的人机界面包括触摸屏和组态软件。触摸屏又称图形操作终端（Graphic Operation Terminal，GOT），是目前工业控制领域应用较多的一种人机交互设备。变频器（Variable - frequency Drive，VFD）是应用变频技术与微电子技术，通过改变电机工作电源频率方式来控制交流电动机的电力控制设备。触摸屏与变频器在 PLC 控制系统中应用较为广泛，本章主要讲解触摸屏与变频器的相关知识。

9.1 触　摸　屏

触摸屏与 PLC 组成的控制系统，具有操作直观、控制功能强大、使用方便等优点，现已广泛应用于各类电气控制设备中。

9.1.1 触摸屏概述

触摸屏是电子操作面板，在其监视屏幕上可以进行开关操作、指示灯、数据显示、信息显示和其他一些在由原操作面板执行的操作。

1. 触摸屏的工作原理

为工业控制现场操作的方便，人们用触摸屏来代替鼠标、键盘和控制屏上的开关、按钮。触摸屏由触摸检测部件和触摸屏控制器组成。触摸检测部件安装在显示器屏幕前面，用来检测位置，接收后送至触摸屏控制器。触摸屏控制器的主要作用是从触摸点检测装置上接收触摸信息，并将它转换成触点坐标，再送给 CPU，它同时能接收 CPU 发来的命令并加以执行。

触摸屏的基本原理是用手指或其他物体触摸安装在显示器前端的触摸屏，所触摸的位置（以坐标形式）由触摸屏控制器检测，并通过接口（如 RS - 232C 串行口）送到

CPU，然后CPU根据触摸的图标或菜单来定位并选择信息输入。

2. 触摸屏的分类

按照触摸屏的工作原理和传输信息的介质不同，可将触摸屏分为电阻式、电容式、红外线式以及表面声波式4类。

(1) 电阻式触摸屏是利用压力感应进行控制。电阻触摸屏的主要部分是一块与显示器表面非常配合的电阻薄膜屏，这是一种多层的复合薄膜，它以一层玻璃或硬塑料平板作为基层，两面涂有一层透明氧化金属（透明的导电电阻）导电层，上面再盖有一层外表面硬化处理、光滑防擦的塑料层，它的内表面也有一涂层，在它们之间有许多细小的透明隔离点把两层导电层隔开绝缘。当手指触摸屏幕时，两层导电层在触摸点位置就有了接触，电阻发生变化，在X和Y两个方向上产生信号，然后将这两个信号送到触摸屏控制器。控制器侦测到这一接触并计算出（X，Y）的位置，再根据模拟鼠标的方式动作，这就是电阻式触摸屏最基本的原理。

(2) 电容式触摸屏利用人体的电流感觉进行工作。电容式触摸屏是一块四层复合玻璃屏，玻璃屏的内表面和夹层各涂有一层ITO，最外层是一薄层矽土玻璃保护层，夹层ITO涂层作为工作面，四个角上引出四个电极，内层ITO为屏蔽层以保证良好的工作环境。当手指触摸在玻璃保护层上时，由于人体电场，用户和触摸屏表面形成一个耦合电容，对于高频电流来说，电容是直接导体，于是手指从接触点吸走一个很小的电流。这个电流分别从触摸屏的四角上的电极中流出，并且流经这四个电极的电流与手指到四角的距离成正比，控制器通过对这四个电流比例的精确计算，得出触摸点的位置。

(3) 红外线式触摸屏是利用X、Y方向上密布的红外线矩阵来检测并定位用户的触摸。红外线触摸屏在显示器的前面安装一个电路板外框，电路板在屏幕四边排布红外发射管和红外接收管，一一对应形成横竖交叉的红外线矩阵。用户在触摸屏幕时，手指就会挡住经过该位置的横竖两条红外线，所以可以判断出触摸点在屏幕的位置。任何触摸物体都可改变触点上的红外线而实现触摸屏操作。

(4) 表面声波是超声波的一种，它是在介质（如玻璃或金属等刚性材料）表面进行浅层传播的机械能量波。通过楔形三角基座（根据表面波的波长严格设计），可以做到定向、小角度的表面声波能量发射。表面声波性能稳定、易于分析，并且在横波传递过程中具有非常尖锐的频率特性。表面声波式触摸屏的触摸屏部分可以是一块平面、球面或柱面的玻璃平板，安装在CRT、LED、LCD或等离子显示器屏幕的前面。这块玻璃平板只是一块纯粹的强化玻璃，没有任何贴膜和覆盖层。玻璃层的左上角和右下角各固定了竖直和水平方向的超声波发射换能器，右上角则固定了两个相应的超声波接收换能器。玻璃屏的四个周边刻有45°角由疏到密间隔非常精密的反射条纹。在没有触摸的时候，接收信号的波形与参照波形安全一样。当手指触摸屏幕时，手指吸收了一部分声波能量，控制器侦测到接收信号在某一时刻上的衰减，由此可以计算出触摸点的位置。除了一般触摸屏都能响应的X、Y坐标外，表面声波触摸屏的突出特点是它能感知第三轴（Z轴）的坐标，用户触摸屏幕的力量越大，接收信号波形上的衰减缺口就越宽越深，可以由接收信号衰减处的衰减量计算出用户触摸压力的大小。

3. 三菱通用触摸屏

三菱触摸屏是利用压力感应进行控制的，属于电阻式触摸屏。三菱通用的人机界面有通用触摸屏 900（A900 和 F900）、1000（GT11 和 GT15）系列、显示模块（FX_{1N}-5DM、FX-10DM-E）和小型显示器（FX-10DU-E），种类达几十种，而 G11 和 F900 系列触摸屏是目前应用最广泛的，典型产品有 GT1155-Q-C 和 F900GOT-SWD 等。GT1155-Q-C 具有 256 色 TFT 彩色显示，用户储存器容量为 3MB；F940GOT-SWD 具有 8 色 STN 彩色液晶显示，画面尺寸为 5.7in（对角），分辨率为 320×240，用户储存器容量为 512KB，可生成 500 个用户画面。GT1155-Q-C 和 F900GOT-SWD 能与三菱的 FX 系列、Q 系列 PLC 进行连接，也可与定位模块 FX_{2N}-10GM、FX_{2N}-20GM 及三菱变频器进行连接，同时还可以与其他厂商的 PLC 进行连接，如 OMRON、SIEMENS、AB 等。

4. GOT 的连接

F940GOT-SWD 有两个连接口，一个是与计算机连接的 RS-232C 连接口，用于传送用户画面；另一个是与可编程控制器等设备连接的 RS-422 连接口，用于与可编程控制器等进行通信。GT1155-Q-C 不仅具有 F940GOT-SWD 的 RS-232C、RS-422 连接口，还增加了一个 USB 通信口，与计算机的连接更加方便，可实现画面的高速传送。

9.1.2 触摸屏的基本功能

触摸屏（GOT）的功能分为六个模式，通过选择相应的模式可以使用各个功能。

1. 用户画面模式

在用户画面模式下，可以显示用户创建的画面以及报警信息。在一个显示画面上，可以显示字符、直线、长方形、圆等，这些对象根据其功能分类，可组合显示。若有两个或更多用户画面，则可以用 GOT 上的操作键或 PLC 切换这画面（用户可以设置要切换画面的条件和随后要显示的画面）。用户画面模式下的功能概要如表 9-1 所示。

表 9-1 用户画面模式下的功能概要

功能	功 能 概 要
字符显示	显示字母和数字
绘图显示	显示直线、圆和长方形
灯显示	屏幕上指定区域的颜色可根据 PLC 中位元件（X、Y、M、S、T、C）的 ON/OFF 状态的变化来切换
图形显示	可以以数值、条形图、折线图和仪表面板的形式显示 PLC 中字元件（T、C、D、V、Z）的设定值和当前值
数据显示	可以以数字的形式显示 PLC 中字元件的设定值和当前值
数据变更功能	可以改变 PLC 中字元件（T、C、D、V、Z）的设定值和当前值
开关功能	控制 PLC 中位元件（X、Y、M、S、T、C）的 ON/OFF 状态，控制的形式可以是瞬时、交替和置位/复位
画面切换功能	画面可以切换，可以用 PLC 或触摸键切换显示画面
数据文件传送	存储在 GOT 中的数据文件可以传送到 PLC
安全功能	只有在输入正确密码以后才能显示画面（本功能在系统画面中也可以使用）
报警功能	监控指定位元件的 ON/OFF 状态，显示报警发生的次数和报警发生的时间，并作为报警记录保存

2. HPP 模式

在 HPP（Handy Programming Panel）模式下，用户可将 GOT 用作手持式编程器。HPP 模式下的功能概要如表 9－2 所示。

表 9－2　　HPP 模式下的功能概要

功能	功 能 概 要
程序（清单）	可以用命令清单程序的形式读出、写入和监视程序
参数	可以读出/写入程序容量、存储器锁定范围等参数
BFM 监视	可以监视特殊模块的缓冲存储器（BFM），也可以改变它们的设定值
软元件监视	可以用元件编号和注释表达式监测位元件的 ON/OFF 状态以及字元件的当前值和设定值
变更当前值/设定值	可以用元件编号和注释表达式改变字元件的当前值和设定值
强制 ON/OFF	PLC 中的位元件（X、Y、M、S、T、C）可以强制变为 ON 或 OFF
状态监视	自动显示、监视处于 ON 动作的状态（S）序号（与 MELSEC FX 系列连接时有效）
PLC 诊断	读出并显示 PLC 的错误信息

3. 采样模式

采样模式可以用来管理机器操作速率和产品状态的数据。在采样模式下，可以以固定的时间间隔（固定周期）或在满足位元件的 ON/OFF 条件（触发器）时获得连续改变的寄存器的内容。获得的数据可以以图形或列表的格式显示，也可以在 GOT 的“其他模式”下或用户屏幕创建软件打印。采样模式下的功能概要如表 9－3 所示。

表 9－3　　采样模式下的功能概要

功能	功 能 概 要
条件设置	可以设置多达 4 个要采样元件的开始、终止时间等条件
结果显示	可以用清单或图表形式显示采样结果
数据清除	清除采样结果

4. 报警模式

报警功能可以显示报警信息和当前报警清单，可以存储报警记录，监视机器状态并使排除故障更加容易。

报警功能监视 PLC 中多达 256 个连续的位元件。如果画面创建软件设置的报警元件变为 ON 时，则在用户画面模式和报警模式（系统画面时）中可以显示相应的报警信息并输出到打印机。报警模式下的功能概要如表 9－4 所示。

表 9－4　　报警模式下的功能概要

功能	功 能 概 要
清单（状态显示）	在清单中以发生的顺序显示当前报警
记录	按顺序将报警与时间存储到记录中
频率	存储每个报警的事件数量
记录清除	删除报警记录

5. 测试模式

在测试模式中可以显示用户画面清单，可以编辑数据文件，还可以执行调试以确认键操作。测试模式下的功能概要如表 9－5 所示。

表 9-5　　测试模式下的功能概要

功能	功 能 概 要
画面清单	以画面编号的顺序显示用户画面
数据文件	可以改变在配方功能（数据文件传送功能）中使用的数据
调试操作	检测用户画面上触摸键操作、画面切换操作等是否被正确执行
通信监视	监视与之连接的 PLC 的通信状态

6. 其他模式

在其他模式中提供了时间开关、数据传输、打印机输出和系统设定等功能。其他模式下的功能概要如表 9-6 所示。

表 9-6　　其他模式下的功能概要

功能	功 能 概 要
时间开关	在指定时间将指定元件设为 ON/OFF
个人电脑传送	可以在 GOT 和画面创建软件之间传送画面数据、采样结果和报警记录
打印机输出	用打印机打印采样结果、报警记录
密码	可以登记进入密码保护 PLC 中的程序
环境设置	允许进行操作 GOT 所需要的系统设置，可以指定系统语言、连接的 PLC、串行通信参数、开机屏幕、主菜单调用、当前时间、背光灯熄灭时间、蜂鸣器音量、LCD 对比度、画面数据清除等初始设置

9.1.3　触摸屏的运行原理

触摸屏能够通过其画面上的触摸键、指示灯、数据输入和数据显示等对 PLC 的软元件（位元件或字元件）进行读出和写入操作。下面以一个简单的启停控制（带运行指示和数字显示）为例来介绍触摸屏的运行原理。

（1）画面制作。首先使用总线连接电缆将 PLC 与触摸屏连接，并通过计算机编程软件（GX-Developer）将启停控制程序写入 PLC 中，然后制作触摸屏画面，如图 9-1 所示。

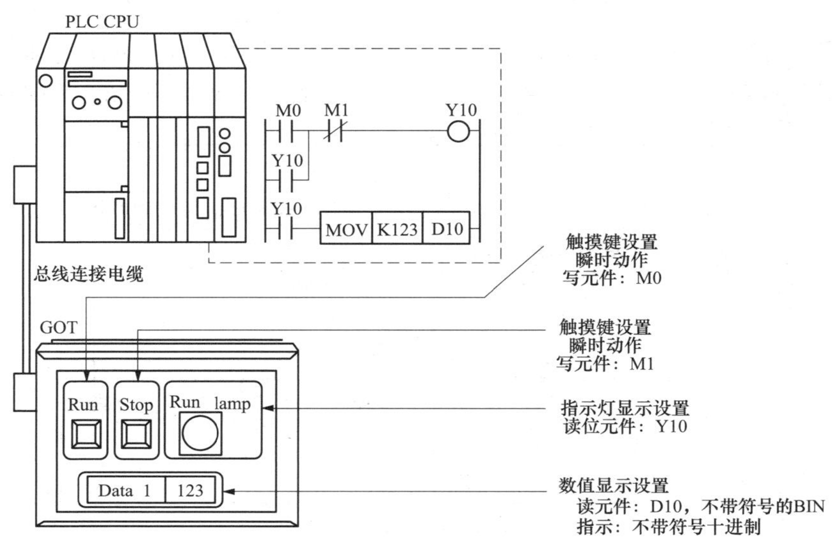

图 9-1　制作触摸屏画面

第9章　触摸屏与变频器

(2) 启动运行。按触摸屏的“Run”触摸键，置位元件 M0 为 ON，如图 9-2 所示。

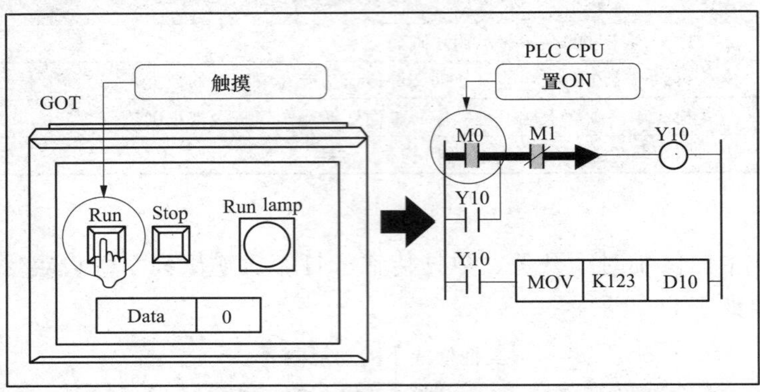

图 9-2 启动运行

(3) 输出指示。软元件 M0 为 ON，则位元件 Y10 变为 ON。因为触摸屏的指示灯（Run lamp）被设定为监视位元件 Y10，所以指示灯也显示 ON 的图形，如图 9-3 所示。

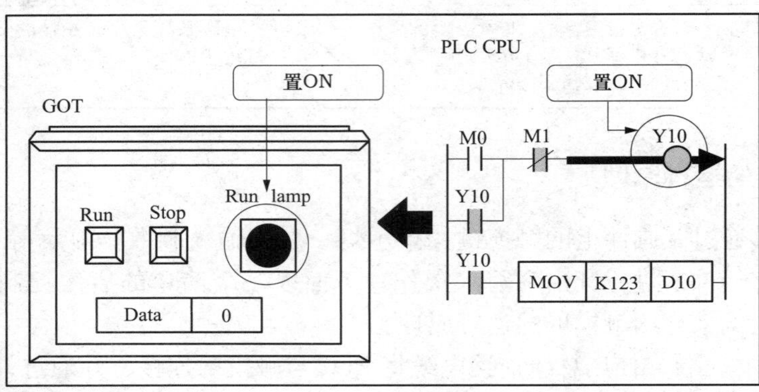

图 9-3 输出指示

(4) 数据显示。因为位元件 Y10 为 ON，所以常数“123”被存入字元件 D10 中。又由于触摸屏的数据显示被设定为监视字元件 D10，因此 Data 显示为 123，如图 9-4 所示。

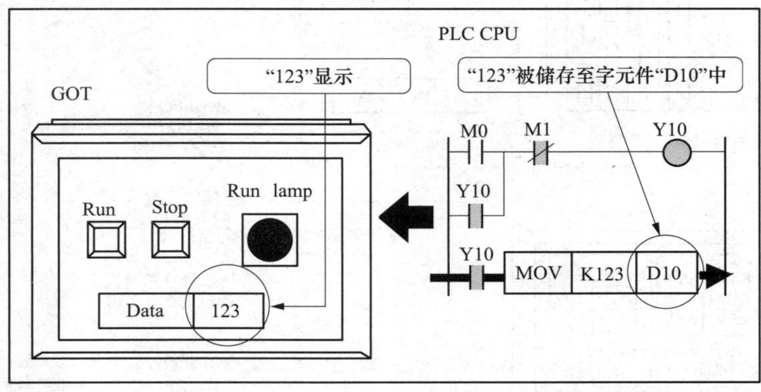

图 9-4 数据显示

(5) 停止运行。按触摸屏的“Stop”触摸键，软元件 M1 为 ON，则位元件 Y10 变为 OFF，所以触摸屏的指标灯（Run lamp）变为 OFF 的图形，如图 9-5 所示。

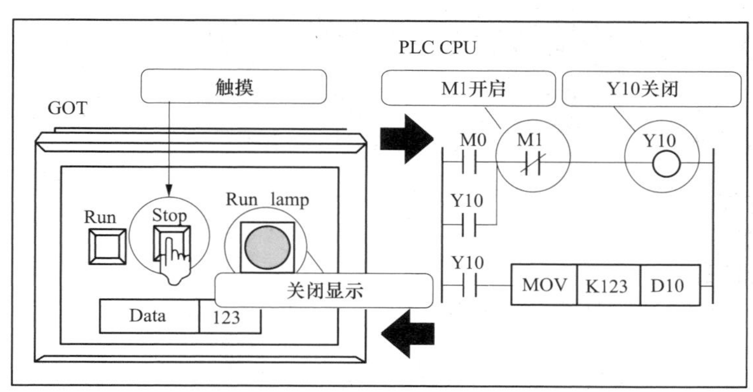

图 9-5 停止运行

9.1.4 触摸屏软件的使用

GT Works 是一个集成的触摸屏开发套装软件，目前最新版本为 GT Works 3。GT Works 3 是 GOT 1000 系列的画面设计与制作软件包，包括了 GT Designer 3、GT Simulator 3、GT SoftGOT 1000 的一个产品集。GT Designer 3 是用于 GOT 1000 系列图形操作终端的画面制作软件，并且集成有 GT Simulator 3 仿真软件，具有仿真模拟功能。GT Designer 3 是可以进行工程和画面创建、图形绘制、对象配置和设置、公共设置以及数据传输等的软件；GT Simulator 3 是可以在计算机上模拟 GOT 运行的仿真软件。在此以 GT Designer 3 为例，讲述触摸屏软件的使用。

1. 新建工程

安装了 GT Designer 3 软件后，执行“开始”→“程序”→“MELSOFT 应用程序”→“GT Works 3”→“GT Designer 3”，即可启动 GOT 编程软件。

启动 GT Designer 3 软件后，将弹出如图 9-6 所示的工程选择对话框。在此对话框中，若选择“新建”，将创建新的 GOT 工程；选择“打开”，将打开已创建的 GOT 工程。在此单击“新建”按钮，将进入如图 9-7 所示的新建工程向导对话框。

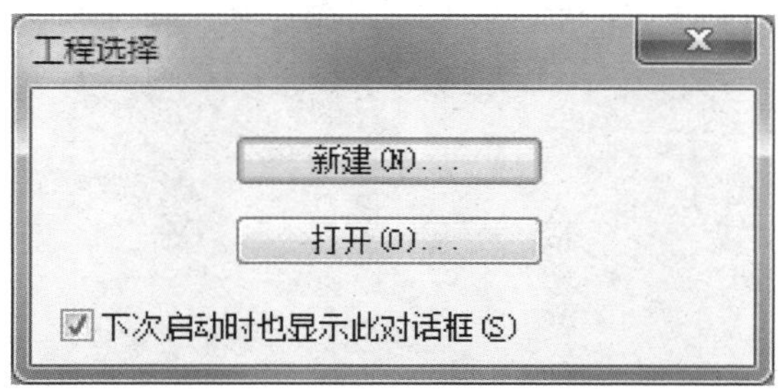

图 9-6 工程选择对话框

第9章 触摸屏与变频器

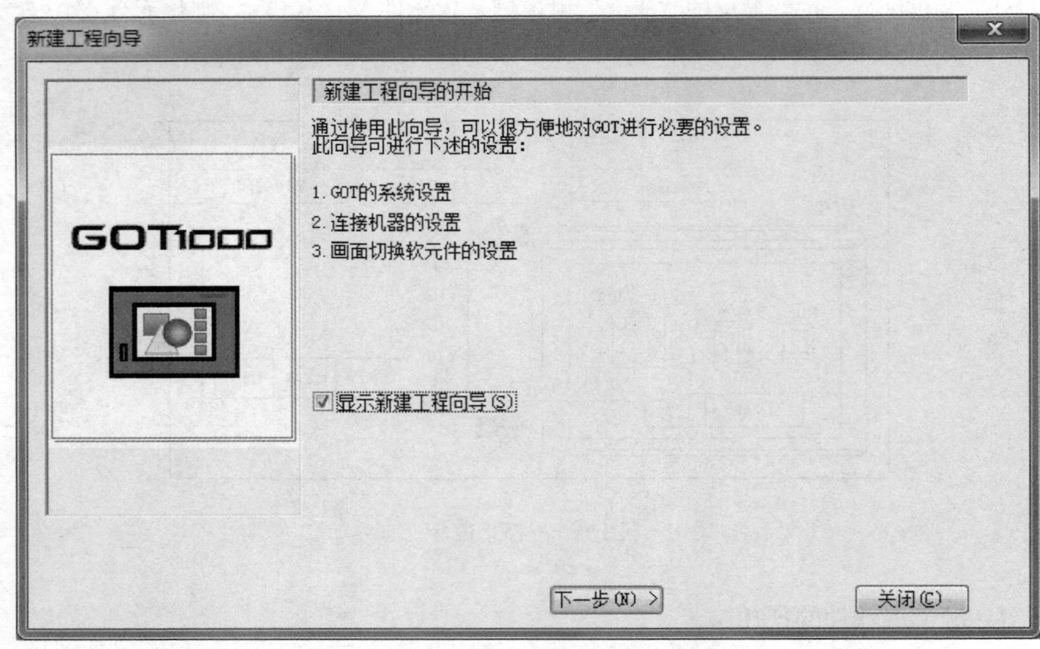

图 9-7　新建工程向导对话框

在图 9-7 中，告诉用户 GOT 的设置主要包括三个步骤，在此直接单击“下一步”按钮，将弹出如图 9-8 所示的 GOT 系统设置对话框。此对话框中的机种中，通过下拉列表可以选择 GOT 的系列及型号；颜色设置下拉列表中，可以设置 GOT 的颜色。设置好后，单击“下一步”按钮，将弹出如图 9-9 所示的 GOT 系统设置确认对话框。

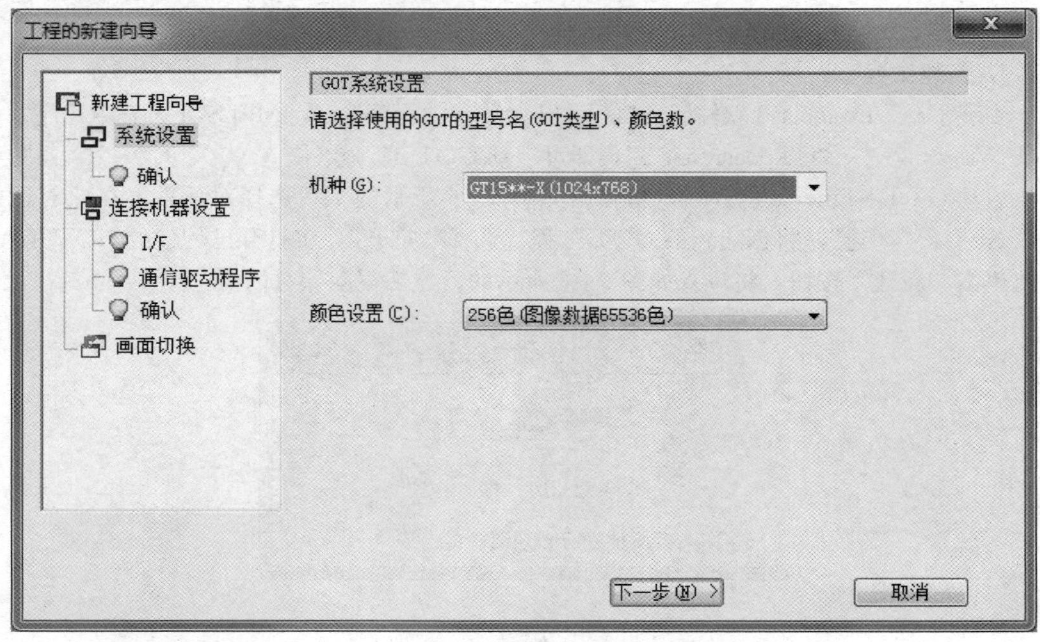

图 9-8　GOT 系统设置对话框

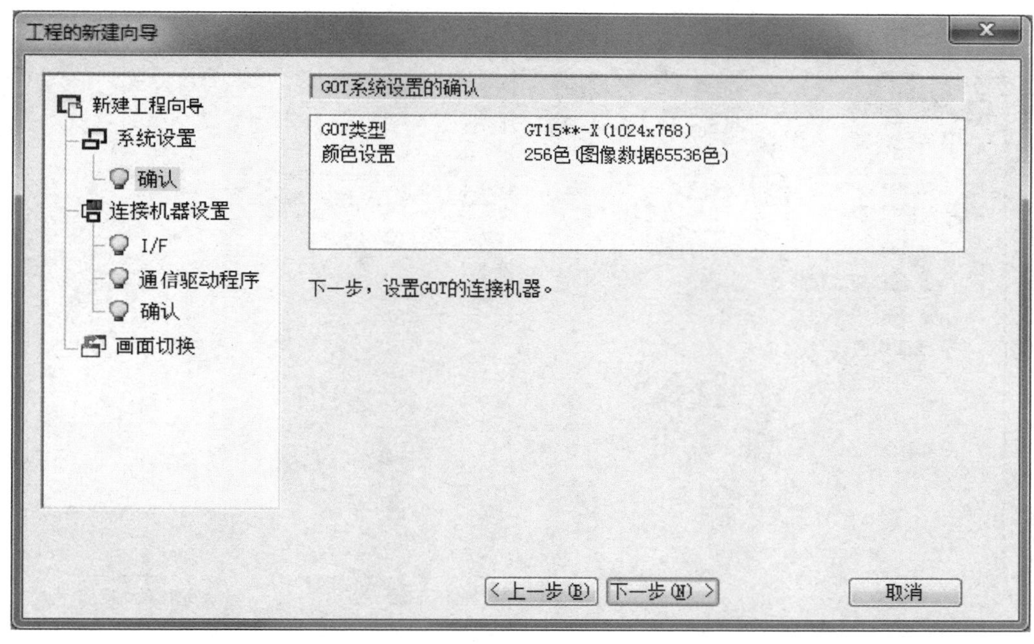

图 9-9　GOT 系统设置确认对话框

若需要重新设置，则单击图 9-9 中的“上一步”按钮，否则单击“下一步”按钮，则弹出如图 9-10 所示的选择联机设置对话框。在制造商下拉列表中，可以选择触摸屏工作时连接的控制设备系列；在机种下拉列表中，可以选择机种的系列。设置好后，单击“下一步”按钮，将弹出如图 9-11 所示的联机设备端口设置对话框。

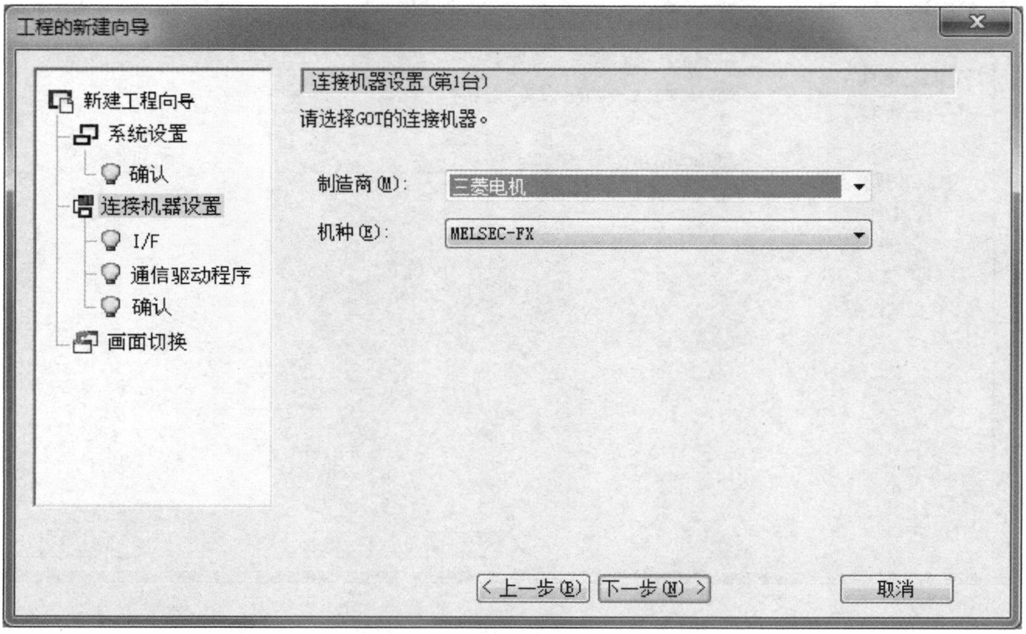

工程的新建向导
新建工程向导
系统设置
确认
连接机器设置
I/F
通信驱动程序
确认
画面切换
连接机器设置 (第1台)
请选择GOT的连接机器。
制造商 (M): 三菱电机
机种 (E): MELSEC-FX
< 上一步 (B)
下一步 (N) >
取消

图 9-10　选择联机设备对话框

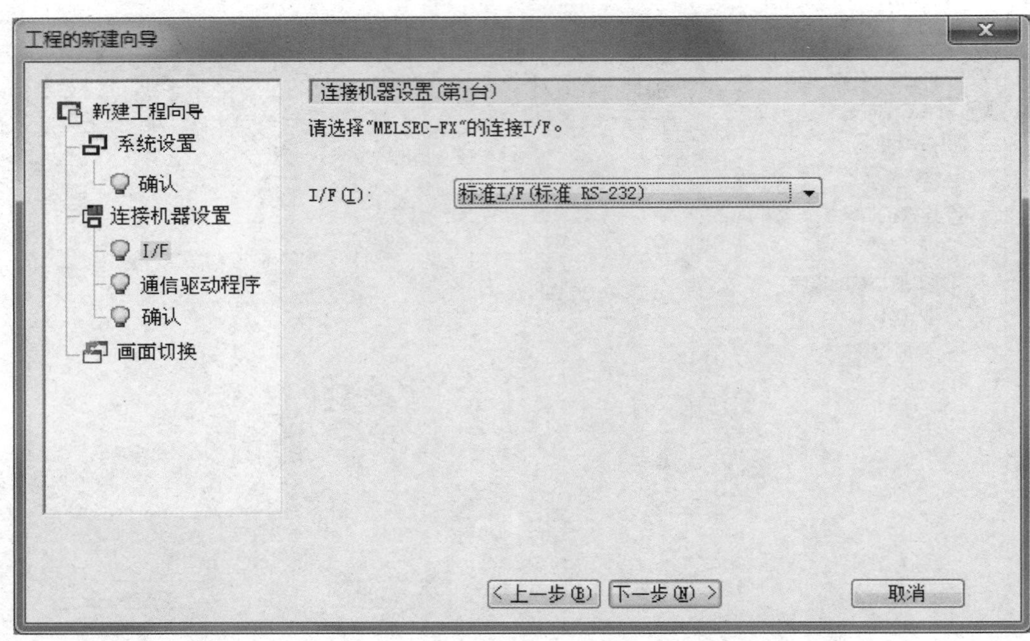

图 9－11　联机设备端口设置对话框

在图 9－11 对话框的 I/F 下拉列表中，可以选择触摸屏与外部被控设备所使用的端口。设置好后，单击“下一步”按钮，将弹出如图 9－12 所示的通信驱动程序选择对话框。

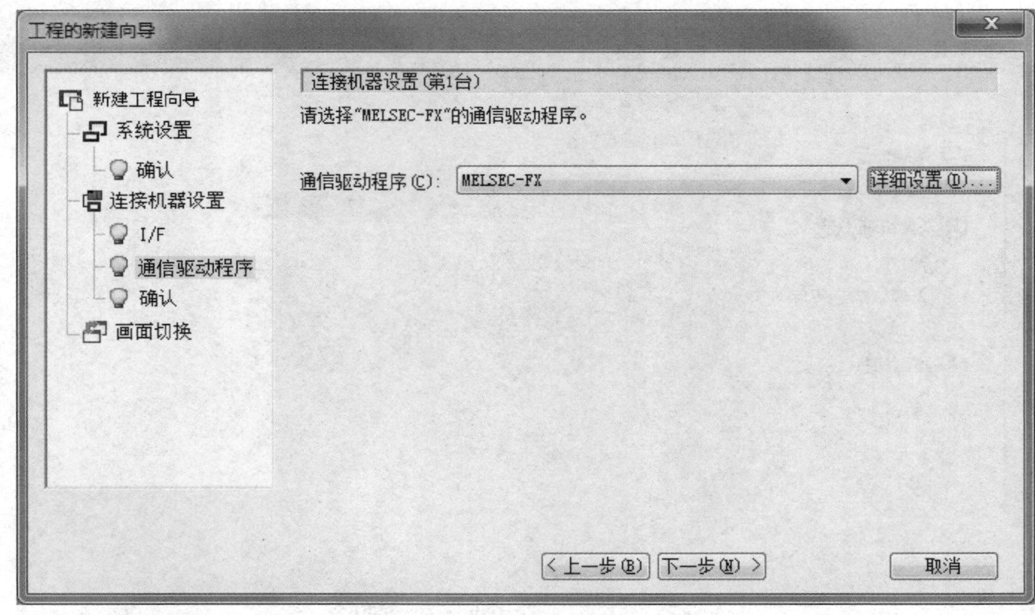

图 9－12　通信驱动程序选择对话框

在图 9－12 中，可以选择通信驱动程序。选择好后，单击“下一步”按钮，系统会自动安装驱动程序，并弹出如图 9－13 所示的 GOT 系统连接机器设置确认对话框。

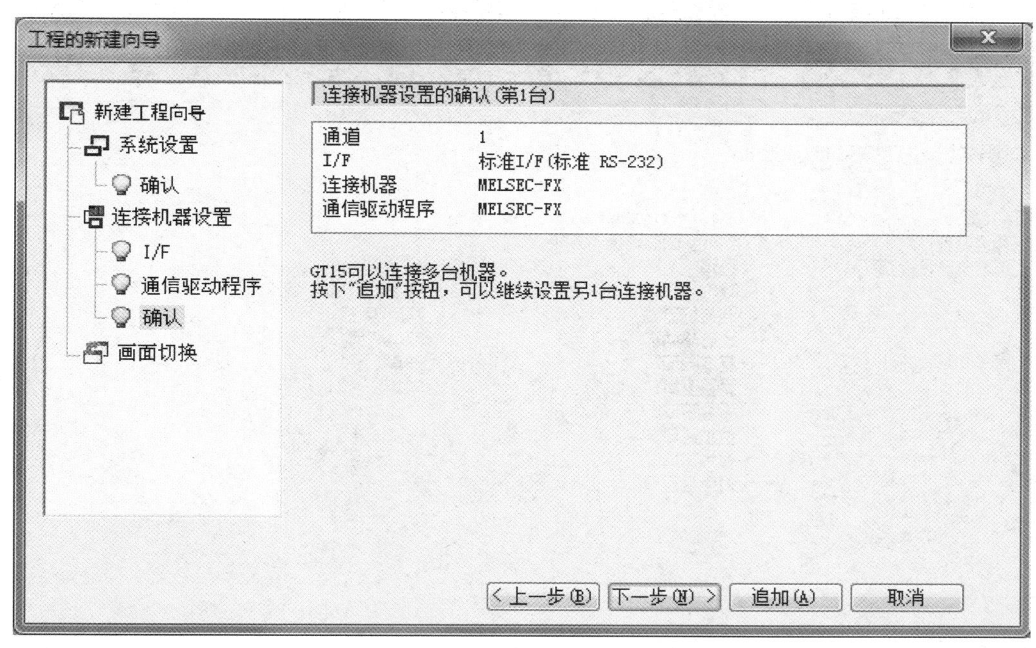

图 9－13　GOT 系统连接机器设置确认对话框

若需要重新设置，则单击图 9－13 中的“上一步”按钮，否则单击“下一步”按钮，则弹出如图 9－14 所示的画面切换软元件设置对话框。

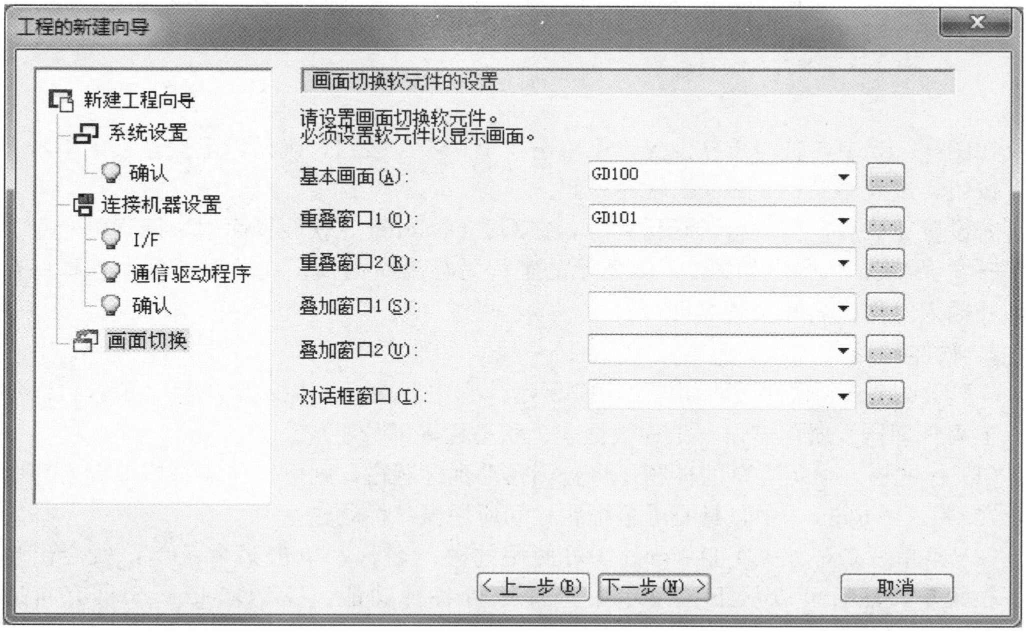

图 9－14　画面切换软元件设置对话框

在图 9－14 中，设置画面切换时使用的软元件后，单击“下一步”按钮，将弹出如图 9－15 所示的向导结束对话框。

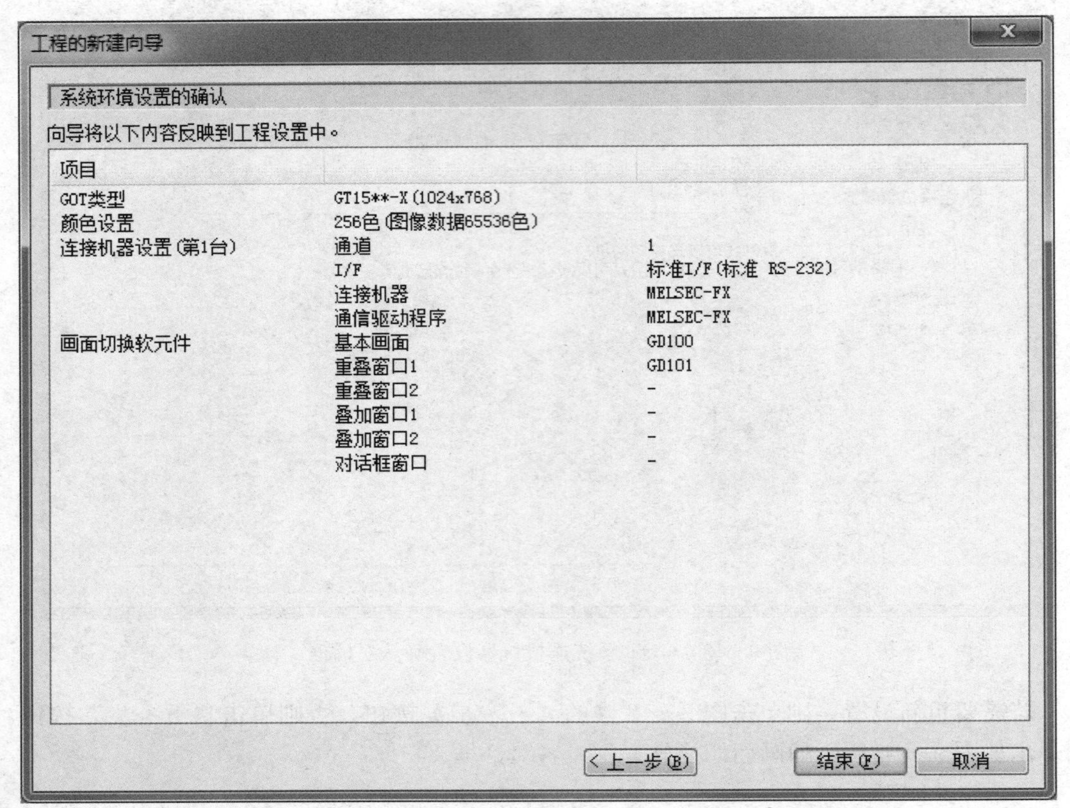

图 9－15　向导结束对话框

在图 9－15 中，若需重新设置，则单击“上一步”按钮；确认以上操作，则单击“结束”按钮，进入 GT Designer 3 软件界面。

若设置完成后，需进行工程保存时，在 GT Designer 3 软件界面中执行菜单命令“文件”→“保存”，将弹出如图 9－16 所示的工程另存为对话框，在此对话框中选择保存路径，并输入工作区名和工程名即可。

2. 软件界面

GT Designer 3 软件界面如图 9－17 所示，它主要由标题栏、菜单栏、工具栏、编辑区、工程管理器、属性窗口、工程数据表、状态栏等部分组成。

(1) 标题栏。显示屏幕的标题，将光标移动到标题栏，则可以将屏幕拖动到希望的位置，在 GT Designer 3 中，具有屏幕标题栏和应用窗口标题栏。

(2) 菜单栏。显示 GT Designer 3 可使用的菜单名称，单击某个菜单，就会出现一个下拉菜单，然后可以从下拉菜单中选择执行各种功能，GT Designer 3 具有自适应菜单。

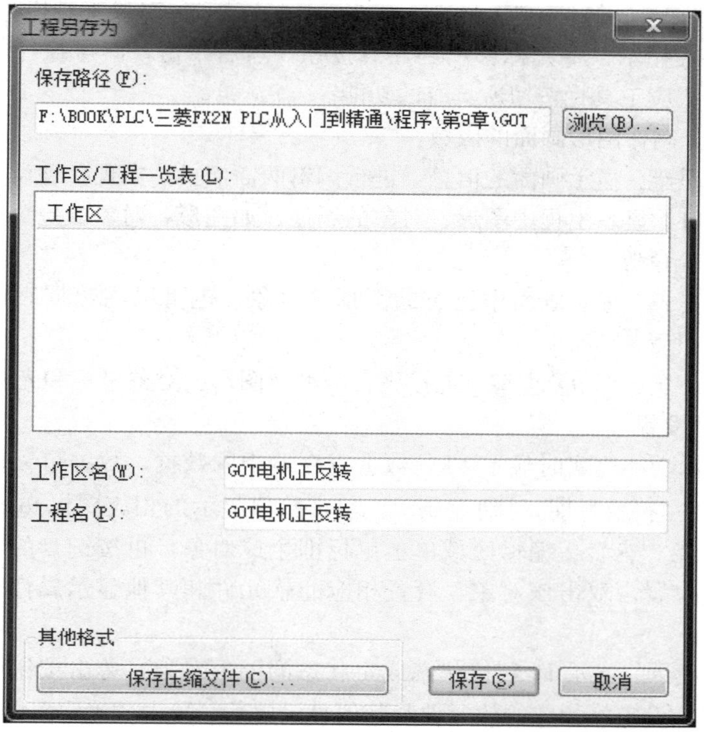

工程另存为

保存路径(F):

F:\BOOK\PLC\三菱FX2N PLC从入门到精通\程序\第9章\GOT　浏览(B)...

工作区/工程一览表(L):

工作区

工作区名(W):　GOT电机正反转

工程名(P):　GOT电机正反转

其他格式

保存压缩文件(C)...　保存(S)　取消

图 9－16　工程另存为对话框

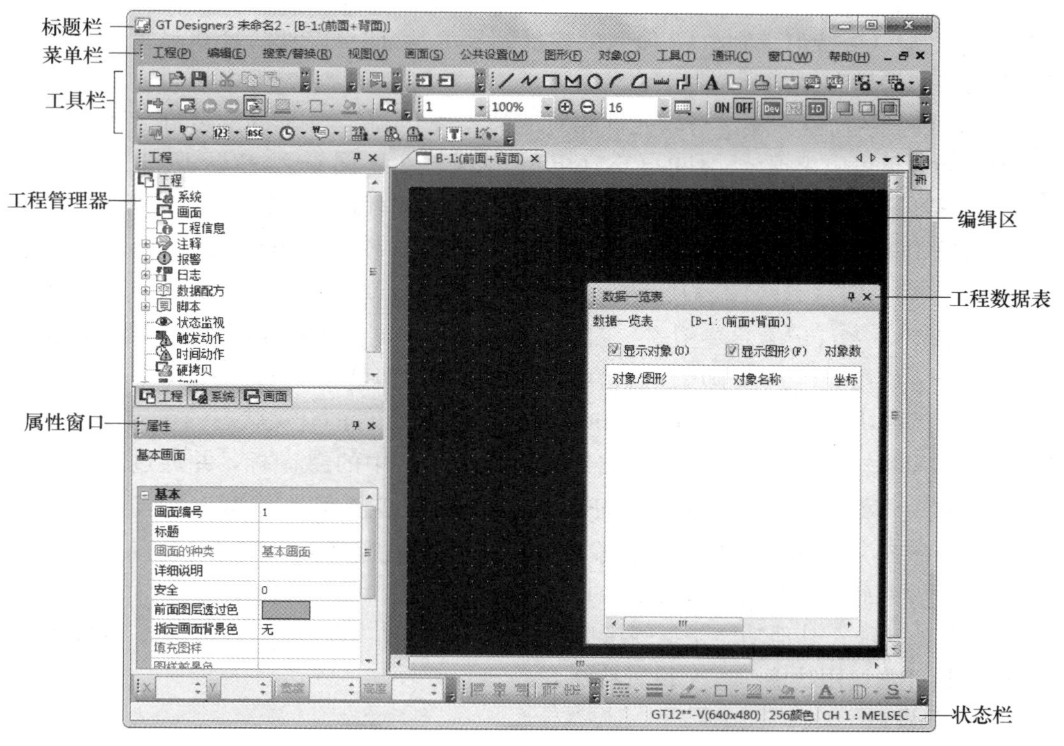

图 9－17　GT Designer 3 软件界面

(3) 工具栏。工具栏包括主工具栏、视图工具栏、图形/对象工具栏、编辑工具栏等。工具栏以按钮形式显示，将光标移动到任意按钮，然后单击，即可执行相应的功能，在菜单栏中，也有相应工具栏按钮所具有的功能。

(4) 编辑区。制作图形画面的区域。

(5) 工程管理器。显示画面的信息，进行编辑两面切换，实现各种设置功能。

(6) 属性窗口。显示工程中图形、对象的属性，如图形、对象的位置坐标及使用的软元件、状态、填充色等。

(7) 工程数据表。显示画面中已有的图形、对象，也可以在数据表中选择图形、对象，并进行属性设置。

(8) 状态栏。显示 GOT 类型、连接设备类型及图形、对象坐标和光标坐标等。

3. 对象属性设置

(1) 数值显示功能。实时显示 PLC 数据寄存器中的数据，数据可以以数字（或数据列表)、ASCII 码字符及日期/时刻等显示。单击数值显示的相应图标、及，即可以选择相应的功能。然后在编辑区域单击鼠标即生成对象，再按键盘的 Esc 键，拖动对象到任意需要的位置。双击该对象，设置相应的软元件和其他显示属性，设置完毕再按“确定”键即可。

(2) 指示灯显示。显示 PLC 位状态或字状态的图形对象，单击按钮或，将对象放到需要的位置，设定好相应的软元件和其他显示属性，单击“确定”即可。

(3) 信息显示功能。显示 PLC 相对应的注释和出错信息，包括注释、报警记录和报警列表。按编辑工具栏或工具选项板中的、按钮及三个报警显示按钮（配置扩展报警显示)、（报警记录显示)、（配置报警显示)，即可添加注释和报警记录，设置好属性后按“确定”键即可。

(4) 动画显示功能。显示与软元件相对应的零件/屏幕，显示的颜色可以通过其属性来设置，同时也可以根据软元件的 ON/OFF 状态来显示不同颜色，以示区别。

(5) 图表显示功能。可以显示采集到 PLC 软元件的值，并将其以图表的形式显示。在编辑对象工具栏中单击图表按钮，通过下拉列表选择（液位)、（面板仪表)、（折线图表)、（趋势图表)、（条形图表)、（统计矩形图)、（统计饼图)、（散点图表)、（记录趋势图表）图标，然后将光标指向编辑区，单击鼠标即生成图表对象，设置好软元件及其他属性后，单击“确定”键即可。

(6) 触摸键功能。触摸键在被触摸时，能够改变位元件的开关状态、字元件的值，也可以实现画面跳转。添加触摸键须单击编辑对象工具栏中的图标，并通过下拉列表选择（开关)、（位开关)、（字开关)、（画面切换开关)、（站点切换开关)、（扩展功能开关)、（按键窗口显示开关)、（键代码开关）图标，将其放置到合适的位置，设置好软元件参数、属性后，单击“确定”键即可。

(7) 其他功能。其他功能包括硬拷贝功能、系统信息功能、条形码功能、时间动作功能，还包括屏幕调用功能、安全设置功能等。

4. 权限设置

在 GT Designer 3 软件中可以进行权限设置。执行菜单命令“公共设置”→“GOT

环境设置”→“安全”，将弹出安全设置对话框，此对话框主要由两个选项卡构成：安全等级认证方式和系统安全设置。

在安全等级认证方式选项卡中，可选择认证方式、设置安全等级软元件和安全等级密码。在系统安全设置选项卡中，可以设置相应的权限，如图 9-18 所示。

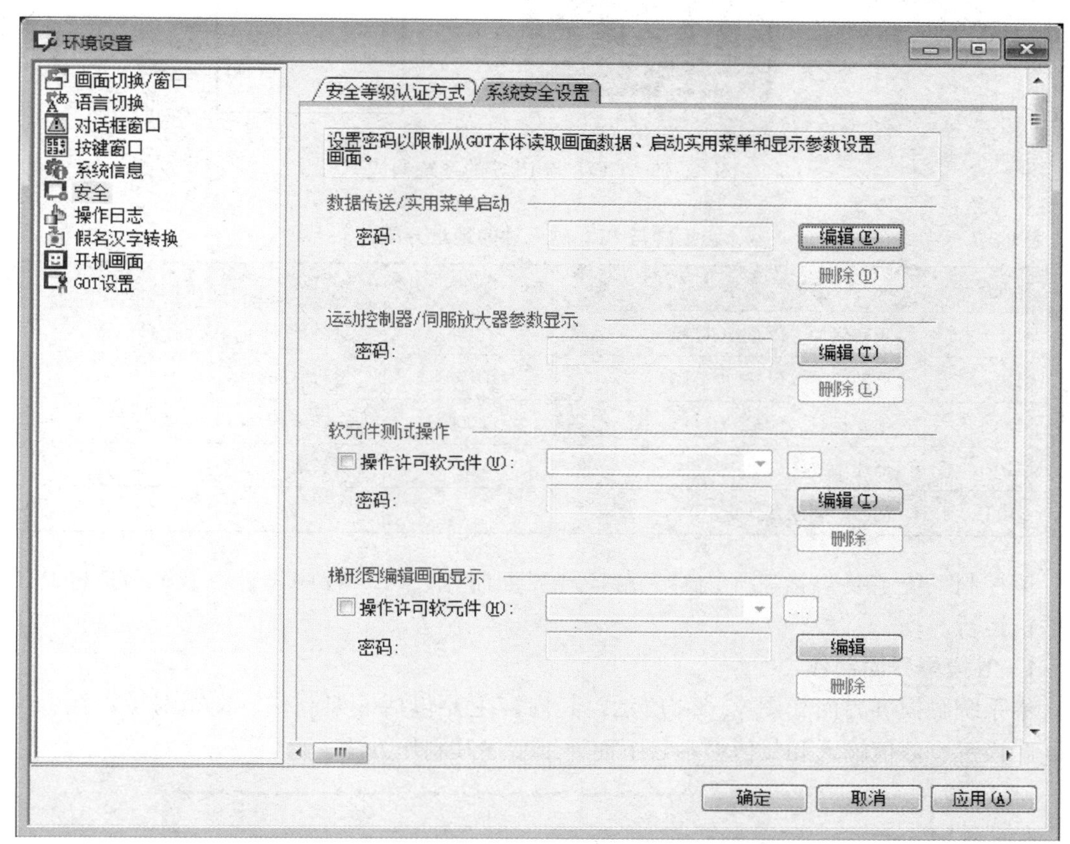

图 9-18　权限设置

9.1.5　触摸屏在 PLC 控制中的应用实例

在此以 GT15 ＊＊-X（1024×768）GOT、FX_{2N}系列 PLC 为例，讲述 GOT 在 PLC 的电动机正反转控制中的应用。其基本思路为：通过计算机在 GT Designer 3 中制作触摸屏界面，由 RS-232C 或 USB 电缆将其写入到 GOT 中，使 GOT 能够发出控制命令并显示运行状态和有关运行数据；在 GX-Developer 中编写 PLC 控制程序，并将程序下载到 PLC 中，利用 PLC 控制功能对电动机进行控制，使用 RS-422 电缆将触摸屏与 PLC 连接起来，以构成触摸屏和 PLC 的联合控制系统，其系统构成如图 9-19 所示。

该控制系统要注意触摸屏软元件的属性以及与 PLC 软元件的对应关系，在此约定触摸屏与 PLC 软元件的地址分配如表 9-7 所示。

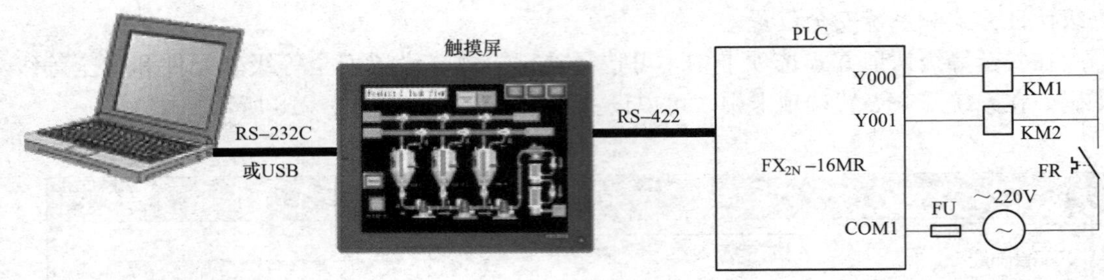

图 9-19　GOT 与 PLC 的系统构成

表 9-7　　触摸屏与 PLC 软元件的地址分配

地址	功能	地址	功能
M100	正转启动（PLC、GOT）	D101	定时器 T0 的设定值（PLC）
M101	反转启动（PLC、GOT）	D102	运行时间显示（GOT）
M102	停止运行（PLC、GOT）	Y000	正转运行（PLC、GOT）
M103	停止中（GOT）	Y001	反转运行（PLC、GOT）
D100	运行时间设置（GOT）		

该控制系统主要包括三大内容：触摸屏界面制作、PLC 程序设计以及 GOT 与 PLC 的联机运行。

1. 触摸屏界面制作

本系统触摸屏界面如图 9-20 所示，其内容主要包括框架制作、文本对象、注释文本、触摸键、数值输入和数值显示，下面详细叙述其制作方法。

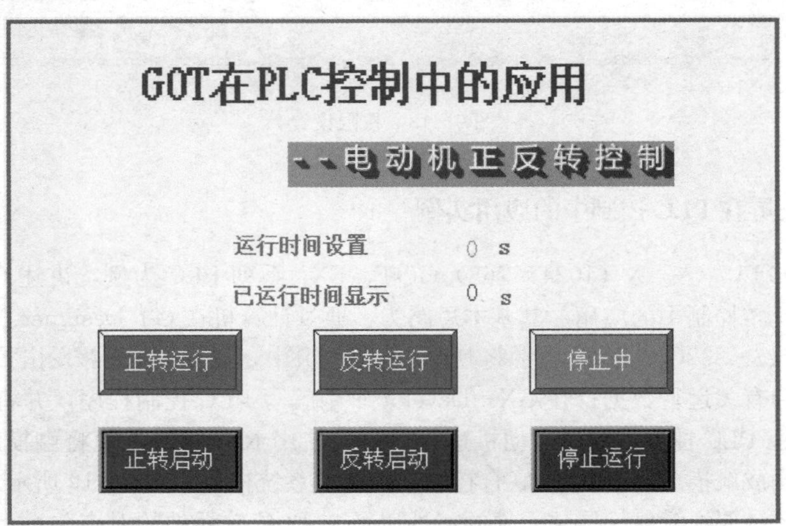

图 9-20　触摸屏界面

（1）框架制作。选中图形/对象工具栏中的□（矩形）按钮，在编辑区域绘制一个合适大小的矩形。双击矩形框线，将弹出如图 9－21 所示的矩形设置对话框。在此对话框中设置线形、线宽、线条颜色、填充图标、图样前景色、图标背景色等。

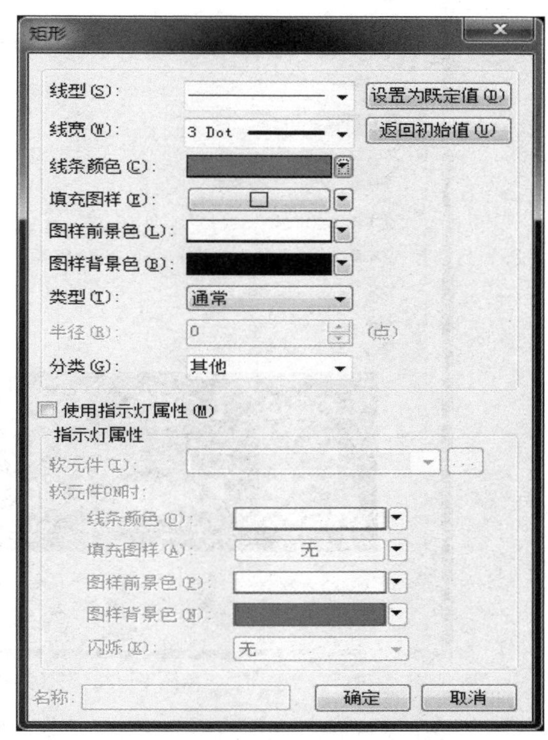

图 9－21　矩形设置对话框

（2）文本对象。图 9－20 中的文本对象主要包括 GOT 在 PLC 控制中的应用、电动机正反转控制、运行时间设置、已运行时间显示、s。

1）GOT 在 PLC 控制中的应用。选中图形/对象工具栏中的 **A**（文本）按钮，将弹出如图 9－22 所示的文本设置对话框。在此对话框的字符串栏中，输入“GOT 在 PLC 控制中的应用”，设置文本尺寸、文本颜色。

2）电动机正反转控制。选中图形/对象工具栏中的 **A**（文本）按钮，将弹出文本设置对话框。在此对话框的字符串栏中，输入“—电动机正反转控制”，然后单击“转换为文字图形”按钮，将弹出如图 9－23 所示的艺术字设置对话框。在此中，设置字体、文本尺寸、文本颜色、背景色、效果等。

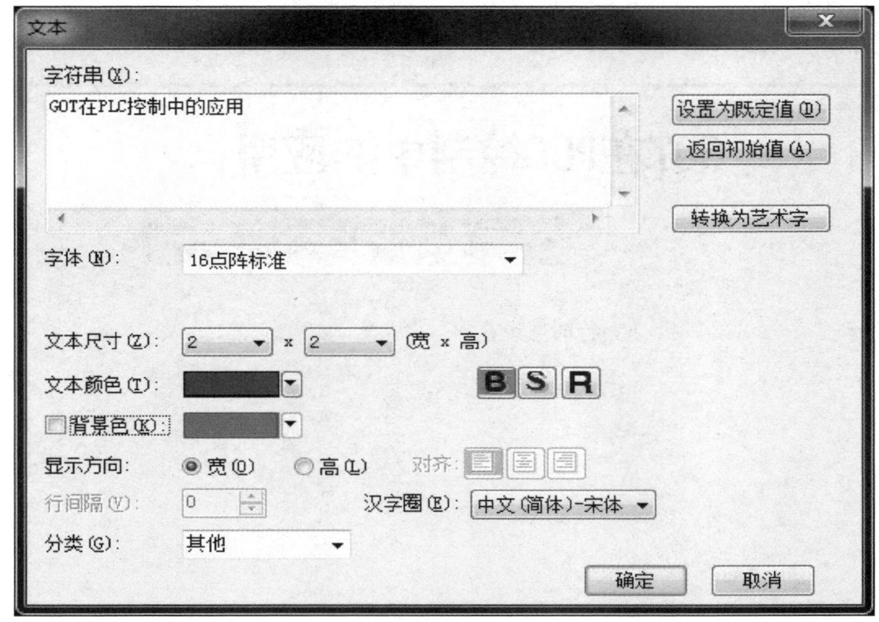

图 9－22　文本设置对话框

图 9-23　艺术字设置对话框

3）运行时间设置、已运行时间显示、s。选中图形/对象工具栏中的**A**（文本）按钮，将弹出文本设置对话框。在此对话框的字符串栏中，输入“运行时间设置”，文本尺寸设置为1×1，文本颜色选择为紫色。依此方法分别绘制“已运行时间显示”和“s”。文本对象绘制完后，其效果如图9-24所示。

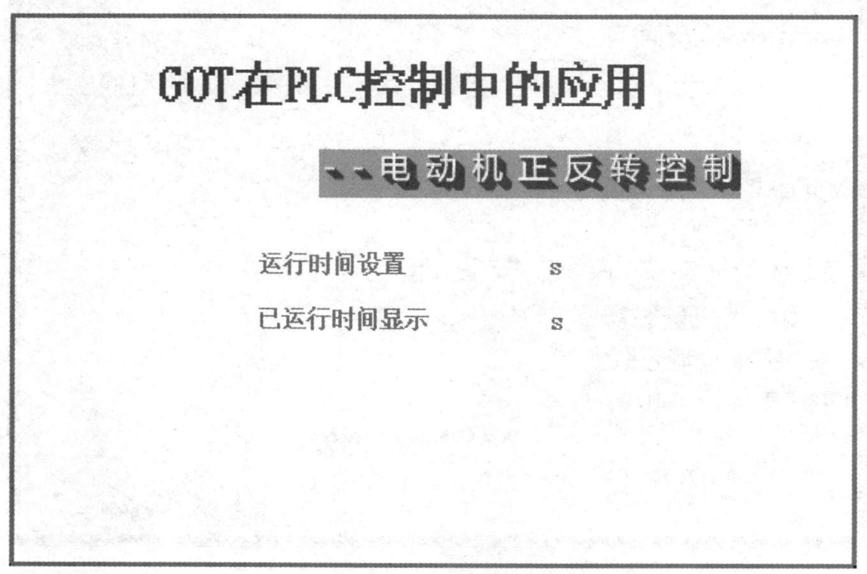

图 9-24　文本对象绘制的效果

(3) 注释文本。图 9 - 20 中的注释文本主要包括正转运行、反转运行、停止中。现以“正转运行”的绘制为例讲述注释文本的绘制。选中图形/对象工具栏中的 (位注释) 按钮，将弹出注释显示（位）对话框。在注释显示（位）对话框基本设置的“软元件/样式”选项卡中，设置注释显示种类为“位”、软元件为“Y000”，图形下拉列表中选择“Square _ 3D _ Fixed Width：Rect _ 12”，分别设置 OFF、ON 状态下图形属性中的边框色和底色，其设置如图 9 - 25 所示。

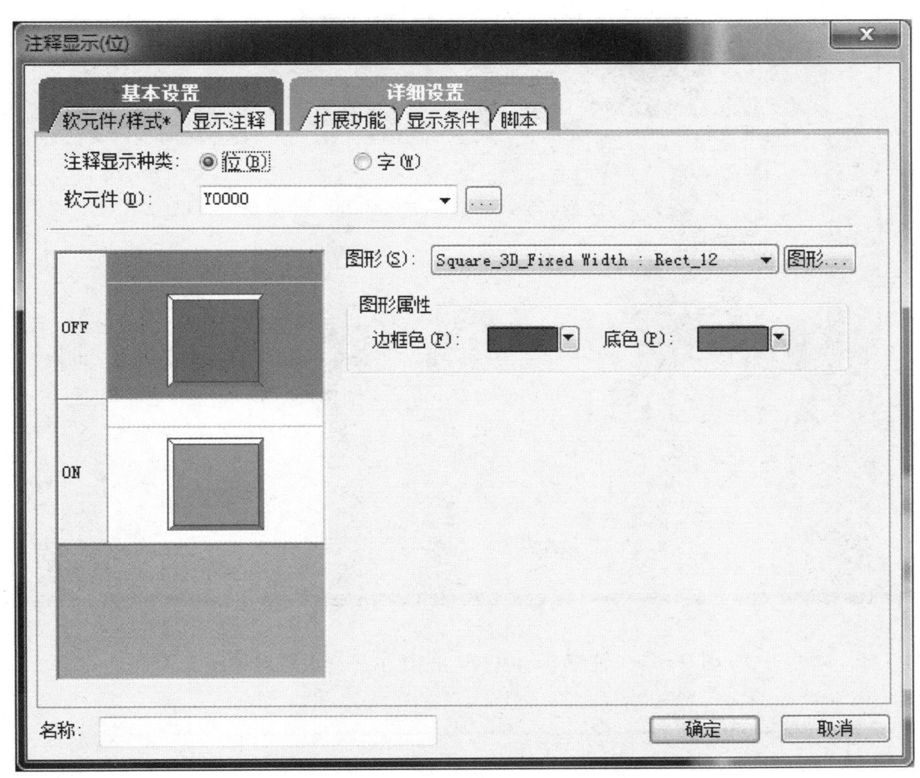

图 9 - 25　注释显示（位）对话框

在注释显示（位）对话框基本设置的“显示注释”选项卡中，编辑注释文本为“正转运行”，注释文本为显示为字符串，文本尺寸为 1×1，其设置如图 9 - 26 所示。详细设置中各项内容可以采用默认状态。依此方法，分别绘制“反转运行”“停止中”。文本注释绘制完后，其效果如图 9 - 27 所示。

(4) 触摸键。图 9 - 20 中的触摸键主要包括正转启动、反转启动、停止运行。现以“正转启动”为例，讲述触摸键的绘制方法。选中图形/对象工具栏中的 (位开关) 按钮，将弹出位开关对话框。在位对话框基本设置的“软元件”选项卡中，设置软元件为 M100，动作设置为点动，选择“按键触摸状态（k）”，其设置如图 9 - 28 所示。在位对话框基本设置的“样式”选项卡中，设置按键触摸 OFF、ON 的图形属性。在位对话框基本设置的“文本”选项卡中，输入字符串“正转启动”，其设置如图 9 - 29 所示。详细设置中各项内容可以采用默认状态。依此方法，分别绘制“反转启动”“停止运行”。

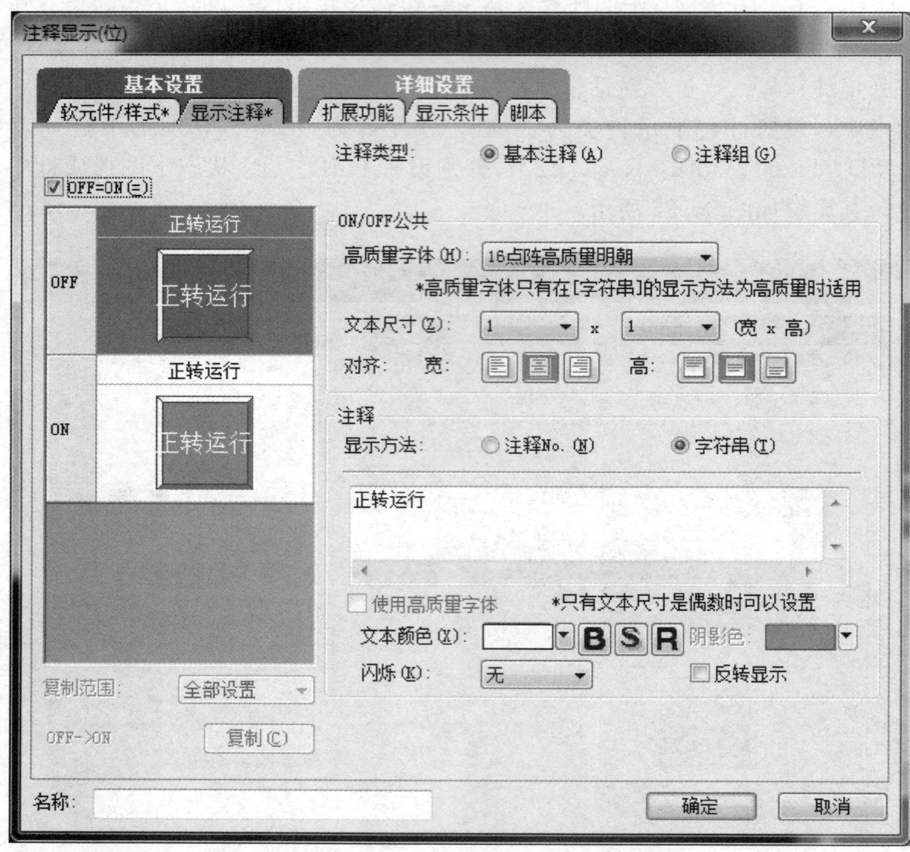

图 9－26　注释显示（位）的显示注释设置对话框

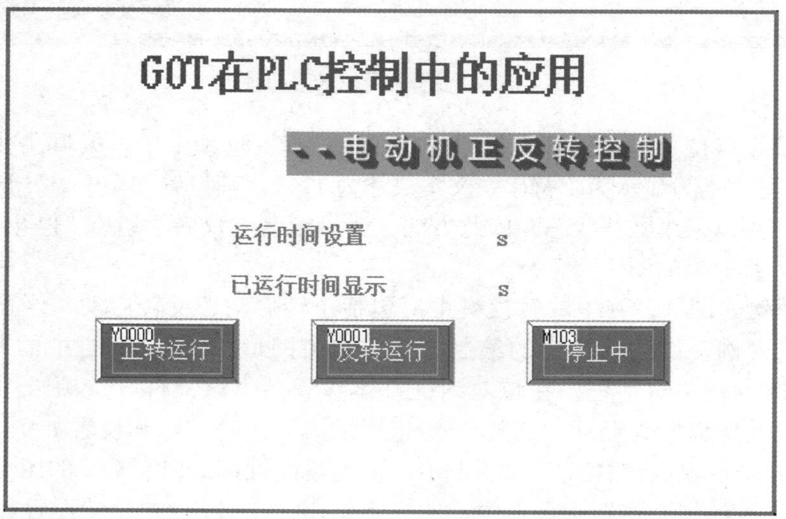

图 9－27　注释文本绘制的效果

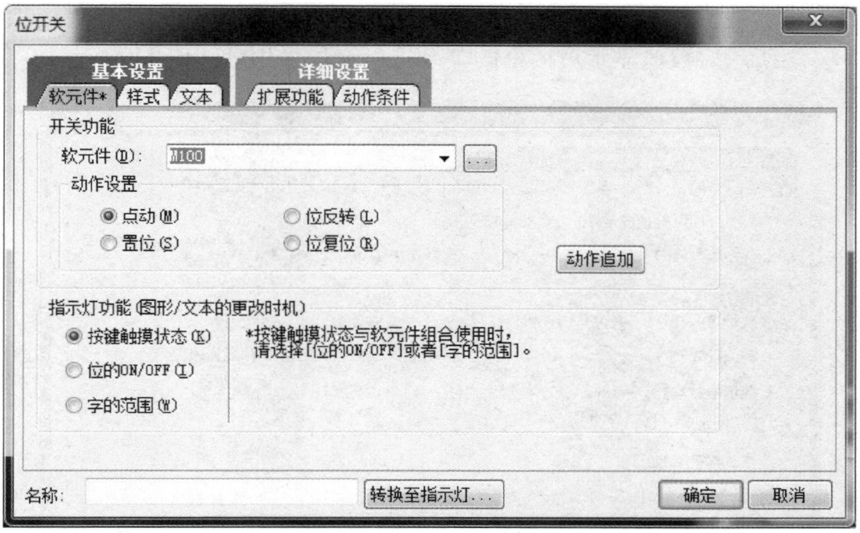

图 9－28 位开关的软元件设置对话框

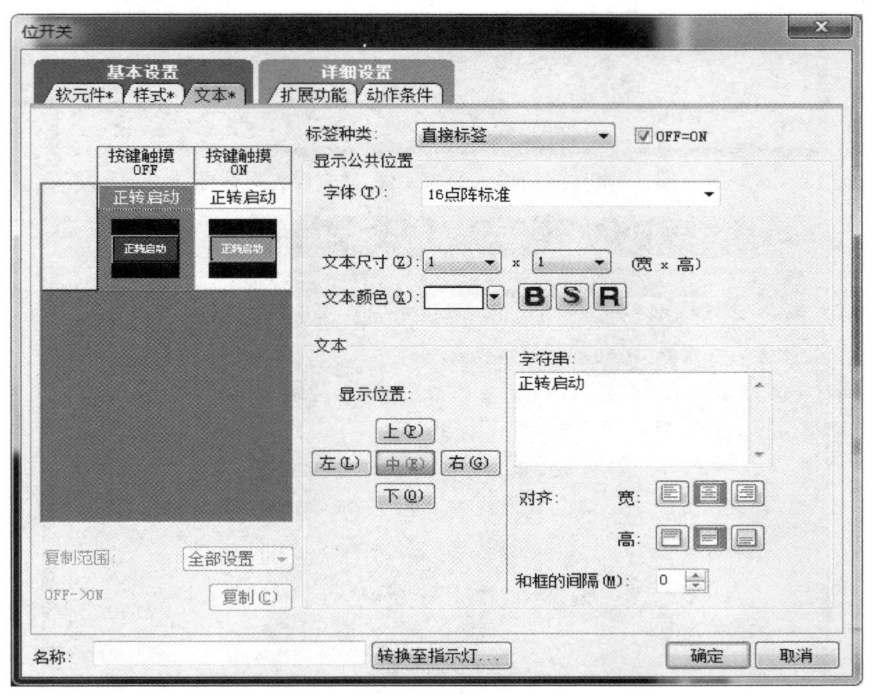

图 9－29 位开关的文本设置对话框

（5）数值输入和数值显示。“运行时间设置”需要用数值输入对象来实现，单击对象工具栏123下的123（数值输入）按钮，将弹出数值输入对话框。在数值输入对话框基本设置的“软元件/样式”选项卡中，选择种类为数值输入（I），软元件为D100，数值色为绿色，其余选项采用默认值，如图 9－30 所示。数值输入对话框的其余选项卡均采用默认值。“已运行时间显示”需要用数值显示对象来实现，单击对象工具栏123下的123（数值显示）按钮，将弹出数值显示对话框。在数值显示对话框基本设置的“软元件/样式”选项卡中，选择种类为数值显示（P），软元件为D102，数值色为蓝色，其余选项采用默认值，如图9－31所示。数值显示对话框的其余选项卡均采用默认值。

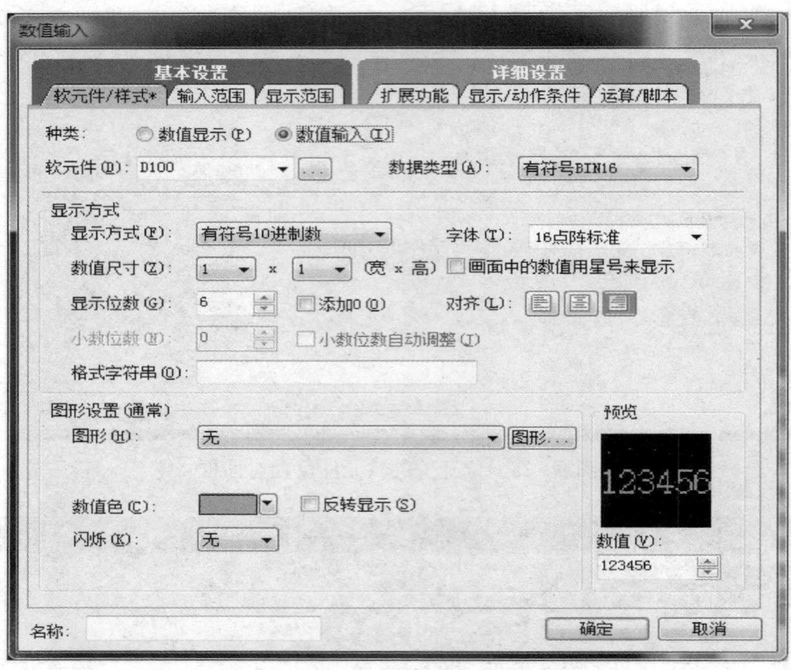

图9－30　数值输入的软元件/样式设置对话框

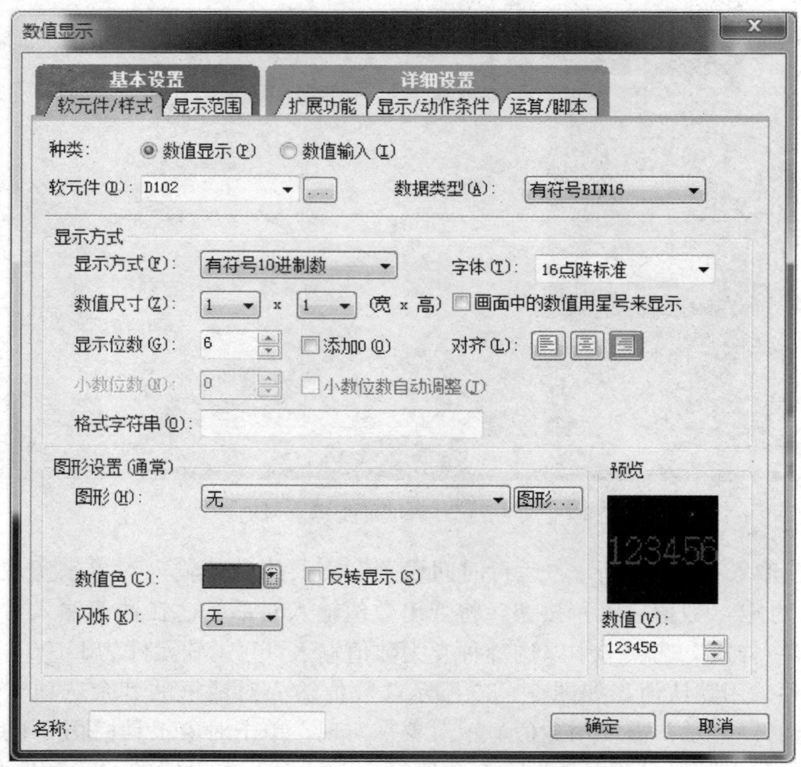

图9－31　数值显示的软元件/样式设置对话框

至此，在 GT Designer 3 软件中已绘制完触摸屏界面，如图 9－32 所示。将 GOT 与计算机连接好后，执行菜单命令“通信”→“写入到 GOT”，将弹出通信设置对话框。在此对话框中选择合适的连接方法再单击“确定”按钮，将弹出如图 9－33 所示对话框，然后单击“GOT 写入”按钮，将已绘制完的触摸屏界面下载到 GOT 中。

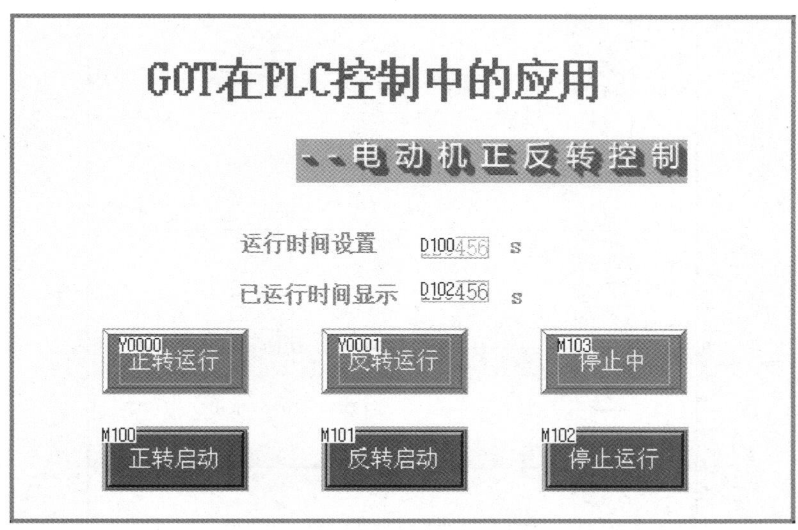

图 9－32　绘制完的触摸屏界面

图 9－33　与 GOT 的通信对话框

2. PLC 程序设计

在 GX Developer 中编写如图 9－34 所示的 PLC 控制电动机正反转程序，并将其下载到 FX_{2N}系列 PLC 中。

```
    M100  M102  T0    Y001  M101
0 --| |---|/|---|/|---|/|---|/|------------(Y000 )
  |     |
  | Y000|
  --| |--

    M101  M102  T0    Y000  M100
7 --| |---|/|---|/|---|/|---|/|------------(Y001 )
  |     |
  | Y001|
  --| |--

    Y000                                    D101
14--| |-------------------------------------(T0   )
  |     |
  | Y001|
  --| |--

    M8000
19--| |-------------------------[MUL  D100  K10  D101 ]
        |
        ------------------------[DIV  T0    K10  D102 ]

    Y000  Y001
34--|/|---|/|-------------------------------(M103 )

37------------------------------------------[END  ]
```

图 9－34　PLC 控制电动机正反转程序

3. GOT 与 PLC 的联机运行

使用通信电缆将 GOT 的 RS－422 接口与 PLC 编程接口连接后，可以进行 GOT 与 PLC 的联机运行（HPP 模式）。

观察触摸屏显示是否与计算机制作画面一致，如显示“画面显示无效”，则可能是触摸屏中“PLC 类型”项不正确，须设置为 FX 类型，再进入到“HPP 状态”，此时应该可以读出 PLC 程序，说明 PLC 与触摸屏通信正常。

返回“画面状态”，并将 PLC 运行开关拨至 RUN，在触摸屏上按运行时间设定按钮，输入运行时间，按“正转启动”（或“反转启动”）键，注释文本显示“正转运行”（或“反转运行”），PLC 的 Y000（或 Y001）指示灯亮。在正转运行或反转运行时，触摸屏画面能显示已运行的时间，并且当按“停止”按钮或运行时间到时，正转或反转均复位，注释文本显示“停止中”，Y000、Y001 指示灯不亮。

若没有触摸屏与 PLC 等硬件时，可以在计算机中通过使用 GX Simulator 软件进行触摸屏与 PLC 的仿真调试。下面详细讲述其操作方法。

（1）GX Simulator 设置。在 GT Designer 3 软件中，执行菜单命令“工具”→“模拟器”→“设置”，将弹出“选项”对话框，在此对话框中，选择“GX Simulator 设置”选项卡，在 GX Simulator 设置栏中选择“GX Developer 工程”，然后设置 GX Developer 工程所在路径，即“PLC 控制电动机正反转程序”路径，如图 9－35 所示。

（2）梯形图逻辑测试。在 GX Developer 软件中，打开已编写好 PLC 控制电动机正反转程序，并执行菜单命令“工具”→“梯形图逻辑测试启动”或单击图标，启动 GX Simulator 仿真，进入梯形图逻辑测试状态，如图 9－36 所示。从图中可以看出，D100～

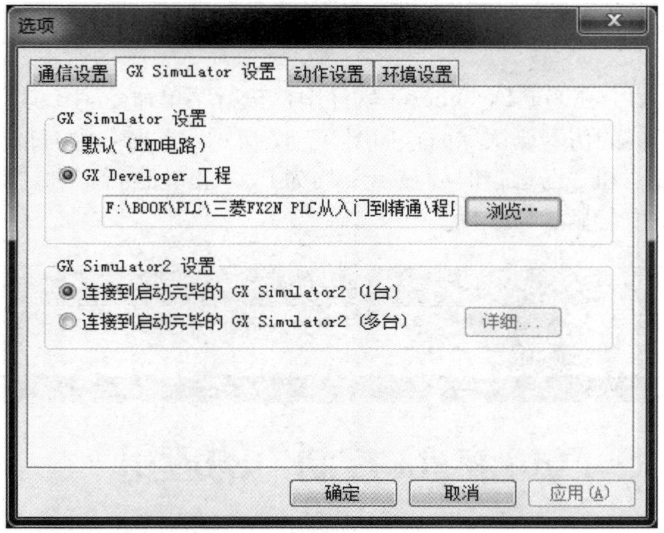

图 9-35　GX Simulator 设置

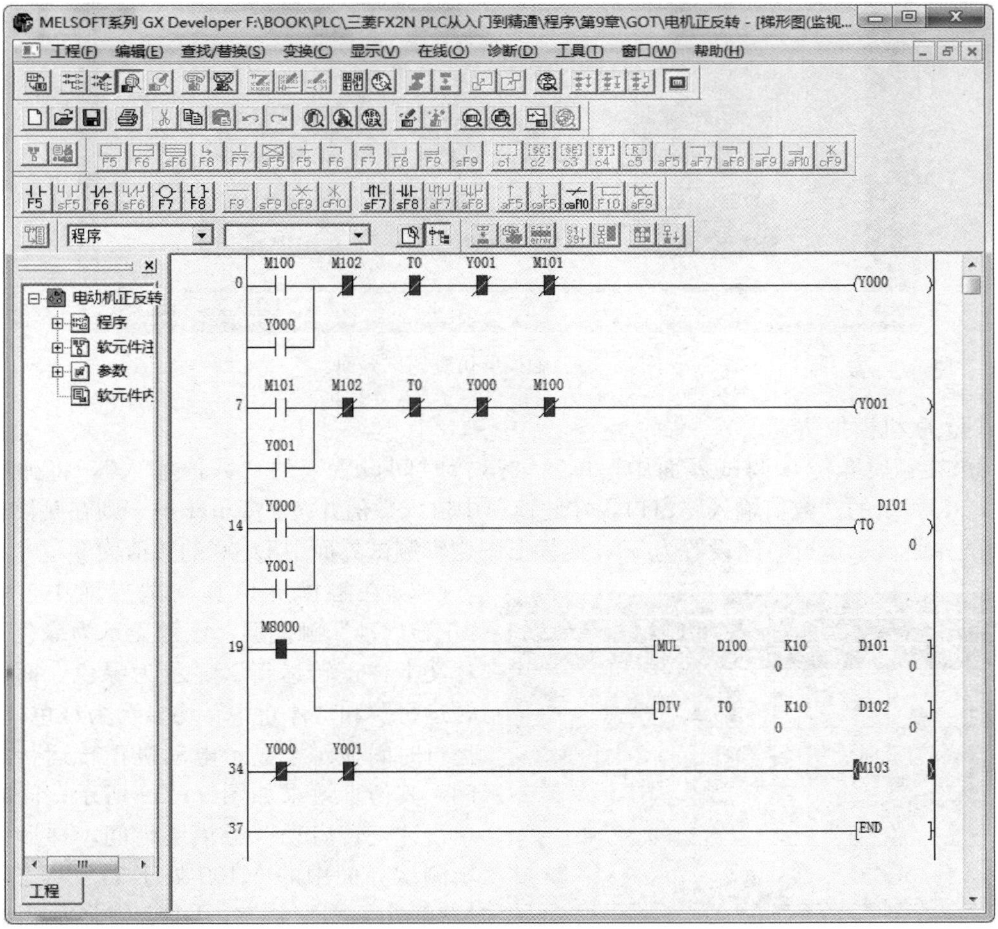

图 9-36　梯形图逻辑测试状态

D102 的内容均为 0，Y000 和 Y001 均为 OFF 状态，而 M103 为 ON 状态，表示电动机正处于停止状态。

(3) 模拟器启动。在 GT Designer 3 软件中，执行菜单命令“工具”→“模拟器”→“启动”，进入触摸屏的仿真调试界面，如图 9-37 所示。此时，没有按下任一触摸键，所以“运行时间设置”和“已运行时间显示”均为 0，“正转运行”和“反转运行”均显示为红色，而“停止中”显示为绿色。

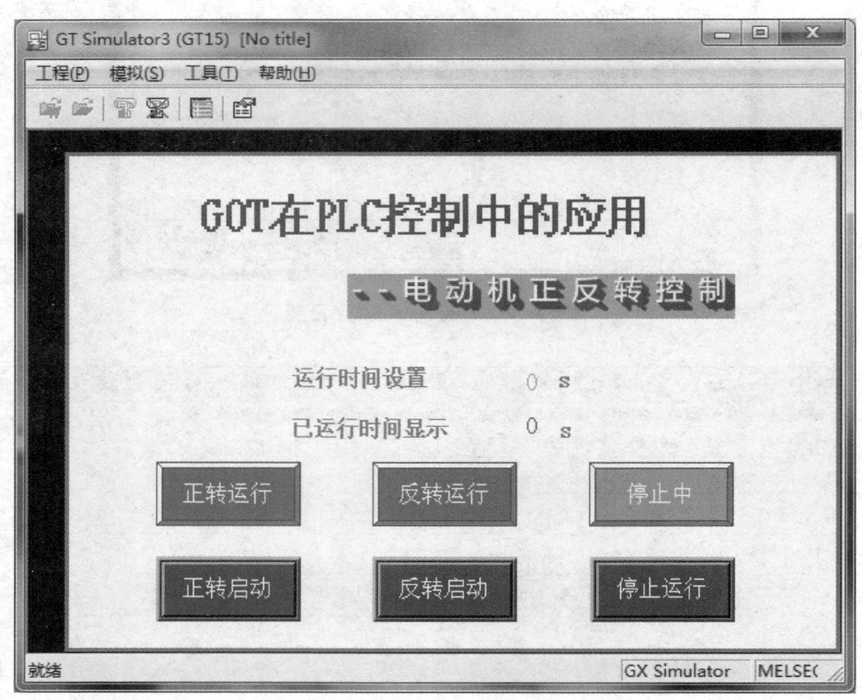

图 9-37　触摸屏仿真调试界面

(4) 联机模拟仿真。

1) 在触摸屏仿真调试界面中，单击“运行时间设置”的“数值输入”，将弹出如图 9-38 所示的“数值输入”窗口，在此窗口中输入数值并按下 Enter 键，则在触摸屏仿真调试界面显示运行时间设置为 50，而梯形图逻辑测试界面中 D100 的数值为 50。

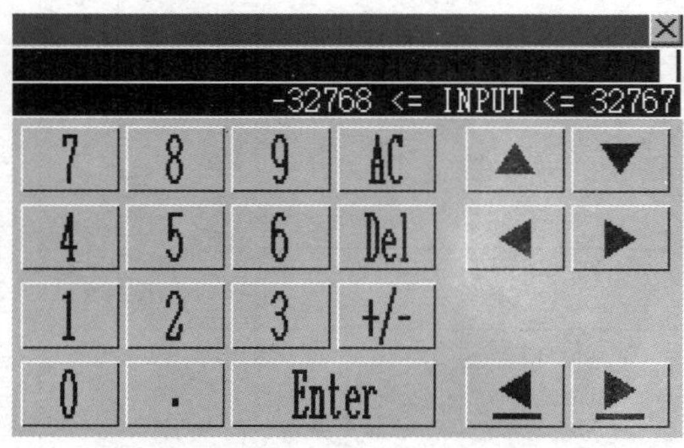

图 9-38　“数值输入”窗口

2) 在触摸屏仿真调试界面中，单击“正转启动”触摸键，该键显示为绿色，注释文本“正转运行”显示为绿色，而“反转运行”和“停止中”均显示为红色，“已运行时间显示”显示电动机正转运行的时间，其仿真效果如图 9-39 所示；同时在单击“正转启动”触摸键瞬间，梯形图逻辑测试界面中的 M100 处于 ON 状态，而 Y000 处于 ON 状态，D101 中显示当前计时值，其仿真效果如图 9-40 所示。

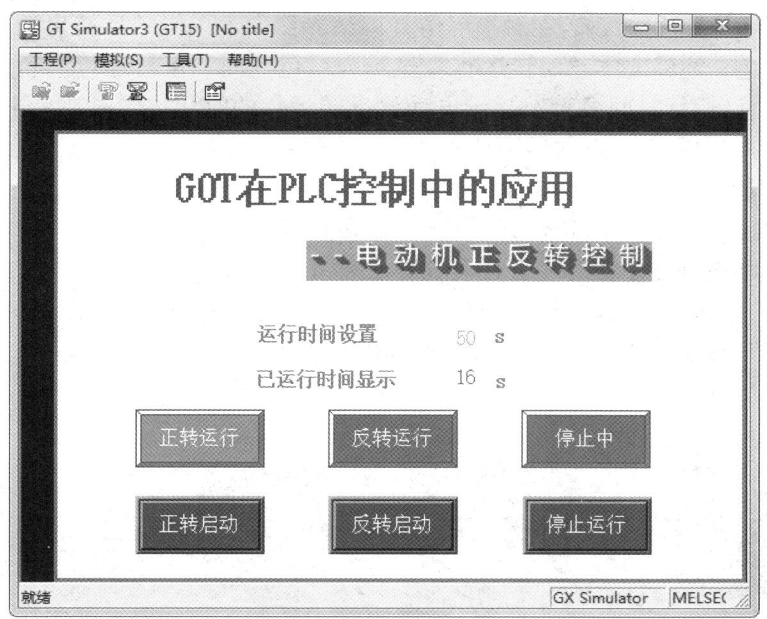

图 9-39 触摸屏正转启动时的仿真效果图

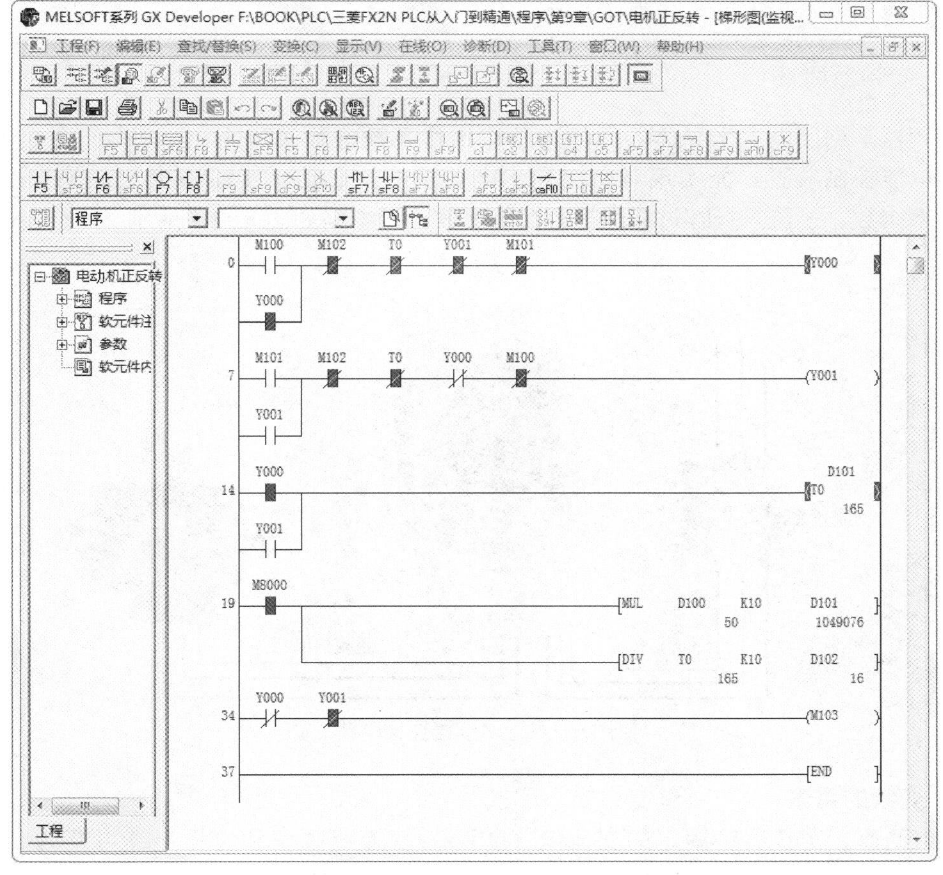

图 9-40 梯形图正转启动时的仿真效果图

3）电动机正转运行时，若在触摸屏仿真调试界面中，单击“反转启动”触摸键，则该键显示为绿色，注释文本“反转运行”显示为绿色，而“正转运行”和“停止中”均显示为红色，“已运行时间显示”显示电动机反转运行的时间；同时在单击“反转启动”触摸键瞬间，梯形图逻辑测试界面中的M101处于ON状态，而Y001处于ON状态，Y000处于OFF状态，D101中显示当前计时值。

4）电动机运行过程中（正转或反转），若在触摸屏仿真调试界面中，单击“停止运行”触摸键，则该键显示为绿色，注释文本“停止中”显示为绿色，而“正转运行”和“反转运行”均显示为红色，“已运行时间显示”显示电动机运行的时间为0s；同时在单击“停止运行”触摸键瞬间，梯形图逻辑测试界面中的M102处于ON状态，而M103处于ON状态，Y000、Y001均处于OFF状态，D101中显示当前计时值为0。

9.2 变频器

把工频交流电（或直流电）变换为电压和频率可变的交流电的电气设备称为变频器。变频器主要用于交流电动机的调速控制。

9.2.1 变频器概述

变频器是利用电力半导体器件的通断作用将工频电源（50Hz或60Hz）变换为另一频率的电能控制装置，能实现对交流异步电动机的软启动、变频调速、提高运转精度、改变功率因数、过流/过压/过载保护等功能，其连接电路如图9-41所示。

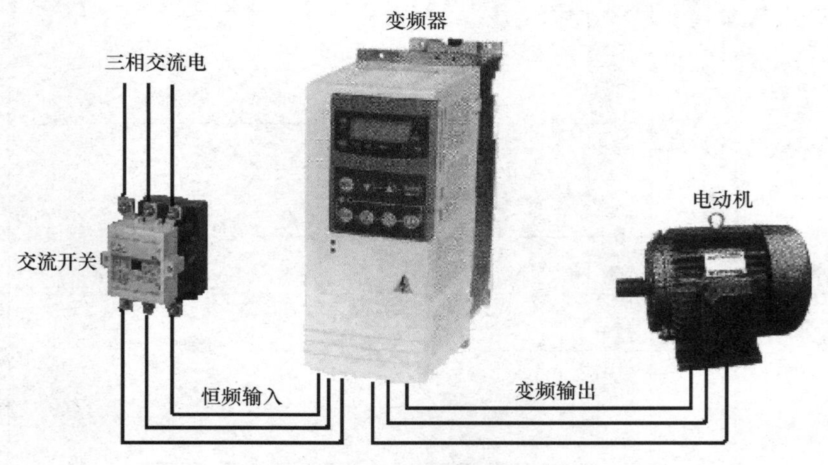

图9-41　变频器连接电路

1. 变频的用途

（1）调速。变频器将固定的交流电（50Hz）变换成频率和电压连续可调的交流电，因此，受变频器驱动的三相异步电动机可以平滑地改变转换。

（2）节能。对风机、泵类负载，通过调节电动机的转速改变输出功率，不仅能做到流量平稳，减少启动和停机次数，而且节能效果显著，经济效益可观。

（3）提高自动化控制水平。变频器有较多的外部控制接口（数字开关信号或模拟信号接口）和通信接口，控制功能强，并且可以组网控制。

使用变频器的电动机大大降低了启动电流，启动和停机过程平稳，减少了对设备的冲击力，延长了电动机及生产设备的使用寿命。

2. 变频器的基本结构

为交流电动机变频调速提供变频电源的一般都是变频器。按主回路电路结构，变频器有交—交变频器和交—直—交变频器两种结构形式。

（1）交—交变频器。交—交变频器无中间直流环节，直接将工频交流电变换成频率、电压均可控制的交流电，又称直接式变频器。整个系统由两组整流器组成，一组为正组整流器，一组为反组整流器，控制系统按照负载电流的极性，交替控制两组反向并联的整流器，使之轮流处于整流和逆变状态，从而获得变频变流电压。交—交变频器的电压由整流器的控制角来决定。

交—交变频器由于其控制方式决定了最高输出频率只能达到电源频率的1/3～1/2，不能高速运行。但由于没有中间直流环节，不需换流，提高了变频效率，并能实现四象限运行。

（2）交—直—交变频器。交—直—交变频器先把工频交流电通过整流器变成直流电，然后再把直流电变换成频率、电压均可控制的交流电，又称为间接式变频器。直流电逆变成交流电的环节较易控制，现在社会流行的低压通用变频器大多是这种形式，在此以交—直—交变频器为例讲述其结构形式。

交—直—交变频器的基本结构如图9-42所示，由主电路和控制电路组成。

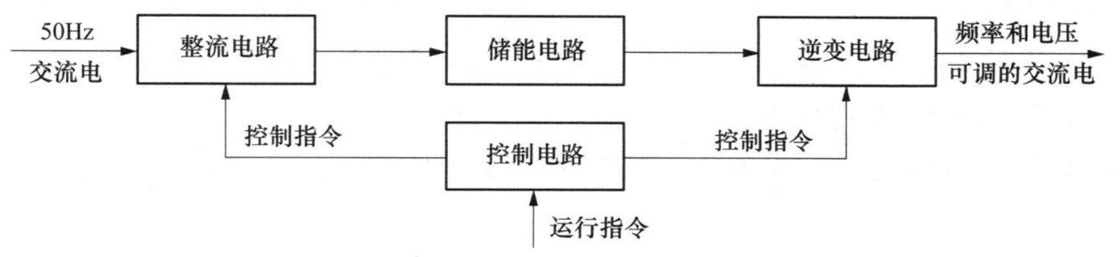

图9-42　交—直—交变频器的基本结构

主电路是给异步电动机提供调压调频电源的电力变换部分，包括整流电路、储能电路、逆变电路，如图9-43所示。

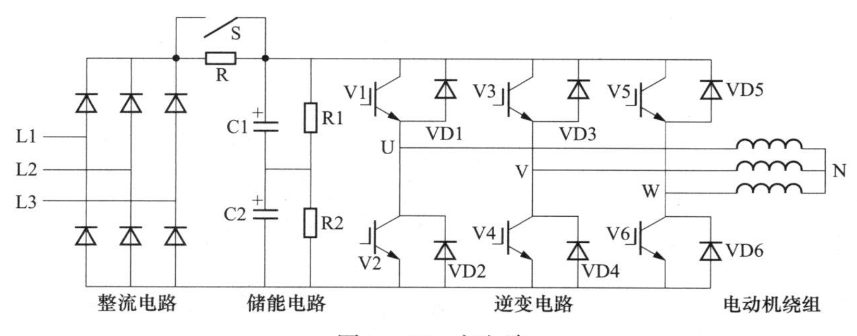

图9-43　主电路

整流电路位于电网侧，是由二极管构成的三相（或单相）桥式整流电路，其作用是将三相（或单相）交流电整流成直流电。

逆变电路位于负载侧，是由6只绝缘栅双极晶体管（IGBT）V1～V6和6只续流二极管VD1～VD6构成的三相逆变桥式电路。晶体管工作在开关状态，按一定规律轮流导通，将直流电逆变成三相正弦脉宽调制波（SPWM），驱动电动机工作。

由于逆变器的负载属于感性负载，在中间直流环节和电动机之间总会有无功功率的交换。这种无功能量要靠中间直流环节的储能元件（电容器或电抗器）来缓冲。所以将这些中间直流环节电路称为储能电路。储能电路由电容C1、C2构成（R1和R2为均压电阻），具有储能和平稳直流电压的作用。为了防止刚接通电源时对电容器充电电流过大，串入限流电阻R，当充电电压上升到正常值后，并联开关S闭合，将R短接。

控制电路由运算电路、检测电路、控制信号的输入/输出电路和驱动电路等构成。其主要任务是完成对逆变电路的开关控制、对整流电路的电压控制以及完成各种保护功能等。控制方法可以采用模拟控制或数字控制。高性能的变频器目前已经采用微型计算机进行全数字控制，采用尽可能简单的硬件电路，主要靠软件来完成各种功能。

3. 变频器的分类

(1) 按主电路的结构分类。按主电路结构的不同，变频器可分为交—交变频器和交—直—交变频器两类。

交—交变频器是将频率固定的交流电直接变换成连续可调的交流电。这种变频器的变换效率高，但其连续可调的频率范围窄，一般为额定频率的1/2以下，所以主要用于低速、大容量的场合。

交—直—交变频器是将频率固定的交流电整流成直流电，经过滤波，再将平滑的直流电逆变成频率连续可调的交流电。

(2) 按主路电路的工作方式分类。按主路电路工作方式的不同，变频器可分为电压型和电流型两类。

对于交—直—交变频器，当中间直流环节主要采用大电容作为储能元件时，主回路直流电压波形比较平直，在理想情况下是一种内阻抗为零的恒压源，输出交流电压是矩形波或阶梯波，称为电压型变频器，如图9-44所示。

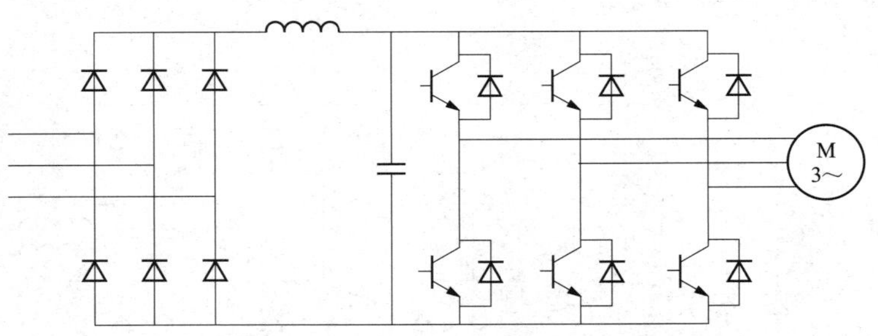

图9-44　电压型变频器

当交—直—交变频器的中间直流环节采用大电感作为储能元件时，直流回路中电流波形比较平直，对负载来说基本上是一个恒流源，输出交流电流是矩形波或阶梯波，称为电流型变频器。

除以上两种分类方式外，变频器还可以按其他方式进行分类：按照开关方式的不同，可以分为 PAM（Pulse Amplitude Modulation，脉冲幅值调制）控制变频器、PWM（Pulse Width Modulation，脉冲宽度调制）控制变频器和高载频 PWM 控制变频器；按照工作原理分类，可以分为 V/f 控制变频器、转差频率控制变频器和矢量控制变频器等；在变频器修理中，按照用途分类，可以分为通用变频器、高性能专用变频器、高频变频器、单相变频器和三相变频器等。

4. 变频器的工作原理

(1) PWM 控制。PWM 控制方式即脉宽调制方式，是变频器的核心技术之一，也是目前应用较多的一种技术。它是通过一系列等幅不等宽的脉冲来代替等效的波形。

一般异步电动机需要的是正弦交流电，而逆变电路输出的往往是脉冲。PWM 控制方式，就是对逆变电路开关器件的通断控制，使输出端得到一系列幅值相等而宽度不等的方波脉冲，用这些脉冲来代替正弦波或所需要的波形，即可改变逆变电路输出电压的大小。如图 9-45 所示，就是将正弦波的一个周期分成 N 个等份，并把每一等份所包围的面积用一个等幅的矩形脉冲来表示，且矩形波的中点与相应正弦波等份的中点重合，就得到正弦波等效的脉宽调制波，称为 SPWM 波。

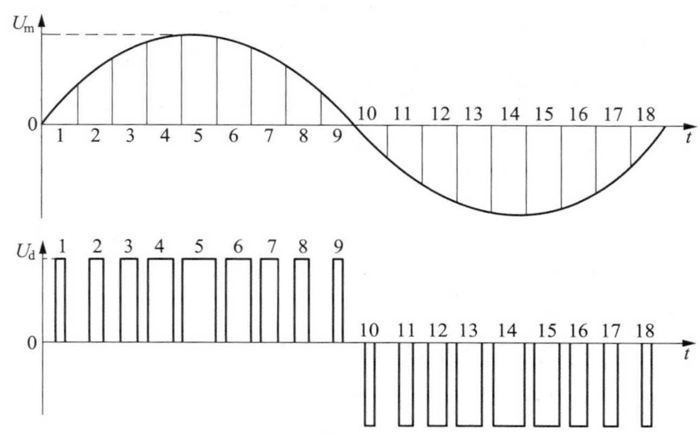

图 9-45 正弦脉宽调制波

从图 9-45 中可以看出，等份数 N 越多，就越接近正弦波。N 在变频器中称为载波频率，通常载波频率为 0.7～15kHz。正弦波的频率称为调制频率。

(2) PWM 逆变原理。图 9-46 所示为单相逆变器的主电路。在正弦脉宽调制波的正半周，V1 保持导通，V2 保持截止。当 V4 受控导通时，负载电压 $U_o = U_d$，当 V4 受控截止时，负载感性电流经过 V1 和 VD3 续流。在正弦脉宽调制波的负半周，V2 保持导通，V1 保持截止。

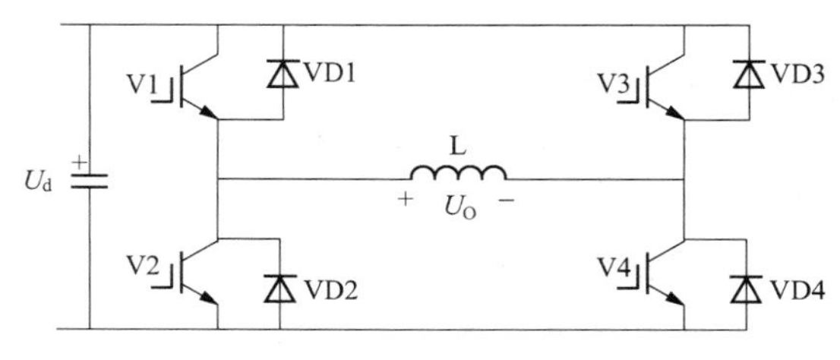

图 9-46 单相逆变器主电路

当V3受控导通时，负载电压$U_o=-U_d$，当V3受控截止时，负载感性电流经过V2和VD4续流。

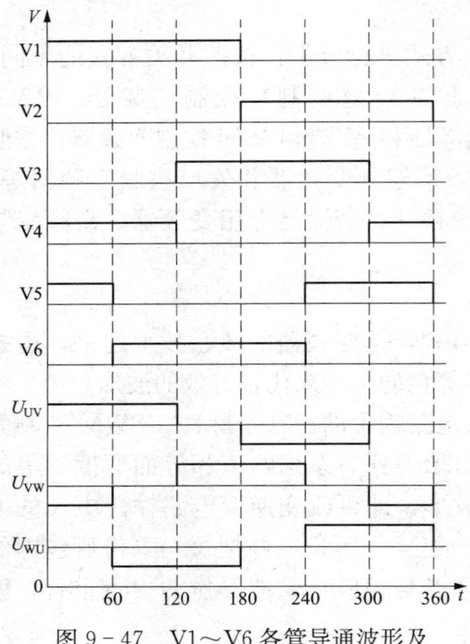

图9-47　V1～V6各管导通波形及输出三相线电压波形图

图9-43所示的逆变电路为三相逆变器的主电路，V1～V6各管导通波形及输出三相线电压的波形如图9-47所示。在控制信号的作用下，一个周期内V1～V6晶体管的导通电角度均为180°，同一相的上下两个晶体管交替导通。例如在0°～180°电角度内，V1导通、V2截止；在180°～360°电角度内，V2导通、V1截止。各相开始导通的相位差为120°，例如V3从120°、V5从240°开始导通，据此可画出V3与V4、V5与V6的导通波形。可以看出，在任意时刻，均有3只晶体管导通。

下面以U、V之间的电压为例，分析三相逆变电路输出的线电压U_{UV}。

在0°～120°电角度内，V1与V4导通，电流经直流电源正极V1→U→负载→V→V4直流电源负极，形成U_{UV}的正半周。当V4受控截止时，负载电流经过V1和VD3续流。

在180°～300°电角度内，V3与V2导通，电流经直流电源正极V3→V→负载→U→V2直流电源负极，形成U_{UV}的负半周。当V3受控截止时，负载电流经过V2和VD4续流。

综合分析三相输出线电压的波形可知，三相线电压为脉宽调制的矩形波，其最大值等于整流后的直流电压值；相位互差120°的电角度；频率（或周期）与调制波的频率相等，所以通过调节控制信号频率即可改变输出交流电的频率。

5. 变频器的选择注意事项

在选用变频器时，通常需要注意以下事项：

(1) 在一对一的情况下，即一台变频器拖一台电动机时，变频器额定功率$P_N \geqslant$电动机功率P_D。

(2) 一台变频器拖几台电动机时，则$P_N \geqslant P_{D1}+P_{D2}+P_{D3}+\cdots$，几台电动机只能同时启动和工作。在基本相同工作环境和工况条件下，这样比买多台小功率变频器时能节省投资。

(3) 一台变频器拖几台电动机时，当$P_{D1} \neq P_{D2} \neq P_{D3} \neq \cdots$，且功率差别大又不能同时启动，工况也不相同时，不宜采用一台拖几台的方式，这样对变频器不利，变频器要承受5～7倍的启动电流，所以选用变频器的功率将会很大，这是既不经济又不合理的，不应该选用。

(4) 通常变频器额定电压$U_N=1.05I_D$，在一般运行条件下或条件较差时，可选择$I_N=1.1I_D$。

(5) 变频器额定电压U_N=电动机额定电压U_D。

（6）变频器的频率，对通用的变频器可选用 0～240Hz 或 0～400Hz，对水泵风机专用变频器可选用 0～120Hz。

（7）变频器控制方式的选择主要按使用设备性能、工艺要求选择，做到量材使用，既不“大材小用”，又不“小材大用”，前者是多花钱浪费，后者则是达不到使用要求。

9.2.2　三菱 FR-A740 变频器

三菱变频器是世界知名的变频器之一，由三菱电机株式会社生产，在世界各地占有率比较高。三菱变频器目前在市场上用量最多的是 FR-A700 系列和 FR-E700 系列。FR-A700 系列为通用型变频器，适合高启动转矩和高动态响应场合使用，其外形如图 9-48 所示。FR-E700 系列则适合功能要求简单、对动态性能要求较低的场合使用，其外形如图 9-49 所示。

图 9-48　FR-A700 系列变频器外形

图 9-49　FR-E700 系列变频器外形

FR-A740 为 FR-A700 系列中应用最广泛的变频器，它已完全取代了被停产的 FR-A540 变频器，其型号含义如图 9-50 所示。现以 FR-A740 变频器为例，介绍变频器的相关知识。

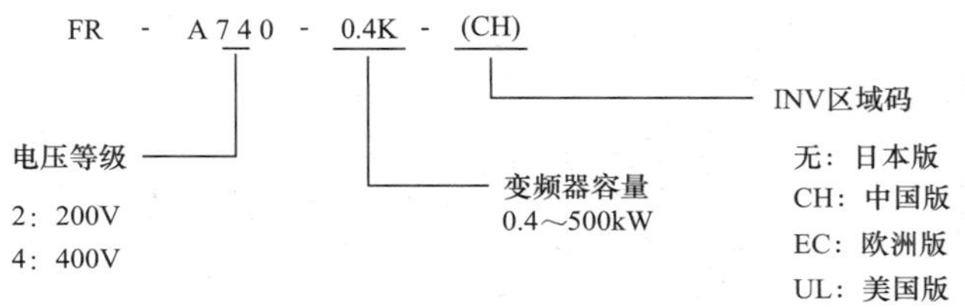

图 9-50　FR-A740 的型号含义

1. 变频器的操作面板与参数设定

（1）FR-A740 变频器的操作面板。

FR－A700 系列变频器通常配有 FR－DU07 操作面板或 FR－PU04－CH 参数单元，通过变频器的操作面板可进行运转、功能参数设定和状态监视。FR－A740 的操作面板如图 9－51 所示。

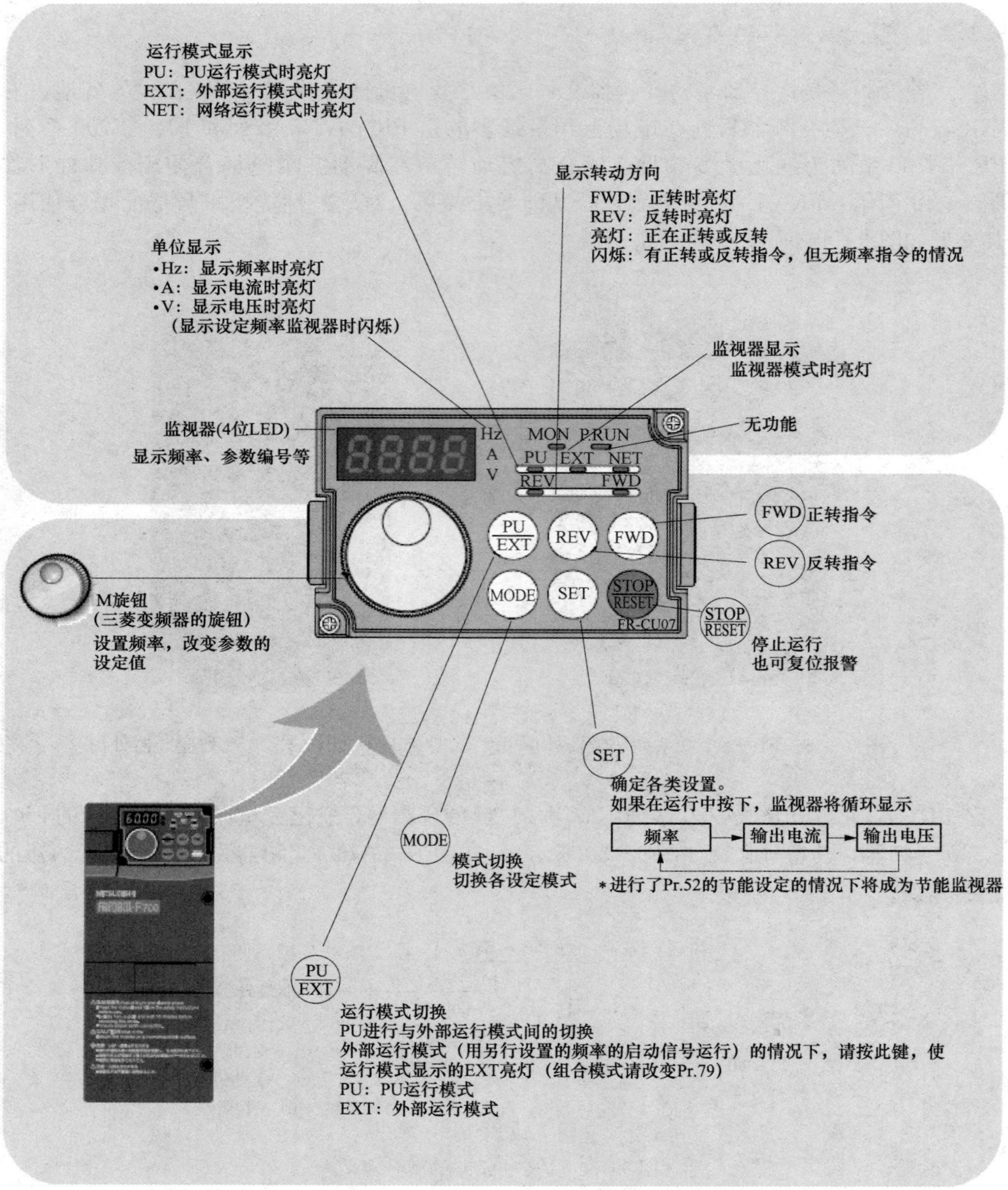

图 9－51　FR－A740 的操作面板

（2）操作面板参数设定操作。

1）基本操作。在 FR－A740 变频器的操作面板上，通过旋转 M 旋钮及按下相应的按钮，可以完成出厂时参数值的设定，其基本操作如图 9－52 所示。

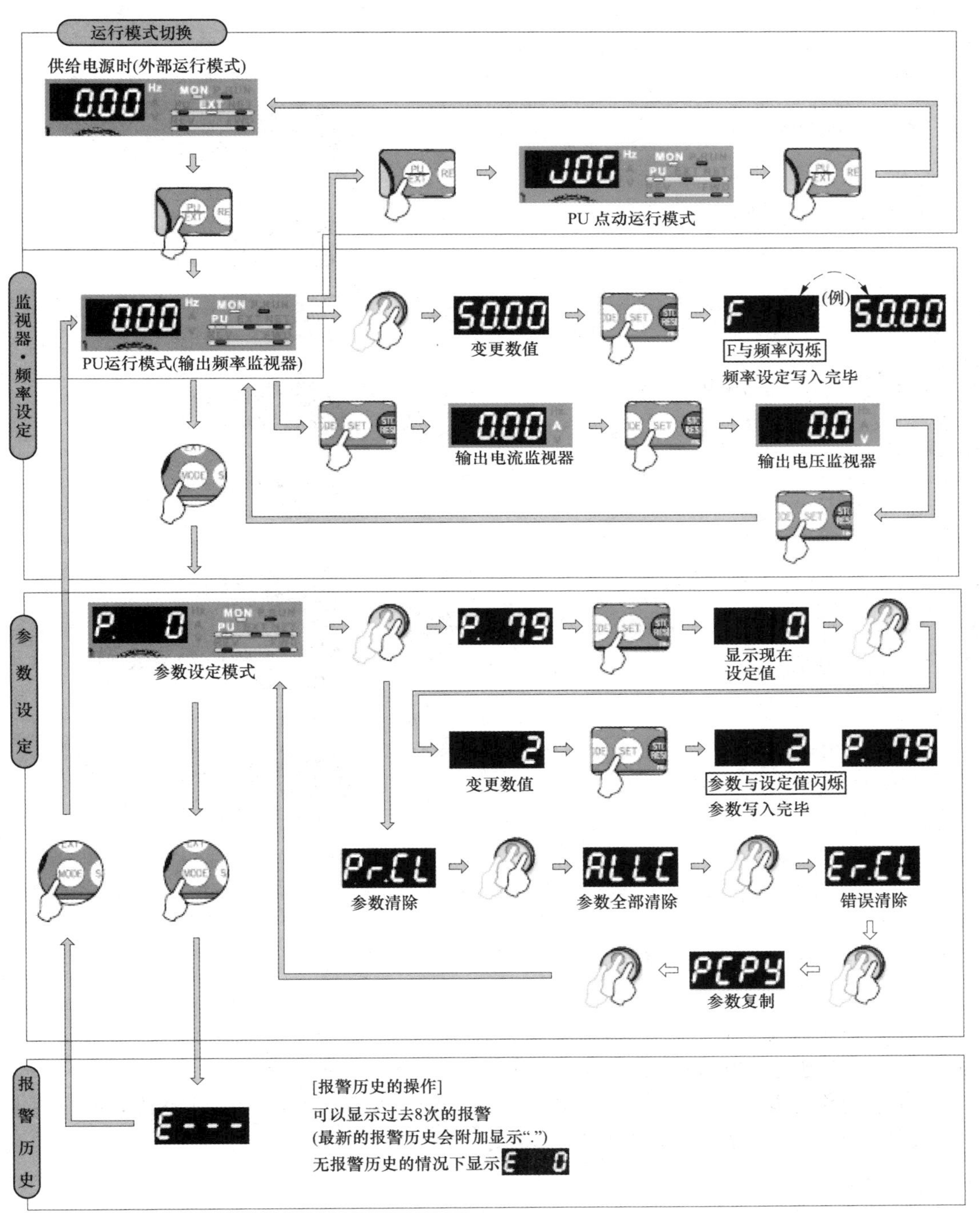

图 9－52　FR－A740 出厂时设定值的基本操作

2）操作锁定/解锁。长按 MODE 键（2s）。为了防止参数变更或意外的启动与停止，通过相应的设置，可以进行操作锁定，其操作方法如图 9－53 所示。操作锁定后，操作面板显示“HOLD”字样，而 M 旋钮与键盘操作均为无效。若想解除锁定状态，应按住键 2s 左右。

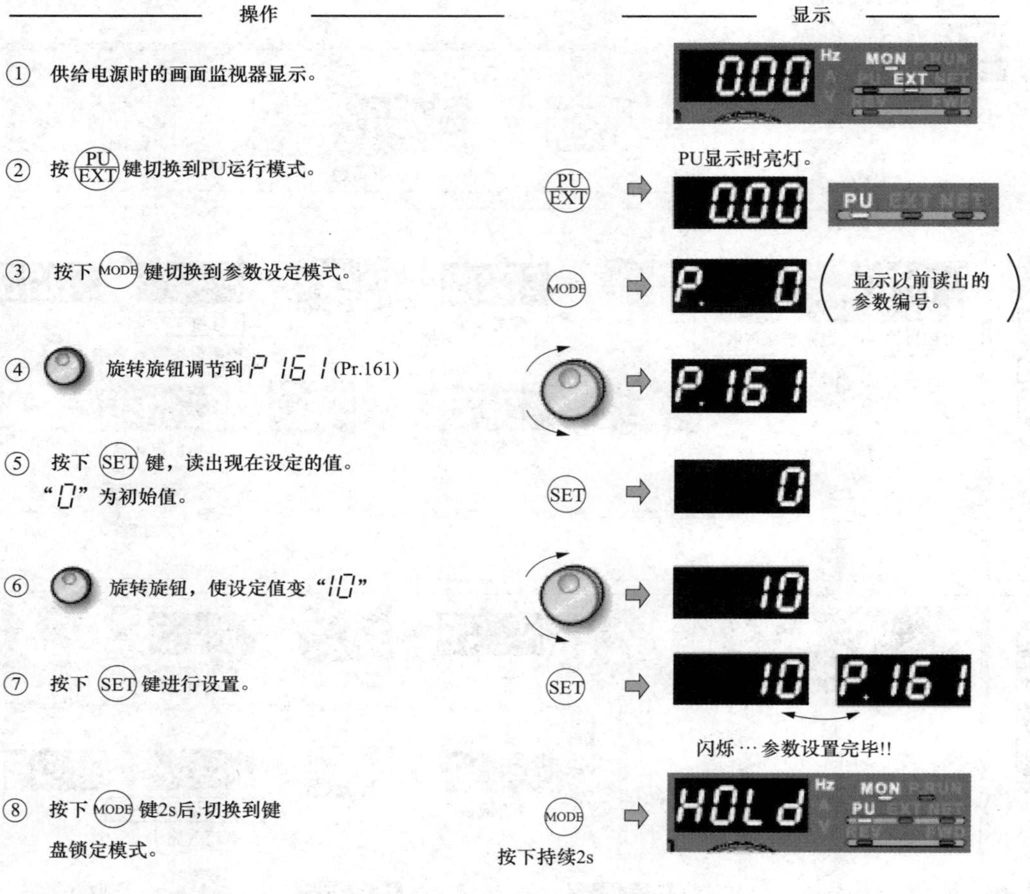

操作	显示
① 供给电源时的画面监视器显示。	0.00 Hz MON EXT
② 按 PU/EXT 键切换到PU运行模式。	PU显示时亮灯。PU/EXT ➡ 0.00 PU
③ 按下 MODE 键切换到参数设定模式。	MODE ➡ P. 0（显示以前读出的参数编号。）
④ 旋转旋钮调节到 P 161 (Pr.161)	➡ P.161
⑤ 按下 SET 键，读出现在设定的值。“0”为初始值。	SET ➡ 0
⑥ 旋转旋钮，使设定值变“10”	➡ 10
⑦ 按下 SET 键进行设置。	SET ➡ 10 ⇄ P.161 闪烁…参数设置完毕!!
⑧ 按下 MODE 键2s后，切换到键盘锁定模式。	MODE 按下持续2s ➡ HOLd Hz MON PU

图 9－53　锁定面板的操作方法

3）第一优先监视器。某显示状态下，持续按下 SET 键（1s），可设置监视器最先显示的内容。

4）变更参数设定值。通过旋转 M 旋钮及按下相应的按钮，也可以变更参数的设定值，例如要变更上限频率值（Pr. 1），其操作方法如图 9－54 所示。

5）监视输出电流和输出电压。在监视器模式中，按 SET 键循环显示输出频率、输出电流、输出电压，其操作方法如图 9－55 所示。

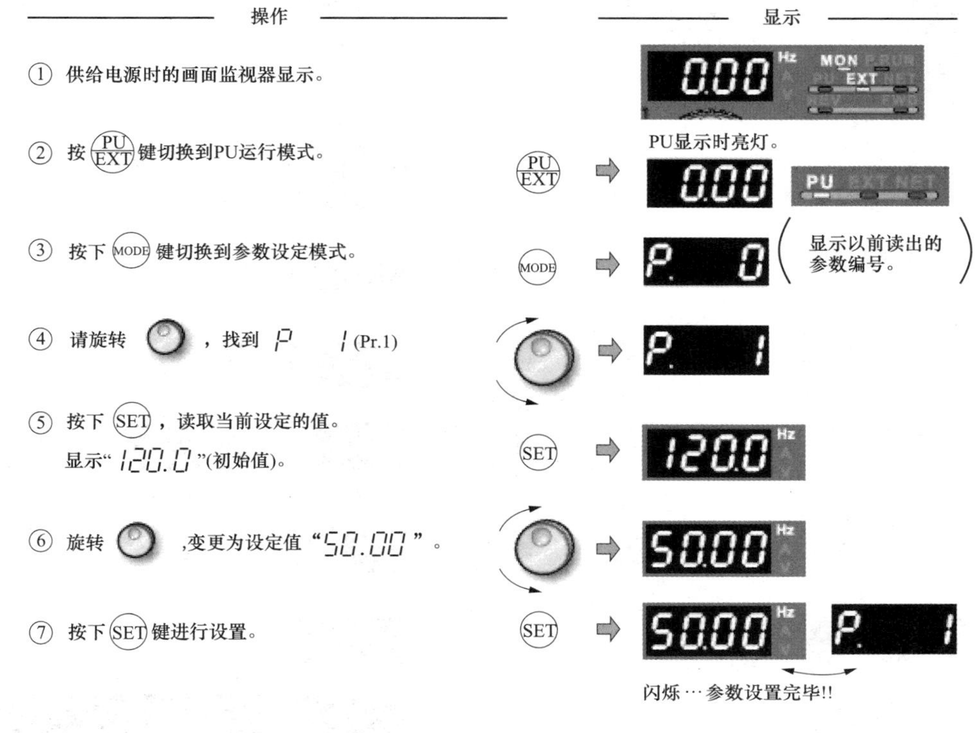

图 9－54　变更参数设定值的操作方法

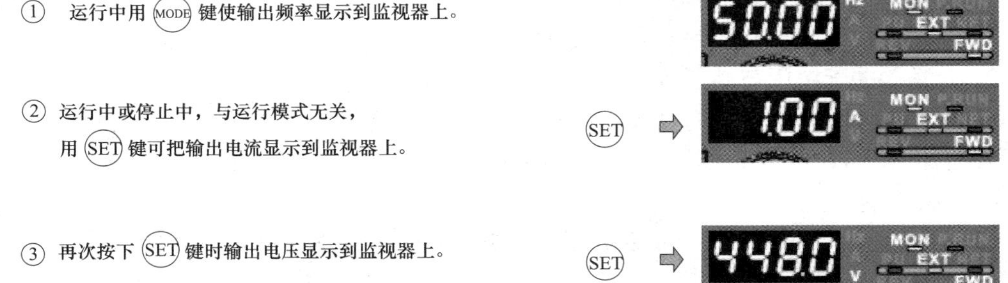

图 9－55　监视输出电流和输出电压的操作方法

第9章　触摸屏与变频器

6）参数清除。在PU模式下（即内部模式），按MODE找到ACALL功能（Pr.CL）设定为1，再按SET一下即可进行参数清除或将设定的参数全部清除，使参数恢复为初始值，其操作方法如图9-56所示。

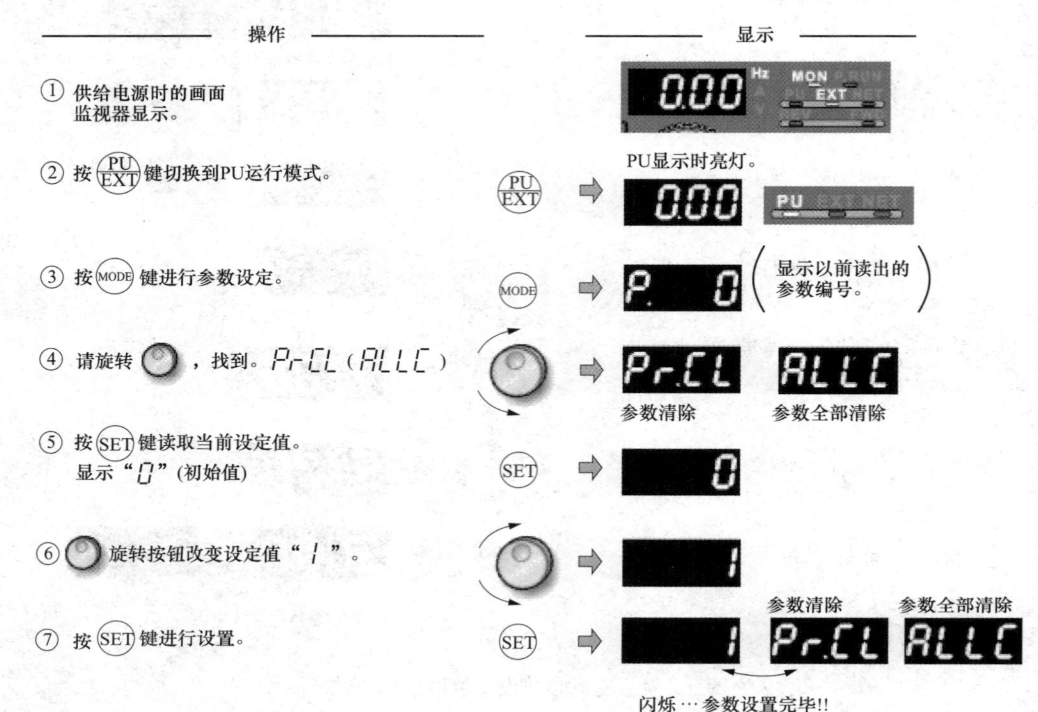

图9-56　参数清除的操作方法

7）参数复制与核对。停止状态下，把源操作面板放到需要复制的变频器上，将MODE和M旋钮调到PCPy设置状态（PCPy初始值=0），PCPy=1按SET后成功复制；PCPy=2为复制；PCPy=3为参数对照。

2. 变频器的配线图与端子板

（1）变频器的基本配线图。FR-A740变频器的基本配线图如图9-57所示。从图中可以看出，FR-A740变频器的外部端子主要分为两部分：一部分是主电路端子；另一部分是控制回路端子。

（2）主电路端子。FR-A740变频器的主电路端子如图9-58所示，其端子功能说明如表9-8所示。

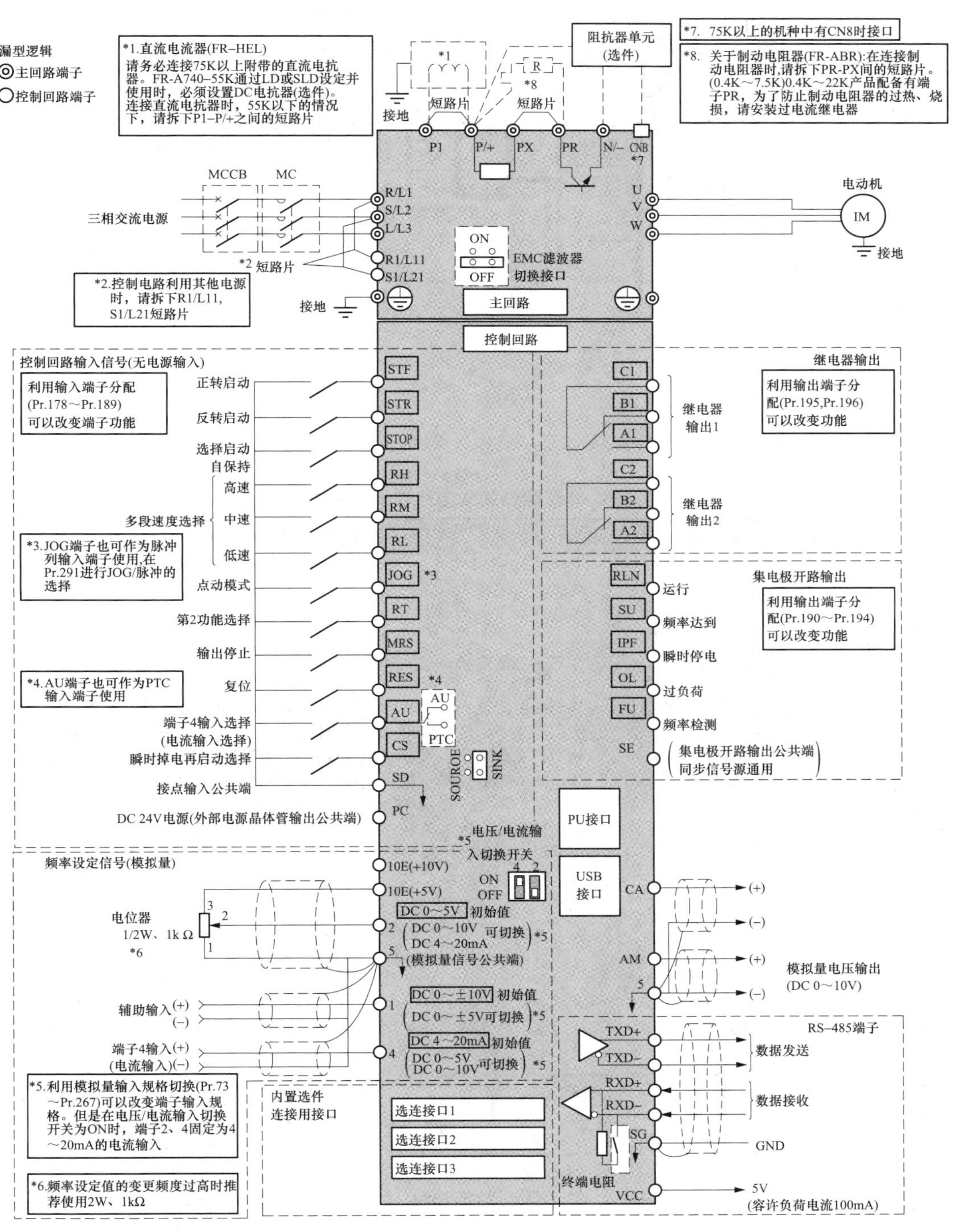

图 9-57　FR-A740 变频器的基本配线图

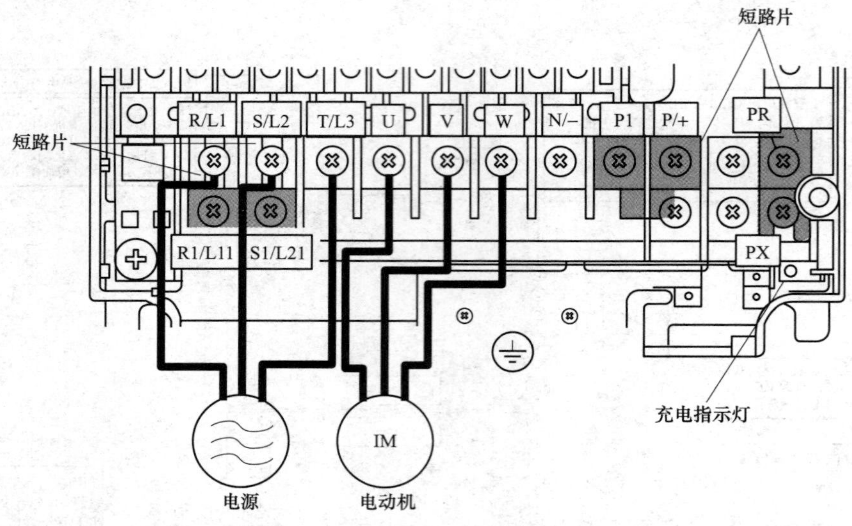

图 9－58　FR－A740 变频器的主电路端子

表 9－8　　FR－A740 变频器的主电路端子功能说明

端子记号	端子名称	端子功能说明
R/L1，S/L2，T/L3	交流电源输入	连接工频电源。当使用高功能因数变频器（FR－HC，MT－HC）及共直流母线变流器（FR－CV）时不要连接任何东西
U，V，W	变频器输出	接三相笼型电机
R1/L11，S1/L21	控制回路用电源	与交流电源端子 R/L1，S/L2 相连。在保持异常显示或异常输出时，以及使用高功率因数变流器（FR－HC，MT－HC）、电源再生共通变流器（FR－CV）等时，需要拆下端子 R/L1－R1/L11，S/L2－S1/L21 间的短路片，从外部对该端子输入电源。在主回路电源（R/L1，S/L2，T/L3）设为 ON 的状态下，不能将控制回路用电源（R1/L11，S1/L21）设为 OFF。控制回路用电源（R1/L11，S1/L21）为 OFF 的情况下，应在回路设计上保证主回路电源（R/L1，S/L2，T/L3）同时也为 OFF
P/＋，PR	制动电阻器连接（22kW 以下）	22kW 以下的产品通过连接制动电阻，可以得到更大的再生制动力。拆下端子 PR－PX 间的短路片（7.5kW 以下），连接在端子 P/＋－PR 间作为任选件的制动电阻器（FR－ABR）
P/＋，N/-	连接制动单元	连接制动单元（FR－BU2，FR－BU，BU，MT－BU5），共直流母线变流器（FR－CV）电源再生转换器（MT－RC）及高功率因数变流器（FR－HC，MT－HC）
P/＋，P1	连接改善功率因数直流电抗器	对于 55kW 以下的产品应拆下端子 P/＋－P1 间的短路片，连接上 DC 电抗器。75kW 以上的产品已标准配备有 DC 电抗器，必须连接。FR－A740－55K 通过 LD 或 SLD 设定并使用时，必须设置 DC 电抗器
PR，PX	内置制动器回路连接	端子 PX－PR 间连接有短路片（初始状态）的状态下，内置的制动器回路为有效
⏚	接地	变频器外壳接地用。注意：变频器必须接大地

（3）控制回路端子。控制回路端子又分为输入端子和输出端子，其端子分布如图 9－59 所示，其端子功能说明如表 9－9 所示。

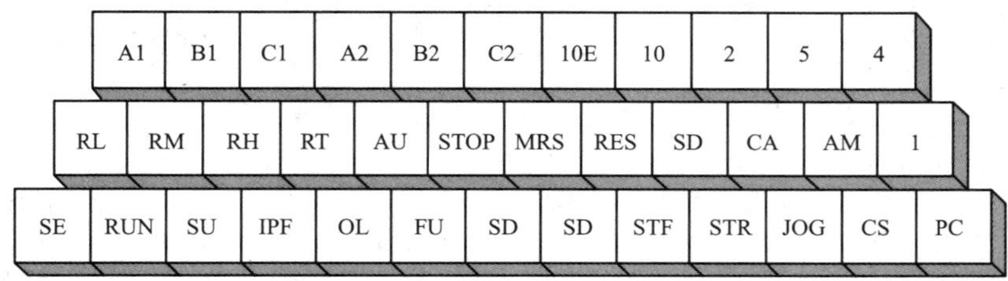

图 9－59 FR－A740 变频器的控制回路端子

表 9－9　　FR－A740 变频器的控制回路端子功能说明

类型		端子标记	端子名称	说明	
输入信号	启动及功能设定	STF	正转启动	STF 信号处于 ON 为正转，处于 OFF 为停止。程序运行模式时，为程序运行开始信号（ON 开始，OFF 停止）	当 STF 和 STR 信号同时处于 ON 时，相当于给出停止指令
		STR	反转启动	STR 信号处于 ON 为反转，处于 OFF 为停止	
		STOP	启动自保持选择	使 STOP 信号处于 ON，可以选择启动信号自保持	
		RH，RM，RL	多段速度选择	用 RH、RM 和 RL 信号的组合可以选择多段速度	输入端子功能选择
		JOG	点动模式选择	JOG 信号 ON 时选择点动运行（出厂设定），用启动信号（STF 和 STR）可以点动运行	
			脉冲列输入	JOG 端子也可作为脉冲列输入端子使用。作为脉冲列输入端子使用时，应对 Pr. 291 进行变更	
		RT	第 2 加/减速时间选择	RT 信号处于 ON 时选择第 2 加/减速时间。设定了［第 2 转矩提升］［第 2V/F（基准频率）］时，也可以用 RT 信号处于 ON 时选择这些功能	
		MRS	输出停止	MRS 信号为 ON（20ms 以上）时，变频器输出停止。用电磁制动停止电动机时，用于断开变频器的输出	
		RES	复位	使端子 RES 信号处于 ON（0.1s 以上），然后断开，可用于解除保护回路动作的保持状态	
			电流输入选择	只有把 AU 信号置为 ON 时，端子 4 才能用直流 4～20mA 作为频率设定信号。AU 信号置为 ON 时，端子 2（电压输入）的功能无效	
		AU	PTC 输入	AU 端子也可以作为 PTC（电机的热继电器保护）输入端子使用，用作 PTC 输入端子时，要将 AU/PTC 切换开关切换到 PTC 侧	
		CS	瞬停再启动选择	CS 信号预先处于 ON，瞬时停电再恢复时变频器便可自动启动。但用这种运行方式时必须设定有关参数，因为出厂时设定为不能再启动	
		SD	公共输入端（漏型）	接点输入端子（漏型）的公共端子。DC 24V/0.1A（PC 端子）电源的输出公共端	
		PC	直流 24V 电源和外部晶体管公共端接点输入公共端（源型）	当连接晶体管输出（集电极开路输出），例如 PLC 时，将晶体管输出用的外部电源公共端接到这个端子时，可以防止因漏电引起的误动作，该端子可用于 DC 24V/0.1A 电源输出。当选择源型时，该端子作为接点输入的公共端	

续表

类型		端子标记	端子名称	说明	
模拟信号	频率设定	10E	频率设定用电源	直流10V，容许负载电流10mA	按出厂设定状态连接频率设定电位器时，与端子10连接。当连接到10E时，应改变端子2的输入规格
		10		直流10V，容许负载电流10mA	
		2	频率设定（电压）	输入0～5V DC（或0～10V DC）时，5V（10V）对应为最大输出频率，输入/输出成比例。用参数Pr. 73的设定值来进行输入直流0～5（出厂设定）和0～10V的选择。输入阻抗10kΩ容许最大电压为DC 20V	
		4	频率设定（电流）	DC 4～20mA，20mA为最大输出频率，输入/输出成比例。只有端子AU信号处于ON时，该输入信号有效。输入阻抗250Ω时，容许最大电流为直流30mA	
		1	辅助频率设定	输入0～±5V DC或0～±10V DC时，端子2或4的频率设定信号与这个信号相加。用Pr. 73设定不同的参数进行输入0～±5V DC或0～±10V DC（出厂设定）的选择。输入阻抗10kΩ容许电压±20V DC	
		5	频率设定公共端	频率信号设定端（2、1或4）和模拟输出端AM的公共端子，不需要接地	
输出信号	接点	A1，B1，C1	继电器输出1（异常输出）	指示变频器因保护功能动作而输出停止的转换接点，AC 200V/0. 3A，DC 30V/0. 3A。故障时，B-C间不导通（A-C间导通）；正常时，B-C间导通（A-C间不导通）	接点容量AC 230V/0. 3A
		A2，B2，C2	继电器输出2	1个继电器输出（动合/动断）	
	集电极开路	RUN	变频器正在运行	变频器输出频率为启动频率（出厂时为0. 5Hz，可变更）以上时为低电平，正在停止或正在直流制动时为高电平	容许负载为DC 24V/0. 1A
		SU	频率到达	输出频率达到设定频率的±10%（初始值）时为低电平，正在加/减速或停止时为高电平	
		OL	过负载报警	当失速保护功能动作时为低电平，失速保护解除时为高电平	
		IPF	瞬时停电	瞬时停电，电压不足保护动作时为低电平	
		FU	频率检测	输出频率为任意设定的检测频率以上时为低电平，未到达时为高电平	
		SE	集电极开路输出公共端	端子RUN，SU，OL，IPF，FU的公共端子	
	脉冲	CA	模拟电流输出	可以从输出频率等多种监视项目中选一种作为输出。输出信号与监视项目的大小成比例	容许负载阻抗200～450Ω，输出信号DC 0～20mA
	模拟	AM	模拟电压输出		许可负载电流1mA，输出信号DC 0～10V

续表

类型		端子标记	端子名称	说明
通信	RS-485端子	—	PU接口	通过PU接口，进行RS-485通信（仅一对一连接）。 (1) 遵守标准：RS-485； (2) 通信方式：多站点通信； (3) 通信速率：4800～38400bit/s； (4) 最长距离：500m
		TXD+	变频器传输端子	通过RS-485端子，进行RS-485通信。 (1) 遵守标准：RS-485； (2) 通信方式：多站点通信； (3) 通信速率：300～38400bit/s； (4) 最长距离：500m
		TXD−		
		RXD+	变频器接收端子	
		RXD−		
		SG	接地	
	USB	—	USB连接器	与电脑通过USB连接后，可以实现FR-Configurator的操作。 (1) 接口：支持USB1.1； (2) 传输速率：1.2Mbit/s； (3) 连接器：USB-B连接器（B插口）

3. FR-A740的运行模式

运行模式是指变频器的启动指令及设定频率的场所。FR-A740变频器有多种运行模式，通过设置参数Pr.79（Pr.79默认为0），可以选择不同的运行模式，如表9-10所示。

表9-10　　FR-A740的运行模式

参数	名称	设定值	说　明
Pr.79	运行模式选择	0	外部/PU（内部）切换模式
		1	PU运行模式固定
		2	外部运行模式固定，可以切换外部和网络运行模式
		3	外部/PU组合运行模式1
		4	外部/PU组合运行模式2
		6	切换模式。运行时可进行PU操作、外部操作和网络操作的切换
		7	外部运行模式（PU运行互锁）。X12信号为ON时，可切换到PU运行模式；X12信号为OFF时，禁止切换到PU运行模式

基本上使用控制电路端子，在外部设置电位器及开关等时，变频器可设为“外部运行模式”；通过操作面板（FR-DU07）和参数单元（FR-PU04-CH）、PU接口的通信输入启动指令、频率设定时，变频器可设为“PU运行模式”；使用RS-485端子及通信选件时，变频器可设为“网络运行模式”。

4. 变频器的基本参数

FR-A740变频器的基本参数说明如下。

(1) 输出频率范围（Pr.1、Pr.2、Pr.18）。通过设置变频器输出频率的上限、下限，可以限制与变频器连接的电动机的运行速度。输出频率的设定范围如表9-11所示，其中参数Pr.1为“上限频率”，Pr.2为“下限频率”，Pr.18为“高速上限频率”。

表 9-11　　输出频率的设定范围

参数	名称	初始值		设定范围	说明
Pr. 1	上限频率	55kW 以下	120Hz	0～120Hz	设定输出频率的上限
		75kW 以上	60Hz		
Pr. 2	下限频率	0Hz		0～120Hz	设定输出频率的下限
Pr. 18	高速上限频率	55kW 以下	120Hz	120～400Hz	120Hz 以上运行时设定
		75kW 以上	60Hz		

输出频率范围的设定如图 9-60 所示，在 Pr. 1 上限频率中设定输出频率的上限后，即使输入了大于设定频率的频率指令，输出频率也会被钳位于上限频率处。若要输出 120kHz 以上的频率，需用参数 Pr. 18 设定输出频率的上限。当 Pr. 18 被设定时，Pr. 1 自动地变为 Pr. 18 的设定值；或者，Pr. 1 被设定，Pr. 18 自动地切换到 Pr. 1 的频率。在 Pr. 2 下限频率中设定输出频率的下限后，即使设定频率小于 Pr. 2 中的频率值，输出频率也会被钳位于 Pr. 2 处。

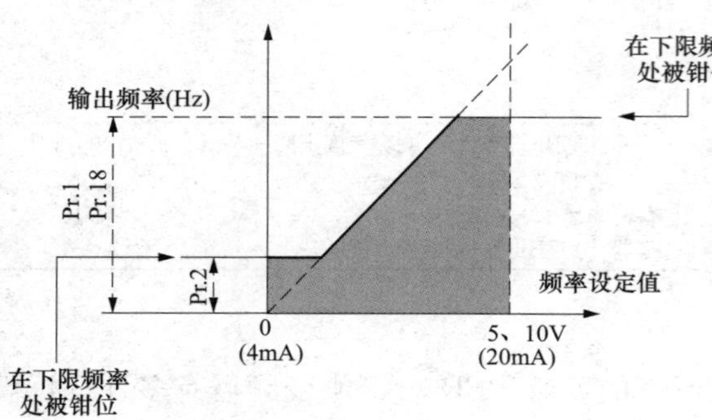

图 9-60　输出频率范围的设定

（2）基准频率、基准频率电压（Pr. 3、Pr. 19、Pr. 47、Pr. 113）。基本频率又称为基准频率或基底频率，只有在 V/f 模式下才设定。根据电动机的额定值可以调整变频器的输出电压及输出频率。使用标准电动机，通常将变频器设定为电动机的额定频率；当需要电动机运行在工频电源（50Hz）与变频器切换时，应将变频器的基准频率设定为与电源频率相同。当电动机额定铭牌所记载的频率只限“50Hz”时，变频器必须设定为 50Hz，如果设定为 60Hz，则电压降过大，转矩会不足，结果有可能产生负荷掉闸，所以特别要注意 Pr. 14“适用负载选择”=1 的情况。

基准频率、基准频率电压的设定范围如表 9-12 所示，其中参数 Pr. 3 为“基准频率”，Pr. 19 为“基准频率电压”，Pr. 47 为“第二 V/f（基准频率）”，Pr. 113 为“第三 V/f（基准频率）”。

表 9-12　　基准频率、基准频率电压的设定范围

参数	名称	初始值	设定范围	说明
Pr. 3	基准频率	50Hz	0～400Hz	设定电动机额定转矩时的频率
Pr. 19	基准频率电压	9999	0～1000V	设定基准电压
			8888	电源电压的 95%
			9999	与电源电压相同
Pr. 47	第二 V/f（基准频率）	9999	0～400Hz	设定 RT 信号 ON 时的基准频率
			9999	第二 V/f 无效
Pr. 113	第三 V/f（基准频率）	9999	0～400Hz	设定 X9 信号 ON 时的基准频率
			9999	第三 V/f 无效

基准频率、基准频率电压的设定如图 9-61 所示。用 Pr.3、Pr.47、Pr.113 设定基准频率（电动机的额定频率），能设定 3 种不同的基准频率，这 3 种基准频率可以切换使用。当 RT 信号为 ON 时，Pr.47 "第二 V/f（基准频率）" 有效；当 X9 信号为 ON 时，Pr.113 "第三 V/f（基准频率）" 有效。用 Pr.19 可以对定基准频率电压（电动机的额定电压等）进行设定，所设定的值如果低于电源电压，则变频器的最大输出电压是 Pr.19 中设定的电压。

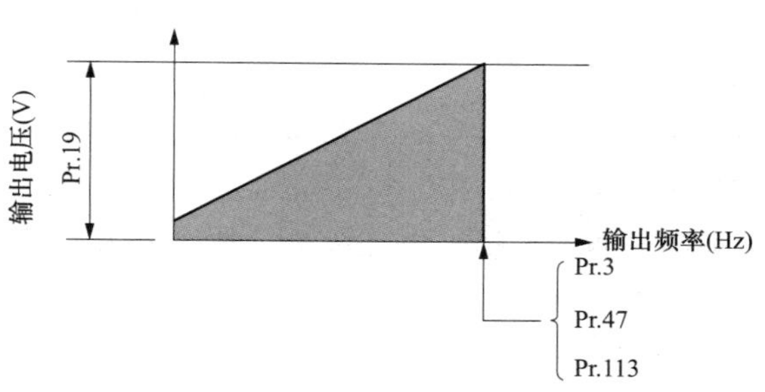

图 9-61　基准频率、基准频率电压的设定

(3) 多段调速运行（Pr.4、Pr.5、Pr.6、Pr.24～Pr.27、Pr.232～Pr.239）。变频器的多段调速就是通过变频器参数来设定其运行频率，然后通过变频器的外部端子来选择执行相关参数所设定的运行频率。

多段调速就是变频器的一种特殊的组合运行方式，其运行方式由 PU 单元的参数来设置，启动和停止由外部输入端子（RH、RM、RL、REX）来控制。

多段速度运行的设定范围如表 9-13 所示，其中 Pr.4、Pr.5、Pr.6 为"三段速度设定"，Pr.24～Pr.27 为"多段速度设定（4～7 段速度设定）"，Pr.232～Pr.239 为"多段速度设定（8～15 段速度设定）"。Pr.24～Pr.27、Pr.232～Pr.239 设定为 9999 时，表示未选择该多段速度设定。

表 9-13　　多段速度运行的设定范围

参数	名称	初始值	设定范围	说明
Pr.4	三段速度设定（高速）	50Hz	0～400Hz	设定仅 RH 为 ON 时的频率
Pr.5	三段速度设定（中速）	30Hz	0～400Hz	设定仅 RM 为 ON 时的频率
Pr.6	三段速度设定（低速）	10Hz	0～400Hz	设定仅 RL 为 ON 时的频率
Pr.24	多段速度设定（速度 4）	9999	0～400Hz，9999	设定 RL、RM 为 ON 时的频率
Pr.25	多段速度设定（速度 5）	9999	0～400Hz，9999	设定 RL、RH 为 ON 时的频率
Pr.26	多段速度设定（速度 6）	9999	0～400Hz，9999	设定 RM、RH 为 ON 时的频率
Pr.27	多段速度设定（速度 7）	9999	0～400Hz，9999	设定 RL、RM、RH 为 ON 时的频率
Pr.232	多段速度设定（速度 8）	9999	0～400Hz，9999	设定仅 REX 为 ON 时的频率
Pr.233	多段速度设定（速度 9）	9999	0～400Hz，9999	设定 REX、RL 为 ON 时的频率
Pr.234	多段速度设定（速度 10）	9999	0～400Hz，9999	设定 REX、RM 为 ON 时的频率
Pr.235	多段速度设定（速度 11）	9999	0～400Hz，9999	设定 REX、RL、RM 为 ON 时的频率
Pr.236	多段速度设定（速度 12）	9999	0～400Hz，9999	设定 REX、RH 为 ON 时的频率
Pr.237	多段速度设定（速度 13）	9999	0～400Hz，9999	设定 REX、RL、RH 为 ON 时的频率
Pr.238	多段速度设定（速度 14）	9999	0～400Hz，9999	设定 REX、RM、RH 为 ON 时的频率
Pr.239	多段速度设定（速度 15）	9999	0～400Hz，9999	设定 REX、RL、RM、RH 为 ON 时的频率

从表9-13中可以看出，Pr.24～Pr.27为4～7段速度设定，实际运行哪个参数设定的频率由端子RH、RM、RL的组合（ON）来决定，如图9-62所示。Pr.232～Pr.239为8～15段速度设定，实际运行哪个参数设定的频率由端子RH、RM、RL的组合（ON）来决定，如图9-63所示。REX信号输入所使用的端子，通过Pr.178～Pr.189（输入端子功能选择）中任一个参数设定为“8”来进行端子功能的分配。

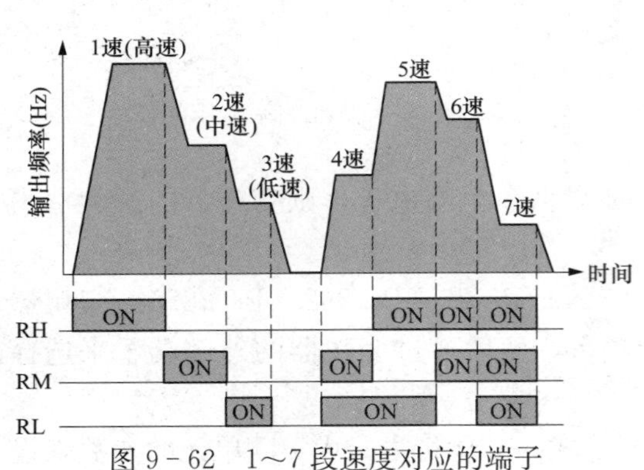

图9-62　1～7段速度对应的端子

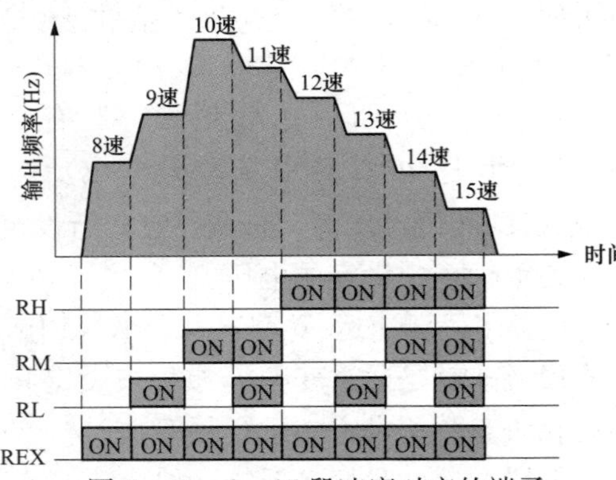

图9-63　8～15段速度对应的端子

设定变频器多段速度时，需要注意以下几点：

1）每个参数均能在0～400Hz范围内被设定，且在运行期间参数值可以修改。

2）在PU运行或外部运行时，都可以设定多段速度的参数，但只有在外部操作模式或Pr.79=3或Pr.79=4时，才能运行多段速度，否则不能。

3）多段速度比主速度优先，但各参数之间的设定没有优先级。

4）当用Pr.178～Pr.189改变端子功能时，其运行将发生改变。

5）在Pr.59遥控功能选择的设定不等于0时，RH、RM、RL信号成为遥控设定用信号，多段速度设定将无效。

6）模拟输入补偿时，应将Pr.28多段速度输入补偿选择设定为“1”。

（4）加、减速时间。加、减速参数时间用于设定电动机的加减速时间，其设定范围如表9-14所示。表中加减时间设定范围为“0～3600s/0～360s”，是由Pr.21加减速时间单位的设定值来决定的。初始值设定范围为“0～3600s”，设定单位为“0.1s”。

表9-14　　加、减速时间的设定范围

参数	名称	初始值		设定范围	说明	
Pr.7	加速时间	7.5kW以下	5s	0～3600s/0～360s	设定电动机加速时间	
		11kW以上	15s			
Pr.8	减速时间	7.5kW以下	5s	0～3600s/0～360s	设定电动机减速时间	
		11kW以上	15s			
Pr.20	加减速基准频率	50Hz		1～400Hz	设定作为加减速时间基准的频率	
Pr.21	加减速时间单位	0		0	单位：0.1s；范围：0～3600s	可以改变加减速时间设定单位和设定范围
				1	单位：0.01s；范围：0～360s	

续表

参数	名称	初始值	设定范围	说明
Pr. 44	第 2 加减速时间	5s	0～3600s/0～360s	设定 RT 信号为 ON 时的加减速时间
Pr. 45	第 2 减速时间	9999	0～3600s/0～360s	设定 RT 信号为 ON 时的减速时间
			9999	加速时间＝减速时间
Pr. 110	第 3 加减速时间	9999	0～3600s/0～360s	设定 X9 信号为 ON 时的加减速时间
			9999	无第 3 加减功能
Pr. 111	第 3 减速时间	9999	0～3600s/0～360s	设定 X9 信号为 ON 时的减速时间
			9999	加速时间＝减速时间

加减速时间的设定如图 9－64 所示。下面详细叙述其设定方法。

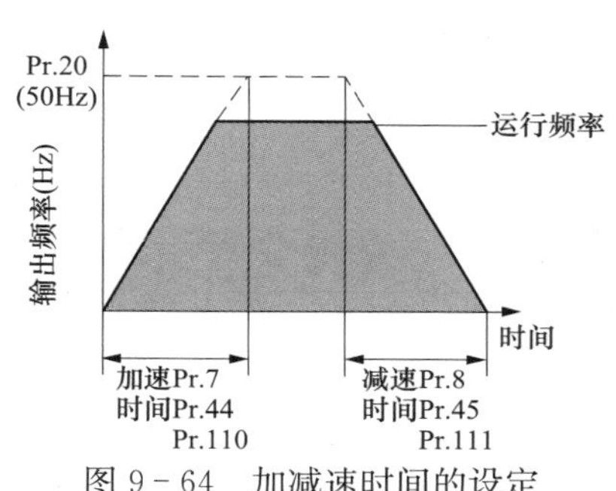

图 9－64　加减速时间的设定

1）加速时间的设定（Pr. 7、Pr. 20）。可以通过式（9－1）来设定加速时间，假设 Pr. 20＝50Hz，Pr. 13＝0. 5Hz，能够以 10s 的速度加速到最大使用频率 40Hz 时，Pr. 7＝$\frac{50\text{Hz}}{40\text{Hz}-0.5\text{Hz}}\times 10\text{s}\approx 12.7\text{s}$。

2）减速时间的设定（Pr. 8、Pr. 20）。可以通过（式 9－2）来设定减速时间，假设 Pr. 20＝120Hz，Pr. 10＝3Hz，能够以 10s 的速度加速到最大使用频率 40Hz 时，Pr. 8＝$\frac{120\text{Hz}}{50\text{Hz}-3\text{Hz}}\times 10\text{s}\approx 25.5\text{s}$。

$$\text{加速时间设定值（Pr. 7）}=\frac{\text{Pr. 20}}{\text{最大使用频率}-\text{Pr. 13}}\times\text{从停止到最大使用频率的加速时间} \quad (9-1)$$

$$\text{减速时间设定值（Pr. 8）}=\frac{\text{Pr. 20}}{\text{最大使用频率}-\text{Pr. 13}}\times\text{从最大使用频率到停止的减速时间} \quad (9-2)$$

3）设定多个加减速时间（RT 信号 Pr. 44、Pr. 45、Pr. 110、Pr. 111）。Pr. 44、Pr. 45 在 RT 信号为 ON 时有效；Pr. 110、Pr. 111 在 X9 信号为 ON 时有效；RT、X9 同时为 ON 时，Pr. 110、Pr. 111 有效。X9 信号输入所使用的端子，通过 Pr. 178～Pr. 189（输入端子功能选择）中任一个参数设定为“9”来进行端子功能的分配。如果 Pr. 45、Pr. 111 设定为“9999”时，减速时间和加速时间（Pr. 44、Pr. 110）将相同。设定 Pr. 110 为“9999”时，第 3 加减速功能无效。

（5）电子过电流保护（Pr. 9、Pr. 51）。通过设定电子过电流保护的电流值，可以进行电动机过热保护。能够在低速运行时，包含电动机冷却能力降低在内的情况下，也可进行电动机过热保护。

电子过电流保护的设定范围如表 9－15 所示，其中 Pr. 9 为“电子过电流保护”，Pr. 51 为“第 2 电子过电流保护”。

表 9-15　　电子过电流保护的设定范围

参数	名称	初始值		设定范围	说明
Pr. 9	电子过电流保护	变频器额定输出电流	55kW 以下	0～500A	设定电动机额定电流
			75kW 以上	0～3600A	
Pr. 51	第 2 电子过电流保护	9999	55kW 以下	0～500A	RT 信号为 ON 时有效，设定电动机额定电流
			75kW 以上	0～3600A	
			9999		第 2 电子过电流无效

(6) 启动频率和启动时输出保持功能（Pr. 13、Pr. 571）。Pr. 13 为变频器的启动频率，即启动信号变为 ON 时的开始频率；Pr. 571 为启动时输出保持功能，维持 Pr. 13 设定的输出频率，为顺利启动所驱动的电动机而进行初始励磁。这两个参数的设定范围如表 9-16 所示。

表 9-16　　Pr. 13 和 Pr. 571 的设定范围

参数	名称	初始值	设定范围	说明
Pr. 13	启动频率	0.5Hz	0～60Hz	启动时的频率能够在 0～60Hz 的范围内进行设定。设定启动信号变为 ON 时的开始频率
Pr. 571	启动时输出保持功能	9999	0.0～10.0s	设定 Pr. 13 启动频率保持时间
			9999	启动时维持功能无效

启动频率的设定如图 9-65 所示，如果设定频率小于 Pr. 13“启动频率”的设定值时，变频器不启动。例如当 Pr. 13 设定为 5Hz 时，只有当频率设定信号达到 5Hz 时开始变频输出，电动机才能启动运行。

启动时输出保持功能的设定如图 9-66 所示。启动维持输出中，若启动信号变为 OFF，则从启动信号由 ON 变为 OFF 开始减速。正反转切换时，启动频率有效，启动时输出保持功能无效。

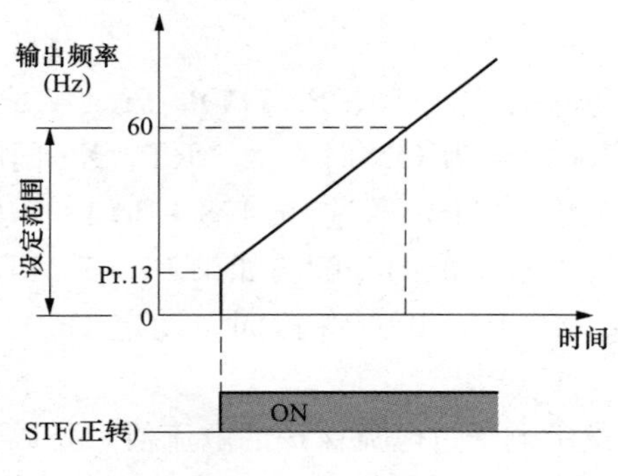

图 9-65　启动频率的设定

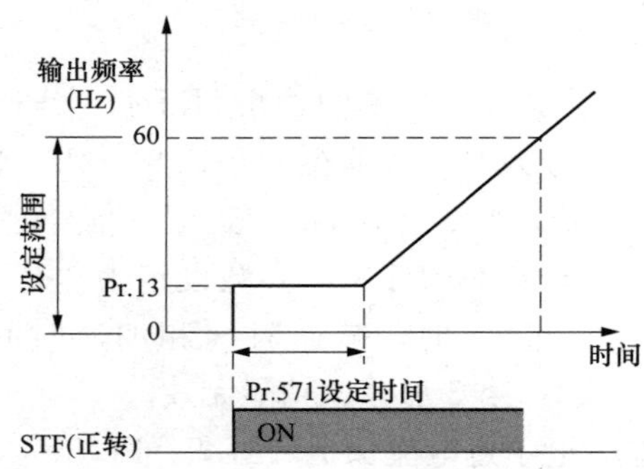

图 9-66　启动时输出保持功能的设定

(7) 适用负荷选择（Pr. 14）。适用负荷选择（Pr. 14）可以选择符合不同用途和负荷特性的最佳的输出特性（V/f 特性）。Pr. 14 参数的设定范围如表 9-17 所示。

表 9-17　　Pr. 14 参数的设定范围

参数	名称	初始值	设定范围	说明
Pr. 14	适用负荷选择	0	0	用于恒转矩负荷
			1	用于变转矩负荷
			2	用于恒转矩升降负荷（反转时提升 0%）
			3	用于恒转矩升降负荷（正转时提升 0%）
			4	RT（X17）信号为 ON 时，用于恒转矩负荷；RT（X17）信号为 OFF 时，用于恒转矩升降负荷（反转时提升 0%）
			5	RT（X17）信号为 ON 时，用于恒转矩负荷；RT（X17）信号为 OFF 时，用于恒转矩升降负荷（正转时提升 0%）

Pr. 14 参数的设定如图 9-67 所示。如果驱动运输机械、行车、辊等即使转速变化但负载转矩恒定的设备时，Pr. 14 可设定为 0。Pr. 14=0 时，在基准频率（Pr. 3 设定的基准频率）内，输出电压相对于输出频率成直线变化，如图 9-67（a）所示。如果驱动风机、泵等负载转矩与转速的 2 次方成比例变化的设备时，Pr. 14 可设定为 1，如图 9-67（c）所示。Pr. 14=1 时，在基准频率内，输出电压相对于输出频率按 2 次方曲线变化。如果驱动固定为正转时转矩提升为 Pr. 0 的设定值、反转时转矩提升为 0%的升降负载时，Pr. 14 可设定为 2，如图 9-67（c）所示。如果驱动固定为反转时转矩提升为 Pr. 0 的设定值、正转时转矩提升为 0%的升降负载时，Pr. 14 可设定为 3，如图 9-67（d）所示。如果通过 RT 信号或 X17 信号来切换恒转矩负荷和升降负荷时，Pr. 14 可设定为 4 或 5。RT 信号在初始设定状态下分配在 RT 端子上，如果将 Pr. 178～Pr. 189 设定为 3 时，也可以将 RT 信号分配到其他端子上。X17 信号输入所使用的端子是通过在 Pr. 178～Pr. 189 中设定为 17 时分配的，分配 X17 信号时，RT 信号的切换无效。

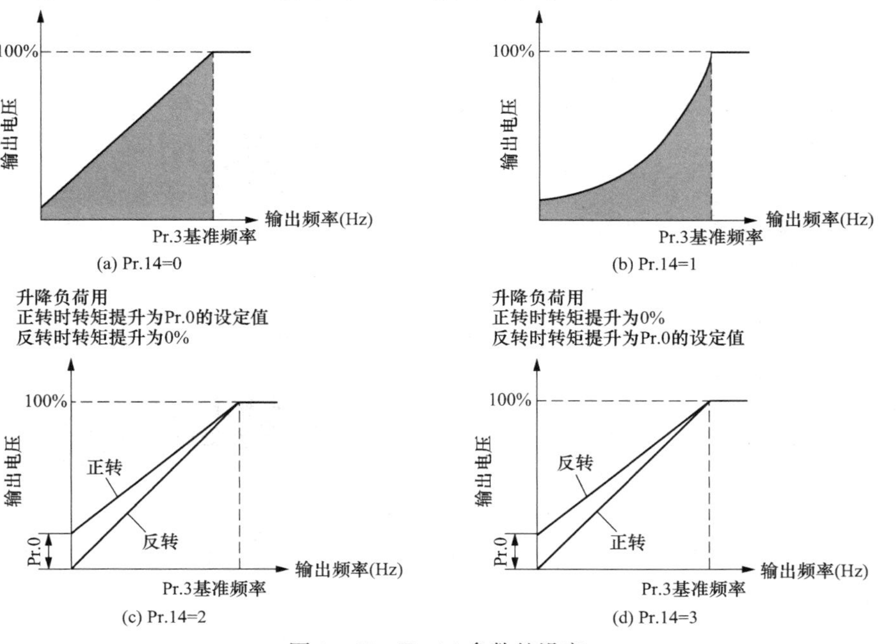

图 9-67　Pr. 14 参数的设定

（8）点动运行（Pr.15、Pr.16）。FR－A740变频器在外部和PU运行模式下，都能控制电动机点动运行。FR－A740变频器有两个点动运行控制参数：Pr.15设定点动运行用的频率，Pr.16设定点动加减速时间。点动运行的设定范围如表9－18所示。

表9－18　　点动运行的设定范围

参数	名称	初始值	设定范围	说明
Pr.15	JOG点动频率	5Hz	0～400Hz	设定点动运行时的频率
Pr.16	点动加减速时间	0.5s	0～3600s/0～360s	设定点动运行时的加减速时间。加减速时间设定到Pr.20（加减速基准频率）设定的频率的时间。另外，加减速时间不能分别设定

表9－18中点动加减速时间设定范围为“0～3600s/0～360s”，是由Pr.21加减速时间单位的设定值来决定的。当Pr.21为0时，Pr.16的设定范围为0～3600s，单位为0.1s；当Pr.21为1时，Pr.16的设定范围为0～360s，单位为0.01s。Pr.16的初始值设定范围为“0～3600s”。

1）外部模式点动运行。变频器外部模式控制电动机点动运行时，若点动信号为ON，通过启动信号（STF、STR）控制电动机的启动与停止，其时序如图9－68（a）所示，外部接线如图9－68（b）所示，操作方法如图9－68（c）所示。

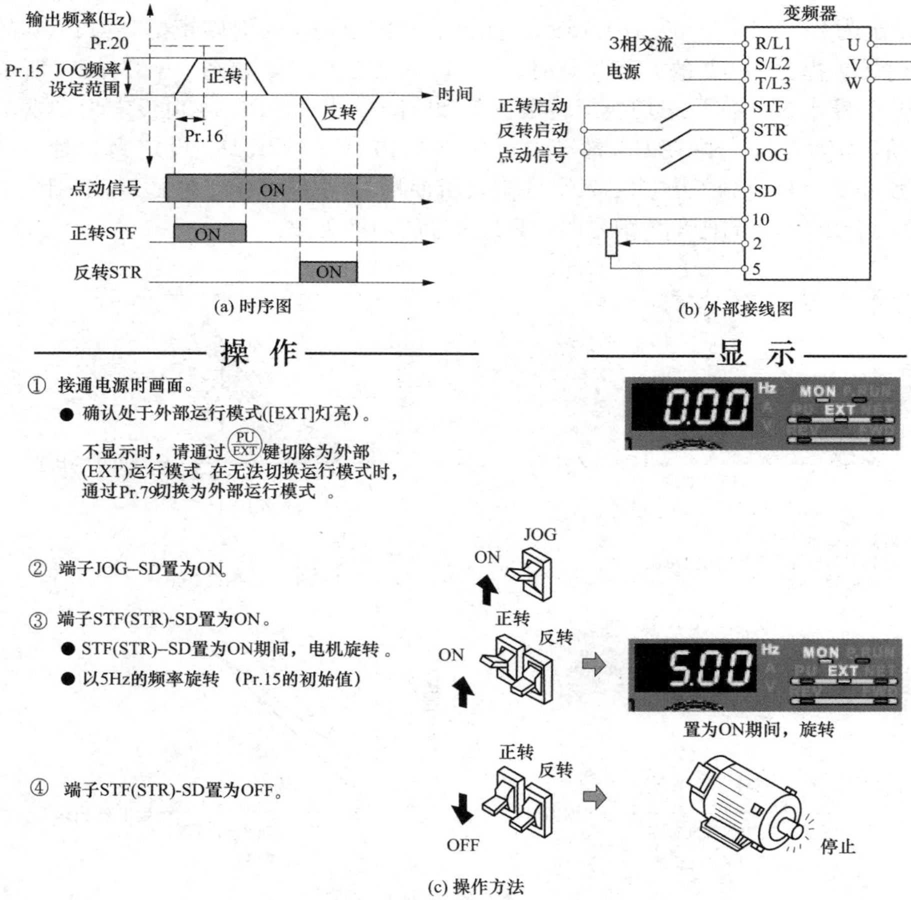

(a) 时序图

(b) 外部接线图

操　作

① 接通电源时画面。

● 确认处于外部运行模式([EXT]灯亮)。

不显示时，请通过(PU/EXT)键切除为外部(EXT)运行模式 在无法切换运行模式时，通过Pr.79切换为外部运行模式 。

② 端子JOG--SD置为ON。

③ 端子STF(STR)-SD置为ON。

● STF(STR)--SD置为ON期间，电机旋转 。

● 以5Hz的频率旋转 （Pr.15的初始值）

④ 端子STF(STR)-SD置为OFF。

显　示

(c) 操作方法

图9－68　外部模式点动运行

2）PU 模式点动运行。变频器 PU 模式控制电动机点动运行时，通过启动信号（FWD、REV）控制电动机的启动，其时序如图 9－69（a）所示，外部接线如图 9－69（b）所示，操作方法如图 9－69（c）所示。

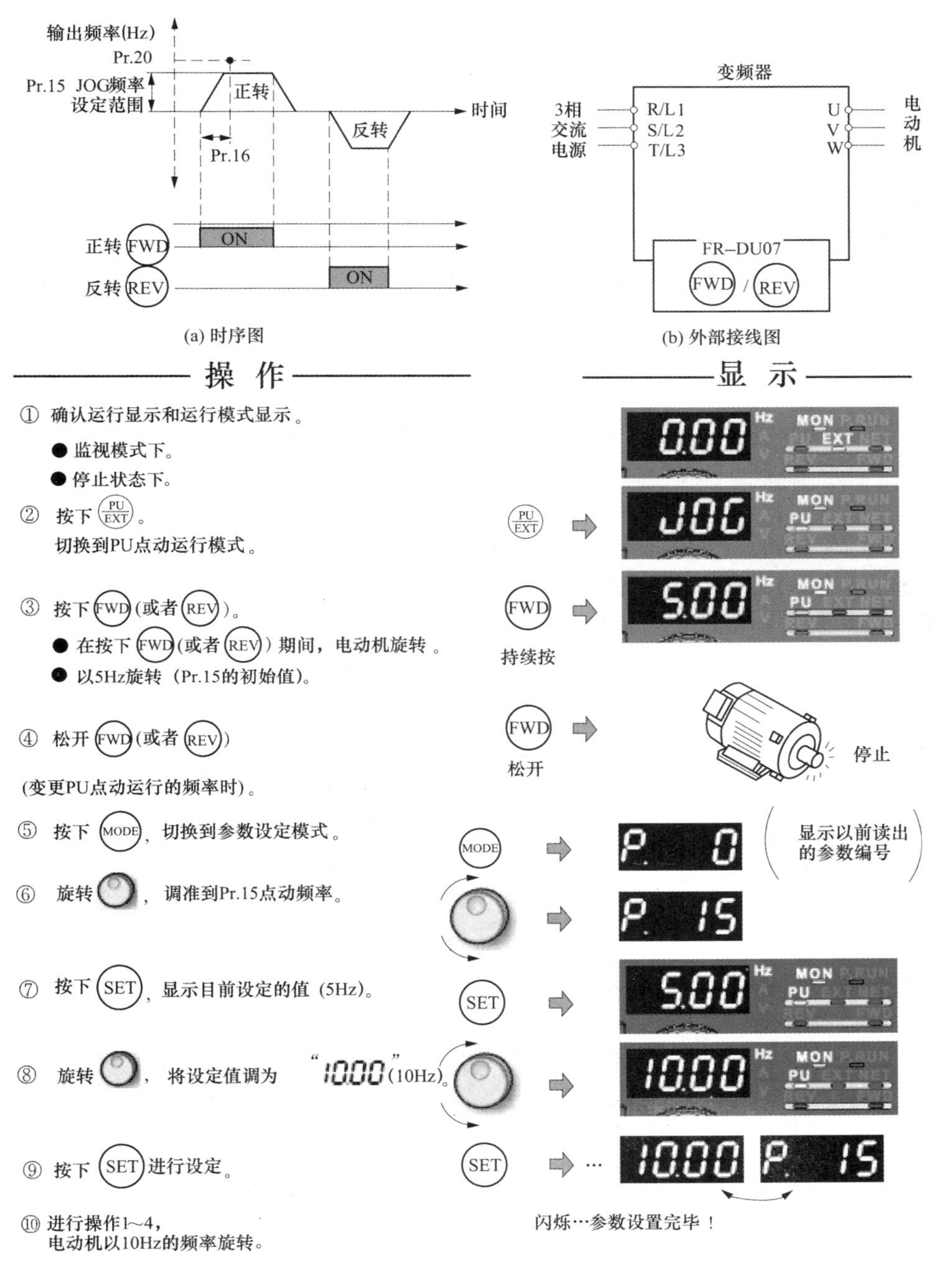

(c)操作方法

图 9－69 PU 模式点动运行

（9）参数写入选择（Pr. 77）。通过设定 Pr. 77，可以实现防止参数值被意外改写设定范围和设定值的功能。Pr. 77 参数的设定范围如表 9－19 所示。

表 9－19　　Pr. 77 参数的设定范围

参数	名称	初始值	设定范围	说明
Pr. 77	参数写入选择	0	0	仅限于停止中可以写入参数
			1	不可以写入参数
			2	在所有的运行模式下，不管状态如何都能写入参数

9. 2. 3　变频器的应用实例

1. PLC 与变频器联机三段速频率控制实例

【例 9－1】 使用 FX_{2N}-48MR 和 FR－A740 变频器的联机，以实现电动机三段速频率运转控制。其控制要求如下：若按下启动按钮 SB2，电动机启动并运行在第 1 段，频率为 10Hz，对应电动机转速为 560r/min；延时 10s 后，电动机反向运行在第 2 段，频率为 30Hz；再延时 15s 后，电动机正向运行在第 3 段，频率为 50Hz，对应电动机转速为 2800r/min。如果按下停止按钮 SB1，电动机停止运行。

解　电动机的三段速率运转采用变频器的多段速度来控制；变频器的多段运行信号通过 PLC 的输出端子来提供，也就是通过 PLC 来控制变频器的 RH、RM、RL 和 STF 端子、SD 端子和 RES 端子的通断。所以，PLC 需使用 2 个输入和 5 个输出，其 I/O 分配如表 9－20 所示。PLC 与变频器的接线方法如图 9－70 所示。

表 9－20　　PLC 与变频器联机三段速频率控制的 I/O 分配表

输入			输出	
功能	元件	PLC 地址	功能	PLC 地址
停止工作	SB1	X000	接变频器 STF 端子，使电动机正转	Y000
启动运行	SB2	X001	接变频器 RL 端子，使电动机 1 速运行	Y001
			接变频器 RM 端子，使电动机 2 速运行	Y002
			接变频器 RH 端子，使电动机 3 速运行	Y003
			接变频器 RES 端子，使变频器复位	Y004

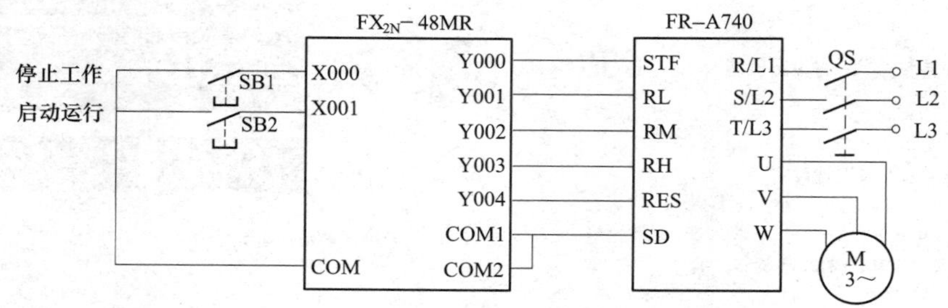

图 9－70　PLC 与变频器联机三段速频率控制接线图

根据控制要求，除了设定变频器的基本参数外，还必须设定运行模式选择和多段速度设定等参数，具体参数如表 9-21 所示。

表 9-21　　变频器参数设置

参数	设置值	说明	参数	设置值	说明
Pr. 1	50Hz	上限频率	Pr. 9	电动机额定电流	电子过电流保护
Pr. 2	0Hz	下限频率	Pr. 79	3	操作模式选择（外部/PU 组合模式 1）
Pr. 3	50Hz	基准频率	Pr. 4	10Hz	多段速度设定 1
Pr. 7	2s	加速时间	Pr. 5	30Hz	多段速度设定 2
Pr. 8	2s	减速时间	Pr. 6	50Hz	多段速度设定 3

根据系统的控制要求可以看出，三段速频率控制属于典型的顺序控制，其状态流程图如图 9-71 所示，编写的 PLC 梯形图程序如图 9-72 所示。

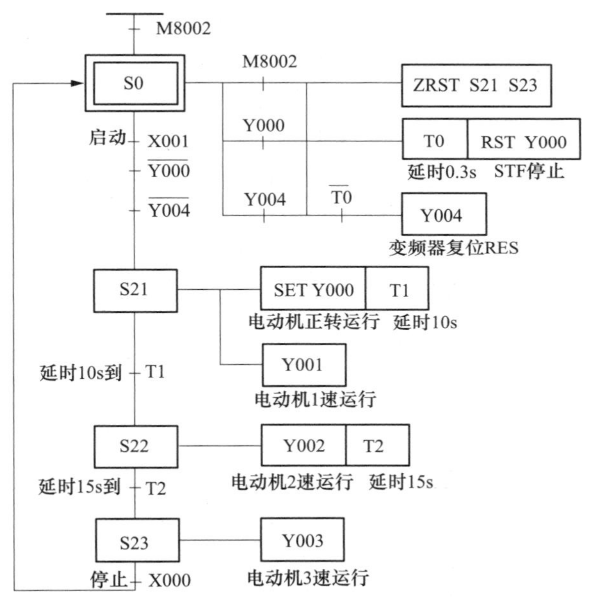

图 9-71　PLC 与变频器联机三段速频率控制的状态流程图

2. PLC 与变频器联机在物料传送控制中的应用实例

【例 9-2】 使用 FX_{2N}-48MR 和 FR-A740 变频器的联机，以实现物料传送控制。其控制要求如下：按下启动按钮 SB，系统进入待机状态，当金属物料经落料口放置传送带，光电传感器检测到物料时，电动机以 20Hz 频率启动正转运行，拖动皮带载物料向金属传感器方向运动。当物料行至电感传感器时，电动机以 30Hz 频率加速运行；当物料行至光纤传感器 1 时，电动机以 40Hz 频率加速运行；当物料行至光纤传感器 2 时，电动机以 40Hz 频率反转带动物料返回；当物料行至光纤传感器 1 时，电动机以 30Hz 频率减速运行；当物料行至电感传感器时，电动机以 20Hz 再次减速运行；当物料行至落料口时，光电传感器检测到物料，重复上述的过程。

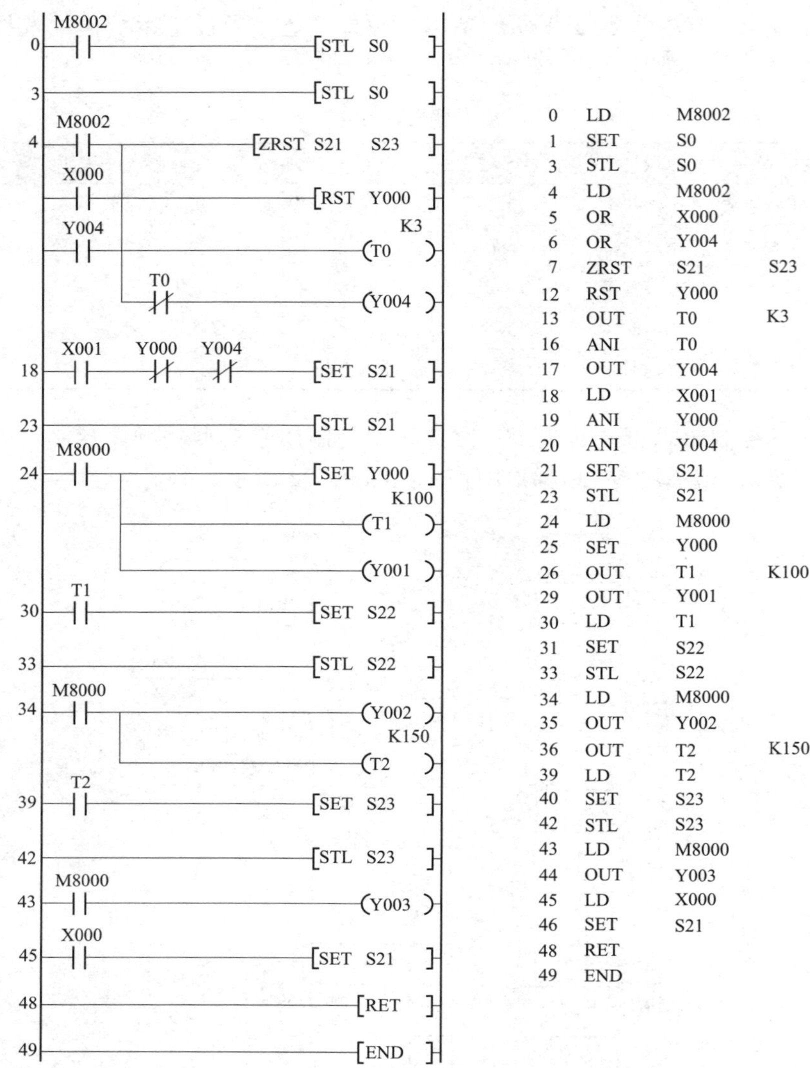

图 9－72　PLC 与变频器联机三段速频率控制的梯形图程序

解　从控制要求可以看出，本例实质上也是一个三段速频率控制。变频器的多段运行信号通过 PLC 的输出端子来提供，也就是通过 PLC 来控制变频器的 RH、RM、RL 和 STF 端子、SD 端子和 RES 端子的通断。所以，PLC 需使用 6 个输入和 5 个输出，其 I/O 分配如表 9－22 所示。PLC 与变频器的接线方法如图 9－73 所示。

表 9－22　　物料传送控制的 I/O 分配表

输入			输出	
功能	元件	PLC 地址	功能	PLC 地址
停止工作	SB1	X000	接变频器 STF 端子，使电动机正转	Y000
启动运行	SB2	X001	接变频器 STR 端子，使电动机反转	Y001
检测物料	光电传感器	X002	接变频器 RL 端子，使电动机 1 速运行	Y002
检测物料	电感传感器	X003	接变频器 RM 端子，使电动机 2 速运行	Y003

续表

输　入			输　出	
功能	元件	PLC 地址	功能	PLC 地址
检测物料	光纤传感器 1	X004	接变频器 RH 端子，使电动机 3 速运行	Y004
检测物料	光纤传感器 2	X005		

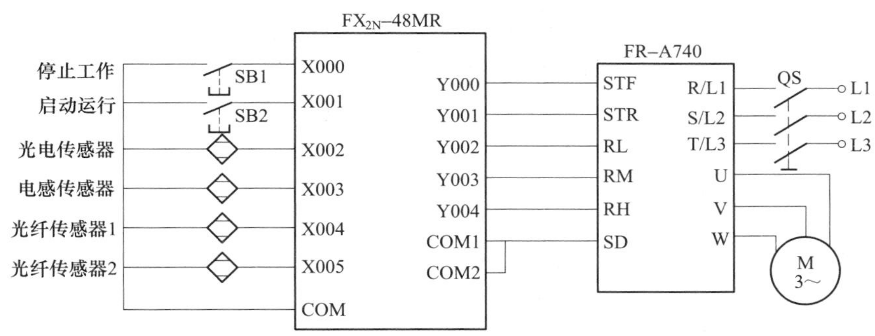

图 9-73　物料传送控制接线图

根据控制要求，除了设定变频器的基本参数外，还必须设定运行模式选择和多段速度设定等参数，具体参数如表 9-23 所示。

表 9-23　　变频器参数设置

参数	设置值	说明	参数	设置值	说明
Pr. 1	50Hz	上限频率	Pr. 9	电动机额定电流	电子过电流保护
Pr. 2	0Hz	下限频率	Pr. 79	3	操作模式选择（外部/PU 组合模式 1）
Pr. 3	50Hz	基准频率	Pr. 4	40Hz	多段速度设定 1
Pr. 7	2s	加速时间	Pr. 5	30Hz	多段速度设定 2
Pr. 8	1s	减速时间	Pr. 6	20Hz	多段速度设定 3

根据系统的控制要求可以看出，物料传送控制属于典型的顺序控制，其状态流程图如图 9-74 所示，编写的 PLC 梯形图程序如图 9-75 所示。

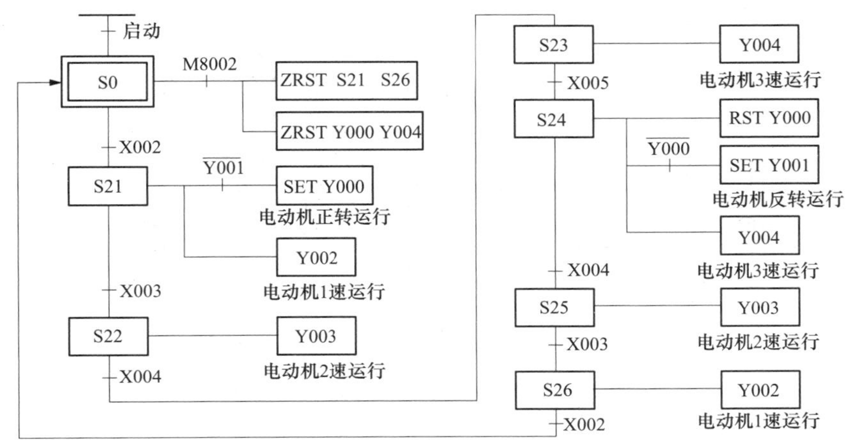

图 9-74　物料传送控制的状态流程图

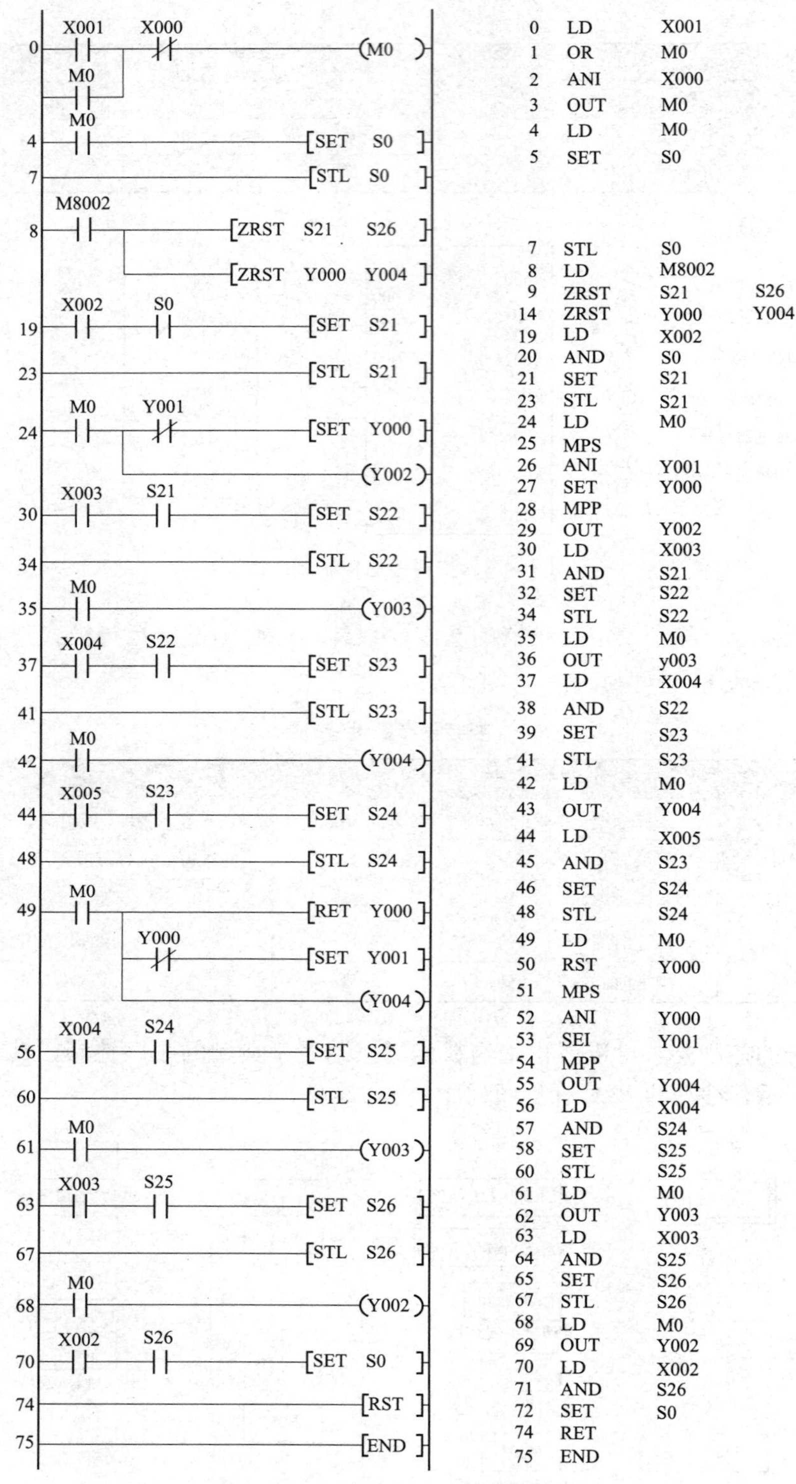

图 9－75 物料传送控制的梯形图程序

三菱FX_{2N} PLC从入门到精通

第 10 章

PLC控制系统设计及实例

PLC 的内部结构尽管与计算机、微机相类似，但其接口电路不相同，编程语言也不一致。因此，PLC 控制系统与微机控制系统开发过程也不完全相同，需要根据 PLC 本身特点、性能进行系统设计。

10.1 PLC控制系统的设计

可编程控制器应用方便、可靠性高，大量地应用于各个行业、各个领域。随着可编程控制器功能的不断拓宽与增强，它已经从完成复杂的顺序逻辑控制的继电器控制柜的替代物，逐渐进入过程控制和闭环控制等领域，它所能控制的系统越来越复杂，控制规模越来宏大，因此如何用可编程控制器完成实际控制系统应用设计，是每个从事电气控制技术人员所面临的实际问题。

10. 1. 1 PLC 控制系统的设计原则和内容

任何一种电气控制系统都是为了实现生产设备或生产过程的控制要求和工艺需求，以提高生产效率和产品质量。因此，在设计 PLC 控制系统时，应遵循以下基本原则：

(1) 最大限度地满足被控对象提出的各项性能指标。设计前，设计人员除理解被控对象的技术要求外，应深入现场进行实地调查研究，收集资料，访问有关的技术人员和实际操作人员，共同拟定设计方案，协同解决设计中出现的各种问题。

(2) 在满足控制要求的前提下，力求使控制系统简单、经济，使用及维修方便。

(3) 保证控制系统的安全、可靠。

(4) 考虑到生产的发展和工艺的改进，在选择 PLC 容量时，应适当留有裕量。

PLC 控制系统是由 PLC 与用户输入/输出设备连接而成的，因此，PLC 控制系统设计的基本内容如下：

(1) 明确设计任务和技术文件。设计任务和技术条件一般以设计任务的方式给出，在设计任务中，应明确各项设计要求、约束条件及控制方式。

(2) 明确用户输入设备和输出设备。在构成 PLC 控制系统时，除了作为控制器的 PLC，用户的输入/输出设备是进行机型选择和软件设计的依据，因此要明确输入设备的类型（如控制按钮、操作开关、限位开关、传感器等）和数量，输出设备的类型（如信号灯、接触器、继电器等）和数量，以及由输出设备驱动的负载（如电动机、电磁阀等），并进行分类、汇总。

(3) 选择合适的 PLC 机型。PLC 是整个控制系统的核心部件，正确、合理选择机型对于保证整个系统技术经济性能指标起重要的作用。选择 PLC，应包括机型的选择、容量的选择、I/O 模块的选择、电源模块的选择等。

(4) 合理分配 I/O 端口，绘制 I/O 接线图。通过对用户输入/输出设备的分析、分类和整理，进行相应的 I/O 地址分配，并据此绘制 I/O 接线图。

(5) 设计控制程序。根据控制任务、所选择的机型及 I/O 接线图，一般采用梯形图语言（LAD）或语句表（STL）设计系统控制程序。控制程序是控制整个系统工作的软件，是保证系统工作正常、安全、可靠的关键。

(6) 必要时设计非标准设备。在进行设备选型时，应尽量选用标准设备，如果无标准设备可选，还可能需要设计操作台、控制柜、模拟显示屏等非标准设备。

(7) 编制控制系统的技术文件。在设计任务完成后，要编制系统技术文件。技术文件一般应包括设计说明书、使用说明书、I/O 接线图和控制程序（如梯形图、语句表等）。

10.1.2 PLC 控制系统的设计步骤

设计一个 PLC 控制系统需要以下 8 个步骤：

步骤 1：分析被控对象并提出控制要求

详细分析被控对象的工艺过程及工作特点，了解被控对象机、电、液之间的配合，提出被控对象对 PLC 控制系统的控制要求，确定控制方案，拟定设计任务书。被控对象就是受控的机械、电气设备、生产线或生产过程。控制要求主要指控制的基本方式、应完成的动作、自动工作循环的组成、必要的保护和联锁等。

步骤 2：确定输入/输出设备

根据系统的控制要求，确定系统所需的全部输入设备（如按钮、位置开关、转换开关及各种传感器等）和输出设备（如接触器、电磁阀、信号指示灯及其他执行器等），从而确定与 PLC 有关的输入/输出设备，以确定 PLC 的 I/O 点数。

步骤 3：选择 PLC

根据已确定的用户 I/O 设备，统计所需的输入信号和输出信号的点数，选择合适的 PLC 类型，包括机型的选择、容量的选择、I/O 模块的选择、电源模块的选择等。

步骤 4：分配 I/O 点并设计 PLC 外围硬件线路

(1) 分配 I/O 点。画出 PLC 的 I/O 点与输入/输出设备的连接图或对应关系表，该部分也可在第（2）步中进行。

(2) 设计 PLC 外围硬件线路。画出系统其他部分的电气线路图，包括主电路和未进入 PLC 的控制电路等。由 PLC 的 I/O 连接图和 PLC 外围电气线路图组成系统的电气原理图。到此为止系统的硬件电气线路已经确定。

步骤5：程序设计

(1) 程序设计。根据系统的控制要求，采用合适的设计方法来设计PLC程序。程序要以满足系统控制要求为主线，逐一编写实现各控制功能或各子任务的程序，逐步完善系统指定的功能。除此之外，程序通常还应包括以下内容：

1) 初始化程序。在PLC上电后，一般都要做一些初始化的操作，为启动做必要的准备，避免系统发生误动作。初始化程序的主要内容有：对某些数据区、计数器等进行清零，对某些数据区所需数据进行恢复，对某些继电器进行置位或复位，对某些初始状态进行显示等。

2) 检测、故障诊断和显示等程序。这些程序相对独立，一般在程序设计基本完成时再添加。

3) 保护和连锁程序。保护和连锁是程序中不可缺少的部分，必须认真加以考虑。它可以避免由于非法操作而引起的控制逻辑混乱。

(2) 程序模拟调试。程序模拟调试的基本思想是，以方便的形式模拟产生现场实际状态，为程序的运行创造必要的环境条件。根据产生现场信号的方式不同，模拟调试有硬件模拟法和软件模拟法两种形式。

1) 硬件模拟法是使用一些硬件设备（如用另一台PLC或一些输入器件等）模拟产生现场的信号，并将这些信号以硬接线的方式连到PLC系统的输入端，其时效性较强。

2) 软件模拟法是在PLC中另外编写一套模拟程序，模拟提供现场信号，其简单易行，但时效性不易保证。模拟调试过程中，可采用分段调试的方法，并利用编程器的监控功能。

步骤6：硬件实施

硬件实施方面主要是进行控制柜（台）等硬件的设计及现场施工。其主要内容有：

(1) 设计控制柜和操作台等部分的电器布置图及安装接线图。

(2) 设计系统各部分之间的电气互联图。

(3) 根据施工图纸进行现场接线，并进行详细检查。

由于程序设计与硬件实施可同时进行，因此PLC控制系统的设计周期可大大缩短。

步骤7：联机调试

联机调试是将通过模拟调试的程序进一步进行在线统调。联机调试过程应循序渐进，从PLC只连接输入设备、再连接输出设备、再接上实际负载等逐步进行调试。如不符合要求，则对硬件和程序作调整。通常只需修改部分程序即可。

全部调试完毕后，交付试运行。经过一段时间运行，如果工作正常、程序不需要修改，应将程序固化到EPROM中，以防程序丢失。

步骤8：编制技术文件

系统调试好后，应根据调试的最终结果，整理出完整的系统技术文件。系统技术文件包括说明书、电气原理图、电器布置图、电气元件明细表、PLC梯形图。

10.1.3 PLC硬件系统设计

PLC硬件系统设计主要包括PLC型号的选择、I/O模块的选择、输入/输出点数的选择、可靠性的设计等内容。

1. PLC 型号的选择

做出系统控制方案的决策之前，要详细了解被控对象的控制要求，从而决定是否选用 PLC 进行控制。

随着 P LC 技术的发展，PLC 产品的种类也越来越多。不同型号的 PLC，其结构形式、指令系统、编程方式、价格等也各有不同，适用的场合也各有侧重。因此，合理选用 PLC，对于提高 PLC 控制系统的技术经济指标有着重要意义。

(1) 对输入/输出点的选择。盲目选择点数多的机型会造成一定浪费。要先弄清楚控制系统的 I/O 总点数，再按实际所需总点数的 15%～20%留出备用量（为系统的改造等留有余地）后确定所需 PLC 的点数。另外要注意，一些高密度输入点的模块对同时接通的输入点数有限制，一般同时接通的输入点不得超过总输入点的 60%；PLC 每个输出点的驱动能力也是有限的，有的 PLC 其每点输出电流的大小还随所加负载电压的不同而异；一般 PLC 的允许输出电流随环境温度的升高而有所降低等。在选型时要考虑这些问题。

PLC 的输出点可分共点式、分组式和隔离式几种接法。隔离式的各组输出点之间可以采用不同的电压种类和电压等级，但这种 PLC 平均每点的价格较高。如果输出信号之间不需要隔离，则应选择前两种输出方式的 PLC。

(2) 对存储容量的选择。对用户存储容量只能做粗略的估算。在仅对开关量进行控制的系统中，可以用输入总点数×10 字/点＋输出总点数×5 字/点来估算；计数器/定时器按 3～5 字/个估算；有运算处理时按 5～10 字/量估算；在有模拟量输入/输出的系统中，可以按每输入（或输出）一路模拟量约需 80～100 字的存储容量来估算；有通信处理时按每个接口 200 字以上的数量粗略估算。最后，一般按估算容量的 50%～100%留有余量。对缺乏经验的设计者，选择容量时留有余量要大些。

(3) 对 I/O 响应时间的选择。PLC 的 I/O 响应时间包括输入电路延迟、输出电路延迟和扫描工作方式引起的时间延迟（一般在 2～3 个扫描周期）等。对开关量控制的系统，PLC 和 I/O 响应时间一般都能满足实际工程的要求，可不必考虑 I/O 响应问题。但对模拟量控制的系统、特别是闭环系统，就要考虑这个问题。

(4) 根据输出负载的特点选型。不同的负载对 PLC 的输出方式有相应的要求。例如，频繁通断的感性负载，应选择晶体管或晶闸管输出型的，而不应选用继电器输出型的。但继电器输出型的 PLC 有许多优点，如导通压降小、有隔离作用、价格相对较便宜、承受瞬时过电压和过电流的能力较强、负载电压灵活（可交流、可直流）且电压等级范围大等。因此，动作不频繁的交、直流负载可以选择继电器输出型的 PLC。

(5) 对在线和离线编程的选择。离线编程是指主机和编程器共用一个 CPU，通过编程器的方式选择开关来选择 PLC 的编程、监控和运行工作状态。编程状态时，CPU 只为编程器服务，而不对现场进行控制。专用编程器编程属于这种情况。在线编程是指主机和编程器各有一个 CPU，主机的 CPU 完成对现场的控制，在每一个扫描周期末尾与编程器通信，编程器把修改的程序发给主机，在下一个扫描周期主机将按新的程序对现场进行控制。计算机辅助编程既能实现离线编程，也能实现在线编程。在线编程需购置计算机，并配置编程软件。采用哪种编程方法应根据需要决定。

(6) 根据是否联网通信选型。若 PLC 控制的系统需要联入工厂自动化网络，则 PLC 需要有通信联网功能，即要求 PLC 应具有连接其他 PLC、上位计算机及 CRT 等的接口。大、中型机都有通信功能，目前大部分小型机也具有通信功能。

(7) 对 PLC 结构形式的选择。在相同功能和相同 I/O 点数的情况下，整体式比模块式价格低且体积相对较小，所以一般用于系统工艺过程较为固定的小型控制系统中。但模块式具有功能扩展灵活、维修方便（换模块）、容易判断故障等优点，因此模块式 PLC 一般适用于较复杂系统和环境差（维修量大）的场合。

2. I/O 模块的选择

在 PLC 控制系统中，为了实现对生产机械的控制，需将对象的各种测量参数按要求的方式送入 PLC。PLC 经过运算、处理后再将结果以数字量的形式输出，此时也是把该输出变换为适合于对生产机械控制的量。因此，在 PLC 和生产机械中，必须设置信息传递和变换的装置，即 I/O 模块。

由于输入和输出信号的不同，因此 I/O 模块有数字量输入模块、数字量输出模块、模拟量输入模块和模拟量输出模块共 4 大类。不同的 I/O 模块，其电路及功能也不同，这些都直接影响 PLC 的应用范围和价格，因此必须根据实际需求合理选择 I/O 模块。

选择 I/O 模块之前，应确定哪些信号是输入信号，哪些信号是输出信号。输入信号由输入模块进行传递和变换，输出信号由输出模块进行传递和变换。

对于输入模块的选择要从 3 个方面进行考虑。

(1) 根据输入信号的不同进行选择。输入信号为开关量即数字量时，应选择数字量输入模块；输入信号为模拟量时，应选择模拟量输入模块。

(2) 根据现场设备与模块之间的距离进行选择。一般 5、12、24V 属于低电平，其传输出距离不宜太远，如 12V 电压模块的传输距离一般不超过 12m。对于传输距离较远的设备，应选用较高电压或电压范围较宽的模块。

(3) 根据同时接通的点数多少进行选择。对于高密度的输入模块，如 32 点和 64 点输入模块，能允许同时接通的点数取决于输入电压的高低和环境温度，不宜过多。一般同时接通的点数不得超过总输入点数的 60%，但对于控制过程，比如自动/手动、启动/停止等输入点同时接通的概率不大，所以不需考虑。

输出模块有继电器、晶体管和晶闸管三种工作方式。继电器输出适用于交、直流负载，其特点是带负载能力强，但动作频率与响应速度慢。晶体管输出适用于直流负载，其特点是动作频率高、响应速度快，但带负载能力小。晶闸管输出适用于交流负载，其特点是响应速度快，但带负载能力不大。因此，对于开关频繁、功率因数低的感性负载，可选用晶闸管（交流）和晶体管（直流）输出；在输出变化不太快、开关要求不频繁的场合，应选用继电器输出。在选用输出模块时，不但要看一个点的驱动能力，还要看整个模块的满负荷能力，即输出模块同时接通点数的总电流值不得超过模块规定的最大允许电流。对于功率较小的集中设备，如普通机床，可选用低电压高密度的基本 I/O 模块；对功率较大的分散设备，可选用高电压低密度的基本 I/O 模块。

3. 输入/输出点数的选择

一般输入点和输入信号、输出点和输出控制是一一对应的。

分配好后，按系统配置的通道与接点号，分配给每一个输入信号和输出信号，即进行编号。在个别情况下，也有两个信号用一个输入点的，那样就应在接入输入点前，按逻辑关系接好线（如两个触点先串联或并联），然后再接到输入点。

（1）确定 I/O 通道范围。不同型号的 PLC，其输入/输出通道的范围是不一样的，应根据所选 PLC 型号，查阅相应的编程手册，决不可"张冠李戴"。

（2）内部辅助继电器。内部辅助继电器不对外输出，不能直接连接外部器件，而是在控制其他继电器、定时器 /计数器时作数据存储或数据处理用。

从功能上讲，内部辅助继电器相当于传统电控柜中的中间继电器。未分配模块的输入/输出继电器区以及未使用 1∶1 链接时的链接继电器区等均可作为内部辅助继电器使用。根据程序设计的需要，应合理安排 PLC 的内部辅助继电器，在设计说明书中应详细列出各内部辅助继电器在程序中的用途，避免重复使用。

（3）分配定时器/计数器。PLC 的定时器/计数器数量分配请参阅 4.2 节和 4.3 节。

4. 可靠性的设计

PLC 控制系统的可靠性设计主要包括供电系统设计、接地设计和冗余设计。

（1）供电系统设计。通常 PLC 供电系统设计是指 CPU 工作电源、I/O 模板工作电源的设计。

1）CPU 工作电源的设计。PLC 的正常供电电源一般由电网供电（交流 220V，50Hz），由于电网覆盖范围广，它将受到所有空间电磁干扰而在线路上感应电压和电流。尤其是电网内部的变化，开关操作浪涌、大型电力设备的启停、交直流传动装置引起的谐波、电网短路暂态冲击等，都通过输电线路传到电源中，从而影响 PLC 的可靠运行。在 CPU 工作电源的设计中，一般可采取隔离变压器、交流稳压器、UPS 电源、晶体管开关电源等措施。

PLC 的电源模板可能包括多种输入电压：交流 220V、交流 110V 和直流 24V，而 CPU 电源模板所需要的工作电源一般是 5V 直流电源，在实际应用中要注意电源模板输入电压的选择。在选择电源模板的输出功率时，要保证其输出功率大于 CPU 模板、所有 I/O 模板及各种智能模板总的消耗功率，并且要考虑 30%左右的余量。

2）I/O 模板工作电源的设计。I/O 模板工作电源是系统中的传感器、执行机构、各种负载与 I/O 模板之间的供电电源。在实际应用中，基本上采用 24V 直流供电电源或 220V 交流供电电源。

（2）接地设计。为了安全和抑制干扰，系统一般要正确接地。系统接地方式一般有浮地方式、直接接地方式和电容接地三种方式。对 PLC 控制系统而言，它属高速低电平控制装置，应采用直接接地方式。由于信号电缆分布电容和输入装置滤波等的影响，装置之间的信号交换频率一般都低于 1MHz，因此 PLC 控制系统接地线采用一点接地和串联一点接地方式。集中布置的 PLC 系统适于并联一点接地方式，各装置的柜体中心接地点以单独的接地线引向接地极。如果装置间距较大，应采用串联一点接地方式。用一根大截面铜母线（或绝缘电缆）连接各装置的柜体中心接地点，然后将接地母线直接连接接地极。接地线采用截面积大于 $20mm^2$ 的铜导线，总母线使用截面积大于 $60mm^2$ 的铜排。接地极的接地电阻小于 2Ω，接地极最好埋在距建筑物 10～15m 远处，而且 PLC 系统接地点必须与强电设备接地点相距 10m 以上。信号源接地时，屏蔽层应在信号侧接地；不接地时，应在 PLC 侧接地；信号线中间有接头时，屏蔽层应牢固连接并进行绝缘处理，一定要避免多点接地；多个测点信号的屏蔽双绞线与多芯对绞总屏电缆连接时，各屏蔽层应相互连接好，并经绝缘处理。PLC 电源线，I/O 电源线，输入、输出信号线，交流线、直流线都应尽量分开布线。开关量信号线与模拟量信号线也应分开布线，而且后者应采用屏蔽线，并且将屏蔽层接地。数字传输线也要采用屏蔽线，并且要将屏蔽层接地。PLC 系统最好单独接地，也可以与其他设备公共接地，但严禁与其他设备串联接地。连接接地线时，应注意以下几点：

1）PLC 控制系统单独接地。

2）PLC 系统接地端子是抗干扰的中性端子，应与接地端子连接，其正确接地可以有效消除电源系统的共模干扰。

3）PLC 系统的接地电阻应小于 100Ω，接地线至少用 $20mm^2$ 的专用接地线，以防止感应电的产生。

4）输入、输出信号电缆的屏蔽线应与接地端子端连接，且接地良好。

（3）冗余设计。冗余设计是指在系统中人为地设计某些“多余”的部分，冗余配置代表 PLC 适应特殊需要的能力，是高性能 PLC 的体现。冗余设计的目的是在 PLC 已经可靠工作的基础上，再进一步提高其可靠性，减少出现故障的概率和出现故障后修复的时间。

10.1.4 PLC 软件系统设计

1. PLC 软件系统设计方法

PLC 软件系统设计就是根据控制系统硬件结构和工艺要求，使用相应的编程语言，编制用户控制程序和形成相应文件的过程。编制 PLC 控制程序的方法很多，这里主要介绍几种典型的编程方法。

（1）图解法编程。图解法编程是靠画图进行 PLC 程序设计。常见的主要有梯形图法、逻辑流程图法、时序流程图法和步进顺控法。

1）梯形图法。梯形图法是用梯形图语言编制 PLC 程序。这是一种模仿继电器控制系统的编程方法。其图形甚至元件名称都与继电器控制电路十分相近。这种方法很容易地就可以把原继电器控制电路移植成 PLC 的梯形图语言。这对于熟悉继电器控制的人来说，是最方便的一种编程方法。

2）逻辑流程图法。逻辑流程图法是用逻辑框图表示 PLC 程序的执行过程，反映输入与输出的关系。这种方法编制的 PLC 控制程序，逻辑思路清晰，输入与输出的因果关系及联锁条件明确。逻辑流程图会使整个程序脉络清楚，便于分析控制程序，便于查找故障点，便于调试程序和维修程序。有时对一个复杂的程序，直接用语句表和用梯形图编程可能觉得难以下手，则可以先画出逻辑流程图，再为逻辑流程图的各个部分用语句表和梯形图编制 PLC 应用程序。

3）时序流程图法。时序流程图法是首先画出控制系统的时序图（即到某一个时间应该进行哪项控制的控制时序图），再根据时序关系画出对应的控制任务的程序框图，最后把程序框图写成 PLC 程序。时序流程图法很适合于以时间为基准的控制系统的编程方法。

4）步进顺控法。步进顺控法是在顺控指令的配合下设计复杂的控制程序。一般比较复杂的程序，都可以分成若干个功能比较简单的程序段，一个程序段可以看成整个控制过程中的一步。从整体看，一个复杂系统的控制过程是由这样若干个步组成的。系统控制的任务实际上可以认为在不同时刻或者在不同进程中去完成对各个步的控制。为此，不少 PLC 生产厂家在自己的 PLC 中增加了步进顺控指令。在画完各个步进的状态流程图之后，可以利用步进顺控指令方便地编写控制程序。

（2）经验法编程。经验法编程是运用自己的或别人的经验进行设计。多数是设计前先选择与自己工艺要求相近的程序，把这些程序看成是自己的“试验程序”，结合自己工程的情况，对这些“试验程序”逐一修改，使之适合自己的工程要求。这里所说的经验，有的是自己的经验总结，有的可能是别人的设计经验，就需要日积月累，善于总结。

（3）计算机辅助设计编程。计算机辅助设计编程是通过 PLC 编程软件在计算机上进行程序设计、离线或在线编程、离线仿真和在线调试等。使用编程软件可以十分方便地在计算机上离线或在线编程、在线调试，还可以进行程序的存取、加密以及形成 EXE 运行文件。

2. PLC 软件系统设计步骤

在了解了程序结构和编程方法的基础上，就要实际地编写 PLC 程序了。编写 PLC 程序和编写其他计算机程序一样，都需要经历如下过程。

（1）对系统任务分块。分块的目的就是把一个复杂的工程，分解成多个比较简单的小任务。这样可便于编制程序。

（2）编制控制系统的逻辑关系图。从逻辑控制关系图上，可以反映出某一逻辑关系的结果是什么，这一结果又应该导出哪些动作。这个逻辑关系可能是以各个控制活动顺序为基准，也可能是以整个活动的时间节拍为基准。逻辑关系图反映了控制过程中控制作用与被控对象的活动，也反映了输入与输出的关系。

（3）绘制各种电路图。绘制各种电路的目的，是把系统的输入/输出所设计的地址和名称联系起来，这是关键的一步。在绘制 PLC 的输入电路时，不仅要考虑到信号的连接点是否与命名一致，也要考虑到输入端的电压和电流是否合适，还要考虑到在特殊条件下运行的可靠性与稳定条件等问题。特别是要考虑到能否把高压引导到 PLC 的输入端，若将高压引入 PLC 的输入端时，有可能对 PLC 造成比较大的伤害。在绘制 PLC 输出电路时，不仅要考虑到输出信号连接点是否与命名一致，也要考虑到 PLC 输出模块的带负载能力和耐电压能力，还要考虑到电源输出功率和极性问题。在整个电路的绘制过程中，还要考虑设计原则，努力提高其稳定性和可靠性。虽然用 PLC 进行控制方便、灵活，但是在电路设计时仍然需要谨慎、全面。因此，在绘制电路图时要考虑周全，何处该装按钮、何处该装开关都要心里有数。

（4）编制 PLC 程序并进行模拟调试。在编制完电路图后，就可以着手编制 PLC 程序了。在编程时，除了注意程序要正确、可靠之外，还要考虑程序简捷、省时、便于阅读、便于修改。编好一个程序块要进行模拟实验，这样便于查找问题，便于及时修改程序。

10.2 PLC在电动机控制中的应用

10.2.1 异步电动机限位往返控制

在生产过程中，有时需控制一些生产机械运动部件的行程和位置，或允许某些运动部件只能在一定范围内自动循环往返。如在摇臂钻床、万能铣床、镗床、桥式起重机及各种自动或半自动控制机床设计中经常遇到机械运动部件需进行位置与自动循环控制的要求。

1. 异步电动机限位往返控制线路分析

自动往返通常是利用行程开关来控制自动往复运动的相对位置，再控制电动机的正反转，其传统继电器—接触器控制线路如图 10-1 所示。

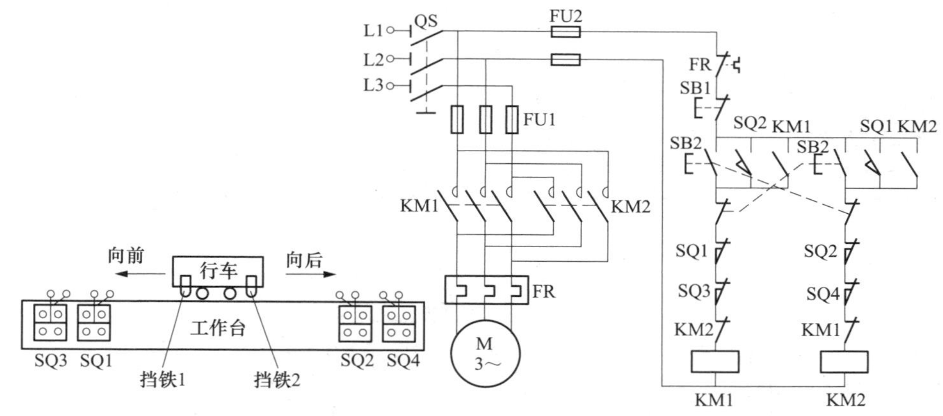

图 10-1 传统继电器—接触器自动循环控制线路

为使电动机的正反转与行车的向前或向后运动相配合，在控制线路中设置了 SQ1、SQ2、SQ3 和 SQ4 这四个行程开关，并将它们安装在工作台的相应位置。SQ1 和 SQ2 用来自动切换电动机的正反转以控制行车向前或向后运行，因此将 SQ1 称为反向转正向行程开关，SQ2 称为正向转反向行程开关。为防止工作台越过限定位置，在工作台的两端安装 SQ3 和 SQ4，SQ3 称为正向限位开关，SQ4 称为反向限位开关。行车的挡铁 1 只能碰撞 SQ1、SQ3，挡铁 2 只能碰撞 SQ2、SQ4。

电路的工作原理：合上电源刀开关 QS，按下正转启动按钮 SB2，KM1 线圈得电，KM1 动合辅助触头闭合，形成自锁；KM1 动断辅助触头打开，对 KM2 进行联锁；KM1 主触头闭合，电动机启动，行车向前运行。当行车向前运行到限定位置时，挡铁 1 碰撞行程开关 SQ1，SQ1 动断触头打开，切断 KM1 线圈电源，使 KM1 线圈失电，触头释放，电动机停止向前运行，同时 SQ1 的动合触头闭合，使 KM2 线圈得电。KM2 线圈得电，KM2 动断辅助触头打开，对 KM1 进行联锁；KM2 主触头闭合，电动机启动，行车向后运行。当行车向后运行到限定位置时，挡铁 2 碰撞行程开关 SQ2，SQ2 动断触头打开，切断 KM2 线圈电源，使 KM2 线圈失电，触头释放，电动机停止向前运行，同时 SQ2 的动合触头闭合，使 KM1 线圈得电，电动机再次得电，行车又改为向前运行，实现了自动循环往返转控制。电动机运行过程中，按下停止按钮 SB1 时，行车将停止运行。若 SQ1（或 SQ2）失灵，行车向前（或向后）碰撞 SQ3（或 SQ4）时，强行停止行车运行。启动行车时，如果行车已在工作台的最前端，应按下 SB3 进行启动。

2. 异步电动机限位往返控制线路 PLC 控制

根据异步电动机限位往返控制线路的分析，其 PLC 控制设计如下：

(1) PLC 的 I/O 分配如表 10－1 所示。

表 10－1　异步电动机限位往返控制线路 PLC 控制的 I/O 分配表

输入			输出		
功能	元件	PLC 地址	功能	元件	PLC 地址
停止按钮	SB1	X000	正向控制接触器	KM1	Y000
正向启动按钮	SB2	X001	反向控制接触器	KM2	Y001
反向启动按钮	SB3	X002			
正向转反向行程开关	SQ1	X003			
反向转正向行程开关	SQ2	X004			
正向限位开关	SQ3	X005			
反向限位开关	SQ4	X006			

(2) PLC 的控制线路接线图如图 10－2 所示。

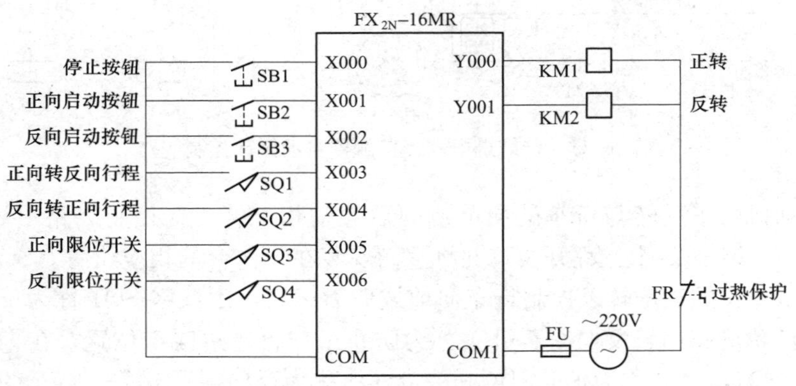

图 10－2　PLC 控制异步电动机限位往返接线图

(3) 异步电动机限位往返控制线路 PLC 程序如图 10－3 所示。

(4) PLC 程序说明。步 0～步 8、步 18～步 26 为正向运行控制，按下正向启动按钮 SB2 时，X001 动合触点闭合，延时 2s 后 Y000 输出线圈有效，控制 KM1 主触头闭合，行车正向前进。当行车行进中碰到反向转正向限位开关 SQ1 时，X003 动断触点打开，Y000 输出线圈无效，KM1 主触头断开，从而使行车停止前进，同时 X003 动合触点闭

```
0  LD   X001
1  OR   X004
2  OR   M0
3  ANI  X000
4  ANI  X003
5  ANI  X002
6  ANI  X005
7  ANI  Y001
8  OUT  M0
9  LD   X002
10 OR   X003
11 OR   M1
12 ANI  X000
13 ANI  X004
14 ANI  X001
15 ANI  X006
16 ANI  Y000
17 OUT  M1
18 LD   M0
19 ANI  Y000
20 OUT  T0    K20
23 LD   T0
24 OR   Y000
25 AND  M0
26 OUT  Y000
27 LD   M1
28 ANI  Y001
29 OUT  T1    K20
32 LD   T1
33 OR   Y001
34 AND  M1
35 OUT  Y001
36 END
```

图 10-3　异步电动机限位往返控制线路 PLC 程序

合，延时 2s 后 Y001 输出线圈得电并自保，使行车反向运行，其 PLC 运行仿真效果如图 10-4 所示。

步 9～步 17、步 27～步 35 为反向运行控制，按下反向启动按钮 SB3 时，X002 动合触点闭合，延时 2s 后 Y001 输出线圈有效，控制 KM2 主触头闭合，行车反向后退。当行车行进中碰到反向限位开关 SQ2 时，X004 动断触点打开，Y001 输出线圈无效，KM2 主触头断开，从而使行车停止后退，同时 X004 动合触点闭合，延时 2s 后 Y000 输出线圈得电并自保，使行车正向运行。

行车在行进过程中，按下停止按钮 SB1 时，X000 动断触头断开，从而控制行车停止运行。

当电动机由正转切换到反转时，KM1 的断电和 KM2 的得电同时进行。这样，对于功率较大且为感性的负载，有可能在 KM1 断开其触头，电弧尚未熄灭时，KM2 的触头已闭合，使电源相间瞬时短路。解决的办法是在程序中加入两个定时器（如 T0 和 T1），使正、反向切换时，被切断的接触器瞬时动作，被接通的接触器延时一段时间才动作（如延时 2s），避免了两个接触器同时切换造成的电源相间短路。

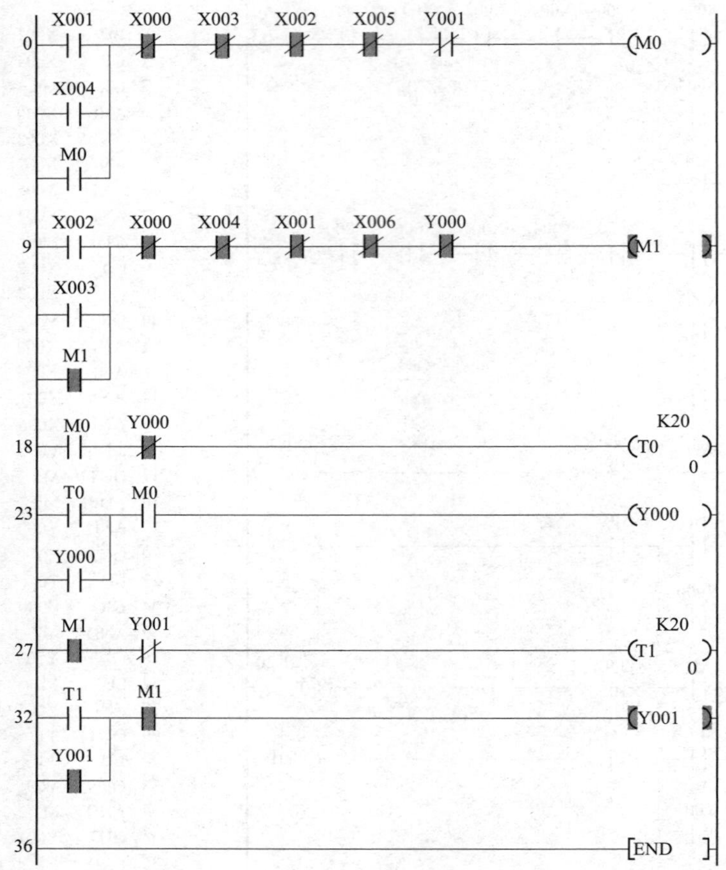

图 10－4　PLC 控制异步电动机限位往返运行仿真效果图

10.2.2　异步电动机制动控制

交流异步电动机的制动方法有机械制动和电气制动两种。机械制动是用机械装置来强迫电动机迅速停转，如电磁抱闸制动、电磁离合器制动等。电气制动是使电动机的电磁转矩方向与电动机旋转方向相反以达到制动，如反接制动、能耗制动、回馈制动等。在此，以电动机能耗制动为例，讲述 PLC 在异步电动机制动控制中的应用。

1. 异步电动机制动控制线路分析

能耗制动是一种应用广泛的电气制动方法，它是在电动机切断交流电源后，立即向电动机定子绕组通入直流电源，定子绕组中流过直流电流，产生一个静止不动的直流磁场，而此时电动机的转子由于惯性仍按原来方向旋转，转子导体切割直流磁通，产生感生电流，在感生电流和静止磁场的作用下，产生一个阻碍转子转动的制动力矩，使电动机转速迅速下降，当转速下降到零时，转子导体与磁场之间无相对运动，感生电流消失，制动力矩变为零，电动机停止转动，从而达到制动的目的。传统继电器—接触器能耗制动线路如图 10－5 所示。

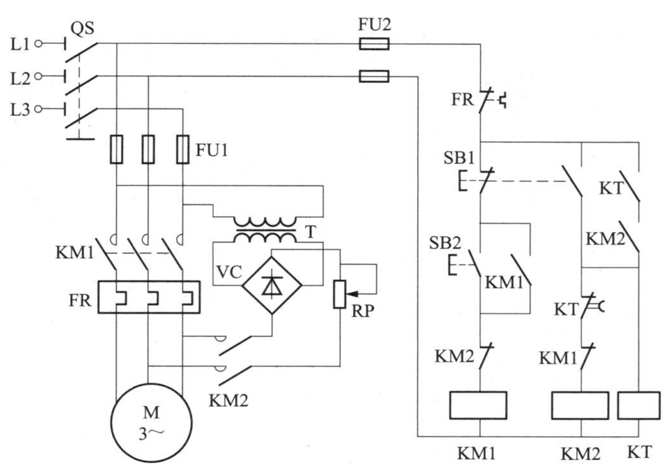

图 10-5 传统继电器—接触器能耗制动控制线路

电路的工作原理：合上电源刀开关 QS，按下启动按钮 SB2，KM1 线圈得电，动合辅助触头自锁，动断辅助触头互锁，主触头闭合，电动机全电压启动运行。需要电动机停止时，按下停止按钮 SB1，KM1 线圈失电，释放触头，电动机定子绕组失去交流电源，由于惯性转子仍高速旋转。同时 KM2、KT 线圈得电形成自锁，KM2 主触头闭合，使电动机定子绕组接入直流电源进行能耗制动，电动机转速迅速下降，当转速接近零时，时间继电器 KT 的延时时间到，KT 动断触头延时打开，切断 KM2 线圈的电源，KM2、KT 的相应触头释放，从而断开了电动机定子绕组的直流电源，使电动机停止转动，达到了能耗制动的目的。

2. 异步电动机制动控制线路 PLC 控制

根据异步电动机制动控制线路的分析，其 PLC 控制设计如下：

(1) PLC 的 I/O 分配如表 10-2 所示。

表 10-2　　异步电动机制动控制线路 PLC 控制的 I/O 分配表

输　入			输　出		
功能	元件	PLC 地址	功能	元件	PLC 地址
停止按钮	SB1	X000	启动运行控制	KM1	Y000
启动按钮	SB2	X001	能耗制动控制	KM2	Y001

(2) PLC 的控制线路接线图如图 10-6 所示。

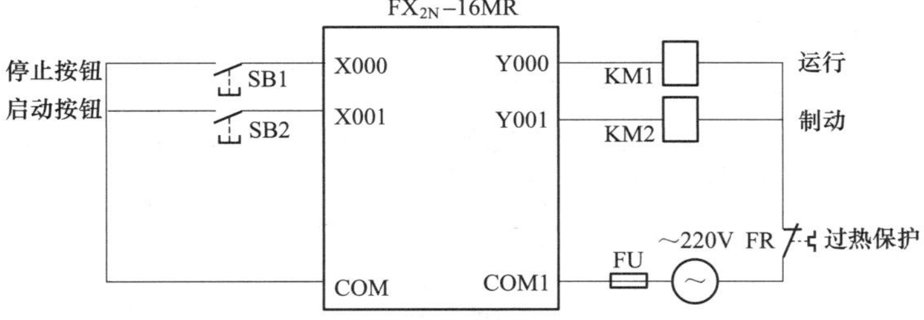

图 10-6 PLC 控制异步电动机制动控制接线图

（3）异步电动机制动 PLC 程序如图 10－7 所示。

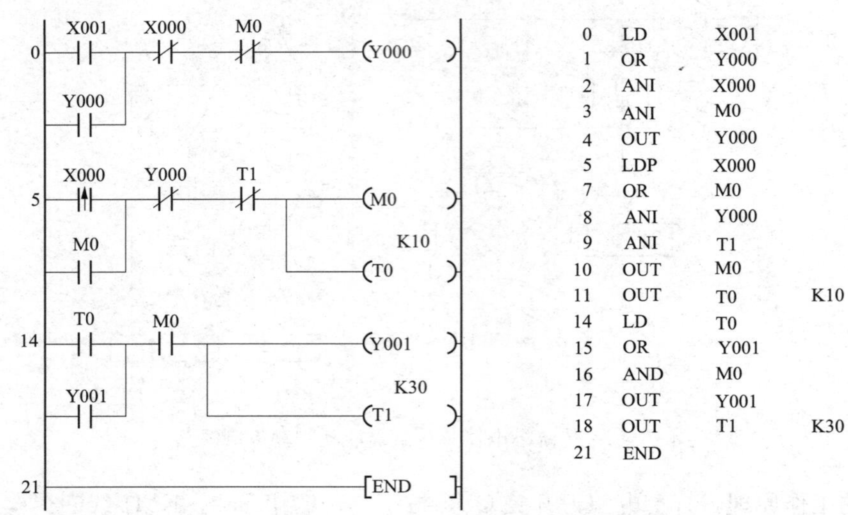

图 10－7 异步电动机制动 PLC 程序

（4）PLC 程序说明。按下启动按钮（X001 为 ON），KM1 线圈（Y000）得电。按下停止按钮（X000 为 ON），KM1 线圈失电，T0 延时 1s 后 KM2 线圈（Y001）得电，使电动机反接制动，同时定时器 T1 进行延时。当 T1 延时达到 3s 后，KM2 线圈失电，能耗制动过程结束。其 PLC 运行仿真效果如图 10－8 所示。序 5 中的取脉冲上升沿触点指令（LDP X000）是确保按下停止按钮且未松开时，而电动机反接制动工作完成后，KM2 线圈不再重新上电。

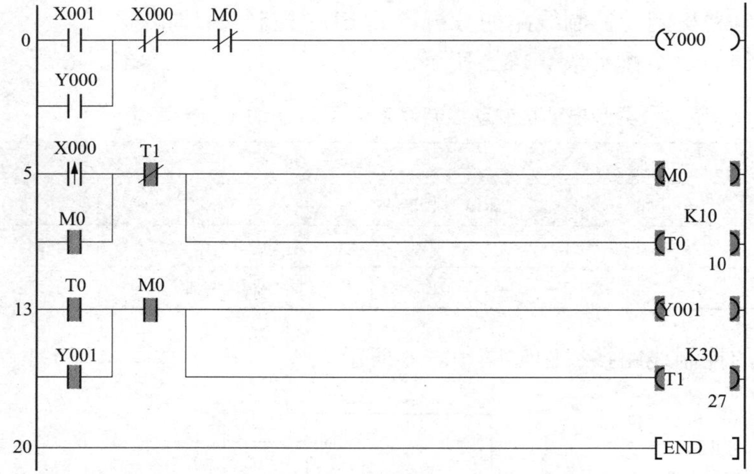

图 10－8 异步电动机制动 PLC 运行仿真效果图

10.2.3 异步电动机多速控制

改变异步电动机磁极对数来调整电动机转速称为变极调速。变极调速是通过接触器触头改变电动机绕组的外部接线方式，改变电动机的极对数，从而达到调速目的。改变笼式异步电动机定子绕组的极数以后，转子绕组的极数能够随之变化，而改变绕线式异步电动机定子绕组的极数以后，它的转子绕组必须进行相应的重新组合，无法满足极数能够随之变化的要求，因此变极调速只适用于笼式异步电动机。凡磁极对数可以改变的电动机称为多速电动机，常见的多速电动机有双速、三速、四速等。

1. 异步电动机多速控制线路分析

三速异步电动机有两套绕组和低速、中速、高速三种不同的转速。其中一套绕组同双速电动机一样，当电动机定子绕组接成△形接法时，电动机低速运行；当电动机定子绕组接成YY形接法时，电动机高速运行；另一套绕组接成Y形接法，电动机中速运行。

传统继电器—接触器三速异步电动机的调速控制线路如图 10-9 所示，其中 SB1、KM1 控制电动机△形接法下低速运行；SB2、KT1、KT2 控制电动机从△形接法下低速启动到Y形接法下中速运行的自动转换；SB3、KT1、KT2、KM3 控制电动机从△形接法下低速启动到Y形中速过渡到YY接法下高速运行的自动转换。

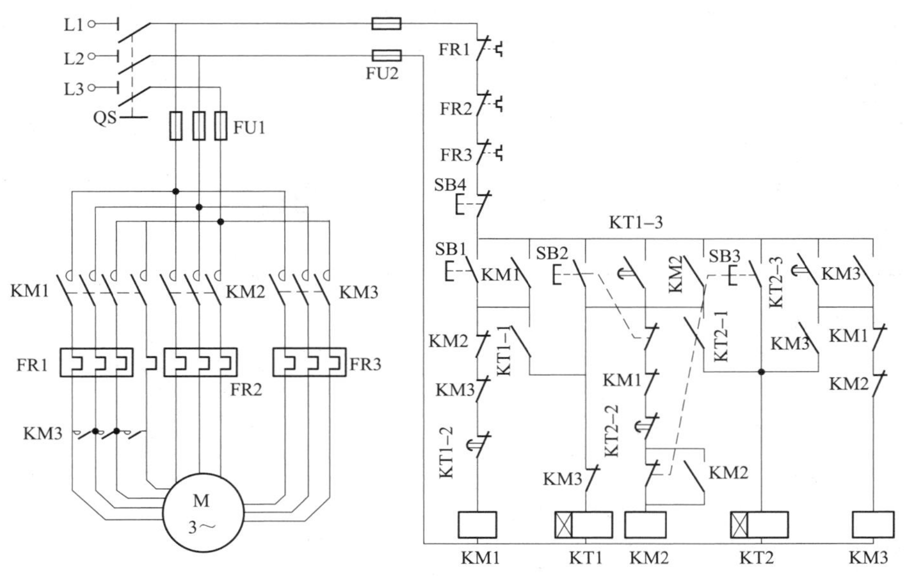

图 10-9　传统继电器—接触器三速异步电动机的调速控制线路

合上电流开关 QS，按下 SB1，KM1 线圈得电，KM1 主触头闭合，动合辅助触头闭合自锁，电动机 M 接成△形接法低速运行，动断辅助触头打开对 KM2、KM3 联锁。

按下 SB2，SB2 的动断触头先断开，动合触头后闭合，使 KT1 线圈得电延时。KT1-1 瞬时闭合，使 KM1 线圈得电，KM1 主触头闭合，电动机 M 接成△形接法低速启动，KT1 延时片刻后，KT1-2 先断开，使 KM1 线圈失电，KM1 触头复位，KT1-3 后闭合使 KM2 线圈得电。KM2 线圈得电，KM2 的两对动合触头闭合，KM2 的主触头闭合，使电动机接成Y形中速运行，KM2 两对联锁触头断开对 KM1、KM3 进行联锁。

按下SB3，SB3的动断触头先断开，动合触头后闭合，使KT2线圈电，KT2－1瞬时闭合，这样KT1线圈得电。KT1线圈得电，KT1－1瞬时闭合，KM1线圈得电，KM1主触头动作，电动机接成△形接法低速启动，经KT1整定时间，KT1－2先分断，KM1线圈失电，KM1主触头复位，而KM1－3后闭合使KM2线圈得电，KM2主触头闭合，电动机接成Y形中速过渡。经KT2整定时间后，KT2－2先分断，KM2线圈失电，KM2主触头复位，KT2－3后闭合，KM3线圈得电。KM3线圈得电，其主触头和两对动合辅助触头闭合，使电动机M接成YY形高速运行，同时KM3两对动断辅助触头分断，对KM1联锁，而使KT1线圈失电，KT1触头复位。

不管电动机在低速、中速还是高速下运行，只要按下停止按钮SB4，电动机就会停止运行。

2. 异步电动机多速控制线路PLC控制

根据异步电动机多速控制线路的分析，其PLC控制设计如下：

(1) PLC的I/O分配如表10－3所示。

表10－3　异步电动机多速控制线路PLC控制的I/O分配表

输入			输出		
功能	元件	PLC地址	功能	元件	PLC地址
低速启动按钮	SB1	X000	低速运行控制	KM1	Y000
中速启动按钮	SB2	X001	中速运行控制	KM2	Y001
高速启动按钮	SB3	X002	高速运行控制	KM3	Y002
停止按钮	SB4	X003			

(2) PLC的控制线路接线图如图10－10所示。

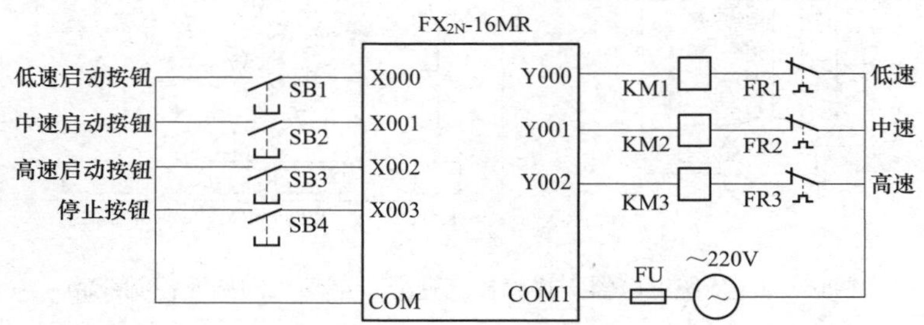

图10－10　PLC控制异步电动机多速控制接线图

(3) 异步电动机多速控制PLC程序如图10－11所示。

(4) PLC程序说明。按下低速启动按钮SB1时，步0中的X000动合触点闭合，M0在其上升沿到来时闭合一个扫描周期，控制步9～步15中的M0动合触点闭合一个扫描周期，从而使Y000线圈得电，控制KM1主触头闭合，电动机接成△形低速运行。

按下中速启动按钮SB2时，步3中的X001动合触点闭合，M1在其上升沿到来时闭合一个扫描周期，控制步9中的M1动合触点闭合一个扫描周期，从而使Y000线圈得

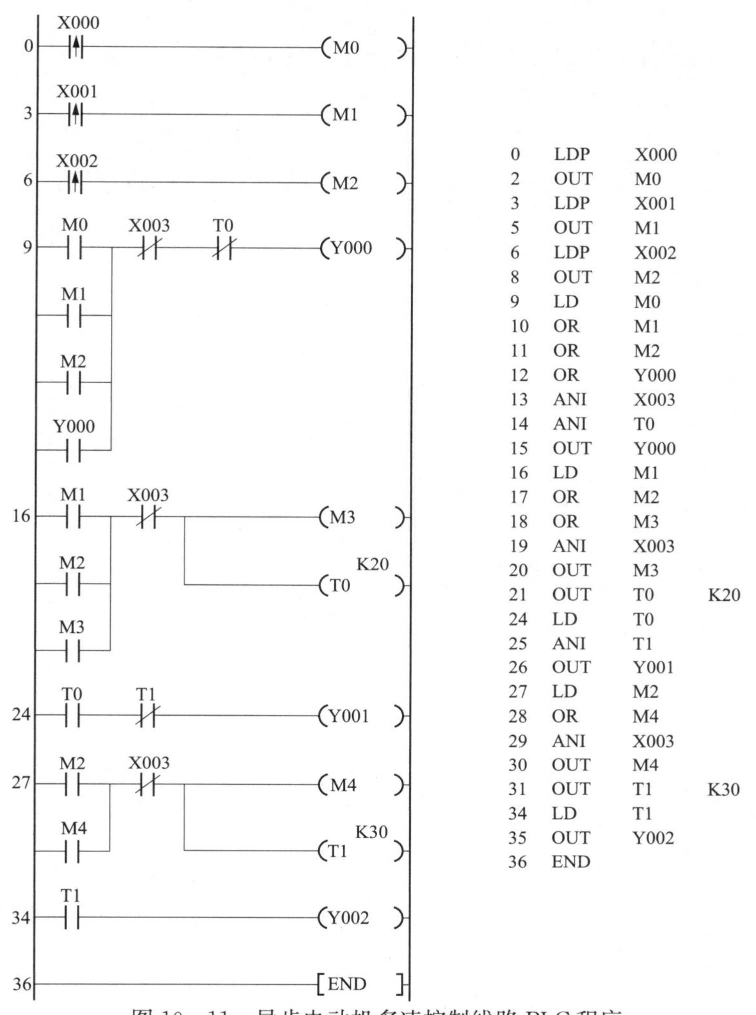
X000
M0
X001
M1
X002
M2
M0 X003 T0
Y000
M1
M2
Y000
M1 X003
M3
M2
T0 K20
M3
T0 T1
Y001
M2 X003
M4
M4
T1 K30
T1
Y002
END
0 LDP X000
2 OUT M0
3 LDP X001
5 OUT M1
6 LDP X002
8 OUT M2
9 LD M0
10 OR M1
11 OR M2
12 OR Y000
13 ANI X003
14 ANI T0
15 OUT Y000
16 LD M1
17 OR M2
18 OR M3
19 ANI X003
20 OUT M3
21 OUT T0 K20
24 LD T0
25 ANI T1
26 OUT Y001
27 LD M2
28 OR M4
29 ANI X003
30 OUT M4
31 OUT T1 K30
34 LD T1
35 OUT Y002
36 END

图 10－11 异步电动机多速控制线路 PLC 程序

电，控制 KM1 主触头闭合，电动机△形接法低速启动。而步 16 中的 M1 动合触点闭合一个扫描周期，使 T0 进行延时 2s。若延时时间到，T0 的动断触头断开使步 15 中的 Y000 线圈失电，同时 T0 的动合触头闭合，控制步 26 的 Y001 线圈得电，使电动机接成Y形中速运行。

按下高速启动按钮 SB3 时，步 6 中的 X002 动合触点闭合，M2 在其上升沿到来时闭合一个扫描周期，控制步 10 中的 M2 动合触点闭合一个扫描周期，从而使 Y000 线圈得电，控制 KM1 主触头闭合，电动机△形接法低速启动。而步 17 中的 M2 动合触点闭合一个扫描周期，使 T0 进行延时 2s。若延时时间到，T0 的动断触头断开使步 15 中的 Y000 线圈失电，同时 T0 的动合触头闭合，控制步 26 的 Y001 线圈得电，使电动机接成Y形中速过渡。步 27 中的 M2 动合触点闭合一个扫描周期，使 T1 进行延时 3s。若延时时间到，T1 的动断触头断开使步 26 中的 Y001 线圈失电，同时 T1 的动合触头闭合，控制步 35 的 Y002 线圈得电，使电动机接成YY形高速运行。其 PLC 运行仿真效果如图 10－12 所示。

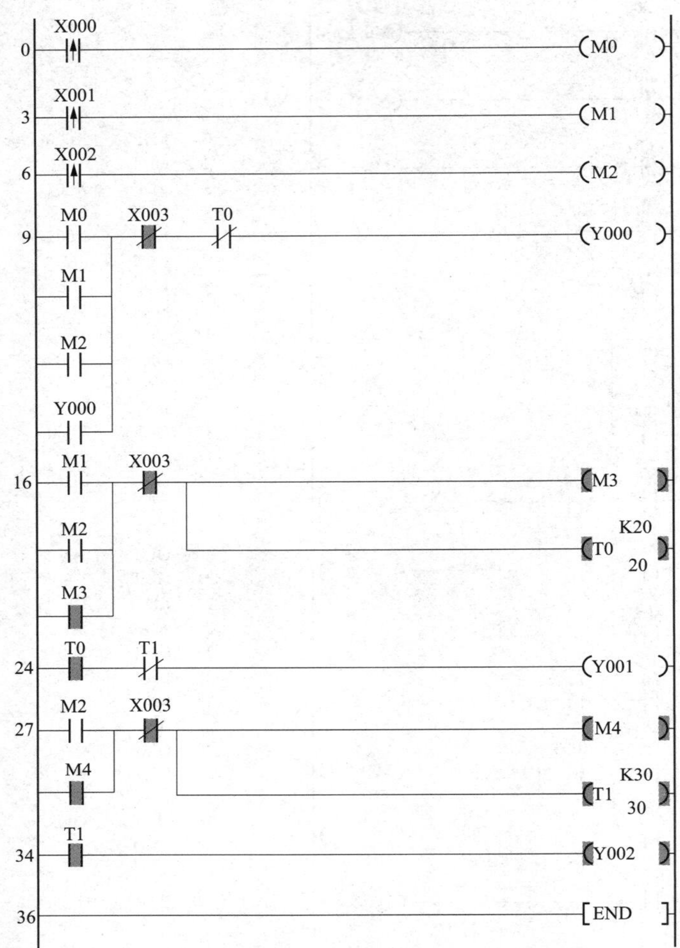

图 10－12　异步电动机多速控制 PLC 运行仿真效果图

10.2.4　异步电动机顺序启、停控制

在许多控制系统中，要求电动机按一定的顺序启、停。顺序启、停控制线路有顺序启动、同时停止，顺序启动、顺序停止，顺序启动、逆序停止等几种控制线路。在此以顺序启动、逆序停止为例，讲述两台异步电动机的顺序启、停控制。

1. 异步电动机顺序启、停控制线路分析

传统继电器—接触器异步电动机顺序启、停控制线路如图 10－13 所示。主电路中有两台电动机，分别为 M1 和 M2。交流接触器 KM1、KM2 分别控制 M1、M2 电动机。在控制电路中，KM1 的一个动合触点串联在 KM2 线圈的供电线路上，KM2 的一个动合触点并联在 KM1 的停止按钮 SB1 上。因此启动时，必须 KM1 先得电，KM2 才能得电；停止时，必须 KM2 先断电，KM1 才能断电。

按下启动按钮 SB3，KM1 线圈得电，KM1 主触头闭合，使 M1 电动机启动运行，同时 KM1 的一个辅助动合触点闭合形成自锁，另一个 KM1 辅助动合触点闭合，为 KM2 线

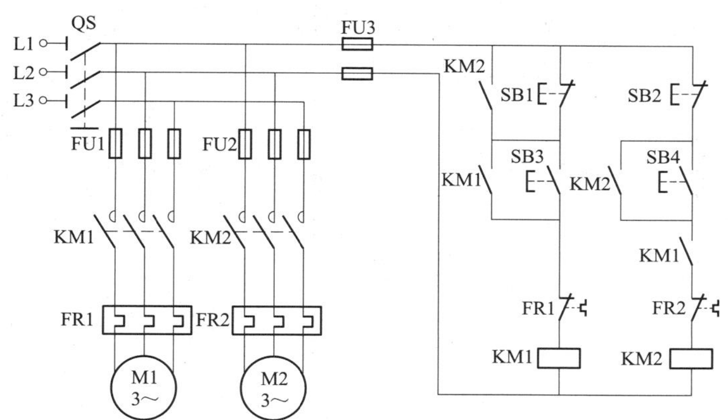

图 10－13　传统断电器—接触器异步电动机顺序启、停控制线路

圈得电做好准备。按下启动按钮 SB4，KM2 线圈得电，KM2 主触头闭合，使 M2 电动机启动运行，同时 KM2 的一个辅助动合触点闭合形成自锁，另一个 KM2 辅助动合触点闭合，此时，即使停止按钮 SB1 被按下，KM1 线圈仍然处于得电状态。

按下停止按钮 SB2，KM2 线圈失电，KM2 主触头断电，M2 电动机停止运行，同时两个 KM2 辅助动合触点断开。与 SB1 按钮并联的 KM2 辅助动合触点断开，为 M1 电动机停止做好准备。按下停止按钮 SB1，KM1 线圈失电，KM1 主触头断电，M1 电动机停止运行，同时两个 KM1 辅助动合触点断开。

2. 异步电动机顺序启、停控制线路 PLC 控制

根据异步电动机顺序启、停控制线路的分析，其 PLC 控制设计如下：

（1）PLC 的 I/O 分配如表 10－4 所示。

表 10－4　　异步电动机顺序启、停控制线路 PLC 控制的 I/O 分配表

输　入			输　出		
功能	元件	PLC 地址	功能	元件	PLC 地址
M1 停止按钮	SB1	X000	M1 运行控制	KM1	Y000
M2 停止按钮	SB2	X001	M2 运行控制	KM2	Y001
M1 启动按钮	SB3	X002			
M2 启动按钮	SB4	X003			

（2）PLC 的控制线路接线图如图 10－14 所示。

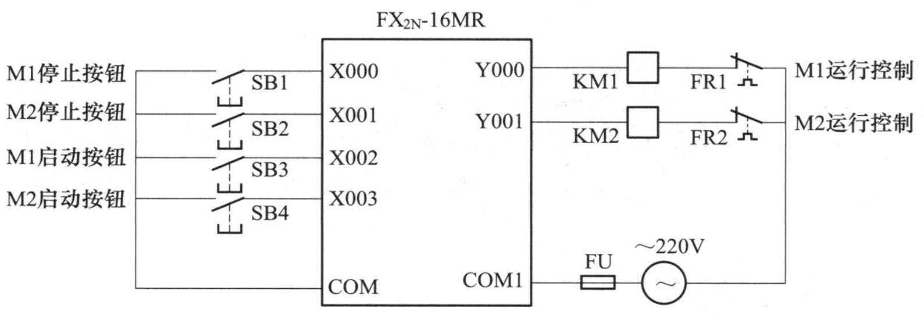

图 10－14　PLC 控制异步电动机顺序启、停控制接线图

（3）异步电动机顺序启、停控制 PLC 程序如图 10－15 所示。

步	指令	元件
0	LD	X002
1	OR	Y000
2	LD	Y001
3	ORI	X000
4	ANB	
5	OUT	Y000
6	LD	X003
7	OR	Y001
8	AND	Y000
9	ANI	X001
10	OUT	Y001
11	END	

图 10－15　异步电动机顺序启、停控制 PLC 程序

（4）PLC 程序说明。步 0～步 5 控制 M1 电动机的启动，步 6～步 10 控制 M2 电动机的启动。当 X002 为 ON，而 X003 为 OFF 时，Y000 线圈得电，此时若强制 X000 为 ON，Y000 线圈失电。当 X002 为 ON，Y000 线圈得电，然后 X003 为 ON 时，Y001 线圈才得电，此时若强制 X000 为 ON，Y000 线圈和 Y001 线圈仍然处于得电状态，其 PLC 运行仿真效果如图 10－16 所示。当 Y000 和 Y001 线圈同时得电时，只有 X001 先强制为 ON，然后 X000 强制为 ON，Y000 线圈才能失电。

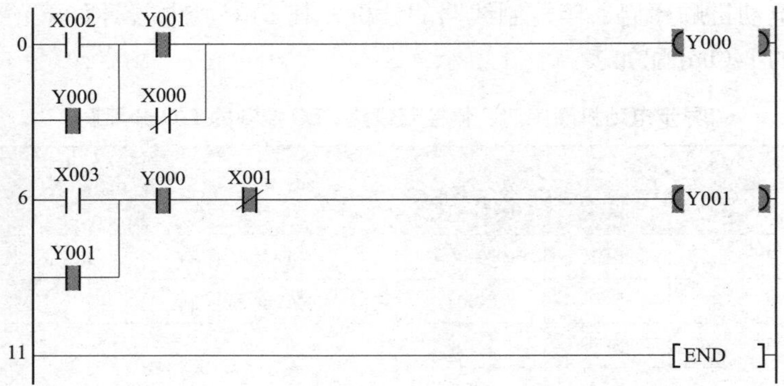

图 10－16　异步电动机顺序启、停控制 PLC 运行仿真效果图

10.3　PLC在机床电气控制系统中的应用

利用 PLC 对机床控制进行改造，具有可靠性高和应用简便等特点。采用 PLC 对机床进行电气改造，一般只是变更控制电路部分，而机床主电路通常都原样保留。

10.3.1 PLC在C6140普通车床中的应用

C6140是我国自行设计制造的普通车床，具有性能优越、结构先进、操作方便、外形美观等优点。

1. C6140车床传统继电器—接触器电气控制线路分析

C6140普通车床由三台三相笼式异步电动机拖动，即主轴电动机M1、冷却泵电动机M2和刀架快速移动电动机M3。主轴电动机M1带动主轴旋转和刀架进给运动；冷却泵电动机M2用以车削加工时提供冷却液；刀架快速移动电动机M3使刀具快速地接近或退离加工部位。C6140车床传统继电器—接触器电气控制线路如图10-17所示，它由主电路和控制电路两部分组成。

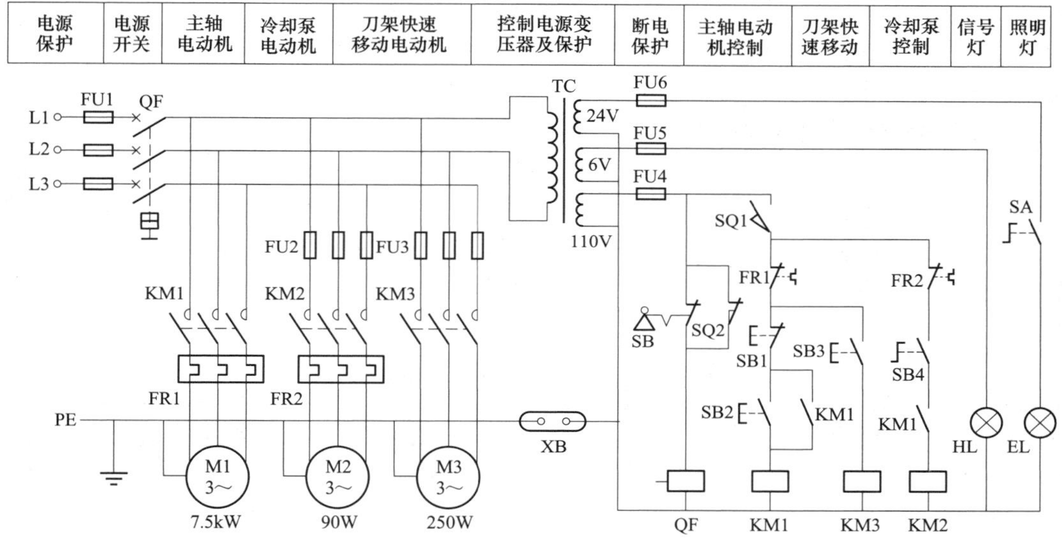

图10-17 C6140车床传统继电器—接触器电气控制线路

(1) C6140普通车床主电路分析。将钥匙开关SB向右旋转，扳动断路器QF将三相电源引入。主电动机M1由交流接触器KM1控制，冷却泵电动机M2由交流接触器KM2控制，刀架快速移动电动机由KM3控制。热继电器FR作过载保护，FU作短路保护，KM作失压和欠压保护，由于M3是点动控制，因此该电动机没有设置过载保护。

(2) C6140普通车床控制电路分析。C6140普通车床控制电源由控制变压器TC将380V交流电压降为110V交流电压作为控制电路的电源，降为6V电压作为信号灯HL的电源，降为24V电压作为照明灯EL的电源。在正常工作时，位置开关SQ1的动合触头闭合。打开床头皮带罩后，SQ1断开，切断控制电路电源以确保人身安全。钥匙开关SB和位置开关SQ2在正常工作时是断开的，QF线圈不通电，断路器QF能合闸。打开配电盘壁龛门时，SQ2闭合，QF线圈获电，断路器QF自动断开。

1) 主轴电动机M1的控制。按下启动按钮SB2，KM1线圈得电，KM1的一组动合辅助触头闭合形成自锁，KM1的另一组动合辅助触头闭合，为KM2线圈得电做好准备，KM1主触头闭合，主轴电动机M1全电压下启动运行。按下停止按钮SB1，电动机M1停止转动。当电动机M1过载时，热继电器FR1动作，KM1线圈失电，M1停止运行。

C6140普通车床主轴正反转由操作手柄通过双向多片摩擦片离合器控制，摩擦离合器还可以起到过载保护作用。

2）冷却泵电动机M2的控制。主轴电动机M1启动运行后，合上旋转开关SB4，KM2线圈得电，其主触头闭合，冷却泵电动机M2启动运行。当M1电动机停止运行时，M2也会自动停止运转。

3）刀架快速移动电动机M3的控制。刀架快速移动电动机M3的启动由按钮SB3和KM3组成的线路进行控制，当按下SB3时，KM3线圈得电，其主触头闭合，刀架快速移动电动机M3启动运行。由于SB3没有自锁，因此松开SB3时，KM3线圈电源被切断，电动机M3停止运行。

4）照明灯和信号灯控制。照明灯由控制变压器TC次级输出的24V安全电压供电，扳动转换开关SA时，照明灯EL亮，熔断器FU6作短路保护。

信号指示灯由TC次级输出的6V安全电压供电，合上断路器QF时，信号灯HL亮，表示车床开始工作。

2. C6140普通车床PLC控制

根据C6140普通车床控制线路的分析，其PLC控制设计如下：

（1）PLC的I/O分配。使用FX_{2N}系列PLC改造C6140车床控制线路时，电源开启钥匙开关使用普通按钮开关进行替代，过载保护热继电器FR1、FR2两个触点串联在一起作为一路输入信号（在此称为FR）以节省PLC的输入端子，列出PLC的I/O分配表，如表10－5所示。

表10－5　PLC改造C6140车床的I/O分配表

输入			输出		
功能	元件	PLC地址	功能	元件	PLC地址
电源钥匙开关开启	SB0－1	X000	主轴电动机M1控制	KM1	Y000
电源钥匙开关断开	SB0－2	X001	冷却泵电动机M2控制	KM2	Y001
主轴电动机M1停止按钮	SB1	X002	刀架快速移动电动机M3控制	KM3	Y002
主轴电动机M1启动按钮	SB2	X003	机床工作指示	HL	Y003
快速移动电动机M3点动按钮	SB3	X004	照明控制	EL	Y004
冷却泵电动机M2旋转开关	SB4	X005			
过载保护热继电器触点	FR	X006			
照明开关SA	SA	X007			

（2）PLC改造C6140车床控制线路的I/O接线图，如图10－18所示。

（3）PLC改造C6140车床控制线路的程序如图10－19所示。

（4）PLC程序说明。步0～步3为按钮电源控制，按下SB0－1为1时，电源有效（即扳动断路器QF将三相电源引入），各电动机才能启动运行，按下SB0－2为1时，电源无效。

步4～步9为主轴电动机M1的控制，按下主轴电动机M1启动按钮SB2时，X001输入有效，Y000输出线圈有效，控制主轴电动机M1启动运行。若按下停止按钮SB1，或发生过载现象时，Y000输出线圈无效，M1电动机停止工作。

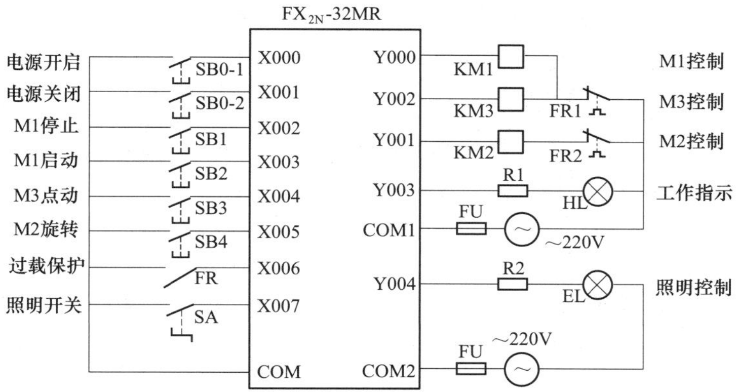

图 10－18　PLC 改造 C6140 车床控制线路的 I/O 接线图

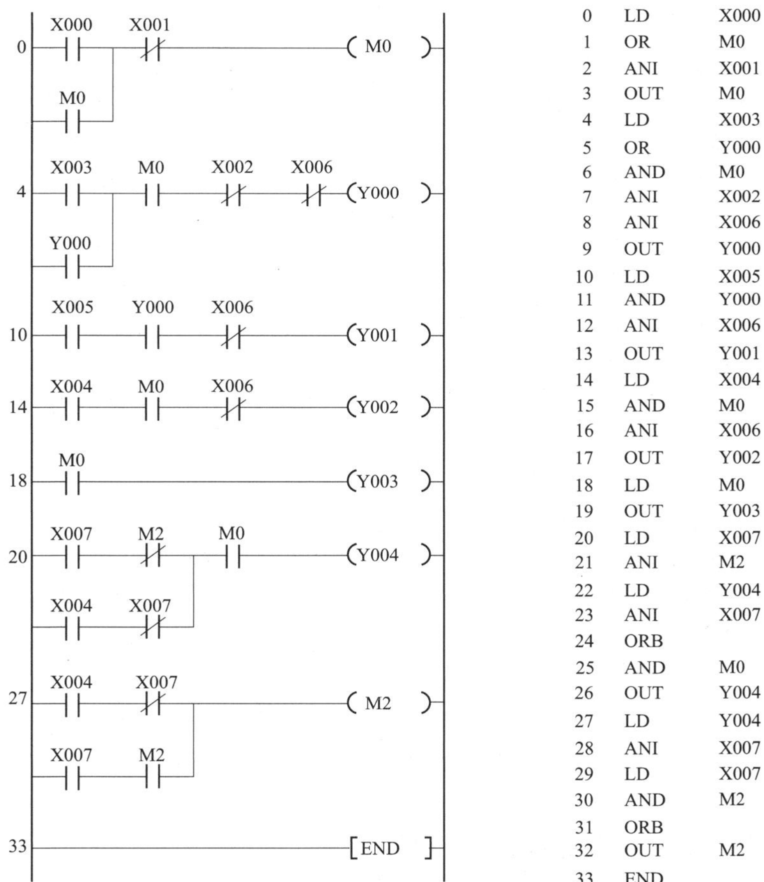


```
0   LD    X000
1   OR    M0
2   ANI   X001
3   OUT   M0
4   LD    X003
5   OR    Y000
6   AND   M0
7   ANI   X002
8   ANI   X006
9   OUT   Y000
10  LD    X005
11  AND   Y000
12  ANI   X006
13  OUT   Y001
14  LD    X004
15  AND   M0
16  ANI   X006
17  OUT   Y002
18  LD    M0
19  OUT   Y003
20  LD    X007
21  ANI   M2
22  LD    Y004
23  ANI   X007
24  ORB
25  AND   M0
26  OUT   Y004
27  LD    Y004
28  ANI   X007
29  LD    X007
30  AND   M2
31  ORB
32  OUT   M2
33  END
```

图 10－19　PLC 改造 C6140 车床控制线路的程序

步 10～步 13 为冷却泵电动机 M2 的控制，当按下冷却泵电动机 M2 旋转开关 SB4 且主轴电动机 M1 在运行时，Y001 输出线圈有效，冷却泵电动机 M2 进行工作。若电动机 M1 停止工作或发生过载现象时，Y001 输出线圈无效，电动机 M2 停止工作。

步 14～步 17 为刀架快速移动电动机 M3 的点动控制，当按下快速移动电动机 M3 点动按钮SB3时，Y002输出线圈有效，刀架快速移动电动机M3启动运行。由于SB3没有自锁，因此松开SB3时，KM3线圈电源被切断，电动机M3停止运行。

步18、步19为HL电源指示，步20～步26和步27～步32为EL照明控制。同样照明开关SA按下为奇数次时，EL亮；照明开关SA按下为偶数次时，EL熄灭。

按下电源启动开关，M0线圈得电，此时即使松开启动开关，C6140车床控制线路仍能工作。图10-20所示是C6140车床控制线路处于工作状态时，其PLC运行仿真效果图，图中Y003为1表示车床控制线路处于工作状态；按下主轴电动机M1启动按钮（X003有效），KM1线圈得电（Y000为1)；按下快速移动电动机M3点动按钮（X004有效），KM2线圈得电（Y002为1)；按下冷却泵电动机旋转开关SB4（X005有效），KM3线圈得电（Y001为1)；按下照明开关SA（X007有效），照明灯点亮（Y004为1)。

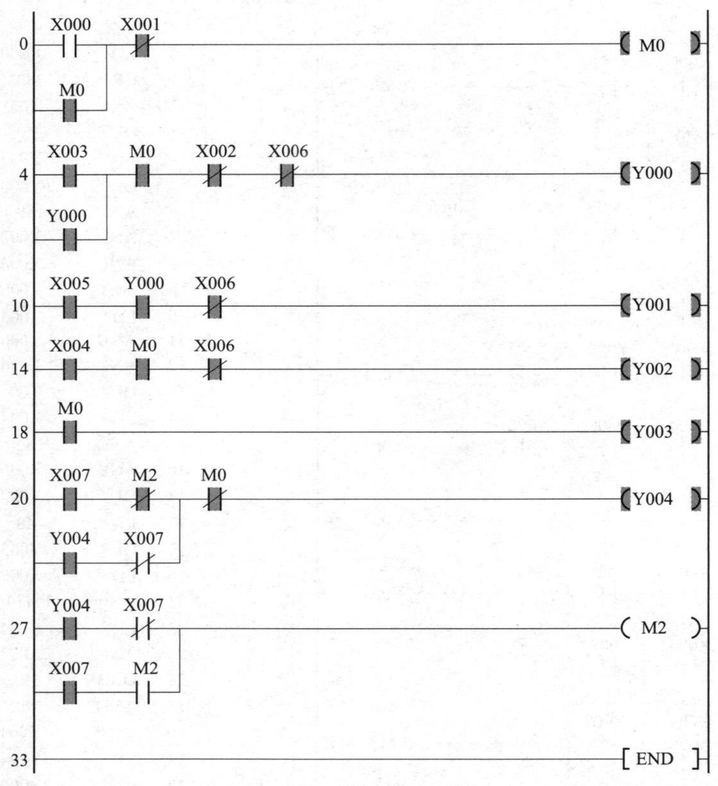

图10-20 PLC改造C6140车床的运行仿真效果图

10.3.2 PLC在C650卧式车床中的应用

不同型号的卧式车床，其主电动机的工作要求不同，因而其控制线路也有所不同，下面讲述另一型号的卧式车床—C650。

1. C650车床传统继电器—接触器电气控制线路分析

C650车床也由三台电动机控制：M1为主轴电动机，拖动主轴旋转并通过进给机构实现进给运动；M2为冷却电动机，提供切削液；M3为快速移动电动机，拖动刀架的快速移动。C650车床传统继电器—接触器电气控制线路如图10-21所示。

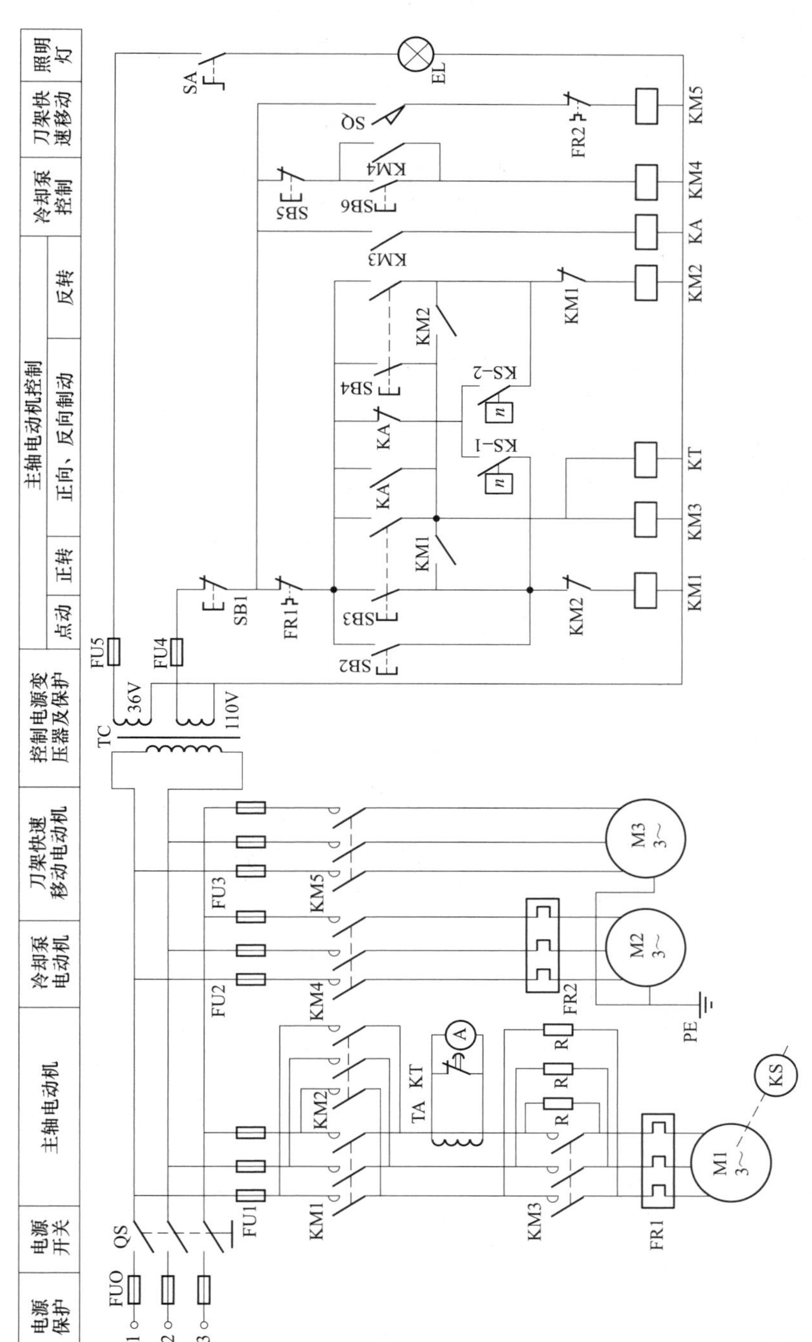

图 10 - 21 C650 车床传统继电器—接触器电气控制线路

（1）C650车床主电路分析。电动机M1的电路分三个部分进行控制：①正转控制交流接触器KM1和反转控制交流接触器KM2的两组主触点构成M1电动机的正反转；②电流表A经电流互感器TA接在主电动机M1的主回路上以监视电动机工作时的电流变化，为防止电流表被启动电流冲击损坏，利用时间继电器KT的延时动断触点在启动短时间内将电流表暂时短接掉；③交流接触器KM3的主触点控制限流电阻R的接入和切除，在进行点动调整时，为防止连续的启动电流造成电动机过载，串入限流电阻R，保证电路设备正常工作。速度继电器KS的速度检测部分与电动机的主轴同轴相连，在停车制动过程中，当主电动机转速低于KS的动作值时，其动合触点可将控制电路中反接制动的相应电路切断，完成停车制动。

电动机M3由交流接触器KM4的主触点控制其主电路的接通和断开，电动机M3由交流接触器KM5的主触点控制。

为保证主电路的正常运行，主电路中还设置了熔断器的短路保护环节和热继电器的过载保护环节。

（2）C650车床控制电路分析。C650车床控制电路可分为主电动机M1的控制电路和电动机M2、M3的制动电路两部分。由于主电动机控制电路比较复杂，因而还可进一步将主电动机控制电路分为正、反转启动、点动和停车制动等局部控制电路。

1）主电动机正反转启动控制。按下正转启动按钮SB3时，其两动合触点同时闭合，一对动合触点接通交流接触器KM3的线圈电路和时间继电器KT的线圈电路，时间继电器的动断触点在主电路中短接电流表A，以防止电流对电流表的冲击，经延时继开后，电流表接入电路正常工作。KM3的主触点将主电路中限流电阻短接，其辅助动合触点同时将中间继电器KA的线圈电路接通，KA的动断触点将停车制动的基本电路切除，其动合触点与SB3的动合触点均在闭合状态，控制主电动机的交流接触器KM1的线圈电路得电工作并自锁，其主触点闭合，电动机正向直接启动并结束。KM1的自锁回路由它的动合辅助触点和KM3线圈上方KA的动合触点组成自锁回路，使电动机保持在正向运行状态。若按下反转启动按钮SB4，电动机将反向直接启动并运行。

2）主电动机点动控制。按下点动按钮SB2，KM1线圈得电，电动机M1正向直接启动，这时KM3线圈电路并没有接通，因此其主触点不闭合，限流电阻R接入主电路限流，其辅助动合触点不闭合，KA线圈不能得电工作，从而使KM1线圈电路不能形成自锁，松开按钮，KM1线圈失电，电动机M1停转。

3）主电动机反接制动控制。C650卧式车床采用反接制动的方式进行停车，按下停车按钮后开始制动过程。电动机转速接近零时，速度继电器的触点打开，结束制动。当电动机正向运行时，速度继电器KS的动合触点KS1闭合，制动电路处于准备状态。若按下停车按钮SB1，将切断控制电源，使KM1、KM3、KA线圈均失电，此时控制反接制动电路是否工作的KA、动断触点恢复原始状态闭合，与KS1触点一起将反向启动交流接触器KM2的线圈电路接通。电动机M1接入反向序电流，反向启动转矩将平衡正向惯性转动转矩，强迫电动机迅速停车。当电动机速度趋近于零时，速度继电器触点KS2复位打开，切断KM2的线圈电路，完成正转的反接制动。在反接制动过程中，KM3失电，所以限流电阻 R 一直起限流反接制动电流的作用。反转时的反接制动工作过程相似，此时反转状态下，KS2 触点闭合，制动时接通交流接触器 KM1 的线圈电路，进行反接制动。

4）冷却泵电动机 M2 的控制。冷却泵电动机 M2 由启动按钮 SB6、停止按钮 SB5 和交流继接触器 KM4 进行控制。按下启动按钮 SB6，KM4 线圈得电，动合辅助触点闭合形成自锁，其主触头闭合，冷却泵电动机 M2 启动运行。

5）刀架快速移动电动机 M3 的控制。刀架快速移动是由刀架手柄压动位置开关 SQ，接通快速移动电动机 M3 的控制接触器 KM5 的线圈电路，KM5 的主触点闭合，M3 电动机启动运行，经传动系统驱动溜板带动刀架快速移动。

6）照明灯控制。照明灯由控制变压器 TC 次级输出的 36V 安全电压供电，扳动转换开关 SA 时，照明灯 EL 亮，熔断器 FU5 作短路保护。

2. C650 普通车床 PLC 控制

根据 C650 普通车床控制线路的分析，其 PLC 控制设计如下：

（1）PLC 的 I/O 分配。使用 FX_{2N}系列 PLC 改造 C650 车床控制线路时，照明开关可使用普通的按钮开关代替，列出 PLC 的 I/O 分配表，如表 10－6 所示。

表 10－6　　PLC 改造 C650 车床的 I/O 分配表

输　入			输　出		
功能	元件	PLC 地址	功能	元件	PLC 地址
总停按钮	SB1	X000	主电动机 M1 正转控制	KM1	Y000
主电动机 M1 正向点动按钮	SB2	X001	主电动机 M1 反转控制	KM2	Y001
主电动机 M1 正向启动按钮	SB3	X002	短接限流电阻 R 控制	KM3	Y002
主电动机 M1 反向启动按钮	SB4	X003	冷却泵电动机 M2 控制	KM4	Y003
冷却泵电动机 M2 停止按钮	SB5	X004	快速移动电动机 M3 控制	KM5	Y004
冷却泵电动机 M2 启动按钮	SB6	X005	电流表 A 短接控制	KM6	Y005
快速移动电动机 M3 位置开关	SQ	X006	照明灯控制	EL	Y006
M1 过载保护热继电器触点	FR1	X007			
M2 过载保护热继电器触点	FR2	X010			
正转制动速度继电器动合触点	KS－1	X011			
反转制动速度继电器动合触点	KS－2	X012			
照明开关 SA	SA	X013			

（2）PLC 改造 C650 车床控制线路的 I/O 接线图，如图 10－22 所示。

（3）PLC 改造 C650 车床控制线路的程序如图 10－23 所示。

（4）PLC 程序说明。步 0～步 8 为短接限流电阻 R 控制，当按下正向启动按钮 SB3 或反向启动按钮 SB4 时，X002 或 X003 动合触点闭合，输出线圈 Y002 有效，为主电动机 M1 的正反转启动控制做好准备。

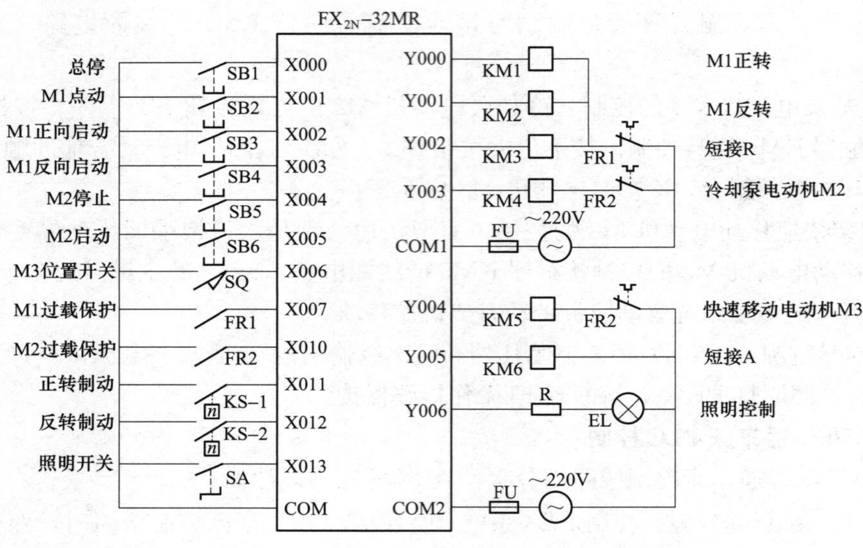

图 10-22　PLC 改造 C650 车床控制线路的 I/O 接线图

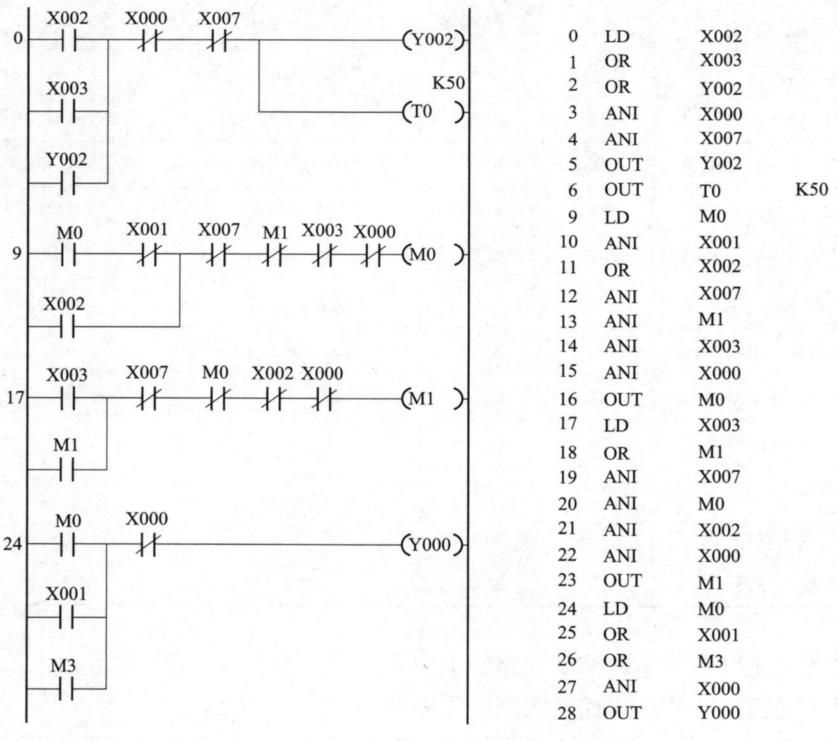

图 10-23　PLC 改造 C650 车床控制线路的程序（一）

三菱FX_{2N} PLC从入门到精通

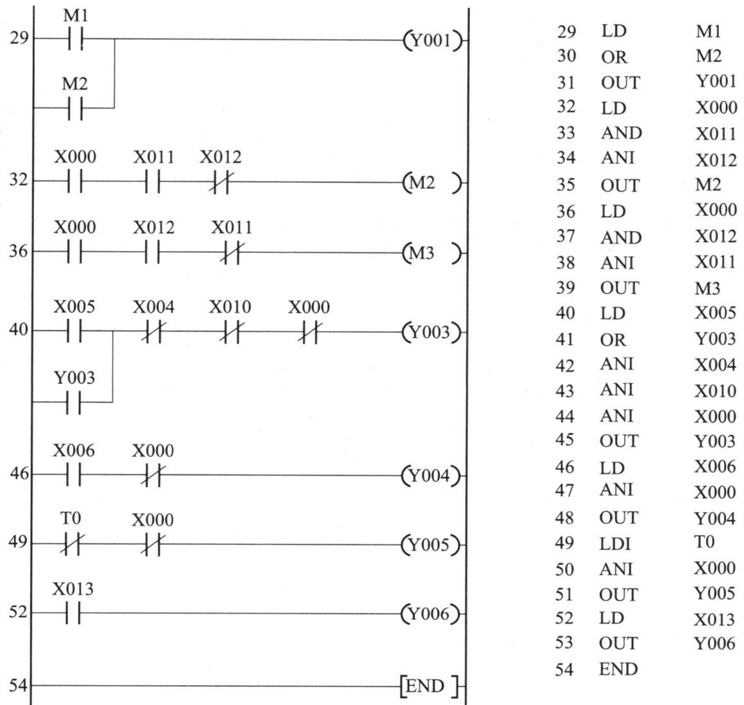

图 10－23　PLC 改造 C650 车床控制线路的程序（二）

步 9～步 16 为主电动机 M1 正转启动控制，其 PLC 运行仿真效果如图 10－24 所示。步 17～步 23 为主电动机 M1 反转启动控制。步 24～步 28 为主电动机 M1 正向运行控制，若步 9～步 16 有效，或按下点动按钮 SB1，或电动机 M1 反转 KS－2 触点闭合进行制动停车时，电动机 M1 正转；步 29～步 31 为主电动机 M1 反向运行控制，若步 17～步 23 有效，或电动机 M1 正转 KS－1 触点闭合进行制动停车时，电动机 M1 反转。

步 32～步 35 为主电机 M1 正转运行时，按下停止按钮 SB1 所进行的反接制动停车控制；步 36～步 39 为主电机 M1 反转运行时，按下停止按钮 SB1 所进行的正接制动停车控制。

步 40～步 45 为冷却泵电动机 M2 控制，当按下冷却泵电动机 M2 启动按钮 SB6 时，动合触点 X006 闭合，输出线圈 Y003 有效，电动机 M2 启动；当按下冷却泵电动机 M2 停止按钮 SB5 时，电动机 M2 停止。

步 46～步 48 为快速移动电动机 M3 控制，当刀架手柄压动位置开关 SQ 时，M3 电动机启动运行，经传动系统驱动溜板带动刀架快速移动。

步 49～步 51 为电流表 A 短接控制，电动机 M1 在正转或反转启动时，先短接经电流表 A，T0 延时片刻后才将电流表接入电路中。

步 52、步 53 为 EL 照明控制，照明开关 SA 按下时，EL 亮；照明开关 SA 松开时，EL 熄灭。

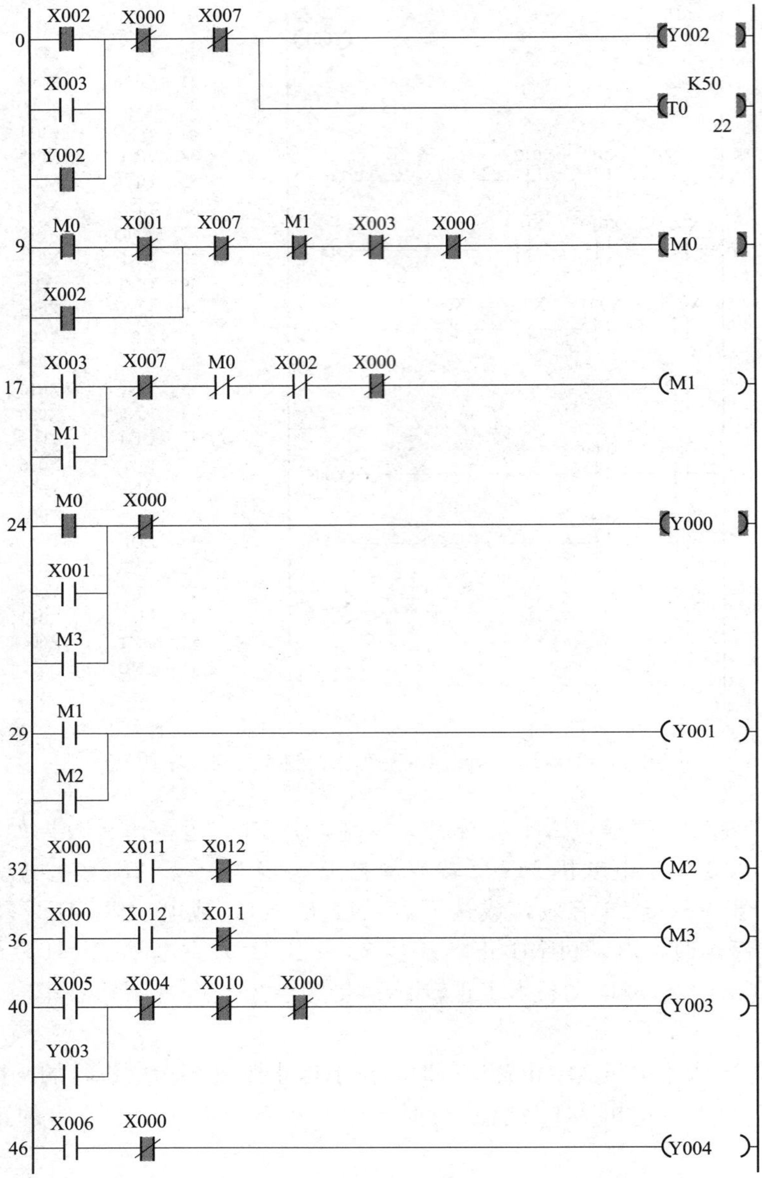

图 10－24　PLC 改造 C650 车床控制线路运行仿真效果图

10. 3. 3　PLC 在 Z3040 摇臂钻床中的应用

钻床是一种用来对工件进行钻孔、扩孔、铰孔、攻螺纹及修刮端面的加工机床。钻床按结构形式的不同，可分为立式钻床、卧式钻床、台式钻床、深孔钻床、摇臂钻床等。摇臂钻床是用得较广泛的一种钻床，它适用于单件或批量生产中带有多孔的大型零件的孔加工，是机械加工中常用的机床设备。

三菱FX_{2N} PLC从入门到精通

1. Z3040 钻床传统继电器—接触器电气控制线路分析

Z3040 摇臂钻床由主轴电动机 M1、摇臂升降电动机 M2、液压泵电动机 M3 和冷却泵电动机 M4 这 4 台三相异步电动机进行拖动。4 台电动机容量较小，采用直接启动方式。主轴要求正反转，采用机械方法实现，主轴电动机单向旋转。液压泵电动机用来驱动液压泵送出不同流向的压力油，推动活塞、带动菱形块动作来实现内外立柱的夹紧与放松以及主轴箱的夹紧与放松。

主轴箱上的 4 个按钮 SB1、SB2、SB3、SB4 分别是主电动机的停止、启动及摇臂上升、下降控制按钮。主轴箱转盘上的 2 个按钮 SB5、SB6 分别为主轴箱及立柱松开按钮和夹紧按钮。Z3040 摇臂钻床传统继电器—接触器电气控制线路如图 10－25 所示，它由主电路和控制电路组成。

(1) Z3040 摇臂钻床主电路分析。Z3040 摇臂钻床的三相电源由断路器 QF 控制，熔断器 FU 作短路保护，主轴电动机 M1 为单向旋转，由接触器 KM1 控制，设有热继电器 FR1 作过载保护。摇臂升降电动机 M2 由接触器 KM2、KM3 控制，可进行正反转，因摇臂旋转是短时的，所以不用设置过载保护。液压泵电动机 M3 由主接触器 KM4、KM5 控制，可进行正反转，设有热继电器 FR2 作过载保护。冷却泵电动机 M4 由组合转换开关 SA1 控制。

(2) Z3040 摇臂钻床控制电路分析。控制电路电源由控制变压器 TC 降压后供给 110V 电压，熔断器 FU3 作为短路保护。

1) 主轴电动机的控制。按下启动按钮 SB2，KM1 线圈得电并自锁，KM1 主触头闭合，使主轴电动机 M1 启动。当按下停止按钮 SB1 时，断开了 KM1 线圈电源，主轴电动机 M1 停止运行。

2) 摇臂升降、夹紧和松开控制。摇臂的松开、升降、夹紧操作是按顺序进行控制的。摇臂上升时，按下上升按钮 SB3，SB3 的动断触头先打开，切断 KM3 线圈回路，SB3 的动合触头后闭合，时间继电器 KT 线圈得电。KT 两对瞬时动合触头闭合，瞬时动断触头打开，其中一对触头闭合使 KM4 线圈得电，另一对触头闭合使电磁阀 YV 线圈通电。KM4 线圈得电，从而控制液压泵电动机 M3 启动，拖动液压泵送出压力油，经二位六通阀进入摇臂松开油腔，推动活塞和菱形块，使摇臂松开。同时活塞杆通过弹簧片压动行程开关 SQ2，其动断触头 SQ2 断开，接触器 KM4 断电释放，液压泵电动机停止旋转，摇臂维持在松开状态。同时，SQ2 动合触头闭合，使 KM2 线圈得电吸合，摇臂升降电动机 M2 启动旋转，拖动摇臂上升。

当摇臂上升至所需位置时，松开按钮 SB3，接触器 KM2 和时间继电器 KT 同时断电，M2 依惯性停止，摇臂停止上升。时间继电器断电后，经 1～3s 的延时后，KT 动断触头闭合，使 KM5 线圈得电。KM5 线圈得电，主触头闭合，使液压泵电动机 M3 反转。KT 动合触头打开，使电磁阀 YV 线圈失电。送出的压力油经另一条油路流入二位六通阀，再进入摇臂夹紧油腔，反向推动活塞与菱形块，使摇臂夹紧。

当摇臂夹紧后，活塞杆通过弹簧片压动行程开关 SQ3，使 SQ3 动断触头断开，从而切断 KM5 线圈电源，液压泵电动机 M3 停止运转，摇臂夹紧完成。

摇臂下降时按下按钮 SB4 即可，其设备操作过程与摇臂上升过程类似。摇臂升降由 SQ1 作限位保护。

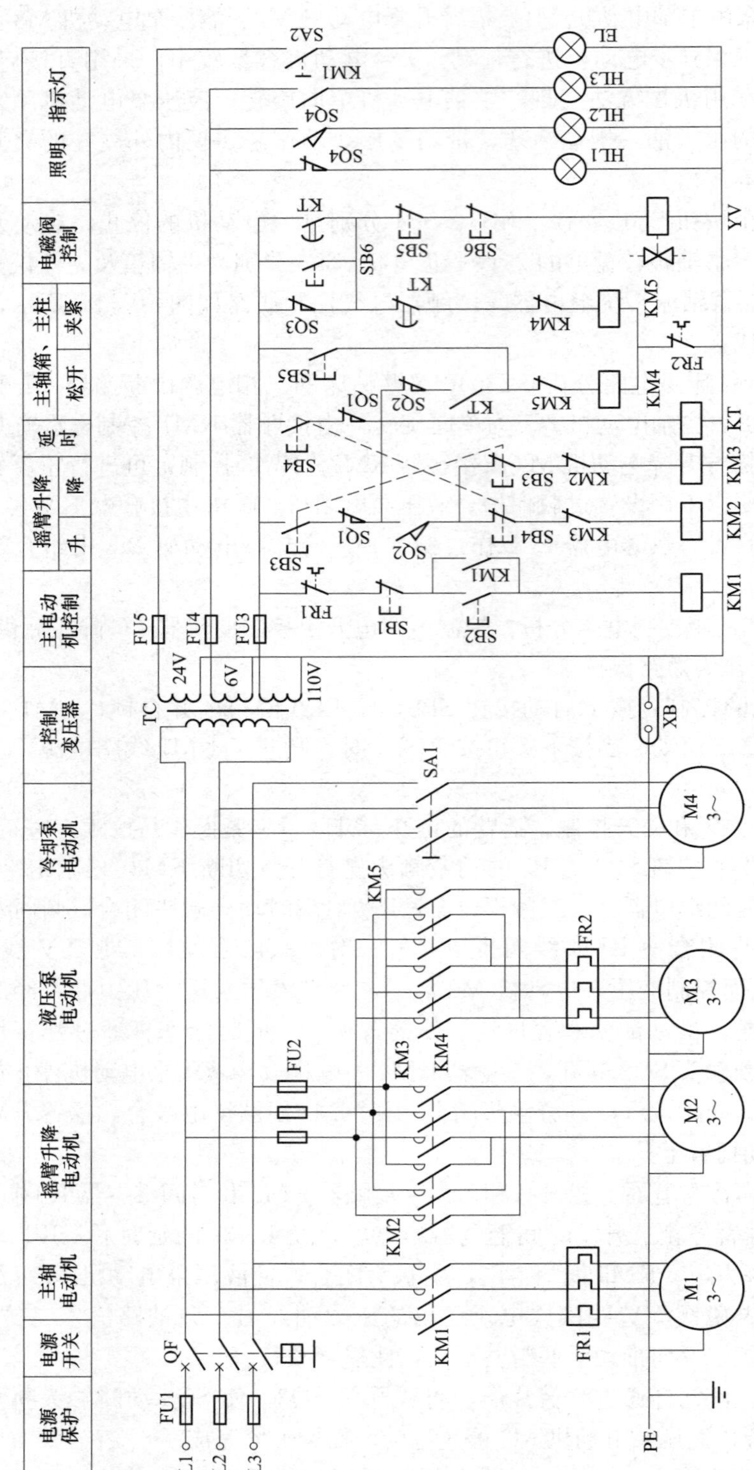

图 10－25 Z3040 摇臂钻床传统继电器—接触器电气控制线路

3）主轴箱与立柱的夹紧与松开控制。主轴箱与立柱的夹紧与松开均采用液压操纵，两者是同时进行的，工作时要求二位六通阀 YV 不通电。当主轴箱与立柱松开时，按下按钮 SB5，接触器 KM4 通电吸合，使电动机 M3 正转，拖动液压泵高压油从油泵油路流出，此时 SB5 的动断触头打开，电磁阀线圈 YV 不通电，压力油经二位六通电磁阀到右侧油路，进入立柱与主轴箱松开油腔，推动活塞和菱形块使立柱和主轴箱同时松开。

按下按钮 SB6，接触器 K5 通电吸合，液压油泵电动机 M3 反转，电磁阀 YV 仍不通电，压力油从油泵左侧油路流出，进入主轴箱及立柱油箱右腔，使二者夹紧。

4）冷却泵电动机 M4 的控制。扳动手动开关 SA1 时，冷却泵电动机 M4 启动，单向运行。

5）照明和信号指示灯控制。HL1 为主轴箱与立柱松开指示灯，当主轴箱与立柱夹紧时，SQ4 动断触头打开，此时 HL1 灯熄灭；当主轴箱与立柱松开时，SQ4 动断触头复位闭合，HL1 灯亮。

HL2 为主轴箱与立柱夹紧指示灯，当主轴箱与立柱松开时，SQ4 动合触头打开，此时 HL1 灯熄灭；当主轴箱与立柱夹紧时，SQ4 动合触头复位闭合，HL2 灯亮。

HL3 为主轴旋转工作指示灯，当主轴电动机工作时，KM1 动合辅助触头闭合，HL3 亮。

EL 为主轴旋转工作照明灯，扳动转换开关 SA 时，EL 亮。

2. Z3040 摇臂钻床 PLC 控制

根据 Z3040 摇臂钻床控制线路的分析，其 PLC 控制设计如下：

(1) PLC 的 I/O 分配。使用 FX_{2N}系列 PLC 改造 Z3040 摇臂钻床控制线路时，照明开关可使用普通的按钮开关代替，列出 PLC 的 I/O 分配表，如表 10-7 所示。

表 10-7　PLC 改造 Z3040 摇臂钻床的 I/O 分配表

输入			输出		
功能	元件	PLC 地址	功能	元件	PLC 地址
主轴电动机 M1 停止按钮	SB1	X000	主轴电动机 M1 控制	KM1	Y000
主轴电动机 M1 启动按钮	SB2	X001	摇臂电动机 M2 上升控制	KM2	Y001
摇臂上升控制	SB3	X002	摇臂电动机 M2 下降控制	KM3	Y002
摇臂下降控制	SB4	X003	主轴箱、立柱松开控制	KM4	Y003
立柱放松控制	SB5	X004	主轴箱、立柱夹紧控制	KM5	Y004
立柱夹紧控制	SB6	X005	冷却泵电动机控制	KM6	Y005
行程开关	SQ1	X006	松开指示	HL1	Y006
行程开关	SQ2	X007	夹紧指示	HL2	Y007
行程开关	SQ3	X010	主电动机工作指示	HL3	Y010
行程开关	SQ4	X011	照明灯控制	EL	Y011
冷却泵电动机 M4 控制	SA1	X012	电磁阀控制	YV	Y012
照明灯控制	SA2	X013			

(2) PLC 改造 Z3040 摇臂钻床控制线路的 I/O 接线图，如图 10-26 所示。

(3) PLC 改造 Z3040 摇臂钻床控制线路的程序如图 10-27 所示。

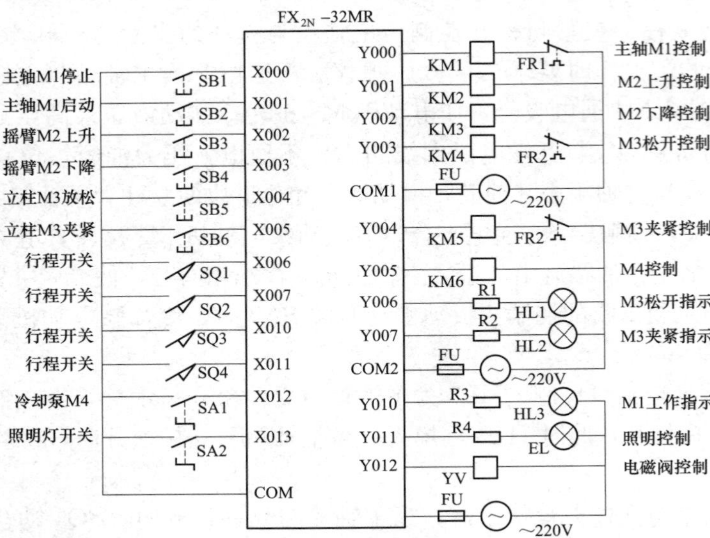

图 10－26　PLC 改造 Z3040 摇臂钻床控制线路的 I/O 接线图

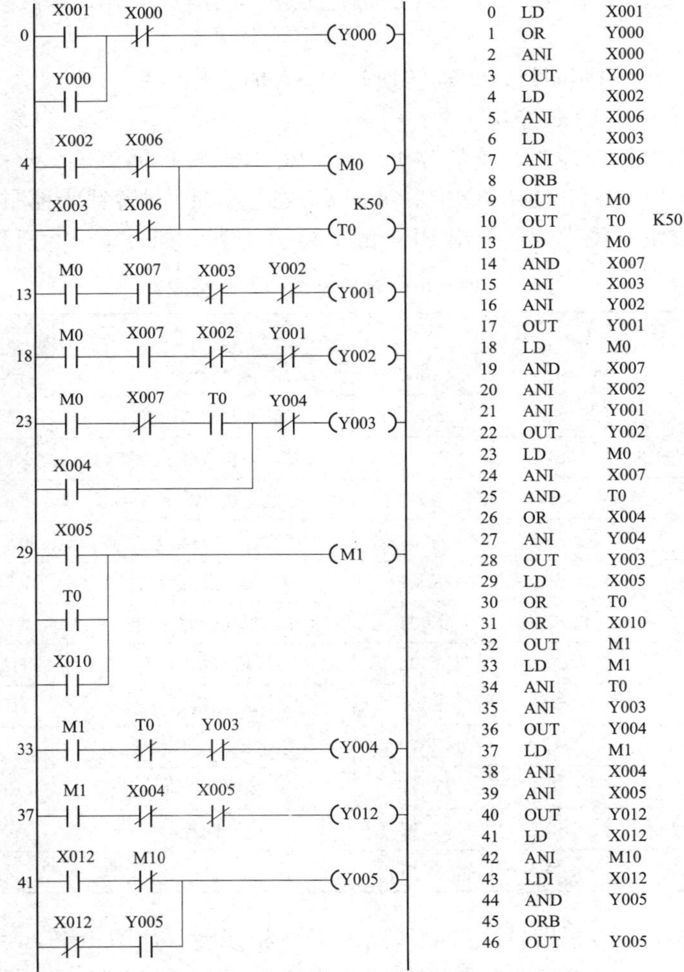

```
0   LD    X001
1   OR    Y000
2   ANI   X000
3   OUT   Y000
4   LD    X002
5   ANI   X006
6   LD    X003
7   ANI   X006
8   ORB
9   OUT   M0
10  OUT   T0   K50
13  LD    M0
14  AND   X007
15  ANI   X003
16  ANI   Y002
17  OUT   Y001
18  LD    M0
19  AND   X007
20  ANI   X002
21  ANI   Y001
22  OUT   Y002
23  LD    M0
24  ANI   X007
25  AND   T0
26  OR    X004
27  ANI   Y004
28  OUT   Y003
29  LD    X005
30  OR    T0
31  OR    X010
32  OUT   M1
33  LD    M1
34  ANI   T0
35  ANI   Y003
36  OUT   Y004
37  LD    M1
38  ANI   X004
39  ANI   X005
40  OUT   Y012
41  LD    X012
42  ANI   M10
43  LDI   X012
44  AND   Y005
45  ORB
46  OUT   Y005
```

图 10－27　PLC 改造 Z3040 摇臂钻床控制线路的程序（一）

```
47  LD   Y005
48  ANI  X012
49  LD   X012
50  AND  M10
51  ORB
52  OUT  M10
53  LD   X013
54  ANI  M11
55  LD   Y011
56  ANI  X013
57  ORB
58  OUT  Y011
59  LD   Y011
60  ANI  X013
61  LD   X013
62  AND  M11
63  ORB
64  OUT  M11
65  LDI  X011
66  OUT  Y006
67  LD   X011
68  OUT  Y007
69  LD   Y000
70  OUT  Y010
71  END
```

图 10－27　PLC 改造 Z3040 摇臂钻床控制线路的程序（二）

(4) PLC 程序说明。步 0～步 3 为主轴电动机 M1 启动与停止控制，当按下 SB2 时，M1 启动；按下 SB1 时，M1 停止。步 4～步 12 为摇臂电动机正反转的前提条件。若按下 SB3 按钮，步 4～步 12 中的 M0 有效，并启动定时器 T0 进行延时，同时使步 13～步 17 中的 Y001 控制 KM2 有效，从而控制摇臂电动机上升；若按下 SB4 按钮，步 4～步 12 中的 M0 有效，并启动定时器 T0 进行延时，同时使步 18～步 22 中的 Q4.2 控制 KM3 有效，从而控制摇臂电动机下降。

步 23～步 28 为主轴箱、立柱松开控制；步 29～步 32 和步 33～步 36 为主轴箱、立柱夹紧控制；步 37～步 40 为电磁阀控制；步 41～步 46 和步 47～步 52 为冷却泵电动机控制；步 53～步 58 和步 59～步 64 为照明灯控制；步 65、步 66 为立柱松开指示；步 67、步 68 为立柱夹紧指示；步 69、步 70 为主轴电动机运行指示。其 PLC 运行仿真效果如图 10－28 所示。

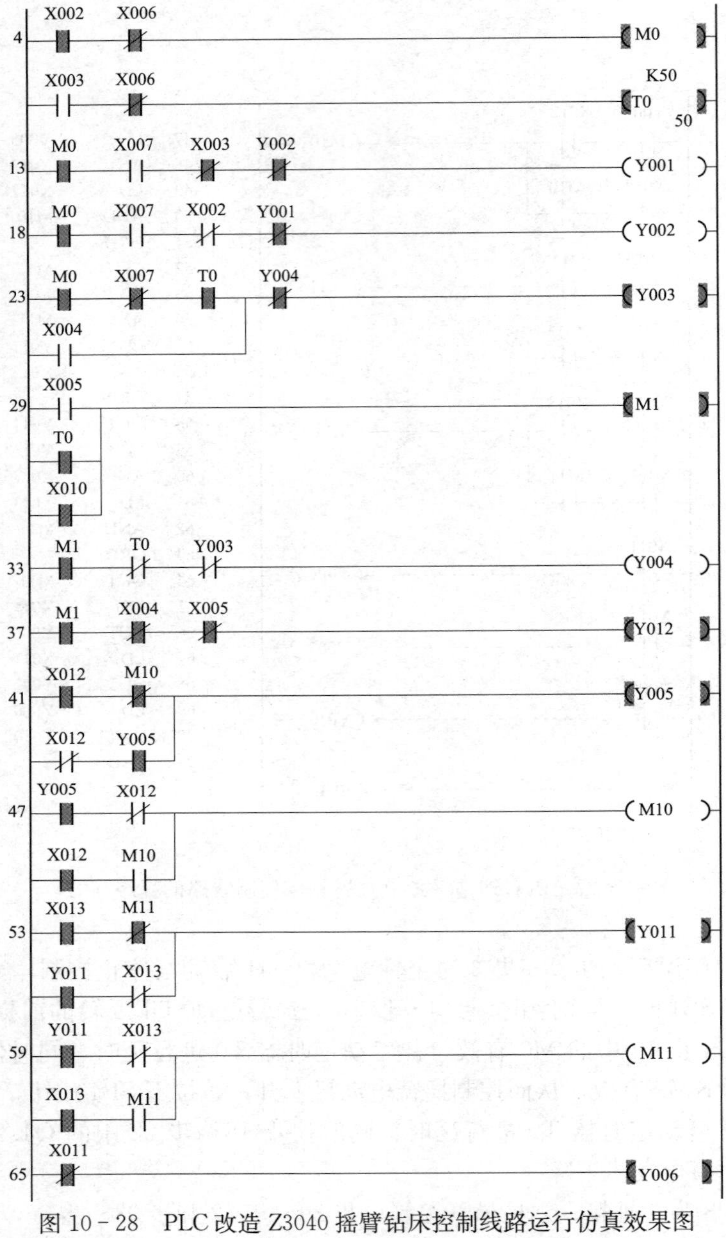

图 10－28　PLC 改造 Z3040 摇臂钻床控制线路运行仿真效果图

10.3.4　PLC 在 X62W 万能铣床中的应用

铣床是用铣刀进行铣削的机床，它可用来加工平面、斜面和沟槽等，还可用来铣削直齿轮和螺旋面等。铣床的种类很多，按照结构形式和加工性能的不同，可分为卧式铣床、立式铣床、龙门铣床和各种专用铣床等。在此以 X62W 万能铣床为例，讲述 PLC 在其控制系统中的应用。

1. X62W 万能铣床传统继电器—接触器电气控制线路分析

X62W 万能铣床传统继电器—接触器电气控制线路如图 10－29 所示，该线路由主电

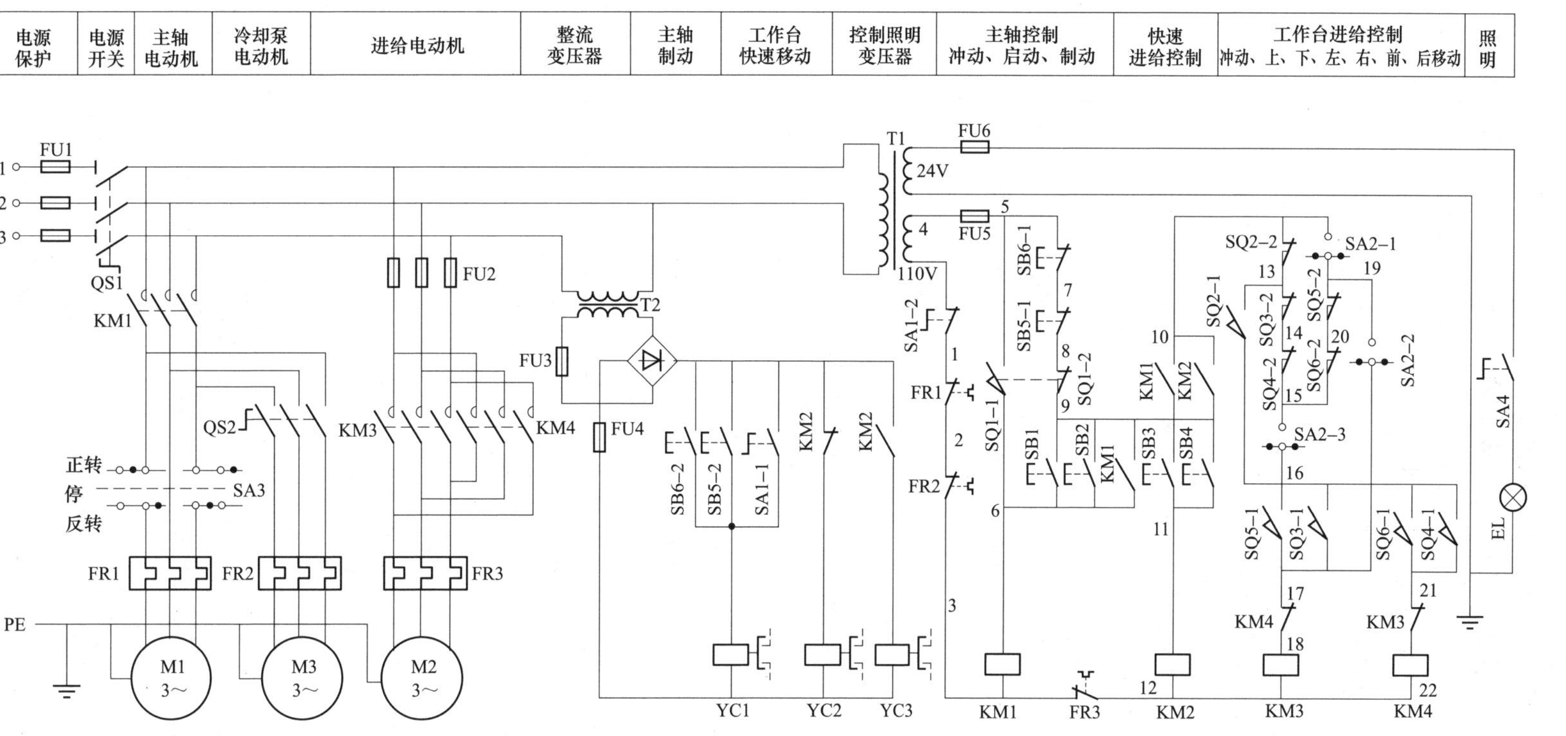

图 10-29 X62W 万能铣床传统继电器—接触器电气控制线路

路、控制电路和照明电路3部分组成。

(1) X62W万能铣床主电路分析。X62W万能铣床由3台异步电动机拖动，它们分别是主轴电动机M1、进给电动机M2和冷却泵电动机M3。主轴电动机M1用来拖动主轴带动铣刀进行铣削加工，由换向开关SA3控制其运转方向。进给电动机M2的正反转由KM3和KM4控制，通过操纵手柄和机械离合器的配合拖动工作台前、后、左、右、上、下6个方向的进给运动和快速移动。冷却泵电动机M3用来供应切削液，它只能在主轴电动机运行后才能通过扳动手动开关QS2进行启动。

(2) X62W万能铣床控制电路分析。X62W万能铣床的控制电路由控制变压器照明T1输出110V电压来提供电源。

1) 主轴电动机M1的控制。主轴电动机M1由接触器KM1控制，为方便操作，主轴电动机的启动由SB1和SB2按钮控制，停止由SB5和SB6控制，以实现两地控制。启动主轴电动机前将SA3旋到所需转动方向。合上电源开关QS1，按下启动按钮SB1或SB2，接触器KM1线圈得电并自锁，KM1主触头闭合，主轴电动机M1启动。热继电器FR1的动断触头串接于KM1控制电路中作为过载保护。按下停止按钮SB5或SB6时，SB5－1或SB6－1动断触头断开，从而切断KM1线圈电源，KM1触头复位，主轴电动机断电惯性运转。同时SB5－2或SB6－2动合触头闭合，接通电磁离合器YC1，使主轴电动机M1制动停止运转。

主轴电动机M1停止运转后，它并不处于制动状态，主轴仍然可以自由转动。在主轴更换铣刀时，为避免主轴转动，应将转换开关SA1扳向换刀位置，此时动合触头SA1－1闭合，电磁离合器YC1得电使主轴处于制动状态，同时动断触头SA1－2断开，控制回路电源被断开，使铣床不能运行，这样可安全更换铣刀。

主轴变速操纵箱装在床身左侧窗口上，主轴变速是由一个变速手柄盘来实现的。当主轴需要变速时，为保证变速齿轮易于啮合，需设置变速冲动控制，它是利用变速手柄和冲动位置开关SQ1通过机械上的联动机构完成的。变速时，先将变速手柄下压，使手柄的榫块从定位槽中脱出，然后向外拉动手柄使榫块落入第二道槽内，使齿轮组脱离啮合。然后旋转变速盘选择转速，把手柄推回原位，使榫块重新落进槽内，使齿轮组重新啮合。在手柄推拉过程中，手柄上装的凸轮将弹簧杆推动一下又返回，此时弹簧杆推动一下位置开关SQ1，使SQ1的动断触头SQ1－2先分断，动合触头SQ1－1后闭合，接触器KM1瞬时得电动作，电动机M1瞬时启动，然后凸轮放开弹簧杆，位置开关SQ1触头复位，接触器KM1断电释放，电动机M1断电，此时电动机M1因惯性而旋转片刻，使齿轮系统抖动。齿轮系统抖动时，将变速手柄先快后慢地推进去，齿轮顺序啮合。

2) 进给电动机M2的控制。工作台的进给运动在主轴启动后方可进行。工作台的进给可在3个坐标的6个方向运动，进给运动是通过两个操作手柄和机械联动机构控制相应的位置开关使进给电动机M2正转或反转来实现的，并且6个方向的运动是联锁的，不能同时接通。

a. 当需要圆形工作台旋转时，先将开关SA2扳到接通位置，这时触头SA2－1和SA2－3断开，触头SA2－2闭合，电流经10—13—14—15—20—19—17—18路径，使接触器KM3得电，电动机M2启动，通过一根专用轴带动圆形工作台作旋转运动。若不需要圆形工作台旋转时，转换开关SA2扳到断开位置，此时触头SA2－1和SA2－3闭合，触头 SA2－2 断开，以保证工作台在 6 个方向的进给运动，因为圆形工作台的旋转运动和 6 个方向的进给运动也是联锁的。

b. 工作台的左右进给运动由左右进给操作手柄控制。操作手柄与位置开关 SQ5 和 SQ6 联动，有左、中、右三个位置，其控制关系如表 10－8 所示。当手柄扳向中间位置时，位置开关 SQ5 和 SQ6 均未被压合，进给控制电路处于断开状态；当手柄扳向左或右位置时，手柄压下位置开关 SQ5 或 SQ6，使动断触头 SQ5－2 或 SQ6－2 分断，动合触头 SQ5－1 或 SQ6－1 闭合，接触器 KM3 或 KM4 得电动作，电动机 M2 正转或反转。由于在 SQ5 或 SQ6 被压合的同时，通过机械机构已将电动机 M2 的传动链与工作台下面的左右进给丝杠相搭合，因此电动机 M2 的正转或反转就拖动工作台向左或向右运动。

表 10－8　　工作台左、中、右进给手柄位置及其控制关系

手柄位置	位置开关动作	接触器动作	电动机 M2 转向	传动链搭合丝杠	工作台运动方向
左	SQ5	KM3	正转	左、右进给丝杠	向左
中	—	—	停止	—	停止
右	SQ6	KM4	反转	左右进给丝杠	向右

c. 工作台的上下和前后进给运动是由一个手柄进行控制。该手柄与位置开关 SQ3 和 SQ4 联动，有上、下、中、前、后 5 个位置，其控制关系如表 10－9 所示。当手柄扳至中间位置时，位置开关 SQ3 和 SQ4 均未被压合，工作台无任何进给运动；当手柄扳至下或前位置时，手柄压下位置开关 SQ3 使动断触头 SQ3－2 分断，动合触头 SQ3－1 闭合，接触器 KM3 得电动作，电动机 M2 正转，带动着工作台向下或向前运动；当手柄扳至上或后位置时，手柄压下位置开关 SQ4，使动断触头 SQ4－2 分断，动合触头 SQ4－1 闭合，接触器 KM4 得电动作，电动机 M2 反转，带动着工作台向上或向后运动。当两个操作手柄被置定于某一进给方向后，只能压下四个位置开关 SQ3、SQ4、SQ5、SQ6 中的一个开关，接通电动机 M2 正转或反转电路，同时通过机械机构将电动机的传动链与三根丝杠（左右丝杠、上下丝杠、前后丝杠）中的一根（只能是一根）相搭合，拖动工作台沿选定的进给方向运动，而不会沿其他方向运动。

表 10－9　　工作台上、下、中、前、后进给手柄位置及其控制关系

手柄位置	位置开关动作	接触器动作	电动机 M2 转向	传动链搭合丝杠	工作台运动方向
上	SQ4	KM4	反转	上下进给丝杠	向上
下	SQ3	KM3	正转	上下进给丝杠	向下
中	—	—	停止	—	停止
前	SQ3	KM3	正转	前后进给丝杠	向前
后	SQ4	KM4	反转	前后进给丝杠	向后

d. 左右进给手柄与上下前后手柄实行了联锁控制，当把左右进给手柄扳向左时，若又将另一个进给手柄扳到向下进给方向，则位置开关 SQ5 和 SQ3 均被压下，触头 SQ5－2 和 SQ3－2 均分断，断开了接触器 KM3 和 KM4 的通路，电动机 M2 只能停转，保证了

操作安全。

e. 6个进给方向的快速移动是通过两个进给操作手柄和快速移动按钮配合实现的。安装好工件后，扳动进给操作手柄选定进给方向，按下快速移动按钮SB3或SB4（两地控制），接触器KM2得电，KM2动断触头分断，电磁离合器YC2失电，将齿轮传动链与进给丝杠分离。KM2两对动合触头闭合，一对使电磁离合器YC3得电，将电动机M2与进给丝杠直接搭合；另一对使接触器KM3或KM4得电动作，电动机M2得电正转或反转，带动工作台沿选定的方向快速移动。由于工作台的快速移动采用的是点动控制，故松开SB3或SB4，快速移动停止。

f. 进给变速时与主轴变速时相同，利用变速盘与冲动位置开关SQ2使M1产生瞬时点动，齿轮系统顺利啮合。

3）冷却泵电动机M3的控制。主轴电动机M1和冷却泵电动机M3采用顺序控制，当KM1线圈得电时，主轴电动机得电启动运行，此时扳动组合开关QS2才能使冷却泵电动机M3启动。当按下停止按钮SB5或SB6使主轴电动机停止运行时，冷却泵电动机也会停止工作。

（3）X62W万能铣床照明电路分析。X62W万能铣床的照明电路由变压器T1提供24V的安全电压，转换开关SA4控制照明灯是否点亮。FU6为作X62W万能铣床照明电路的短路保护。

2. X62W万能铣床PLC控制

根据X62W万能铣床控制线路的分析，其PLC控制设计如下：

（1）PLC的I/O分配。使用FX_{2N}系列PLC改造X62W万能铣床时，其电气控制线路中的电源电路、主电路及照明电路保持不变，在控制电路中，变压器TC的输出及整流器VC的输出部分去掉。为节省PLC的I/O，可将M1的启动按钮SB1、SB2共用同一个X000端子，快速进给启动按钮SB3和SB4共用同一个X001端子，M1停止制动按钮SB5－1和SB6－1共用同一个X002端子，M1停止制动按钮SB5－2和SB6－2共用同一个X003端子，上、下、前、后进给控制行程开关SQ3－2和SQ4－2共用同一个X007端子，M2电动机正转控制行程开关SQ5－1和SQ3－1共用同一个X010端子，M2电动机反转控制行程开关SQ6－1和SQ4－1共用同一个端子X011端子，M2电动机正转控制KM4触头和KM3线圈由Y002控制，M2电动机反转控制KM3触头和KM4线圈由Y003控制。PLC改造X62W万能铣床的I/O分配如表10－10所示。

表10－10　　PLC改造X62W万能铣床的I/O分配表

输入			输出		
功能	元件	PLC地址	功能	元件	PLC地址
主轴电动机M1启动按钮	SB1、SB2	X000	主轴电动机M1接触器	KM1	Y000
进给电动机M2启动按钮	SB3、SB4	X001	KM2线圈	KM2	Y001
主轴电动机M1停止按钮	SB5－1、SB6－1	X002	M2电动机正转控制KM4触头、KM3线圈	KM3	Y002
	SB5－2、SB6－2	X003	M2电动机反转控制KM3触头、KM4线圈	KM4	Y003

续表

输入			输出		
功能	元件	PLC 地址	功能	元件	PLC 地址
换刀开关	SA1	X004	主轴制动	YC1	Y004
圆工作台开关	SA2	X005	正常进给	YC2	Y005
左右进给控制	SQ5－2、SQ6－2	X006	快速进给	YC3	Y006
上、下、前、后进给控制	SQ3－2、SQ4－2	X007	照明灯	EL	Y007
M2 电动机正转控制	SQ5－1、SQ3－1	X010			
M2 电动机反转控制	SQ6－1、SQ4－1	X011			
进给冲动控制	SQ2－2	X012			
主轴冲动控制	SQ1－2	X013			
照明灯开关	SA4	X014			

（2）PLC 改造 X62W 万能铣床控制线路的 I/O 接线图如图 10－30 所示。

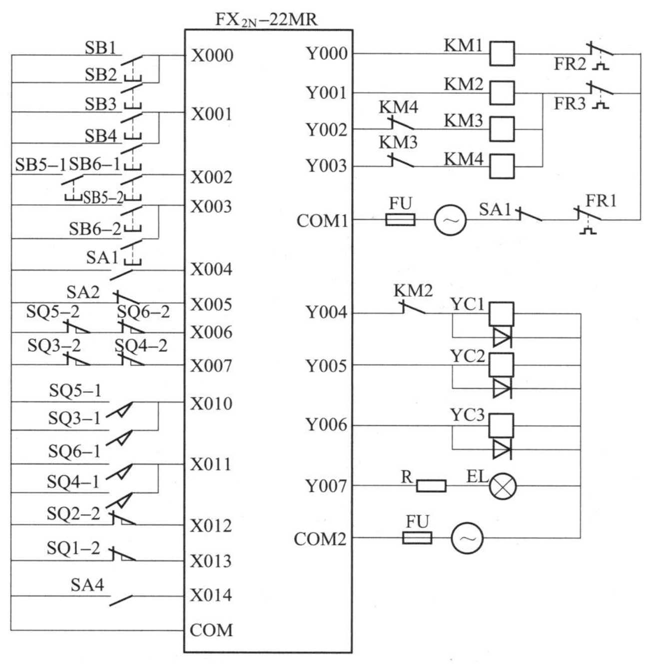

图 10－30　PLC 改造 X62W 万能铣床控制线路的 I/O 接线图

（3）PLC 改造 X62W 万能铣床控制线路的程序如图 10－31 所示。

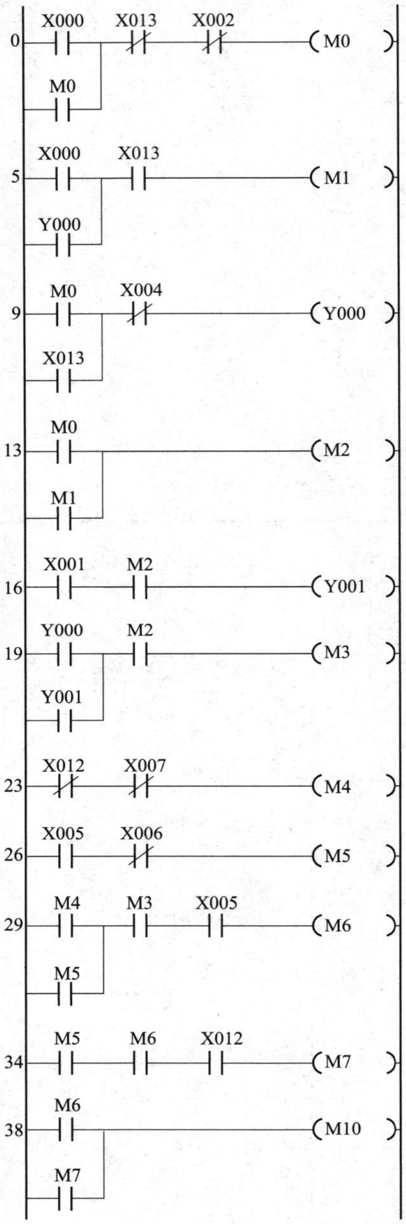

0	LD	X000
1	OR	M0
2	ANI	X013
3	ANI	X002
4	OUT	M0
5	LD	X000
6	OR	Y000
7	AND	X013
8	OUT	M1
9	LD	M0
10	OR	X013
11	ANI	X004
12	OUT	Y000
13	LD	M0
14	OR	M1
15	OUT	M2
16	LD	X001
17	AND	M2
18	OUT	Y001
19	LD	Y000
20	OR	Y001
21	AND	M2
22	OUT	M3
23	LDI	X012
24	ANI	X007
25	OUT	M4
26	LD	X005
27	ANI	X006
28	OUT	M5
29	LD	M4
30	OR	M5
31	AND	M3
32	AND	X005
33	OUT	M6
34	LD	M5
35	AND	M6
36	AND	X012
37	OUT	M7
38	LD	M6
39	OR	M7
40	OUT	M10

图 10-31　PLC 改造 X62W 万能铣床控制线路的程序（一）

三菱FX_{2N} PLC从入门到精通

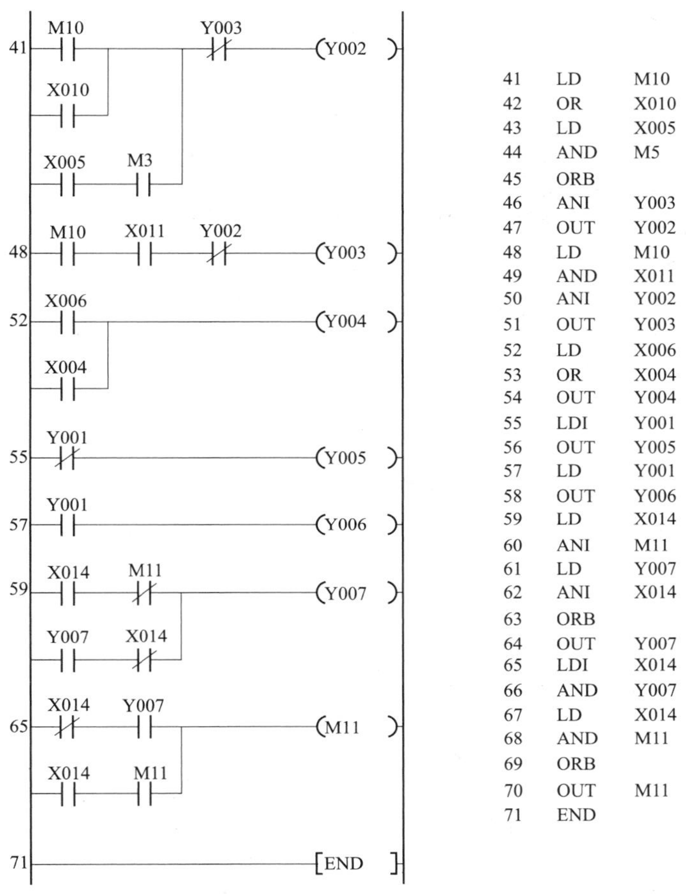

41 LD M10
42 OR X010
43 LD X005
44 AND M5
45 ORB
46 ANI Y003
47 OUT Y002
48 LD M10
49 AND X011
50 ANI Y002
51 OUT Y003
52 LD X006
53 OR X004
54 OUT Y004
55 LDI Y001
56 OUT Y005
57 LD Y001
58 OUT Y006
59 LD X014
60 ANI M11
61 LD Y007
62 ANI X014
63 ORB
64 OUT Y007
65 LDI X014
66 AND Y007
67 LD X014
68 AND M11
69 ORB
70 OUT M11
71 END

图 10－31　PLC 改造 X62W 万能铣床控制线路的程序（二）

(4) PLC 程序说明。步 0～步 12 为主轴电动机 M1 的启动与停止控制；步 13～步 15 和步 16～步 18 为 KM2 线圈控制；步 19～步 40 表述了工作台进给控制的前提条件；步 41～步 47 为进给电动机 M2 的正转控制；步 48～步 51 为进给电动机的反转控制；步 52～步 64 为各指示灯的显示控制。其 PLC 运行仿真效果如图 10－32 所示。

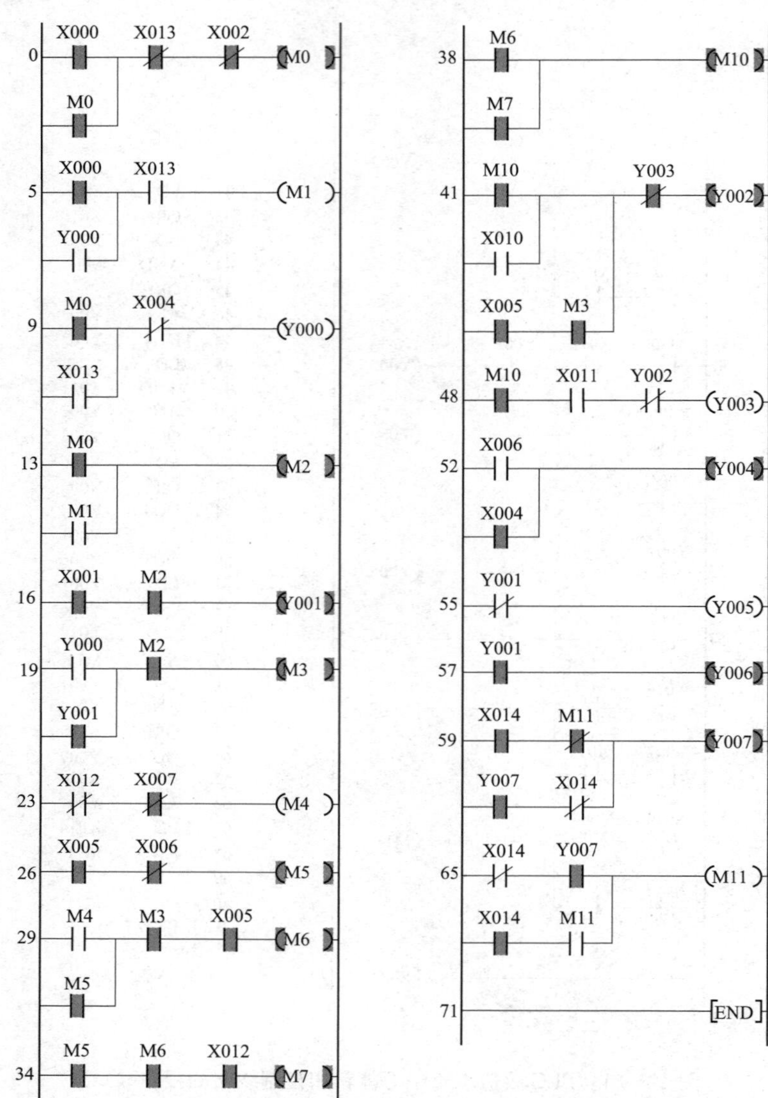

图 10-32　PLC 改造 X62W 万能铣床控制线路运行仿真效果图

10.3.5　PLC 在 T68 卧式镗床中的应用

镗床是一种精密加工机床，主要用于加工精确的孔和孔间距离要求较为精确的零件。按照用途的不同，镗床分为卧式镗床、立式镗床、坐标镗床、金刚镗床和专用镗床，其中卧式镗床在生产中应用最多。卧式镗床具有万能特点，它不但能完成孔加工，而且还能完成车削端面及内外圆、铣削平面等。在此，以 T68 为例讲述 PLC 在其控制系统中的应用。

1. T68 卧式镗床传统继电器—接触器电气控制线路分析

T68 卧式镗床传统继电器—接触器电气控制线路如图 10-33 所示，该线路由主电路、控制电路和照明电路 3 部分组成。

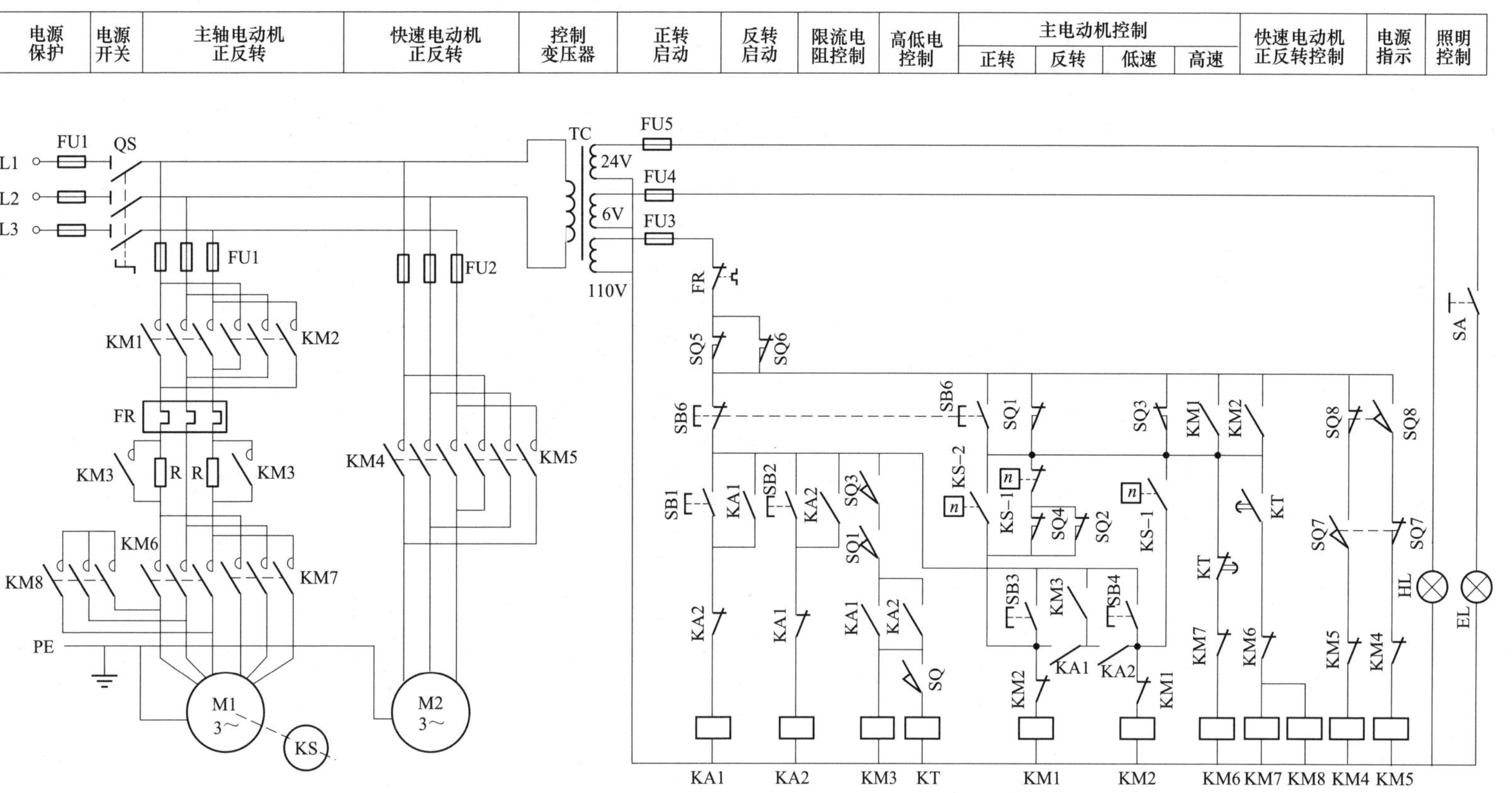

图 10-33　T68 卧式镗床传统继电器—接触器电气控制线路

（1）T68卧式镗床主电路分析。T68卧式镗床有M1和M2两台电动机，其中M1为主轴电动机，M2为快速移动电动机。M1由接触器KM1和KM2控制其正反转，KM6控制其低速运转，KM7、KM8控制其高速运转，KM3控制其反接制动，FR作为其过载保护。M2由KM4、KM5控制其正反转，因M2是短时间运行，故不需要过载保护。

（2）T68卧式镗床控制电路分析。T68卧式镗床的控制电路由控制变压器TC输出110V电压来提供电源。

1）主轴电动机M1的控制。主轴电动机M1控制主要包括点动控制、正反转控制、高低速转换控制、停车控制和主轴及进给变速控制。

合上电源开关QS，按下SB3，KM1线圈得电，主触头接通三相正相序电源，KM1动合触头闭合，使KM6线圈得电，主轴电动机M1绕组接成三角形，串入电阻R，电动机M1低速启动。由于KM1、KM6此时都不能自锁，当松开SB3时，KM1、KM6相继断电，M1断电停车，这样实现了电动机M1的正向点动控制。当按下SB4时，可控制电动机M1进行反向点动控制。

SB1、SB2可控制电动机M1进行正反转控制。电动机M1启动前，主轴变速与进给变速手柄置于推合位置，此时行程开关SQ1、SQ3被压下，它们的动合触头闭合。若选择M1为低速运行，将主轴速度选择手柄置于“低速”挡位，此时经速度手柄联动机构使高低速行程开关SQ处于释放状态，其动断触头断开。按下SB1，中间继电器KA1线圈得电并自锁，另一个动合触头KA1闭合，使KM3线圈得电。KM3线圈得电，动合辅助触头闭合，使KM1线圈得电吸合。KM1线圈闭合，其动合辅助触头闭合，从而使KM6线圈得电，于是电动机M1定子绕组接成三角形，接入正相序三相交流电源全电压低速正向运行。如果按下SB2时，KA2、KM3、KM2和KM6相继动作，从而使电动机M1进行反向运行。

电动机M1的高低速转换可通过行程开关SQ来进行控制。其控制过程如下：将主轴速度选择手柄置于“高速”挡时，SQ被压下，其动合触头闭合。按下SB1按钮，KA1线圈通电并自锁，KA1、KM3、KM6相继得电工作，电动机M1低速正向启动运行。在KM3线圈通电的同时，由于SQ动合触头被压下闭合了，KT线圈也通电吸合。当KT延时片刻后，KT延时打开触头断开切断KM6线圈的电源，KT延时闭合触头闭合使KM7、KM8线圈得电吸合，这样使主轴电动机M1的定子绕组由三角形接法自动切换成双星形接法，使电动机自动由低速转变到高速运行。同样，将主轴速度选择手柄置于“高速”挡时，按下SB2后，电动机也会自动由低速运行转到高速运行。

主轴电动机M1正向低速运行，由KA1、KM3、KM1和KM6进行控制。欲使M1停车，按下停止按钮SB6时，KA1、KM3、KM1和KM6相继断电释放。由于M1正转时速度继电器KS－1动合触头闭合，因此按下SB6后，KM2线圈通电并自锁，且使KM6线圈仍处于保护得电状态，但此时M1定子绕组串入限流电阻R进行反接制动，当电动机速度降至KS复位转速时，KS－1的动合触头打开，使KM2和KM6断电释放，反接制动结束。

同样主轴电动机M1正向高速运行中，按下停车按钮SB6时，使KA1、KM3、

KM1、KT、KM7 和 KM8 相继断电释放，从而使 KM2 和 KM6 线圈通电吸合，电动机进行反接制动。

T68 卧式镗床的主轴变速与进给变速可在停车时或运行时进行控制。变速时将变速手柄拉出，转动变速盘，选好速度后，再将变速手柄推回。拉出变速手柄时，相应的变速行程开关不受压；推回变速手柄时，相应的变速行程开头压下，其中 SQ1 和 SQ2 为主轴变速行程开关，SQ3 和 SQ4 为进给变速行程开关。

2）快速移动电动机 M2 的控制。主轴箱、工作台或主轴的快速移动由快速移动电动机 M2 来实现。快速移动电动机的转动方向由快速手柄进行控制。快速手柄有三个位置，将变速手柄置于中间位置时，行程开关 SQ7、SQ8 将没被压下，电动机 M2 停转；将变速手柄置于正向位置时，SQ7 被压下，其动合触头闭合，KM4 线圈得电，使电动机 M2 正向转动，从而控制相应部件正向快速移动；将快速手柄置于反向位置时，SQ8 被压下，KM5 线圈得电，使电动机 M2 反向转动，从而控制相应部件反向快速移动。

（3）T68 卧式镗床照明电路分析。T68 卧式镗床的照明和指示电路由变压器 TC 提供 24V 和 6V 的安全电压，合上电源开关 QS 时，电源指示灯亮，而转换开关 SA 控制照明灯是否点亮。

2. T68 卧式镗床 PLC 控制

根据 T68 卧式镗床控制线路的分析，其 PLC 控制设计如下：

（1）PLC 改造 T68 卧式镗床的 I/O 分配如表 10－11 所示。

表 10－11　　PLC 改造 T68 卧式镗床的 I/O 分配表

输　入			输　出		
功能	元件	PLC 地址	功能	元件	PLC 地址
主轴停止控制按钮	SB6	X000	M1 正转控制	KM1	Y000
主轴正转控制按钮	SB1	X001	M1 反转控制	KM2	Y001
主轴反转点动按钮	SB2	X002	限流电阻控制	KM3	Y002
M1 的正转点动按钮	SB3	X003	M2 正转控制	KM4	Y003
M1 的正转点动按钮	SB4	X004	M2 反转控制	KM5	Y004
高低速转换行程开关	SQ	X005	M1 低速（三角形）控制	KM6	Y005
主轴变速行程开关	SQ1	X006	M1 高速（双星形）控制	KM7	Y006
主轴变速行程开关	SQ2	X007	M1 高速（双星形）控制	KM8	Y007
进给变速行程开关	SQ3	X010	照明灯	EL	Y010
进给变速行程开关	SQ4	X011			
工作台或主轴箱进给限位	SQ5	X012			
主轴或花盘刀架进给限位	SQ6	X013			
快速 M2 电动机正转限位	SQ7	X014			
快速 M2 电动机反转限位	SQ8	X015			

续表

输入			输出		
功能	元件	PLC 地址	功能	元件	PLC 地址
速度继电器正转触头	KS1	X016			
速度继电器反转触头	KS2	X017			
照明开关	SA	X020			

(2) PLC 改造 T68 卧式镗床控制线路的 I/O 接线图如图 10-34 所示。

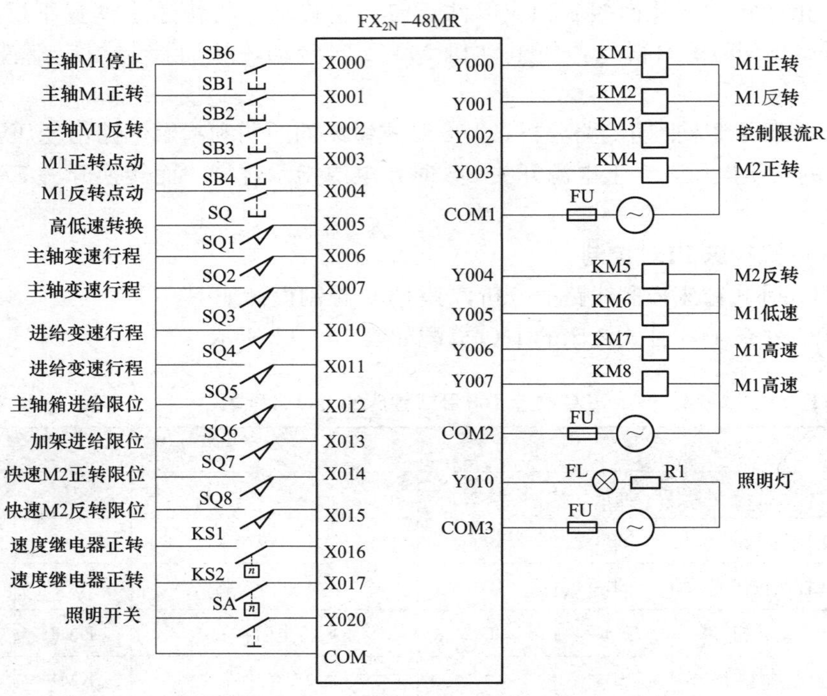

图 10-34　PLC 改造 T68 卧式镗床控制线路的 I/O 接线图

(3) PLC 改造 T68 卧式镗床控制线路的程序如图 10-35 所示。

(4) PLC 程序说明。步 0～步 20 为 KM3 线圈控制；步 23～步 64 为 M1 正转控制；步 65～步 94 为 M1 反转控制；步 95～步 98 为 M1 低速运行控制；步 99～步 103 为 M1 高速控制；步 104～步 109 为 M2 正转控制；步 110～步 115 为 M2 反转控制；步 116、步 117 为照明灯控制。其 PLC 运行仿真效果如图 10-36 所示。

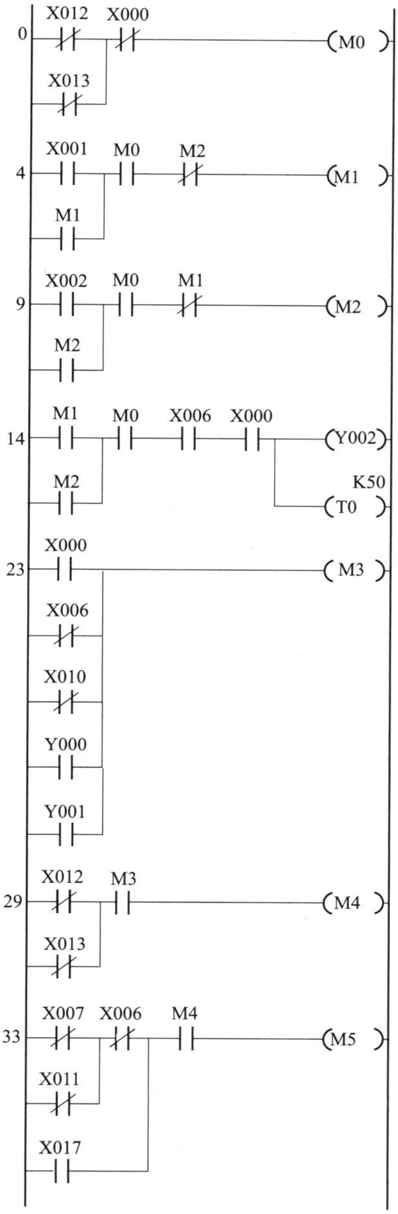

0	LDI	X012	
1	ORI	X013	
2	ANI	X000	
3	OUT	M0	
4	LD	X001	
5	OR	M1	
6	AND	M0	
7	ANI	M2	
8	OUT	M1	
9	LD	X002	
10	OR	M2	
11	AND	M0	
12	ANI	M1	
13	OUT	M2	
14	LD	M1	
15	OR	M2	
16	AND	M0	
17	AND	X006	
18	AND	X000	
19	OUT	Y002	
20	OUT	T0	K50
23	LD	X000	
24	ORI	X006	
25	ORI	X010	
26	OR	Y000	
27	OR	Y001	
28	OUT	M3	
29	LDT	X012	
30	ORI	X013	
31	AND	M3	
32	OUT	M4	
33	LDT	X007	
34	ORI	X011	
35	ANI	X006	
36	OR	X017	
37	AND	M4	
38	OUT	M5	

图 10-35　PLC 改造 T68 卧式镗床控制线路的程序（一）

三菱FX_{2N} PLC从入门到精通

```
39  LD    X004
40  AND   Y002
41  AND   M1
42  LD    X004
43  AND   X003
44  ORB
45  LD    M1
46  AND   M2
47  ORB
48  LD    M2
49  AND   Y002
50  AND   X003
51  ORB
52  AND   M3
53  AND   X016
54  OUT   M6
55  LD    X004
56  AND   M1
57  OR    Y002
58  AND   M2
59  OR    X003
60  AND   M0
61  OR    M5
62  OR    M6
63  ANI   Y001
64  OUT   Y000
65  LD    M1
66  AND   M2
67  AND   X003
68  LD    Y003
69  AND   M2
70  ORB
71  OR    X004
72  AND   M0
73  OUT   M7
74  LD    X003
75  AND   Y002
76  AND   M2
77  LD    X003
78  AND   X004
79  ORB
80  LD    M1
81  AND   M2
82  ORB
83  LD    M1
84  AND   X002
85  AND   X004
86  ORB
87  AND   M5
88  OUT   M10
89  LD    M3
90  AND   X016
91  OR    M7
92  OR    M10
93  ANI   Y000
94  OUT   Y001
```

图 10－35　PLC 改造 T68 卧式镗床控制线路的程序（二）

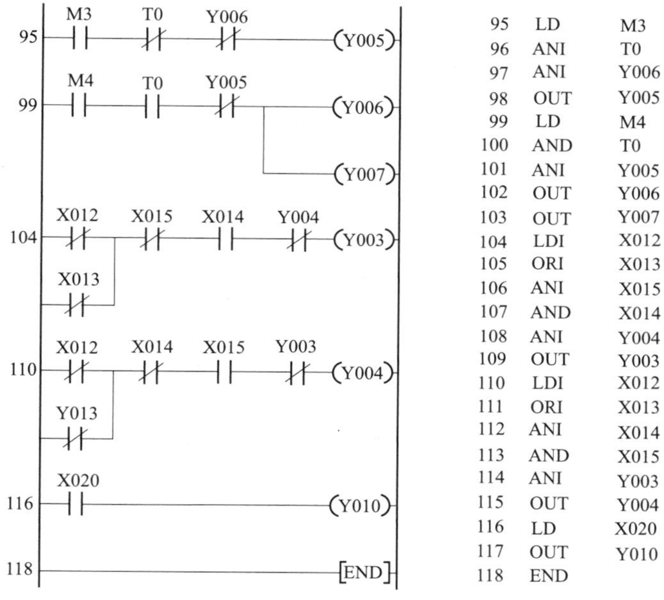
95 M3 T0 Y006 (Y005)
99 M4 T0 Y005 (Y006)
(Y007)
104 X012 X015 X014 Y004 (Y003)
X013
110 X012 X014 X015 Y003 (Y004)
Y013
116 X020 (Y010)
118 [END]
95 LD M3
96 ANI T0
97 ANI Y006
98 OUT Y005
99 LD M4
100 AND T0
101 ANI Y005
102 OUT Y006
103 OUT Y007
104 LDI X012
105 ORI X013
106 ANI X015
107 AND X014
108 ANI Y004
109 OUT Y003
110 LDI X012
111 ORI X013
112 ANI X014
113 AND X015
114 ANI Y003
115 OUT Y004
116 LD X020
117 OUT Y010
118 END

图 10-35 PLC 改造 T68 卧式镗床控制线路的程序（三）

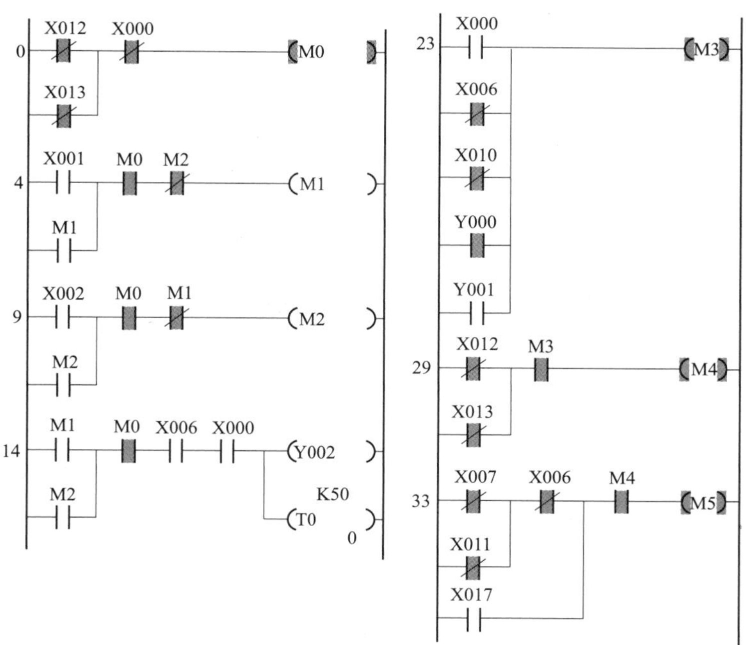
0 X012 X000 (M0)
X013
4 X001 M0 M2 (M1)
M1
9 X002 M0 M1 (M2)
M2
14 M1 M0 X006 X000 (Y002)
M2
K50
(T0)
0
23 X000 (M3)
X006
X010
Y000
Y001
29 X012 M3 (M4)
X013
33 X007 X006 M4 (M5)
X011
X017

图 10-36 PLC 改造 T68 卧式镗床控制线路运行仿真效果图（一）

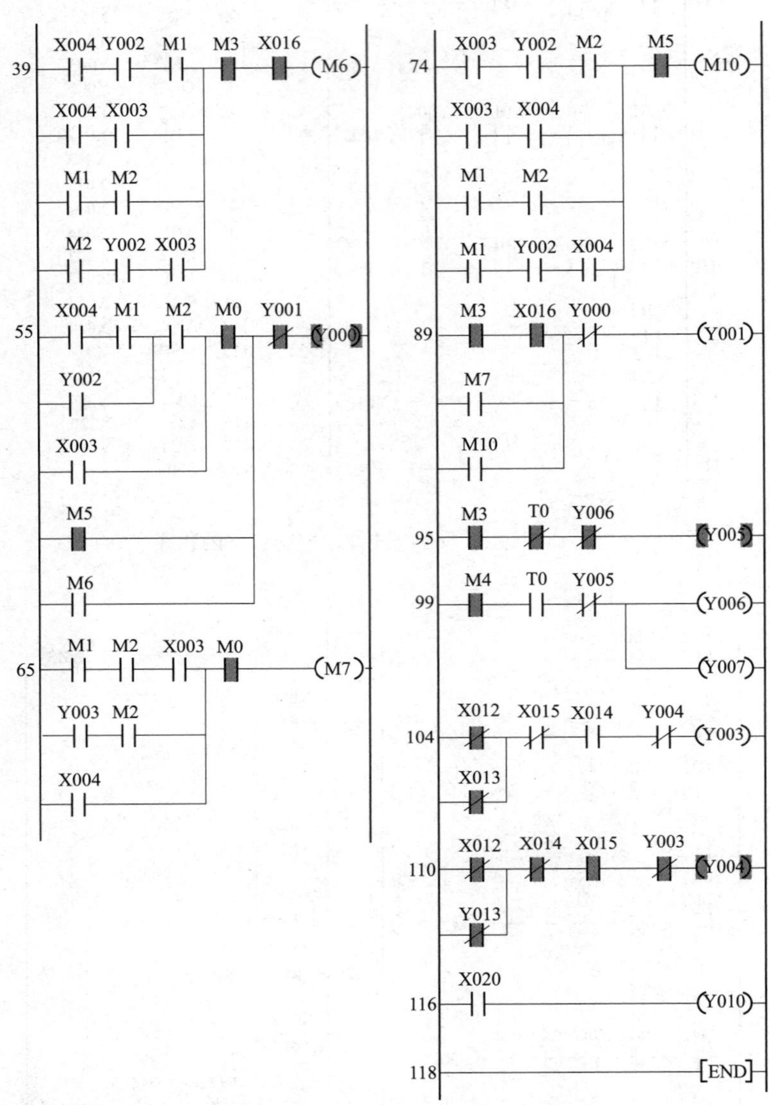

图 10－36　PLC 改造 T68 卧式镗床控制线路运行仿真效果图（二）

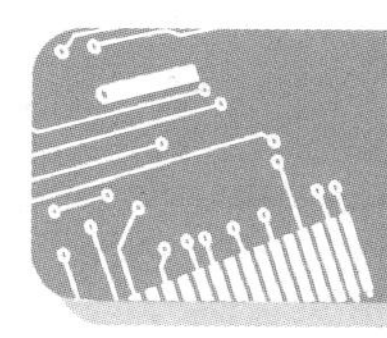

10.4 PLC、触摸屏和变频器的综合应用

10.4.1 恒压供水系统

1. 控制要求

使用PLC、触摸屏、变频器设计一个有7段速度的恒压供水系统。电动机的转速由变频器的7段调速来控制，7段速度与变频器的控制端子的对应关系如表10-12所示。恒压供水系统的速度切换分别由水压上限和水压下限两个传感器完成，如图10-37所示。

表10-12　7段速度与变频器的控制端子的对应关系

速度	1	2	3	4	5	6	7
接点	RH				RH	RH	RH
接点		RM		RM		RM	RM
接点			RL	RL	RL		RL
频率（Hz）	15	20	25	30	35	40	45

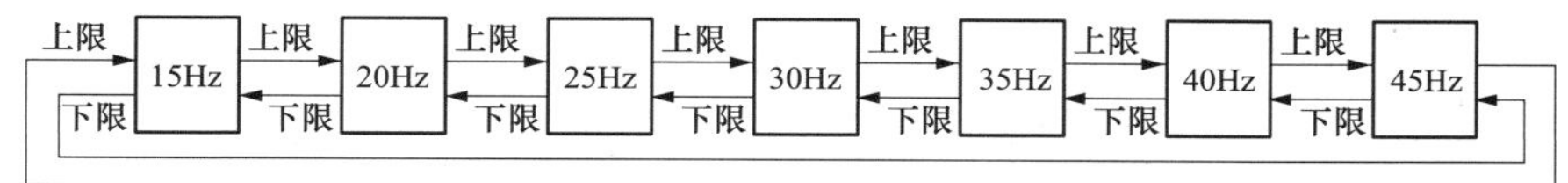

图10-37　7段速度的切换

2. 恒压供水系统的设计思路

恒压供水系统的设计思路为：通过计算机在GT Designer 3中制作触摸屏界面，由RS-232C或USB电缆将其写入到GOT中，使GOT能够发出控制命令并显示运行状态和有关运行数据；在GX-Developer中编写PLC控制程序，并将程序下载到PLC中，PLC主要用来控制变频器的运行；变频器与三相异步电动机连接，控制电动机的转速；使用RS-422电缆将触摸屏与PLC连接起来，以构成PLC、触摸屏、变频器的联合控制系统。

3. PLC的I/O分配表及接线方法

在恒压供水系统中，PLC的输入主要有启动按钮、停止按钮、水压下限、水压上限，而变频器的多段运行信号通过PLC的输出端子来提供，也就是通过PLC来控制变频器的RH、RM、RL和STF端子、SD端子及RES端子的通断。因此，PLC需使用4个输入和5个输出（SD端子与PLC的COM2端子连接），其I/O分配如表10-13所示。PLC与变频器的接线图如图10-38所示。

表 10 - 13　　PLC 与变频器的 I/O 分配表

输入			输出	
功能	元件	PLC 地址	功能	PLC 地址
停止工作	SB1	X000	接变频器 STF 端子，使电动机正转	Y000
启动运行	SB2	X001	接变频器 RH 端子	Y001
水压下限	传感器 1	X002	接变频器 RM 端子	Y002
水压上限	传感器 2	X003	接变频器 RL 端子	Y003
			接变频器 RES 端子，使变频器复位	Y004

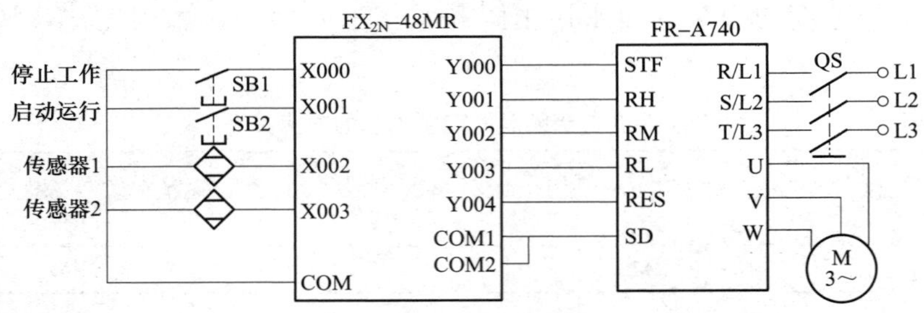

图 10 - 38　PLC 与变频器的接线图

4. 变频器的设定参数

根据控制要求，变频器的参数设置如表 10 - 14 所示。

表 10 - 14　　恒压供水系统变频器的参数设置

参数	设置值	说明	参数	设置值	说明
Pr. 1	50Hz	上限频率	Pr. 9	电机额定电流	电子过电流保护
Pr. 2	0Hz	下限频率	Pr. 79	3	操作模式选择（外部/PU 组合模式 1）
Pr. 3	50Hz	基准频率	Pr. 6	25Hz	多段速度设定 3
Pr. 7	2s	加速时间	Pr. 24	30Hz	多段速度设定 4
Pr. 8	2s	减速时间	Pr. 25	35Hz	多段速度设定 5
Pr. 4	15Hz	多段速度设定 1	Pr. 26	40Hz	多段速度设定 6
Pr. 5	20Hz	多段速度设定 2	Pr. 27	45Hz	多段速度设定 7

5. 触摸屏画面制作

触摸屏画面中包含多个对象，其对象名称及对应的软元件如表 10 - 15 所示，制作的触摸屏画面如图 10 - 39 所示。

表 10 - 15　　　　触摸屏画面对象

对象名称	对象类型	软元件	对象名称	对象类型	软元件
GOT 恒压供水系统	文本	—	RM	位指示灯	Y002
当前运行频率	文本	—	RL	位指示灯	Y003
Hz	文本	—	停止按钮	位开关	M100
正转	位指示灯	Y000	启动按钮	位开关	M101
复位	位指示灯	Y004	模拟水压下限	位开关	X002
下限	位指示灯	Y002	模拟水压上限	位开关	X003
上限	位指示灯	Y003	123456	数值显示	D100
RH	位指示灯	Y001	文本框	矩形	—

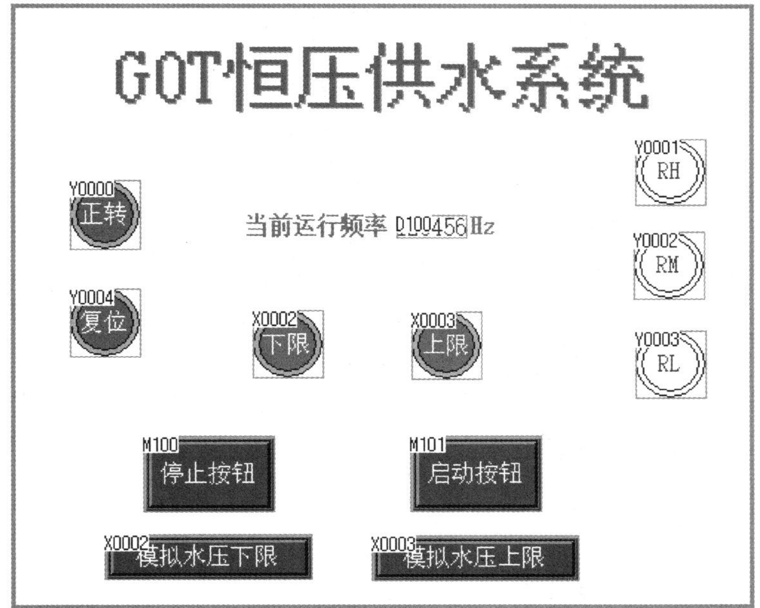

图 10 - 39　恒压供水系统触摸屏画面

6. PLC 控制程序

从控制要求可以看出，该系统是顺序控制，其状态流程图如图 10 - 40 所示，编写的 PLC 程序如图 10 - 41 所示。

7. 联机模拟仿真

在 GX Developer 软件中，编写好程序，并执行菜单命令“工具”→“梯形图逻辑测试启动”或单击图标，启动 GX Simulator 仿真，进入梯形图逻辑测试状态。在 GT Designer 3 软件中，执行菜单命令“工具”→“模拟器”→“启动”，进入触摸屏的仿真调试界面，按下触摸键“启动按钮”，然后再按下触摸键“模拟水压上限”或“模拟水压下限”，即可进行恒压供水系统的模拟仿真。其模拟仿真图如图 10 - 42 所示。

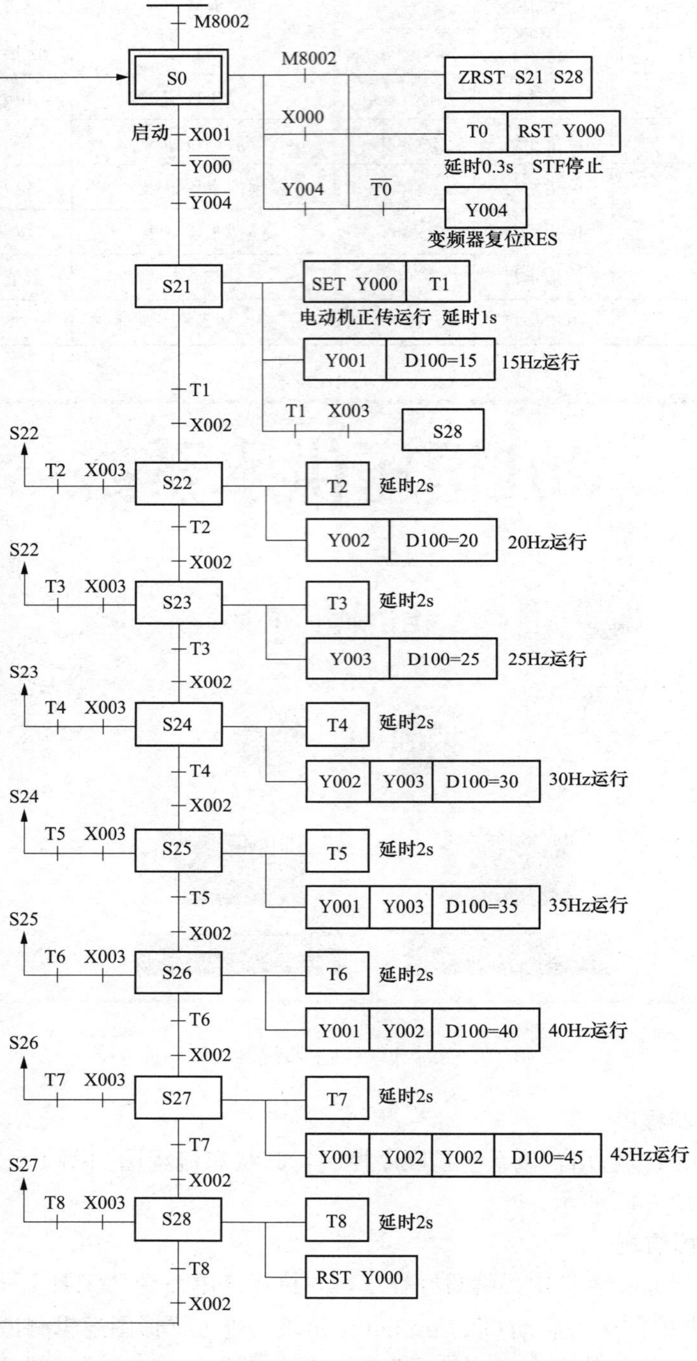

图 10－40　恒压供水系统的状态流程图

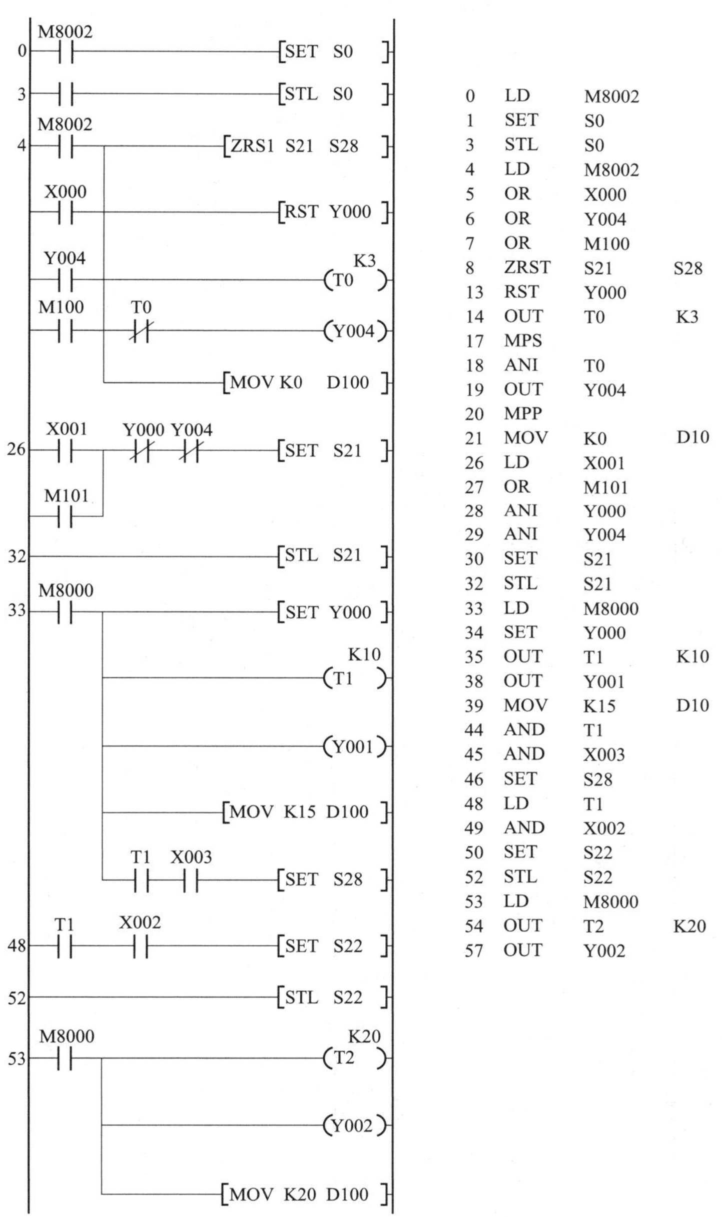

0	LD	M8002	
1	SET	S0	
3	STL	S0	
4	LD	M8002	
5	OR	X000	
6	OR	Y004	
7	OR	M100	
8	ZRST	S21	S28
13	RST	Y000	
14	OUT	T0	K3
17	MPS		
18	ANI	T0	
19	OUT	Y004	
20	MPP		
21	MOV	K0	D10
26	LD	X001	
27	OR	M101	
28	ANI	Y000	
29	ANI	Y004	
30	SET	S21	
32	STL	S21	
33	LD	M8000	
34	SET	Y000	
35	OUT	T1	K10
38	OUT	Y001	
39	MOV	K15	D10
44	AND	T1	
45	AND	X003	
46	SET	S28	
48	LD	T1	
49	AND	X002	
50	SET	S22	
52	STL	S22	
53	LD	M8000	
54	OUT	T2	K20
57	OUT	Y002	

图 10－41　恒压供水系统的 PLC 程序（一）

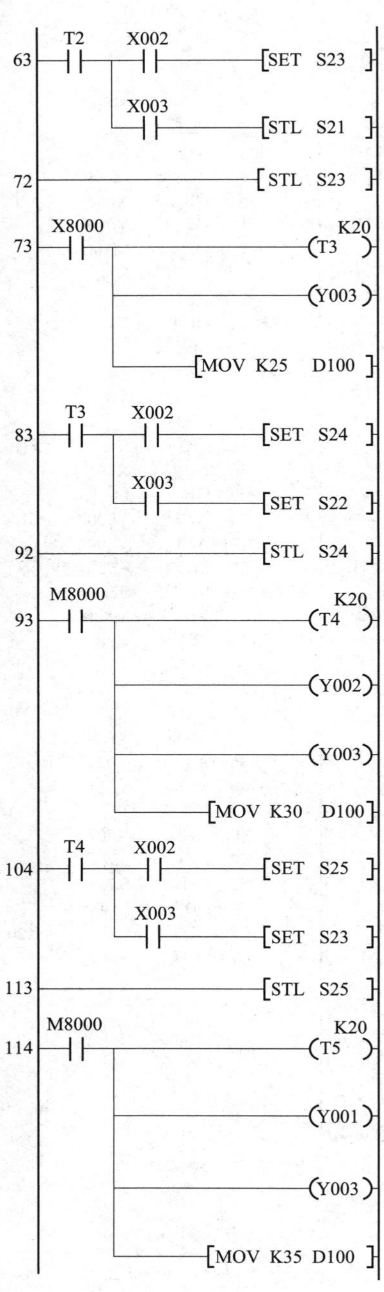


```
63   LD    T2
64   MPS
65   AND   X002
66   SET   S23
68   MPP
69   AND   X003
70   SET   S21
72   STL   S23
73   LD    M8000
74   OUT   T3     K20
77   OUT   Y003
78   MOV   R25    D100
83   LD    T3
84   MPS
85   AND   X002
86   SET   S24
88   MPP
89   AND   X003
90   SET   S22
92   STL   S24
93   LD    M8000
94   OUT   T4     K20
97   OUT   Y002
98   OUT   Y003
99   MOV   K30    D100
104  LD    T4
105  MPS
106  AND   X002
107  SET   S25
109  MPP
110  AND   X003
111  SET   S23
113  STL   S25
114  LD    M8000
115  OUT   T5     K20
118  OUT   Y001
119  OUT   Y003
120  MOV   K35    D100
```

图 10－41　恒压供水系统的 PLC 程序（二）

三菱FX_{2N} PLC从入门到精通

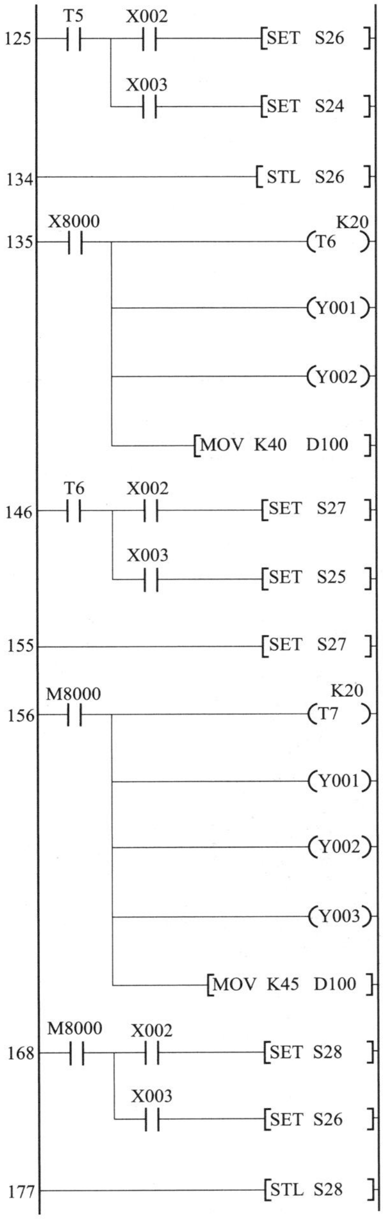

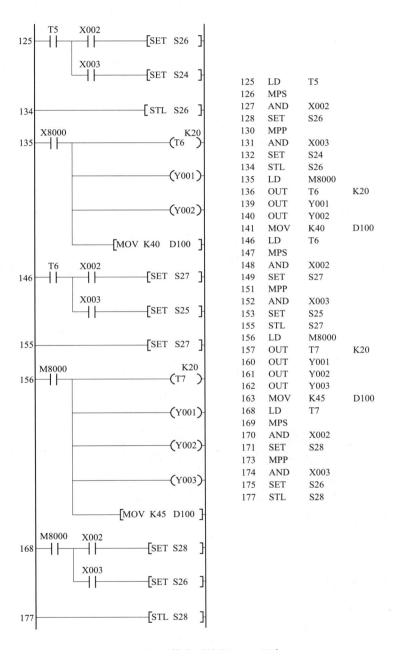

```
125  LD    T5
126  MPS
127  AND   X002
128  SET   S26
130  MPP
131  AND   X003
132  SET   S24
134  STL   S26
135  LD    M8000
136  OUT   T6     K20
139  OUT   Y001
140  OUT   Y002
141  MOV   K40    D100
146  LD    T6
147  MPS
148  AND   X002
149  SET   S27
151  MPP
152  AND   X003
153  SET   S25
155  STL   S27
156  LD    M8000
157  OUT   T7     K20
160  OUT   Y001
161  OUT   Y002
162  OUT   Y003
163  MOV   K45    D100
168  LD    T7
169  MPS
170  AND   X002
171  SET   S28
173  MPP
174  AND   X003
175  SET   S26
177  STL   S28
```

图 10-41　恒压供水系统的 PLC 程序（三）

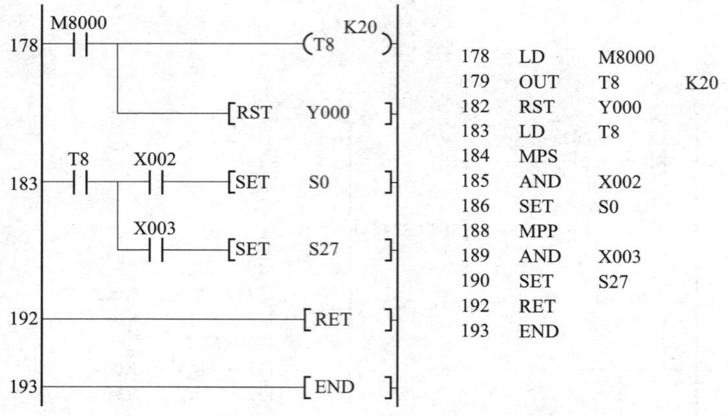

图 10-41　恒压供水系统的 PLC 程序（四）

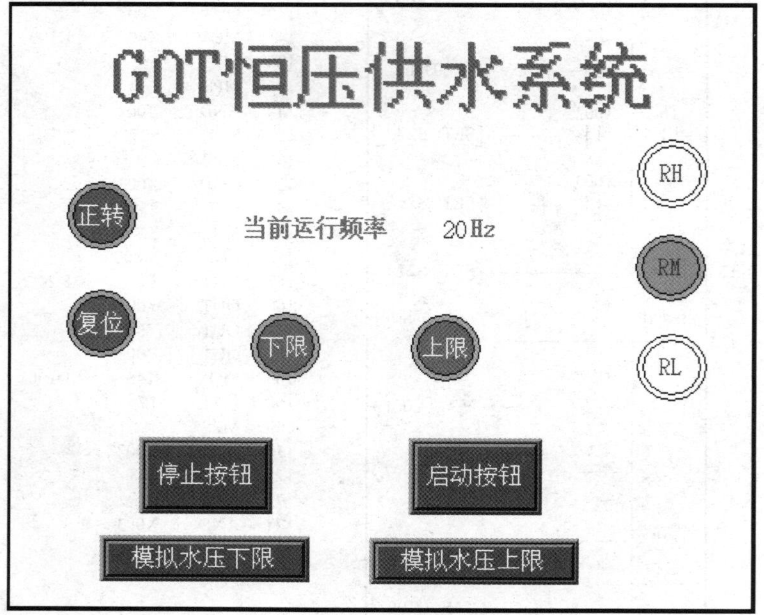

图 10-42　恒压供水系统的模拟仿真图

10.4.2　电动机 15 段速控制系统

1. 控制要求

使用 PLC、触摸屏、变频器设计一个电动机 15 段速控制系统，要求按下电动机的启动按钮（或“启动”触摸键），电动机启动运行在 5Hz 所对应的转速；延时 ns 后，电动机升速运行在 10Hz 对应的转速；再延时 ns 后，电动机继续升速运行在 20Hz 对应的转速；以后每隔 ns，则速度按图 10-43 所示依次变化，一个运行周期完后自动重新运行。按下停止按钮（或“停止”触摸键），电动机停止运行。延时时间通过触摸屏设置，触摸屏显示电动机的运行状态。电动机的转速由变频器的 15 段调速来控制，15 段速度与变频器的控制端子的对应关系如表 10－16 所示。

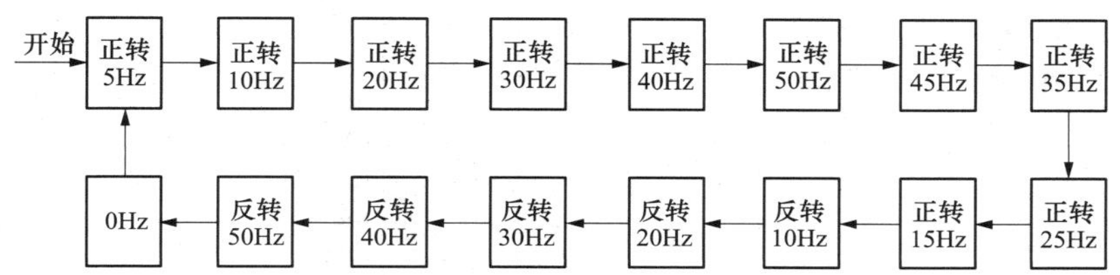

图 10－43　电动机运行过程

表 10－16　　　15 段速度与变频器的控制端子的对应关系

速度	1	2	3	4	5	6	7	8	9	10	11	12	13	14	15
接点	RH				RH	RH	RH					RH	RH	RH	RH
接点		RM		RM		RM	RM			RM	RM			RM	RM
接点			RL	RL	RL		RL		RL		RL		RL		RL
接点								REX	REX	REX	REX	REX	REX	REX	REX
频率（Hz）	5	10	20	30	40	50	45	35	25	15	10	20	30	40	50

2. 电动机 15 段速控制系统的设计思路

电动机 15 段速控制系统的设计思路为：在 GT Designer 3 中制作触摸屏界面，写入到 GOT 中，使 GOT 能够发出启动命令并显示运行状态和有关运行数据；在 GX－Developer 中编写 PLC 控制程序，并将程序下载到 PLC 中，PLC 主要用来控制变频器的运行；变频器与三相异步电动机连接，控制电动机的 15 段转速及电动机的转动方向；使用 RS－422 电缆将触摸屏与 PLC 连接起来，以构成 PLC、触摸屏、变频器的联合控制系统。

3. PLC 的 I/O 分配表及接线方法

在电动机 15 段速控制系统中，PLC 的输入主要有启动按钮和停止按钮，而变频器的 15 段运行信号通过 PLC 的输出端子来提供，也就是通过 PLC 来控制变频器的 RH、RM、RL、REX、STF 和 STR 端子、SD 端子及 RES 端子的通断。RES 端子通过设置变频参数（Pr. 187）由 MRS 端子替代，所以 PLC 需使用 2 个输入和 7 个输出（SD 端子与 PLC 的 COM2 端子连接），其 I/O 分配如表 10－17 所示。PLC 与变频器的接线图如图 10－44 所示。

表 10－17　　　PLC 与变频器的 I/O 分配表

输　入			输　出	
功能	元件	PLC 地址	功能	PLC 地址
停止工作	SB1	X000	接变频器 STF 端子，使电动机正转	Y000
启动运行	SB2	X001	接变频器 STR 端子，使电动机反转	Y001
			接变频器 RH 端子	Y002
			接变频器 RM 端子	Y003
			接变频器 RL 端子	Y004
			接变频器 MRS 端子（REX）	Y005
			接变频器 RES 端子，使变频器复位	Y006

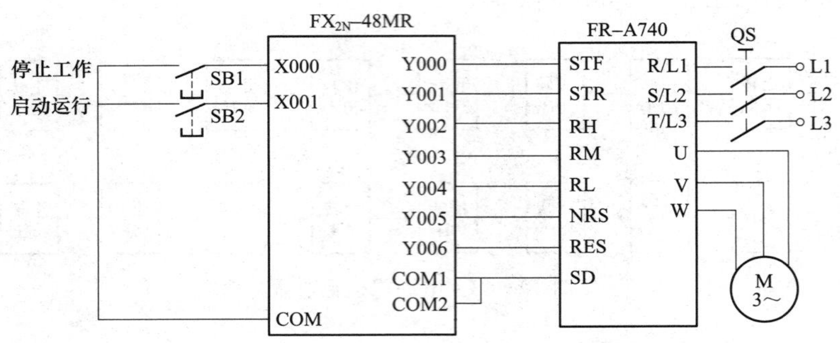

图 10－44　PLC 与变频器的接线图

4. 变频器的设定参数

根据控制要求，变频器的参数设置如表 10－18 所示。

表 10－18　　电动机 15 段速控制系统变频器的参数设置

参数	设置值	说明	参数	设置值	说明
Pr. 1	50Hz	上限频率	Pr. 9	电机额定电流	电子过电流保护
Pr. 2	0Hz	下限频率	Pr. 79	3	操作模式选择（外部/PU 组合模式 1）
Pr. 3	50Hz	基准频率	Pr. 187	8	MRS 输入作为 REX 端子使用
Pr. 7	2s	加速时间	Pr. 232	35Hz	多段速度设定 8
Pr. 8	2s	减速时间	Pr. 233	25Hz	多段速度设定 9
Pr. 4	5Hz	多段速度设定 1	Pr. 234	15Hz	多段速度设定 10
Pr. 5	10Hz	多段速度设定 2	Pr. 235	10Hz	多段速度设定 11
Pr. 6	20Hz	多段速度设定 3	Pr. 236	20Hz	多段速度设定 12
Pr. 24	30Hz	多段速度设定 4	Pr. 237	30Hz	多段速度设定 13
Pr. 25	40Hz	多段速度设定 5	Pr. 238	40Hz	多段速度设定 14
Pr. 26	50Hz	多段速度设定 6	Pr. 239	50Hz	多段速度设定 15
Pr. 27	45Hz	多段速度设定 7			

5. 触摸屏画面制作

触摸屏画面中包含多个对象，其对象名称及对应的软元件如表 10－19 所示，制作的触摸屏画面如图 10－45 所示。

表 10－19　　触 摸 屏 画 面 对 象

对象名称	对象类型	软元件	对象名称	对象类型	软元件
电动机 15 段速控制系统	文本	—	30Hz	位指示灯	M112
间隔时间设置	文本	—	40Hz	位指示灯	M113
段速运行时间			0Hz	位指示灯	M115
s	文本	—	50Hz	位指示灯	M114

续表

对象名称	对象类型	软元件	对象名称	对象类型	软元件
5Hz	位指示灯	M100	正转	位指示灯	Y000
10Hz	位指示灯	M101	反转	位指示灯	Y001
20Hz	位指示灯	M102	RH	位指示灯	Y002
30Hz	位指示灯	M103	RM	位指示灯	Y003
40Hz	位指示灯	M104	RL	位指示灯	Y004
50Hz	位指示灯	M105	REX	位指示灯	Y005
45Hz	位指示灯	M106	RES	位指示灯	Y006
35Hz	位指示灯	M107	停止按钮	位开关	X000
25Hz	位指示灯	M108	启动按钮	位开关	X001
15Hz	位指示灯	M109	123456	数值输入	D100
10Hz	位指示灯	M110	123456	数值显示	D102
20Hz	位指示灯	M111	文本框	矩形	—

图 10-45　电动机 15 段速控制系统触摸屏画面

6. PLC 控制程序

从控制要求可以看出，电动机 15 段速控制系统也属于顺序控制，其状态流程图如图 10-46所示，编写的 PLC 程序如图 10-47 所示。

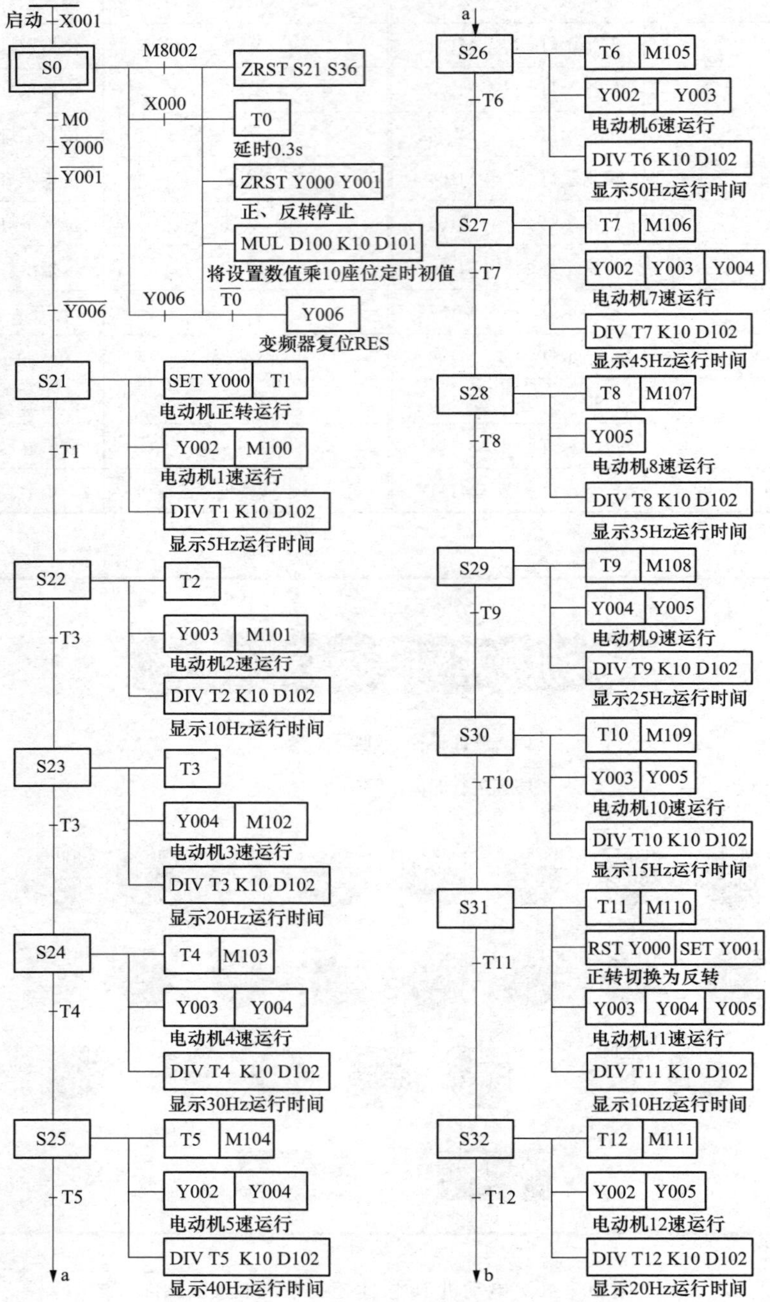

启动 X001

S0
- M8002: ZRST S21 S36
- X000: T0 延时0.3s
- ZRST Y000 Y001 正、反转停止
- MUL D100 K10 D101 将设置数值乘10座位定时初值
- Y006 $\overline{T0}$: Y006 变频器复位RES

M0 $\overline{Y000}$ $\overline{Y001}$ $\overline{Y006}$

S21
- SET Y000 | T1 电动机正转运行
- Y002 | M100 电动机1速运行
- DIV T1 K10 D102 显示5Hz运行时间

T1

S22
- T2
- Y003 | M101 电动机2速运行
- DIV T2 K10 D102 显示10Hz运行时间

T3

S23
- T3
- Y004 | M102 电动机3速运行
- DIV T3 K10 D102 显示20Hz运行时间

T3

S24
- T4 | M103
- Y003 | Y004 电动机4速运行
- DIV T4 K10 D102 显示30Hz运行时间

T4

S25
- T5 | M104
- Y002 | Y004 电动机5速运行
- DIV T5 K10 D102 显示40Hz运行时间

T5

a

a

S26
- T6 | M105
- Y002 | Y003 电动机6速运行
- DIV T6 K10 D102 显示50Hz运行时间

T6

S27
- T7 | M106
- Y002 | Y003 | Y004 电动机7速运行
- DIV T7 K10 D102 显示45Hz运行时间

T7

S28
- T8 | M107
- Y005 电动机8速运行
- DIV T8 K10 D102 显示35Hz运行时间

T8

S29
- T9 | M108
- Y004 | Y005 电动机9速运行
- DIV T9 K10 D102 显示25Hz运行时间

T9

S30
- T10 | M109
- Y003 | Y005 电动机10速运行
- DIV T10 K10 D102 显示15Hz运行时间

T10

S31
- T11 | M110
- RST Y000 | SET Y001 正转切换为反转
- Y003 | Y004 | Y005 电动机11速运行
- DIV T11 K10 D102 显示10Hz运行时间

T11

S32
- T12 | M111
- Y002 | Y005 电动机12速运行
- DIV T12 K10 D102 显示20Hz运行时间

T12

b

图 10－46　电动机 15 段速控制系统的状态流程图（一）

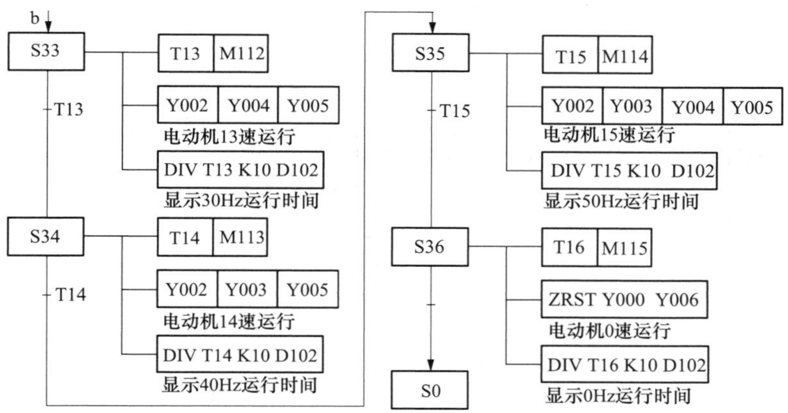

图 10－46　电动机 15 段速控制系统的状态流程图（二）

```
0   LD     X001
1   OR     M0
2   ANI    X000
3   OUT    M0
4   LD     M8002
5   SET    S0
7   STL    S0
8   LD     M8002
9   OR     X000
10  OR     Y006
11  ZRST   S21  S36
16  ZRST   Y000 Y001
21  OUT    T0   K3
24  MUL    D100 K10  D101
31  ANI    T0
32  OUT    Y006
33  LD     M0
34  ANI    Y000
35  ANI    Y006
36  SET    S21
38  STL    S21
39  LD     M0
40  SET    Y000
41  OUT    T1   D101
44  DIV    T1   K10  D102
51  OUT    M100
52  OUT    Y002
```

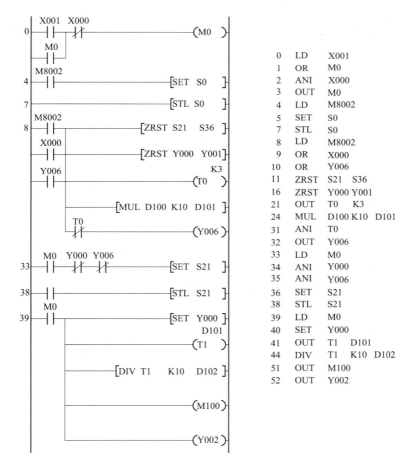

图 10－47　电动机 15 段速控制系统的 PLC 程序（一）

三菱FX_{2N} PLC从入门到精通

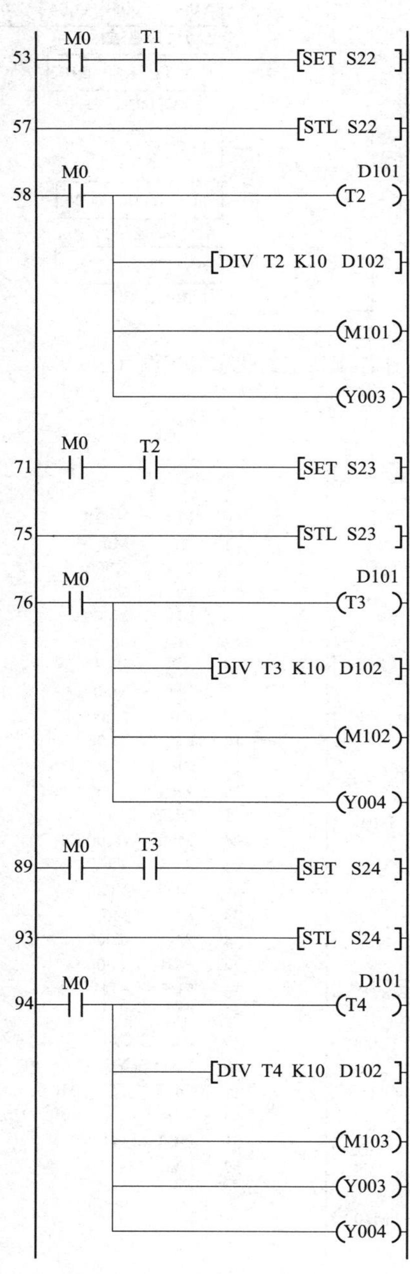


```
53  LD   M0
54  AND  T1
55  SET  S22
57  STL  S22
58  LD   M0
59  OUT  T2   D101
62  DIV  T2   K10  D102
69  OUT  M101
70  OUT  Y003
71  LD   M0
72  AND  T2
73  SET  S23
75  STL  S23
76  LD   M0
77  OUT  T3   D101
80  DIV  T3   K10  D102
87  OUT  M102
88  OUT  Y004
89  LD   M0
90  AND  T3
91  SET  S24
93  STL  S24
94  LD   M0
95  OUT  T4   D101
98  DIV  T4   K10  D102
105 OUT  M103
106 OUT  Y003
107 OUT  Y004
108 LD   M0
109 AND  T4
```

图 10－47　电动机 15 段速控制系统的 PLC 程序（二）

```
108  LD    M0
109  AND   T4
110  SET   S25
112  STL   S25
113  LD    M0
114  OUT   T5    D101
117  DIV   T5    K10   D102
124  OUT   M104
125  OUT   Y002
126  OUT   Y004
127  LD    M0
128  AND   T5
129  SET   S26
131  STL   S26
132  LD    M0
133  OUT   T6    D101
136  DIV   T6    K10   D102
143  OUT   M105
144  OUT   Y002
145  OUT   Y003
146  LD    M0
147  AND   T6
148  SET   S27
150  STL   S27
151  LD    M0
152  OUT   T7    D101
155  DIV   T7    K10   D102
162  OUT   M106
163  OUT   Y002
164  OUT   Y003
165  OUT   Y004
```

图 10－47　电动机 15 段速控制系统的 PLC 程序（三）

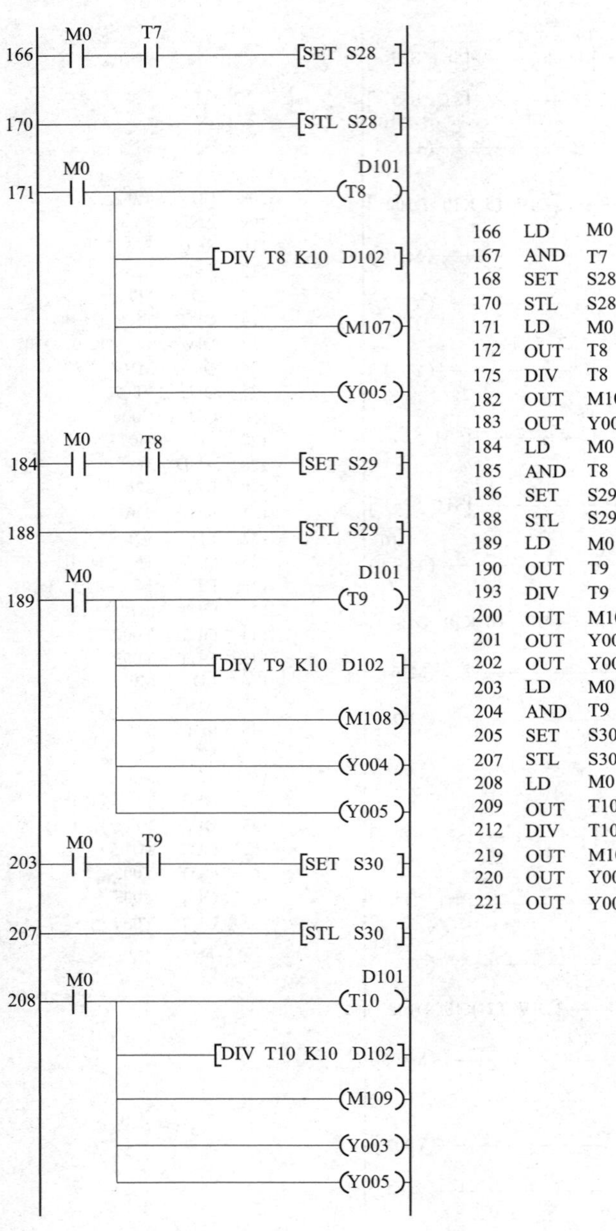


```
166  LD    M0
167  AND   T7
168  SET   S28
170  STL   S28
171  LD    M0
172  OUT   T8    D101
175  DIV   T8    K10  D102
182  OUT   M107
183  OUT   Y005
184  LD    M0
185  AND   T8
186  SET   S29
188  STL   S29
189  LD    M0
190  OUT   T9    D101
193  DIV   T9    K10  D102
200  OUT   M108
201  OUT   Y004
202  OUT   Y005
203  LD    M0
204  AND   T9
205  SET   S30
207  STL   S30
208  LD    M0
209  OUT   T10   D101
212  DIV   T10   K10  D102
219  OUT   M109
220  OUT   Y003
221  OUT   Y005
```

图 10－47　电动机 15 段速控制系统的 PLC 程序（四）

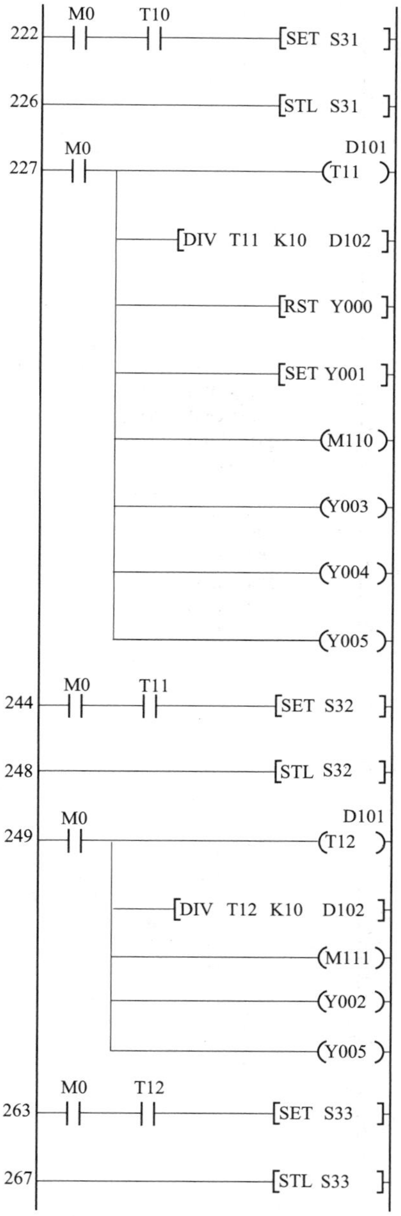

```
222 LD   M0
223 AND  T10
224 SET  S31
226 STL  S31
227 LD   M0
228 OUT  T11  D101
231 DIV  T11  K10 D102
238 RST  Y000
239 SET  Y001
240 OUT  M110
241 OUT  Y003
242 OUT  Y004
243 OUT  Y005
244 LD   M0
245 AND  T11
246 SET  S32
248 STL  S32
249 LD   M0
250 OUT  T12  D101
253 DIV  T12  K10 D102
260 OUT  M111
261 OUT  Y002
262 OUT  Y005
263 LD   M0
264 AND  T12
265 SET  S33
267 STL  S33
```

图 10-47 电动机 15 段速控制系统的 PLC 程序（五）

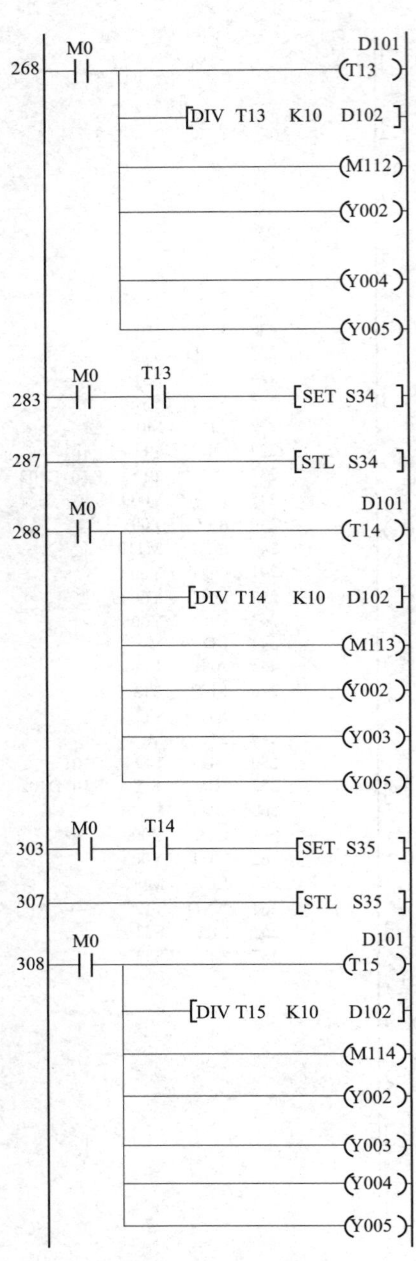


```
268  LD    M0
269  OUT   T13   D101
272  DIV   T13   K10   D102
279  OUT   M112
280  OUT   Y002
281  OUT   Y004
282  OUT   Y005
283  LD    M0
284  AND   T13
285  SET   S34
287  STL   S34
288  LD    M0
289  OUT   T14   D101
292  DIV   T14   K10   D102
299  OUT   M113
300  OUT   Y002
301  OUT   Y003
302  OUT   Y005
303  LD    M0
304  AND   T14
305  SET   S35
307  STL   S35
308  LD    M0
309  OUT   T15   D101
312  DIV   T15   K10   D102
319  OUT   M114
320  OUT   Y002
321  OUT   Y003
322  OUT   Y004
323  OUT   Y005
```

图 10 - 47　电动机 15 段速控制系统的 PLC 程序（六）

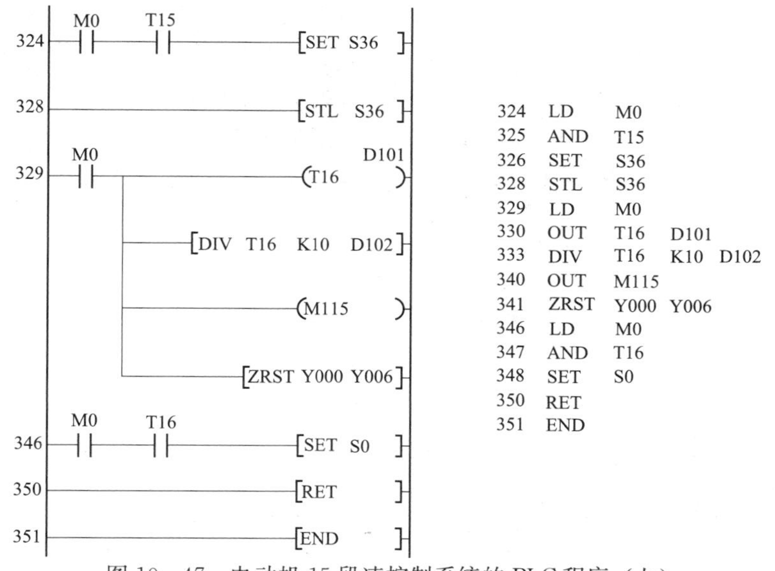

图 10-47 电动机 15 段速控制系统的 PLC 程序（七）

7. 联机模拟仿真

在 GX Developer 软件中，编写好程序，并执行菜单命令“工具”→“梯形图逻辑测试启动”或单击图标，启动 GX Simulator 仿真，进入梯形图逻辑测试状态。在 GT Designer 3 软件中，执行菜单命令“工具”→“模拟器”→“启动”，进入触摸屏的仿真调试界面，首先设置“间隔时间设置”的时间值，然后按下触摸键“启动按钮”，即可进行电动机 15 段速控制系统的模拟仿真。其模拟仿真图如图 10-48 所示。

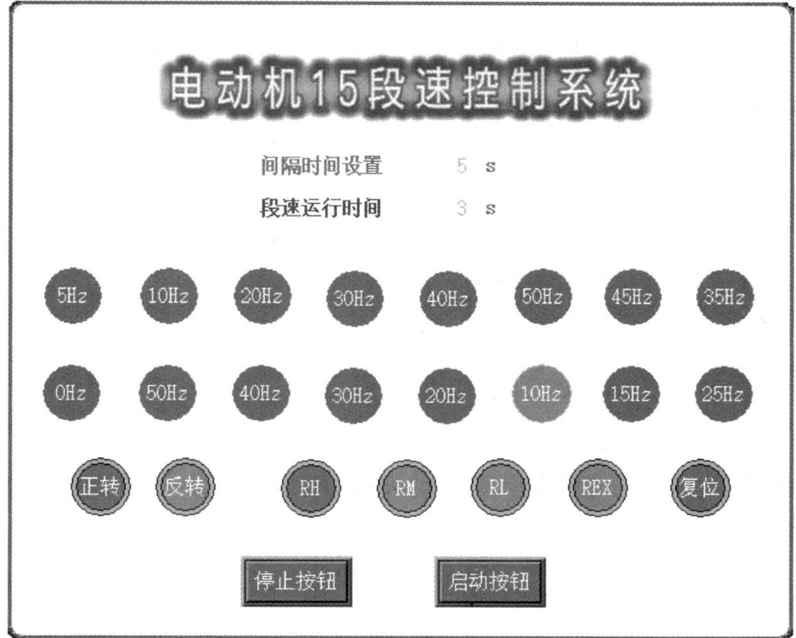

图 10-48 电动机 15 段速控制系统的模拟仿真图

第 11 章

PLC的安装与维护

PLC 专为工业环境应用而设计，其可靠性较高，能适应恶劣的外部环境。为了提高 PLC 的可靠性，PLC 本身在软、硬件上均采用了一系列抗干扰措施，一般工厂内使用完全能够可靠地工作，平均无故障时间可达几万小时以上，但这并不意味着对 PLC 的环境条件及安装使用可以随意处理。在实际应用时应注意正确的安装和接线。

11.1 PLC 的安装

11.1.1 PLC 的安装要求及注意事项

1. 安装要求

为保证 PLC 工作的可靠性，尽可能地延长其使用寿命，在安装时一定要注意周围的环境，其安装场合应该满足以下几点：

(1) 环境温度：工作时，0～55℃的范围内；保存时，－20～70℃的范围内。

(2) 环境相对湿度：35％～85％RH（不结露）范围内。

(3) 不能受太阳光直接照射或水的溅射。

(4) 周围无腐蚀和易燃的气体，如氯化氢、硫化氢等。

(5) 周围无大量的金属微粒、灰尘、导电粉尘、油雾、烟雾、盐雾等。

(6) 避免频繁或连续的振动：直接用螺钉安装时，保证振动频率范围为 57～150Hz，1g（重力加速度）；DIN 导轨安装时，保证振动频率范围为 57～150Hz，0.5g。

(7) 超过 15g 的冲击。

(8) 耐干扰能力：1000V（峰—峰值），1μs 幅度，30～100Hz。

2. 安装注意事项

除满足以上环境条件外，安装时还应注意以下几点：

(1) PLC 的所有单元必须在断电时安装和拆卸。

(2) 为防止静电对 PLC 组件的影响，在接触 PLC 前，先用手接触某一接地的金属物体，以释放人体所带静电。

(3) 注意 PLC 机体周围的通风和散热条件，切勿将导线头、铁屑等杂物通过通风窗落入机体内。

11.1.2 PLC 的安装方法

FX_{2N}系列 PLC 的安装方法有直接安装和 DIN 导轨安装两种方法，既可以水平安装，也可以垂直安装，如图 11－1 所示。

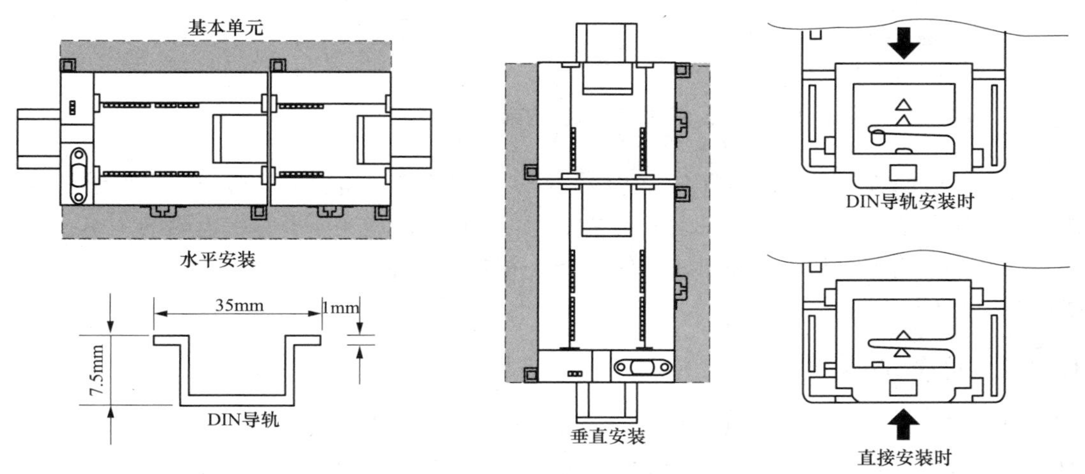

图 11－1　FX_{2N}系列 PLC 的安装

(1) 直接安装。利用 PLC 机体外壳四个角上的安装孔，用规格为 M4 的螺钉将控制单元、扩展单元、A/D 转换单元、D/A 转换单元及 I/O 链接单元固定在底板上，但各个器件之间需要留 1～2mm 的间隙。

(2) DIN 导轨安装。利用 PLC 底板上的 DIN 导轨安装杆将控制单元、扩展单元、A/D 转换单元、D/A 转换单元及 I/O 链接单元安装在 DIN 导轨上。安装时安装单元与安装导轨槽对齐向下推压即可。将该单元从 DIN 导轨上拆下时，需用一字形的螺丝刀向下轻拉安装杆。

11.2 接　　线

11.2.1 接线注意事项

接线时应注意以下事项：

(1) PLC 应远离强干扰源，如电焊机、大功率硅整流装置和大型动力设备，不能与高压电器安装在同一个开关柜内。

（2）动力线、控制线以及PLC的电源线和I/O线应该分别配线，隔离变压器与PLC和I/O之间应采用双绞线连接。将PLC的I/O线和大功率线分开走线，如果必须在同一线槽内，分开捆扎交流线、直流线。如果条件允许，最好分槽走线，这不仅能使其有尽可能大的空间距离，并能将干扰降到最低限位，如图11－2所示。

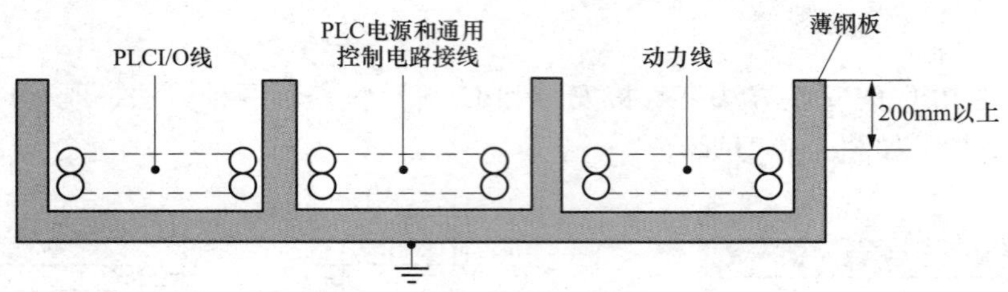

图11－2　在同一电缆沟内铺设I/O线和动力电缆

（3）PLC的输入与输出最好分开走线，开关量与模拟量也要分开敷设。模拟量信号的传送应采用屏蔽线，屏蔽层应一端或两端接地，接地电阻应小于屏蔽层电阻的1/10。

（4）交流输出线和直流输出线不要用同一根电缆，输出线应尽量远离高压线和动力线，避免并行。

11.2.2　接线方法

FX$_{2N}$系列PLC的端子排列如图11－3所示。“X”为信号输入端；“Y”为控制输出端；“COM”为输入端的公共端；“L”、“N”为连接交流100V～120V或200V～240V的相线与中性线；“24＋”为PLC输出，供给传感器的DC 24V电源；“⏚”为接地端；“COM□”（□为0、1、2、3等）表示输出端的公共端；“•”为空端子。PLC系统的接线主要包括电源接线、接地、I/O（X/Y）接线及对扩展单元接线等。

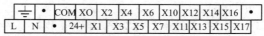

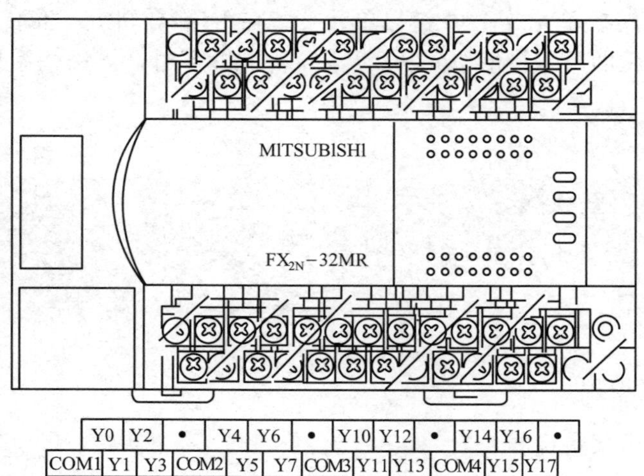

图11－3　FX$_{2N}$系列PLC的端子排列

1. 电源接线

FX_{2N}系列 PLC 使用直流 24V、交流 100～120V 或 200～240V 的工业电源。FX_{2N}系列 PLC 的外接电源端位于输出端子板左上角的两个接线端，使用直径为 0.2cm 的双绞线作为电源线。过强的噪声及电源电压波动过大都可能使 FX_{2N}系列 PLC 的 CPU 工作异常，以致引起整个控制系统瘫痪。为避免由此引起的事故发生，在电源接线时，需采取隔离变压器等有效措施，且用于 FX_{2N}系列 PLC，I/O 设备及电动设备的电源接线应分开连接。FX_{2N}系列 PLC 的电源连接方法如图 11－4 所示。在进行电源接线时还要注意以下几点：

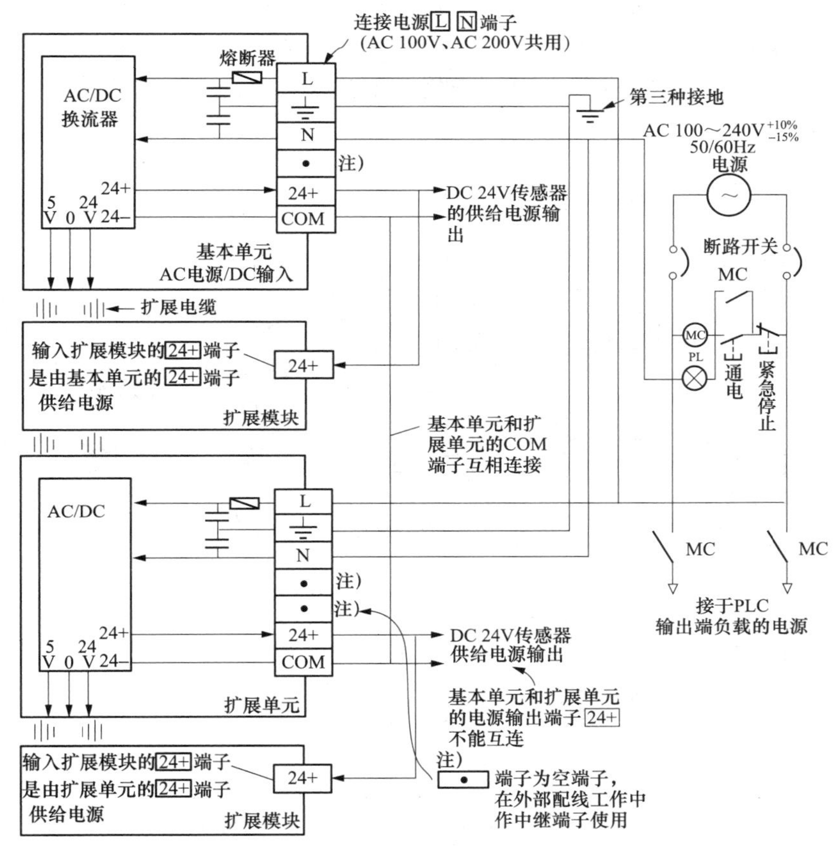

图 11－4　FX_{2N}系列 PLC 的电源连接方法

(1) FX_{2N}系列 PLC 必须在所有外部设备通电后才能开始工作。为保证这一点，可将所有外部设备都上电后再将方式选择开关由“STOP”方式设置为“RUN”方式，或者将 FX_{2N}系列 PLC 编程设置为在外部设备未上电前不进行输入、输出操作。

(2) 当控制单元与其他单元相接时，各单元的电源线连接应能同时接通和断开。

(3) 当电源瞬间掉电时间小于 10ms 时，不影响 PLC 的正常工作。

(4) 为避免因失常而引起的系统瘫痪或发生无法补救的重大事故，应增加紧急停车电路。

(5) 当需要控制两个相反的动作时，应在 PLC 和控制设备之间加互锁电路。

2. 接地

良好的接地是保证 PLC 正常工作的必要条件。在接地时要注意以下几点：

(1) PLC 的接地线应为专用接地线，其直径应在 2mm 以上。

(2) 接地电阻应小于 100Ω。

(3) PLC 的接地线不能和其他设备共用，更不能将其接到一个建筑物的大型金属结构上。

(4) PLC 的各单元的接地线相连。

3. 控制单元输入端子接线

FX_{2N}系列的控制单元输入端子板为两头带螺钉的可拆卸板，主要用于连接开关、按钮及各种传感器的输入信号。外部设备与 PLC 间的输入信号均通过输入端子进行连接。接入 PLC 时，每个触点的两个接头分别连接一个输入点及输入端的公共端"COM"，如图 11-5 所示。

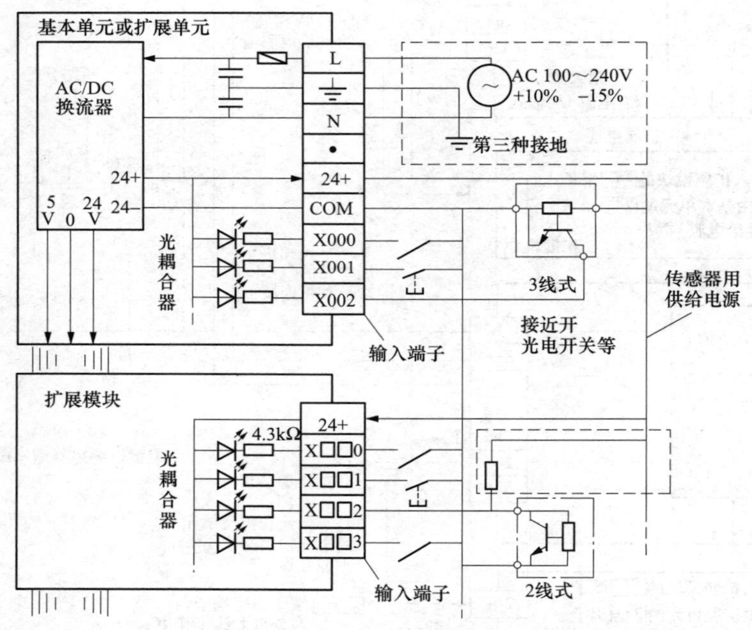

图 11-5 FX_{2N}系列 PLC 控制单元输入端子的接线方法

在进行输入端子接线时，应注意以下几点：

(1) 输入线尽可能远离输出线、高压线及电机等干扰源。

(2) 不能将输入设备连接到带"•"的端子上。

(3) 交流型 PLC 的内藏式直流电源输出可用于输入；直流型 PLC 的直流电源输出功率不够时，可使用外接电源。

(4) 切勿将外接电源加到交流型 PLC 的内藏式直流电源的输出端子上。

(5) 切勿将用于输入的电源并联在一起，更不可将这些电源并联到其他电源上。

4. 控制单元输出端子接线

FX_{2N}系列控制单元输出端子板为两头带螺钉的可拆卸板，该单元输出口上连接的器件主要是继电器、接触器、电磁阀的线圈。这些器件均采用 PLC 机外的专用电源供电，PLC 内部不过是提供一组开关接点。接入时线圈的一端接输出点螺钉，一端经电源接输出公共端，如图 11－6 所示。由于输出口连接线圈种类多，所需的电源种类及电压不同，输出口公共端常分为许多组，而且组间是隔离的。PLC 输出口的额定电流一般为 2A，大电流的执行器件须配装中间继电器。

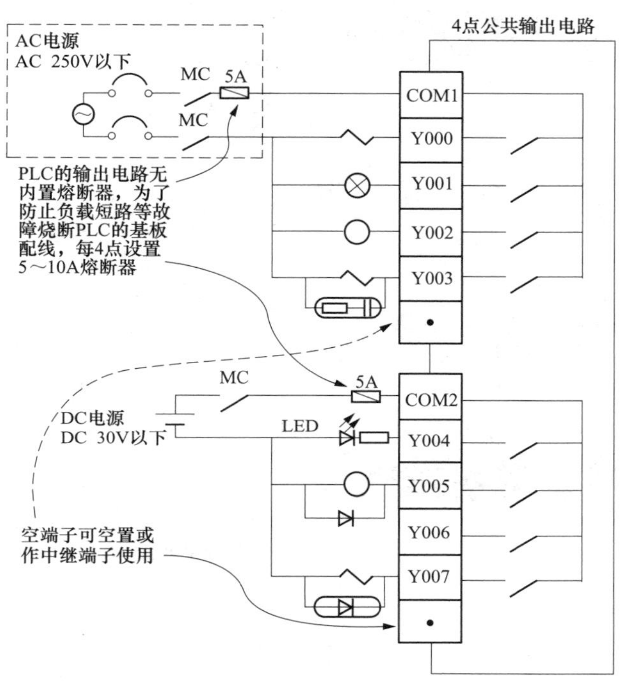

图 11－6　FX_{2N}系列 PLC 控制单元输出端子的接线方法

在进行输出端子接线时，应注意以下几点：

（1）输出线尽可能远离高压线和动力线等干扰源。

（2）不能将输出设备连接到带“•”的端子上。

（3）各“COM□”端均为独立的，故各输出端既可独立输出，又可采用公共并接输出。当各负载使用不同电压时，采用独立输出方式；而各个负载使用相同电压时，可采用公共输出方式。

（4）当多个负载连到同一电源上时，应使用型号为 AFP1803 的短路片将它们的“COM□”端短接起来。

（5）若输出端接感性负载时，需根据负载的不同情况接入相应的保护电路。在交流感性负载两端并接 RC 串联电路；在直流感性负载两端并接二极管保护电路；在带低电流负载的输出端并接一个泄放电阻以避免漏电流的干扰。以上保护器件应安装在距离负载 50cm 以内。

（6）在 PLC 内部输出电路中没有熔丝，为防止因负载短路而造成输出短路，应在外部输出电路中安装熔断器或设计紧急停车电路。

5. 扩展单元接线

若一台 PLC 的输入/输出点数不够时，还可将 FX_{2N}系列的基本单元与其他扩展单元连接起来使用。基本单元与其他扩展单元的连接是通过扩展电缆进行的，55mm 的扩展电缆通常附属于扩展单元中，PLC 基本单元连接扩展单元时，需将扩展电缆折入 PLC 基本单元的盖板下面，如图 11－7 所示，并且 PLC 基本单元与扩展单元的距离应保持在 50mm 以上。

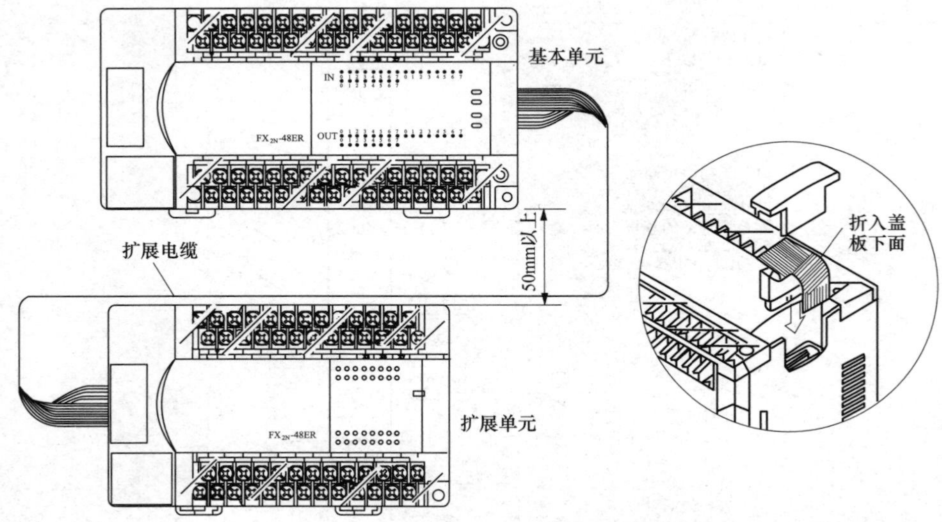

图 11－7　PLC 基本单元与扩展单元的连线

6. 通信线的连接

PLC 一般设有专用的通信口，通常为 RS－485 口或 RS－422 口，FX_{2N}型 PLC 为 RS－422 口。与通信口的接线常采用专用的接插件连接。

11.3　PLC的维护和检修

11.3.1　PLC 的维护检查

PLC 的主要构成元器件是以半导体器件为主体。考虑到环境的影响，随着使用时间的增长，元器件总是要老化的，因此定期检修与做好日常维护是非常必要的。需要有一支具有一定技术水平、熟悉设备情况、掌握设备工作原理的检修队伍，做好对设备的日常维修。

PLC 的日常维护和保养比较简单，主要是更换熔丝和锂电池，基本没有其他易损元器件。更换熔丝时，必须采用指定型号的产品。存放用户程序的随机存储器（RAM）、计数器和具有保持功能的辅助继电器等均用锂电池保护，锂电池的寿命大约为 5 年，当锂电池的电压逐渐降低到一定程度时，PLC 面板上的“BATT. V”LED 指示灯亮。从该 LED

灯亮算起，1 个月内电池有效，但是也有发现迟的时候，所以发现该指示灯亮后，应尽快更换电池，以免影响 PLC 的运行。下面以 FX_{2N}系列 PLC 为例讲解电池更换的步骤。

(1) 在拆装前，应先让 PLC 通电 15s 以上（这样可使作为存储器备用电源的电容器充电，在锂电池断开后，该电容可对 PLC 做短暂供电，以保护 RAM 中的信息不丢失），然后断开 PLC 的电源。

(2) 用手指握住面板盖左角，抬起右侧，卸下 FX_{2N}系列 PLC 基本单元的电池盖板，如图 11－8 中①所示。

(3) 从电池架中取下旧电池，拔出插座，如图 11－8 中②所示。

(4) 在插座拔出后的 20s 内，装上新电池插座，如图 11－8 中③所示。

(5) 把电池插入电池架，盖上电池盖板。

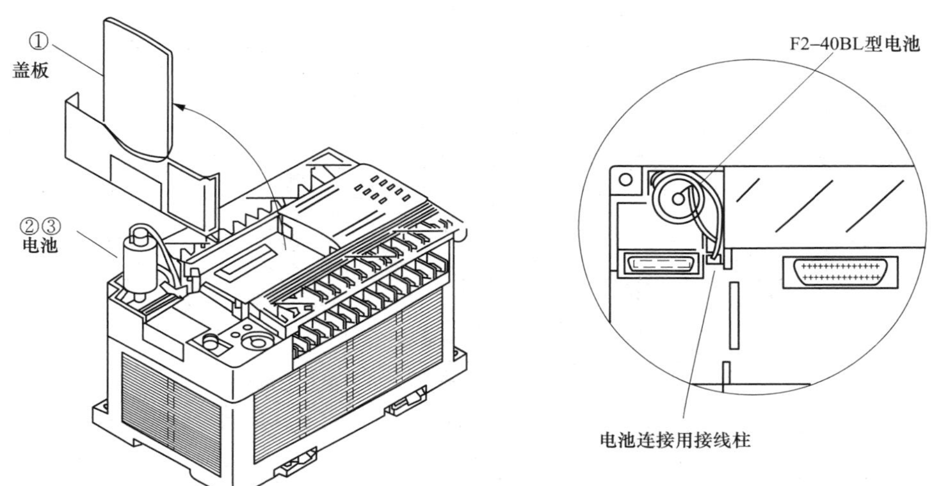

图 11－8　FX_{2N}系列 PLC 电池更换

注意更换电池时间要尽量短，一般不允许超过 3min。如果时间过长，RAM 中的程序将消失。

对检修工作要制定一个制度，按期执行，保证设备运行状况最优。每台 PLC 都有确定的检修时间，一般以每 6 个月～1 年检修一次为宜。当外部环境条件较差时，可以根据情况把检修间隔缩短。PLC 定期检修的内容如表 11－1 所示。

表 11－1　PLC 定期检修的内容

序号	检修项目	检修内容	判断标准
1	供电电源	在电源端子处测量电压波动范围是否在标准范围内	电动波动范围：85%～110%供电电压
2	运行环境	环境温度	0～55℃
		环境湿度	35%～85%RH，不结露
		积尘情况	不积尘
3	输入/输出用电源	在输入/输出端子处测电压变化是否在标准范围内	以各输入/输出规格为准

续表

序号	检修项目	检修内容	判断标准
4	安装状态	各单元是否可靠固定	无松动
		电缆的连接器是否完全插紧	无松动
		外部配线的螺钉是否松动	无异常
5	寿命元件	电池、继电器、存储器	以各元件规格为准

11.3.2 PLC的故障分析方法

PLC是一种可靠性、稳定性极高的控制器，只要按照其技术规范安装和使用，出现故障的概率极低。但是，一旦出现了故障，一定要按表11-2所示步骤进行检查、处理。特别是检查由于外部设备故障造成的损坏，一定要查清故障原因，待故障排除以后再试运行。

表11-2　　PLC的硬件故障分析

问题	故障原因	解决方法
输出不工作	被控制的设备产生了损坏	当接到感性负载时（例如电机或继电器），需要接入一个抑制电路
	程序错误	修改程序
	接线松动或不正确	检查接线，如果不正确，要改正
	输出过载	检查输出的负载功率
	输出被强制	检查CPU是否有被强制的I/O
SF（系统故障）灯亮	用户程序错误	对于编程错误，检查FOR、NEXT、JMP和比较指令的用法
	电气干扰	控制面板良好接地和高电压与低电压不并行引线是很重要的
	元件损坏	把24V DC传感器电源的M端子接地
LED灯全部不亮	熔丝烧断	把电源分析器连接到系统，检查过电压尖峰的幅值和持续时间。根据检查结果，给系统加一个合适的抑制设备
	不正确的供电电压	接入正确供电电压
电气干扰问题	不合适的接地	正确接地
	在控制柜内交叉配线	把24V DC传感器电源的M端子接地。确保控制面板良好接地和高电压与低电压不并行引线
	对快速信号配置了输入滤波器	增加系统数据块中的输入滤波器的延迟时间
当连接一个外部设备时通信网络损坏	如果所有的非隔离设备（例如PLC、计算机或其他设备）连到一个网络，而该网络没有共同的参考点，通信电缆提供了一个不期望的电流通路。这些不期望的电流可以造成通信错误或损坏电路	首先检测通信网络，若网络不通，更换隔离型PC/PPE电缆。当连接没有共同电气参考点的机器时，使用隔离型RS-485到RS-485中继器
SWOPC-FXGP/WIN-C或GX Developer通信问题		检查网络通信信息后处理
错误处理		检查错误代码信息后处理

11.3.3 状态指示灯显示的故障与维修

利用PLC上的状态指示灯，可以迅速判断故障的大致类别与故障的范围。FX_{2N}系列PLC用于状态指示的指示灯主要有电源指示POWER、运行指示RUN、电池电压不足指示BATT. V、程序出错指示PROG－E、CPU出错指示CPU－E、输入显示LED以及输出显示LED等。

1. 电源指示POWER

通常FX_{2N}系列PLC的基本单元、扩展单元、扩展模块均安装有电源指示灯POWER。正常情况下，上电后指示灯POWER点亮，表示PLC的基本单元（或扩展单元与扩展模块）的电源正常，可以进行工作。

如果上电后，指示灯POWER不亮，首先应检查外部电源是否符合要求，如PLC电源的交/直流选择是否正确；外部电源是否已经正确连接到PLC的电源连接端；电源的连接是否存在接触不良的现象等。

在检查确认外部电源已经正确连接到PLC后，指示灯POWER仍不亮，应检查PLC上的[24+]连接端子。该端子用于提供PLC外部输入传感器的DC 24V电源，若[24+]连接端子上有连接线时，表明PLC需要为外部输入提供24V的直流电源，为确认故障部位，可以拆下连接线，在断开外部负载的情况下再进行检查、试验。

如果拆下[24+]连接端子上的连接线后，指示灯POWER变亮，表明与[24+]连接端子的负载存在短路或过载。应检查PLC的输入线路连接与DC 24V的负载情况，以排除故障。如果拆下[24+]连接端子上的连接线后，指示灯POWER仍不亮，表明PLC内部存在不良。此时可以打开PLC，对内部电源的熔断器进行进一步的检查，如系熔断器熔断，在测量确认内部无短路的前提下，可以更换同规格的熔断器，否则应进行PLC的维修或更换。

2. 运行指示RUN

当PLC的输入电源正常后，RUN指示灯亮，表明PLC处于正常工作状态。如果RUN指示灯不亮，可能的原因有：

(1) PLC上的RUN/STOP开关被设置为“STOP”状态，使得PLC停止运行。

(2) PLC程序存在错误，此时PLC的程序出错指示灯“PROG－E”指示灯亮。

(3) PLC循环时间超过，此时CPU出错指示灯“CPU－E”亮。

可以根据以上不同情况，有针对性地进行修改。

3. 电池电压不足指示BATT. V

PLC上电时，如果PLC的电池电压低，电池电压不足指示BATT. V就会点亮，并且特殊辅助继电器M8086动作。

从理论上讲，当电池电压不足指示BATT. V亮时，PLC程序与数据还可以继续保持一段时间（约1个月），但考虑到PLC因为停机、故障未及时发现等方面的原因，所以应在BATT. V亮后尽快更换电池。

4. 程序出错指示PROG－E

程序出错指示灯PROG－E闪烁，表明PLC用户程序存在错误，可能的原因有：

(1) 定时器的时间值或者计数器的计数值未设置。

(2) PLC程序存在语法错误或程序出错。

(3) 电池电压下降引起的PLC用户程序出错。

(4) 由于灰尘、导电物的进入，引起的PLC内部工作错误。

(5) 由于外部干扰引起的PLC内部工作错误等。

当用户程序存在错误时，在特殊数据寄存器D8004中会写入M8009、M8060～M8068中的某一个数值。通过查看PLC特殊数据寄存器D8004的内容，可以知道对应的用于错误寄存的PLC特殊内部继电号，通过查阅PLC特殊内部继电器，便可以知道出错的原因。

5. CPU出错指示CPU－E

CPU出错指示灯CPU－E亮，表明PLC用户程序的循环执行时间超过，其原因主要有：

(1) 由于灰尘、导电物的进入，引起的PLC内部工作错误。

(2) 由于外部干扰引起的PLC内部工作错误。

(3) PLC的功能模块使用过多，引起PLC用户程序的循环执行时间超过（可以通过检查PLC特殊数据寄存器D8012的内容，了解PLC程序的最长执行时间）。

(4) 在通电情况下进行了PLC存储器卡的安装与取下操作。

(5) PLC硬件存在故障等。

6. 输入显示LED

输入显示LED用于指示PLC输入信号的状态。正常情况下，当设备侧输入开关信号时，对应的指示灯亮。当输入开关信号时，对应的指示灯不亮，则其原因可能是：

(1) 输入开关的额定电流容量过大而引起的接触不良，或者是有油侵入等造成的接触不良。

(2) PLC基本单元或者扩展单元上的输入端子接口接触不良。

(3) 采用汇点输入（无源）时，信号的接触电阻太大或负载过重、短路引起了PLC内部电源电压的降低与保护，使得输入电流不足以驱动PLC的输入接口电路。

(4) 采用源输入（有源）时，因信号的接触电阻太大或输入信号的电压过低，使得输入电流不足以驱动PLC的输入接口电路。

(5) 使用光传感器等输入设备时，由于发光、感光部位被污染，造成灵敏度变化，有可能造成输入不能可靠置ON。

(6) 有可能未接收到比PLC运算周期更短的ON或者OFF输入信号。

(7) 有可能是输入端子上施加了异常电压，导致输入回路损坏。

7. 输出显示LED

输出显示LED用于指示PLC输出信号的状态。正常情况下，当PLC输出为“1”时，对应的指示灯应亮。如指示灯不亮，则其原因可能是：

(1) 采用汇点输出（无源）时，可能PLC输出接口电路损坏。

(2) 采用源输出（有源）时，可能因为输出负载过重、短路引起了PLC内部电源电压的降低与保护。

(3) 当故障发生在扩展单元时，可能是基本单元与扩展单元的连接不良引起的故障。

（4）PLC 输出接口电路损坏等。

11.3.4 硬件出错代码与维修处理

PLC 硬件出错包括安装、连接出错和通信出错等方面。当利用 PLC 检测到 M8060～M8063 硬件错误时，在对应的数据寄存器 D8060～D8063 中将显示错误代码。FX_{2N}系列 PLC 的每个错误代码都代表相应的含义，如表 11－3 所示。

表 11－3　　FX_{2N}系列 PLC 的错误代码

类型	出错代码	出错内容	处理方法
I/O 结构出错 M8060（D8060），继续运行	例如：1020	没有装 I/O 起始元件号，“1020”中第 1 个数字“1”表示输入 X，“0”表示输出 Y，“020”表示元件号	还没有装的输入继电器，输出继电器的编号被编入程序。PLC 可以继续运行，若是程序员，请进行修改
PC 硬件出错 M8061（D8061），停止运行	0000	无异常	检查扩展电线是否连接正确
	6101	RAM 出错	
	6102	运算电路出错	
	6103	M8069 驱动时，I/O 总线出错	
	6104	M8069 驱动时，扩展设备 24V 以下	
	6105	监视定时器出错	运算时间超过 D8000 值，检查程序
PLC/PP 通信出错 M8062（D8062），继续运行	0000	无异常	程序面板（PP）或程序接口连接的设备与 PLC 的连接是否正确
	6201	奇偶出错，超过出错，成帧出错	
	6202	通信字符有误	
	6203	通信数据的求和不一致	
	6204	数据格式有误	
	6205	指令有误	
并行连接通信出错 M8063（D8063），继续运行	0000	无异常	检查双方的 PLC 的电源是否为 ON，适配器和控制器之间以及适配器之间连接是否正确
	6301	奇偶出错，超过出错，成帧出错	
	6302	通信字符有误	
	6303	通信数据的和数不一致	
	6304	数据格式有误	
	6305	指令有误	
	6306	监视有误	
	6307～6311	无	
	6312	并行连接字符有误	
	6313	并行连接和数出错	
	6314	并行连接格式出错	

续表

类型	出错代码	出错内容	处理方法
参数出错 M8064（D8064），停止运行	0000	无异常	停止PLC的运行，用参数方式设定正确值
	6401	程序的求和不一致	
	6402	存储的容量设定有误	
	6403	存储区域设定有误	
	6404	注释区的设定有误	
	6405	文件寄存器区设定有误	
	6406～6408	无	
	6409	其他设定有误	
语法出错 M8065（D8065），停止运行	0000	无异常	检查编程时对各个指令的使用是否正确，产生错误时请用程序模式进行修改
	6501	指令-元件符号-元件号的组合有误	
	6502	设定值之前无 OUT T，OUT C	
	6503	（1）OUT T，OUT C之后无设定值。 （2）应用指令操作数的数量不足	
	6504	（1）卷标编号（P）重复。 （2）中断输入和高速计数器输入重复	
	6505	元件号范围溢出	
	6506	使用了未定义的指令	
	6507	卷标编号（P）定义出错	
	6508	中断输入（I）的定义出错	
	6509	其他	
	6510	MC嵌套编号大小有错误	
	6511	中断输入和高速计数器输入重复	
电路出错 M8066（D8066），停止运行	0000	无异常	对整个电路块而言，当指令组合不对时，对指令关系有错时都能产生错误。在程序中通过修改指令的相互关系来处理这些问题
	6601	LD、LDI的连续使用次数超过9次	
	6602	（1）没有LD、LDI指令。没有线圈，LD、LDI和ANB、ORB之间关系有错。 （2）STL、RET、MCR、P（指针）、I（中断）、EI、DI、SRET、IRET、FOR、NEXT、FEND、END没有与总线连接。 （3）忘记了MPP	
	6603	MPS的连续使用次数超过12次	
	6604	MPS和MRD、MPP关系出错	
	6605	（1）STL的连续使用次数超过9次。 （2）在STL内有MC、MCR、I（中断）、SRET。 （3）在STL外有RET	
	6606	（1）没有P（指针）、I（中断）。 （2）没有SRET、IRET。 （3）I（中断）、SRET、IRET在主程序中。 （4）STL、RET、MC、MCR在子程序和中断子程序中	

续表

类型	出错代码	出错内容	处理方法
电路出错 M8066（D8066），停止运行	6607	（1）FOR 和 NEXT 关系有误，嵌套超过 6 次。 （2）在 FOR－NEXT 之间有 STL、RET、MC、MCR、IRET、SRET、FEND、END	对整个电路块而言，当指令组合不对时，对指令关系有错时都能产生错误。在程序中通过修改指令的相互关系来处理这些问题
	6608	（1）MC 和 MCR 的关系有误。 （2）MCR 没有 NO。 （3）MC－MCR 间有 SRET、IRET、I（中断）	
	6609	其他	
	6610	LD、LDI 的连续使用次数超过 9 次	
	6611	对 LD、LDI 而言，ANB、ORB 指令数太多	
	6612	对 LD、LDI 而言，ANB、ORB 指令数太少	
	6613	MPS 连续使用次数超过 12 次	
	6614	忘记 MPS	
	6615	忘记 MPP	
	6616	忘记 MPS－MRD、MPP 间的线圈，或关系有误	
	6617	必须从总线开始的指令却没有与总线连接，如 STL、RET、MCR、P、I、DI、EI、FOR、NEXT、SRET、IRET、FEND、END	
	6618	只能在主程序中使用的指令却在主程序之外使用（如中断、子程序等）	
	6619	FOR－NEXT 之间使用了不能使用的指令（如 STL、RET、MC、MCR、I、IRET 等）	
	6620	FOR－NEXT 间嵌套溢出	
	6621	FOR－NEXT 数的关系有误	
	6622	没有 NEXT 指令	
	6623	没有 MC 指令	
	6624	没有 MCR 指令	
	6625	STL 的连续使用次数超过 9 次	
	6626	在 STL－RET 之间有不能使用的指令（如 MC、MCR、I、SRET、IRET 等）	
	6627	没有 RET 指令	
	6628	主程序中有不能用的指令（如 I、SRET、IRET）	
	6629	没有 P、I	
	6630	没有 SRET、IRET 指令	
	6631	SRET 位于不能使用的场合	
	6632	FEND 位于不能使用的场合	

续表

<table>
<tr><th>类型</th><th>出错代码</th><th>出错内容</th><th colspan="2">处理方法</th></tr>
<tr><td rowspan="23">运算出错 M8067 (D8067)，继续运行</td><td>0000</td><td>无异常</td><td rowspan="10" colspan="2">运算过程中产生错误，以及程序的修改或应用指令的操作数的内容是否有误。即使语法、电路没有出错，下列原因也可能产生运算错误。例如 T200Z 虽没有错，但运算结果 Z=100 时，T=300，这样元件编号溢出就产生错误</td></tr>
<tr><td>6701</td><td>(1) CJ、CALL 没有跳转地址。
(2) 在 END 指令后面有卷标。
(3) 在 FOR - NEXT 间或子程序间有单独的卷标</td></tr>
<tr><td>6702</td><td>CALL 的嵌套次数超过 6 次</td></tr>
<tr><td>6703</td><td>中断的嵌套次数超过 3 次</td></tr>
<tr><td>6704</td><td>FOR - NEXT 的嵌套次数超过 6 次</td></tr>
<tr><td>6705</td><td>应用指令的操作数在目标元件以外</td></tr>
<tr><td>6706</td><td>应用指令操作数的元件号范围和数据值溢出</td></tr>
<tr><td>6707</td><td>因没有设定文件寄存器的参数而存取了文件寄存器</td></tr>
<tr><td>6708</td><td>FROM/TO 指令出错</td></tr>
<tr><td>6709</td><td>其他（忘记 IRET、SRET，FOR - NEXT 关系有误）</td></tr>
<tr><td>6730</td><td>取样时间（Ts）在目标范围外（Ts=0）</td><td rowspan="6">PID 运算停止</td><td rowspan="13">产生控制参数的设定值和 PID 运算中产生数据错误，请检查参数</td></tr>
<tr><td>6732</td><td rowspan="2">输入滤波器常数（a）在目标范围外（a<0 或 a≥100），比例阈（Kp）在目标范围外（Kp<0）</td></tr>
<tr><td>6733</td></tr>
<tr><td>6734</td><td>积分时间（TI）在目标范围外（TI<0）</td></tr>
<tr><td>6735</td><td>微分阈（KD）在目标范围外（KD<0 或 KD ≥201）</td></tr>
<tr><td>6736</td><td>微分时间（TD）在目标范围外（TD<0）</td></tr>
<tr><td>6740</td><td>取样时间（Ts）≤运算周期</td><td rowspan="7">将运算数据作 MAX 值，继续运算</td></tr>
<tr><td>6742</td><td>测定值溢出（ΔPV<−32 768 或 ΔPV>32 767）</td></tr>
<tr><td>6743</td><td>偏差溢出（EV<−32 768 或 EV>32 767）</td></tr>
<tr><td>6744</td><td>积分计算值溢出（−32 768～32 767 以外）</td></tr>
<tr><td>6745</td><td>因微分阈（KP）溢出，产生微分值溢出</td></tr>
<tr><td>6746</td><td>微分计算值溢出（−32 768～32 767 以外）</td></tr>
<tr><td>6747</td><td>PID 运算结果溢出（−32 768～32 767 以外）</td></tr>
</table>

11.3.5 操作出错与处理

当 PLC 采用显示器模块或编程器操作时，由于操作方法不正确或其他原因，可能会使操作无法进行。此时，显示器模块或编程器上可以显示出错信息，出错的处理方法如表 11 - 4 所示。

表 11－4　　操作出错与处理

错误显示	错误内容	错误处理
Entry Code error	操作被密码保护	解除密码保护
The Entry Code is not set	密码未输入	输入正确密码
Incorrect Entry Code	密码输入不正确	输入正确密码
The wrong device is registered	指定了不存在的监视元件	修改程序
PLC is running	PLC 运行中，无法进行要求的操作	停止 PLC 运行
Memory Cassette is write－protected	存储器卡被写保护	取消存储器卡写保护
Write error	写入失败	确认存储器卡安装
Read error	读入失败	确认存储器卡安装
Fatal error occurred	PLC 存在报警	
Programs match	存储器卡程序写 RAM 程序相同	
Programs don’t match	存储器卡程序写 RAM 程序不相同	
Transfer completed	传送完成	
Transfer failed	传送出错	确认存储器卡安装
Memory Cassette is misconnected	存储器卡连接出错	确认存储器卡安装
The Entry Code is set in the internal Memory	PLC 内部 RAM 被设定了密码	解除密码

附录A FX2N系列PLC指令集速查表

FX2N基本指令

指令符号	指令名称	指令功能	目标元件
LD	取指令	运算开始（动合触点）	X、Y、M、S、T、C
LDI	取反指令	运算开始（动断触点）	X、Y、M、S、T、C
LDP	取脉冲指令	上升沿检测运算开始	X、Y、M、S、T、C
LDF	取脉冲指令（F）	下降沿检测运算开始	X、Y、M、S、T、C
AND	与指令	串行连接（动合触点）	X、Y、M、S、T、C
ANI	与非指令	串行连接（动断触点）	X、Y、M、S、T、C
ANDP	与脉冲指令	上升沿检测串行连接	X、Y、M、S、T、C
ANDF	与脉冲指令（F）	下降沿检测串行连接	X、Y、M、S、T、C
OR	或指令	并行连接（动合触点）	X、Y、M、S、T、C
ORI	或非指令	并行连接（动断触点）	X、Y、M、S、T、C
ORP	或脉冲指令	上升沿检测并行连接	X、Y、M、S、T、C
ORF	或脉冲指令（F）	下降沿检测并行连接	X、Y、M、S、T、C
ANB	电路块与指令	块间串行连接	—
ORB	电路块或指令	块间并行连接	—
OUT	输出指令	线圈驱动指令	Y、M、S、T、C
SET	置位指令	动作保持线圈指令	Y、M、S
RST	复位指令	动作保持解除线圈指令	Y、M、S、T、C、D
PLS	脉冲指令	上升沿检测线圈指令	Y、M
PLF	脉冲指令（F）	下降沿检测线圈指令	Y、M
MC	主控指令	公用串行接点线圈指令	Y、M、N
MCR	主控复位指令	公用串行接点解除指令	N
MPS	进栈指令	运算存储	—
MRD	读栈指令	读出存储	—
MPP	出栈指令	读出存储或复位	—
INV	反向指令	运算结果的反向	—
NOP	空操作指令	程序清除或空格用	—
END	结束指令	程序结束	—

FX2N步进指令

指令符号	指令名称	指令功能	目标元件
STL	步进梯形图开始指令	步进梯形图开始	S
RET	返回指令	步进梯形图返回	—

FX_{2N}应用指令

指令类型	指令代号	指令助记符		指令名称	程序步
程序流程指令	FNC00	CJ	Pn	条件跳转	3步
	FNC01	CALL	Pn	子程序调用	3步
	FNC02	SRET		子程序返回	1步
	FNC03	IRET		中断返回	1步
	FNC04	EI		中断许可	1步
	FNC05	DI		中断禁止	1步
	FNC06	FEND		主程序结束	1步
	FNC07	WDT		看门狗定时器	1步
	FNC08	FOR	n	循环范围开始	3步
	FNC09	NEXT		循环范围结束	1步
传送与比较指令	FNC10	CMP		比较	7/13步
	FNC11	ZCP		区间比较	9/17步
	FNC12	MOV		传送	5/9步
	FNC13	SMOV		移位传送	11步
	FNC14	CML		反相传送	5/9步
	FNC15	BMOV		成批传送	7步
	FNC16	FMOV		多点传送	7/13步
	FNC17	XCH		交换	5/9步
	FNC18	BCD		BCD转换	5/9步
	FNC19	BIN		BIN转换	5/9步
算术与逻辑指令	FNC20	ADD		加法	7/13步
	FNC21	SUB		减法	7/13步
	FNC22	MUL		乘法	7/13步
	FNC23	DIV		除法	3/5步
	FNC24	INC		加1	3/5步
	FNC25	DEC		减1	7/13步
	FNC26	WAND		逻辑“字与”	7/13步
	FNC27	WOR		逻辑“字或”	7/13步
	FNC28	WXOR		逻辑“字异或”	7/13步
	FNC29	NEG		求补码	3/5步
移位与循环指令	FNC30	ROR		循环右移	5/9步
	FNC31	ROL		循环左移	5/9步
	FNC32	RCR		带进位右移	5/9步
	FNC33	RCL		带进位左移	5/9步
	FNC34	SFTR		位右移	9步
	FNC35	SFTL		位左移	9步

续表

指令类型	指令代号	指令助记符	指令名称	程序步
移位与循环指令	FNC36	WSFR	字右移	9 步
	FNC37	WSFL	字左移	9 步
	FNC38	SFWR	移位写入	7 步
	FNC39	SFRD	移位读出	7 步
数据处理指令	FNC40	ZRST	区间复位	5/9 步
	FNC41	DECO	译码	5/9 步
	FNC42	ENCO	编码	5/9 步
	FNC43	SUM	ON 位数	5/9 步
	FNC44	BON	ON 位判定	9 步
	FNC45	MEAN	平均值	9 步
	FNC46	ANS	报警器置位	9 步
	FNC47	ANR	报警器复位	1 步
	FNC48	SQR	平方根	5/9 步
	FNC49	FLT	浮点数转换	5/9 步
高速处理指令	FNC50	REF	输入/输出刷新	5 步
	FNC51	REFF	滤波时间调整	3 步
	FNC52	MTR	矩阵输入	9 步
	FNC53	HSCS	比较置位	13 步
	FNC54	HSCR	比较复位	13 步
	FNC55	HSZ	区间比较	17 步
	FNC56	SPD	速度检测	7 步
	FNC57	PLSY	脉冲输出	7/13 步
	FNC58	PMW	脉宽调制	7 步
	FNC59	PLSR	可调脉冲输出	9/17 步
方便指令	FNC60	IST	状态初始化	7 步
	FNC61	SER	数据查找	9/17 步
	FNC62	ABSD	绝对式凸轮控制	9/17 步
	FNC63	INCD	增量式凸轮控制	9 步
	FNC64	TIMR	示教定时器	5 步
	FNC65	STMR	特殊定时器	7 步
	FNC66	ALT	交替输出	3 步
	FNC67	RAMP	斜波信号	9 步
	FNC68	ROTC	旋转工作台控制	9 步
	FNC69	SORT	数据排序	11 步

续表

指令类型	指令代号	指令助记符	指令名称	程序步
外部输入与输出处理指令	FNC70	TKY	10 键输入	7/13 步
	FNC71	HKY	16 键输入	9/17 步
	FNC72	DSW	数字开关	9 步
	FNC73	SEGD	七段译码	5 步
	FNC74	SEGL	带锁存七段译码	7 步
	FNC75	ARWS	方向开关	9 步
	FNC76	ASC	ASCII 码转换	11 步
	FNC77	PR	ASCII 码打印	5 步
	FNC78	FROM	读特殊功能模块	9/17 步
	FNC79	TO	写特殊功能模块	9/17 步
外部设备指令	FNC80	RS	串行数据传送	9 步
	FNC81	PRUN	八进制位传送	5/9 步
	FNC82	ASCI	十六进制数转 ASCII 码	7 步
	FNC83	HEX	ASCII 码转十六进制数	7 步
	FNC84	CCD	校验码	7 步
	FNC85	VRRD	电位器值读出	5 步
	FNC86	VRSC	电位器值刻度	5 步
	FNC88	PID	PID 运算	9 步
浮点数指令	FNC110	ECMP	二进制浮点数比较	13 步
	FNC111	EZCP	二进制浮点数区间比较	17 步
	FNC118	EBCD	二转十进制浮点数	9 步
	FNC119	EBIN	十转二进制浮点数	9 步
	FNC120	EADD	二进制浮点数加法	13 步
	FNC121	ESUB	二进制浮点数减法	13 步
	FNC122	EMUL	二进制浮点数乘法	13 步
	FNC123	EDIV	二进制浮点数除法	13 步
	FNC127	ESQR	二进制浮点数开平方	9 步
	FNC129	INT	二进制浮点数转整数	5/9 步
	FNC130	SIN	二进制浮点数正弦运算	9 步
	FNC131	COS	二进制浮点数余弦运算	9 步
	FNC132	TAN	二进制浮点数正切运算	9 步
	FNC147	SWAP	高低字节交换	3/5 步
定位控制指令	FNC155	ABS	读当前绝对值	13 步
	FNC156	ZRN	原点回归	9 步/17 步
	FNC157	FLSY	可变速的脉冲输出	9 步/17 步
	FNC158	DRVI	相对位置控制	9 步/17 步
	FNC159	DRVA	绝对位置控制	9 步/17 步

续表

指令类型	指令代号	指令助记符	指令名称	程序步
实时时钟指令	FNC160	TCMP	时钟数据比较	11 步
	FNC161	TZCP	时钟数据区域比较	9 步
	FNC162	TADD	时钟数据加法运算	7 步
	FNC163	TSUB	时钟数据减法运算	7 步
	FNC166	TRD	时钟数据读取	3 步
	FNC167	TWR	时钟数据写入	3 步
	FNC169	HOUR	计时表	7 步
格雷码变换与模拟量模块读/写指令	FNC170	GRY	格雷码变换	5/9 步
	FNC171	GBIN	格雷码逆变换	5/9 步
触点比较指令	FNC224	LD＝	LD 触点比较[S1]＝[S2]	5/9 步
	FNC225	LD＞	LD 触点比较[S1]＞[S2]	5/9 步
	FNC226	LD＜	LD 触点比较[S1]＜[S2]	5/9 步
	FNC228	LD＜＞	LD 触点比较[S1]＜＞[S2]	5/9 步
	FNC229	LD＜＝	LD 触点比较[S1]＜＝[S2]	5/9 步
	FNC230	LD＞＝	LD 触点比较[S1]＞＝[S2]	5/9 步
	FNC232	AND＝	AND 串联连接触点比较[S1]＝[S2]	5/9 步
	FNC233	AND＞	AND 串联连接触点比较[S1]＞[S2]	5/9 步
	FNC234	AND＜	AND 串联连接触点比较[S1]＜[S2]	5/9 步
	FNC236	AND＜＞	AND 串联连接触点比较[S1]＜＞[S2]	5/9 步
	FNC237	AND＜＝	AND 串联连接触点比较[S1]＜＝[S2]	5/9 步
	FNC238	AND＞＝	AND 串联连接触点比较[S1]＞＝[S2]	5/9 步
	FNC240	OR＝	OR 并联连接触点比较[S1]＝[S2]	5/9 步
	FNC241	OR＞	OR 并联连接触点比较[S1]＞[S2]	5/9 步
	FNC242	OR＜	OR 并联连接触点比较[S1]＜[S2]	5/9 步
	FNC244	OR＜＞	OR 并联连接触点比较[S1]＜＞[S2]	5/9 步
	FNC245	OR＜＝	OR 并联连接触点比较[S1]＜＝[S2]	5/9 步
	FNC246	OR＞＝	OR 并联连接触点比较[S1]＞＝[S2]	5/9 步

附录B FX$_{2N}$特殊软元件

PLC 状态

编号	名称	备注	编号	名称	备注
M8000	RUN 监控	RUN 时为 ON	D8000	监视定时器	初始值 200ms
M8001	RUN 监控	RUN 时为 OFF	D8001	PLC 型号和版本	
M8002	初始脉冲	RUN 后操作为 ON	D8002	存储器容量	
M8003	初始脉冲	RUN 后操作为 OFF	D8003	存储器种类	
M8004	出错	M8060～M8067 检测	D8004	出错特殊 M 地址	M8060～M8067
M8005	电池电压降低	锂电池电压下降	D8005	电池电压	0.1V 单位
M8006	电池电压降低锁存		D8006	电池电压降低检测	3.0V（0.1V 单位）
M8007	暂停检测		D8007	暂停次数	电源关闭清除
M8008	停电检测		D8008	停电检测时间	
M8009	DC 24V 降低	检测 24V 电源异常	D8009	下降单元编号	降低起始输出编号

时 钟

编号	名称	备注	编号	名称	备注
M8010			D8010	扫描当前值	0.1ms 单位包括常数扫描等待时间
M8011	10ms 时钟	10ms 周期振荡	D8011	最小扫描时间	
M8012	100ms 时钟	100ms 周期振荡	D8012	最大扫描时间	
M8013	1s 时钟	1s 周期振荡	D8013	秒 0～59 预置值或当前值	
M8014	1min 时钟	1min 周期振荡	D8014	分 0～59 预置值或当前值	
M8015	计时停止或预置		D8015	时 0～23 预置值或当前值	
M8016	时间显示停止		D8016	日 1～31 预置值或当前值	
M8017	±30s 修正		D8017	月 1～12 预置值或当前值	
M8018	内装 RTC 检测	常态为 ON	D8018	公历 4 位预置值或当前值	
M8019	内装 RTC 出错		D8019	星期 0～星期 6 预置值或当前值	

标 志

编号	名称	备注	编号	名称	备注
M8020	零标志	应用命令运算标志	D8020	调整输入滤波器	初始值 10ms
M8021	借位标志		D8021		
M8022	进位标志		D8022		
M8023			D8023		
M8024	BMOV 方向指定		D8024		
M8025	HSC 方式		D8025		
M8026	RAMP 方式		D8026		
M8027	PR 方式		D8027		
M8028	执行 PROM/TO 指令时允许中断		D8028	Z0（Z）寄存器内容	寻址寄存器 Z 的内容
M8029	执行指令结束标志	功能指令	D8029	V0（V）寄存器内容	寻址寄存器 V 的内容

PLC 方 式

编号	名称	备注	编号	名称	备注
M8030	电池关灯指令	关闭面板灯	D8030		
M8031	非保存存储清除	清除元件的 ON/OFF 和当前值	D8031		
M8032	保存存储清除		D8032		
M8033	全部存储停止	图像存储保持	D8033		
M8034	全输出禁止	外部输出均为 OFF	D8034		
M8035	强制 RUN 方式		D8035		
M8036	强制 RUN 指令		D8036		
M8037	强制 STOP 指令		D8037		
M8038			D8038	常数扫描时间	
M8039	恒定扫描方式	定周期动作	D8039		初始值 0（1ms 单位）

步 进 梯 形 图

编号	名称	备注	编号	名称	备注
M8040	禁止转移	状态间禁止转移	D8040	ON 状态号 1	M8047 为 ON 时，将在 S0～S999 中工作的最小编号存入 D8040
M8041	开始转移	FNC60 使用	D8041	ON 状态号 2	
M8042	启动脉冲		D8042	ON 状态号 3	
M8043	原復完了		D8043	ON 状态号 4	
M8044	原点条件		D8044	ON 状态号 5	
M8045	禁止全输出复位		D8045	ON 状态号 6	
M8046	STL 状态工作	S0～S99 工作检测	D8046	ON 状态号 7	
M8047	STL 监视有效	D8040～D8047 有效	D8047	ON 状态号 8	
M8048	报警工作	S900～S999 工作检测	D8048		
M8049	报警有效	S8049 有效	D8049	ON 状态最小地址号	S900～S999 最小编号

中 断 禁 止

编号	名称	备注	编号	名称	备注
M8050	I00□禁止	输入中断禁止	D8050	未使用	
M8051	I10□禁止		D8051		
M8052	I20□禁止		D8052		
M8053	I30□禁止		D8053		
M8054	I40□禁止		D8054		
M8055	I50□禁止		D8055		
M8056	I60□禁止	定时中断禁止	D8056		
M8057	I70□禁止		D8057		
M8058	I80□禁止		D8058		
M8059	I010～I060 全禁止	计数中断禁止	D8059		

出 错 检 测

编号	名称	备注	编号	名称	备注
M8060	I/O 配置出错	PLC 继续运行	D8060	出错的 I/O 起始号	存储出错代码
M8061	PLC 硬件出错	PLC 停止	D8061	PLC 硬件出错代号	
M8062	PLC/PP 通信出错	PLC 继续运行	D8062	PLC/PP 通信出错代码	
M8063	并行连接	PLC 继续运行	D8063	连接通信出错代码	
M8064	参数出错	PLC 停止	D8064	参数出错代码	
M8065	语法出错	PLC 停止	D8065	语法出错代码	
M8066	电路出错	PLC 停止	D8066	电路出错代码	
M8067	运算出错	PLC 继续运行	D8067	运算出错代码	
M8068	运算出错锁存	M8067 保持	D8068	运算出错产生的步	步编号保持
M8069	I/O 总线检测	总线检查开始	D8069	M8065～M8067 出错产生步号	

并 行 连 接 功 能

编号	名称	备注	编号	名称	备注
M8070	并行连接主站说明	主站时为 ON	D8070	连接出错判定时间	初始值 500ms
M8071	并行连接从站说明	从站时为 ON	D8071		
M8072	并行连接运转为 ON	运行中为 ON	D8072		
M8073	主站/从站设置不良	M8070、M8071 设定不当	D8073		

采 样 跟 踪

编号	名称	备注	编号	名称	备注
M8074		采样跟踪功能	D8074	采样剩余次数	采样跟踪功能
M8075	准备开始指令		D8075	采样次数设定	
M8076	执行开始指令		D8076	采样周期	
M8077	执行中监测		D8077	指定触发器	
M8078	执行结束监测		D8078	触发器条件元件号	
M8079	跟踪 512 次上		D8079	取样数据指针	
M8090	位元件号 No. 10	采样跟踪功能用	D8080	位元件号 No. 1	
M8091	位元件号 No. 11		D8081	位元件号 No. 2	
M8092	位元件号 No. 12		D8082	位元件号 No. 3	
M8093	位元件号 No. 13		D8083	位元件号 No. 4	
M8094	位元件号 No. 14		D8084	位元件号 No. 5	
M8095	位元件号 No. 15		D8085	位元件号 No. 6	
M8096	位元件号 No. 1		D8086	位元件号 No. 7	
M8097	位元件号 No. 2		D8087	位元件号 No. 8	
M8098	位元件号 No. 3		D8088	位元件号 No. 9	

存 储 容 量

编号	名称	备 注
D8102	存储容量	0002=2K 步；0004=4K 步；0008=8K 步；0016=16K 步

输 出 更 换

编号	名称	备注	编号	名称	备注
M8109	输出更换错误生成		D8019	输出更换错误生成	0、10、20…被存储

高速环形计数器

编号	名称	备注	编号	名称	备注
M8099	高速环形计数器工作	允许计数器工作	D8099	0.1ms 环形计数器	0～32 767 增序

特 殊 功 能

编号	名称	备注	编号	名称	备注
M8120			D8120	通信格式	
M8121	RS-232C 发送待机中	RS-232 通信用	D8121	设定局编号	
M8122	RS-232C 发送标记		D8122	发送数据余数	
M8123	RS-232C 发送完标记		D8123	接收数据数	
M8124	RS-232C 载波接收		D8124	标题（STX）	
M8125		RS-485 通信用	D8125	终结字符（EX）	
M8126	全信号		D8126		
M8127	请求手动信号		D8127	指定请求用起始号	
M8128	请求出错标记		D8128	请求数据数的指定	
M8129	请求字/位切换		D8129	判定输出时间	

高 速 列 表

编号	名称		备注	编号	名称		备注
M8130	HSZ 表比较方式			D8130	HSZ 列表计数器		
M8131	HSZ 执行完标记			D8131	HSZ PLSY 列表计数器		
M8132	HSZ PLSY 速度图形			D8132	速度图形频率 HSZ、PLSY	下位	
M8133				D8133		空	
				D8134	速度图形目标	下位	
				D8135	脉冲数 HSZ、PLSY	上位	
M8130	输出给 PLSY，PLSRY000 的脉冲数	下位		D8136	输出脉冲数	下位	
M8131		上位		D8137	PLSY、PLSR	上位	
M8132	输出给 PLSY，PLSRY000 的脉冲数	下位		D8138			
M8133		上位		D8139			

三菱FX2N PLC从入门到精通

扩 展 功 能

编号	名称	备注
M8160	XCH 的 SWAP 功能	同一元件内交换
M8161	8 位单位切换	16/8 位切换
M8162	高速并串连接方式	
M8163		
M8164		
M8165		写入十六进制数据
M8166	HKY 的 HEX 处理	停止 BCD 切换
M8167	SMOV 的 HEX 处理	
M8168		
M8169		

脉 冲 捕 捉

编号	名称	备注
M8170	输入 X000 脉冲捕捉	
M8171	输入 X001 脉冲捕捉	
M8172	输入 X002 脉冲捕捉	
M8173	输入 X003 脉冲捕捉	
M8174	输入 X004 脉冲捕捉	
M8175	输入 X005 脉冲捕捉	
M8176		
M8177		
M8178		
M8179		

寻址寄存器当前值

编号	名称	备注
D8180		
D8181		
D8182	Z1 寄存器的数据	寻址寄存器当前值
D8183	V1 寄存器的数据	
D8184	Z2 寄存器的数据	
D8185	V2 寄存器的数据	
D8186	Z3 寄存器的数据	
D8187	V3 寄存器的数据	
D8188	Z4 寄存器的数据	
D8189	V4 寄存器的数据	
D8190	Z5 寄存器的数据	
D8191	V5 寄存器的数据	
D8192	Z6 寄存器的数据	
D8193	V6 寄存器的数据	
D8194	Z7 寄存器的数据	
D8195	V7 寄存器的数据	
D8196		
D8197		
D8198		
D8199		

内部增降序计数器

编号	名称	备注
M8200 M8201 ⋮ M8233 M8234	驱动 M8□□□时，C□□□降序计数；M□□□不驱动时，C□□□增序计数（C□□□为 200～234）	

高 速 计 数 器

编号	名称	备注
M8235	M8□□□被驱动时，1 相高速计数器 C8□□□为降序方式；不驱动时，为增序方式（□□□为 235～245）	
M8236		
M8237		
M8238		
M8239		
M8240		
M8241		
M8242		
M8243		
M8244		

编号	名称	备注
M8246	根据 1 相 2 输入计数器□□□的增、降序，M8□□□为 ON/OFF（□□□为 246～250）	
M8247		
M8248		
M8249		
M8250		
M8251	根据 2 相计数器□□□的增、降序，M8□□□为 ON/OFF（□□□为 251～255）	
M8252		
M8253		
M8254		
M8255		

附录C　ASCII（美国标准信息交换）码表

低4位 \ 高3位		0	1	2	3	4	5	6	7
		000	001	010	011	100	101	110	111
0	0000	NUL	DLE	SP	0	@	P	、	p
1	0001	SOH	DC1	!	1	A	Q	a	q
2	0010	STX	DC2	“	2	B	R	b	r
3	0011	ETX	DC3	#	3	C	S	c	s
4	0100	EOT	DC4	$	4	D	T	d	t
5	0101	ENQ	NAK	%	5	E	U	e	u
6	0110	ACK	SYN	&	6	F	V	f	v
7	0111	BEL	ETB	’	7	G	W	g	w
8	1000	BS	CAN	(	8	H	X	h	x
9	1001	HT	EM	)	9	I	Y	i	y
A	1010	LF	SUB	*	:	J	Z	j	z
B	1011	VT	ESC	+	;	K	[	k	{
C	1100	FF	FS	,	<	L	\	l	|
D	1101	CR	GS	—	=	M	]	m	}
E	1110	SO	RS	.	>	N	↑	n	~
F	1111	ST	US	/	?	O	←	o	DEL

表中缩写符号说明：

NUL　空
SOH　标题开始
STX　正文结束
ETX　本文结束
EOT　传输结束
ENQ　询问
ACK　承认
BEL　报警符（可听见的信号）
BS　退一格
HT　横向列表（空孔卡片指令）
LF　换行
VT　垂直
FF　走纸控制
CR　回车
SO　移位输出
SI　移位输入
SP　空格

DLE　数据链换码
DC1　设备控制1
DC2　设备控制2
DC3　设备控制3
DC4　设备控制4
NAK　否定
SYN　空转同步
EBT　信息组传送结束
CAN　作废
EM　纸尽
SUB　减
ESC　换码
FS　文字分隔符
GS　组分隔符
RS　记录分隔符
US　单元分隔符
DEL　作废

参　考　文　献

［1］ 陈忠平. 三菱 FX/Q 系列 PLC 自学手册. 北京：人民邮电出版社，2009.

［2］ 陈忠平. 西门子 S7－200 系列 PLC 自学手册. 北京：人民邮电出版社，2008.

［3］ 陈忠平. 电气控制与 PLC 原理及应用. 2 版. 北京：中国电力出版社，2013.

［4］ 陈忠平. 欧姆龙 CP1H 系列 PLC 完全自学手册. 北京：化学工业出版社，2013.

［5］ 阮友德. PLC、变频器、触摸屏综合应用实训. 北京：中国电力出版社，2009.

［6］ 巫莉. 电气控制与 PLC 应用. 北京：中国电力出版社，2011.